Druckfehlerberichtigung.

Band I.

Seite 581, Gleichung (1): statt $10 \cdot h \cdot \gamma$ muß es heißen $^1/_{10} \cdot h \cdot \gamma$.

Seite 612, 18. Zeile von oben: statt $13{,}158 \cdot 10^{-2}$ Atm. muß es heißen $13{,}158 \cdot 10^{-4}$ Atm.

Band II.

Auf Seite 105, Kapitel 2, Zeile 5 und 6: statt... „die Grenzschicht an einem geheizten Rohr"... muß es heißen: ... das der Grenzschicht verwandte Temperaturfeld an geheizten Körpern ...

Seite 114, Zeile 5 im Text: statt „Gleichung (29) Seite 124" muß es heißen „Gleichung (30) Seite 125".

Seite 118, eine Zeile unter Gleichung (23a) muß es heißen: statt „Gleichung (22)" „Gleichung (23)".

Seite 119, letzter Absatz, Zeile 3: statt „Gleichung (23)" muß es heißen „Gleichung (24)".

Seite 137, Zeile 2 von unten: statt $\Delta\, t_m = 0{,}312 \cdot \Delta\, t_2\ 0{,}312\ (135—30) = 32{,}8^0$ C muß es heißen $\Delta\, t_m = 0{,}312 \cdot \Delta\, t_2 = 0{,}312\ (135—30) = 32{,}8^0$ C.

Seite 248, Abb. 2. Die Bezeichnung der Abscisse muß statt $\text{kcal/m}^2\text{h}$ heißen $\text{kcal/m}^2\ \text{h} \cdot 10^4$.

Seite 254, Abb. 6. Die Bezeichnung der Ordinate muß heißen statt mg/l g/l.

Chemische
Ingenieur-Technik

Unter Mitwirkung von

Dr.-Ing. R. Bemmann-Darmstadt, Priv.-Dozent Dipl.-Ing. Dr. A. Chwala-Wien, Dr. rer. nat. A. Ernst-Ludwigshafen a. Rh., Dr.-Ing. M. Gompertz-Berlin, Dipl.-Ing. H. Haehndel-Berlin, Dr.-Ing. E. Hegelmann-Ludwigshafen a. Rh., Dr. phil. C. Hilburg-Ludwigshafen a. Rh., Dr.-Ing. H. Holdt-Darmstadt, Prof. Dr. phil. E. Jänecke-Heidelberg, Dipl.-Ing. R. Kranz-Mannheim, Prof. Dr. phil. H. Mark-Wien, C. Mittag-Magdeburg, Dipl.-Ing. E. Richter-Wuppertal-Elberfeld, Obering. A. Römer-Hersfeld, Dr.-Ing. B. Schmitt-Ludwigshafen a. Rh., Dr.-Ing. H. Schranz-Magdeburg, Dr.-Ing. L. C. Simon-Ludwigshafen a. Rh., Dr.-Ing. W. Speidel-Halle a. S., Dr.-Ing. K. Thormann-Breslau, Prof. Dr. A. Thum-Darmstadt, Prof. Dr. A. Walther-Darmstadt, Dr.-Ing. K. Winnacker-Frankfurt a. M.-Höchst, Dipl.-Ing. E. Wisotzky-Berlin,

herausgegeben von

Ing.-Chem. Dr. phil. **Ernst Berl**

Professor am Carnegie Institute of Technology, Pittsburgh (USA.), früher Professor der Technischen Chemie und Elektrochemie an der Technischen Hochschule zu Darmstadt

Dritter Band

Mit 463 Textabbildungen

Springer-Verlag Berlin Heidelberg GmbH
1935

ISBN 978-3-642-88988-2 ISBN 978-3-642-90843-9 (eBook)
DOI 10.1007/978-3-642-90843-9

Ursprünglich erschienen bei by Julius Springer, Berlin 1935.
Softcover reprint of the hardcover 1st edition 1935

Inhaltsverzeichnis des dritten Bandes.

Zerkleinerung.

Von Carl Mittag, Abteilungsdirektor der Fried. Krupp Grusonwerk A.G. Magdeburg-Buckau.

Sieben und Sichten.

Von Dr.-Ing. K. Thormann VDI, Breslau.

Abklärvorgänge, hydraulische Trennung. (Sedimentation, Dekantation, hydraulische Separation.)

Von Dr.-Ing. E. Hegelmann VDI, Ludwigshafen a. Rh.

Allgemeine Erzaufbereitung.

Von Dr.-Ing. H. Schranz, Magdeburg.

Schwimmaufbereitung (Flotation).

Von Dr.-Ing. H. Schranz, Magdeburg, Prof. Ing. Dr. E. Berl, Darmstadt-Pittsburgh und Dr.-Ing. Bernh. Schmitt, Ludwigshafen a. Rh.

Rühren.

Von Dr.-Ing. K. Thormann VDI, Breslau.

Mischen.

Von Dr.-Ing. K. Thormann VDI, Breslau.

Kneten.

Von Dr.-Ing. K. Thormann VDI, Breslau.

Extrahieren.

Von Dr. Ing. K. Thormann VDI, Breslau.

Krystallisieren.

Von Dr.-Ing. E. Hegelmann VDI, Ludwigshafen a. Rh.

Schleudern (Zentrifugieren).

Von Dr.-Ing. E. Hegelmann VDI, Ludwigshafen a. Rh.

Filtrieren.

Von Dr.-Ing. E. Hegelmann VDI, Ludwigshafen a. Rh.

Auspressen flüssigkeitshaltiger Massen.

Von Dr.-Ing. E. Hegelmann VDI, Ludwigshafen a. Rh.

Pressen.

Von Dr.-Ing. K. Thormann VDI, Breslau.

Schmelzen.

Von Dr.-Ing. K. Thormann VDI, Breslau.

Sublimieren.

Von Dr.-Ing. K. Thormann VDI, Breslau.

Verdampfen.

Von Dr.-Ing. E. Hegelmann VDI, Ludwigshafen a. Rh.

Trennung von Gasen und Dämpfen durch Auswaschung (Gaswaschung).

Von Dr.-Ing. F. Hegelmann VDI, Ludwigshafen a. Rh.

Gewinnung und Wiedergewinnung flüchtiger Lösungsmittel.

Von Prof. Ing. Dr. E. Berl, Darmstadt-Pittsburgh
und Dr.-Ing. R. Bemmann, Darmstadt.

Trocknung von Gasen.

Von Prof. Ing. Dr. E. Berl, Darmstadt-Pittsburgh
und Dr.-Ing. R. Bemmann, Darmstadt.

Reinigung von Gasen.

Von Prof. Ing. Dr. E. Berl, Darmstadt-Pittsburgh
und Dr.-Ing. R. Bemmann, Darmstadt.

Entfärbung von Flüssigkeiten.

Von Prof. Ing. Dr. E. Berl, Darmstadt-Pittsburgh
und Dr.-Ing. R. Bemmann, Darmstadt.

Zerkleinerungs-Chemie (Kolloidchemie der Trübungen mit Berücksichtigung der Zerkleinerung).

Von Privatdozent Dipl.-Ing. Dr. A. Chwala, Technische Hochschule Wien.

Zerkleinerung.

Von **Carl Mittag**, Abteilungsdirektor der Fried. Krupp Grusonwerk A.G., Magdeburg-Buckau.

I. Allgemeines.

A. Die theoretischen Grundlagen der Zerkleinerung.

Der Begriff Zerkleinerung umfaßt alle Vorgänge, die sich auf die Zerteilung irgendwelcher Stoffe in kleinere Stücke erstrecken. Die Zerteilung kann durch Schlagen, Spalten, Reiben, Quetschen oder dgl. erfolgen. Unterliegen der Zerkleinerung in der Hauptsache harte Stoffe, wie Mineralien, Erze, Sinter- und Schmelzerzeugnisse aller Art, so bezeichnet man dieses Arbeitsgebiet als Hartzerkleinerung. Demgegenüber ist die Zerkleinerung weicherer Stoffe, die vornehmlich pflanzlichen Ursprungs sind, wie beispielsweise Getreide, Gewürze und Feldfrüchte aller Art in dem Begriff Weichzerkleinerung oder, da diese Stoffe meistens zu Mehl gemahlen werden, in dem Begriff Weichmüllerei zusammengefaßt.

In den nachfolgenden Kapiteln soll ausschließlich die Hartzerkleinerung behandelt werden, also die Zerkleinerung anorganischer Stoffe, wie sie in mannigfachster Art in der chemischen Industrie zur Verwendung kommen. Die Zerkleinerung erstreckt sich dabei auf das Zerteilen von Stücken größten Umfanges bis herunter zu feinstem Mehl.

Mit jeder Zerkleinerung ist naturgemäß ein Energieaufwand verbunden. Dieser richtet sich einerseits nach der Härte bzw. Spaltbarkeit der zu zerkleinernden Stoffe, andererseits aber nach dem Grad der Zerkleinerung. Da die Kenntnis des Energieaufwandes die Grundlage zur Beurteilung aller Zerkleinerungsvorgänge und vor allem die Grundlage zur Konstruktion der Zerkleinerungsmaschinen selbst ist, so erstreckt sich die Forschungsarbeit auf dem Gebiete der Zerkleinerung vornehmlich auf die Ermittlung des Energieaufwandes im Zusammenhange mit dem Zerkleinerungsvorgang.

Die ersten Bemühungen, eine theoretische Grundlage der Zerkleinerungsvorgänge zu finden, stammen von Rittinger, der das Gesetz aufstellte, daß die Zerkleinerungsarbeit proportional der bei der Zerkleinerung entstehenden Oberflächenvergrößerung des Gutes ist. Dieses aus sinnvoller Überlegung entstandene Gesetz hat jedoch nur eine Berechtigung in der Zerteilung homogener Körper. Für die Praxis ist es bedeutungslos. Man hat es hierbei durchweg mit unhomogenen Körpern zu tun, bei denen die Spaltbarkeit ein und desselben Körpers je nach der Art und der Richtung der Angriffskraft sehr verschieden ausfällt. Ferner entstehen bei der maschinellen Zerkleinerung niemals Körper von gleicher Form und Größe, sondern Körper der verschiedensten Form und Abmessung, deren Oberflächenbestimmung praktisch unmöglich ist.

Abgesehen von der Unmöglichkeit einer genauen Oberflächenbestimmung des zerkleinerten Gutes läßt sich die Bedeutungslosigkeit der Rittingerschen Regel für die maschinelle Zerkleinerung am besten durch die Ergebnisse der Praxis selbst darlegen. Denkt man sich beispielsweise einen Würfel von 1 m³ Inhalt in 1000 Würfel von je 1 dm³, diese wieder in 1000000 Würfel von je 1 cm³ und diese schließlich in 1000000000 Würfel von je 1 mm³ zerlegt, so würde die Oberfläche des jeweils zerkleinerten Gutes betragen:

1	Würfel	von		1 m³ =	6 m²
1000	,,	,,	je	1 dm³ =	60 ,,
1000000	,,	,,	,,	1 cm³ =	600 ,,
1000000000	,,	,,	,,	1 mm³ =	6000 ,,

Die Zerkleinerung eines Würfels von 1 m³ in 1000000000 Würfel von je mm³ müßte demnach den 10fachen Arbeitsaufwand gegenüber der Zerkleinerung in Würfel von je 1 cm³ und einen 100fachen Arbeitsaufwand gegenüber der Zerkleinerung in Würfel von je dm³ aufweisen.

Die Erfahrung aus der Praxis zeigt aber ein ganz anderes Bild. Das Zerkleinern eines Granitblocks von 1 m³ Inhalt (= etwa 2600 kg Gewicht) auf eine Stückgröße von etwa 1 dm³ erfordert etwa 2 kWh, auf eine Stückgröße von etwa 1 cm³ etwa 6 kWh und auf eine solche von 1 mm³ etwa 20 kWh. Während sich also nach Rittinger die Zerkleinerungsarbeit für vorstehendes Beispiel sich verhalten müßte wie 1 : 10 : 100, verhält sie sich in Wirklichkeit bei der maschinellen Zerkleinerung wie 2:6:20 oder wie 1:3:10.

Wenn somit das Rittingersche Gesetz auch nur einen theoretischen Wert besitzt, so ergibt sich daraus doch die wichtige grundsätzliche Folgerung, daß die Zerkleinerungsarbeit mit fortschreitender Zerkleinerung entsprechend der zunehmenden Oberflächenvergrößerung außerordentlich steigt. Dementsprechend benötigen auch die Vorbrech- und Vorschrotmaschinen für die gleiche Gewichtseinheit an gebrochenem Gut nur einen Bruchteil des Energieaufwandes der Feinmahlmaschinen.

An weiteren Bemühungen, einen mathematischen Ausdruck für die Zerkleinerungsarbeit zu finden, hat es nicht gefehlt. Kick stellte ein Gesetz der proportionalen Widerstände auf. Helbig versuchte, die Rittingersche Regel in eine für die Praxis brauchbarere Form zu bringen, indem er eine für jedes Material durch praktische Versuche zu ermittelnde Mahlkonstante einführte, die das Produkt aus Arbeitsaufwand und Kantenlänge des gröbsten Kornes der Zerkleinerung darstellt.

Der Vorzug des Helbigschen Vorschlages besteht darin, daß er der Unhomogenität und der verschiedenartigen Spaltbarkeit der Stoffe durch die empirisch zu ermittelnde Mahlkonstante Rechnung trägt. Der Vorschlag stellt somit einen Ausgleich zwischen Anerkennung der Rittingerschen Regel und empirischer Ermittlung der Zerkleinerungsarbeit dar.

Bei der Erforschung physikalischer Vorgänge und der Aufstellung diesbezüglicher Gesetze bleibt es unerläßlich, die grundlegenden Faktoren experimentell zu ermitteln. So gewinnt die bekannte Formel der Wärmelehre: $Q = G \cdot cp \cdot t$ erst ihren praktischen Wert durch die Kenntnis der experimentell ermittelten spezifischen Wärmen für die verschiedenen

Stoffe und Temperaturen. Von dem gleichen Gesichtspunkte ist Mittag bei der Aufstellung seines Gesetzes vom spezifischen Mahlwiderstand ausgegangen. In der von ihm aufgestellten Formel:

$$A = Q \cdot s_m \cdot D$$

bedeuten A den Arbeitsaufwand in kWh, Q die Menge des zu zerkleinernden Stoffes in t zu 1000 kg, s_m den mittleren spezifischen Mahlwiderstand des zu zerkleinernden Stoffes von Beginn der Zerkleinerung bis zu dem gewünschten Feinheitsgrad und D den Feinheitsgrad, der durch die Siebanalyse gekennzeichnet wird. Diese Formel entspricht in ihrem Aufbau der obengenannten Formel der Wärmelehre und kann sinngemäß nach Kenntnis der experimentell zu ermittelnden spezifischen Mahlwiderstände für die verschiedenen Stoffe und Feinheitsgrade dazu benutzt werden, den Arbeitsaufwand für jede beliebige Gutsmenge und jeden beliebigen Feinheitsgrad zu berechnen.

In den letzten Jahren haben sich besonders Rosin und Rammler um die weitere Erforschung der Mahlvorgänge in Zerkleinerungsmaschinen, und zwar besonders der Kohlenstaubmühlen verdient gemacht. Die Ergebnisse ihrer Arbeiten sind in zahlreichen Berichten des Kohlenstaubausschusses des Reichskohlenrates und in den verschiedensten Fachzeitschriften erschienen.

Während auf den verschiedensten Gebieten der physikalischen Forschung die Ergebnisse jahrzehntelanger mühevoller Arbeit vorliegen und dem Techniker als unentbehrliche Grundlage seiner praktischen Tätigkeit dienen, haben die Ergebnisse der Forschung auf dem Gebiete der Zerkleinerung noch zu keiner allgemein gültigen Anwendung in der Ausgestaltung der Zerkleinerungsmaschinen geführt.

Literatur: Blanc, E. C.: Technologie des Concasseurs, Broyeurs et Tamiseurs. Paris: Librairie Polytechnique Ch. Béranger. — Blanc-Eckardt: Technologie der Brecher, Mühlen und Siebvorrichtungen. Berlin: Julius Springer. — Mittag: Der spezifische Mahlwiderstand. Berlin: VDI-Verlag. — Naske, Carl: Zerkleinerungsvorrichtungen und Mahlanlagen, 4. Aufl. Leipzig: Otto Spamer. — Rosin und Rammler: Über Mahlung und Mahlmaschinen. Ztschr. Chem. Fabrik **1933**, Heft 38 und 39. — Taggert, A. F.: Handbook of Ore Dressing. New York: John Wiley & Sons, Inc.; London: Chapmann & Hall, Ltd.

B. Allgemeine Gesichtspunkte der maschinellen Zerkleinerung.

Bei jeder maschinellen Zerkleinerung besteht das zerkleinerte Gut aus Körnungen der verschiedensten Form und Größe. Je nach dem Verwendungszweck des zerkleinerten Gutes ist die Beschaffenheit desselben von Bedeutung. Während man beispielsweise in der Erzaufbereitung bei der Vermahlung der Erze ein möglichst gleichmäßiges Korn zu erhalten wünscht, verlangt die Zementindustrie ein Mahlgut mit einem möglichst hohen Gehalt an allerfeinstem Mehl. In der Schotterindustrie legt man wiederum besonderen Wert auf ein scharfkantiges und möglichst würfeliges Erzeugnis. Alle diese Ansprüche müssen bei der Wahl der Zerkleinerungseinrichtung eine gewisse Berücksichtigung finden. Es lassen sich hierfür etwa die folgenden Richtlinien aufstellen:

1. Eine mehrstufige Zerkleinerung mit dazwischen geschalteter Absiebung des gewünschten Kornes ergibt den größten Anteil an Gut von gleicher Körnung.

2. Eine einstufige Zerkleinerung mit hohem Zerkleinerungsgrad (Hammermühle, Verbundrohrmühle) bedingt neben dem erwünschten Korn einen hohen Gehalt an allerfeinstem Gut.

3. Zerkleinerungsmaschinen, bei denen das Brechgut die Maschine sofort nach erfolgter Zerkleinerung verläßt (Walzenmühlen), erzeugen ein scharfkantiges Gut mit weniger Feinkorngehalt als Maschinen, bei denen das Brechgut länger in der Maschine verbleibt und erst allmählich ausgetragen wird (Kugelmühlen).

4. Feinmahlmaschinen, bei denen das zu zerkleinernde Gut im Kreislauf über Mühle und Sichter, der das fertige Mahlprodukt dauernd ausscheidet, geht, geben einen geringeren Anteil an allerfeinstem Mahlgut als Maschinen, bei denen das Mahlgut bis zu seiner gesamten Fertigmahlung in der Maschine verbleibt (Rohrmühlen).

Außer der Wahl der Maschine nach ihrer Art kommt auch die Wahl nach der Größe derselben in Betracht. Die Abmessung der Maschine richtet sich oftmals nicht nur nach der gewünschten Leistungsfähigkeit derselben, sondern auch nach der Aufgabestückgröße des Brechgutes. Hierbei kommt man zuweilen in eine gewisse Verlegenheit. Will man beispielsweise Steinblöcke von 1 m^3 Inhalt zerkleinern, so kommen hierfür nur Großbrecher in Betracht, die eine Leistungsfähigkeit von mehreren 100 t/h haben. Wird nun aber in einem solchen Falle nur eine Leistungsfähigkeit von beispielsweise 30 t/h gewünscht, so wäre es unwirtschaftlich, nur der Stückgröße des Aufgabegutes wegen eine Maschine von mehreren 100 t/h Leistungsfähigkeit aufzustellen. In einem solchen Falle wird man sich im allgemeinen damit begnügen, die großen Blöcke bereits im Steinbruch auf eine Stückgröße zu sprengen, die dem Fassungsvermögen einer Maschine für etwa 30 t/h entspricht.

Eine besondere Aufmerksamkeit erfordert die richtige Bemessung der Maschine nach der gewünschten Leistungsfähigkeit. Während sich die voraussichtliche Leistungsfähigkeit für ein bestimmtes Brechgut bei Vorbrech- und Vorschrotmaschinen nach vorliegenden Erfahrungen genügend genau voraussagen läßt, ist die Beurteilung der voraussichtlichen Leistungsfähigkeit bei Feinmahlmaschinen stets mit einer gewissen Unsicherheit verbunden. Bei Vorbrech- und Vorschrotmaschinen hängt die Leistungsfähigkeit der Maschine im wesentlichen von der Spaltweite und Umdrehungszahl der Maschine ab, während die bessere oder schlechtere Brechbarkeit des Gutes ihren Ausdruck in der geringeren oder größeren Energieaufnahme der Maschine findet. Bei den Feinmahlmaschinen, besonders bei den Rohr- und Kugelmühlen, ist dagegen die Energieaufnahme entsprechend der Mahlkörperfüllung annähernd konstant, während die Leistungsfähigkeit der Maschine sich entsprechend der Mahlbarkeit des Aufgabegutes einstellt.

Um die Unsicherheit in der Beurteilung der voraussichtlichen Leistungsfähigkeit der Feinmahlmaschinen bei der Errichtung derartiger Anlagen zu beseitigen, sollte man vor der endgültigen Entscheidung über die Abmessung der Maschinen auf die Durchführung eines Mahlversuches auf einer entsprechenden Versuchseinrichtung bestehen, sofern nicht zuverlässige Ergebnisse in der Vermahlung ganz gleichartiger Materialien vorliegen. Es sei hierbei aber ausdrücklich darauf hingewiesen, daß Materialien gleichartiger Benennung, ja selbst gleichartiger chemischer Zusammensetzung, oftmals sehr verschiedene Mahlbarkeit besitzen. Besonders findet man bei Kunsterzeugnissen gleichen Aussehens und gleicher chemischer Zusammensetzung häufig erhebliche Unterschiede in der Mahlbarkeit.

Die Durchführung von Mahlversuchen wird zweckmäßig in einer bestehenden Anlage mit gleichartigen Maschinen durchgeführt. Ist die Möglichkeit hierzu nicht gegeben, so muß man sich mit der Durchführung der Versuche in einer Versuchsanstalt der einschlägigen Maschinenfabriken begnügen. Hierbei ist es aber von großer Bedeutung, daß die Versuche so weit als nur irgendmöglich unter Voraussetzungen erfolgen, wie sie später bei der zu errichtenden Anlage vorliegen werden.

Trotz aller Vorsichtsmaßregeln in der Vorausbestimmung der Leistungsfähigkeit der Feinmahlmaschinen wird man noch mit dauernden Leistungsschwankungen der errichteten Anlage zu rechnen haben. Einerseits unterliegen die zur Verarbeitung gelangenden Stoffe gewissen Schwankungen in ihrer Mahlbarkeit, andererseits verändert sich auch die Brech- und Mahlwirkung der Zerkleinerungsmaschine mit der Abnutzung der Brech- und Mahlorgane. Um diesen Schwankungen Rechnung zu tragen, empfiehlt es sich, die Maschinen von vornherein etwas reichlicher zu bemessen als der gewünschten durchschnittlichen Leistungsfähigkeit entsprechen würde.

Die Bestimmung der Leistungsfähigkeit einer Zerkleinerungsmaschine erfolgt durch die Feststellung der durchschnittlichen Energieaufnahme, der Stundenleistung an Gewicht des Mahlgutes und des Kornanfalles bzw. des Feinheitsgrades des Brech- und Mahlgutes. Der Kornanfall bzw. der Feinheitsgrad des Brech- bzw. Mahlgutes wird in der Regel durch eine Handabsiebung ermittelt. Bei der Grobzerkleinerung wird hierbei gewöhnlich der prozentuale Anfall verschiedener Kornklassen bestimmt, bei der Feinmahlung begnügt man sich meistens mit der Feststellung des Rückstandes auf einem oder zwei Sieben von bestimmter Maschenzahl. Die Kennzeichnung nach dem prozentualen Rückstand, der auf dem Sieb verbleibt, kann aber sehr leicht zu Trugschlüssen führen, besonders dann, wenn man ein Mahlgut mit nur geringem Rückstand auf einem bestimmten Siebe zu haben wünscht. Wünscht man beispielsweise ein Mahlgut von 1% Rückstand auf einem Sieb von 900 Maschen/cm^2 zu erhalten, so muß man sich darüber klar sein, daß eine solche Kennzeichnung lediglich angibt, daß nur ein Teil von Hundert nicht genügend gefeint worden ist, um durch die Maschen des Siebes zu gehen, während man von der Beschaffenheit der 99% des Mahlgutes, welches durch das Sieb ging, keine Vorstellung hat. Es kann hierbei vorkommen, daß die Gesamtheit des Gutes viel zu fein gemahlen wird, um lediglich einige vereinzelte Körner so weit zu zerkleinern, daß sie nicht mehr als ein Prozent Rückstand auf dem Prüfsieb hinterlassen.

Es ist deshalb richtiger, zur Prüfung des Mahlgutes ein Sieb mit geringerer Maschenweite zu wählen und auf diesem dann einen größeren Prozentsatz an Rückstand zuzulassen.

Bei der Zerkleinerung und insbesondere bei der Feinmahlung spielt die Feuchtigkeit des Aufgabegutes eine wesentliche Rolle. Bei dem Vorbrechen und Vorschroten des Gutes kommt man im allgemeinen ohne vorherige Trocknung aus, die Feinmahlung erfordert indessen in den meisten Fällen eine vorherige Trocknung des Aufgabegutes. Wieweit diese Trocknung durchgeführt werden muß, hängt ganz von der Art des zu vermahlenden Gutes und von dem gewünschten Feinheitsgrad ab. In neuerer Zeit wird auch vielfach eine Kombination von Trocknung und Mahlung, die sog. Mahltrocknung, angewendet, bei welcher die Trocknung des Aufgabegutes gleichzeitig mit der Feinmahlung in ein und derselben Maschine erfolgt.

Außer der Feinmahlung auf trockenem Wege kann auch eine Feinmahlung unter Zusatz von Wasser erfolgen. Eine derartige Naßmahlung wird hauptsächlich in Kugel- und Rohrmühlen durchgeführt. Je nach dem Verwendungszweck des Mahlgutes erzeugt man einen Schlamm mit einem größeren oder geringeren Wassergehalt. Während man beispielsweise in der Zementindustrie einen Dickschlamm von nur etwa 40% Wassergehalt herstellt, arbeitet man in der Erzaufbereitung mit sehr hohen Wassergehalten. Sind die zu verarbeitenden Rohstoffe von Natur aus schon sehr feucht und gestattet der der Feinmahlung folgende Prozeß die Verwendung eines Mahlgutes in Schlammform, so wird man die Naßmahlung der Trockenmahlung vorziehen. Die Naßmahlung erfordert im allgemeinen für die gleiche Menge Mahlgut einen geringeren Energieaufwand und bringt im übrigen noch den Vorteil einer vollkommen staubfreien Vermahlung mit sich.

C. Die Einteilung der Zerkleinerungsmaschinen nach ihrem Verwendungszweck und nach ihrer Bauart.

Die außerordentliche Entwicklung der chemischen Technik und der Erzaufbereitung stellt immer größere Anforderungen an die maschinelle Zerkleinerung. Anlagen, in denen mehrere hundert Tonnen an Rohstoffen stündlich zerkleinert werden müssen, sind heute keine Seltenheit mehr. Die Bewältigung dieser gewaltigen Mengen wurde nur möglich durch die technischen Fortschritte in der Ausbildung der Bruch- und Grubenbetriebe. Diese Betriebe, die anfänglich fast gänzlich auf Handarbeit eingestellt waren, haben heute durchweg maschinelle Gewinnung und Förderung der Rohstoffe. Große, schwere Löffelbagger und Großraum-Förderwagen gestatten die Förderung von Gestein- und Erzblöcken bis zu 1 m^3 Inhalt und darüber. Mühelos können in dieser Weise beliebige Mengen an Aufgabegut der Zerkleinerungsanlage zugeführt werden. Diese aber muß in der Lage sein, selbst die größten Stücke des Fördergutes aufzunehmen und zu verarbeiten. Soweit ein Fördergut von der angedeuteten Stückgröße in Betracht kommt, ist es selbstverständlich, daß dieses Gut nicht in einem Arbeitsgang bzw. in einer Maschine auf das gewünschte Endprodukt zerkleinert werden kann. Es muß vielmehr eine stufenweise Zerkleinerung erfolgen. Entsprechend der Stückgröße des jeweils bei der Zerkleinerung gewonnenen Gutes unterscheidet man in der stufenweisen Zerkleinerung ein Vorbrechen, ein Nachbrechen, ein Schroten und ein Mahlen.

Das Vor- und Nachbrechen hat den Zweck, das Fördergut auf eine für die Maschinen zum Schroten oder zum Mahlen geeignete Aufgabestückgröße zu zerkleinern. Das Nachbrechen kann hierbei entfallen, wenn in der Vorbrechmaschine bereits ein geeignetes Aufgabegut für die Maschinen zum Schroten und Mahlen hergestellt werden kann.

Die Durchführung der vorgenannten Arbeitsverfahren kann auf folgenden Zerkleinerungsmaschinen vorgenommen werden:

Vorbrechmaschinen: Backenbrecher, Rundbrecher, Vorbrechwalzwerke, Hammerbrecher.

Nachbrechmaschinen: Granulatoren, Feinrundbrecher, Symonsbrecher, Walzwerke, Kollergänge, Brechschnecken.

Schrotmühlen: Walzenmühlen, Hammermühlen, Glockenmühlen, Schleudermühlen, Schlagkreuzmühlen, Schlagnasenmühlen, Ringmühlen, Scheibenmühlen (Exzelsiormühlen).

Mahlmaschinen: Mahlgänge, Pendelmühlen, Kugelfallmühlen, Fliehkraftkugelmühlen, Rohrmühlen, Rohrmühlen mit Luftstromsichtung.

Gegenüber allen anderen Zerkleinerungsmaschinen haben die Kugelfallmühlen und die Rohrmühlen eine besondere Kennzeichnung durch ihren großen Mahlraum, in welchem während des ganzen Mahlvorganges eine erhebliche Menge an Mahlgut verbleibt, während bei den übrigen Maschinen die Ansammlung des Brechgutes im Vergleich zur Durchsatzleistung nur gering ist. Ein weiterer grundsätzlicher Unterschied zwischen den Kugelfall- und Rohrmühlen und den übrigen Zerkleinerungsmaschinen besteht darin, daß die Zerkleinerung des Aufgabegutes durch eine große Anzahl sich zwanglos im Mahlraum bewegender Mahlorgane erfolgt, während bei den übrigen Maschinen die wenigen vorhandenen Brech- und Mahlorgane zwangläufig in Bewegung gehalten werden. Durch die große Anzahl sich zwanglos im Mahlraum bewegender Mahlorgane und durch ihre im übrigen sehr geringe Umdrehungszahl in der Zeiteinheit gewinnen die Kugelfall- und Rohrmühlen an Zuverlässigkeit und großer Betriebssicherheit.

D. Die theoretischen Grundlagen zur Berechnung der Zerkleinerungsmaschinen.

Die wissenschaftliche Grundlage, auf welcher sich die Konstruktion einer Maschine aufbaut, gliedert sich in die Ermittlung der Kräfte, die durch die Anwendung physikalischer Vorgänge innerhalb der Maschine auftreten, und in die Berechnung der einzelnen Maschinenelemente im Hinblick auf ihre Widerstandsfähigkeit gegenüber den ermittelten Kräften. Es ist einleuchtend, daß der erste Vorgang grundlegend für die Nutzanwendung des zweiten Vorganges und somit auch das Fundament jeder auf wissenschaftlicher Grundlage durchgeführten Konstruktion ist.

Zur Erkenntnis des ersten Vorganges, d. h. Ermittlung der Kräfte, die durch die Anwendung physikalischer Vorgänge innerhalb der Maschine auftreten, ist die Erkenntnis der physikalischen Vorgänge selbst natürlich eine Grundbedingung.

Es ist bisher nicht möglich gewesen, eine exakte wissenschaftliche Grundlage zur Erfassung des bei der Zerkleinerung benötigten Energieaufwandes und der sich hieraus ergebenden Kräfte zu schaffen.

Als typisches Beispiel hierfür möge die Zerkleinerung großer Steinblöcke in einem Steinbrecher dienen. Maßgebend für die bei dem Brechen eines solchen Steinblockes auftretenden Kräfte ist nicht, wie häufig angenommen wird, die Druckfestigkeit des Gesteins, sondern seine Spaltbarkeit. Wenn der Steinschläger im Steinbruch einen größeren Stein zertrümmern will, so wird er sich denselben auf Grund seiner Beobachtung bezüglich der Spaltbarkeit erst zurecht legen, bevor er seine Arbeit mit dem Hammer beginnt. Der geschulte Arbeiter benötigt so nur einen Bruchteil des Energieaufwandes, den ein Laie für diese Arbeit benötigen würde. Bedenkt man nun, daß der Steinblock in das Brechmaul eines Steinbrechers willkürlich hineinfällt, also nicht, wie bei der Handzerkleinerung, entsprechend seiner besten Spaltbarkeit hineingelegt wird, so ist es klar, daß die bei der Zertrümmerung eines Steines im Steinbrecher auftretende Kraft je nach der zufälligen Lage des Steines im Brechmaul sehr verschieden groß sein kann. Ist es aber schon nicht möglich, die beim Brechen eines Steines im Brecher auftretende Kraft zu erfassen, so wird die Ermittlung der Summe aller auftretenden Kräfte beim Brechvorgang der vielen gleichzeitig in das Brechmaul gelangenden Steine zur völligen Unmöglichkeit.

Die Unkenntnis der physikalischen Gesetze beim Brechvorgang in einem Steinbrecher und die damit verbundene Unmöglichkeit der Erfassung der in dem Brechmaul auftretenden Kräfte verhindert somit eine exakte Berechnung der Maschinenelemente des Brechers. Ganz ähnlich wie beim Steinbrecher verhält es sich bei den meisten Zerkleinerungsmaschinen.

Da eine wissenschaftliche Erforschung der Zerkleinerungsvorgänge bisher noch nicht gelungen ist, so hat man versucht, die in den Maschinen auftretenden Kräfte empirisch zu erfassen. Bei Steinbrechern bietet sich hierbei eine Möglichkeit in der unmittelbaren Messung der in der Zugstange auftretenden Kräfte. Die Messung geschieht in der Weise, daß man unter die Mutter der Deckelschrauben der Zugstange elektrische Meßdosen legt und die in diesen Schrauben beim Brechvorgang auftretenden Kräfte durch ein selbstschreibendes Instrument aufzeichnet.

Ein anderer Weg zur empirischen Ermittlung der zwischen den Brechwerkzeugen der Maschinen auftretenden Kräfte besteht darin, daß man die am Umfang der Antriebsscheibe beim Brechvorgang auftretenden Kräfte mißt. Dies kann beispielsweise bei einem Walzwerk in der Weise erfolgen, das man um die Scheibe ein Seil schlingt und die Maschine durch Anziehen des Seiles mittels einer Handwinde in langsame Umdrehung versetzt. Durch Einschalten eines Dynamometers in den Seilzug zwischen Winde und Antriebsscheibe kann man bei vollbeschickten Walzen mit Gestein die am Umfang der Antriebsscheibe auftretenden maximalen Kräfte messen.

Soweit nun auf dem vorstehend beschriebenen Wege der empirischen Ermittlung der in den Maschinen auftretenden Kräfte Ergebnisse vorliegen, hat sich gezeigt, daß die beim Brechvorgang in den Maschinen auftretenden maximalen Kräfte oftmals ein Vielfaches der aus der durchschnittlich in die Maschinen eingeführten Energie sich ergebenden Kräften betragen. So wurde beispielweise bei einem großen Walzwerk, das beim Zerkleinern von hartem Kalkstein eine durchschnittliche Energieaufnahme von etwa 100 kW hatte, festgestellt, daß die maximale Energieaufnahme in dem Augenblick des Brechens großer Steinstücke etwa 1200 kW betrug. Diese, wenn auch nur für einen Augenblick benötigte Energie mußte durch die Schwungmassen der Maschine aufgebracht werden.

Wenn auch der vorstehend beschriebene Weg zur empirischen Ermittlung der in den Maschinen auftretenden Kräfte eine gewisse Grundlage für die Berechnung der Maschinenelemente bringen könnte, so darf doch nicht vergessen werden, daß die Brechbarkeit der verschiedenen Gesteinsarten und Erze außerordentlich verschieden ist. Selbst Gesteine gleichartiger Natur, wie Kalkstein, Granit u. dgl., haben, je nach ihrem Fundort ein sehr verschiedenes Verhalten beim Brechvorgang. Aus praktischen Gründen wird man aber nicht für jedes Gestein eine besondere Maschine bauen, sondern die Konstruktion derselben von vornherein so bemessen, daß sie zur Verarbeitung des am schwierigsten zu brechenden Gesteins ausreichend ist. Will man demnach durch empirische Ermittlung der beim Brechvorgang auftretenden Kräfte eine Grundlage für die Berechnung der Maschinen schaffen, so muß man darauf achten, daß die Ermittlung dieser Kräfte tatsächlich unter den ungünstigsten Verhältnissen erfolgt.

Dazu kommt noch, daß bei derartigen Maschinen auch mit dem zufälligen Eindringen von Fremdkörpern, wie Eisenlaschen, Hämmern, Schrauben u. dgl., die durch irgendwelche Umstände in das zu zerkleinernde Material gelangen, zu rechnen ist. Der Konstrukteur wird auch diesem Umstande bis zu einem gewissen Grade Rechnung tragen müssen.

Aus diesen Erläuterungen geht hervor, daß die Berechnung von Zerkleinerungsmaschinen, sei es auf Grund der durch den Zerkleinerungsvorgang in der Maschine auftretenden Kräfte, sei es auf Grund der der Maschine zugeführten durchschnittlichen Energie, auf erhebliche Schwierigkeiten stößt. Es ist deshalb nur natürlich, daß sich der Bau von Zerkleinerungsmaschinen im Laufe einer jahrzehntelangen Entwicklung mehr auf praktische Erfahrungen, als auf wissenschaftliche Berechnungen stützt.

Selbstverständlich wird der Konstrukteur bemüht bleiben, überall dort, wo es möglich ist, seine Konstruktion durch eine Rechnung nachzuprüfen. Er wird hierbei im allgemeinen von der aufzuwendenden Energie ausgehen und alle Maschinenelemente dieser Annahme entsprechend bemessen. Da die in der Maschine auftretenden Kräfte oftmals ein Vielfaches der sich aus der durchschnittlich eingeleiteten Energie ergebenden Kräfte betragen, so wird er je nach der Art der Maschine ein Mehrfaches der ihm aus der Praxis bekannten durchschnittlichen Energie als Berechnungsannahme zugrunde legen. Natürlich ist hierbei dem Gefühl ein breiter Spielraum gelassen. Während man sich bei Feinschrot- und Feinmahlmaschinen etwa mit der Annahme der doppelten durchschnittlichen Energie für die Berechnung begnügen kann, wird man bei Maschinen, die gröberes Gut zu zerkleinern haben und besonders bei Großbrechern und großen Walzwerken als Berechnungsgrundlage je nach Art der Maschine bis zu einem Zehnfachen der eingeleiteten durchschnittlichen Energie wählen müssen.

Der Umstand, daß die Zerkleinerungsmaschinen eine mehr gefühlsmäßige, auf jahrelange Beobachtungen beruhende konstruktive Durchbildung erfahren haben, gebietet eine gewisse Vorsicht beim Ankauf derartiger Maschinen. Man überzeuge sich in jedem Falle davon, ob die Lieferfirma über genügende Erfahrungen auf diesem Gebiete verfügt. Auch sollte man gerade beim Ankauf von Zerkleinerungsmaschinen mehr Wert auf eine solide und kräftige, wenn auch vielleicht etwas teuere Bauart Wert legen als sich mit einer schwächeren Konstruktion zu begnügen, die den außergewöhnlichen Beanspruchungen derartiger Maschinen auf die Dauer doch nicht gewachsen sein würde.

E. Die praktischen Gesichtspunkte bei der Errichtung von Zerkleinerungsanlagen.

Ebenso wie sich der Bau von Zerkleinerungsmaschinen aus jahrzehntelanger Erfahrung heraus entwickelt hat, so haben sich auch beim Bau von Zerkleinerungsanlagen im Laufe der Zeit Grundsätze herausgebildet, die der Beachtung wert sind. Es hat sehr lange Zeit gedauert, bis die Erkenntnis durchgedrungen ist, daß eine Zerkleinerungsanlage die gleiche sorgfältige Wartung und Behandlung erfordert, wie beispielsweise eine Dampfmaschinen- oder Dampfturbinenanlage. Die geringwertige Beurteilung, die Zerkleinerungsanlagen als maschinelle Einrichtungen heute noch häufig genug finden, hat schon manchem Unternehmer Verluste gebracht. Es gibt leider auch heute noch zahlreiche Betriebe, die derartig von Schmutz und Staub strotzen, daß selbst der die Maschinen bedienende Arbeiter seine Aufgabe nur mit Widerwillen verrichtet. Hierbei ist zu bedenken, daß eine schlecht gewartete Zerkleinerungsmaschine viel schneller dem gänzlichen Zerfall preisgegeben ist als beispielsweise eine schlecht gewartete Dampfmaschine. Es ist klar, daß eine Maschine, die dauernd ein Gut verarbeitet, das auf alle mit ihm in Berührung kommenden Teile einen starken Verschleiß ausübt, in ihren edlen Teilen sorgfältig von der Berührung mit dem zu verarbeitenden Gut geschützt bleiben muß. Dies kann aber nur dann erreicht werden, wenn schon bei der Projektierung und Aufstellung besondere Rücksicht auf die Möglichkeit einer späteren peinlichsten Sauberhaltung des Betriebes genommen worden ist.

Ist somit die Sauberhaltung des Betriebes einer Zerkleinerungsanlage oberster Grundsatz, so muß zunächst der Raum, in welchem die Maschinen zur Aufstellung gelangen, genügend groß, gut durchlüftet und gut beleuchtet sein. Jede einzelne Maschine muß so aufgestellt werden, daß sie rundherum frei begangen werden kann. Jede einzelne Schmierstelle, selbst der Nebenapparate, muß ohne Mühe erreicht werden können. Besonders sorge man für gute Fußböden, gangbare Treppen, geräumige Podeste u. dgl. Keinesfalls dulde man die Anhäufung von zerkleinertem Gut auf Fußböden, Treppen und Podesten. Die erzieherische Wirkung, die schon die äußerliche Sauberhaltung des Raumes auf den die Maschinen bedienenden Arbeiter ausübt, findet unbedingt ihren Ausdruck in der pfleglichen Behandlung der Maschinen selbst.

Zur Reinhaltung des Betriebes ist es weiterhin notwendig, für eine gute Entlüftung der Maschinen zu sorgen, damit der bei der Zerkleinerung entstehende Staub nicht in den Aufstellungsraum der Maschinen dringt. Bei einfachen Maschinen genügt es häufig, die staubige Luft durch einen ins Freie führenden Schlot abzuleiten. Umfangreiche Anlagen und besonders solche mit Feinmahlmaschinen erfordern aber eine regelrechte Entstaubungsanlage, bei welcher die aus den Maschinen durch einen Exhaustor abgesaugte Staubluft in Staubsammlern oder Schlauchfiltern selbsttätig gereinigt wird. An eine solche Entstaubungsanlage müssen neben den eigentlichen Zerkleinerungsmaschinen auch sämtliche Hilfsapparate angeschlossen werden. Bedingung für eine gute Arbeitsweise der Entstaubungseinrichtung ist eine sorgfältige Einkleidung der Maschinen und Apparate, damit dieselben durch die Einwirkung des Exhaustors unter Unterdruck gesetzt werden können.

Eine besondere Aufmerksamkeit bei der Projektierung von Zerkleinerungsanlagen sollte der Aufgabe des zu zerkleinernden Gutes geschenkt werden. Jede Zerkleinerungsmaschine kann nur dann ihre höchste durchschnittliche Leistungsfähigkeit erreichen, wenn ihr das zu zerkleinernde Gut beständig und in gleichbleibender Menge zugeführt wird. Es ist demnach erforderlich, für jede Maschine eine geeignete Aufgabevorrichtung vorzusehen. Nur bei Steinbrechern kleiner und mittlerer Größe kann man sich mit einer Handbeschickung begnügen, die in genügender Gleichmäßigkeit von einem Arbeiter durchgeführt werden kann. Die Anwendung von Aufgabevorrichtungen erfordert natürlich die Aufstellung von Sammelbehältern, aus welchen die Aufgabevorrichtungen das Gut entnehmen und den Maschinen zuführen.

Die unvermeidlichen Schwankungen in der Leistungsfähigkeit der Zerkleinerungsmaschinen sollten auch bei der Wahl der Hilfsmaschinen Berücksichtigung finden. Becherwerke, Transportschnecken und sonstige Fördermittel wähle man stets so groß, daß sie selbst bei der höchsten zu erwartenden Leistungsfähigkeit der Zerkleinerungsanlage nur normal beansprucht werden, damit unter allen Umständen Betriebsstörungen durch Versagen von Hilfsmaschinen vermieden werden.

Der Antrieb der Maschinen kann sowohl als Einzel- wie auch als Gruppenantrieb vorgesehen werden. Einzelantrieb kommt in erster Linie bei großen Maschineneinheiten mit möglichst gleichbleibender

Energieaufnahme, wie beispielsweise Rohrmühlen, in Betracht, während der Gruppenantrieb bei Anlagen mit kleineren Maschinen und Hilfsapparaten am Platze ist. Bei Maschinen mit großem Ungleichförmigkeitsgrad, wie Steinbrechern, bildet ein Riemenantrieb ein elastisches Glied zwischen der Arbeits- und der Antriebsmaschine und ist deshalb der unmittelbaren Kupplung mit der Antriebsmaschine vorzuziehen. Da Zerkleinerungsmaschinen stets Schwankungen in der Energieaufnahme unterliegen, müssen bei Einzelantrieben die Antriebsmaschinen in ihrer normalen Leistungsfähigkeit stets etwas größer gewählt werden, als der durchschnittlichen Energieaufnahme der Zerkleinerungsmaschine entspricht.

Zerkleinerungsmaschinen unterliegen in ihren Brech- und Mahlorganen einem unvermeidlichen Verschleiß. Demgemäß muß auch die Auswechslung der verschlissenen Teile von Zeit zu Zeit erfolgen. Es gehört zu einer sorgfältigen Projektierung derartiger Anlagen, Vorkehrungen zu treffen, die eine schnelle Erneuerung der verschleißenden Teile gestatten. Hierzu ist in erster Linie eine Vorratshaltung der in Frage kommenden Verschleißteile erforderlich. Ferner müssen, besonders bei großen Maschinen, entsprechende Hebevorrichtungen vorgesehen werden, um die oftmals schweren Verschleißteile mühelos aus- und einbauen zu können.

II. Die Zerkleinerungsmaschinen.

Im nachfolgenden werden die Zerkleinerungsmaschinen nach ihrer Bauart, ihrer Arbeitsweise usw. behandelt. Es ist hierbei ausdrücklich vermieden worden, die besonderen Bauarten einzelner Lieferfirmen derartiger Maschinen hervorzuheben. Demgemäß sind die Maschinen lediglich nach ihrer Bauart benannt und Sonderbezeichnungen, wie sie häufig von den Lieferfirmen gewählt werden, nicht erwähnt worden. Ausnahmen machen hiervon nur die Bezeichnungen: Symonsbrecher, Griffinmühlen und Exzelsiormühlen, von denen die beiden ersteren nach ihrem Erfinder benannt sind, während die Exzelsiormühle eine solche Verbreitung gefunden hat, daß ihre Bezeichnung als Gattungsname gelten kann.

Die Beschreibung der Bauart der Maschinen umfaßt nur den grundsätzlichen Aufbau der betreffenden Maschinenart. Jede Lieferfirma hat naturgemäß Besonderheiten in den Konstruktionseinzelheiten, die aber auf die grundsätzliche Arbeitsweise keinen Einfluß haben.

Auch die angeschlossenen Tabellen über Abmessungen, Gewichte, Leistungsfähigkeit und Energieverbrauch sollen nur einen allgemeinen Überblick geben. Die angegebenen Abmessungen kennzeichnen die ungefähren Größenverhältnisse, in welchen die Maschinen zur Ausführung gelangen. Besonders sei aber darauf hingewiesen, daß die Angaben über Leistungsfähigkeit und Energiebedarf der Maschinen nur mittlere Werte wiedergeben, die lediglich eine Begriffsvorstellung über das mit diesen Maschinen Erreichbare bringen sollen, aber keinesfalls verallgemeinert werden dürfen.

A. Vorbrechmaschinen.

1. Backenbrecher.

a) Bauart und Arbeitsweise.

Die von Blake um die Mitte des vorigen Jahrhunderts eingeführte Bauart des Backenbrechers (Abb. 1) hat sich bis in die heutige Zeit erhalten. Der Brecher besteht im wesentlichen aus dem Brecherkörper, einer beweglichen Brechbacke und aus einem Kniehebelgelenk, das durch eine Exzenterwelle angetrieben wird. Der Brechkörper *a* ist bei kleineren Brechern gewöhnlich aus Gußeisen, bei mittleren und größeren Brechern aus Stahlguß, geteilt oder ungeteilt, gefertigt. Im vorderen Teil des Brechers befindet sich das Brechmaul, das aus der am Brecherkörper befindlichen festen Brechbacke *b* und der auf der beweglichen Schwinge *c* sitzenden Brechbacke *d* gebildet wird. Die Schwinge *c* ist an der im Brecherkörper fest verlagerten Welle *e* aufgehängt und wird durch das Kniehebelgelenk in eine hin und her gehende Bewegung versetzt. Das Kniehebelgelenk besteht aus der Zugstange *f* und den beiden Druckplatten *g* und *h*. Die Zugstange sitzt auf einer exzentrischen, im Brecherkörper verlagerten Welle *i*, die ihrerseits einseitig oder beiderseitig von den als Schwungräder ausgebildeten Antriebsscheiben *k* angetrieben wird. Zur Einstellung der gewünschten Spaltweite *l* des Brechmauls dient der Steilkeil *m*. Die Spannfeder *n* und die an der Schwinge angreifende Stange *o* sorgen schließlich für den dauernden Zusammenhalt des lose ineinandergreifenden Kniehebelsystems.

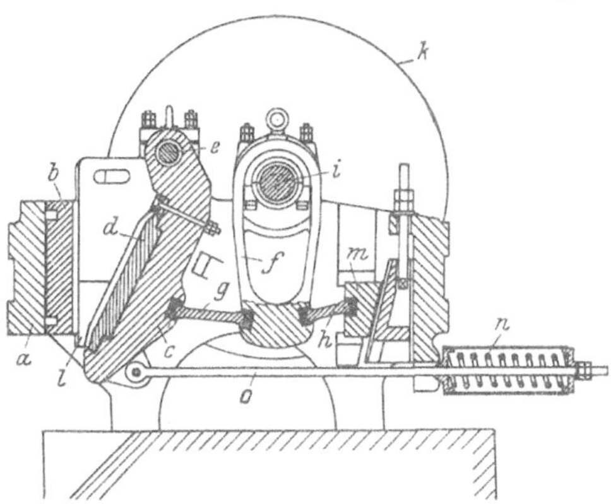

Abb. 1. Backenbrecher.

In den letzten Jahrzehnten haben sich eine ganze Reihe von Abarten des Blakebrechers herausgebildet, die sich aber nur für Brecher kleinerer Abmessungen bewährt haben. Für größere Brecher kommt auch heute noch ausschließlich die Bauart nach Blake zur Anwendung.

b) Anwendungsgebiet.

Die Backenbrecher finden eine allgemeine Anwendung zum Vorbrechen von Gesteinen und Erzen aller Art, sowie der verschiedensten Kunstprodukte der chemischen Technik. Es gibt kaum eine Zerkleinerungsmaschine, die eine so allgemeine Anwendung gefunden hat, wie der Backenbrecher. Dementsprechend sind diese Maschinen auch den verschiedensten Bedürfnissen nach Leistungsfähigkeit und Aufgabestückgröße folgend von den kleinsten bis zu den gewaltigsten Abmessungen entwickelt worden. Bei den kleineren und mittleren Brechern kann die Beschickung mit Aufgabegut noch von Hand erfolgen, bei den größeren Brechern muß dagegen die Zuführung des Aufgabegutes unbedingt durch eine besondere Aufgabevorrichtung vorgenommen werden.

Backenbrecher sind während des Betriebes erheblichen Erschütterungen ausgesetzt und müssen deshalb ein kräftiges Fundament in Beton erhalten. Bei größeren Brechern, besonders wenn diese auf erhöhtem Fundament stehen, ist der Einfluß der hin und her schwingenden Massen auf die Standfestigkeit des Fundaments zu beachten. Die Aufstellung in oberen Gebäudestockwerken ist entschieden zu vermeiden.

Bei den Backenbrechern sind die Brechbacken einem erheblichen Verschleiß unterworfen. Da das häufige Auswechseln der Verschleißteile die Unterhaltungskosten der Brecher erheblich steigert, so sind Verschleißteile nur aus den allerbesten Baustoffen zu verwenden. Für die Brechbacken kommen ausschließlich Backen aus Manganhartstahl oder Schalenhartguß in Betracht.

Abmessungen, Leistungsfähigkeit und Energiebedarf gemäß nachstehender Tabelle:

Tabelle 1. Backenbrecher.

Brechmaulöffnung mm	Umdrehung der Antriebsscheiben in der min	Ungefähres Gewicht der Maschine kg	Maximale Stückgröße des Aufgabegutes mm	Normale Brechspaltweite mm	Ungefähre stündliche Leistung an zerkleinertem Gestein t	Durchschnittlicher Energiebedarf kW
400 × 250	220	5 000	350 × 200	50	10	8
600 × 350	220	12 000	550 × 300	60	20	15
800 × 500	220	20 000	700 × 400	80	50	35
1000 × 650	210	30 000	800 × 500	100	80	50
1200 × 900	200	75 000	1000 × 700	150	120	70
1500 × 1200	180	125 000	1200 × 1000	200	200	100
1800 × 1500	160	180 000	1500 × 1200	240	400	160

2. Rundbrecher.

a) Bauart und Arbeitsweise.

Der Rundbrecher (Abb. 2) besitzt ein kreisförmiges Brechmaul, das aus einem feststehenden Brechrumpf und einem auf einer vertikalen Achse sitzenden Brechkegel gebildet wird. Der aus Gußeisen gefertigte Brechrumpf *a* ist im Innern zu seinem Schutze mit Verschleißplatten aus Schalenhartguß oder Manganhartstahl ausgelegt. Der aus den gleichen Baustoffen hergestellte Brechkegel *b* sitzt auf der Hauptachse *c*, die ihrerseits im oberen Teil des Brechkörpers bei *d* drehbar aufgehängt ist. Das untere Ende der Hauptachse greift in die Bohrung einer Lagerbüchse *e* ein, die ihrerseits exzentrisch in einer sich zentrisch im unteren Teil des Brecherkörpers drehenden Lagerbüchse *f* nachgiebig gelagert ist. Die Lagerbüchse *f* wird von einem Kegelräderpaar *g* angetrieben, auf dessen Ritzelwelle *h* die Antriebsscheibe *i* sitzt. Durch die im unteren Teil exzentrisch kreisende Bewegung der Hauptachse verengt und erweitert sich der zwischen Brechkegel und Brechrumpf gebildete Brechspalt *k* nacheinander über den ganzen Umfang desselben.

Das in das Brechmaul gelangende Gestein wird zwischen Brechrumpf und Brechkegel zerkleinert und verläßt das Brechmaul durch den unteren kreisförmigen Spalt, um durch die im unteren Brecherkörper vorgesehene schräge Gleitfläche *l* aus der Maschine entfernt zu werden.

Während beim Backenbrecher ein periodisches Brechen stattfindet, ist der Brechvorgang beim Rundbrecher ununterbrochen. Hierdurch wird nicht nur eine große Gleichförmigkeit in der Energieaufnahme der Maschine ermöglicht, sondern auch eine große Leistungsfähigkeit derselben gegenüber dem Backenbrecher erzielt.

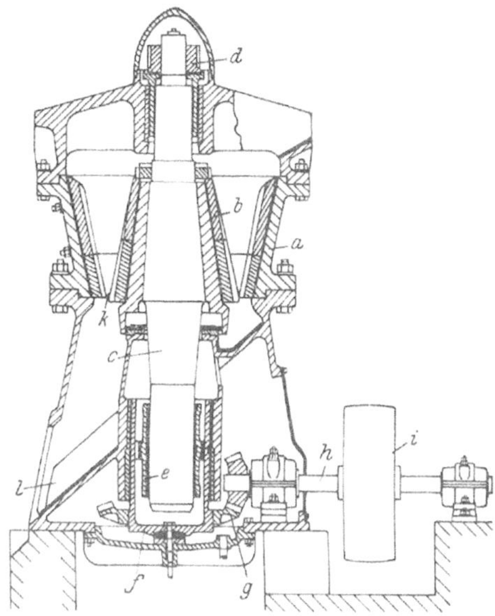

Abb. 2. Rundbrecher.

b) Anwendungsgebiet.

Der Rundbrecher findet in gleicher Weise wie der Backenbrecher Anwendung zum Vorbrechen aller Arten Gesteine und Erze. Er ist vor allem dort am Platze, wo es auf große Leistungsfähigkeit bei verhältnismäßig kleiner Stückgröße des gebrochenen Materials ankommt. Als Nachteil gegenüber den Backenbrechern haben die Rundbrecher bei gleicher Leistungsfähigkeit eine kleinere Einwurföffnung, d. h. die Aufgabestückgröße steht beim Rundbrecher in einem ungünstigeren Verhältnis zur Leistungsfähigkeit als beim Backenbrecher. Sehr vorteilhaft zeichnet sich der Rundbrecher

Tabelle 2. Rundbrecher.

Brechmaulöffnung		Umdrehung der Antriebsscheiben in der min	Ungefähres Gewicht der Maschine	Maximale Stückgröße des Aufgabegutes	Normale Brechspaltweite	Ungefähre stündliche Leistung an zerkleinertem Gestein	Durchschnittlicher Energiebedarf
Innerer Durchmesser des Brechrumpfes	Weite des kreisförmigen Brechmauls						
mm	mm		kg	mm	mm	t	kW
900	200	450	13 000	150 × 300	50	40	30
1100	280	400	19 000	250 × 500	65	70	45
1400	380	350	30 000	350 × 600	80	120	65
1800	500	330	48 000	450 × 800	100	200	90
2300	700	320	80 000	650 × 1100	120	350	120
3000	1000	300	150 000	1000 × 1500	180	700	180

dagegen gegenüber allen anderen Vorzerkleinerungsmaschinen durch seinen ruhigen, fast erschütterungsfreien Gang aus.

Abmessungen, Leistungsfähigkeit und Energiebedarf gemäß vorstehender Tabelle 2, S. 15.

3. Vorbrechwalzwerke.

a) Bauart und Arbeitsweise.

Die Vorbrechwalzwerke (Abb. 3) bestehen im wesentlichen aus zwei Brechwalzen, die gegenläufig zueinander durch ein entsprechendes Vorgelege angetrieben werden. Die Brechwalzen *a* und *b* werden hierbei gewöhnlich aus einzelnen Brechringen aus Stahlguß oder Hartstahl zusammengesetzt. Die Brechringe sitzen auf den beiden Vierkantachsen *c* und *d*, die in dem meistens aus Profileisen hergestellten Rahmen *e*

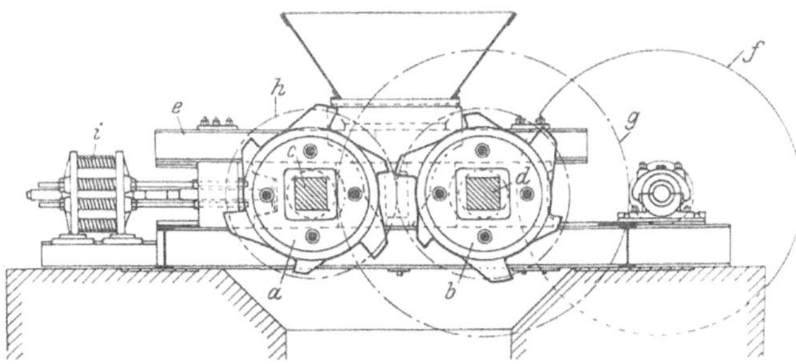

Abb. 3. Vorbrechwalzwerk.

gelagert sind. Die eine der Vierkantachsen wird durch eine Schwungradriemenscheibe *f* unter Vermittlung eines Rädervorgeleges *g* angetrieben. Beide Walzenachsen sind unter sich durch ein Kuppelräderpaar *h* untereinander verbunden. Die nicht unmittelbar angetriebene Walzenachse *c* ist verschiebbar in dem Rahmen *e* gelagert, damit die Brechwalze *a* beim Eindringen besonders harten Brechgutes etwas ausweichen kann. Der Gegendruck wird hierbei durch zwei Federbündel *i* aufgenommen.

Das Aufgabegut gelangt durch einen Aufgabetrichter zwischen die Brechwalzen und wird von diesen zertrümmert. Je nach der Art des zu zerkleinernden Gutes werden die Brechringe an ihrem Umfang mit Zähnen der verschiedensten Form und Größe versehen.

b) Anwendungsgebiete.

Die Vorbrechwalzwerke dienen zum Vorbrechen mittelharter Stoffe, wie beispielsweise Kalkmergel, Rohgips, Tonschiefer, Ölschiefer oder dgl. Zum Brechen von hartem Gestein sind sie entschieden zu vermeiden. Die Vorbrechwalzwerke haben gegenüber Backenbrechern den Vorteil, daß sie weniger von dem oftmals unerwünschten feineren Brechgut erzeugen.

Abmessungen, Leistungsfähigkeit und Energiebedarf gemäß nachstehender Tabelle:

Tabelle 3. Vorbrechwalzwerke.

Durchmesser der Walzen mm	Breite der Walzen mm	Umdrehung der Walzen in der min	Ungefähres Gewicht der Maschine kg	Zulässige Aufgabestückgröße bei 120 mm Spaltweite mm	Ungefähre stündliche Leistung an zerkleinertem mittelhartem Gestein t	Durchschnittlicher Energiebedarf kW
1000	1000	25	25 000	500	100	40
1300	1100	20	35 000	600	120	50
1600	1200	15	70 000	700	150	60

4. Hammerbrecher.

a) Bauart und Arbeitsweise.

Die Hammerbrecher (Abb. 4) bestehen aus einem Brechergehäuse, in dessen Inneren sich ein mit frei schwingenden Hämmern versehener Rotor dreht und dessen unterer Teil durch einen Austragsrost abgeschlossen ist. Das in Gußeisen hergestellte Brechergehäuse *a* ist seitlich mit Verschleißplatten ausgelegt. Im oberen Teil befindet sich der Einwurftrichter *b*. Der Rotor wird durch die Achse *c*, auf welcher die Armkreuze *d* sitzen, gebildet. An den äußeren Enden der Armkreuze sind die um Bolzen *e* frei schwingenden Hämmer *f* angeordnet. Um zu verhindern, daß allzu große Stücke in den Brechraum gelangen, sind in dem Aufgabetrichter noch einige Roststäbe *g* eingelegt. Durch den zwischen den in weiteren Abständen verlegten Roststäben frei bleibenden Raum schlagen die Hämmer hindurch und zertrümmern so die von dem Rost zurückgehaltenen größeren Stücke des Aufgabegutes. Das zerkleinerte Gut verläßt den Brecher durch den Austragsrost. Dieser besteht aus einzelnen Segmenten *h* mit eingelegten trapezförmigen Roststäben *i*. Durch die im Brechergehäuse vorgesehenen Türen *k* lassen sich die Rostsegmente leicht herausnehmen bzw. auswechseln. Der Antrieb des Rotors erfolgt unmittelbar durch eine auf der Achse *c* sitzende Antriebsriemen- oder Seilscheibe. Am entgegengesetzten Ende der Achse ist zur Erhöhung der Gleichförmigkeit ein Schwungrad vorgesehen.

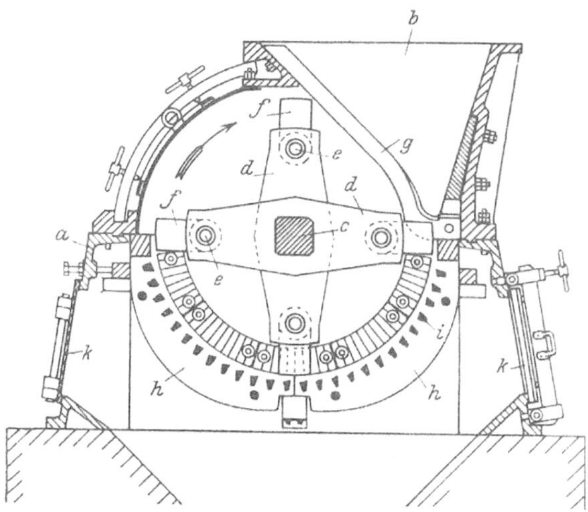

Abb. 4. Hammerbrecher.

b) Anwendungsgebiet.

Die Hammerbrecher eignen sich besonders zum Vorbrechen mittelharter Stoffe, wie beispielsweise Kalkmergel, Kalkstickstoff, Rohgips u. dgl. Ihr besonderer Vorzug liegt darin, daß sie einen außergewöhnlich hohen Zerkleinerungsgrad besitzen. Die Größe des Aufgabegutes ist lediglich von der Größe des Einwurftrichters abhängig. Die Korngröße des zerkleinerten Gutes richtet sich nach der Spaltweite des Austragsrostes. Im allgemeinen beträgt sie etwa 30—40 mm.

Die Hammerbrecher erzeugen neben dem auf die Spaltweite des Austragsrostes zerkleinerten Gut eine erhebliche Menge an feinen Grießen und Staub, was nicht immer erwünscht ist. Andererseits sind sie dort, wo das zerkleinerte Gut später weiter vermahlen wird, sehr willkommene Vorbrechmaschinen. So werden sie in der Zementindustrie besonders gern zum Vorbrechen der Rohstoffe verwendet. Es muß hierbei allerdings darauf geachtet werden, daß die Rohstoffe nicht einen außergewöhnlich hohen Feuchtigkeitsgrad besitzen, da sich sonst die Roste leicht zusetzen, wodurch eine erhebliche Leistungsminderung der Maschine eintritt.

Abmessungen, Leistungsfähigkeit und Energiebedarf gemäß nachstehender Tabelle:

Tabelle 4. Hammerbrecher.

Innerer Durchmesser des Mahlraumes mm	Innere Breite des Mahlraumes mm	Mittlere Umdrehungen der Antriebsscheiben in der min	Ungefähres Gewicht der Maschine kg	Zulässige Stückgröße des Aufgabegutes mm	Ungefähre stündliche Leistung bei einer Spaltweite von 40 mm t	Ungefährer Energiebedarf kW
1300	800	600	10 000	300 × 600	50	50
1600	1000	500	16 000	400 × 700	80	75
2000	1500	400	30 000	700 × 1000	120	100

B. Nachbrechmaschinen.

1. Granulatoren.

a) Bauart und Arbeitsweise.

Die Bauart der Granulatoren (Abb. 5) ist bezüglich der Maschinenelemente der Bauart der Backenbrecher ähnlich. Der in Gußeisen oder Stahlguß gefertigte Brecherkörper *a* trägt in seinem oberen Teil die Lagerung der Exzenterwelle *b*, die ihrerseits von der Schwungradriemenscheibe *c* angetrieben wird. Unmittelbar auf der exzentrischen Welle hängt die bewegliche Schwinge *d*. Das Brechmaul wird durch die beiden Brechbacken *e* und *f* gebildet, von denen die eine mit der vorderen Brecherwand verbunden ist, während die andere an der Schwinge befestigt ist. An Stelle des doppelseitigen Kniehebelgelenkes des Backenbrechers wird beim Granulator nur ein einseitiges Gelenk durch die Druckplatte *g* gebildet. Die Stellkeilvorrichtung *k* zur Einstellung der Spaltweite ist die gleiche wie beim Backenbrecher, ebenso auch die Spannfeder *i* und die Stange *h*, die das ganze System zusammenhalten.

Im Gegensatz zu der hin und her gehenden Bewegung der Schwinge beim Backenbrecher, vollzieht jeder Punkt der Schwinge beim Granulator eine elliptische Bewegung. Durch die elliptische Bewegung wird das Brechgut mehr oder weniger im Brechmaul umgewendet, wodurch ein mehr würfeliges Korn entsteht. Ferner hat diese Bewegung auch einen günstigen Einfluß auf die schnellere Entleerung des engen Spaltes am unteren Teil des Brechmaules.

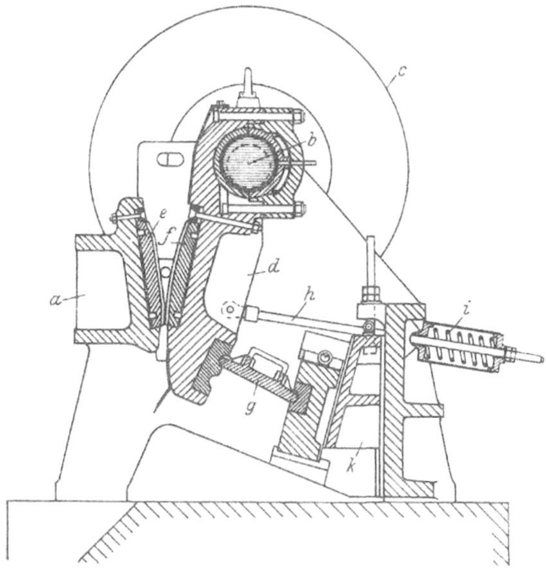

Abb. 5. Granulator.

b) Anwendungsgebiet.

Die Granulatoren haben eine besondere Anwendung in der Schotterindustrie zur Herstellung feiner Körnungen (Splitt) gefunden. Sie sind einfache und preiswerte Maschinen, haben aber den Nachteil eines besonders starken Verschleißes der Brechbacken an der Stelle des engsten Spaltes. Die Brechbacken müssen deshalb auch aus Baustoffen allerbester Widerstandsfestigkeit gegen Verschleiß hergestellt sein. Bei Verarbeitung von besonders hartem Gestein sehe man von der Verwendung von Granulatoren ab, da der übergroße Verschleiß die Wirtschaftlichkeit der Maschine stark gefährden würde.

Außer in der Schotterindustrie können die Granulatoren überall dort angewendet werden, wo es sich darum handelt, mittelhartes bis hartes Gestein von etwa Doppelfaustgröße auf ein Korn von etwa 15 bis 30 mm zu zerkleinern.

Abmessungen, Leistungsfähigkeit und Energiebedarf gemäß nachstehender Tabelle:

Tabelle 5. Granulatoren.

Brechmaul-öffnung mm	Umdrehungen der Antriebs-scheiben in der min	Ungefähres Gewicht der Maschine kg	Maximale Stückgröße des Aufgabegutes mm	Normale Brechspaltweite mm	Ungefähre stündliche Leistung an zerkleinertem Gestein t	Durchschnittlicher Energiebedarf kW
300 × 110	275	1 800	90	20	3	6
450 × 130	275	4 000	110	20	6	12
600 × 150	250	7 500	120	25	11	18
800 × 170	250	11 000	150	25	17	27
1000 × 200	230	15 000	170	30	25	36

2. Feinrundbrecher.

a) Bauart und Arbeitsweise.

Die Bauart des Feinrundbrechers entspricht grundsätzlich der Bauart des unter Vorbrechmaschinen beschriebenen Rundbrechers. Abweichend ist lediglich die geringere Spaltweite im unteren Brechmaul und die geringere exzentrische Bewegung der Hauptachse. Diese beiden Merkmale kennzeichnen den Brecher als eine Nachbrechmaschine, bei der es weniger auf eine große Aufgabestückgröße als vielmehr auf ein feinkörniges Brechgut ankommt.

b) Anwendungsgebiet.

Der Feinrundbrecher findet hauptsächlich in der Schotterindustrie Verwendung zum Nachbrechen des von der Sieberei kommenden Überlaufgutes. Selbstverständlich können diese Brecher auch zum Nachbrechen von Gesteinen und Erzen aller Art benutzt werden.

Abmessungen, Leistungsfähigkeit und Energiebedarf gemäß nachstehender Tabelle:

Tabelle 6. Feinrundbrecher.

Brechmaulöffnung		Umdrehungen der Antriebsscheiben	Ungefähres Gewicht der Maschine	Maximale Stückgröße des Aufgabegutes	Normale Brechspaltweite	Ungefähre stündliche Leistung an gebrochenem Gestein	Durchschnittlicher Energiebedarf
Innerer Durchmesser des Brechrumpfes mm	Weite des kreisförmigen Brechmaules mm		kg	mm	mm	t	kW
700	150	600	8 000	120 × 150	25	12	16
900	200	550	12 000	160 × 250	35	25	30
1100	280	500	17 000	210 × 300	45	40	45

3. Symonsbrecher.

a) Bauart und Arbeitsweise.

Der Symonsbrecher (Abb. 6) ist ein Rundbrecher besonderer Bauart. Die Hauptachse *a*, auf welcher der Brechkegel *b* sitzt, ist nicht, wie bei den Rundbrechern, im oberen Teil des Brechergehäuses aufgehängt, sondern ruht mit der unteren kugelförmigen Fläche des Brechkegels auf der im Innern des Gehäuses befindlichen kugelförmigen Lagerfläche *c*. Der untere Teil der Hauptachse steckt in einer exzentrischen Bohrung der zylindrischen Büchse *d*, die zentrisch drehbar im unteren Teil des Brechergehäuses gelagert ist. Der Antrieb der Büchse *d* erfolgt durch ein Kegelräderpaar *e*, dessen getriebenes Rad auf der im Gehäuse verlagerten Antriebswelle *f* sitzt. Der Antrieb selbst kann sowohl durch unmittelbare Kupplung mit einem Motor, wie auch durch Riemen oder Seile erfolgen. Im oberen Teil des Gehäuses befindet sich der kreisförmige Brechrumpf *g*. Zwischen diesem und dem Brechkegel entsteht der Brechspalt *h*, der sich entsprechend der exzentrischen Drehung des Brechkegels auf seinem ganzen Umfang abwechselnd verengt und erweitert.

Das zu zerkleinernde Gut gelangt durch den Einlauf *i* auf den Aufgabeteller *k* und wird von diesem gleichmäßig auf den ganzen Umfang des Brechmaules verteilt. Die Spaltweite wird bei diesem Brecher durch Höher- oder Tieferschrauben des Brechrumpfes eingestellt. Zu diesem Zwecke dient das Windwerk *l*. Eine weitere Besonderheit an dem Symonsbrecher sind ferner die auf dem ganzen Umfang verteilten Federn *m*, mit welchen der Brechrumpf und das Brechergehäuse zusammengehalten werden. Beim Eindringen irgendwelcher Fremdkörper in

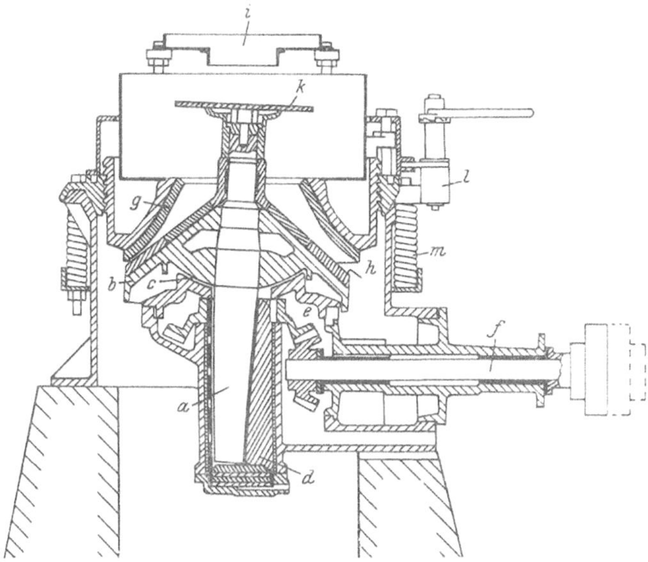

Abb. 6. Symonsbrecher.

den Brecher gestatten diese Federn ein Ausweichen des Brechrumpfes; sie stellen somit eine wirksame Sicherung gegen Bruchgefahr dar. Der Brecher ist im Brechrumpf und auf der Oberfläche des Brechkegels mit Mangan-Hartstahlplatten ausgelegt, die Gehäuseteile sind, wie üblich, in Gußeisen ausgeführt.

b) Anwendungsgebiete.

Der besondere Vorzug des Symonsbrechers ist seine große Leistungsfähigkeit sowie der ungewöhnlich hohe Zerkleinerungsgrad. Er eignet sich besonders als Feinbrecher und kann hierbei infolge seines hohen Zerkleinerungsgrades oftmals Nachbrecher und Walzenmühle in einer Maschine ersetzen. Der Symonsbrecher kann zum Zerkleinern von Gesteinen und Erzen aller Art Verwendung finden.

Abmessungen, Leistungsfähigkeit und Energiebedarf gemäß nachstehender Tabelle:

Tabelle 7. Symonsbrecher.

Unterer Durchmesser des Brechkegels	Ungefähres Gewicht der Maschine	Umdrehungen der Antriebsscheiben in der min	Maximale Stückgröße des Aufgabegutes		Mittlere Brechspaltweite		Mittlere Leistung an zerkleinertem Gestein/h		Durchschnittlicher Energiebedarf
			a	b	a	b	a	b	
mm	kg		mm	mm	mm	mm	t	t	kW
600	4 800	575	40	75	7	35	12	30	25
900	9 600	575	75	115	8	35	25	65	50
1200	16 000	475	115	170	9	40	40	120	75
1650	37 000	475	210	250	10	45	85	250	150
2100	59 000	400	—	350	—	50	—	500	250

a Wenn der Brecher als Feinbrecher arbeitet.
b Wenn der Brecher als Grobbrecher arbeitet.

4. Walzwerke.

a) Bauart und Arbeitsweise.

Die Walzwerke zum Nachbrechen sind grundsätzlich von gleicher Bauart, wie die auf S. 16 und 17 behandelten Vorbrechwalzwerke. Abweichend ist im wesentlichen nur die Form der Walzen, die je nach dem Verwendungszweck aus einzelnen feingezahnten Walzenringen oder gewellten oder geriffelten Walzenmänteln bestehen.

b) Anwendungsgebiet.

Die Walzwerke zum Nachzerkleinern können zum Nachbrechen mittelharter und harter Stoffe aller Art Verwendung finden. Ihre Aufstellung ist überall dort berechtigt, wo das von den großen Vorbrechmaschinen kommende Brechgut zu grobstückig sein würde, um auf den im späteren Arbeitsgang folgenden Schrotmühlen und Feinmahlmaschinen weiterverarbeitet werden zu können.

Abmessungen, Leistungsfähigkeit und Energiebedarf gemäß nachstehender Tabelle:

Tabelle 8. Walzwerke.

Durchmesser der Walzen	Breite der Walzen	Umdrehung der Walzen in der min	Ungefähres Gewicht der Maschine	Zulässige Aufgabestückgröße bei etwa 15 mm Spaltweite	Ungefähre stündliche Leistung an zerkleinertem Gut	Durchschnittlicher Energiebedarf
mm	mm		kg	mm	t	kW
800	500	35	12 000	100	25	30
1000	600	30	18 000	110	35	40
1200	800	25	25 000	120	50	60

5. Kollergänge.

a) Bauart und Arbeitsweise.

Bei den Kollergängen findet die Zerkleinerung des Aufgabegutes durch das Gewicht auf einer Kollerbahn sich abwälzender Koller statt. Bei dem in Abb. 7 gezeigten Kollergang sind die beiden Koller auf einer vertikal in den gußeisernen Ständern *a* und *b* verschiebbaren Achse *c* drehbar angeordnet. Jeder Koller besteht aus dem gußeisernen Kollerkern *d*, auf welchem, gewöhnlich mit Holzkeilen befestigt, der aus Schalenhartguß oder Hartstahl hergestellte Kollerring *e* sitzt. Die vertikale Achse *f* läuft in einem Spurlager *g* und trägt den mit der Kollerbahn ausgerüsteten Teller *h*. Die Kollerbahn wird aus verschleißfesten Platten *i* gebildet. Bei der Drehung der vertikalen Achse bzw. des Kollertellers wälzen sich die Koller auf der Kollerbahn ab und zerkleinern das unter sie gelangende Gut. Der Antrieb der vertikalen Achse bzw. des Kollertellers erfolgt durch das Rädervorgelege *k*, dessen Ritzel *l* auf der mit einer Los- und Festscheibe versehenen Vorgelegewelle *m* sitzt. Konzentrisch zur Kollerbahn sind Siebbleche *n* angeordnet, die sich mit dem Teller drehen. Feststehende Abstreicher besonderer Form sorgen dafür, daß das von den Kollern zerkleinerte Gut bei der Drehung des Tellers über die Siebe gelangt. Das genügend zerkleinerte Gut tritt durch die Siebe in den konzentrisch zur vertikalen Achse angeordneten Sammelteller *o*, während die Siebrückstände mittels entsprechend geformter Abstreicher zur Weitervermahlung wieder unter die Koller gebracht werden. Das sich in dem Sammelteller ansammelnde Fertiggut wird durch Räumer *p*, die an dem Kollerteller angebracht sind, einem Auslaufstutzen des Sammeltellers zugeführt.

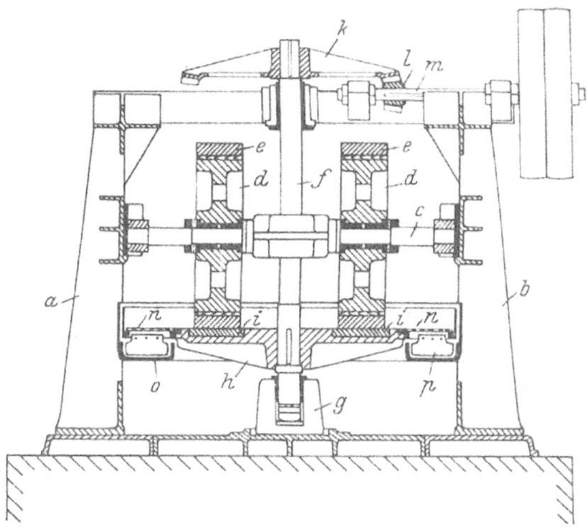

Abb. 7. Kollergang.

b) Anwendungsgebiet.

Die Kollergänge gelangen in den verschiedensten Bauarten zur Ausführung. Entgegen der vorstehenden Abbildung, bei welcher die Koller auf einer feststehenden Achse angeordnet sind und der Teller sich dreht, kann auch der Teller feststehen und es können die Koller von der vertikalen Achse angetrieben werden. In diesem Falle erfolgt der Antrieb der Koller, damit diese in vertikaler Richtung nachgeben können, mittels sog. Schleppkurbeln, die von einem auf der vertikalen Achse sitzenden Holmen bei der Drehung der Achse mitgezogen werden.

Weiterhin können die Kollergänge sowohl als Trockenkollergänge wie auch als Naßkollergänge gebaut werden. In letzterem Falle ist die Kollerbahn rostartig ausgebildet. Das zu zerkleinernde feuchte Gut wird dann unmittelbar von den Kollern durch die Rostspalten gedrückt.

Die Kollergänge sind infolge ihrer schweren Ausfühung und der langsamen Bewegung ihrer arbeitenden Teile sehr zuverlässige Maschinen. Sie können sowohl als Nachbrechmaschinen wie auch als Fertigmahlmaschinen Verwendung finden. In letzterem Falle geben sie ein körniges, mehlreiches Mahlgut. Mittelharte und harte Stoffe aller Art können zerkleinert werden. Vielfach finden die Kollergänge Anwendung in der Steinfabrikation. In der Dinassteinfabrikation dienen sie in besonderer Ausführung gleichzeitig zur Zerkleinerung des als Rohstoff verwendeten Quarzits und zum Mischen desselben mit Kalkmilch. Auch zum Mahlen und Mischen von Farben, Drogen, Gewürzen, Explosivstoffen u. dgl. sind Kollergänge geeignete Maschinen. Hierbei können die Koller und die Kollerbahn auch aus Granit, Quarz- oder Sandstein hergestellt werden, um eine Verunreinigung der zu vermahlenden Stoffe durch Eisen zu vermeiden.

Abmessungen, Leistungsfähigkeit und Energiebedarf gemäß nachstehender Tabelle:

Tabelle 9. Kollergänge.

Durchmesser der Koller mm	Breite der Koller mm	Umdrehungen der Kollerbahn in der min	Ungefähres Gewicht der Maschine kg	Zulässige Stückgröße des Aufgabegutes mm	Ungefähre stündliche Leistung an zerkleinertem Gestein bei 0—8 mm Körnung t	Durchschnittlicher Energiebedarf kW
1250	350	20	16 000	50	6	10
1500	400	18	25 000	60	9	15
1800	450	18	34 000	70	12	20
2000	500	16	42 000	80	15	25

6. Brechschnecken.

a) Bauart und Arbeitsweise.

Diese Maschinen (Abb. 8) besitzen, wie schon der Name sagt, ein schneckenförmiges Brechorgan *a*, das unmittelbar auf der Antriebswelle *b* sitzt. Die Brechschnecke *a* befindet sich in dem Brechgehäuse *c*, dessen unterer Teil mit dem aus einzelnen Rostplatten *d* bestehenden Rost seinen Anschluß findet. Das Brechgehäuse ist mit Verschleißplatten aus Harteisen ausgelegt, während die Brechschnecke aus Schalenhartguß hergestellt ist. Die Antriebswelle ist in den beiden Lagern *e* und *f* gelagert und wird durch die Riemenscheibe *g* angetrieben. Zum zeitweisen Ausrücken der Maschine dient die Losscheibe *h*. Zur Erhöhung der Gleichförmigkeit ist die Antriebswelle schließlich noch mit einem Schwungrad *i* versehen. Das Aufgabegut wird zwischen Brechschnecke, Brechgehäuse und Ausfallrost zerkleinert. Die Korngröße des zerkleinerten Gutes richtet sich nach der Spaltweite des Rostes, die jeweils durch Auswechseln der Roststäbe verändert werden kann.

b) Anwendungsgebiet.

Die Brechschnecken dienen zum Vorzerkleinern grobstückigen Gutes, das dann gewöhnlich auf anderen Maschinen weitergemahlen wird. Sie eignen sich zum Zerkleinern mittelharter Stoffe aller Art, wie Kesselschlacken, Ziegelbrocken, Mergel u. dgl.

Die Brechschnecken sind in ihrer Bauart sehr einfache Maschinen, sie haben aber den Nachteil eines verhältnismäßig hohen Verschleißes der Brechwerkzeuge. Ihre Anwendung ist daher hauptsächlich dort am Platze, wo es sich um eine Hilfszerkleinerungseinrichtung handelt, die

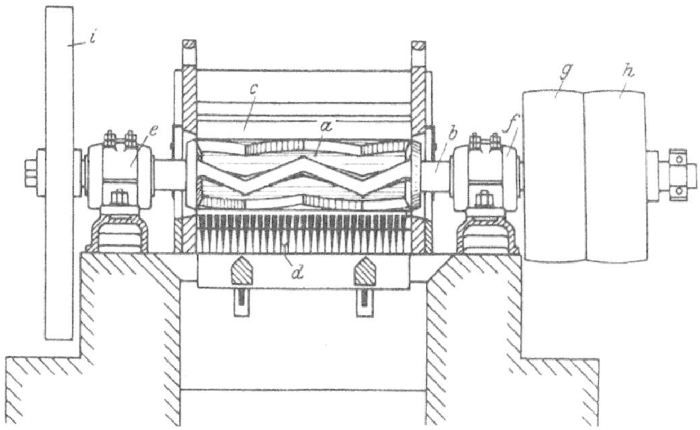

Abb. 8. Brechschnecke.

nicht während der ganzen Arbeitszeit der übrigen Anlage, sondern nur zeitweise in Betrieb genommen wird.

Abmessungen, Leistungsfähigkeit und Energiebedarf gemäß nachstehender Tabelle:

Tabelle 10. Brechschnecken.

Durchmesser der Brechschnecke mm	Länge der Brechschnecke mm	Umdrehungen der Antriebsscheibe in der min	Ungefähres Gewicht der Maschine kg	Zulässige Stückgröße des Aufgabegutes mm	Ungefähre stündliche Leistung an zerkleinertem Gut bei etwa 5 mm Spalt des Rostes kg	Durchschnittlicher Energiebedarf kW
200	500	300	1800	60	2000	3
250	700	300	3000	80	4000	6
300	900	250	4000	100	7000	10

C. Schrotmühlen.

1. Walzenmühlen.

a) Bauart und Arbeitsweise.

Die in umstehender Abb. 9 dargestellte Walzenmühle besteht, wie die Vor- und Nachbrechwalzwerke, aus zwei sich in entgegengesetzter Richtung drehenden Brechwalzen, zwischen denen das zu zerkleinernde Gut zertrümmert wird. Auf den Walzenachsen *a* und *b* befinden sich die Walzenkerne *c* und *d*, und auf diesen sind die Walzenmäntel *e* und *f* aufgezogen. Die Achse *a* ist in dem gußeisernen Maschinenrahmen *g* fest verlagert, während sich die Lagerung der Achse *b* in einem verschiebbaren Gabelrahmen *h* befindet. Die Spaltweite zwischen den Walzen kann durch eine einfache, im Gabelrahmen vorgesehene Einrichtung eingestellt werden. Beim Eindringen besonders harter Stücke oder Fremdkörper kann der Gabelrahmen und somit auch die in ihm gelagerte Walze ausweichen, wobei der Gegendruck durch eine Kegelfeder aufgenommen wird. Das zu zerkleinernde Gut wird aus dem Aufgabetrichter *k* durch eine unmittelbar von der Mühle angetriebene Aufgabevorrichtung *l* den Brechwalzen gleichmäßig zugeführt. Die Walzenachsen werden, jede für sich, durch eine unmittelbar auf der Achse

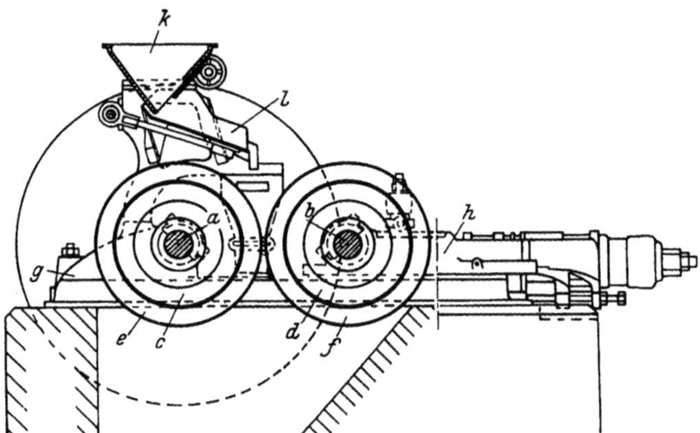

Abb. 9. Walzenmühle.

sitzende Riemenscheibe angetrieben. Um die entgegengesetzte Drehrichtung der Walzen zu erreichen, muß die eine Walze mit offenem und die andere mit gekreuztem Riemen angetrieben werden. Der unmittelbare Antrieb der Walzen hat den Vorteil, daß die Umdrehungsgeschwindigkeit der Walzen größer gewählt werden kann als bei den mittels Kuppelrädern betriebenen Walzenmühlen. Hierdurch wird auch die Leistungsfähigkeit dieser Maschinen erhöht.

Die verschleißenden Teile an der Walzenmühle sind die Walzenmäntel. Sie müssen aus Mangan-Hartstahl oder Schalenhartguß hergestellt sein. Da die Walzenmühlen hauptsächlich zum Schroten dienen, so werden die Walzenmäntel meistens glatt, seltener geriffelt, ausgeführt. Um die sich ungleichmäßig abnützende Oberfläche der Walzen von Zeit zu Zeit wieder glätten zu können, läßt sich eine besondere Vorrichtung zum Nachschleifen der Walzenmäntel an der Walzenmühle anbringen. Das Nachschleifen kann dann unmittelbar in der Maschine erfolgen, ohne die Walzen herausnehmen zu müssen.

b) Anwendungsgebiet.

Die Walzenmühlen dienen zum Schroten von mittelharten und harten Stoffen aller Art. Da das zu zerkleinernde Gut sofort nach seiner

Zertrümmerung ausgetragen wird, so geben diese Maschinen ein körniges Gut mit verhältnismäßig wenig Staubgehalt. Sie eignen sich deshalb besonders in der Schotterindustrie zur Herstellung der verschiedenen Sorten von Splitt und in der Erzaufbereitung zum Schroten der Erze. Aber auch in den verschiedensten anderen Industriezweigen sind sie viel verwendete Nachbrechmaschinen.

Abmessungen, Leistungsfähigkeit und Energiebedarf gemäß nachstehender Tabelle:

Tabelle 11. Walzenmühlen.

Durchmesser der Walzen mm	Breite der Walzen mm	Umdrehungen der Walzen in der min	Ungefähres Gewicht der Maschine kg	Zulässige Aufgabestückgröße bei 8 mm Spaltweite mm	Ungefähre stündliche Leistung an zerkleinertem Gestein bei 8 mm Spalt kg	Durchschnittlicher Energiebedarf kW
500	250	90	4 000	30	8 000	10
750	300	75	7 000	35	12 000	15
1000	350	60	11 000	40	15 000	18
1250	400	50	20 000	45	20 000	24

2. Hammermühlen.

a) Bauart und Arbeitsweise.

Die Hammermühlen (Abb. 10) sind in ihrer Bauart und Arbeitsweise den S. 17 behandelten Hammerbrechern sehr ähnlich. Auf der Mühlenwelle *a* sitzen nebeneinander in gewissen Abständen die Nabenscheiben *b*. Zwischen je zwei der Nabenscheiben sind 4—6 Schläger *c* angeordnet, die mit den jeweils benachbarten Schlägern über die ganze Mühlenbreite sich erstreckende Schlägerreihen bilden. Die Schläger jeder Schlägerreihe sind um einen Bolzen *d*, der durch sämtliche Nabenscheiben und Schläger der betreffenden Reihe hindurchführt, drehbar angeordnet. Bei der schnellen Umdrehung der Mühlenwelle stellen sie sich infolge der Zentrifugalkraft radial ein. Der untere Teil des gußeisernen Mühlengehäuses *e* ist als halbkreisförmiger Rost *f* ausgebildet, dessen Rostspalten durch Veränderung der Stärke der Zwischenlegstücke zwischen den Roststäben *g* beliebig verändert werden können. Die obere Mühlenhaube *h* ist mit Verschleißplatten *i* ausgelegt und nimmt ferner den Einlauftrichter *k* auf.

Das zu zerkleinernde Gut wird durch die den Schlägern innewohnende lebendige Kraft zertrümmert und durch die Spalten des Rostes ausgetragen. Schläger und Roststäbe sind bei diesen Maschinen sehr erheblichem Verschleiß ausgesetzt und müssen daher aus bestem, geschmiedeten Stahl hergestellt werden.

b) Anwendungsgebiet.

Die Hammermühlen lassen sich zum Vermahlen mittelharter Stoffe aller Art verwenden. Sie geben ein grießiges, mehlhaltiges Mahlgut. Mit Vorzug werden sie zur Vermahlung von Kalkmergel und Salz für Düngezwecke angewendet. Auch zur Vermahlung von Rohbraunkohle wird die Hammermühle mit Erfolg benutzt. Es hat sich hierfür eine besondere Bauart herausgebildet, die gestattet, die Rohbraunkohle ohne vorherige Trocknung auf eine für die Brikettfabrikation geeignete Korngröße zu zerkleiern.

Die Vermahlung sehr harter Stoffe auf den Hammermühlen ist nicht empfehlenswert, da der Verschleiß der Schläger und Roste den Betrieb der Maschine unwirtschaftlich gestalten würde.

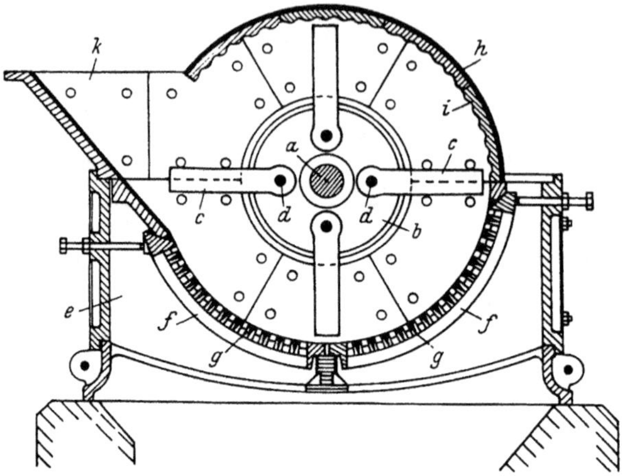

Abb. 10. Hammermühle.

Abmessungen, Leistungsfähigkeit und Energiebedarf gemäß nachstehender Tabelle:

Tabelle 12. Hammermühlen.

Innerer Durchmesser des Mahlraumes mm	Innere Breite des Mahlraumes mm	Umdrehungen der Antriebsscheibe in der min	Ungefähres Gewicht der Maschine kg	Zulässige Stückgröße des Aufgabegutes mm	Ungefähre stündliche Leistung an mittelhartem Mahlgut bei 4 mm Spaltweite kg	Ungefährer Energiebedarf kW
600	400	1400	1500	40	3 000	8
800	450	1000	2500	50	7 000	15
1000	500	800	4000	60	12 000	25

3. Glockenmühlen.

a) Bauart und Arbeitsweise.

Äußerlich sieht die Glockenmühle einem Rundbrecher ähnlich, die Arbeitsweise ist jedoch grundverschieden von diesem. Während beim Rundbrecher der Brechkegel eine exzentrisch zwanglos abwälzende Bewegung auf der inneren Fläche des Brechrumpfes ausführt, wird der Brechkegel der Glockenmühle zentrisch zwangläufig gedreht. Der Mahlraum wird bei der Glockenmühle (Abb. 11) durch einen aus Schalenhartguß hergestellten, innen geriffelten Mahlrumpf *a* und aus dem gleichen Baustoff angefertigten und ebenfalls geriffelten Mahlkegel *b* gebildet. Dieser sitzt auf der senkrechten Achse *c*, die an beiden Enden zentrisch gelagert und von dem Kegelräderpaar *d* angetrieben wird. Das treibende Rad des letzteren sitzt auf der zweifach gelagerten Antriebswelle *e*, die mit einer Los- und Festscheibe ausgerüstet ist.

Das zu zerkleinernde Aufgabegut gelangt durch den Einwurftrichter *f* in den Mahlraum und wird in diesem zu einem kleinkörnigen, reichlich mehlhaltigen Gut geschrotet. Letzteres verläßt den Mahlraum durch den unteren Brechspalt und wird schließlich durch den mit der Hauptachse verbundenen Räumer *g* in die Auslaufschurre *h* der Maschine befördert.

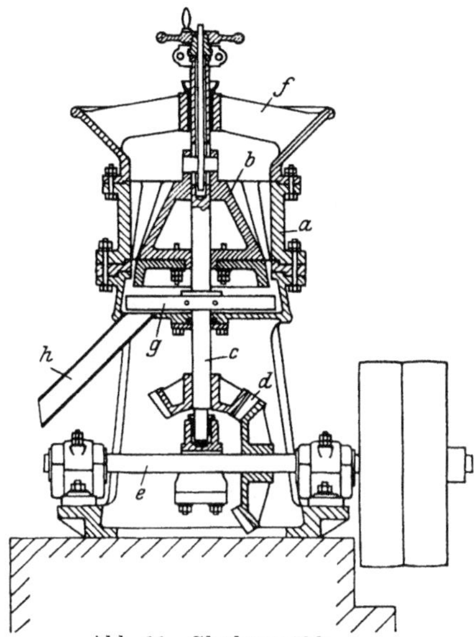

Abb. 11. Glockenmühle.

b) Anwendungsgebiet.

Die Glockenmühlen finden hauptsächlich Anwendung zur Zerkleinerung von Gips, Salz, Sulfat, Ton, gedämpften Knochen u. dgl., d. h. zur Zerkleinerung aller möglichen Stoffe geringerer und mittlerer Härte. Sie eignen sich besonders für chemische Betriebe, in welchen die verschiedensten Erzeugnisse oftmals von der weiteren Verarbeitung geschrotet werden müssen.

Abmessungen, Leistungsfähigkeit und Energiebedarf gemäß nachstehender Tabelle:

Tabelle 13. Glockenmühlen.

Durchmesser des Mahlkegels mm	Ungefähres Gewicht der Maschine kg	Umdrehungen der Antriebsscheiben in der min	Zulässige Stückgröße des Aufgabegutes mm	Ungefähr erreichbare Körnung des Mahlgutes bei engster Spaltstellung mm	Ungefähre stündliche Leistung an mittelhartem Gut bei engster Spaltstellung kg	Ungefährer Energiebedarf kW
600	2000	200	70	0— 6	3500	5
800	3000	200	80	0— 8	4500	6
1000	5000	200	100	0—10	6000	8
1200	7500	200	120	0—15	9000	11

4. Schleudermühlen.

a) Bauart und Arbeitsweise.

Bei den Schleudermühlen (Abb. 12) greifen zwei sich in entgegengesetzter Richtung drehende, aus konzentrischen Stabreihen gebildete Schleuderkörbe ineinander. Die Schleuderkörbe *a* und *b* bestehen aus kreisrunden

Blechscheiben bzw. Blechringen, auf denen in konzentrischen Reihen Rundstahlstäbe *c* befestigt sind. Die mit verschiedenen Mittelabständen versehenen Stabreihen sind so angeordnet, daß die Stabreihen des einen Korbes zwischen die Stabreihen des anderen Korbes eingreifen. Jeder der beiden Schleuderkörbe sitzt auf einem besonderen gußeisernen Lagerbock *d* bzw. *e*. Diese Lagerböcke tragen die Antriebswellen *f* bzw. *g* des jeweiligen Schleuderkorbes. Der Antrieb selbst erfolgt durch die Antriebsscheiben *h* bzw. *i*, von denen zur Erzielung einer entgegengesetzten Drehrichtung der Schleuderkörbe die eine Scheibe von einem gekreuzten, die andere dagegen von einem offenen Riemen angetrieben

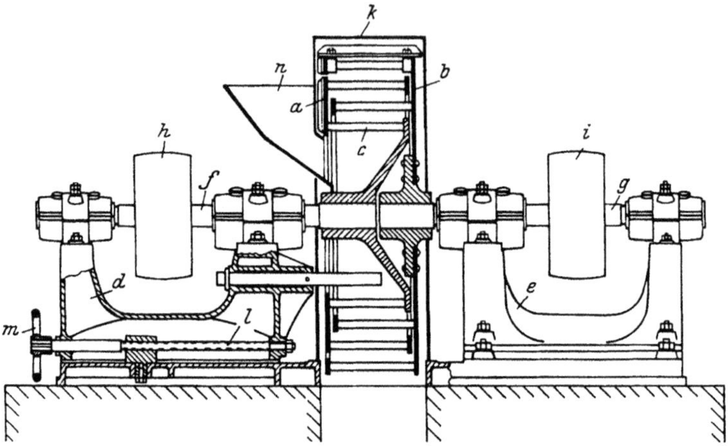

Abb. 12. Schleudermühle.

wird. Die Schleuderkörbe sind von einem feststehenden Blechmantel *k* umgeben, dessen oberer Teil aufklappbar ist. Zum Zwecke einer bequemen Reinigungsmöglichkeit ist der Lagerbock *d* derart verschiebbar angeordnet, daß durch Drehen der Spindel *l* mittels des Handrades *m* der Schleuderkorb *a* seitlich aus den Stabkreisen des Schleuderkorbes *b* herausgezogen werden kann.

Die Einführung des Aufgabegutes erfolgt durch den Aufgabetrichter *n*. Das Gut gelangt dann von der inneren Stabreihe allmählich zur äußeren Stabreihe und wird auf diesem Wege von den in entgegengesetzter Richtung kreisenden Stäben zerkleinert, vor allem aber gut durchmischt.

b) Anwendungsgebiet.

Die Schleudermühlen werden zum Vermahlen weicherer Stoffe und besonders zum Auflockern zusammengeballten Gutes verwendet. Vermahlen können werden: Salz, Kohle, Kreide, Torf, Ölkuchen u. dgl. Aufgelockert werden auf Schleudermühlen Superphosphat und Formsand. Auch zum Durchmischen schwach angefeuchteten Gutes ist die Maschine geeignet.

Zur Vermahlung von Steinkohle zu Kokereizwecken sind die Schleudermühlen in besonderer Ausführung bis zu einem Durchmesser von 2,4 m des äußersten Stabkreises entwickelt worden. Sie geben hier ein grießiges, zum Zwecke der Verkokung sehr geeignetes Mahlgut.

Abmessungen, Leistungsfähigkeit und Energiebedarf gemäß nachstehender Tabelle:

Tabelle 14. Schleudermühlen.

Durchmesser des äußeren Stabkreises mm	Ungefähres Gewicht der Maschine kg	Umdrehung der Antriebsscheiben in der min	Zulässige Stückgröße des Aufgabegutes mm	Ungefähre stündliche Leistung bei Vermahlung weicherer Stoffe zu einem grießigen Mehl kg	Ungefährer Energiebedarf kW
600	1200	1000	30	2000	5
800	1800	750	40	3500	7
1000	2600	600	50	5000	10
1200	3600	500	60	8000	15
1500	5500	400	70	12000	22

5. Schlagkreuzmühlen.

a) Bauart und Arbeitsweise.

Die Schlagkreuzmühlen (Abb. 13) bestehen aus einem in Gußeisen gefertigten Mühlengehäuse *a*, das gleichzeitig die beiden Lager *b* und *c* für die Mühlenachse *d* trägt. Auf der Mühlenachse sitzt die Antriebsscheibe *e* und das eigentliche Mahlorgan, das Schlagkreuz. Dieses besteht aus der Nabe *f* und den Schlägern *g*. Das Mühlengehäuse ist im Innern mit Schalenhartguß-Verschleißplatten ausgelegt. Die Schläger sind aus hochwertigem Stahl geschmiedet. Der untere Teil des Mühlengehäuses wird durch einen halbkreisförmigen Rost abgeschlossen, der sich aus den Rostwangen *h* und den Roststäben *i* zusammensetzt. Die Roststäbe können einzeln mit entsprechenden Zwischenlegplättchen in die Rostwangen eingesetzt werden, so daß man jede beliebige Spaltweite des Rostes einstellen kann.

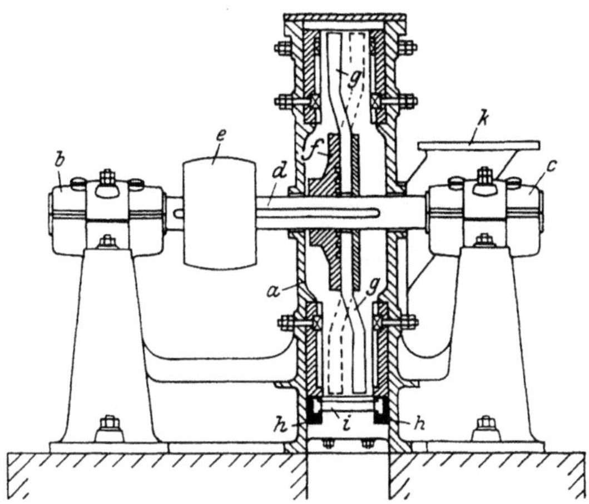

Abb. 13. Schlagkreuzmühle.

Das zu zerkleinernde Gut gelangt durch den Einlauftrichter *k* in die Mühle und wird von den mit hoher Geschwindigkeit umlaufenden Schlägern zertrümmert. Das genügend feine Gut verläßt die Mühle durch die freien Spalten des Rostes.

b) Anwendungsgebiet.

Die Schlagkreuzmühlen werden in der Hauptsache zum Schroten mittelharter Stoffe aller Art verwendet, wie Salz, Düngekalk, Gips, Asphaltgestein, gedämpften Knochen u. dgl. Mit der Spaltweite kann man bis auf etwa 1 mm heruntergehen und erhält dann ein feingrießiges, sehr mehlhaltiges Mahlgut. Der Verschleiß der Schläger ist allerdings erheblich.

Abmessungen, Leistungsfähigkeit und Energiebedarf gemäß nachstehender Tabelle:

Tabelle 15. Schlagkreuzmühlen.

Innerer Durchmesser des Mahlgehäuses mm	Innere Breite des Mahlgehäuses mm	Mittlere Umdrehungen der Antriebsscheiben in der min	Ungefähres Gewicht der Maschine kg	Zulässige Stückgröße des Aufgabegutes mm	Ungefähre stündliche Leistung an mittelhartem Mahlgut bei 3 mm Spalt kg	Ungefährer Energiebedarf kW
600	120	1700	600	30	1200	4
800	140	1250	1000	40	2500	7
1000	160	1000	1600	50	3500	10
1200	180	850	2500	60	5500	15

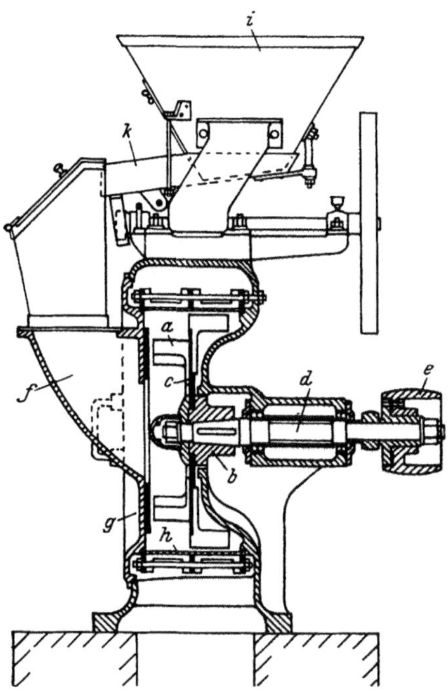

Abb. 14. Schlagnasenmühle.

6. Schlagnasenmühlen.

a) Bauart und Arbeitsweise.

Bei den Schlagnasenmühlen (Abb. 14) wird die Zerkleinerung durch eine Anzahl rasch umlaufender Schlagnasen bewirkt. Die Schlagnasen *a* sind an einer auf der Nabe *b* sitzenden Stahlblechscheibe *c* befestigt. Die Nabe *b* ist auf der Achse *d* aufgekeilt, die ihrerseits am anderen Ende die Antriebsscheibe *e* trägt. Das mit dem Einlauftrichter *f* versehene gußeiserne Gehäuse *g* umfaßt gleichzeitig auch die meistens als Kugellager ausgebildete Lagerung der Achse *d*. Der eigentliche Mahlraum wird durch die kreisförmig gebogenen Siebbleche *h* begrenzt. Das Innere des Gehäuses ist an der Einlaufseite mit Verschleißblechen ausgelegt, ebenso ist die in das Mühleninnere hineinragende Achse durch eine Verschleißkappe geschützt. Die Schlagnasen müssen aus bestem, verschleißfesten Stahl geschmiedet sein.

Das zu zerkleinernde Gut gelangt aus dem Aufgabetrichter *i* mittels einer unmittelbar von der Maschine angetriebenen Aufgabevorrichtung *k* gleichmäßig in die Maschine, wird von den Schlagnasen zerkleinert und durch die Siebbleche *h* ausgetragen. Letztere sind leicht auswechselbar, so daß man je nach der gwählten Lochung der Bleche jede beliebige Feinheit das Mahlgutes herstellen kann.

b) Anwendungsgebiet.

Die Schlagnasenmühlen eignen sich zum Vermahlen aller Art von Stoffen geringerer Härte, wie beispielsweise Farben, Kreide, Zucker u. dgl. Ihr Anwendungsgebiet ist sehr vielseitig. Bei der kleinsten noch gangbaren Schlitzlochung der Austragsbleche von etwa 1,5 × 3 mm geben sie ein feingrießiges Mahlgut mit einem sehr hohen Feinmehlgehalt.

Abmessungen, Leistungsfähigkeit und Energiebedarf gemäß nachstehender Tabelle:

Tabelle 16. Schlagnasenmühlen.

Innerer Durchmesser des Mahlgehäuses mm	Innere Breite des Mahlgehäuses mm	Umdrehungen der Antriebsscheiben in der min	Ungefähres Gewicht der Maschine kg	Zulässige Stückgröße des Aufgabegutes mm	Ungefähre stündliche Leistung bei Vermahlung weicherer Stoffe auf eine Körnung von 0—3 mm kg/h	Ungefährer Energiebedarf kW
400	180	2500	400	30	1000	3
600	220	1700	800	40	1500	5
800	250	1250	1200	50	2500	7

7. Ringmühlen (Kentmühlen).

a) Bauart und Arbeitsweise.

Die Ringmühlen (Abb. 15) besitzen als Mahlorgane einen Mahlring und drei Mahlwalzen, die sich auf der Innenfläche des Mahlringes abwälzen. Von den drei Mahlwalzen *a*, *b* und *c* ist die Mahlwalze *a* mit ihrer Achse fest in dem Mühlengehäuse *d* gelagert. Die Achsen der beiden anderen Walzen *b* und *c* sind dagegen in gabelförmigen Hebeln *e* und *f* gelagert, die um die am Mühlengehäuse angebrachten Wellen *g* und *h* schwingen können. Alle drei Walzen umschließt, lose auf der oberen Walze aufgehängt, der Mahlring *i*. Durch die Federn *k* und *l* werden die auf den gabelförmigen Hebeln sitzenden Walzen *b* und *c* gegen die Innenfläche des Mahlringes gepreßt und halten somit das ganze System im Gleichgewicht. Die obere Walze ist die Antriebswalze, auf ihrer Achse sitzt außerhalb des Mühlengehäuses die Antriebsscheibe. Sobald diese Walze in Bewegung gesetzt wird, setzt sie infolge der zwischen Mahlring und Walze entstehenden Reibung den Mahlring ebenfalls in kreisende Bewegung. Hierdurch werden schließlich auch die Walzen *b* und *c* mitgenommen, so daß sich alle drei Walzen auf der Innenfläche des Mahlringes abwälzen. Um den sich frei drehenden Mahlring in seiner vertikalen Ebene zu halten, haben die Mahlwalzen eine Oberfläche, die mit der entgegengesetzten Innenfläche des Mahlringes übereinstimmt.

Das zu vermahlende Gut tritt durch den Einlauf *m* in die Mühle und gelangt bei *n* zwischen den Mahlring und die Mahlwalze *b*. Hier findet die erste Stufe der Zerkleinerung statt. Durch die Zentrifugalkraft verbleibt das Mahlgut auf dem Mahlring und wird von diesem der Reihe nach unter die Walzen *c* und *a* gebracht. Das genügend zerkleinerte Gut verläßt die Mühle durch die zwischen dem Mahlring und den beiden Gehäuseinnenflächen gebildeten Spalte. Zur Vermeidung eines starken Verschleißes sind diese Innenflächen mit Verschleißplatten ausgelegt. Die dem Verschleiß ebenfalls unterliegenden Mahlwalzen und der Mahlring sind aus den besten verschleißfesten Baustoffen (Hartstahl oder Schalenhartguß) hergestellt.

Das zwischen Mahlring und den Innenflächen des Mühlengehäuses austretende Mahlgut sammelt sich im unteren Teil des Gehäuses. Da immer ein gewisser Spielraum zwischen Mahlring und den Innenflächen des Mühlengehäuses verbleiben muß, so ist das ausgetragene Mahlgut nur von grobkörniger Beschaffenheit mit einem entsprechenden Anteil an feinerem Korn und Mehl. Will man demnach die Mühle nicht ausschließlich zum Schroten benutzen, so ist es erforderlich, dieselbe mit einem Sichter zu verbinden, der aus dem Mahlgut der Mühle das genügend Feine ausscheidet, während die Grieße zur weiteren Vermahlung wieder zur Mühle zurückkehren. Ein solches Mahlsystem besteht demnach aus der Mühle, einem Becherwerk und dem Sichter. Als Sichter kann sowohl ein Zentrifugalsichter, ein Windsichter oder auch ein Vibrationssieb Verwendung finden.

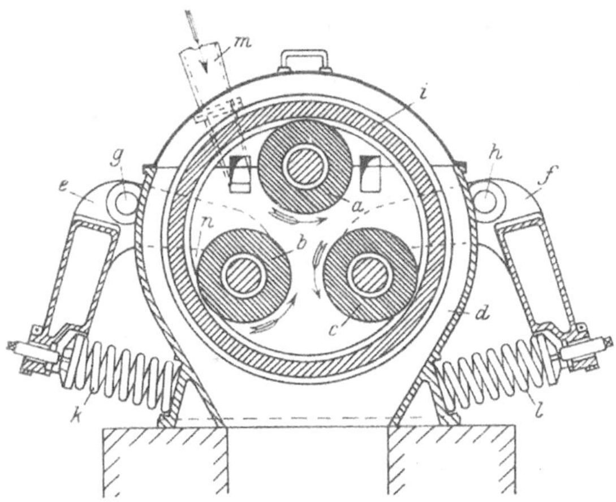

Abb. 15. Ringmühle.

b) Anwendungsgebiet.

Die Ringmühlen können zur Vermahlung weicher und mittelharter Stoffe Verwendung finden. Besonders gebräuchlich sind sie zum Vermahlen von Phosphaten. Hier bietet das Mahlsystem mit Becherwerk und Windsichter den Vorteil, daß das Rohphosphat, das im allgemeinen nur wenige % Feuchtigkeit enthält, nicht besonders vorgetrocknet zu werden braucht. Aus dem gleichen Grunde hat das Mahlsystem auch mit Erfolg Verwendung zur Vermahlung von Kohle zu Kohlenstaub gefunden.

Abmessungen und Energiebedarf gemäß nebenstehender Tabelle.

Die Leistungsfähigkeit eines Ringmühlensystems, bestehend aus Mühle, Becherwerk und Windsichter, richtet sich sowohl nach der Härte des Aufgabegutes wie auch nach der auf dem Windsichter eingestellten Feinheit des Mahlgutes. Das System mit einer Mühle von 1000 mm

Tabelle 17. Ringmühlen.

Durchmesser des Mahlringes mm	Breite des Mahlringes mm	Umdrehungen der Antriebsscheibe in der min	Ungefähres Gewicht der Maschine kg	Zulässige Stückgröße des Aufgabegutes mm	Ungefährer Energiebedarf der Mühle kW
800	170	250	4000	20	12
1000	200	200	6000	30	20

Mahlringdurchmesser leistet bei Vermahlung von Rohphosphat auf etwa 15% Rückstand auf 1600 Maschen/cm² je nach der Härte desselben von 2000—4000 kg stündlich bei einem Gesamtenergiebedarf von etwa 30 kW. Dasselbe System würde bei Vermahlung von Steinkohle zu Kohlenstaub von etwa 10% Rückstand auf 4900 Maschen/cm² etwa 2000 kg stündlich leisten.

8. Scheibenmühlen (Exzelsiormühlen).

a) Bauart und Arbeitsweise.

Bei den Exzelsiormühlen (Abb. 16) erfolgt die Zerkleinerung des Aufgabegutes zwischen zwei mit feinen Zähnen besetzten Hartgußmahlscheiben. Die Mahlscheibe *a* ist mit dem gußeisernen Gestell fest verbunden, während die Gegenscheibe *b* mit der auf der Achse *c* sitzenden Nabe *d* verschraubt ist. Die in dem Gestell verlagerte Achse wird durch die Riemenscheibe *e* angetrieben. Das Aufgabegut gelangt aus dem Trichter *f* mittels einer von der Mühlenachse angetriebenen Aufgabevorrichtung *g* in den Mühleneinlauf *h* und von hier zwischen die Mahlscheiben, von denen die Scheibe *a* feststeht, während die Scheibe *b* sich mit der Mühlenachse dreht. Die Mahlscheiben sind so beschaffen, daß die Zähne der einen Scheibe durch die Lücken der anderen Scheibe streichen und hierbei das sich vom inneren zum äußeren Umfang bewegende Aufgabegut zerkleinern.

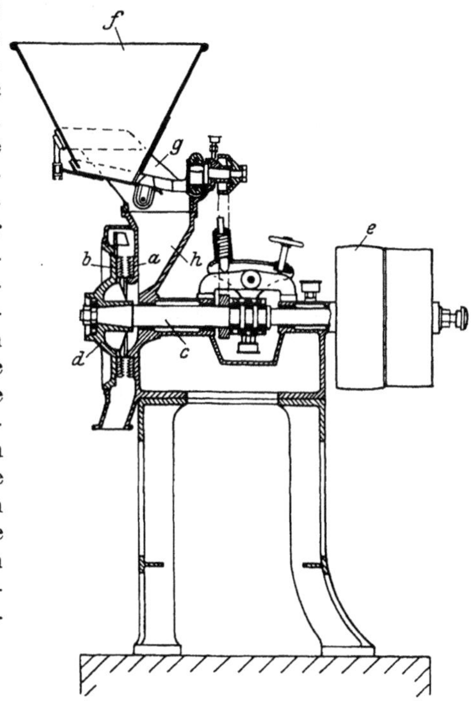

Abb. 16. Exzelsiormühle.

b) Anwendungsgebiet.

Die Exzelsiormühlen dienen zum Schroten weicher und mittelharter Stoffe der mannigfachsten Art mineralischen und pflanzlichen Ursprungs. Brennereien, Brauereien, Ölfabriken, Stärkefabriken, Zuckerfabriken und viele ähnliche Betriebe verwenden Exzelsiormühlen. Auch für Kleinbetriebe, wie Apotheken, Kaffeehäuser, Drogenhandlungen u. dgl. sind sie zur Vermahlung von Chemikalien, Gewürzen, Kaffee usw. sehr geeignet und weit verbreitet.

Abmessungen, Leistungsfähigkeit und Energiebedarf gemäß nachstehender Tabelle:

Tabelle 18. Exzelsiormühlen.

Durchmesser der Mahlscheiben mm	Umdrehungen der Antriebsscheiben in der min	Ungefähres Gewicht der Maschine kg	Zulässige Korngröße des Aufgabegutes mm	Ungefähre Leistung an grießigem Mahlgut kg/h	Ungefährer Energiebedarf kW
160	450	90	5	60	0,5
200	450	100	8	140	1
260	400	160	10	300	2
400	400	370	12	600	3
600	350	700	15	1000	5

D. Mahlmaschinen.

1. Mahlgänge.

a) Bauart und Arbeitsweise.

Mahlgänge (Abb. 17) sind seit Jahrhunderten bekannte Maschinen, die schon in frühesten Zeiten zur Vermahlung von Getreide u. dgl. benutzt wurden. Auch in der Hartmüllerei gehören sie zu den ältesten Maschinen zum Feinmahlen der verschiedensten mineralischen Stoffe. Sie bestehen aus zwei horizontal übereinander gelagerten Mahlsteinen, von denen der eine Stein feststeht, während der andere Stein durch eine Spindel gedreht wird. Das zu vermahlende Gut wird zwischen den beiden Steinen zerrieben. Man unterscheidet Ober- und Unterläufermahlgänge, je nachdem der obere oder der untere Stein angetrieben wird. Abb. 17 zeigt einen Unterläufermahlgang. Der feststehende Stein *a* ist in dem oberen Teil des gußeisernen Mahlganggehäuses an mehreren Knaggen aufgehängt, während der untere, der eigentliche Läuferstein *b* auf der Spindel *c* ruht. Diese ist bei *d* und *e* in dem Gehäuseunterteil *f* gelagert, wobei das Lager *e* als Spurlager ausgebildet ist. Dieses kann mittels eines von Hand zu betätigenden Schneckenradantriebes gehoben und gesenkt werden, um die beiden Mahlsteine mehr oder weniger scharf aufeinander arbeiten zu lassen. Der Antrieb der Spindel erfolgt durch das Kegelräderpaar *g* und *h*, von denen das Rad *h* auf der mit Los- und Festscheibe versehenen Vorgelegewelle *i* sitzt.

Das zu vermahlende Gut wird durch den Einlauftrichter *k* dem Mahlgang zugeführt und gelangt zentral zwischen die beiden Mahlsteine. Diese sind auf ihren sich berührenden Flächen mit vom Mittelpunkt nach dem Umfang verlaufenden Furchen bestimmter Form versehen, die den Mahlsteinen eine gewisse Schärfe geben. Das zu vermahlende Gut wandert von der Mitte des Mahlganges nach dem äußeren Umfang der Steine zu und wird auf diesem Wege zu der gewünschten Feinheit zerrieben. Das sich auf dem Zwischenboden *l* des Gehäuses ansammelnde Mahlgut wird durch die Räumer *m* zum Austrittsstutzen *n* des Mahlganges gebracht.

b) Anwendungsgebiet.

Die Mahlgänge finden haupsächlich zum Feinmahlen weicherer und mittelharter mineralischer Stoffe, wie Farben, Kreide, Marmorkalk, Gips, Schwerspat u. dgl. Anwendung. Bei einem mehrmaligen Durchgang des zu vermahlenden Gutes auf ein und demselben Mahlgang oder auf hintereinander geschalteten Mahlgängen kann man eine Vermahlung bis auf fast unfühlbare Feinheit erhalten.

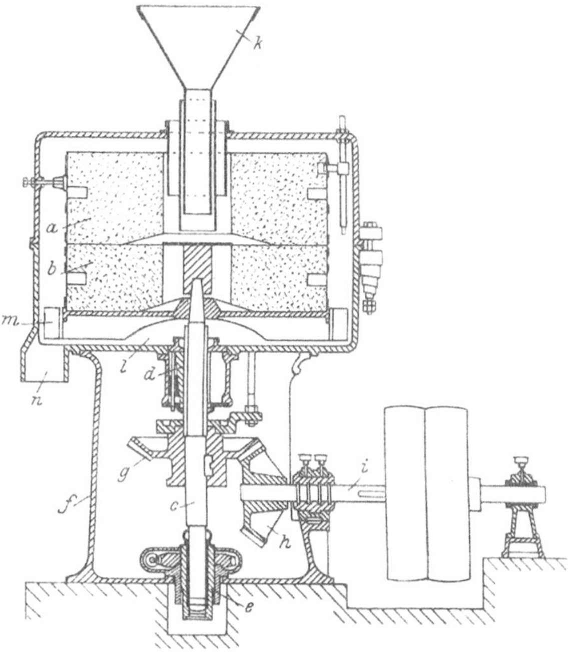

Abb. 17. Mahlgang.

Neben der Trockenmahlung können die Mahlgänge auch zum Naßmahlen von Farben, Glasuren, Emaille u. dgl. Verwendung finden. Sehr wichtig ist beim Mahlgang die gute Beschaffenheit der Mahlsteine. Für die Hartmüllerei werden hierfür am besten Süßwasser - Quarzgesteinsarten verwendet.

Schließlich sei noch eine von der vorbeschriebenen Bauart abweichende Ausführung erwähnt, der Vertikalmahlgang, bei dem die Mahlsteine nicht horizontal, sondern vertikal angeordnet sind. Diese Mahlgänge werden jedoch nur in kleineren Abmessungen gebaut und finden fast ausschließlich in der Gipsindustrie Verwendung.

Abmessungen, Leistungsfähigkeit und Energiebedarf gemäß nachstehender Tabelle:

Tabelle 19. Mahlgänge.

Durchmesser der Mahlsteine mm	Umdrehungen der Mahlsteine in der min	Ungefähres Gewicht der Maschine mit Steinen kg	Zulässige Korngröße des Aufgabegutes mm	Ungefähre stündliche Leistung bei Vermahlung mittelharter Stoffe auf etwa 10 % Rückstand auf 4900 Maschen je cm² kg	Ungefährer Energiebedarf kW
1000	150	4000	5	350	8
1250	120	6000	5	500	10

2. Pendelmühlen.

a) Bauart und Arbeitsweise.

Die älteste Bauart der Pendelmühle ist die nach ihrem Erfinder benannte Griffinmühle. Diese besteht aus einem zentral in einer horizontal verlagerten Antriebsscheibe aufgehängten Pendel, an dessen unterem Ende sich eine Mahlwalze befindet. Bei der Drehung der Riemenscheibe tritt das Pendel infolge der auftretenden Zentrifugalkraft aus seiner Vertikalachse heraus, bis die Mahlwalze einen konzentrisch zur vertikalen Mittelachse liegenden Mahlring berührt. Durch die nun entstehende Reibung zwischen Mahlring und Mahlwalze wälzt sich letztere in entgegengesetzter Richtung auf dem Mahlring ab. Hierbei wird das zwischen Mahlring und Mahlwalze eingeführte Mahlgut durch die erhebliche Zentrifugalkraft der Mahlwalze zerkleinert. Das genügend feine Mahlgut wird durch einen Entlüfter abgesaugt und gegen Siebe geschleudert, die das noch nicht genügend gefeinte Gut zurückhalten und zu den Mahlorganen zurückgelangen lassen, während das durch die Siebe gegangene Mahlgut die Mühle verläßt.

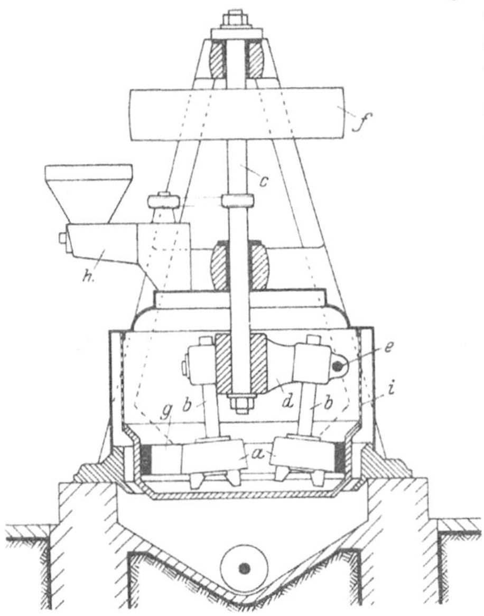

Abb. 18. Dreipendelmühle.

Die Griffinmühle ist heute gänzlich durch die verschiedenen neuzeitigen Bauarten von Mehrpendelmühlen verdrängt worden. Wie schon der Name besagt, kommen bei diesen Mühlen im Gegensatz zu der Griffinmühle nicht ein Pendel, sondern mehrere Pendel zur Anwendung. Hierdurch wird die Maschine wesentlich leistungsfähiger. Die Abb. 18 zeigt eine sehr verbreitete Bauart einer Mehrpendelmühle. Es sind bei dieser Maschine drei mit Mahlwalzen *a* versehene Pendel *b* in einem auf der vertikalen Achse *c* sitzenden Armkreuz *d* um Bolzen *e* drehbar aufgehängt. Die vertikale Achse ist im oberen Gestell der Mühle zweifach verlagert und trägt die horizontale Antriebsscheibe *f*. Wird die Achse in drehende Bewegung versetzt, so wälzen sich die drei Pendel auf dem Mahlring *g* ab, wobei infolge der entstehenden Zentrifugalkraft eine starke Anpressung der Mahlwalzen gegen den Mahlring erfolgt.

Das zu vermahlende Gut wird mit einer besonderen Aufgabevorrichtung *h* der Mühle gleichmäßig zugeführt und gelangt, wie bei der Einpendelmühle, zwischen Mahlring und Mahlwalzen. Das bereits bis zu einem gewissen Grade zerkleinerte Gut wird durch Rührflügel, die an den Mahlwalzen angebracht sind, hoch gewirbelt und gegen die unmittelbar über dem Mahlring angeordneten Siebe *i* geschleudert. Das genügend feine Mahlgut geht durch die Maschen der Siebe und verläßt die Mühle durch die im unteren Teil des gußeisernen Mühlenrahmens vorgesehenen Austrittsöffnungen, während das noch nicht genügend gefeinte Gut zur weiteren Vermahlung in die Mühle zwischen Mahlring und Mahlwalzen zurückfällt. Die Mühle ist im übrigen durch ein Blechgehäuse staubdicht eingeschlossen.

Die Mahlwalzen und der Mahlring der Pendelmühlen unterliegen einem starken Verschleiß, sie müssen daher aus allerbesten verschleißfesten Baustoffen hergestellt werden.

b) Anwendungsgebiet.

Die Pendelmühlen können nur zur Trockenmahlung verwendet werden. Je nach der gewählten Siebbespannung richtet sich der erzielte Feinheitsgrad des Mahlgutes. Die Mühlen können hierbei als Feinmahlmaschinen wie auch als Vormahlmaschinen arbeiten, in letzterem Falle natürlich mit entsprechenden gröberen Sieben. Es können auf den Pendelmühlen mittelharte Stoffe aller Art vermahlen werden, wie beispielsweise Kohle, Rohgips, Phosphate, Zementrohstoffe u. dgl. Auch für Vermahlung härterer Stoffe sind die Mühlen wohl geeignet, jedoch ist hierbei mit einem erheblichen Verschleiß der Mahlorgane zu rechnen.

Bei einigen Bauarten der Mehrpendelmühlen wird die Sichtung des beim Mahlvorgang entstehenden Feingutes nicht durch Siebe, sondern durch besondere, mit der Mühle organisch verbundene Windsichter vorgenommen.

c) Abmessungen, Leistungsfähigkeit und Energiebedarf.

Die Pendelmühlen werden in der Ausführung der Mehrpendelmühlen in den verschiedensten Bauarten hergestellt. Abmessungen und Energiebedarf sind bei den verschiedenen Ausführungsarten sehr voneinander abweichend. Die Abmessungen des Innendurchmessers des Mahlringes bewegen sich zwischen 500 und 1200 mm. Der Energiebedarf beträgt je nach der Maschinengröße 10—100 kW.

Die spezifische Mahlleistung der Mühlen ist recht günstig. Man kann etwa mit folgenden mittleren spezifischen Mahlleistungen rechnen:

Bei Vermahlung mittelharter Stoffe, wie beispielsweise von Zementrohstoffen, auf eine Feinheit von etwa 20% Rückstand auf dem Sieb von 4900 Maschen je cm^2 erfordern 1000 kg Mahlgut etwa 12—15 kWh.

Bei Vermahlung von Steinkohle zu Kohlenstaub auf eine Feinheit von 15% Rückstand auf dem Sieb von 4900 Maschen je cm^2 werden für 1000 kg Kohlenstaub etwa 12—15 kWh benötigt.

Zum Vorschroten von Kalkstein oder ähnlichen Stoffen mittlerer Härte auf ein Korn von 0—1 mm kann man mit einem Energieverbrauch für 1000 kg Mahlgut von etwa 5—6 kWh rechnen.

Die absoluten Mahlleistungen ergeben sich dann aus der Energieaufnahme der betreffenden Maschinenart und Größe.

3. Kugelfallmühlen, kurz Kugelmühlen genannt.

a) Bauart und Arbeitsweise.

Bei den Kugelmühlen findet die Zerkleinerung in einer sich drehenden Mahltrommel statt, die an ihrem äußeren Umfang mit Sieben versehen ist, durch welche das jeweils fertige Mahlgut die Mahltrommel verläßt. Als Mahlorgane dienen geschmiedete Stahlkugeln, die durch die Umdrehung der Mahltrommel eine Art Wurfbewegung in derselben ausführen und durch das Aufschlagen auf das Aufgabegut letzteres zertrümmern. Die Mahltrommel (Abb. 19) wird durch die Mahlplatten *a* gebildet, die an zwei auf der Achse *b* sitzenden schmiedeeisernen Seitenwänden befestigt sind. Die Mahlplatten sind aus Stahlguß oder Manganhartstahl gefertigt, die Seitenwände sind zur Vermeidung ihres Verschleißes mit Hartgußplatten gepanzert. Am Umfang der Mahltrommel befinden sich die leicht auswechselbaren Vorsiebe *c* und Feinsiebe *d*. Die Mahlplatten sind mit Streulöchern versehen, durch welche das zerkleinerte Gut zunächst auf die Vorsiebe gelangt. Das durch diese gehende Gut wird auf den Feinsieben fertig gesiebt, während die Rückstände beider Siebe auf besonderen Leitschaufeln durch den zwischen den Mahlplatten gebildeten freien Raum wieder in die Mahltrommel zur Weitervermahlung zurückgelangen. Das von den Feinsieben abgesiebte Gut wird durch ein feststehendes Blechgehäuse *e*, dessen unterer Teil als Sammeltrichter ausgebildet ist, aufgefangen. Der Antrieb der Achse *b* und somit der Mahltrommel erfolgt durch ein Rädervorgelege, dessen Ritzelwelle von einer Riemenscheibe angetrieben wird.

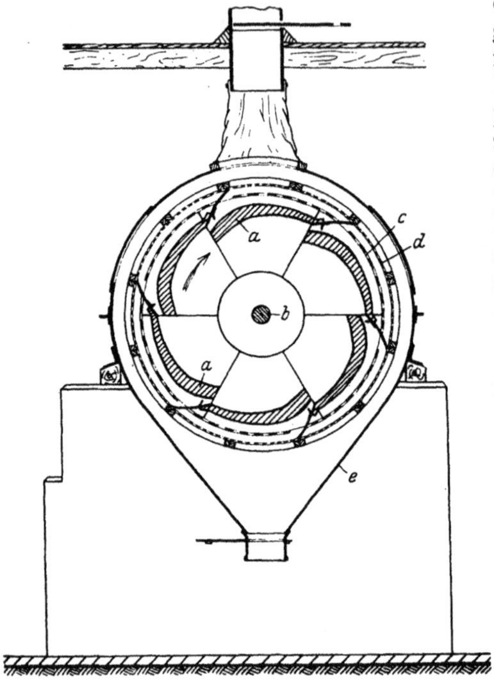

Abb. 19. Kugelmühle.

Das zu zerkleinernde Gut wird der Mahltrommel durch einen zentral an einer der beiden Seitenwände sitzenden Aufgabetrichter zugeführt.

b) Anwendungsgebiet.

Die Kugelmühlen haben eine außergewöhnlich vielseitige Anwendung gefunden. Alle nur denkbaren Stoffe beliebigen Härtegrades können auf ihnen vermahlen werden. Sehr vorteilhaft ist auch der hohe Zerkleinerungsgrad der Maschine. Aufgabestücke bis zu Doppelfaustgröße können bis zu feinstem Mehl vermahlen werden; man ist lediglich genötigt, die entsprechende Siebbespannung aufzulegen. Die geringe Umdrehungszahl der Mahltrommel in der Zeiteinheit sowie die regel- und zwanglos in der Mühle arbeitenden Mahlkörper geben der Maschine eine große Betriebssicherheit. Ganz besonders eignen sich die Kugelmühlen für chemische Betriebe, in denen oft die verschiedenartigsten chemischen Produkte zu feinem Mehl gemahlen werden müssen.

Die Kugelmühlen können sowohl als Vormahlmaschinen, in Verbindung mit Rohrmühlen als Feinmahlmaschinen, als auch unmittelbar als Feinmahlmaschinen arbeiten. Je feiner das Enderzeugnis sein soll, desto trockener muß allerdings das zu zerkleinernde Gut zur Aufgabe gelangen. Es ist deshalb vielfach eine vorherige Trocknung des Aufgabegutes erforderlich.

In der Thomasschlackenvermahlung verwendet man Kugelmühlen besonderer Bauart zum Vormahlen. Diese Mühlen erhalten in einigen der Mahlplatten größere, durch besondere Platten verschließbare Öffnungen, durch welche die in der Mühle sich ansammelnden Eisenstücke, die mit dem Aufgabegut in die Mahltrommel gelangen, von Zeit zu Zeit entfernt werden können. Im übrigen wird bei dieser Bauart gewöhnlich die Einlaufseite der Mahltrommel auf Laufrollen gelagert. Hierdurch entfällt die Hauptachse der Mühle, und die Einlauföffnung des Aufgabetrichters wird vergrößert, so daß die Mühle ein grobstückigeres Aufgabegut aufnehmen kann.

In der Erzaufbereitung wurden bisher zum Vermahlen der Erze auf nassem Wege Naßkugelmühlen verwendet, die in ihrer Bauart wenig von den Trockenkugelmühlen abweichen. Die Naßkugelmühlen nach der Bauart der Kugelfallmühlen sind aber allmählich durch die Naßkugelmühlen mit geschlossenem Trommelmantel bzw. durch die Naßrohrmühlen fast gänzlich verdrängt worden.

Abmessungen, Leistungsfähigkeit und Energiebedarf gemäß nachstehender Tabelle:

Tabelle 20. Kugelmühlen (Kugelfallmühlen).

Durchmesser der Mahltrommel mm	Breite der Mahltrommel mm	Umdrehungen der Mahltrommel in der min	Ungefähres Gewicht der Maschine einschließlich Stahlkugeln kg	Zulässige Stückgröße des Aufgabegutes mm	Ungefährer Energiebedarf kW
1000	700	35	2 200	50	2
1300	900	33	4 000	60	4
1600	1000	30	5 500	80	7
1900	1000	27	8 000	80	10
2200	1200	24	11 000	100	15
2700	1400	22	16 000	100	24
3100	1400	20	23 000	120	35

4. Fliehkraftkugelmühlen.

a) Bauart und Arbeitsweise.

Bei den Fliehkraftkugelmühlen erfolgt die Zerkleinerung durch die Zentrifugalkraft einer Anzahl im Innern eines Mahlringes abrollender

Mahlkugeln. Der im Innern des Mühlengehäuses (Abb. 20) untergebrachte Mahlring *a* ist gewöhnlich aus Schalenhartguß gefertigt und besitzt eine dem Halbmesser der Mahlkugeln *b* entsprechende Mahlbahn. Die Mahlkugeln werden durch Mitnehmerarme *c*, die auf der vertikalen Achse *d* sitzen, angetrieben und rollen auf der inneren Mahlbahn des Mahlringes ab. Der Antrieb der vertikalen Achse erfolgt unmittelbar durch eine auf dieser sitzende Antriebsscheibe *e*. Das zu vermahlende Gut gelangt durch den Aufgabetrichter *f* in die Mühle zwischen Mahlbahn und Mahlkugeln und wird durch die erhebliche Fliehkraft der letzteren zertrümmert. Hierbei wird das genügend feine Gut durch einen an dem oberen Teil der vertikalen Achse angebrachten Entlüfter *g* abgesaugt und gegen den Feinsiebkorb *h*, der zur Vermeidung von Beschädigungen durch den Grobsiebkorb *i* geschützt ist, geworfen. Das durch die Feinsiebe gehende fertige Mahlgut sammelt sich unterhalb des Mahlringes und wird durch die Räumer *k* zum Auslauf *l* der Mühle befördert.

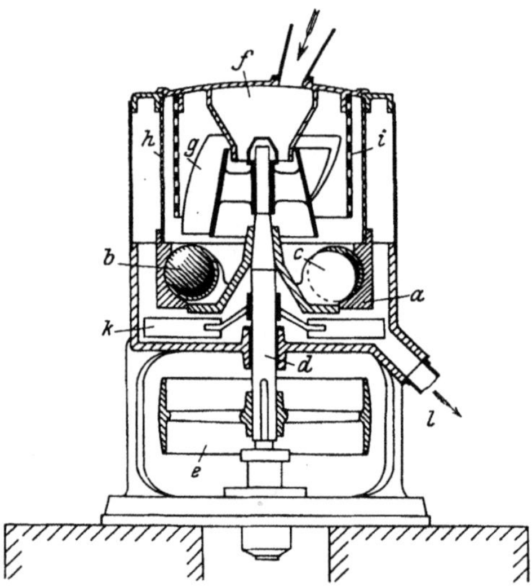

Abb. 20. Fliehkraftkugelmühle.

b) Anwendungsgebiet.

Die Fliehkraftkugelmühlen finden hauptsächlich Verwendung zur Vermahlung weicher und mittelharter Stoffe. Besonders als Kohlenstaubmühlen haben sie sich bewährt. Die zu vermahlenden Stoffe müssen je nach ihrem Feuchtigkeitsgehalt und je nach der Feinheit, auf welche sie vermahlen werden sollen, mehr oder weniger vorgetrocknet werden.

In den letzten Jahren sind die Mühlen dadurch verbessert worden, daß man die leicht zu Störungen Veranlassung gebenden Siebe entfernte und die Mühle mit außen liegendem Sichter und Entlüftung in geschlossenem Kreislauf arbeiten läßt. Der außerhalb der Mühle aufgestellte Entlüfter saugt hierbei das genügend feine Gut durch einen ebenfalls außerhalb der Mühle aufgestellten Zentrifugalabscheider hindurch, und die abgesaugte Luft kehrt, nachdem sie in dem Abscheider von dem fertigen Mahlgut befreit ist, wieder zur Mühle zurück.

In der Kohlenstaubaufbereitung hat man schließlich die Mühle noch so ausgebildet, daß der abgesaugte fertige Kohlenstaub von dem Entlüfter unmittelbar in die Feuerstelle eingeblasen werden kann. Hierdurch wird die Anlage wesentlich vereinfacht; man braucht keine besonderen Förderapparate für den Staub und kann auch die Kohle mit einem größeren Feuchtigkeitsgehalt vermahlen, als es in der geschlossenen Mühle der Fall sein würde.

Abmessungen, Leistungsfähigkeit und Energiebedarf gemäß nachstehender Tabelle:

Tabelle 21. Fliehkraftkugelmühlen.

Durchmesser des Mahlringes mm	Umdrehungen der Antriebsscheiben in der min	Ungefähres Gewicht der Maschine kg	Zulässige Stückgröße des Aufgabegutes mm	Ungefähre stündliche Leistung bei Vermahlung von Steinkohle auf 15% Rückstand auf 4900 Maschen/cm² t	Ungefährer Energiebedarf kW
600	300	4 000	15	0,8	12
850	210	8 000	20	2,0	28
1100	160	15 000	25	4,0	55
1400	130	28 000	30	8,0	110

In neuerer Zeit werden auch Fliehkraftkugelmühlen mit zwei und drei Kugelreihen gebaut, letztere mit Leistungen bis zu 50 t Kohlenstaub in der Stunde.

5. Rohrmühlen.

a) Bauart und Arbeitsweise.

Rohrmühlen (Abb. 21) bestehen grundsätzlich aus einem sich in zwei Lagerzapfen drehenden Rohr, in welchem das zu zerkleinernde Gut durch zwanglos bewegte Mahlkugeln bzw. Mahlkörper zertrümmert wird. Bei der

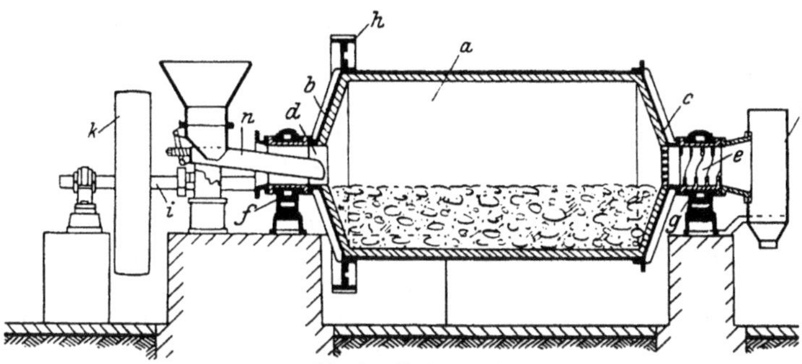

Abb. 21. Rohrmühle.

in Abb. 21 gezeigten Ausführung einfachster Art ist *a* die aus Stahlblech geschweißte Mahltrommel, die an den beiden Enden durch die aus Stahlguß gefertigten Kopfwände *b* und *c* abgeschlossen wird. Die Kopfwände sind gleichzeitig mit den Halszapfen *d* und *e* versehen, mit denen die Mahltrommel in den Lagerungen *f* und *g* ruht. An einer der beiden Kopfwände ist ein Zahnkranz *h* angeschraubt, der durch ein Ritzel angetrieben wird, das auf der Vorgelegewelle *i* sitzt. Der Antrieb der Vorgelegewelle und somit der Mahltrommel erfolgt durch die Riemenscheibe *k*.

Die an den Kopfwänden befindlichen Halszapfen sind von großem Durchmesser und hohl ausgeführt. Das zu vermahlende Gut wird durch den Zapfen *d* in die Mühle eingeführt und verläßt dieselbe nach vollzogener Mahlung durch den Halszapfen *e*. Die Einführung des Aufgabegutes erfolgt durch eine besondere Aufgabevorrichtung *n*, die gewöhnlich weit in den Hohlzapfen hineinreicht. Auf der Austragsseite der Mahltrommel sind im Innern des Hohlzapfens *e* Schneckengänge angebracht, die das Mahlgut in die feststehende Auslaufhaube *l* fördern.

Die Mahltrommel, die zum Schutze gegen Verschleiß mit einer verschleißfesten Auspanzerung aus Hartstahl oder Schalenhartguß versehen ist, ist zu etwa 25—40% ihres Rauminhaltes mit Stahlkugeln oder sonstigen Mahlkörpern angefüllt. Bei der Drehung der Mahltrommel werden die Mahlkörper infolge der auf sie einwirkenden Zentrifugalkraft zunächst bis über die Mittellinie der Mühle gehoben, bis sie sich dann durch die eigene Schwere von der Innenwand der Mahltrommel ablösen und schließlich im freien Fall durch den Mahlraum zum Ausgangspunkt ihrer Bewegung zurückkehren. Zwischen den Mahlkörpern befindet sich das Mahlgut, das teils durch Reiben, teils durch das Aufschlagen der Mahlkörper zertrümmert wird. Da sich nicht sämtliche Mahlkörper gleichzeitig an der inneren Wandung der Mühle befinden, so vollzieht natürlich auch nicht die gesamte Mahlkörpermasse eine einheitliche Wurfbewegung. Die mehr im Innern der Mahltrommel liegenden Mahlkörper werden, besonders bei reichlicher Füllung der Mahltrommel, mehr übereinander rollen als geworfen werden. Als Gesamteindruck bleibt aber doch die Bewegung eines freien Falles, wie ihn die Abb. 22 deutlich erkennen läßt. Bemerkenswert ist, daß sich das zu vermahlende Gut ständig vom Einlauf- zum Auslaufzapfen der Mahltrommel bewegt, obwohl diese horizontal gelagert und der Innendurchmesser der beiden Hohlzapfen gleich groß ist. Die Erklärung hierfür liegt darin, daß das von den Mahlkörpern zertrümmerte Gut stets nach der Seite hin verspritzt, nach der es den geringsten Widerstand findet. Der geringste Widerstand ist aber immer dort, wo sich das feinere Mahlgut befindet. Da dieses um so feiner wird, je mehr es sich dem Auslauf der Mühle nähert, so strebt auch das vom Einlauf kommende gröbere Gut dem Auslaufende zu.

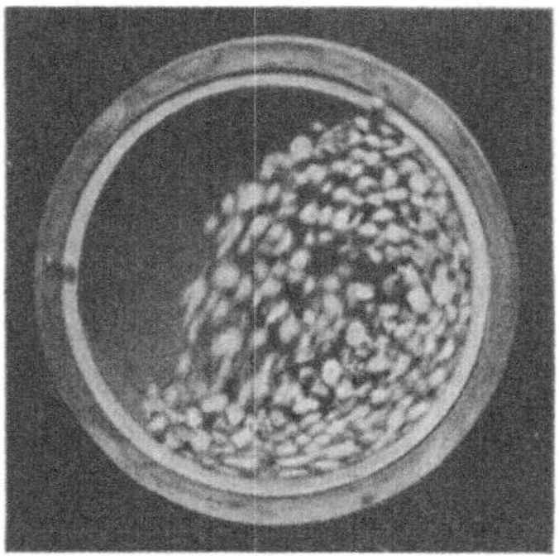

Abb. 22. Bewegung der Mahlkörper in der Mahltrommel der Rohrmühle.

Als Mahlkörper können die verschiedensten Arten und Formen gewählt werden. Für die Grobzerkleinerung nimmt man naturgemäß größere, schwerere Mahlkörper als für die Feinmahlung. Man wählt hierfür geschmiedete Stahlkugeln, während für die Feinmahlung Flintsteine, kleinere Stahlkugeln, Rundstahlabschnitte oder schließlich kleinere geschmiedete oder gegossene Körper verschiedenster Form in Betracht kommen.

Um die Mahlkörper der Grob- und Feinmahlung anpassen zu können, wurde ein Mahlsystem entwickelt, das aus einer Vorrohrmühle und einer Feinrohrmühle bestand. Die Vorrohrmühle, die gleichzeitig einen größeren

Durchmesser der Mahltrommel erhielt, wurde hierbei mit größeren Stahlkugeln gefüllt, während die Feinrohrmühle mit geringerem Durchmesser der Mahltrommel Flintsteine oder sonstige kleinere und leichtere Mahlkörper erhielt. Beide Mühlen wurden hierbei meistens übereinander angeordnet, so daß das aus der Vorrohrmühle austretende Mahlgut unmittelbar in den Einlauf der darunter liegenden Feinrohrmühle gelangen konnte.

Aus diesem Mahlsystem ist dann später die sog. Verbundrohrmühle oder kurz Verbundmühle (Abb. 23) hervorgegangen, durch welche Vor- und Feinrohrmühle zu einer Maschine vereinigt werden. Um bei dieser Mühle eine Trennung der Mahlkörper nach Form und Größe entsprechend der Vor- und Feinmahlung durchführen zu können, ist die Mahltrommel *a* in mehrere Kammern *b*, *c* und *d* eingeteilt. Die zwischen den Kammern angeordneten Trennwände *e* und *f* sind mit Schlitzen versehen, die einen freien Durchtritt des Mahlgutes von einer Kammer zur anderen gestatten.

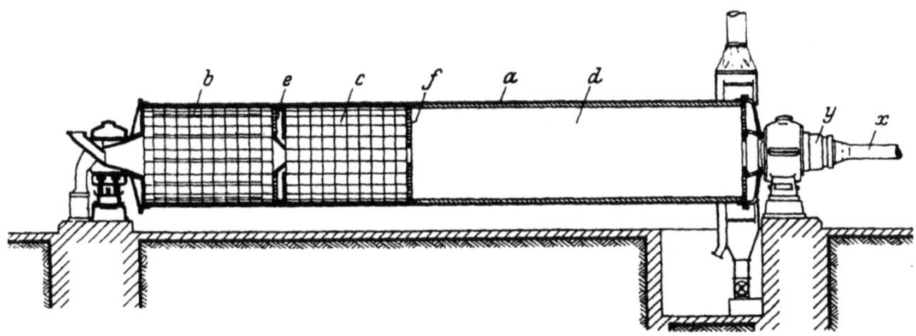

Abb. 23. Verbundmühle.

Die Trennwand *e* wird hierbei gewöhnlich als Hohlwand in der Weise ausgebildet, daß das Mahlgut aus der ersten Kammer durch Schlitze in den Hohlraum der Zwischenwand tritt und aus diesem durch besondere Hubschaufeln zentral in die zweite Kammer der Mahltrommel eingeführt wird.

Je nach der Mahlbarkeit des zu vermahlenden Gutes kann man bei den Verbundmühlen sowohl die Kammerlängen einrichten, wie auch die Art und Menge der Mahlkörper den jeweiligen Bedürfnissen anpassen. Besonders die richtige Wahl der Mahlkörper nach Art und Größe ist von einschneidender Bedeutung für die Erzielung der günstigsten Mahlwirkung.

Rohr- und Verbundmühlen sind Maschinen, die einen hohen Zerkleinerungsgrad des Aufgabegutes gestattet. Die Verbundmühlen können ein Aufgabegut bis etwa 50 mm Korngröße aufnehmen und dieses in einem Arbeitsgang bis auf Mehlfeinheit vermahlen. Dieser Umstand und ihre große Leistungsfähigkeit machen sie besonders als Feinmahlmaschinen für große Gutsmengen geeignet.

Die Vermahlung des Aufgabegutes kann in den Rohr- und Verbundmühlen sowohl auf nassem wie auf trockenem Wege erfolgen. Bei der Naßvermahlung wird die erforderliche Wassermenge mit dem Aufgabegut in die Mühle eingeführt. Die Menge des Wassers richtet sich ganz nach dem angestrebten Zweck, je nachdem man einen dünneren oder dickeren Schlamm als Endprodukt zu erhalten wünscht. Bei der Trockenvermahlung spielt der Feuchtigkeitsgehalt des Aufgabegutes eine wesentliche Rolle. Je feiner das Endprodukt sein soll, um so weniger Feuchtigkeit darf das Aufgabegut besitzen. Wird auf Mehlfeinheit gemahlen, so darf bei den meisten zu vermahlenden Stoffen der Feuchtigkeitsgehalt kaum über 1% betragen. Bei einem höheren Feuchtigkeitsgrad ist nicht nur ein Verschmieren der Mühle zu befürchten, sondern auch mit einem erheblichen Rückgang der Leistungsfähigkeit zu rechnen. Eine Vortrocknung der zu vermahlenden Stoffe ist somit in den weitaus meisten Fällen notwendig, sofern diese nicht schon von Natur aus völlig trocken sind.

In letzter Zeit sind die Rohr- und Verbundmühlen in maschinentechnischer Hinsicht sehr verbessert worden. Besonders der Antrieb der Mahltrommel hat eine bessere Ausbildung erfahren. Während man bei den älteren, noch verhältnismäßig kleineren Ausführungen das Vorgelege der Mahltrommel durchweg mit Riemen antrieb, wird bei den neueren Ausführungen die Vorgelegewelle entweder unmittelbar mit einem langsamlaufenden Motor oder durch Zwischenschaltung eines weiteren einstufigen hochwertigen Rädervorgeleges mit einem Motor üblicher Umdrehungszahl gekuppelt. Bei den Mühlen größerer Abmessung und besonders bei den Verbundmühlen ist eine weitere Vervollkommnung des Antriebes in dem sog. Centraantrieb entstanden, wie er in der Abb. 23 der Verbundmühle angedeutet ist. Bei dieser Antriebsart entfällt der auf der Mahltrommel sitzende große Zahnkranz vollständig, und die Mühle wird zentral durch die Kuppelstange x von einem zweistufigen hochwertigen Rädervorgelege, das unmittelbar mit einem Motor üblicher Umdrehungszahl gekuppelt ist, angetrieben. Die Kuppelstange x ist an beiden Enden durch eine nachgiebige Muffe sowohl mit der Mahltrommel wie auch mit dem Rädervorgelege verbunden, so daß die in der Mahltrommel entstehenden Erschütterungen oder irgendwelche Veränderungen in der Lage der Trommel nicht schädlich auf das Rädervorgelege einwirken können. Der Centraantrieb hat sich ganz besonders bei den Mühlen größter Abmessungen bewährt, bei welchen die Konstruktion des auf der Trommel sitzenden großen Zahnkranzes bereits erhebliche Schwierigkeiten bereitet. Mit dem Centraantrieb sind bereits Verbundmühlen bis zu 18 m Länge und einer Kraftaufnahme bis zu 600 kW ausgeführt worden.

b) Anwendungsgebiet.

Die Rohrmühlen haben ein außergewöhnlich reiches Anwendungsgebiet gefunden. Besonders in der Erzaufbereitung und in der chemischen Großindustrie ist die Rohrmühle eine unentbehrliche Mahlmaschine geworden. Zu dieser Entwicklung hat sehr viel die außerordentliche Betriebssicherheit und die immer gleichbleibende hohe Leistungsfähigkeit dieser Maschinenart beigetragen. Je nach dem Verwendungszweck werden die Rohrmühlen in allen möglichen Abmessungen gebaut. Maßgebend für die Wirkungsweise ist in erster Linie das Verhältnis des Durchmessers zur Länge der Mahltrommel. Will man mit der Mühle ein mehr grießiges, weniger mehlhaltiges Endprodukt erzielen, so wird man die Länge der Mahltrommel im Verhältnis zum Durchmesser kürzer wählen, als wenn man umgekehrt ein möglichst feines, mehlhaltiges Enderzeugnis zu haben wünscht. Die Verbundmühlen, die ja eine Vereinigung von Vor- und Feinrohrmühle darstellen, haben naturgemäß eine im Verhältnis zum Durchmesser längere Mahltrommel als die Einkammerrohrmühlen.

In der Erzaufbereitung verwendet man fast durchweg Mühlen für Naßvermahlung von verhältnismäßig geringer Länge. Es kommt hierbei hauptsächlich darauf an, eine dünne Schlämme zu erzielen, die ein möglichst gleichmäßiges Korn ohne viel allerfeinste Bestandteile besitzt. Neben den Stahlkugeln als Mahlkörper haben sich bei den Mühlen für die Erzvermahlung auch besonders gut Stahlstangen bewährt, die in ihrer Länge etwa der Länge des Mahlraumes entsprechen und bei der Drehung der Mühle ungefähr die gleiche wurfartige und rollende Bewegung wie die Mahlkugeln vollziehen. Derartige Mühlen werden auch Stabrohrmühlen genannt.

In der Zementindustrie ist die Verbundmühle die bei weitem vorherrschende Bauart der Rohrmühle. Die Verbundmühle wird hierbei sowohl als Naßmühle zur Erzeugung des für das Naßverfahren benötigten Dickschlamms, wie auch als Trockenmühle zur Vermahlung der Rohstoffe und der Zementklinker verwendet. Sie bietet hier den besonderen Vorteil, daß die Zementklinker in einem Arbeitsgang bis auf Zementfeinheit vermahlen werden können. Die Zementfabriken sind durch die Einführung der Verbundmühlen trotz der gewaltigen Mengen, die an Rohstoffen und Klinkern vermahlen werden müssen, zu einer großen Einfachheit der maschinellen Einrichtungen gelangt.

In der Thomasschlackenvermahlung haben neben den Einkammerrohrmühlen neuerdings auch die Verbundmühlen Eingang gefunden. Hier bieten die sich in der Mühle ansammelnden Eisenkörner, die stets in der Schlacke enthalten sind, noch einige Schwierigkeiten.

In der Kalkstickstoffherstellung werden Verbundmühlen sowohl zum Vermahlen des Calciumcarbids, wie auch zur Vermahlung des Kalkstickstoffes verwendet. Allerdings erhält die Mühle für die Carbidvermahlung einige besondere Konstruktionseigenheiten (Spülung mit reinem Stickstoff), die sich auf die bei diesen Mühlen bestehende Explosionsgefahr von Acetylen-Luftgemischen beziehen.

Im übrigen lassen sich auf den Rohr- und Verbundmühlen Stoffe aller Art vermahlen. In der Beurteilung der Mahlleistung der Rohrmühlen muß man aber sehr vorsichtig sein, da die Mahlbarkeit der verschiedenen Stoffe, gerade was ihre Vermahlung auf hohe Feinheit anbelangt, außerordentlich verschieden ist. Sofern man nicht bereits bestimmte Ergebnisse mit den zur Vermahlung vorgesehenen Stoffen vorliegen hat, sollte man sich stets vor der Wahl der Maschinengröße durch einen Mahlversuch auf einer ähnlichen Maschine von der Mahlbarkeit des betreffenden Stoffes überzeugen. Geringe Änderungen in der Mahlleistung der Maschine lassen sich zwar nachträglich durch Veränderung der Mahlkörperfüllung erreichen, jedoch wird dies immer nur in bescheidenem Umfange möglich sein.

Abmessungen, Leistungsfähigkeit und Energiebedarf gemäß nachstehenden Tabellen:

Tabelle 22. Naßrohrmühlen.

Mahltrommel		Umdrehungen der Mahltrommel in der min	Ungefähres Gewicht der Maschine ohne Mahlkugeln	Gewicht eines Satzes Mahlkugeln	Zulässige Stückgröße des Aufgabegutes	Ungefähre stündliche Leistung bei Vermahlung mittelharter Erze auf Korngröße entsprechend 1600 Maschen/cm²	Ungefährer Energiebedarf
Durchmesser mm	Länge mm		kg	kg	mm	t	kW
1250	2000	30	9 500	3 000	10	3	25
1550	3000	28	18 000	7 000	15	8	60
1800	3000	26	24 000	11 000	20	14	100
2000	3000	24	30 000	15 000	25	20	140

Tabelle 23. Rohrmühlen (Verbundmühlen).

Mahltrommel		Umdrehungen der Mahltrommel in der min	Ungefähres Gewicht der Mühle einschließlich Panzerung aber ohne Mahlkörper	Gewicht eines Satzes Mahlkörper	Zulässige Stückgröße des Aufgabegutes	Ungefähre stündliche Leistung bei Vermahlung von Zementklinker aus Drehöfen auf 10% Rückstand auf 4900 Maschen/cm²	Ungefährer Energiebedarf
Durchmesser mm	Länge mm		kg	kg	mm	t	kW
1400	8 000	27	34 000	10 000	30	3	80
1600	9 000	25	44 000	17 000	35	6	150
1800	10 000	24	56 000	22 000	40	8	200
2000	11 000	22	70 000	30 000	50	12	300
2200	12 000	20	96 000	38 000	50	16	400

6. Rohrmühlen mit Luftstromsichtung.

a) Bauart und Arbeitsweise.

Die Rohrmühlen mit Luftstromsichtung stellen ein neuartiges Mahlsystem dar, das in letzter Zeit viel Beachtung gefunden hat. Das in dem Aufgabebehälter *a* (Abb. 24) befindliche Aufgabegut wird durch die Aufgabevorrichtung *b* der Rohrmühle *c* gleichmäßig zugeführt und in dieser mittels Stahlkugeln vermahlen. Die Arbeitsweise dieser Mühle ist grundsätzlich dieselbe, wie sie bereits S. 43 beschrieben wurde. Das fertige Mahlgut wird jedoch nicht unmittelbar aus der Mahltrommel ausgetragen, sondern durch einen Luftstrom abgesaugt, der durch den Ventilator *d* erzeugt wird. Die Anordnung ist so getroffen, daß der mit dem Mahlgut beladene Luftstrom auf der Saugseite des Ventilators in besonderen Abscheidern von dem Mahlgut befreit wird und auf der Druckseite wieder als gereinigte Luft in die Mahltrommel zurückkehrt. Die Druckluft tritt durch die Rohrleitung *e* in die Mahltrommel ein, belädt sich in dieser mit dem bereits genügend gefeinten Gut und verläßt die Mahltrommel durch das Rohr *f* infolge der in diesem Rohr herrschenden Saugwirkung. In dem Grobabscheider *g* werden zunächst die noch zu groben Bestandteile ausgeschieden, diese kehren durch das Rohr g_1 in den Druckluftstrom bzw. mit diesem zur weiteren Vermahlung zur Mahltrommel zurück, während der nunmehr nur noch mit dem Fertiggut beladene Luftstrom in dem Fertiggutabscheider *h* von dem Mahlgut befreit wird und somit gereinigt wieder zum Ventilator zurückkehrt, um seinen Kreislauf von neuem zu beginnen. Um die Druckverhältnisse in dem ganzen System einstellen zu können, wird ein kleiner Teilbetrag der Druckluft durch eine Regulierklappe in den Stutzen *i* abgeführt, der zur Entstaubung dieser Überschußluft an einen Staubfilter angeschlossen werden kann. Das fertige Mahlgut verläßt den Abscheider *h* bei *k* und kann von hier seiner weiteren Verwendung zugeführt werden.

Dieses Mahlsystem bietet ferner den besonderen Vorteil, daß dem im System kreisenden Luftstrom vorerhitzte Luft zugeführt werden kann,

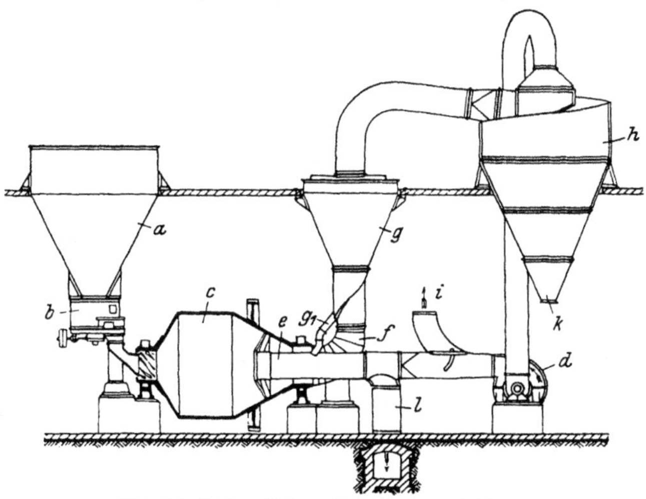

Abb. 24. Rohrmühle mit Luftstromsichtung.

wodurch gleichzeitig eine Trocknung des zu vermahlenden Gutes erfolgt. Die in einer besonderen Heizkammer vorerhitzte Luft gelangt durch den Rohrstutzen *l* durch entsprechende Injektorwirkung in den Druckluftstrom. Da bei dieser Arbeitsweise Mahlung und Trocknung gleichzeitig erfolgen, so bezeichnet man diese Arbeitsweise auch als Mahltrocknung.

Ein weiterer Vorzug dieses Mahlsystems liegt noch darin, daß der Fertiggutabscheider in obere Stockwerke gestellt werden kann, so daß das fertige Mahlgut des Systems dieses bereits in den oberen Stockwerken verläßt und sich die Aufstellung besonderer Förderapparte erübrigt.

b) Anwendungsgebiet.

Rohrmühlen mit Luftstromsichtung können zur Vermahlung von Stoffen aller Art dienen, ihre Verwendungsmöglichkeit ist außerordentlich vielseitig. Durch entsprechende Einstellung des Luftstromes kann jede beliebige Feinheit des Mahlgutes erzielt werden. Ist das Aufgabegut nicht schon von Natur trocken, so bietet die Mahltrocknung eine sehr vereinfachte Einrichtung gegenüber Anlagen mit besonderer Trocknung und Mahlung. Besonders eingeführt hat sich das System zur Vermahlung von Kohle für Kohlenstaubfeuerungen. Hierbei vermeidet man durch die Mahltrocknung die sonst sehr lästige Vortrocknung der Kohle. Ferner kann hierbei die Einrichtung so getroffen werden, daß der fertige Kohlenstaub nicht erst in dem Fertiggutabscheider abgeschieden, sondern unmittelbar in den Feuerraum der Kohlenstaubfeuerung eingeblasen wird.

Abmessungen, Leistungsfähigkeit und Energiebedarf gemäß nachstehender Tabelle:

Tabelle 24. Rohrmühlen mit Luftstromsichtung.

Mahltrommel		Umdrehungszahl der Mahltrommel in der min	Ungefähres Gesamtgewicht der vollständigen Anlage	Zulässige Stückgröße des Aufgabegutes	Ungefähre stündliche Leistung bei Vermahlung von Steinkohle auf 10% Rückstände auf 4900 Maschen/cm²	Ungefährer Energiebedarf
Durchmesser mm	Länge mm		kg	mm	t	kW
1200	1200	30	10 000	20	1,2	20
1500	1500	26	18 000	25	2,5	45
1800	1800	24	26 000	30	4,0	75
2000	2000	22	33 000	35	6,0	110
2200	2200	21	43 000	40	9,0	160
2400	2400	20	55 000	45	13,0	220
2700	2700	19	75 000	50	17,0	300

Sieben und Sichten.

(S. auch S. 96.)

Von Dr.-Ing. **K. Thormann** VDI, Breslau.

I. Allgemeines.

1. Einfluß der Körnung.

Das Sieben umfaßt die Aufgabe, Gemenge fester Stoffe in Gruppen oder Klassen von bestimmter Korngröße mit Hilfe von regelmäßig gelochten Flächen zu trennen. Dabei haben die einzelnen Teilchen der zu verarbeitenden Gemenge verschiedene Größe und meist auch verschiedene Form. Die mittlere Teilchengröße kann man mit einiger Annäherung durch die Kantenlänge des Würfels ausdrücken, der den gleichen Rauminhalt hat. Da in einem Gemenge meist sehr zahlreiche Korngrößen vertreten sind, kennzeichnet man es durch eine Verteilungskurve nach Abb. 1, die über der Korngröße k als Abszisse die Kornverteilung v in %-Anteilen für eine ausreichend große Gutmenge darstellt. Die Gruppen- oder Klasseneinteilung braucht keineswegs nach einer arithmetischen Reihe geordnet sein, sie kann beispielsweise auch auf einer geometrischen Reihe aufgebaut sein. Statt der Verteilungskurve kann man eine Kennlinie für ein gegebenes Gemenge nach Abb. 2 benutzen, welche den Anteil p der Stoffmenge in % in Abhängigkeit von der Korngröße k angibt, dessen Größtkorn kleiner als k ist, so daß also $v\,d\,k = d\,p$ ist. Die Siebfläche trennt das Gemenge entsprechend der Maschen- oder Lochweite als Grenze in das Feine (Unterkorn) und das Grobe (Überkorn). Bei einer vollkommenen Scheidung würde das größte Korn des Feinen nahezu ebenso groß sein, wie das kleinste Korn des Groben, so daß eine Senkrechte zur Abszissenachse für den der Loch- oder Maschenweite entsprechenden Wert k als Kornscheide die Trennung in dem Verteilungsschaubild darstellen würde (Gerade AB auf Abb. 1.) Praktisch geht meist ein Teil des großstückigen Unterkorns nicht durch die Sieböffnungen. Durch Fehler in der Siebfläche und unregelmäßige Formen der Stücke können auch einzelne größere Körner in das Unterkorn gelangen. Praktisch verläuft also die Trennlinie beispielsweise nach den Kurven BC oder CD. Der Siebgütegrad ist das Verhältnis der Menge des abgesiebten Unterkorns zur Menge des in der Aufgabe vorhandenen Unterkorns. — Um der Grenzlinie AB möglichst nahe zu kommen, ist der Siebvorgang derart zu gestalten, daß jedes Einzelkorn mit der Siebfläche mehrfach in Berührung kommt. Dann ist eine sehr große Wahrscheinlichkeit dafür vorhanden, daß jedes Korn, wenn seine mittlere Größe nahezu der Maschen- oder Lochweite entspricht, durch eine Öffnung fällt. Spezifisch schwereres Gut fällt leichter durch die Sieböffnungen als spezifisch leichtes. Auch die Kornverteilung ist für die Bemessung der Siebfläche von Bedeutung. Ist sehr viel Überkorn in dem zu verarbeitenden Gemenge vorhanden, so muß die Siebfläche größer sein, da die Wahrscheinlichkeit, daß das Überkorn auf seinem Weg über die gesamte Siebfläche dem Unterkorn Gelegenheit zum Durchfallen nimmt, größer ist. — Je mehr die Kornform von der Kugel und dem Würfel abweicht und beispielsweise längliche oder schalige Formen annimmt, um so schwieriger wird die Klassenbildung. Sie läßt sich dann nur durch Versuche ermitteln.

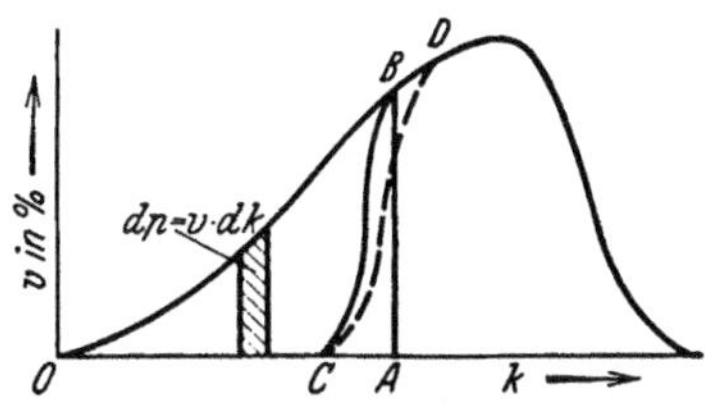

Abb. 1. Kornverteilung in Abhängigkeit von der Korngröße (differentiale Siebanalyse).

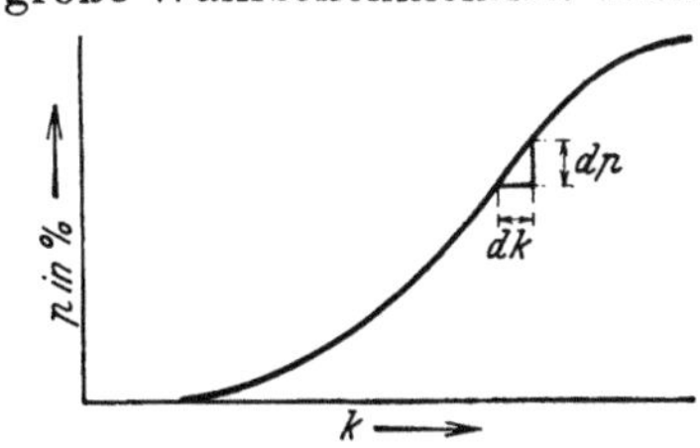

Abb. 2. Kennlinie eines Korngemenges (integrale Siebanalyse).

2. Gestaltung der Siebflächen.

Nach der Herstellung unterscheidet man Platten- oder Blechsiebe und Websiebe (Haar-, Faden- und Drahtsiebe). Diese haben quadratische Maschen oder Langmaschen, wenn das Gut gleichartig gekörnt ist. Die Lochweite von Sieben kann durch Abnutzung, die Maschenweite von gewebten Sieben auch durch Verschieben der Fäden oder Drähte Änderungen erfahren und dadurch das Siebergebnis beeinträchtigen. Schlitzförmig erweiterte, statt runder Löcher in Plattensieben, Ersatz der Runddrähte durch profilierte bei größeren Drahtstärken erschweren Verstopfungen; gekröpfte Drähte geben einen ausreichend starren Drahtverband. Da tiefgekröpfte Siebe nicht durch Weben hergestellt werden können, bezeichnet man sie auch als Siebgitter [E. Ivers: Metall u. Erz 17, 209 (1930)].

Die anteilmäßige freie Öffnung in % ergibt sich nach Groß [Metall u. Erz 1921, 619], wenn l den lichten Durchmesser runder oder die Kantenlänge quadratischer Öffnungen und f die Drahtstärke oder den Abstand von Lochumfang zu Lochumfang bezeichnet:

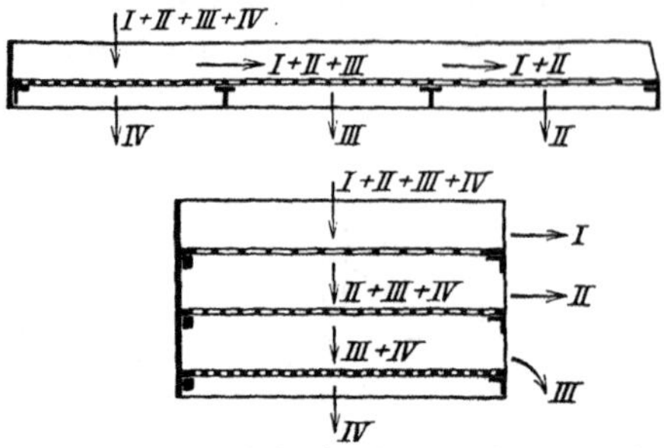

Abb. 3. Plan- und Stufensieb zur Trennung in vier Klassen.

bei versetzten Rundlöchern $= 90{,}96 \frac{l^2}{(l+f)^2}$,

bei hintereinanderliegenden Rundlöchern $= 78{,}54 \frac{l^2}{(l+f)^2}$,

bei Drahtsieben $= 100 \frac{l^2}{(l+f)^2}$.

Im allgemeinen beträgt die freie Siebfläche bei Plattensieben 20—40%, bei Websieben 30—70% der Gesamtfläche. Zur Bestimmung der Feinheit gibt man bei Plattensieben die Größe der Löcher, bei gewebten Sieben die Zahl der Maschen/cm² oder Maschen/cm oder Maschen/Zoll, bisweilen auch die lichte Maschenweite an. Zur Beurteilung der Wirkungsweise von Siebvorrichtungen dienen besondere Prüfsiebe.

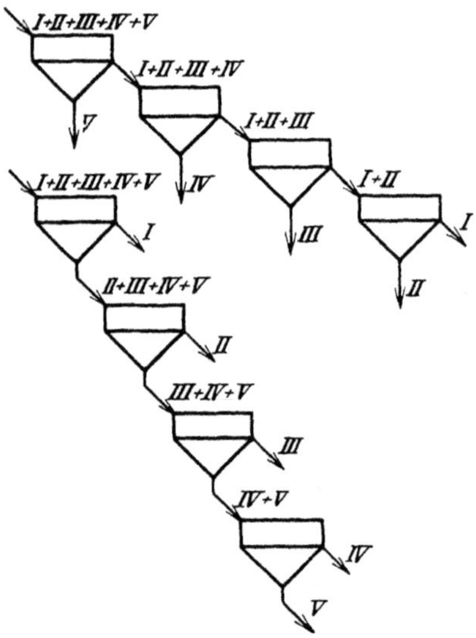

Abb. 4. Schaltungen von Siebvorrichtungen.

Da das Gut in stetiger Bewegung über die Siebfläche gehen muß, ist diese starkem Verschleiß ausgesetzt. Alle Siebflächen müssen daher leicht auswechselbar sein. Je größer, härter und kantiger die einzelnen Stücke des Siebgutes sind, um so kräftiger und dauerhafter muß die Siebfläche gestaltet sein. Für grobe Körnungen verwendet man meist Plattensiebe, deren Blechstärken ungefähr dem Lochdurchmesser proportional sind. Für hohe Beanspruchungen stellt man sie aus Manganstahl her. Aufbauchungen, Aufpressungen, treppenförmige Absätze verringern die Glätte der Plattensiebe. Enthält ein kleinkörniges Gemenge große Stücke, so siebt man diese zweckmäßig erst auf einem kräftigen Vorsieb heraus, um die eigentliche Siebfläche zu schonen.

Ein Sieb mit gegebener Lochweite trennt ein Gemenge immer nur in zwei Klassen. Will man k Klassen erhalten, so braucht man dazu

(k—1) hintereinandergeschaltete Siebflächen. Je nachdem, ob die folgenden Siebe das Über- oder das Unterkorn trennen, nimmt die Lochgröße zu oder ab, so daß grundsätzlich die beiden Siebanordnungen nach Abb. 3 möglich sind. Dabei kann man auch die Siebflächen in mehreren Vorrichtungen unterbringen, so daß man die auf Abb. 4 gezeigten Ausführungen erhält. Um den Siebvorgang dem vorliegenden Gut entsprechend in zweckmäßigster Weise anzupassen, verbindet man häufig mehrere dieser Verfahren. Bei hohen Anforderungen an die Siebgüte schaltet man auch mehrere Siebe gleicher Lochweite hintereinander.

II. Ausführungen.

1. Roste.

Grobe Stücke, beispielsweise über 100 mm Korngröße, trennt man meist mit Rosten ab. Die einfachste Vorrichtung ist der Stab- oder Stangenrost, der aus einer Reihe paralleler, geneigter Stäbe besteht. Um das Durchfallen der kleineren und die Fortbewegung und Verteilung der größeren Stücke zu erleichtern, erhalten die Roste oft Teile, die eine schwingende, schüttelnde oder umlaufende Bewegung ausführen.

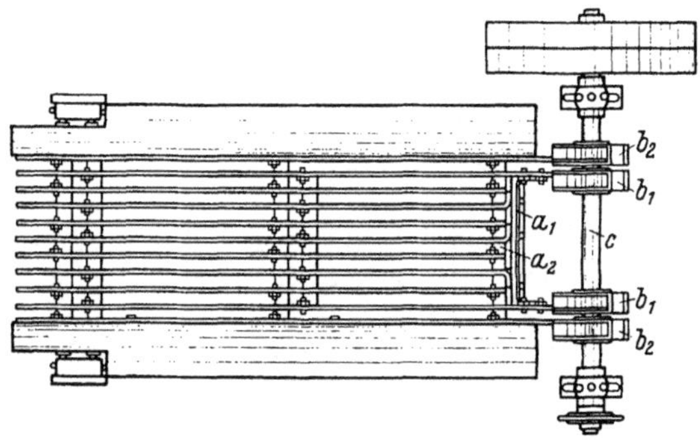

Abb. 5. Briartscher Rost. [Nach C. Naske: Zerkleinerungsvorrichtungen und Mahlanlagen, 4. Aufl., S. 202. Leipzig: Otto Spamer 1926.]

Bei dem Briartschen Rost sind die geneigten Stäbe abwechselnd fest und um einen am unteren Ende gelegenen Drehpunkt beweglich angeordnet. Den Grundriß eines Ausführungsbeispiels zeigt Abb. 5. Die von der Welle c angetriebenen Exzenter b_1, b_2 bewegen die beiden ineinanderliegenden Keileisenroste a_1 und a_2 hin und her. — Bei dem besonders für weiche Stoffe angewendeten Stufenrost bewegen sich Parallelquerstäbe zwischen gleichartigen feststehenden Stäben auf und ab, so daß sich Stufen bilden, auf denen das Gut unter dauernden Wendungen nach unten wandert. Das Unterkorn fällt dabei durch die maschenartigen Zwischenräume. — Die umlaufenden Roste bestehen aus endlosen Stabketten, und zwar meist aus zwei Stabketten von verschiedener Länge, die auf einem Teil des Weges in einer Ebene zusammengeführt werden, welche die Trennfläche bildet. — Die Rollen- oder Kaliberroste arbeiten mit parallelen, mit Einschnitten für die Durchfallöffnungen versehenen Walzen, die sich in der Förderrichtung des Siebgutes, angetrieben durch Stirn- oder Kegelradvorgelege drehen. Hierbei ist es vorteilhaft, die Umfangsgeschwindigkeit der Wellen nach vorn zu steigern, um das Fördergut dadurch auseinanderzuziehen und das Einklemmen von einzelnen Stücken zu verhüten.

2. Trommelsiebe.

Platten- und Websiebe ordnet man entweder auf einer sich drehenden Kegel- oder Zylinderfläche oder in einer schwingenden Ebene an. Man unterscheidet daher Trommel- und Plansiebe (Flachsiebe). Der Querschnitt der Trommelsiebe kann rund oder vieleckig (meist 6- oder 8-eckig) sein. Eine geringe Neigung der Trommel erzeugt die erforderliche Austragbewegung. Bei der Kegeltrommel ergibt sie sich von selbst durch die Neigung der Kegelseite. Für die Prismensiebe verwendet man meist auf rechteckige Rahmen gespannte Websiebe, die ein mit Radsternen auf einer Welle befestigtes Gestell aufnimmt.

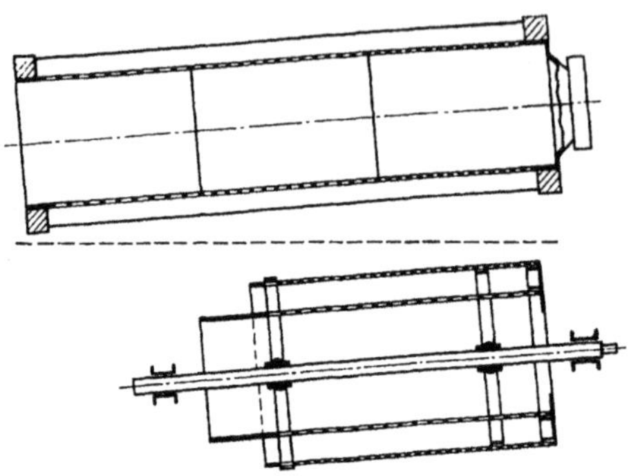

Abb. 6. Trommelsiebe.

Sollen mit einer Trommel mehrere Kornklassen ausgesiebt werden, so ordnet man mehrere Siebzylinder mit gleichem oder verschiedenem Durchmesser hintereinander oder übereinander an, so daß sich nach Abb. 6 gerade Trommeln oder Stufentrommeln ergeben. Bei der geraden Siebtrommel gelangt das Gut zuerst auf das feinste Sieb, bei dem Stufensieb auf das gröbste Sieb. Die notwendigen Größen der einzelnen Flächen mit gleich großen Öffnungen (Siebschüsse) richten sich nach dem Anteil der betreffenden Kornklasse im Gemenge.

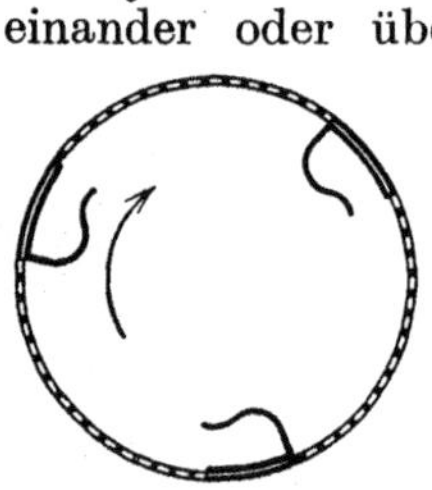

Abb. 7. Siebtrommel mit Hubschaufeln.

Bei der Verarbeitung in Trommelsieben wird immer nur etwa $^1/_6$—$^1/_7$ der gesamten Siebfläche ausgenutzt. Um die eigentliche Siebfläche zu vergrößern, hat man Hubschaufeln, die das Gut nach Abb. 7 bereits in der Trommelmitte zu entleeren beginnen, anzuwenden gesucht.

Die Zentrifugalkraft begrenzt die zulässige Umfangsgeschwindigkeit, da diese Kraft das Gut bei einer bestimmten Geschwindigkeit am Trommelmantel halten würde. Die größte Drehzahl beträgt nach Naske [Zerkleinerungsmaschinen und Mahlanlagen, 4. Aufl., S. 208. Leipzig: Otto Spamer 1926] $n = 42{,}3/\sqrt{D}$, worin D den Trommeldurchmesser in m bedeutet. Die tatsächlich angewandten Geschwindigkeiten sind meist nur etwa halb so hoch, um Abrieb, Verschleiß und Verstauben zu vermindern. — Große Trommeln laufen in der Regel auf Ringen, die von Rollen getragen werden. Kleinere Ausführungen werden von beiderseits gelagerten Wellen mit Armkreuzen gehalten (s. auch Abb. 6).

Bei Korngrößen unter etwa 2 mm fällt das Gut nur schwer durch die Siebmaschen. Um auch feinkörnige Stoffe durch das Sieb zu drücken und gleichzeitig das Gut schnell auf der Siebfläche zu verteilen, kann eine mit Schaufeln besetzte Welle eine gegen die Trommel gerichtete Luftströmung erzeugen (Zentrifugalsichtmaschinen). Feinkörniges, leichtes Gut verarbeitet man auch in feststehenden Siebzylindern, in deren Innenraum eine mit Bürsten versehene Welle läuft (Bürstmaschinen). Die Bürsten streichen das Gut mit leichtem Druck über die Siebfläche und halten dabei gleichzeitig die Öffnungen frei.

Staubt das Siebgut, so umgibt man die Trommel mit einem geschlossenen Mantel und erzeugt in diesem durch einen Ventilator einen geringen Unterdruck.

3. Flachsiebe.

Während man mit Siebtrommeln vorwiegend die mittleren Korngrößen von etwa 100 mm abwärts verarbeitet, setzen sich besonders für die kleineren Korngrößen die durch ebene Siebflächen gekennzeichneten Plan- oder Flachsiebe in steigendem Maße durch. Die Bewegung eines Flachsiebes kann den besonderen Eigenschaften des Gutes angepaßt werden, da sie nicht wie bei den Siebtrommeln durch die Siebform festgelegt ist. Das Sieb kann in der Ebene seiner Arbeitsfläche hin- und herschwingen oder eine kreisende Bewegung ausführen oder senkrecht oder schräg zur Siebfläche auf- und abgehen. Dabei ist es möglich auch die Art der Schwingung, die Abhängigkeit des Weges von der Zeit und damit die Beschleunigungen zu beeinflussen und bestimmte, besonders günstige Wurf- und Schüttelbewegungen zu erzeugen. Je nach dem Verlauf der Bewegung unterscheidet man Schwing- und Stoßsiebe.

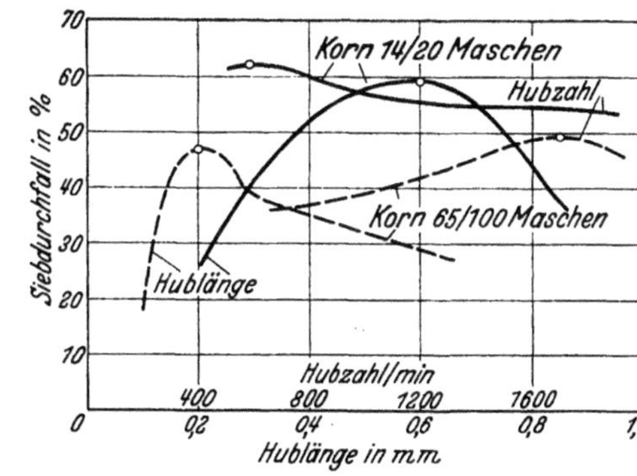

Abb. 8. Siebdurchfall eines Schwingsiebes in Abhängigkeit von Hubzahl und Hublänge.

Das Siebgut macht die Schwingungen des Siebes infolge seiner Trägheit und infolge der Reibung mit mehr oder weniger veränderten Ausschlägen mit, wobei es auf der Siebfläche vorwärtsgleitet und sich gleichmäßig verteilt. Die Siebwirkung ist bis zu einer bestimmten Grenze um so besser, je größer die Schwingungszahl ist, da die Teilchen entsprechend mehr Gelegenheit haben, durch die Öffnungen zu fallen. Man war daher bestrebt, die Schwingungszahlen der Flachsiebe zu steigern. Für die schnellschwingenden Siebe gibt es nach den Versuchen von Fahrenwald und Stockdale [Bur. Mines Techn. Pap. **1929**, Serial 2933] nicht nur eine günstigste Schwingungszahl, sondern auch eine günstigste Hubzahl, deren Einfluß größer ist als der der

Schwingungszahl. So wurde beispielsweise grobes Korn (14/20 Maschen) am besten bei einer Hublänge von 0,6 mm und einer Hubzahl von 580 je min verarbeitet; feines Korn (65/100 Maschen) wurde am günstigsten bei einer Hublänge von 0,2 mm und einer Hubzahl von 1700 abgesiebt. Die Zahlen für die dazwischenliegenden Kornklassen haben entsprechende Werte. Abb. 8 zeigt den Siebdurchfall in Abhängigkeit von Hublänge und Hubzahl nach den genannten Versuchen.

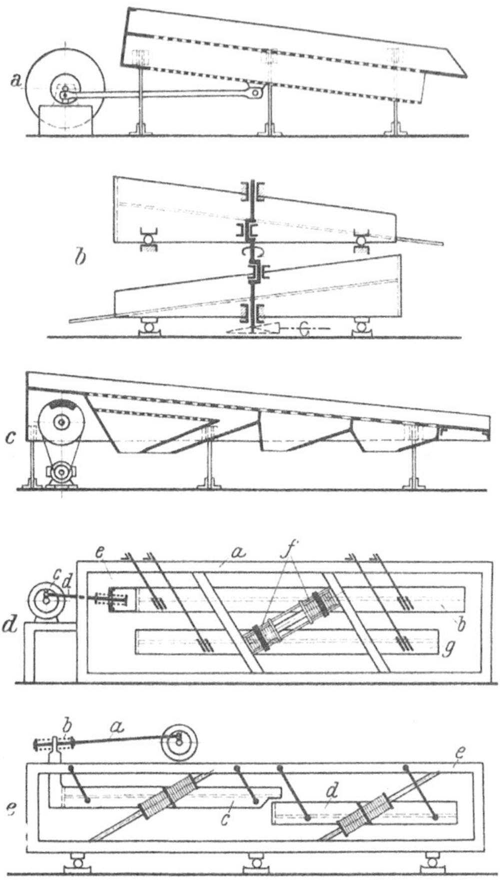

Abb. 9. Flachsiebe.

Bei den einfachsten Ausführungen bewegt ein Kurbel- oder Exzentertrieb das Sieb hin und her (Abb. 9*a*). Dabei entstehen erhebliche Massenkräfte, welche die Fundamente aufzunehmen haben. Der Siebkasten kann zwei oder mehrere Siebe übereinander enthalten, so daß man mit einem Apparat mehrere Kornklassen erhalten kann. — Stoßende Bewegungen werden mit Kurvenscheiben oder ähnlichen Getrieben erzeugt. Solche Schlagsiebe haben sich besonders für backende Stoffe bewährt.

Um die Massenkräfte eines zwangläufig angetriebenen Siebes zu vermindern, hat man nach Abb. 9*b* zwei übereinanderliegende Siebkästen gegenläufig mit Kurbeln, die um 180° versetzt waren, angetrieben. Bei dieser Anordnung, die beispielsweise beim Seltner-Rätter [Ztschr. Ver. Dtsch. Ing. **60**, Nr. 24 (1916)] verwendet wird, sind die Beschleunigungskräfte nur in einer Richtung ausgeglichen. Häufig werden die beiden Siebe auch hintereinander angeordnet. — Eine bessere Lösung zeigt Abb. 9*c*. Hier ist unmittelbar in den mit federnden Lenkern gehaltenen Siebkasten eine umlaufende, auf das Gewicht des Siebkastens abgestimmte Masse in eine Schwungscheibe eingebaut, die ein Riemen mit einer weit über die Eigenschwingungszahl liegenden Drehzahl (etwa 500 je min) antreibt. Auch bei diesem Schnellschüttler, der bauliche Vorteile mit hoher Siebleistung vereint, ist die senkrechte Komponente der Zentrifugalkraft der umlaufenden Masse nicht ausgeglichen. Die

Siebleistung einer derartigen Vorrichtung ist auf Abb. 10 für ein bestimmtes Siebgut nach G. Quincke [Ztschr. Ver. Dtsch. Ing. **76**, 81 (1932)] in einem Schaubild für verschiedene Siebe in Abhängigkeit von der lichten Maschenweite dargestellt. Der Kraftbedarf ist nach der gleichen Quelle etwa $^1/_4$ so groß wie der einer Siebtrommel. — Mit besonderen Antriebsvorrichtungen hat man sehr hohe Schwingungszahlen bei kleinen Hüben erreicht, bis das Siebgewebe in Schwingungen geriet. Auch unmittelbare Kraftübertragung auf das Sieb durch Wechselstrommagnete ist versucht worden.

Ausreichenden Massenausgleich innerhalb des Apparates bei hohen Schwingungszahlen und günstigen Wurfbewegungen brachten erst die auf der neuzeitlichen Schwingungstechnik aufbauenden Konstruktionen [s. auch Schieferstein: Maschinenbau **7**, 749, 809, 1175 (1928)]. Bei dem Schwingsieb nach Schieferstein führt der in Gummipuffern gelagerte Siebkasten Kreisbewegungen aus, die durch umlaufende Massen auf der Antriebswelle ausgeglichen sind. Die Schwingungszahlen des Siebes können dabei in weiten Grenzen geändert werden. — Zu diesen Vorrichtungen gehört auch der in der Müllereitechnik verwendete freischwingende Plansichter. Er besteht aus zwei hängenden Siebsätzen von je 10—14 Siebflächen, die ein gemeinschaftlicher Rahmen zusammenhält und mit Hilfe einer senkrechten Antriebswelle in der Siebebene kreisförmig bewegt.

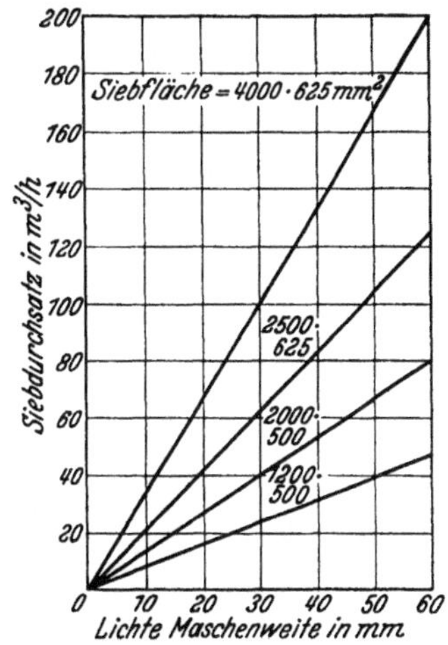

Abb. 10. Stündlicher Siebdurchsatz in Abhängigkeit von der Maschenweite für einen Schnellschüttler nach G. Quincke.

Die Resonanzschwingsiebe arbeiten ohne zwangläufig hin- und hergehende Massen. Sie bilden ein schwingungsfähiges System, das eine lose Kopplung mit dem Antrieb verbindet. Die Betriebsschwingungszahl ist gleich der Eigenschwingungszahl (Resonanz). Diese Siebvorrichtungen vernichten die lebendige Kraft der schwingenden, ausgeglichenen Siebrahmen nicht, sondern nehmen sie mit elastischen Puffern auf und gewinnen sie dabei als potentielle Energie wieder zurück. Man unterscheidet Zweimassen- und Dreimassensysteme, je nachdem ob die beiden gegeneinanderschwingenden Siebkästen in einem feststehenden, mit dem Fundament verschraubten oder in einem beweglichen Rahmen gelagert sind. In der Regel wird nur ein Siebrahmen unter Zwischenschaltung einer Federung (lose Kopplung) durch einen Kurbeltrieb in Schwingung versetzt. Dieser Rahmen treibt dann über eine Gummipufferverbindung den zweiten Siebkasten an. Federnde Lenker, die senkrecht zu den Gummipuffern angeordnet sind, halten dabei die Siebrahmen.

Abb. 9*d* zeigt ein Resonanzschwingsieb mit waagerechten Siebflächen, feststehendem Gerüstrahmen (*a*), Antrieb des oberen Siebkastens (*b*) mit einem verstellbaren Exzenter (*c*) durch eine Pleuelstange (*d*) über eine lose Kopplung (*e*) und Verbindung der beiden Siebkästen durch schräggestellte Gummipuffer (*f*). Sobald der obere Kasten seine Eigenschwingungszahl erreicht hat, erregt er den unteren Kasten (*g*) über die Gummipuffer, bis er in entgegengesetzter Richtung mit der gemeinsamen Periodenzahl schwingt. Der Kraftbedarf eines derartigen Siebes beträgt nach H. Quincke [Ztschr. Ver. Dtsch. Ing. 76, 84 (1932)] nur $^1/_{10}$ der Siebtrommel von gleicher Siebleistung.

Das Resonanzschwingsieb nach Abb. 9*e* enthält drei schwingende Massen, nämlich den mit einer Pleuelstange (*a*) über eine Kopplung (*b*) angetriebenen Siebrahmen (*c*), den völlig freischwingenden Siebkasten (*d*) und das auf Rollen in der Schwingrichtung bewegliche, die Siebrahmen mit Lenkern haltende Trägergerüst (*e*). Dieses kommt, wenn die Eigenschwingungszahl des Systems erreicht ist, nahezu zur Ruhe. Eine geringe Restbewegung führt dem freischwingenden Rahmen die durch Dämpfung verlorengegangene Energie wieder zu. Statt des einen freischwingenden Rahmens kann man auch zwei oder drei freibewegliche Rahmen anordnen, deren Hübe den Sieblochungen entsprechend bemessen werden können. Im übrigen können die Resonanzschwingsiebe baulich den jeweiligen Zwecken beispielsweise durch Anordnung von Sieben übereinander, Anwendung von Vorsieben usw. angepaßt werden [H. Binte: Ztschr. Ver. Dtsch. Ing. 76, 85 (1932)].

4. Naßsiebvorrichtungen.

Bei zahlreichen Verfahren, besonders bei der Verarbeitung von Faserstoffen der Zellstoff-, Pappen- und Papierindustrie und bei der Verarbeitung von Erzen für die Metallgewinnung, werden die Rohstoffe im Erzeugungsgang mit Wasser oder verdünnten Lösungen aufbereitet. Zweckmäßigerweise wird dann auch die Siebung im Nassen ausgeführt. Faserstoffe könnte man im Trockenen nur schwierig absieben, da in kurzer Zeit die Maschen verstopfen würden. Bei starker Verdünnung mit Wasser gehen sie ohne Schwierigkeit durch die Siebe, während die groben Verunreinigungen zurückbleiben. Das Wasser dient dabei als Träger des Stoffes. Für die Siebung von Faserstoffen mit Wasser verwendet man meist Rundsiebe.

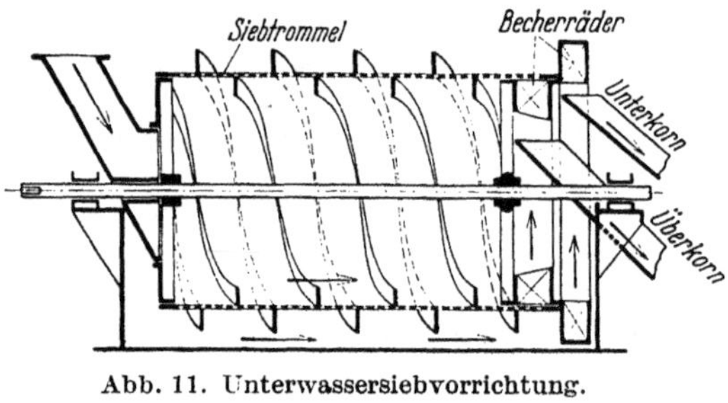

Abb. 11. Unterwassersiebvorrichtung.

Die Naßverfahren verbinden das Sieben häufig gleichzeitig mit Wasch- oder Lösungsvorgängen. Bei den einfachsten Vorrichtungen begnügt man sich mit einem Bebrausen des Stoffes mit Wasser, um die Verunreinigungen auszuwaschen. Bei der eigentlichen Unterwasserklassierung arbeiten die siebenden Flächen vollständig unter Wasser.

Die einzelnen Körner sind allseitig von Wasser umhüllt, so daß Adhäsionskräfte, welche die einzelnen Körner zusammenhalten würden, nicht wirksam werden. Damit die Schwerkraft auf das Unterkorn wirken kann, muß das spezifische Gewicht des Gutes mindestens etwa 2—2,5 betragen. Zum Sieben körniger Stoffe unter Wasser eignen sich besonders die Trommeln.

Bei der auf Abb. 11 dargestellten Unterwassersiebvorrichtung sind auf der äußeren und inneren Oberfläche des Siebzylinders Förderspiralen angebracht, die das Über- und Unterkorn allmählich zu Becherrädern am Austragende schieben. Diese heben es hoch und werfen es auf Austragschurren ab. Das mit dem Gut abgeführte Wasser muß ständig ergänzt werden, damit der Wasserspiegel nicht sinkt. Soll das Gut noch gewaschen werden, so läuft das reine Wasser auf der Austragseite zu, während das verbrauchte Wasser auf der Eintragseite durch einen Überlauf ständig abfließt.

III. Windsichtung.

Je feiner die Korngrößen sind, um so schwieriger wird das Trennen mit Siebflächen. Die feinsten Kornklassen könnten nur empfindliche Gewebesiebe verarbeiten. Eine Möglichkeit, solche Korngemenge ohne Siebflächen zu klassieren, gibt die Windsichtung. Führt man das zu trennende Gut in feiner Verteilung durch eine Luftströmung,

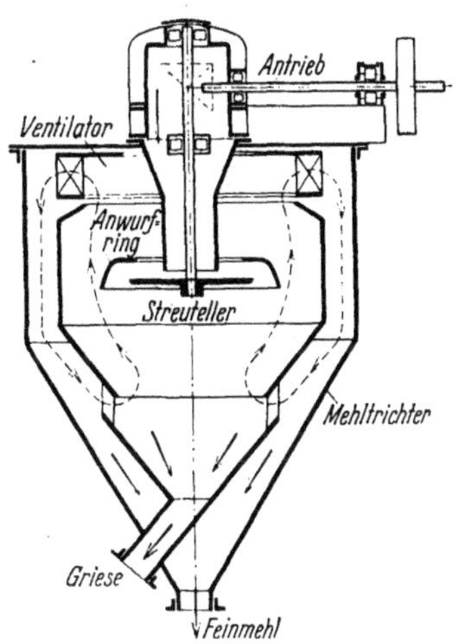

Abb. 12. Windsichter (Bauart Pfeiffer).

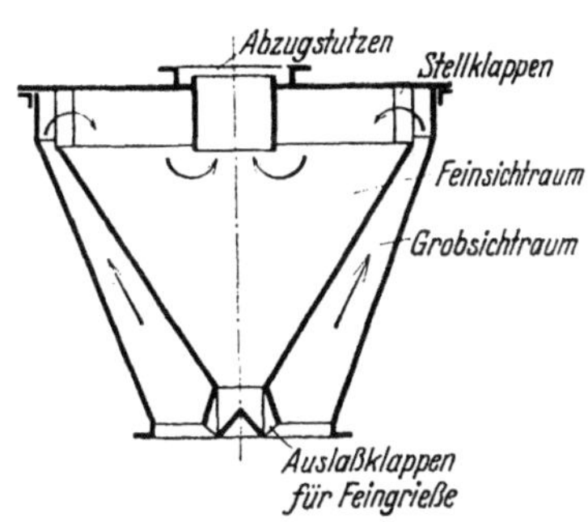

Abb. 13. Stromsichter (Bauart Raymond).

so bewegen sich die einzelnen Teilchen bei gleichem spezifischen Gewicht auf verschiedenen Bahnen, da die auf sie wirkenden Kräfte je nach der Korngröße verschieden sind. Die Schwerkraft läßt dabei aus der Luftströmung alle Teilchen von einer bestimmten Größe an herausfallen. Ein sich erweiternder Querschnitt begünstigt diese Wirkung.

Eine Trennung ergibt sich ferner, wenn die Strömungsrichtung sich ändert. Das Beharrungsvermögen läßt dann die schwereren Teilchen, (die Grieße), die ursprüngliche Richtung beibehalten, während das Mehl der Strömung folgt. Die Schwerkraft bringt darauf die abgetrennten und verzögerten Grieße aus der Strömung zum Ausfallen. Solche Richtungsänderungen erzeugt man häufig mit verstellbaren Drehklappen. Dem gleichen Zweck dienen Prallvorrichtungen, die das gegenfliegende Gut verzögern und dann ebenfalls mit Hilfe der Schwerkraft den gröberen Anteil abscheiden. Sind die Strömungsbahnen gekrümmt, so wirkt auch die Fliehkraft trennend.

Die Windsichter bringen diese Kräfte in folgender Weise zur Wirkung: Zunächst wird aus Sichtgut und Luft ein Gemisch gebildet. Hierzu dient meist ein sich schnell drehender Streuteller, auf den das Gut von oben fällt. Dieser schleudert es gegen einen verstellbaren Anwurfring. Ein Ventilator saugt quer durch den dabei entstehenden Kornschleier einen Luftstrom, der das Mehl mitnimmt, während die Schwerkraft das Grobe ausfallen läßt. Ein besonderer Abscheideraum trennt dann das Mehl aus der Luftströmung. Diese kann dabei innerhalb des Apparates einen Kreislauf ausführen, sie kann aber auch in stetigem Strom durch den Sichter gehen, wie es besonders dann der Fall ist, wenn dieser in Verbindung mit einer Zerkleinerungsmaschine arbeitet. Man unterscheidet dementsprechend Umluftsichter und Stromsichter. Stromsichter arbeiten ohne angetriebene Teile, da der Ventilator, der die Luftströmung erzeugt, stets außerhalb des Apparates angeordnet ist. Die Umluftsichter scheiden sowohl das Grobe als auch das Mehl aus dem zugeführten Gemenge. Die Stromsichter dagegen trennen meist nur das Grobe ab, während das Mehl in der Luftströmung bleibt und in einem besonderen Abscheider abgetrennt wird.

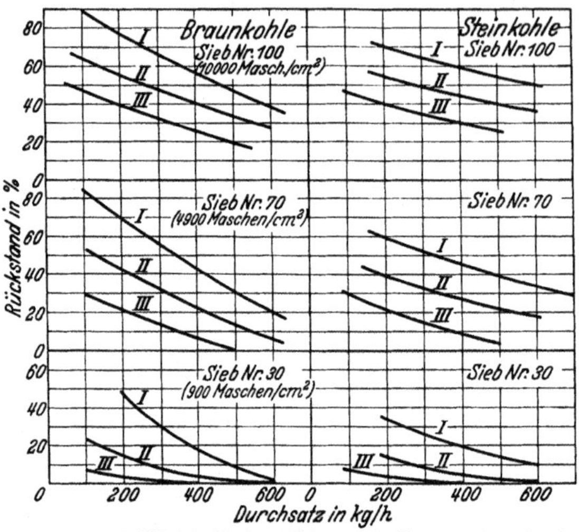

Abb. 14. Mahlfeinheit in Abhängigkeit von Durchsatz und Drehzahl eines Windsichters nach P. Rosin und E. Rammler [Zement 19, 986 (1930)].
I größte Drehzahlstufe, *II* mittlere Drehzahlstufe, *III* kleinste Drehzahlstufe.

Ein Ausführungsbeispiel eines Umluftsichters (Bauart Pfeiffer) zeigt Abb. 12. In dem inneren Trichter fallen die Grieße aus, in dem äußeren Raum läßt eine von oben nach unten gerichtete, langsame Luftströmung das Mehl durch die Schwerkraftwirkung zum Auslauf sinken.

Abb. 13 stellt einen Stromsichter (Bauart Raymond) dar. Eine starke Luftströmung bringt das Gemenge von unten durch den äußeren

Trichter an verstellbaren Klappen vorbei in den inneren Trichter, wo die ausfallenden Grieße durch besondere Klappen entleert werden. Das Mehl verläßt oben mit der Luft den Sichter, nachdem eine nochmalige Richtungsänderung an dem verlängerten Abzugstutzen die letzten Grießreste ausgeworfen hat.

Als Windsichter-Wirkungsgrad bezeichnet man das Verhältnis des ausgesichteten Unterkorns zum aussichtbaren Unterkorn; er hängt von den Eigenschaften des Gutes, insbesondere seiner Feuchtigkeit und von den Betriebsverhältnissen, wie der Belastung und den Eigenschaften des Trägergases ab. Arbeitet der Windsichter mit einer Mühle zusammen, so liefert er mit abnehmendem Durchsatz geringere Mahlfeinheiten. Das Fördervolumen des Ventilators und entsprechend die Umlaufgeschwindigkeit vermindern sich bei höherer Belastung, weil größere Gewichte und höhere Widerstände auszugleichen sind. Eine geringere Windgeschwindigkeit ergibt größere Feinheit des Korns, da ein größerer Anteil des Gutes im Grießtrichter bleibt. Als Beispiel zeigt Abb. 14 nach P. Rosin und E. Rammler [Zement 19, Nr. 42, 986 (1930)] die Feinheit des gesichteten Gutes, im vorliegenden Fall Steinkohle und Braunkohle, in Abhängigkeit von Durchsatz und Windsichterdrehzahl für drei verschiedene Feinheitsgrade und drei Drehzahlen. Wie die Kurven zeigen, kann man eine bestimmte Feinheit bei verschiedenen Durchsätzen erreichen. — Der Windsichterwirkungsgrad nimmt mit zunehmendem Durchsatz, also wachsender Mahlfeinheit angenähert linear ab. Er hängt nur von der Mahlfeinheit ab, ist jedoch verschieden, je nach dem Bezugsieb, das für die Bestimmung des Wirkungsgrades entsprechend den Ansprüchen an das gesichtete Erzeugnis angewendet wird, und wächst mit zunehmender Feinheit desselben. Für jede Mahlfeinheit und ein gegebenes Bezugsieb gibt es also nur einen Wert für den Windsichterwirkungsgrad. Als Beispiel zeigt Abb. 15 den Wirkungsgrad eines Windsichters nach P. Rosin und E. Rammler [Zement 19, 1035 (1930)] für die Bezugsiebe Nr. 30 und 70 für drei verschiedene Drehzahlen in Abhängigkeit vom Durchsatz.

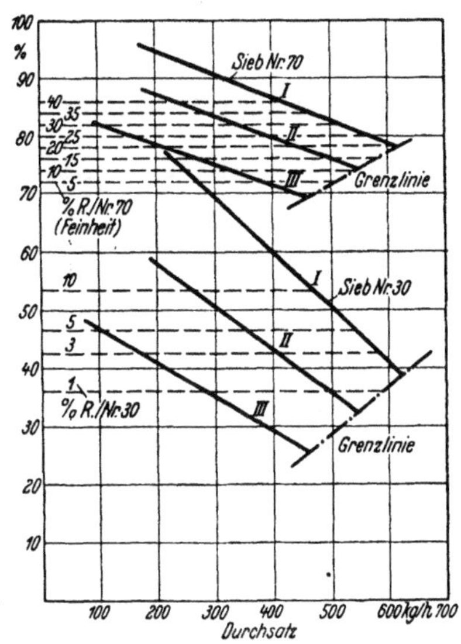

Abb. 15. Windsichterwirkungsgrad in Abhängigkeit von Durchsatz, Mahlfeinheit und Drehzahl nach P. Rosin und E. Rammler [Zement 1930, 1035)].

Literatur: Badger, W. L., W. L. McCabe: Elements of chemical engineering. London: Mc Graw-Hill 1931. — Blanc-Eckardt: Technologie der Brecher, Mühlen und Siebvorrichtungen. Berlin: Julius Springer 1928. — Burchartz, H.: Siebversuche. Arch. Wärmewirtsch. **1925**, 9. — Fahrenwald-Stockdale: Effect of sieve motion on screening efficiency. Bur. Mines Techn. Pap. **1929**, Serial **2933**. Fischer, H.: Technologie des Scheidens, Mischens und Zerkleinerns. Leipzig:

Otto Spamer 1920. — Gehle, H.: Beiträge zur Kenntnis der freischwingenden Plansichter. Leipzig: Schäfer 1928. — Graumann, H.: Untersuchungen über den Sichtprozeß und die Dynamik des Plansichters. Braunschweig: Meyer 1930. — Holbrook and Fraser: Screen sizing of coal, ores and others materials. Bull. Bur. Mines **234** (1925). — Liddel, D. M.: Handbook of non-ferrous Metallurgy. London: Mc Graw-Hill 1926. — Mohs, K.: Über die Entwicklung und Vervollkommnung des Plansichters. Mannheim 1924. — Naske, C.: Zerkleinerungsvorrichtungen und Mahlanlagen, 4. Aufl. Leipzig: Otto Spamer 1926. — Quincke, G.: Trockenes und nasses Klassieren, Dechema-Monographien, Bd. 4. Berlin: Verlag Chemie 1931. — Rosin, P. u. E. Rammler: Arbeitsweise und Wirkungsgrad von Windsichtern. 24. Berichtfolge des Kohlenstaubausschusses des Reichskohlenrates. Berlin: VDI-Verlag 1930.

Abklärvorgänge, hydraulische Trennung.

(Sedimentation, Dekantation, hydraulische Separation.)

Von Dr.-Ing. **E. Hegelmann** VDI, Ludwigshafen a. Rh.

Die hier zu behandelnden Vorgänge kommen technisch in Betracht:

1. Zur Trennung von Schlämmen und Flüssigkeiten mit oder ohne Kombination mit dem Auswaschen der Schlämme (Sedimentation, Dekantation).

2. Zur hydraulichen Sortierung von Schlämmen, Griesen und Körnern oder kleinstückigen festen Körpern nach ihrer Korngröße, ihrer Form oder ihrem spezifischen Gewicht (Klassierung und Setzvorgang).

I. Physikalische Grundlagen.

A. Absinkbewegung in Flüssigkeiten.

1. Sinkgeschwindigkeit.

Die Sedimentation beruht auf dem mehr oder weniger raschen Absinken relativ spezifisch schwerer Körper in Flüssigkeiten.

Ein in der Flüssigkeit frei fallender (oder infolge des Auftriebs aufsteigender) Körper erlangt nach sehr kurzem Fallweg infolge der relativ großen Reibung eine konstante Geschwindigkeit. Diese wird erreicht, sobald der Strömungswiderstand dem Abtrieb, d. h. dem um den Auftrieb verminderten Gewicht des sinkenden Körpers gleich wird.

Ähnlich wie bei der Betrachtung des Strömungswiderstandes in Rohren (vgl. Bd. II, S. 495) hat man zwei Arten von Gesetzmäßigkeiten zu unterscheiden. Bei großen Reynoldsschen Zahlen wird der Vorgang überwiegend vom dynamischen Druck, dem sog. Staudruck q beherrscht, der dem Quadrat der Strömungsgeschwindigkeit proportional ist. Bei relativ geringen Reynoldsschen Zahlen ist der Strömungswiderstand überwiegend durch die Zähigkeit der Flüssigkeit bestimmt, der Strömungswiderstand ist dann proportional der Sinkgeschwindigkeit w. Zwischen beiden Gesetzmäßigkeiten liegt ein mehr oder weniger labiles Übergangsgebiet. Auch hier ist eine zusammenfassende Darstellung beider wesensverschiedenen Zustände durch die folgende Betrachtung (nach Prandtl) möglich.

Setzt man den Staudruck q

$$q = \frac{w^2}{2g} \cdot \gamma, \tag{1}$$

so kann man den Strömungswiderstand, den ein in einer Flüssigkeit bewegter Körper erfährt, in der allgemeinen Form ansetzen

$$W = c \cdot F \cdot q. \tag{2}$$

Der Widerstand ist also direkt proportional der Projektion F des Körpers auf eine Ebene senkrecht zur Strömungsrichtung, ferner

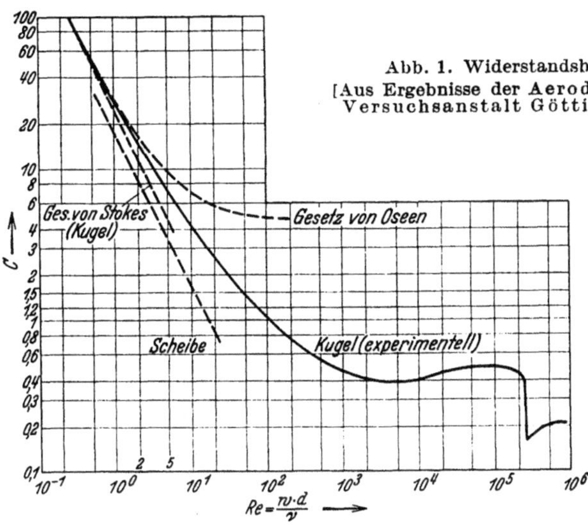

Abb. 1. Widerstandsbeiwert c. [Aus Ergebnisse der Aerodynamischen Versuchsanstalt Göttingen, 1923.]

proportional dem Staudruck q und einem Beiwert c, der von der Reynoldsschen Zahl Re abhängt.

Die Gleichung (2) gilt mit annähernd konstantem Beiwert c für große Reynoldssche Zahlen. Man kann jedoch die Gültigkeit der Gleichung (2) bei geringen Reynoldsschen Zahlen im Gültigkeitsbereich des Stockesschen Gesetzes formgemäß erzwingen, wenn man den Staudruck q, der dann sehr klein wird und als solcher seine Bedeutung für das Phänomen verliert, durch entsprechend große Werte von c gewissermaßen kompensiert. Der Beiwert c wird dann eine Funktion der Reynoldsschen Zahl.

Zwischen den beiden Gesetzmäßigkeiten, für eine Kugel zwischen $Re \cong 2$ und $5 \cdot 10^5$, befindet sich ein labiles Übergangsgebiet. Hier bildet sich um den sinkenden Körper (auch um eine aufsteigende Gasblase) eine Flüssigkeitsgrenzschicht, ähnlich wie sie sich bei der

Betrachtung des Wärmeübergangs an Drähten in strömenden Medien zeigt. Dies bewirkt, daß der Körper mit der Grenzschicht zusammen einen größeren sinkenden Körper mit labiler Oberfläche darstellt.

In Abb. 1 sind die experimentell erhaltenen Werte von c des Göttinger Laboratoriums in Abhängigkeit von der Reynoldsschen Zahl für einige Körperformen wiedergegeben [vgl. auch L. Schiller u. A. Naumann: Ztschr. Ver. Dtsch. Ing. 77, 318 (1933)].

Für einen absinkenden Körper vom Volumen V mit dem größten Querschnitt F (senkrecht zur Strom- oder Bewegungsrichtung), und vom

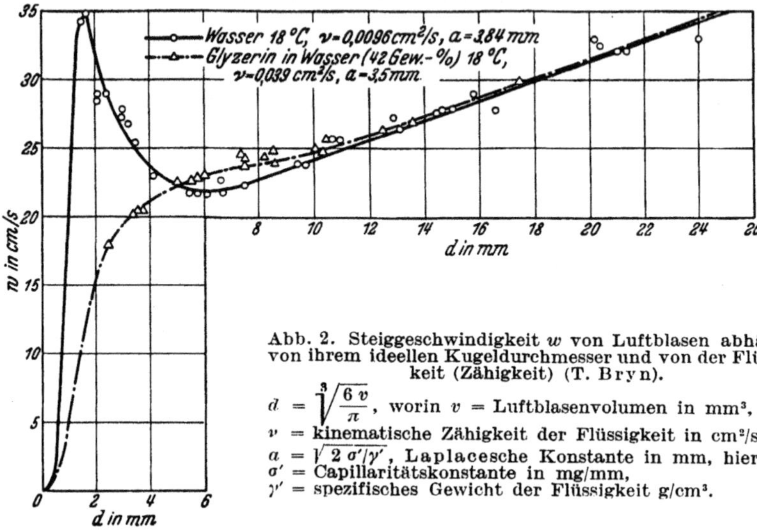

Abb. 2. Steiggeschwindigkeit w von Luftblasen abhängig von ihrem ideellen Kugeldurchmesser und von der Flüssigkeit (Zähigkeit) (T. Bryn).

$d = \sqrt[3]{\frac{6\,v}{\pi}}$, worin v = Luftblasenvolumen in mm³,
ν = kinematische Zähigkeit der Flüssigkeit in cm²/s,
$a = \sqrt{2\,\sigma'/\gamma'}$, Laplacesche Konstante in mm, hierin
σ' = Capillaritätskonstante in mg/mm,
γ' = spezifisches Gewicht der Flüssigkeit g/cm³.

spezifischen Gewicht γ_k, muß mit Berücksichtigung von Gleichung (2) im Beharrungszustand gelten:

$$V\,(\gamma_k - \gamma) = c \cdot F \cdot \frac{w^2}{2\,g} \cdot \gamma$$

oder

$$w^2 \cdot \frac{F}{V} = 2\,g \cdot \frac{1}{c} \cdot \frac{\gamma_k - \gamma}{\gamma} \tag{3}$$

Man kann die dimensionslose Größe

$$\frac{\gamma_k - \gamma}{\gamma} = \varphi \tag{4}$$

abkürzend den spezifischen Abtrieb bzw. spezifischen Auftrieb nennen. Damit gilt für eine Kugel durch Umformung von Gleichung (3):

$$\frac{w^2}{d} = \frac{4}{3}\,g \cdot \frac{\varphi}{c} = 13{,}08 \cdot \frac{\varphi}{c}. \tag{5}$$

Mit c = konstant ist dies die charakteristische Gleichungsform, die für Reynoldsschen Zahlen $Re > 2{,}5 \cdot 10^5$ bzw. $5 \cdot 10^5$ gilt.

Bei kleinen Reynoldsschen Zahlen, unterhalb etwa $Re = 0{,}5$ (s. Abb. 1), gilt das Stockessche Gesetz, das für eine absinkende Kugel lautet:

$$\frac{w}{d^2} = \frac{\gamma_k - \gamma}{18 \cdot \eta} = \frac{g}{18} \cdot \frac{1}{\nu} \cdot \varphi. \tag{6}$$

Es ist zu beachten, daß Gleichung (6) nur für nicht deformierbare Kugeln genau gilt. Für deformierbare Kugeln (Luftblasen und Flüssigkeitströpfchen) ist nach N. Bond die rechte Seite der Gleichung (6) mit einem Korrektionsglied zu multiplizieren, welches lautet:

$$\frac{1}{k} = \frac{{}^2/_3 + \eta'/\eta}{1 + \eta'/\eta}, \tag{7}$$

worin η' für die Zähigkeit der deformierbaren Kugel, η für die Suspensionsflüssigkeit gilt [vgl. Hatschek: Die Viscosität der Flüssigkeiten, S. 36. 1929]. Wird η' sehr groß (undeformierbare Kugeln), so nähert sich $\frac{1}{k}$ dem Wert 1 (Stockessches Gesetz). Für Luftblasen in sehr zähen Flüssigkeiten wird $\frac{1}{k} = \sim {}^2/_3$. (Dimensionen von η und ν s. S. 232.)

Auch dies ist nur als Annäherung zu betrachten, wie eine neuere experimentelle Untersuchung von T. Bryn aus dem Maschinenlaboratorium der Technischen Hochschule Dresden zeigt [Forschg. Ing.-Wes. 4, 27 (1933)]. Die Abb. 2 gibt ein Teilergebnis dieser Arbeit wieder. Die c-Kurven für in verschiedenen Flüssigkeiten aufsteigende Luftblasen weichen nach dieser Darstellung gegenüber der in Abb. 1 wiedergegebenen Kurve meist etwas nach unten ab. Der für den Übergang in turbulente Strömung charakteristische Knick in der c-Kurve tritt früher als bei festen Kugeln auf, meist schon unterhalb $Re = 500$. Die Blasenform ist nach den in der Legende zu Abb. 2 gegebenen Bezeichnungen in erster Linie durch das Verhältnis d/a, die Bewegungsart durch das Verhältnis d/v bestimmt.

Für eine gegebene Aufschlämmung kann man die Zähigkeit und die spezifischen Gewichte abkürzend durch eine Konstante m zusammenfassen, wobei gilt:

$$\frac{\gamma_k - \gamma}{18\,\eta} = m\,, \tag{8}$$

so daß sich schreiben läßt:

$$w = d^2 \cdot m. \tag{9}$$

Durch Gleichsetzen von w aus den Gleichungen (5) und (6) ergibt sich für den Beiwert c im Bereich des Stockesschen Gesetzes die folgende Funktion:

$$c_{\mathrm{st}} = \frac{24 \cdot \eta \cdot g}{\gamma \cdot w \cdot d} = \frac{24\,\nu}{w \cdot d}\,, \tag{10}$$

d. h.

$$c_{\mathrm{st}} = \frac{24}{Re}\,. \tag{10a}$$

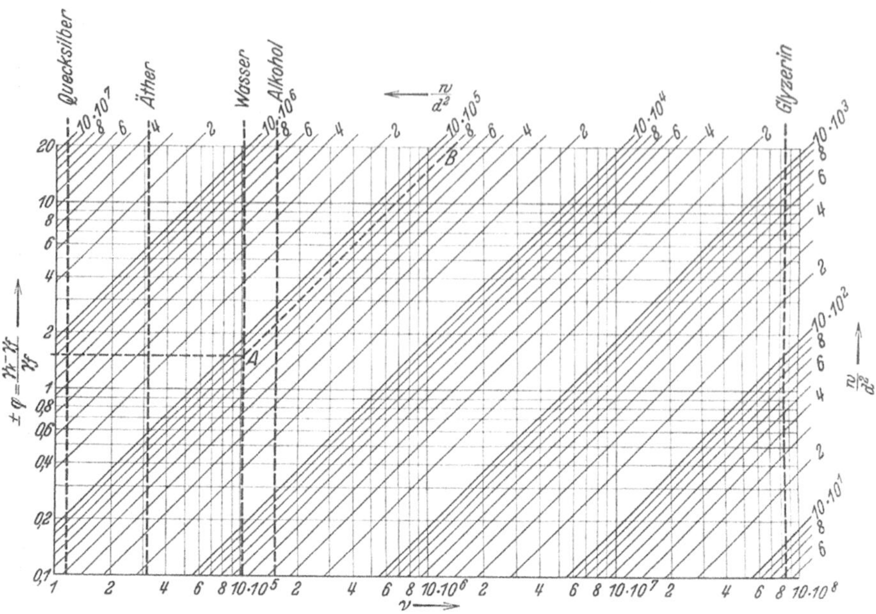

Abb. 3a. Hilfswert $\frac{w}{d^2}$ nach Gleichung (6) zur Ermittlung der Sinkgeschwindigkeit w kugelförmiger Teilchen nach dem Stockesschen Gesetz.

Aufgabe: Zur Bestimmung von w ist zunächst $\frac{w}{d^2}$ zu ermitteln.

Beispiel: Gegeben: ν = kinematische Zähigkeit der Flüssigkeit (Wasser bei 20°) = $1{,}01 \cdot 10^{-6}$ m²/s; spezifisches Gewicht der Flüssigkeit $\gamma_f = 1000$; spezifisches Gewicht des Kügelchens (Quarz) $\gamma_k = 2500$; somit $+\varphi = \frac{\gamma_k - \gamma_f}{\gamma_f} = 1{,}5$. — Gesucht: $\frac{w}{d^2}$.

Lösung: 1. Vertikale ziehen durch den Wert $\nu = 1{,}01 \cdot 10^{-6}$ auf der Abszissenachse. 2. Horizontale ziehen durch den Wert $\varphi = 1{,}5$ auf der Ordinatenachse. 3. Im Schnittpunkt A auf der schrägen Linie AB ist abzulesen $\frac{w}{d^2} = 8{,}1 \cdot 10^5$. 4. Hiermit geht man zur Ermittlung bestimmter Werte von w bzw. d in Abb. 3b ein.

(Für Gasblasen ist $\gamma_k = 0$; φ wird negativ, z. B. für Wasser $-\varphi = 1$. Die gleiche Skala an der Ordinatenachse ist verwendbar.)

Abb. 3b. Sinkgeschwindigkeit w für Kügelchen von bestimmtem Durchmesser d (bzw. Geschwindigkeit von Luftblasen) nach dem Stockesschen Gesetz (zu dem nach Abb. 3a ermittelten Hilfswert $\frac{w}{d^2}$). Grundgleichung (6). Streng gültig für $Re < 0{,}5$. Annähernd gültig bis $Re \sim 5$; siehe Abb. 1.

Beispiel: Gegeben: $\frac{w}{d^2} = 8{,}1 \cdot 10^5$ nach Abb. 3a; Durchmesser des sinkenden Kügelchens $d = 8 \cdot 10^{-5}$ m (0,08 mm), $\nu = 1{,}01 \cdot 10^{-6}$ m²/s (Wasser 20° C). — Gesucht: w; Re.

Lösung: 1. Nach rechts ansteigende Linie $\frac{w}{d^2} = 8{,}1 \cdot 10^5$ aufsuchen. Nur auf dieser Linie ist Variieren von w und d mit den gegebenen Bedingungen möglich. 2. Horizontale ziehen durch den Wert $d = 8 \cdot 10^{-5}$ bis zum Schnittpunkt C auf $\frac{w}{d^2} = 8{,}1 \cdot 10^5$. 3. Abszisse von C ablesen: $w = 5{,}18 \cdot 10^{-3}$ m/s. 4. Auf Linie CD ablesen: $Re \cdot \nu = 0{,}4 \cdot 10^{-6}$.

Zur Kontrolle: Prüfen ob die Gültigkeit des Stockesschen Gesetzes nicht überschritten wird! Hierzu:

$$Re = \frac{0{,}4 \cdot 10^{-6}}{\nu} = \frac{0{,}4 \cdot 10^{-6}}{1{,}01 \cdot 10^{-6}} = 0{,}396 < 0{,}5.$$

Aus den Abb. 3a und 3b kann die Sinkgeschwindigkeit von kugelförmigen Teilchen und Steiggeschwindigkeit von Luftbläschen unter Voraussetzung der Gültigkeit des Stockesschen Gesetzes abgelesen werden.

Abb. 3b. Erklärung S. 66.

Die Abb. 4a und 4b gelten in entsprechender Weise für Kugeln oberhalb $Re = 0{,}5$. Die Werte für c bzw. Re sind aus Abb. 1 zu entnehmen.

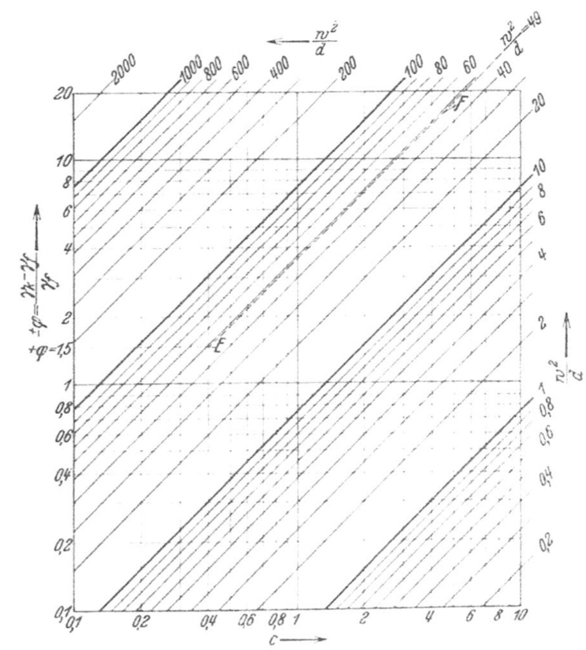

Abb. 4a. $\frac{w^2}{d}$ abhängig von c und a bei großen Reynoldsschen Zahlen nach Gleichung (5).

Aufgabe: Quarzkugeln verschiedener Durchmesser d fallen in Wasser. 1. Bei welchem Kugeldurchmesser wird der Widerstandsbeiwert $c = 0{,}4$ erreicht? 2. Wie groß ist hierbei die Sinkgeschwindigkeit w?

Gegeben: γ_k (Quarzkugeln) $= 2500$ kg/m³; γ_f (Wasser) $= 1000$ kg/m³; somit $\varphi = 1{,}5$ [Gleichung (4)]. c ist nach Abb. 1 als Funktion von Re gegeben. Zu $c = 0{,}4$ gehört $Re = 10^4$.

Gesucht: $\frac{w}{d^2}$.

Lösung: 1. Vertikale ziehen durch $c = 0{,}4$; 2. Horizontale durch $\varphi = 1{,}5$ ziehen bis zum Schnittpunkte E mit $c = 0{,}4$; 3. Auf der schrägen Linie $E\,F$ ablesen $\frac{w^2}{d} = 49$. Mit diesem Wert zur

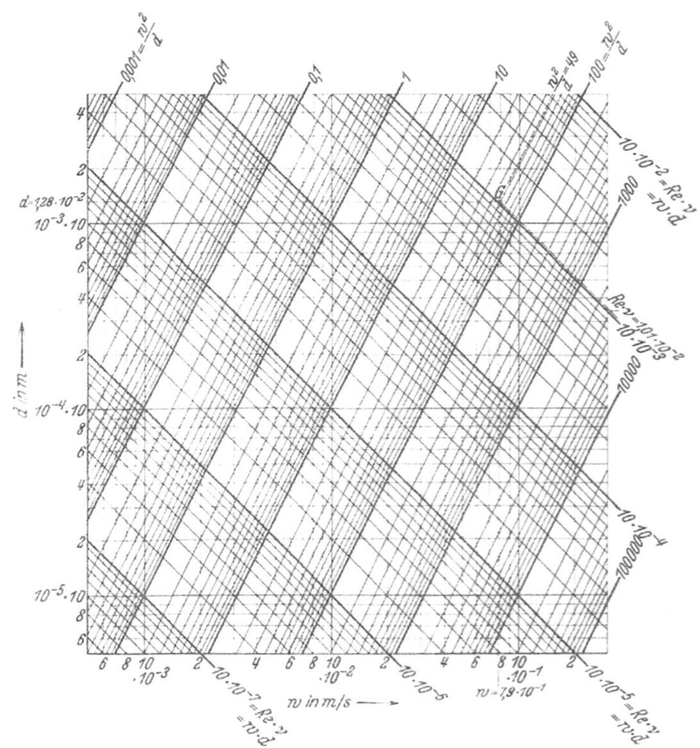

Abb. 4b. Sinkgeschwindigkeiten w von Kugeln bei großen Reynoldsschen Zahlen nach Gleichung (5).

Aufgabe: Zu dem nach Abb. 4a ermittelten Wert von $\frac{w^2}{d}$ ist die Sinkgeschwindigkeit w zu bestimmen für den Durchmesser d einer Quarzkugel, bei welchem der Widerstandsbeiwert c nach Abb. 1; $c = 0{,}4$ gültig ist.

Beispiel: Gegeben $\frac{w^2}{d} = 49$ nach Abb. 4a; ν (Wasser 20°) $= 1{,}01 \cdot 10^{-6}$ m²/s.

Bei $c = 0{,}4$ ist nach Abb. 1 $Re = 10^4$; d. h. $Re \cdot \nu = 10^4 \cdot 1{,}01 \cdot 10^{-6} = 10{,}1 \cdot 10^{-3}$.

Gesucht: d und w bei $c = 0{,}4$ bzw. $Re \cdot \nu = 10{,}1 \cdot 10^{-3}$.

Lösung: Die nach links ansteigende schräge Linie $Re \cdot \nu = 10{,}1 \cdot 10^{-3}$ und die nach rechts ansteigende Linie $\frac{w^2}{d} = 49$ ergeben in ihrem Schnittpunkt G die

2. Gleichfälligkeit.

Aus den Gleichungen (5) und (6) kann das Gesetz der Gleichfälligkeit abgelesen werden. Als gleichfällig bezeichnet man Körner, die in einer Flüssigkeit trotz verschiedener Größe gleich schnell fallen. Bei großen Reynoldsschen Zahlen sind zwei gleichgestaltete Körper von den entsprechenden Abmessungen d_1 und d_2 (Durchmesser) gleichfällig, d. h. $w_1 = w_2$ [Gleichung (5)], wenn für das Verhältnis ε_1 ihrer Durchmesser folgende Beziehung besteht:

$$\varepsilon_1 = \frac{d_1}{d_2} = \frac{c_1}{c_2} \cdot \frac{\gamma_{k_2} - \gamma}{\gamma_{k_1} - \gamma}, \tag{11}$$

d. h. mit gleichen Beiwerten von c gilt für in einer Flüssigkeit absinkende Körper das für die Leistung von Stromapparaten und Setzmaschinen (s. S. 80) wichtige Gesetz der Gleichfälligkeit: Die Durchmesser gleichfälliger Körner verhalten sich in ein und derselben Flüssigkeit umgekehrt wie ihre spezifischen Abtriebe. D. h. für ein Gemenge von Bleiglanz ($\gamma_{k_1} = 7500$) und Quarz ($\gamma_{k_2} = 2600$) mit Wasser als Setzflüssigkeit ergibt sich $\varepsilon = \frac{1600}{6500} = 0{,}246$. Ein Bleiglanzkorn ist also gleichfällig mit einem Quarzkorn, wenn sein Durchmesser etwa $^1/_4$ des letzteren beträgt.

Streng genommen ist das Modellgesetz zu beachten, wonach die Ähnlichkeit der Strömung und die gleichen Beiwerte c nur bei gleicher Reynoldsscher Zahl vorhanden sind. Bei einem 4mal größeren gleichfälligen Korn ist auch *Re* 4mal größer.

Eine andere Gesetzmäßigkeit gilt bei kleinen Reynoldsschen Zahlen, d. h. bei sehr kleinen Teilchen oder in viscosen Flüssigkeiten. Hier gilt auf Grund der Gleichung (6) für gleichfällige Teilchen im Bereich des Stockesschen Gesetzes:

$$\varepsilon_2 = \frac{d_1}{d_2} = \sqrt{\frac{\nu_1}{\nu_2} \cdot \frac{\gamma_{k_2} - \gamma_2}{\gamma_{k_1} - \gamma_1} \cdot \frac{\gamma_1}{\gamma_2}}. \tag{12}$$

Hierin gilt der Index 1 für den ersten Körper in der Flüssigkeit 1, der Index 2 für den zweiten Körper in der Flüssigkeit 2. In ein und derselben Flüssigkeit verhalten sich somit die Durchmesser gleichfälliger Teilchen umgekehrt wie die Wurzeln aus ihrem spezifischen Abtrieb.

Hieraus ergibt sich, daß für den Setzvorgang der Ablauf im Gebiet des Stockesschen Gesetzes unvorteilhaft ist, was ja auch bereits wegen der zu geringen Absetzgeschwindigkeit nicht in Betracht kommt.

Beim Vergleich mit obigem Beispiel würde sich der Durchmesser des in einer sehr viscosen Flüssigkeit gleichfälligen Bleiglanzkörnchens zum $\sqrt{0{,}246} = 0{,}496$fachen des Quarzkörnchens ergeben. Zum Setzvorgang ist folgendes zu beachten: Aus Gleichung (5) ergibt sich die Wassergeschwindigkeit, bei welcher ein Korn 1 gehoben wird zu

$$w_1 = 2\sqrt{\frac{g}{3} \cdot \frac{\varphi_1}{c_1} \cdot d_1}. \tag{13}$$

Das Verhältnis der Wassergeschwindigkeiten, bei welchen zwei Körner 1 und 2 von verschiedenem Abtrieb φ_1 und φ_2, jedoch von gleicher Form und Größe gerade angehoben werden, ist bestimmt durch

$$\frac{w_2}{w_1} = \sqrt{\frac{\varphi_2}{\varphi_1} \cdot \frac{c_1}{c_2}}\,. \tag{14}$$

Innerhalb des Bereiches von w_1 bis w_2 wird also nur das leichtere Korn 1 gehoben, das Korn 2 bleibt liegen. Wird die Geschwindigkeit über w_2 hinaus gesteigert, so wird das erstere Korn rascher und höher gehoben als das zweite. Hierauf beruht der Setzvorgang in den hydraulischen Setzmaschinen (s. S. 83). Hat man (in Anlehnung an das oben angeführte Beispiel (s. S. 69) ein Quarzkorn ($a_1 = 1{,}6$) und ein Bleiglanzkorn ($a_2 = 6{,}5$), beide von 4 mm Korndurchmesser, so ergibt sich mit einem Widerstandsbeiwert $c = 0{,}4$ in Wasser von 20° C für das Quarzkorn eine Fallgeschwindigkeit von $w_1 = 0{,}343$ m/s bei $Re = 1360$, für das Bleiglanzkorn ein $w_2 = 0{,}691$ m/s ($Re = 2740$).

Mit den vorstehenden Gleichungen ist es möglich, bei bekannten spezifischen Gewichten der absinkenden Körper aus der beobachteten Sinkgeschwindigkeit einen Aufschluß über den Korndurchmesser eines absinkenden Teilchens zu gewinnen. Bei Schlämmen oder Aufschlämmungen hat man es natürlich nicht mit kugelförmigen Teilchen, sondern mit Körperchen der verschiedensten Form zu tun. Man erhält deshalb durch Ermittlung der Sinkgeschwindigkeit aus obigen Gleichungen nicht die Korngröße, sondern den Durchmesser eines aus demselben Material bestehenden gleichfälligen Kügelchens. Bei flockigen Niederschlägen, die Einschlüsse des Aufschlämmungsmittels (Dispersionsmittels) enthalten, die sich also wie ein absinkender Schwamm verhalten, erhält man bei Anwendung der Gleichungen (3) bis (6) einen fingierten Durchmesser. Das in Betracht kommende spezifische Gewicht der absinkenden Flocke stellt dann einen Mittelwert zwischen dem der absinkenden Substanz und dem der Aufschlämmungsflüssigkeit dar.

Ferner ist zu beachten, daß in einer sehr dichten Aufschlämmung die Geschwindigkeit der neben den absinkenden Teilchen aufstrebenden Aufschlämmungsflüssigkeit die Absinkgeschwindigkeit etwas beeinflußt.

Versuche von F. J. Tolonen (USA.) an Kleinsetzmaschinen sollen nachgewiesen haben, daß bei Verwendung von Suspensionen statt Wasser, selbst bei geringen Dichteunterschieden des Setzgutes eine gute Trennung zu erzielen ist [vgl. L. Kraeber: Ref. in Stahl u. Eisen **53**, 1281 (1933)].

Zur Theorie des Setzvorganges vgl. v. Sanden: Glückauf **57**, 1273 (1921); ferner Finkey: Die wissenschaftlichen Grundlagen der nassen Erzaufbereitung. Berlin: Julius Springer 1921. Desgleichen Madel u. Naske in Eucken-Jakob: Der Chemie-Ingenieur, Bd. 1, Teil 2. 1933.

B. Sedimentationsanalyse.

Einen recht guten, wenn auch groben Anhalt über den Verlauf der Sedimentation gibt bereits das Verfolgen der Absinkbewegung in Standgläsern (vgl. Abb. 5). Diese Abbildung, die dem Aufsatz von H. Kohl [vgl. R. E. Liesegang: Kolloidchemische Technologie, 1932] entnommen ist, zeigt zugleich den Einfluß sedimentationsbeschleunigender Reagenzien bei geschlämmtem Ton. Als solche können je nach der Art der Suspension Säuren, Alkalien oder Salze in Betracht kommen mit einer oft überraschenden Wirkung. Man verwendet deshalb zur Vermeidung einer Beeinflussung der Sedimentationsanalyse destilliertes Wasser. Zur Beurteilung der Absetzgeschwindigkeit von Abwässern, auch zur Durchführung einfacher Schlämmanalysen, z. B. zur Betriebsüberwachung in der Tonindustrie, sind kegelförmige Standgläser im Gebrauch. Hierbei wird bisweilen im Wasserstrom gearbeitet [vgl. H. Bollenbach u. E. Kiefer: Laboratoriumsbuch für die Tonindustrie, S. 11. 1929]. Eine Aufschlämmung enthält im allgemeinen Teilchen von verschiedener Größe.

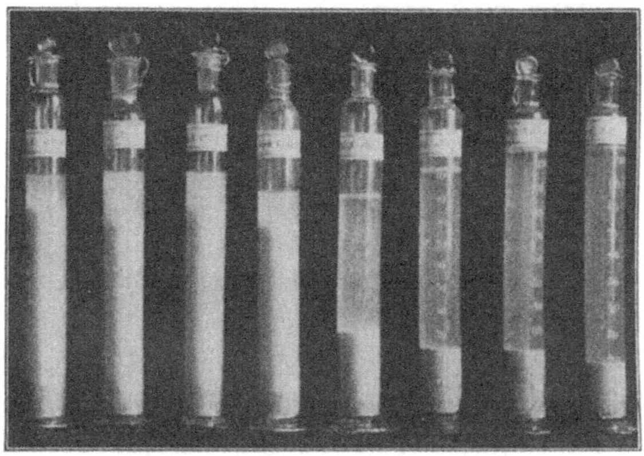

Abb. 5. Suspensionen von Seilitzer Kaolin (20 %ig) mit steigendem Zusatz von 5 %iger Kalkmilch nach 3 Stunden (H. Kohl).

Einen genaueren Aufschluß über den Verlauf des Absetzvorganges einer Suspension mit verschieden großen Teilchen gibt die Sedimentationsanalyse. Sie entspricht der Siebanalyse bei Stauben und Grießen (vgl. S. 51).

Zu ihrer Durchführung eignet sich der Wiegnersche Schlämmapparat oder kinetische Flockungsmesser (Abb. 6). Man vergleicht mit ihm in den beiden Ästen einer U-Röhre von etwa 130 mm Schenkellänge das spezifische Gewicht der Aufschlämmung mit dem des reinen Aufschlämmungsmittels. Der Gewichtsunterschied der beiden Flüssigkeitssäulen äußert sich in einer Niveaudifferenz der Flüssigkeitsspiegel in beiden Schenkeln. Der weitere Schenkel von etwa 6 bzw. 10 mm lichter Weite enthält die zu prüfende Aufschlämmung (Suspension); die andere der beiden kommunizierenden Röhren, das mit der reinen Suspensionsflüssigkeit gefüllte Niveaurohr, ist enger und trägt oben einen Hahn. Das Suspensionsrohr kann durch einen Hahn vom Niveaurohr abgeschlossen werden [vgl. Gessner: Kolloid-Ztschr. 38, 115f. (1926)].

Die Gleichgewichtsbeziehung zwischen beiden Flüssigkeitssäulen erfordert die Gültigkeit der Proportion:

$$h : h_1 = \gamma_1 : \gamma .$$

Nach der Proportionenlehre ist durch korrespondierende Subtraktion:

$$\frac{h - h_1}{h_1} = \frac{\gamma_1 - \gamma}{\gamma}$$

und hieraus

$$h - h_1 = \frac{h_1}{\gamma} \cdot (\gamma_1 - \gamma)\,. \tag{15}$$

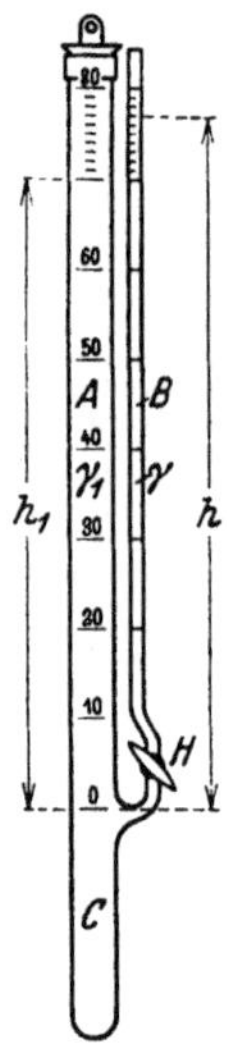

Abb. 6. Schlämmapparat nach Wiegner.

h_1 wird bis zur vorgesehenen Marke des Apparates eingestellt, ist also bekannt. Ebenso ist das spezifische Gewicht der Suspensionsflüssigkeit bekannt. Der Unterschied zwischen γ_1 und γ ist aber bedingt durch die Menge der im Suspensionsrohr schwebenden Teilchen. Sind diese am Boden niedergeschlagen, so ist $\gamma_1 = \gamma$. Die noch im Schwebezustand vorhandene Gewichtsmenge G der festen Teilchen ist proportional (vgl. Abb. 7) der Differenz $\gamma_1 - \gamma$; d. h.

$$G = K \cdot (\gamma_1 - \gamma)\,. \tag{16}$$

Die vor Beginn des Sedimentationsvorganges, d. h. zur Zeit $t = 0$ in der Suspension schwebend vorhandene Substanzmenge sei G_0, die jeweils sedimentierte Substanzmenge sei S, dann ist

$$S = G_0 - G\,. \tag{17}$$

Durch Einsetzen von Gleichung (16) in Gleichung (15) ergibt sich

$$h - h_1 = \frac{h_1}{\gamma \cdot K} \cdot G\,, \tag{18}$$

d. h. die abgelesene Spiegeldifferenz in Abb. 6 ist proportional der jeweils in der Suspensionsröhre im Schwebezustand vorhandenen Gewichtsmenge der untersuchten Substanz. (K = Proportionalitätsfaktor.)

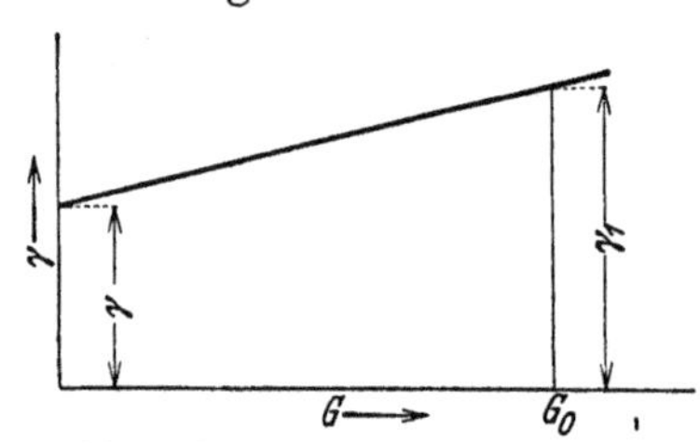

Abb. 7. Proportionalität zwischen suspendierter Menge und der Differenz der spezifischen Gewichte. K = ctg (Neigungswinkel).

Trägt man die in der beschriebenen Art nach den Gleichungen (16) und (17) ermittelten ausgefallenen Mengen S als Funktion der Zeit fortlaufend auf, so erhält man die Sedimentationskurve $OKJHG \ldots BA$ (Abb. 8).

An die Darstellung, die E. Stern über die Sedimentationsanalyse gibt [vgl. Liesegang: Kolloidchemische Technologie, S. 261. 1932], kann folgende Betrachtung über die Auswertung der Sedimentationskurve angeknüpft werden. Die Sedimentationskurve weist zwei charakteristische Punkte auf. Im Punkte A ist der gesamte suspendierte Anteil, d. h. auch die feinsten Teilchen (Durchmesserstufe I), nach Ablauf der Zeit t_I ausgefallen. Im Punkte K beginnt die Kurve nach Verlauf der Zeit t_X von der Geraden OK abzuweichen. Eine aus Teilchen von nur einer Durchmesserstufe bestehende Aufschlämmung hat als Sedimentationskurve eine gerade Linie, d. h. sämtliche Teilchen sind gleichfällig. Eine beliebige Sedimentationskurve enthält aber eine Reihe verschiedener Durchmesserstufen, von welchen jede für sich gleichfällig ist, wobei die Teilchen jeder gröberen Stufe entsprechend schneller fallen. Der ausfallende Regen der gröberen Teilchen wird also eine bestimmte Anzahl der feineren langsamer fallenden Teilchen überholen. Im Punkte K hat sich der Anteil der gröbsten Durchmesserstufe X völlig abgesetzt. Ihr folgen in den Punkten I, H, G usw. die Stufen IX, VIII, VII usw. Damit kommt in der Sedimentationskurve eine gesetzmäßige Verlangsamung des Ausfallvorganges zum Ausdruck. Nach Ermittlung der Punkte A und K sind durch die zugehörigen Sedimentationszeiten t_I und t_X die kleinsten und größten der in der Suspension vorkommenden Korndurchmesser d_I und d_X leicht auf folgende Weise zu ermitteln. Zunächst kann aus den experimentell erhaltenen Werten der Sedimentationskurve zu jeder Zeit τ_x die entsprechende Geschwindigkeit w_x jeder

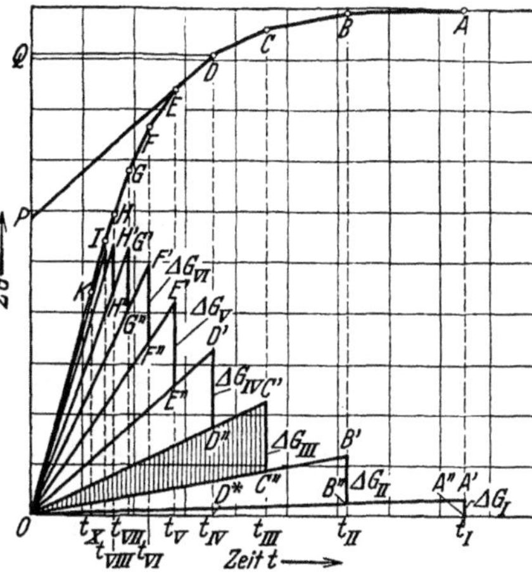

Abb. 8. Sedimentationsanalyse. Sedimentierte Fraktionen, abhängig von der Absetzzeit.

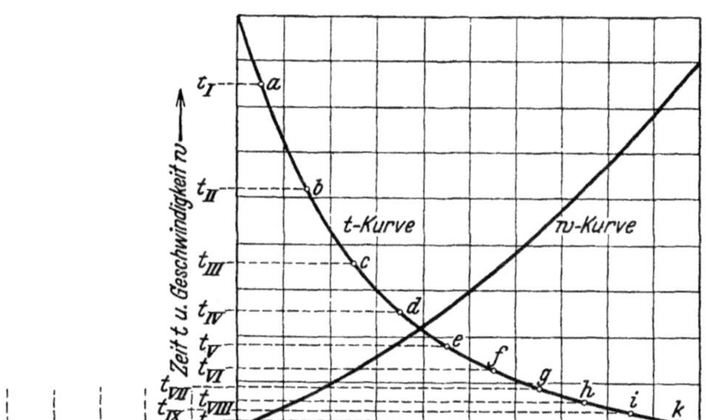

Abb. 9. Sedimentationsgeschwindigkeit und -zeit, abhängig vom Teilchendurchmesser.

Durchmesserstufe ermittelt werden, da für die gleichfälligen Anteile gelten muß:

$$\left(w_x = \frac{h_1}{\tau_x}\right); \quad \tau_x = \frac{h_1}{w_x}. \tag{19}$$

Aus den bekannten Daten γ_k; γ und η bzw. φ kann man hierauf zu jedem w den zugehörigen Korndurchmesser nach Gleichung (9) ermitteln. Denn es ist:

$$d = \sqrt{\frac{w}{m}}\,. \tag{20}$$

Damit kann über jedem Teilchendurchmesser die entsprechende Geschwindigkeit und Fallzeit graphisch aufgetragen werden, wie es in Abb. 9 für ein Beispiel durchgeführt ist.

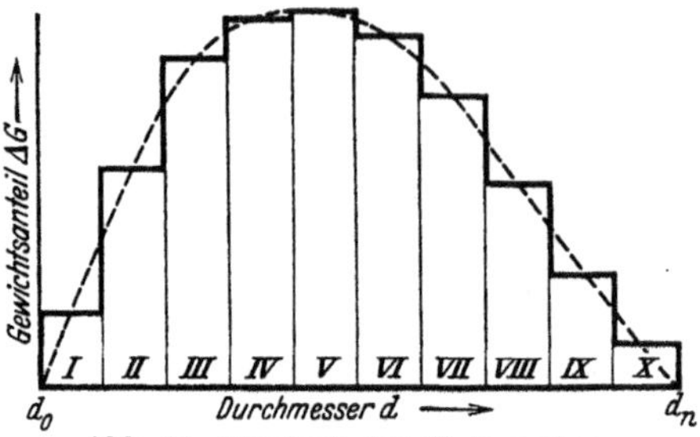

Abb. 10. Ergebnis der Untersuchung (differentiale Sedimentationsanalyse).

Teilt man den Durchmesserbereich von d_0 bis d_n in n (in Abb. 8 bis 11 ist $n = 10$) gleiche Teile, so ergibt sich zu jedem der Teilchendurchmesserbereiche I bis X aus Gleichung (19) die mittlere Sedimentationszeit in den Punkten a, b, c bis k in Abb. 9. Diese Zeiten kann man auf die t-Achse der Abb. 8 übertragen, was sich bei den Abb. 8 und 9 durch Übereinanderanordnung und Drehung der Abb. 9 um 90° im Uhrzeigersinn ohne weiteres ergibt. Man erhält dadurch die zu diesen Zeiten gehörenden Punkte A, B, C ... K auf der Sedimentationskurve, die man mit genügender Genauigkeit durch den Polygonzug A—B—CD ... KO ersetzen kann. Zieht man nun noch durch den Koordinatenanfangspunkt O die Parallelen zu den Kurvensehnen, so daß $OA' \parallel BA$; $OB' \parallel CB$; $OC' \parallel DC$ usw.; so ergeben sich auf diese Weise die Gewichtsanteile $\Delta\, G_I$, $\Delta\, G_{II}$, $\Delta\, G_{III}$ ... usw. der einzelnen Durchmesserstufen als Abschnitte $A'A''$; $B'B''$; $C'C''$ ... usw. der durch O gezogenen Strahlen auf den entsprechenden Vertikalen zur Zeitachse (vgl. Abb. 8). Die Dreiecke $OA'A''$; $OB'B''$; $OC'C''$ usw. bringen in graphischer Deutung den zeitlichen Verlauf der einzelnen Durchmesserstufen vollständig zum Ausdruck. Z. B. ist in der Zeit t_{III} der Gewichtsanteil $C'C''$ vollständig ausgefallen. In einer kürzeren Zeit t_x ist von dieser Analysenstufe III ein Anteil $\frac{t_x}{t_{III}} \cdot \Delta\, G_{III}$ ausgefallen usw., wie es durch die Vertikallinien der Schraffur des Dreiecks $OC'C''$ angedeutet ist. Da die Strecke AA'' in Abb. 8 den

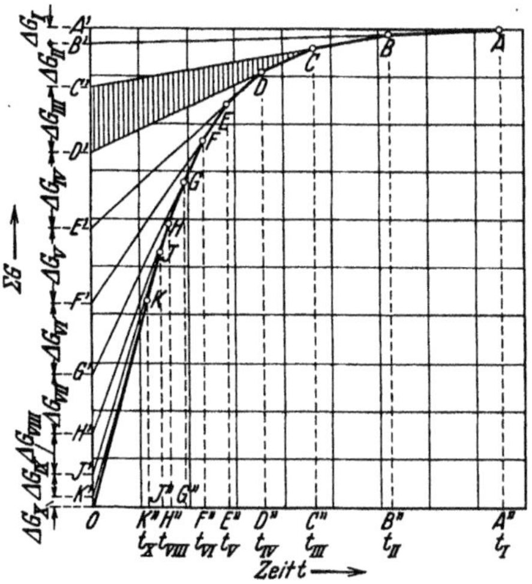

Abb. 11. Graphische Methode zur Sedimentationsanalyse.

gesamten ausgefallenen Anteil sämtlicher Anteile aller Durchmesser darstellt, so bedeuten die Verhältnisse $\frac{\Delta G_I}{\Sigma G}$, $\frac{\Delta G_{II}}{\Sigma G}$ usw., die aus der graphischen Darstellung entnommen werden können, die prozentualen Anteile der einzelnen Durchmesserstufen, d. h. die Sedimentationsanalyse ist damit durchgeführt.

Die Ergebnisse der Analyse können in geeignetem Maßstab noch nach Art einer differentialen Siebanalyse (s. Sieben und Sichten, S. 51, Abb. 1) über den zugehörigen Korndurchmessern graphisch aufgetragen werden, wie es in Abb. 10 durchgeführt ist.

Bei genügend weitgehender Unterteilung der Durchmesserstufen erhält man in Abb. 8 (und 11) statt der Kurvensehnen Kurventangenten. Abb. 8 zeigt, daß z. B. zur Zeit t_{IV} die Menge Σ (ΔG_X bis ΔG_V) entsprechend DD' ausgefallen ist, während die $D'D^*$ entsprechende Menge noch in der Schwebe ist. In Abb. 8 folgt aus der Ähnlichkeit der Dreiecke $OD'D^*$ und DPQ, daß $D'D^* = PQ$ und $DD' = OP$ ist, d. h. daß man auch durch Ziehen der Tangente in D in dem Abschnitte OP den Anteil des gröberen zur Zeit t_{IV} ausgefallenen Anteils ($d > d_{IV}$) und in dem Abschnitt PQ den Anteil des feineren noch schwebenden Anteils erhält, dessen Korn kleiner ist als d_{IV}. Auf diese Weise ergibt sich das für die Auswertung der Sedimentationskurve einfachere Verfahren nach Abb. 11. Da die Dreiecke $B'A'A$, $C'B'B$, $D'C'C$ usw. in Abb. 11 kongruent sind den in Abb. 8 entsprechenden Dreiecken $A'A''O$, $B'B''O$, $C'C''O$ usw., ergeben sich in Abb. 11 durch Ziehen der verlängerten Sehnen AB, BC und CD bis zur Ordinatenachse auf dieser die einzelnen Gewichtsteile ΔG_I, ΔG_{II}, ΔG_{III} der Sedimentationsanalyse (vgl. die schraffierten Dreiecke in den Abb. 8 und 11).

II. Technische Durchführung von Absetzvorgängen.

A. Wirtschaftliche Gesichtspunkte.

Wo es sich darum handelt, Absinkstoffe aus Flüssigkeiten abzutrennen oder Flüssigkeiten von solchen zu klären, bei deren Filtration verhältnismäßig große Filterflächen erforderlich sind, oder die Filtration wegen Verstopfung des Filtermaterials schwierig oder teurer ist, verwendet man die Dekantation. Es gibt natürlich Fälle, bei welchen sowohl die Filtration oder die Dekantation in Frage kommen. Hier entscheiden dann meist die billigeren Betriebskosten für die Anwendung des einen oder anderen Arbeitsprozesses. Für kleine chargenweise arbeitende Betriebe werden unter Umständen die Anlagekosten einer Abkläranlage zu groß sein und für Filterpresse oder Drehfilter sprechen. Mitunter kommt auch als Vorstufe die Dekantation und zur Verarbeitung der eingedickten Schlämme die Filtration in Betracht.

B. Technische Gesichtspunkte.

1. Einfacher Absetzvorgang.

Zur Vermeidung unnötig großer Absetzzeiten und Apparatevolumina gilt bei allen technischen Abklärvorgängen als Grundsatz, die Wege der sich absetzenden Teilchen und damit die Verweilzeit der Flüssigkeits- und Schlammassen im Apparat so klein als möglich zu machen. Man erreicht dies durch relativ geringe Tiefe der Klärteiche bei großer Oberflächenausbreitung. Ein anderer Weg besteht in der Unterteilung der Abklärhöhe nach Art der Abb. 12, die einen Wasserreiniger von Dervaux darstellt [H. Fischer: Technologie des Scheidens, 1920]. Das Prinzip ist dasselbe wie bei den Klärzentrifugen mit Tellereinbauten (s. S. 225).

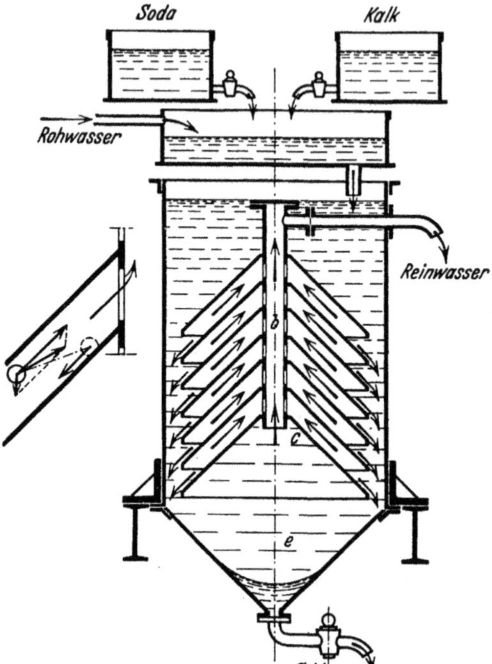

Abb. 12. Wasserreiniger von Dervaux mit unterteilter Schichthöhe. *c* Tellereinbau, *b* Steigrohr, *e* Schlammraum.

Eindicker
(s. auch S. 98).

Die in Form flacher zylindrischer Bassins gebauten Eindicker ersetzen die früher vorwiegend angewendeten Klärteiche. Man verwendet sie häufig zur Abscheidung und zur selbsttätigen, mechanischen Austragung der Schlämme aus Aufbereitungsabwässern.

Abb. 13 stellt einen solchen Eindicker der Humbold-Deutzmotoren A.G. dar. Die Eindicker bestehen im wesentlichen aus einem zylindrischen Stahlblech-, Beton- oder Holzbehälter, in dessen Mitte sich eine lotrechte, von einer eisernen Brücke getragene Welle befindet, die bis zum Behälterboden reicht. Die Welle trägt am unteren Ende mehrere verschieden lange Krählarme, die den auf dem Boden des Eindickers abgeschiedenen Schlamm mit ihren Krählern in engen Spiralen nach der Schlammaustragöffnung in der Mitte des Behälterbodens streichen läßt, wo er von einer Diaphragmapumpe (vgl. Förderung von Flüssigkeiten, Bd. II, S. 494) abgesaugt wird. Die Bewegung der Krähler ist so langsam eingestellt, daß der Schlamm nicht aufgewirbelt wird. Sie muß andererseits so groß sein, daß die abgeschiedene Schlammenge gerade ausgetragen wird, also die Krählarme nicht völlig im Schlamm stecken und der Schlamm sich nicht zu dicht zusammensetzt. Der Kraftbedarf für die Krählarme ist dementsprechend gering, er beträgt auch für größere Eindicker in der Regel nicht mehr als etwa 2,5 PS. Die Trübe wird in einem Einlauftrichter aufgegeben, der in der Mitte des Behälters, teilweise unterhalb des Flüssigkeitsspiegels angebracht ist und der zur Vermeidung von Sekundärströmungen mit Schwimmer versehen ist. Die Trübe verbreitet sich von hier radial nach außen, wobei die Strömungsquerschnitte, abgesehen vom Einfluß der Bodenneigung mit dem Quadrat des Durchmessers wachsen, die Abklärbewegung somit durch die Strömung der Trübe nicht gestört wird. Die Tiefe der Behälter und somit die Sinkhöhe der Schlammteilchen ist relativ gering.

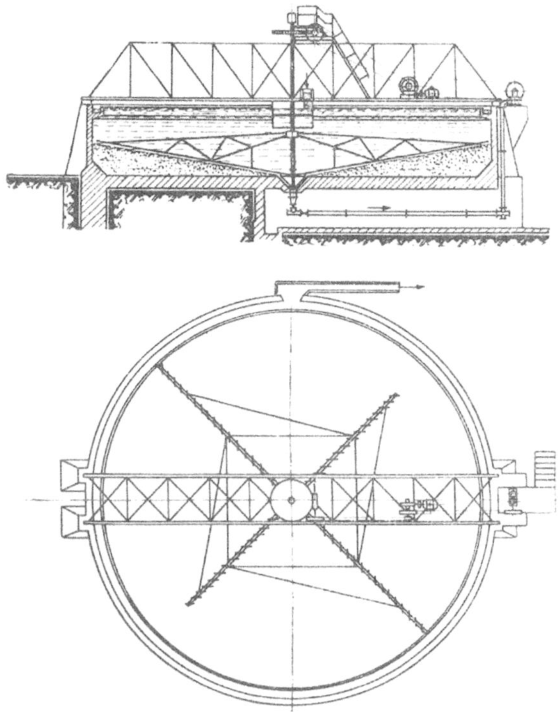

Abb. 13. Eindicker der Humbold-Deutzmotoren A.G.

Das klare Überlaufwasser wird durch Überlauf in einer Rinne am Umfang im Niveau der Spiegelhöhe abgefangen und abgeleitet. Die eingedickten Schlämme enthalten in der Regel dem Gewicht nach ungefähr ebensoviel Wasser als Festsubstanz. Für die Bemessung der Größe der Eindicker ist die Forderung entscheidend, daß die zum Abklären erforderliche Verweilzeit τ im Eindicker nicht zu gering ist. Die Verweilzeit τ ist der Abklärhöhe direkt und der Sinkgeschwindigkeit umgekehrt proportional [vgl. Gleichung (19), S. 73]. Zur Beurteilung der den Durchmesser D bestimmenden Einflüsse kann man von der Grundgleichung ausgehen:

Nutzbares Apparatevolumen = Durchsatz Q mal Verweilzeit τ.

Hierbei sind Q (Durchsatz der Trübe) und τ auf die Zeiteinheit (s) bezogen. Somit ist

$$k \cdot (D^2 - D_0^2) \frac{\pi}{4} \cdot h = Q \cdot \tau . \qquad (21)$$

Hierin ist D_0 der Durchmesser der unwirksamen inneren Einlaufzone, k ein Erfahrungsbeiwert, der erheblich kleiner als 1 sein kann.

Mit Benutzung der Gleichung (19) ergibt sich für den Durchmesser D des Eindickers

$$D^2 - D_0^2 = \frac{4}{\pi} \cdot \frac{Q}{k \cdot w} . \qquad (22)$$

Nach dem Einsetzen von w aus Gleichung (6) in Gleichung (22) ergibt sich

$$D^2 - D_0^2 = \frac{72}{\pi \cdot g} \cdot \frac{Q \cdot \nu}{k \cdot \varphi \cdot d^2} \cong 2{,}34 \cdot \frac{Q \cdot \nu}{k \cdot \varphi \cdot d^2}. \qquad (23)$$

Die Behältertiefe h fällt aus den Gleichungen auf der Grundlage dieser vereinfachten Überlegungen fort. Sie muß so groß gehalten werden, daß der Radialstrom der Trübe und die Rückwirkung der abströmenden klaren Lösung am Rande die Absetzbewegung nicht stört. Auch die

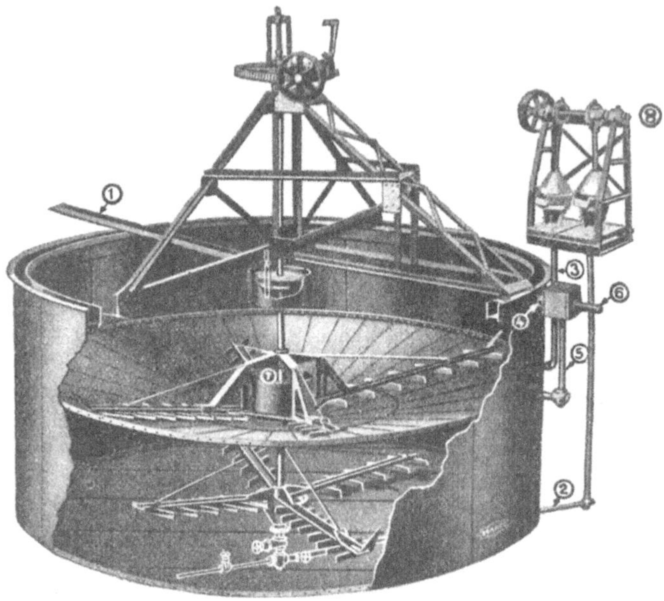

Abb. 14. Dorr-Zweikammereindicker.
1 Eintrag der Trübe, *2* Dickschlammaustrag aus der unteren Kammer, *3* Dickschlammaustrag aus der oberen Kammer, *4* Überlauf aus der oberen Kammer, *5* Überlauf aus der unteren Kammer, *6* Vereinigter Überlauf, *7* Durchlaß der Trübe zur unteren Kammer, *8* Schlammpumpe.

Verweilzeit des abgeschiedenen Schlammes spielt eine Rolle, was in den Gleichungen (21) bis (23) noch unberücksichtigt ist.

Bei der Festsetzung der Abmessungen berücksichtigt man deshalb praktische Erfahrungen an früheren Ausführungen (Erfahrungsbeiwert).

Abb. 14 zeigt einen Zweikammereindicker der Dorr-Oliver-Gesellschaft m. b. H., der aus der ursprünglichen Einkammerform des Dorr-Eindickers entwickelt wurde. Da die Leistung nach Gleichung (23) der Absetzfläche proportional ist, erzielt man mit diesem Apparat auf derselben Grundfläche doppelte Leistung.

Bei Verarbeitung warmer Lösungen ist die Verminderung der Oberfläche auch für die Verringerung der Wärmeverluste von Bedeutung. Für besondere Fälle baut die Dorr-Oliver-Gesellschaft auch Eindicker mit 3, 4 und mehr Kammern.

2. Kombinierter Absetz- und Auswaschvorgang.

Gegenstromdekantation.

Die Kombination des Dekantationsverfahrens mit dem Auswaschen des Schlammes, falls dieser nicht einfach aus Schlammwasser abgeklärt, sondern von einer Lösung getrennt werden soll, wurde in der Gegenstromdekantation (D.R.P.) von der Dorr-Oliver-Gesellschaft durchgebildet. Es muß dabei in Betracht gezogen werden, ob sowohl darauf Wert gelegt wird, den Schlamm möglichst weitgehend von der Lösung auszuwaschen, als auch die zu gewinnende Lösung so konzentriert als möglich zu erhalten, oder ob nur die eine der beiden Substanzen, der Schlamm oder die Lösung, von besonderem Wert ist. Je nach diesen Voraussetzungen kann die dabei zu lösende Aufgabe gestellt werden.

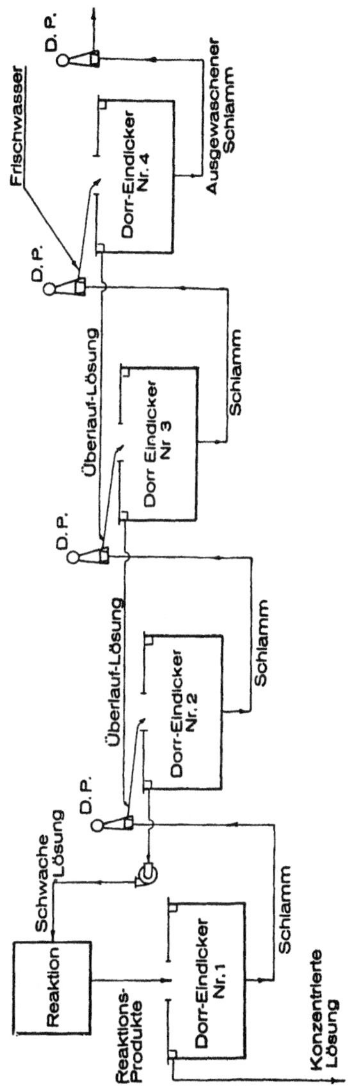

Abb. 15. Gegenstromdekantation, D.R.P. der Dorr-Oliver-Gesellschaft (Schema). D. P. = Dorrco-Schlammpumpe.

Der von den Reaktionsgefäßen kommende Schlamm wird dem Eindicker Nr. 1 (Abb. 15) zugeführt, der nur zur Dekantation dient. Die an der Überlaufrinne gewonnene klare konzentrierte Lösung wird der Weiterverarbeitung (Verdampfung usw.) zugeleitet.

Der abgesetzte Schlamm, der je nach Beschaffenheit und nach dem spezifischen Gewicht der Festsubstanz und Lösung mit verschiedenem Gehalt an Festsubstanz (z. B. etwa 50 Gew.-%) abgezogen wird, gelangt durch die Membranpumpe D.P. (s. Bd. II, S. 523) in die geneigte Rinne zum Eindicker Nr. 2, wo er mit der Überlauflösung des Eindickers Nr. 3 aufgeschlämmt und ausgewaschen wird. Der Schlamm gelangt dann in dem Eindicker Nr. 2 erneut zur Dekantation und wird nach dem Absetzen in die Zulaufrinne zum Eindicker Nr. 3 gepumpt. In diesem gelangt er nach Zumischung des Überlaufes aus dem Eindicker Nr. 4 mit abermals verminderter Konzentration der anhaftenden Lösung zum Absetzen. Schließlich wird der aus dem Eindicker Nr. 3 abgepumpte Schlamm mit Frischwasser ausgewaschen und gelangt nach dem Absetzen in Eindicker Nr. 4 mit ganz geringer Konzentration der anhaftenden Lösung je nach seinem Wert zur Weiterverarbeitung oder auf die Halde.

3. Trennung nach Teilchengröße und spezifischem Gewicht.

Bei der Aufbereitung von Schlämmen in der metallurgischen und der chemischen Industrie werden eine Reihe von Apparaten verwendet, in denen durch Absetzvorgänge in einer Flüssigkeitsströmung Teilchen entweder nach ihrer Größe klassiert, oder nach ihrem spezifischen Gewicht getrennt, sortiert werden.

a) Spitzkasten (s. auch S. 98).

Für die Scheidung im waagerecht fließenden Strom verwendete man früher häufig die sog. Mehlrinnen. Das sind stufenweise sich verbreiternde, schwach geneigte Böden. Ebenfalls schon sehr alt ist der

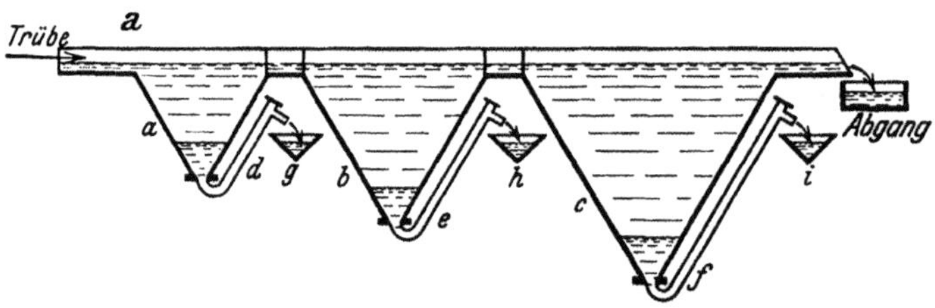

Abb. 16. Spitzkasten von Rittinger.

Spitzkasten von Rittinger [vgl. Abb. 16, die dem Buche von H. Fischer: Technologie des Scheidens und Zerkleinerns (1920) entnommen ist]. Bei diesem Apparat häufen sich die niederfallenden Mehlteilchen nicht auf einer Rinne an, sondern sinken auf ihrem Wege über die stufenweise sich verbreiternde Fluterrinne in den einzelnen Trichterspitzen je nach der Größe ihrer Sinkgeschwindigkeiten nieder und können dort abgezogen werden.

b) Stromapparate (s. auch S. 98).

Die Stromapparate dienen zum Absondern und Sortieren von Feinkorn und Mehl bis zur Schlammfeinheit aus den Schlämmen der Läutertrommeln, Klassiersiebe, Feinmühlen, Pochwerke usw. nach der Gleichfälligkeit (vgl. S. 69). Sie stellen einen weiteren Fortschritt gegenüber Abb. 16 dar. Abb. 17 zeigt als Beispiel einen solchen Stromapparat der Humbold-Deutzmotoren A. G.

In einer gleichfälligen Sorte finden sich kleine, aber spezifisch schwere und große, aber spezifisch leichte Körner gemengt. Die verschiedenen Gleichfälligkeitssorten lagern sich nach ihrer Fallgeschwindigkeit im Wasser in Schichten übereinander ab und werden zur weiteren Aufbereitung durch geeignete Vorrichtungen ausgebracht. Sie werden aus der Spitze des Apparates durch den Überdruck der Wassersäule, unter Umständen durch Nachhilfe eines Spülwasserstromes fortlaufend in ein Gerinne ausgetragen. Die am Ende des Stromapparates übertretende

Trübe fließt zur weiteren Verarbeitung Eindickern, Kläranlagen usw. zu. Die Zusammensetzung und Korngröße der in der Spitze des Apparates nach Abb. 17 niedergeschlagenen Gleichfälligkeitssorten kann sowohl durch Veränderung der Geschwindigkeit der Schlammtrübe in der Zulaufrinne (Fluter), als auch durch die Stärke des aufsteigenden Frischwasserstromes beliebig abgeändert werden. Die Leistung der Stromapparate hängt vom Querschnitt des Fluters, von der Anfangsgeschwindigkeit und Beschaffenheit der Trübe ab. Sie kann durch größere Fluthöhe, die im allgemeinen etwa 20 mm beträgt, und Erhöhung der normalerweise auf etwa 3^0 eingestellten Fluterneigung gesteigert werden. Mit

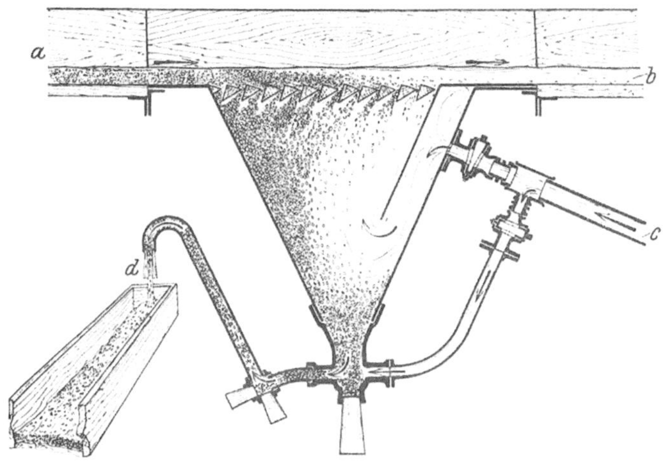

Abb. 17. Stromapparat der Humbold-Deutzmotoren A.G. (schematisch).

einem Apparat mittlerer Größe von 400 mm Breite und 800 mm Länge des Stromrostes können je nach Art der Trübe stündlich etwa 21—45 m^3 Sandtrübe mit einem Frischwasserverbrauch von etwa 3,6 m^3 verarbeitet werden[1].

c) Hydraulische Klassierer.

Zur Trennung von Feststoffen nach Korngröße verwendet man die sog. Klassierer. Sie finden Verwendung in der Kohlenaufbereitung zur Abscheidung und Entwässerung von Feinkohle aus deren Waschwasser, in der Erzaufbereitung zur Entwässerung der von Herden und Setzmaschinen kommenden Konzentrate und Berge, um dieses Material förder- und verladefähig zu machen. In Flotationsanlagen kommen sie zur Anwendung, um ein gleichmäßiges Aufgabematerial für die Flotationsapparate zu erhalten und schädliches Überkorn abzuscheiden, ferner zum Mahlen in geschlossenem Kreislauf, um eine nasse Sichtung des gemahlenen Gutes vorzunehmen. Die Enttonung von Eisenerzen und von feinkörnigen Kupfererzen ist ein weiteres Anwendungsfeld der Klassierer.

[1] Hier ist auch das neue Separationsverfahren mit periodischer Gegenspülung nach Rauschenbusch (D.R.P. 567398) zu nennen.

Auch in der chemischen Industrie bei der Herstellung von Pigmenten großer Feinheit (Litophone-Fabrikation), bei der Herstellung von Kalkmilch für Ätznatronanlagen, Zuckerfabriken usw., zur Abscheidung von Sand, ferner in der Kaliindustrie und keramischen Industrie hat die Klassierung ihr Anwendungsfeld gefunden.

Der Klassierer (Hydroseparator) der Dorr-Oliver-Gesellschaft m. b. H. (Abb. 18) besteht aus einem rechteckigen, geneigten Trog, der am oberen Ende offen ist und dessen untere geschlossene Schmalseite eine Überlaufkante besitzt, über welche der Feinanteil der Schlämme abfließt. Der am oberen Ende befindliche Antrieb betätigt einen oder zwei Rechen, je nachdem es sich um einen Simplex- oder Duplexapparat handelt. Man führt mit dem Apparat eigentlich eine Sedimentationsanalyse im großen in zwei Fraktionen durch (vgl. S. 73). Im Betrieb

Abb. 18. Dorr-Klassierer Type C 20. *1* Eintrag. *2* Überlauf. *3* Grobkornaustrag.

ist der Dorr-Klassierer stets bis zur Überlaufkante mit der Schlammflüssigkeit gefüllt, wobei etwa das obere Drittel des Bodens oberhalb des Flüssigkeitsspiegels liegt. Der Eintrag erfolgt kontinuierlich in eine Eintragsrinne, die sich nahe am unteren Ende des Apparates befindet. Die feineren Teile des Materials gelangen in die Überlaufrinne, während die gröberen sich auf dem Boden absetzen und durch den Rechen auf dem Boden entlang nach dem oberen Ende transportiert werden, wo sie, nachdem sie die Flüssigkeit schon verlassen haben, noch weitgehend entwässert aus dem Apparat ausgetragen werden. Bei der Trennung spielt auch die Reibung auf der Absetzfläche neben der Spülwirkung der Trübe eine Rolle.

Die Regulierbarkeit ist in der Hauptsache durch die Einstellung der Neigung des Apparates gegeben, wodurch eine mehr oder minder große Absetzfläche geschaffen wird, ferner durch die Geschwindigkeit des Rechens, der durch seine Bewegungen einen stärker oder schwächer pulsierenden Effekt ausübt, endlich durch die Verdünnung der Schlammtrübe. Bei Trennungen, die ein Überlaufprodukt unter 120 Maschen (je 1 Zoll Länge) ergeben sollen, sinkt die Leistung so, daß nach Angabe der Dorr-Oliver-Gesellschaft die Verwendung eines Dorr-Klassierers mit Schüssel wirtschaftlicher wird (Abb. 19). Dieser Apparat ist durch die große Überlaufkante der Schüssel in der Lage eine wesentlich größere Überlaufleistung zuzulassen als die Type nach Abb. 18. Deshalb eignet er sich auch für die Klassierung von Schlämmen, bei denen der im Überlauf auszutragende Feinanteil wesentlich größer ist als der durch den Rechen zu bewältigende grobe Anteil.

Der Eintrag der Trübe erfolgt in der Mitte der Schüssel (*1*) (Abb. 19). Die feinen Schlämme gelangen über die Überlaufkante (*2*) in die Überlaufrinne. Während die am Boden sich absetzenden gröberen Teile durch eine Krählvorrichtung ähnlich wie bei Eindickern nach der Mitte des Schüsselbodens gefördert und in den Klassiertrog eingetragen werden. Dort wird der noch mit zurückgeführte feine Anteil durch die Strömung

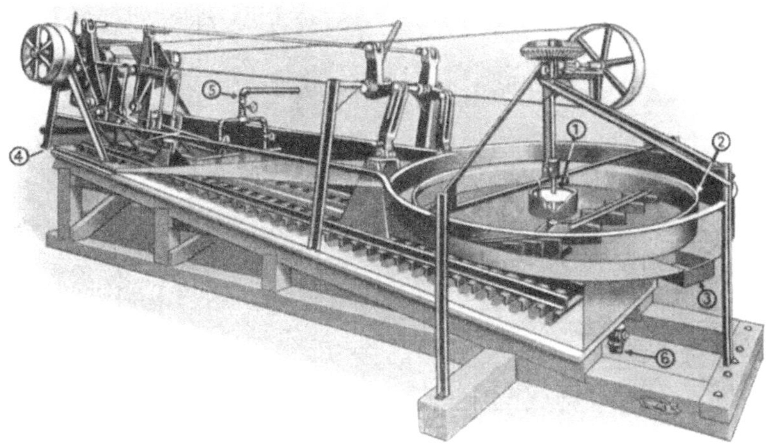

Abb. 19. Dorr-Klassierer mit Schüssel, D.R.P. *1* Eintrag. *2* Überlaufkante. *3* Austrag für Feinmaterial. *4* Austrag für Grobkorn. *5* Waschwasserleitung. *6* Ablaufhahn.

in die Schüssel zurückgeführt, bis er schließlich in die Überlaufrinne gelangt. Der Klassiervorgang ist mit diesem Apparat in zwei Stufen zerlegt.

d) Hydraulische Setzmaschinen (s. auch S. 93 f.).

Sie haben den Zweck meist durch Siebung klassiertes, also auf annähernd gleiche Korngröße gebrachtes Haufwerk zu setzen, d. h. seine Bestandteile (Erze und Berge) nach verschiedenem spezifischen Gewicht zu sondern und getrennt auszutragen. Der hydraulische Setzvorgang ist schon sehr lange bekannt. Ursprünglich verwendete man Stauchsiebe, die von Hand auf- und niederbewegt wurden, und deren Bewegung später (seit etwa 200 Jahren) durch mechanische Kraft erfolgte.

Mit Setzmaschinen können Erze bis zu 80 mm Korngröße behandelt werden. Im allgemeinen wird jedoch ein Gut von 40—50 mm und herunter bis zu Grießen von etwa 1 mm Korn behandelt. Man spricht meist von Grobkorn bei etwa 10—30 mm, von Mittelkorn bei 3—10 mm und von Feinkorn unter 3,5 mm Korngröße.

Die Wirkungsweise der Setzmaschinen beruht auf der zeitlich und der Größe nach verschiedenen Hubwirkung, die ein pulsierender Wasserstrom auf Körner von verschiedenem spezifischen Gewicht ausübt (s. S. 70). Man unterscheidet Kolbensetzmaschinen (Harzer Setzmaschinen), bei welchen ein mechanisch bewegter Kolben die Wasserbewegung bewirkt,

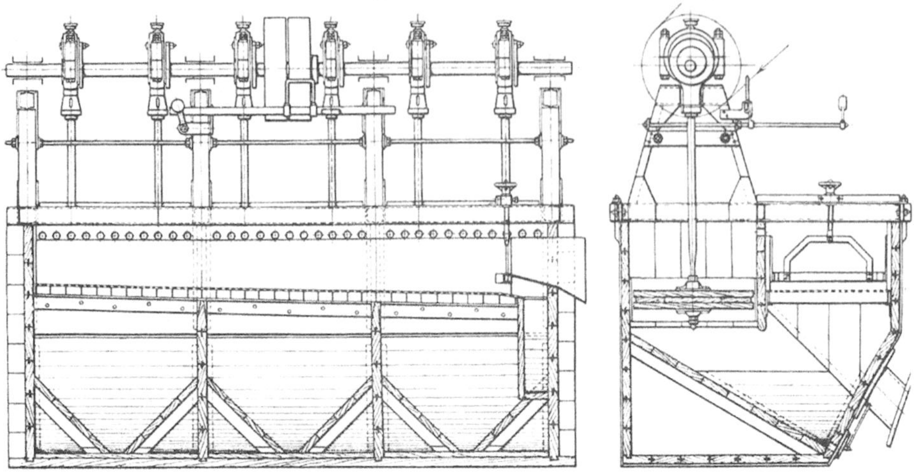

Abb. 20. Stufenlose Hochleistungs-Kolbensetzmaschine (Humbold-Deutzmotoren A. G.).

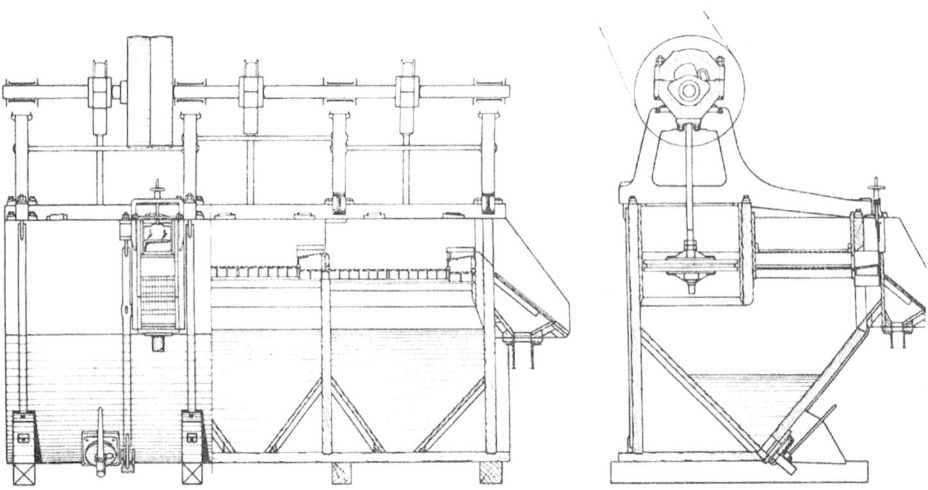

Abb. 21. Hochleistungs-Kolbensetzmaschine des Krupp-Grusonwerkes (D.R.P.a.).

und Stauchsetzmaschinen, bei welchen das Sieb mit dem Setzgut im Wasser auf- und niederbewegt wird. Mitunter wird auch ein Druckluftpolster statt eines Kolbens zur Bewegung des Wassers benutzt.

Die Drehzahl bzw. Doppelhubzahl ist bei Stauchsetzmaschinen etwa 70—100. Für feineres Korn steigt die erforderliche Drehzahl und beträgt bei Kolbensetzmaschinen für Feinkorn von etwa 1—2 mm Korn bis 300 je min.

Der Energiebedarf des Setzvorganges je 1 t stündlichem Durchsatz ist abhängig vom spezifischen Gewicht, der Korngröße und den erforderlichen Stufen des Setzvorganges, also der Anzahl und Größe der Hübe, die auf die durchschnittliche Verweilzeit des Gutes in der Maschine erforderlich sind. Man kann bei neueren Maschinen etwa mit 0,4 bis 1,5 PSh/t bei Kolbensetzmaschinen und mit 0,25—0,7 PSh/t bei Stauchsetzmaschinen rechnen.

Abb. 20 zeigt eine stufenlose Hochleistungs-Kolbensetzmaschine der Humbold-Deutzmotoren A.G. Durch die an den Trennwänden der einzelnen Stufen der gewöhnlichen Stufenkolbensetzmaschinen unterbrochene Separation und die daselbst auftretenden Wirbel kann eine teilweise Wiedervermischung der bereits getrennten Erzkomponenten eintreten, so daß die Setzarbeit des vorhergehenden Siebes zum Teil wiederholt werden muß. Bei der in Abb. 20 wiedergegebenen Konstruktion wird dieser Nachteil durch ein geneigt angeordnetes Setzsieb, das über sämtliche Setzabteilungen hinwegführt, vermieden. Der Setzvorgang kann hierdurch schneller und schärfer durchgeführt werden. Die Neigung fördert den Vorschub, wodurch die Leistung erheblich gesteigert wird. Die Regelung der Setzschichten findet durch Schieber statt. Die Konzentrate werden unter diesen Schiebern abgezogen und durch Entwässerungsbecherwerke ausgetragen.

Abb. 22. Kruppsche Hochleistungs-Kolbensetzmaschine (D.R.P.a.).

Ein anderer Weg für die Leistungssteigerung ist mit der mehrstufigen neuen Kolbensetzmaschine für Grobkorn von Krupp beschritten worden (Abb. 21). Um den Erfolg der Setzarbeit durch die alte Art des Austragens mit Rohraustragmaschinen nicht wieder zu beeinträchtigen, ist bei der Bauart nach Abb. 21 ein Austrag durchgebildet, der sich am Ende des Siebes über die ganze Breite erstreckt, ohne daß das Sieb an dieser Stelle eine Unterbrechung erfährt.

Die Trennung der Produktenschicht von dem übrigen Gut erfolgt durch die Schneide eines flachliegenden, gelochten Bleches, das in der Richtung der Wanderung des Setzgutes schwach ansteigt. Über dieses Blech wandert das übertretende Gut unter Fortsetzung der Setzarbeit bis zum nächsten Setzsieb weiter, das Krupp mit Rücksicht auf das durchschnittlich geringere spezifische Gewicht der über ihm ruhenden

Setzschicht etwas abstuft. Das fertige Setzprodukt wird durch die Wirkung des pulsierenden Wasserstromes zur Vorderwand der Setzmaschine transportiert und hier in die Höhe des Setzsiebes über ein Entwässerungssieb zum Austrag gebracht (linke Bildseite der Abb. 21). Die Abb. 22 gibt eine Außenansicht der beschriebenen Maschine wieder.

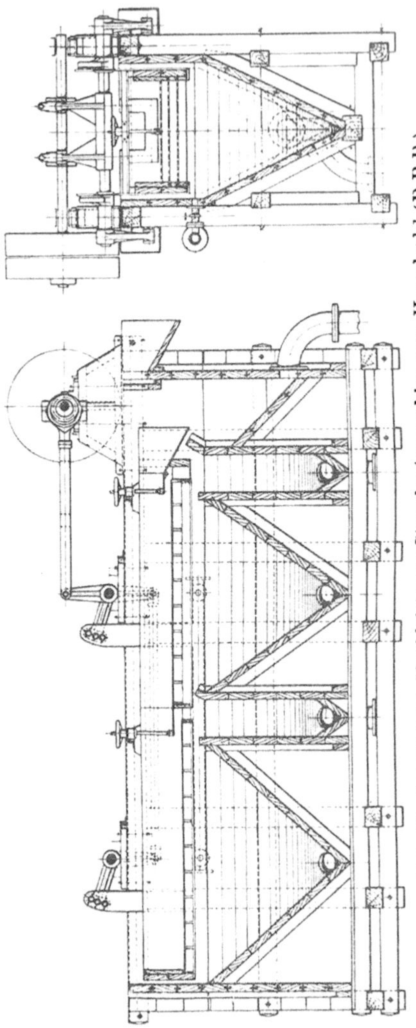

Abb. 23. Langsiebige Hochleistungs-Stauchsetzmaschine von Humbold (D.R.P.).

Das in sämtlichen Entwässerungssieben ablaufende mitgerissene Wasser wird in einem Sumpf gesammelt und im Interesse einer sparsamen Wasserwirtschaft in die Setzmaschinen zurückgeführt. Ohne diese Maßnahme kann der Wasserverbrauch recht beträchtlich sein.

Für die Konzentration einfacher Erze und Rohstoffe, die in großen Mengen anfallen, eignet sich besonders die Stauchsetzmaschine [vgl. Th. Kopp: Ztschr. Ver. Dtsch. Ing. **77**, 149 (1933)]. Während die Harzer oder Kolbensetzmaschine vor allem durch gute Setzarbeit bekannt ist, konnte sie den Anforderungen an sehr große Durchsätze, wie sie besonders bei armen Erzen im Interesse niederer Anlage- und Betriebskosten gestellt wurden, nicht genügend gerecht werden. Diese Aufgabe erfüllt die Stauchsetzmaschine. Abb. 23 stellt eine Hochleistungssetzmaschine der Humbold-Deutzmotoren A.G. dar. Sie arbeitet mit bewegtem Sieb in ruhendem Wasserbad. Der Siebantrieb erfolgt durch das in der Abb. 23 ersichtliche Hebelwerk. Der Austrag erfolgt durch die untere Eintrittskante des nachfolgenden Setzsiebes, das um die Schichthöhe des gesetzten Produktes höher liegt. Die unterste Setzschicht wird durch den Schlitz zwischen beiden Sieben in die Austragskammern abgezogen, während die ungesonderte oder noch nicht genügend gesonderte obere Schicht auf dem höherliegenden nächsten Setzsieb verarbeitet wird. Der Wasserverbrauch ist sehr gering, er beträgt etwa

150—400 l/h je nach Größe der Maschine. Die Leistung einer Maschine wird für Spateisenstein bei 6—3 mm Korngröße zu 9—10 t/h und bei 50—30 mm Korngröße zu 16—18 t/h, für Manganerz von 3—0,5 mm Korn zu 7—9 t/h, für 8—3 mm Korn zu 9—12 t/h angegeben. Sie wird nach Katalogangaben von Humbold in Typen mit Setzflächen von 1,5 · 0,6 bis 3,5 · 1 m ausgeführt. Der Kraftbedarf beträgt laut Katalog etwa 1,35 PS je m² Setzfläche bei den größeren, bis 1,7 PS/m² bei den kleineren Maschinen.

Die Stauchsetzmaschinen werden für Gut mit rasch erfolgendem Setzvorgang auch als kurze einsiebige Maschinen gebaut. Abb. 24 gibt z. B. eine solche Ausführungsart (Krupp-Grusonwerk) wieder.

Abb. 24. Kurze (einsiebige) Stauchsetzmaschinen mit Becherwerk (Krupp-Grusonwerk).

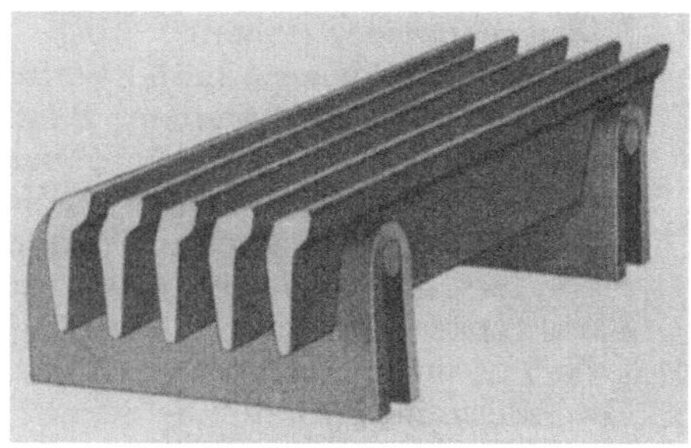

Abb. 25. Setzrost der Firma Louis Hermann, Dresden (D.R.P.a.).

Um den Vorschub des Gutes auf dem Setzsieb schon mit einer Bewegungskomponente des durchstoßenden Wasserstromes in der Austragsrichtung einzuleiten, erteilt man mitunter den Setzsieben die in Abb. 25 angegebene Form mit Schrägausbildung des Profils der Firma Louis Hermann, Dresden.

Allgemeine Erzaufbereitung.

Von Dr.-Ing. **H. Schranz**, Magdeburg.

I. Einleitung.

Zur Gewinnung von handels- oder hüttenfähigen Erzen aus dem Rohgut der Gruben und Tagebaue sind Verfahren in Anwendung, die allgemein als trockene bzw. nasse Aufbereitungsverfahren bezeichnet werden. Die wesentlichsten dieser Verfahren sind:

1. das Scheiden und Klauben, trocken oder naß,
2. die Windseparation, trocken,
3. das naßmechanische Verfahren, naß,
4. das magnetische Verfahren, trocken oder naß,
5. das Amalgamations- und Laugeverfahren, naß,
6. das Flotationsverfahren [1] naß.

Häufig empfiehlt es sich oder erfordert es die Natur des Rohgutes, mehrere dieser Aufbereitungsverfahren für das gleiche Erz anzuwenden, so daß Art und Umfang einer Aufbereitungsanlage in weiten Grenzen variieren können. Mitbestimmend auf die Art und den Umfang einer Aufbereitungsanlage wirken neben der natürlichen Beschaffenheit des Rohgutes die Forderungen bezüglich der Höhe des Ausbringens, der Anreicherung, die Lage der Aufbereitungsanlage in bezug auf die Entfernung bis zur Hütte, also die Höhe der Transportkosten, ferner die Kraftkosten, die Höhe der Löhne, die Möglichkeit, genügend Arbeiter zu beschaffen, die Menge des vorhandenen Wassers, und unter Umständen die Art der Besteuerung der verschiedenen Produkte und der Bildungsgrad der Arbeiter.

Nach den obenerwähnten Verfahren können nachstehende Erze oder Produkte aufbereitet werden: Platin- [2], Gold- [3] und Silbererze [4], Blei- [5], Zink- [5], Kupfer- [6], Eisen- [7], Mangan- [7], Nickel- [4], Kobalt- [4], Titan- [7], Chrom- [7], Arsen- [5], Antimon- [5], Wolfram- [7], Zinn- [8], Molybdän- [9], Wismut- [5] und Quecksilbererze [10], außerdem Diamanten [8], Monazitsande [7], Schwefel [5], Schwefelkies [5], Apatit [5] und Phosphate [8], Magnesit [5], Flußspat [5], Schwerspat [5], Kryolith [5], Bauxit [7], Ton [8], Kaolin [8], Glimmer [9 oder 7], Talk [7], Asbest [7], Korund [7], Bernstein [8], Erdwachs [8], einige Edel- und Halbedelsteine enthaltende Seifen [7], Graphit [6], Gekrätz [7], einige Kolonialprodukte sowie auch im weiteren Sinne nicht zur Erzaufbereitung gehörig die verschiedenen Kohlen und Salze.

Die obige Aufstellung müßte insbesondere für die Magnetscheidung wesentlich erweitert werden, da dieses Verfahren in den verschiedensten Industrien zur Entfernung von metallischem Eisen und zur Trennung in stark- und schwach- bzw. nichtmagnetisches Gut Eingang gefunden hat.

---

[1] Dieses Verfahren wird auf den S. 116—146 getrennt für sich behandelt, so daß sich die folgenden Ausführungen hauptsächlich mit den ersten 5 Verfahren befassen.

[2] Hauptsächlich Gefluder und naßmechanisch, neuerdings chlorierende Röstung für Platin/Arsen-Verbindungen.

[3] Teilweise Gefluder und naßmechanisch, meist Amalgamation und Laugung bzw. Kombination der beiden letzteren; in der letzten Zeit Einführung der Flotation allein und in Verbindung mit anderen Verfahren.

[4] Naßmechanisch, Laugung und/oder Flotation.

[5] Naßmechanisch und/oder Flotation. [6] Vorwiegend Flotation.

[7] Naßmechanisch und/oder magnetisch. [8] Vorwiegend naßmechanisch.

[9] Windseparation und/oder Flotation.

[10] Flotation bzw. unmittelbare Verhüttung.

Die vorstehende Unterteilung auf S. 88 ist unvollständig, da Begleitmineralien, die wegen ihrer geringen Menge oder ihrer Zusammensetzung wirtschaftlich nicht verwertbar sind, unter Umständen den Gang des Aufbereitungsverfahrens wesentlich beeinflussen. Z. B. muß ein Zinnerz, das mit geringen Mengen von Wolframit zusammen vorkommt, selbst wenn nur das Zinnerz gewonnen werden soll, immer naßmechanisch und magnetisch behandelt werden.

II. Allgemeine Anordnung.

So verschieden die einzelnen Aufbereitungsanlagen in der Anordnung, Art und Zahl ihrer Maschinen und in ihren Verfahren auch sein mögen, lassen sich doch fast immer folgende ineinandergreifende Vorgänge als wesentlichste unterscheiden [1].

Die Zerkleinerung bis zur Freilegung der Erze, gegebenenfalls mehrfach unterteilt, erfolgt in Art der beiden Schemata Nr. 1 und 2 (Abb. 1 und 2).

Verbunden mit der Zerkleinerung erfolgt bei der naßmechanischen und magnetischen Aufbereitung die Unterteilung des zerkleinerten Gutes

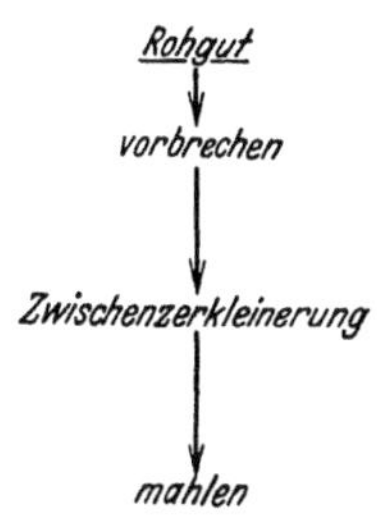

Abb. 1. Grundsätzlicher Zerkleinerungsstammbaum.

Abb. 2. Zerkleinerungsstammbaum unterteilt in die verschiedenen Arbeitsgänge.

in bestimmte Kornklassen auf Rosten und Sieben oder in einzelne Sorten von gleicher Fallgeschwindigkeit (Gleichfälligkeit) im bewegten Wasser in Klassierern, Stromapparaten oder Spitzkästen.

Die hierbei anfallenden Klassen bzw. Sorten werden auf geeigneten Maschinen oder Apparaten in haltiges [2] und unhaltiges Gut getrennt, bei der naßmechanischen Aufbereitung auf Setzmaschinen und Herden, bei der magnetischen Aufbereitung auf Magnetscheidern.

Cyanidlaugung und Amalgamation erfordern von vornherein eine Vermahlung, die gegebenenfalls in Grob- und Feinmahlung des Gutes und Trennung desselben in Sande und Schlämme unterteilt wird.

[1] Hierbei kann wiederum eine Unterteilung erfolgen in die naßmechanischen und magnetischen Verfahren einerseits, in die Amalgamations- und Laugeverfahren andererseits.

[2] a) Haufwerk = angefördertes Rohgut mit haltigem (erzführendem) und unhaltigem (taubem, erzfreiem oder erzarmem) Gestein.

b) Konzentrat = verkaufs- oder verhüttungsfähiges, durch Aufbereitung erzeugtes Produkt.

c) Vorkonzentrat = Produkt, das den an b) zu stellenden Anforderungen noch nicht genügt und nochmals behandelt werden muß (rougher concentrate).

d) Nachsetz-, Nachwasch-, Nachschwimm-Konzentrat = cleaner concentrate = Produkt, das aus der Nachbehandlung von c) entsteht.

e) Berge = metallarme oder -freie, durch Aufbereitung abgestoßene Mengen.

f) Mittelprodukte = solche im Gang des Verfahrens erzeugten Produkte, die durch weitere Verarbeitung in Konzentrat und Berge getrennt werden müssen.

III. Scheiden und Klauben.

Dort, wo eine Scheidung und Klaubung der Berge aus dem Rohgut genügt, wie z. B. bei einigen Eisenerzen, kann ein Arbeitsgang nach Stammbaumskizze Abb. 3 ausreichen.

Je nach dem vorliegenden Gut und den Markt-Verhältnissen müssen die gewonnenen Produkte unter Umständen in einzelne Siebgrößen zerlegt werden, d. h. die angegebene Stammbaumskizze müßte durch Einfügung von weiteren Siebvorrichtungen erweitert werden.

In anderen Fällen, z. B. bei der stufenweisen Zerkleinerung und Weiterverarbeitung in der naßmechanischen und magnetischen Aufbereitung kann

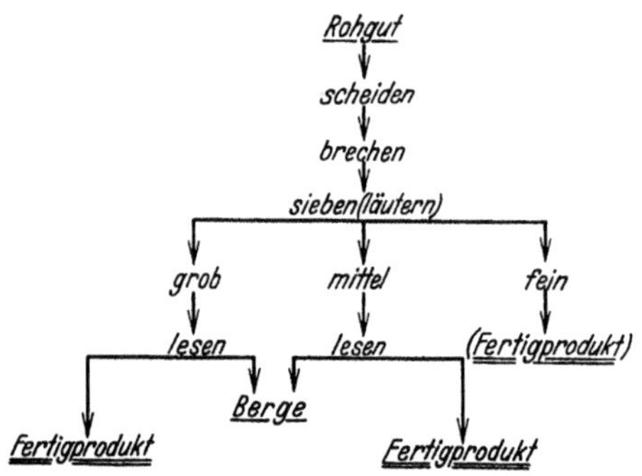

Abb. 3. Einfacher Aufbereitungsvorgang unter Berücksichtigung der Scheide- und Klaubearbeit.

es empfehlenswert sein, Scheidung und Klaubung zur Herausnahme schädlicher, den nächsten Arbeitsgang störender Bestandteile oder auch zur Herausnahme reiner Berge und reinen, d. h. fertigen Erzes vorzusehen. Selbst bei Amalgamations- und Laugeverfahren ist eine Klaubung am Platz, wenn es gelingt, Bestandteile, die das anschließende Verfahren nachteilig beeinflussen, herauszunehmen. Gegebenenfalls wird durch Scheidung und Klaubung das Rohgut der Menge nach durch Herausnahme unhaltiger Berge so vermindert und damit der Metallgehalt so angereichert, daß trotz des Aufwandes für diese Arbeit noch ein Gewinn herauskommt.

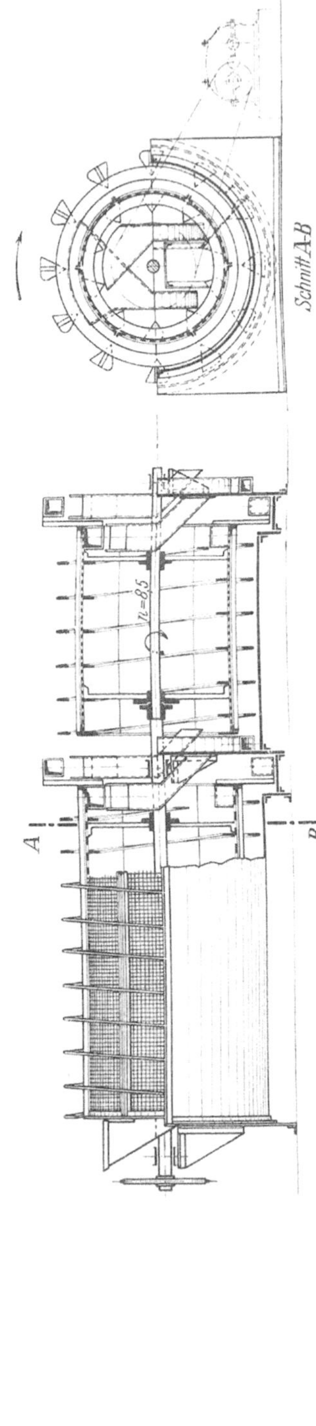

Abb. 4. Wasch- oder Läutertrommel.

Aus dem Vorstehenden ist schon ersichtlich, daß das, was geklaubt wird, den vorliegenden Verhältnissen angepaßt werden muß. Einmal werden Berge, dann Berge und fertige Erze, das andere Mal störende

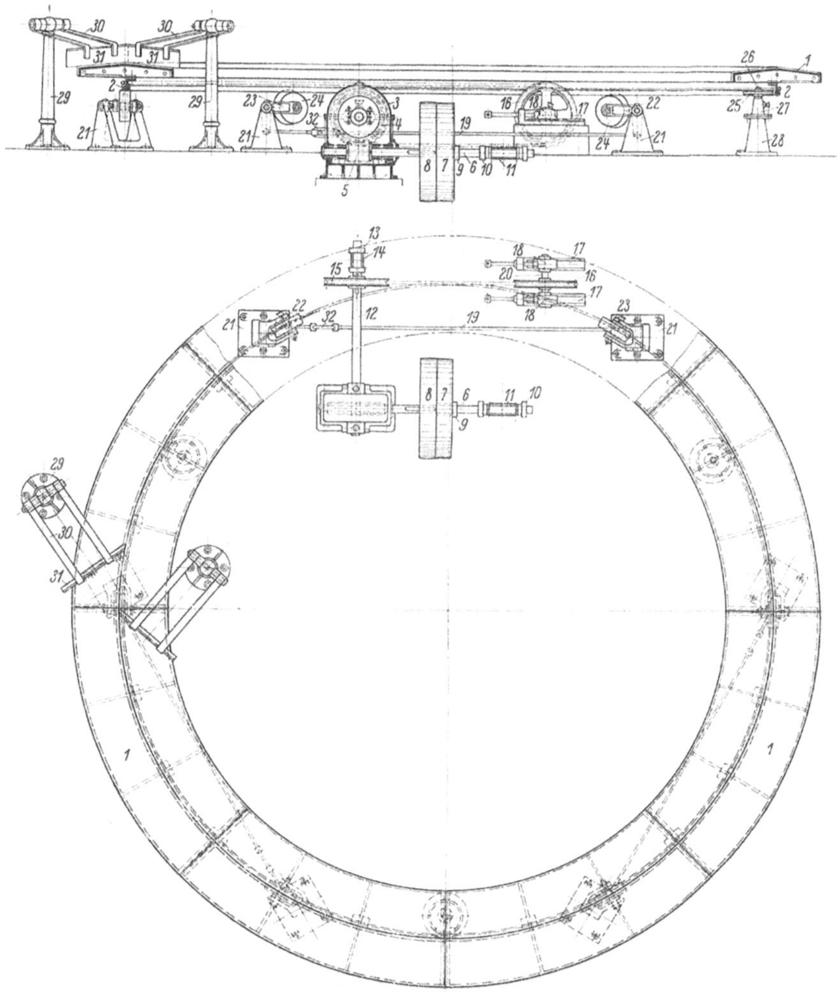

Abb. 5. Rotierender Lesetisch.

Bestandteile und gegebenenfalls auch Zwischenprodukte (= Verwachsenes) geklaubt. Im allgemeinen läßt man das auf dem Leseband oder Klaubetisch liegen, wovon am meisten vorhanden ist. Aber auch hier gibt es Ausnahmen.

Als Vorbereitung zur Scheidung und Klaubung muß häufig das Gut in geeigneten Vorrichtungen g e l ä u t e r t (Abb. 4) werden. In manchen Fällen genügt ein einfaches Abbrausen, in anderen dagegen müssen besondere Vorrichtungen, wie Läutertrommeln, Waschapparate und ähnliche vorgesehen werden. Hierbei ist z. B. für Läutertrommeln unter Umständen mit einem erheblichen Wasserbedarf, etwa 50 bis 100 l/min für 1 t/h, zu rechnen [1].

Das Scheiden geschieht gewöhnlich auf feststehenden Böden oder Bänken, z. B. zwischen dem Rost und dem Steinbrecher, während für das Klauben oder Lesen rotierende Lesetische oder Lesebänder benutzt werden (Abb. 5). Letztere können hierbei gleichzeitig als Transportvorrichtungen dienen.

Die Leistungen der Arbeiter beim Scheiden und Klauben sind je nach der vorliegenden Korngröße und je nach der Art der Lagerstätte sehr verschieden. Als Anhalt möge dienen, daß ein Arbeiter in 1 h aus einem Aufgabegut mit Bleiglanz, Zinkblende, Kalkspat, Quarz, Grauwacke und Tonschiefer (Korngröße von 40—80 mm) 80—150 kg ausklaubt. Wenn auch für dieses Klauben meist jugendliche oder billige Arbeitskräfte benutzt werden, so erkennt man aus den angegebenen Zahlen, daß das Klauben in diesen Korngrößen unter Umständen nicht wirtschaftlich ist.

IV. Windseparation [2].

(S. auch S. 59.)

Die Windaufbereitung ist fast ausschließlich auf die Behandlung trockener Feinkohlen beschränkt geblieben. Hierbei wird jedoch meist keine Trennung in Produkte verschiedener Zusammensetzung bezweckt, sondern nur eine Abscheidung der feinsten Teilchen durch einen entsprechend eingestellten und gerichteten Luftstrom. Gelegentlich findet hierbei infolge der verschiedenen physikalischen Eigenschaften der einzelnen Gefügebestandteile der Rohkohle eine Anreicherung der Faserkohle im ausgesichteten Feingut statt.

In der Erzaufbereitung ist die Windseparation nur als ein Notbehelf zu betrachten und wird dort angewandt, wo eine magnetische Aufbereitung nicht anwendbar ist und Wasser für andere Aufbereitungsverfahren fehlt. In solchen Fällen wird das Rohgut trocken zerkleinert, gesiebt und die einzelnen Kornklassen infolge ihrer verschiedenen Kornformen und ihrer verschiedenen spezifischen Gewichte in Haltiges und Unhaltiges getrennt. Ausbringen und Anreicherung sind bei derartigen Verfahren meist nicht sehr hoch.

V. Naßmechanisches Verfahren.

Erfordert bzw. ermöglicht das Rohgut auf Grund seiner mineralogischen Zusammensetzung und Korngrößenverteilung eine stufenweise

[1] In Erzaufbereitungen rechnet man allgemein mit nachstehenden Größen: Wasserverbrauch der einzelnen Apparate in l/min; Wasserverbrauch der Gesamtanlage in m^3/h; Leistung der einzelnen Apparate und der Gesamtanlage in t/h, seltener in t/24 h.

[2] Siehe u. a. P. Rosin u. E. Rammler: Windsichter und ihre Untersuchung. Mitt. aus dem Ausschuß für Steinkohlenaufbereitung. Glückauf **68**, 529 (1932).

naßmechanische Aufbereitung, dann ergibt sich schematisch dargestellt, folgender Arbeitsgang bzw. Stammbaum:

Das angeförderte Rohgut wird über einen Rost von z. B. 60 mm Spaltweite gestürzt und hierbei in Gut von > 60 und < 60 mm Korngröße unterteilt. Das Gut > 60 mm wird, gegebenenfalls nach vorhergehender Scheidung, in einem Steinbrecher auf 60 mm gebrochen, mit dem Gut < 60 mm vereinigt und durch Sieben in Gut von 60—15 mm und

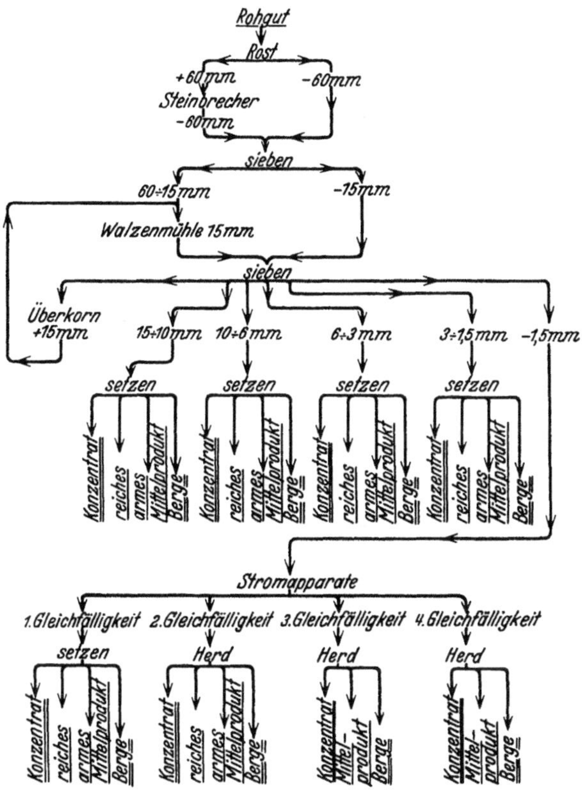

Abb. 6. Stammbaum einer naßmechanischen Erzaufbereitung (Wäsche).

< 15 mm unterteilt. Das Korn 60—15 mm wird in Walzenmühlen auf < 15 mm nachzerkleinert, das hierbei entstandene Überkorn zurückgegeben und das gesamte Gut im Anschluß hieran in verschiedene Korngrößen zerlegt, z. B. in Korn von 15—10, 10—6, 6—3, 3—$1^1/_2$ und < $1^1/_2$ mm. Das Korn < $1^1/_2$ mm wird durch Stromapparate unterteilt in Klassen verschiedener Gleichfälligkeit, z. B. 1., 2. und 3. Gleichfälligkeit. Das feinste, bei der 3. Gleichfälligkeit noch nicht erfaßte Gut wird eingedickt und als feinstes Produkt (Schlämme) für sich behandelt.

Ein diesem Arbeitsgang entsprechender Stammbaum (Abb. 6) ist obenstehend dargestellt. Hierbei sind Setzmaschinen für die Verarbeitung der Korngrößen 15—10, 10—6, 6—3 und 3—$1^1/_2$ mm und für das Gut der 1. Gleichfälligkeit, für das den übrigen verschiedenen Gleichfälligkeiten entsprechende Gut Schüttelherde bzw. Stoßherde vorgesehen.

Wie auf dem Stammbaum gezeigt ist, erzeugen die Setzmaschinen neben einem fertigen Konzentrat fertige Berge, ferner aber auch Mittelprodukte. Diese Mittelprodukte können, soweit sie aus einer Mischung von verschiedenen Mineralien bestehen, nachgesetzt und dadurch getrennt werden. Bestehen sie in der Hauptsache jedoch aus verwachsenem Gut, dann müssen sie weiter aufgeschlossen, d. h. weiter zerkleinert werden. Zur Vereinfachung sei in vorliegendem Stammbaum angenommen, daß das als reiches Mittelprodukt bezeichnete Gut nur nachgesetzt wird, während das arme aufgeschlossen werden muß. Für die weitere Verarbeitung dieser Mittelprodukte werden gewöhnlich besondere Aufbereitungssysteme gewählt, es sei denn, daß die Durchsatzmenge sehr gering ist und besondere Maschinen für die Nachbearbeitung nicht gerechtfertigt sind. Im letzteren Falle gibt man behelfsmäßig das nachzerkleinerte Gut wieder den entsprechenden Absiebvorrichtungen auf. Erfolgt jedoch eine getrennte Behandlung der Mittelprodukte, dann ergibt sich etwa folgendes Bild, wobei der Übersichtlichkeit und Einfachheit halber nur die Korngröße 10—6 mm herausgenommen ist (Abb. 7).

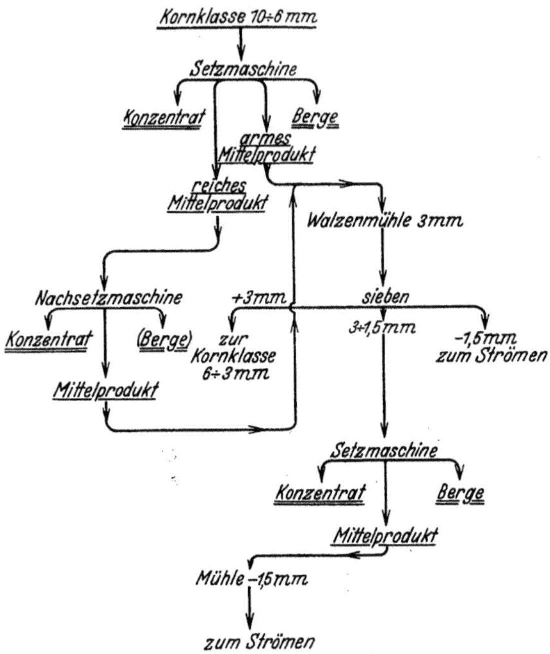

Abb. 7. Ergänzung des Stammbaumes nach Abb. 6 zur Darstellung der Weiterverarbeitung der in der Erzwäsche anfallenden Mittelprodukte.

Die beim Setzen dieser Korngröße entstehenden Konzentrate und Berge werden als Fertigprodukte betrachtet. Das reiche Mittelprodukt wird in einer besonderen Maschine nachgesetzt und ergibt wiederum ein fertiges Konzentrat, unter Umständen auch eine geringe Menge fertige Berge. Die Mittelprodukte, in häufigen Fällen die gesamte Aufgabe der Nachsetzmaschinen mit Ausnahme der Konzentrate, werden zusammen mit den armen Mittelprodukten in einer Walzenmühle auf 3 mm nachzerkleinert, im Anschluß hieran auf > 3, 3—$1^1/_2$ und $< 1^1/_2$ mm gesiebt. Das Gut > 3 mm wird zur Korngröße 6—3 mm weitergeleitet, das Gut < $1^1/_2$ mm zum Strömen. Die Korngröße 3—$1^1/_2$ mm wird in einer besonderen Nachsetzmaschine nachbehandelt und ergibt hier ein fertiges Konzentrat und fertige Berge. Das hierbei entfallende Mittelprodukt muß wieder aufgeschlossen werden und wird zu diesem Zweck in einer Mühle auf < $1^1/_2$ mm gemahlen. Das Mahlgut wird im Anschluß hieran geströmt.

In ähnlicher Weise werden die Produkte der Setzmaschinen 15—10, 6—3 und 3—$1^1/_2$ mm nachbehandelt. Die hierbei entfallenden Kornklassen können gegebenenfalls entsprechend vereinigt werden, wodurch sich der Stammbaum vereinfacht. Unter Umständen ist es jedoch auch ratsam, die Weiterbehandlung der im 1. Gang entfallenden reichen und armen Mittelprodukte getrennt voneinander vorzunehmen, wodurch der Stammbaum recht kompliziert werden kann.

Die bei der Herdarbeit im Anschluß an das Strömen entfallenden Mittelprodukte wird man nur soweit nachzerkleinern, wie es ohne übermäßige Schlammerzeugung möglich ist, d. h. zur Nachzerkleinerung kommen nur die Produkte der 1. und gegebenenfalls der 2. Gleichfälligkeit. Die Produkte der 3. und 4. Gleichfälligkeit werden bei naßmechanischen Verfahren im allgemeinen nicht nachzerkleinert, sondern nur nachgewaschen.

A. Zerkleinerung

(s. auch S. 1).

Die im Verlauf des oben beschriebenen Stammbaumes am häufigsten benutzten Maschinen und Apparate sind kurz zusammengefaßt die folgenden:

Für das Vorbrechen Backenbrecher, gegebenenfalls zwei hintereinander geschaltet, wenn übermäßig große Stücke aufgegeben werden.

Bei großen Leistungen kommen neben Backenbrechern Rundbrecher in Frage.

Für die Zwischenzerkleinerung von 50—60 auf 2—3 mm beherrschen die Walzenmühlen bei weitem das Feld. Für die Zwischenzerkleinerung auf 20—30 mm kommen unter Umständen Feinsteinbrecher und Granulatoren in Frage.

In einigen Fällen werden Siebkugelmühlen für die Zerkleinerung auf eine Korngröße von 6—10 mm abwärts vorgeschlagen. Sie haben den Vorteil, daß sie ein fertiges Gut, d. h. ein Gut ohne Überkorn liefern im Gegensatz zu den Walzenmühlen, bei deren Verwendung immer Überkorn entfällt, das herausgesiebt und nachzerkleinert werden muß.

Als besondere Zerkleinerungsmaschine für die Zwischenzerkleinerung sei der Symons Cone Crusher erwähnt, der in den letzten Jahren, besonders im überseeischen Ausland, sich überraschend schnell in Erzaufbereitungsanlagen eingeführt hat. Sein besonderer Vorteil liegt u. a. in dem großen Zerkleinerungsgrad, der es gestattet, ohne Schwierigkeiten zwei hintereinander geschaltete Walzenmühlen durch einen derartigen Brecher zu ersetzen.

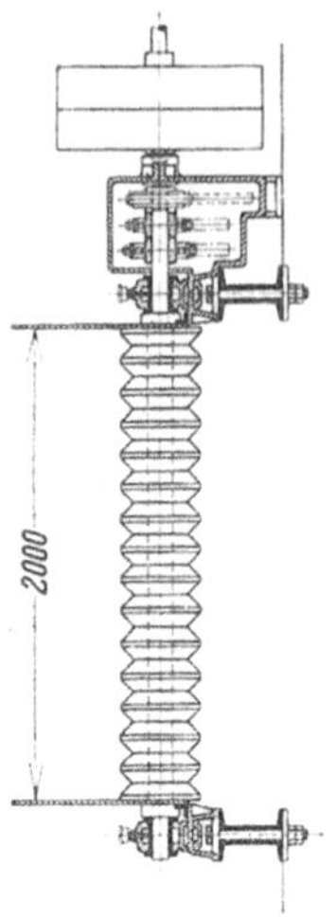

B. Mahlen und Klassieren, Sieben.

(Näheres s. S. 1, 50 u. 62.)

Für das Mahlen werden Siebkugelmühlen und Trommelmühlen, d. h. sieblose Kugelmühlen verwendet. Siebkugelmühlen wählt man nur dann, wenn die Siebbespannung, also die gewünschte oberste Korngröße des erzeugten Produktes nicht kleiner als $1^1/_4$ bis $1^1/_2$ mm sein soll. Unterhalb dieser Grenze ist es schwer, selbst bei reichlichem Verbrauch von Spülwasser die Siebe offen zu halten. Trommelmühlen läßt man im allgemeinen mit einem Klassierer im geschlossenen Kreislauf arbeiten, um bei einem schnellen Durchgang des Gutes durch die Mühle die unerwünschte Schlammbildung möglichst zu unterbinden. In neuerer Zeit

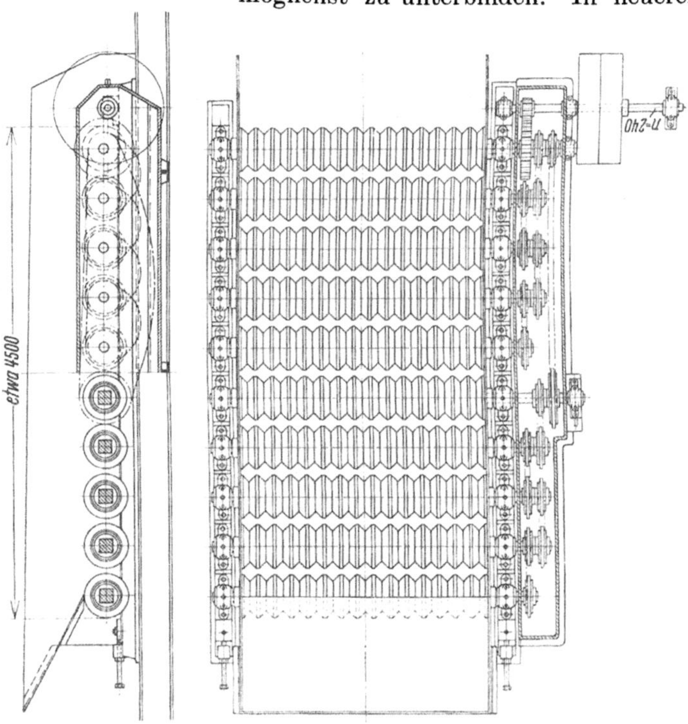

Abb. 8. Rollenrost.

ist man teilweise dazu übergegangen, an Stelle der Klassierer Vibrationssiebe für denselben Zweck zu benutzen.

Zum Unterteilen des Gutes in verschiedene Korngrößen werden für Trennungen über etwa 50—100 mm bewegliche oder feste Roste verwendet (Abb. 8). Für die Trennung in die Korngrößen zwischen 50 und 100 mm einerseits und $1^1/_4$ und $1^1/_2$ mm andererseits waren bis vor einigen Jahren die Trommelsiebe in konischer oder zylindrischer Ausführung vorherrschend; Flachsiebe wurden selten benutzt. Seit der lebhaften Entwicklung auf dem Gebiete der Siebtechnik in den letzten Jahren sind neuerdings in großem Maß an Stelle der Trommelsiebe Vibrationssiebe (Abb. 9 und 10) getreten.

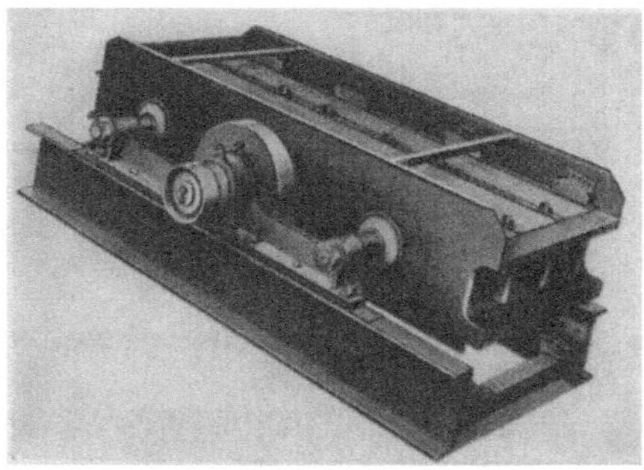
Abb. 9. Vibrationssieb, System Schieferstein.

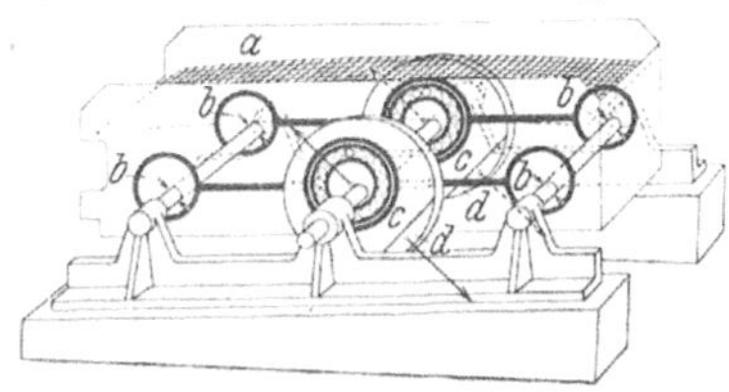

Abb. 10. Kräfteschema für das Vibrationssieb, Bauart Schieferstein.

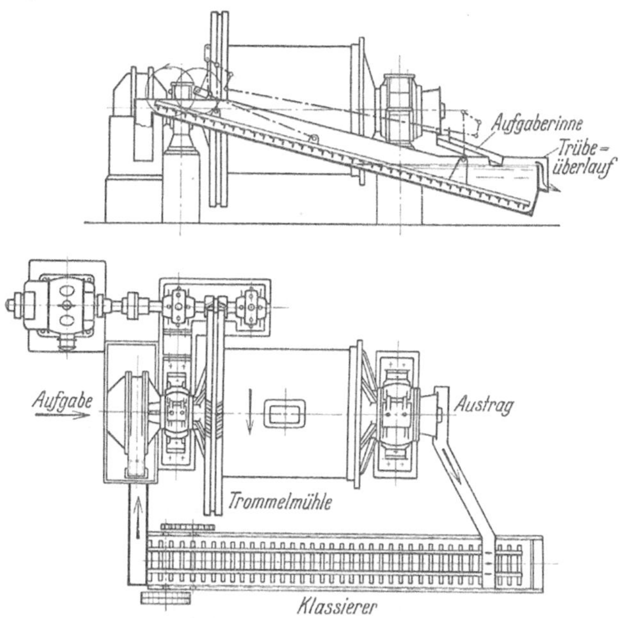

Abb. 11. Trommelmühle im Kreislauf mit Klassierer.

Die Unterteilung des Gutes in verschiedene Gleichfälligkeiten erfolgt in Klassierern (Abb. 11) oder Stromapparaten (Abb. 12). Beide sind in verschiedenen Ausführungsformen, den mannigfachen Verwendungszwecken entsprechend, auf dem Markt.

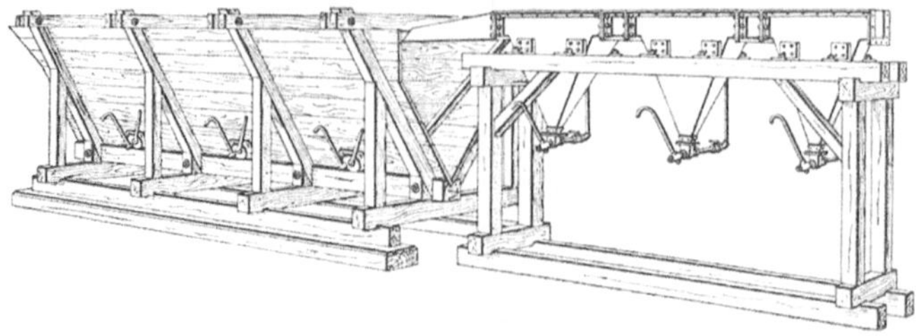

Abb. 12. Stromapparate in Verbindung mit Spitzkasten; rechts: Stromapparate, links: Spitzkasten.

Abb. 13. Eindicker mit Krählwerk, entleert. Durchmesser des Eindickers 30 m, Höhe 4 m, Inhalt 2800 m³.

Zum Niederschlagen und Gewinnen der feinsten Schlämme sind die in früheren Jahren fast ausschließlich benutzten Spitzkasten durch Eindicker (Abb. 13) ersetzt worden.

C. Setzmaschinen.

(S. auch S. 62 und 83.)

Zur Trennung des durch Zerkleinern und Mahlen sowie Sieben und Strömen vorbereiteten Gutes in Haltiges und Unhaltiges, d. h. Konzentrate und Berge, werden in naßmechanischen Anlagen ausschließlich Setzmaschinen (Abb. 14) und Herde (Abb. 15) benutzt; Setzmaschinen hauptsächlich für gesiebtes Gut, aber auch häufig in Form der Bettsetzmaschinen für geströmtes Gut. Die Setzmaschinen sind dem Zweck entsprechend in mehrere Siebabteilungen unterteilt, und zwar bei einfachen Erzen gewöhnlich in 2—3, bei zusammengesetzten Erzen in 4 bis

5 Abteile. Die Setzmaschinen unterscheiden sich durch ihre dem jeweiligen Verwendungszweck angepaßte Bauart in Vorsetzmaschinen,

Abb. 14. Setzmaschinen in einer Blei-Zinkerzwäsche.

Abb. 15. Herde in einer Schwerspataufbereitung; links oben ein Spitzkasten, der die vorderen 3 Herde mit Aufgabegut beliefert.

Grobkornsetzmaschinen und Feinkornsetzmaschinen (s. S. 62, Kapitel Sedimention).

Vorsetzmaschinen (Abb. 16) sind einsiebig, haben Kniehebelantrieb und werden vielfach aufgestellt, um die Klaubarbeit in den Korngrößen von 20—50 mm ganz oder teilweise zu ersetzen. Sie liefern

Abb. 16. Vorsetzmaschine mit Kniehebelantrieb.

nur zwei Produkte, Konzentrate und Mittelprodukte bzw. Berge und Mittelprodukte. Um den hohen Wasserverbrauch dieser Maschinen zu

Abb. 17. Grobkornsetzmaschine mit Kniehebelantrieb.

vermindern, erfolgt der Austrag der Produkte durch Entwässerungsbecherwerke oder Förderbänder.

Grobkornsetzmaschinen mit Austragvorrichtung (Abb. 17) über dem Bett eignen sich für Korn bis herab zu 3 mm. Die Kolben werden bei den größeren Kornklassen von etwa 25—6 mm meist durch Kniehebel, bei den feineren Kornklassen meist durch Hubscheiben bewegt. Die auf diesen Maschinen gewonnenen Produkte werden über dem Bett abgezogen.

Feinkornsetzmaschinen (Abb. 18) für Korn von etwa 3—0,5 mm haben Hubscheiben als Antriebsart für die Kolben. Im Gegensatz zu den Grobkornsetzmaschinen wird das zu gewinnende Gut durch ein auf dem Setzsieb liegendes Bett von gröberen Graupen und durch das Sieb

Abb. 18. Feinkornsetzmaschine mit Exzenterantrieb.

hindurchgesetzt. Grobkornsetzmaschinen haben ein Setzsieb, dessen Maschenweite geringer ist als der Durchmesser des kleinsten zu setzenden Korns, während Bettsetzmaschinen ein Setzsieb haben, dessen Maschenweite größer ist als der Durchmesser des größten durchzusetzenden Korns.

Setzmaschinen mit einer besonderen Austragvorrichtung, die es ermöglicht, große Mengen des Setzgutes als Fertigprodukt abzuziehen, werden als Hochleistungssetzmaschinen bezeichnet.

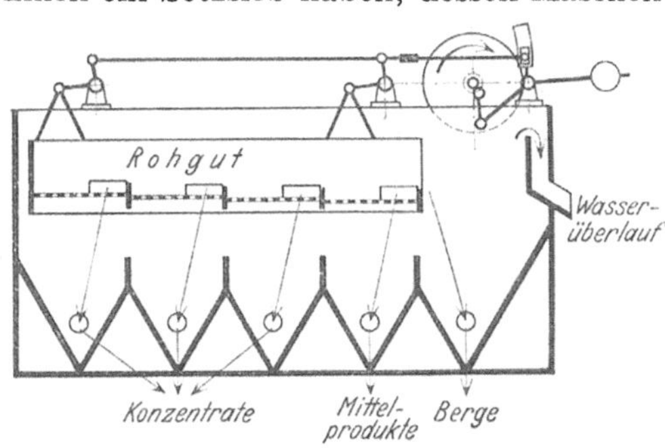

Abb. 19. Schematische Skizze einer Stauchsiebsetzmaschine.

Eine besondere Form für Setzmaschinen stellt die Stauchsiebsetzmaschine (Abb. 19) dar. Während bei den obenerwähnten Setzmaschinen die Bewegung des Setzgutes durch strömendes, d. h. durch den Kolben bewegtes Wasser erfolgt und das Sieb feststeht, wird bei der Stauchsiebsetzmaschine das Sieb mit dem Setzgut im Wasser gestaucht. Stauchsiebsetzmaschinen eignen sich vor allem dort, wo größere Mengen eines einfachen bzw. einmetallischen Erzes zu verarbeiten sind. Ihr Vorteil gegenüber den normalen Setzmaschinen liegt darin, daß die bei diesen meist erforderliche ziemlich enge Klassierung nicht eingehalten zu werden braucht. Stauchsiebsetzmaschinen können, geeignete spezifische Gewichtsunterschiede vorausgesetzt, Gut von 2—30 mm, gegebenenfalls von 0—30 mm in einem Gang verarbeiten. Hierbei ist es möglich, das feine Gut auf der Stauchsiebsetzmaschine durch das Bett zu setzen und das grobe Gut auf dem Bett zu gewinnen. Besondere Anwendung haben diese Setzmaschinen für die Verarbeitung von Eisenerzen, hauptsächlich Spateisenstein, von Manganerzen und einfachen Bleierzen gefunden.

D. Herde.

Die als Schüttel- oder Schnellstoßherde zur Zeit fast ausschließlich in Anwendung stehenden Rillenherde sind in Abb. 20 dargestellt. Sie bestehen aus einer, in einer oder den beiden Neigungen verstellbaren, meist auf geneigten Blattfedern befestigten Herdplatte, die durch eine Antriebsvorrichtung (Exzenter, Kniehebel oder ähnliches) in Bewegung gesetzt wird. Die Art der Bewegung ist mit der einer Schüttelrutsche

Abb. 20. Hochleistungsherd.

vergleichbar. Um die gewünschte Trennung des Aufgabegutes auf den Herden zu ermöglichen, wird aus einem Brauserohr der gesamten Herdfläche Brausewasser zusätzlich zugeführt.

Die Ansichten über die Theorie der Herdarbeit sind zur Zeit noch nicht einheitlich. Die nachstehenden Ausführungen entsprechen den im praktischen Betrieb zu machenden Beobachtungen. Das in einer Verdünnung von etwa 1 Teil Festsubstanz zu 3 Teilen Wasser dem Herd aufgegebene Gut breitet sich aus und wird dabei einmal infolge der Förderbewegung des Antriebes nach der der Aufgabe entgegengesetzten Seite transportiert; das andere Mal erhält das Aufgabegut durch das herabfließende Brausewasser eine zweite zusätzliche Bewegungsrichtung, die annähernd senkrecht zur ersten Förderrichtung verläuft. Bei Herden mit glatten Herdplatten, d. h. solchen ohne Rillen, kann nun bei geströmtem, d. h. gleichfälligem Gut eine Trennung in Konzentrate und Berge erzielt werden (s. Skizze Abb. 21). Bei dieser Art der Trennung, die nur für geströmtes Gut möglich ist, werden die spezifisch leichteren, größeren Bergekörnchen durch den herabfließenden Wasserstrom mehr aus der Transportrichtung abgelenkt als die spezifisch schwereren, aber kleineren Erzkörnchen. Erreicht wird diese unterschiedliche Beeinflussung durch die verschieden große Geschwindigkeit des Brausewasserstromes auf der Herdfläche. Die kleineren spezifisch schwereren Erzkörner werden nur durch die unmittelbar auf der Herdfläche mit geringerer Geschwindigkeit fließenden unteren Schichten des Brausewasserstromes getroffen, während die größeren und spezifisch leichteren Bergeteilchen auch von den mit größerer Geschwindigkeit fließenden mittleren und oberen Schichten des Brausewasserstromes beeinflußt werden. Hieraus ergibt sich eine verschieden starke Ablenkung aus der Transportrichtung für die Erz- und Bergekörnchen, resultierend aus der Größe der Transportbewegung und der Größe der Beeinflussung durch den Brausewasserstrom. Auf diese Weise werden auf der Herdplatte die verschiedenen Mineralteilchen auseinandergezogen, so daß die schwersten kleinen Teilchen am weitesten von der Aufgabe nach der schräg gegenüberliegenden Seite transportiert werden und weniger schwere, aber größere Bergeteilchen weniger weit. Das Aufgabegut wird also strahlenförmig auseinandergezogen, so daß es, unterteilt in die einzelnen Produkte, in geeigneter Weise von der Herdplatte abgezogen werden kann.

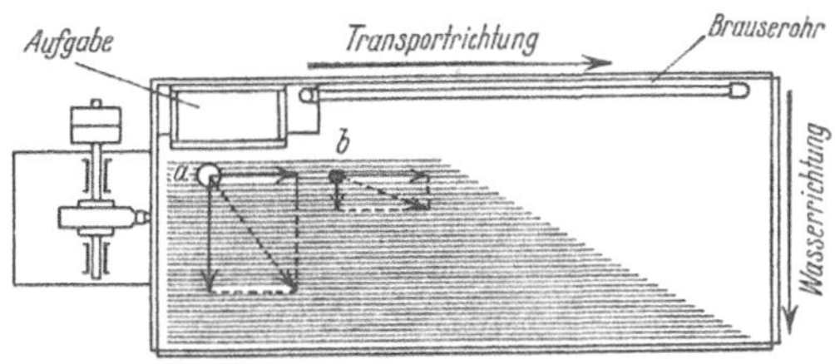

Abb. 21. Schematische Skizze über die Wirkungsweise der auf der Herdfläche auftretenden Kräfte. *a* grobes, aber spezifisch leichtes Bergeteilchen, *b* kleines, aber spezifisch schweres Erzteilchen.

Für die zur Zeit fast ausschließlich benutzten Rillenherde oder solche Herde, bei denen die in die Platte eingearbeiteten Rillen durch aufgenagelte Leisten ersetzt sind, ist die oben gegebene Erklärung für die Herdarbeit ungenügend. Praktisch wird dies schon dadurch bewiesen, daß auf Rillenherden entschlämmtes und gesiebtes Gut mit etwa dem gleichen Erfolg verarbeitet werden kann wie entschlämmtes und geströmtes Gut, was nach der obigen eine Gleichfälligkeit des Aufgabegutes voraussetzenden Theorie unmöglich sein müßte.

Betrachtet man das Gut auf dem Herd, dann findet man schon in überraschend kurzer Entfernung hinter der Aufgabe eine Schichtung ähnlich der in den Transportrinnen von Rheowäschen. Das haltige schwere Gut liegt zum großen Teil schon unmittelbar auf der Herdfläche und das unhaltige leichtere darüber. Bei der Weiterbewegung des Gutes auf der Herdplatte rutscht das schon in schichtenförmige Lagen unterteilte Gut in die Rillen und wird hierbei mehr oder weniger wieder vermischt. Es muß also bei den Rillenherden die eigentliche Herdarbeit zum mindesten zum großen Teile in den Rillen von neuem beginnen. Dies geht voraussichtlich so vor sich, daß sich in diesen Rillen die spezifisch schwereren Körner infolge der ständig hervorgerufenen Lockerung des gesamten Gutes nach unten durchschieben und die leichteren Körner hierbei allmählich hochgehoben und dann, zum Teil unterstützt durch den Brausewasserstrom, weitergespült werden. Das Herunterschieben der schweren und Anheben der leichten Körner wird dadurch ermöglicht, daß die gesamte Masse leicht beweglich gehalten wird, sei es durch eine Schüttel-, Stoß- oder Wurfbewegung der Herdtafeln. Es ist also auf den Rillenherden in der Hauptsache der Unterschied im spezifischen Gewicht der einzelnen Körner maßgebend und nicht mehr in der Hauptsache die Korngröße bzw. die verschieden starke Strömungsgeschwindigkeit unmittelbar an der Herdplatte und in einem gewissen Abstand darüber. Dieser Unterschied der spezifischen Gewichte als maßgebender Faktor ermöglicht bei den Rillenherden daher auch die Verarbeitung von entschlämmtem und gesiebtem Gut, was bei flachen Herdtafeln in dem Maße nicht möglich ist.

VI. Magnetische Aufbereitung.

In den Fällen, wo auf Grund annähernd gleichen spezifischen Gewichts oder aus Wassermangel eine naßmechanische Anlage nicht angebracht

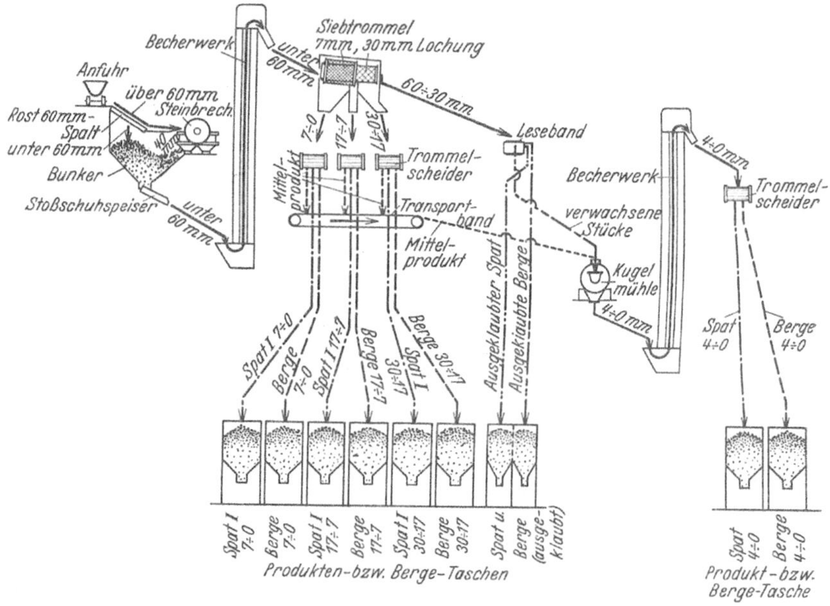

Abb. 22. Stammbaum einer magnetischen Rösterzaufbereitung.

erscheint, wird, soweit die Unterschiede in den magnetischen Eigenschaften des Rohgutes es zulassen, magnetische Aufbereitung angewandt[1].

[1] Stark magnetisch sind:

Magnetit	Gerösteter Spateisenstein	Angerösteter Schwefelkies
Magnetkies	Gerösteter Kupferkies	Sintermagnesit.

Schwächer magnetisch sind:

Ilmenit	Chromeisenerz	Buntkupfererz
Spateisenstein	Raseneisenerz	Kupfererz
Roteisenstein	Rhodonit	Eisenhaltige Zinkblende
Granate	Manganerz	Eisenhaltiger Dolomit
Wolframit	Monazit	Limonit,
Brauneisenstein	Franklinit	

ferner eisenschüssige Mineralien und eisenhaltige Produkte des elektrischen Ofens.

Hierzu siehe auch A. F. Taggart: Handbook of Ore Dressing, S. 906 u. 908. New York 1927.

Der Stammbaum einer magnetischen Aufbereitungsanlage ähnelt dem einer naßmechanischen Aufbereitungsanlage. Als Beispiel ist der Stammbaum einer im Siegerland von der Friedr. Krupp Grusonwerk Akt.-Ges. gebauten Rostspataufbereitung angegeben (Abb. 22). Die im Stammbaum wiedergegebene Anlage verarbeitet die Knochen, d. h. den Spat II = Mittelprodukte der Rohspataufbereitung nach der Röstung in besonderen Öfen.

Der Gang der Aufbereitung ist folgender:

Der zu Rostspat II abgeröstete Rohspat II der naßmechanischen Anlage wird über einen Rost von 60 mm Spalt gestürzt und die Stücke über 60 mm werden einem Steinbrecher aufgegeben. Das vom Steinbrecher zerkleinerte Gut gelangt dann mit dem Rostdurchfall in einen Bunker. Von diesem wird es durch einen Stoßschuhspeiser gleichmäßig einem Becherwerk zugeführt, das das Gut in eine Siebtrommel mit Sieben von 7, 17 und 30 mm Lochung hebt.

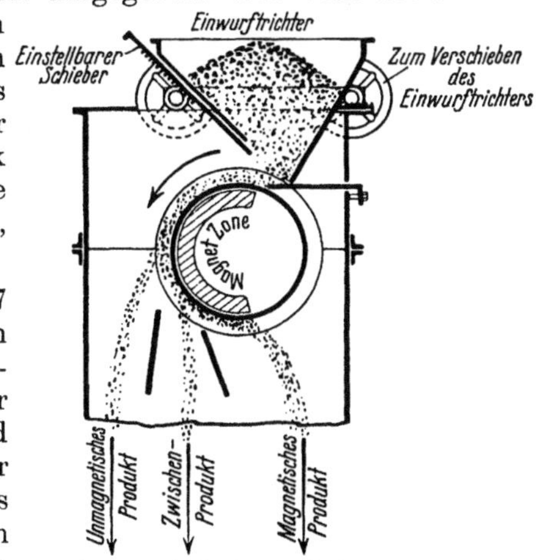

Abb. 23. Aufgabe- und elektromagnetische Scheidevorrichtung, Bauart Ullrich (D.R.P.) (Trommelscheider).

Die Kornklassen 0—7, 7—17 und 17—30 mm werden je einem elektromagnetischen Trommelscheider Bauart Ullrich zur Scheidung in Rostspat, Berge und Mittelprodukte aufgegeben. Der Siebtrommelaustrag, d. h. das Korn von 30—60 mm, wird einem Leseband zugeführt, auf dem Rostspat I und Berge ausgeklaubt werden. Alle Spatprodukte und alle Berge gehen von den Scheidern und dem Leseband in entsprechende Verladetaschen. Die Mittelprodukte der Scheider von dem Korn 0—7, 7—17 und 17—30 mm fallen auf ein Transportband herab, das diese Mittelprodukte einer Trockenkugelmühle für eine Zerkleinerung auf 4 mm zuführt. Derselben Mühle werden ebenfalls die auf dem Leseband verbleibenden verwachsenen Stücke von 30—60 mm zugeführt. Der Austrag der Kugelmühle, d. h. Korn von 0—4 mm wird durch ein zweites Becherwerk gehoben und einem vierten Trommelscheider zur Trennung in Spat 0—4 mm und Berge 0—4 mm zugeführt; Mittelprodukte werden hierbei nicht erzeugt. Die Abführung der Produkte für das Korn 0 bis 4 mm erfolgt in gleicher Weise in besondere Taschen wie für die gröberen Kornklassen.

Die in dem Stammbaum wiedergegebene Anlage verarbeitet 100 bis 120 t Rostspat in 8 Stunden.

Wie die Beschreibung zeigt, werden in dieser magnetischen Anlage zum großen Teil dieselben Maschinen bzw. Apparate benutzt wie in einer naßmechanischen Anlage. Der Unterschied liegt im wesentlichen darin, daß an Stelle der Setzmaschinen und Herde Magnetscheider getreten sind.

Einige der gebräuchlichsten Magnetscheider sind in Abb. 23, 24, 25 bzw. 26 wiedergegeben. Abb. 23 zeigt die Wirkungsweise eines Trommel-

Abb. 24. Zwei betriebsfertige Trommelscheider.

scheiders, Abb. 24 zwei solcher Scheider, Abb. 25 einen Naßscheider mit 8 Magnetfeldern und feststehenden Zuführungsschurren und Abb. 26 einen Schnitt durch eine der Arbeitsstellen eines Naßscheiders mit 5 Ringen.

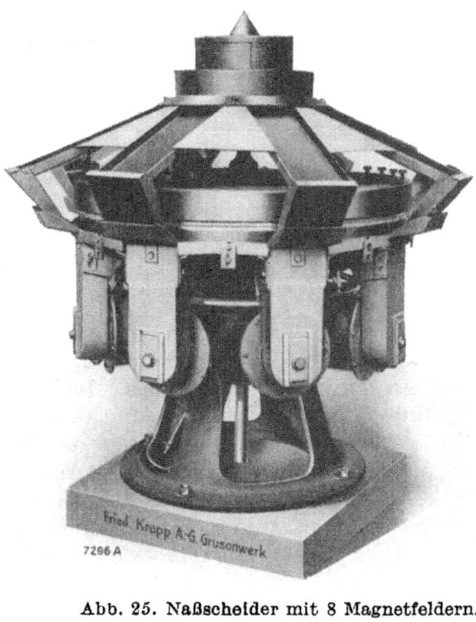

Abb. 25. Naßscheider mit 8 Magnetfeldern.

Zum Verständnis der Arbeitsweise der Ringscheider ist die Abb. 27 angegeben.

Die Körper *a*, *b*, *c* = Polringe und *d* = Polschuh werden von Kraftlinien durchflossen, die durch gestrichelte Linien angedeutet sind. Die Entfernung der Polringe *a*, *b* und *c* von dem Polschuh *d* ist verschieden. Nach den Gesetzen über den magnetischen Kraftlinienfluß ist infolgedessen die Kraftliniendichte und damit die Stärke der magnetischen Einwirkung am größten in dem Zwischenraum zwischen *c* und *d* und am kleinsten in demjenigen zwischen *a* und *d*. Der Rohgutstrom, d. h. das zu trennende Gut, bewegt sich auf einer Schurre von *e* nach *f*. Sobald sich das Gut dem magnetischen Feld bei *a* nähert, werden die am leichtesten magnetisierbaren Teilchen von *a* angezogen, die schwächer magnetischen Teilchen bleiben unbeeinflußt und werden erst von *b*, die schwächsten magnetischen Teilchen erst von *c* aus dem Rohgutstrom herausgehoben. Auf Teilchen, deren magnetische Erregbarkeit noch geringer ist, übt auch der Magnet *c* keine Wirkung mehr aus; sie fallen bei *f* von der Schurre ab. Die von *a*, *b* und *c* angezogenen und bei *f* abfallenden Teilchen werden in getrennten Behältern gesammelt, so daß in vorliegendem Beispiel eine Scheidung des Erzes in 4 verschiedene Sorten stattgefunden hat.

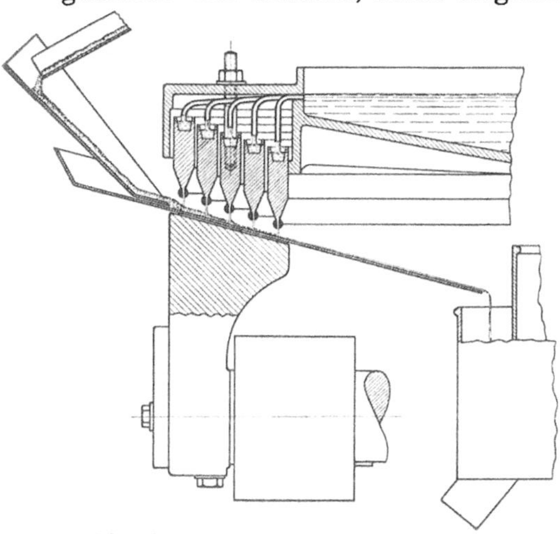

Abb. 26. Schnitt durch eine der Arbeitsstellen eines Naßscheiders mit 5 Ringen.

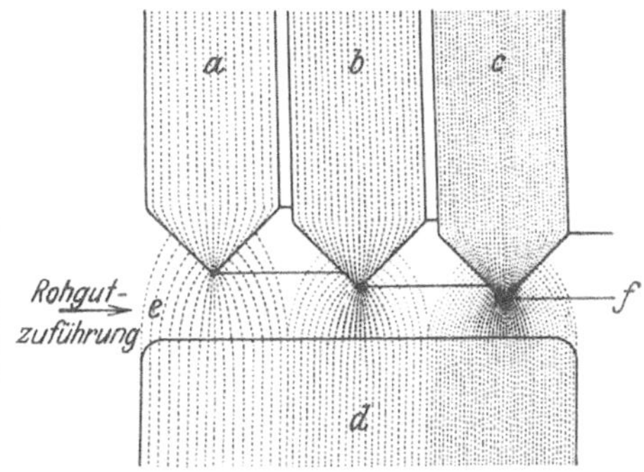

Abb. 27. Kraftlinienfeld eines Ringscheiders (Bauart Ullrich) mit verschieden starken Zonen.

VII. Verbindung von Klaube-, naßmechanischer und magnetischer Anlage.

Als ein typisches Beispiel für eine solche Anlage kann die Rohspat- oder Eisenspat-Aufbereitungsanlage (Abb. 28) betrachtet werden, deren Stammbaum im folgenden wiedergegeben ist:

Die Anlage ist insofern bemerkenswert, als trotz Wassermangel die gestellten hohen Anforderungen an Ausbringen und Anreicherung erzielt werden konnten. Erreicht wurde dies durch eine Kombination von Klaubung für die Kornklasse 120—30 mm mit magnetischer Aufbereitung für das Gut von 30—8 mm und naßmechanischer Arbeit in einer Stauchsiebsetzmaschine für die Kornklasse 8—0 mm.

Der in dem Stammbaum wiedergegebene Arbeitsgang ist kurz folgender:

Das Grubenhaufwerk wird über einen Kreiselwipper gestürzt, dann auf einem Stangensiebrost Patent Ross mit 120 mm Öffnung in Gut > und < 120 mm getrennt. Das Gut > 120 mm wird in einem Steinbrecher auf diese Korngröße zerkleinert und vereinigt sich zusammen mit dem Rostdurchfall in einem Vorratsbunker. Aus dem Vorratsbunker wird das Gut durch einen Kippkübelaufzug gehoben und über einen Schubwagenspeiser einer Sieb- und Läutertrommel mit gelochten Blechen von

30 und 60 mm Öffnung zugeführt. Das Gut wird darin in die Kornklassen 0—30, 30—60 und 60—120 mm unterteilt. Die Kornklassen 30—60 und 60—120 mm werden auf je einem Leseband auf reine Berge und Spat II gelesen, während der Spat I auf dem Band liegen bleibt und am Ende abgeworfen wird. Spat I, Spat II und Berge werden getrennten Verladetaschen zugeführt. Das Korn 0—30 mm zusammen mit dem Wasser aus der Läutertrommel wird über eine Entwässerungstrommel mit 2 mm Maschenweite geführt und hierbei in Gut von 0—2 und 2—30 mm getrennt. Das Gut unter 2 mm wird über einen Verdichtungstrichter geführt,

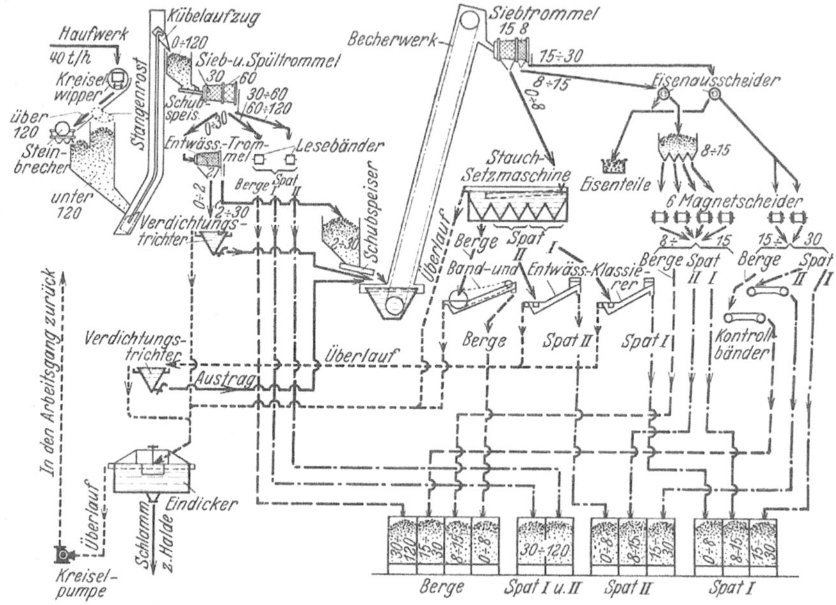

Abb. 28. Eisenspat-Aufbereitungsanlage.

dessen Überlauf einem Eindicker zufließt. Das eingedickte Gut, d. h. der feine Schlamm aus dem Eindicker, wird auf die Halde gepumpt, während der Überlauf als Arbeitswasser zurückgenommen wird. Der Austrag der Verdichtungsspitze wird zusammen mit dem Korn von 2—30 mm, letzteres über einen Bunker und einen Schubwagenspeiser, einem Becherwerk aufgegeben, welches das Gut in eine Siebtrommel mit 8 und 15 mm Lochung austrägt. In der Siebtrommel wird gleichzeitig nochmals gebraust. Die Kornklassen 8—15 und 15—30 mm werden im Anschluß an die Siebung über je einen Eisenausscheider geleitet, um etwa vorhandenes metallisches Eisen herauszunehmen. Die Kornklasse 8—15 mm gelangt über einen Bunker und Stoßschuhspeiser auf 4 elektromagnetische Trommelscheider mit je 3 Feldern und verstellbaren Polringen. Das Gut der Kornklasse 15—30 mm kommt ohne Zwischenschaltung eines Bunkers unmittelbar auf zwei weitere Trommelscheider

der gleichen Größe wie die der Korngröße 8—15 mm. Jeder der 6 Scheider erzeugt Spat I, Spat II und Berge. Die Berge und der Spat II von den Scheidern der Kornklasse 15—30 mm werden über je ein kurzes Kontrollband geführt, auf denen noch von Hand etwa vorhandene Spat-I- bzw. Spat-II-Produkte ausgeklaubt werden, bevor der Bandabwurf in entsprechende Verladetaschen gelangt. Die Kornklasse 0—8 mm fließt zusammen mit dem Brausewasser nach einer Stauchsiebsetzmaschine, die ebenfalls Spat I, Spat II und Berge erzeugt. Die Berge dieser Maschine werden in einem Kratzbandentwässerer entwässert, bevor sie in die Verladetaschen gelangen. In ähnlicher Weise werden die Spat-I- und Spat-II-Produkte der Stauchsiebsetzmaschine in Entwässerungsklassierern weitgehend vom Wasser befreit, um als möglichst trockene Produkte in die Bunker abgegeben zu werden. Die Überläufe aus den Entwässerern für Spat I und Spat II werden über eine zweite Verdichtungsspitze geführt, deren Überlauf mit dem der ersten Verdichtungsspitze vereinigt und im Eindicker weiter verarbeitet wird. Diesem Eindicker werden außerdem alle sonstigen Tropf- und Schlabberwasser der gesamten Anlage zugeleitet. Der Austrag der zweiten Verdichtungsspitze wird dem Becherwerk wieder zugeführt, das das Korn 0—30 mm der Siebtrommel aufgibt, und kommt so wieder in den Kreislauf zurück.

Es sei darauf hingewiesen, daß bei der vorliegenden Anlage die Kombination von Klaubung und Magnetscheidung und naßmechanischer Anlage insbesondere aus dem Grund vorgenommen wurde, weil wenig Waschwasser zur Verfügung stand. In den Fällen, wo Mangel an Wasser nicht vorhanden ist, könnten die Magnetscheider durch Setzmaschinen, vorzugsweise Hochleistungssetzmaschinen (s. S. 84) ersetzt werden. Unter Umständen könnte selbst das Gut von 20 bzw. 30—50 mm, besser als von Hand geklaubt zu werden, auf einer solchen Setzmaschine mit Erfolg verarbeitet werden.

Zu bemerken ist ferner noch, daß die in der eben beschriebenen Anlage entfallenen Spat-II-Produkte und die Knochen in der zuvor beschriebenen magnetischen Rostspatanlage auf fertigen Rostspat weiter verarbeitet werden.

Ungefähre Anhaltsdaten für die vorliegende Anlage sind folgende:

Aufgabe: 40 t/h eines Rohgutes mit 28—30% Fe und etwa 4% Mn.

Erzeugt werden Konzentrate (Spat I) mit 34—36% Fe und 4—5% Mn.

Das Ausbringen an Fe im Spat I und gleichzeitig im Spat II (Knochen) beträgt im Durchschnitt 85% und kann gegebenenfalls bis auf annähernd 90% steigen.

Der Spat II (die Knochen) enthält nach der Röstung im Durchschnitt 37—40% Fe und 6—7% Mn. Er wird im fertigen Rostspat auf 48—51% Fe und 9—10% Mn angereichert.

Das Ausbringen an Fe beträgt, bezogen auf die Rostspataufbereitung, über 90% und kann auf annähernd 95% steigen.

Die folgenden zahlenmäßigen Zusammenstellungen [W. Luyken u. L. Kraeber: Betriebsanalytische Untersuchung der Aufbereitungsanlage der Spateisensteingrube „Ameise". Mitt. Kais.-Wilh.-Inst.

Eisenforschg., Düsseld. 12, Lief. 6, Abh. 148], die sich jedoch nicht auf die beiden oben beschriebenen Anlagen beziehen, geben einen guten Überblick über Ergebnisse, die durch Handscheidung, Setz- und Herdwäsche und magnetische Knochenaufbereitung erzielt werden, ferner über die anteiligen Kosten und die Unterteilung der Kosten.

Tabelle 1. Zusammenfassung der Ergebnisse.

Art der Aufbereitung	Gewichtsausbringen an Rostspat %	Fe %	Mn %	SiO_2 %	Cu %	Metallausbringen %	Trennungsgrad %	Aufbereitungskosten je t Haufwerk RM	Reingewinn je t Haufwerk RM
Handscheidung . .	38,8	50,4	9,30	9,21	0,29	61,56	33,6	0,62	0,16
Setz- u. Herdwäsche	15,3	45,3	8,13	16,30	0,27	21,48	39,3	0,38	0,36
Knochenaufbereitung	5,3	45,3	7,54	13,36	0,36	7,52	32,8	0,24	0,05
Gesamtaufbereitung	59,35	48,7	8,84	11,40	0,29	90,56	38,2	1,24	0,57

Tabelle 2. Zusammenstellung der Aufbereitungskosten.

Art der Aufbereitung	Löhne RM/Tag	Kraftkosten RM/Tag	Materialkosten RM/Tag	Kapitaldienst RM/Tag	Gesamtkosten RM/Tag	Kosten je t Haufwerk RM
Handscheidung . . .	117,57	7,59	2,90	27,32	155,38	0,62
Setz- und Herdwäsche	57,92	7,59	2,90	25,93	94,34	0,38
Knochenaufbereitung	23,33	7,33	2,00	27,13	59,79	0,24
Gesamtaufbereitung .	198,82	22,51	7,80	80,38	309,51	1,24

Tabelle 3. Verteilung der Aufbereitungskosten je Tonne Roherz der Gesamtanlage auf Grund der Zusammenstellung in der Tabelle 2.

Löhne	0,80 RM
Kraft und Material. . . .	0,12 RM
Kapitaldienst	0,32 RM
Gesamtkosten	1,24 RM

Tabelle 4. Unterteilung der Kosten für die Handscheidung.

Löhne	0,47 RM/t Haufwerk
Kraft und Material . .	0,04 RM/t Haufwerk
Kapitaldienst	0,11 RM/t Haufwerk
Zusammen	0,62 RM/t Haufwerk

Tabelle 5. Unterteilung der Kosten für die Setz- und Herdwäsche.

Löhne	0,23 RM/t Haufwerk
Kraft und Material . .	0,04 RM/t Haufwerk
Kapitaldienst	0,11 RM/t Haufwerk
Zusammen	0,38 RM/t Haufwerk

VIII. Amalgamations- und Laugeverfahren.

Amalgamation und Cyanidlaugung sind zwei Aufbereitungsverfahren, die für die Verarbeitung von Edelmetallen, insbesondere von Gold, umfangreiche Verwendung gefunden haben. Beide Verfahren sind jedoch nur dann wirksam, wenn z. B. das Gold als metallisches Gold in dem Rohgut vorliegt. Golderze, bei denen das Gold als ein Tellurid vorliegt oder in Sulfiden, hauptsächlich Schwefelkies, auftritt, erfordern für die Anwendung eines der oben genannten Verfahren eine besondere, dem jeweiligen Erz angepaßte Vorbehandlung. Gold in Verbindung mit antimon- bzw. arsenhaltigen Erzen ist ebenfalls nicht ohne weiteres durch Laugung zu behandeln.

Lagerstätten, die außer Freigold noch in Sulfiden vererztes Gold enthalten, sind nach der Einführung der Flotation auch für kleinere Betriebe wieder wertvoll geworden, da es mit Hilfe der Flotation gelingt, hochwertige goldführende Kieskonzentrate zu schaffen. Das bei solchen Vorkommen als Freigold vorliegende Gold kann mit dem Flotationsschaum gehoben werden, wenn es bei der Feinmahlung auf die Flotationsfeinheit freigelegt ist und wenn die hierbei entstandenen Korngrößen klein genug sind. Sind die Goldteilchen jedoch noch zu groß, dann empfiehlt es sich, zur Erhöhung des Ausbringens an Gold die Amalgamation dieser Goldteilchen vor bzw. nach der Flotation vorzunehmen. Vor die Flotation wird man die Amalgamation schalten, wenn Wert auf ein möglichst hohes Goldausbringen in der Amalgamation gelegt wird, hinter die Flotation dagegen, wenn man bemüht ist, durch Hinzunahme von Freigoldteilchen das Flotations-Kieskonzentrat im Goldgehalt zu erhöhen.

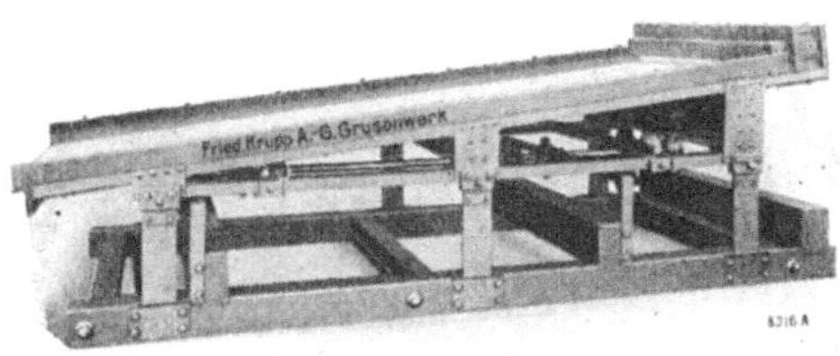

Abb. 29. Amalgamiertisch mit Schüttelvorrichtung.

Zeigt sich bei der Feinmahlung goldführender Schwefelkies-, Arsenkies- oder Magnetkies-Erze auf Flotationsfeinheit, daß trotzdem noch Freigold in feinster Verteilung im Quarz bzw. in der Gangart vorliegt, dann empfiehlt es sich, die Flotationsabgänge zu laugen.

Amalgamation und Cyanidlaugung unterscheiden sich in ihrer Anwendung in der Hauptsache dadurch, daß erstere für gröberes gediegenes Gold, letztere für feineres gediegenes Gold benutzt wird. Da das Verfahren der Amalgamation meist einfacher und billiger ist als das der Cyanidlaugung, wird man allein aus diesem Grund schon in geeigneten Fällen beide Verfahren miteinander kombinieren, d. h. der Amalgamation eine Cyanidlaugung folgen lassen.

Die Amalgamation kann in den Zerkleinerungsmaschinen, z. B. Mühlen oder Pochwerken, oder auf besonderen Amalgamationstischen erfolgen (Abb. 29). Häufig werden beide Arten miteinander verbunden. Die Cyanidlaugung kann in die Laugung der Sande und die der Schlämme unterteilt werden. Die Sande werden durch Sickerlaugung verarbeitet (percolation), die Schlämme durch Rührlaugung (agitation) oder in Pachucatanks (Abb. 30 und 31). Bei dem sog. all sliming-Verfahren

Abb. 30. Goldlaugeanlage (Pachucatanks).

wird das gesamte Rohgut zu Schlämmen feingemahlen und in Rührbottichen gelaugt. Gegebenenfalls werden in den Kreislauf der Feinmahlung

Abb. 31. Ansicht einer Goldlaugerei.

Amalgamationsplatten zur Amalgamation der gröberen Goldteilchen eingeschaltet.

Als Beispiel einer kombinierten Amalgamations- und Cyanidlaugeanlage wird im folgenden der Stammbaum (Abb. 32) einer solchen für die geringe Leistung von 1—1,5 t/h Roherz kurz beschrieben:

Das Rohgut der Grube wird gestürzt, der Rostdurchfall in einem Granulator nachgebrochen, das Überkorn vom Rost von Hand zerkleinert, wonach es ebenfalls in den Granulator gelangt. Das nachgebrochene Gut wird gebunkert, um für eine gleichmäßige Aufgabe zu sorgen, und dann durch einen Schubwagenspeiser einer Naßtrommelmühle aufgegeben. Der Mühle wird zur Neutralisierung der Trübe gebrannter Kalk zugeführt. Der Austrag der Mühle geht über ein mit Roststäben belegtes Cordtuch zum Fangen der gröberen Kiese und gröberen Goldteilchen nach einem Rechenklassierer, der das noch nicht genügend feingemahlene Gut in die Mühle zurückbefördert. Der Überlauf des Klassierers

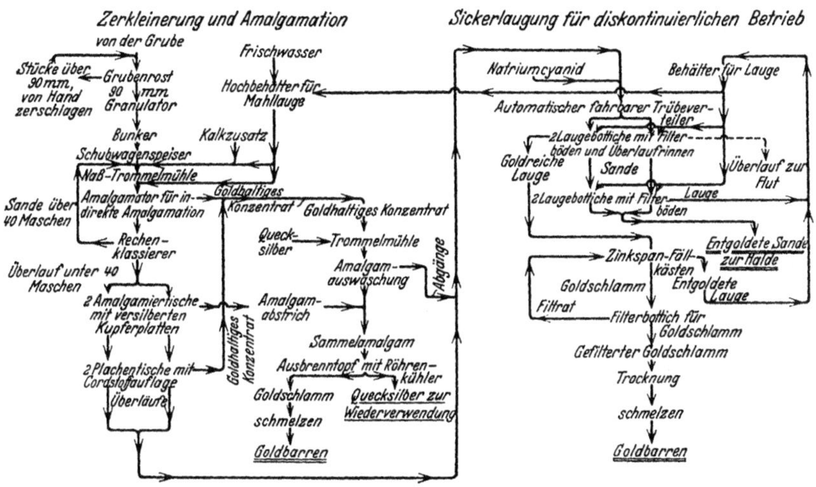

Abb. 32. Stammbaum einer kombinierten Amalgamations- und Cyanidlaugeanlage.

wird über zwei Amalgamtische geleitet, deren Abläufe über je einen Plachentisch mit Cordstoffauflage geführt werden. Die goldhaltigen Konzentrate der beiden Plachentische sowie dasjenige des Amalgamators werden zusammen in einer Trommelmühle für satzweise Vermahlung unter Zusatz von Quecksilber amalgamiert. Der Inhalt der Mühle wird von Zeit zu Zeit ausgewaschen und das Amalgam zusammen mit dem Amalgamabstrich der beiden Amalgamiertische in Ausbrenntöpfen behandelt. Hierbei fällt Quecksilber an, das wieder verwendet werden kann, und Goldschwamm. Dieser Goldschwamm wird geschmolzen und ergibt zum Schluß fertige Goldbarren.

In dieser Art der Behandlung des Rohgutes sind in vorliegendem Fall die feinsten und zum Teil verwachsenen Teilchen nicht erfaßt worden. Um auch hieraus das Gold zu gewinnen, werden die Überläufe der Plachentische zusammen mit den Abgängen des Amalgamauswaschens gelaugt. Die geringe Menge gestattet keinen kontinuierlichen, sondern nur einen satzweisen Betrieb, der folgendermaßen vor sich geht:

Die obenerwähnten Überläufe und Abgänge werden einem Laugebottich zugeführt, geklärt und mit Natrium- oder Kaliumcyanid versetzt.

Nach der Füllung des einen Bottichs muß der andere zu demselben Zweck benutzt werden. Der Austrag an Sanden je eines der oberen Laugebottiche gelangt in einen zweiten Bottich, der ebenfalls für Sickerlaugung eingerichtet ist. Die aus diesem zweiten Bottich abgehenden Sande sind entgoldet und kommen auf die Halde. Die Lauge der zweiten Bottichreihe, deren Goldgehalt im allgemeinen gering sein wird, wird als Umlaufwasser benutzt und der Naßtrommelmühle, dem Amalgamator und dem Klassierer der Amalgamationsanlage zugegeben.

Die goldreiche Lauge des Bottichs der ersten Reihe wird über Zinkspanfällkästen verteilt, die abfließende entgoldete Lauge ebenfalls wie oben

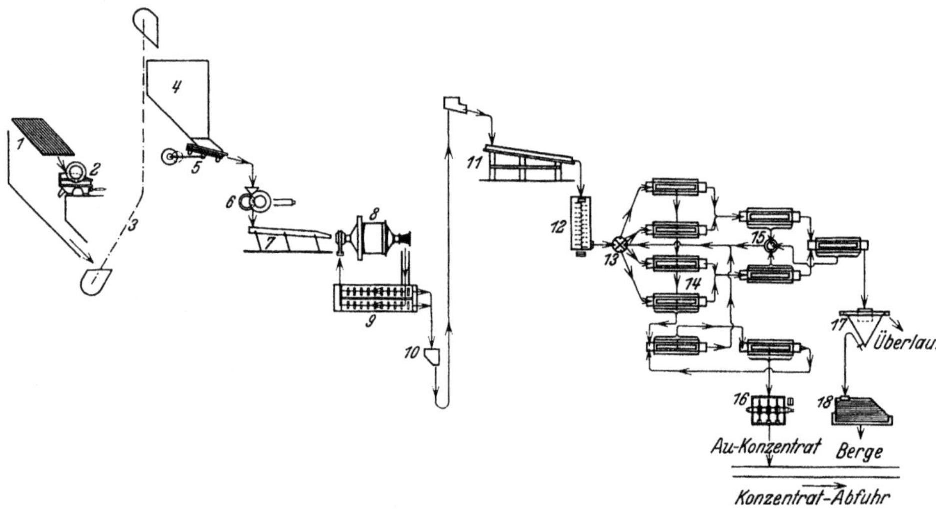

Abb. 33. Stammbaum einer Golderz-Flotationsanlage mit vorgeschalteten Amalgamiertischen.

als Umlaufwasser benutzt und der ausgewaschene Goldschlamm in einen Filterbottich geführt. Die hierbei entfallende Lauge wird in die Fällkästen zurückgegeben, der Goldschlamm getrocknet und auf Goldbarren verschmolzen.

Zu bemerken ist bei dem diskontinuierlichen Betrieb der Sickerlaugung, daß die ersten Laugebottiche gleichzeitig als Eindicker wirken können. Nach der Füllung läßt man sie eine Zeitlang stehen, um nach dem Absetzen der Teilchen einen Teil der Trübe als überschüssiges Wasser abzuziehen. Die für die Sickerlaugung erforderliche Cyanidmenge wird erst hiernach zugegeben.

Die vorstehende Stammbaumskizze (Abb. 33) zeigt den Gang der Verarbeitung eines Golderzes durch Amalgamation und Flotation für eine Leistung von ungefähr 100—120 t je Tag.

Das Erz besteht aus Bleiglanz, Zinkblende, Pyrit, edlen Silbererzen, Quarz und Schiefer. Das Gold liegt zum Teil als Freigold vor, zum Teil ist es in feinster Form in dem Schwefelkies vorhanden. Der Durchschnittsgehalt der Aufgabe beträgt etwa 13 g/t Au und 35 g/t Ag.

Der Aufbereitungsgang ist folgender:

Das angelieferte Grubenerz wird über einen Rost *1* gestürzt, das Grobe in einem Steinbrecher *2* gebrochen und zusammen mit dem Rostdurchfall durch einen Kippkübelaufzug *3* in einen Bunker *4* entleert. Bis dahin arbeitet die Anlage nur 8 h je Tag. Aus dem Bunker *4* wird das Rohgut während 24 h je Tag durch einen Schubwagenspeiser *5* einer Walzenmühle *6* zur Nachzerkleinerung zugeführt. Das gewalzte Gut wird über eine Schüttelrinne *7* einer mit einem Klassierer *9* im Kreislauf arbeitenden Trommelmühle *8* aufgegeben. Der Überlauf des Klassierers wird durch einen Luftheber *10* zunächst über Amalgamiertische *11* geführt, um das Freigold nach Möglichkeit zu gewinnen. Die Abgänge der Amalgamiertische *11* werden in einem Mischer *12* mit den erforderlichen Zusatzmitteln versetzt, gemischt und dann über einen Verteiler *13* den MacIntosh-Flotationszellen *14* zugehoben. Die Abgänge dieser MacIntosh-Zellen werden nachgereinigt und gelangen aus der letzten Nachreinigungszelle über einen Spitztrichter *17* auf einen Herd *18*. Dieser Herd dient als Kontrollherd. Die Konzentrate der Zellen *14* werden in zwei nachgeschalteten Zellen nachgereinigt. Das Konzentrat der letzten Nachreinigungszelle wird auf einem Filter *16* entwässert, welches die fertigen Goldkonzentrate liefert.

Die Siebanalyse des aufgemahlenen Gutes zeigt[1]

6,7% zwischen Sieb 120 und 150,
16,1% „ „ 150 „ 200,
6,4% zwischen Sieb 200 und 250,
70,8% unter „ 250.

Einige Betriebsergebnisse sind in den folgenden Tabellen aufgeführt:

Roherz		Konzentrat		Amalgam		Berge	
Gehalt	Ausbringen	Gehalt	Ausbringen	g je t	Ausbringen	Gehalt	Ausbringen
13,4 g/t Au	100%	76 g/t Au	72,5%	1,95 g Au	14,5%	2,0 g/t Au	13 %
36,0 g/t Ag	100%	215 g/t Ag	75,0%	2,40 g Ag	6,8%	7,5 g/t Ag	18,2%
8% S	100%	40% S	—	—	—	—	—
		Gesamtgoldausbringen . . . 87 %					
		Gesamtsilberausbringen . . . 81,8%					

Reagenzienbedarf je Tonne Roherz

Pine Oil . . . . . 0,280 kg Xanthat . . . . . 0,350 kg

Kraftbedarf.

Vorzerkleinerung		Übertrag:	93 PS
Steinbrecher	23 PS	**Flotations- und Filteranlage**	
Kippkübelaufzug		Kompressor für Luftheber . .	65 PS
Schubwagenspeiser		Gebläse für Flotation	
Walzenmühle 750/320		Mischer	10 PS
Schüttelrinne		9 Callow-MacIntosh-Zellen je 3 m Rotor	
Feinzerkleinerung		Scheibenfilter 4 m² mit Zubehör	12 PS
Trommelmühle 1800/1500 . .	70 PS	Amalgamation und Frischwasserpumpen	5 PS
Doppel-Rechenklassierer . . .			
	93 PS		**185 PS**

= 45 PSh/t Roherz.

[1] Die genannten Siebgrößen beziehen sich auf Maschen je engl. Zoll.

Schwimmaufbereitung (Flotation).

Von Dr.-Ing. **H. Schranz** in Fa. Krupp-Gruson, Magdeburg, Prof. Dr. **E. Berl**, Pittsburgh und Dr.-Ing. **Bernh. Schmitt**, Ludwigshafen[1].

I. Einleitung.

Von den auf S. 88 kurz gekennzeichneten Aufbereitungsverfahren zur Gewinnung handels- oder verhüttungsfähiger Erze oder ähnlicher Produkte ist seit einigen Jahren die Flotation oder das Schwimmverfahren zweifellos in die vorderste Reihe getreten [A. J. Weinig u. I. A. Palmer: Quart. Colorado School Mines **24**, Nr. 4, 8 (1929)].

Dieses Aufbereitungsverfahren ist empirisch im Laufe von Jahrzehnten entwickelt worden und fußt zum Teil jetzt noch auf empirischen Erkenntnissen. Versuche zur Klärung des Flotationsvorganges sind in großer Zahl gemacht worden, haben jedoch trotz aller Erfolge bisher noch nicht vermocht, diese Fragen restlos zu klären. Es muß auch heute noch zugegeben werden, daß auf dem Gebiet der Flotation die Praxis mit ihren technischen und wirtschaftlichen Erfolgen der theoretischen Erkenntnis vorausgeeilt ist.

II. Wesen der Flotation.

Es ist durch geeignete Mittel und Vorkehrungen möglich, in wäßriger Trübe aus einem feingemahlenen Rohgut, z. B. einem Grubenerz mit haltigem (Metallträger) und unhaltigem Gut (Berge), die Metallträger in einem Schaum getrennt von den Bergen zu gewinnen (dies ist das Wesen der Flotation). Erreicht wird dieser Vorgang durch Zugabe von Flotationsmitteln, die einerseits die Bildung stark entwickelter Grenzflächen mit Hilfe von kleinen Luftblasen in der Trübe ermöglichen, andererseits die Oberflächen der Erzteilchen so beeinflussen, daß sie die Möglichkeit erhalten, an den Gasblasen zu haften und mit ihnen an die Oberfläche der Trübe aufzusteigen. Die erzbeladenen aufgestiegenen Gasblasen verdichten sich daselbst zu einem mehr oder weniger beständigen Schaum, der in geeigneter Weise abgezogen wird. Die Bergeteilchen besitzen diese Fähigkeit nicht. Gegebenenfalls hält man durch geeignete Flotationsmittel die Berge in der Trübe zurück.

Dieser an sich einfache Vorgang hat praktisch sowie theoretisch vor seiner jetzigen Entwicklung zu zahlreichen Schwierigkeiten geführt, die vielleicht letzten Endes dadurch bedingt sind, daß sich bei den Schwimmverfahren eine Reihe von Erscheinungen physikalischer, chemischer bzw. kolloidchemischer Natur [H. Freundlich: Ztschr. angew. Chem. **36**, 480 (1923). — K. Wolf: Journ. prakt. Chem. **105**, 40 (1922). — I. Traube: Metall u. Erz **18**, 405 (1921). — A. M. Gaudin: Engin.

[1] Die Kapitel I, II, III und VI sind von Herrn Dr.-Ing. Schranz, die Abschnitte IV und V sind in der Hauptsache von den beiden anderen Verfassern verfaßt.

Mining Journ. 124, 1045 (1927). — O. Bartsch: Beitrag zur Theorie des Schaumschwimmverfahrens. Kolloidchem. Beih. 20, 50 (1924)] abspielen, die sich ganz oder teilweise überdecken und somit eine einwandfreie Nachprüfung erschweren.

Die Auswertung theoretisch gewonnener Erkenntnisse für die Praxis wird dadurch besonders erschwert bzw. unmöglich gemacht, daß erklärlicherweise bei theoretischen Untersuchungen möglichst reine, gut definierte Ausgangsmaterialien genommen werden. Dagegen muß in der Praxis oft mit kompliziert zusammengesetzten Erzen gerechnet werden, deren Oberflächenentwicklung auch bei feiner Mahlung keine einheitliche ist. Unter Umständen werden wasserlösliche Oxydationsprodukte an die Flotationstrübe abgegeben [Ztschr. physikal. Chem. 58, 293 (1907); Nachr. Ges. Wiss. Göttingen, Dez. 1906; s. auch H. E. Boeke u. W. Eitel: Grundlagen der physikalisch-chemischen Petrographie, 2. Aufl., S. 384. Berlin 1923; s. auch Metall u. Erz 24, 509 (1927); E. Berl u. B. Schmitt: Kolloid-Ztschr. 52, 335 (1930); Berl, Schmitt u. Schulz: Kolloid-Ztschr. 63, 337 (1933)].

III. Die Entwicklung der Flotation.

In der Entwicklung der Flotationsverfahren sind folgende Erfindungen und Beobachtungen bemerkenswert:

1860 erhielt W. Haynes das englische Patent 488/1860 auf ein Aufbereitungsverfahren, gekennzeichnet durch die größere Affinität von öligen und bituminösen Stoffen zu Sulfiden und Metallen im Gegensatz zu den Oxyden.

1877 wurde den Gebr. Bessel in Dresden ein Verfahren zur Aufbereitung von Graphit patentiert — D.R.P. 42 —, das viele Merkmale der neuzeitlichen Schwimmverfahren enthielt, jedoch später trotz seiner anfänglich überragenden Bedeutung in Vergessenheit geriet [s. auch D.R.P. 39369 (1886)].

1885 wird dem Amerikaner Dr. Everson das amerikanische Patent 348157 auf den Namen seiner Frau Carrie J. Everson erteilt, wonach Sulfide, besonders in Gegenwart von Säuren, zu Ölen eine ausgesprochene Affinität besitzen.

1902 beobachtet der Italiener Froment, daß im Gegensatz zu der bisherigen Auffassung schon äußerst geringe Mengen von Ölen zur Durchführung des Verfahrens genügen.

1903 wurde die Minerals Separation Ltd., London, eine auf dem Gebiete der Flotation führend gewordene Gesellschaft, gegründet unter Zusammenschluß von J. Ballot, J. H. Curle, W. W. Webster, S. Gregory, H. L. Sulman, H. F. K. Picard und Th. J. Hoover.

1905. Das erste Agitations-Schaumschwimmverfahren-Patent, das sog. Basispatent [britisches Patent 7803 (1905), amerikanisches Patent 835120 (1905)] wird der Minerals Separation Ltd. bzw. H. L. Sulman, H. F. K. Picard und J. Ballot erteilt. Der wesentliche Fortschritt dieses Patentes besteht darin, daß weniger als 0,1% Öle benutzt und daß durch Rühren mechanisch Luft in die Trübe eingeschlagen wird.

Es entsteht der Vorläufer des noch heute mit Erfolg benutzten Typs, des sog. Standard-Schaumschwimmapparates.

1905. Schwarz empfiehlt die Vorbehandlung oxydischer Erze mit Alkalisulfiden oder -polysulfiden. USA.-Patent [807501 (1905)].

L. Bradford-Australien stellt fest, daß die Zugabe von $CuSO_4$ die Flotationsfähigkeit von Zinkblende wesentlich verbessert.

1914. J. M. Callow erhielt die amerikanischen Patente 1104755, 1124853 und 1141377 auf einen grundsätzlich neuen Typ der Schwimmapparate, gekennzeichnet durch die Verwendung poröser Mittel, durch die Druckluft hindurchgedrückt und dabei zu feinen Luftbläschen verteilt wird.

1921. C. L. Perkins erhält die für die spätere Entwicklung der kollektiven und vor allem selektiven Flotation bedeutungsvollen amerikanischen Patente 1364304/8, 1364858/9 und 1394639/40 (1922), wonach an Stelle der bisher benutzten Öle genau definierte chemische Verbindungen, wie Xanthogenate, Thiocarbanilid und andere Stoffe als Flotationsmittel Verwendung finden.

1922. G. E. Sheridan und G. G. Griswold erhalten die amerikanischen Patente 1421585 und 1427235 (1922), wonach in alkalischer Trübe Cyanide die Zinkblende drücken und den Bleiglanz unbeeinflußt lassen. Diese Patente haben die selektive Bleiglanz-Zinkblende- und die Kupferkies-Schwefelkies-Flotation erst im praktischen Großbetrieb ermöglicht und sichergestellt.

In der folgenden Zeit wurde eine nicht zu unterschätzende Kleinarbeit in der Weiterentwicklung der Verfahren und Apparate geleistet. Heute können nicht nur sulfidische Erze verschiedenster Art, deren Trennung man noch vor Jahren für unmöglich hielt, selektiv mit Erfolg geschieden werden, sondern man kann auch Kohlen nach ihren Gefügebestandteilen trennen. Man kann ferner oxydische Mineralien, deren Aufbereitung noch vor wenigen Jahren ein schwieriges Problem darstellte, mit praktischem und wirtschaftlichem Erfolg behandeln. Hinzu kommt, daß die Weiterentwicklung und Verfeinerung der Verfahren heute die Möglichkeit geben, alte Halden und Teichschlämme, die jahre- bzw. jahrzehntelang der Verwitterung ausgesetzt waren, mit Erfolg auf einen oder mehrere vorhandene Metallträger zu verarbeiten.

Der jetzige Stand [A. J. Weinig u. A. I. Palmer: a. a. O. (46—48). 5. — T. H. Miller u. R. L. Kidd: U. S. Bur. Min. Rep. Inv. **1931**, 3112] der Entwicklung der Flotationsverfahren wird dadurch offensichtlich, daß durch diesen Prozeß alle anderen Kupfererz-Aufbereitungsverfahren fast völlig, die naßmechanischen Blei-Zinkerzverfahren zum großen Teil verdrängt worden sind. Für alle Erze, die mehrere voneinander zu trennende, fein verwachsene Metallträger führen, ist die Flotation das einzig gegebene und zur Zeit noch wirtschaftliche Verfahren, sei es die Trennung arsen-antimonhaltiger Erze oder die von Schwefelkies-Kupferkies oder ähnlichen. Selbst das magnetische Verfahren, das eine Sonderstellung einnahm, ist mit Erfolg teilweise verdrängt worden, besonders dort, wo störender Schwefelkies vorlag, der erst nach vorangehender Röstung magnetisch entfernt werden konnte. Es ist heute nicht mehr nötig, eisenspathaltige Konzentrate, wie Zinkblende mit Spateisenstein und Schwefelkies in zwei hintereinander geschalteten Verfahren, d. h. naßmechanisch und magnetisch zu verarbeiten. Ein einziger Flotationsgang erreicht dasselbe, gegebenenfalls sogar noch unter vorhergehender Abscheidung des auf manchen Lagerstätten mit auftretenden Kupferkieses.

In noch stärkerem Maße tritt neuerdings die Flotation bei der Gewinnung edelmetallhaltiger Erze hervor. Auf diesem Gebiet, das ehedem ausschließlich der naßmechanischen Aufbereitung, der Amalgamation und der Laugung vorbehalten zu sein schien, hat sich das Schwimmverfahren als Helfer in der Not erwiesen und manche Lagerstätte wieder ausbeutungsfähig gemacht.

Als Ergebnis der Arbeiten der letzten Jahre sei hervorgehoben, daß es im praktischen Dauerbetrieb gelungen ist, die Flotation dort mit Erfolg anzuwenden, wo man sie bisher für unmöglich hielt: Für die Verarbeitung oxydischer [E. Gayford: Definition, present status and future of flotation. Flot. Pract. **12**] nicht sulfidierfähiger Erze und edelmetallhaltiger Rückstände von Hüttenverfahren. Von Interesse ist ferner die Anwendung der Flotation zur Reinigung von Salzen in Salzlösungen durch Herausschwimmen der Verunreinigungen wie Ton, Sandstein und ähnliches.

Versagt sind der Flotation nur noch wenige Gebiete, so die Flotation des Galmeies und einiger anderer Mineralien. Die Gründe, die es zur Zeit noch unmöglich machen, die Flotation auch auf diesen Gebieten anzuwenden, liegen — das sei ausdrücklich hervorgehoben — nicht darin, daß es nicht möglich wäre, diese Stoffe in einem Schaum zu heben, sondern in den folgenden beiden Punkten: a) In technischer Beziehung. Es ist unmöglich, nur das eine gewünschte Oxyd zu schwimmen und die anderen zu drücken, d. h. nicht im Schaum zu heben. b) In wirtschaftlicher Hinsicht. Die in Frage kommenden selektiv wirkenden Schwimmmittel sind für das betreffende Verfahren noch zu teuer.

Man kann jedenfalls damit rechnen, daß die Flotationsverfahren [1] noch nicht am Ende ihrer Entwicklung angekommen sind, und es steht zu erwarten, daß diesen Verfahren noch Gebiete erschlossen werden, die zur Zeit anderen Verfahren vorbehalten sind [2].

[1] Betriebsmäßig wurde bzw. wird die Flotation als Aufbereitungsverfahren angewandt für die Verarbeitung von

1. Kohle, Graphit, elem. Schwefel.
2. Erzen, die gediegenes Platin, Gold, Silber, Kupfer u. a. führen.
3. Erzen, in denen die Sulfide und verwandten Verbindungen der Elemente Cu, Ni, Co, As, Sb, Bi, Pb, Zn, Hg, Mo, Sn vorliegen; hierbei wird unter anderen selektiv geschwommen für eine Trennung von Kupferkies/Schwefelkies, Kupferkies/Bleiglanz, Kupferkies/Zinkblende, Kupferkies/Pentlandit (Magnetkies), Bleiglanz/Zinkblende, Zinkblende/Schwefelkies, Molybdänglanz/Schwefelkies, Molybdänglanz/Kupferkies, Arsenkies/Antimonglanz, Eisenglanz/Schwefelkies.
4. Erzen, in denen oxydische Verbindungen des Cu, Pb, Fe, Mn auftreten.
5. Mineralien wie Apatit, Flußspat, Schwerspat, Kryolith.
6. Magnesit und Salz nach dem indirekten Verfahren, wobei die Verunreinigungen herausflotiert werden.

Anlagen, die obige Erze verarbeiten, sind unter anderen in „Flotation" von Mayer-Schranz (1931) und in „Die Flotation" von Luyken und Bierbrauer (Berlin: Julius Springer 1931) unter Angabe von Betriebsdaten beschrieben.

[2] Nessln (D.R.P. 567844) flotative Trennung von Alkalinitrat und Ammoniumchlorid. Talmud u. Pochil (s. S. 126) flotative Reinigung von Zuckersäften und Melasse.

Über den zur Durchführung der Flotation notwendigen Verbrauch an Flotationszusätzen gibt nachfolgende Zusammenstellung Aufschluß:

Jahresverbrauch an:

	rund t	rund t
I. Schäumer		
Kresol, Pineoel, Amine usw.		4180
II. Sammler		
1. Öle, wie Steinkohlen- und Holzteeröle usw.	1050	
2. Chemikalien, wie Xanthate, Äerofloat, Ölsäure usw.	2670	3720
III. Säuren und Alkalien		
1. Säuren	5450	
2. Alkalien einschließlich Kalk	105570	111020
IV. Andere Reagentien		
1. Sulfidierende (Na_2S)	1150	
2. Belebende ($CuSO_4$)	3020	
3. Drückende (Cyanide, Na_2SiO_3, $ZnSO_4$)	2730	6900
		125800 t

IV. Eingehendere Erklärung der Nomenklatur in der Flotationsliteratur.

Um dem Nichtspezialisten das Verständnis des Abschnittes V zu erleichtern, sind im nachstehenden die wesentlichen in der Flotationsliteratur gebräuchlichen Ausdrücke erklärt:

1. Polar. Dieser Ausdruck ist ein Sammelbegriff für die in Betracht kommenden Eigenschaften von Stoffen mit ausgesprochen heteropolarer Bindung [1] bis zu Stoffen mit homöopolarer Bindung [2]. Es empfiehlt sich, folgende Unterteilung zu treffen:

a) Stoffe mit ausgesprochen heteropolarer Bindung (geringfügige Deformation [3]): die Elektrolyte [4].

b) Stoffe mit deformierter heteropolarer Bindung: Mineralien mit Ionengitter [5].

c) Stoffe mit Dipolcharakter [6] als Folge elektrischer oder geometrischer Asymmetrie.

---

[1] Heteropolare Bindung bewirkt den Zusammenhalt von Bestandteilen einer Verbindung durch elektrostatische Anziehungskräfte entgegengesetzt aufgeladener Atome bzw. Atomgruppen (Ionen), z. B. NaCl, H_2SO_4.

[2] Homöopolare (unpolare) Bindung bewirkt den Zusammenhalt von Bestandteilen einer Verbindung durch Elektronen, welche diesen gemeinschaftlich zugeordnet sind, z. B. CH_4.

Homöopolare-heteropolare Bindung (unpolar-polar): Übergangszustand zwischen homöopolarer und heteropolarer Bindungsart, z. B. $C_{17}H_{33}COONa$.

[3] Deformation: Verzerrung der Elektronenbahnen, hierdurch werden Übergangszustände bedingt.

[4] Elektrolyte: Stromleiter in Lösungen oder geschmolzenen Salzen.

[5] Ionengitter: Die in bestimmter Anordnung befindlichen Bausteine der festen Körper sind Ionen, die mehr oder weniger stark deformiert sind.

[6] Dipol ist vorhanden, wenn der elektrische Mittelpunkt eines Moleküls mit seinem geometrischen nicht übereinstimmt.

Dipolmoment: Ist das elektrische Moment, durch welches das Vorhandensein eines Dipols entsteht.

Zu a). Die Elektrolyte setzen sich als heteropolare Moleküle aus Bestandteilen entgegengesetzter Ladung, den Ionen[1], zusammen. Ihr ionogener Charakter ist schon im festen Zustand vorgebildet. Im Wasser lösen sie sich auf infolge Abschirmung[2] der zwischen den Ionen auftretenden elektrostatischen Kräfte durch die Wassermoleküle: Beispiel NaCl.

Zu b). Mit dem Anwachsen der Deformation des Ionengitters nimmt die Löslichkeit der betreffenden Verbindung ab. Die meisten Mineralien besitzen mehr oder weniger stark deformierte Gitter.

Zu c). Zu den „polaren" Stoffen zählt man bei der Flotation auch alle diejenigen Stoffe, die auf Grund einer geometrischen oder elektrischen Asymmetrie ein Dipolmoment aufweisen. Unter dem Einfluß einer äußeren Kraft werden solche Moleküle gerichtet. Das Dipolmoment kann verursacht sein durch unsymmetrischen Aufbau des Moleküls aus Bestandteilen unpolaren Charakters, z. B. Normal-Butan ist unpolar, iso-Butan polar. Polarität kann auch verursacht sein durch Winkelung eines Moleküls, z. B. $C_2H_5\diagdown_{O}\diagup C_2H_5$. Auch das Vorhandensein einer ungesättigten Bindung bei einem in seinen sonstigen Bestandteilen unpolaren Aufbau, reicht aus, um diesem Molekül „polaren" Charakter zu erteilen. So ist Äthan unpolar, Äthylen polar.

Unpolar (homöopolar) siehe Fußnote 2, S. 120. Dieser Begriff ist auf alle Stoffe mit ausgesprochenem homöopolaren Aufbau anwendbar. Diese Verbindungen besitzen symmetrischen Aufbau und geringe oder gar keine chemische Affinität.

Unpolare Moleküle vermögen nicht an Phasengrenzflächen[3] adsorbiert zu werden und besitzen deshalb für die Flotation nur als Bestandteile der Gasphase eine Bedeutung.

Heteropolar (polar-unpolar, auch heteropolar-homöopolar). Dieser Begriff ist auf alle Stoffe anwendbar, in deren Molekül hetero- und homöopolare Bestandteile vereinigt sind. Diese Stoffe besitzen die Fähigkeit, teilweise zu dissoziieren (Ionen zu bilden) und deuten damit ihre heteropolare Struktur an. Andererseits besteht ein Teil aus einem mehr oder weniger langen, unpolaren (homöopolaren) Rest (z. B. lange CH_2-Kette, Arylgruppen), der chemisch indifferent ist und nach Maßgabe seiner Zusammensetzung die Löslichkeit des Moleküls in Wasser bedingt. Beispiel: Palmitinsäure, Amylxanthogenat. Die

[1] Ionen: Elektrisch aufgeladene Atome oder Atomgruppen. Anionen: Negativ aufgeladene Ionen: Cl', SO_4''. Kationen: Positiv aufgeladene Ionen: $Cu^{\cdot\cdot}$, $Na^{\cdot}$, $NH_4^{\cdot}$. Komplexe Ionen: Ionen, welche um ein Zentralatom weitere Atomkomplexe zumeist in tetraedischer oder oktaedrischer Anordnung enthalten: $[Cu(NH_3)_4]^{\cdot\cdot}$, $[Fe(CN)_6]''''$.

[2] Abschirmung elektrostatischer Kräfte zwischen entgegengesetzt geladenen Ionen erfolgt durch Medien, die wie z. B. das Wasser für elektrische Feldkräfte eine geringe elektrische Durchlässigkeit besitzen. Ihre Moleküle lagern sich zwischen die Ionen und vermindern hierdurch deren gegenseitige Anziehung.

[3] Phasengrenzflächen: Sind die Trennungsflächen zweier Phasen. Sie bestehen bei den Systemen: gasförmig/flüssig, gasförmig/fest, flüssig/flüssig, flüssig/fest und fest/fest. Phasengrenzkanten: werden durch das Zusammentreffen von drei Phasen gebildet. Sie bestehen bei den Systemen: fest/fest/gasförmig, fest/flüssig/flüssig, fest/flüssig/gasförmig, flüssig/flüssig/gasförmig.

Bedeutung der heteropolaren und der unter 1/c angeführten polaren Verbindungen für die Flotation beruht auf der durch diese Bindungsart bedingten Möglichkeit einer Aufrichtung des Moleküls bzw. Ions bei den Adsorptionen bzw. Reaktionen an den Phasen- grenzflächen fest/flüssig und wäßrig/gasförmig (Langmuir-Harkins).

Die bei den meisten flotierbaren Mineralien vorhandenen, mehr oder weniger stark deformierten Ionengitter begünstigen Ionenadsorptionen (Chemosorptionen), wobei den Elektrolyten in der Flotationstrübe große Bedeutung zukommt.

Reaktionsfähig (-träge), Restvalenzreich (-arm). Reaktionsfähig sind alle Stoffe mit polarer und heteropolarer Bindung: Bei den dissoziierbaren sind es die Hauptvalenzkräfte der sich bildenden Ionen, bei den schwach oder nicht dissoziierbaren[1] sind es die Restvalenzkräfte des polaren (heteropolaren) Molekülbestandteils.

Reaktionsträge sind demnach alle Stoffe mit unpolarer Bindung und die unpolaren Gruppen in heteropolaren Molekülen. Ihre Restvalenzkräfte sind gering.

Für die Flotation ist die Reaktionsfähigkeit zwischen Mineraloberfläche und Flotationsmittel von großer Bedeutung. Sie ist abhängig von den Möglichkeiten gegenseitiger Absättigung von freien Valenzen der Mineraloberfläche und der Flotationsmittel. Ein Maß für diese Reaktionsfähigkeit ist die Benetzungswärme, welche beim Zusammentreffen von Mineraloberfläche und Flotationsmittel entsteht. Auch aus der Adsorptionsintensität können Rückschlüsse auf die Reaktionsfähigkeit gemacht werden.

Zur Unterscheidung der verschiedenartigen Affinitäten, die sich bei Flotationsmitteln und Mineralien betätigen, hat man folgende Bezeichnungen gewählt:

Metallophil (-affin) = geneigt zur Verbindung mit Metall (bzw. Metallionen), z. B. Sulfidion.

Carbophil = chemische Affinität zu Kohlenstoff, z. B. Paraffine, Kohlenwasserstoffkette heteropolarer Moleküle.

Aerophil = reaktionsträge (wie die carbophilen Bestandteile). Alle carbophilen Gruppen sind deshalb auch aerophil. Dies bedeutet jedoch keine besondere Affinität zu Luft oder irgendeinem Gas.

Lyophil = geneigt zur Verbindung mit irgendeiner Flüssigkeit.

Lyophob = nicht geneigt zur Verbindung mit irgendeiner Flüssigkeit.

Diphil = Affinität zu zwei Phasen, z. B. zur Wasser- und Luftphase: die Schäumer.

Triphil = Affinität zu drei Phasen, z. B. zur Erzoberfläche (metallophil), zur Wasserphase (hydrophil) und zur Gasphase (aerophil) nach Wo. Ostwald, z. B. die Xanthogenate.

2. Hydrophilie, Hydrophobie, Benetzbarkeit und Wasserlöslichkeit. Zwischen Hydrophilie und Hydrophobie einerseits und Benetzbarkeit andererseits besteht folgende Beziehung:

[1] Dissoziation: Aufspaltung elektrisch neutraler Moleküle in ihre elektrisch geladenen Bestandteile, die Ionen.

Hydrophile Körper sind solche, die durch eine wäßrige Flüssigkeit besser benetzt werden als durch eine nichtwäßrige.

Hydrophobe Körper sind solche, die durch eine nichtwäßrige Flüssigkeit besser benetzt werden als durch eine wäßrige.

Den hydrophilen Stoffen sind sämtliche Mineralien zuzuzählen, die Sauerstoff gebunden enthalten. Hydrophobe Stoffe im Sinne obiger Definition gibt es wenige; z. B. Kohlen bestimmter Herkunft. „Hydrophob" im Sinne einer merklichen Benetzbarkeit durch die nichtwäßrige Flüssigkeit sind Schwefel, Graphit, Metalle, sulfidische und sulfidisch ähnliche Erze.

Die Beziehungen zwischen Wasserbenetzbarkeit und Wasserlöslichkeit sind nicht eindeutig: Wasserlösliche Körper sind immer hydrophil, Stoffe mit beschränkter Wasserlöslichkeit dagegen nicht ohne weiteres hydrophob.

Die in seiner Gitterstruktur begründeten Affinitäten eines Körpers spielen für die Benetzbarkeit oft eine entscheidendere Rolle als der Grad seiner Wasserlöslichkeit. So ist z. B. beim Quarz und Zinnstein, die eine geringe Wasserlöslichkeit besitzen, die Affinität dieser beiden Sauerstoffatome zum Wasser Ursache ihrer Hydrophilie.

3. Capillaraktiv, Oberflächenaktiv. Diese bei der Flotation in Verbindung mit den Schäumern gebrauchten Ausdrücke sind identisch. Sie bezeichnen die Eigenschaft gewisser Stoffe, durch Adsorption an der Grenzfläche Wasser/Luft die Oberflächenspannung des Wassers zu erniedrigen. Die Ursache für die Adsorption solcher Stoffe ist ihre heteropolare Struktur.

Der restvalenzreiche Teil, z. B. die COOH-Gruppe, tritt an der Grenzfläche Wasser/Luft in das Wasser. Hierdurch wird der reaktionsträge, aerophile Teil nach Maßgabe der in der Oberfläche vorhandenen Moleküle aufgerichtet.

Mit zunehmender Größe des unpolaren Bestandteils wird der Capillaraktivität durch die sinkende Löslichkeit des capillaraktiven Stoffes in Wasser eine Grenze gesetzt.

Capillarinaktiv: Sind Stoffe, die nicht die Fähigkeit besitzen, an Flüssigkeitsoberflächen angereichert zu werden.

Weitere, häufiger in der Flotationsliteratur vorkommende Ausdrücke sind in folgendem erklärt:

Ionenadsorption: Aufnahme von Ionen durch das Adsorbens, z. B. $Cu^{\cdot\cdot}$ durch Zinkblende.

Moleküladsorption: Aufnahme von Molekülen durch das Adsorbens, z. B. Thiocarbanilid durch Bleiglanzpulver.

Chemosorption: Aufnahme eines Stoffes unter Bildung chemisch nicht genau definierbarer Verbindungen mit dem Adsorbens (nach Siedler z. B. Xanthogenat-Ion an Bleiglanzpulver).

Adlineation erfolgt bei Aufnahme (Adsorption) eines Stoffes längs einer Grenzkante (Talmud, Wo. Ostwald).

Selektiv: Auswählend.

Sammler: Sind polar-unpolare Stoffe, welche Mineralien hydrophober machen. Ihre Adsorption erfolgt an Grenzflächen: fest/flüssig.

Schäumer: Sind polar-unpolare Stoffe, welche die Oberflächenspannung herabsetzen. Ihre Adsorption erfolgt an Grenzflächen: flüssig/gasförmig.

Benetzungsändernde Mittel: Erschweren oder erleichtern das Aufschwimmen eines Minerals.

a) Benetzungsverbessernde Mittel erleichtern das Aufschwimmen eines Minerals infolge besserer Sammleradsorption.

b) Drückende Mittel erschweren oder verhindern das Aufschwimmen eines Minerals infolge schlechterer Sammleradsorption.

c) Wiederbelebende Mittel beseitigen die Wirkung der drückenden Mittel und ermöglichen hierdurch wieder Sammleradsorption und Aufschwimmen.

Alle diese Mittel werden so benutzt, daß sie die Selektivität der Sammleradsorption steigern.

Randwinkel werden gebildet durch die Grenzflächen fest/flüssig bzw. fest/gasförmig und flüssig/flüssig bzw. flüssig/gasförmig.

V. Theorie der Flotation.

1. Allgemeines.

Über die einzelnen Vorgänge, die in ihrer Summenwirkung den Erfolg eines praktisch ausgeübten Schwimmverfahrens bedingen, ist eine vollkommene Klarheit und Übereinstimmung der verschiedenen Anschauungen noch nicht vorhanden [1].

[1] Wichtigere neuere Beiträge zum Flotationsproblem:

Alejnikoff: Kolloidchem. Beih. **36**, 82 (1932). — Bartsch: Kolloidchem. Beih. **20**, 1, 50 (1924); **38**, 321 (1926). — Berl u. Pfannmüller: Kolloid-Ztschr. **34**, 328 (1924); **35**, 34, 106, 110 (1924). — Berl u. Schmitt: Kolloid-Ztschr. **52**, 333 (1930); **61**, 80 (1932); **65**, 93, 261, 264 (1933); **66**, 87 (1934); **68**, 350 (1934); Naturwiss. **20**, 943 (1932). — Berl, Schmitt u. Schulz: Kolloid-Ztschr. **63**, 327 (1933). — Berl u. Vierheller: Ztschr. angew. Chem. **36**, 161 (1923). — Braunstein: Kohle u. Erz **29**, 189 (1932). — Christmann: Amer. Cyanid-Comp. Techn. Paper Nr 17. — Coghill and Clemmer: Amer. Inst. min. metallurg. Engr. Techn. Publ. **1932**, Nr. 445. — De Witt and Roper: Journ. Amer. chem. Soc. **54**, 444 (1932). — De Witt and Makmo: Journ. Amer. chem. Soc. **54**, 455 (1932). — Fahrenwald: Univ. Idaho U.S. Bur. Min. a. Geol. Pamphlet **4** (1921); Trans. Amer. Inst. min. metallurg. Engr. **70**, 647 (1924); U.S. Bur. Min. Inf. Circ. **1925**, 2694; U.S. Bur. Min. Rep. Inv. **1925**, 2700; Denver Equip. Bull. **17**; Engin. Mining. Journ. **126**, 58 (1928). — Fahrenwald u. Abele: Engng. Min. Wld. **2**, 173 (1931). — Freundlich, Enzlin u. Lindau: Kolloidchem. Beih. **37**, 242, 281 (1933). — Gaudin: Engin. Mining. Journ. **124**, 1045 (1927); **125**, 417 (1928); Amer. Inst. min. metallurg. Engr. Techn. Publ. **4** (1927); Mining. and Metallurgy **10**, 19 (1929); Trans. Amer. electrochem. Soc. **60** (1931, Sept.). — Gaudin, Glover, Hansen, Orr: Utah Engng. Exp. Stat. Techn. Pap. **1** (1928). — Gaudin, Groh u. Henderson: Amer. Inst. min. metallurg. Engr. Techn. Publ. **1931**, 414. — Gaudin u. Martin: Utah Engng. Exp. Stat. Techn. Pap. **5** (1928). — Gaudin u. Sorensen: Utah Engng. Exp. Stat. Techn. Pap. **4** (1928). — Gerth: Metall u. Erz **27**, 527 (1930). — Kamienski: Ztschr. physik. Chem. A **158**, 441 (1932); Nature **129**, 59 (1932). — Kellermann: Metall u. Erz **26**, 193 (1929); Kolloid-Ztschr. **47**, 268 (1929); **63**, 220 (1933). — Kellermann u. Bender: Kolloid-Ztschr. **52**, 240 (1930). — Kellermann u. Peetz: Kolloid-Ztschr. **44**, 296 (1928). — King: Kolloid-Ztschr.

Das Grundphänomen der Flotation ist in der verschiedenartigen Benetzbarkeit der einzelnen in der wäßrigen Flotationstrübe befindlichen festen Phasen zu suchen. Der Flotationsfachmann muß in geschickter Ausnutzung natürlich vorhandener Benetzungsunterschiede, die zumeist noch durch geeignete Maßnahmen verstärkt werden können und verstärkt werden müssen, das Aufschwimmen oder das Abdrücken des gewünschten Minerals bewirken.

Die Ursache der für den Verlauf der Flotation so wichtigen Benetzungsänderungen ist in den an den Grenzflächen Wasser/fest sich vollziehenden Vorgängen zu suchen, wie dies durch zahlreiche Adsorptions- und Randwinkelmessungen erwiesen ist.

Neben einer genauen Kenntnis der Beziehungen zwischen Oberflächenvorgängen und Benetzbarkeit bedürfen die zahlreichen sich bei Mehrstoffsystemen ergebenden Fragen kolloidchemischer Art einer Berücksichtigung, um dem Flotationsproblem in seiner Vielgestaltigkeit gerecht werden zu können.

Es erscheint deshalb angebracht, bei den Betrachtungen über die Theorie der Flotation folgende Unterteilung vorzunehmen:

1. Die Bedeutung von Vorgängen an Mineraloberflächen im Hinblick auf ihre Benetzbarkeit.

a) Die Hydrophobierung von Mineraloberflächen.

b) Maßnahmen zur Erleichterung und zur Erschwerung der Hydrophobierung, insbesondere bei selektiver Flotation.

α) Maßnahmen zur Abtrennung des ersten Metallträgers.

62, 343 (1933). — Kraeber: Metall u. Erz **28**, 128 (1931). — Lipetz, Rehbinder u. Rimskaja: C. **1932 II**, 2518. — Lipetz u. Rimskaja: C. **1932 I**, 1421, 2225; Kolloid-Ztschr. **68**, 82 (1934). — Lottermoser u. Rumpelt: Kolloidchem. Beih. **35**, 372 (1932). — Luyken u. Bierbrauer: Mitt. Kais.-Wilh.-Inst. Eisenforschg., Düsseld. **11**, 115 (1929); Metall u. Erz **26**, 197, 202 (1929). — Madel: Metall u. Erz **24**, 568 (1927); **25**, 428 (1928); **26**, 428 (1929); **27**, 446 (1930); **28**, 229 (1931). — Mayer: Chem.-Ztg. **54**, 229, 250 (1930). — Ostwald, Wo.: Kolloid-Ztschr. **58**, 179 (1932); **60**, 324 (1932); **68**, 103 (1934). — Petersen: Kolloid-Ztschr. **58**, 121, 249 (1932). — Rehbinder: C. **1931 II**, 2131. — Rehbinder u. Mitarbeiter: Kolloid-Ztschr. **65**, 268 (1933); **66**, 40, 273 (1934). — Schaum, Siedler, Wagner: Kolloid-Ztschr. **58**, 341 (1932). — Schtscherbakowa: C. **1932 II**, 2230. — Shepard: Mining and Metallurgy **13**, 282 (1932). — Siedler: Metall u. Erz **27**, 428 (1931); Kolloid-Ztschr. **68**, 89 (1934). — Siedler, Moeller u. Reddehase: Kolloid-Ztschr. **60**, 318 (1932). — Sommer: Metall u. Erz **29**, 268 (1932). — Taggart: Mining and Metallurgy **9**, 257 (1928); Journ. physical Chem. **36**, 130 (1932). — Taggart u. Gaudin: Amer. Inst. min. metallurg. Engr. Techn. Publ. **1922**, 1185; Trans. Amer. Inst. min. metallurg. Engr. **68**, 479 (1922); Mining and Metallurgy **188**, 37 (1922). — Taggart, Taylor u. Ince: Amer. Inst. min. metallurg. Engr. Techn. Publ. **1929**, 204. — Taggart, Taylor u. Knoll: Amer. Inst. min. metallurg. Engr. Techn. Publ. **1930**, 312. — Talmud: Kolloid-Ztschr. **48**, 165 (1929); **62**, 335 (1933); Ztschr. physik. Chem. A **156**, 237 (1931). — Talmud, D. L., B. A. Talmud u. Bresler: Ztschr. physikal. Chem. A **163**, 91 (1933). — Talmud u. Lubman: Kolloid-Ztschr. **50**, 159, 163 (1930). — Talmud u. Pochil: Kolloid-Ztschr. **61**, 101 (1932). — Traube: Metall u. Erz **18**, 405 (1921); **21**, 520 (1924); **22**, 107 (1925); **25**, 618 (1928); Ztschr. angew. Chem. **44**, 73 (1931). — J. Traube, Kieke, Bartsch u. Nishizawa: Chem.-Ztg. **48**, 633, 673 (1924). — J. Traube u. Nishizawa: Kolloid-Ztschr. **32**, 383 (1923). — Valentiner: Physikalische Probleme im Aufbereitungswesen des Bergbaues. Braunschweig 1929. — Wack: Nature **129**, 833 (1932). — Wack u. Cox: Techn. Publ. Amer. Inst. min. metallurg. Engr. **1932**, Nr. 461.

β) Maßnahmen zur Abtrennung des zweiten Metallträgers.

c) Die Bedeutung der Beschaffenheit des Flotationswassers für die Vorgänge a) und b).

d) Die Beziehungen zwischen p_H-Wert der Flotationstrübe und den Grenzflächenvorgängen fest/flüssig.

e) Die Bedeutung der Temperatur für die Grenzflächenvorgänge fest/flüssig.

2. Die Vorgänge an der Grenzfläche wäßrig/gasförmig (Bedingung zur Schaumbildung).

3. Die Vorgänge bei der Bildung der Mineralschäume.

2. Die Bedeutung von Vorgängen an Mineraloberflächen in Hinblick auf ihre Benetzbarkeit.

a) Die Hydrophobierung von Mineraloberflächen.

Da die meisten Mineralien hydrophile Eigenschaften besitzen, muß man sie, wenn man sie zum Aufschwimmen bringen will, hydrophob machen. Dies läßt sich erreichen durch Adsorption der sog. „Sammler".

Die Struktur dieser Sammler und die Art ihrer Adsorption an der Erzoberfläche machen ihre hydrophobierende Wirkung verständlich. Die Sammler haben heteropolaren Aufbau. Ihr polarer reaktiver Bestandteil besitzt zu bestimmten Mineraloberflächen eine größere Affinität als zur Wasserphase. Hierdurch wird der Sammler mit seinem polaren Teil von der Mineraloberfläche adsorbiert, so daß sein unpolarer, aerophiler Bestandteil nach außen zu stehen kommt und hierdurch die Mineraloberfläche hydrophob macht. Die Länge des unpolaren Sammlerbestandteils bestimmt die Löslichkeit des Sammlers in der Trübe. Es gibt hierfür ein gewisses Optimum der Sammlerwirkung.

Über die Art der Adsorption, sowie über die Dicke der zur Hydrophobierung notwendigen Adsorptionsschicht gehen die Meinungen der Forscher auseinander [1]. Wahrscheinlich werden hierfür verschiedene Phänomene — Adsorption, Adlineation, Chemosorption oder chemische Reaktion — verantwortlich zu machen sein.

Da bei diesen Sammleradsorptionen höchstens monomolekulare Belegung der zu flotierenden Mineraloberflächen erforderlich ist, ist die zur Hydrophobierung von Mineraloberflächen notwendige Sammlermenge sehr gering. Sie beläuft sich durchschnittlich auf 15—1000 g pro t Erz.

Bei der Sammleradsorption hat man zu unterscheiden zwischen

a) Moleküladsorption: Nebenvalentige Absättigung der polaren Gruppen des Sammlermoleküls durch die freien Valenzen an den Mineraloberflächen. Beispiel: Zweiwertigen Schwefel und dreiwertigen Stickstoff und andere Elemente niedriger Wertigkeitsstufe wie Se und P enthaltende Sammler: Thiocarbanilid und Xylidine.

b) Ionenadsorption: Chemosorption von Anionen gewisser organischer Säuren und Salze, also Ionen mit carbophilen Bestandteilen. Beispiel: Die Fettsäuren und die Xanthogenate.

[1] Siehe Siedler sowie Ostwald: Laut Literaturverzeichnis S. 124.

Danach wird die Flotation durch die Bildung eines monomolekularen Tragfilms bewirkt. Man spricht deshalb von laminarer oder Filmflotation.

Da die zur Hydrophobierung notwendige Sammlermenge oft außerordentlich klein ist, nimmt Ostwald an, daß diese Sammlermenge nicht zur Bildung eines Tragfilms, wohl aber zur Bildung eines Tragrings ausreicht.

Dieser soll durch Adlineation triphiler Sammler an den Grenzkanten fest/flüssig/gasförmig entstehen (lineare Flotation).

Die Struktur der Sammler entscheidet darüber, ob laminare oder lineare Flotation erfolgt:

Diphile Sammler bewirken lamellare Flotation.

Triphile Sammler bewirken lineare Flotation [1].

Bei 500 chemischen als Sammler geeigneten Stoffen fanden sich in prozentualer Verteilung folgende polare reaktionsaktive Atomgruppierungen im Molekül [A. F. Taggart, T. C. Taylor u. C. R. Ince: Amer. Inst. ming. metallurg. Engr. Techn. Publ. **204**, 32 (1929)]:

bei 28,4% die Gruppen $\geqslant$N, $>$NH, $>NH_2$ (Amidostickstoff),

bei 11,3% die Gruppen —N=N—, $\underset{\underset{N}{\|}}{-N-}$ (Azo- und Diazogruppe),

bei 12,2% S″ (Sulfid),

bei 8,6% die Gruppen CSN— (Rhodangruppe), CSN$<$H (Thioamidogruppe),

bei 8,6% die OH′-Gruppe (Hydroxylgruppe),

bei 8,0% die SH′-Gruppe (Hydrosulfidgruppe),

nur 12,7% waren S- und N-frei.

Besonders geschätzte Sammler sind diejenigen mit selektiver Wirkung. Die bekanntesten Sammler dieser Art sind die Xanthogenate, die sowohl Kupfer- und Bleisulfide zum Aufschwimmen bringen, dagegen Zinkblende nur unter besonderen Bedingungen.

b) Maßnahmen zur Erleichterung und Erschwerung der Hydrophobierung, insbesondere bei selektiver Flotation.

Wenn die Selektivität der Sammlerwirkung nicht genügend groß ist, wie z. B. bei der Trennung sulfidischer Erze (Bleiglanz von Zinkblende) voneinander, so ist es erforderlich, die Selektivität der Sammlerwirkung durch Zugabe der sog. modifizierenden oder benetzungsändernden Mittel zu verbessern.

Bei Anwesenheit von zwei Metallträgern läßt sich deren getrennte Abscheidung von den Gangmineralien durch folgende Maßnahmen erzielen (selektive Flotation):

α) Die Abtrennung des ersten Metallträgers. 1. Durch Verbesserung der Adsorptionsbedingungen des Sammlers an dem zu flotierenden ersten Metallträger (benetzungsverbessernde Mittel).

[1] Bezüglich Diskussion über die Ostwaldsche Theorie siehe Literaturverzeichnis S. 124 bei Kellermann, King, Ostwald, Siedler und Talmud und Fußnote S. 126 bzw. 125.

2. Durch Verschlechterung der Adsorptionsbedingungen des Sammlers an dem zweiten Metallträger, der zunächst mit der Gangart in der Trübe verbleiben soll (drückende Mittel).

3. Durch Kombination von 1. und 2.

β) Die Abtrennung des zweiten Metallträgers von der Gangart. Durch Beseitigung der unter 2. b) α) 2. getroffenen Maßnahmen zur Verhinderung eines Aufschwimmens des zweiten Metallträgers (das Wiederbeleben eines gedrückten Erzes).

Zu 2. b) α). Die unter 2. b) α) zu beschreibenden Maßnahmen gelten nicht nur für die Abtrennung des ersten Metallträgers bei Mineralien mit mehreren Metallträgern, sondern auch für die Flotation oxydischer Mineralien wie Phosphate, Flußspat, Kryolith, von Gangmineralien wie Quarz und Kalk.

Zu b) α) 1. Die Bedeutung der Kationenadsorption. Bei Zinkblende kann man durch Adsorption von Kupfer- oder Quecksilberionen das Aufschwimmen mit Xanthogenat erreichen, welche sonst ohne die Schwermetallionenadsorption nur in einem engen p_H-Bereich möglich ist.

Bei Phosphaten, Quarz und Zinnstein bewirkt die Adsorption von Calciumionen ein leichteres Aufschwimmen mit Hilfe von Fettsäuren und Seifen, z. B. Natriumpalmitat. Kupferionen erhöhen die Flotationsfähigkeit von Quarz und Feldspat [s. Mining and Metallurgy **10**, 19 (1929); vgl. auch H. D. Keiser: Engin. Mining Journ. **126**, 792 (1928)].

Die Bedeutung der Anionenadsorption. Sulfidion gibt vielen oxydischen Mineralien durch Sulfidisierung ihrer Oberfläche Möglichkeit zum Aufschwimmen, zudem ist es wie zahlreiche andere Anionen, z. B. CN', CO_3'', HPO_4'' geeignet, die hydrophilen sulfatischen Stellen des Bleiglanzes in hydrophobere sulfidische (cyanidische, carbonatische, phosphatische) zu verwandeln [1].

Zu b) α) 2. Die Adsorptionsbedingungen für den Sammler lassen sich erschweren:

a) Durch Adsorption von Stoffen, die mit Anteilen der Mineraloberfläche eine schwerlösliche Adsorptionsverbindung bilden. Diese hat zum Sammler eine geringere Affinität als die ursprüngliche Mineraloberfläche. Die Hydrophobierung derselben wird hierdurch erschwert, wenn nicht unmöglich gemacht. Beispiel: Bleiglanz läßt sich durch Kaliumäthylxanthogenat nicht mehr hydrophobieren, wenn er zuvor mit Kaliumchromat behandelt worden ist.

b) Durch Bildung von Komplexsalzfilmen. Überschüssiges KCN vermag bei ZnS einen komplexen, stark hydrophilen Film von Kalium-Zinkcyanid zu bilden (Berl-Schmitt).

c) Es werden gelige Niederschläge auf Gangartteilchen erzeugt: durch Wasserglas bei Flotation oxydischer Mineralien. Die Wirkung durch Bildung kolloidaler hydratischer Kieselsäure ist stark konzentrationsbedingt.

Diese Mittel bezeichnet man als drückende Mittel. Es gibt eine Reihe weiterer Stoffe dieser Art: $ZnSO_4$ in Gemeinschaft mit NaCN zum Drücken der Zinkblende. Na_2SO_3 (besonders für verwitterte Erze

[1] Berl, Schmitt u. Schulz: Kolloid-Ztschr. **63**, 327 (1933).

mit löslichen Eisen- und Zinksalzen), ferner Alkali- und Schwermetallsalze der Thioschwefelsäure. Thiosulfate, Thionate und Hyposulfite werden nur selten verwendet. Na_2CO_3 und Na_2S sind ebenfalls als drückende Mittel bekannt, ferner gebrannter Kalk.

Zu 3. Als Beispiel von Stoffen mit sowohl benetzungsfördernder als auch benetzungshindernder Wirkung sei Cyankalium in seiner Wirkung auf Bleiglanz-Zinkblendeerze ausgeführt.

Nach Auffassung von Berl und B. Schmitt beruht diese doppelte Wirkung auf folgenden Vorgängen:

a) Die sulfatisierten Stellen des Bleiglanzes setzen sich mit Cyanionen unter Bildung eines schwer löslichen, hydrophoberen Bleicyanids um, das sich im Überschuß von KCN nicht zu einem hydrophoben Komplex auflösen läßt.

Die Umsetzung des Cyanions mit den sulfatischen Stellen des Bleiglanzes macht demnach die Gesamtoberfläche hydrophober. Der Umsatz mit den Cyanionen ist also Ursache für eine erhöhte Hydrophobie des Bleiglanzes.

b) Die Zinkblende bildet mit KCN zunächst Zinkcyanid, das sich jedoch im Überschuß des Cyanids zu einem komplexen Kaliumzinkcyanid umlagert. Dieses ist hydrophil und erschwert den Zutritt des Sammlers. Durch überschüssiges KCN wird also die Zinkblendeoberfläche hydrophiler gemacht.

Zu 2. b) β). Die Abtrennung des zweiten Metallträgers von der Gangart. Der zweite Metallträger befindet sich nach dem Herausflotieren des ersten in der Flotationstrübe in hydrophilem Zustand. Die durch das drückende Mittel bewirkte Hydrophilie darf nur eine vorübergehende sein, da sie durch geeignete Maßnahmen wieder beseitigt werden soll. Stoffe, durch welche sich dies erreichen läßt, nennt man wiederbelebende Mittel.

Abgedrückte Zinkblende läßt sich durch Kupfersulfat wiederbeleben. Sie wird hierdurch der Adsorption für Xanthogenat zugänglich. Durch Kupfersulfat wird das komplexe Kaliumzinkcyanid umgewandelt unter Bildung von hydrophobem Zinkcyanid und Kupfercyanid. Dieses wird in stark hydrophobes Kupfersulfid umgewandelt. Andere wiederbelebende Mittel sind Schwefelsäure und Natriumsulfid. Wasserglas verwendet man, wenn zuvor mit Kalk abgedrückt worden ist.

Zu c), d), e) im allgemeinen.

Für das Zustandekommen der besprochenen Vorgänge bedürfen noch eine Reihe weiterer Faktoren, welche die Beschaffenheit der Flotationstrübe betreffen, besonderer Berücksichtigung.

c) Die Bedeutung der Beschaffenheit des Flotationswassers für die Vorgänge a) und b).

Das Flotationswasser kann störende Salze enthalten, die in unerwünschte Reaktionen mit den Stoffen der Mineraloberflächen und den Flotationsmitteln eintreten. Deshalb muß das Flotationswasser frei sein

1. von gewissen Schwermetallsalzen (Flotationsgiften), die das Wasser von vornherein enthält [A. T. Tye: Engin. Mining Journ. **121**, 597 (1926); Flot. Pract. **151**. — Mumroe u. Pearse: Min. Congr. Journ. **12**, 531 (1926). — Pearse: Canad. min. metallurg. Bull. **187**, 1314 (1927). — McLachlan: Flot. Pract. **235** (1928)] oder die beim Mahlen in dasselbe hineingelangen. Sie verursachen unerwünschte Reaktionen und Adsorptionen an den Mineraloberflächen, wie an einigen Beispielen gezeigt werden soll.

Nach den früher gemachten Ausführungen läßt sich die übliche selektive Bleiglanz-Zinkblendetrennung nicht durchführen, wenn im Flotationswasser Kupfersulfat enthalten ist. Auch die Anwesenheit anderer leicht löslicher Salze wie Eisensulfat, Zinksulfat, Mangan-, Aluminium- und anderen Salzen in der Trübe, ist flotationsschädlich. Besonders gefürchtet ist teilweise oxydierter Schwefelkies. Von seinen Oxydationsprodukten [Gaudin, Hansen u. Orr: Utah Engrng. Exp. Stat. Techn. Pap. **1**, 31 (1928)] wirkt Ferrisulfat in der Trübe auf Bleiglanz und Zinkblende ein, wobei Bleisulfat und Zinksulfat entstehen (die Oxydation von Zinkblende und Bleiglanz und ihr Einfluß auf die Schwimmaufbereitung [s. Metall u. Erz **24**, 509 (1927)], z. B.:

$$ZnS + Fe_2(SO_4)_3 + 1^1/_2\,O_2 + H_2O = ZnSO_4 + 2\,FeSO_4 + H_2SO_4\,.$$

Die möglichen Umsetzungen sind damit noch nicht erschöpft. So wirken freiwerdende Schwefelsäure und Eisensulfat auf Carbonate und Oxyde ein und geben Anlaß zur Bildung anderer löslicher Salze.

In besonders schwierigen Fällen ist man durch vorhandene oder entstehende lösliche Salze dazu gezwungen, das Roherz oder die Mahltrübe vor dem eigentlichen Flotationsprozeß mit reinem Wasser auszuwaschen. Meistens läßt sich jedoch der störende Einfluß dieser Salze durch entsprechende Mittel — Gegengifte — aufheben. Eisen- und Mangansalze z. B. können durch Kalk, Soda oder Natronlauge in die unlöslichen und nicht störenden Hydroxyde umgesetzt werden.

Befindet sich Ferrisulfat in der Trübe, so wird statt Kalk zuweilen Natriumsulfit zugegeben, um die flotationsschädliche Wirkung des Ferrisulfats zu beheben. In der Trübe vorhandene Sulfate und Kalksalze lassen sich durch Ausfällen mit Bariumcarbonat beseitigen.

2. Das Flotationswasser soll frei von Härtebildnern (Calcium- und Magnesiumsalzen) sein, die besonders beim Flotieren mit Fettsäuren, einen sehr hohen Verbrauch derselben durch die Bildung schwer löslicher Seifen verursachen. Die Härtebildner werden nach den üblichen Methoden der technischen Wasserenthärtung unschädlich gemacht [s. auch Bd. II, S. 151 und u. a. Berl-Lunge: Chemisch-Technische Untersuchungsmethoden, Bd. 2, 1932]. Bei Mangel an Frischwasser und geeigneter Lage der Grube kann man Seewasser für Flotationstrüben verwenden.

d) Die Beziehungen zwischen p_H-Wert der Flotationstrübe und den Grenzflächenvorgängen fest/flüssig.

Definition des p_H-Wertes. Der p_H-Wert ist der negative dekadische Logarithmus der Wasserstoffionenkonzentration einer Lösung.

Er ist ein Maß für die aktuelle Acidität bzw. Alkalinität einer Lösung, er drückt ihren tatsächlichen Gehalt an Wasserstoff- bzw. Hydroxylionen aus.

Die potentielle Acidität bzw. Alkalinität gibt die in einer Lösung maximal dissoziierbare Zahl von Wasserstoff- bzw. Hydroxylionen wieder.

Die Bedeutung des p_H-Wertes für den Verlauf der Flotation[1]. Die Beständigkeit vieler Adsorptionsverbindungen ist an einen bestimmten p_H-Bereich gebunden. Es besteht für jeden Sammler und jedes Mineral ein charakteristischer, optimaler p_H-Bereich, der im Interesse einer guten Ausbeute des anzureichernden Minerals eingehalten werden muß. Die Anwesenheit von Salzen schwacher Säuren und Basen oder feiner Schlämme, die Ionen adsorbieren, kann unerwünschte Verschiebungen des p_H-Wertes zur Folge haben.

e) Die Bedeutung der Temperatur für die Grenzflächenvorgänge fest/flüssig[1].

Sämtliche Vorgänge in der Flotationstrübe[2] sind wie alle chemischen und adsorptiven Reaktionen mehr oder weniger stark temperaturabhängig[3].

Eine Erhöhung der Temperatur begünstigt die Schwimmfähigkeit der Mineralien, da sich hierdurch im allgemeinen die Oberflächenvorgänge rascher und bei niedriger Konzentration vollziehen. Der Verbrauch an Flotationsmittel wird geringer und die Flotationszeiten werden kürzer.

Jedoch ist diese Begünstigung der Schwimmfähigkeit nicht allgemein, da mit zunehmender Temperatur der Trübe auch die Bergeteilchen besser aufzuschwimmen vermögen, und hierdurch in den Schaum geraten. Dieser Nachteil gleicht zumeist die zuvor beschriebenen Vorteile einer Temperaturerhöhung der Flotationstrübe wieder aus.

Für jedes Mineral und jeden Sammler besteht ein Optimum der Temperatur und der Schwimmfähigkeit.

Störend wirkt die Temperaturerhöhung bei solchen Erzen, deren Oxydationsfähigkeit mit zunehmender Temperatur steigt, z. B. bei Bleiglanz. Andererseits kann die verschieden starke Oxydationsfähigkeit

---

[1] A. M. Gaudin: Mining and Metallurgy **10**, 19 (1929). — A. W. Fahrenwald: Trans. Amer. Inst. min. metallurg. Engr. **70**, 647 (1924); Engin. Mining Journ. **126**, 837 (1928); ferner G. G. Thomas, L. I. Christmann u. R. S. Gifford: Hydrogen ion concentration-Its control in the flotation process. Amer. Cyan. Techn. Pap. **11** (1928). — L. Michaelis: Die Wasserstoffionenkonzentration. Berlin 1922. — F. Müller: Ztschr. angew. Chem. **39**, 1368 (1926). — G. Lehmann: Die Wasserstoffionenmessung. Leipzig 1928. — W. M. Clark: The Determination of hydrogen ions. Baltimore 1920. — Berl-Lunge: Chemisch-Technische Untersuchungsmethoden, 8. Aufl., Bd. I, S. 269. 1931. Berlin: Julius Springer.

[2] Die Flotationstrübe besteht aus Flotationswasser und der in ihr suspendierten Festbestandteile und Zusatzmittel.

[3] O. C. Ralston u. F. Cameron: Engin. Mining Journ. **99**, 937 (1915); Min. Scient. Press. **123**, 90. — A. M. Gaudin, H. Glover, M. S. Hansen u. C. W. Orr: Flotation Fundamentals I. Utah Engr. Exp. Stat. Techn. Pap. **1**, 8 (1928). — J. Huber-Panu: Metall u. Erz **28**, 545 (1931).

zweier Mineralien mit Erfolg zur Unterstützung der selektiven Trennung, z. B. bei Kupferkies/Schwefelkies, ausgenutzt werden. Pyrit ist bei erhöhter Temperatur leichter oxydierbar als Kupferkies; die Wirkung der drückenden Mittel auf Pyrit kann demnach bei der selektiven Kupferkies/Schwefelkies-Trennung durch eine Erhöhung der Temperatur verstärkt werden.

Die Erhöhung der Temperatur wird im praktischen Betrieb bei der Herausnahme des Bleiglanzes in selektiven Bleiglanz/Zinkblende-Anlagen [G. J. Young: Engng. Min. Wld. 2, 229 (1931)] ausgenützt. Die hierbei angewandten Temperaturen liegen bei etwa 30° C, selten darüber.

Die in der Literatur häufig vertretene Auffassung, daß bei einer Flotation mit Fettsäuren erhöhte Temperatur Vorteile böte, ist durch Betriebserfahrungen nicht immer bestätigt worden. Vielmehr hat es sich gezeigt, daß erhöhte Temperaturen wohl die Flotationszeiten abkürzen, daß aber die Wirtschaftlichkeit der Anlage nicht verbessert wird, da zum Niederhalten der Berge oft größere Mengen an Flotationsmitteln benötigt werden.

3. Die Vorgänge an der Grenzfläche flüssig/gasförmig.

Damit die hydrophobierten Mineralteilchen zum Aufschwimmen gebracht werden können, ist es notwendig, einen Schaum zu erzeugen, um eine starke Entwicklung der Grenzfläche wäßrig/gasförmig zu ermöglichen. Diese läßt sich mit Hilfe von **capillaraktiven** Stoffen durch Erniedrigung der Oberflächenspannung des Flotationswassers erzielen. Ursache dieser Erniedrigung ist, wie dies schon vorher (s. S. 122) gezeigt wurde, die gerichtete Adsorption dieser capillaraktiven Moleküle an den aufsteigenden Gasblasen (Abb. 1). Die **Beständigkeit** der sich bildenden Schäume (in Abwesenheit der festen Phase) ist um so größer, je heterogener diese Adsorptionsschicht ist. Die in der Flotationstechnik zur Erzeugung des Schaumes verwendeten Stoffe nennt man **Schäumer**. Diese sind wie die Sammler heteropolare Körper. Im Gegensatz zu den Sammlern werden die polaren Gruppen des Schäumers bei ihrer Adsorption an der Grenzfläche Luft/H_2O durch das Wasser besser abgesättigt, als bei Adsorption an der Grenzfläche H_2O/fest. Deshalb wird der Schäumer von der Grenzfläche H_2O/Luft und der Sammler von der Grenzfläche fest/H_2O bevorzugt adsorbiert.

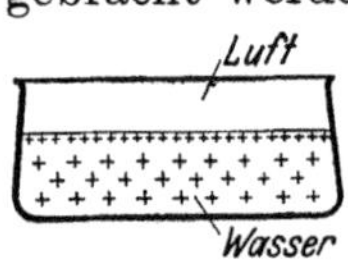

Abb. 1. Die Oberflächenadsorption des capillaraktiven Schäumers.

Als Schäumer (für die Schwimmverfahren) haben sich Stoffe mit charakteristischer chemischer Zusammensetzung, deren polare aktive Gruppen **sauerstoffhaltige** Radikale enthalten, als besonders geeignet erwiesen. Nach der Häufigkeit ihrer Anwendung folgen die (OH) Hydroxyl-, (CO) Carbonyl-, (COOH) Carboxyl-, (COOR) Ester-, (C—O—C) Äthergruppe. Weniger kommt in Betracht die (NH_2)-Aminogruppe. Die unpolaren inaktiven Gruppen sind Kohlenwasserstoffreste wie CH_3, C_2H_5 usw. An der sauerstoffhaltigen polaren Gruppe soll eine aus mindestens 6 Kohlenstoffen bestehende, wasserstoffhaltige Gruppe gebunden sein. Ferner ist festgestellt worden, daß die Wirksamkeit der Schaumbildung bei homologen Reihen mit zunehmender Länge der Kohlenstoffkette bis zu einem durch die Löslichkeitsverhältnisse bedingten Optimum steigt. Z. B. hat in der Reihe Phenol — C_6H_5OH, Kresol — $CH_3C_6H_4OH$, Xylenol — $(CH_3)_2C_6H_3OH$ das Xylenol die besten Schäumereigenschaften. Cetylalkohol, $CH_3(CH_2)_{14}OH$, ist aber wegen seiner Unlöslichkeit kein Schäumer mehr. Die Unlöslichkeit wird dadurch bedingt, daß die OH-Gruppe mit einer zu langen Kohlenwasserstoffkette überladen ist. Im allgemeinen sollen Schäumer eine nicht allzu große Wasserlöslichkeit haben. Eine Löslichkeit von etwa 1000 mg/l wird als besonders geeignet bezeichnet.

Es gibt zahlreiche Körper, die sowohl sammelnde, als auch schäumende Eigenschaften besitzen. Die Schaumbildung ist wie die Hydrophobierung einer Mineraloberfläche ein Grenzflächenvorgang. Man benötigt zur Schaumerzeugung sehr geringe Mengen (0,01 Gew.-%, bezogen auf das Gewicht des trockenen Aufgabegutes, oder 0,002—0,003 Gew.-%, bezogen auf den in der Flotationstrübe befindlichen Anteil des Wassers).

Die nebenstehende Tabelle [A. F. Taggart, T. C. Taylor u. C. R. Ince: Amer. Inst. min. metallurg. Engr. Techn. Publ. **1929**, 204; H. Madel: Metall u. Erz **26**, 436 (1929)] gibt auf Grund einer gemeinsamen Vergleichsgrundlage Kennziffern [1], die für die wichtigsten Schäumer aufgestellt sind:

Schäumer	Bei Verwendung von mg/l	Kennziffer
Phenol, C_6H_5OH	100	0,31
Kresol, $CH_3C_6H_4OH$ . .	100	0,52
Anilin, $C_6H_5NH_2$	200	0,13
Toluidin, $CH_3C_6H_4NH_2$.	200	0,19
Xylidin, $(CH_3)_2C_6H_3NH_2$	25	1,1
Terpineol, $C_{10}H_{18}O$ . . .	25	1,98
Pine-Öl	10	2,9

4. Die Vorgänge bei der Bildung von Mineralschäumen (3phasigen Schäumen).

In den vorhergegangenen Kapiteln wurden unter anderen die Bedingungen für das Zustandekommen mineralbeladener 3phasiger Schäume eingehend besprochen: 1. Die Hydrophobierung der zu flotierenden Mineraloberfläche, und 2. die Bildung von Adsorptionsschichten an den Gasblasen der Flotationstrübe. Im folgenden soll nach Siedler, Moell und Reddehase [Kolloid-Ztschr. **60**, 318 (1932)] versucht werden, eine Vorstellung von den Vorgängen zu geben, die ein Haften der hydrophobierten Mineralteilchen an den Adsorptionsschichten der Gasblasen bewirken.

Nach dieser Auffassung ist das Luftbläschen mit einer (gegen Luft) unpolaren und einer (gegen Wasser) polaren Schicht umgeben, die Erzteilchen mit einer (gegen das Erz) polaren und einer (gegen Wasser) unpolaren. Es wird besonders hervorgehoben, daß die Adsorption nicht gleichmäßig auf der ganzen Fläche des Adsorbens stattfindet, sondern vorzugsweise an Locker- und Störungsstellen des Gitters, die regellos

[1] Kennziffer ist die Menge des Gesamtüberlaufs in g je Kubikfuß (28,3 l) Luft und je mg Schäumer in 1 l Wasser.

über die Flächen des Krystalls verteilt sein sollen. Neben der Adsorption an den Erzteilchen werden auch, besonders an oxydierten Stellen der Krystallflächen, rein chemische Umsetzungen zwischen Verwitterungsprodukten der Krystalle und dem Sammler angenommen.

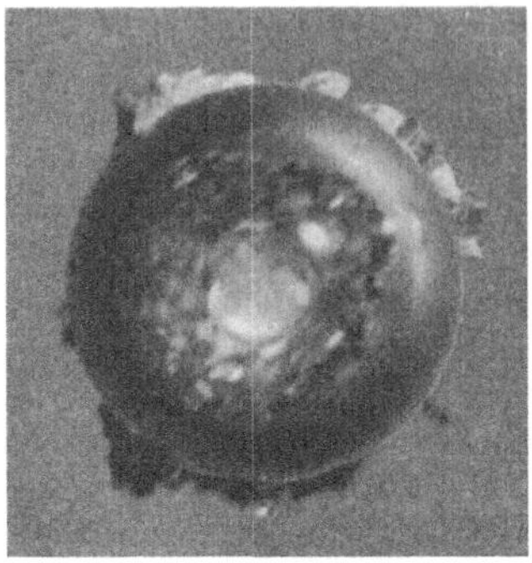

Abb. 2. Mikroskopische Aufnahme eines erzbeladenen Schaumbläschens. Vergr. 15fach.

Treffen nun in der Trübe Luftbläschen und Erzteilchen zusammen, dann haften sich die hydrophobierten Erzteilchen mit ihren mehr oder weniger glatten Flächen an die Luftbläschen, oder bei großen Erzteilchen und sehr kleinen Luftbläschen die Luftbläschen an die Flächen der Erzteilchen. Besonders im ersten Fall kann deutlich beobachtet werden, daß die Erzteilchen die Blasenhülle nicht durchdringen und auch selbst bei starker Vergrößerung keine sichtbare Deformation der Luftblasen herbeiführen, wie man es früher, ausgehend von dem Grad der Benetzung und der Randwinkeltheorie, darzustellen versuchte. Ein solches mit Erzteilchen teilweise umhülltes Luftbläschen ist in 15facher Vergrößerung in der Abb. 2 dargestellt. Es handelt sich hierbei um Bleiglanzkörnchen, die entsprechend der Orientierung ihrer Krystallflächen und der Richtung der Lichtstrahlen teils hell, teils dunkel erscheinen.

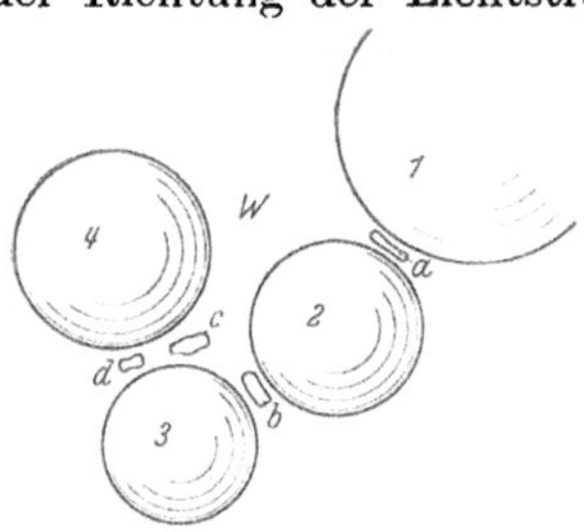

Abb. 3. Schema eines erzbeladenen Schaumes.

Derartige mit Mineral beladene Luftbläschen bilden sich dauernd in der Flotationstrübe. Sie steigen zur Trübeoberfläche auf und verdichten sich daselbst zu einem Schaum. An Hand eines Schemas soll dieser Vorgang erklärt werden.

Das Bild (Abb. 3) zeigt deutlich zwei bekannte Tatsachen, und zwar, 1. daß zwischen den einzelnen Schaumbläschen Trübe eingeschlossen ist, und 2. daß bei einer Trübe mit einer Aufschlämmung feinster Tonteilchen, ein stark wäßriger Schaum in derartigen Fällen immer unreiner, d. h. im Metallgehalt niedriger sein muß als ein wasserarmer trockener Schaum. Ferner zeigt die Aufnahme klar die Verbindung der einzelnen Luftblasen durch die Erzteilchen, ferner auch, daß an diesen Verbindungsstellen eine Konzentration der gröberen Erzteilchen vorzugsweise stattfindet.

Unter Anlehnung an die Ausführungen über Schäumer und Sammler kann man — in grober Annäherung an die tatsächlichen Verhältnisse — sich folgendes Bild von der Ausbildung eines erzbeladenen Schaumes machen.

Abb. 3 *1*, *2*, *3* und *4* seien Luftbläschen, *a*, *b*, *c* und *d* Erzteilchen. Nimmt man zunächst einen Ausschnitt der Luftblasen *1* und *2* und denkt sich ferner das Erzteilchen weg, dann hat man ein beiderseits an Luft grenzendes Lösungshäutchen (Abb. 4, Durchschnitt). Im Inneren des zwischen den Luftblasen *1* und *2* liegenden Lösungshäutchen befinden sich das Lösungsmittel, d. h. Wasser und die gelöste Substanz, d. h. Schäumer; in den Grenzschichten ist der Schäumer in größerer Konzentration vorhanden; außerdem sind die Moleküle in der gekennzeichneten Art in der Oberfläche selbst gerichtet. Die Stärke dieses Lösungshäutchen ist keine unveränderliche Größe, sondern abhängig von Lösungsspannung und Oberflächenspannung. Gleichgewicht ist erst dann erreicht, wenn das Maß der Lösungsspannung auf die Größe der entgegenwirkenden, von der Konzentration abhängigen Oberflächenspannung herabgesunken ist, was durch Wasseraufnahme geschieht.

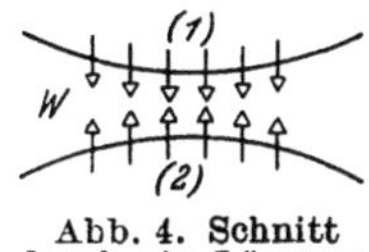

Abb. 4. Schnitt durch ein Lösungshäutchen.

Geht man nun in dem Erklärungsversuch weiter von der mikroskopischen Beobachtung aus, dann muß man eine laminare, d. h. flächenhafte Anheftung der Erzteilchen an die Luftblasen als richtig ansehen und zur Voraussetzung machen. Hiernach kann eine im stereometrischen Sinn geforderte Grenzlinie zwischen den drei Phasen fest/flüssig/gasförmig nicht in Erscheinung treten. Die beiden Phasen fest und gasförmig grenzen auch nicht in einer Fläche im mathematischen Sinn aneinander, sondern zwischen ihnen liegt ein dreidimensionales Gebilde, eine Lamelle. Diese Lamelle besteht aus den an der festen Phase adsorbierten und gerichteten Sammlermolekülen und den ebenfalls an der Luftblase adsorbierten und gerichteten Schäumermolekülen. Die Zwischenräume zwischen diesen beiden Arten von Molekülen einerseits und dem Erzteilchen und der Luftblase andererseits sind, soweit sie nicht in der durch ihren Molekülbau gegebenen dichtesten Packung nebeneinander liegen, durch eingeschlossene Wassermoleküle erfüllt.

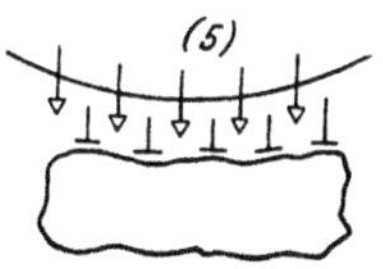

Abb. 5. Schema über das Haften zwischen Luftblase und Erzteilchen.

Nach Abb. 5 dieser Auffassung vermitteln ausschließlich die gleichgerichteten Kraftfelder der in der flüssigen, kondensierten Phase liegenden Sammler- und Schäumermoleküle den Zusammenhalt zwischen Erzteilchen und Luftblase. Diese Darstellung über die Auffassung des Haftens von Erzteilchen zwischen Luftbläschen führt logischerweise zu der in Abb. 6 wiedergegebenen Auffassung über das Anhaften von Erzteilchen an zunächst einzelnen aufsteigenden Luftbläschen.

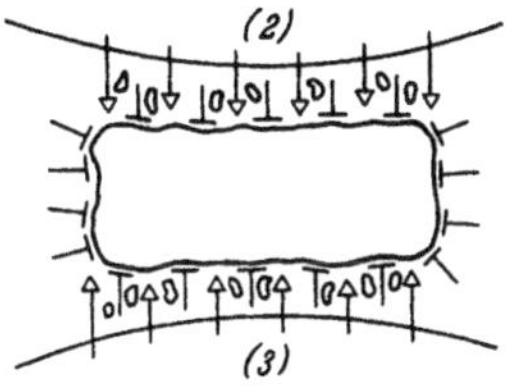

Abb. 6. Haften eines Erzteilchens zwischen zwei Luftblasen.

Hiernach sind an dem Aufbau des Schaumes auch die Erzteilchen wesentlich beteiligt, indem sie der Lamelle als äußeres Konstruktionsgerüst dienen, das die Stabilität des Schaumes weit über das Maß der Festigkeit erhöht, welches ihr der Schäumer allein verleihen kann. Wie früher schon ausgeführt wurde, stabilisieren Erzteilchen den Schaum manchmal so stark, daß seine Zerstörung öfters zu technischen Schwierigkeiten führt. Diese Auffassung erklärt die laminare Flotation.

Nach Ostwald (zitiert S. 125) ist auch eine lineare Flotation möglich. Bei dieser soll die Verknüpfung von Mineralteilchen und Gasblase durch triphile Sammler erfolgen, die bei ihrer Adsorption an den Grenzkanten fest/flüssig/gasförmig einen monomolekularen Schwimmgürtel erzeugen. Die Schäumer haben nach Kellermann [Kolloid-Ztschr. **63**, 220 (1933)] nur die Aufgabe, die Dicke der Schaumlamelle zu regulieren. Mit Hilfe der Ostwaldschen Theorie läßt sich die außerordentliche Empfindlichkeit des Flotationsvorganges gegen Verunreinigungen und „Überölen" besser erklären als mit der Theorie der laminaren Flotation [s. auch King: zitiert S. 124]. Bezüglich der Bedeutung der Flockung und der Aufladung der Teilchen für den Verlauf der Flotation siehe diesbezügliche Literatur: Bartsch [Kolloidchem. Beih. **20**, 50 (1924)]; Berl u. Pfannmüller; Berl u. Vierheller; Kamienski; Sommer Taggart, Taylor u. Knoll; Talmud u. Lubman [Kolloid-Ztschr. **50**, 163 (1930)].

VI. Der Flotationsbetrieb.

1. Die Flotationsanlage.

Den Aufbereitungsgang vom Rohgut bis zum fertigen Konzentrat zeigt schematisch die Stammbaumskizze (Abb. 7) für eine kleine kollektiv arbeitende Anlage in einfachster Ausführung. Das Rohgut wird über einen Rost (*1*) gestürzt und dabei in Rostdurchfall und Grobes unterteilt; das Grobe wird einem Steinbrecher (*2*) zugeführt, vereinigt sich mit dem Rostdurchfall und wird einer Walzenmühle (*3*) aufgegeben. Das gewalzte Gut wird in einer Trommelmühle (*4*) feingemahlen und in einen Klassierer (*5*) ausgetragen, der das noch nicht genügend aufgeschlossene Gut zur Mühle zurückbringt, während das genügend feine einem Eindicker (*6*) oder einem Einwirkgefäß, oder auch einem Mischer zugeleitet wird. Von hier aus wird es dem Flotationsapparat (*7*) aufgegeben, der Berge abstößt und fertige Konzentrate erzeugt. Die Konzentrate werden gefiltert (*8*) und sind versandfertig.

Drei Aufgaben sind es, die in der Hauptsache zu erfüllen sind:

1. das Aufschließen der Erze auf die durch die Anwendung des Flotationsverfahrens bedingte Feinheit; für Erze meist unter 0,25 mm, für Kohlen auf 1—2 mm Korngröße, wenn nicht die Verwachsung der Erze untereinander oder mit der Gangart einen noch weitergehenden Aufschluß, z. B. auf 0,1 mm und teilweise noch darunter erfordert;

2. das Trennen in Konzentrate und Berge, das eigentliche Flotationsverfahren und

3. die Nachbehandlung der Konzentrate, so daß sie zum Versand oder zur Verhüttung geeignet werden, und die Abführung der Berge.

Die technische Durchführung und Lösung dieser Aufgaben werden beherrscht von dem Zwang einer möglichst großen Wirtschaftlichkeit, d. h. billigem und sicherem Betrieb, hoher Anreicherung der Konzentrate und hohem Metallausbringen in den Konzentraten. Nur in Ausnahmefällen treten die beiden letzten Anforderungen zurück, dann nämlich, wenn unbedingt vermieden werden muß, daß Bestandteile, die die Weiterverarbeitung der Konzentrate stören, mit in das Konzentrat gelangen, wie z. B. Wismutglanz oder Kupferkies in Molybdänglanzkonzentrate.

Das Aufschließen beginnt mit der Grobzerkleinerung in Backen- oder Rundbrechern, ihr folgt die Zwischenzerkleinerung in Walzenmühlen, Rundbrechern oder Symons Cone-Brechern und dann die Feinmahlung, gegebenenfalls auch nochmals unterteilt in Vormahlen in Stab- und Feinmahlen in Trommelmühlen mit Kugelfüllung (s. S. 97).

Die eigentliche Flotation behandelt die Vorbereitung der Trübe in Eindickern (s. S. 98), Einwirkgefäßen oder Mischern, dann die Verarbeitung in den Flotationsapparaten selbst.

Die Nachbehandlung umfaßt die Eindickung, Filterung und gegebenenfalls Trocknung der Konzentrate und die Abführung der Berge unmittelbar in Teiche oder nach vorheriger Eindickung.

Da im folgenden nur das Trennen in Konzentrate und Berge behandelt wird, seien in gedrängter Form die wesentlichen Gesichtspunkte aufgeführt, deren Einhaltung für einen wirtschaftlich zu führenden Betrieb Voraussetzung ist.

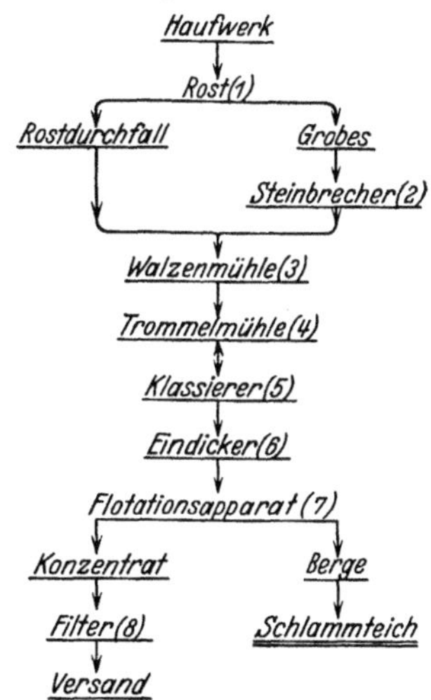

Abb. 7. Stammbaum für einfache Flotation einschließlich vorgeschalteter Grob- und Feinzerkleinerung.

Zur Erhöhung der Leistungsfähigkeit der Zerkleinerungsmaschinen werden in einem von der Größe der Anlage abhängigen Umfang geeignete Roste und Siebvorrichtungen zwischengeschaltet, um genügend feines Gut rechtzeitig herauszunehmen. Der Zwischentransport innerhalb der Anlage erfolgt durch die jeweils geeignetste Vorrichtung: Kippkübelaufzug, Becherwerke, Transportbänder und Pumpen, Zentrifugal- oder Spiralpumpen bzw. Luftheber. Zur Herausnahme grober Eisen- oder Stahlstücke aus dem Abbau, die einen Bruch der Zerkleinerungsmaschinen herbeiführen könnten, werden Magnetscheider (s. S. 106), z. B. in Form einer Umlenkrolle eines Transportbandes angebracht. Unter Umständen werden Transportbänder als Klaubebänder hergerichtet, um in der Weiterbehandlung störende Mineralbestandteile oder störendes Holz auszulesen. Zur möglichst gleichmäßigen Beschickung der einzelnen Maschinen sind Bunker und Zwischenbunker mit regelbaren Austragvorrichtungen von nicht zu unterschätzender Bedeutung. Zusammengehörige Maschinen werden in Gruppen zusammengefaßt, möglichst in Gruppen aufgestellt und einzeln oder gruppenweise angetrieben. Platz, Licht und Übersichtlichkeit müssen bei der Gesamtanordnung genügend berücksichtigt und auch Bedacht darauf genommen werden, daß Reparaturen bzw. der Ausbau von Maschinen ohne Schwierigkeiten durchführbar sind. Bei Anlagen mit großer Leistung ist häufig die Unterteilung des

Gesamtdurchsatzes auf mehrere parallel arbeitende Systeme von Vorteil. In der Flotationsanlage selbst müssen automatisch arbeitende Zuteiler für die Sicherheit geregelter Reagenzienmengen sorgen; eine gleichbleibende Verdickung der Aufgabetrübe, gleichbleibende Korngrößenverteilung und eine gleichbleibende Beschaffenheit des zur Flotation benutzten Wassers müssen als unerläßliche Vorbedingungen betrachtet werden. Schließlich müssen Probenehmer Proben aus dem Rohgut, den Konzentraten und Bergen entnehmen, um die Grundlage für die Metallrechnung zu schaffen. Eine geregelte Wasserwirtschaft, gegebenenfalls mit getrennten Umlaufströmen, ist bei selektiven Anlagen eine Selbstverständlichkeit.

2. Die Trübeführung in Flotationsapparaten.

Billiger und sicherer Betrieb, hohe Konzentrate und hohes Metallausbringen, bei selektiven[1] Anlagen noch die Bedingung eines möglichst geringen Anteils des zweiten Metallträgers im ersten und des ersten im zweiten, sind die üblicherweise gestellten Anforderungen. Um diese zu erreichen, bedarf es wohl überlegter Trübeführungen in den Schwimmapparaten selbst. Wenn auch allgemein gültige Regeln sich nicht aufstellen lassen, so seien doch die zu berücksichtigenden wesentlichsten Gesichtspunkte an Hand von Stammbaumskizzen kurz erläutert.

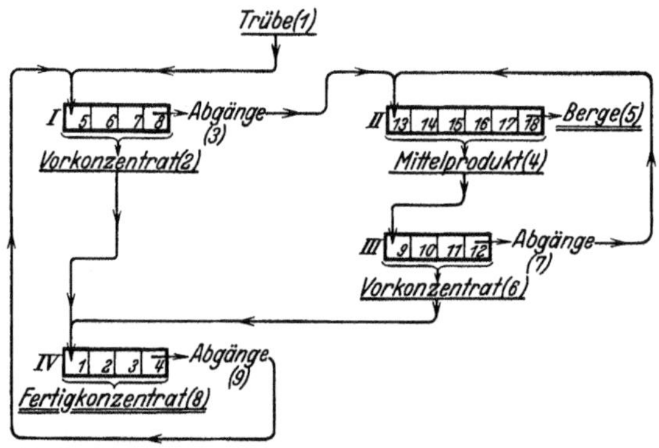

Abb. 8. Trübeführung bei einer einfachen Flotation unter Berücksichtigung einer Vorflotation, Mittelproduktenverarbeitung und Nachflotation (Arbeitsweg 1).

Für ein in geeigneter Weise gemahlenes und vorbehandeltes, in Form einer Trübe vorhandenes Gut seien für die einfache Kollektivflotation die beiden in ihren Grundzügen verschiedenen Arbeitswege schematisch angegeben:

Arbeitsweg 1. Nach dem Stammbaum Abb. 8 wird aus der Trübe (*1*) zunächst im Apparat *I* ein Vorkonzentrat (*2*) gewonnen; die noch nicht genügend metallarmen Abgänge (*3*) werden anschließend in *II* auf ein Mittelprodukt (*4*) und fertige Berge (*5*) aufgespalten. Das Mittel-

[1] Von einfacher Flotation spricht man, wenn durch die Flotation nur eine einzige nutzbare Komponente des Rohgutes im Flotationskonzentrat gewonnen wird.

Von kollektiver Flotation spricht man, wenn mehrere nutzbare Komponenten im Rohgut vorhanden sind und dieselben zusammen in einem einzigen Sammelkonzentrat gewonnen werden.

Von selektiver Flotation spricht man, wenn mehrere nutzbare Komponenten im Rohgut vorhanden sind und dieselben auswählend (d. i. selektiv) nacheinander in verschiedenen Flotationskonzentraten gewonnen werden.

produkt (*4*) wird nochmals in *III* nachbehandelt und liefert ein Vorkonzentrat (*6*) und Abgänge (*7*). Die noch metallhaltigen Abgänge (*7*) gehen zur Aufgabe von *II* zurück. Vorkonzentrat (*6*) und Vorkonzentrat (*2*) werden zusammengefaßt, in *IV* nachgeschwommen und dabei unter-

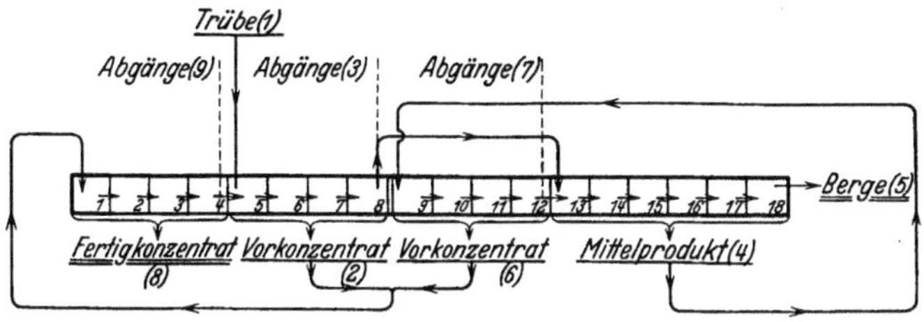

Abb. 9. Betriebsmäßige Schaltung einer einfachen Flotation nach dem Prinzip auf Abb. 8.

teilt in das fertige Konzentrat (*8*) und Abgänge (*9*), die zur Aufgabe von *I* zurückgehen.

Die hier wiedergegebene Trübeführung wird praktisch in mehrzelligen, selbstansaugenden Apparaten nach der in Abb. 9 angegebenen Form ausgeführt. Bemerkenswert ist hierbei, daß irgendwelche Hebevorrichtungen zur Zwischenhebung unfertiger Produkte vermieden sind, daß die Abgänge (*9* und *7*) unmittelbar die nächsten Zellen durchlaufen und vor allem, daß von der ersten zur letzten Zelle nur eine Strömungsrichtung beibehalten ist; dabei ist jede Zelle unmittelbar mit der folgenden verbunden mit Ausnahme der Zellen *8* und *9*, die gegeneinander abgeschlossen sind. Rohrumführungen, jedoch ohne Hebevorrichtungen sind nur erforderlich für die Abgänge (*3*), das Mittelprodukt (*4*) und die zusammengefaßten Vorkonzentrate (*2* und *6*).

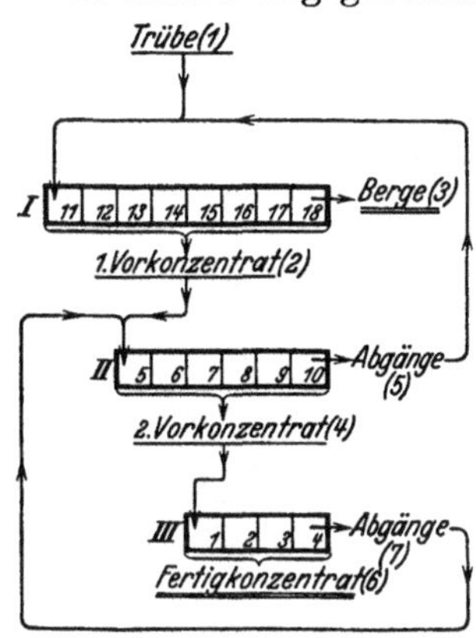

Abb. 10. Trübeführung bei einer einfachen Flotation unter Berücksichtigung einer ersten Vorflotation, zweiten Vorflotation und Nachflotation (Arbeitsweg 2).

Arbeitsweg 2. Die zweite grundsätzliche Schaltungsmöglichkeit ist in Abb. 10 gezeigt. Die Trübe (*1*) wird in Apparat *I* in ein verhältnismäßig armes Vorkonzentrat (*2*) und fertige Berge (*3*) unterteilt. Das Vorkonzentrat (*2*) wird in *II* nachgeschwommen und liefert ein zweites Vorkonzentrat (*4*) und Abgänge (*5*). Die Abgänge (*5*) gehen zur Aufgabe von *I* zurück. Das zweite Vorkonzentrat (*4*) wird nochmals behandelt und ergibt in *III* das fertige Konzentrat (*6*) und Abgänge (*7*), die zur Aufgabe von *II* zurückgehen.

Die in der Praxis hierfür übliche Schaltung ist in Abb. 11 wiedergegeben. Diese Schaltung ist einfacher als die der Abb. 9, da Umführungen und Abschlüsse einzelner Zellen gegeneinander überhaupt vermieden sind. Auch hier sind Hebevorrichtungen für die Vorkonzentrate

(*2* und *4*) nicht erforderlich, da die Konzentrate selbsttätig zu den betreffenden Zellen hinfließen und von diesen angesaugt werden.

Die Praxis mit ihren vielseitigen Anforderungen, unter anderen auch der Bewegungsmöglichkeit in der Stammbaumführung, läßt derartige einfache Trübeführungen, wie in den Abb. 8—11 angegeben, häufig selbst für die einfache Kollektivflotation nicht zu.

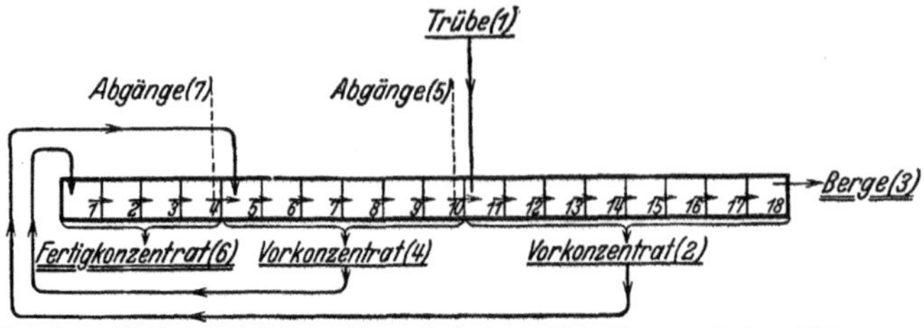

Abb. 11. **Betriebsmäßige Schaltung einer einfachen Flotation nach dem Prinzip auf Abb. 10.**

Um die Abänderungs- und Anpassungsmöglichkeiten zu zeigen, werden im folgenden zwei der Praxis entnommene — es handelt sich um Beispiele der Oxydflotation mit hohem Mengenausbringen —, den obigen idealen in grober Anlehnung entsprechende Führungsschemata wiedergegeben unter gleichzeitiger Beifügung der Mengenstammbäume, die augenfällig den Unterschied der beiden grundsätzlichen Möglichkeiten der Trübeführung in Schwimmapparaten zeigen. Zur Vereinfachung der Darstellung und zum besseren Vergleich sind die in Frage kommenden Daten abgerundet, die Mengen nur prozentual bezogen und auf eine beide Male gleiche Zellenzahl umgerechnet.

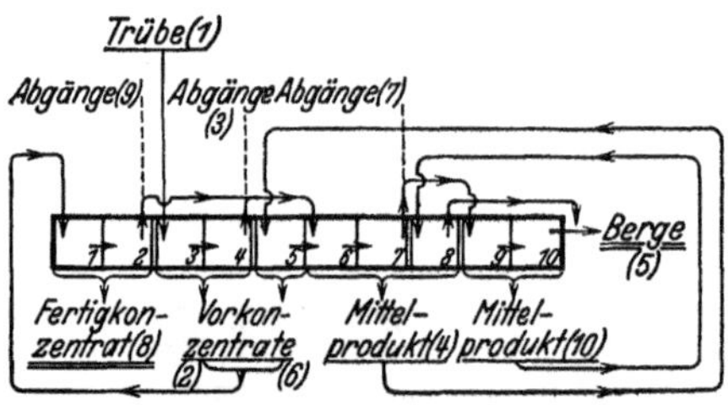

Abb. 12. Beispiel einer betriebsmäßigen Schaltung für die Schwimmaufbereitung von oxydischem Erz (einfache Flotation) nach dem Prinzip auf Abb. 8 und 9.

Die Abb. 12 (praktisch) entspricht den Abb. 8 und 9 (ideal). Der zu Abb. 12 gehörige Mengenstammbaum ist in Abb. 13 wiedergegeben.

Abb. 14 (praktisch) entspricht den Abb. 10 und 11 (ideal); den zu Abb. 14 gehörigen Mengenstammbaum zeigt Abb. 15.

In den Mengenstammbäumen sind die zusammengehörigen Zellen, die auf der einen Seite Schaum, auf der anderen „Nicht"schaum erzeugen, jeweilig unter den Abzweigstellen angegeben, um den Vergleich mit der Stammbaumskizze zu erleichtern. In den einzelnen Ästen der Mengenstammbäume sind die Mengen in % angegeben und darunter die Zahl, mit der das betreffende Produkt in dem zugehörigen Stammbaum bezeichnet ist.

Betrachtet man die verschiedenen Stammbäume, dann ist der Unterschied zwischen den Abb. 8, 9, 12, 13 und den Abb. 10, 11, 14, 15 augenfällig. Es ist verständlich, daß man bestrebt sein wird, in der Praxis soweit wie möglich die einfachen Stammbäume zu benutzen. Dies ist jedoch nur im beschränkten Umfang möglich. Die bis jetzt zur Verfügung stehenden Flotationsmittel gestatten nur dann die Anwendung der einfachen Stammbäume, wenn das Ausarbeiten der Trübe, d. h. das Schaffen von metallarmen Bergen leicht und das Drücken der Berge verhältnismäßig einfach sind. Anwendbar sind die einfachen Stammbäume bei Kohle, Graphit, ferner Sulfiden, die wie Molybdänglanz, Bleiglanz, Zinkblende ohne störende Begleitmineralien vorkommen. Sie sind ferner anwendbar bei goldführenden Kiesen, bei einigen oxydischen Erzen, dann aber auch bei gutartigen mehrmetallischen Vorkommen, wie Bleiglanz/Zinkblende, Kupferkies/Schwefelkies u. a. Häufig jedoch, auch schon bei der Kollektivflotation, vor allem aber bei der Flotation der meisten Oxyde und bei der selektiven, führt der mehr kompliziert erscheinende Stammbaum nach den Abb. 8, 9, 12 und 13 eher zum Ziel. Noch wesentlich umfangreicher als angegeben wird die Stammbaumführung unter Umständen dadurch, daß nicht nur eine einmalige Nachflotation, sondern eine mehrfache erforderlich wird; außerdem noch dadurch, daß häufig nicht ein, sondern zwei Mittelprodukte, ein reiches und ein armes, oder ein nicht verwachsenes und ein verwachsenes erzeugt werden müssen, die beide eine entsprechende Nachbehandlung erfordern. Verlangt die Verwachsung eines der beiden Mittelprodukte unter Umständen noch einen weiteren Aufschluß, d. h. ein nochmaliges Feinmahlen, das die Zwischenschaltung einer besonderen Mühle mit Klassierer, gegebenenfalls auch noch die Aufstellung eines besonderen Eindickers oder Einwirkgefäßes erforderlich macht, denn erst zeigen sich die Schwierigkeiten der praktischen Flotation, die von dem leitenden Ingenieur zu meistern sind. Dies macht auch den dringenden Wunsch der Praxis verständlich, von der Wissenschaft Mittel und Wege an Hand zu bekommen, die eine einwandfreie Beherrschung der Wirkung der Flotationsmittel gestatten.

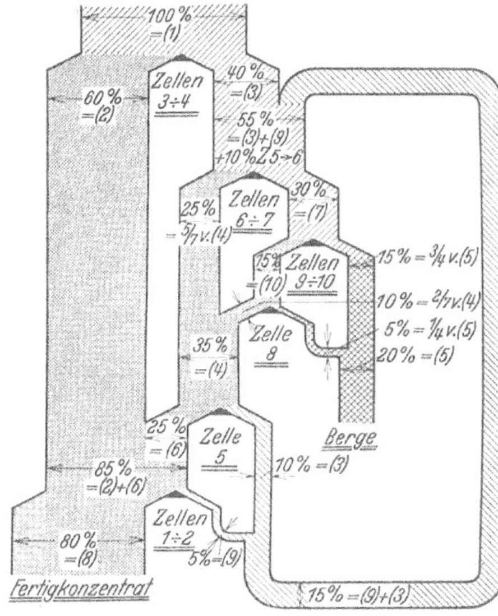

Abb. 13. Mengenstammbaum zu der Schaltung in Abb. 12.

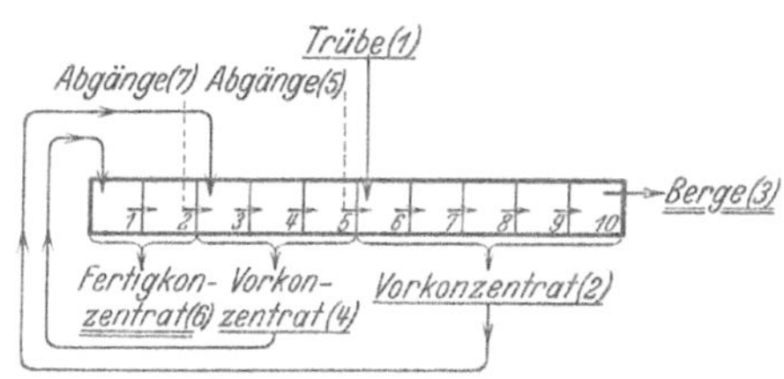

Abb. 14. Beispiel einer betriebsmäßigen Schaltung für die Schwimmaufbereitung von oxydischem Erz (einfache Flotation) nach dem Prinzip auf Abb. 10 und 11.

Es darf nicht verkannt werden, daß die Flotationsmittel wohl ein wichtiges, aber immerhin nur eins unter vielen Mitteln darstellen, die die Möglichkeit einer Aufbereitung durch Flotation gestatten. Dazu kommt noch, daß der beste technische Erfolg nutzlos wird, wenn die Wirtschaftlichkeit nicht gewahrt bleibt. Bezüglich des eigentlichen Flotationsverfahrens in den Schwimmapparaten spielen zwei Gesichtspunkte eine wesentliche Rolle. Einmal wird man eine weniger gute Stammbaumführung einer besseren vorziehen, wenn der wirtschaftliche Erfolg die bessere nicht rechtfertigt. Das andere Mal wird man sich mit niedrigeren Konzentraten oder niedrigerem Ausbringen begnügen, wenn die Rechnung ergibt, daß bessere Ergebnisse mit Hilfe von teueren oder größeren Mengen an Zusatzmittel sich nicht lohnen. Letzten Endes wird also auch die praktisch beste Stammbaumführung immer einen Kompromiß darstellen

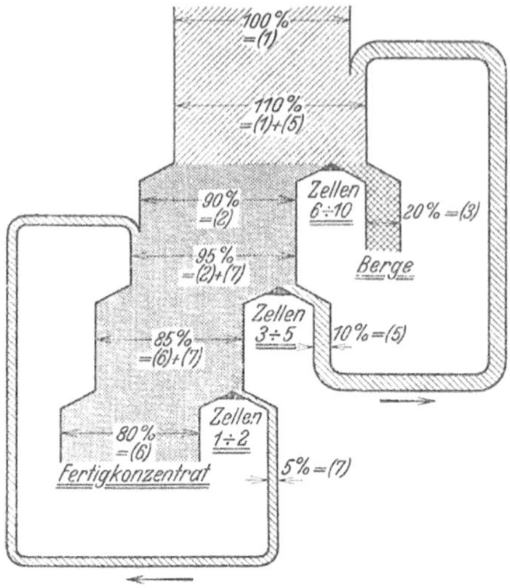

Abb. 15. Mengenstammbaum zu der Schaltung in Abb. 14.

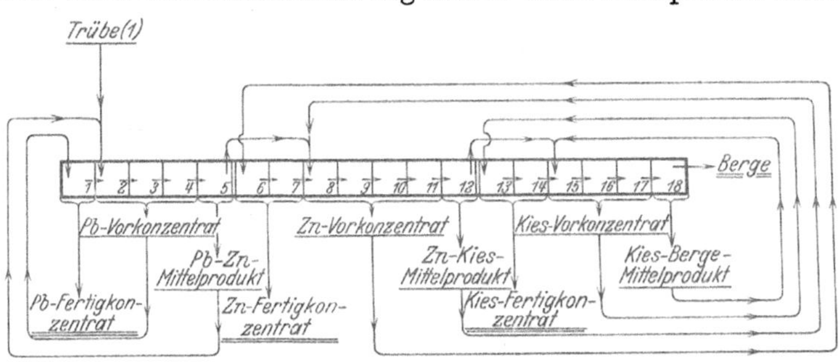

Abb. 16. Beispiel einer betriebsmäßigen Schaltung für selektive Flotation.

aus technischen und wirtschaftlichen Überlegungen und wissenschaftlicher Erkenntnis.

Die angegebenen Stammbäume betreffen Erze mit Gehalt an nur einer Metallverbindung und sind aufgestellt für mehrzellige selbstansaugende Flotationsapparate.

Eine entsprechende, ins einzelne gehende Darstellung für eine zwei- oder dreifach selektive Schwimmanlage erübrigt sich, da dies letzten Endes nur ein Aneinanderreihen bzw. Nebeneinanderschalten mehrerer der angegebenen Stammbäume darstellt. Abb. 16 zeigt das Schema einer selektiven Flotation. Daß bei selektiven Anlagen die Führung der Mittelprodukte gegebenenfalls, verglichen mit den einfachen kollektiven Stammbäumen, Abänderungen erforderlich macht, läßt sich verstehen.

Die Darstellung der Stammbäume mit mehrzelligen, selbstansaugenden Apparaten erfolgte der Einfachheit und Übersichtlichkeit halber. Stammbäume der angegebenen Art lassen sich unter Anpassung an die Bauart der verschiedenen Apparatetypen in ähnlicher Form immer ausführen, gegebenenfalls unter Zwischenschaltung besonderer Vorrichtungen für die Zwischenhebung, ferner Einschaltung von Mischern, Einwirkgefäßen und Verteilern. Das gleiche gilt für die Verwendung verschiedener Apparatetypen in einer Anlage. In manchen Fällen sind gerade bestimmte Apparate gut geeignet zum Ausarbeiten der Trübe, d. h. zum Erzeugen metallarmer Berge, andere wieder besonders geeignet zur Nachflotation der Vorkonzentrate, d. h. für eine hohe Anreicherung. In solchen Fällen empfiehlt sich die Verwendung von Flotationsapparaten verschiedener Bauart, z. B. von Minerals Separation-Unterluftapparaten in Verbindung mit MacIntosh-Apparaten, die ersten zum Ausarbeiten der Berge, die letzen zum Schaffen hochangereicherter Konzentrate.

3. Die Flotationsapparate.

Die zur Zeit gebräuchlichsten Flotationsapparate [1] lassen sich nach zwei Gesichtspunkten in Gruppen unterteilen, einmal nach ihrer Bauart in

a) einzellige und

b) mehrzellige Apparate,

das andere Mal [2] nach der Art der Lufteinführung, Luftverteilung und Durchmischung der Trübe in

I. Rührwerksapparate:

1. mit vertikaler Welle (M. S. Standard-Apparat [D.R.P. 244490; 269651; 338656; 345243; A.P. 835120; 953746; 962678; 979857; 1064209; 1064723]),

2. mit horizontaler Welle (K. & K.-Apparat [A.P. 1174737; 1322909]).

II. Druckluftapparate:

1. mit porösen Mitteln zur Luftverteilung (MacIntosh-Zelle [D.R.P. 512479; A.P. 1608896]),

2. mit freiem Lufteintritt, Luftheberapparate (Forrester- [A.P. 1646019], Southwestern- [A.P. 1219089; 1253653; 1646019] und Ekof- [D.R.P. 311586] -Apparat).

III. Kombinierte Rührwerks- und Druckluftapparate (M.S. Unterluft- [D.R.P. 321160; 338656; 345243; 493110], Fahrenwald- [A.P. 1417895] und Janney-Apparat.

Zur Gruppe a) gehören z. B. der Janney-Apparat, ein kombinierter Rührwerks- und Druckluftapparat und die MacIntosh-Zelle, ein Druckluftapparat mit porösem Mittel zur Luftverteilung; zur Gruppe b) unter anderen die M. S. Standard- und Fahrenwald-Apparate, Rührapparate mit vertikaler Welle und die K. & K. Flotationsmaschine, ein Rührwerksapparat mit horizontaler Welle.

[1] Bezüglich der Beschreibung der einzelnen Apparate selbst sei auf das einschlägige Schrifttum verwiesen.

[2] Es sind nur die bekanntesten Apparate als typische Vertreter herausgenommen.

Einzellige Apparate bestehen, wie der Name sagt, aus einer einzigen, in der Länge und dem Inhalt dem Durchsatz angepaßten Zelle. Da eine Zelle in den meisten Fällen weder fertige Konzentrate noch fertige Berge liefert, müssen immer mehrere derartige Zellen stufenweise untereinander angeordnet oder auf gleicher Höhe durch Hebevorrichtungen für die Trübe miteinander verbunden werden. Mehrzellige Apparate bestehen aus mehreren in gleicher Höhe Wand an Wand aneinander gebauten und miteinander verbundenen Zellen. Größe, Inhalt und Anzahl der Zellen richtet sich in der Hauptsache nach der Durchsatzmenge. Mehrzellige Apparate gestatten in einem Aggregat die Erzeugung fertiger Berge und fertiger Konzentrate.

Rührwerksapparate der Gruppen I, 1 und 2 sind gekennzeichnet durch zwei unabhängige, aber miteinander in Verbindung stehende Räume, einem Rühr- und Belüftungsraum sowie einem Schaumabscheideraum, letzterer meist in Form eines Spitzkastens. Derartige Apparate gebrauchen keine Gebläse für die Lufteinführung, da die erforderliche Menge aus der Außenluft bei der Rührung eingeschlagen wird. Auch sind Einwirk- oder Mischgefäße bei diesen Apparatetypen nur erforderlich, wenn lange Einwirkzeiten für die Reagenzien nötig sind.

Druckluft-Flotationsapparate erfordern besondere Gebläse für die benötigte Luftmenge, und zwar bei den Druckluftapparaten mit porösen Mitteln zur Luftverteilung die Luftmenge, die zur Schaumerzeugung nötig ist und zum Teil auch zur Rührung. Druckluftapparate mit freiem Luftaustritt durch offene Rohre (Luftheberapparate) benötigen außer der Luft zur Schaumerzeugung ferner die Luftmengen, die zur Durchmischung innerhalb der Zellen und zum Transport der Trübe in den Zellen bzw. von einer Zelle zur anderen gebraucht werden. Außer Abstreichern zur Entfernung des Schaumes, die gelegentlich angebracht werden, haben Luftheberapparate keine mechanisch bewegten Teile. Für sämtliche Druckluftapparate empfiehlt es sich, vor die eigentlichen Flotationsapparate Mischer oder Einwirkgefäße zu schalten, um eine schon möglichst gut durchgemischte, fertige Trübe den Flotationsapparaten zuzuführen.

Kombinierte Rührwerks- und Druckluftapparate sind Rührapparate mit vertikaler Welle, bei denen die Rührung und Durchlüftung sowie die Schaumabscheidung in dem gleichen, meist nur durch einen horizontalen Rost in zwei Abteilungen getrennten Raum vor sich geht. Spitzkästen sind nicht vorhanden. Zuweilen findet man eine spitzkastenähnliche Erweiterung des Schaumabscheideraumes. Die nur zur Schaumerzeugung benötigte Luft kann von einem Gebläse geliefert werden. In den meisten Fällen genügt jedoch die durch eine besondere Konstruktion der Apparate bewirkte zwangsläufige Umführung der von einer zur nächsten Zelle weiter zu leitenden Trübe, um aus der Außenluft die für die Schaumerzeugung benötigte Luft mitzureißen. Eine Ausnahme macht der Janney-Apparat, der aus zwei Apparaten, einem Rührwerksapparat mit horizontaler Welle und einem Druckluftapparat mit porösem feststehendem Mittel zusammengesetzt ist.

Für die Wahl des jeweils zu benutzenden Apparatetyps bzw. einer Kombination sind in der Hauptsache technische und wirtschaftliche

Gesichtspunkte maßgebend. Entscheidend sind Anreicherung und Ausbringen, bei selektiven Anlagen der Trennungsgrad der verschiedenen Metallverbindungen, aber auch Kraft- und Raumbedarf, Anschaffungs-, Wartungs- und Reparaturkosten, ferner Betriebssicherheit und Übersichtlichkeit der Anlage. Zu berücksichtigen sind außerdem die Korngröße des zu flotierenden Gutes und die Größe der Anlage, d. h. die Durchsatzmenge.

Allgemein gültige Regeln lassen sich auch hier nicht aufstellen. Es muß vielmehr der Überlegung und der Erfahrung aus bestehenden Anlagen oder Versuchsergebnissen überlassen bleiben, die jeweils für das vorliegende Erz geeignetsten Apparatetypen oder Kombinationen auszuwählen.

4. Anlagegrößen, Leistungen, Kosten und Kostenverteilung.

Flotationsanlagen sind gebaut worden für weniger als 1 t/h, aber auch für Durchsatz an Rohgut bis zu 1000 t/h und darüber. Für europäische Verhältnisse können Anlagen mit einer Durchsatzleistung an Rohgut von 150—300 t/Tag als solche von mittlerer Größe bezeichnet werden.

Anlagekosten. Die Kosten für die Ausrüstung einer Flotationsanlage mit Maschinen für einen 24stündigen Betrieb bewegen sich je nach der Art des zu verarbeitenden Erzes — Zerkleinerungs- und Flotationsfähigkeit, ein- oder mehrmetallisch — und je nachdem, ob die Flotationsanlagen unter Ausschaltung besonderer Hilfsmittel so einfach wie möglich oder mit allen neuzeitlichen Zusatzmaschinen und Apparaten ausgerüstet werden, schätzungsweise in folgenden Grenzen:

für	50 t	Tagesleistung	50000—100000 RM,
,,	100 t	,,	100000—180000 RM,
,,	200 t	,,	180000—320000 RM,
,,	500 t	,,	450000—750000 RM.

Die außerdem für Gebäude, einschließlich Licht-, Heizungs-, Transportanlagen und inneren Ausbau, einschließlich Motoren, erforderlichen Kosten können mit 50—80% der angegebenen Summen angenommen werden. Zu diesen Kosten kommen noch jene für die Aufstellung der Maschinen und Apparate, die unter normalen Verhältnissen etwa 12—20% der Kosten für die Maschinenlieferung ausmachen.

Betriebskosten. Schon für Flotationsanlagen, die Erze mit gleichem Metallträger verarbeiten, können die Betriebskosten in weiten Grenzen schwanken, und zwar in der Hauptsache in Abhängigkeit von der Durchsatzmenge, der Beschaffenheit des Erzes und den von örtlichen Verhältnissen abhängigen Lohn-, Kraft- und Wasserkosten. Als Anhaltswert kann man als Betriebskosten je t Durchsatz 3—6 RM annehmen. Kosten von 1,5—2 RM sind nur bei großen Anlagen mit gutartigem Erz möglich. Überschritten werden die angegebenen Durchschnittswerte häufig von kleinen Anlagen, dann solchen, die selektiv arbeiten und auch solchen, die Erze mit besonders hohem Metallwert verarbeiten, also auch hohe Kosten rechtfertigen. Anhaltswerte über die Verschiebung der Kosten bei kleinen und großen Anlagen und solchen, die einfach, zweifach und dreifach selektiv arbeiten, gibt in abgerundeten Zahlen die folgende Tabelle [Auszug aus Met. Bull. Geco **34**].

Durchsatz in t/Tag	5000	1500	500	150	50
	RM	RM	RM	RM	RM
einfach	2,0	3,0	4,0	4,0	5,5
zweifach selektiv	3,5	4,5	5,5	6,5	8,0
dreifach selektiv[1]	4,5	6,5	7,5	8,5	10,5

Die Verteilung der Gesamtkosten auf die einzelnen Aufbereitungsstufen zeigt die folgende Tabelle[2], die den Durchschnitt einer Reihe verschiedenartiger amerikanischer Anlagen in abgerundeten Zahlen wiedergibt:

Zerkleinerung, Transport und Klassieren	22%	Bergewirtschaft	4%
Feinmahlen	31%	Wasserwirtschaft	5%
Flotation	19%	Allgemeine Unkosten und Verschiedenes	15%
Entwässerung	4%		

Eine andere prozentuale Unterteilung der Gesamtkosten, wiederum als Durchschnitt verschiedenartiger amerikanischer Anlagen, zeigt die folgende Tabelle:

Löhne und Gehälter	27%	Materialverbrauch, einschließlich Flotationsmittel	38%
Kraft	24%	Verschiedenes	11%

Die Arbeitsleistung in t je Mann und Schicht ist wesentlich von der Durchsatzmenge der Anlage abhängig. Sie beträgt 3—5 t, häufiger noch weniger bei kleinen Anlagen, steigt auf 10, teilweise sogar bis auf 20 t bei mittleren Anlagen und erreicht 50 t und sogar darüber bei großen Anlagen.

Ähnlich verhält es sich mit dem Kraftverbrauch in kWh je 1 t Durchsatz, nur daß hierbei besonders zu berücksichtigen bleibt, bis auf welche Feinheit das Erz gemahlen und ob selektiv mit einer größeren Anzahl von Zellen geschwommen werden muß oder nicht.

Kleine Anlagen verbrauchen meist über 50 kWh/t, mittlere zwischen 25 und 50 kWh/t, bei schwierigen Erzen und selektiver Arbeit häufig 40—50 kWh/t; bei großen Anlagen geht der Kraftbedarf auf 10—30 kWh/t zurück.

Die folgende Zusammenstellung zeigt ein Beispiel für die Unterteilung der Flotationsmittel-Kosten einer selektiv arbeitenden Bleiglanz-Zinkblendeanlage:

Zusatzmittel
für eine selektive PbS/ZnS-Flotation, bezogen auf 1 t Aufgabe (trocken).

			1 kg Mittel kostet RM
1. PbS-Flotation.			
a) 27,6 l (1%) = 276 g NaCN (drückend)	= RM 0,56		2,05
b) 6,9 l (1%) = 69 g $ZnSO_4$ (drückend)	= RM 0,02		0,28
c) 0,6 l (5%) = 30 g K. Äthylxanthat (sammelnd)	= RM 0,03		1,00
d) 0,04 kg Kiefernöl (schäumend)	= RM 0,03	0,64	0,65
2. ZnS-Flotation.			
e) 4,15 l (10%) = 415 g $CuSO_4$ (belebend)	= RM 0,22		0,52
f) 0,6 l (25%) = 150 g K. Äthylxanthat (sammelnd)	= RM 0,15	0,37	1,00
	Zusammen: RM	1,01	

[1] Die in diesen und den folgenden Tabellen angegebenen Daten können nur als Anhaltswerte benutzt werden, da allein die Änderung der Durschsatzmenge erhebliche Verschiebungen verursachen kann.

[2] Umgerechnet und ergänzt entsprechend den in dem Buche „Flotation“ von Mayer-Schranz angegebenen Daten.

Rühren.

Von Dr.-Ing. **K. Thormann** VDI, Breslau.

I. Allgemeines.

Das wichtigste Mittel, in einer gegebenen Menge einer tropfbaren Flüssigkeit eine Gleichverteilung in mechanischer, chemischer oder thermischer Beziehung zu erreichen und aufrechtzuerhalten, besteht im Rühren. Die häufigsten Aufgaben sind das Vermischen mehrerer Flüssigkeiten, das Lösen und Auswaschen fester Stoffe (wenn der Anteil des festen Körpers verhältnismäßig gering gegenüber der Flüssigkeit ist), die Beschleunigung des Verlaufs chemischer Reaktionen, die Verbesserung der Wärmeübertragung von heizenden oder kühlenden Flächen und das Verhindern des Absetzens oder Anbackens fester Stoffe. Die Ausführung einer Rührvorrichtung richtet sich nach Form und Größe des Gefäßes, den Eigenschaften der Flüssigkeit und dem Zweck des Rührens. Sie soll durch ihre Wirkungsweise in der Flüssigkeit zahlreiche, unregelmäßige Drehbewegungen mit stark gekrümmten Bahnen erzeugen, die eine dauernde Verschiebung der einzelnen Teilchen zur Folge haben. Neben diesen Wirbelbildungen, die eine örtliche Mischung ergeben, soll auch die ganze Flüssigkeitsmenge im Behälter Verschiebungen erfahren, so daß die Eigenschaften des Inhalts sich ausgleichen. Um die Bewegungen zu erzeugen, führt man entweder mechanisch arbeitende Rührwerkzeuge durch die Flüssigkeit oder man bläst Gase oder Dämpfe unmittelbar ein, die beim Aufsteigen die Flüssigkeit mitnehmen und durchwirbeln.

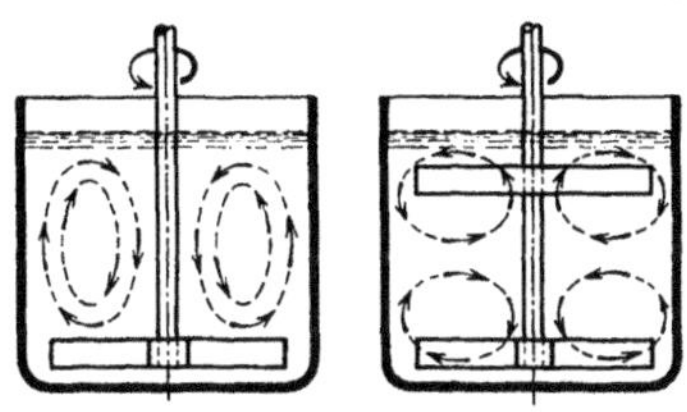

Abb. 1. Flüssigkeitsumlauf in Rührgefäßen.

Besonders dann, wenn das Absetzen von festen Stoffen verhindert, oder wenn durch die Gefäßwände Wärme übertragen werden soll, sucht man im Gefäß eine Strömung von der Gefäßmitte an die Außenflächen und umgekehrt etwa nach Abb. 1 zu erreichen, damit der äußere und der innere Teil des Gefäßinhalts dauernd den Platz wechseln. Um diesen Umlauf im Gefäß zwangläufig zu sichern, baut man oft Leitflächen, z. B. zylindrische Rohre, in der Gefäßmitte ein.

Siehe auch Abschnitt Mischen, S. 151.

II. Mechanisch wirkende Vorrichtungen.

1. Rührwerke.

Die Rührwerke bestehen aus verschiedenartig gestalteten Druckflächen, die sich mit verhältnismäßig geringer Geschwindigkeit in gleich bleibenden Bahnen durch die Flüssigkeit bewegen und dabei auf der der Bewegungsrichtung entgegengesetzten Seite starke Wirbel erzeugen. Die Stärke der Wirbelbildung hinter dem Rührwerkzeug hängt von dessen Flächeninhalt und Form, seiner Geschwindigkeit gegenüber der umgebenden Flüssigkeit und ihren Eigenschaften ab. Ist die Fläche größer als etwa $^1/_5$—$^1/_3$ der durch die Drehachse gehenden Schnittfläche des Flüssigkeitsraumes, so dreht sich die Flüssigkeit im gleichen Drehsinn

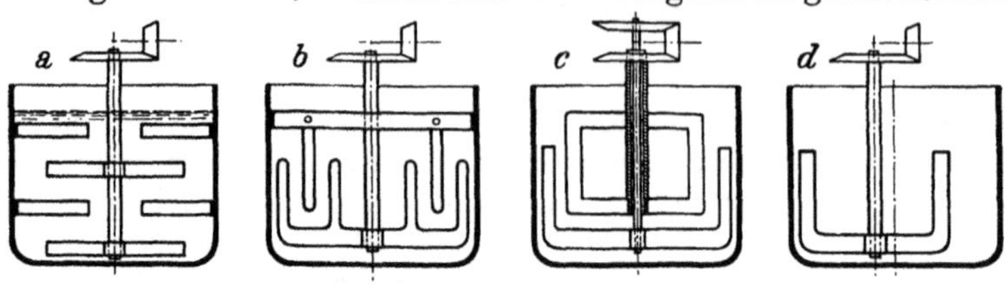

Abb. 2. Rührwerke.

mit, wodurch die Relativgeschwindigkeit des Rührwerkzeuges gegenüber der Flüssigkeit sinkt. — Im Gefäß fest angebrachte Stoßleisten (Abb. 2*a* und *b*) oder Stäbe, Gegenlauf (Abb. 2*c*) oder exzentrische Anordnung des Rührwerkzeugs (Abb. 2*d*) können diese Bewegung verhindern. Der Kraftbedarf ist ungefähr der 3. Potenz der Drehzahl proportional, wenn die Flüssigkeit sich nicht mitdreht. Er ist um so höher, je größer die Druckflächen des Rührwerkzeugs und je zäher die Flüssigkeit ist und hängt außerdem auch von der Bauart des Rührwerkzeugs ab.

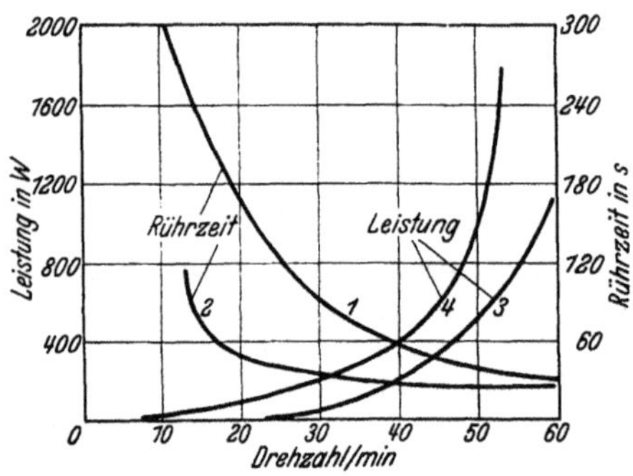

Abb. 3. Rührzeit und Kraftbedarf eines langsam laufenden Rührwerks mit und ohne Strombrecher in Abhängigkeit von der Drehzahl.

Als Beispiel sind die kennzeichnenden Kurven für ein einfaches Rührwerk nach Wood, Whittemoor und Badger [Chem. metallurg. Engin. 27, 1176 (1927); W. L. Badger, W. L. McCabe: Elements of chemical engineering, S. 479. London: McGraw-Hill 1931] auf Abb. 3 dargestellt. Der Behälter war 1,5 m tief und breit; Kurven *1* und *2* geben die Beziehung zwischen der Zeit für vollständige Mischung und der Drehzahl, und zwar *1* ohne und *2* mit Strombrechern. Die Kurven *3* und *4* zeigen den Kraftbedarf in Abhängigkeit von der Drehzahl, und zwar *3* ohne, *4* mit Strombrechern. Man erkennt aus den Kurven, daß die erforderliche Rührzeit von einer bestimmten Drehzahl an nur langsam sinkt, während der Kraftbedarf stark zu steigen beginnt.

In Gefäßen mit großen Durchmessern ist die Geschwindigkeit im mittleren Teil des Gefäßes unverhältnismäßig klein, da die größte Umfangsgeschwindigkeit des Rührwerkzeugs wegen des Kraftbedarfs eine bestimmte Grenze nicht überschreiten darf. Um den ganzen Gefäßinhalt gleichmäßig zu erfassen, kann man in solchen Fällen Rühreinrichtungen anwenden, bei denen die Rührstäbe sich auf der von der Hauptwelle erzeugten Kreisbahn auf einer zweiten Bahn drehen. Hierzu dient häufig ein Planetengetriebe, wobei die Rührstäbe Cycloiden beschreiben (Abb. 4*a*), oder man baut mehrere Rührwerke mit parallelen Wellen ein, wobei man höhere Drehzahlen wählen kann (Abb. 4*b*).

Die Bauart der Rührflügel soll möglichst so sein, daß die Welle nur Drehmomente aufzunehmen hat. Andererseits kann besonders bei kleinen Ausführungen eine unsymmetrische Anordnung zweckmäßig sein. Um eine Stopfbüchse im Gefäßboden zu vermeiden, treibt man die Rührwerkswelle meist über ein Kegel- oder Schneckenrad von oben an. — Rührwerke mit waagerechten Wellen verwendet man besonders dann, wenn feste Stoffe in erheblichem Anteil vorhanden sind. Das Gefäß erhält dann meist die Form eines Trogs oder eines liegenden Zylinders.

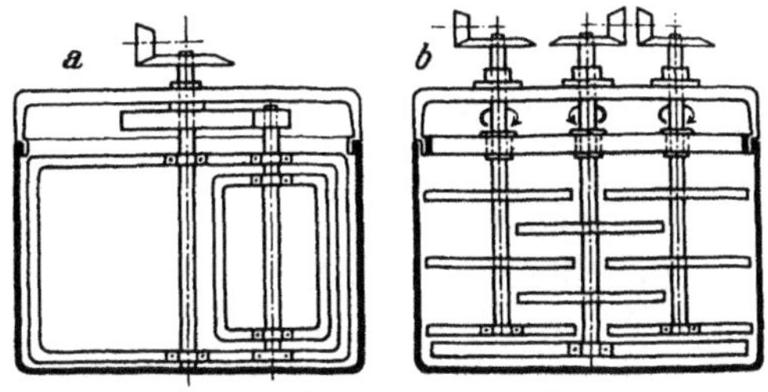

Abb. 4. Rührwerke für große Gefäße.

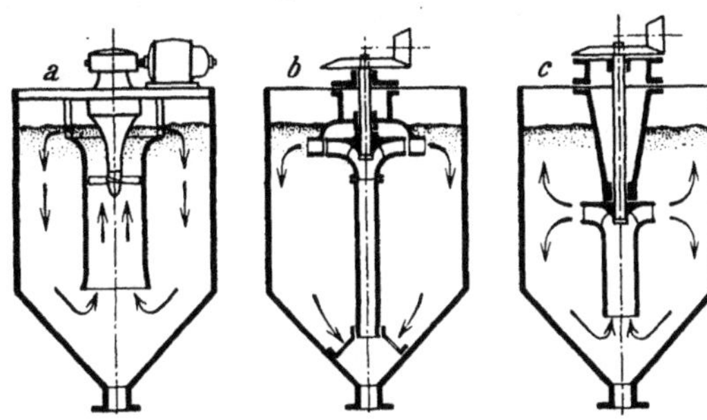

Abb. 5. Rührvorrichtungen mit Schaufelrad.

2. Schnellaufende Rührer.

Die schnellaufenden Rührwerke, auch Turbo- oder Propellerrührer genannt, arbeiten meist mit Schaufelrädern oder Propellern von verhältnismäßig kleinem Durchmesser, wie sie beispielsweise im Kreiselpumpenbau entwickelt sind. Um in dem Gefäß eine Strömung zu erhalten, die den gesamten Flüssigkeitsinhalt durch einen zwangläufigen Umlauf erfaßt, wendet man hier besonders oft Führungsrohre an. Als Beispiele zeigen Abb. 5*a* und *b* Schraubenschaufler mit zentralem Ansaugrohr, Abb. 5*c* ein Schaufelrad in Gefäßmitte mit sich drehendem Ansaugrohr. Der eigentliche Mischvorgang findet zum größten Teil beim Durchgang und beim Austritt aus dem Schaufelrad statt. Infolge des stetigen Umlaufs erhalten die zu mischenden Stoffe allmählich Gleichverteilung. In

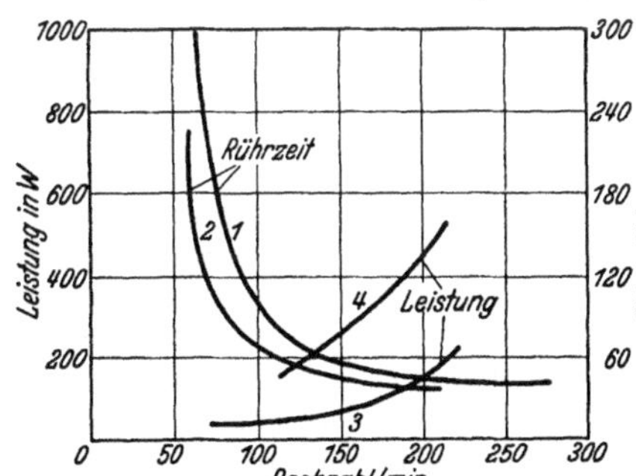

Abb. 6. Rührzeit und Kraftbedarf eines Propellerrührers in Abhängigkeit von der Drehzahl.

ähnlicher Weise wirken auch die zur Verarbeitung von Faserstoffen üblichen Holländer, soweit sie Mischzwecken dienen.

Die kennzeichnenden Kurven (Rührzeit und Kraftbedarf) für ein schnellaufendes Propellerrührwerk zeigt nach der oben angegebenen Quelle Abb. 6 für einen Bottich von 1,5 m l. W. und 305 mm Propellerdurchmesser. Die Kurven *1* und *3* gelten für eine Entfernung des Propellers vom Behälterboden von 300 mm, die Kurven *2* und *4* für einen Abstand von 457 mm.

Mit Hilfe eines schnellaufenden Kreiselrades kann man auch stetig ohne Rührgefäß mischen, indem man die zu vermengenden Stoffe diesem in der vorgesehenen Zusammensetzung ununterbrochen zuführt. Die Gleichverteilung hängt dann von den die Stoffe zuteilenden Vorrichtungen ab. Solche Rührpumpen dienen besonders zum Vermischen von Flüssigkeiten.

III. Rühren durch Einblasen von Gasen oder Dämpfen.

Ohne mechanisch bewegte Teile kann man durch Einleiten von Gasen, insbesondere Luft, oder Dämpfen rühren, wobei die unregelmäßig aufsteigenden, nach oben größer werdenden Blasen den Flüssigkeitsinhalt des Gefäßes durcheinanderwirbeln. Kommt es nur auf die Rührwirkung an, so bläst man meist Luft ein, die mit einem Gebläse oder einem Dampfstrahlverdichter auf den notwendigen Druck gebracht wird. Siebartig gelochte Rohre oder, falls diese sich leicht verstopfen, unten offene, meist an den Rändern gezackte Kappen, Hauben oder Glocken verteilen die Rührluft oder das Gas in der Flüssigkeit. Dabei ist man bestrebt, einen geregelten Umlauf beispielsweise nach Abb. 7 herbeizuführen, wo ein mit Löchern versehenes Rohr in einem rechteckigen Gefäß angeordnet ist. In größeren Gefäßen verwendet man mehrere parallele Rohre, in runden Gefäßen entsprechend gestaltete Rohrschlangen. Beim Rühren mit Gasen, die nicht verloren gehen sollen, arbeitet man im Kreislauf, wozu geschlossene Gefäße notwendig sind. Die Förderwirkung großer Gas- oder Luftblasen kann man auch mit Vorrichtungen nach Art der Mammutpumpe zur Erzeugung eines geregelten Umlaufs mit Anordnungen nach Abb. 8 ausnutzen, um damit den Gefäßinhalt umzurühren.

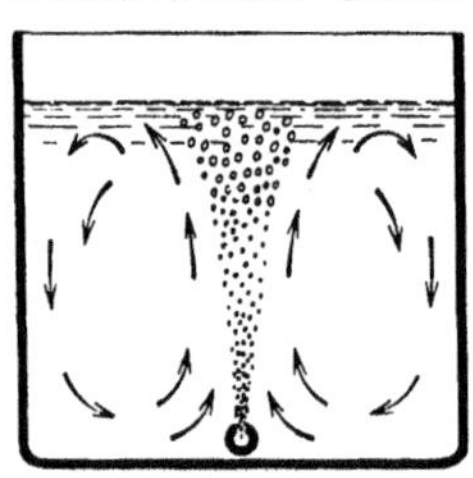

Abb. 7. Rühren durch Einblasen von Luft.

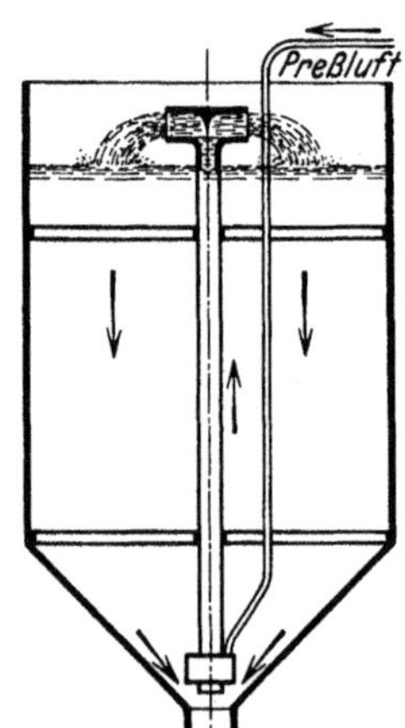

Abb. 8. Rührvorrichtung mit Mammutpumpe.

Literatur: Badger, W. L., McCabe: Elements of chemical engineering. London: McGraw-Hill 1931. — Fischer, H.: Technologie des Scheidens, Mischens und Zerkleinerns. Leipzig: Otto Spamer 1920.

Mischen.

Von Dr.-Ing. K. **Thormann** VDI, Breslau.

I. Allgemeines.

1. Einfluß der Stoffeigenschaften.

Das Mischen umfaßt die Aufgabe, zwei oder mehrere schaufelbare, feste Stoffe mechanisch miteinander oder auch mit einer oder mehreren Flüssigkeiten zu einem in allen Teilen gleichmäßigen Gemenge mit der Zusammensetzung zu vereinigen, die den Ausgangsbestandteilen entspricht. Im Grenzfall, der praktisch schwer zu erreichen ist, soll daher jedes beliebig kleine Raumelement den gleichen Gehalt an den Ausgangsstoffen haben. Die Verarbeitungsverfahren setzen meist voraus, daß auch die zeitlich nacheinander hergestellten Mischungen immer dieselbe Zusammensetzung haben.

Die Mischmaschinen lösen diese Aufgaben, indem sie die Teilchen der Ausgangsstoffe zusammenbringen und durch regelmäßige Relativbewegungen zueinander verschieben, bis der gewünschte Endzustand erreicht ist. Die Mischung ist um so vollkommener, je größer die Wegunterschiede bei diesen Bewegungen, je größer die Zahl der aufeinanderfolgenden Berührungswechsel und je homogener die ursprünglichen Bestandteile sind. Ungleichmäßigkeiten, verschiedene Korngrößen eines Rohstoffs, Unterschiede im Feuchtigkeitsgehalt und im hygroskopischen Verhalten beeinträchtigen den Mischvorgang und das Mischergebnis. Insbesondere können große Unterschiede im spezifischen Gewicht der verschiedenen Rohstoffe und Klumpenbildungen zu Unregelmäßigkeiten im Gemenge führen. Bei ungleichmäßigen Korngrößen kann es vorteilhaft sein, die Stoffe vor dem Vermischen abzusieben. Neigen die Stoffe zum Zusammenballen, so müssen die Maschinen derart wirken, daß die sich bildenden Klumpen sofort wieder zerteilt werden. Die Bauweise zahlreicher Maschinen ist daher derjenigen von Zerkleinerungsmaschinen ähnlich.

Wird ein wasserlöslicher Stoff mit einem wasserunlöslichen vermischt, so ist bisweilen ein bestimmter, nicht zu hoher Feuchtigkeitsgrad für die gleichmäßige Verteilung von Vorteil. Die wasserunlöslichen Körner überziehen sich bei großem Feuchtigkeitsgehalt infolge der capillaren Kräfte gleichmäßig mit einer Kruste, so daß die einzelnen Körner je nach ihrer Größe einen verschiedenen Anteil an dem anderen Stoff erhalten. — Beim Vermischen von festen Stoffen mit einer Flüssigkeit ist neben der Viscosität die Benetzbarkeit für eine schnelle Gemengeherstellung von Bedeutung. Sie hängt unter anderem von der Oberflächenspannung σ der Flüssigkeit ab. Diese Größe ist nicht eine Eigenschaft der Flüssigkeit allein, sondern ergibt sich auch aus den Zuständen der angrenzenden Stoffe. Sie ist daher verschieden je nachdem, ob die

Flüssigkeit an einen Gasraum, einen festen Stoff oder eine andere Flüssigkeit grenzt. An dem Rande einer Flüssigkeit stellt sich daher nach Abb. 1 ein Winkel von der Größe ein, daß σ_{13} gleich der Summe von σ_{12} und der waagerechten Komponente von σ_{23} ist. Das Benetzen setzt voraus, daß σ_{13} größer als $\sigma_{12} + \sigma_{23}$ ist. Die Oberflächenspannungen von Flüssigkeiten verringern sich durch geringe Zugaben bestimmter Stoffe in manchen Fällen sehr erheblich.

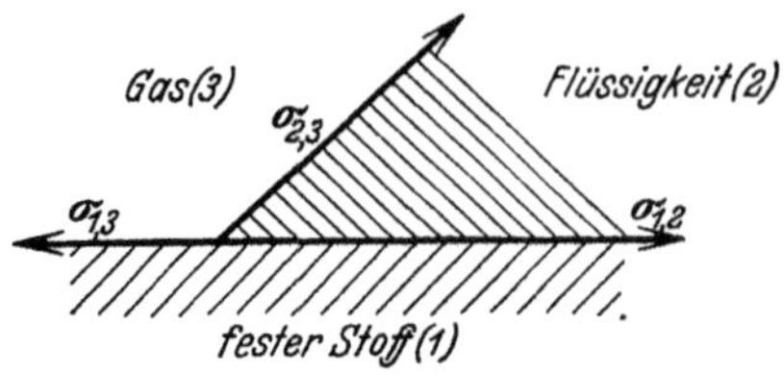

Abb. 1. Oberflächenkräfte.

Sehr trockene Stoffe neigen infolge der geringen Reibung der größeren Körner dazu, sich bei Wurf- und Schüttvorgängen dadurch zu entmischen, daß diese immer weitere Wege zurücklegen als die kleineren Körner. Ganz besonders können staubförmige Stoffe, die mit größeren Körnern eines anderen Stoffes vermischt sind, bei Fallbewegungen sich aus dem Gemenge trennen und so Mischfehler verursachen. Sind die Stoffe feucht, so kann die Feuchtigkeit nach unten beim Lagern zunehmen und, falls ein wasserlöslicher Stoff im Gemenge enthalten war, Entmischung verursachen.

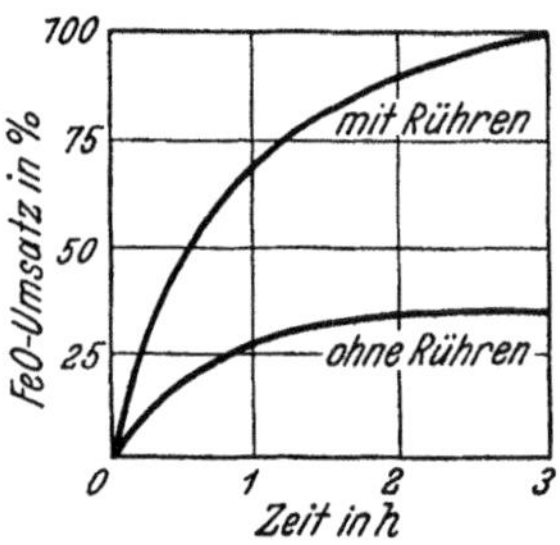

Abb. 2. Einfluß des Rührens auf den Verlauf einer Reaktion.

Das Mischen beschleunigt chemische Reaktionen entsprechend der Geschwindigkeit des Umrührens. Als Beispiel zeigt Abb. 2 den Einfluß des Umrührens auf den Verlauf der Umsetzung $FeO + MoO_3 = FeMoO_4$ nach Tammann bei 400° [Ztschr. Ver. Dtsch. Ing. **70**, 1265 (1926)]. Dabei ist die Geschwindigkeit der Umsetzung naturgemäß auch von der Korngröße abhängig.

2. Berechnung von Gemischen.

(S. Bd. I, S. 13.)

Zur Berechnung der Gemische dienen die bekannten Mischungsregeln. Dabei ist zu berücksichtigen, daß die Rohstoffe in der Regel nicht rein sind. Geht man bei der Berechnung von der Zusammensetzung des Enderzeugnisses aus, so sind Verflüchtigungen von Stoffen, chemische Umsetzungen und Verunreinigungen während des Herstellungsganges und ähnliche Vorgänge einzubeziehen.

Zur Berechnung der häufig vorkommenden Mischungen aus drei Stoffen bedient man sich zweckmäßig eines gleichseitigen oder rechtwinkligen Dreiecks [s. auch E. Berl u. O. Samtleben: Ztschr. angew. Chem. **35**, 211, 270 (1922); Philip: Ingeniörsvetenskaps Akademiens Handlingar, Nr. 20. Stockholm 1923]. Gibt Punkt *D* auf Abb. 3 die Zusammensetzung eines Gemisches aus den Stoffen *A* und *B* und Punkt *E* entsprechend aus den Stoffen *B* und *C* an, so liegen alle Mischungen aus diesen Ausgangsgemengen auf der Geraden ED. Soll beispielsweise ein Gemenge von der Zusammensetzung F mit den Ausgangsgemischen D und E hergestellt werden, so sind beide Gemische im umgekehrten Verhältnis der durch F abgeteilten Strecke DF und FE zu verarbeiten. Sollen die aus den Bestandteilen A, B und C bestehenden Dreistoffgemische X, Y, Z eine Mischung M von bestimmter Zusammensetzung ergeben, so ermittelt man die Schnittpunkte K, H, G der durch M gehenden Transversalen mit den Seiten des Dreiecks $X\ Y\ Z$. Die Ausgangsmengen erhält man dann aus den Beziehungen:

$$X = 100\,\frac{MG}{XG}\,,\quad Y = 100\,\frac{MH}{YH}\,,$$

$$Z = 100\,\frac{MK}{ZK}$$

$$X + Y + Z = 100.$$

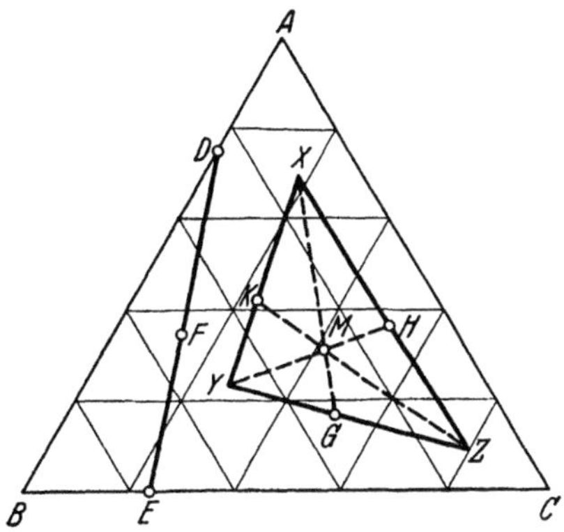

Abb. 3. Bestimmung der Zusammensetzung eines Dreistoffgemisches.

II. Absatzweises Mischen.

1. Mischvorgang.

Die zum Mischen benutzten Maschinen arbeiten entweder satzweise oder stetig. Bei der zuerst genannten Betriebsweise nehmen sie in bestimmten Zeitabständen genau abgemessene Rohgutmengen auf, mischen diese und wiederholen nach der zur Entleerung und Füllung notwendigen Pause die gleiche Arbeit. Der eigentliche Mischvorgang, der mit dem Anlauf der gefüllten Maschine beginnt, ist nach einer bestimmten Zeit beendet, in der die gewünschte Gleichverteilung erreicht ist. Zur Beurteilung dieser Größe, die ein Maß für die Güte des Mischvorgangs darstellt, dient entweder die physikalische Verteilung der Ausgangsstoffe oder die damit erzielte Wirkung, beispielsweise der Verlauf einer Reaktion im Gemenge. Bezeichnet man die ideale Gleichverteilung, über die hinaus eine weitere Steigerung des erstrebten Erfolges unmöglich ist, mit 100, so ergeben sich, wenn sich die Stoffe auch bei langer Mischdauer nicht entmischen, für die Abhängigkeit von der Mischzeit für satzweise arbeitende Maschinen und verschiedene Stoffe Kurven etwa nach Abb. 4. Der Mischungsgrad steigt also zunächst zeitlich sehr schnell an und nähert sich dann asymptotisch der Grenze, so daß es zwecklos ist, die Mischdauer weiter zu verlängern.

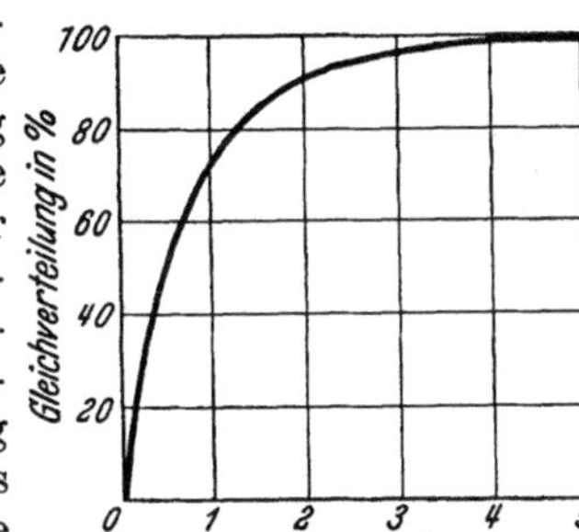

Abb. 4. Gleichverteilung in Abhängigkeit von der Zeit.

Um die Ausgangsstoffe durcheinander zu mengen, benutzt man bei den postenweise arbeitenden Maschinen entweder den freien Fall, indem man die Stoffe hebt und abstürzen oder rutschen läßt, oder die Wirkung von Schaufeln oder ähnlichen verdrängenden und zerteilenden Werkzeugen. Man unterscheidet demnach Fallmischer und Schaufelmischer.

2. Ausführung.

a) Fallmischer.

Die Fallmischer bestehen aus sich drehenden Gefäßen, Zylindern oder Trommeln zur Aufnahme des Mischgutes und den zum Antrieb, zur Füllung und Entleerung dienenden Vorrichtungen.

Die wichtigsten Bauarten der Fallmischer zeigt schematisch Abb. 5 mit Auf- und Seitenrissen. Der Weg des Mischgutes ist dabei durch ausgezogene Kurven, die Entleerungsbewegung durch gestrichelte Pfeile angedeutet. Es stellen dar:

a = einfache Mischtrommel ohne Schaufeln, Entleerung durch Öffnung eines Deckels im Mantel, Fallweg nur in Ebenen senkrecht zur Drehachse, da das Gut abrutscht, wenn der natürliche Böschungswinkel erreicht ist;

b = Sechsecktrommel, Entleeren nach Entriegeln und Abheben der oberen Hälfte, untere Hälfte kann auch als Fördergefäß dienen;

c = Sturzgefäß, Entleeren nach Öffnung des Zylinderdeckels, Mischung auch in Richtung der Drehachse;

d = Mischtrommel mit schrägen Schaufeln, daher größere Fallwege, Entleerung durch Trog mit Schnecke in der Drehachse oder Einschwingschurre;

e = Doppelkegeltrommel mit oder ohne Schaufeln, Entleerung wie bei *d* oder durch Änderung der Drehrichtung oder auch durch Kippen;

f = Kegeltrommel, Entleeren durch Kippen;

g = Trommel mit kegelförmigen Einbauten, Entleerung durch besondere Hubschaufeln;

h = Trommel mit festen Spiralen am Trommelmantel, mit an den Trommelwänden eingebauten Längsrippen, die mit Winkeln entgegengesetzter Richtung zur Rückführung des Gutes in die Spirale versehen sind;

i = Schrägtrommel, Entleerung von Hand;

k = Gefäßrollmaschine, Mischung in transportablen Gefäßen, die auf den Rollen zweier Wellen laufen.

Der Füllinhalt der Mischtrommel hängt von ihrem Rauminhalt ab. Bei einem bestimmten Füllungsgrad erreicht die Mischleistung für eine gegebene Gleichverteilung einen Höchstwert. Ist die Füllung zu gering, so wird die Trommel nicht voll ausgenutzt, wobei sich gleichzeitig die Mischwirkung verschlechtert. Dies tritt auch ein, wenn die Trommel überfüllt ist, wie die Kurve auf Abb. 6 für die Normalfüllung gleich 1,0 für ein Beispiel zeigt. Hierbei steigt gleichzeitig der Kraftbedarf. Für eine bestimmte Trommeldrehzahl und eine gegebene Mischzeit gibt es also einen günstigsten Füllungsgrad, welcher in der Regel der Nennfüllung zugrunde liegt und meist etwa 25—30% des Rauminhalts beträgt.

Die Mischgeschwindigkeit, die bei den Trommelmischern nur von der Drehzahl abhängt, kann nicht beliebig gesteigert werden, da sonst die Zentrifugalkraft den Mischvorgang ungünstig beeinflußt. Für eine gegebene

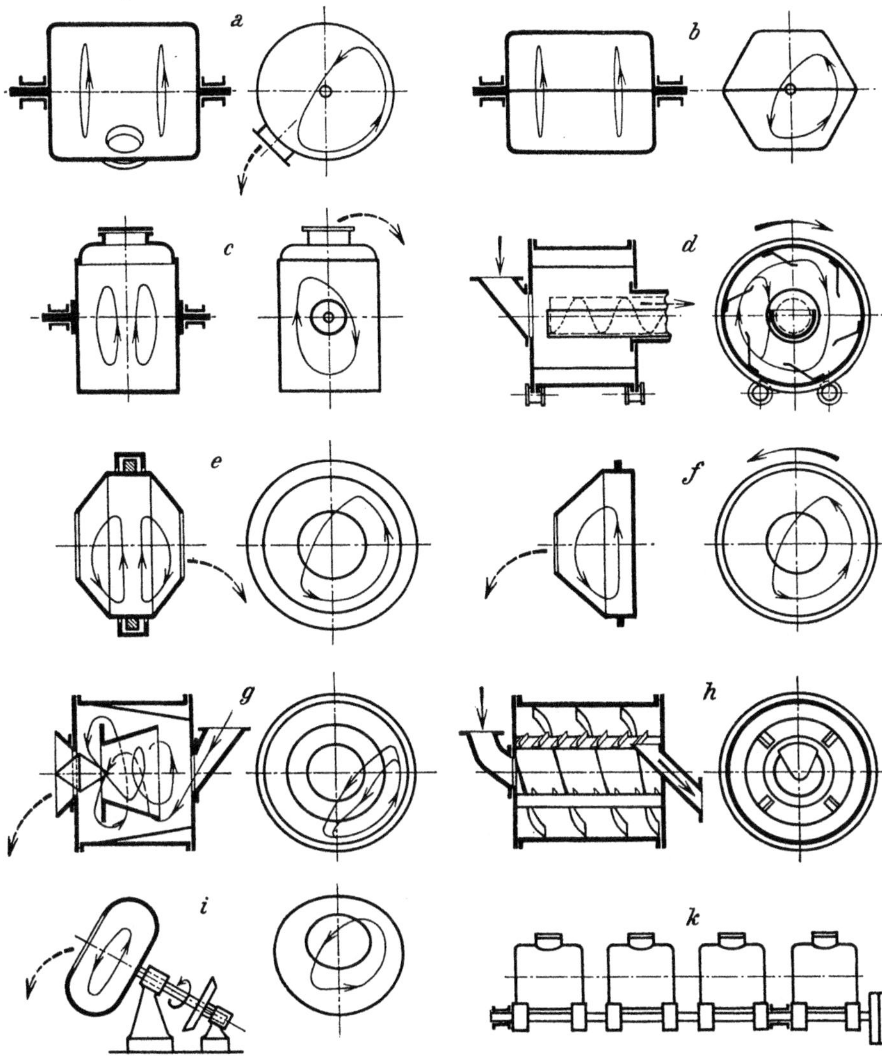

Abb. 5. Fallmischer.

Mischzeit erreicht daher auch die Trommeldrehzahl etwa nach Abb. 7 einen günstigsten Wert, bei der die Gleichverteilung und damit das Mischergebnis (im vorliegenden Fall die Festigkeit von Beton) am Göchsten ist [G. Garbotz, O. Graf: Leistungsversuche an Mischmaschinen. Berlin: VDI-Verlag 1931]. Die Erhöhung der Drehzahl darüber hinaus hat daher wenig Zweck. Für eine bestimmte, sehr lange Mischzeit verschwindet der Einfluß der Drehzahl. Die größte Umfangsgeschwindigkeit

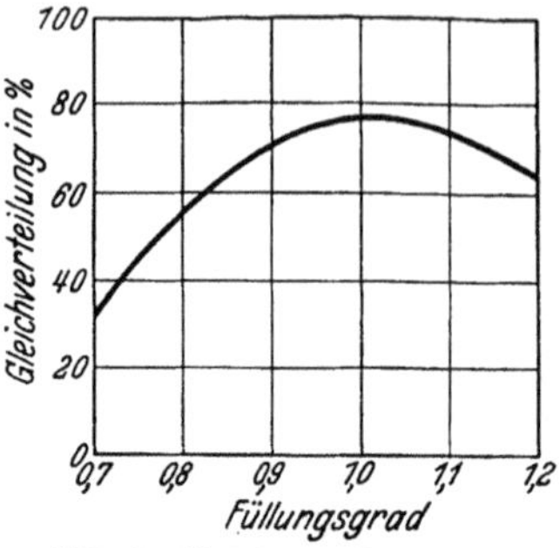

Abb. 6. Gleichverteilung in Abhängigkeit von der Füllung für gegebene Mischzeit.

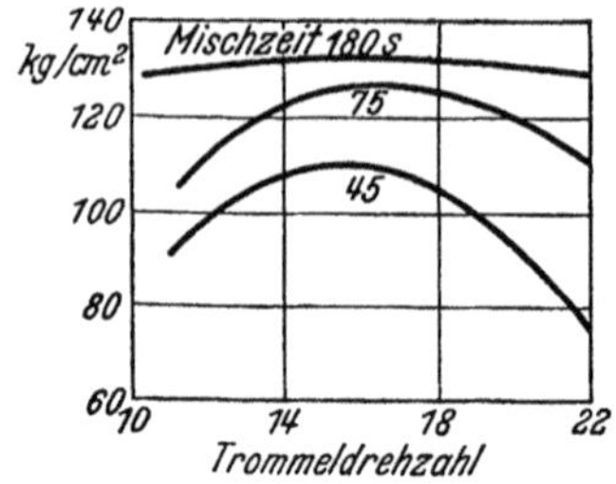

Abb. 7. Mischergebnis in Abhängigkeit von der Trommeldrehzahl für verschiedene Mischzeiten nach G. Garbotz und O. Graf.

vieler Trommelmischer beträgt etwa 1 m/s. Bei inhomogenen Rohstoffen kann eine übermäßig lange Mischzeit unter Umständen, besonders bei großen Fallhöhen, zu ungleichen Verteilungen führen, da der freie Fall eine bevorzugte Bewegung einzelner Teilchen ermöglicht. Bei allen Mischtrommeln ist durch geeignete Bauart des Trommelinnern die Gefahr des Zubackens von Ecken infolge des Verdichtens der Rohstoffe beim Sturz zu verhüten. Um sich bildende Klumpen zu zerkleinern, legt man oft Kugeln ein.

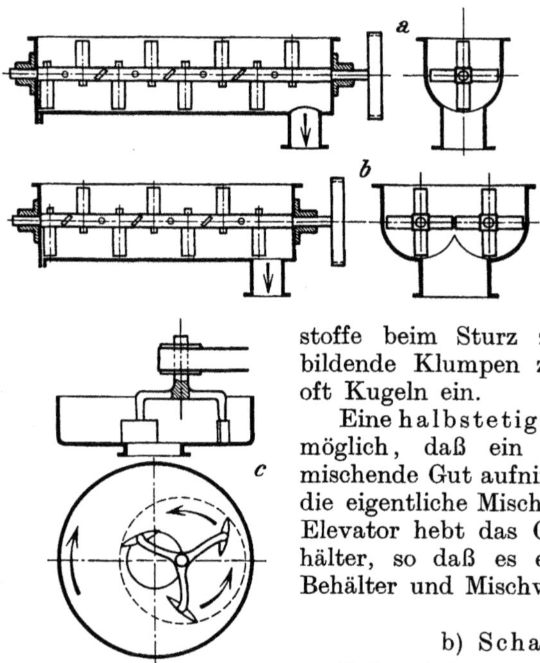

Abb. 8. Schaufelmischer.

Eine halbstetige Arbeitsweise ist dadurch möglich, daß ein großer Behälter das zu mischende Gut aufnimmt, von wo es stetig in die eigentliche Mischeinrichtung gelangt. Ein Elevator hebt das Gut nochmals in den Behälter, so daß es einen Kreislauf zwischen Behälter und Mischvorrichtung beschreibt.

b) Schaufelmischer.

Schaufelmischer wendet man in zwei Bauarten an. Die Schaufeln kreisen entweder an ein oder zwei waagerechten Wellen in einem Trog oder in einer Mulde (Trogmischer, Muldenmischer) oder an einer senkrechten Welle über einem Teller (Tellermischer). Die Schaufeln drängen fortlaufend Teile des Gutes von einer Seite auf die andere, wobei die Schichten sich wenden und mit anderen Teilen sich mischen. Da das Gut dabei zwangläufig durcheinander bewegt wird, bezeichnet man die Schaufelmischer auch als Zwangmischer. Gegenüber den Fallmischern haben die Zwangmischer den Vorteil, daß sie leichter zu reinigen sind.

Bei dem Trogmischer (Abb. 8*a*) wird das Gut durch eine Klappe nach unten entleert. Durch Schrägstellung der Schaufeln bewegt sich das Gut in Richtung der Schaufelwelle. Zu diesen Vorrichtungen gehören auch die Mischschnecken mit zahlreichen Ausführungsformen. — Bei den Doppeltrogmischern (Abb. 8*b*) drehen sich die beiden Wellen entgegengesetzt. Die Drehzahl der Schaufelwellen darf auch bei diesen Maschinen einen bestimmten Wert nicht überschreiten, da dann der Kraftbedarf rasch hoch ansteigt, starker Verschleiß eintritt und das Gut hochgeworfen wird, wobei eine ungleiche Verteilung möglich wird (s. auch Abschnitt Kneten, S. 159).

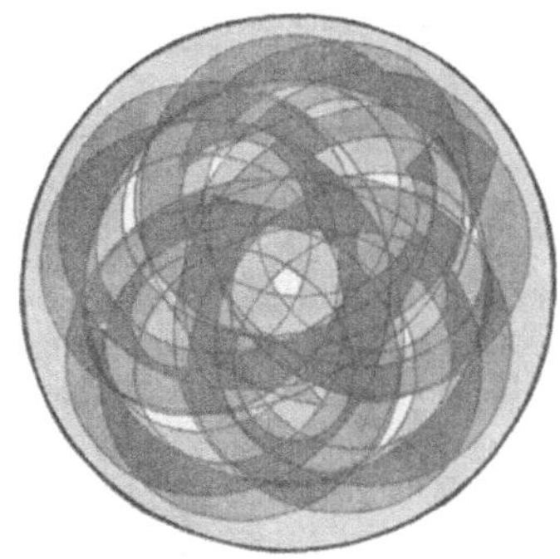

Abb. 9. Schaufelbahnen eines Tellermischers.

Die Tellermischer bestehen aus einer waagerechten, feststehenden oder sich drehenden Schüssel, welche das Mischgut in verhältnismäßig dünner Schicht aufnimmt, und einem System von Schaufeln, Schabern und ähnlichen Einrichtungen, die sich dicht über der Schüsselfläche bewegen und das Gut vermischen (Abb. 8*c*). In der Regel verteilen diese Werkzeuge die Stoffe von der Mitte nach außen und umgekehrt und fördern sie gleichzeitig allmählich in der Drehrichtung vorwärts. Dabei sollen die Werkzeuge möglichst dauernd andere, also sich verändernde Bahnen beschreiben. Hierzu dienen besondere Antriebe des Schaufelsystems, beispielsweise Planetengetriebe.

Bei anderen Ausführungen dreht sich der Teller selbst den Schaufeln entgegen, wie es auf Abb. 8*c* der Fall ist. Die Schaufeln sind an einem exzentrisch sich drehenden Armstern angeordnet. — Als Beispiel zeigt Abb. 9 die Bahnen der Schaufeln eines derartigen Mischers (Bauart Eirich). — Neben den Mischwerkzeugen können ein oder zwei Kollersteine auf dem Teller laufen, um Zusammenballungen zu zerkleinern. Das fertiggemischte Gut verläßt durch eine Öffnung im Teller die Maschine. Eine Haube über dem Teller verhindert Verlust durch Staubbildung.

III. Stetiges Mischen.

1. Mischvorgang.

Sind sehr große Stoffmengen zu verarbeiten, oder ist das Gemisch für eine ununterbrochen arbeitende Vorrichtung bestimmt, so mischt man mit Vorteil in stetigem Betrieb. Während man beim postenweisen

Mischen die gewünschte Zusammensetzung in einfacher Weise dadurch erhält, daß man die gesamten in die Maschine zu gebenden Stoffmengen vorher postenweise genau abwägt, ergibt sich die Zusammensetzung beim stetigen Mischen durch fortlaufende, gleichmäßige Beschickung mit den Ausgangsstoffen. Es ist daher bei der stetigen Arbeitsweise erheblich schwieriger, auch zeitlich die gewünschte Zusammensetzung unverändert zu erhalten. Ein stetig arbeitender Mischer besteht aus den Zuteilvorrichtungen, welche die Ausgangsstoffe in dem gewünschten Verhältnis zubringen, und der eigentlichen Mischmaschine, die den durchlaufenden Stoffstrom zu vermengen hat (Abb. 10).

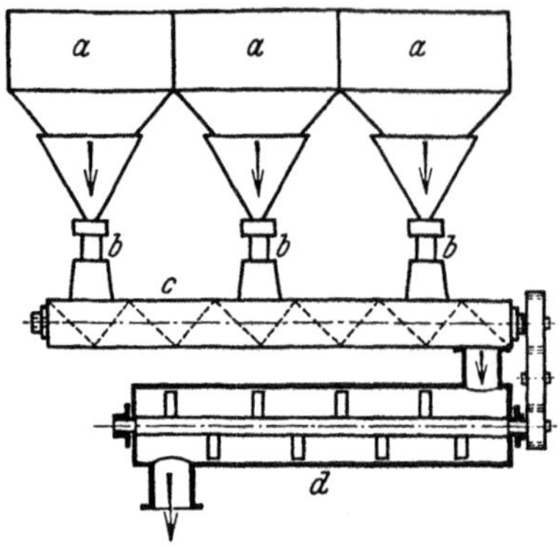

Abb. 10. Stetiger Mischer.

Aus den Bunkern *a* gelangen die Rohstoffe in die Zuteilvorrichtungen *b*, welche einstellbare Mengen ununterbrochen der Schnecke *c* oder einem Förderband zuführen. Die Mischmaschine *d* vermengt die aus *c* bereits mit der gewünschten Zusammensetzung stetig ankommenden Stoffe. Die Gleichverteilung des erzeugten Mischgutes hängt in der Hauptsache von Güte und Arbeitsweise der Teilvorrichtungen ab.

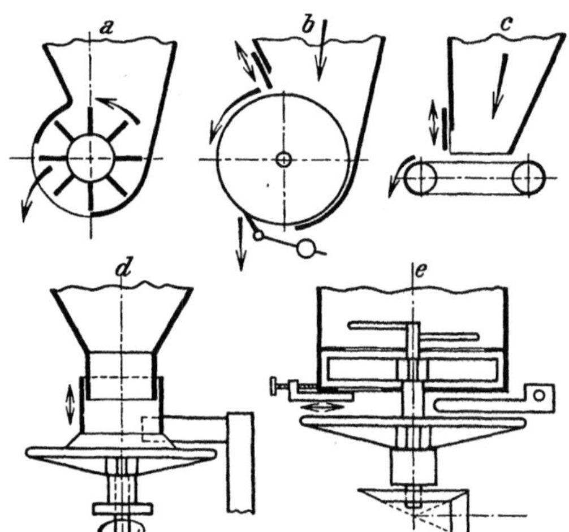

Abb. 11. Teilvorrichtungen.

2. Teilvorrichtungen.

Die Teilvorrichtungen arbeiten entweder nach Gewichtsmaß oder, wie es meistens der Fall ist, nach Raummaß. Die Vorrichtungen der ersten Art bestehen aus selbsttätigen, ferngesteuerten Waagen, die sich nach Füllung mit der gewünschten Stoffmenge gleichzeitig in kurzen Zeitabständen entleeren. Die nach Raummaß arbeitenden Vorrichtungen teilen nur dann hinreichend genau, wenn das Gut in gleichmäßiger Beschaffenheit vorliegt. Sie arbeiten entweder zwangläufig wie die Zellenräder oder benutzen bestimmte Eigenschaften des Gutes wie die selbsttätige Bildung eines Rutschwinkels in Form der Tellerzuteiler oder bestehen aus mehreren hintereinandergeschalteten Elementen, um die Genauigkeit zu erhöhen. — Einige Teilvorrichtungen sind auf Abb. 11 zusammengestellt:

a = Zellenrad;

b = Teiltrommel, Regelung durch Änderung der Drehzahl und Einstellung des Schiebers;

c = Förderband oder Wanderrost mit Stauschieber;

d = Drehteller, bei welchem das aus dem Bunker auf den Teller fallende Gut einen Schüttkegel bildet, dessen Breite ein in der Höhe verstellbarer Ring regelt; Abwurf des Gutes durch einen einstellbaren Abstreifer;

e = Teilvorrichtung mit mehreren hintereinandergeschalteten Elementen; durch eine mit Öffnungen versehene Scheibe fällt das durch ein Rührwerk aufgelockerte Gut in ein Sternrad, welches es durch einen einstellbaren Schlitz auf einen Drehteller fördert. Ein verstellbarer Abstreifer wirft es von hier ab.

Bisweilen verwendet man auch mit schiebenden oder schüttelnden Teilen arbeitende Vorrichtungen.

Kneten.

Von Dr.-Ing. **K. Thormann** VDI, Breslau.

I. Allgemeines.

Durch das Kneten soll aus mehreren festen oder flüssigen, schwer zu vereinigenden Stoffen ein Gemisch mit zähen, plastischen, teigigen oder dickflüssigen Eigenschaften in höchstmöglicher Gleichverteilung hergestellt werden. Dies ist nur mit zwangläufig wirkenden Knetwerkzeugen möglich, die das Gut erfassen und mit anderen Teilen des Gutes zusammenbringen. Die Knetwerkzeuge müssen sich gegeneinander oder gegen andere Flächen derartig bewegen, daß große Relativverschiebungen des Gutes entstehen. Dabei sollen die einzelnen Teilchen möglichst wechselnde Bahnen durchlaufen, so daß ein gleichmäßig durchgeknetetes Gemisch entsteht. Mit zunehmender Zähigkeit verschiebt sich das Gut infolge des Stauchens und Auseinanderziehens durch die Knetwerkzeuge nur in Schichten übereinander, so daß der Mischvorgang entsprechend langsamer fortschreitet. In gleichem Maße steigen die mechanischen Beanspruchungen der Knetwerkzeuge und der Kraftbedarf der Maschine. Um diesen nicht über die zulässige Grenze wachsen zu lassen, sieht man für große Maschinen zwei oder mehr Geschwindigkeiten der Knetwerkzeuge vor, so daß der Antrieb gleichmäßiger belastet werden kann.

Eine zweckmäßige Gestaltung und gegebenenfalls auch Beweglichkeit des die Knetmasse aufnehmenden Trogs und einfache Form der Knetwerkzeuge erleichtern Füllen, Entleeren und Reinigen. In keinem Fall dürfen Toträume vorhanden sein, in denen sich unbearbeitetes Gut festsetzen kann. — Soll das Gut während des Knetens beheizt oder gekühlt werden, so umgibt man den Trog mit einem Doppelmantel, der mit den notwendigen Anschlüssen für Heizdampf und Kondenswasser oder Kühlwasser versehen ist. Zur Wiedergewinnung flüchtiger Lösungsmittel erhält der Trog einen Deckel mit Rohranschluß für die entweichenden Dämpfe. — In Einzelfällen verwendet man beim Kneten auch Druck. Dabei kann man unter Umständen den dicht geschlossenen Trog mit Hilfe von Überdruck durch eine oder zweckmäßig mehrere Rohrleitungen füllen und entleeren, so daß Kippen des Troges nicht erforderlich ist.

II. Ausführung.

Die Knetmaschinen arbeiten entweder mit einem meist in einer senkrechten Ebene oder auf einer geeigneten Raumkurve hin- und hergehenden Werkzeug (Armkneter) oder mit Schaufelwellen, die sich in einem Trog drehen (Schaufel- oder Trogkneter) oder mit Walzen (Walzenkneter) oder anderen gegeneinander reibenden Flächen (Verreibwerke). Die am meisten angewendeten Vorrichtungen sind auf Abb. 1 zusammengestellt.

Die Armkneter (Abb. 1*a*) bestehen aus einem meist fahrbaren Trog, der sich während des Knetens zwangläufig langsam dreht, dem Knetarm, einem schaufelartigen Werkzeug, das sich ununterbrochen in einer dicht am Trogrand verlaufenden Kurve bewegt, und der Antriebseinrichtung; der Arm knetet durch das Drücken und Ziehen in Verbindung mit der Drehung des Trogs den Inhalt allmählich gleichmäßig durch.

Die Schaufelkneter, die man in der chemischen Industrie wohl am häufigsten anwendet, arbeiten mit einer (Abb. 1*b*) oder mit zwei (Abb. 1*c*) Wellen, die in einem einfachen Trog oder in einem Doppeltrog laufen. Die Knetschaufeln haben meist eine schraubenartige Form, die sich dicht an die Trogwände anlegt. Sie erfassen den Troginhalt nacheinander an allen Stellen und schieben ihn an den Innenflächen entlang.

Bei den Doppeltrogmaschinen (Abb. 1*c*) drehen sich die beiden Wellen mit verschiedenen Geschwindigkeiten, die etwa im Verhältnis 1 : 2 stehen, so daß die Stellung der Knetwerkzeuge zueinander sich stetig verändert. Die Schraubenflächen der Knetwellen sind meist verschieden geneigt, so daß die Flächen der Knetwerkzeuge das Gut in verschiedenen Richtungen zur Drehachse der Schaufeln zu verschieben suchen. Das Gut bewegt sich im Drehsinn der Schaufeln, in Richtung der Drehachse und in Ebenen, die beiden Drehachsen parallel sind, also von Trog zu Trog. Außerdem kann man die Drehrichtungen der Knetwellen — in der Regel durch ein Dreischeibenwendegetriebe — umkehren. Um den Trog leicht entleeren und reinigen zu können, wird dieser meist um die Antriebsachse kippbar eingerichtet.

In manchen Fällen, beispielsweise bei der Herstellung nitroglycerinhaltiger Sprengstoffe, sind die bei den Trogknetmaschinen für die Durchführung der Wellen notwendigen Stopfbüchsen unerwünscht. Man verwendet dann Maschinen mit freitragenden, senkrechten Schaufelwellen (Abb. 1*d*), die in den fahrbaren Trog gesenkt und nach Beendigung des Knetvorganges ausgehoben werden können.

Sind die Anforderungen an die Gleichverteilung verhältnismäßig gering, wie in der Tonindustrie, so kann man auch stetig mit Schaufelknetern nach Abb. 1*e* arbeiten, bei denen das Gut nach Durchmischung durch die sich drehenden Schaufelwellen oder eine Schnecke in dem stehenden oder liegenden Knetzylinder durch die schraubenartige Anordnung der Flächen aus einem Mundstück in Form eines Stranges herausgepreßt wird. Bei der Verarbeitung von Tonen wird das Mundstück häufig bewässert, um die Reibung beim Austreten des Stranges zu verringern. Im allgemeinen arbeitet die eingängige Schnecke wirtschaftlicher als eine zwei- oder dreigängige Schnecke; die eingängige Schnecke treibt daher auch bei gleichem Kraftbedarf das größte Gewicht in der Zeiteinheit aus. Die zweigängige Schnecke erzeugt einen gleichmäßigeren Druck auf den Strang und läßt ihn gleichmäßiger austreten. Die dreigängige Schnecke gibt den gleichmäßigsten Druck [P. Grunwell: Ber. Dtsch. keram. Ges. **11**, 519 (1930)].

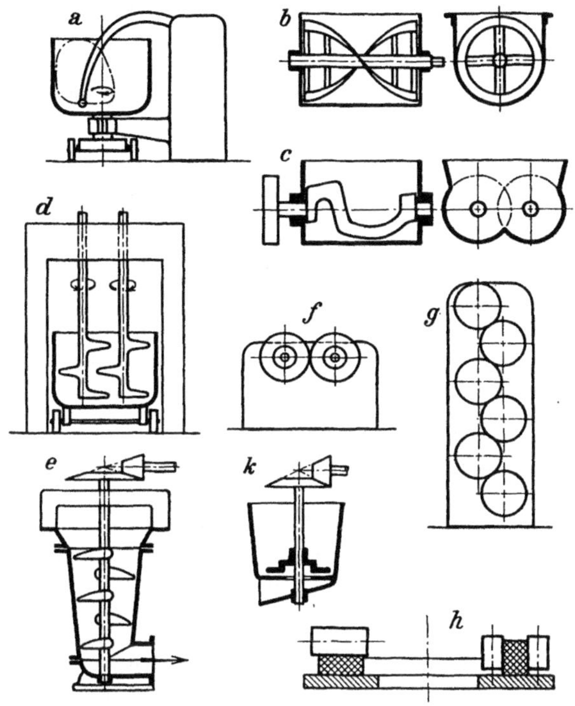

Abb. 1. Knetmaschinen.

Zum Verkneten pulverförmiger Stoffe verwendet man Walzwerke besonders dann, wenn die Stoffe sehr zähe sind, wie bei der Kautschukverarbeitung, in der Industrie plastischer Massen (Celluloid, Galalith u. dgl.), oder wenn eine innige Verreibung mit Ölen oder ähnlichen dickflüssigen Stoffen mit einem fortgesetzten Feinmahlen der festen Teile verbunden werden soll, wie es in der Öl-, Lackfarben-, Linoleum- und Schokoladenindustrie der Fall ist. Es arbeiten dabei entweder nur zwei einstellbare Walzen aus Gußeisen oder Stein zusammen (Abb. 1*f*) oder eine größere Zahl von Walzen, die in einem gemeinsamen Gestell (Walzenstühle) laufen (Abb. 1*g*). Zahnräder auf den Wellenenden treiben dabei die Walzen mit verschiedenen Umfangsgeschwindigkeiten zwangläufig an, um die festen Stoffe möglichst zu verreiben und zu zermahlen.

Walzwerke müssen auch dann angewendet werden, wenn das Einkneten von Luftblasen nicht zulässig ist.

In der keramischen Industrie verarbeitet man die Rohmasse oft auf einer sich drehenden Scheibe, auf welcher Walzen das Gut in Form eines Ringes durch Quetschen und Stauchen durchkneten (Abb. 1*h*). — Bei dem auf Abb. 1*k* dargestellten Verreibwerk arbeitet eine sich drehende Scheibe mit einer feststehenden Gegenplatte zusammen.

Extrahieren.

Von Dr.-Ing. **K. Thormann** VDI, Breslau.

I. Allgemeines.

1. Aufgaben.

Die Extraktionsverfahren haben die Aufgabe, aus einem festen oder flüssigen Gut mit Hilfe eines flüssigen Extraktionsmittels einen in diesem Gut befindlichen, festen oder flüssigen Stoff herauszulösen, um diesen dann durch Trennung vom Extraktionsmittel gewinnen zu können. Hierbei wird vorausgesetzt, daß chemische Wechselwirkungen nicht oder nur in geringem Umfang eintreten. Bei einer Extraktion sind daher immer folgende Vorgänge zu unterscheiden:

1. Behandlung des Rohgutes mit dem Extraktionsmittel und gegenseitiges Durchdringen, dabei Aufnahme des zu gewinnenden Stoffes aus dem Gut durch die Extraktionsflüssigkeit,

2. mechanische Trennung des beladenen Extraktionsmittels von dem zurückbleibenden Restgut, d. h. den festen Rückständen oder der Lösungsflüssigkeit, beispielsweise durch Filterung oder Absetzen,

3. Trennung des im Extraktionsmittel gelösten Stoffes von diesem durch Destillation oder Verdampfung,

4. bei festen Rohstoffen Entfernung der Extraktionsmittelreste aus den Rückständen.

Der unter 1. genannte Vorgang stellt die eigentliche Extraktion dar.

2. Einfluß der Eigenschaften des Rohstoffes.

Das Rohgut kann den festen oder flüssigen Stoff, der durch Extraktion aus ihm zu entfernen ist, in folgender Weise enthalten:

1. mechanisch mit ihm gemischt; Beispiele: Fette in Schafwolle, ölhaltige Erden,

2. in pflanzlichen oder tierischen Zellen eingeschlossen; Beispiele: Öle und Fette in Form kleiner Tropfen im Protoplasma und im Saft pflanzlicher Zellen, Gerbstoffe in Zellfasern,

3. in einer Flüssigkeit homogen gelöst; Beispiele: Essigsäure-Wasser, Phenol-Wasser,

4. in einem festen Stoff homogen gelöst,

5. in festen oder flüssigen Stoffen vollkommen gelöst und in Zellen pflanzlichen oder tierischen Ursprungs eingeschlossen.

Da die unter 4. und 5. genannten Fälle sich auf die übrigen zurückführen lassen, behandeln die folgenden Ausführungen in der Hauptsache die ersten drei Arten von Rohstoffen.

Ein Extraktionsmittel kann ein festes Gut um so leichter durchdringen und die beladene Lösung kann nach Beendigung der Extraktion um so schneller ablaufen, je grobkörniger und durchlässiger der Stoff ist. Ist der zu extrahierende Stoff in Zellen eingeschlossen, so zerkleinert man das Rohgut. Ölhaltige Samen mahlt man beispielsweise auf Riffel- oder Quetschwalzen, um so einen großen Teil der Zellwände aufzureißen, gleichzeitig eine blätterige oder schnitzelartige Form zu erhalten und so die Oberfläche im Verhältnis zum Rauminhalt des Stoffes zu vergrößern. Hölzer werden zur Gewinnung von Gerbstoffextrakten zerspant. Dabei geht die Extraktion um so leichter vor sich, je kleiner die Späne, insbesondere je kürzer sie in Richtung der Fasern sind. — Die Gefahr, daß die Apparate sich im Betriebe verstopfen, begrenzt die Zerkleinerung nach unten. Für den Betrieb ergibt sich also eine günstigste Stückgröße und -form des Rohgutes. Die Forderung kürzester Extraktionsdauer bedingt ferner gleichmäßige Stückgrößen, da kleine Teile schneller ausgelaugt werden und für größere Stücke erheblich längere Zeit erforderlich wäre. Außerdem können die größeren Teile sich von den kleineren durch das Einwerfen beim Füllvorgang trennen, indem die größeren nach außen rollen und so am Umfang des Extraktionsbehälters sich ansammeln. Wasserhaltige Stoffe wie Fische, Knochen, Fruchtfleisch trocknet man oft vor der Behandlung, um das Eindringen des wasserunlöslichen Extraktionsmittels zu erleichtern. Manche Stoffe quellen beim Extraktionsvorgang stark auf, was den Flüssigkeitsdurchgang durch das Gut und die Entleerung der Apparate erschwert. Dies muß bei der Füllung berücksichtigt werden und kann oft durch vorhergehende Trocknung vermindert werden.

3. Die Extraktionsmittel.

Das Extraktionsmittel soll möglichst folgenden Anforderungen entsprechen:

geringer Preis für die Raumeinheit, da die ganze Apparatur mit Lösungsmittel gefüllt werden muß,

geringe spezifische Wärme und kleine Verdampfungswärme, da das Extraktionsmittel durch Destillation von dem zu gewinnenden Stoff getrennt und durch Kühlwasser niedergeschlagen werden muß,

geringe Lösungsfähigkeit für die bei der Extraktion nicht zu gewinnenden Stoffe im Rohgut, die den Extrakt verunreinigen würden [Beispiele: Eiweiß- und Schleimstoffe bei der Fett- und Ölextraktion, Nichtgerbstoffe bei der Extraktion von Gerbstoffen aus Hölzern, Früchten, Rinden, Verschiedenheit der Extrakte bei der Verwendung von Wasser, Alkohol, Äther-Alkohol oder Äther bei der Gallusextraktion (selektive Extraktionswirkung)],

möglichst geringe Feuergefährlichkeit oder enge Explosionsgrenzen,
nicht gesundheitsschädlich im Interesse der Betriebssicherheit,

chemisch möglichst einheitlich oder bei Gemischen wie Benzinen, eng aneinanderliegende Siedegrenzen,

aus dem extrahierten Stoff (Extrakt) und den Rückständen leicht entfernbar,

niedriger Gefrierpunkt, um Erstarrung im Winter zu vermeiden,

die Apparatebaustoffe nicht angreifend.

Die Lösungsfähigkeit der Extraktionsmittel steigt in der Regel mit der Temperatur. Entsprechend verringert sich bei zahlreichen Stoffen die Extraktionsdauer mit zunehmender Temperatur. Der Siedepunkt begrenzt sie nach oben, da dann der Dampfdruck schnell über den Atmosphärendruck steigt und in der Apparatur Überdruck vorhanden wäre. Häufig nimmt mit steigender Temperatur das Lösungsvermögen gegenüber den Verunreinigungen und den sonstigen, im Extrakt nicht erwünschten Stoffen des Rohgutes stark zu, so daß eine bestimmte Temperatur bei der Extraktion nicht überschritten werden darf. Oft verträgt der Extrakt hohe Temperaturen nicht, so daß er sich zersetzt oder verfärbt oder in anderer Weise verändert. Für ein bestimmtes Extraktionsmittel und eine gegebenes Rohgut läßt sich daher in den meisten Fällen eine günstigste Extraktionstemperatur angeben. Die Extraktion eines wasserhaltigen Rohgutes mit einem wasserunlöslichen Extraktionsmittel kann ein Zusatz eines Stoffes, der in Wasser und im Extraktionsmittel löslich ist, erleichtern (Beispiel: Alkoholzusatz bei der Extraktion von Soyabohnen mit Benzol).

Bei der Extraktion von Flüssigkeiten muß das Extraktionsmittel in dem zu extrahierenden Flüssigkeitsgemisch unlöslich sein und sich von dem zu extrahierenden Stoff durch Destillation leicht trennen lassen. Es muß daher höher oder niedriger sieden als der zu extrahierende Stoff.

II. Vorgänge bei der Extraktion.

1. Der Konzentrationsausgleich.

Die Vorgänge bei der Extraktion eines festen Rohstoffes beruhen zum größten Teil auf der Diffusion des zu extrahierenden Stoffes in das flüssige Extraktionsmittel. Neben der Diffusion hat bei manchen Rohstoffen auch die einfache Verdrängung, die besonders mit den Benetzungseigenschaften zusammenhängt, eine erhebliche Bedeutung für den Übergang des Extraktes in das Extraktionsmittel. Der Konzentrationsausgleich der beiden Phasen setzt voraus, daß diese in Berührung stehen oder durch trennende Scheidewände im Rohgut hindurchtreten können. Nimmt man an, daß das Extraktionsmittel alle Zwischenräume im Rohgut ausfüllt und ruht, so verläuft die Förderung des Extraktes aus dem Rohgut im allgemeinen nach dem Diffusionsgesetz. Es sei:

G = Gesamtmenge des zu extrahierenden Stoffes in kg,
y = Entfernung von dem Punkt, in welchem die Diffusion beginnt (Rohstoffoberfläche) in cm,
p = Gehalt des Extraktionsmittels an extrahiertem Stoff in Gew.-%,
t = Zeit vom Beginn der Diffusion in s,
D = Diffusionszahl.

Es ergibt sich dann die Stoffmenge dG, die in der Zeit dt durch einen bestimmten Querschnitt q in Richtung der Entfernung y wandert, aus der Gleichung:

$$dG = -Dq\frac{dp}{dy}dt. \tag{1}$$

Hieraus läßt sich die räumliche Verteilung des extrahierten Stoffes im Extraktionsmittel nach einer bestimmten Zeit für einen gegebenen Fall berechnen. Man erhält so:

$$p = \frac{G e^{-\frac{y^2}{4Dt}}}{q\sqrt{\pi D t}}. \tag{2}$$

Die Konzentrationskurven für die Diffusion des zu extrahierenden Stoffes in das Extraktionsmittel haben etwa den auf Abb. 1 dargestellten Verlauf, der den Konzentrationsausgleich mit fortschreitender Zeit t_1, t_2, t_3 und t_4 erkennen läßt. In jedem Punkt erreicht die Konzentration zu einer bestimmten Zeit einen Höchstwert. Erst nach längerer Zeit haben sich die Konzentrationen vollständig ausgeglichen. Praktisch hat man jedoch niemals so viel Zeit, auf diesen Punkt zu warten.

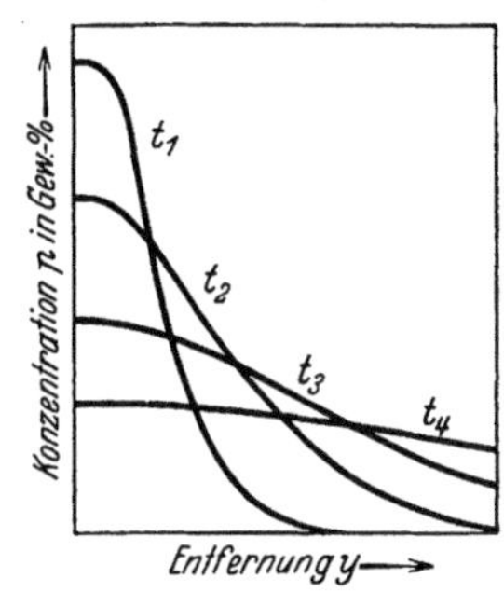

Abb. 1. Konzentrationsausgleich.

Bewegt sich das Extraktionsmittel, indem man es beispielsweise durch den Extraktionsbehälter pumpt oder durch sein Eigengewicht ablaufen läßt, so wird die in den Zwischenräumen des Gutes vorhandene Lösung entsprechend der bei der Strömung sich einstellenden Geschwindigkeitsverteilung fortbewegt. Unmittelbar an den Oberflächen des Gutes, wo die Konzentration am größten ist, ist die Geschwindigkeit der Lösung am geringsten. Dort ist daher, auch wenn die Lösung sich bewegt, stets eine höhere Konzentration vorhanden als etwa in der Mitte der Zwischenräume des Gutes. Zwischen dem Gehalt an zu extrahierendem Stoff in der im Gut und an seiner Oberfläche zurückbleibenden Lösung und dem Gehalt in der ablaufenden Lösung ist daher immer ein Konzentrationsunterschied vorhanden, so daß eine vollständige Extraktion unmöglich ist.

Zur Berechnung der ablaufenden Lösung bei der Extraktion fester Stoffe geht man zweckmäßig von dem vollkommenen Konzentrationsausgleich aus. Es sei:

G_E = im ablaufenden Extraktionsmittel gelöste Stoffmenge in kg,
G_W = im Trägerstoff (Rückstand) vorhandene Menge an zu extrahierendem Stoff in kg,
V_E = Rauminhalt des Extraktionsmittels in m^3,
V_W = Rauminhalt des Trägerstoffes (Rückstands) in m^3.

Bei vollständigem Konzentrationsausgleich würde sich ergeben:

$$G_E/G_W = V_E/V_W.$$

Die Tatsache, daß dies nicht der Fall ist, kann durch einen Beiwert c, der für jeden Fall naturgemäß verschieden ist, berücksichtigt werden. Man erhält daher:

$$\frac{G_E}{G_W} = c\,\frac{V_E}{V_W}\,. \tag{3}$$

Drückt man bei der Extraktion fester Stoffe das Extraktionsmittel beispielsweise mit einer Pumpe durch das Gut, so ist der Wert c auch von der Geschwindigkeit abhängig, mit der das Extraktionsmittel durch das Gut strömt. Bei manchen Stoffen steigt er mit der Geschwindigkeit bis zu einer gewissen Grenze an, die mit der Diffusionsgeschwindigkeit zusammenhängt. Da die Diffusion eine bestimmte Zeit benötigt, läßt man das Extraktionsmittel vielfach von Zeit zu Zeit ruhen.

Die obige Gleichung (3) gilt auch für die Extraktion eines Stoffes aus einer flüssigen Lösung, wenn G_W entsprechend die in der Lösungsflüssigkeit vorhandene Stoffmenge in kg, V_W ihr Volumen in m^3 und c die Teilungszahl ist, die für zahlreiche Gemische unveränderlich und für manche Lösungen in geringem Umfang von der jeweiligen Zusammensetzung abhängig ist.

2. Behandlung des Gutes und der Rückstände.

Eine gleichmäßige Beschaffenheit der Füllung eines Extraktionsbehälters ist Voraussetzung für eine in allen Teilen gleichmäßige Strömung und eine vollkommene Durchdringung und Auslaugung des Gutes. Bei der auf Abb. 2*a* dargestellten Bauart eines stehenden Extrakteurs mit Kegelböden geht der größere Teil des Extraktionsmittels mehr durch die Mitte des Behälterquerschnittes, so daß die äußeren Teile der Füllung nicht in gleichem Maße extrahiert werden. Bildet sich nach Abb. 2*b* ein undurchlässiger Klumpen (gestrichelt angedeutet), so durchdringt das Extraktionsmittel weder diesen, noch den darüber und darunter befindlichen Teil des Gutes mit den Mengen, die durch die auf der anderen Seite liegenden Teile gehen. Entsteht ein Riß oder ein Kanal im Gut (Abb. 2*c*), so werden die benachbarten Teile der Füllung schlechter extrahiert, weil das Extraktionsmittel sich immer den Weg des kleinsten Widerstandes sucht. Verstopft sich ein Teil der als Auflager für die Füllung dienenden Siebfläche (Abb. 2*d*), so durchspült das Extraktionsmittel die darüber liegenden Teile des Gutes weniger. Ein Rührwerk kann die ungleichmäßige Verteilung des Extraktionsmittels, die durch Risse, Klumpenbildungen und ähnliche Vorgänge entsteht, beheben.

Beim Füllen des Apparates läßt man das Extraktionsmittel meist von unten nach oben gehen, um die Luft zu verdrängen. Im Betrieb ist für die Strömungsrichtung des Extraktionsmittels das spezifische Gewicht der Lösung maßgebend. Ist das beladene Extraktionsmittel schwerer als die reine Flüssigkeit, so geht der Weg von oben nach unten. Ist die Lösung leichter, so strömt das Extraktionsmittel von unten nach oben. Die Höhe des Extrakteurs im Verhältnis zum Durchmesser beträgt meist etwa 1 : 1, bei backenden Stoffen ist das Verhältnis kleiner, bei grobkörnigen Stoffen geht man etwa bis auf 3 : 1.

Bei der Extraktion fester Stoffe muß man die Extraktionsmittelreste, die im Rückstand schließlich noch übrig geblieben sind, wiedergewinnen. Meist bläst man zu diesem Zweck durch die Füllung des Extraktionsbehälters Dampf, der das flüssige Extraktionsmittel verdampft und fortführt. Damit der Dampf das Gut beim Eintritt nicht durchnäßt, kann man es durch einen Heizmantel oder durch vorhergehendes Einblasen von Extraktionsmitteldämpfen vorwärmen oder den Austreibdampf vor dem Einblasen etwas überhitzen. Die Angaben für die Strömung des Extraktionsmittels durch die Füllung gelten sinngemäß auch für das Durchblasen mit Dampf (s. Abb. 2).

In der Regel arbeitet man beim Extrahieren mit Atmosphärendruck. Man kann Unterdruck in den Extrakteuren anwenden, um vor dem Einleiten des Extraktionsmittels die in den Hohlräumen noch vorhandene

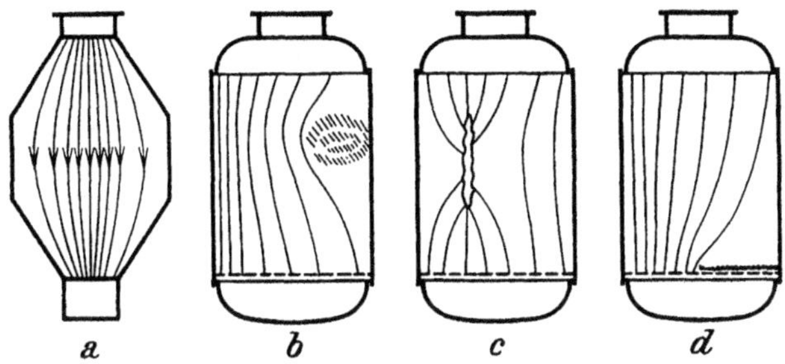

Abb. 2. Strömung in Extraktionsbehältern.

Luft zu entfernen, um das Zurückbleiben von Luftblasen in der Füllung zu verhindern, ferner um das Gut oder die Rückstände mit gleichzeitiger Zufuhr von Wärme vor oder nach der Extraktion zu trocknen. Bisweilen erhöht die Luftleere die Benetzungsgeschwindigkeit beim Eindringen des Extraktionsmittels [vgl. Voß: Chem.-Ztg. **45**, 721, 743 (1921)].

Beim Destillieren der abgezogenen Lösung wendet man oft Luftleere an, um die Destillationstemperatur entsprechend zu senken, insbesondere wenn die zu gewinnenden Stoffe hohe Temperaturen nicht vertragen. Die Destillationsblasen und ihre Heizflächen müssen so groß sein, daß sie die anfallenden Lösungsmengen fortlaufend verarbeiten können. In größeren Anlagen benutzt man stetig arbeitende Kolonnenapparate, die den Extrakt nur kurze Zeit erhitzen. Damit feste Teilchen und Verunreinigungen nicht in die Destillationseinrichtungen gelangen, schaltet man Filter vor dieselben, die solche Stoffe aus der Extraktlösung abscheiden.

III. Extrahieren mit einmaliger Anreicherung des Extraktionsmittels.

1. Verlauf der Extraktion.

Bei den einfachsten Extraktionsverfahren behandelt man das Rohgut nur einmal mit reinem Extraktionsmittel, wobei man bestrebt ist, einen möglichst vollständigen Konzentrationsausgleich zu erhalten. Abgesehen von dem Wert c [Gleichung (3)] hängt der Verlauf der Extraktion noch von dem Verhältnis der Rauminhalte $u = V_E/V_{II}$ ab. Bezeichnet man die Menge des Rohgutes oder der Rohlösung mit M in kg, den bei Beginn der Extraktion in M vorhandenen Gehalt an zu extrahierendem Stoff G/M mit a (Anfangsgehalt) in Gew.-% und den extrahierbaren Gehalt bezogen auf den Rohstoff G_E/M mit g in Gew.-%, so ergibt sich, da $G = G_E + G_{II}$ ist:

$$g = \frac{c\,u}{1 + c\,u}\,a\,. \tag{4}$$

Die Kurve auf Abb. 3 stellt die Werte $G_E/M = g$ in Abhängigkeit von dem Verhältnis der Rauminhalte u für den Wert $c = 1$ und $a = 100$ dar. Man erkennt, daß es wenig Zweck hat, den Wert u übermäßig groß zu wählen, da die dann noch erreichbare Mehrextraktion verhältnismäßig gering ist. Bringt man also die gesamte Extraktionsmittelmenge auf einmal zur Behandlung des Rohgutes in die Apparatur, so muß man sehr viel Extraktionsmittel verwenden, wenn man einen hohen Extraktionsgrad erreichen will. Dabei wächst entsprechend der Wärmeaufwand zur Destillation der extrahierten Lösung.

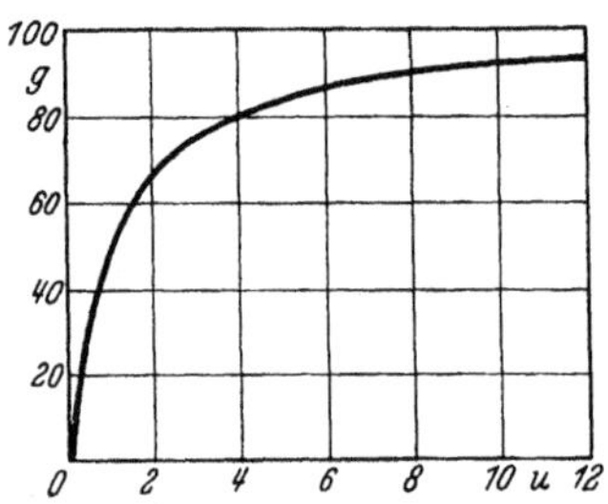

Abb. 3. Extrahierbare Menge bei einmaliger Anreicherung.

Man nutzt die verfügbare Extraktionsmittelmenge besser aus, wenn man diese nicht mit einem Male, sondern in mehreren Anteilen auf das Rohgut bringt und nach jeder Einzelbehandlung die angereicherte Lösung abzieht. Es bezeichne z die Zahl der mit reinem Extraktionsmittel vorgenommenen Auszüge. Gleichung (4) gilt entsprechend auch hier für jede der nacheinander vorgenommenen Teilextraktionen, wobei für den Wert u jetzt u/z tritt. Der extrahierbare Gehalt g ergibt sich dann bei diesem Verfahren aus der Beziehung [vgl. R. Fischer: Ztschr. techn. Physik **10**, 155 (1929)]:

$$g = a\left[1 - \left(\frac{1}{1 + \frac{u}{z}\,c}\right)^z\right]. \tag{5}$$

Wird z sehr groß gewählt, so ist $g = a$. Für $z = 1$ geht Gleichung (5) in Gleichung (4) über.

2. Durchführung.

Die Extraktion mit reinem Extraktionsmittel und einmaliger Anreicherung führt man in Apparaten mit einem einzelnen, stehenden oder liegenden, unbeweglichen oder sich drehenden Extraktionsgefäß durch. Das Verfahren kommt besonders für kleine und mittlere Leistungen zur Anwendung. Am häufigsten wird das Extraktionsgefäß als stehender Zylinder gebaut. Das mit dem Rohgut beladene Gefäß wird entweder vollständig mit dem Extraktionsmittel angefüllt oder man läßt dieses von oben über das Gut rieseln, was besonders bei sperrigem Gut (Knochen, Drogen usw.) oft zweckmäßig ist. Im ersten Fall bringt man meist nach dem Vorschlag von Soxhlet [Dinglers polytechn. Journ. 1879, 232, 462] am Extraktionsgefäß einen Überlaufheber an, damit die völlige Durchdringung des Rohstoffes mit Extraktionsmittel gesichert ist. Um die Konzentrationen der Lösung im Gut und außerhalb desselben möglichst auszugleichen, läßt man das Extraktionsmittel bisweilen mehrfach im Kreislauf durch die Füllung gehen, indem man es beispielsweise mit einer besonderen Pumpe umwälzt.

Den zweiten Fall wendet man oft bei der sog. warmen Extraktion an. Hierbei strömen der von oben herabfließenden Lösung von unten Extraktionsmitteldämpfe entgegen. Man ordnet auch über der Füllung im Extraktionsmittelbehälter Kühlschlangen an, die den aufsteigenden Dampf verflüssigen, so daß das Extraktionsmittel ununterbrochen den aufsteigenden Dämpfen entgegen mit einer Temperatur, die dicht unter dem Siedepunkt liegt, herabrieselt. Meist werden Extrakteure bis etwa 2000 l Inhalt angewendet. Bei Rohstoffen mit großem Rauminhalt wie beispielsweise Knochen geht man bis auf etwa 15000 l.

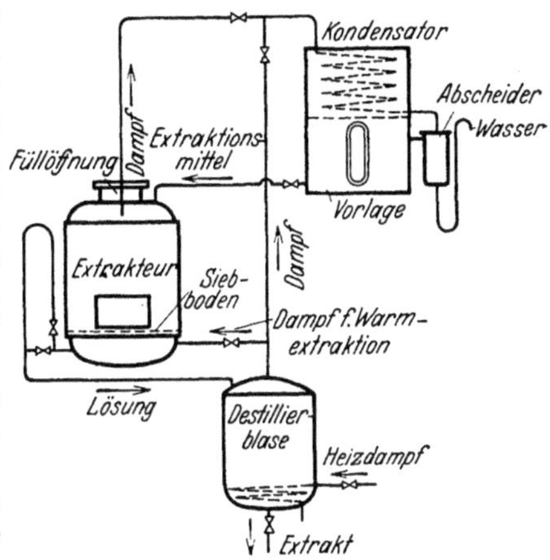

Abb. 4. Einzelapparat.

Die angereicherte Lösung geht in eine Blase, wo das Extraktionsmittel durch Destillation vom extrahierten Stoff getrennt wird. Ein Kondensator verflüssigt die aus der Blase aufsteigenden Dämpfe des Extraktionsmittels. Die letzten Reste des Extraktionsmittels im Extrakt in der Destillierblase und in den Rückständen im Extraktionsgefäß treibt man durch Einblasen von Wasserdampf aus. Eine Vorlage sammelt das aus dem Kondensator kommende Extraktionsmittel für das nächste Arbeitsspiel. Ist das Extraktionsmittel wasserunlöslich, so trennt es ein Abscheider auf Grund der Verschiedenheit der spezifischen Gewichte vom Wasser, anderenfalls ist hierzu eine besondere Destillationseinrichtung erforderlich.

Die Blase liegt unter dem Extraktionsgefäß, der Kondensator mit der Vorlage darüber, so daß man ohne Pumpe arbeiten kann. Zur Verringerung der Baukosten vereinigt man bisweilen Kondensator und Vorlage einerseits und Extraktionsgefäß und Destillierblase andererseits in je einem Gefäß. Meist verwendet man zwei oder drei Einzelapparate gleichzeitig nebeneinander, um einen möglichst fortlaufenden Betrieb zu erhalten. Eine häufig verwendete Bauart ist schematisch auf Abb. 4 dargestellt.

Für schwer extrahierbare Stoffe, wie Fischabfälle, Bleicherden, Wolle und andere schlammige, teigige oder feinkörnige Stoffe, verwendet man zylindrische, sich um eine waagerechte Achse drehende Extraktionsgefäße bis zu etwa 12 m³ Inhalt. Man füllt die Trommel ungefähr zu einem Drittel ihres Inhaltes. Verschließbare Öffnungen im Mantel dienen zur Beschickung und Entleerung. Extraktionsmittel und Wasserdampf werden auf der einen Trommelseite durch eine Stopfbüchse zugeführt, auf der anderen Seite leitet man in gleicher Weise Lösung und Dämpfe ab. In der Trommel angeordnete Filterrohre trennen das beladene

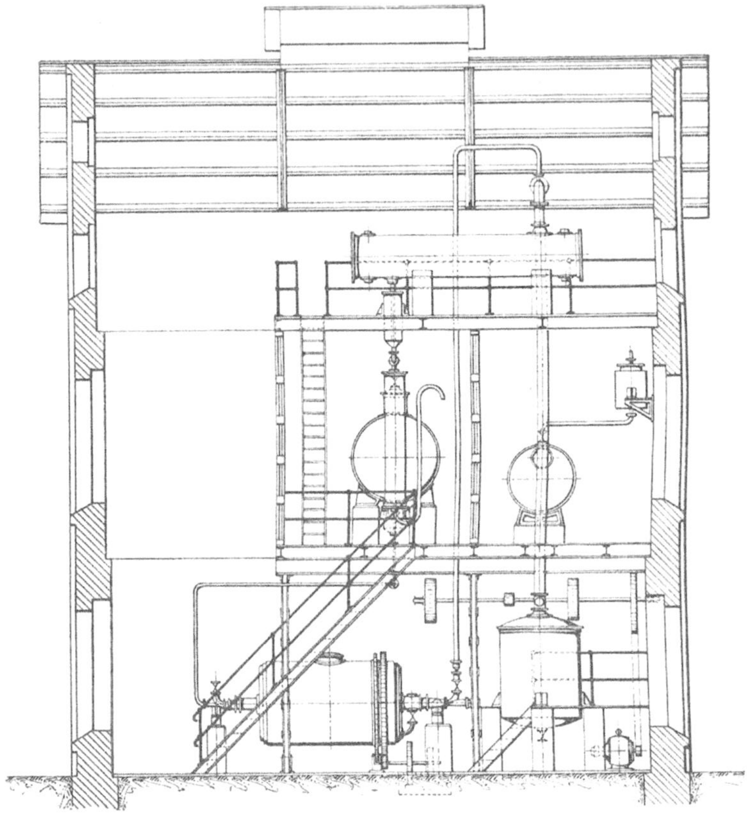

Abb. 5. Extraktionsanlage mit Drehtrommel (Wegelin & Hübner).

Extraktionsmittel nach der Behandlung von den Rückständen. Umgibt man die Trommel mit einem Dampfmantel, so kann man das Gut in einfacher Weise beheizen, um das Rohgut oder die Rückstände zu trocknen, um warm extrahieren zu können, gegebenenfalls das Ablassen der Lösung zu beschleunigen und um unter Umständen die Extraktionsmittelreste in den Rückständen ohne Wasserdampf austreiben zu können, wobei man in der Trommel Luftleere erzeugt. Die Füllung der Extraktionstrommeln beträgt im Mittel etwa 1000—5000 kg. Als Beispiel zeigt Abb. 5 eine Extraktionsanlage mit liegender Drehtrommel der Maschinenfabrik Wegelin & Hübner, Halle a. S., die auch für den Betrieb unter Luftleere geeignet ist.

Bei der Extraktion pulveriger Stoffe ist es schwierig, das beladene Extraktionsmittel von den schlammigen Rückständen zu trennen, da sich diese infolge der feinen Verteilung schwer absetzen. Würde man solche Stoffe in den üblichen Behältern extrahieren, so würde sich außerdem ein hoher, oft unüberwindbarer Strömungswiderstand beim Durchdrücken des Extraktionsmittels ergeben. In solchen Fällen wendet man besondere Filterpressen an. Ein Mischapparat verrührt das zu verarbeitende Rohgut mit dem Extraktionsmittel. Eine Pumpe fördert den dabei entstandenen Brei in die Filterpresse, welche die Lösung von den festen Rückständen mechanisch trennt. Die in der Presse gebildeten Kuchen wäscht man mit reinem Extraktionsmittel aus. Eine Destillierblase nimmt die Filtrate auf, um den Extrakt vom Extraktionsmittel durch Destillation zu trennen.

IV. Extrahieren mit geregelter Anreicherung.

1. Durchführung.

Bei einmaliger Anreicherung des Extraktionsmittels ist die erforderliche Menge desselben verhältnismäßig groß, da es, wie oben dargelegt, arm

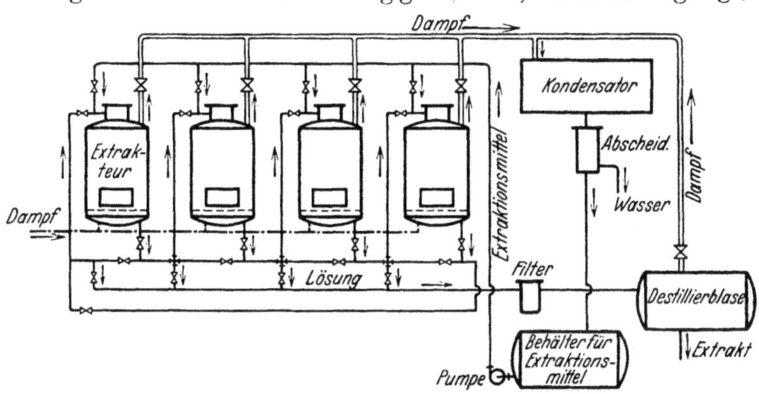

Abb. 6. Extraktionsbatterie.

an extrahiertem Stoff ist. Um es stärker zu beladen, kann man das Rohgut nacheinander mit einzelnen Posten von verschiedener Konzentration in einem Einzelapparat behandeln, indem man die in jedem einzelnen Arbeitsspiel erhaltene Lösung in besonderen Behältern sammelt und mit der nächsten Füllung des Apparates nochmals anreichert. Dabei wird die Lösung mit dem höchsten Extraktgehalt immer in das frischgefüllte Extraktionsgefäß geführt. Das reine Extraktionsmittel wendet man nur an, wenn der Apparat entleert werden soll. Dieses Verfahren eignet sich besonders auch für die Arbeit mit Extraktionstrommeln.

Sind größere Mengen zu verarbeiten, so wendet man in der Regel mehrere hintereinandergeschaltete Extraktionsgefäße, meist 3—10, an, die das Extraktionsmittel nacheinander im Gegenstrom durchläuft.

Da es zu umständlich wäre, das zu extrahierende Gut entgegen dem Extraktionsmittel von Behälter zu Behälter zu fördern, läßt man dieses in dem betreffenden Gefäß ruhen und schaltet die Leitungen für die Lösung entsprechend in bestimmten Zeitabständen um. Das reine Extraktionsmittel tritt in den Behälter mit der am meisten extrahierten Füllung ein. Die angereicherte Lösung geht aus dem zuletzt gefüllten Behälter in die Destilliereinrichtung. Der Füllinhalt eines Extrakteurs liegt meist zwischen 2000 und 5000 l. Die Zahl der notwendigen Extraktionsbehälter ergibt sich aus der Extraktionsdauer und der verlangten Leistung. Die sonstigen Arbeitsvorgänge gleichen denen bei der Extraktion mit einmaliger Anreicherung des Extraktionsmittels. Die wichtigsten Einzelheiten einer Extraktionsbatterie mit vier Gefäßen sind auf Abb. 6 dargestellt. Der Verlust an Extraktionsmittel beträgt bei Batterieapparaten etwa 0,8—1,5% der zu verarbeitenden Gutmenge. Er entsteht durch Undichtheiten in der Apparatur, Abgänge in den Rückständen und die Atemluft der Apparate. Die zuletzt genannten Extraktionsmittelreste in der Apparateluft können durch Adsorptions-, Absorptionseinrichtungen oder Kälteanlagen wiedergewonnen werden. Der Dampfverbrauch hängt von der Größe der Anlage und der Art des zu verarbeitenden Gutes ab. Bei der Saatenextraktion rechnet man beispielsweise mit 50—100 kg Dampf für 100 kg Saat. Die Extraktlösungen haben dabei bis zu 60% Ölgehalt, wenn man mit einer Vierkörperbatterie einen Rohstoff mit etwa 35% Ölgehalt extrahiert.

2. Verlauf.

Der Extraktgehalt der von einem Gefäß in das nächste gepumpten Lösung schwankt ständig in geringen Grenzen, je nachdem ob ein frisch gefüllter Behälter gerade eingeschaltet worden ist oder ob ein Extraktionsgefäß ausgeschaltet und entleert werden soll. Man kann jedoch mit genügender Annäherung für die von Behälter zu Behälter fließende Lösung mittlere Konzentrationen annehmen oder auch die Verhältnisse kurz vor dem Umschalten der Betrachtung zugrunde legen. Zur Darstellung des Verlaufs der Extraktion seien folgende Bezeichnungen unter Berücksichtigung der auf Abb. 7 angegebenen Kennziffern gewählt:

E = Menge des durch die Apparatur gehenden Extraktionsmittels in kg,
p = Extraktgehalt des Extraktionsmittels in Gew.-%,
x = Extraktgehalt im Rohgut M in Gew.-%.

Zur Vereinfachung sei vollkommene Extraktion vorausgesetzt, so daß in den Rückständen nichts verbleibt. Für viele Fälle gilt mit einiger Annäherung für den in jedem Extraktionsgefäß erhaltenen Konzentrationsausgleich eine Beziehung, die der Gleichung (3), S. 166 entspricht:

$$\frac{x_1}{p_1} = \frac{x_2}{p_2} = \frac{x_3}{p_3} = C = \frac{x_n}{p_n}. \tag{6}$$

Da die vom Extraktionsmittel aufgenommene Extraktmenge der aus dem Rohgut entfernten Menge gleich sein muß, ist:

$$\left.\begin{aligned} p_1 E_1 &= M x \\ p_2 E_2 &= M_1 x_1 \\ p_3 E_3 &= M_2 x_2 \\ p_{n+1} E_{n+1} &= M_n x_n \end{aligned}\right\} \tag{7}$$

Während des Betriebes bleiben die Mengen des reinen Extraktionsmittels und des extraktfreien Rückstandes als Träger des Extraktes unverändert. Es ergibt sich daher:

$$\left.\begin{array}{l} M\,(100 - x) = M_1\,(100 - x_1) = M_n\,(100 - x_n) \\ E_1\,(100 - p_1) = E_2\,(100 - p_2) = E_{n+1}\,(100 - p_{n+1}) \end{array}\right\} \qquad (8)$$

Das Verhältnis dieser Größen ist ebenfalls unveränderlich:

$$\frac{M\,(100 - x)}{E_1\,(100 - p_1)} = \frac{M_1\,(100 - x_1)}{E_2\,(100 - p_2)} = \frac{M_n\,(100 - x_n)}{E_{n+1}\,(100 - p_{n+1})} = K. \qquad (9)$$

Für die beliebige Konzentration im Rohgut x_n und den zugehörigen Gehalt an extrahiertem Stoff im Extraktionsmittel p_{n+1} erhält man dann die Beziehung:

$$\frac{x_n}{p_{n+1}} = \frac{\frac{100}{K} - x_n\left(\frac{1}{K} - 1\right)}{100} \qquad (10)$$

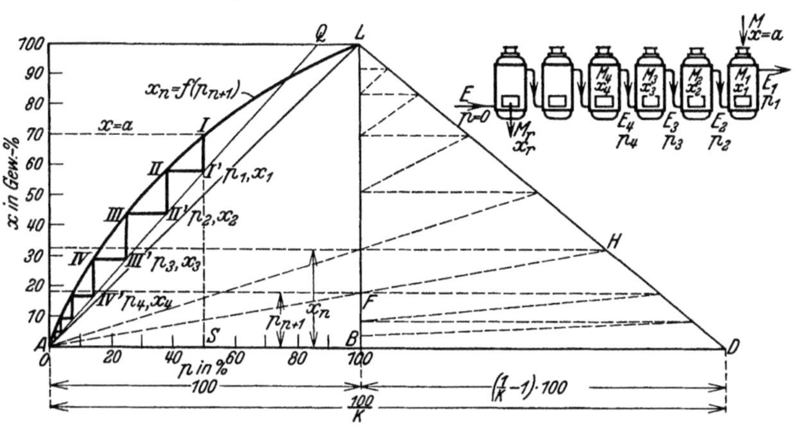

Abb. 7. Verlauf der Extraktion in einer Batterie.

Die Gleichungen (6) und (10) geben die Möglichkeit den Verlauf der Extraktion in einer Batterie zu verfolgen oder die Zahl der notwendigen Extraktionsgefäße für eine bestimmte Aufgabe zu bestimmen, wenn die Werte K und C hinreichend genau bekannt sind. Hierzu ist zunächst x als Funktion von p auf Abb. 7 nach Gleichung (10) zeichnerisch dargestellt, indem von dem Koordinatennullpunkt A des p-x-Schaubildes auf der Abszisse die Strecke $100/K = AD$ abgetragen ist, so daß $BD = \left(\frac{1}{K} - 1\right) 100$ wird, da $AB = 100$ ist. Strahlen vom Punkt A aus geben nach Gleichung (10) mit ihren Schnittpunkten auf den Geraden BL und DL die Ordinaten zugehöriger Werte von x_n (Punkt H) und p_{n+1} (Punkt F). Durch entsprechende Wiederholung des Verfahrens erhält man die Kurve $x_n = f\,(p_{n+1})$ nach Gleichung (10). Das Verhältnis x_n/p_n ist nach Gleichung (6) auf dem Schaubild (Abb. 7) durch die Gerade AQ, die durch den Nullpunkt A geht, gegeben. Mit dem Anfangsgehalt des Rohgutes $x = a$ (Punkt I) ist auch der Extraktgehalt p_1

bestimmt (Punkt S). Der Schnittpunkt der Ordinate von p_1 mit der Geraden AQ gibt den Wert x_1 (Punkt I'). Eine Parallele zur Abszissenachse durch den Punkt I' ergibt mit ihrem Schnittpunkt auf der Kurve $x_n = f(p_{n+1})$ den Wert p_2 (Punkt II). Durch eine Parallele zur Ordinatenachse durch Punkt II erhält man mit dem Schnittpunkt auf der Geraden AQ den Extraktgehalt x_2 (Punkt II'). Fährt man so weiter fort, zwischen der Kurve und der Geraden AQ Stufen einzutragen, so erhält man damit die in jedem Gefäß erreichte Extraktion und, wenn man dabei hinreichend dicht an den Nullpunkt herangeht, die Zahl der erforderlichen Extraktionsbehälter. Der Einfluß der Extraktionsmittelmenge, gekennzeichnet durch den Wert K, und die Bedeutung des in einem Gefäß erhaltenen Konzentrationsausgleiches, dargestellt durch die Größe C, lassen sich durch Wiederholung des Verfahrens für die jeweils in Frage kommenden Fälle leicht bestimmen. Statt der linearen Gleichung (6) kann man naturgemäß auch eine andere Beziehung für die Konzentrationen einführen, falls eine solche durch Versuche ermittelt sein sollte. Eine entsprechende Kurve ersetzt dann die Gerade AQ auf Abb. 7. Will man auch berücksichtigen, daß die Extraktion der Rückstände nicht ganz vollständig ist, so kann man statt Gleichung (7) die Beziehung

$$p_{n+1} E_{n+1} + M_r x_r = M_n x_n \tag{11}$$

in die Rechnung einführen.

Wenn eine Extraktionsbatterie so wirtschaftlich wie möglich arbeiten soll, müssen auch die Zeitdauer der einzelnen Teilvorgänge und ihre Beziehungen zur Zahl der Gefäße beachtet werden [vgl. K. Thormann: Chem. Apparatur **1929**, 210].

Die Arbeitsweisen bei der Extraktion mit Batterieapparaten können je nach den Eigenschaften der zu verarbeitenden Stoffe sehr verschieden sein. Meist kann man zeitlich für jedes Gefäß zwei Gruppen von Arbeitsvorgängen unterscheiden:

α) **Einwirkungszeit** des Extraktionsmittels auf das Gut oder wirkliche Extraktionszeit. Dieser Abschnitt setzt sich meist aus zwei Zeiten zusammen:

a) Zeit F, um Extraktionsmittel durch das Gut zu drücken,

b) Zeit T, in der Extraktionsmittel einwirkt, ohne daß Flüssigkeit durch das Gut gedrückt wird, beispielsweise Zeit während des Umschaltens oder des Stehenlassens der Extraktionsbehälter wegen langsamer Diffusion.

β) **Leerlaufzeit N.** Dieser Arbeitsabschnitt, bei dem das Extraktionsmittel nicht auf das Gut einwirkt, ist für jedes Gefäß zum Füllen und Entleeren, zur Vor- und Nachbehandlung des Gutes und andere Betriebsvorgänge notwendig.

Die Zeit von der Entleerung eines Gefäßes bis zur Entleerung des nächsten oder die Zeit von der Füllung des einen bis zur Füllung des nächsten sei mit L bezeichnet. Die Zeit L kann ebenso wie N durch F und T bestimmt werden. Die Gesamtzahl der Behandlungen mit Extraktionsmittel in einem Arbeitsspiel sei r.

Um eine Beziehung zwischen diesen Größen und der Gefäßzahl *m* zu erhalten, stellt man die Vorgänge zweckmäßig zeichnerisch dar und leitet daraus die gesuchten Gesetzmäßigkeiten ab [L. F. Hawley: Ind. engin. Chem. 12, 493 (1920)]. Der Betrachtung sei als Beispiel eine Batterie von vier Gefäßen zugrunde gelegt, durch die in bestimmten, sich ständig wiederholenden Zeitabschnitten der Reihe nach gleichzeitig Extraktionsmittel gedrückt wird, nachdem sie vorher eine bestimmte Zeit ohne Durchfluß gestanden haben. Die in einem Arbeitsspiel ablaufenden Vorgänge sind untereinander gereiht für drei verschiedene Arbeitsweisen auf Abb. 8 dargestellt, wobei die Bewegung des Extraktionsmittels

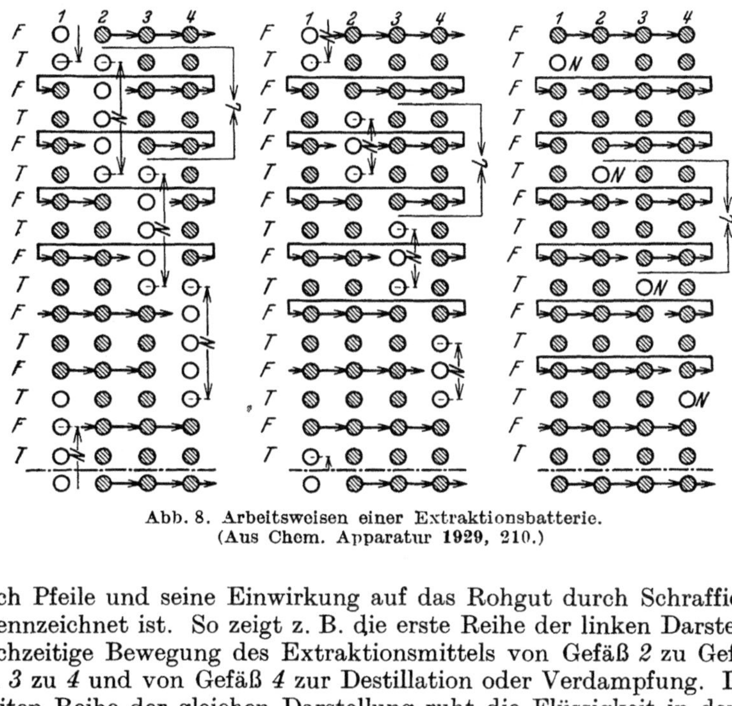

Abb. 8. Arbeitsweisen einer Extraktionsbatterie. (Aus Chem. Apparatur 1929, 210.)

durch Pfeile und seine Einwirkung auf das Rohgut durch Schraffierung gekennzeichnet ist. So zeigt z. B. die erste Reihe der linken Darstellung gleichzeitige Bewegung des Extraktionsmittels von Gefäß *2* zu Gefäß *3*, von *3* zu *4* und von Gefäß *4* zur Destillation oder Verdampfung. In der zweiten Reihe der gleichen Darstellung ruht die Flüssigkeit in den Gefäßen *3* und *4*, während *1* und *2* zum Füllen und Entleeren usw. außer Betrieb sind. In der dritten Reihe wird frisches Extraktionsmittel in das Gefäß *3* und von dort über *4* nach *1* gedrückt. Wie sich aus der Darstellung ergibt, vollzieht sich ein ganzer Kreislauf in 16 Einzelarbeitsvorgängen. Bei der in der linken Darstellung angenommenen Arbeitsweise, wo das Gut in jedem Arbeitsspiel 5mal mit Flüssigkeit behandelt wird, beträgt die Zeit $N = 3\,T + 2\,F$, wie sich aus den untereinander liegenden, nicht schraffierten Kreisen ergibt. Aus der mittleren Darstellung, wo sechs Behandlungen des Rohgutes vorgesehen sind, erhält man die Zeit $N = 2\,T + F$ und aus der rechten Darstellung für sieben Behandlungen bei der gleichen Gefäßzahl $N = T$.

Führt man dieses Verfahren für mehrere Gefäßzahlen m und verschiedene Behandlungen r durch, so ergeben sich die folgenden, allgemeinen Beziehungen für das dargestellte Beispiel:

$$N = T\,(2\,m - r) + F\,(2\,m - r - 1), \tag{12}$$

$$r = 2\,m - \frac{N + F}{T + F}\,. \tag{13}$$

Die Zeit zwischen zwei gleichen Arbeitsvorgängen in zwei aufeinanderfolgenden Gefäßen ist unabhängig von der Gefäßzahl m:

$$L = 2\,T + 2\,F\,. \tag{14}$$

In der gleichen Weise kann man auch für andere Arbeitsweisen und Betriebsbedingungen ähnliche Beziehungen aufstellen, um so den Zusammenhang zwischen der Gefäßzahl und den Zeiten für die verschiedenen Arbeitsvorgänge zu bestimmen.

V. Stetige Extraktion.

1. Durchführung.

Besonders bei großen Leistungen bemüht man sich, die Extraktion in stetiger Arbeitsweise durchzuführen. Das Rohgut tritt auf der Seite der Apparatur ein, an welcher das beladene Extraktionsmittel die Apparatur verläßt. Auf der anderen Seite, an welcher die Rückstände herauskommen, geht das reine Extraktionsmittel ununterbrochen in den Apparat zurück.

Die Durchführung des Gegenstroms bereitet bei der Extraktion fester Stoffe Schwierigkeiten, zumal da meist die Forderung besteht, daß das Gut von den verwendeten Förderelementen in keiner Weise zerrieben oder beschädigt werden soll. Eine Zerteilung des Gutes würde die Trennung der Extraktlösung von den Rückständen durch Filterung infolge Verstopfung der Durchtrittslöcher erschweren. Man hat zur stetigen Bewegung des Gutes Schnecken, schneckenartige Rührwerke, Becherwerke, Schaufeln, Preßkolben, Förderbänder, Drehrohre, Siebrohre, Schleudern und ähnliche Vorrichtungen zu verwenden gesucht oder vorgeschlagen. Bei der stetigen Extraktion nach Bollmann wird das Gut in paternosterartig angeordneten Siebkästen zuerst nach unten, dann nach oben geführt. Auf der heruntergehenden Seite rieselt von oben bereits beladenes Extraktionsmittel über das in den Kästen befindliche Gut. Auf der anderen Seite fließt von oben frisches Extraktionsmittel dem von unten in den Kästen aufsteigenden, auf der Gegenseite teilweise extrahierten Gut entgegen. Zum Austreiben der Extraktionsmittelreste in den Rückständen sind besondere Einrichtungen, beispielsweise Ausdämpfschnecken, erforderlich.

Die stetige Extraktion kann gegenüber den anderen Verfahren im Betriebe bei entsprechender Ausführung folgende Vorteile ergeben: wenig Bedienung, selbsttätige Beschickung und Entleerung, kein Öffnen der Apparatur, keine Stillstände und gute Ausnutzung, kurze Extraktionsdauer, geringe Mengen an Gut und Extraktionsmittel in der Apparatur.

Bei der Extraktion von Flüssigkeiten ist die stetige Arbeitsweise meist ohne große Schwierigkeiten durchführbar. Um die Lösung, die den zu extrahierenden Stoff enthält, mit dem Extraktionsmittel in feiner Verteilung zur Berührung zu bringen, kann man den Unterschied der spezifischen Gewichte von Lösung und Extraktionsmittel benutzen, indem man hohe Behälter, Kolonnen mit Füllkörpern, Rohrschlangen usw. zum Aufsteigen der leichteren Flüssigkeit von unten oder zum Durchfallen der schwereren Flüssigkeit von oben in Tropfen (Perforation) verwendet. Der damit erreichbare Extraktionsgrad ist meist infolge der verschiedenen Oberflächenspannungserscheinungen, die sich insbesondere in Zusammenballungen der Tropfen zeigen, verhältnismäßig gering [vgl. H. Prausnitz u. S. Halberstedt: Über die Größe von Flüssigkeitströpfchen. Ztschr. angew. Chem. **30**, 970 (1930)]. Besser sind in

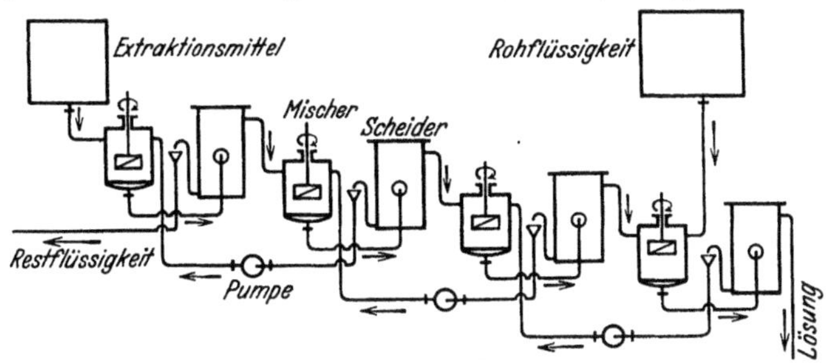

Abb. 9. Extraktionsapparat für Flüssigkeiten.

der Regel mechanisch wirkende Vorrichtungen, die die Flüssigkeitsteilchen immer wieder zerkleinern und durcheinander bringen, wie Behälter, Türme und Kolonnen mit Rührschaufeln, Schleuderpumpen, Schüttel- und Mischvorrichtungen verschiedenster Art. Nach der Extraktion trennt ein Abscheider das beladene Extraktionsmittel von der übrigbleibenden Lösung auf Grund des Unterschiedes der spezifischen Gewichte. Um das Gut möglichst vollständig zu extrahieren, schaltet man mehrere dieser Vorrichtungen, beispielsweise nach Abb. 9 hintereinander, wobei jedem Rührwerk ein Abscheider zugeordnet ist. Durch Pumpen wird die Rohflüssigkeit im Gegenstrom zum Extraktionsmittel von Stufe zu Stufe ununterbrochen gefördert. Derartige Apparate werden beispielsweise zur Extraktion von Essigsäure verwendet [H. Guinot: Chim. et Ind. **1929**, 243]. Auch Hausbrand hatte bereits eine ähnliche, nur mit dem Unterschied der spezifischen Gewichte, ohne Pumpen arbeitende Anlage angegeben. Die stetige Extraktion kann bei geringen Konzentrationen eines Bestandteils eine Destillation besonders dann ersetzen, wenn diese nur mit großem Dampfverbrauch möglich ist. Als Anwendungsbeispiele der stetigen Arbeitsweise seien genannt: die Extraktion von Essigsäure aus ihren wäßrigen Lösungen mit Butyl-, Amyl- oder Äthylacetat, die Extraktion von Bestandteilen des Rohpetroleums durch schweflige Säure, die Entfernung von Phenol aus Abwässern der Kohleverarbeitung, die Reinigung von Benzolwaschöl von Ammoniakverbindungen usw.

Um eine gleichmäßige Verteilung des Extraktionsmittels zu erhalten, kann man dieses dampfförmig der über Füllkörper herabrieselnden Flüssigkeit entgegenführen, wobei es sich an den großen Oberflächen der kälteren Rohflüssigkeit niederschlägt. Zu den Extraktionsverfahren rechnet man in der Regel auch die Arbeitsweisen, bei denen umgekehrt die zu verarbeitende Flüssigkeit in überhitzten Dampf verwandelt und mit einem hochsiedenden, flüssigen Extraktionsmittel im Gegenstrom behandelt wird. Als Beispiel sei das Suida-Verfahren zur Herstellung von konzentrierter Essigsäure aus verdünntem Essig durch Extraktion aus einem überhitzten Essigsäure-Wasserdampfgemisch durch in Wasser schwer- oder unlösliche Öle genannt, deren Siedepunkt wesentlich höher liegt als derjenige der Essigsäure [Suida: Österr. Chemiker-Ztg. **30**, 1 (1927). — Mariller: Chim. et Ind. **19**, Sonderh., 134 (1928). — Guinot: Chim. et Ind. **1929**, 234 (D.R.P. 422073, 424666, 434501, 451179)]. Als Extraktionsmittel dienen über 150° siedende, phenolhaltige Holzteeröle. Wirkungsweise und Ausführung sind den Vorgängen und Apparaturen beim Rektifizieren und Absorbieren ähnlich. Der Rohstoffdampf tritt zunächst in die Extraktionskolonne, in welcher das flüssige Extraktionsmittel von oben herabrieselt. Der Wasserdampf verläßt an der Spitze der Säule die Apparatur. Aus dem Unterteil der Extraktionskolonen geht das mit Essigsäure beladene Extraktionsmittel in einen Rektifizierapparat, der das Gemisch in konzentrierte Essigsäure und reines Extraktionsmittel zerlegt. Die Essigsäure wird in dieser, meist mit Luftleere betriebenen Säule aus dem Oberteil, das Extraktionsmittel aus dem Unterteil erhalten. Der Dampfverbrauch beträgt nur 10—12 kg für 1 kg Rohsäure, während er bei den Destillationsverfahren 20—25 kg beträgt.

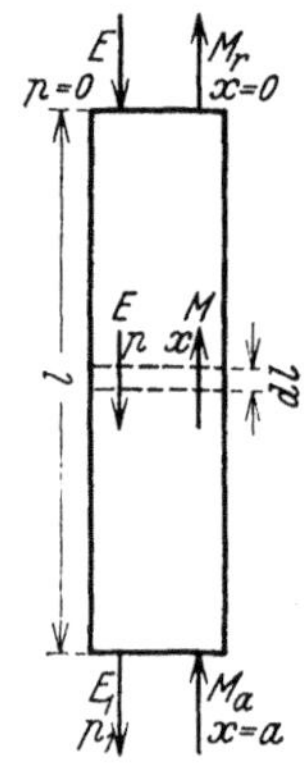

Abb. 10. Stetig arbeitender Apparat.

2. Verlauf.

Zur Darstellung des Verlaufs der Extraktion in einem stetig arbeitenden Apparat muß man eine Beziehung über das Maß der Anreicherung des Extraktionsmittels in einer bestimmten Länge des Apparates kennen. Der Übergang des zu extrahierenden Stoffes aus dem Gut in das Extraktionsmittel ist um so stärker, je größer der Unterschied zwischen der dem Konzentrationsgleichgewicht und der dem tatsächlich vorhandenen Zustand entsprechenden Konzentration ist. Nach der mit Gleichung (6) gegebenen Beziehung kann man auch hier häufig für den Konzentrationsausgleich eine lineare Abhängigkeit vom Extraktgehalt annehmen, die durch den Beiwert C gekennzeichnet sei. Bezeichnet man die wirksame Länge des Apparates mit l, so ergibt sich für einen beliebigen Querschnitt der Apparatur (Abb. 10):

$$\frac{dp}{dl} = \frac{1}{k}\,[f(p) - Cp]. \tag{15}$$

Hierin ist k ein Beiwert, der von der Bau- und Arbeitsweise der Apparatur abhängt. Die Beziehung $x = f(p)$ ergibt sich aus Gleichung (10), wenn man die Kennziffern n und $n+1$ wegläßt. Die notwendige, wirksame Länge der Gegenstromapparatur erhält man aus der Gleichung:

$$l = k \int \frac{dp}{[f(p) - Cp]} \,. \qquad (16)$$

Mit dieser Gleichung kann man zweckmäßig durch zeichnerische Integration den Verlauf der Extraktion im Apparat verfolgen und die notwendige Länge der Apparatur bestimmen.

Krystallisieren.

Von Dr.-Ing. E. **Hegelmann** VDI, Ludwigshafen a. Rh.

I. Allgemeines.

A. Zweck der technischen Krystallisation.

Die technische Krystallisation kann unter folgenden Gesichtspunkten durchgeführt werden:

a) Trennung fester und flüssiger Stoffe, wobei Größe, Form und Reinheit des erhaltenen Krystallisats von untergeordneter Bedeutung ist.

b) Erzielung bestimmter Form und Korngröße des krystallisierten Produktes.

c) Reindarstellung der auszukrystallisierenden Stoffe aus Lösungen (Umkrystallisieren, fraktionierte Krystallisation).

d) Krystallisation aus dem gasförmigen Zustand, z. B. Herstellung von NH_4Cl aus $(NH_3 + HCl)_{gasf.}$, ferner beim Sublimieren vgl. S. 333.

B. Wirtschaftlicher Gesichtspunkt.

Die Krystallisation ist ein Vorgang, der sich im technischen Maßstabe mit verhältnismäßig geringer Geschwindigkeit vollzieht und somit relativ große Apparateinhalte erfordert, besonders, wenn auf gut ausgebildete Krystallform des Produktes Wert gelegt wird. Der Energieaufwand ist in der Regel (Ausnahme: Vakuumkrystallisator) gering und beschränkt sich auf die Beschaffung des Kühlmittels und die Bewegung des Gutes in der Apparatur und bei der Förderung, wenn nicht die Aufheizung und Abkühlung der Lauge, besonders bei Kreislaufverfahren, oder die Eindickung größere Wärme- (bzw. Kältemengen) erfordert.

Für die technische Durchführung des Krystallisationsprozesses ist es von Bedeutung, ob die Krystallisation von Schmelzen eines einheitlichen Stoffes oder eines Gemisches erfolgt, oder ob es sich um ein Auskrystallisieren aus Lösungen handelt. Der erstere Fall interessiert besonders in der Metallurgie und Gießerei, ferner in der chemischen Industrie bei der Abkühlung von Schmelzen. Der zweite Fall findet bei den meisten technischen Krystallisationsverfahren Anwendung.

C. Technische Durchführung.

a) Geleitete Krystallisation.

Sie wird meist durchgeführt, wenn an die Form, Größe und Reinheit des Krystallisates bestimmte Anforderungen gestellt werden. Der Krystallisationsprozeß verläuft in einer besonderen Krystallisationsapparatur, wo er innerhalb bestimmt eingehaltener Temperaturgrenzen bei bestimmter Wärmeabgabe, bestimmten Strömungsbedingungen geleitet wird. (Eigentliche Krystallisationsapparaturen vgl. auch z. B. Abb. 24 und 25, S. 207.)

b) Ungeleitete Krystallisation.

Hier kommt es in erster Linie auf eine Fabrikation mit möglichst geringen Unkosten, also auf große Durchsätze bei relativ geringer Apparategröße an. Der zu gewinnende Stoff fällt krystallisiert an, ohne daß auf die Größe und Beschaffenheit des Korns besonderer Wert gelegt werden muß. Das Krystallisieren fügt sich dem eigentlichen Fabrikationsgang als Nebenprozeß ein, wie es bei manchen Verdampfungsvorgängen der Fall ist. Hier ist mehr auf die Vermeidung der unerwünschten Nebenerscheinungen wie Verkrustungen der Heiz- bzw. Kühlflächen, Ablagerungen usw. zu achten, als auf den eigentlichen Krystallisationsprozeß. Häufig folgen auch letztere den Gesetzen der Krystallisation.

II. Theoretische Grundlagen.

A. Wesen der Krystallisation.

a) Polarität zwischen Formbildung und Wärme.

Das Wesen der Krystallisation wird in einer zusammenfassenden Betrachtung am anschaulichsten, wenn man den Übergang eines einheitlichen Körpers, beginnend von der Gasphase durch die flüssige Phase bis zur Gestaltbildung in der festen, krystallisierten Form verfolgt. Es interessiert in diesem Zusammenhang vor allem seine Gestaltungsfähigkeit im Zusammenhang mit den Wärmevorgängen. Die Gasphase ist noch völlig ohne eigene Gestalt. Dies findet einen sehr guten Ausdruck in ihrer vollkommenen spontanen Mischbarkeit durch Diffusion (Entropiemaximum). Die flüssige Phase hat die Möglichkeit einer einzigen freien Gestaltbildung (Tropfenbildung) durch ihre freie Oberfläche. Ihre Mischbarkeit ist noch groß, jedoch nicht mehr unbeschränkt. Die Gestaltungsfähigkeit der festen Körper bringt jedoch erst die große Mannigfaltigkeit der Formbildung in 6 bzw. 7 Krystallsystemen mit 32 Krystallklassen zum Ausdruck. Ihre unmittelbare Mischbarkeit (die Mischkrystalle gehen von der flüssigen Phase aus) ist völlig aufgehoben, eine Mischung pulverisierter fester Körper wird zum physikalischen Gemenge. Mit der Formbildung geht aber eine Verarmung am gesamten Wärmeinhalt parallel [Dissertation des Verfassers, S. 79f. Darmstadt 1928]. Ist die Krystallbildung wie bei den Gläsern bei der Erstarrung unterbunden, ist also die Krystallisationswärme der festen Substanz noch in dieser latent enthalten, so werden bestimmte Eigentümlichkeiten der Lösung vom flüssigen in den festen Zustand hinein verschleppt (feste Lösungen).

Rechnet man den totalen Wärmeinhalt einer Substanz als Summe der fühlbaren und latenten Wärme, ausgehend vom Erstarrungspunkt bis zur kritischen Temperatur der Gasphase bei gewöhnlichem Druck, so ist z. B. für H_2O beim Druck 1 ata der Wärmeinhalt wie folgt:

Für Eis	von der Temperatur	0^0 C;	Wärmeinhalt =	0 kcal
„ Wasser	„ „ „	0^0 C;	„ =	79,7 „
„ „	„ „ „	$99{,}1^0$ C;	„ =	179,3 „
„ Dampf (gesättigt)	„ „ „	$99{,}1^0$ C;	„ =	716,5 „
„ „ (überhitzt)	„ „ „	$t_k = 373^0$ C;	„ =	848,7 „

Beginnt man die Berechnung der Wärmeaufnahme beim absoluten Nullpunkt, so erhält man noch wesentlich höhere Zahlen.

Die Polarität zwischen Wärmeinhalt und der stufenweise bis zum festen Zustand gesteigerten Gestaltbildung zeigt sich durch eine solche Betrachtung als Urphänomen. Beim Erstarren von Schmelzen, wo die Diffusion als Nebenerscheinung ausgeschaltet ist, folgt die Krystallbildung weitgehend unmittelbar dem Abfluß der Wärme. Die Krystalle schießen fast stets senkrecht zur abkühlenden Oberfläche an, wie es z. B. beim Kokillenguß besonders an den Kanten deutlich sichtbar wird, wo sich die Wärmeabflußlinien von zwei Flächen in einer Diagonale treffen. Auch hier zeigt es sich, daß die Abführung der Wärme bei der Krystallisation im Wesen dieses Vorganges begründet ist.

b) Krystallisationswärme.

Ihre Größe kommt der negativen differentialen Lösungswärme für die konzentrierte Lösung gleich, läßt sich somit aus den integralen Lösungswärmen berechnen, indem man die Verdünnungswärme, für den Konzentrationsgrad, aus welchem die Krystallisation erfolgt, in Abzug bringt.

B. Krystallisieren aus Lösungen.

a) Diffusion als Nebenerscheinung.

Beim Krystallisieren aus einheitlichen Schmelzen tritt die gegensätzliche Beziehung (Polarität im Goetheschen Sinne) zwischen der formauflösenden Wärme und der Gestaltbildung (Krystallisation) unmittelbar in Erscheinung. Beim Krystallisieren aus Lösungen tritt zu dieser Hauptgesetzmäßigkeit noch eine andere sehr wichtige Nebenerscheinung hinzu, die Diffusion. Dieselbe beeinflußt die genannten Grundtatsachen nur mittelbar, indem sie den Stoffaustausch zwischen Lösung und Krystall vermittelt. Da sie damit aber die Gschwindigkeit der Krystallisationsvorgänge sehr stark beeinflußt, ist ihre Betrachtung für die Durchführung der Krystallisationsvorgänge besonders in technischem Maßstabe von großer Bedeutung.

b) Löslichkeit, Gleichgewichtskurve.

Für den Verlauf der Krystallisation bei der Abführung der Wärme ist die Abhängigkeit der Löslichkeit von der Temperatur, die Gestalt der

Löslichkeitskurve charakteristisch. Für die Lösung praktischer Aufgaben ist es meist bequemer, statt von der Konzentrationsangabe in Gew.-% von der Beladung x auszugehen (vgl. S. 471). x (kg) ist die Menge des gelösten Stoffes in 1 kg Wasser. Für die Umrechnung gelten die Gleichungen (19) und (19a), Gaswaschung S. 471. Man kann drei Typen von Löslichkeitskurven unterscheiden.

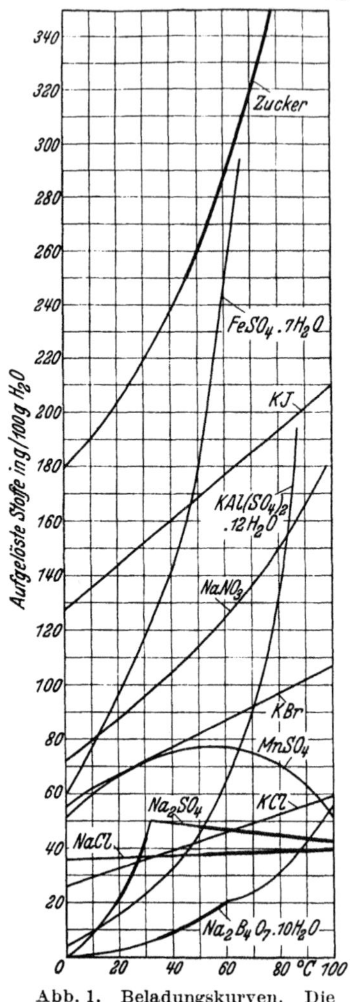

Abb. 1. Beladungskurven. Die stark ausgezogenen Teile geben die Konzentrationsgrade bei der technischen Krystallisation an. (Nach B. Block.)

α) **Positiver Temperaturbeiwert der Löslichkeit.** Aus Abb. 1 sind einige Beladungskurven der ersten Type, z. B. Natronsalpeter, Zucker usw. in Wasser, mit starkem positiven Temperaturkoeffizienten zu erkennen.

Substanzen mit einer Beladungskurve dieser ersten Art erlauben die Anwendung des Krystallisationsverfahrens durch Abkühlung der Lauge. Der erforderliche Laugeumlauf je 100 kg krystallisierter Substanz ist von dem Anstieg der Löslichkeitskurve $\frac{\Delta x}{\Delta t}$ abhängig (Abb. 1.) Nach der Definition der Beladung scheidet sich bei der Abkühlung um Δt °C auf 1 kg reines Lösungsmittel, aus $1 + x_1$ kg Frischlauge Δx kg Salz aus. (Bei Ausscheidung ohne Krystallwasser.) Als Mutterlauge verbleibt $1 + x_2$ kg, wobei $x_2 = x_1 - \Delta x$ ist. Je 1 kg ausgeschiedenes (wasserfreies) Salz ist an Frischlauge erforderlich $\frac{1 + x_1}{\Delta x}$ kg. An Mutterlauge verbleibt $\frac{1 + x_2}{\Delta x}$. Der Laugeumlauf ist somit um so kleiner, je größer Δt bzw. Δx ist. Aus diesem Grunde wird z. B. beim Guggenheim-Verfahren (S. 208) Kühlung mit Hilfe einer Ammoniakkälteanlage angewandt. Die Berechnungen beziehen sich auf die beim Krystallisieren in der Mutterlauge konstant bleibende Menge Lösungsmittel. Krystallisiert eine Substanz mit Krystallwasser, so können demnach sinngemäß dieselben Beziehungen verwendet werden, wenn man das Krystallwasser bereits in der Lösung als zugehörig zur entsprechenden Festsubstanz rechnet. D. h., man bezieht alle Bezeichnungen statt auf Trockensubstanz auf das Hydrat und statt auf das gesamte Lösungsmittel nur auf das gegenüber dem Hydrat freie lösende Wasser.

β) **Temperaturbeiwert der Löslichkeit ≌ Null.** Als zweite Type einer Beladungskurve mit geringem Temperaturkoeffizienten kann diejenige des Kochsalzes als Beispiel gelten (Abb. 1). Substanzen dieser Art machen ein Krystallisationsverfahren durch Entzug des Lösungsmittels erforderlich (vgl. „Verdampfen", z. B. S. 373, 385, 388, desgleichen S. 204, 205, 208).

γ) **Negativer Temperaturbeiwert der Löslichkeit.** Hierher gehören unter anderem Gips, Calciumcitrat. Substanzen mit stark negativen Temperaturkoeffizienten führen, oft in Verbindung mit chemischen Umsetzungen, zu den unangenehmen Ablagerungen auf Heizflächen wie Kesselstein, Pfannenstein usw. (Abb. 2). Bisweilen ist der Temperaturbeiwert bei niederen Temperaturen positiv und geht bei höherer Temperatur plötzlich (Na_2SO_4 bei 32° C) oder allmählich ($MnSO_4$) auf negative Werte über.

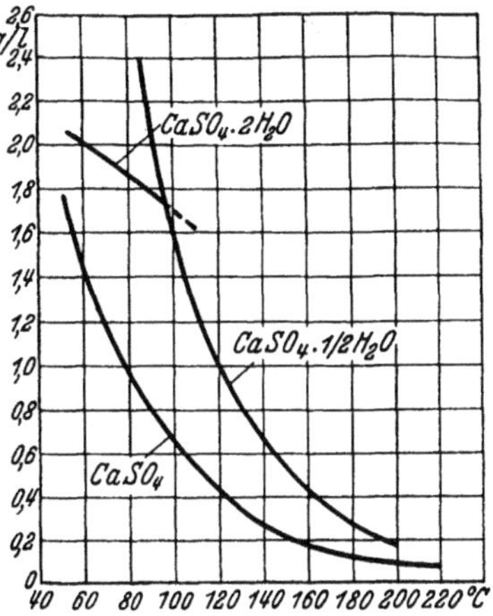

Abb. 2. Löslichkeitsschaubild des Gipses (Partridge).

In Abb. 1, die dem Aufsatz von B. Block [Ullmann: Encyklopädie, Bd. 6, S. 819. 1930] entnommen ist, sind die Löslichkeiten einer Anzahl technisch wichtiger Substanzen angegeben. Es sei hier auch verwiesen auf die Tafeln 13 und 14 der „Nomographischen Tafeln für die chemische Industrie" von E. Berl, W. Herbert und W. Wahlig (Berlin: Julius Springer 1930).

c) Fraktionierte Krystallisation.

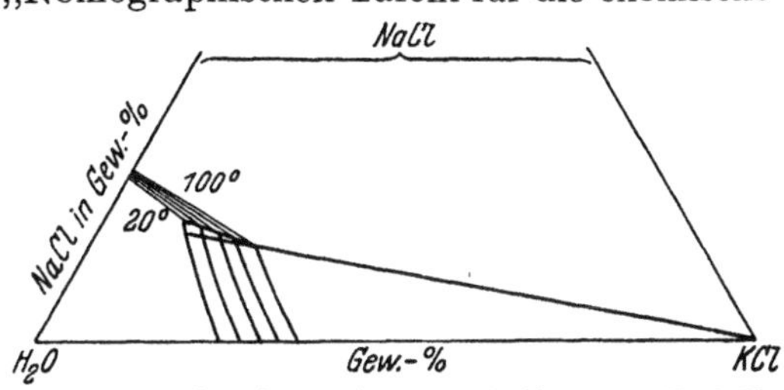

Abb. 3. Auskrystallisation von KCl aus KCl-NaCl-Lösungen. [Nach M. Trautz: Lehrbuch der Chemie.]

Sind mehrere Substanzen in demselben Lösungsmittel vorhanden, so sind die aus der Phasenlehre bekannten Darstellungsmittel (s. Bd. I, S. 184) heranzuziehen [vgl. auch E. Jänecke: Gesättigte Salzlösungen vom Standpunkte der Phasenlehre, 1908].

Bei der fraktionierten Krystallisation sind Diagramme wie Abb. 3 ein unentbehrliches Hilfsmittel. Sie geben darüber Aufschluß, unter welchen Bedingungen eine Krystallart aus einer Mischung von zwei oder mehreren geschmolzenen oder gelösten Substanzen ausfällt. Man benutzt die Eigentümlichkeit des Krystallisationsvorganges, daß die in der Lösung vorhandenen Verunreinigungen, nach Maßgabe der in den Diagrammen der Phasenlehre aufgezeigten Bedingungen, häufig nicht bzw. nur in sehr geringem Maße in die zuerst ausgeschiedene Krystallart hineingehen, auch zur Reinigung von Substanzen durch Umkrystallisieren.

C. Krystallisationsbeeinflussung.

a) Durch feste Stoffe.

Impfen. Unterkühlte Schmelzen oder übersättigte Lösungen im Bereich meßbarer Induktionsperioden (s. S. 186) sind mehr oder weniger lang haltbar. Rohrzucker krystallisiert z. B. aus übersättigten Lösungen auch in Gegenwart von krystallisiertem Zucker sehr langsam. Durch Impfen kann die Krystallisation einer solchen Schmelze oder Lösung häufig eingeleitet oder beschleunigt werden. Bringt man in eine solche Lösung Krystalle der gleichen Art oder die Krystallisation begünstigende Fremdkörper (als solche wirken oft schon Staubteilchen), d. h. impft man die Lösung, so wird die Krystallisation beschleunigt ausgelöst. Oft genügt eine Erschütterung, um in übersättigten Lösungen einen Regen feiner Kryställchen auszulösen. Tritt die Krystallisation von selbst ohne Impfen ein, so spricht man von spontaner Krystallisation. Das Impfen war schon Lowitzi etwa 1785 bekannt.

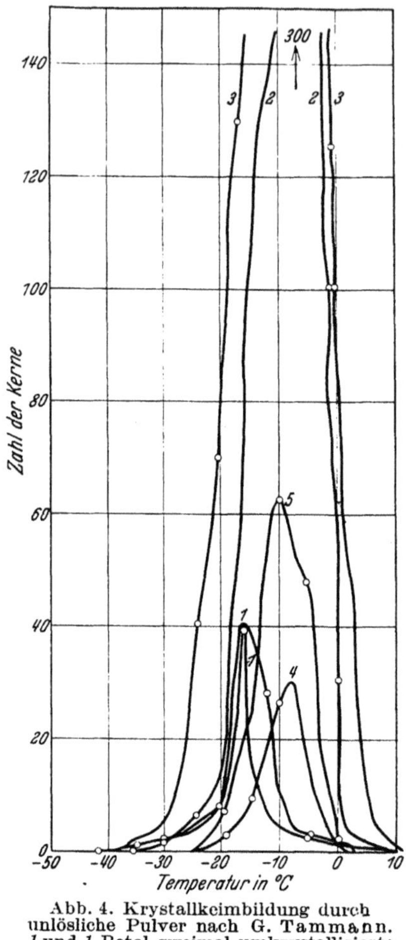

Abb. 4. Krystallkeimbildung durch unlösliche Pulver nach G. Tammann. 1 und 1 Betol zweimal umkrystallisiert; 2 Betol + 0,5 % Schmirgel; 3 Betol + 0,5 % Bergkrystall; 4 Betol + 0,5 % Feldspat; 5 Betol + 0,5 % Feldspat (geschmolzen).

Es ist bekannt, daß Krystalle sich vorwiegend an vorspringenden Kanten, Nietköpfen und in der Lösung befindlichen rauhen Stoffen, Holzstäben, Stricken usw. ansetzen. G. Tammann hat nachgewiesen, daß durch unlösliche Pulver besonders die Zahl der sich bildenden Krystallisationskerne vermehrt werden kann. Die Art der zugesetzten Stoffe ist oft sehr charakteristisch für die Wirkung. In einer Schmelze von Betol drückte ein Zusatz von Glaspulver die Kernzahl auf Null herab, Schmirgelpulver und besonders Bergkrystallpulver erhöhte aber die Kernzahl ganz außerordentlich (vgl. Abb. 4) [G. Tammann: Krystallisieren und Schmelzen, S. 153. 1903].

b) Durch lösliche Zusätze.

Oft genügt schon eine ganz geringe Menge eines Zusatzes z. B. von Metallsalzen zu der krystallisierenden Lösung, um die Krystallisation sehr auffällig zu beeinflussen. Solche Zusätze wirken teils auf die Bildung der Zahl der Kerne, teils auf die Ausbildung der Krystallform, teils auf die Anordnung der einzelnen Krystalle. Eine der bekanntesten Beeinflussungen ist die Veränderung der aus reiner Lösung fischgrätenartig krystallisierenden NH_4Cl-Krystalle durch Zusätze von Eisenchlorid, wodurch die Form der sog. „Hundezähne" entsteht. Spuren von Harnstoff in wäßriger NaCl-Lösung bewirken statt der sonst kubischen Krystallform oktaedrische Krystalle. Die Beeinflussung durch Zusätze kann soweit gehen, daß die Krystallklasse oder sogar das Krystallsystem geändert werden. Kolloide wie Gelatine, Agar-Agar usw. können die Krystallisation erheblich stören. Melasse kann aus diesem Grunde nicht krystallisieren, der Abbindevorgang des Gipses wird durch viscose Zusätze verzögert.

Bemerkenswert sind auch die Veränderungen durch Zusätze von Rübensaft, Abkochungen von Heu usw. Durch Zusatz von Rübensaft werden z. B. Krystallspieße von NH_4Cl in der Länge von $^1/_2$ m mühelos erhalten.

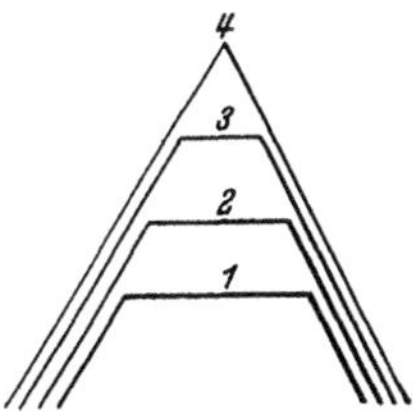

Abb. 5. Übersteigertes Wachstum einzelner Flächen, Reihenfolge 1 bis 4 (schematisch).

c) Durch Veränderung der Abkühlungsgeschwindigkeit.

Hierdurch wird zunächst die Krystallisationsgeschwindigkeit beeinflußt. Aus einer wenig übersättigten Lösung bzw. unterkühlter Schmelze bildet sich ein Krystall langsamer als bei umgekehrten Bedingungen. Bei langsamer Bildung ist der Krystall, wie G. Tammann feststellte, bedeutend flächenreicher als bei schneller Bildung. Bei Krystallen mit stark verschiedener Wachstumsgeschwindigkeit der einzelnen Flächen können die Flächen mit großer linearer Krystallisationsgeschwindigkeit schließlich verschwinden, während die Flächen mit geringem Wachstum sich ausdehnen (s. Abb. 5). Auch werden, wie bekannt, die Krystalle bei langsamer Bildung größer als bei rascher Bildung. Der Grund dafür ist in der gestörten Abwanderung des freiwerdenden Lösungsmittels zu suchen (vgl. S. 191—193).

D. Kern- oder Keimbildung und Krystallisationsverzögerung.

a) Allgemeine Einflüsse.

Die Krystallkern- oder Keimbildung ist um so größer, je höher die Übersättigung einer Lösung oder einer Schmelze ist [G. Tammann: Ztschr. anorgan. allg. Chem. **181**, 408 (1929)]. Mit abnehmender Unterkühlung nimmt auch die Zahl der Keime ab. Auch mit der Viscosität der Lösung verringert sich die Keimzahl, ohne daß sich indessen eine mathematisch faßbare Beziehung ergab. Feste Stoffe, besonders in Pulverform, beeinflussen die Keimbildung oft sehr stark (vgl. Abb. 4). Bei der Bildung von Krystallkeimen muß die von den Keimen freigewordene Krystallisationswärme ebenso das freiwerdende Lösungsmittel von der nächsten Umgebung derselben zunächst aufgenommen werden. Dadurch führt die Krystallisation in einer unterkühlten Lösung zu einer Erwärmung und lokalen Konzentrationsverminderung, welche die Krystallisation wieder verzögert. Trägt man nach Wulff [Ztschr. Ver. Dtsch. Zuckerind. **1888**, 226] die minutliche Abkühlungszeit als Strecke über den der jeweiligen Lösungstemperatur entsprechenden Strecken auf, so erhält man für das heiße Lösungsmittel allein, oder für Lösungen außerhalb des Gebietes der Krystallisation eine stetig abfallende Kurve [s. Abb. 6, entnommen von B. Block, aus Ullmann: Encyklopädie]. Bei beginnender Krystallisation treten jedoch die in Abb. 6 zu erkennenden Unstetigkeiten auf. Bei der Abkühlung einer Boraxlösung erhielt Wulff bis

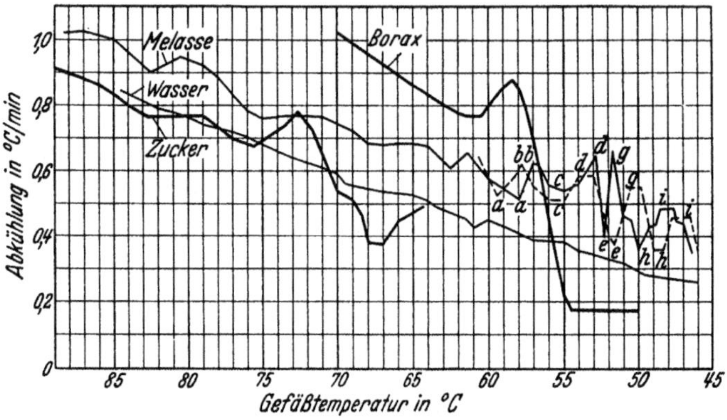

Abb. 6. Abkühlungslinien nach Wulff.

etwa 61° eine ähnliche stetige Abkühlung wie bei Wasser. Von hier ab bis 58° nimmt jedoch die Abkühlung in bemerkenswerter Weise zu, was nach der Kontrollinie, die für Wasser erhalten wurde, nur durch einen Wärmeverbrauch in der Lösung selbst bedingt sein konnte. Auch Untersuchungen an anderen Salzen haben vor der Krystallisation stets diese Zunahme der Abkühlung gezeigt, sobald Übersättigung eintrat. Bei Borax nimmt von 58° C ab die Abkühlung wieder rasch ab (Abb. 6) und beträgt bei 55° nur noch etwa ein Fünftel der minutlichen Abkühlung bei 58°. Diese Abnahme erklärt sich daraus, daß die nach außen abgegebene Wärme der Lösung sehr schnell durch die bei der Krystallbildung auftretende Krystallisationswärme wieder ersetzt wird.

b) Häufigkeit der Keimbildung, Krystallisationsverzögerung.

Sehr interessante Erscheinungen bei der Krystallisation aus Lösungen wies W. M. Fischer nach [Ztschr. anorgan. allg. Chem. **145**, 311 (1925)]. Er stellte die Zeiten fest, die verstreichen vom Beginn des Impfens verschieden stark übersättigter Lösungen bis zum Beginn der darauf einsetzenden Krystallisation. Je kürzer diese Verzögerung ist, die er Induktionsperiode nennt, um so labiler ist die Lösung in ihrem Übersättigungszustand. Nach dem Verhalten der verschiedenen Salze ließen sich drei charakteristische Typen nachweisen.

α) **Typus I.** Die hierher gehörenden Salze sind dadurch charakteristisch, daß sie nach der Impfung mit Krystallen der gleichen Art mit der Krystallisation sozusagen nicht zurückhalten können. Die Krystallisation setzt unmittelbar ein, ohne Wartezeit (Induktionsperiode). Hierher gehören folgende Salze: NaCl, KCl, KNO_3, Kaliumpikrat, Silberacetat, $KClO_3$, AgCl, AgBr, TlCl, HJ, also durchweg Salze einbasischer Säuren. In der Abb. 7 sind die Konzentrationsänderungen der Lösung für KNO_3 vom Augenblick der Impfung an aufgetragen, so daß die Ordinaten die jeweilige Übersättigung, die Abszissen die zugehörigen Zeiten darstellen.

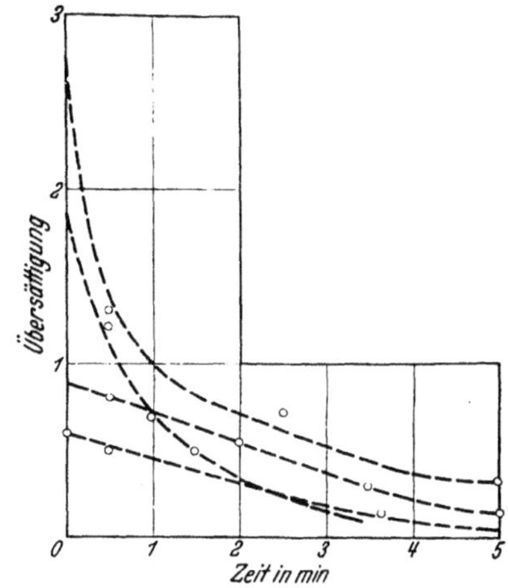

Abb. 7. Typus I nach W. M. Fischer.

β) **Typus II** (Abb. 8). Auch die Salze dieser Art verhalten sich nach dem Impfen bei großen Übersättigungen wie diejenigen des Typus I, d. h. es erfolgt eine augenblickliche Krystallisation. Sobald jedoch die Konzentration etwas zurückgegangen ist, gelangt man in ein Übersättigungsgebiet, in welchem nach dem Impfen und Rühren keine sofortige Ausscheidung erfolgt, sondern erst nach einer gewissen Wartezeit oder Induktionsperiode. Wird dann bei noch kleineren Übersättigungen gearbeitet, so wird nach den Messungen von W. M. Fischer die Periode bis zum Einsetzen der Ausscheidung immer länger. Schließlich gelangt man in ein Übersättigungsgebiet, in welchem auch nach sehr langer Zeit keine plötzliche Ausscheidung mehr erfolgt, sondern nur die wenigen zugefügten Krystalle langsam wachsen. Die Induktionsperioden wurden von W. M. Fischer in einem Gefäß von 5 l Inhalt in der Dauer von wenigen s bis zu 4 h festgestellt. Hierher gehören die Salze: K_2SO_4, $K_2Cr_2O_7$; $(NH_4)_2C_2O_4 \cdot H_2O$ (krystallwasserhaltiges Ammonoxalat); $C_2H_2O_4 \cdot 2H_2O$ (krystallwasserhaltige Oxalsäure); $(NH_4)_2SO_4FeSO_4 \cdot 6H_2O$; ferner die schwer löslichen Salze Ag_2CrO_4; $BaSO_4$; $SrSO_4$; $CaSO_4 \cdot 2H_2O$; $CaCO_3$; PbJ_2; Ag_2SO_4; $PbSO_4$; $PbCrO_4$ und $MgC_2O_4 \cdot 2H_2O$.

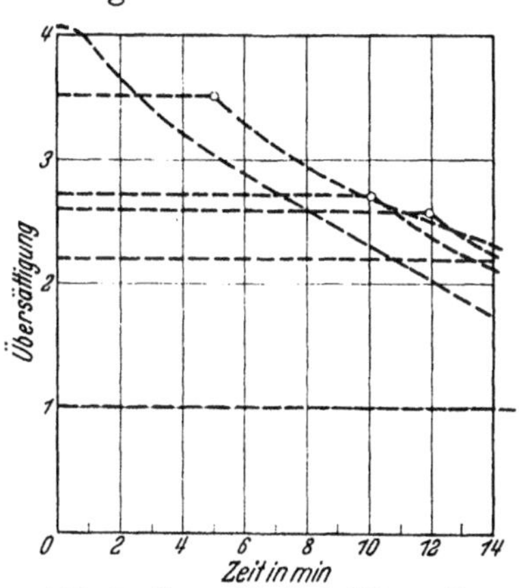

Abb. 8. Typus II. Induktionszeiten abhängig von der Übersättigung nach W. M. Fischer.

γ) **Typus III,** der nur an dem in Wasser leicht löslichen Natriumpikrat beobachtet wurde, unterscheidet sich von dem Typus II nur dadurch, daß sich auch bei den höchsten erreichbaren Übersättigungen eine scheinbar konstante Induktionsperiode von 1,5 min feststellen ließ, während die längste bei kleinen Übersättigungen 14 min betrug.

Die Beobachtungen W. M. Fischers sind für die bei einem technischen Krystallisationsprozeß zu schaffenden Bedingungen von großer Wichtigkeit. Stellt man durch schroffe Unterkühlung große Übersättigungen her, so muß je nach Verlauf der Kurven bei den einzelnen Typen die Krystallisation rasch verlaufen, so daß sehr leicht die S. 191 geschilderte Störung auftritt und Krystallmehl entsteht oder die Kühlflächen zukrystallisieren. Durch Einstellung eines geeigneten Übersättigungsgrades infolge einer richtig geführten Wärmeableitung kann die Übersättigung auf einer geeigneten Höhe gehalten werden, welche zur Gewinnung eines bestimmten Produktes erforderlich ist.

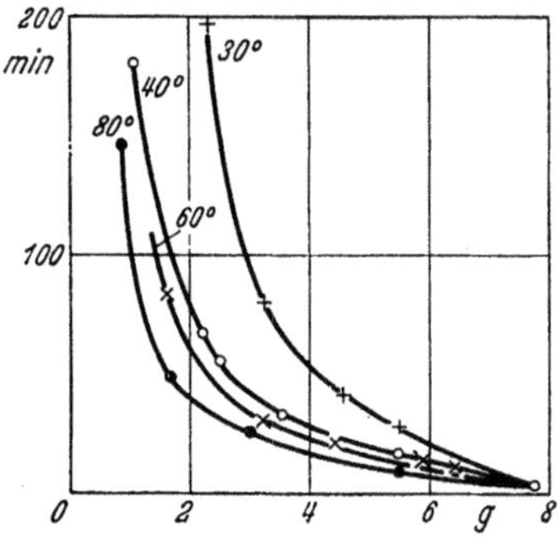

Abb. 9. Wartezeiten bis zum Eintritt spontaner Krystallisation; Abszisse: Übersättigung in g Substanz je 100 g Lösung (G. Tammann).

δ) Quantitative Beziehungen. W. M. Fischer erhielt zwischen der Zeit τ der spontanen Krystallisation und der Übersättigung x die Beziehung

$$\frac{x}{\sqrt{\tau}} = \text{konst.} \qquad (1)$$

(Unter spontaner Krystallisation versteht W. M. Fischer in dem genannten Aufsatz offenbar die durch Impfen ausgelöste rapid einsetzende Krystallisation.)

Auch von G. Tammann und seinen Mitarbeitern wurde die spontane Krystallisation (hier von selbst einsetzende Krystallisation, im Gegensatz zu dem durch Impfen ausgelösten Prozeß) unterkühlter Schmelzen und übersättigter Lösungen untersucht [Ztschr. anorgan. allg. Chem. **181**, 410 (1929); **200**, 57 (1931)]. Er stellt auf Grund einer Wahrscheinlichkeitsbetrachtung für die Keimzahlen ν, bei den Unterkühlungen Δt und Δt_m °C folgende Beziehung auf:

$$\log \nu_{\Delta t} = \frac{\Delta t_m}{\Delta t} \cdot \log (b \cdot \nu_{\Delta t}) - \log b, \qquad (2)$$

hierin bedeuten $\Delta t_m = \frac{r}{c}$ den Quotienten aus der Schmelzwärme r und der spezifischen Wärme c des Krystalls, b eine Konstante, die von der Natur der unterkühlten Flüssigkeit abhängt und mit der Masse der Flüssigkeit und der Zeit der Unterkühlung wächst.

Für Lösungen von Kaliumbichromat, die bei den Temperaturen 30, 40, 60 und 80° C gesättigt waren und in zugeschmolzenen Reagensrohren in der Menge von 6 g Lösung im Wasserbad untersucht wurden, erhielt G. Tammann die in Abb. 9 wiedergegebenen Zeiten bis zum Erscheinen des ersten Krystallkeims in Abhängigkeit von der Übersättigung $\Delta c_{ü}$. Letztere ist in g Bichromat je 100 g Lösung angegeben.

c) Übersättigungszone und Krystallisationsverzögerung.

α) Allgemeine Betrachtung. Je nach der Art der krystallisierenden Substanz und der erstrebten Beschaffenheit der Krystalle ist zur Einleitung des Krystallisierens eine mehr oder weniger starke Übersättigung $\Delta c_{ü}$ der Lösung erforderlich. Die Höhe der Übersättigung $\Delta c_{ü}$ bestimmt, wie aus den Abb. 7—9 ersichtlich war, die Geschwindigkeit der Abnahme der Lösungskonzentration und somit die kubische Krystallisationsgeschwindigkeit. Ermittelt man für eine bestimmte Substanz bei verschiedenen Temperaturen die Übersättigungsgebiete mit ihren Induktionszeiten, wie sie für jeweils eine Temperatur in den Abb. 7—9 gegeben sind, so erhält man über der Löslichkeitskurve *aa* (Abb. 11) die mehr oder weniger labile Übersättigungszone. Innerhalb dieser Zone werden also die Induktionszeiten um so kürzer, je größer der Abstand von der Gleichgewichtskurve ist. Die Löslichkeits- bzw. Gleichgewichtskurve hat somit eine unendlich große Induktionszeit. In Abb. 10 ist die Übersättigungszone $\Delta c_{ü}$ für Kaliumbichromat in H_2O auf Grund von Feststellungen G. Tammanns [Ztschr. anorgan. allg. Chem. **200**, 64 (1931)] eingetragen. Die Gleichgewichtskurve ($\tau = \infty$) entspricht hierbei der Abszissenachse. Die entsprechenden Daten sind in Abb. 11 in das t, x-Diagramm übertragen. Über der Gleichgewichtskurve a, a ($\tau = \infty$) sind die Kurven gleicher Wartezeiten τ bis zur Kurve f, f ($\tau = 10$ min) aufgetragen.

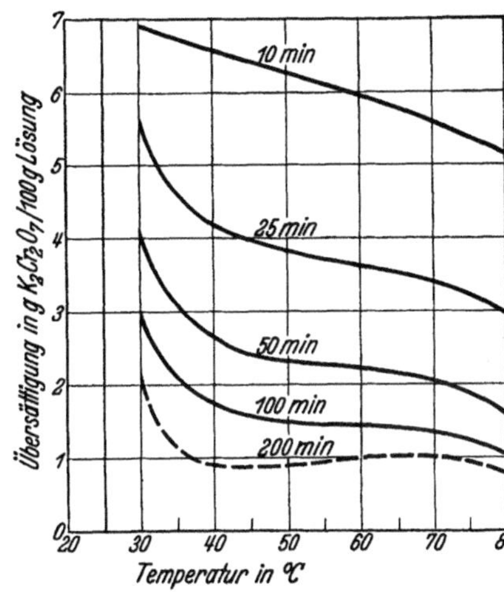

Abb. 10. Übersättigungsfeld (t, $\Delta c_{ü}$) für Kaliumbichromatlösung nach G. Tammann. Übersättigung $\Delta c_{ü}$ in g je 100 g Lösung.

Folgt eine Abkühlung im t—x-Diagramm (Abb. 11), ausgehend vom Punkte P der Löslichkeitskurve (Gleichgewichtskurve) der Linie *1*, *2* oder *3*, so tritt bei der schroffen Abkühlung *1* eine rasche Krystallisation ein, wobei mit der Bildung vieler kleiner Krystalle und der Gefahr der Verkrustung der Kühlflächen zu rechnen ist. Bei der langsameren Abkühlung nach der Linie *2* oder *3* ist die Bildung größerer Krystalle bzw. das Weiterwachsen vorhandener Impfkrystalle zu erwarten. Ist der Abkühlungsvorgang beendet, so muß die Abkühlungskurve, nach genügend langer Zeit τ wieder in die Gleichgewichtskurve einmünden, z. B. bei P_1 bzw. bei P_2 oder P_3 in Abb. 11.

Bei der Krystallisation durch Entzug des Lösungsmittels im Verdampfer findet die Übersättigung bei konstanter Temperatur (Siedetemperatur) statt. Im Diagramm (Abb. 11) kommt der Vorgang in diesem Fall auf der Linie P—*4* zum Ausdruck. Bei der Vakuumkühlung muß sich der Vorgang zwischen der Linie P—*4* und P—*1* einstellen (P—*5*). Man kann das Diagramm (Abb. 11) auch räumlich, z. B. mit der Abkühlungszeit oder der Abkühlungsgeschwindigkeit usw. als dritter Koordinate vorstellen. Dieselben Betrachtungen lassen sich auch im

$t - \Delta c_{ü}$-Diagramm Abb. 10 anstellen, wobei die Gleichgewichtskurve mit der Abszissenachse zusammenfällt.

β) **Geleitete Krystallisation.** Als geleiteten Krystallisationsprozeß im engeren Sinne kann man somit einen Krystallisationsvorgang bezeichnen, der so durchgeführt wird, daß er sich im Gebiet langer Induktionszeiten bzw. geringer Häufigkeit von Krystallkeim-Neubildungen vollzieht. Es ist dann die größte Gewähr für das Weiterwachsen der bereits gebildeten Krystalle geboten (Linie *P—2*; *P—3* in Abb. 11).

γ) **Ungeleitete Krystallisation.** Ein ungeleiteter Krystallisationsprozeß ist demgegenüber ein solcher, der sich bis nahe an die obere Grenze der Übersättigungszone in das Gebiet starker Neubildung von Krystallkeimen erstreckt (Linie *P—1*; *P—4*; *P—5* in Abb. 11) [vgl. auch Hugh Griffits: Journ. Soc. chem. Ind. 44, 7 T. (1925), deutsch von Dr. König: Chem.-Ztg. 50, 689f. (1926)].

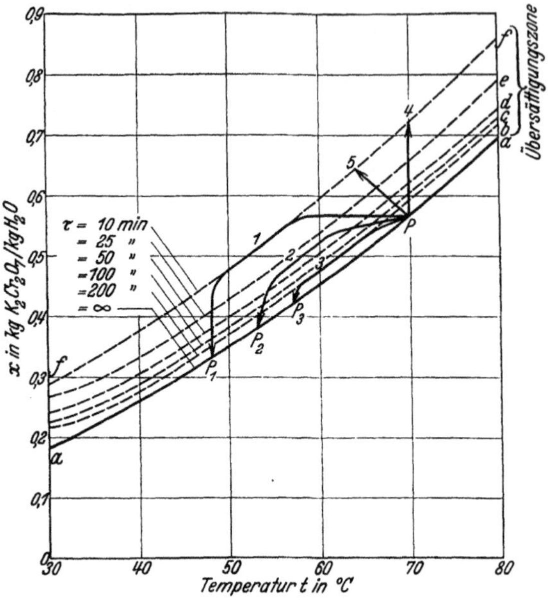

Abb. 11. Übersättigungsfeld (t, x) wäßriger Kaliumbichromatlösung. x kg gelöste Substanz je 1 kg H_2O; a Gleichgewichts- bzw. Löslichkeitskurve; b, c, d, e, f Übersättigungskurven für konstante Induktionszeiten τ.

E. Krystallisationsgeschwindigkeit.

a) Vektorielle oder lineare Krystallisationsgeschwindigkeit.

α) **Allgemeines.** Es liegt im Wesen des Krystallisationsprozesses, daß die Krystallisationsgeschwindigkeit nach bestimmten Richtungen und nach Größe am einzelnen Krystall orientiert ist. Anderenfalls müßten Kugeln statt Krystalle entstehen. Die Krystallisationsgeschwindigkeit hat zwei verschiedene Voraussetzungen. Die eine ist durch das Wesen des Krystallisationsvorgangs selbst bestimmt, die andere ist durch Nebenumstände, z. B. Diffusion, Abkühlung und Verdampfungsgeschwindigkeit gegeben. Beide wirken zusammen beim Zustandekommen der tatsächlichen Krystallisationsgeschwindigkeit. Die Größe derselben schwankt nach Tammann bei verschiedenen Substanzen im Verhältnis von 1 : 60000.

β) **Durch das Wesen der Krystallisation bedingte Krystallisationsgeschwindigkeit (Ordnungsgeschwindigkeit).** Bei aus Schmelzen krystallisierenden Stoffen, wo erhebliche Krystallisationsgeschwindigkeiten bis mehrere 100 mm je min auftreten, fand D. Gernez [Compt. rend. 95, 1278 (1882)] die in Abb. 12 wiedergegebene Abhängigkeit der linearen Krystallisationsgeschwindigkeit (K.G.) von der Badtemperatur. Bei Unterkühlungen von etwa 20—30° beginnt sie von der Temperatur der Schmelze unabhängig zu werden, d. h. es bildet sich eine dem betreffenden Stoff eigentümliche Krystallisationsgeschwindigkeit aus. Man hat diese durch die Einlagerung der Substanz in den Krystall bedingte Geschwindigkeit auch Ordnungsgeschwindigkeit genannt, im Gegensatz zur Häufungsgeschwindigkeit [Haber: Ber. Dtsch. chem. Ges. 55, 1717 (1922)]. Im Gebiet *B* (Abb. 12) wird die Krystallisation durch die freiwerdende Wärme gehemmt. Die Wärmeleitfähigkeit der Krystalle und der Schmelze spielen hier eine große Rolle. Im Gebiet *E* der abnehmenden Krystallisationsgeschwindigkeit verbleibt zwischen den Krystallen keine Flüssigkeit mehr, sondern die ganze Schmelze erstarrt.

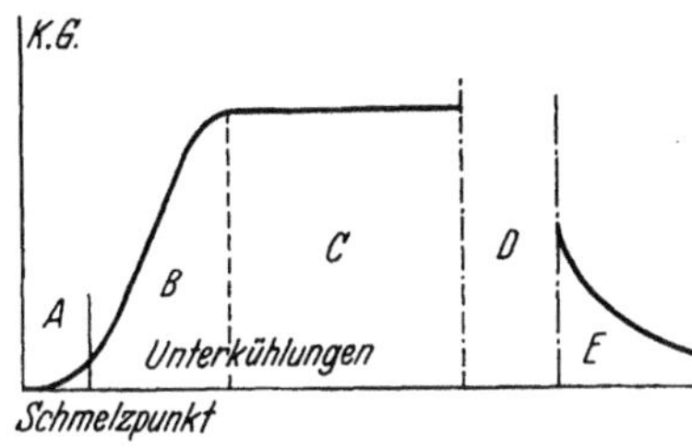

Abb. 12. Abhängigkeit der Krystallisationsgeschwindigkeit (K.G.) von der Badtemperatur.

γ) **Durch Nebenumstände (Diffusion usw.) bedingte Krystallisationsgeschwindigkeit.** Diese unechte Krystallisationsgeschwindigkeit, die nach Haber auch Häufungsgeschwindigkeit genannt wird, ist bedingt durch die Diffusionsgeschwindigkeit, ferner durch die Geschwindigkeit der Abkühlung oder die Verdampfungsgeschwindigkeit des Lösungsmittels usw. Die günstigsten Bedingungen für eine ungestörte Krystallisation besonders für die Bildung von Einkrystallen scheinen vorzuliegen, wenn die Häufungsgeschwindigkeit gleich oder kleiner ist als die Ordnungsgeschwindigkeit. Andernfalls müßte, im Einklang mit Abb. 11, die Übersättigung bis in das Gebiet kurzer Induktionszeiten steigen. Die Krystallisation wird gestört, wenn — vorläufig und ungenau gesagt — die Häufungsgeschwindigkeit z. B. durch zu rasche Abkühlung größer wird als die Ordnungsgeschwindigkeit. Sofern die Häufungsgeschwindigkeit durch den Diffusionsvorgang bedingt ist, läßt sich dieser Störungsvorgang wie nachfolgend erläutert genauer bestimmen.

Die Diffusion ist beim Krystallisieren aus Lösungen nur in Ausnahmefällen zu vermeiden, wenn die krystallisierende Substanz das Lösungsmittel im gleichen Verhältnis (im Gitter) bindet, wie es in der Lösung vorhanden ist. Dies ist also der Fall, wenn eine im eigenen Krystallwasser gelöste Substanz krystallisiert (Natriumsulfit).

Betrachtet man die Oberfläche *A A* eines Krystalls (Abb. 13), über welcher durch übersättigte Lösung von der Konzentration $c_ü$ ein Weiterwachsen des Krystalls eintreten soll, so muß für die Konzentrationsverteilung in der Lösung folgendes gelten. Unmittelbar an der Oberfläche *A A* werden bei der Einlagerung der Festsubstanz in das Krystallgitter das zugehörige Lösungsmittel und die Krystallisationswärme freigegeben. Beide bewirken eine relative Herabsetzung der Konzentration der Lösung unmittelbar über der Grenzfläche. In der Schicht zwischen AA und BB muß also eine Minimalkonzentration vorhanden sein. Die Konzentration bei AA kann aber niemals unter die Gleichgewichtskonzentration $\bar{c}$ sinken, weil sonst Auflösung der krystallisierten Schicht eintreten müßte. Sofern die Krystallisation weiterhin vor sich gehen soll, muß ein Konzentrationsgefälle in der Richtung nach der Krystalloberfläche auftreten. In dem Niveau CC im Abstand δ von AA muß somit eine Übersättigung vorhanden sein. Der Grad der Übersättigung $\Delta c_ü$ bestimmt die Geschwindigkeit des abdiffundierenden freigegebenen Lösungsmittels, mithin die Geschwindigkeit der Diffusion der Festsubstanz und damit mittelbar die Geschwindigkeit der Krystallisation.

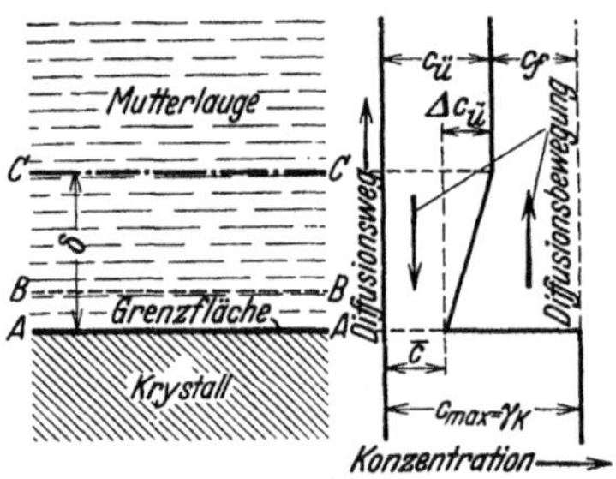

Abb. 13. Konzentrationsverlauf vor der Grenzfläche. $c_ü$ Übersättigungskonzentration der Festsubstanz; c_f entsprechende Flüssigkeitskonzentration (schematisch).

Befindet sich die Lösung vor der Krystallfläche AA in turbulenter Strömung (Krystallisation in Bewegung), so wird die Schichtdicke δ, innerhalb welcher das Konzentrationsgefälle liegt, gleich der Prandtlschen Grenzschicht (s. Bd. II, S. 105). Da die beiden gegeneinander diffundierenden Substanzen (Lösungsmittel und Festsubstanz) gegenüber der jeweils obersten, ruhend gedachten Krystallschicht ohne Konvektionsstrom diffundieren (vgl. auch Gaswaschung, S. 485), ist das Konzentrationsgefälle im Beharrungszustand relativ zur Krystalloberfläche linear.

Nimmt man an der Krystalloberfläche selbst gerade die Sättigungskonzentration $\bar{c}$ als Lösungsgleichgewichtszustand an und ist die in der Zeit dt auskrystallisierende Gewichtsmenge $= dG$ (bei Krystallisation ohne Krystallwasser), so ist die Häufungsgeschwindigkeit $\frac{dG}{F \cdot dt}$ durch die Diffusionsgleichung mit dem Diffusionsbeiwert D bestimmt. Es ist dann nach dem Fickschen Gesetz (s. S. 482)

$$\frac{dG}{F \cdot dt} = \frac{D \cdot \Delta c_ü}{\delta}. \tag{3}$$

Hierin ist $\Delta c_ü = c_ü - \bar{c}$ die absolute Übersättigungskonzentration gegenüber der Gleichgewichtskonzentration $\bar{c}$. Innerhalb des Krystalls nimmt die absolute Konzentration c den Wert der Substanzdichte γ_K an.

Beispiel. Die Grenzschichtdicke sei $\delta = \frac{1}{100}$ m/m $\left(= \frac{1}{10^5}\,\text{m}\right)$; der Diffusionsbeiwert $D = 1$ cm²/Tag $\left(= \frac{1}{240\,000}\,\text{m}^2/\text{h}\right)$; ferner die Übersättigung $\Delta c_ü = 1$ g je 100 g Lösung.

Dann ist die stündlich ($dt = 1$) je 1 m² Krystalloberfläche krystallisierende Substanzmenge $\frac{dG}{F} = \frac{1}{240\,000} \cdot 0{,}01 \cdot 10^5 = \frac{1}{240}\,\text{kg} = 4{,}17\,\text{g/m}^2$.

d) **Krystallisationsstörungen.** Durch das Zusammenspiel von Diffusion und Wärmeleitung erklären sich manche Erscheinungen, die sonst unverständlich bleiben. Erfolgt die Abkühlung sehr rasch und in Richtung der (nach Abb. 13) abdiffundierenden Lösung, so daß sie die Diffusionsbewegung der an der Krystalloberfläche ausgestoßenen Lösung überholt, so bilden sich in Schichten von geringem Abstand parallel zu AA (Abb. 13) in der Lösung periodisch Bedingungen für neue spontane Krystallisation. Dadurch können die bekannten Erscheinungen der Krystallisation in Schichten auftreten (Liesegangsche Ringe). Auch die gestörte Krystallisation (Bildung von Krystallmehl, polykrystalline Formen) bei zu rascher Abkühlung ist durch vorzeitig gestörte Abdiffusion des freiwerdenden Lösungsmittels zu erklären. Wird dagegen die Krystallisation durch Mangel an Festsubstanz gestört, so treten unvollständig ausgebildete Krystalle, die sog. Hungerkrystalle, auf.

b) Räumliche Krystallisationsgeschwindigkeit.

Sieht man von der Richtung der Krystallisationsgeschwindigkeit ab, so kann man die Zunahme des krystallisierten Volumens in der Zeiteinheit feststellen und damit die räumliche, kubische (oder skalare) Krystallisationsgeschwindigkeit ermitteln. Man kann sie auf 1 m^3 Festsubstanz oder auf 1 m^3 Lösung beziehen. Ihre Größe hängt von der Zahl der Krystallkeime, von der Diffusionsgeschwindigkeit und den Bedingungen der Entziehung der Krystallisationswärme ab. Für die Ermittlung des Durchsatzes von Krystallisationsapparaten ist sie von Bedeutung, ohne jedoch über das Wachstum des einzelnen Krystallkorns Aufschluß zu geben.

c) Experimentelle Hilfsmittel (Siebanalyse).

Bei geometrisch ähnlichen Krystallen ist die Wachstumsgeschwindigkeit irgendeiner charakteristischen Längenabmessung L, z. B. der größten Länge aus geometrischen Gründen der linearen Krystallisationsgeschwindigkeit proportional. Die Längenzunahme ΔL irgendeiner Abmessung ist also zugleich ein Maß für die lineare Krystallisationsgeschwindigkeit, die somit indirekt durch die Maschenweite eines Siebes ermittelt werden kann. Ist die Krystallisationsgeschwindigkeit während des Krystallwachstums konstant, wie es häufig bei der Krystallisation in Bewegung annähernd der Fall ist, dann ist auch das Wachstum der betreffenden charakteristischen Abmessung konstant. Hierauf beruht ein Verfahren bei der technischen Krystallisation nach vorausgegangener Siebanalyse der Impfkrystalle die Zusammensetzung der dem Krystallwachstum unterworfenen Impfkrystalle rechnerisch vorauszubestimmen. Ermittelt man nämlich das Längenwachstum ΔL eines einzigen Impfkryställchens, z. B. des größten (praktisch stets ein Durchschnittswert von mehreren), durch Messung oder Absiebung, so müßten unter den genannten Voraussetzungen und falls Neubildungen von Krystallkeimen vermieden werden, alle übrigen Impfkryställchen die gleiche Zunahme ΔL erfahren haben [ΔL-Gesetz, vgl. Badger-McCabe-Kutzner:

Elemente der Chemie-Ing.-Technik **1932**, 331]. Da das Volumen V eines Krystalls gegeben ist durch

$$V = m \cdot L^3, \tag{4}$$

worin m ein für geometrisch ähnliche Krystalle konstanter Wert ist, so läßt sich die Volumenzunahme und mithin auch die kubische Krystallisationsgeschwindigkeit aus der Differenz der Volumina vor und nach dem Wachstum bestimmen. Auch mit Berücksichtigung der gesamten (während des Wachstums veränderlichen) Oberfläche läßt sich im Anschluß an die Betrachtung des Beispiels S. 192 die kubische Krystallisationsgeschwindigkeit berechnen.

F. Krystallisation in Ruhe.

Von Krystallisation in Ruhe spricht man, wenn keine beabsichtigte aufgezwungene Bewegung in der krystallisierenden Lösung stattfindet. Soll jedoch eine Krystallisation bei Ausschaltung aller Strömungen vor sich gehen, so daß nur Diffusionsbewegungen stattfinden, so sind Bedingungen zu schaffen, die im allgemeinen in Lösungen kaum verwirklicht werden können.

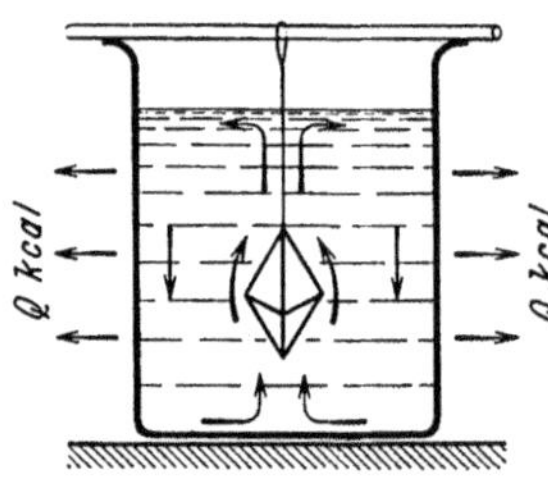

Abb. 14. Freie Strömungen bei der Krystallisation in Ruhe (schematisch).

Findet z. B. eine Krystallbildung an einem in einem Gefäß hängenden Faden statt (Abb. 14), so treten infolge der Abkühlung (Q), der Verdunstung und infolge der Abgabe der Krystallisationswärme, ferner durch die Verarmung der Lösung an Festsubstanz in der Nähe des Krystalls Dichteänderungen auf, die zu Strömungen führen müssen. Diese freien Strömungen verlaufen infolge ihrer geringen Geschwindigkeit wohl stets laminar. Durch Zusätze viscoser Mittel, z. B. Glycerin, erzielt man mitunter, offenbar infolge Verringerung der genannten Strömungen, größere Krystalle. Auch die Gefäßgröße beeinflußt diese Strömungen. Es war schon Goethe bekannt, daß in großen Gefäßen leichter große Krystalle entstehen als in kleinen. Ob die genannten Strömungen an diesem Einfluß Anteil haben, ist noch nicht bekannt.

G. Krystallisation in Bewegung.

Die Krystallisationsgeschwindigkeit findet bei der Krystallisation in Ruhe ihre Grenze durch die relativ großen Diffusionswege der diffundierenden und gegendiffundierenden Salz- bzw. Lösungsteile. Zur Verminderung der Diffusionswege hat man die verschiedenartigsten Apparate eingeführt. Es wird mit ihnen fast durchweg angestrebt, das Krystallkorn in der Lauge immer wieder in Schwebe zu bringen. Neben den dabei in der mannigfaltigsten Weise in der Lauge vor sich gehenden Mischbewegungen erlangt das schwerere Krystallkorn in der spezifisch leichteren Lauge eine Absinkgeschwindigkeit (vgl. Abklärvorgänge, S. 62). Es kommt daher stets in neue unverbrauchte Schichten der Lösung.

Der Diffusionsweg wird verkürzt, das Konzentrationsgefälle gesteigert. Die Häufungsgeschwindigkeit rückt somit der Ordnungsgeschwindigkeit näher, die Krystallisationsgeschwindigkeit steigt.

Natürlich bewirken die Bewegung und die Flüssigkeitswirbel um die Krystalle eine Störung in der Ausbildung einheitlicher großer Krystalle. Man erhält deshalb manchmal nur ein Krystallkorn, das aus einer Anzahl kleiner Kryställchen (polykrystallin) zusammengesetzt ist, was für technische Zwecke meist genügt.

Die cyclische Bewegung in Krystallisierwiegen bringt das wachsende Krystallkorn sehr vorteilhaft stets wieder in den Bereich übersättigter Lösung und verhindert das Zusammenwachsen einzelner Krystalle. Bei der Krystallisierwiege zeigt es sich deutlich, daß der Krystallisationsvorgang durch Bewegung allein nicht gestört wird, sofern das Krystallkorn nur stets in der übersättigten Lösung verbleibt. Man erhält deshalb in Krystallisierwiegen Einzelkrystalle bis zu 12 mm Korngröße.

H. Vorgänge an den Kühlflächen.

a) Übersättigung in der anhaftenden Schicht.

Wie auf S. 189 ausgeführt wurde, ist für eine bestimmt zu leitende Krystallisation der Grad der Übersättigung der Lösung von großer Bedeutung. Bei den Verfahren durch Abkühlung der Lösung (vgl. S. 206) wird die Übersättigung durch Abkühlung eingeleitet. Die Übersättigung ist nun keineswegs über den ganzen Apparateinhalt gleichmäßig, sondern die Stellen maximaler Übersättigung liegen gerade unmittelbar an der Berührungsstelle mit den Kühlflächen. Eine Lösung, die im Apparat bei der Temperatur t_s gerade gesättigt ist, erfährt an der Kühlwand nach den im Abschnitt „Wärmeübertragung", Bd. II, S. 105 besprochenen Gesetzen eine Abkühlung, die in der Grenzschicht von der Dicke Δx bis zur Wandoberfläche eine Temperaturabnahme von Δt^0 bedingt.

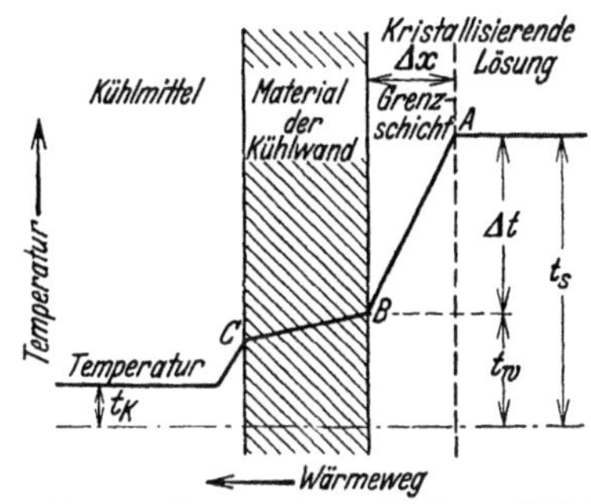

Abb. 15. Temperaturverlauf an Kühlflächen (Übersättigung in der Grenzschicht).

Bei A (Abb. 15) beginnt deshalb eine lokale Übersättigung, die bei B unmittelbar an der Wand am größten ist. Die Neigung zur Krystallisation ist deshalb auch unmittelbar an der Wand am größten, besonders wenn durch die Beschaffenheit der Wand oder durch Ablagerungen eine Impfwirkung ausgeübt wird.

b) Maßnahmen zur Verhütung von Krystallansatz an Wärmeaustausch-, insbesondere an Kühlflächen.

Die Leistung eines Apparates zur Krystallisation durch Abkühlung bzw. Verdampfung ist durch die Kühlflächenbelastung $Q/F = k \cdot \Delta t$

bedingt (vgl. Bd. II, S. 131). Bei geleiteter Krystallisation scheidet aber eine zu niedrige Wandtemperatur t_w und damit ein hohes Temperaturgefälle Δt aus, weil dadurch nach S. 189 (vgl. Abb. 11) unzulässige Übersättigungen hervorgerufen werden. Diese haben starke Krystallkeimbildungen, kleine Krystalle und Zukrystallisieren der Kühlfläche mit starker Hemmung des Wärmeabflusses im Gefolge. Es verbleibt somit nur der Weg den anderen Faktor, die Wärmedurchgangszahl k (s. Bd. II, S. 130) zu steigern. Dies kann vorteilhaft durch geeignete Strömungsführung der krystallisierenden Lösung an den Kühlflächen erfolgen. Andererseits muß die an der Kühl- bzw. Heizfläche übersättigte Lösung noch vor Ablauf der Induktionszeit, die der Wandtemperatur t_w entspricht, aus dem Wandbereich (Grenzschicht) wieder hinausgelangen. Es sind somit folgende Maßnahmen gegeben:

α) **Einhaltung zweckmäßiger Wandtemperatur.** Dieselbe ist nach Maßgabe einer dem jeweiligen Fall entsprechenden Induktionszeit zu ermitteln. Das Temperaturgefälle Δt in der Grenzschicht darf durch entsprechende Regelung der Kühl- bzw. Heizmitteltemperatur einen Höchstwert nicht überschreiten. Die Lösung muß bei Salzen des Typus II (s. S. 187) vor Ablauf der Induktionszeit die Kühlzone Δx (Abb. 11) verlassen haben (Vorteil milder Kühlwirkung, Luftkühlung bzw. geringer Verweilzeit).

β) **Vermeidung von Impfwirkung an den Kühlflächen.** Durch glatte Ausbildung der Kühlflächen, Vermeidung scharfer Kanten und Ecken und gute Reinigungsmöglichkeit läßt sich die Impfwirkung einschränken. Trennung von Kühlraum und Krystallisationsraum, bei entsprechender Strömungsführung der Lösung wirken in gleichem Sinn (vgl. Abb. 24 und 25, S. 207 und 208).

γ) **Geeignete Strömungsführung.** Ein Stagnieren der übersättigten Lösung in Ecken, Winkeln, toten Räumen der Apparatur, besonders vor den Kühlflächen, muß vermieden werden. Die Induktionszeit wird an diesen Stellen zuerst überschritten. Verkrustungen der Kühlflächen nehmen von hier ihren Ausgang. Die Verweilzeit muß auch in den Wirbelräumen und toten Räumen geringer sein als die erforderliche Induktionszeit beträgt, auch z. B. in Verdampfern mit Krystallisation bzw. Inkrustierungsgefahr.

δ) **Zeitweises Aufwärmen der Kühlflächen.** Wenn ein Krystallansatz sich schwer völlig vermeiden läßt, kann man den Weg beschreiten, den beginnenden Ansatz durch geringes periodisches Aufwärmen wieder zu lösen. Der damit verbundene Wärmebedarf bzw. die geringere zeitliche oder räumliche Ausnutzung der Apparatur fällt oft weniger ins Gewicht als die Verkrustung der Kühlflächen (vgl. Abb. 22, S. 205).

ε) **Weitere Maßnahmen.** Lassen sich die genannten Anordnungen nicht durchführen, so muß eine mechanische Reinigung der Kühlflächen vom Krystallansatz (z. B. nach Abb. 16) durchgeführt werden.

Ein grundsätzlich anderer Weg der Kühlung mit Vermeidung von wärmeabführenden Kühlwänden wird oft mit der Verdunstungskühlung (z. B. in Regentürmen) oder mit der Vakuumkühlung (vgl. Abb. 21) (Entspannungsverdampfung s. „Verdampfen“, S. 388) beschritten.

III. Technische Durchführung der Krystallisation.

A. Allgemeines.

Die beim Krystallisieren erforderliche relativ große Verweilzeit bestimmt entsprechend große Apparateinhalte nach der Beziehung:

Nutzbarer Apparateinhalt (m^3) = stündlicher Durchsatz (m^3/h) mal Verweilzeit (h). Für die technische Bewältigung großer zu krystallisierender Mengen hat deshalb die Krystallisation in Bewegung immer größere Beachtung gefunden.

B. Einteilung der Verfahren und der Apparatur zur Krystallisation.

Für die Konstruktion der Krystallisationsapparate treten zu den bei der Einteilung der Krystallisationsverfahren in Betracht kommenden Gesichtspunkten einige neue hinzu. Für den Bau der Apparatur ist es von Bedeutung, ob der Betrieb in Chargen oder kontinuierlich geführt wird. Ferner ist die Art und Intensität der Kühlung und die Art der Bewegung wichtig. Es ist außerdem zu beachten, ob neben der Krystallisation ein Verdampfungs- oder Verdunstungsvorgang einhergeht. Man kann somit die wichtigsten Apparatetypen in folgender Gliederung betrachten:

A. Krystallisation durch Abkühlung der Lösung
(geleitete und ungeleitete Krystallisation).

I. Betrieb in Chargen.
- a) Krystallisation in Ruhe bei natürlicher Kühlung (Luftkühlung).
- b) Krystallisation in Bewegung (auch im kontinuierlichen Betrieb möglich).
  1. Bei natürlicher Kühlung (Luftkühlung).
  2. Bei künstlich forcierter Kühlung (Kaltrührer, Krystallisiermaischen mit äußerer Kühlung (Mantelkühlung) und innerer Kühlung (Schlangenkühlung, Scheiben- bzw. Zellenkühlung, Einblaseluft).

II. Kontinuierlicher Betrieb (meistens geleiteter Krystallisationsprozeß).
- a) Rührbewegung mit horizontaler Achse (Krystallisiermaischen, Kühlschnecken, Rohrkrystallisatoren, Kühlwalzen).
- b) Mit vertikaler Rührachse (Kaltrührer).
- c) Cyclische Bewegung (Krystallisierwiegen).
- d) Lösungsumlauf (durch Pumpen mit mechanischem Antrieb, Propeller oder durch den Auftrieb von Dampfblasen, Gasen, Mammutpumpe).
- e) Bewegung der krystallisierenden Lösung auf endlosem Band.

B. Krystallisation durch Entzug des Lösungsmittels
(Betrieb kontinuierlich oder in Chargen).

- a) Krystallisation im Verdampfer bei gleichbleibender Temperatur (meistens ungeleitete Krystallisation). Kochen auf Korn.
- b) Verdunstung des Lösungsmittels (mitunter geleiteter Prozeß).
  1. Bei gleichbleibender Temperatur bzw. schwacher Abkühlung an der Verdunstungsoberfläche. Pfannenverdampfung in der Salinenindustrie (Rohrkrystallisator, Zerstäubung).
- c) Vakuumkühlung. Kombinierte Kühlung und Verdampfung (Entspannungsverdampfung).

C. Krystallisieren von Schmelzen
(ungeleitete Krystallisation).

a) In Gießformen.
b) Auf Kühlwalzen (Granulierwalze).

C. Krystallisieren durch Kühlung.

a) Apparatur zum Krystallisieren in Ruhe.

α) **Krystallisation in Pfannen, Behältern usw.** Dieses Verfahren kommt besonders in Betracht, wenn große Krystalle mit gut ausgebildeten Flächen gezüchtet werden sollen. Da hier oft mit mehreren Tagen Krystallisationszeit zu rechnen ist, muß hier auch die Wärmeabführung nicht forciert werden, so daß im allgemeinen Luftkühlung ausreichend ist. Auch dort, wo genügend Zeit und Apparaturvolumen zur Verfügung steht, wie z. B. bei manchen Betrieben mit einer Arbeitsschicht und bei Saisonbetrieben kommt die Krystallisation in Ruhe zur Anwendung. Als Apparate kommen offene Pfannen, flache rechteckige Kasten mit großer Oberfläche, auch mitunter zylindrische Gefäße in Anwendung. Die Krystallisation wird befördert und die Entwicklung schön ausgebildeter Krystalle begünstigt, wenn man den Krystallen durch eingehängte Blechstreifen (z. B. Bleistreifen bei der Krystallisation von Natriumbichromat), Holz- oder Metallstäbe, Fäden oder Stricke Gelegenheit gibt, sich auch im Innern des Krystallisierraumes und nicht nur auf dem Boden und den Wänden anzusetzen. In den Salpetergewinnungsanlagen in Chile ließ man früher (und zum Teil noch heute) die Salpeterlauge in großen offenen Krystallisatoren an der Luft auskühlen und auskrystallisieren.

Das Verfahren der Krystallisation in Ruhe gelangt bei einer großen Anzahl von Produkten zur Anwendung, jedoch meist dort, wo die Anforderung an große Durchsätze gegenüber gut ausgebildeter Krystallform zurücktritt; u. a. bei der Krystallisation von Kochsalz (Pyramidenform), Herstellung der NH_4Cl-Hundezähne, der Krystallsoda, Kupfer- und Eisenvitriol usw.

β) **Krystallisieren auf endlosem Band.** Ein günstiges Verhältnis von Kühlfläche zum Volumen der krystallisierenden Lösung erstreben die Chemischen Produktenfabriken Pommerensdorf-Milch und Zahn & Co., Berlin durch ihre neue Krystallisiereinrichtung. Der obere Teil eines endlosen Bandes ist muldenförmig gelagert und nimmt die zu krystallisierende Lösung auf. Die Kühlung erfolgt von unten her durch Wasser oder auch durch gleichzeitiges Überleiten eines Luftstromes. Der Transport der Krystalle und der Mutterlauge erfolgt durch das Band. Die Verweilzeit der auf dem Band in Ruhe krystallisierenden Lösung wird durch die Bandgeschwindigkeit geregelt, der Krystallisationsvorgang ist dadurch ein geleiteter.

b) Apparatur zum Krystallisieren in Bewegung.

α) **Kaltrührer.** Durch Bewegung der Lösung läßt sich die Krystallisation in dem Maße beschleunigen, als die Abführung der entsprechenden Wärmemenge möglich ist. Da die Luftkühlung hierzu meist nicht mehr ausreicht, geht man dann oft zur Wärmeabführung mittels flüssiger Medien, Wasser, vorzuwärmender Lösung, Kältesole, verdampfendes Ammoniak usw. über. Natürlich treten hierbei leicht die Nachteile schroffer Abkühlung in Erscheinung (vgl. S. 189 u. 195). Mitunter kann auch die entsättigte gekühlte Mutterlauge zur Kälteregeneration als Kühlmedium dienen, wie bei Abb. 26, S. 209 (Nr. 14 bis 1).

Man bevorzugt besonders bei schroffer Kühlung die Mantelkühlung, weil sich hier der Krystallansatz leichter entfernen läßt als bei Kühlschlangen. Abb. 16 zeigt einen Kaltrührer der Mako und Vakuumtrockner G.m.b.H., Erfurt [nach B. Block in Ullmann: Encyklopädie, Bd. 6, S. 826. 1930]. Die Führung des Kühlmittels ist, sofern Mantelkühlung zur Anwendung kommt, so gehalten, daß genügend hohe Strömungsgeschwindigkeit erreicht wird.

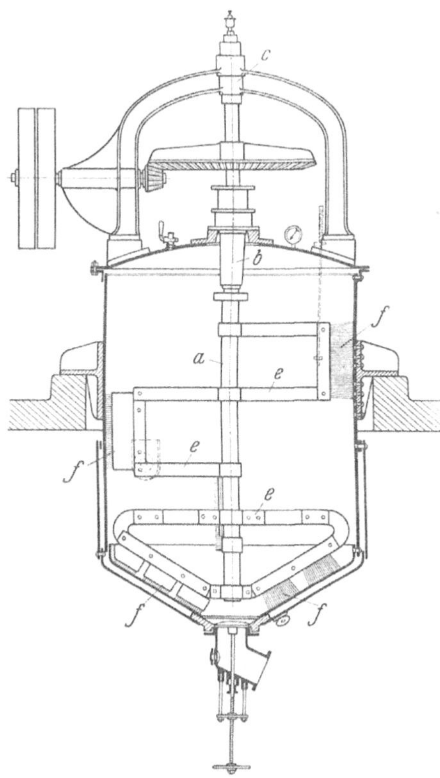

Abb. 16. Kaltrührer der Mako und Vakuumtrockner G. m. b. H., Erfurt.

Die kräftig gehaltene Rührwerkswelle *a* ist hängend angeordnet und nur bei *b* und *c* im Deckel und Hängelager geführt. Ein unteres Spurlager ist vermieden, da es unter der Einwirkung der Lauge leicht zu Störungen Anlaß gibt und unzugänglich ist. Abtropfendes Öl wird durch Fangteller vom Apparateinhalt ferngehalten. Zur Reinigung der Kühlfläche von Krystallansätzen dienen Bürsten, die an der Welle *a* mit Rührarmen *e* befestigt sind. Die Bürsten streifen auf der Kühlfläche, um auch dünne Krystallansätze zu entfernen, die den Wärmeübergang bereits erheblich behindern. Die Rührwirkung von Rührarmen oder Rührflügeln genügt nicht, um einen einmal angesetzten Krystallbelag zu entfernen. Statt Bürsten werden auch mitunter Weichgummistreifen als Schaber verwendet. Um infolge der Wandreibung kein zu großes Drehmoment der Schleifrührwerkswelle zu erhalten und ein günstiges Verhältnis von Kühlfläche und Inhalt zu erreichen, werden die Kaltrührer meist in schlanker Form gebaut, die oft in Hintereinanderschaltung mit stufenweiser Kühlung für kontinuierlichen Betrieb angeordnet werden. Infolge der starken Kühlwirkung erreicht man eine hohe kubische Krystallisationsgeschwindigkeit, jedoch tritt fast stets Krystallansatz an der Kühlfläche auf. Aus den auf S. 186—190 erörterten Gründen wird durch die schroffe Unterkühlung nur ein Krystallkorn von geringer Größe erreicht, die meist unter 1—2 mm bleibt.

β) **Krystallisiermaischen.** In den Zuckerfabriken läßt man den etwa 75—80° heißen Sirup in Krystallisier-Rührmaischen (Sudmaischen), das

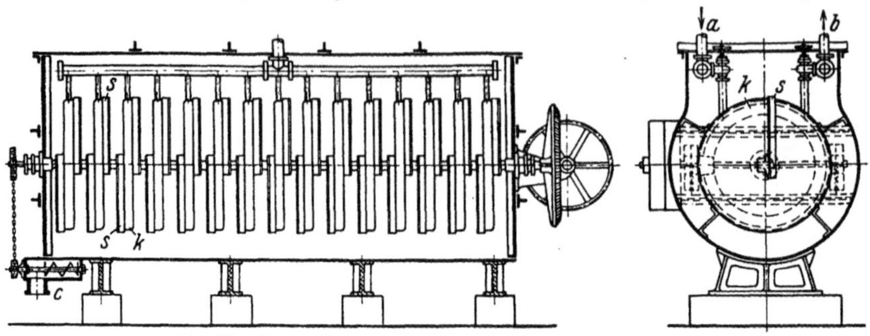

Abb. 17. Krystallisiermaische. [Nach Chemiehütte, 1927.]

sind lange zylindrische Gefäße mit horizontaler Achse und Rührwerk, langsam chargenweise in etwa 15—24 h auf etwa 45—40°, bei unreinen Sirupen auf 60—50° erkalten. Die Rührmaischen werden meist durch Bandschnecken gerührt. Hierdurch wird sowohl der bereits krystallisierte Inhalt in der Mutterlauge in der Schwebe gehalten, als auch die an dem

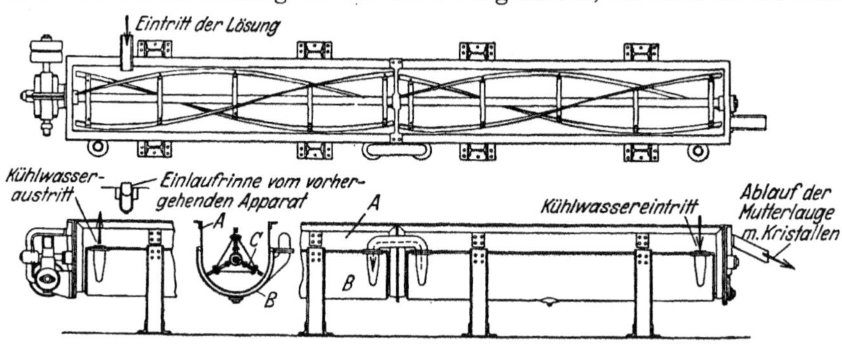

Abb. 18. Swenson-Walker-Krystallisator.

gekühlten Mantel sich ansetzenden Krystalle entfernt. Rührmaischen werden auch mit besonders großer Kühlfläche gebaut. Diese wird dann in Kühlscheiben entweder auf der hohlen Welle angeordnet, ähnlich wie die Filterfläche bei den modernen Scheibenfiltern, oder die Kühlscheiben bzw. -zellen *k* sind feststehend und die Schaber *s* werden auf der Welle angeordnet wie in Abb. 17 ersichtlich.

Abb. 18 zeigt den Krystallisator der Swenson Evaporator Co., der sich in den Vereinigten Staaten am besten bewährt haben soll. Er gleicht in der Konstruktion und Wirkungsweise einer schlanken Krystallisiermaische mit 3 gängiger Bandschnecke und Kühlmantel. Er ist für kontinuierlichen Betrieb eingerichtet. Für größere Leistungen schaltet man mehrere Apparate hintereinander, um nicht zu große Abmessungen zu erhalten. Die Austragung der Krystalle nach der Zentrifuge kann durch einen Überlauf oder durch eine kurze Schrägschnecke erfolgen. Die gute Kühlung und dementsprechende Leistung dieses Apparates wird hervorgehoben, jedoch bedingt dies die bekannten Nachteile schroffer Kühlung (geringe Krystallgröße usw.).

γ) **Die Krystallisierwiege.** Es hat sich gezeigt, daß die schaukelnde oder hin- und hergehende Bewegung, wie sie bei der Krystallisierwiege System Dr. Bock erzielt wird, der Beschleunigung des Krystallisationsprozesses besonders förderlich ist. Man erhält damit bei vielen Salzen bei gutem Durchsatz Krystalle mit etwa 2—3 mm Korngröße. Es hat den Anschein, daß bei der jedesmaligen Bewegungsumkehr der Krystallmaische das in der Lösung schwebende Krystallkorn vermöge seiner

Abb. 19. Krystallisierwiege nach Dr. Bock der Mako und Vakuumtrockner G. m. b. H., Erfurt.

kinetischen Energie noch ein Stückchen in der alten Bewegungsrichtung weiterläuft. Dadurch schießt das Krystallkorn aus dem Hof der in seiner Umgebung verarmten Lösung heraus und gelangt in die noch unverbrauchte übersättigte Lösung. Die auf dem Boden sich ablagernden Krystalle gelangen bei jeder neuen Schräglage der Krystallisierwiege ins Rutschen und werden dadurch vor dem Zusammenkrystallisieren bewahrt. Die Abb. 19 zeigt eine Krystallisierwiege System Bock in der Ausführung der Mako und Vakuumtrockner G. m. b. H., Erfurt, die in 10 verschiedenen Listengrößen bis 25 m Länge in Schmiedeeisen oder Sondermaterialien bzw. Hartgummi- und Bleiauskleidung ausgeführt werden. Bei dieser Ausführungsart ist durch eine bei bestimmter Schräglage der Rinne diskontinuierlich aufgebende Speisevorrichtung (D.R.P.a) ein wirbelfreier Eintritt der konzentrierten Lösung gesichert und dadurch Störungen in der Krystallisation vermieden. Mischbewegungen in der Längsrichtung der Rinne, wie sie durch Wellenbildungen bei unregelmäßig abstürzenden Salzmassen verursacht werden, stören die gleichmäßige Übersättigung und müssen vermieden werden. Der Kippwinkel der horizontal gelagerten Rinne wird deshalb dem bei jedem Produkt verschiedenen Schüttwinkel angepaßt und dadurch auch eine gleichmäßige gute Bespülung der Einzelkrystalle bewirkt. Durch eine am Austrag der Rinne geschickt durchgebildete Kammer wird der Austritt der Krystalle und der Mutterlauge getrennt geregelt, so daß eine Vorseparation für die anschließende Zentrifugierung erreicht wird. Die Krystallisierwiegen können je nach Anforderung an den Krystallisationsvorgang mit Luftkühlung und Wassermantel ausgebildet werden. Das Temperaturgefälle, das zwischen Ein- und Austritt zu halten ist, richtet sich nach den auf S. 186—196 ausgeführten Grundsätzen und beträgt meist wenige °C. Statt der Rollenlagerung ist mitunter auch die Lagerung in einer Achse üblich, wobei meist zwei Rinnen durch Aufhängung im Schwerpunkt sich gegenseitig ausbalancieren. Bei mäßigem Durchsatz, etwa 3—4 t/Tag und mittlerer Löslichkeit können in Krystallisierwiegen mittlerer Größe (etwa 15 m Länge) je nach Art des Produktes Krystalle bis zu etwa 12 mm Korngröße hergestellt werden. Begnügt man sich mit kleineren Krystallen, so läßt sich der Durchsatz bei manchen Produkten bis auf etwa 6 t/Tag steigern.

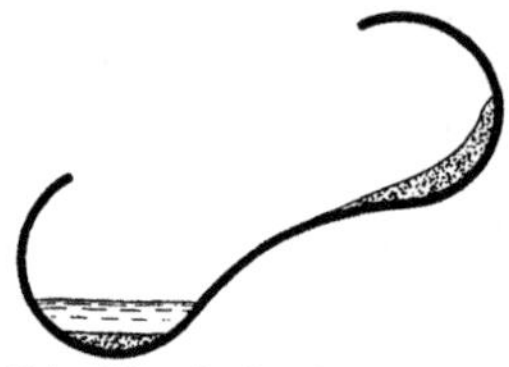

Abb. 20. Bodenform der Krystallisierwiege (Patent der I.G. Farbenindustrie A.G.) [Nach B. Block in Ullmann: Encyklopädie, Bd. 6. 1930.]

Für besondere Zwecke ist es vorteilhaft, den Boden der Wiege, wie in Abb. 20 angegeben, nach oben zu wölben, wodurch das Abrutschen der auf dem Boden abgelagerten Salzschicht und die Ausbildung einer geeigneten cyclischen Strömung begünstigt wird.

D. Krystallisieren durch Entziehen des Lösungsmittels.

a) Allgemeines.

Bei einer Type der Löslichkeitskurve nach Art des Kochsalzes (vgl. S. 182) kommt diese Art der Krystallisation ausschließlich in Betracht. Sie kommt auch bei Löslichkeitskurven der Salpetertype (vgl. Abb. 1) zur Anwendung, wo dem Krystallisationsvorgang nicht eine Aufkonzentrierung durch Lösen oder Auslaugen (vgl. Salpetergewinnung, S. 208), sondern ohnehin ein Eindampfungsvorgang vorausgehen muß. Das Auskrystallisieren ist bei einem Verdampfungsvorgang oft ein willkommenes Mittel, um das Eindampfen bis zum trockenen Produkt zu vermeiden. Das Eindampfen ist nicht zu umgehen, wo durch eine vorausgehende Reaktion Wasser in den Lösungskreislauf gelangt, das mit dem Krystallwasser nicht gebunden werden kann. Man hat dann noch die Möglichkeit, die Krystallisation durch Verdampfung mit einer solchen durch Abkühlung zu kombinieren, wobei die Mutterlauge im Kreislauf wieder den Verdampfer zugeführt wird. Der Energiebedarf zum Aufheizen bzw. Abkühlen der Kreislauflösung ist hierbei, besonders bei relativ hohen umlaufenden Lösungsmengen (vgl. S. 182), in Betracht zu ziehen.

b) Entzug des Lösungsmittels durch Verdampfung.

Es kann hier auf die im Abschnitt „Verdampfen" genannten Verdampfer (z. B. den Robert-Verdampfer, Sauerbrey-Verdampfer u. a., S. 377 u. 388) verwiesen werden, bei welchen neben dem Verdampfungsvorgang ein ungeleiteter Krystallisationsprozeß einhergeht. Hierher gehören auch die Krystallkocher der Zuckerindustrie. Das Verdampferunterteil ist fast stets mit Spitzboden ausgebildet, an dessen Auslauf sich ein bzw. zwei umschaltbare Salzfänger anschließen. Die Krystallisation im Verdampfer zählt im Sinne der Auffassung nach S. 189 zu den ungeleiteten Krystallisationsprozessen. Bei Verdampfern mit geordnetem Lösungsumlauf finden aber die Krystalle oft Wachstumsbedingungen, die einem geleiteten Prozeß gleichkommen (Eindampfen von Ammonsulfat in Verdampfern mit Zirkulation). Der Lösungsumlauf darf hierbei nicht zu stark sein, was durch weite Heizrohre von 70—80 mm Durchmesser und mehr erreicht wird. Der Raum C (Abb. 32, S. 377) dient als Absetzraum für die gebildeten Krystalle.

c) Vakuumkühlung.

Eine Kombination der Wirkung der Abkühlung und der Verdampfung liegt bei den Vakuumkrystallisatoren vor, wobei meist der Einfluß der Abkühlung überwiegt (Schnellkühlung). Der Vakuumkrystallisator der Mako und Vakuumtrockner G. m. b. H., Erfurt ist als liegende drehbare Trommel konstruiert und eignet sich besonders zur Herstellung kleinerer Krystalle (Abb. 21).

Abb. 21. Vakuumkrystallisator der Mako und Vakuumtrockner G. m. b. H., Erfurt.

Die durch die Evakuierung ausgelöste Selbstverdampfung der heißen Lösung entzieht der Lösung soviel Wärme, daß die zur Krystallisation erforderliche Temperaturerniedrigung bzw. Übersättigung eintritt. Der verdampfende Anteil des Lösungsmittels, welcher der Abnahme der fühlbaren Wärme und der entwickelten Krystallisationswärme entspricht und in der Größenordnung bei Wasser als Lösungsmittel etwa gegen 10% des Lösungsmittels bei organischen Lösungsmitteln jedoch oft mehr beträgt, bewirkt ebenfalls eine entsprechende Konzentrationssteigerung der Lösung.

Für große Durchsätze werden z. B. in der Kaliindustrie mehrstufige Vakuumkühlanlagen verwendet. Die in der äußeren Form dem Robert-Verdampfer ähnlichen Apparate (ohne Heizkammer) sind zur Wärmerückgewinnung an das Lösungsmittel mit eingebauten Rieselkühlern versehen [vgl. P. Thiessen u. H. Banthien in Eucken-Jakob: Der Chemie-Ingenieur, Bd. 1/3, S. 202. 1933].

d) Entzug des Lösungsmittels durch Verdunstung.

Pfannenverdampfung. Ein Beispiel dieser Art ist in der Pfannenverdampfung der Salinenindustrie S. 384 beschrieben. Durch die besonderen Eigenschaften des dadurch erzielbaren Salzes (Hohl-Pyramidenform der Krystalle) — willkürliche Veränderung des Schüttgewichts innerhalb weiter Grenzen durch die Krystallisationstemperatur — hat sich dieses sehr alte Krystallisationsverfahren bis heute erhalten können. Eine Reihe von Verbesserungen, u. a. mechanische Salzausräumung, Heizung der Pfannen mit Maschinenabdampf, Kombination der Pfannenverdampfung mit Vakuumverdampfung (Patent Grainer), deren Brüden zur Soleerwärmung verwendet wird, bei direkter Feuerung Ausnutzung der Abgase zur Lufterwärmung für die Salztrocknung usw., haben dazu beigetragen, daß sich das Verfahren auch gegenüber der wärmewirtschaftlich vorteilhafteren Mehrfachverdampfung bis zu einem gewissen Grade behaupten konnte.

Regenkühler. Die Krystallisation durch Verdunstung kann auch durch Zerstäubung in einem Luft- oder Gasstrom erfolgen, jedoch sind dabei nur kleine Krystalle (Krystallmehl) zu erwarten. Die Kühlwirkung überwiegt hierbei weitaus die Eindickung. In großem Maßstabe werden in der Kali-Industrie Kühltürme mit natürlichem Zug zur Nachkühlung der Laugen unter 50^0 C für Stundenleistungen von z. B. mehreren 100 m^3 verwendet. Die Lauge wird in einem Turm von beispielsweise 20×20 m Grundfläche und 30 m Höhe durch mehrere unten seitlich angeordnete Düsen schräg nach oben gespritzt. Ähnlich wirken die aus etwa 6—12 nebeneinander angeordneten Kammern bestehenden Kanalkühler. Die Kühlluft wird mittels eines Schraubenlüfters durch die in den einzelnen Kammern herunterregnende Lösung im Kreuzstrom geblasen. Die im trichterförmigen Sammelraum jeder Kammer aufgefangene Lauge wird mit dem suspendierten Krystallisat auf die Verteilvorrichtung der nächsten Kammer im Gegenstrom zur Kühlluft gepumpt [vgl. P. Thiessen u. H. Banthien in Eucken-Jakob: Der Chemie-Ingenieur, Bd. 1/3, S. 203. 1933].

Krystallisiertrommel. Die rotierende Trommel, ähnlich der einfachen Trockentrommel, ist von der Chemischen Produktenfabrik Pommerensdorf gemeinsam mit Zahn & Co. G. m. b. H., Berlin als Krystallisationsapparat ausgebildet worden. Der Apparat nach Abb. 22 (Rohrkrystaller D.R.P. 351947, Erfinder Dr. Siegler) beruht auf dem Prinzip der Entziehung der Krystallisationswärme durch den Verdunstungsvorgang. Der Apparat besteht im wesentlichen aus einer schwach geneigten auf Rollen gelagerten Drehtrommel, in welcher der Laugestand durch ringförmige Blenden am Ein- und Austritt auf gewünschter Höhe gehalten wird. Die Drehzahl wird so eingestellt, daß die Trommel auf dem ganzen Umfang benetzt wird und somit eine große verdunstende Oberfläche entsteht. Die Kühl- bzw. Verdunstungsluft wird durch einen Ventilator im Gegenstrom zur Krystallmaische eingeblasen. Um den Krystallansatz an der Trommelwandung zu verhindern, ist dieselbe mit einem wärmeisolierenden Mantelrohr umgeben, in welchem unter der Trommel ein mit Abdampf oder Kondensat beheiztes Rohr entlang führt. Der dadurch eingeleitete geringe Wärmestrom durch die Wand der Krystallisationstrommel genügt zur Vermeidung unerwünschter Krystallansätze. Je nach der Art des Salzes tritt eine dicke Krystallmaische oder eine Mischung von Mutterlauge und Krystallen aus dem unteren Trommelende, wo dieselbe zur weiteren Trennung von der anhaftenden Lauge in einen Abtropfkasten, auf eine Nutsche oder eine Siebschleuder gelangt.

Da infolge des flüssigen Inhalts kein wesentlich seitlich liegender exzentrischer Schwerpunkt des rotierenden Teiles entsteht, ist der Kraftbedarf relativ gering. Er beträgt bei einer stündlichen Leistung von 200 kg/h Krystallisat beispielsweise etwa 4 PS. Die Krystallisationsleistung, die von den S. 181—196 genannten Faktoren abhängt, wird bei diesem Apparat wesentlich durch die Verdunstungsleistung bedingt, die in den Gleichungen (14) bis (17) („Verdampfen"), S. 357 zum Ausdruck

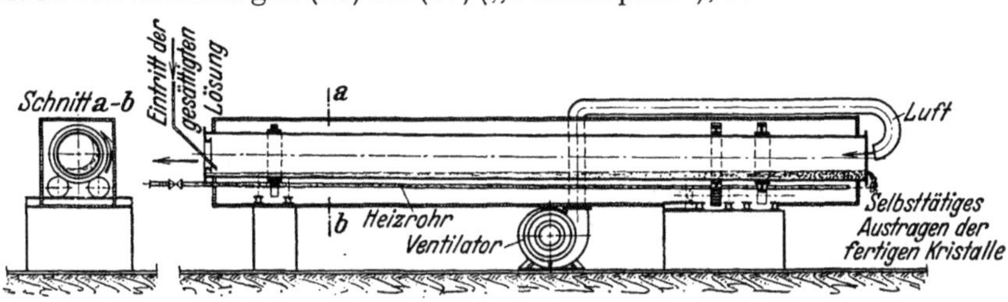

Abb. 22. Rohrkrystaller D.R.P. der Chemischen Produktenfabrik Pommerensdorf.

kommt. An Stelle des reinen Wasserdampfdruckes ist dabei der etwas geringere Dampfdruck des Lösungsmittels über der Salzlösung einzusetzen. Für bestimmte Zwecke bauen Zahn & Co., Berlin einen neuen Großleistungs-Rohrkrystaller. Bei diesem wird das Kühlprinzip der Verdunstung mit der Gegenstromkühlung durch den wassergekühlten Mantel kombiniert. (Über Kombination mit der Verdampfung s. S. 385.)

Der Rohrkrystaller wird u. a. verwendet für Krystallsoda, Glaubersalz, Natriumsulfit, Dinatriumphosphat, Natriumnitrat, Ammonnitrat, Kaliumchlorat, Krystall-Schwefelnatrium, Ferrocyankalium, Natriumbisulfit, Natriumacetat, Eisenvitriol, Weinsäure. Einige Salze lassen sich bei geringer Drehzahl in einer Korngröße bis zu 3 mm herstellen. Die Auskleidung des Mantels kann mit Blei, Aluminium, Gummierung erfolgen, oder eine V2A-Trommel usw. gelangt zur Anwendung.

E. Krystallisieren von Schmelzen und hochkonzentrierten Lösungen.

Die einfachste Art der Krystallisation von Schmelzen erfolgt in Gießformen mit natürlicher Erkaltung. Die Wärmeabführung ist dabei eine relativ langsame und die Formstücke müssen bei Gebrauch je nach der Verwendungsart zerkleinert werden. Häufig werden Produkte in körniger Form oder in Schuppen verlangt. Zur Herstellung solcher Produkte, z. B. von Schmelz-Ätzalkalien, Ammonnitrat, Natriumsulfid,

Magnesiumchlorid, Naphthalin, Aluminiumsulfat usw., eignet sich die Granuliertrommel. Abb. 23 zeigt schematisch eine solche Trommel „System Mako und Vakuumtrockner“ G. m. b. H., Erfurt. Die Schmelze wird von oben auf die gekühlte glatt geschliffene Walze aufgegeben, so daß auf der sich drehenden Kühlwalze eine krystallisierte Schicht entsteht, deren Dicke δ je nach der Viscosität und der Erstarrungsgeschwindigkeit der Schmelze auf etwa 1 bis mehrere mm eingestellt werden kann. Die erstarrte Schicht wird von einem Schabemesser abgelöst und fällt in eine Abtransportschnecke, die unter Umständen gekühlt ist. Das Zuführungsrohr ist geheizt und die Aufgabevorrichtung ist für die Einstellung der aufzugebenden Schicht eingerichtet. Im Innenraum der Kühlwalze ist ein feststehender Verdränger mit axialen Führungsleisten angeordnet, wodurch für die Kühlflüssigkeit nur der zylindrische Ringraum verbleibt. Dadurch wird die Kühlflüssigkeit mit genügender Geschwindigkeit hin- und hergehend entgegen der Bewegungsrichtung der Trommel geführt. Längs der Mantellinien der Walze ist damit eine gleichmäßige Temperatur und gleichmäßige Erstarrung des Produktes, sowie eine gute Ausnutzung des Kühlmediums gesichert. Die Granulierwalze nach Abb. 23 wird von der Mako und Vakuumtrockner G. m. b. H., Erfurt in 14 verschiedenen Normalgrößen sowohl nach dem Ein- als auch nach dem Zweiwalzenprinzip gebaut. Sie ist auch für die Krystallisation von Lösungen besonders bei hoher Sättigung und Viscosität und für die Kühlung viscoser Flüssigkeiten, z. B. Kondensmilch, geeignet.

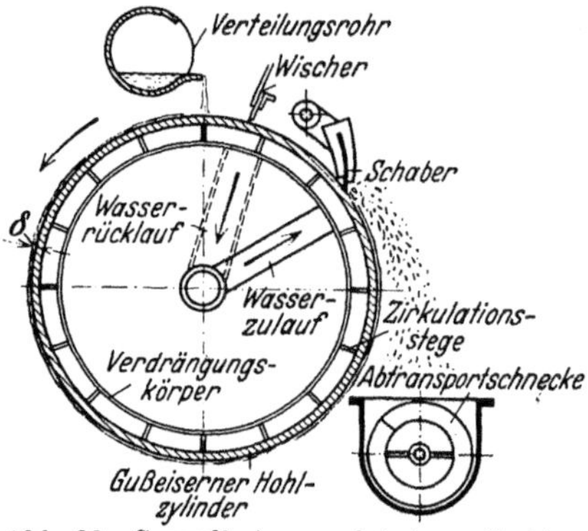

Abb. 23. Granuliertrommel (schematisch) der Mako und Vakuumtrockner G. m. b. H., Erfurt. Schnitt durch eine erstarrende Schicht δ.

F. Beispiele von Krystallisationsverfahren.

a) Kombination von Krystallisation und hydraulischem Absetzvorgang.

Bei dem Verfahren von W. Eissner (Pat. der I. G. Farbenindustrie A.G.) wird der Vorgang der Krystallisation mit der Separation nach Korngröße kombiniert. Der Krystallisationsraum ist als ein nach oben erweitertes Rohr A_3, A_2, A_1 (s. Abb. 24) ausgebildet, der durch die Verbindungsrohre V_1 und V_2 an das schwach geheizte Rücklaufrohr B angeschlossen ist. C ist ein Salzfänger, durch den das erzeugte Salz periodisch einer Siebschleuder oder Nutsche zugeführt wird. Die konzentrierte frische Lösung wird bei D in das Fallrohr eingeleitet. Die überschüssige Mutterlauge fließt bei $\ddot{U}$ ab und wird wieder aufkonzentriert. Durch die Wirkung eines an den Luftkasten L angeschlossenen Luftstromes, der durch Düsen in den Krystallisierraum eintritt, wird nach dem Prinzip der Mammutpumpe eine aufsteigende Strömung erzielt (die auch durch eine mechanische Pumpe erzeugt werden kann). Die Umlaufgeschwindigkeit der Lösung wird an dem Schieber *R* reguliert. Da die Geschwindigkeit des Laugestromes infolge des engeren Querschnitts in A_3 größer ist als in A_2 und A_1, werden die leichteren Kryställchen nach oben mitgenommen. Erst wenn dieselben auf eine solche Größe angewachsen sind, daß ihre Sinkgeschwindigkeit größer als die Geschwindigkeit des nach oben gerichteten Laugestromes ist, sinken sie nach A_2 und schließlich nach A_3, wo sie durch ein Verbindungsrohr mit Absperrorgan *E* zweckmäßig periodisch in den Salzfänger abgezogen werden. Sehr kleine Kryställchen, die vom Laugekreislauf nach dem Rücklaufrohr *B* mitgenommen werden, lösen sich durch die geringe Erwärmung wieder auf, bevor sie durch das Verbindungsrohr V_2 wieder in den Krystallisierraum A_3 gelangen. Das Rücklaufrohr *B* kann statt mit Mantelheizung auch mit einem Sammelkasten und einer Heizschlange ausgeführt werden.

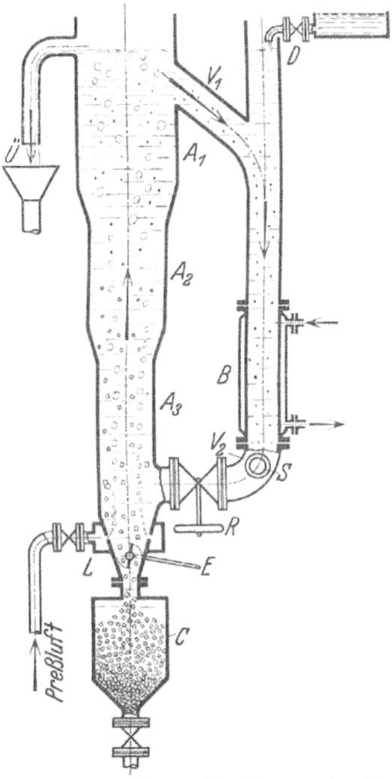

Abb. 24. Krystallisation mit Separation des Krystallkorns nach W. Eissner (Patent I. G. Farbenindustrie A. G.). A_1 A_2 A_3 Krystallisierraum, *B* geheiztes Rücklaufrohr, *C* Salzfänger, *L* Luftkasten.

Die Abführung der Krystallisationswärme geschieht durch den wärmeaufnehmenden Luftstrom (*L*) und die gleichzeitig damit bewirkte Verdunstung, außerdem durch die natürliche Abkühlung des Rohres A_1, A_2, A_3. Die Kühlung kann gegebenenfalls auch durch Wasserkühlung verstärkt werden.

Bei den meisten Substanzen werden auf diese Weise Einkrystalle mit abgerundeten Kanten erhalten von der Größe großer Ameiseneier. Nur wenige Substanzen ergeben polykrystalline Form.

Ein im Prinzip ähnliches Verfahren hat die Aktieselskapet-Krystal, Oslo ausgebildet, bei welchem jedoch die Krystalle nicht frei in der Schwebe gehalten werden, sondern auf einem Sieb liegen. Beide Verfahren sind in anderer Hinsicht auch dem folgenden verwandt, welches wie das Vorstehende eine geleitete Krystallisation ermöglicht.

b) Krystallisation durch Eindampfen oder Kühlung bei getrenntem Krystallisations- und Übersättigungsraum.

Wie bei dem vorangehend besprochenen Beispiel wird auch bei dem Verfahren von Isaachsen und Jeremiassen (s. Abb. 25) eine klare Trennung von Krystallisations- und Übersättigungsraum vorgesehen [vgl. Ztschr. angew. Chem. **38**, 317 (1925)]. Die übersättigte Lösung, z. B. Natriumsulfat, wird im Krystallisierraum *a* (Abb. 25) durch die auf einem Siebboden *c* angehäufte hohe Krystallschicht *b* getrieben. Nachdem durch die Erniedrigung des Sättigungsgrades der Siedepunkt erniedrigt ist, findet an der Spiegeloberfläche *e* des Krystallisationszylinders ein teilweises Ausdampfen der Lösung statt, wobei der Brüden durch das Rohr *g* entweicht. Die Lösung bewegt sich nun im Kreislauf durch den Wärmeaustauscher *f*, wo sie so schwach erhitzt wird (etwa 1° C), daß die Übersättigung nicht aufgehoben wird, jedoch etwa mitgenommene Krystallkeime wieder aufgelöst werden. Die Pumpe *d* fördert nun die Lösung wieder in den Krystallisierraum zurück. Die Leistung der Pumpe muß so groß sein, daß die Krystallkörner nicht tot auf dem Sieb liegen bleiben. Die Krystallschicht wird nach genügendem Krystallwachstum durch eine oder mehrere Öffnungen *h* im Siebboden nach dem Salzelevator *k* geleitet. Der frische gesättigte Laugestrom wird durch das Rohr *l* in den Salzaustrag *i* eingeführt, so daß durch die Strömung das Herunterfallen zu kleiner Krystalle verhindert wird. Durch den Zentrifugalausscheider *n*, der durch einen bei 0 einstellbaren schwachen Lösungsstrom bespült wird, sollen überschüssige Krystallkeime abgezogen werden. Der Verdampfkrystallisator wurde für Kochsalzlake und Natriumsulfatlösung ausprobiert. Bei Krystallisationsverfahren mit Abkühlung der Lauge (z. B. bei Glaubersalz) ist im Wärmeaustauschapparat statt einer Erwärmung eine Abkühlung durch ein Kühlmedium vorzusehen, wodurch die Übersättigung statt an der Spiegeloberfläche im Kühler *f* durchgeführt wird.

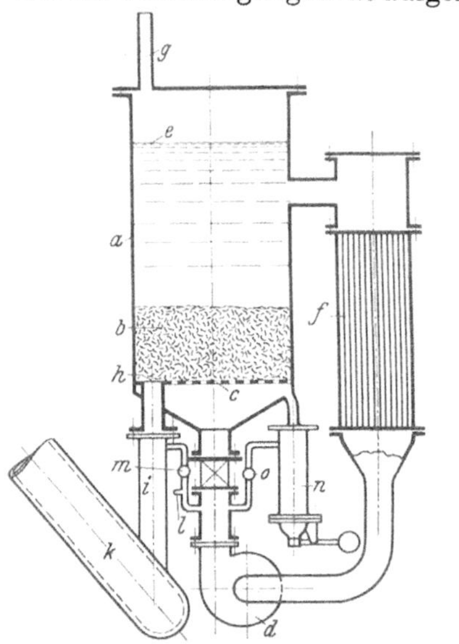

Abb. 25. Krystallisationsverfahren von Isaachsen und Jeremiassen. [Nach Ztschr. angew. Chem. **38**, 318 (1925).]

c) Krystallisation durch Tiefkühlung.

Die Abb. 26 zeigt das Schema einer neueren chilenischen Salpeterkrystallisationsanlage nach dem Guggenheim-Verfahren, als Beispiel dieser Art. Der Salpeter wird aus der Caliche, welche (in den den Abbau lohnenden Sorten) 10—20%, durchschnittlich etwa 14—16% Salpeter enthält, in großen etwa 6000 m³ Salpetererde fassenden Auslaugetanks im Gegenstrom-Löseverfahren bei etwa 35—50° C ausgelaugt. Die warme konzentrierte Lauge gelangt mit etwa 40—50° C in die erste Gruppe der Krystallisatoren (*1* bis *14* in Abb. 26). Dies sind große stehende Wärmeaustauscher von 3 m Durchmesser und 9 m Höhe mit mehreren Hundert vertikalen Rohren von 75 mm Durchmesser, durch welche die konzentrierte Lauge in der einen Apparatehälfte nach unten, in der anderen nach oben strömt. Die Kühlrohre sind außen von der rückströmenden tiefgekühlten Mutterlauge umspült. Die konzentrierte Lauge wird hier stufenweise auf etwa 15° abgekühlt, wobei sich ein Teil des ausgeschiedenen Salpeters in den Spitzböden der Krystallisatoren sammelt und abgezogen werden kann. Die vertikalen Kühlrohre werden periodenweise durch eine Ausstoßvorrichtung, die auf fahrbaren Ausstoßtürmen montiert ist, vom Krystallansatz gereinigt. Der in der Lösung suspendiert bleibende Anteil der Kryställchen geht mit der Lauge in die auf ähnliche Art als Krystallisatoren ausgebildeten Ammoniakrefrigeratoren (*15* bis *20* in Abb. 26), wo die Lauge von 15° auf etwa + 5°

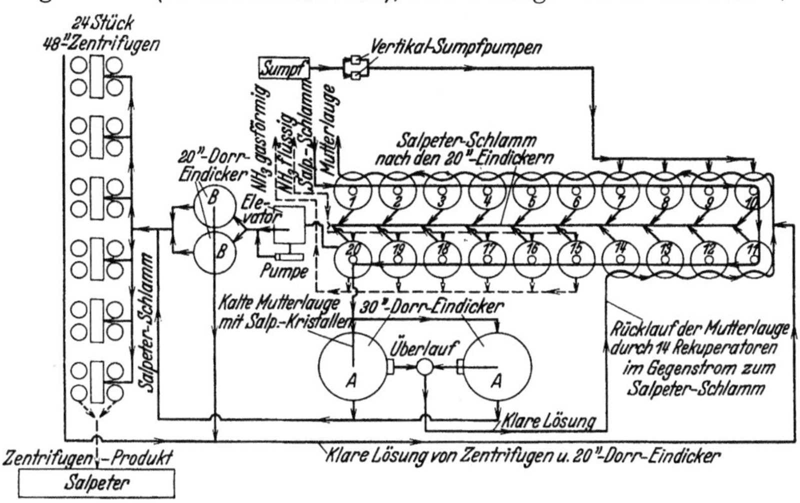

Abb. 26. Schema der Salpeterkrystallisationsanlage (Guggenheim). [Nach Ind. engin. Chem. **23**, 461 (1931).] *1* bis *20* Krystallisatoren.

abgekühlt wird. Mit dieser Temperatur gelangt die Lauge, die infolge der großen Abkühlungsgeschwindigkeit sehr viel suspendiertes kleinkörniges Krystallisat enthält, in sorgfältig wärmeisolierte Dorr-Eindicker *A*, *A*, wo sich der Krystallschlamm niederschlägt. Auch der Salzschlamm geht über Eindicker (*B*, *B*). Die geklärte kalte Mutterlauge wird nun im Gegenstrom als Kühlmedium durch die erste Gruppe der Krystallisatoren (*1* bis *14*) geführt, wobei sie sich bis auf etwa 5° unterhalb der Temperatur der gegenströmenden konzentrierten Lösung erwärmt. Die warme Lauge wird nun mit der Temperatur von 35—45° C über einen Verdunstungsturm geleitet und gelangt schließlich über eine Gruppe der Ammoniak-Kondensatoren in den Auslaugekreislauf zurück. Der aus den Eindickern kommende Krystallschlamm wird zentrifugiert. Da das Krystallisat infolge seines feinen Kornes noch nicht die gewünschten Eigenschaften hat, wird es brikettiert und in einem direkt beheizten kombinierten Flammen- und Schachtofen geschmolzen und zu Kügelchen verspritzt, als welche es in den Handel kommt. Für das Verfahren mit Tiefkühlung entscheidet u. a. auch die Wasserarmut des Landes.

Schleudern (Zentrifugieren).

Von Dr.-Ing. E. **Hegelmann** VDI, Ludwigshafen a. Rh.

I. Allgemeines.

A. Wesen der Schleuderung.

Die Schleuder- oder Zentrifugalkraft ist wie die Schwerkraft eine Massenkraft. Ihr Auftreten ist an die Masse eines jeden Teilchens geknüpft, das sich in kreisender Bewegung befindet, im Gegensatz zu äußeren Druckkräften, die z. B. bei der Filtration angewendet werden. Die Schleuderkraft benötigt deshalb zu ihrer Wirksamkeit kein übertragendes flüssiges oder gasförmiges Medium, da sie wie jede Massenkraft im Massenschwerpunkt jedes einzelnen Teilchens angreifend gedacht werden kann. Sie ist also auch wirksam, wenn der Zusammenhang eines drucküber-tragenden Mediums unterbrochen ist. Die Wirkung der Zentrifuge nach Abb. 1 beim Trockenschleudern ist hierfür charakteristisch.

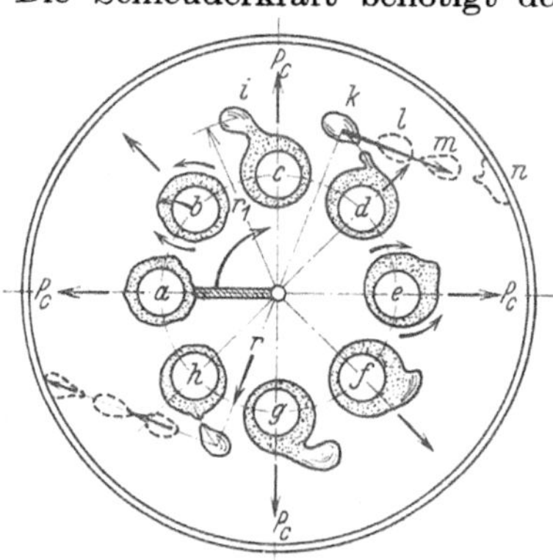

Abb. 1. Charakteristische Schleuderwirkung. *a*—*h* rotierende Teile einer Trommel; *i* Tropfen beim Beginn des Loslösens durch die Schleuderkraft P_c; *k*, *l*, *m*, *n* absoluter Weg des abgeschleuderten Tropfens. (Nach B. Block.)

Da auch die Abklärvorgänge auf Differenzen von Massenkräften beruhen, liegt es im Wesen des Schleuderns, die Steigerung dieser Vorgänge durch Vervielfachung des Auf- bzw. Abtriebs zu bewirken.

Damit sind bereits die Anwendungsmöglichkeiten der Schleuder angedeutet.

B. Gliederung.

Aus dem Wesen des Schleudervorganges ergibt sich folgende Gliederung seiner hauptsächlichsten Anwendungsgebiete.

1. Trennen nicht mischbarer Flüssigkeitsgemische oder Emulsionen in der sieblosen Schleuder (Milchschleuder; Säure-Teertrennung).
2. Trennen fester Stoffe und Flüssigkeiten.
   a) Klären. Absondern von Schwebestoffen, die spezifisch leichter oder schwerer sind als die Flüssigkeit (sieblose Schleuder, Lackreinigung).
   b) Trockenschleuderung.
      α) Gewinnung von körnigen Produkten und Krystallen aus Flüssigkeiten auf der Siebschleuder.
      β) Trockenschleudern aus zusammenhängenden Stoffen (Wäscheschleudern, Honigschleuder).

3. Trennung fester Stoffe von verschiedenem spezifischen Gewicht in Aufschlämmungen in der sieblosen Schleuder.
4. Sichtung von Materialien nach Kongrößen.
   a) In Aufschlämmungen (sieblose Schleuder).
   b) Als Schwebestoffe in Gasen (Hildebrandt-Windsichter).

Nach dem baulichen Gesichtspunkt kann man die Gliederung in die zwei großen Gruppen: sieblose Schleuder und Sieb- oder Filterschleuder vornehmen. Ferner unterscheidet man bei beiden Arten unterbrochene und stetige oder halbstetige Arbeitsweise; weiterhin Austragung der Feststoffe von Hand bei stillstehender Trommel oder selbsttätige und halbselbsttätige Austragung bei voller bzw. verminderter Drehzahl. Auch die Anordnung der Achse (senkrecht, waagerecht) und die Art der Lagerung (fest, federnd, pendelnd) kann für eine Gliederung in Betracht kommen.

II. Physikalische Grundlagen.

A. Kräfte im Schleudergut.

1. Schleuderkraft eines Massenpunktes.

Die Zentrifugalkraft P_c ist nach den Gesetzen der Mechanik bestimmt durch die Gleichung

$$P_c = M \cdot r \cdot \omega^2 \tag{1}$$

oder

$$P_c = M \cdot \frac{v^2}{r}, \tag{2}$$

worin ω die Winkelgeschwindigkeit bzw. die Umfangsgeschwindigkeit im Abstand 1 m von der Achse, v die Umfangsgeschwindigkeit in m/s bedeutet. Das Verhältnis $\mathfrak{z}$ der Zentrifugalkraft zur Schwerkraft eines Teilchens ist eine charakteristische Kennzahl für sein Verhalten in der Zentrifuge. Beachtet man, daß die minutliche Drehzahl n gegeben ist durch

$$n = \frac{30 \cdot v}{\pi \cdot r},$$

so wird die Kennzahl $\mathfrak{z}$ der Zentrifugierung bzw. das Verhältnis der Zentrifugalbeschleunigung zur Erdbeschleunigung

$$\mathfrak{z} = \frac{P_c}{G} = \frac{r \cdot \omega^2}{g} = \frac{1}{g} \cdot \frac{v^2}{r} = \mathfrak{z}_0 \cdot \frac{r}{r_0} \tag{3}$$

oder bezogen auf den Trommelradius r_0

$$\mathfrak{z}_0 = \frac{\pi^2}{g \cdot 900} \cdot r_0 \cdot n^2 \cong \frac{1}{900} \cdot r_0 \cdot n^2. \tag{3a}$$

Die für die Wirkung einer Schleuder charakteristische Kennzahl $\mathfrak{z}_0$ gibt an, daß die Zentrifugalkraft eines Massenteilchens im Radius r_0 am inneren Trommelumfang das $\mathfrak{z}_0$fache seines Gewichtes beträgt. $\mathfrak{z}$ ist bei konstanter Drehzahl nur noch vom Achsabstand r abhängig, nimmt also bis zum Trommelmittelpunkt linear bis auf Null ab. Die Größe von $\mathfrak{z}$ bestimmt in einfacher Weise auch die Abklärgeschwindigkeit. Ihr Zusammenhang mit $d = 2\ r$ und n ergibt sich auch aus Abb. 7.

2. Schleuderkraft in einer Flüssigkeit.

a) Allgemeines.

Hier wirkt die primär als Massenkraft auftretende Zentrifugalkraft auf die nach außen und seitlich liegenden Flüssigkeitsteile als hydrostatische Druckkraft, so daß Zentrifugalmassenkräfte und -druckkräfte sich analog wie die Wirkung der Schwerkraft in einem Teiche überlagern.

Denkt man sich aus dem willkürlich geformten rotierenden Flüssigkeitskörper etwa einer Laboratoriumsschleuder der schematischen Abb. 2 einen prismatischen Kanal vom Querschnitt $F = 1$ herausgeschnitten, dann ergibt sich für die Zentrifugalkraft eines Ausschnitts des Prismas von der Dicke dr nach Gleichung (2)

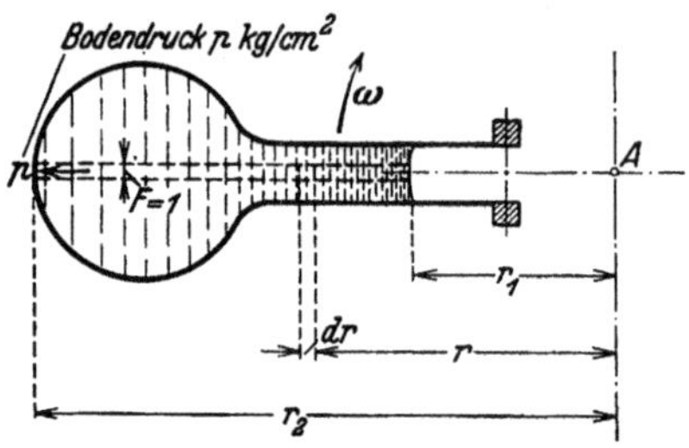

Abb. 2. Zentrifugalkraftwirkung einer Flüssigkeit (schematisch).

$$d P_c = d M \cdot \frac{v^2}{r} = \frac{d r \cdot \gamma}{g} \cdot \frac{v^2}{r}. \quad (4)$$

Durch Integration der Gleichung (4) zwischen den Grenzen r_1 und r_2 ergibt sich hieraus für die Zunahme des hydrodynamischen Druckes P in kg/m²

$$P_2 - P_1 = \frac{\gamma}{2g} \cdot (v_2^2 - v_1^2) = \frac{\gamma}{2g} v_2^2 \left\{1 - \left(\frac{r_1}{r_2}\right)^2\right\} \quad (5)$$

$$= \frac{\gamma}{2g} \omega^2 (r_2^2 - r_1^2). \quad (5a)$$

Der hydraulische Druck infolge der Zentrifugalkraft ist nach Gleichung (5) nur von der Umfangsgeschwindigkeit abhängig und nicht, wie die Zentrifugalkraft eines Massenpunktes, vom Radius [vgl. Gleichung (1) und (2)].

Tabelle 1. Flüssigkeitsdrücke am Umfang einer voll mit Wasser gefüllten rotierenden Trommel.

v m/s	p atü	v m/s	p atü
14	1	50	12,75
20	2,04	60	18,35
25	3,19	70	25
30	4,58	80	32,6
35	6,24	90	41,3
40	8,16	100	51
45	10,42	140	100

Für eine vollständig bis zur Achse mit Wasser gefüllte ($v_1 = 0$) Schleudertrommel ergeben sich die in Tabelle 1 wiedergegebenen Drucke nach Gleichung (5), die durch Multiplikation mit dem Verhältnis $\frac{\gamma}{\gamma_w}$ der spezifischen Gewichte für andere Trommelfüllungen umgerechnet werden können. Für teilweise gefüllte Trommel kann der Flüssigkeitsdruck aus der Differenz der Drucke zweier Rotationskörper von gleicher Drehzahl bei entsprechender Umfangsgeschwindigkeit mit Hilfe von Tabelle 1 bestimmt werden.

b) Rotationsparaboloid.

An jedem Punkte der freien Oberfläche einer rotierenden Flüssigkeit muß der Flüssigkeitsspiegel senkrecht zur Richtung R der Resultierenden aus der Zentrifugalkraft und der Schwerkraft jedes Teilchens gerichtet sein. D. h. für die freie Oberfläche gilt für das Verhältnis $\frac{dh}{dr}$, also für die Tangente an das Paraboloid nach Abb. 3 und Gleichung (1) (mit $G = 1$), unabhängig vom spezifischen Gewicht der rotierenden Flüssigkeit:

$$\frac{dh}{dr} = \frac{P_c}{G} = \mathfrak{z} = \operatorname{tg}\varphi = \mathfrak{z}_0 \cdot \frac{r}{r_0}. \tag{6}$$

Hiermit läßt sich zu jedem Abstand r die Neigung der Tangente $T — T$ an das Paraboloid angeben. In ein und demselben Abstand r' (Abb. 3) haben alle Rotationsparaboloide bei gleicher Drehzahl gleiche Neigung φ. Man erhält somit für jede Drehzahl eine Schar von kongruenten Paraboloiden, die nur längs der gemeinsamen Achse parallel verschoben sind. Zu jeder Trommelfüllung gehört ein solches Paraboloid, das sich nach der Beziehung der Gleichung (6) und den bekannten Parabelkonstruktionen leicht aufzeichnen läßt.

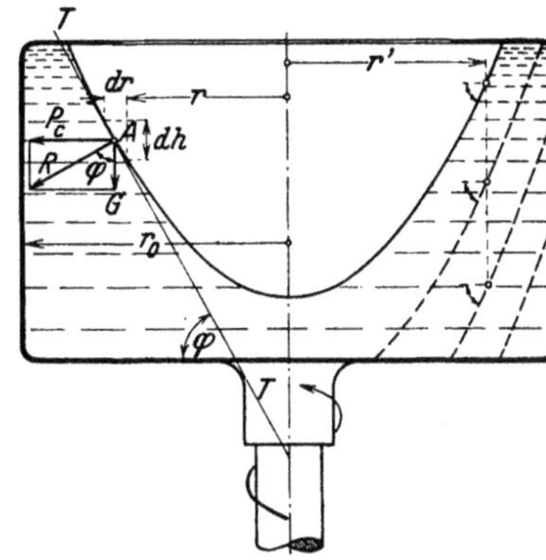

Abb. 3. Rotationsparaboloid.

Für die technisch in Betracht kommenden Fälle ist die Schleuderkraft mindestens das $\mathfrak{z} = 30$—50-fache und maximal etwa das 45000 bis 60000fache des Gewichtes (vgl. Abb. 7, S. 217). Selbst für eine relativ langsam laufende große Salzschleuder von 2 m Durchmesser und einer Drehzahl von 360/min, entsprechend einer Umfangsgeschwindigkeit von 37,7 m/s ist $\mathfrak{z}_0 = 144{,}8$. Das Rotationsparaboloid geht also im Betriebszustand einer Schleuder nahezu in eine Zylinderfläche über. Bei der Ultrazentrifuge [für Meßzwecke, vgl. Chem.-Ztg. 58, 813 (1934)] wird $\mathfrak{z}$ bis 900000.

c) Vorgang des Trockenschleuderns.

α) **Einfluß der Zähigkeit.** Läßt man eine Flüssigkeitsschicht an einer Wand oder einem Stab herunterfließen, so bewegt sich bei genügend starkem Zufluß die Flüssigkeit überstürzend oder rollend sehr rasch herunter. Stellt man den Zufluß ab, so verbleibt bei genügender Benetzung der Fläche und Vermeidung der Verdunstung eine Flüssigkeitshaut auf der Fläche, die sich in laminarer Bewegung befindet und sehr langsam abläuft; ihre Menge kann durch Auftrocknen mit einem Tuche und Wägung desselben festgestellt werden. W. Nußelt hat für die Bewegung dieser Flüssigkeitshaut die S. 509 wiedergegebenen Gleichungen aufgestellt.

Man kann durch die Anordnung einer berieselten Wandfläche (Abb. 4) oder eines Stabes auf einer Zentrifuge die Abflußgeschwindigkeit erheblich steigern. Führt man in die Nußeltschen Gleichungen (86) und (87), (Abschnitt Gaswaschung S. 509) statt der Erdbeschleunigung g die Zentrifugalbeschleunigung $r \cdot \omega^2$ ein, so erhält man (unter Vernachlässigung der Schwerkraft) für die Schichtdicke y_{0c} einer Flüssigkeitshaut, die an der durch die Zentrifugenachse gelegten Wand wie in Abb. 4 senkrecht zur Achse nach außen strebt

$$y_{0c} = \sqrt[3]{\frac{3\,\nu \cdot G_b}{r \cdot \omega^2 \cdot \gamma_f}}. \tag{7}$$

Hierin ist G_b die Beaufschlagung in kg/s für $b = 1$ m; ν die kinematische Zähigkeit m²/s. Für die mittlere Geschwindigkeit w_{mc} der Flüssigkeitshaut gilt:

$$w_{mc} = \sqrt[3]{\frac{G_b^2 \cdot r \cdot \omega^2}{\nu \cdot \gamma_f^2}}. \tag{8}$$

Natürlich ist die Flüssigkeitshaut über einem zu trocknenden Gut, z. B. einem Krystallbrei auf unregelmäßig gelagerten und geformten Flächen ausgebreitet, doch kann die allgemeine Form der Gleichungen (7) und (8) einen Hinweis auf den Einfluß der maßgebenden Faktoren geben.

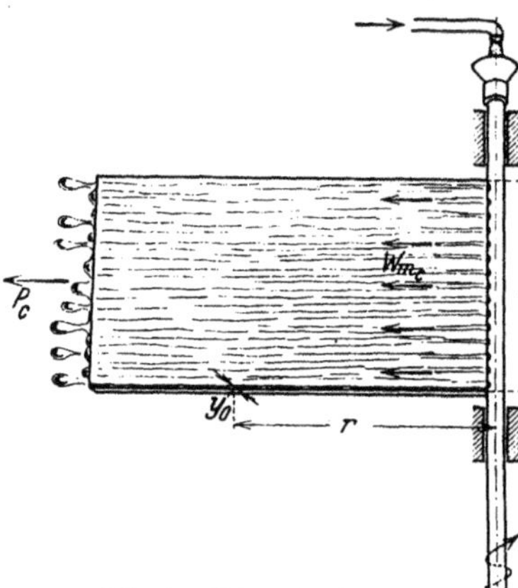

Abb. 4. Abtropfender Flüssigkeitsfilm auf der Schleuder.

Im Vergleich zum freien Abtropfen unter der Schwerkraft ist bei gleicher Flüssigkeitsmenge das Verhältnis der mittleren Filmgeschwindigkeit

$$\frac{w_{mc}}{w_m} = \sqrt[3]{\frac{r \cdot \omega^2}{g}} = \sqrt[3]{\mathfrak{z}} \tag{9}$$

und das Verhältnis der Schichtdicken bei gleicher Abtropfmenge

$$\frac{y_{oc}}{y_o} = \sqrt{\frac{g}{r \cdot \omega^2}} = \sqrt[3]{\frac{1}{\mathfrak{z}}}. \tag{10}$$

In praktisch vorkommenden Fällen bieten natürlich die abtropfenden Flächen in der Regel keine der Berechnung bequem zugängliche Form. Immerhin gestattet der Vergleich mit der einfachen leicht berechenbaren Form eine Abschätzung der zu erwartenden Verhältnisse im Betrieb. Trockenschleudern in warmem Zustande (wenn es zulässig ist) verkürzt deshalb die Schleuderzeit. Es ist ersichtlich, daß die Zähigkeit der Schleuderlauge keinen Endwert der Restfeuchtigkeit bedingt. Allerdings wird die erforderliche Schleuderzeit stark von der Zähigkeit abhängig. Hingegen verursacht die Capillarität bzw. die Oberflächenspannung einen Grenzwert für die Restfeuchtigkeit, die mit einer gegebenen Drehzahl auch bei endloser Schleuderdauer nicht zu unterschreiten ist, sofern man die Verdunstung fernhält. Für das Trockenschleudern sind die hier genannten Gesetzmäßigkeiten von großer Bedeutung.

β) Capillarität. Sie ist in zweifacher Hinsicht von Bedeutung beim Trockenschleudern, einmal beim Festhalten der Schleuderlauge in den Hohlräumen bzw. Zwischenräumen der auszuschleudernden Masse, das andere Mal beim Abtropfen der Schleuderlauge an einzelnen Festsubstanzkörpern.

Vergleicht man die Poren mit einer Capillare von gleichbleibendem Durchmesser, so ergibt sich folgendes. Bezeichnet σ (kg/m) die Oberflächenspannung, so stellt sich in einer ruhenden Capillaren (Abb. 5a) die Flüssigkeit bis zur Höhe

$$h = \frac{4 \cdot \sigma}{d \cdot \gamma}. \quad (11)$$

Auf eine Schleuder nach Abb. 5b gebracht, stellt sich in der Röhre R die Steighöhe h', solange dieselbe gegenüber x sehr klein ist (z. B. praktisch zwischen den Krystallkörnern auf einer Salzschleuder), ein auf

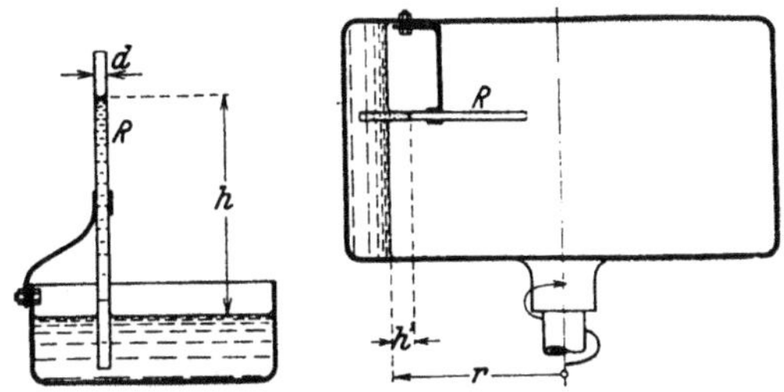

Abb. 5a. Abb. 5b.
Abb. 5a und b. Capillarwirkung.

$$h' \cong \frac{1}{\mathfrak{z}} \cdot h \cong \frac{900}{r \cdot n^2} \cdot \frac{4\,\sigma}{d \cdot \gamma}. \quad (12)$$

Sobald aber die Poren sehr eng sind, wie bei feinen Schlämmen, kann h' bei mäßiger Größe von $\mathfrak{z}$ die Größenordnung der Schlammteilchen erreichen, d. h. infolge der Capillarwirkung findet unterhalb einer durch Gleichung (12) bestimmten Minimaldrehzahl kein Ausschleudern der Porenflüssigkeit mehr statt.

γ) **Oberflächenspannung und Tropfenbildung.** Beim Abtropfen bleiben an stumpfen Formen größere Flüssigkeitsreste hängen als an spitzen Formen (Abb. 6a und b).

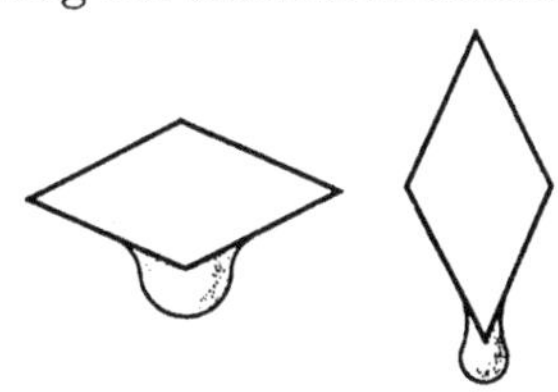

Abb. 6a und b. Verschiedene Tropfenbildung an spitzen und an stumpfen Formen (schematisch).

Obwohl durch die dichte Lagerung, z. B. von Salzen in der Zentrifugentrommel, diese Erscheinung sich nur zum Teil geltend machen kann, trägt sie doch dazu bei, daß auch bei sehr langer Schleuderzeit eine gewisse Restfeuchtigkeit auf abzuschleudernden Krystallen zurückbleibt. Diese Restflüssigkeit tropft ähnlich, wie bei Gleichung (12) erwähnt, unterhalb einer bestimmten Minimaldrehzahl nicht ab.

3. Schleuderwirkung in einer Suspension.

Klär- bzw. Trenngeschwindigkeit unter dem Einfluß der Schleuderkraft.

Für die Beurteilung der Wirksamkeit siebloser Schleudern interessiert weniger die Schleuderkraft als deren Wirkung, die Klärgeschwindigkeit. Für die Bewegung eines Teilchens in der Schleuder gelten dieselben Gleichungen wie bei der Sedimentation unter dem Einfluß der Schwere, wenn man statt der Erdbeschleunigung g die Zentrifugalbeschleunigung $r \cdot \omega^2$ einführt. Die Klärbewegung in einer Schleuder kann fast ausschließlich unter der Gültigkeit des Stockesschen Gesetzes betrachtet werden, da für die rasch vor sich gehenden Abklärbewegungen, bei denen die Zähigkeit der Flüssigkeit eine geringe Rolle spielt, die Anwendung der Schleuder meist nicht nötig wird, sondern Schwerkrafttrennung ausreicht.

Die beiden Grundgleichungen für den Widerstand W eines Teilchens und die wirksame freie Zentrifugalkraft P_c sind somit nach den Gleichungen (2) und (3) (Abklärvorgänge, S. 63 und 64) sowie durch Gleichung (1), S. 211

$$W = c \cdot F \cdot q \tag{13}$$

und

$$P_c = W = \frac{V}{g} r \cdot \omega^2 (\gamma_k - \gamma_f), \tag{14}$$

worin V das Volumen eines auszuschleudernden Schlammteilchens und γ_k dessen spezifisches Gewicht ist; hierzu tritt noch ein zusätzliches Glied für die Schwerkraft, das leicht zu berücksichtigen, jedoch für die weitaus meisten Fälle zu vernachlässigen ist, da die Zentrifugalkraft selbst bei Siebschleudern fast stets weitaus mehr als das 30fache der Schwerkraft beträgt.

Setzt man hierin für den Staudruck q nach Gleichung (1), S. 63 (Abklärvorgänge usw.)

$$q = \frac{w^2}{2g} \cdot \gamma_f$$

und entsprechend dem Stockesschen Gesetz (s. S. 65),

$$c_{st} = \frac{24 \cdot \nu}{w \cdot d}, \tag{15}$$

so ergibt sich nach Einführung der Kennzahl $\mathfrak{z}$ [Gleichung (3), S. 211]

$$\frac{w}{d} = \frac{V}{F} \cdot \frac{g}{12\nu} \cdot \frac{\gamma_k - \gamma_f}{\gamma_f} \cdot \mathfrak{z}, \tag{16}$$

worin d eine Körperabmessung des sinkenden Teilchens ist, die bei der Rechnung mit der Reynoldsschen Zahl zu berücksichtigen ist (vgl. Abb. 1, S. 63). Für ein kugelförmiges Teilchen mit dem Durchmesser d gilt:

$$\frac{w}{d^2} = \frac{g}{18\nu} \cdot \frac{\gamma_k - \gamma_f}{\gamma_f} \cdot \mathfrak{z}. \tag{17}$$

In der Literatur findet man statt der Gleichung (18) mitunter die Gleichung

$$w = \sqrt{\frac{4}{3} \cdot \frac{g}{c} \cdot \frac{\gamma_k - \gamma}{\gamma} \cdot \mathfrak{z}}. \tag{18}$$

Diese Gleichung gilt jedoch mit konstantem c erst für hohe Reynoldssche Zahlen ($Re \geqq 5 \cdot 10^5$). Im Gebiet des Stockesschen Gesetzes, mit welchem man es meist zu tun hat, ist in diese Gleichung c nach Gleichung (15) einzusetzen. Damit erhält man aber die Form der Gleichung (17).

Ein Vergleich der Trenngeschwindigkeit in der Schleuder mit der Sinkgeschwindigkeit in der gleichen Flüssigkeit unter dem bloßen Einfluß der Schwerkraft lehrt, daß die Trenngeschwindigkeit im Bereich der Gültigkeit des Stockesschen Gesetzes direkt proportional der Kennzahl $\mathfrak{z}$ ist

$$\frac{w_z}{w} = \mathfrak{z} \cong r\, n^2/900. \tag{19}$$

Die Größe $\mathfrak{z}$ kann aus Abb. 7 entnommen werden.

Erst oberhalb $Re \geqq 5 \cdot 10^5$ gilt für dieses Verhältnis die aus Gleichung (18) folgende, oft verwendete Beziehung [Ullmann: Encyklopädie]

$$\frac{w_z}{w} \cong \frac{n}{30} \sqrt{\mathfrak{r}} = \sqrt{\mathfrak{z}}\,. \tag{19a}$$

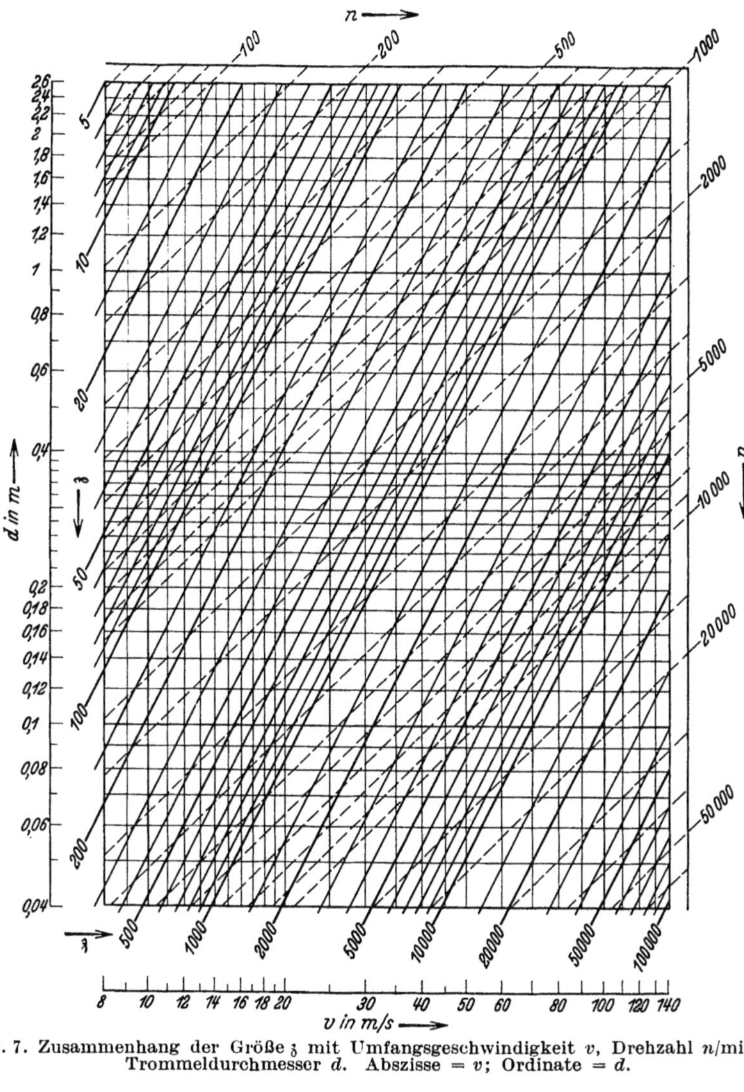

Abb. 7. Zusammenhang der Größe $\mathfrak{z}$ mit Umfangsgeschwindigkeit v, Drehzahl n/min und Trommeldurchmesser d. Abszisse = v; Ordinate = d.

Es ist zu beachten, daß die Umfangsgeschwindigkeit der Trommel nur ein Maß für die Festigkeitsbeanspruchung, die Größe $\mathfrak{z}$ jedoch ein Maß für die Abklärgeschwindigkeit ist. Für die Schleuder in dem Beispiel S. 221 ergibt sich $\mathfrak{z}_0 = 304$.

Für eine kleine sieblose Laboratoriums-Sharples-Superzentrifuge von 45 mm Trommeldurchmesser mit $n = 48000$ Touren/min entsprechend 113 m/s Umfangsgeschwindigkeit ist $\mathfrak{z} = 58000$. Es kann somit eine ganz erhebliche Steigerung der Absinkgeschwindigkeit in der Schlamm- oder Klärschleuder erreicht werden.

B. Beanspruchungen und Kräftewirkungen in der Schleuder.

1. Beanspruchung der Trommel.

Die gefüllte Trommel wird durch den hydraulischen Druck [Gleichung (4) bzw. Tabelle 1] des Flüssigkeitsinhalts wie ein Gefäß mit ungleich verteiltem inneren Überdruck beansprucht. Auch die Beanspruchung durch den Bodendruck ist zu berücksichtigen. Zu dieser Beanspruchung kommt die Leerlaufspannung, welcher der rotierende Zentrifugenmantel auch ohne Füllung durch die Schleuderkraft der eigenen Masse ausgesetzt ist.

a) Leerlaufspannung.

Die tangentiale Leerlaufspannung S_0 kg/cm² ist vom Trommelradius und der Trommelwandstärke weitgehend unabhängig. Letzteres ist dadurch bedingt, daß jede Ringschicht des Trommelmantels in gleichem Maße zur Erhöhung der Zentrifugalkraft wie zur Festigkeit beiträgt. Es ist deshalb nicht möglich, die Leerlaufspannung durch Verstärkung des Trommelmantels zu vermindern. Durch Gleichsetzung der Schleuderkraft und der Festigkeitsspannung eines rotierenden Ringes ergibt sich

$$S_0 = \frac{\gamma_r}{g} \cdot \left(\frac{v}{100}\right)^2 \tag{20}$$

bzw. für einen Stahlring vom spezifischen Gewicht $\gamma_r = 7800$ kg/m³ gilt

$$S_0 = 800 \cdot \left(\frac{v}{100}\right)^2 \text{ kg/cm}^2, \tag{21}$$

hierin ist für v die mittlere Geschwindigkeit des Trommelmantels einzusetzen.

b) Zusätzliche Spannung.

Durch Gleichsetzung der durch den hydraulischen Druck (Arbeitsdruck) verursachten Ringspannung mit der Festigkeitsspannung ergibt sich die zusätzliche Tangentialspannung (Nutzspannung)

$$S_1 = 51 \cdot \frac{r}{\delta} \cdot \left(\frac{v_2}{100}\right)^2 \cdot \frac{\gamma_{fl}}{\gamma_w}, \tag{22}$$

hierin ist $\frac{\gamma_{fl}}{\gamma_w}$ das Verhältnis der spezifischen Gewichte der Zentrifugenfüllung und des Wassers; $\frac{r}{\delta}$ das Verhältnis des lichten Trommelradius zur Wandstärke; für v_2 ist die Umfangsgeschwindigkeit des Trommelmantels für den lichten Durchmesser einzusetzen.

Das Verhältnis der Nutzspannung zur Leerlaufspannung ergibt sich für eine Stahltrommel, die mit Flüssigkeit gefüllt ist, zu

$$\frac{S_1}{S_0} = 0{,}0638 \cdot \frac{r}{\delta} \cdot \frac{1}{1 + \frac{\delta}{r} + \frac{1}{2}\left(\frac{\delta}{r}\right)^2} \cdot \frac{\gamma_{fl}}{\gamma_w} \,. \tag{22a}$$

Diese Gleichung gilt für jede Drehzahl. In der folgenden Tabelle sind für einige Werte von $\frac{r}{\delta}$ bei Füllung mit Wasser die Werte von $\frac{S_1}{S_0}$ wiedergegeben.

Tabelle 2. Verhältnis der Nutzspannung S_1 zur Leerlaufspannung S_0.

$\frac{r}{\delta} =$	5	8	10	15	20	30	40	50
$\frac{S_1}{S_0} =$	0,262	0,451	0,577	0,897	1,21	1,85	2,49	3,13

Die gesamte Ringspannung der Trommel ergibt sich als Summe der Leerlauf- und Nutzspannung $S = S_0 + S_1$. Das Verhältnis $\frac{S_1}{S_1 + S_0}$ gibt also den Grad der Ausnutzung der Trommel durch den nutzbaren Druck p_1 an. Besonders günstige Leerlaufspannungen haben naturgemäß Materialien mit geringem spezifischen Gewicht und hoher Festigkeit, z. B. Duraluminium.

In Abb. 8 ist für Stahl die Beanspruchung des Trommelmaterials über der Umfangsgeschwindigkeit aufgetragen. Hieraus ergeben sich die maximal möglichen Umfangsgeschwindigkeiten bzw. Drehzahlen einer mit Wasser gefüllten Trommel für verschiedene $\frac{r}{\delta}$.

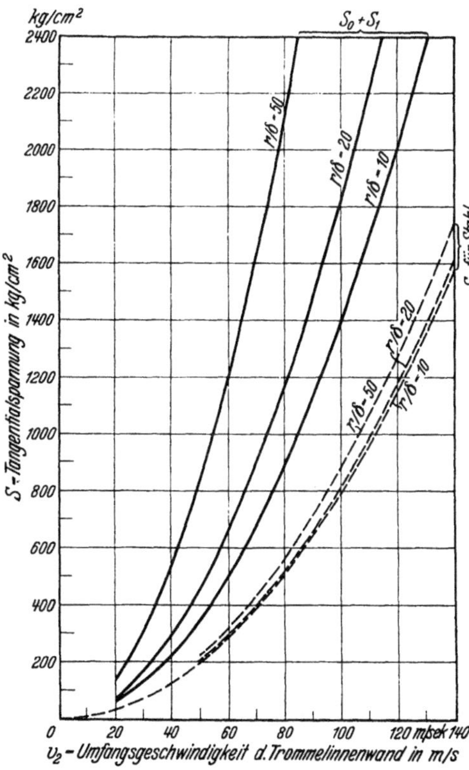

Abb. 8. Tangentialspannung von Zentrifugentrommeln aus Stahl. S_0 Leerlaufspannung, $S_0 + S_1$ bei Füllung mit Wasser.

Ein Weichbleiring (mit einer Zerreißfestigkeit von 170 kg/cm² und einem spezifischen Gewicht von $\gamma = 11300$ kg/m³) ist bereits bei einer Umfangsgeschwindigkeit von 38,4 m/s durch die Leerlaufspannung bis zur Zerreißfestigkeit von 170 kg/cm² beansprucht, ein Aluminiumring ($\gamma = 2700$) mit einer Zerreißfestigkeit von 1000 kg/cm² erst bei einer Umfangsgeschwindigkeit von 191 m/s. Ein Ring aus gewöhnlichem Flußeisen mit einer Zerreißfestigkeit von 3600 kg/cm² ist bei einer Umfangsgeschwindigkeit von 212 m/s durch die Leerlaufspannung in der Gefahr des Zerreißens. Die Elastizitätsgrenze (s. Bd. I, S. 454) ist bereits vorher überschritten. Die zulässige Umfangsgeschwindigkeit einer arbeitenden Zentrifuge aus sehr hochwertigem Spezialstahl kann deshalb bei der üblichen Anforderung an die Sicherheit, wie aus Abb. 8 hervorgeht, 100—120 m/s nicht überschreiten.

c) Boden- und Deckeldruck.

Eine geschlossene Zentrifugentrommel wird durch den Boden- und Deckeldruck auch in axialer Richtung beansprucht. Man erhält den Bodendruck der rotierenden Flüssigkeit, wenn man die Bodenfläche $\frac{\pi d^2}{4}$ mit dem halben maximalen Flüssigkeitsdruck am Umfang nach Gleichung (4) multipliziert. Er beträgt bei vollgefüllter Zentrifuge

$$P_{kg} = 2{,}78 \cdot \frac{\pi^3}{g} \cdot r^4 \cdot n^2 \cdot \frac{\gamma_{fl}}{\gamma_w} = 0{,}877 \cdot n^2 \cdot r^4 \cdot \frac{\gamma_{fl}}{\gamma_w}. \qquad (23)$$

2. Kritische Drehzahl.

Der Massenmittelpunkt T der gefüllten Trommel soll sich nahezu in die Drehachse einstellen können. Man erreicht dies bei Zentrifugen mit vertikaler Welle durch pendelnde oder federnde Lagerung (Abb. 9). Durch härter federnde Anschläge werden eine Überlastung der Federung F — F und übermäßige Ausschläge der Welle verhindert.

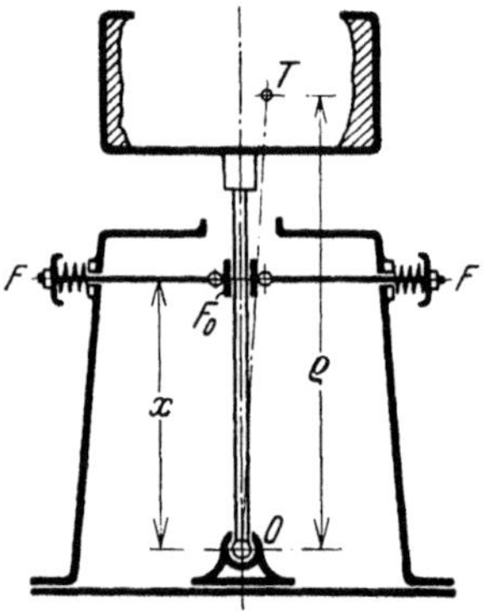

Abb. 9. Federnde Lagerung der Trommel.

Die betriebsmäßig belastete Trommel kann infolge zufällig einseitiger Beladung Querschwingungen ausführen, deren Frequenz von der Masse der Trommel und der Härte der natürlichen oder konstruktiv herbeigeführten Federung abhängt. Sobald die Frequenz dieser Eigenschwingungen mit der Drehzahl übereinstimmt, tritt Resonanz ein, die kritische Drehzahl wird erreicht, was heftige Schwingungen der Maschine und des Fundamentes zur Folge haben kann. Die Betriebsdrehzahl soll deshalb erheblich höher sein als die kritische, so daß die Zentrifuge beim Anlaufen oder Bremsen dieselbe rasch überschreitet.

Die Masse M der Trommel samt Beladung und Welle darf im Punkte T (Abb. 9) vereinigt gedacht werden, dessen Abstand vom Drehpunkt O durch den Trägheitsradius ϱ gegeben ist. Bedeutet I das axiale Trägheitsmoment für den Drehpunkt O, so gilt

$$\varrho = \sqrt{\frac{I}{M}}. \qquad (24)$$

Zur Betrachtung der Schwingung kann man die Masse M als reduzierte Masse $M \cdot \frac{\varrho}{x}$ auf den Abstand x der Federebene F — F vom Drehpunkt O reduzieren, so daß dann für die kritische Drehzahl n (je min) die einfache Schwingungsgleichung gilt

$$n_{\text{krit}} = \frac{30}{\pi} \sqrt{\frac{x \cdot P_1}{\varrho \cdot M}}. \tag{25}$$

Hierin ist P_1 die im Punkt F_0 wirksame resultierende Spannung des Federsystems, die jedoch unter Annahme linearer Spannungszunahme auf eine fingierte seitliche Auswanderung von 1 m des gefederten Lagers, ausgehend vom Punkte F_0 umgerechnet ist.

Beispiel: Eine Schleudertrommel von 1,2 m Durchmesser für eine normale Drehzahl von $n = 675$/min wiegt mit Füllung 1050 kg; der Trägheitsradius beträgt $\varrho = 1{,}43$ m; die Höhe x der federnden Lagerstelle beträgt 0,95 m; bei der maximalen Federung von 0,035 m wurde die Resultierende des Federsystems zu 700 kg ermittelt. Wie groß ist die kritische Drehzahl?

Lösung: P_1 ermittelt sich zu $\frac{1}{0{,}035} \cdot 700 = 20000$ kg, damit wird

$$n_{\text{krit}} = \frac{30}{\pi} \sqrt{\frac{0{,}95 \cdot 20\,000 \cdot 9{,}81}{1{,}43 \cdot 1050}} \cong 108\,.$$

C. Energiebedarf zum Schleudern.

Der Arbeitsbedarf zum Schleudern von 1 t geschleudertes Gut ist in normalen Fällen gering. Das Schleudern gilt als eines der wirtschaftlichsten Verfahren zur Trennung fester und flüssiger Stoffe. Der Energiebedarf ergibt sich aus folgenden Anteilen:

1. Anlaufenergie.

Zum Beschleunigen der Trommel samt Inhalt auf die Betriebsdrehzahl ist die Anlaufenergie erforderlich. Ist I_0 das Trägheitsmoment der gefüllten Zentrifuge für die Drehachse ($I_0 = \int r^2\, d\, M$), so ist die Beschleunigungsarbeit:

$$A_1 = I_0 \cdot \frac{\omega^2}{2} \text{ mkg} \tag{26}$$

bzw.

$$A_1 = I_0 \cdot \frac{\omega^2}{734\,400} \text{ kWh}.$$

Beträgt die Anlaufzeit t (s), so ist die theoretische Anlaufenergie in kW, die somit t (s) wirksam sein muß:

$$E_1 = \frac{A}{t \cdot 102} = \frac{I \cdot \omega^2}{t \cdot 204} \text{ kW}. \tag{27}$$

2. Betriebsenergie.

a) Beschleunigungsarbeit und Stoßverlust.

Wird eine Siebschleuder je 1 Charge mit G kg Rohflüssigkeit beschickt, von welcher der flüssige Anteil G_1 kg am Sieb vom Radius r_2 abgeschleudert wird und G_2 kg als Festsubstanz auf der Zentrifuge verbleibt, so ist zur Aufrechterhaltung der Bewegung eine Beschleunigungsarbeit $A_1 + A_2$ und eine Arbeit A_s zur Deckung des Stoßverlustes, sowie ein Anteil E_r zur Überwindung der Reibung erforderlich.

Dieselben ergeben sich für die Dauer einer Charge nach Gleichung (28). Hierin gilt das erste Glied für den flüssigen, das zweite Glied für den festen Anteil und das dritte Glied für den in Wärme umgesetzten Stoßverlust der aufgegebenen Rohlösung.

$$A_1 + A_2 + A_s \cong \frac{\omega^2}{2g} (G_1 r_1^2 + G_2 \cdot r_T^2 + k\, G\, r_2^2) \text{ mkg}. \qquad (28)$$

Hierin bedeuten r_T den Trägheitsradius in m der abgeschiedenen Festsubstanz, k einen Beiwert für die Wirksamkeit des unelastischen Stoßes, der maximal $= 1$ gesetzt werden kann.

b) Wirbelenergie und Reibungsverluste E_r.

Die sich abklärenden Teilchen rufen im Flüssigkeitsraum Konvektionsströmungen hervor, die Energie verzehren. Hierzu kommt noch ein Energieverbrauch durch Strömungen infolge Drehzahlschwankungen. Die rotierende Trommel ruft außerdem Ventilationsverluste hervor, die ähnlich wie bei Turbomaschinen zu berechnen sind. Vgl. „Verdichten und Fördern von Luft und Gasen" (Bd. II, S. 406). Hierzu kommen ferner Energieverluste eventuell durch das Schälrohr oder die Reibung der Ausschneidevorrichtung, wenn das Ausräumen nicht bei abgestelltem Motor erfolgt, ferner durch Lagerreibung, am Riemenantrieb usw. Bei Salzschleudern geht der Energieverbrauch nach dem Anlaufen meist auf weniger als $^1/_3$ bis $^1/_4$ zurück. Hierüber gibt am besten ein Energie-Zeitdiagramm Aufschluß [vgl. Chemiehütte 1927, S. 328]. Der gesamte Energiebedarf ist je nach Art des Produktes verschieden; er beträgt beispielsweise bei einer großen Salzzentrifuge 2,8—3,5 kWh je 1 t abgeschleudertes Bicarbonat mit 7% Feuchtigkeit.

III. Anwendungsgebiete.

A. Allgemeines.

Das Anwendungsfeld der Schleuder ist in den letzten 3—4 Jahrzehnten sehr schnell groß geworden. Das Trennen bzw. Konzentrieren von Emulsionen ist erst durch die Schleuder technisch möglich geworden. Die Ausbildung der Milchschleuder gab den Anlaß zu einer großen Entwicklung dieser besonderen Maschinengattung. In der Speiseölgewinnung und der gesamten ölverarbeitenden Industrie hat die Klär- und Trennschleuder ein Anwendungsfeld gefunden. In der Medizin dient sie zur Gewinnung von Serum und Hämoglobin. Man verwendet sie bei der Gewinnung von Wollfett, bei der Gewinnung von Walöl in den Trankochereien, in der Erdölraffinerie, bei der Abtrennung des Goudrons vom raffinierten Öl, bei der Entparaffinierung von Ölen mit Hilfe von Tragflüssigkeiten usw. Transformatorenöle, bei welchen schon geringe Verunreinigungen von Fasern und Harzstoffen, die als Feuchtigkeitsträger wirken und die Durchschlagsfestigkeit erheblich herabsetzen, werden mit relativ geringen Kosten mit Klärzentrifugen unter Vakuum bzw. in Stickstoffatmosphäre auf den erforderlichen Reinheitsgrad gebracht. Auch Schmieröle, Autoöle, Dieselöle werden auf diese Art gereinigt. Bei großen Maschinenaggregaten, z. B. Turbinen, besonders auf Schiffen, wird eine kleine Klärzentrifuge in den Ölkreislauf eingeschaltet und damit die Betriebssicherheit der Maschine und die Verwendungsdauer des Schmieröles erhöht. Schlachthausabwässer und städtische Abwässer werden häufig durch Schleudern gereinigt.

In der Kokereiindustrie war es möglich, aus Teeren durch Schleudern Verunreinigungen abzuscheiden, welche die Bildung von unerwünschten Emulsionen begünstigen und welche durch Filtration infolge der hohen Viscosität nicht abgeschieden werden konnten.

In der chemischen Industrie ist das Anwendungsgebiet der Zentrifuge so umfangreich, daß es nur durch Beispiele angedeutet werden kann. Die Entfernung von Katalysatoren, Bleicherden usw., aus Ölen, die Abtrennung von Phenolextrakten bei der Sprit- oder Natronlaugewäsche von Teeren, Ölen usw., die Trennung von Emailschlämmen, die Reinigung von Lacken und Firnissen, die Separation der Hefe in der Gärungsindustrie sind Anwendungsgebiete der Trenn- und Klärschleuder. Hierzu kommt die Verwendung von Siebschleudern (bis zu Einheiten von $2^1/_2$ m Trommeldurchmesser) in der salzverarbeitenden Industrie, in der Zuckerindustrie, sowie in der anorganischen und organischen Farbenindustrie. Man gewinnt damit krystallisierte und amorphe Produkte mit relativ geringer anhaftender Feuchtigkeit. In der Kunstseideindustrie verwendet man die Spinnzentrifuge zur Aufnahme der Rohseidefäden und deren Zwirnung. In der Cellulosenitratindustrie wird sie zur Trennung des faserförmigen Cellulosenitrats von der Abfallmischsäure weitgehend verwendet.

Zur Entwässerung von naß anfallendem Aufbereitungsgut, besonders zur Entwässerung von Feinkohle, hat in neuerer Zeit auch die Schleuder Eingang gefunden und zur Ausbildung einer Reihe neuartiger Konstruktionen geführt.

Auf die vielseitige Verwendung im Laboratorium, z. B. zu schnellanalytischen Methoden usw., sei hier nicht eingegangen [vgl. W. Kunitz: Metallbörse **21 II**, 1947 (1931), desgl. Fußnote S. 213].

B. Die sieblose Schleuder[1].

1. Arbeitsvorgang.

Der Arbeitsvorgang bei der sieblosen Schleuder ist eine Steigerung des natürlichen Absetzvorganges. Ebenso wie bei diesem bleiben die Zwischenräume und Poren des Schlammes mit Flüssigkeit erfüllt (vgl. S. 250). Sind Schlämme mit großen Mengen Rückstand zu verarbeiten, so kommt meist diskontinuierlicher Betrieb mit der Überlaufzentrifuge in Frage. Nachdem sich bei genügend langer Schleuderzeit (im allgemeinen 3—15 min) der Rückstand an der Trommelwand festgesetzt

[1] Vgl. B. Block: Die sieblose Schleuder, 1921.

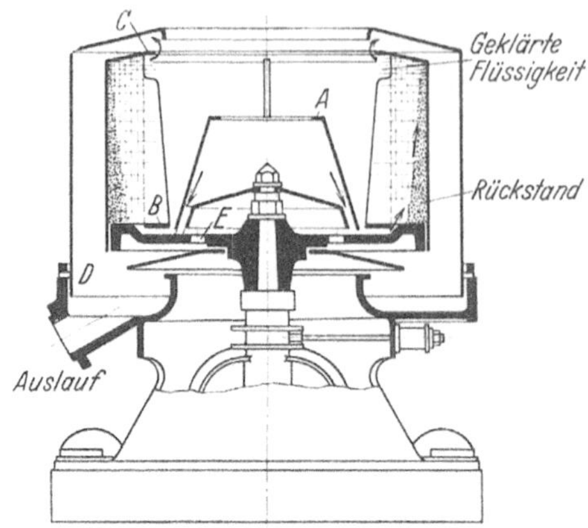

Abb. 10. Überlaufzentrifuge (Gebr. Heine, Viersen).

hat, wobei der Überschuß an Flüssigkeit über den Trommelrand abläuft, wird die Trommel allmählich stillgesetzt und das Produkt nach Ablauf der Restflüssigkeit ausgetragen. Schnelles Abbremsen führt zu einem Wiederaufwirbeln der Ablagerung und ist daher zu vermeiden. Überschüssige Flüssigkeit im Ringraum der Trommel kann bei voller oder verminderter Drehzahl auch durch ein Schälrohr herausgeholt werden.

2. Beispiele.

a) Überlaufzentrifuge.

Abb. 10 stellt eine Überlaufzentrifuge mit elastisch gelagerter Trommelwelle dar. Die Ausführung ist für schnell absetzendes Schleudergut bestimmt. Die ungeklärte Flüssigkeit gelangt durch den Verteilconus *A* unter dem Grundring *B* in die rotierende Trommel, berührt also die schon geklärte Flüssigkeit nicht. Die geklärte Flüssigkeit tritt über den Trommelrand *C* in die Gehäusemulde *D* und fließt durch den Auslauf ab. Nachdem die Trommel zu etwa $^3/_4$ mit Rückstand gefüllt und die Restflüssigkeit durch die Bodenlöcher *E* abgeflossen ist, wird der Rückstand bei stillstehender Trommel von Hand entleert.

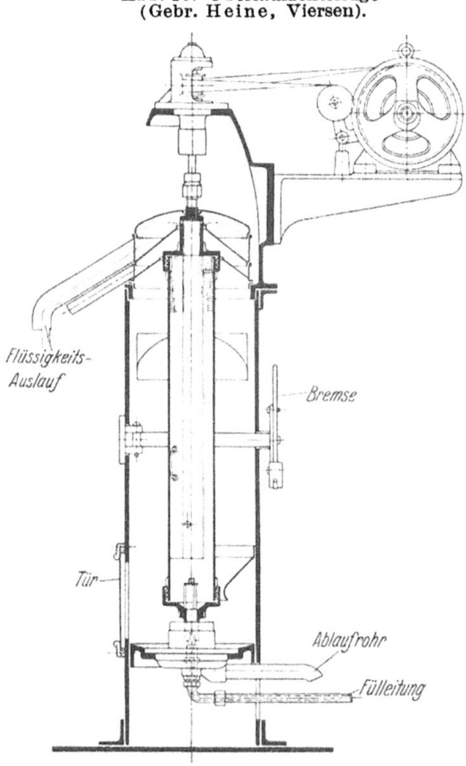

Abb. 11. Turbozentrifuge zum Absetzen (C. G. Haubold A.G., Chemnitz).

b) Turbozentrifuge.

Wo es bei sehr schwer abklärbaren oder zu trennenden Flüssigkeiten darauf ankommt, die Zentrifugalbeschleunigung bzw. die Kennzahl $\mathfrak{z}$ [Gleichung (3), S. 211] außerordentlich zu steigern, wendet man kleine Trommeldurchmesser an, wodurch innerhalb der zulässigen Umfangsgeschwindigkeit (vgl. Abb. 7, S. 217) sehr große Drehzahlen möglich werden. Da die

Kennzahl $\mathfrak{z}_0 = \frac{1}{900} r_0 \cdot n^2$ mit dem Quadrat der Drehzahl, aber nur linear mit dem Radius wächst, erreicht man z. B. bei dem kleinsten Typ der Haubold-Turbozentrifuge bei 100 mm Trommeldurchmesser (Abb. 11) Kennzahlen von etwa $\mathfrak{z}_0 = 14000$, während man sich bei großen Siebschleudern für die Salzverarbeitung oft schon mit Kennzahlen von 100—150, bei Zuckerschleudern mit etwa 450—650, begnügt.

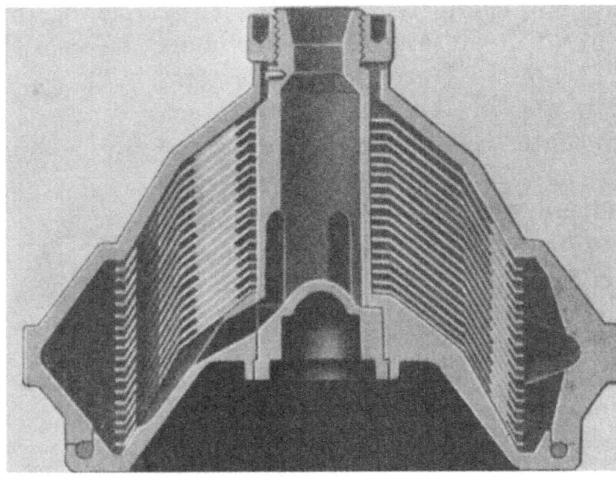

Abb. 12. Tellereinbau in einer Kruppschen Düsentrommel zur Lackreinigung (Düsen nicht sichtbar).

Die Haubold-Turbozentrifuge ist mit Riemen angetrieben. Der Einlauf der zu klärenden Produkte in die schlanke Trommel erfolgt von unten durch die hohle Welle. Beim Durchfluß des Schleudergutes durch die lange Trommel werden genügende Verweilzeiten erreicht.

Hierher gehört auch die S. 218 erwähnte amerikanische Sharples-Superzentrifuge, die in der kleinen Laboratoriumsausführung unmittelbar durch ein Preßluftturbinenrad angetrieben ist.

c) Tellereinbau.

Einen anderen Weg zur Steigerung der Wirkung der Schleuder hat man durch Verkürzung des Abklärweges mit dem Einbau von Tellern, einer Erfindung des Freiherrn von Bechtolsheim beschritten. Man zerlegt nach dieser Erfindung das Schleudergut in schmale Lamellen, die man ursprünglich mehr als Mitnehmer und zur Dämpfung von Flüssigkeitswirbeln, welche die Abscheidung verzögern, dachte. Bald gab man ihnen die Kegelform, wie sie z. B. in Abb. 12 in einer besonderen früheren Ausbildungsform der Kruppschen Schleuder zur Lackreinigung zu sehen sind.

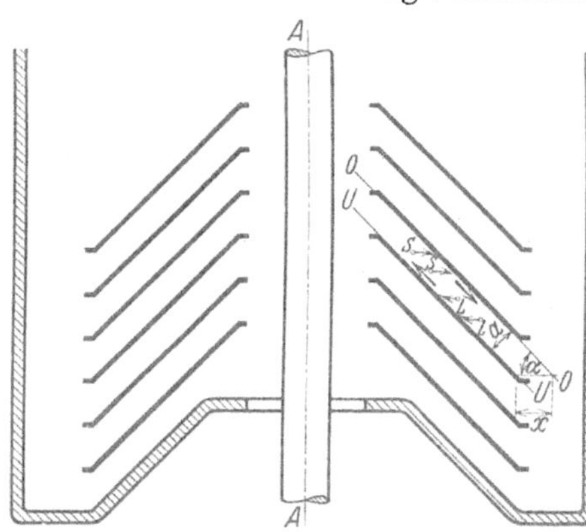

Abb. 13. Schematische Darstellung der Abscheidung an Zentrifugentellern.

In der schematischen Abb. 13 stellen *OO* und *UU* die Abscheideflächen zweier kegelförmiger Zentrifugenteller dar. Ist *a* der lichte senkrechte Abstand der beiden Teller, so ist leicht zu erkennen, daß sich die schwereren Teilchen S, S des Schleudergutes nach Durchlaufen des Weges $x = a/\sin\alpha$ an der Tellerwand $O\,O$ sammeln werden, um in geschlossenem Strom nach dem Trommelmantel in Richtung des Pfeiles abzufließen, während die leichteren Teilchen infolge des Auftriebes L, L den Weg entgegengesetzt der Zentrifugenkraft, in Richtung der Zentrifugenachse $A\,A$, entlang der Tellerfläche $U\,U$ wählen. Durch die Teller wird auch die in Absetzschleudern erwünschte laminare Strömung begünstigt, Wirbelbildung vermieden und eine mitnehmende Wirkung auf den Flüssigkeitsinhalt ausgeübt.

d) Selbsttätige Austragung der Feststoffe.

Um das Stillsetzen der Schleuder zum Austragen der Festsubstanz

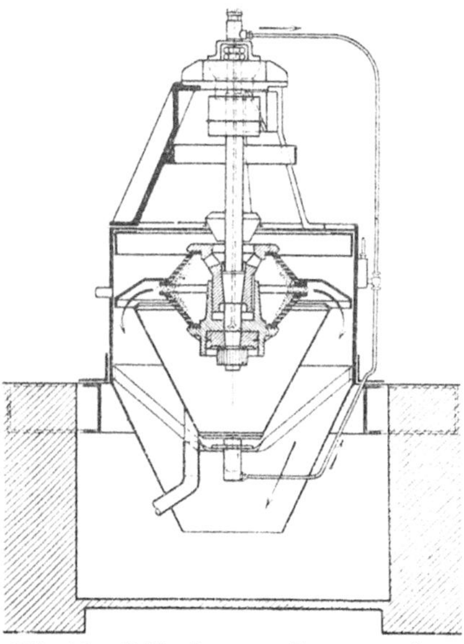

Abb. 14. Schleuder von Fesca; unterer Schalenkörper zum Ausschleudern des entwässerten Gutes gesenkt.

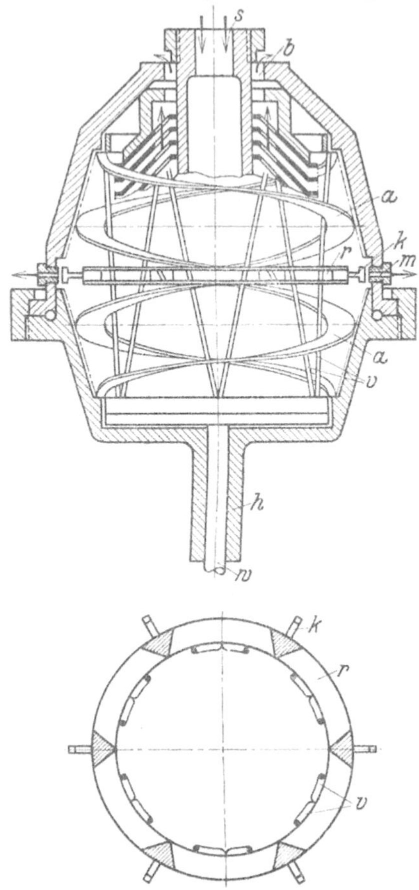

Abb. 15. Selbsttätig und stetig austragende Trennschleuder der Aktiebolaget Separator, Stockholm.

bei den Absetzschleudern zu vermeiden, sind verschiedene Wege beschritten worden. Einer derselben beruht auf dem Ausschieben des Rückstandes durch axiale Verschiebung des Trommelmantels, bei stehenbleibendem Trommelboden (Schleuder von ter Meer), nachdem die abgeklärte Schleuderlauge durch Schälrohr entfernt ist. Die Schleuder hat sich auch als Siebschleuder bewährt [vgl. Ztschr. Chem. Fabrik 1, 557 (1928)]. Bei der Schleuder von Fesca, deren Trommel durch zwei hydraulisch gegeneinander gepreßte Kegelschalen gebildet ist, wird die Festsubstanz nach Abfluß der Schleuderlauge durch axiales Verschieben einer Trommelhälfte auf Drehzahl durch den freigegebenen Ringspalt zwischen den Trommelschalen ausgeworfen. Die Schleuder wird auch wie in Abb. 14 ersichtlich als Siebschleuder gebaut. Die hydraulische Presse ist zweckmäßig unmittelbar an der Trommel angebracht, um den nach Gleichung (11) gegebenen nicht unerheblichen Axialdruck vom Gehäuse fernzuhalten. Die Steuerung der Abhebevorrichtung kann automatisch erfolgen.

Eine selbsttätige und zugleich stetige Austragung der flüssigen und festen Anteile wird in der Trennschleuder D.R.P. 575314 vom 6. 4. 33 der Aktiebolaget Separator, Stockholm (vgl. Abb. 15) bewirkt. In apparatetechnischer Hinsicht kann man die damit angestrebte Lösung des Trennungsproblems in der Schleuder als Idealfall ansehen. Praktisch ist ihre Anwendung auf solche Fälle beschränkt, wo die abgeschiedene Festsubstanz, wie z. B. Paraffin u. dgl. an der Trommelwand gut gleitet oder pastenförmig ist. Sandige und körnige krystallisierte Stoffe eignen sich nicht zur Trennung im kontinuierlichen Separator. Gegenläufige schraubenförmige Abstreifmesser a, die durch Verstrebungen v befestigt sind, drücken die an der Trommelwand w abgesetzte Festsubstanz nach der Trommelmitte, wo sie unter dem Einfluß des Schleuderdruckes durch Mundstücke m ausgeworfen wird. Die Abstreifbewegung wird durch die doppelkonische Form der Trommelwand unterstützt. Die Abstreifleisten endigen über den Auswurfmundstücken zur Versteifung in einem Ring r, der einige Kratzer k zur Vermeidung von Verstopfungen trägt. Der Antrieb der Abstreifer erfolgt durch ein Planetengetriebe über eine Welle w, die in der Hohlwelle h der Trommel geführt ist. Der Rohschlamm wird bei s axial von oben aufgegeben, die geklärte Flüssigkeit verläßt die Trommel durch eine oben, nahe der Mitte angebrachte Bohrung b.

C. Sieb- und Filterschleudern.

1. Arbeitsvorgang.

Die Siebschleuder, die besonders in der salzverarbeitenden und in der Zuckerindustrie Eingang gefunden hat, verwendet nicht den Vorgang der beschleunigten Sedimentation, sondern das Trockenschleudern. Der Trommelmantel ist gelocht und wird durch Auflegen von Drahtgeweben, Holzstabgeflecht, Matten oder Einlagen eines Filtertuches vorbereitet oder mit mehr oder weniger fein gelochten Düsen zum Abfluß der Schleuderlauge eingerichtet.

Die Schleuder wird meist bei laufender Trommel mit dem Krystallbrei od. dgl. beschickt. Es ist dabei besonders wichtig, daß der Abfluß der Schleuderlauge nicht zu rasch erfolgt. Ist letzteres der Fall, so trifft der aufgegebene Krystallbrei auf eine bereits unbewegliche Salzschicht und der Trommelinhalt kann sich nicht in eine Zylinderfläche um die Achse bzw. ein Rotationsparaboloid einstellen. Solange beschickt wird, soll die innerste Schicht des Schleudergutes noch plastisch beweglich sein, damit sich kein stark exzentrischer Schwerpunkt einstellt. Dies ist zu erreichen durch geeignete Wahl der Lochung der Trommel, der Filtertuchdurchlässigkeit oder der Düsenlochung.

Nach dem Füllen der Schleuder wird der Schleudervorgang so lange fortgesetzt, bis die gewünschte Abschleuderung der Schleuderlauge von der Oberfläche der Krystallkörner erfolgt ist. Dies vollzieht sich mit abnehmender Geschwindigkeit, je mehr die Dicke der anhaftenden Flüssigkeit sich vermindert [vgl. Gleichung (7) und (8), S. 214]. Die Geschwindigkeit des Entwässerungsvorganges ist leicht durch Abmessen der abgeschleuderten Flüssigkeitsmenge experimentell festzustellen. Man erhält eine Kurve mit ähnlichem Verlauf wie l in Abb. 16, jedoch mit der Schleuderzeit als Abszisse.

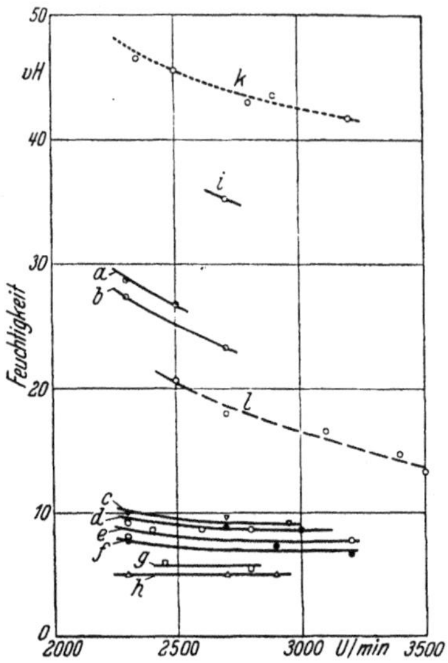

Abb. 16. Zusammenhang zwischen Schleudergeschwindigkeit (Umlaufzahl) und Endfeuchtigkeit. [Nach F. Prockat: Ztsch. Ver. Dtsch. Ing. **1930**, 1730.]

a	Steinkohle I	< 0,25 μ, 30 s
b	,,	< 0,25 μ, 60 s
c	,,	< 3 μ, 30 s
d	,,	< 3 μ, 60 s
e	,,	< 3 μ, 60 s
f	,,	< 1 bis 0,5 μ, 60 s
g	,,	< 3 ,, 1 μ, 30 s
h	,,	< 3 ,, 1 μ, 60 s
i	Steinkohle II	< 0,25 μ, 60 s
k	Ilse-Braunkohle	< 0,1 μ, 60 s
l	Quarz	< 0,1 μ, 60 s

[Schleuderzeit (s)]

Bei grobem Krystallkorn und großer Fluidität der Schleuderlauge fällt die Kurve der Abb. 16 rasch ab und nähert sich bis auf wenige % der vollkommenen Trockenheit, z. B. bei grobem Kochsalz. Bei feinerem Krystallkorn ist die auf das gleiche Schüttvolumen des Salzes bezogene Gesamtoberfläche des Schleudergutes größer. Da bei gleicher Kornerform die Kornzahl je 1 m³ umgekehrt mit der 3. Potenz des Korndurchmessers wächst, die Oberfläche eines Korns jedoch dem Quadrat des Korndurchmessers proportional ist, wächst die Gesamtoberfläche des Schleuderrückstandes umgekehrt mit dem Korndurchmesser. Von einem Schleudergut, das die Hälfte des Korndurchmessers aufweist wie ein Vergleichsprodukt, muß man deshalb, weil es die doppelte Oberfläche besitzt, erwarten, daß es nach der gleichen Schleuderzeit auf Grund der Gleichung (7), S. 214, noch die doppelte Feuchtigkeit besitzt wie das Vergleichsgut. Hierzu kommen außerdem noch die S. 215 behandelten Einflüsse der Capillarität und der Oberflächenspannung, wodurch der Restfeuchtigkeitsgehalt noch gesteigert wird.

Bei Salzen von der Korngröße gewöhnlichen Kochsalzes erreicht man mit den üblichen Schleudergraden eine Restfeuchtigkeit von etwa 2 bis 3%, bei feinkörnigeren Produkten z. B. Natriumbicarbonat von etwa 7 bis 10%, bei feinkörnigen Farbstoffen mitunter nur bis zu 60—40%. Natürlich ist das spezifische Gewicht und die Oberflächenbeschaffenheit des Produktes zur Beurteilung solcher Zahlen mit entscheidend.

2. Diskontinuierlich arbeitende Schleudern.

Abb. 17 zeigt eine Salzzentrifuge der Firma Gebr. Heine, Viersen, mit ausgefahrenem vorderen Lagerbock, der die Füll- und Ausschneide-

Abb. 17. Salzschleuder mit horizontaler Achse und ausgefahrenem Lagerbock (Gebr. Heine, Viersen).

vorrichtung enthält. Das ausgeschleuderte Produkt wird bei neueren Zentrifugen mit einem Schabemesser, das meist mit Öldruck bewegt wird, ausgeschnitten. Es läuft durch die auf Abb. 17 sichtbare Trichteröffnung unmittelbar auf die Transportvorrichtung. Die horizontale Lagerung bietet bei dieser Bauart den Vorteil der bequemen Entleerung durch Ausschneiden bei großer Leistung. Sie erfordert jedoch gegenüber den federnd oder pendelnd gelagerten Zentrifugen mit vertikaler Achse ein kräftiges Fundament.

Abb. 18. Untenentleerungszentrifuge (Gebr. Heine, Viersen).

Eine Untenentleerungszentrifuge der gleichen Firma mit herausnehmbarer Haube ist in Abb. 18 dargestellt. Die vertikale Trommelwelle ist in Feder- und Gummipuffern nachgiebig gelagert. In dem Boden der Trommel befinden sich große Öffnungen, welche durch die leicht bedienbare, mit Handgriff versehene Haube verschließbar sind. In dem unteren Rand der Haube befindet sich ein in einer Nut eingelöteter Dichtungsring, so daß bei geschlossener Haube keine Flüssigkeit nach den Salzaustragöffnungen gelangen kann. Die Trommel kann deshalb auch bei Stillstand gefüllt werden.

Der Filtrationsvorgang auf dem Filtertuch am Trommelmantel einer Siebschleuder bietet bei gleichmäßiger Korngröße des Filterrückstandes keinerlei Vorteile vor der gewöhnlichen Filtration (etwa in der Filterpresse). Bei ungleicher Korngröße ergeben sich aber auf der Schleuder mitunter Vorteile. Das grobe Korn wandert auf der Schleuder zuerst nach dem Filtertuch und schafft dort ein grobes Filtergerüst, wodurch das Filtertuch vor Verstopfung bewahrt wird und die Filtration beschleunigt wird.

Mitunter wird auch in Absetzschleudern für die geschleuderte Flüssigkeit, wenn sie leichte nicht absetzbare Trübungsstoffe enthält, ein Filter eingebaut. Die Filtrationsrichtung wird dann oft entgegengeestzt der Richtung der Zentrifugalkraft gewählt, wie z. B. bei der zur Lackreinigung bewährten Kruppschen Filtereinsatztrommel D.R.P. 495074. In solchen Fällen liegt eine Kombination mit einem einfachen Filtriervorgang vor, der für das Schleudern selbst uncharakteristisch ist und deshalb hier außer Betracht bleibt.

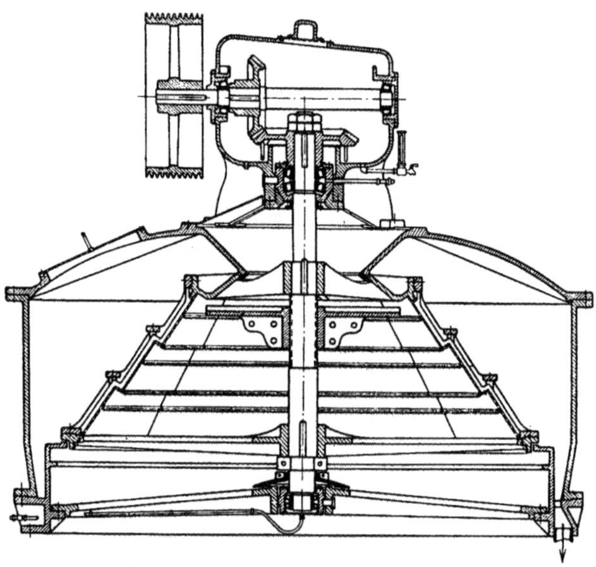

Abb. 19. Dreistufige Carpenter-Kohlenschleuder.
[Nach F. Prockat: Ztschr. Ver. Dtsch. Ing. 74, 1731 (1930).]

3. Stetig arbeitende Siebschleudern.

Außer den bereits genannten Schleudern nach ter Meer und Fesca wurden besonders für die Entwässerung von Kohleschlamm eine Reihe von stetig arbeitenden Siebschleudern vorgeschlagen.

Abb. 19 zeigt eine solche stetig arbeitende Schleuder, die F. Prockat [Ztschr. Ver. Dtsch. Ing. 74, 1731 (1930)] beschreibt und dessen Ausführungen wir folgen. Die aufgegebene Kohle fällt zunächst auf einen Verteilteller, der mit der gleichen Drehzahl wie die Schleuder selbst umläuft. Er schleudert die Kohle an das erste Kegelsieb, an dem sie langsam abrutscht und hierbei das Wasser durch Schleuderwirkung langsam durch das Kegelsieb in den äußeren Wasserabführungsraum abgibt. Die vorentwässerte Kohlenschicht wird am unteren Ende des Siebes durch einen Blechring völlig aufgebrochen, so daß die Kohle wieder in einzelne Teilchen aufgelöst, mit großer Wucht auf das nächste Kegelsieb geschleudert wird.

Gleichzeitig mit dem Abwandern der Kohle nach unten nimmt auch die Schleuderkraft zu, die somit am größten wird, wo sie zum Entfernen der Restfeuchtigkeit am notwendigsten gebraucht wird.

Die Schleuder kann bis zu 100 t/h leisten. Der Kraftverbrauch ist aus Abb. 20 zu entnehmen. Die Schleuderkosten werden nach amerikanischer Quelle zu 9,1 Pfg. je 1 t Durchsatz angegeben.

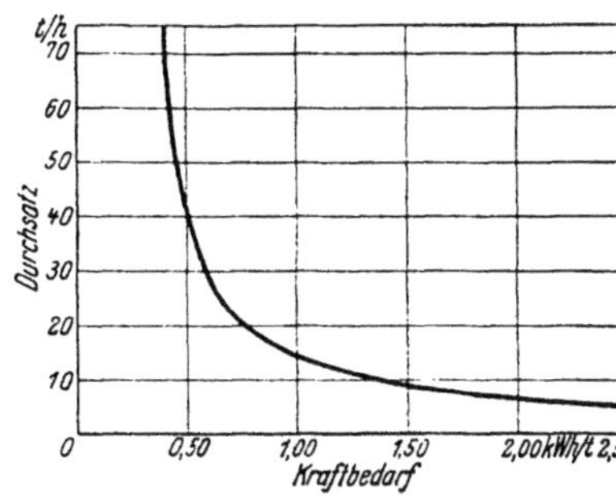

Abb. 20. Kraftverbrauch von Carpenter-Schleudern nach Prockat.

Ähnlich wie bei Abb. 15 hat man auch bei Siebschleudern eine Schnecke zum Austrag des Schleuderrückstandes angewandt, z. B. bei der Feinkohlenschleuder Bauart Habermann der Firma C. G. Haubold und bei der belgischen Hoyle-Schleuder.

Filtrieren.

Von Dr.-Ing. **E. Hegelmann**, VDI, Ludwigshafen a. Rh.

Formelzeichen und Dimensionen.

Formelzeichen	Bezeichnung	Dimension
A	Beiwert	—
a	lichte Siebmaschenweite	m
C_1, C_2, C_3	Beiwerte für den Einfluß des Porenvolumens	—
D, D_0	spezifische Durchlässigkeit bzw. Grenzdurchlässigkeit, bei dicker Filterschicht	m/s
E_d	dynamische Energie	mkg
E_z	Energieverlust durch Zähigkeit	mkg
F	gesamte Filterfläche	m²
J	$= \frac{h}{l} =$ totales Gefälle (J_z, J_d Teilgefälle)	—
$\mathfrak{K}, \mathfrak{K}_F$	Einflußwert für den dynamischen Druck	—

Formelzeichen und Dimensionen (Fortsetzung).

Formelzeichen	Bezeichnung	Dimension
K_s	Beiwert	$m^{-1} \cdot s^{-1}$
K	Kuchenvolumen je 1 m^2 Filterfläche	m^3/m^2
L	Filtratmenge je 1 m^2 Filterfläche	m^3/m^2
O	spezifische Oberfläche je 1 m^3 Füllraum	m^2/m^3
ΔP	totaler Filterüberdruck	kg/m^2
ΔP_d, ΔP_z	Druckabfall durch Beschleunigung bzw. Zähigkeit	kg/m^2
Q_s, Q_h	Durchflußmenge	m^3/s bzw. m^3/h
R	Rohlösungsmenge	m^3/m^2 h
Re	Reynoldssche Zahl $= \frac{w \cdot d}{\nu}$	—
V_f	freies Porenvolumen	m^3
b	Formfaktor	—
c	Volumenanteil (Volumenkonzentration) der Festsubstanz in der Rohlösung	m^3/m^3
d	Durchmesser	m
d_K	Korndurchmesser	m
f	freie Durchgangsfläche (Summe der Porenquerschnitte) eines Filters	m^2
g	Erdbeschleunigung	—
h	Gefällshöhe, Druckhöhe	m
l, l_0	Filterdicke bzw. äquivalente Kuchendicke	m
k, k_0, k_1	konstanter Beiwert	—
m	Abkürzung nach Erläuterung	—
n	Abkürzung nach Erläuterung	—
P	Flächendruck	kg/m^2 bzw. mm WS
p	Flächendruck	kg/cm^2
r	hydraulischer Radius (Profilradius)	m
t	Filtrierzeit	s bzw. h
u	Ungleichförmigkeit von Filtersand	—
v	Strömungsgeschwindigkeit in Capillaren oder Poren (bezogen auf f)	m/s
w bzw. w_h	Filtriergeschwindigkeit bezogen auf F	m/s bzw. m/h
x	Konzentration der Festsubstanz in der Rohlösung	kg/m^3
y	Kuchendicke	m
z	Porenzahl (als Index = Hinweis auf Zähigkeit)	—
w w_h	Filtriergeschwindigkeit bezogen auf gesamte Filterfläche F	m/s $m^3/m^2 \cdot h$ bzw. m/h
Θ, Θ_0	spezifische Durchlässigkeit bzw. Grenzdurchlässigkeit bei dünnen Filterschichten, Filtertüchern usw.	1/s
γ	spezifisches Gewicht	kg/m^3
ε	Porenvolumen (Verhältnis zum Gesamtvolumen)	m^3/m^3
ζ	allgemeiner Widerstandsbeiwert für Filter	—
η	absolute Zähigkeit (technisch)	$\frac{kg \cdot s}{m^2}$
λ	Widerstandsbeiwert für Capillaren bzw. Rohre	—
μ	Längenmaß	$^1/_{1000}$ mm
ν	kinematische Zähigkeit	m^2/s
σ	Capillaritätskonstante	kg/m
φ	Völligkeitsgrad von Sieben	—

I. Allgemeine Gesichtspunkte.

Jede Filtration ist eine Abtrennung von Feststoffen aus physikalischen Gemengen oder Suspensionen mit flüssigen oder gasförmigen Medien. Die Filtration steht oft mit der Dekantation und der Zentrifugierung zur Wahl. Dichteunterschiede zwischen Schlamm und Filtrat sind jedoch beim Filtrieren, im Gegensatz zu den anderen Verfahren, nicht erforderlich. Mitunter sind alle drei Verfahren technisch möglich. Manchmal ist die Kombination der Filtration mit der Dekantation vorteilhaft. Die Vollkommenheit bzw. Qualität des erzielten Produktes, die Einfachheit und Wirtschaftlichkeit sind dann entscheidend für die Auswahl des Verfahrens. Wie bei allen Trennungsverfahren ist von Bedeutung, welche von den zu trennenden Stoffen zu gewinnen sind. Einmal steht die vollständige Klärung der Flüssigkeit im Vordergrund, das andere Mal die Abtrennung des festen Anteils. Danach ergibt sich eine Gliederung nach dem wirtschaftlichen Gesichtspunkt:

a) Die Flüssigkeit ist von Trübungsstoffen zu befreien, die wertlos sind, oder deren Wert von untergeordneter Bedeutung ist — Klärfiltration — (z. B. bei der Weinfiltration).

b) Der Niederschlag ist zu gewinnen, die abfiltrierte Flüssigkeit ist wertlos — Trennfiltration — (z. B. bei der Gewinnung vieler anorganischer Farbstoffe).

c) Beide Stoffe sind wertvoll, z. B. bei der Filtration von Salzschlämmen aus Mutterlaugen, Wiedergewinnung von suspendierten Katalysatoren aus Flüssigkeiten.

d) Beide Stoffe sind wertlos. Die Filtration ist z. B. aus gewerbehygienischen Gründen erforderlich (vgl. Abschnitt „Enthärtung und Reinigung von Fabrikationswasser", Bd. II, S. 246, Abwasserfiltration).

Im ersten Fall lassen sich die Kosten der Filtration auf 1 m^3 Filtrat beziehen, im zweiten Fall auf je 100 kg Filterkuchen oder Trockensubstanz. Im dritten Fall muß eine Annahme über die Verteilung der Filtrationskosten auf den flüssigen und festen Anteil getroffen werden. Im vierten Falle sind die Gesamtkosten allein maßgebend (eventuell bezogen auf die Rohlösung). In allen Fällen ist die Filtriergeschwindigkeit von großem Einfluß auf die Filtrierkosten.

II. Gliederung der Filtrationsvorgänge und Filter.

Da die gleichen Filtertypen, Filtermedien usw. oft bei verschiedenen Arten der Filtration, z. B. einmal bei der Gewinnung der Festsubstanz, ein anderes Mal bei der Klärung einer Flüssigkeit angewandt werden, ist eine Klassifizierung nur nach Gesichtspunkten möglich. Bei der Besprechung einzelner Filter und bei der praktischen Anwendung der Filtration können mehrere solcher Gesichtspunkte gleichzeitig in Betracht kommen. Die Betrachtung der Filtrationsvorgänge kann unter nachstehenden Gesichtspunkten erfolgen.

1. Nach dem Wesen des Filtrationsvorganges.

a) Oberflächenfiltration. Seihwirkung.

b) Filtration mit Tiefenwirkung, Raumfiltration (z. B. Sandsäulenfilter).

c) Filtration mit Filterhilfsstoffen (z. B. Beimischung von Faserstoffen, Sägespänen usw.).

In allen Fällen ist hierbei zu unterscheiden: mechanischer Filtrationsvorgang und Mitwirkung von Nebenerscheinungen, z. B. Adsorption.

2. Nach der Beschaffenheit und Teilchengröße der Schwebekörper der zu filtrierenden Stoffe.

a) Krystalline Schwebekörper, Teilchengröße bei technischer Filtration (Nutschen, Drehfilter, Filterpressen) meist über 50 μ bis Millimetergröße.

b) Nichtkrystalline Schlämme, Teilchengröße bei technischen Filtrationen (Klärfilter, Filterpresse) meist über etwa 3 μ.

c) Bakterien. Teilchengröße in unreinem Wasser im allgemeinen von der Größenordnung 0,5—2,5 μ (durchschnittliche Porenweite der Filter 0,1 μ). (Berkefeld-Filter, Metafilter usw.) Preßhefe 0,3—0,4 μ.

3. Nach der mittleren Filtriergeschwindigkeit.
(Zahlenwerte ohne scharfe Grenzen.)

Etwa 5—10 m/h, in Sonderfällen 20 m/h und mehr bei den Schnellfiltern der Wasserreinigung, Filtration von nicht viscosen Flüssigkeiten.

Etwa 0,1—1 m/h, in günstigen Fällen mehr, bei den Trennfiltern der chemischen Industrie (Nutschen, Filterpressen, Drehfilter usw.) und bei den Langsamfiltern zur Wasserreinigung ($w_{max} \sim 0,8$ m/h).

Etwa 0,03—0,15 m/h und weniger, bei der Klärfiltration viscoser Flüssigkeiten (Zuckersäfte, Öle, Firnisse).

Wenige mm bis einige cm/h bei schwierigen Filtrationen, bei Preßfiltern, Ölpressen bei Membranfiltern für bakteriologische Zwecke.

Geringste Geschwindigkeit bei den Ultrafiltern.

4. Nach der Art der zu behandelnden Stoffe.

a) Suspensionen fester Körper in Flüssigkeiten.
 α) Klären von trüben Flüssigkeiten, z. B. Speiseöle, Wein.
 β) Trennen von Flüssigkeiten und Schlämmen, z. B. Salzschlämme, anorganische Farbstoffe.
 γ) Pressen: auszupressende, teils plastische Stoffe, z. B. Ölsaaten, Früchte, Rübenschnitzel, Kartoffeln, Torfentwässerung.

b) Suspensionen von Körpern (Staube, Nebel) in Gasen.

5. Nach der Art der Erzeugung und Höhe des Filterüberdrucks.

a) Filtration durch Absaugen. Nutschen.

b) Filtration unter Schwerkraftswirkung, Niederdruck von etwa 0,3—1 m WS, Mitteldruck von 2—4 m WS, Laboratoriumsfilter, Flußwasserreinigung, häufig bei der Klärfiltration.

c) Filtration unter dem Einfluß der Zentrifugalkraft (Siebschleudern s. S. 227).

d) Filtration mit Überdruck. Schnellfilter, Filterpressen. Im allgemeinen 0,5—5 atü, in besonderen Fällen bis 20 atü.

e) Hochdruckfiltration (Übergangsstufe zu f) 10—200 atü und mehr.

f) Filtration durch Preßwirkung, etwa 3—400 und 600 atü, Keltern, Ölpressen, Schnitzelpresse.

6. Nach der Art der Filtermedien.

a) Gelochte Bleche, Feinroste, Seiher usw.

b) Gewebe, α) aus pflanzlichen Stoffen und Fasern, β) Metallgewebe und -tuche, γ) Gewebe aus Glasgespinst, Asbest usw.

c) Leder (z. B. zur Quecksilberfiltration).

d) Filze, Papier, Glaswolle, Schlackenwolle, Asbest usw., die faserigen Filtermedien der Anschwemmfilter.

e) Filter aus porösen Massen. Filtersteine, keramische Filter, gefrittete Glasfilter, poröse Kunstharz, Gummi- und andere Massen.

f) Lose körnige Filterstoffe, Sandfilter, Kohlefilter, Bleicherde, körnige Filtermedien bei Anschwemmfiltern.

g) Filterhilfsstoffe, Sägespäne, Fasern, Celite, Bleicherden usw.

In allen Fällen kommt der Belag des Filterkuchens als filtrierendes Medium hinzu.

7. Nach betriebstechnischen Gesichtspunkten.

a) Diskontinuierlich arbeitende Filter.

b) Kontinuierlich arbeitende Filter.

8. Nach konstruktiven Gesichtspunkten,

z. B. nach Form, Anordnung, Bewegung der Filterfläche, Art der Abnahme des Filterkuchens.

a) Ruhende Filterfläche, Nutschen, Druckfilter mit Filterplatten oder -kerzen, Filterpressen, Preßfilter, Anschwemmfilter.

b) Bewegte Filterfläche. Diskontinuierliche Bewegung bei Kippnutschen, kontinuierliche Bewegung bei Drehfiltern, Plandrehfiltern, Scheibenfiltern.

c) α) Gespannte (plan angeordnete) Filterflächen (Rahmenfilter).
β) Lose angeordnete Filterflächen (Beutelfilter).

Die Gesichtspunkte für die Einteilung sind damit nicht erschöpft. Von Bedeutung sind unter anderem: die Arbeitstemperatur bei der Filtration, die Vorbehandlung des Filtrationsgutes, Abkühlung, Erwärmung, Vorklärung, Krystallisation, Agglomerieren, chemische Vorbehandlung, z. B. Entschleimung in der Ölindustrie, alkalische Filtration des Rohsaftes in der Zuckerindustrie, Ansäuerung zur Steigerung der Filtrationsgeschwindigkeit.

Ferner Filtration mit chemischer Reaktion (z. B. Permutitfilter), Filtration mit Extraktion, Zerstörung der Zellwände bei auszupressenden Stoffen usw.

III. Physikalische Grundlagen.

A. Grundlegende Phänomene.

1. Oberflächenfiltration.

Als einfachstes Phänomen bei der Filtration ist die einfache Abseihung, die mechanische Oberflächenfiltration anzusehen. Der flüssige Anteil des Filtergutes tritt unter dem Überdruck, der den Vorgang einleitet, durch die Poren des Filters hindurch. Die Schwebestoffe lagern sich an der Filteroberfläche ab, weil sie größer als der Porendurchmesser des Filters sind. Sie bilden dort den Filterkuchen. Dieser bildet ein Haufwerk mit Poren, das selbst als Filtermedium für die weitere Filtration wirkt und für die Filtration hemmend (Kolloide) oder fördernd (Filterhilfsstoffe) sein kann. Für eine solche mechanische Filtration oder Abseihung ist nur der Filterüberdruck, die Porenweite, Häufigkeit, Form und Anordnung der Poren und die Glätte oder Rauhigkeit des Siebes, der Filterfaser oder des Filterkorns und die Viscosität der Flüssigkeit von Interesse, wobei die Substanz des Filters selbst für den Filtriervorgang belanglos ist.

2. Raumfiltration (Tiefenfiltration).

Nicht jede Filtration kann als ein solcher der Grundwasserbewegung ähnlicher, einfacher mechanischer (hydrodynamischer) Vorgang angesehen werden. Oft geht, besonders bei engen Poren und großer innerer Filterfläche, eine Wechselwirkung zwischen der Filtersubstanz und dem Filtergut vor sich, die physikalischer (z. B. elektrischer) und chemischer Natur sein kann. Als solche kommt vor allem in Betracht die Adsorption, die ein Anhaften der Schwebestoffe an dem Filtermaterial bewirkt, wobei die Oberflächenspannung mitspricht. Dies ist vor allem für die Filtration schleimiger, kolloidaler Substanzen wichtig. Hier ist die Substanz des Filtergutes und des Filtermaterials nicht gleichgültig. Unter Mitwirkung der Adsorption kann die Filtration auch unterhalb der obersten Filterschicht als Raumfiltration vor sich gehen. Ferner sind zu berücksichtigen die Capillarität, die elastischen und plastischen Eigenschaften des Filters und des Filterkuchens, der Elektrocapillareffekt und andere, z. B. chemische Vorgänge, etwa bei Permutitfiltern, bei kolloidalen und halbkolloidalen Schlämmen die Wasserstoffionenkonzentration, bei sehr feinporigen Filtern Osmose und Dialyse.

B. Die Filtration als hydrodynamischer Vorgang.

1. Ideales Filter.

Bei vielen Filtrationsvorgängen tritt der reine hydrodynamische Vorgang in den Vordergrund. Er hat, wie alle mechanischen Vorgänge, den Vorzug, daß er einer einfachen Berechnung ohne weiteres zugänglich ist. Die Gesetze der Grundwasserströmung können hier Anwendung finden. Um weitere Annahmen einzuschränken kann man zur Ermöglichung einer einfachen Berechnung zunächst ein ideales Filter voraussetzen, das nur den Gesetzen der Hydrodynamik unterworfen ist, indem man die übrigen Vorgänge zunächst vernachlässigt. Als Idealfilter in diesem Sinne sei eine Platte angesehen mit gleichmäßig verteilten, kreiszylindrischen Poren von gleichem Durchmesser, deren Achse rechtwinklig zur Oberfläche der Filterplatte ist. Die Porenlänge ist somit gleich der Plattendicke. (Natürlich ist ein solches Filter vom Standpunkt der praktischen Filtration durchaus nicht immer ideal.) Den Begriff des idealen Filters, das nur den Gesetzen der Hydrodynamik unterworfen ist, kann man erweitern auf Filter mit beliebiger Querschnittsform der Poren, die überdies noch Einschnürungen aufweisen (Filtergeometrie). Der Widerstand und die Durchlässigkeit eines in Wirklichkeit noch anderen Gesetzmäßigkeiten unterworfenen Filters lassen sich dann mit einem solchen idealen Filter vergleichen, wobei Erfahrungswerte gewonnen werden können, ohne die Grenzen zwischen der Theorie und der Erfahrung zu verwischen.

2. Strömung in Capillaren.

Die Strömungsvorgänge in Filtern spielen sich in den engen Poren ab, die man als Capillaren ansehen kann. Die Vorgänge in Capillaren können als Grundlage für die Gesetzmäßigkeiten in Filtern angesehen werden. Die Strömung in den Poren ist in der Regel durch so geringe Reynoldssche Zahlen (s. S. 247) charakterisiert, daß man bei der Flüssigkeitsfiltration fast stets unterhalb der kritischen Geschwindigkeit, also im Gebiet der laminaren Strömung, bleibt. Der Filterwiderstand des Idealfilters läßt sich deshalb durch den Strömungswiderstand von Capillaren nach dem Hagen-Poiseuilleschen Gesetz und dessen Erweiterungen zum Ausdruck bringen.

α) **Hagen-Poisseuillesches Gesetz.** Für eine Capillare von gleichbleibendem kreisförmigen Querschnitt mit dem Durchmesser d (m) und der Länge l (m) ist, wenn v die mittlere Geschwindigkeit (m/s) in den Capillaren und ΔP_z den durch die Zähigkeit bedingten Druckabfall in kg/m² bzw. h_z den Druckabfall in m Flüssigkeitssäule auf der Meßstrecke l (m) bedeuten:

$$v = \frac{1}{32 \cdot \eta} \cdot \frac{\Delta P_z}{l} \cdot d^2 = \frac{\gamma}{32 \cdot \eta} \cdot J_z \cdot d^2 . \qquad (1)$$

Hierin ist $J_z = \frac{\Delta P_z}{\gamma \cdot l} = \frac{h_z}{l}$ das Gefälle (dimensionslos). (1a)

In einem Spalt zwischen parallelen Wänden vom Abstand d ist die mittlere Geschwindigkeit v_{sp} bei gleichem Gefälle $v_{sp} = 8/3 \cdot v$. Der Zusammenhang von Gleichung (1) mit den Filtergleichungen (13) bzw. (16), S. 243 und 244 wird sofort ersichtlich.

Die Geschwindigkeit verteilt sich über den Querschnitt der Capillaren nach einem Rotationsparaboloid. Die maximale Geschwindigkeit in der Achse der Capillaren ist genau das Doppelte der mittleren nach Gleichung (1). Unmittelbar an der Wand ist die Geschwindigkeit $= 0$.

Die in 1 s durch die Capillare strömende Flüssigkeitsmenge Q_s (m^3/s) beträgt:

$$Q_s = \frac{\pi}{128 \cdot \eta} \cdot \frac{\Delta P_z}{l} \cdot d^4 . \tag{2}$$

Für die stündliche Durchflußmenge Q_h (m^3/h) durch eine Capillare ergibt sich

$$Q_h = \frac{28{,}125 \cdot \pi}{\eta} \cdot \frac{\Delta P_z}{l} \cdot d^4 . \tag{3}$$

Beispiel. Durch eine kreisrunde Capillare von 0,3 mm Durchmesser und 1 cm Länge gehen nach Gleichung (3) bei einem Überdruck von 1 m WS $\left(= \frac{1}{10}\text{ at bzw. } J_z = 100\right)$ stündlich 0,656 l Wasser von 18° C ($\eta \simeq 109 \cdot 10^{-6}$) mit einer mittleren Geschwindigkeit von 2,58 m/s, Reynoldssche Zahl $Re = 723$.

Aus Abb. 1 (S. 239) können die Durchflußgeschwindigkeiten für Capillaren von 1 cm Länge bei einem Überdruck von 1 m WS entnommen werden. Für andere Drucke ΔP und Längen l kann die Umrechnung gemäß Gleichung (1) leicht durchgeführt werden $\left(v \text{ proportional} \frac{\Delta P_z}{l}\right)$.

Bei bekannter Porenzahl z je 1 m² Filterfläche läßt sich mit Gleichung (3) die durch ein Idealfilter gehende Flüssigkeitsmenge berechnen.

β) **Einflußwert $\mathfrak{K}$ für den dynamischen Druck.** Bei sehr geringer Strömungsgeschwindigkeit kann der Reibungswiderstand ΔP_z in den Filterporen dem gesamten Filterüberdruck ΔP nahezu gleichgesetzt werden. Bei größeren Geschwindigkeiten unterscheiden sich jedoch beide Drucke erheblich.

Der infolge der Zähigkeit bzw. Flüssigkeitsreibung eintretende Druckabfall ΔP_z ist noch durch einen dynamischen Druckanteil ΔP_d zu ergänzen, der zur Beschleunigung der Flüssigkeitsmasse von der Geschwindigkeit ~ 0 vor der Capillaren auf die Geschwindigkeit v erforderlich ist. Der gesamte meßbare Filterüberdruck ΔP ist somit

$$\Delta P = \Delta P_z + \Delta P_d . \tag{4}$$

ΔP_z und ΔP_d lassen sich aber in der Praxis nicht getrennt ermitteln. Dieser Grundtatsache hat man bei Filtern in verschiedener Weise Rechnung zu tragen versucht. C. Kröber führte z. B. $d_K \cdot J$ in der Potenz einer Funktion von d_K selbst ein, O. Smreker bringt diese Korrektur an, indem er v durch eine Potenz v^m ersetzt. I. A. Pickard [Filtration and Filters, 1929, S. 77] ersetzt ΔP_z in Gleichung (1) bzw. (13) durch den Wert ΔP^{1-x}, worin x experimentell zu ermitteln ist. Man vergleiche auch die Darstellung von W. Siegel in Eucken-Jakob: Der Chemie-Ingenieur, Bd. 1, Teil 2. 1933.

Genau läßt sich dieser Einfluß in einer Capillaren wie folgt ermitteln: Durch Integration der Energiebeträge der in der Capillaren sekundlich strömenden Flüssigkeitsmenge ergibt sich die dynamische Strömungsenergie E_d zum doppelten (im Falle beliebig geformter Poren zum $n$fachen) Betrag der mit der mittleren Geschwindigkeit und Masse nach Gleichung (1) errechneten Energie

$$E_d = \frac{\pi}{256} \cdot \frac{\gamma}{g} \cdot \left(\frac{\Delta P_z}{8 l \eta}\right)^3 \cdot d^8 . \tag{5}$$

Die sekundlich durch Reibung verbrauchte Energie E_z beträgt

$$E_z = \frac{\pi}{16} \cdot \frac{\Delta P_z^2}{8 l \eta} \cdot d^4 . \tag{6}$$

Es ist also ersichtlich, daß die dynamische Energie mit steigender Porenweite d und steigendem Überdruck ΔP_z erheblich rascher wächst als die durch die Zähigkeit verzehrte Energie. Setzt man die Summe

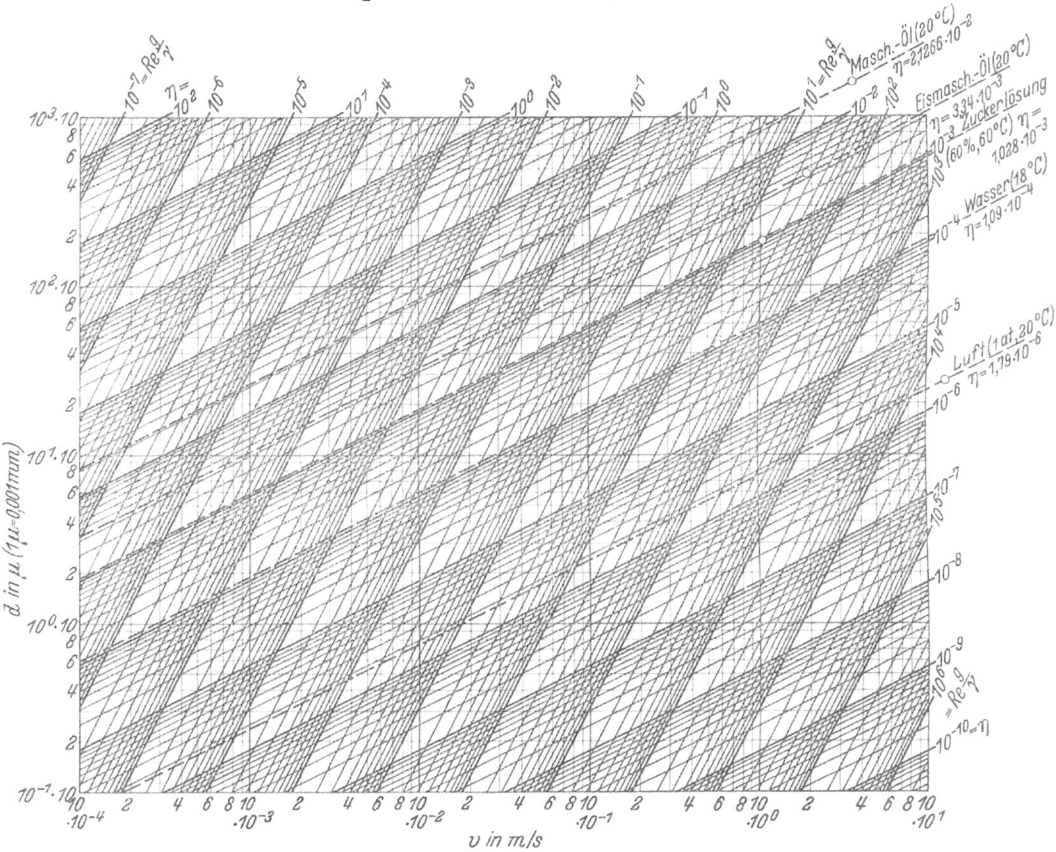

Abb. 1. Mittlere Durchflußgeschwindigkeit v durch Capillaren nach Gleichung (1) $\left(\Delta P = 1000 \text{ kg/m}^2 = 1 \text{ m WS}; \ l = \frac{1}{100} \text{ m}\right)$ im Zusammenhang mit $Re \cdot g/\gamma$ und der absoluten Zähigkeit η (kg · s/m²). Abszisse v; Ordinate d. ○○○ Markierte Punkte bei $Re_{krit} = 2320$.

der beiden Energien nach den Gleichungen (5) und (6) gleich der durch den Gesamtdruck ΔP im Capillarenquerschnitt geleisteten Energie, oder setzt man in Gleichung (4) die entsprechenden Werte ein, so ergibt sich nach einigen Umformungen die einfache dimensionslose Beziehung:

$$\frac{\Delta P_z}{\Delta P} = \frac{1}{1 + \frac{Re}{32} \cdot \frac{d}{l}} = \mathfrak{K} . \tag{7}$$

Nach Einsetzung dieses Ergebnisses in Gleichung (1) ergibt sich die allgemeine Gleichung für die Strömung in einer Capillare (erweitertes Hagen-Poiseuillesches Gesetz)

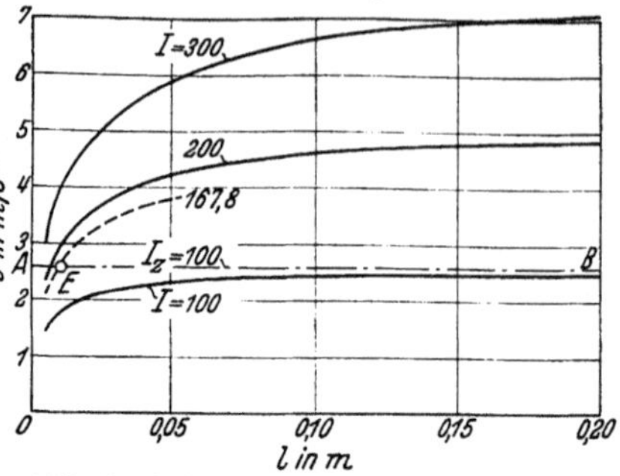

Abb. 2. Gefälle J bzw. J_z abhängig von der Länge l der Capillaren. $d = 0{,}3 \cdot 10^{-3}$ m; $\eta = 109 \cdot 10^{-6}$ (Wasser 18°) (Punkt E, Beispiel S. 238 und 241).

$$v\left(1 + \frac{Re}{32}\,\frac{d}{l}\right) = \frac{\varDelta P}{l} \cdot \frac{d^2}{32\,\eta} \quad (8)$$

oder in expliziter Form:

$$v + v^2 \cdot \frac{1}{32\,\nu} \cdot \frac{d^2}{l} = \frac{\varDelta P}{32\,\eta} \cdot \frac{d^2}{l}. \quad (9)$$

Mit der Einführung von $\mathfrak{K}$ läßt sich die bei einer Reihe von Filtergleichungen empirisch berücksichtigte Krümmung der w-$\varDelta P$-Kurve auf eine physikalisch durchschaubare Ursache zurückführen.

Für beliebig gestaltete Poren — in der Regel bei Filtern — erfährt die von der Reynoldsschen Zahl $Re = \frac{v \cdot d}{\nu}$ abhängige dimensionslose Größe $\mathfrak{K}$ eine Erweiterung. Sie sei dann mit $\mathfrak{K}_F$ bezeichnet. Statt des nicht unmittelbar bekannten Porendurchmessers d wird bei körnigen Filtermedien der Durchmesser d_K des Filterkorns eingeführt. Es gilt dann:

$$\mathfrak{K}_F = \frac{1}{1 + \frac{Re}{32} \cdot A\,\frac{d_K}{l}} = \frac{\varDelta P_z}{\varDelta P}. \quad (10)$$

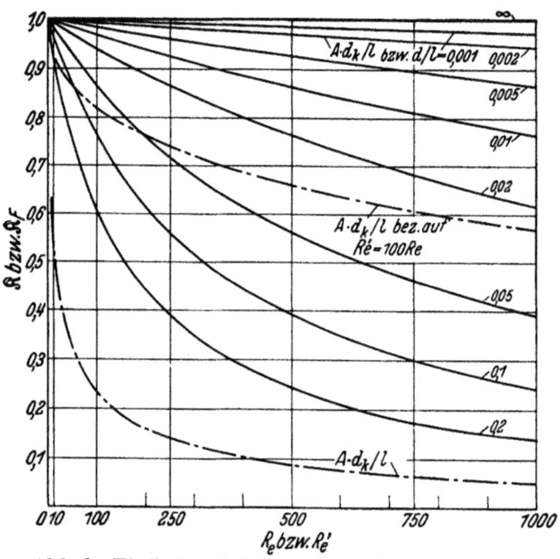

Abb. 3. Einflußwert $\mathfrak{K}$ bzw. $\mathfrak{K}_F$, abhängig von der Reynoldsschen Zahl Re. Für Capillaren mit Kreisquerschnitt gilt an den ausgezogenen Kurven der Wert $\frac{d}{l}$ [Gleichung (7)], für Filter der Wert $A \cdot \frac{d_K}{l}$ [Gleichung (10)]. Die strichpunktierten Kurven geben den nach Abb. 5 (Kurve b bzw. h) auf experimenteller Grundlage errechneten Wert von $\mathfrak{K}_F$ wieder (s. S. 249).

Hierin ist der Wert A durch die Gleichung (17), S. 244 bestimmt.

Der Einfluß von $\mathfrak{K}$ bzw. $\mathfrak{K}_F$ auf die Durchlässigkeit (s. S. 241) ist dem Einfluß einer Verengung der Pore bei plastischen Filtermedien durch den Filterdruck ähnlich. Aus Abb. 2 wird für eine Capillare von verschiedener Länge mit konstantem Durchmesser von 0,3 mm mit Wasser von 18° der Einfluß des dynamischen Druckes bei jeweils gleichbleibendem Gefälle $J = \frac{\varDelta P}{l \cdot \gamma}$ ersichtlich. Bei Vernachlässigung von $\mathfrak{K}$ bleibt v bei konstantem J ($= J_z$) unverändert ($A\,B$ mit

Punkt E des Beispiels S. 238). J wird in diesem Falle identisch mit J_z in Gleichung (1). Bei $l = \infty$ wird $J = J_z$ (Asymptote).

Mit den Unterlagen des Beispiels S. 238 wird bei der gleichen Reynoldsschen Zahl ($Re = 723$) die mittlere Strömungsgeschwindigkeit von 2,58 m/s erst bei einem Wert $\mathfrak{K} = 0{,}596$, d. h. bei einem Überdruck von 1,678 m WS bzw. einem Gesamtgefälle von $J = \frac{J_z}{\mathfrak{K}} = \frac{100}{0{,}596} = 167{,}8$ erreicht. Der Einfluß der dynamischen Energie wird also bereits stark bemerkbar.

Oberhalb $Re = 2320$ (bezogen auf Porendurchmesser) gelten die Gleichungen (1) bis (10) nicht mehr. Die laminare Strömung schlägt dann in die turbulente um (vgl. Kapitel Messen von Flüssigkeits- und Gasmengen, Bd. I, S. 716). Gleichung (7) kann auch als Korrekturglied bei der Ermittlung der Zähigkeit mittels Viscosimetern dienen.

In vielen Fällen, besonders bei kleinen Reynoldsschen Zahlen ($Re \leqq \approx 1$ bis 10), kann man näherungsweise die Gleichungen (1) bis (3) bei der Filtration annehmen, wie es im folgenden öfter zur Vereinfachung der Rechnung vorausgesetzt ist.

Abb. 3 gibt einen Überblick über die Veränderlichkeit von $\mathfrak{K}$ bzw. $\mathfrak{K}_F$ mit der Reynoldsschen Zahl $Re = \frac{v \cdot d}{\nu}$ für Capillaren bzw. $\frac{w \cdot d_K}{\nu}$ für Filter. Für dünne Filtermedien (Siebe evtl. Filtertücher) mit kleinem l/d kann der Einfluß von $\mathfrak{K}_F$ sehr groß werden. Für noch größere Genauigkeit der Rechnung (z. B. bei Viscosimetern) ist außerdem eine Anlaufstrecke zu berücksichtigen, was nach M. Couette durch ein additives Glied bei der Länge l der Capillaren geschehen kann [Ann. Chim. et Physique (6) **21**, 433 (1890)]. Vgl. auch E. Hatschek: Die Viscosität der Flüssigkeiten, 1929.

3. Strömung in Filtern.

Grundbegriffe und -gleichungen.

a) **Durchlässigkeit, experimentelle Ermittlung von $\mathfrak{K}_F$.** Da die wirkliche mittlere Geschwindigkeit v (m/s) in den Poren des Filtermediums selten bekannt ist und nicht unmittelbar interessiert, führt man bei Filtern (wie bei Waschturmfüllungen, vgl. z. B. S. 507) die Filtriergeschwindigkeit w (m/s) ein. Das ist die Raummenge Flüssigkeit, die in der Zeiteinheit (s) durch die Einheit (m²) der totalen Filterfläche F sickert. In der Filtrationspraxis gibt man sie auch zweckmäßig in m/h an, sie sei dann mit w_h bezeichnet.

Absolute Durchlässigkeit. Obwohl die Durchlässigkeit des Filterkuchens für den Verlauf einer Filtration fast stets entscheidend ist, so ist die Durchlässigkeit des reinen Filters bei bekannter Filterdicke und gegebenem Überdruck eine kennzeichnende Größe für den Vergleich von Filtermedien. Mitunter wird die absolute Durchlässigkeit (hier gewöhnliche Filtriergeschwindigkeit) zum Vergleich auf 1 cm Filterdicke und 1 at Filterüberdruck umgerechnet, was jedoch nur bei $\mathfrak{K}_F = \sim 1$ zweckmäßig ist [vgl. Gleichung (8) und (16)]. Bei geschichteten Materialien und Filterplatten läßt sich die Vergleichszahl auf dieser an sich zweckmäßigen Basis auch experimentell ermitteln. Bei großer absoluter Durchlässigkeit ist jedoch 1 at Filterüberdruck schon zu groß (vgl. Tabelle 2, S. 270). Es können dabei schon erhebliche Abweichungen vom Hagen-Poisseuilleschen und den daraus abgeleiteten Gesetzen auftreten. Eine Vergleichszahl ist nur vollständig, wenn auch die Zähigkeit des Filtrats, also dessen Zusammensetzung und Temperatur bekannt ist. Statt der Filtriergeschwindigkeit wird auch häufig die Durchflußzeit für eine bestimmte Menge Wasser bei gegebener Filtergröße, Temperatur und gegebenem Überdruck mitgeteilt. Die Durchflußzeit ist der absoluten Durchlässigkeit (Filtriergeschwindigkeit) umgekehrt und der Zähigkeit direkt proportional. Sie ist bei bekannter Durchflußzeit von Wasser zugleich ein Maß für die Zähigkeit des Filtrats (vgl. Mengenmessung, Bd. I, S. 716).

Spezifische Durchlässigkeit. Aus Gleichung (13), S. 243 ergibt sich, daß das Verhältnis $D = \frac{w}{J}$ für kleine Reynoldssche Zahlen bei geschichteten Materialien (näherungsweise) nur von der zweiten Potenz des Korndurchmessers abhängt.

$$D = \frac{w}{J} = \frac{w \cdot l \cdot \gamma}{\Delta P} = \sim K_s \cdot d_K^2 . \tag{11}$$

Diese von Ph. Forchheimer als Durchlässigkeit filtrierender Schichten in die Hydraulik eingeführte Größe D von der Dimension einer Geschwindigkeit sei hier spezifische Durchlässigkeit genannt, um Verwechslungen mit der gewöhnlichen Filtriergeschwindigkeit und dem gewöhnlich nicht scharf definierten Begriff der absoluten Durchlässigkeit vorzubeugen. Aus den Gleichungen (16) bzw. (19a) geht hervor, daß in der Größe D die Zähigkeit η, der Einflußwert $\mathfrak{K}$ und der Einfluß des Porenvolumens ε mit enthalten sind. Für theoretische Untersuchungen und Vergleiche, besonders bei Sandfiltern und dickeren Filterschichten dient die spezifische Durchlässigkeit D [nach Gleichung (12) besser D_0] als charakteristische Größe. Platten verschiedener Dicke aus demselben Filtermaterial haben nach der Begriffsfassung durch Gleichung (11) gleiche spezifische Durchlässigkeit unabhängig vom Überdruck. Eine 50 mm dicke Filterplatte läßt z. B. beim 5fachen Überdruck annähernd die gleiche Flüssigkeitsmenge durch wie eine 10 mm dicke gleichartige Platte beim einfachen Überdruck.

Ersetzt man in Gleichung (11) das Gesamtgefälle J durch das Teilgefälle J_z [vgl. Gleichung (1a)], das auf Grund der Gleichung (7) bestimmt ist durch $J_z = \mathfrak{K}_F \cdot J$, so erhält man die genaue Beziehung für die Durchlässigkeit. Führt man ferner für die als konstant anzusehende Durchlässigkeit $\frac{w}{J_z}$ die Bezeichnung D_0 ein, so läßt sich statt der Gleichung (11) bei Berücksichtigung der späteren Gleichung (16) schreiben:

$$D = \frac{w}{J_z} \cdot \mathfrak{K}_F = k_1 \frac{\gamma d_K^2}{\eta \cdot C_3} \cdot \mathfrak{K}_F = D_0 \cdot \mathfrak{K}_F . \tag{12}$$

Die spezifische Durchlässigkeit D nimmt nach Gleichung (12), wie auch bei Filterversuchen stets beobachtet wurde, ausgehend von einem Maximalwert D_0 bei $J = O$ mit wachsendem Gefälle bzw. wachsender

Geschwindigkeit ab, wie auch aus Abb. 4 ersichtlich ist. Auch Abb. 2 ließ bereits dieselbe Gesetzmäßigkeit erkennen. Die spezifische Durchlässigkeit D_0 stellt somit den Grenzwert der Durchlässigkeit für sehr kleine Reynoldssche Zahlen (genau bei $Re = 0$) dar und wird hier als Grenzdurchlässigkeit bezeichnet. Die Gleichung (12) gestattet die einfache Ermittlung von $\mathfrak{K}_F$ aus experimentellen Daten.

Bei dünnen Filterschichten, Gewebefiltern usw. verliert der Begriff des Gefälles J seine praktische Bedeutung und ist durch ΔP zu ersetzen, da eine eindeutige Ermittlung der Filterdicke l schwierig wird. Zweckmäßig faßt man dann die Filterdicke l mit D zusammen. Die Durchlässigkeit Θ $[s^{-1}]$ von Gewebefiltern kann somit definiert werden durch

$$\Theta = \frac{D}{l} = \frac{w \cdot \gamma}{\Delta P} \cdot \mathfrak{K}_F. \tag{12a}$$

β) Näherungsgleichungen. 1. Für Filtersand. An geschichteten Materialien (Sandfilter) sind zahlreiche systematische Versuche durchgeführt worden, da sie beim Studium der Grundwasserbewegung in der Hydraulik von Interesse waren. Durchflußversuche an Gewebefiltern sind jedoch nur in geringem Maße bekannt geworden. Die zahlreichen Versuche (vgl. Literaturangaben, S. 238) eine Gleichung für den Zusammenhang zwischen Filterwiderstand, Durchflußmenge und Poren- bzw. Korngröße aufzustellen, deren erster von Darcy stammt, schließen sich mehr oder weniger an die Grundform der Gleichungen (1) und (3) (Hagen-Poisseuillesches Gesetz) an.

Für Filtersand setzt man statt der Porenweite d die Korngröße d_K des Filtermaterials ein, die unter sonst gleichen Umständen der mittleren Porenweite des Filters proportional ist [vgl. Gleichung (38), S. 256].

Ein einfaches Beispiel einer solchen auf empirischem Wege gefundenen Gleichung stellt die Gleichung von Seelheim dar, die jedoch weder der mit der Temperatur oder der Substanz sich ändernden Zähigkeit, dem wechselnden Porenvolumen, noch dem dynamischen Druck Rechnung trägt. Sie lautet:

$$w \cong K_s\, d_K^2 \cdot J \ \ (\mathrm{m/s}). \tag{13}$$

Hierin ist das Gefälle

$$J = \frac{\Delta h}{l} = \frac{\Delta P}{l \cdot \gamma}. \tag{14}$$

ΔP bedeutet den Filterüberdruck, d_K den reduzierten Korndurchmesser in m des in eine Kugel von gleichem mittleren Volumen ungeformt gedachten Sandkornes. Für nahezu gleichkörnigen Quarzsand, der sorgfältig von allen fremden Bestandteilen gereinigt war, fand Seelheim mit Wasser von 12° ($\nu = 1{,}2 \cdot 10^{-6}$ m²/s) bei Korndurchmessern von 0,16, 0,23 und 0,68 mm mit den Dimensionen nach S. 231 den Wert von K_s zu 3760 $\left|\frac{1}{\mathrm{m \cdot s}}\right|$.

2. Für gut durchlässige Stoffe. Der Widerstand gut durchlässiger Schichten, Füllkörper, durchlässiger Filtertuche usw. läßt sich bei größeren Reynoldsschen Zahlen näherungsweise auf die Form bringen

$$\Delta P = k_1 \cdot w_s^n. \tag{15}$$

Nach Rietschel-Gröber [Heiz- und Lüftungstechnik, S. 250. 1928] ist für den Luftwiderstand von Nesseltuch nach längerem Gebrauch in Gleichung (15) einzusetzen $k_1 = 24$ und $n = 1{,}46$. [Vgl. auch Gleichung (79), Gaswaschung, S. 500; ferner L. K. Ramsin: Ztschr. Wärme **51**, 301 (1928)]. Die Verschiedenheiten in den Formen der im Schrifttum bekannten Strömungsgleichungen sind in erster Linie auf die Verschiedenheit der Reynoldsschen Zahlen zurückzuführen, bei welchen dieselben ermittelt wurden.

γ) Allgemeine Filtergleichung. Die Einflüsse der Zähigkeit η, des Porenvolumens ε [durch den Beiwert C_3; s. Gleichung (27), S. 248], eines Formfaktors b für die Porenform und des Einflußwertes $\mathfrak{K}_F$ [Gleichung (10), S. 240] für den dynamischen Druck lassen sich im laminaren Strömungsgebiet durch folgende Gleichung erfassen:

$$w = k_1 \frac{\gamma \cdot d_K^2}{\eta \cdot C_3} \cdot \mathfrak{K}_F \cdot J = D_0 \cdot \mathfrak{K}_F \cdot J\,. \tag{16}$$

Wie ein Blick auf Gleichung (12), S. 242 lehrt, ist die hier zur Abkürzung eingeführte Größe D_0 nichts anderes als die spezifische Grenzdurchlässigkeit [s. auch Gleichung (19a), S. 245].

Da der Einfluß des Formfaktors b noch nicht genügend experimentell geklärt ist, wird er mit dem konstanten Beiwert k_0 zusammengefaßt, so daß $k_1 = b \cdot k_0$ ist. k_1 ergab sich aus Kurve b (Abb. 5) beispielsweise zu $4{,}08 \cdot 10^{-3}$ (s. S. 248). Bei $\mathfrak{K}_F$ ist zu bemerken, daß ein Beschleunigungsdruck ΔP_1 im Gegensatz zu einer zylindrischen Capillaren nicht nur beim Eintritt in die Filterpore zu berücksichtigen ist. Infolge der wiederholten labyrinthartigen Einschnürungen bzw. Umlenkungen ist außerdem $n$mal ein in der Regel geringerer Beschleunigungsdruck ΔP_2 im Filterinnern aufzuwenden, der in seiner Summe ΔP_1 häufig überwiegt. Der gesamte Beschleunigungsdruck ΔP_d ist als Summe von ΔP_1 und ΔP_2 zu erwarten, wobei man die Anzahl n der Einschnürungen dem Verhältnis $\frac{l}{d_K}$ proportional ansetzen darf. Die Rechnung, die hier zu weit führt, sei übergangen.

Der Wert A in Gleichung (10) für $\mathfrak{K}_F$ (s. S. 240) läßt sich auf Grund dieser Betrachtung in der Form erwarten:

$$A = \frac{4\,k_1}{(1-\varepsilon)^2} \cdot n \left(m \frac{l}{d_K} + 1 \right), \tag{17}$$

worin n und m experimentell zu ermittelnde Werte sind. Wie bereits Kröber [Ztschr. Ver. Dtsch. Ing. 28, 593, 617 (1884)] in seiner ursprünglichen empirischen Gleichung feststellte, spielt der Einfluß der Filterdicke eine Rolle, was später weniger beachtet wurde. Bei genügend großer Filterdicke ist jedoch der Wert 1 in der Klammer der Gleichung (17) gegenüber $m\, l/d_K$ zu vernachlässigen, so daß beim Einsetzen von A in Gleichung (10) das Verhältnis $\frac{l}{d_K}$ bei Re wegfällt und $\mathfrak{K}_F$ nur noech von Re abhängig ist. (Vgl. die gestrichelte Kurve in Abb. 3, S. 2400) Durch unmittelbare experimentelle Ermittlung von $\mathfrak{K}_F$ nach Gleichung (12) wird die Benutzung von A überflüssig. Einen Überblick über zahlreiche ältere und neuere Filtergleichungen gibt W. Siegel [„Filtration" in Eucken-Jakob: Der Chemie-Ingenieur, Bd. 1, Teil 2. 1933]; ferner Ph. Forchheimer [Hydraulik, 1930; vgl. auch J. A. Pickard: Filters and Filtration, London 1929]. In genannten Werken finden sich zahlreiche weitere Literaturangaben, von welchen besonders auch die amerikanischen Arbeiten zu nennen sind. Über den Widerstand von gut durchlässiger Seidengaze und von Runddrahtsieben liegen Versuche von O. Flachsbart vor. Der Widerstand ist dabei als Funktion des Völligkeitsgrades φ (= Projektionsfläche der Siebfäden dividiert durch die gesamte Siebfläche) dargestellt [s. Erg. aerodyn. Versuchsanst. Göttingen, Lief. 4, S. 113—118. 1932].

δ) Analyse der Filterkurve $w = f(J)$ bzw. $\varphi(\Delta P)$. Auf Grund der vorstehenden Betrachtungen läßt sich die Gleichung (16) analog der Gleichung (9) in expliziter Form abgekürzt wie folgt schreiben:

$$J = w \cdot \frac{1}{D_0} + w^2 \cdot Y = J_z + J_d. \quad (18)$$

Die allgemeine Form der Gleichung (18) wurde bereits von Ph. Forchheimer zur Wiedergabe von Versuchsdaten bei Filtersand und Kies verwendet [Ztschr. Ver. Dtsch. Ing. 45, 1782 (1901)]. Durch Benutzung der Gleichungen (10) und (16) lassen sich jedoch bestimmte Aussagen über die Konstanten D_0 und Y machen. Die Grenzdurchlässigkeit D_0 ist auf Grund der Gleichung (16) gegeben durch:

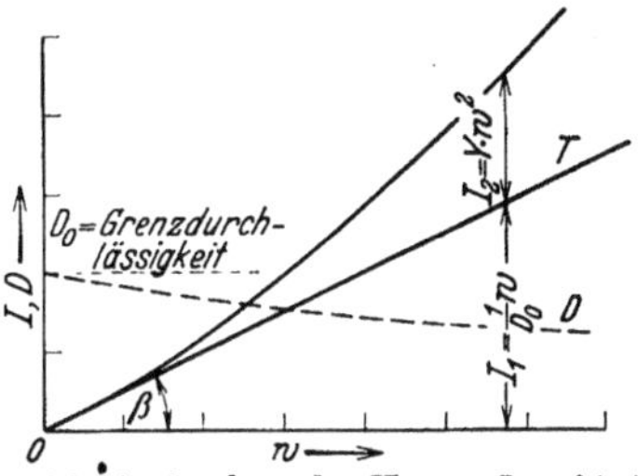

Abb. 4. Analyse der Kurve $J = f(w)$ [Gleichung (18)] zur Ermittlung von k_1 und A. D = Durchlässigkeit [Gleichung (12)] abhängig von w. $J_1 = J_z$; $J_2 = J_d$.

$$\frac{1}{D_0} = \frac{\eta \cdot C_3}{k_1 \cdot \gamma \cdot d_K^2} = \frac{J_z}{w} = \operatorname{tg} \beta. \quad (19a)$$

Die Größe Y ermittelt sich nach Einsetzen von $\mathfrak{K}_F$ in Gleichung (16) zu

$$Y = A \cdot \frac{C_3}{32\, g \cdot l \cdot k_1} = \frac{J_d}{w^2}. \quad (19b)$$

Das Gesamtgefälle J gliedert sich somit nach Gleichung (18) in zwei Anteile J_z und J_d, deren Größe in Abb. 4 zum Ausdruck kommt. Die Krümmung der Kurve wird durch den zusätzlichen dynamischen Gefällsanteil $J_2 = J_d$ bzw. durch die Größe A bedingt. Der lineare Anteil $J_1 = J_z$, der durch die Tangente OT an die Kurve im Punkte O dargestellt wird, entspricht der strengen Gültigkeit des Hagen-Poisseuilleschen Gesetzes und ist durch die Zähigkeit bedingt.

Durch Einsetzen beliebiger zusammengehöriger Werte von J_z und w läßt sich nach Gleichung (19a) auf Grund der graphischen Darstellung experimenteller Werte von J_z und w die Grenzdurchlässigkeit $D_0 = 1/\operatorname{tg}\beta$ ermitteln. In entsprechender Weise läßt sich die Größe Y aus zusammengehörigen Werten von J_d und w aus Gleichung (19b) bestimmen. Da die übrigen Werte d_K, ε bzw. C_3, l, γ, η für einen bestimmten Versuch bekannt sind, läßt sich nach Gleichung (19a) zunächst k_1 und hierauf nach Gleichung (19b) der Wert A ermitteln. Man kann diesen Weg zur

Kontrolle der auf anderem Wege ermittelten Werte von ζ (vgl. Abb. 5, S. 248) einschlagen.

Widerstand von Sieben. Nach vorstehendem Verfahren läßt sich eine Gleichung für den Widerstand ΔP_s (kg/m² bzw. mm WS) von Sieben gewinnen. Bezeichnet n die Maschenzahl (bei quadratischen Maschen) je 1 m Sieblänge; $\varepsilon_s = 1 - \varphi$ das Verhältnis der Projektion der freien Durchgangsfläche zur gesamten Siebfläche (φ = Völligkeitsgrad), δ die Draht- bzw. Fadendicke in m, so gilt die Gleichung (20). Die Gültigkeitsgrenze derselben muß noch experimentell ermittelt werden, sie liegt jedoch bei Seidengaze oberhalb $(Re)_a = \frac{w \cdot a}{\nu} = 200$—$300$, bei Runddrahtsieben oberhalb $(Re)_a \simeq 2000$ (bezogen auf lichte Maschenweite a):

$$\Delta P_s = S_1 \cdot s_1 \cdot \eta \cdot \delta \cdot n^2 w + S_2 \cdot s_2 \cdot \gamma \cdot w^2. \tag{20}$$

Mit den Versuchsergebnissen von O. Flachsbart (Literaturangabe S. 245) lassen sich die Beiwerte S_1, s_1, S_2, s_2 unter Zugrundelegung einer Ähnlichkeitsbetrachtung bestimmen zu

$$S_1 = \frac{1}{\varepsilon_s^{3/2}} \tag{20a}$$

$$S_2 = \frac{1 - \varepsilon_s^2}{\varepsilon_s^2}. \tag{20b}$$

Für Seidengaze ergibt sich als Mittelwert $s_1 = \sim 46$; $s_2 = \sim 0{,}067$; für Runddrahtsiebe wird $s_1 = \sim 93$; $s_2 = \sim 0{,}025$.

Bei höheren Reynoldsschen Zahlen $(Re)_a$ wirkt der einzelne Siebdraht wie ein freistehender vom Luftstrom umströmter Zylinder (O. Flachsbart). Erst bei geringerem Re wirkt die Siebmasche als Filterpore. Diese Unterscheidung kennzeichnet gewissermaßen die Grenze zwischen Sieb- und Filterwirkung.

ε) Zusammenfassende Betrachtung. Beim Hagen-Poisseuilleschen Gesetz [Gleichung (1), für röhrenförmige Poren] ist der Einfluß der Zähigkeit für den Durchflußwiderstand entscheidend ($\Delta P \cong \Delta P_z$). Der Einfluß des dynamischen Druckes oder des Staudruckes

$$q = \frac{v^2}{2g} \cdot \gamma \tag{21}$$

tritt für kleinere Reynoldssche Zahlen völlig zurück. Bei Reynoldsschen Zahlen über $Re = 2320$ schlägt die laminare Strömung plötzlich in turbulente (Wirbel-) Strömung um [vgl. Abschnitt Mengenmessung, Bd. I, S. 716, ferner L. Schiller: VDI-Forsch.-Heft 248 (1922)]. Die Zähigkeit spielt dann gegenüber dem hydrodynamischen Staudruck nur eine untergeordnete Rolle. Der Staudruck q bestimmt entscheidend den Widerstand. Für den Strömungswiderstand ΔP in einem Rohr vom Durchmesser d und der Länge l gilt dann das hydrodynamische Gesetz:

$$\Delta P = \lambda \cdot \frac{l}{d} \cdot \frac{v^2}{2g} \cdot \gamma = \lambda \cdot \frac{l}{d} \cdot q \tag{22}$$

(mit annähernd konstantem λ gültig für $Re > 2320$).

Hierin ist λ ein dimensionsloser Beiwert, der sich nach „Fördern von Flüssigkeiten usw.“, Bd. II, Gleichung (6), S. 494 ergibt. Zwischen dem Geltungsgebiet des Hagen-Poiseuilleschen Gesetzes [Gleichung (1)] und dem des hydrodynamischen Gesetzes [Gleichung (22)] befindet sich ein Übergangsgebiet bei mittleren Reynoldsschen Zahlen, in welchem die Größe $\mathfrak{K}$ [Gleichung (7), S. 239] und anscheinend Strömungsstörungen einen größeren Einfluß haben. Um eine ganz allgemeine Strömungsgleichung zu erhalten, hat man nach Prandtl die Gültigkeit der Gleichung (22) schematisch auch für das Gebiet der Gleichung (1) erzwungen, indem man die Größe λ in solcher Weise als Veränderliche einführt, daß auch die Gleichung (1), S. 237 befriedigt wird. Trägt man zugleich im Übergangsgebiet der Größe $\mathfrak{K}$ Rechnung, so wird für röhrenförmige Poren

$$\mathfrak{K}\lambda = \frac{64}{Re}, \tag{23}$$

worin

$$Re = \frac{v \cdot d}{\nu}$$

(gültig für $Re \leq 2320$).

Die Verwandtschaft mit der Gleichung (10a), S. 65 (Abklärvorgänge usw.) ist hierbei bemerkenswert. Die Gleichung (23) kommt für λ im Gebiet der Filtration, wo man es fast stets mit kleinen bis mittleren Reynoldsschen Zahlen zu tun hat, hauptsächlich in Betracht.

Bei geschichteten Stoffen, Filtermaterialien u. dgl. weichen die Poren in der Regel von der Röhrenform erheblich ab (Perlenschnur- oder Wabenform). Damit treten zu den Beiwerten der Gleichung (1) bzw. (22) neue Faktoren. Dieselben sind bestimmt durch:

1. Mehr oder weniger dichte Packung der geschichteten Stoffe (Beiwerte C_1, C_2, C_3, abhängig vom Hohlraumvolumen ε).
2. Die Form der Poren bzw. der Körner. Runde, flache oder nadelige Formen, scharfe oder abgerundete Kanten (Formfaktor b).
3. Die Beschaffenheit der Oberfläche.

Eine allgemeine der Gleichung (22) entsprechende Beziehung für den Widerstand ΔP geschichteter Stoffe haben W. Barth und W. Esser [Forschg. Ing.-Wes. 4, 82 (1933)] aufgestellt, deren Darstellung wir hier folgen. Sie lautet:

$$\Delta P = \zeta \cdot C_1 \cdot \frac{l}{d_K} \cdot \frac{w^2}{2g} \cdot \gamma . \tag{24}$$

Hierin ist l die Dicke der filtrierenden Schicht, d_K der Korndurchmesser (m).

In dem Widerstandsbeiwert ζ [sowohl in Gleichung (24) als auch in Abb. 5] sind, wie Gleichung (29) zeigt, der Formfaktor b in k_1 und der Einflußwert $\mathfrak{K}_F$ noch mitenthalten. Für Körper mit scharfen Kanten (große Werte von ε!) wie Erzstaube, Koks usw. wurde von den genannten Verfassern ζ mit Luft als strömendem Medium als Funktion der Reynoldsschen Zahl Re als Mittelwert aus mehreren Versuchsreihen wie folgt ermittelt:

$$\zeta \simeq \frac{490}{Re'} + \frac{100}{\sqrt{Re'}} + 5{,}85 . \tag{25}$$

Hierin ist $Re' = \frac{w \cdot d_K}{\nu} \cdot C_2 = Re \cdot C_2$.

Der Einfluß des Porenvolumens ε zwischen den einzelnen Körnern wird durch die Beiwerte C_1 und C_2 und C_3 zum Ausdruck gebracht. Durch Einsetzen des hydraulischen Radius (s. S. 251) statt d_K und von $\frac{w}{\varepsilon}$ statt v in Gleichung (22) bestimmt sich C_1 zu:

$$C_1 = \frac{1-\varepsilon}{\varepsilon^3}. \tag{26}$$

Im Bereich des laminaren Strömungsgebietes ergibt sich C_3 aus einer

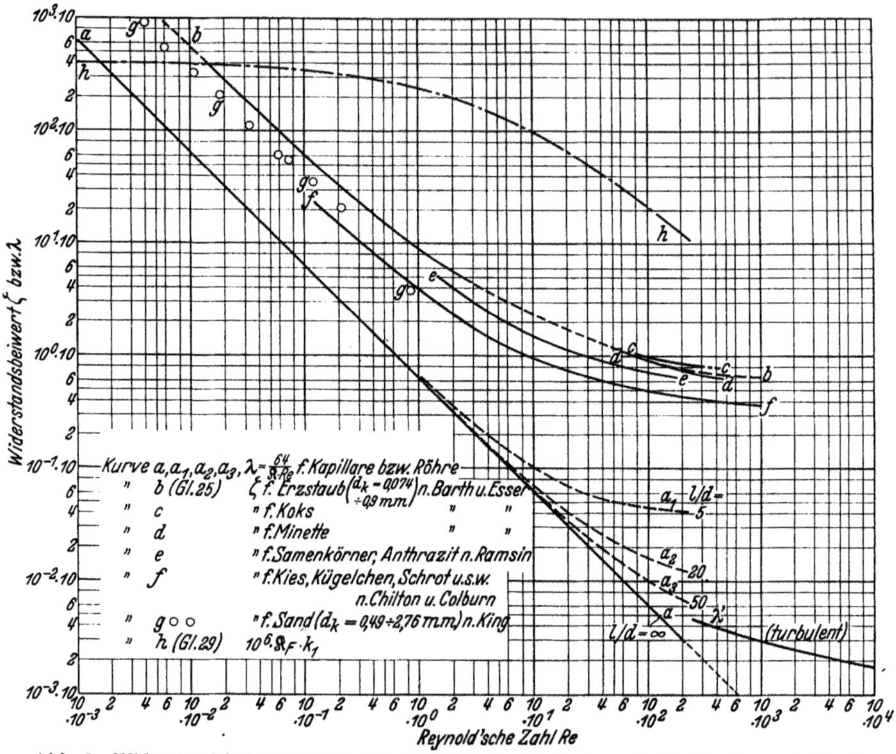

Abb. 5. Widerstandsbeiwert ζ bzw. für geschichtete Stoffe bzw. λ für Capillare, abhängig von der Reynoldsschen Zahl. λ' nach Gleichung (6), Bd. II, S. 496 (Fördern von Flüssigkeiten usw.).

Ähnlichkeitsbetrachtung über die durch die Zähigkeit übertragbare Schubkraft (s. Bd. I, S. 726) $\tau = O \cdot \eta \cdot \frac{dv}{dx}$, worin O die spezifische Oberfläche und dx die mittlere Dicke der strömenden Schicht bedeutet:

$$C_3 = \frac{4\,(1-\varepsilon)^2}{\varepsilon^2}. \tag{27}$$

Die Zahl 4 ist hierin ein willkürlicher Beiwert. Damit ergibt sich:

$$C_2 = \frac{C_1}{C_3} = \frac{1}{4\,\varepsilon\,(1-\varepsilon)} = \sim 1\,. \tag{28}$$

In Abb. 5 stellen die Kurven b, c und d die Versuchsergebnisse von W. Barth und W. Esser aus dem genannten Aufsatz dar. Sie zeigen den Widerstandsbeiwert ζ abhängig von Re. Für Körper mit abgerundeten Kanten, Schrotkugeln, Samenkörner [Ramsin: Wärme 51, 301 (1928)] ist der Einfluß des kleineren Formfaktors in Abb. 5, Kurve e (umgerechnet von Barth und Esser) zu erkennen. Für Füllkörper mit großem Hohlraumvolumen ε (Sattelfüllkörper, Raschigringe usw., vgl. Gaswaschung S. 500) eignet sich grundsätzlich ebenfalls die Darstellung der Abb. 5. Die Voraussetzung geometrischer Ähnlichkeit der Poren trifft natürlich selten streng zu. Besonders bei kleinen Füllkörpern (s. S. 505) sind die Wandstärken größer als der geometrischen Ähnlichkeit entspricht, wodurch sich eine große Streuung für ζ bei den Kurven für die Füllkörper ergibt. Ihre Zahlenwerte liegen etwas oberhalb der Kurven c und d in Abb. 5.

Durch Eliminieren der Werte von ΔP aus den Gleichungen (16) und (24) läßt sich in vollständiger Analogie zu λ nach Gleichung (23) die folgende Gleichung für ζ ableiten:

$$\zeta = \frac{64}{Re} \cdot \frac{1}{32\,\mathfrak{K}_F \cdot k_1 \cdot C_2} = \lambda \frac{\mathfrak{K}}{\mathfrak{K}_F} \cdot \frac{1}{32 \cdot k_1 \cdot C_2}\,. \tag{29}$$

Nach den Gleichungen (13) und (16) ist zu erwarten, daß der Wert $k_0 = k_1/b$, der in Gleichung (1) dem Zahlenfaktor $\frac{1}{32}$ entspricht, als Konstante angenommen werden darf. Die Größe $k_1 \cdot \mathfrak{K}_F$ läßt sich aus den Gleichungen (25) und (29) zu den Werten der Kurve h in Abb. 5 ermitteln. Bei sehr kleinen Reynoldsschen Zahlen ergibt sich daraus k_1 zu $4{,}08 \cdot 10^{-3}$. Betrachtet man diesen Wert über den ganzen Gültigkeitsbereich von Gleichung (25) als konstant, so ergibt sich der Einflußwert $\mathfrak{K}_F$ aus den Ordinaten der Kurve h. In Abb. 3, S. 240 sind die auf diese Weise mit experimentellen Unterlagen ermittelten Werte von $\mathfrak{K}_F$ als gestrichelte Kurve eingetragen, die sich annähernd, jedoch nicht völlig übereinstimmend dem Verlauf der für Capillaren errechneten Kurven d_K/l = konstant einfügt. Auf einfachere Weise ist $\mathfrak{K}_F$ nach Gleichung (12) zu erhalten. Aus Gleichung (23) und Abb. 5 (Kurven a, a_1, a_2) ist zu entnehmen, daß die (in logarithmischer Darstellung) Gerade $\lambda = \frac{64}{Re}$ eine Asymptote an sämtliche Kurven $\frac{\lambda}{\mathfrak{K}}$ für Capillaren darstellt. In analoger Weise ist das Entsprechende auch für die Kurve b zu erwarten, woraus hervorgeht, daß die Kurve b nicht eindeutig sein kann. Setzt man k_1 in der Gleichung (29) als Konstante voraus, so müßte [bei anderen Werten der Konstanten in Gleichung (25)] das mittlere Glied mit $\sqrt{Re}$ aus Gleichung (25) herausfallen. Es scheint, daß diese Frage einer besonderen experimentellen Klärung an Hand von Kurvenanalysen nach Art der Abb. 4 bedarf, wobei es vielleicht ratsam wäre, durch Wechsel der strömenden Medien mit stark verschiedenem ν weite Bereiche der Reynoldsschen Zahl bei gleicher Körnung d_K zu übergreifen.

C. Poreneinfluß.

1. Einfluß der Siebanalyse auf das Porenvolumen.

Selten kann die Form und Größe der Filterpore wie z. B. bei Sieben (s. S. 271) direkt beeinflußt werden. Häufig wird sie als Hohlraum zwischen dem Korn regellos geschichteter Materialien gebildet. Hazen nennt jenen Korndurchmesser eines Filtersandes, bei welchem derselbe in 90 Gew.-% gröberen und 10 Gew.-% feineren Anteil getrennt wird, den (für den Durchfluß) wirksamen Korndurchmesser d_w. Bestimmt man ferner einen Korndurchmesser d_x, bei welchem der Sand in 40 Gew.-% gröberen und 60 Gew.-% feineren Anteil geteilt wird, so ist das Verhältnis

$$u = \frac{d_x}{d_w} \tag{30}$$

charakteristisch für die Ungleichförmigkeit der Korngrößen eines Sandes. Hazen nennt das Verhältnis $u = \frac{d_x}{d_w}$ deshalb die Ungleichförmigkeit [vgl. Ph. Forchheimer: Hydraulik, S. 54. 1930] eines Filtersandes. Nach Ermittlungen bewegt sich dieser Wert bei verschiedenen Wasserwerken etwa von 1,5—3,2.

Wie es wohl selbstverständlich ist, erscheint deshalb für den Widerstand geschichteter Materialien die Siebanalyse derselben von Bedeutung, da sich der feinere Anteil in die Zwischenräume der gröberen Bestandteile einlagert und dadurch das Porenvolumen vermindert. Bei der Herstellung von Filterplatten wird deshalb das Rohmaterial nach Korngröße klassiert. Man darf somit nicht allgemein wie in Gleichung (13) den reduzierten Durchmesser des mittleren oder des soeben definierten wirksamen Kornes einsetzen. W. Barth und W. Esser setzen in dem genannten Aufsatz bei Berücksichtigung der Konstanten C_1 und C_3 der Einfachheit halber die Maschenweite der zum Klassieren verwendeten Siebe ein. Vgl. auch die Umrechnung bei Wagner, Holschuh und Barth [Arch. Eisenhüttenwes. **6**, 129 (1932)].

Als Porenvolumen ε bezeichnet man das Verhältnis des Volumens der Hohlräume, die der Strömung zur Verfügung stehen, zum gesamten wirksamen Filtervolumen. Man gibt das Porenvolumen in Anteilen bzw. % des Gesamtvolumens an. ε läßt sich auch durch das Verhältnis des spezifischen Schüttgewichtes zum spezifischen Gewicht der (porenfreien) Filtermasse zum Ausdruck bringen. Nicht sämtliche Poren sind bei der Filtration wirksam. Besonders bei organischem Filtermaterial sind zahlreiche unwirksame innere Poren vorhanden. Bei porösen Adsorptionsmitteln kommt das innere Porenvolumen zwar für die Diffusion, jedoch nicht für die Strömung bei der Filtration in Betracht.

Bei der Strömung in Kanälen hat man in der Hydraulik für das Verhältnis r des Stromquerschnittes f zum benetzten Umfang U des Kanals den Begriff des hydraulischen Radius oder Profilradius r eingeführt (vgl. Mengenmessung, Bd. I, S. 716). Bei geschichteten Materialien von der spezifischen Oberfläche O in m^2 je 1 m^3 Füllraum (vgl. S. 506) ist der hydraulische Radius (vgl. Bd. I, S. 728) in m

$$r = \frac{\varepsilon}{O}. \tag{31}$$

Die Poren von körnigem geschichtetem Filtermaterial, Sand, Bleicherden usw. kann man mit den Zwischenräumen von Kugeln vergleichen. Schichtet man gleich große Kugeln gesetzmäßig so übereinander, daß ihre Mittelpunkte auf den Ecken eines würfelförmigen Raumgitters angeordnet sind, so ergeben sich $1 - \pi/6 = 47{,}66\%$ Hohlräume. Schichtet man die Kugeln in der engsten Anordnung die möglich ist, so daß die Mittelpunkte auf den Eckpunkten eines kubooktaedrischen Raumgitters liegen, so erhält man 25,94% Hohlräume des Gesamtvolumens, wenn man von dem Einfluß der begrenzenden Wände absieht. Eine Kugel berührt dabei 12 andere, statt 6 wie vorher. Die Tangentialebenen in den Berührungspunkten ergeben ein der Kugel umschriebenes Dodekaeder [R. Meldau: Ztschr. Ver. Dtsch. Ing. **76**, 1189 (1932), daselbst weitere Literaturhinweise (vgl. Abb. 6); R. Meldau: Der Industriestaub, S. 126, 1926; ferner Hausbrand: Das Trocknen mit Luft und Dampf, S. 98. 1920 u. M. Dolch: Chem. Apparatur **19**, 4 (1932)].

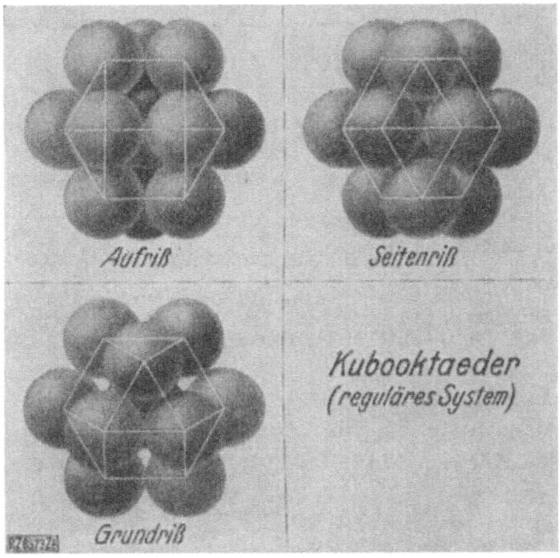

Abb. 6. Geometrisch dichteste Lagerung gleich großer Kugeln. [Burmester: Ztschr. angew. Math. Mech. **4**, Tafel 1 (1924).]

Schichtet man willkürlich geformte Körper, so läßt sich eine exakte Rechnung kaum mehr aufstellen. Infolge der Reibung zwischen den einzelnen Körnern kann man nicht mit der engstmöglichen Lagerung rechnen [H. Fischer: Chem. Apparatur **16**, 246 (1929); **17**, 25 (1930)].

Für die Filtration ist nicht nur das Porenvolumen, sondern vor allem auch die Porenform von Einfluß. Hiermit befaßt sich die Filtergeometrie (vgl. W. Siegel: Literaturangabe S. 238). Insbesondere sind die Einschnürungen der Filterpore für den Widerstand entscheidend, so daß z. B. ein hochporöses Filter etwa mit wabenförmigen Poren einen größeren Filterwiderstand aufweisen kann als ein weniger poröses Sandfilter.

Bei Sand von großer Ungleichförmigkeit (z. B. Dünensand, vgl. S. 275) lagern sich die feineren Anteile in die Poren der gröberen ein, so daß Porenvolumina unterhalb der genannten, für gleiche Durchmesser gültigen, theoretischen Minimalzahl von etwa 26% entstehen können. Gewöhnlicher Flußsand mit etwa $^3/_4$ mm größtem Korn ergab etwa 33,4—35% Hohlräume. Durch Einstampfen des Sandes in nassem

Zustande ließen sich die Hohlräume auf etwa 31,4% vermindern. Kröber (Literaturangabe S. 244) ermittelte als Durchschnittswert bei seinen Versuchen mit unter Wasser eingefülltem und gerütteltem Sand $\varepsilon = 39{,}2\%$. Nach Hütte [26. Aufl., Bd. 1, S. 383. 1931] hatte Strandsand von $d_K = 1{,}16$ mm Korn ein Porenvolumen $\varepsilon = 0{,}39$—$0{,}50$; heller Flußsand von $d_K = 0{,}22$ bis 0,64 mm ein Porenvolumen $\varepsilon = 0{,}41$—$0{,}44$; etwas lehmiger Flußsand mit $d_K = 0{,}013$ mm $\varepsilon = 0{,}35$ (nach Terzaghi).

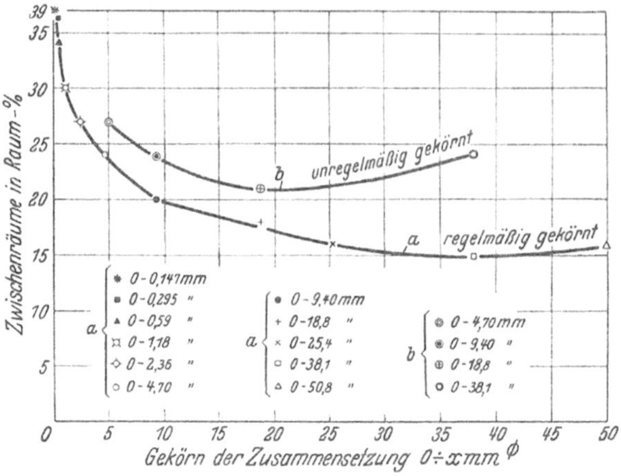

Abb. 7. Zwischenräume abhängig von der Kornzusammensetzung nach Talbot. [R. Meldau: Ztschr. Ver. Dtsch. Ing. 76, 1189 (1922); daselbst weitere Literaturhinweise.]

Je gleichförmiger die Körnung, desto größer ist im allgemeinen das Porenvolumen. Das Rütteln einer Sandfüllung begünstigt das Einlagern der feineren Anteile in die Zwischenräume der groben. Die absolute Größe des Kornes beeinflußt zwar die Durchlässigkeit [vgl. Gleichung (11), S. 242], aber aus Gründen der geometrischen Ähnlichkeit nicht das Porenvolumen. Den Einfluß regelmäßig abgestufter Körnung von nahezu 0 bis zum größten Korndurchmesser, wobei sich die Zwischenräume am besten auffüllen können, zeigt Abb. 7, untere Kurve. Bei der oberen Kurve wird der Einfluß unregelmäßiger Körnung mit teilweise fehlenden Zwischenstufen ersichtlich.

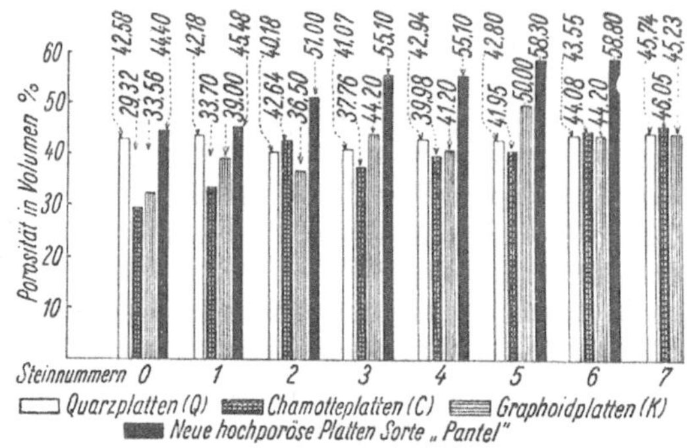

Abb. 8. Porenvolumen in % des Gesamtvolumens der Quarz-, Schamotte-, Graphoid- und Pantel-Schuler-Platten mit wachsender Korngröße von 0,04—2,00 mm. (Wilh. Schuler G. m. b. H., Grünstadt/Rheinpfalz.)

Abb. 8, die dem Aufsatz von H. Schmidt [Chem. Apparatur **18**, 224 (1931)] entnommen ist, gibt das Porenvolumen einer Anzahl von Filterplatten der Firma W. Schuler, G. m. b. H. an. Die Porosität der untersuchten Platten bewegt sich zwischen etwa 29 und 59 Vol.-%. Natürliche Mineralböden haben, wie zum Vergleich gesagt sei, ein Porenvolumen von etwa 0,20—0,58; Torf- und Moorböden bis zu etwa 0,85 [Lueger: Lexikon der gesamten Technik, Bd. 2, S. 111].

Der Einfluß des Porenvolumens auf den Durchgangswiderstand kann unter der Voraussetzung geometrisch ähnlicher Porenform und unter der Annahme, daß die spezifische Oberfläche je Raumeinheit der Menge des Schüttgutes proportional ist durch die Gleichungen (26) bis (28) für praktische Bedürfnisse als gelöst gelten.

2. Porenweite.

α) Häufigkeitsverteilung der Porenweite. Gleich große Poren sind nur bei ganz groben Filtern (Sieben, Seihern, Rosten) herzustellen. Meist hat man es mit Filtern zu tun, die Poren von verschieden großem Durchmesser in wechselnder Häufigkeit (n) aufweisen. Hat ein Filter je Flächeneinheit insgesamt z_d Poren von einem bestimmten, jedoch beliebigem Durchmesser d, so ist die Häufigkeit n einer bestimmten Porengröße $n = z_d/z$, wenn z die gesamte Porenzahl bedeutet. Man kann von einer Ungleichförmigkeit der Porenweite bzw. von einer Porenanalyse in analoger Weise wie bei dem Korn des Filtersandes sprechen (vgl. S. 250). Es ist nun von Interesse, die Durchflußmenge bei einer gegebenen Häufigkeitsverteilung der verschieden großen Poren kennenzulernen. Bei einem Filter, dessen Poren wie bei dem Idealfilter (s. S. 237) zylindrische Capillaren, jedoch von verschiedenem Durchmesser sind, läßt sich der Einfluß eines bestimmten Porenverteilungsgesetzes, wie es in Abb. 9, Kurve n an einem Beispiel schematisch angenommen ist, leicht nachweisen. Aus Gleichung (2) bzw. (3) geht hervor, daß die Durchflußmenge durch eine Capillare mit der 4. Potenz des Porendurchmessers wächst. Die Durchflußmenge ist also nicht proportional der freien Durchgangsfläche der Capillaren, sondern durch die weiteren Poren geht erheblich mehr Flüssigkeit hindurch, als ihrem Anteil der freien Fläche entspricht.

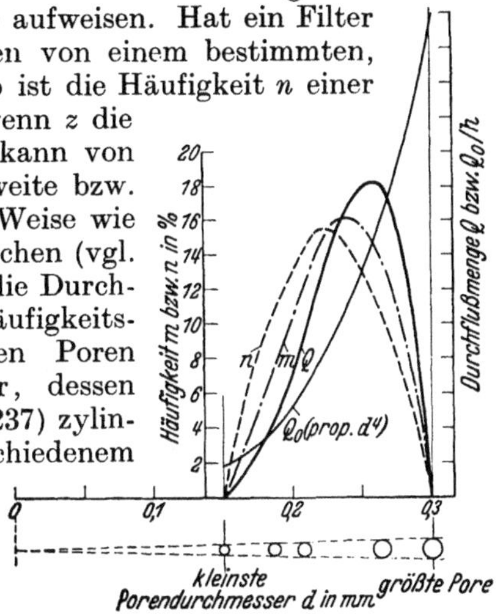

Abb. 9. Porenverteilung und Durchflußmenge abhängig vom Porendurchmesser. n Häufigkeit der Poren, m Häufigkeit der Durchgangsfläche, Q Häufigkeit der Durchflußmenge.

In Abb. 9 wurden für ein Beispiel die Porendurchmesser eines Filters in 10 Gruppen gleicher Abstufung unterteilt und die Häufigkeit n der Porenzahl, die Häufigkeit m der freien Durchgangsfläche, sowie die Durchflußmenge Q jeder Durchmesserstufe abhängig von d aufgetragen. Die Verteilung der Porenzahlen wurde absichtlich symmetrisch zu einem mittleren Korndurchmesser angenommen, um die Verschiebung des Durchflusses deutlicher zu machen. Es ist ersichtlich, daß Häufigkeitsmaximum für die freie Fläche und noch stärker das Maximum für den Durchfluß Q nach der Seite der größeren Poren verschoben ist.

Die Art und die relative Größe der Verschiebung des Durchflusses über der Porenweite gilt auch dann noch, wenn die Poren nicht mehr zylindrisch, jedoch unter sich in der Form ähnlich sind. Nur die gesamte Durchflußmenge wird bei anderer Porenform geringer.

β) **Mittlerer äquivalenter Porendurchmesser.** Bei einem Filter ist das freie Porenvolumen V_f und damit die mittlere freie Durchgangsfläche f durch den Gewichtsunterschied im trockenen und durchtränkten Zustand leicht durch Wägung festzustellen. Für das Verhältnis der mittleren freien Durchgangsfläche f zur gesamten wirksamen Filterfläche F gilt die Proportion

$$f : F = V_f : V = \varepsilon,$$

worin V das gesamte wirksame Filtervolumen darstellt. Auch die je Zeiteinheit durchtretende Flüssigkeitsmenge Q_1 ist leicht experimentell zu ermitteln.

Es ist häufig von Interesse, die Größenordnung der mittleren Porenweite und die ungefähre Porenzahl eines Filters zu ermitteln. Hierzu verhilft folgende Betrachtung. Man vergleicht das zu untersuchende Filter mit einem idealen Filter von gleicher gesamter Filterfläche F, gleichem Porenvolumen ε und mit unter sich gleichem Durchmesser der kreiszylindrischen Poren. Die in die folgende Vergleichsrechnung eingesetzte Durchflußmenge sei bei so geringem Filterüberdruck ΔP bestimmt, daß $\mathfrak{R}$ nach S. 240 gleich ~ 1 wird. Unter diesen Voraussetzungen läßt sich ein mittlerer äquivalenter Porendurchmesser ermitteln, mit welchem dieses ideale Vergleichsfilter bei gleichem Überdruck ΔP die gleiche Durchlässigkeit hat wie die experimentell ermittelte des zu untersuchenden wirklichen Filters.

Ableitung der Gleichung. Die Filterfläche F m² des Idealfilters enthalte z Poren. Die durch F m² Filterfläche in z Capillaren (Poren) vom gesamten freien Querschnitt $f = \varepsilon \cdot F$ (m²) des Idealfilters sekundlich hindurchströmende Flüssigkeitsmenge Q_z ist bestimmt durch:

$$Q_z = z \cdot Q = z \cdot f \cdot v, \tag{32}$$

wobei die Strömungsgeschwindigkeit v in den Poren durch Gleichung (1) gegeben ist. Die entsprechende Filtriergeschwindigkeit $w = Q_z/F$ des Idealfilters ist dann:

$$w = \varepsilon \cdot v = \frac{\varepsilon}{32\,\eta} \cdot \frac{\Delta P_z}{l} \cdot d^2. \tag{33}$$

Man kann nun in der Rechnung gleichzeitig die Zahl z der unter sich gleichen Capillaren (Poren) und zugleich den Durchmesser derselben so variieren, daß der gesamte freie Porenquerschnitt f für das ganze Idealfilter stets gleich bleibt und in seiner Größe mit dem aus experimentellen Daten ermittelten freien Porenquerschnitt f des zu untersuchenden Filters übereinstimmt. Es besteht somit für die Porenzahl z die Beziehung

$$z \cdot \frac{d^2 \cdot \pi}{4} = f = \varepsilon \cdot F. \tag{34}$$

Die Gleichungen (34) und (32) finden ihren Ausdruck in den Kurven für z und Q_z der Abb. 10. Die Porenzahl z ist umgekehrt proportional dem Quadrat des Porendurchmessers, der Durchfluß Q_z direkt proportional dem Quadrat desselben. Da Q_1 ($= Q_z$) experimentell bestimmt ist, so liegt der Punkt Q_1 in Abb. 10 bereits fest. Der Linienzug $Q_1 A D_1$ bestimmt bei D_1 den äquivalenten Porendurchmesser d. Durch den Linienzug $D_1 B P_1$ ist bei P_1 die Porenzahl z bestimmt. Der äquivalente Porendurchmesser ist somit durch Gleichung (33) bereits bestimmt.

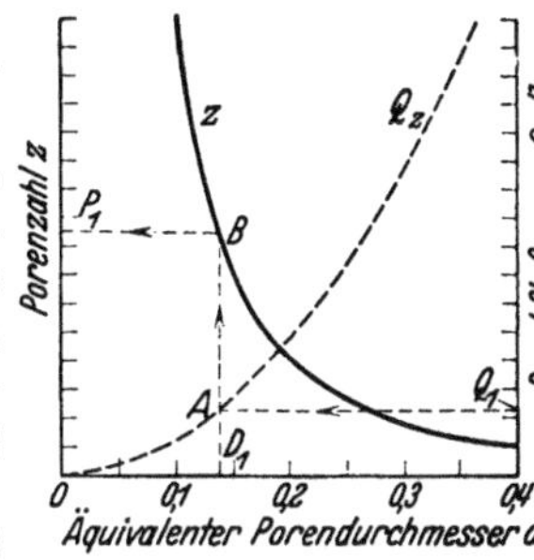

Abb. 10. Abhängigkeit der stündlichen Durchflußmenge Q_z [Gleichung (32)] und Porenzahl z [Gleichung (34)] vom äquivalenten Porendurchmesser (ΔP, F, l, ε, η konstant).

Führt man in Gleichung (33) statt der Filtriergeschwindigkeit w des Idealfilters die experimentell ermittelte Geschwindigkeit w_1 m/s des zu untersuchenden Filters ein, so ergibt sich der mittlere äquivalente Porendurchmesser d in m auch rechnerisch, und zwar zu:

$$d = \sqrt{32\,\eta \cdot \frac{l}{\Delta P_z} \cdot \frac{w_1}{\varepsilon}}\,. \tag{35}$$

Diese Gleichung ist identisch mit der Bechholdschen Formel:

$$q = \frac{1}{k} \cdot \frac{Q}{F} \cdot \frac{R_0 + 1}{R_0} \cdot \frac{l}{P}\,, \tag{36}$$

worin q die Schnittfläche einer Capillaren des äquivalenten idealen Filters und k eine Konstante bedeutet, welche die Zähigkeit enthält [Ztschr. physikal. Chem. **64**, 328 (1908)]. Der Wert $R_0 = \frac{V_f}{V_m}$ stellt das Verhältnis des Porenvolumens V_f zu dem mit Masse erfüllten Filtervolumen V_m dar, so daß die Größe $\frac{R_0}{R_0 + 1}$ dem relativen Porenvolumen ε gleich ist. Nur bei kleinen Reynoldsschen Zahlen kann für ΔP_z in Gleichung (35) ohne weiteres der totale Filterüberdruck ΔP eingesetzt werden. Andernfalls ist $\Re_F \cdot \Delta P$ statt ΔP_z [nach Gleichung (10)] einzuführen.

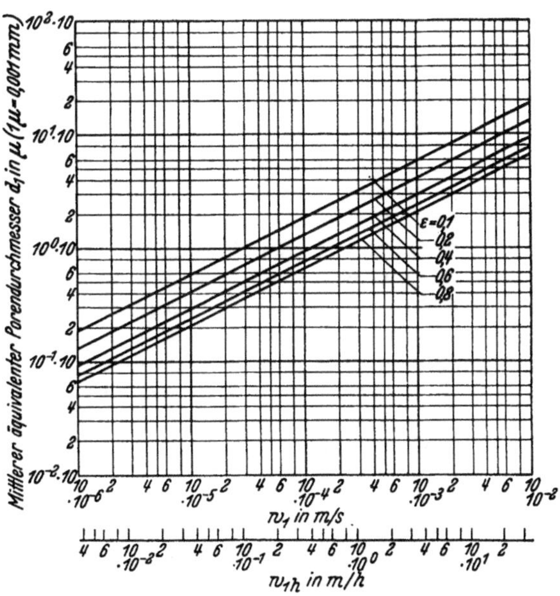

Abb. 11. Mittlerer äquivalenter Porendurchmesser d_1, abhängig von w_1 bzw. w_h nach Gleichung (35) ($\eta_1 = 109 \cdot 10^{-6}$; $\Delta P_{z1} = 1000$ kg/m²; $l_1 = 0{,}01$ m).

Aus Abb. 11 ist für Porenvolumina von $\varepsilon = 0{,}1$—$0{,}8$ der äquivalente Porendurchmesser $d = d_1$ nach Gleichung (35) bei speziellen Werten von ΔP_{z1}, l_1 und η_1 zu entnehmen. Es wurde dabei eingesetzt die Zähigkeit des Wassers bei 18°, $\eta_1 \sim 109 \cdot 10^{-6}\ \frac{\text{kg}\cdot\text{s}}{\text{m}^2}$, der Filterüberdruck $\Delta P_{z_1} = 1000$ kg/m² ($^1/_{10}$ at), die Filterdicke $l_1 = \frac{1}{100}$ m. Die Umrechnung von d_1 aus Abb. 11 auf einen Wert d mit beliebigen Werten von η, l und ΔP_z erfolgt gemäß Gleichung (35) so, daß als Umrechnungsgleichung gilt:

$$d = d_1 \cdot \sqrt{\frac{\eta}{109 \cdot 10^{-6}} \cdot \frac{l}{0{,}01} \cdot \frac{1000}{\Delta P_z}}\,. \tag{37}$$

Korngröße und Porenweite. Für eine bestimmte Lagerung bzw. Porenanordnung, ein bestimmtes Porenvolumen ε und eine gegebene Siebanalyse des Filterkornes ist eine feststehende Beziehung zwischen der Korngröße d_K z. B. eines Filtersandes und dem mittleren äquivalenten Porendurchmesser d zu erwarten. Eine solche Beziehung ergibt sich, wenn man die Filtriergeschwindigkeit w nach Gleichung (16) in die Gleichung (35) für den äquivalenten Porendurchmesser einsetzt. Es wird dann

$$\frac{d}{d_K} = \sqrt{8\,k_1 \cdot \frac{\mathfrak{K}_F}{\mathfrak{K}} \cdot \frac{\sqrt{\varepsilon}}{1-\varepsilon}}\,. \tag{38}$$

Für feinen Filtersand ergibt sich unter Annahme eines Beiwertes $k_1 = 4{,}08 \cdot 10^{-3}$ (vgl. S. 249) eines Porenvolumens $\varepsilon = 0{,}40$ für den äquivalenten Porendurchmesser beispielsweise

$$d_K = 0{,}197\ d\,,$$

also nahezu $^1/_5$ des Korndurchmessers.

3. Capillarität.

a) **Capillare Steighöhe.** Wasser von 18° steigt in einer Glasröhre von 1 mm Durchmesser infolge der Capillarattraktion 29,7 mm hoch. Unterhalb eines gewissen Korndurchmessers, der bei ungefähr 2 mm liegt, wird Wasser in abtropfendem körnigem Gut durch die Capillarwirkung auch bei der längsten Abtropfzeit festgehalten. Durch die perlenschnur- oder wabenartige Form der Poren ist allerdings die verbleibende Resthöhe beim Abtropfen nicht gleich der Steighöhe. Beim Abtropfen kann die verbleibende Flüssigkeitsresthöhe noch größer als die Steighöhe sein, wenn dieselbe durch Luftblasen unterbrochen ist [vgl. H. Ruoss: Chem.-Ztg. **50**, 83 (1926)]. Die Steighöhe h (m) in röhrenförmigen Capillaren ist vom Porendurchmesser d (m) und der Oberflächenspannung σ (kg/m) abhängig nach der Gleichung

$$h = \frac{4\,\sigma}{d \cdot \gamma}\,. \tag{39}$$

Für Wasser von 18° (gegen Luft) in Glasröhren läßt sich Gleichung (39) mit $\sigma = 7{,}43 \cdot 10^{-3}$ kg/m und h und d in m schreiben:

$$h = \frac{29{,}7}{d \cdot 10^6}\,. \tag{40}$$

Nach Seelheim [Ztschr. analyt. Chem. **19**, 387 (1880)] ist bei Wasser von 12° in Filtersand von der Korngröße d_K (m) die Höhe h_c (m)

$$h_c = \frac{58}{d_K \cdot 10^6}\,, \tag{41}$$

was schon den Alchimisten bekannt war. Man macht hiervon bei Schmierdochten und mitunter bei Ölfiltern für geringe Durchsätze noch heute Gebrauch.

β) **Bestimmung der maximalen Porenweite.** Für die Geschwindigkeit, mit der sich eine Filtration vollziehen läßt, ist die große Zahl der Poren von mittlerer Weite entscheidend. Handelt es sich aber darum, aus einer Flüssigkeit alle Schwebestoffe zurückzuhalten, z. B. bei der vollkommenen Klärung von Flüssigkeiten oder zur Herstellung keimfreier Flüssigkeiten durch Abfiltrieren von Bakterien, so sind auch einzelne Poren oberhalb einer bestimmten Weite unzulässig. Solche Filter müssen dann auf ihre maximale Porengröße geprüft werden. Man kann dieselbe vorteilhaft ermitteln durch Messung der minimalen Capillarwirkung eines Filters, wie sie zuerst von Bechhold angewandt wurde. Preßt man aus einer mit Flüssigkeit vollgesaugten Capillaren durch den Luftdruck P kg/m² die Flüssigkeit soweit aus, daß eben die Luft beginnt durchzuperlen (vgl. Abb. 13), so hält der Luftdruck dem durch Capillarwirkung hervorgerufenen Druck das Gleichgewicht. Man erhält somit für den Porendurchmesser d (m) nach Gleichung (39)

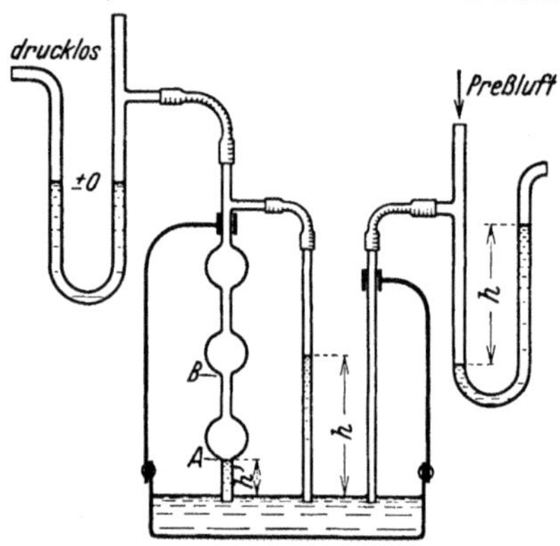

Abb. 13. Porenbestimmung (Luftdruckmethode).

$$d = \frac{4\,\sigma}{h \cdot \gamma} = \frac{4\,\sigma}{P}. \qquad (39a)$$

Hierin ist einzusetzen:

P in kg/m² ($= 10^4 \cdot p$ at),
σ in kg/m,
γ in kg/m³.

Wendet man dieses für eine Capillare beschriebene Verfahren auf ein mit destilliertem Wasser vollgesaugtes Filter an, so kann man aus dem beim beginnenden Durchperlen der Luft abgelesenen Überdruck P auf den Durchmesser d der größten Poren des Filters schließen.

Setzt man für σ den Wert $7{,}43 \cdot 10^{-3}$ kg/m (reines Wasser gegen Luft) ein, so ergibt sich für den Zusammenhang zwischen Gasüberdruck und maximaler Porenweite folgende Tabelle 1. Dieselbe enthält zugleich einen ungefähren und natürlich sehr unvollständigen Überblick über einige Filtermedien. Die angegebenen Grenzen für verschiedene Filterarten sind zum Teil etwas willkürlich, sie können sich in vielen Fällen verschieben. Es können nur ungefähr gültige Anhaltspunkte gegeben werden [s. auch H. Hoek: Chem. Fabrik **1**, 645 (1928)].

H. Ruoss [Chem.-Ztg. **50**, 83 (1926)] schildert die Vor- und Nachteile der Verfahren zur Bestimmung der Porenweite und weist darauf hin, daß das Luftdruckverfahren keinen Aufschluß über die Porenweite im Innern eines Filters (perlenschnurförmige Poren) gibt, sondern nur für die Filteroberfläche auf der Austrittsseite der Luft gilt. Weitere Methoden zur Bestimmung der Porenweiten siehe Jander-Zakowski [Membranfilter, Cella- und Ultrafeinfilter, S. 110. 1929].

Tabelle 1. Luftüberdruck nach Gleichung (34) und maximale Porenweite. Überblick über einige Filtermedien.

Preßdruck (Luftdruckprobe) p kg/cm² (rechnerisch)	Maximale Porenweite d $\mu = \frac{1}{1000}$ mm $\mu\mu = \frac{1}{1000000}$ mm	Filterart, die der betreffenden Porenweite in der Größenordnung ungefähr entspricht
0,006	495 μ	Sehr grober Filtersand für Wasserwerke.
0,008	372 μ	
0,01	297 μ	Glasfilter, Schott, Jena GO mit 230 μ.
0,02	149 μ	Grober Sand. Filter für sehr grobe Schlämme, grobe Salze.
0,03	99,1 μ	Grobe Gasfilter bzw. Gasverteiler s. S. 517.
0,04	74,3 μ	Mittlerer Sand, Filterplatten zur Gaswaschung.
0,06	49,5 μ	Schamotte bzw. Quarzfilterplatten grob (Schuler), Jenaer Glasfilter G 2.
0,08	37,2 μ	Filter für feinkörnigere Schlämme und Salze.
0,1	29,7 μ	Feiner Sand, Schamotte bzw. Quarzfilterplatten (Schuler), mittelfein, mittlere Gasfilter.
0,2	14,9 μ	Schamotte bzw. Quarzplatten (fein), (Schuler). Porzellanfilter 24 μ bis 1,1 μ. Feine Gasverteiler.
0,4	7,4 μ	Kohlefilterplatten, mittelfein (Schuler).
0,6	5 μ	Berkefeld-Filter 9,9 bis 1 μ.
0,8	3,7 μ	Kohlefilterplatten fein (Schuler), gewöhnliches Filtrierpapier 3,3 μ.
2	1,5 μ	Membranfilter geeicht (Göttinger Werke) etwa 3 bis 0,3 μ. Jenaer Glasfilter G 5 1,5 μ (Bakterienfilter).
3	1 μ	Filtrierpapier Schleicher u. Schüll Nr. 602 bis 1 μ.
5	0,59 μ	Membranfilter grob. Sehr dichte Preßfiltertücher (bis 0,3 μ).
10	0,30 μ	Feine Ton- und Porzellanfilter.
(30)	0,10 μ	Membranfilter mittel, die meisten Filter für analytische und bakteriologische Zwecke.
(50)	59 μμ	Capillaraktive Stoffe bzw. technische Adsorptionsmittel mit etwa 200 bis 12 μμ.
(100)	30 μμ	
(200)	15 μμ	
(300)	10 μμ	Membranfilter (Göttingen) fein.
(600)	5 μμ	Ultrafeinfilter „schnell“ (halten Phosphorgold zurück).
(1000)	3 μμ	Ultrafeinfilter „mittel“ (Benzopurpurin-dicht).
	⟨ 3 μμ	Ultrafeinfilter „fein“ (die meisten kongorot- und eiweißdichten Filter).

D. Sonstige Einflüsse.

1. Größe und Form der Poren und Schwebestoffe.

α) **Reine Siebwirkung.** Sie beruht auf dem rein mechanischen Zurückhalten der gröberen Teilchen vor den feineren Poren des Siebes oder Filters. Man bezeichnet diesen Vorgang in seiner reinen Form auch als Abseihen (rein hydrodynamischer Vorgang).

β) **Brückenbildung.** Neben der unmittelbaren Siebwirkung kann sich eine solche auch einstellen durch „Brückenbildung“ der abzufiltrierenden Teilchen (Abb. 14), wobei die abzufilternden Teilchen mit

3. Oberflächenwirkungen.

α) Adsorption. Zu den Erscheinungen, die es nicht gestatten, die Filtration als einfachen hydrodynamischen Vorgang aufzufassen, gehört vor allem die Adsorption. Man kennt die Adsorption nicht nur bei gasförmigen und flüssigen Stoffen an der Oberfläche fester Körper, auch fein verteilte feste Körper sind der Adsorption an der Oberfläche anderer Körper unterworfen. Durch die Adsorption werden die Schwebestoffe an den Oberflächen der Filtermedien festgehalten wie vergleichsweise Eisenfeilspäne an einem Magneten. Die Wirkung der Adsorption wird durch folgendes Phänomen verdeutlicht. Fettfrei gemachter Kienruß, der in Wasser fein verteilt wurde, kann auf einem Papierfilter zurückgehalten werden [nach Spring, vgl. R. Zsigmondy: Kolloidchemie, 2. Aufl., S. 313], obwohl die Rußteilchen kleiner sind als die Capillaren des Papierfilters. Dies wird durch den Einfluß der Adsorption bewirkt. Sobald man aber eine Seifenlösung auf das Filter bringt, geht der Ruß mit durch, da die Adsorption durch die Seifenlösung aufgehoben wird. Hat man es mit stark capillaraktiven Dispergierungsmitteln zu tun, wie z. B. Seifenlösung, so ist ein dichteres Filtertuch zu wählen. Diese Substanzen haben meist eine geringe Oberflächenspannung, so daß dieselben das Filtermaterial leichter benetzen und leichter in dessen Poren eindringen [vgl. L. Stein: Chem.-Ztg. **50**, 110 (1926)].

Da die Gesamtoberfläche von Filtern sehr groß sein kann (1 m^3 Dünensand hat z. B. etwa 2 ha Oberfläche, vgl. Tabelle 3, S. 276), so spielt die Oberflächenwirkung, die nicht immer eine Adsorptionswirkung sein muß, eine große Rolle.

Bei körnigem Filtermaterial tritt die Adsorption durch die bedeutende Größe der gesamten flüssigkeitsberührten Oberfläche stark in Erscheinung. Die Oberflächenbeschaffenheit ist hierbei von großem Einfluß. So eignen sich bei der Wasserreinigung die manganhaltigen schwarzen Sande als Entmanganungsmittel und auch weiße Sande lassen sich durch Behandeln mit Kaliumpermanganat so zubereiten, daß sie die gewünschte Adsorptionswirkung zeigen [Lührig: Gas- u. Wasserfach **70**, 1277 (1927)]. Auch der Überzug des Filtersandes mit einer chemisch gefällten Aluminiumhydroxydschicht wird zur Steigerung der Adsorptionswirkung benutzt [R. E. Liesegang: Kolloidchemische Technologie, S. 779. 1932].

Zur Adsorptionswirkung sind besonders auch pulverige oder faserige Stoffe geeignet, z. B. Papierbrei, Asbest (Seitz-Filter), Knochenkohle, Fasertonerde, Kieselgur, Bleicherden, Celite (vgl. S. 277).

Die Lebenstätigkeit der Mikroorganismen spielt ebenfalls bei der Reinigung von Oberflächenwasser eine große Rolle. Bei der Filtration von Flußwasser setzen sich Algen (Bakterienrasen) an der Oberfläche von Filtersand und -kies, bei größeren Filtergeschwindigkeiten auch unter der obersten Filterschicht fest, welche bei den Langsamfiltern bei der Wasserreinigung die eigentlich wirksame Filterschicht bilden.

β) Filtereffekt. Als ein zur Zeit noch ungeklärtes Gebiet muß die öfter festgestellte Unregelmäßigkeit im zeitlichen Verlauf der Filtration bei Feinfiltern (Glas-, Porzellan-, Membranfiltern) gelten. Es zeigte sich, wie unter anderen A. Simon und W. Neth feststellten [Ztschr. anorgan. allg. Chem. **168**, 221 (1927)], eine unerklärbare Unregelmäßigkeit, gewöhnlich eine Abnahme der Filtriergeschwindigkeit mit der Filtrierzeit. Diese Erscheinung trat auch bei reinem Wasser und bei völlig klaren Lösungen auf und konnte bis zur scheinbaren Filterverstopfung führen. Mit frisch vorfiltrierten Flüssigkeiten ging die Unregelmäßigkeit zurück. Die genannten Verfasser bezeichneten das noch unerklärte Phänomen als Filtereffekt. Es ist nicht bekannt geworden, ob der Effekt auch in glatten Capillaren und bei der Gasfiltration beobachtet wird, ferner bei welcher größten Porenweite er noch auftritt.

γ) **Elektrocapillareffekt.** Beim Eintritt in enge Filterporen tritt unter geeigneten Bedingungen (Ölfiltration) durch die Flüssigkeitsreibung eine elektrostatische Aufladung der Filterkanten ein. Dies führt zu einer elektrostatischen Abstoßung der Schwebeteilchen. Die Filtration äußerst feiner Schwebeteilchen ist dadurch mit relativ weiten Filterspalten schon vom ersten Augenblick der Filtration an möglich. Das Stromlinienfilter D.R.P. 418492 des englischen Physikers Hele Shaw beruht auf diesem Phänomen (vgl. Abb. 27 und 28 bei J. A. Pickard: Literaturangabe S. 238). Die capillaren Spalten dieses Filters werden von den Zwischenräumen übereinander geschichteter präparierter ringförmiger Kartonscheiben gebildet, so daß sich ein Aufbau wie bei einer Filterkerze ergibt. (Zu β und γ vgl. auch W. Siegel: Literaturangabe S. 238).

E. Filterleistung, Filterkuchenwachstum.

1. Filtriergleichungen.

Zwischen der Rohlösungs- und Filtratmenge R bzw. L, der Filtriergeschwindigkeit $w = dL/dt$, der Bildungsgeschwindigkeit $w_K = dK/dt$ des Filterkuchens (Kuchenwachstum) usw. gelten unter Voraussetzung idealer Filtration (hydrodynamische Filtration) ohne Filterhemmung mit den Bezeichnungen und Dimensionen S. 232 die nachstehenden Beziehungen, die für 1 m² Filterfläche abgeleitet sind.

Zur einfachen Gestaltung der Gleichungen empfiehlt es sich das Filtermedium ebenso zu betrachten wie eine Filterkuchenschicht von der Stärke l_0, die denselben Widerstand besitzt (äquivalente Kuchendicke). Führt man die Betrachtung nur soweit durch, als keine Luft in den Filterkuchen eingesaugt wird, so ergeben sich aus Vorstellungen über die Raumverdrängung unmittelbar die Gleichungen (42) bis (46).

Kuchenvolumen K m³/m² bzw. Kuchendicke y aus R m³/m² Rohlösung:

$$K = y = R \cdot \frac{c}{1-\varepsilon}\,. \tag{42}$$

Filtrat L m³/m² aus R m³/m² Rohlösung, abhängig von ε und der Volumenkonzentration c des Schlammes in der Rohlösung:

L = Gesamtflüssigkeit minus Porenvolumen des Kuchens.

Somit gilt:

$$L = R\,(1-c) - \varepsilon \cdot K = R \cdot \frac{1-\varepsilon-c}{1-\varepsilon}\,. \tag{43}$$

man vom Koordinatenanfangspunkt A (Kuchendicke $y = 0$) die äquivalente Kuchendicke l_0 des Filtermediums nach links bis zum Punkt 0 ab, so wird die Filtriergeschwindigkeit durch eine rechtwinklige Hyperbel abgebildet, deren Asymptoten $0\,w_0$ und $0\,y$ sind.

3. Einfluß der Schlammkonzentration x.

Abb. 21 zeigt den Zusammenhang der Konzentration x der Feststoffe mit der Filterleistung und Filtrierzeit ebenfalls nach Gleichung (51) bzw. (53). Der Vorteil hoher Konzentration der Feststoffe, sofern es sich um die Gewinnung des Filterkuchens handelt, geht daraus hervor. Besonders bei Drehfiltern erstrebt man deshalb zur Erzielung hoher Leistungen die Verwendung hoher Konzentration der Feststoffe (vgl. Abb. 43, S. 291). Dieselbe hat in der Gefahr des Steckenbleibens des Filters mitunter eine obere Grenze. Auch die Eigenschaften des Filterkuchens, die Bedingungen für das Loslösen des Kuchens usw. spielen hierbei eine Rolle.

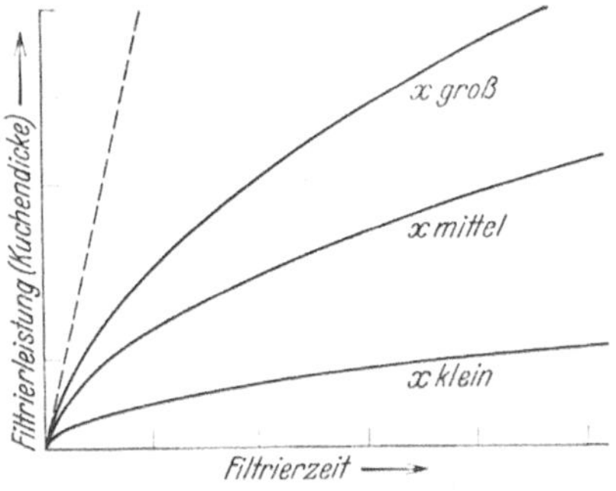

Abb. 21. Einfluß der Konzentration x der Aufschlämmung auf die Filterleistung in Abhängigkeit von der Filtrierzeit.

Abb. 22. Filterkuchenabnahme mit sichtbarem sauberem Filtertuch an einem Scheibenfilter der Maschinenfabrik R. Wolf A. G., Magdeburg-Buckau.

Besonders günstig für die Loslösung des Filterkuchens ist es, wenn die Teilchen des Filterkuchens unter sich eine größere Haftfestigkeit besitzen als gegenüber dem Filtermedium. Abb. 22 zeigt einen solchen Fall bei der Abnahme von Zementrohschlamm mittels Schaber an einem R. Wolf-Scheibenfilter. Man erkennt wie der Filterkuchen sich schon weit vor dem Schaber von der Tuchbespannung loslöst.

F. Experimentelle Ermittlung der günstigsten Filtrierbedingungen.

Vor der Wahl eines Filtermediums oder Filtersystems für eine technische Filteranlage ist eine eingehendere laboratoriumsgemäße Untersuchung des Verlaufs der Filtration ratsam. Auch eine Sedimentationsanalyse oder wenigstens eine Ermittlung der Absitzgeschwindigkeit, die einen Rückschluß auf die Teilchengröße zuläßt (vgl. S. 73), ist wertvoll. Gegebenenfalls ist diese Ermittlung auf einer Schleuder vorzunehmen. Ein einfaches Untersuchungsverfahren, das für andere Filtermedien leicht entsprechend modifiziert werden kann, beschreibt W. Wenze [Ztschr. angew. Chem. **36**, 310 (1923)]. Er wählte die in Abb. 23 dargestellte Einrichtung. Das Filter, ein Steinfilter, von gleichem Durchmesser wie das graduierte Aufsatzrohr, das die Suspension enthält, ist mittels Schlauch an eine Saugflasche angeschlossen. Dadurch kann die Filtriergeschwindigkeit ohne Umrechnung durch die Abnahme der Flüssigkeit im Standrohr in bestimmten Zeitabschnitten abgelesen werden. An der Saugflasche kann ein bestimmter Unterdruck eingestellt werden. Man ermittelt auf diese Weise experimentell die S. 265 (Abb. 19 und 20) rechnerisch ermittelten Kurven und kann durch Vergleich des Kurvencharakters Schlüsse auf Filtrationshemmungen ziehen. Mit einem sauren, an hydratischer Kieselsäure reichen Schlamm erhielt W. Wenze die in Abb. 24 wiedergegebene Kurve des Gesamtfiltrats in Abhängigkeit von der Zeit, die nach S. 264 der Geschwindigkeit der Kuchenbildung entspricht. Durch Differentiieren bzw. Differenzenbildung kann hieraus die Kurve der Filtriergeschwindigkeit abgeleitet werden.

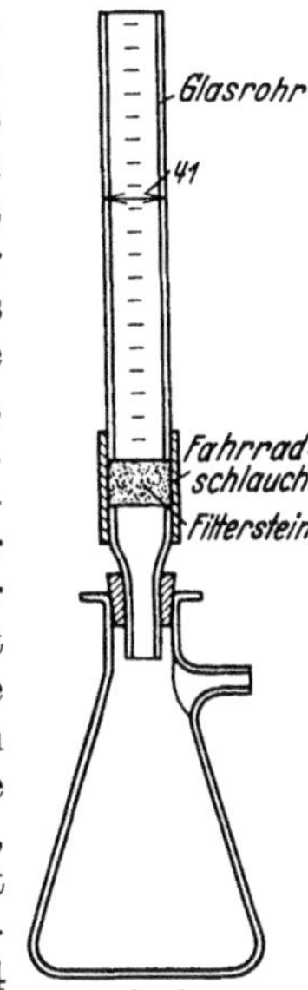

Abb. 23. Prüfung des Filtrationsverlaufs (W. Wenze).

Bei gleichbleibender Filtriergeschwindigkeit würde sich für Kurve *I* (Abb. 24) eine Gerade durch den Nullpunkt ergeben. Die Abweichung der Kurve *I* von der Geraden zeigt die nach Abb. 19 und 20 gesetzmäßig verlaufende Verlangsamung der Filtrationsgeschwindigkeit an. Eine Filtrationshemmung (Abweichung vom hydrodynamischen Filtergesetz) ist jedoch erst vorhanden, wenn Abweichungen von den Kurven der Abb. 19 und 20 eintreten. Tritt eine Filtrationshemmung im Filterkuchen allein auf, so läßt sich dies durch Beschleunigung der Filtration beim Aufrühren des Filterkuchens feststellen. Läßt sich die Hemmung dadurch nicht beseitigen, so ist anzunehmen, daß dieselbe unmittelbar auf oder in den Filterporen eingetreten ist (Porenverstopfung) wie K. Schaum nachweist [Kolloid-Ztschr. **34**, 1 (1924)].

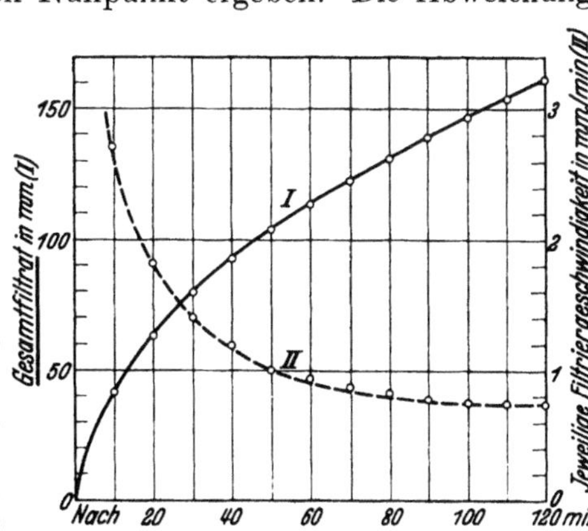

Abb. 24. Filtratmenge *I* und Verlauf der Filtriergeschwindigkeit *II* (W. Wenze). (Vgl. Abb. 19 und 20.)

Tabelle 2. Filtriergeschwindigkeit, Porenweite und Porenzahl von Schulerschen Filterplatten nach R. Ruoss.

	Filtriergeschwindigkeit bei 1 atü und $l = 1$ cm m/h	Porenweite in μ	Porenzahl je 1 cm²
1. Platte, grob, mit Schamotte . . .	828	52	137
2. Platte, mittelfein, mit Quarz . . .	577	33	590
3. Platte, mittelfein, mit Schamotte .	212	27	485
4. Platte, fein, mit Quarz	68,5	15	1640
5. Platte, fein, mit Schamotte. . . .	39,6	11	3283
6. Platte, mittelfein, mit Kohle . . .	68,5	9	12654
7. Platte, fein, mit Kohle	3,6	4	17070
8. Platte, fein, mit Kohle	23	2	109200

Die Zahlen zeigen, daß mit technischen Filtermaterialien bei dem erheblichen Gefälle von $J = 1000$ außerordentlich hohe Durchflußgeschwindigkeiten erreicht werden können. Hier tritt der Rückgang von D nach Gleichung (12) schon stark in Erscheinung. Indessen ist in der Filtrationstechnik in den seltensten Fällen das Filtermaterial für die Filtriergeschwindigkeit entscheidend, sondern der Filterkuchen. Mit dem Sand des Neckarfiltrierwerkes fand H. Ruoss unter gleichen Bedingungen eine Filtriergeschwindigkeit von 140 cm/s (5030 m/h), eine Porenweite von 147 μ und eine Porenzahl 13 je cm². Nach den Vorschriften des Reichsgesundheitsamts muß die Filtriergeschwindigkeit bezogen auf den Querschnitt des ganzen Filters so herabgesetzt werden, daß sie geringer als 10 cm/h ist (Langsamfilter).

IV. Filtermedien.

A. Gelochte Bleche, Siebe, Roste.

Das Abfiltern von gröberen Teilen aus Flüssigkeiten nennt man auch Seihen. Die Verwendung von Seihern aus gelochten Blechen hat eine Grenze in der Herstellung gelochter Bleche von genügender Stärke durch Stanzen. Aus Gründen der Festigkeit der Lochstempel werden gelochte kräftigere Bleche unter 2—3 mm Lochung und geschlitzte unter 1,5 bis 2 mm Schlitzbreite seltener verwandt. Bei den Präzisionssieben und den als Brunnensiebe verwendeten Siebkörben von Louis Hermann, Dresden, werden die Siebspalten durch die Kanten nebeneinander aufgereihter Profilstäbe gebildet, deren Abstand durch aufgewalzte Distanznocken sehr eng und stets in genau gleicher Breite gehalten werden kann, vgl. auch S. 51, ferner Abb. 25, S. 87. Siebe können kaum als Filtermedien im eigentlichen Sinne angesprochen werden und dienen meist als Unterlagen für feinere Filtermedien; in Brunnen filtriert z. B. der außen angelagerte Sand. Bei Filtertuchunterlagen ist folgendes zu beachten. Legt man z. B. ein Filtertuch unmittelbar auf einen gelochten oder genuteten Filterrahmen auf, so wird der auf dem Steg aufliegende

Teil, besonders bei dünnem durchlässigem Filtergewebe und größerer Filtriergeschwindigkeit unwirksam. Man macht deshalb die Auflagefläche nicht unnötig breit oder versieht sie mit Ablaufnuten oder -riefen.

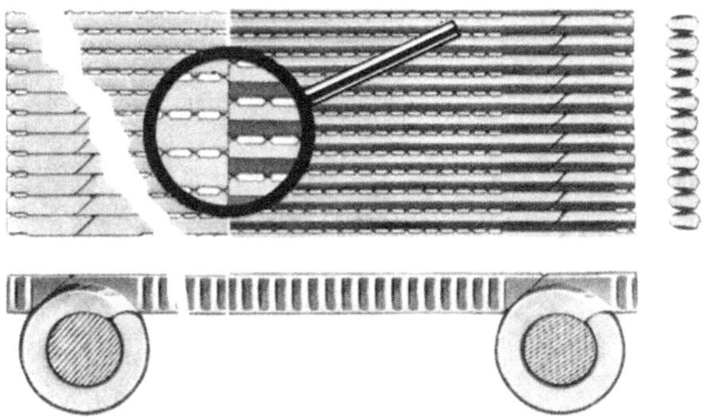

Abb. 25. Präzisionssieb (Louis Hermann, Dresden).

Auch untergelegtes Drahtgewebe versieht dieselben Dienste. Stärkeres, geeignet gewebtes Filtertuch läßt filtrierte Flüssigkeit parallel zur Filterfläche streichen, wie es bei den Preßmatten der Ölpressen der Fall ist (vgl. auch Abb. 50, S. 295).

B. Drahtgewebe und Metalltuch.

Ebenso wie gelochte Bleche können Drehtgewebe wegen ihrer geringen Dicke zur Oberflächenfiltration in Betracht gezogen werden. Sie zeichnen sich ebenso wie die gelochten Bleche durch relativ große Festigkeit aus. Sie haben, da sie aus glatten Drähten bestehen, keine inneren Poren, die sich mit dem Filtergut zusetzen können. Durch einen Wasserstrahl lassen sie sich deshalb leicht reinigen. Man stellt Drahtgewebe je nach den Anforderungen an Beständigkeit gegenüber Chemikalien aus den verschiedensten Materialien und in verschiedenen Webarten her. Abb. 26 zeigt ein Gewebe aus Monelmetall, wie es z. B. zur Bespannung Wolfscher Drehfilter in Betracht kommt.

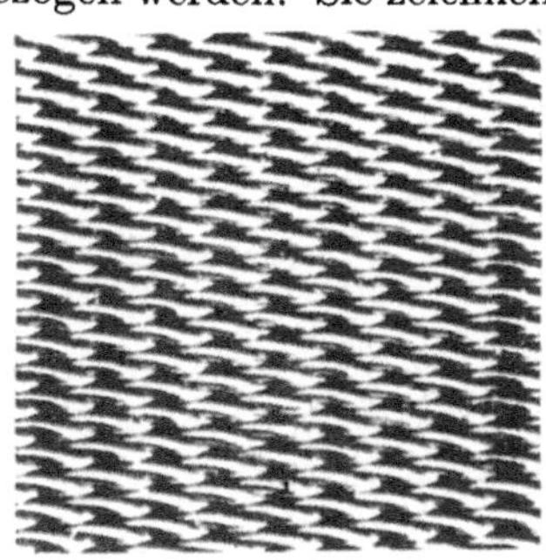

Abb. 26. Gewebe aus Monelmetall 80/I, Vergrößerung 16fach (Maschinenfabrik R. Wolf A.G., Magdeburg-Buckau).

C. Filtertücher.

1. Allgemeines.

Die Eigenschaften der Filtertücher, ihre Schmiegsamkeit, Feinporigkeit, die Anpassungsmöglichkeit an die verschiedensten Verwendungszwecke durch Auswahl der Faser, der Webart und Behandlung (Walken, Imprägnieren usw.) machen das Filtertuch zu einem für viele Zwecke

matten für Nutschen auch Cocosfaser. Als Einlage in Siebschleudern (meist nur als Filtertuchunterlage) Holzstabgeflecht.

Einige der bekannteren Filtertücher, die zum Teil in verschiedenen Dichten gewebt werden, lassen sich annähernd in der Reihenfolge ihrer Durchlässigkeit nach steigendem Widerstand etwa wie nachstehend aufzählen: Doppelfadiges Leinen, Kalmuk, Kammgarn, Schirting, Wolltuch J, Rohnessel, Rohleinen, Wolltuch S, Baumwollflanell, Baumwollsegeltuch, Baumwollgranit, Segeltuch. Abweichungen von der Reihenfolge sind natürlich je nach Webart, Dichte und Behandlung (Walken) möglich.

Filtertücher zeigten nach Untersuchungen von E. Hatschek und später z. B. von J. W. Hinschley, S. G. M. Ure und B. W. Clarke [Journ. Soc. chem. Ind. 45, 1 (1926)] das eigentümliche Verhalten, daß die w—I bzw. w—ΔP-Kurven eine Wendetangente aufweisen und erst bei höheren Überdrucken den der Abb. 4, S. 245 entsprechenden Verlauf zeigen. Dies mag damit zusammenhängen, daß die losen Filtertuchfasern sich verlagern, wie man mitunter bei Luftfiltern beobachtet [vgl. auch W. Siegel in Eucken-Jakob: Der Chemie-Ingenieur, Bd. 1, Teil 2, S. 295; desgleichen J. A. Pickard: Filtration and Filters]. Gegenüber den für geschichtete Materialien, Filtersteine usw. bekannten zahlreichen Unterlagen für den Durchgangswiderstand (vgl. z. B. S. 248) sind die für Filtertücher bisher bekanntgewordenen Daten spärlich.

Die Dichte eines Gewebes wird gekennzeichnet durch die Anzahl der Ketten- und Schußfäden je 1 cm Gewebelänge und durch die Stärke und Zwirnung der Fäden. Von einigen Filtertüchern gibt Hütte [21. Aufl., Bd. 3] folgende Daten:

Kreton . . .	700/750 Maschen je cm²	27/27 Fäden je cm
Batist . . .	1150 „ „ „	34/34 „ „ „
Kaliko . . .	1020 „ „ „	32/32 „ „ „
Schirting . .	325 „ „ „	18/18 „ „ „

J. A. Pickard [Filtration and Filters, S. 137] stellt die Webarten der Tücher — Leinwandbindung bei leichteren, Köperbindung meist bei schwereren Preßtüchern — in Diagrammen dar. Von den Köperbindungen wird der Viererdoppelköper bevorzugt, mitunter der Fischgratköper (Firma Val. Mehler). Das Einlaufen (Schrumpfen) der Tücher muß schon bei der Fabrikation bewirkt werden, um diesen Vorgang im Betriebe auszuschalten oder doch weitgehend zu vermindern. Man erreichte dies früher bei Baumwolltüchern ausschließlich durch Brühen in Heißwasser und Trocknen auf geheizten Walzen (Krumpfen). Nach einer Mitteilung der Firma Val. Mehler, Segeltuchweberei, Fulda ist man in einigen Industrien davon abgekommen und ist zur Verwendung imprägnierter Tücher übergegangen. Z. B. wird Teerölimprägnierung zum Teil bei Tüchern für Wandplatten- und chemische Fabriken, Imprägnierung mit Kupferoxydammoniaklösung bei Tüchern für die keramische Industrie (kupfergrüne Tücher) angewandt. Diese Imprägnierung schützt zugleich vor Faulwerden und Verstocken und verleiht dem Gewebe eine lackartige glatte Oberfläche, wodurch das Loslösen der Schlammschicht begünstigt wird [vgl. A. R. Peer: Chem. Fabrik 1, 82 (1928)].

3. Rohstoffe und Eignung der Tücher.

Weitaus am häufigsten werden Baumwolltücher, besonders aus amerikanischer Baumwolle mit wenig quellbarer Faser verwendet. Sie sind widerstandsfähig gegen heiße und kalte wäßrige Lösungen, gegen schwache Säuren, H_2SO_4 bis etwa 3—8%, freie Alkalien bis etwa 5%, ferner gegen Alkohol und Öle. In schwerer Webart werden sie auch zur Teerfiltration verwendet.

Wolltücher widerstehen etwas stärkeren Säuren in kaltem Zustande, sind aber teurer. Durch heiße Flüssigkeiten verfilzen sie leicht. Schafwollpreßtuch verträgt etwa 15—20%ige H_2SO_4, weniger gut Salzsäure.

Kamelhaartücher vertragen 30%ige H_2SO_4 und 10%ige HCl, Pferdehaartücher 10%ige HCl, jedoch weniger gut H_2SO_4 [s. Chemiehütte, S. 95. 1927], Seidetücher 5%ige kalte Flußsäure. Auch Ziegenhaar wird verwendet. Schwere, teure Woll- und Haartücher werden als Preßtücher bei den Ölpressen verwendet (s. S. 306).

Für stark saure Lösungen, jedoch nicht für alkalische Lösungen, eignen sich die von der I. G. Farbenindustrie A. G., Werk Leverkusen präparierten nitrierten Baumwolltücher mit etwa 12—12½% N_2. Sie erreichen die 50—100fache Lebensdauer wie die nicht nitrierten Tücher. Sie sind beständig gegen

Schwefelsäure	bis zu 40% bei 20° C	Salzsäure	jeder Konzentration bei 20° C
	bis zu 20% bei 40° C		bis zu 10% bei 40° C
	bis zu 10% bei 60° C		bis zu 5% bei 60° C

Sie werden benutzt für die Filtration von überschüssige Säuren enthaltenden Lösungen von Eisensulfat, Zinkchlorid, Magnesiumchlorid usw. Sie eignen sich ferner für die Filtration der Waschsäuren in der Schwefelsäurefabrikation, der stark sauren Lösungen der Teerfarbenindustrie, von organischen Säuren usw. Wegen ihrer leichten Entflammbarkeit, besonders in trockenem Zustande, sind sie vor Feuer zu schützen. Nitrotücher sind deshalb zur leichten Erkennbarkeit rot gefärbt. Sehr große Säurebeständigkeit erreichen auch die Nitratseidetücher von Dr. H. Gradl, München. Für konzentrierte Säuren und Alkalien eignen sich Asbesttücher, die jedoch in nassem Zustand einer besonders sorgfältigen Behandlung bedürfen [vgl. auch L. Stein: Chem. Apparatur **13**, 37, 55 u. 81 (1926); ferner daselbst **19**, 89, 133 (1932)].

4. Lebensdauer.

Die Lebensdauer der Filtertücher spielt für die Wirtschaftlichkeit der Filtration eine Rolle. Sehr oft ist die mechanische Beanspruchung die Ursache des Verschleißes. Bei Filterpressen ist die zur Abdichtung zwischen den Rahmen eingeklemmte Tuchfläche am meisten dem Verschleiß ausgesetzt. Diese Frage ist eingehend behandelt bei S. Thieler [Die Filtration in der Zuckerindustrie, S. 70. 1931]. Die Lebensdauer der Filtertücher in den Zuckerfabriken bewegt sich danach durchschnittlich etwa zwischen 12 und 60 Betriebstagen. Die Behandlung der Tücher bei der Regeneration (Auswaschen) ist von großem Einfluß. Bei größeren Filtrieranlagen lohnen sich Filtertuchwaschmaschinen. Das Eintrocknen von säuregetränkten Tüchern, auch an überstehenden Tuchrändern von

Filterpressen führt zu vorzeitiger Zerstörung. Unscheinbare Ursachen sind mitunter von großem Einfluß. P. G. Kronacker [Ztschr. angew. Chem. **43**, 1032 (1930)] stellte raschen Verschleiß von Tüchern der Sweetland-Filter fest, wenn die Zuckerrohsäfte Spuren von Sulfiden enthielten.

D. Lose geschichtetes Filtermaterial.

Durch lose geschüttetes Filtermaterial kann man bei geeigneter Korngröße und Art des Filtermediums nicht nur eine Filtration an der Oberfläche der Filterschicht erzielen (Oberflächenfiltration). Durch die Verengungen und Erweiterungen der Filterporen und durch die häufigen Richtungsänderungen ebenso durch Adsorptionswirkung findet auch im Innern der Filterschicht eine Filterwirkung statt (Raumfilter). Lose geschüttetes Filtermaterial bietet auch die Möglichkeit einer leichten Reinigung durch Aufwirbelung des Filterbettes mit einem Flüssigkeitsstrom (Sandwäsche, vgl. Bd. II, S. 292), wobei die Verunreinigungen weggespült werden. Sand- und Kiesfilter werden fast durchweg in Wasserwerken zur Reinigung des Trinkwassers und des für technische Zwecke verwendeten Flußwassers angewandt (vgl. Reinigung von Fabrikationswasser usw., Bd. II, S. 246). Der dabei verwendete Filtersand hat eine Korngröße von im allgemeinen unter 2 mm [wirksamer Korndurchmesser (d_w) im Mittel 0,28—0,4 mm] und ist in einer Schicht etwa 0,6—1,2 m aufgeschüttet. Darüber werden weitere Schichten von allmählich gröber werdender Körnung in einer Gesamtstärke von etwa $^3/_4$—1 m angeordnet (Strömungsgleichung s. S. 243 und 244).

Durch Verwendung aktiver Filtermedien kann man mit der Filtration eine Entfärbung oder Bleichung verbinden. Hier kommen in Betracht Aktivkohle (verschiedene Wasserwerke), ferner Tierkohle oder Bleicherde, die man in der chemischen, in der ölverarbeitenden und Zuckerindustrie häufig verwendet. Infolge der geringen Korngröße ist in der Volumeneinheit eine sehr große Oberfläche wirksam, wie aus folgender Betrachtung hervorgeht. Denkt man sich die Teilchen des Filtermaterials als Kügelchen von unter sich gleichem Durchmesser d, so ist bei einem Porenvolumen ε die in 1 m³ Raum enthaltene Teilchenzahl

$$n = \left(\frac{1}{d}\right)^3 \cdot \frac{6 \cdot (1 - \varepsilon)}{\pi} \tag{54}$$

und die Gesamtoberfläche der in 1 m³ Raum vorhandenen Kügelchen

$$O = \frac{1}{d} \cdot 6\,(1 - \varepsilon)\,. \tag{55}$$

Mit einem Porenvolumen von $\varepsilon = 0{,}35$ errechnet sich Tabelle 3, S. 276.

Die Kornverteilung ist bei Dünensand nach Pennink [vgl. F. Fischer: Das Wasser, S. 127. 1914] zu 6% über 0,5 mm Größe; 47% zwischen 0,2 und 0,5 mm, weitere 47% unter 0,2 mm Größe. Die Wasseraufnahme (Porenvolumen) in natürlichem nassen Zustand beträgt etwa 25% des Gesamtvolumens. Nach Hütte [21. Aufl., Bd. 3] hat Dünensand einen wirksamen Korndurchmesser d_w (vgl. S. 250) von nur 0,18 mm.

Tabelle 3. Anzahl n und Gesamtoberfläche O m² von kleinen Kügelchen in 1 m³ Raum bei 35% Porenvolumen nach den Gleichungen (54) und (55).

Vergleichskorngröße natürlicher Materialien	Durchmesser der Kügelchen d mm	Anzahl n der Kügelchen in 1 m³ ($\varepsilon = 0,35$)	Gesamtoberfläche der Kügelchen O m²/m³
Steine > 10 mm	10	1,24 Million	390
Grobkies 5—10 mm	5	9,92 „	780
Feinkies 2—5 mm	4	19,37 „	975
	3	45,75 „	1300
Sehr grober Sand 1—3 mm	2	155,2 „	1950
	1	$1,24 \cdot 10^9$	3900
Grober Sand 0,5—1 mm	0,5	$9,92 \cdot 10^9$	7800
Mittelfeiner Sand 0,25—0,5 mm	0,25	$19,4 \cdot 10^9$	15600
Feiner Sand 0,05—0,25 mm	0,1	$1,24 \cdot 10^{12}$	39000
Mineralstaub 0,05—0,1 mm	0,05	$9,92 \cdot 10^{12}$	78000
Tonsubstanz 0,01 mm	0,01	$1,24 \cdot 10^{15}$	390000
bis 0,0001 mm	0,0001	$1,24 \cdot 10^{18}$	3900000

Vgl. auch Lueger: Lexikon, Bd. 2, S. 109; ferner B. Block: Chem. Apparatur **17**, 88 (1930).

In Siebschleudern wird loses Filtermaterial mitunter mit gutem Erfolg als Filterschicht benutzt, indem man dieselbe vor der eigentlichen Zentrifugierung durch die Zentrifugalkraft auf den Trommelmantel ähnlich wie bei Anschwemmfiltern anschwemmt. Das zu filtrierende Gut wird dann in die mit normaler Drehzahl laufende Trommel eingebracht. Eine gleichmäßige Verteilung der Filterschicht erreicht man durch Abstreifen des überzähligen Filtermediums mit der Ausschneidevorrichtung.

E. Poröse Massen.

Das älteste Filtermedium dürfte der unglasierte Tonscherben sein, der seit alter Zeit zur Wasserfiltration benutzt wurde. In der Herstellung poröser Massen zur Filtration sind in neuerer Zeit große Fortschritte erzielt worden. Die sorgfältige Klassierung und Entstaubung der Rohmaterialien, deren Notwendigkeit aus dem S. 252 Gesagten hervorgeht, ist ein Haupterfordernis bei der Vorbehandlung der Rohmaterialien. Als Rohmaterialien kommen körnige oder faserige Massen mit den im Filter gewünschten Eigenschaften (Säure- oder Laugebeständigkeit) in Betracht, denen Schmelzzusätze und teilweise ausbrennbare, flüchtige oder auslaugbare Stoffe zugemischt werden. Die so vorbereitete Rohmasse wird geformt und zusammengesintert oder -gefrittet [vgl. H. Schmidt: Chem. Apparatur **18**, 222 (1931)]. Als Grundstoffe für solche Filtermassen werden verwendet für die Jenaer Glasfilter (Schott u. Gen., Jena), Jenaer Geräteglas 20 mit hoher Säurebeständigkeit, Plattengröße 500 × 500 oder 610 mm Durchmesser (mittlerer Porendurchmesser 40—50 μ), Porzellanton (z. B. für die Pukall-Filter), Kieselgur eventuell unter Zusatz von Asbest, Schmelzzusätzen usw., z. B. bei den Berkefeld-Filtern (Porenweite etwa 1—3 μ), bei den Gurocel-Filterplatten der Hansa-Filterwerke, bei den Diatomplatten der Filterwerke Meißen, Kommanditgesellschaft Meyer & Cie. usw. Asbest und Quarz als Grundstoffe finden Verwendung bei den „Pantel"-Filtersteinen der W. Schuler G. m. b. H., Grünstadt. Aus hochwertigem Quarz bestehen die Schumacher-Filter (Brandol), Bietigheim (Württemberg). Koks und Graphit kommen als Grundstoffe zu Filtermaterialien für starke bzw. heiße Laugen in Betracht.

Auch Kunstharz enthaltende Massen werden als Filtermassen verwendet. Ferner Hartgummi bei den Hartgummifiltern der Firma F. Clouth, Köln-Nippes und der Continental-Gummiwerke A.G., Hannover. Poröses Weichgummifiltermaterial für Säuren und Laugen bis 70—80° C bringt die Darex A.G. für Kautschukverarbeitung, Frankfurt a. M. auf den Markt.

Zur Verringerung der Gefahr der Porenverstopfung werden Filtermassen häufig mit einer eigentlich filtrierenden, oberen feinporigen Filtrierschicht hergestellt, während der übrige Teil der Filtermasse mit gröberen Poren, jedoch höherer Druckfestigkeit ausgeführt wird [vgl. hierzu K. Kutzner: Chem. Fabrik 4, 227 (1931)].

F. Filterhilfsstoffe.

Bei der Klär- oder Feinfiltration gehen Schwebestoffe von sehr geringer Teilchengröße und von schleimiger kolloidaler Beschaffenheit infolge ihrer Schlüpfrigkeit leicht durch die Filterporen, oder sie bilden auf dem Filtermedium eine die Filtration hemmende klebrige Schicht. Durch Zusatz geeigneter Stoffe, die man Filterhilfsmittel nennt, lassen sich solche Suspensionen, z. B. Zuckersäfte, Gelatine, Leim, Firnisse usw., zur Filtration viel geeigneter machen. Es kommen für diesen Zweck besonders poröse und faserige Stoffe in Betracht, welche schon in der Suspension die Neigung haben, die schleimigen, kolloidalen suspendierten Teilchen aufzusaugen, durch Adhäsion an sich zu binden, oder an ihrer Oberfläche zu agglomerieren. Sie sollen außerdem in der auf dem Filtermedium niedergeschlagenen Schicht ein Skelett abgeben und die sonst schwer durchlässige Schicht locker und durchlässig halten. Auch die elektrische Aufladung der Filterhilfsstoffe spielt eine Rolle. Als solche Mittel wirken z. B. je nach der Art der Suspensionen Holzmehl (das jedoch durch seinen Auftrieb Nachteile hat), Fasern, z. B. Asbestfaser (Seitz-Filter), Bleicherde, Fullererde, Aktivkohle usw. Es handelt sich also durchweg um Stoffe mit großer Adsorptionsfähigkeit. Speziell zur Verwendung als Filterhilfsmittel werden aus kalifornischen Guren die Celite (Hyflo-Supercel, Standard-Supercel und Filtercel), das sind sehr poröse, zellige Mineralpulver von geringem spezifischen Gewicht, hergestellt (Vertrieb Fritz Scheibler, Maschinenfabrik, Elberfeld). Es sind chemisch inaktive Stoffe, die leicht in der Flüssigkeit suspendiert bleiben und die Eigenschaften des Filtrats nicht beeinflussen. Die einzelnen Sorten unterscheiden sich durch ihre Porenfeinheit. In einer Menge von meist $^1/_{10}$—$^1/_2$‰ des Gewichts der Rohlösung in die zu filtrierende Flüssigkeit eingerührt erleichtern sie bei Fruchtsäften, Ölen, Sirupen (Zuckerindustrie), Lacken,

Firnissen, Leim usw. die Filtration oft erheblich [vgl. F. Krczil: Untersuchung und Bewertung technischer Adsorptivstoffe, 1931].

G. Beurteilung von Filtermedien; Filtercharakteristik.

Über die schon genannten oft sehr wichtigen qualitativen Eigenschaften, die für einen bestimmten Zweck verlangt werden müssen, kann nur im einzelnen Fall entschieden werden. Der Preis spielt hierbei oft eine geringere Rolle als die niedrigsten spezifischen Betriebskosten bzw. die vollkommenste Erreichung des Zweckes.

Zur Kennzeichnung der Durchlässigkeit ist jedoch neben der Angabe des Porenvolumens (und der Dicke bei Filtersteinen, Gewicht je 1 m^2 bei Filtertüchern usw.) eine generelle Charakteristik möglich. Sie besteht in der Angabe derjenigen mit Luft bzw. Wasser von 15^0 C (bzw. Temperaturangabe) erreichten Filtriergeschwindigkeit w, bei welcher die spezifische Durchlässigkeit auf einen bestimmten Bruchteil der spezifischen Grenzdurchlässigkeit heruntergegangen ist. Bei feinporigen Medien kann dieser Bruchteil zu 90%, 95% und mehr, bei gut durchlässigen zu 80%, 50% und weniger gewählt werden. Diese Filtercharakteristik ist sehr leicht bei einer Filterprüfung festzustellen. Nach Gleichung (12) bedeutet diese Angabe nichts anderes als die Geschwindigkeit (d. h. indirekt die Reynoldssche Zahl), bei welcher der Einflußwert $\mathfrak{K}_F$ in Abb. 3 (S. 240) den Wert 0,95 bzw. 0,90, 0,80 usw. erreicht. Eine einzige Angabe dieser Art schließt nach den Gleichungen (18) und (19), S. 245 die Mitteilung der wichtigsten Bestimmungsgrößen für ein Filter ein, sofern ein hydrodynamischer Vorgang vorliegt.

V. Technische Filter.

A. Allgemeines.

Für eine aus einer bestimmten Fabrikation erwachsende Aufgabe steht es fest, ob aus einer gegebenen Suspension der Feststoff, die Flüssigkeit oder beides zu gewinnen ist. Zur Ermittlung der für eine technische Filtration erforderlichen Apparatur sind nach dem Vorstehenden die Ermittlung folgender Daten wichtig:

a) Die Menge der stündlich bzw. je Arbeitsschicht oder -tag zu bewältigenden Menge der Suspension (Durchsatz).

b) Das Verhältnis der Festsubstanz zur Lösungsmenge (Prozentgehalt an Festsubstanz).

c) Die Art der Festsubstanz, Größe, Beschaffenheit, eventuell Form des Korns (krystallin, schlammig, kolloidal, schleimig). Sie bestimmt die Beschaffenheit des Kuchens. Eventuell Sedimentationsanalyse und Ermittlung der Sedimentationsgeschwindigkeit.

d) Eigenschaften der zu filtrierenden Lösung. Neutral, sauer oder basisch, Korrosionseigenschaften, Konzentration, Viscosität, Temperatur. (Bestimmend für Materialfrage, Porenweite usw.)

e) Ergebnis der Filtrationsprobe nach S. 267, Filtriergeschwindigkeit, Kuchendicke eventuell Filtrationshemmungen. Welcher Filterüberdruck ist vorteilhaft?

f) Welche Anforderungen werden an das gewonnene Produkt gestellt?

α) Muß die Lösung vollkommen klar sein?

β) Muß der Filterkuchen ausgewaschen werden?

γ) Welchen Feuchtigkeitsgehalt darf der gewonnene Filterkuchen haben? Eventuell Trocknung oder Weiterverarbeitung in feuchtem Zustand.

Durch die verschiedenen Arten der Filtration bzw. der verwendeten Filtermedien, Drucke usw. sind für das Erreichbare gewisse Grenzen gezogen. Es ergibt sich dann aus obigen Forderungen und den Eigentümlichkeiten der einzelnen technischen Filter eine engere Wahl für die in Betracht kommende Apparatur, die besonders auch durch die Wirtschaftlichkeit bedingt wird.

B. Wirtschaftliche Gesichtspunkte.

Neben den Rücksichten auf die Eigenschaften des Produktes auf Eigentümlichkeiten des Betriebes (durchlaufend oder Saisonarbeit bzw. unterbrochener Betrieb) und ihres Einflusses auf den Kapitaldienst, Einordnung in andere Betriebe, Größe der Anlage usw. entscheiden für die Wahl eines Filtersystems die gesamten Filtrationskosten. Bei den diskontinuierlich arbeitenden Filtern sind im allgemeinen die Kosten der Filteranlage je 1 m^2 Filterfläche erheblich geringer als bei kontinuierlich arbeitenden automatischen Filtern. Dafür erfordern die kontinuierlich arbeitenden Filter (Drehfilter) abgesehen davon, daß sie mitunter andere Aufgaben erfüllen, erheblich weniger Bedienung. Für Wirtschaftlichkeitsvergleiche sind die spezifischen Filtrationskosten charakteristisch, die hier ohne etwaige Materialverluste in den Rückständen betrachtet werden (vgl. S. 251). Bei der Filtration in Wasserwerken betragen dieselben 1—1,5 Pfg. je 1 m^3 Filtrat [Lueger: Lexikon der gesamten Technik], wobei der größte Anteil auf den Kapitaldienst entfällt. Für Filtrationen in chemischen Betrieben, Zuckerfabriken usw. sind die Kosten je nach der mittleren Filtriergeschwindigkeit und anderen Faktoren außerordentlich wechselnd, man dürfte etwa mit dem 15—30fachen und bei schwierigeren Filtrationen, z. B. in ölverarbeitenden Betrieben mit noch höheren Zahlen zu rechnen haben. Auch die Größe einer Filteranlage ist von wesentlichem Einfluß. Bei den diskontinuierlichen Filtern (z. B. Filterpressen) überwiegen in den spezifischen Filtrationskosten naturgemäß die Lohnkosten, die meist mehr als die Hälfte, mitunter mehr als $^2/_3$ ausmachen. Neben dem Kapitaldienst machen die Unterhaltungskosten einschließlich Verschleiß der Filtertücher noch einen bemerkbaren Betrag aus, während die Kosten für den Energieverbrauch mit Ausnahme einer etwaigen Heizung sehr gering sind. Bei kontinuierlichen Filtern (Drehfilter) verschieben sich die genannten Verhältnisse. Hier dürfte der Kapitaldienst oft über $^1/_3$ der Kosten ausmachen. Die Energiekosten (Vakuumpumpe) betragen ein Mehrfaches der Kosten für die Pumpenarbeit bei Filterpressen. Hingegen vermindert sich der Anteil der Löhne meist auf weniger als etwa $^1/_3$—$^1/_4$ der gesamten Filtrationskosten. Natürlich können die oben genannten Umstände die angedeuteten Kostenverhältnisse weitgehend verschieben.

Bei diskontinuierlich arbeitenden Filtern bedingt die mit der Filtrierzeit (Kuchendicke) abnehmende Filtriergeschwindigkeit und der Einfluß der toten Zeiten (Auswaschzeit, Ausräumzeit) ein Minimum der spezifischen Filtrierkosten $s = M/L$ bei der wirtschaftlichsten Filtrierdauer bzw. Kuchendicke, wie aus der für ein Beispiel durchgeführten Abb. 29 hervorgeht. Die gesamten über der Zeitachse aufgetragenen Filtrierkosten M setzen sich hierbei aus einzelnen, annähernd der Filtrierzeit proportionalen Kostenanteilen a—f zusammen. Es ergibt sich dadurch für einen bestimmten Fall mit gegebenen Bedingungen die wirtschaftlichste Filtrierzeit (bzw. Kuchendicke) [vgl. auch J. A. Pickard: Filtration and filters, S. 586. 1929].

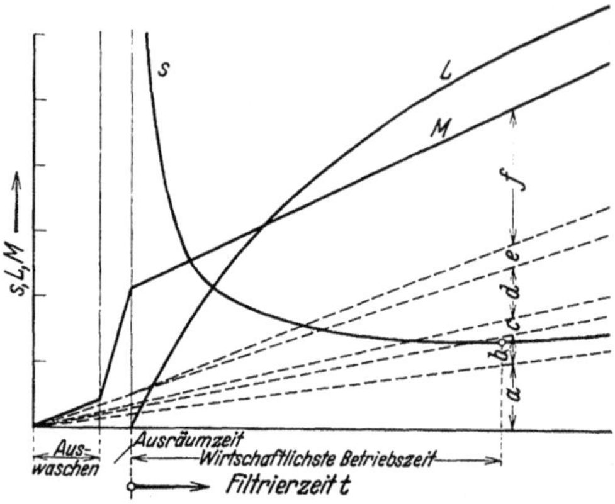

Abb. 29. Wirtschaftlichste Filtrierzeit (bzw. Kuchendicke) bei diskontinuierlich arbeitenden Filtern. *a* Kapitaldienst; *b* Reparaturkosten; *c* Tuchverschleiß; *d* Heizdampfkosten; *e* Energiekosten (Pumpe); *f* Lohnkosten, Gehaltsanteil, allgemeine Fabrikunkosten usw.; *L* Filtratmenge bzw. Kuchendicke; *M* Gesamtkosten; *s* spezifische Filtrierkosten je Leistungseinheit.

Bei kontinuierlich arbeitenden Filtern ergibt sich ein Kostenminimum bei einer bestimmten Drehzahl, wobei auch die bei Abb. 21 geschilderten Einflüsse der Konzentration der Festsubstanz zu beachten sind (vgl. S. 266).

C. Filter für vorwiegend große und mittlere Schlammkonzentrationen.

1. Diskontinuierlich arbeitende Filter.

α) Vakuumfilter (Beispiele). Von den zahlreichen Filterkonstruktionen können sowohl bei den Vakuumfiltern als auch den Druckfiltern nur einige charakteristische Beispiele genannt werden.

1. Nutschen. Eine Nutsche ist ein offenes Filter, bei welchem der erforderliche Filterdruck durch Absaugen hergestellt wird. Abb. 30 zeigt kippbare Nutschen der Maschinenfabrik Sangerhausen A. G., wie sie z. B. in größeren Einheiten bei der Tonerdeherstellung zum Absaugen des Rotschlammes angewandt werden. Ein in seinem unteren Teil gegen äußeren Überdruck von 1 atü druckfestes Gefäß ist mit einem Auflagerahmen zur Aufnahme einer kräftigen Siebplatte eingerichtet. (Der Filterdruck kann bei vollem Vakuum 10 t je m² erreichen, bei

Abb. 30. Kippnutsche mit hydraulischem Antrieb (Maschinenfabrik Sangerhausen A.G.).

grobem Korn des Filterkuchens erreicht er meist nur einen Bruchteil hiervon.) Die Nutsche nach Abb. 30 ist zur Ersparnis von Handarbeit beim Abnehmen des Filterkuchens drehbar gelagert. Der Antrieb ist hydraulisch. Die Vakuumleitung ist durch die hohle Achse mittels Stopfbüchse angeschlossen. Abb. 31 [entnommen von D. Kolb: Chem. Apparatur **13**, 89 (1926)] zeigt die Anpreßvorrichtung zur gleichen Nutsche für das Filter, die zur Einschränkung von Handarbeit sehr zweckmäßig mit Exzenterbügeln bedient wird. Kippnutschen sind auch in der Kali- und Salinenindustrie eingeführt [vgl. Bühler: Filtern und Pressen, 1921].

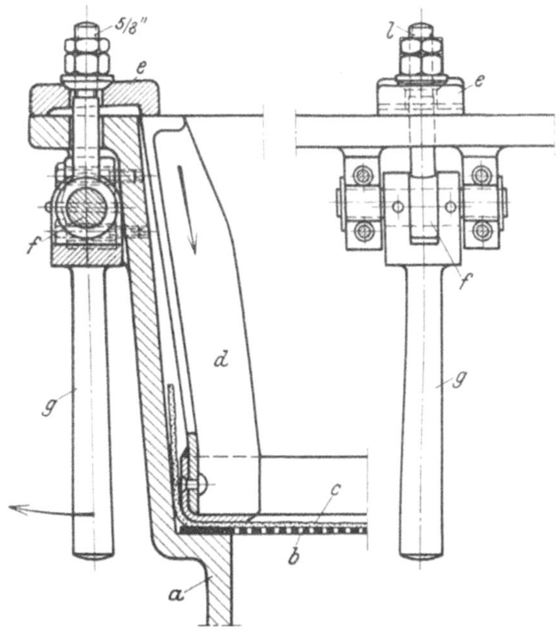

Abb. 31. Anpreßvorrichtung für das Filter (Maschinenfabrik Sangerhausen A.G.). *a* Rand des Nutschenkörpers, *b* Tragsieb, *c* Filtertuch, *d* Winkelrahmen zum Anpressen des Filtertuches, *e* Unterlagplatte mit vorspringendem Rand, *f* Exzenterbolzen, *g* Handhebel.

Abb. 32 zeigt die Spezialausführung einer Nutsche für saure Materialien, eine Sandsteinnutsche der Filtersteinfabrik W. Schuler, Grünstadt (Rheinpfalz). Der Saugraum ist bei dieser

Konstruktion so flach gehalten, daß er die unmittelbare Abstützung der Filterplatten gegen den Boden der Nutsche erlaubt. Die Vakuumleitung wird in solchen Fällen meist an den Rezipienten angeschlossen, der zum Sammeln des Filtrates unter der Nutsche angeordnet ist, so daß die Abführung der Luft aus dem Saugraum der Nutsche durch die Filtratleitung erfolgt. Die Nutschen haben in ihrem offenen Oberteil einen großen Raum für den Filterrückstand bei verhältnismäßig geringer Filterfläche. Hieraus ergibt sich ihr Verwendungsgebiet im allgemeinen für große Rückstandsmengen und konzentrierte Suspensionen, also geringe Flüssigkeitsmengen. Den auf dem Filter liegenden Rückstand kann man durch eine Brause von anhaftender Mutterlauge u. dgl. reinigen (Decken).

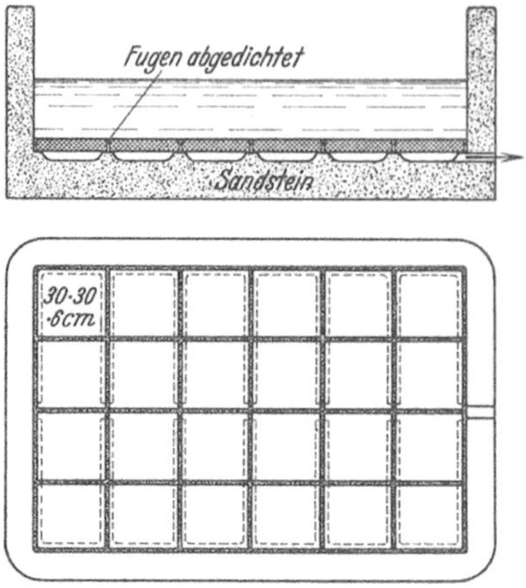

Abb. 32. Sandsteinnutsche (Wilhelm Schuler, Filtersteinfabrik, Grünstadt/Rheinpf.).

2. Tauchnutschen. Größere Filterflächen als die bei genannter Filterart bieten die Tauchnutschen. Bei dieser Filtergattung werden die mit Filtergewebe umspannten Filterrahmen, die auch als dünne Drahtmatratzen ausgeführt werden, mit einem geringen Abstand, der aber noch die Ausbildung der Filterkuchen ermöglicht, in offene Filterkasten eingehängt und an Vakuum angeschlossen. Vor dem Abnehmen der Filterkuchen muß die im Filterkasten noch vorhandene Suspension durch einen Schieber in einen tiefer stehenden Behälter abgelassen werden, worauf die Filterkuchen abgestreift werden können. Ein Aufblähen der Filtertücher mit Druckluft beschleunigt meist diesen Vorgang. Durch eine Schnecke werden die abgefallenen Filterkuchen nach dem Austrag befördert. Bei anderen Ausführungen dieser Filter können die Filterrahmen samt den Filterkuchen in ganzen Gruppen durch ein Hubwerk herausgehoben und die Filterkuchen seitlich des

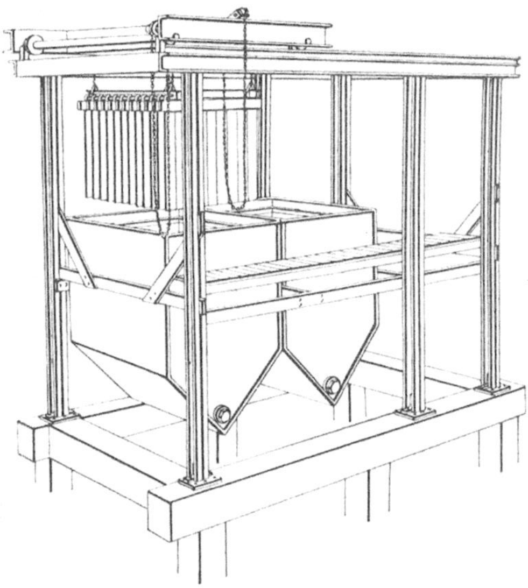

Abb. 33. Tauchnutsche mit herausnehmbaren Filterrahmen (schematisch). [Aus „Industrial Filtration“ von A. Wright, 1923.]

Filterbehälters abgenommen werden (vgl. Abb. 33). Das Ablassen der Suspension aus dem Filtertrog und die Austragschnecke wird dadurch überflüssig [vgl. A. Wright: Industrial Filtration, S. 124. 1923].

Die Verwendung von Tauchnutschen ist meist davon abhängig, daß der Rückstand nach Beendigung des Filtrationsvorganges noch am Filtertuch hängen bleibt. Andernfalls vermischen sich vorzeitig abfallende Filterkuchen wieder mit unfiltrierter Lösung. Um in den Absaugleitungen durch aufsteigendes Filtrat keinen Druckverlust zu bewirken, werden die nach dem evakuierten Rezipienten führenden Abflußleitungen für das Filtrat meist seitlich am unteren Ende der Rahmen mittels Stopfbüchsen durch den Filterkasten geführt. Wo nur geringe Unterdrucke erforderlich sind, kann die Abführung des Filtrats einfacher durch dünne Tauchrohre erfolgen, die von oben her in die Rahmen eingeführt werden. Auch Filterplatten aus porösen Massen eignen sich für Tauchnutschen. Abb. 34 zeigt einen für Filterplatten geeigneten Tauchfilterrahmen.

Abb. 34. Tauchnutschenrahmen für vier Schumacher-Doppelplatten.

Bei allen mit Unterdruck oder Entspannung im Filtratraum arbeitenden Filtern muß auf folgendes geachtet werden. Ist das Filtrat eine konzentrierte Lösung, so besteht, besonders bei niedrigsiedenden Lösungsmitteln, durch Nachverdampfen unter dem Filter die Gefahr der Krustenbildung oder Porenverstopfung durch Auskrystallisieren der Lösung.

β) Druckfilter (Beispiele). Kerzenfilter. Für Druckfilter wird naturgemäß eine geschlossene Bauart erforderlich. Für kleinere Leistungen können Druckfilter ähnlich den gewöhnlichen Nutschen mit ebener Filterfläche gebaut werden. Der Raum über der Filterfläche ist dann durch einen Deckel druckfest zu schließen. Bei Verwendung poröser Massen als Filtermedium wird wie bei dem Berkefeld-Filter der Abb. 35 oft die Kerzenform gewählt. Man kann auf diese Weise größere Filterflächen im Druckraum unterbringen und erreicht zugleich genügende Widerstandsfähigkeit des Filtermaterials gegen den Filterdruck. Der Filterüberdruck kann natürlich auch durch Evakuieren des Filtratraumes erzeugt werden [vgl. H. Schmidt: Chem. Apparatur 18, 233 (1931)].

Das hier erwähnte Filter eignet sich im Prinzip sowohl zur Klärfiltration (Trinkwasserfiltration) als auch zur Filtration von Suspensionen mit größerer Konzentration der Schwebestoffe, da der Schlammraum relativ groß ist. Die Bauart erlaubt je nach der Festigkeit des Gehäuses und der Kerzen die Anwendung höherer Drucke.

Die Filterpresse. Eine der bekanntesten und bewährtesten Konstruktionen um große Filterflächen auf kleinem Raum unterzubringen ist die Filterpresse. Der für den Filterrückstand verbleibende Raum ist hier verhältnismäßig gering, da auch die Filterrahmen aus konstruktiven und Festigkeitsgründen eine gewisse Stärke erfordern. Die zwischen je zwei Filterplatten auf zwei gegenüberstehenden Filterflächen getrennt entstehenden Filterkuchen wachsen gegen Schluß einer Filterperiode zu einem einzigen Filterkuchen zusammen, wenn dies nicht durch Spezialkonstruktionen verhindert wird. Die Filtrationskurve *AC* bzw. *AD* (Abb. 19, S. 265) biegt im Zeitpunkt des Zusammenwachsens der Kuchen, also je nach der Rahmendicke nach kürzerer oder längerer Filtrationszeit, mit einem Knick rasch in die Horizontale ein. Man rechnet, wenn nicht Ausnahmefälle vorliegen, bei schwieriger filtrierbaren Produkten mit etwa 10 mm, bei gut filtrierbaren Produkten mit etwa 25 mm bis maximal etwa 50 mm Dicke des zusammengewachsenen Filterkuchens. Das ergibt also je 1 m² Filterfläche 5—25 l freien Raum für den Rückstand. Die Ermittlung der günstigsten Kuchendicke (vgl. S. 267 und 268) ist hier von Bedeutung. Damit ergibt sich als natürliches Anwendungsgebiet der Filterpresse die Bewältigung relativ großer Flüssigkeitsmengen mit nicht zu großem Gehalt an Feststoffen. Sie wird auch häufig als Klärfilter verwendet. Bei der Filtration größerer Mengen von Suspensionen mit hohem Gehalt an Feststoffen ist eine zu häufige Ausräumung des Rückstandes erforderlich, die mit viel Handarbeit verknüpft ist. Durch ihre Bauart erlaubt die Filterpresse die Anwendung höherer Drucke. Oft reichen schon $^1/_2$ at, häufig jedoch erst 2—3 oder 5 at Überdruck zur Filtration aus. Mitunter, z. B. in Paraffinfabriken, werden 15—20 at, in besonderen Fällen 30 und 50 at Filterdruck erforderlich. Die gebräuchlichsten Filterpressen werden meist für 3, 6, 10 und 12 at Betriebsdruck gebaut mit Filterflächen von 0,5—260 m² bei 4—96 Filterkammern. Die größeren Abmessungen über 1 m² Rahmengröße und über 60—80 Kammern sind jedoch seltener im Gebrauch.

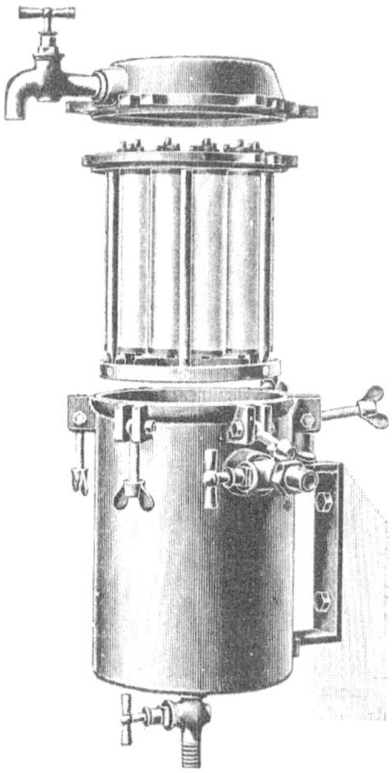

Abb. 35. Filtertopf mit hängenden Kerzen zur Trinkwasserreinigung, auseinander genommen (Berkefeld-Filter G. m. b. H., Celle).

Die meist quadratischen, für höheren Druck kreisförmigen Filterplatten sind mit Rillen für den Ablauf der Flüssigkeit versehen. Die Filterplatten bzw. -rahmen sind zwischen zwei den gesamten Filterdruck aufnehmenden kräftigen Spindeln mittels seitlich vorspringender Nasen aufgehängt, wie aus der Ausführungsform der Firma Wegelin & Hübner (Abb. 36) ersichtlich ist. Zwei kräftige Kopfstücke von der Größe der Filterplatten, von denen das eine auf den Spindeln verschiebbar ist, fangen den Filterdruck und den zur Abdichtung zwischen den Dichtungsflächen der Filterplatten bzw. -rahmen erforderlichen

Überdruck auf und übertragen ihn auf die Spindeln. Das Anpressen der Abdichtungen durch das bewegliche Kopfstück vor dem Beginn der Filtration bzw. das Abheben des Kopfstückes zum Ausräumen der Presse geschieht mittels Schraubenspindel, eventuell mit Zahnradübertragung oder durch hydraulischen Druck. Zwischen den einzelnen in der bekannten Weise [vgl. F. A. Bühler: Filtern und Pressen, S. 70. 1921; desgleichen Chemiehütte, S. 307. 1927] mit Tuch *T* bespannten Filterrahmen *F* (Abb. 37) verbleibt ein Hohlraum *H*, in welchem sich der Filterrückstand ansammeln kann. Dieser Hohlraum oder die Filterkammer wird bei den Kammerfilterpressen durch eine Verdickung *K* am Rand der Filterplatte bewirkt. Bei der Rahmenfilterpresse erreicht man dasselbe durch einen zwischen zwei bespannte Filterrahmen geschalteten Leerrahmen *R*. Die Arbeitsfläche der Filterplatten *F* ist in der bekannten Weise gerillt. Für eine Verteilung der Suspension, die durch einen Einlaßstutzen am festen Kopfstück aufgegeben wird, sorgen Verbindungs- oder Füllkanäle *S* zwischen den Hohlräumen *H*, die von den Räumen *O* (Rillen der Filterplatten) für das klare Filtrat abgedichtet sind. Aus den Räumen *O* fließt das klare Filtrat durch die an den Platten *F* unten seitlich angebrachten Ablaufhähne ab. Ein eventuelles Auswaschen des Filterkuchens erfolgt durch die Zuführung von Waschlösung von unten her bei jeder Platte mit ungerader Nummer durch den Waschkanal *W*, indem die Ablaßhähne dieser Platten geschlossen werden. Durch Öffnen der Ablaßhähne an den Platten mit gerader Nummer schafft man einen Abfluß für die Waschlösung und

Abb. 36. Eiserne Rahmenfilterpresse mit Heiz- oder Kühlvorrichtung in jeder Platte und in den Kopfstücken (Wegelin & Hübner, Maschinenfabrik A. G., Halle a. S.).

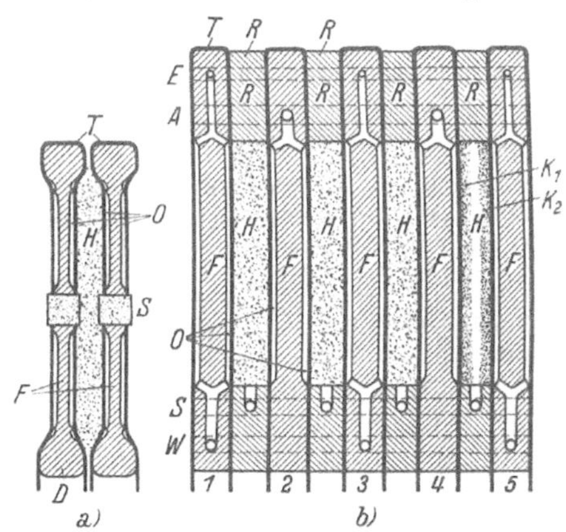

Abb. 37. Schnitt durch Filterpreßrahmen [Chemiehütte, 1927]. *a* Kammerfilterpresse, *b* Rahmenfilterpresse, *T* Filtertuch, *F* Filterplatten, *D* verdickter Plattenrand, *H* Hohlraum für Filterkuchen, K_1 und K_2 Filterkuchen vor dem Zusammenwachsen, *S* Füllkanal, *W*, *A* Zulauf bzw. Ablauf für Waschflüssigkeit, *O* Rillen für Filtrat, *E* Entlüftungskanal.

erreicht die Durchströmung der gebildeten Filterkuchen mit Waschlösung. Eine vollkommenere Art der Auswaschung wird dadurch erzielt, daß man durch eine Entlüftungsleitung *E* zunächst die Luft aus den Rillen hinter dem Filtertuch und im oberen Teil der Kammern entfernt und das Waschwasser bei den Platten mit gerader Nummer durch den Kanal *A* oben ableitet (s. Abb. 37). Letzteres ist besonders wichtig, wenn die Sedimentationsgeschwindigkeit der Suspension von gleicher Größenordnung wie die Geschwindigkeit der Kuchenbildung ist. Der Filterkuchen wird dann im unteren Teil der Kammern rascher gebildet als oben. Ein gleichmäßig wirksamer Waschvorgang [über den Auswaschvorgang vgl. S. Thieler: Die Filtration in der Zuckerindustrie, 1932] wird dadurch erschwert.

Auch das Nachtrocknen der Filterkuchen mittels durchgeblasener Preßluft ist möglich. Der Waschwasserverbrauch ist relativ gering. Filterpressen erfordern, besonders wenn gutes Auswaschen verlangt wird, eine gewissenhafte und sorgfältige Bedienung. Die Ausräumarbeit, die bei größeren Pressen, je nach dem Anhaften der Filterkuchen und etwa erforderlicher Reinigung und Nachsehen der Filtertücher, etwa erforderliches Auflegen von Filtrierpapier usw. unter Umständen 1 h und länger in Anspruch nehmen kann, wird zweckmäßig von zwei Arbeitern geleistet. Beim eigentlichen Preßvorgang, wobei nur das klare Ablaufen des Filtrats und der Filterdruck zu beobachten sind, genügt meist ein Mann zur Bedienung mehrerer Pressen. Den Filterüberdruck läßt man mitunter durch ein Sicherheitsventil mit Signalvorrichtung automatisch begrenzen. B. Block [Hütte, Bd. 4, S. 386. 1927] macht bei der Besprechung der Reinigung des Zuckerrohsaftes nach der ersten Saturation über die Filterpressen folgende Angaben: Kuchendicke 15—30 mm, demnach gegen Ende zu durchfiltrierende Schicht 7,5—15 mm. Laufzeit 1—2 h. Absüßen (= Auswaschen der Kuchen) 20—30 min. Entleeren 10 min. Täglich nutzbare Laufzeit 17 h, sie ist abhängig vom Schlammgehalt, der letztere in der Hauptsache vom Ätzkalkzusatz. Filtriergeschwindigkeit 0,09—0,2 m/h, zweckmäßig 0,1—0,12 m/h [für Dünnsaft vgl. auch S. Thieler: Die Filtration in der Zuckerindustrie, 1931].

Als Material für die Filterplatten kommen meist Holz oder Metall mit Filtertuchbekleidung, neuerdings auch Filtersteine in Betracht. Die Kopfstücke und Metallteile können auch verbleit, gummiert oder in Sondermaterialien ausgeführt werden. Filterpressen mit Holzplatten und -rahmen arbeiten meist bei einem Betriebsdruck von 3—5 atü. Mit gußeisernen Platten und Rahmen sind höhere Drucke möglich (etwa 10—20 at).

Die Filterpressen werden in fast allen Zweigen der chemischen Industrie seit Jahrzehnten angewandt. Sie dienen sowohl zum Abfiltern von verhältnismäßig leicht filtrierbaren Schlämmen mit wäßrigen, sauren und alkalischen Filtraten als auch für die schwieriger filtrierbaren Säfte in der Zuckerindustrie und für zum Teil sehr schwierig filtrierbare Suspensionen von Ölen mit Bleicherden, Kontakten usw., ferner zum Abpressen von Paraffingatsch, zum Reinigen von Lacken, Firnissen u. dgl. Vgl. G. Génin: La Filtration industrielle, 1934.

Gekapselte Filterpressen. Eine Abart der Filterpressen stellen das Sweetland-Filter und das Kelly-Filter dar, die amerikanischen Ursprungs sind. Ihre Bauart und Wirkungsweise erinnern an eine gekapselte Tauchnutsche. Mit beiden Typen ist mit Erfolg versucht worden, die Handarbeit beim Ausräumen auf weniger Handgriffe zu beschränken. Durch Einschluß der Filterrahmen in ein druckfestes Gehäuse vermeidet man die bei der gewöhnlichen Filterpresse meist durch die Filtertücher selbst bewirkten Abdichtungen zwischen den Rändern der einzelnen Rahmen. Dies führt zur Verminderung des Verbrauchs

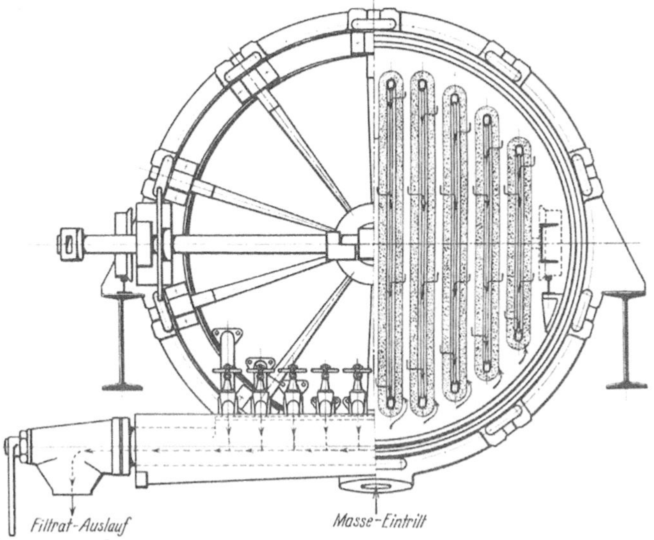

Abb. 38. Kelly-Filter. Vorderansicht mit Teilschnitt durch Rahmen und Schlammkuchen (Wegelin & Hübner, Halle a. S.).

an Filtertüchern. Die Dichtungen beschränken sich auf die Abdichtung des Gehäuses.

Bei der Filtration leichtsiedender Lösungsmittel ist die Einkapselung der Filterrahmen ein Vorteil. Der Rahmeneinbau kann beim Sweetland-Filter durch Aufklappen der unteren Hälfte des längsgeteilten Gehäuses, beim Kelly-Filter (vgl. Abb. 38 bzw. 39) und einer Abart des Sweetland-Filters, durch Ausfahren der auf einem Wagen montierten, mit dem Deckel verbundenen Filterrahmen freigelegt werden. Die Filterrahmen des Sweetland-Filters sind als senkrecht zur Gehäuseachse stehende runde Scheiben, die des Kelly-Filters als parallel zur Gehäuseachse angeordnete rechteckige Rahmen ausgebildet. Da die Filterrahmen beim Ausräumen des Rückstandes nicht aus ihrer Lage gebracht werden, sondern durch Druckluft aufgebläht werden, läßt man die Filterkuchen nicht wie bei der Kammer- und Rahmenpresse zusammenwachsen, sondern unterbricht die Filtration schon vorher. Die dazu erforderliche Zeit wird durch Ausprobieren ermittelt. Vor dem Entfernen des Filterkuchens muß wie bei einer Tauchnutsche der Schlammrückstand bzw. nach dem Auswaschen die im Filterraum verbliebene Waschlösung, abgelassen werden. Das Verdrängen eines Teils der Porenflüssigkeit im Filterkuchen erfolgt durch Aufgeben von Druckluft in das Filtergehäuse und Durchblasen durch die Rahmen. Es ist ebenso wie das Auswaschen mit relativ wenigen Ventil- und Hahnumstellungen zu erreichen. Die Waschflüssigkeit und die Preßluft haben nur die halbe Filterkuchenstärke wie bei den zusammengewachsenen Kuchen der Rahmenpresse und nur ein Filtertuch zu durchdringen, anstatt, wie dort, zwei. Allerdings macht sich eine etwaige Sedimentation im Filtergehäuse durch ungleiche Kuchendicke und ungleiches Auswaschen und Nachtrocknen stärker bemerkbar als bei den

Abb. 39. Kelly-Filter, 1200 mm Zylinderdurchmesser, 41 m² Filterfläche (Wegelin & Hübner, Halle a. S.).

durch die Rahmendicke in ihrer Stärke festgelegten Kuchen der gewöhnlichen Rahmenfilterpresse. Die Gesamtanordnung und Vorrichtung zum Ausfahren der Rahmen und des Deckels ist aus Abb. 39 ersichtlich. Kelly-Filter werden von der Firma Wegelin & Hübner, Halle a. S. bis 140 m² Filterfläche und normalerweise für 4 atü Betriebsdruck gebaut. Die Mehrleistung gegenüber der gewöhnlichen Rahmenpresse, bezogen auf die Filterflächeneinheit, beträgt nach Katalogangaben mindestens 80% (unter Betriebsverhältnissen der Zuckerindustrie). Die Mehrleistung ist um so höher, je leichter das Material zu filtrieren ist. Sie soll bei der Filtration von Calciumcarbonat mit Kohle in der Harnstofffabrikation etwa 350% betragen (vgl. auch Filtriergeschwindigkeit, S. 268).

2. Kontinuierlich arbeitende Filter.

α) **Allgemeines.** Bei sehr großen mit Filtern zu bewältigenden Rückstandsmengen, besonders bei Produkten, die keinen hohen Preis erzielen, erfordert das Ausräumen des Rückstandes aus diskontinuierlichen Filtern oft einen zu hohen Aufwand an Löhnen und bedingt infolge der langen Ausräumungszeit eine verhältnismäßig geringe Ausnutzung der Apparatur. Diese Nachteile hat man durch die kontinuierlichen Filter mit automatischer Abnahme des Filterkuchens mit Erfolg zu beheben versucht. Ist die Konzentration der Suspension erheblich unter der optimalen (vgl. S. 266), so kann man durch Vorschalten eines Eindickers (s. S. 77) eine Vorkonzentrierung und damit günstige Konzentration der Suspension und eine Steigerung der Filterleistung erzielen (z. B. nach der ersten Saturation bei der Zuckerfabrikation in Amerika). Man verwendet die Drehfilter mit Vorteil in der salzverarbeitenden Industrie zum Trennen von Salzschlämmen und Mutterlaugen, zum Abfiltrieren von Gipsschlamm usw., ferner für die Abtrennung von Kaustizierschlamm bei Herstellung von Ätzkalien, in der anorganischen und organischen Farbenindustrie zum Abtrennen unlöslicher Farbstoffe aus Suspensionen, ferner zum Absaugen und Vortrocknen von Cellulose, von Schlempe usw., in der Zementindustrie zum Absaugen von Zementrohschlamm, zum Absaugen von Schlämmen in Kohle- und Erzwäschereien usw. Nach S. Thieler ist das Drehfilter unter Vorschaltung eines dem Scheibenfilter (Abb. 45) ähnlichen Eindickers geschlossener Bauart zunächst versuchsweise auch in der Zukkerindustrie verwendet worden.

Abb. 40. Trommelzellenfilter von 12 m^2 mit dreireihiger Waschvorrichtung (Maschinenfabrik R. Wolf A. G., Magdeburg-Buckau).

β) **Saugzellenfilter.** Als konstruktive Vorstufe des Saugzellenfilters kann die Drehnutsche gelten [A. Wright: Industrielle Filtration, S. 276, Fig. 115. 1923]. Die Tröge einer Nutsche sind sektorförmig in eine Drehtrommel eingebettet. Der nächste bauliche Schritt mußte entwicklungsgemäß das Saugzellenfilter sein. Dieses wird in drei Grundformen gebaut, als Planzellenfilter mit horizontalem Drehfiltertisch, in Trommelform mit Außenfilter und als zylindrisches Innenfilter.

1. Trommelzellenfilter. Abb. 40 zeigt ein Trommelzellenfilter der Maschinenfabrik R. Wolf A. G., Magdeburg-Buckau. Die langsam, d. h. mit etwa $^1/_3$ bis 2 und 3 Umdrehungen je min umlaufende Trommel wird über den seitlich angebrachten Saugkopf auf einen bestimmten Teil des Umfangs evakuiert. Die Filterfläche taucht etwa mit dem dritten Teil ihres Umfangs in den mit dem zu filtrierenden Gut beschickten Trog und nimmt dadurch den angesaugten Filterkuchen auf dem filtrierenden Trommelumfang mit. Durch die nach dem Auftauchen weiterhin

wirksame Filterfläche wird ein großer Teil der noch anhaftenden Flüssigkeit abgesaugt. Der Filterkuchen kann in geeigneter Höhe der Trommel durch eine Brause oder Düsen mit Waschflüssigkeit behandelt werden, die durch den Steuerkopf getrennt in einem zweiten Rezipienten aufgefangen werden kann. Vor dem Wiedereintauchen der Filterfläche wird der Filterkuchen je nach Beschaffenheit durch ein Schabemesser selbsttätig entfernt oder durch eine mit Gummi belegte Abnahmewalze abgetragen, die für den Filterkuchen eine größere Haftfestigkeit besitzen muß als das Filtertuch.

Abb. 41. Gußeiserne Trommel eines Saugzellenfilters (Maschinenfabrik R. Wolf A. G., Magdeburg-Buckau).

Die hohle Filtertrommel ist, wie aus Abb. 41 ersichtlich, durch eine größere Anzahl etwa 18—28 radial um die Achse angeordnete Scheidewände in Zellen aufgeteilt, die trichterförmig nach der Mitte verlaufen. Am Trommelumfang sind die Zellen mit gelochten Platten oder einer sonst geeigneten Unterlage für das Filtergewebe, unter Umständen auch mit Filtersteinen abgedeckt. Jeder Zellenraum wendet sich innen zur Seite und läuft in einen Kanal aus, der in einem angeschraubten Trommelhals seine Fortsetzung findet. Die Kanäle des Trommelhalses endigen in einer auswechselbaren Stirnscheibe, an die sich der Steuerkopf oder Saugkopf anschließt. Je nach der Filtertype erhält die Trommel nur auf einer oder auf beiden Seiten einen Steuerkopf. Die Trommelhälse dienen zugleich zur Abführung des Filtrats und als Lagerhälse für die Lagerung der Trommel. Der Steuerkopf (Abb. 42) verbindet die Zellen in Gruppen oder einzeln der Reihe nach mit jeder, nach Bedarf verschieden angeordneten Zu- und Ableitung. Die dem Verschleiß ausgesetzte Fläche (Steuerscheibe) ist auswechselbar. Durch die Kammern des Steuerkopfes können Filtrat und die durch die Brausen aufgegebene

Abb. 42. Steuerkopf eines R. Wolf-Trommelzellenfilters.

Waschlösung getrennt aufgefangen und durch die beiden Stutzen des Steuerkopfes getrennt abgeleitet werden. Die beiden schmalen Kammern des Steuerkopfes dienen zur Aufhebung des Vakuums am Filtertuch vor dem Schaber bzw. zur Reinigung der Filterfläche vor dem Wiedereintauchen in den Trog durch Rückspülung mit Dampf, Druckluft oder Wasser. R. Wolf-Saugfilter werden mit Trommeldurchmessern von 300 mm bis 2,5 m und mit Filterflächen von 0,15—33 m² gebaut.

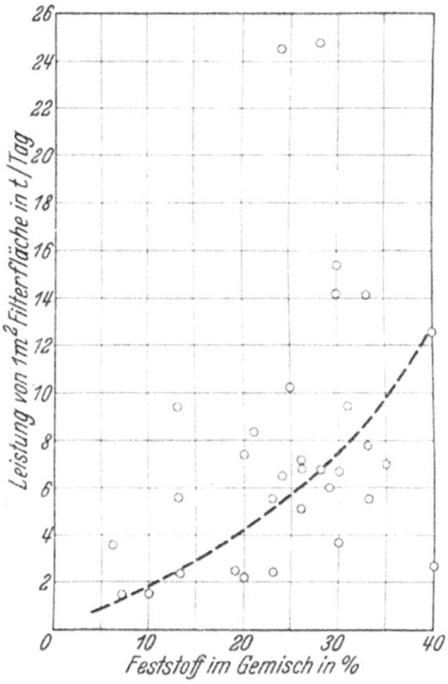

Abb. 43. Leistung eines R. Wolf-Saugzellenfilters mit Kaustizierschlamm nach Manger. [Chem.-Ztg. 55, 361 (1931)[1].]

Bei getrennter Ableitung von Waschlösung und Filtrat darf keine zu hohe Umfangsgeschwindigkeit, besonders bei großen breiten Filtern zugelassen werden. Während die Filterfläche das verhältnismäßig kurze Wegstück durchläuft, das von der Horizontalebene durch die Achse bzw. vom letzten Abfließen des Filtrats durch die Filterfläche bis zum Einsetzen des Waschvorgangs zu rechnen ist, muß das Filtrat durch die Beschleunigung der eigenen Schwere den verhältnismäßig langen Weg vom Trommelumfang bis zur Steuerscheibe durchlaufen haben. Ein etwa vor der Steuerscheibe in den Zellen verbleibender Rest vermischt sich mit der Waschlösung. Ähnliches gilt für den Abfluß der Waschlösung, doch sind hier durch die steilere Lage der Zellenwände des Waschvorganges die Bedingungen etwas günstiger. Beim Planfilter sind die Ablaufverhältnisse theoretisch günstiger.

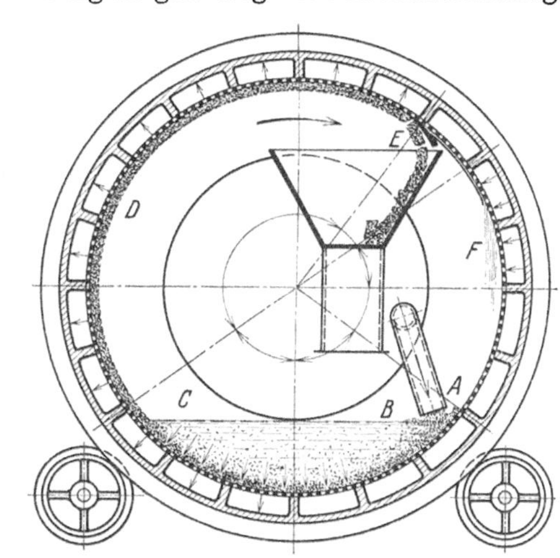

Abb. 44. Arbeitsweise des Innenfilters. Ansaugung des Schlammes nach unten (Maschinenfabrik Westfalia-Dinnendahl-Gröppel, Bochum).

2. Innenfilter. Im Gegensatz zu dem beschriebenen Trommelzellenfilter benutzt das Drehfilter der Maschinenfabrik Westfalia-Dinnendahl-Gröppel, Bochum (Abb. 44 u. 45) die Innenseite einer hohlen Trommel als Filterfläche. Der Innenraum des Filters dient dabei selbst als Aufnahmetrog für das Filtergut. Man erreicht

[1] Vgl. auch B. Waeser: Chem. Apparatur 19, 189 (1932).

dadurch bei verschiedem groben Korn der Suspension, falls diese zur Sedimentation neigt, daß die gröbsten Teilchen sich zuerst an der Filterfläche ablagern und dadurch die Durchlässigkeit des abgeschiedenen Filterkuchens größer wird. Die Austragung des Kuchens geschieht ähnlich wie bei einer Siebschleuder (vgl. Abb. 17, S. 229).

Abb. 45. R. Wolf-Scheibenfilter (D.R.P.a.).

3. Scheibenfilter. Die Aufgabe weiterer Vergrößerung der Filterfläche von Drehfiltern bei geringem Raumbedarf ist durch das Scheibenfilter gelöst [A. Wright: Industrial Filtration, S. 228, Fig. 90. New York 1923].

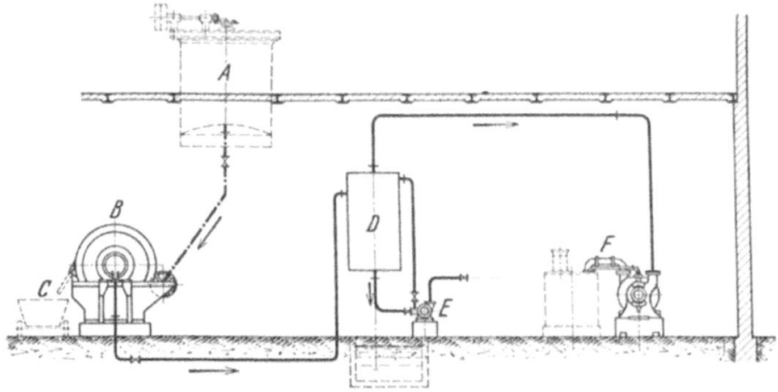

Abb. 46. Anordnung einer Trommelfilteranlage (Maschinenfabrik Westfalia-Dinnendahl-Gröppel, Bochum).
A Vorrat der Suspension, *B* Filter, *C* Kuchenaustrag, *D* Filtratbehälter, *E* Filtratpumpe, *F* Vakuumpumpe.

Abb. 45 zeigt eine moderne Bauart dieses leistungsfähigen Filters der Maschinenfabrik R. Wolf, Magdeburg-Buckau. Es ist eine Weiterbildung des bei Abb. 40, S. 289 beschriebenen Trommelzellenfilters.

4. Gesamtanordnung und Leistung. Die Gesamtanordnung einer Drehfilteranlage geht aus Abb. 46 hervor. Einige Betriebs- bzw. Versuchsergebnisse über die Leistung von Zellenfiltern sind in Tabelle 4 wiedergegeben.

Tabelle 4. Einige Leistungsergebnisse von Zellenfiltern.
[Nach Chemiehütte, S. 317. 1927.]

Material	Feststoffgehalt vor dem Filtrieren Gew.-%	Abgenommenes Filtergut auf 1 m^2 in kg/h	Feuchtigkeit im Filterkuchen Gew.-% Wasser	Errechnete Filtriergeschwindigkeit m^3/m^2 h
Bariumsulfat	45	216	42,5	0,060
Bleiweiß	49	1465	25	0,78
Calciumcarbonat	1,08 spez. Gew.	280	45	—
Gips mit Metallsalzlösung	18	435	33,5	1,2
Hansagelb	2,3	168	79	1,4
Indanthren	4,5	156	24	1,5
Kaliindustrie				
a) Glaubersalz		1600—3000	4—18	
b) Kaliumchlorid		600—2500		
c) Kaliumsulfat		300— 800		
d) Künstlicher Carnallit		400—2000		
Kaustizierschlamm	23	1670	40	2,68
Gipsschlamm von Phosphorsäure	48° Bé	250— 450	25—30	—
Zinkoxydschlamm	40	1000—1580	42,3	0,43—0,7

D. Filter für vorwiegend geringe Schlammkonzentrationen.

(Klär- oder Feinfilter.)

1. Allgemeines.

Auch von den vorstehend beschriebenen Filtern werden einige zur Klär- oder Feinfiltration benutzt, z. B. das Berkefeld-Filter (Abb. 35) und die Filterpressen (Abb. 36). Es sind jedoch einige Filtertypen ausgebildet worden, die sich ganz speziell für die Klärfiltration eignen. Es handelt sich dabei um eine Filtration, die auf S. 233 unter a) und auf S. 234 u. 235 unter den Gesichtspunkten 1 b) und c); 2 b) und c); 4 a), α); 5 b); 6 b) bis g); 7 a) und 8 a) und c) angeführt sind und im Gegensatz zur Filtration mit Gewinnung der Feststoffe steht. Der Gehalt der Suspension (Trübe) an Schwebestoffen ist dementsprechend gering, dem Volumen nach meist weniger als etwa 2%. Die Schwebestoffe sind oft von schleimiger, kolloidaler Beschaffenheit und vielfach schwierig zu filtrieren. Die Anwendung von Filterhilfsstoffen (vgl. S. 277) kommt hier häufig in Betracht. Die Eigenart der hier vorliegenden Filtrationsaufgaben erfordert große Filterflächen und meist geringe oder mäßige Filterüberdrucke, wobei der zunächst abgeschiedene Schlamm hauptsächlich als Filtermedium wirkt. Der Schlammraum des Filters kann gering sein. Es ergibt sich dadurch von selbst die Forderung einer Bauart, die in der Anordnung der Filterflächen einer Tauchnutsche (Abb. 33) oder der Filterpresse verwandt ist. Dies hat zu den verschiedenen Konstruktionen der Beutelfilter geführt.

2. Klärfilter für niederen bzw. mittleren Druck.

α) **Beutelfilter.** Die Abb. 47, 48 und 49 zeigen die Einrichtung eines charakteristischen und leistungsfähigen Beutelfilters des patentierten Faltenbeutelfilters der Maschinenfabrik Fritz Scheibler, Elberfeld. Es zeichnet sich durch seine relativ große Filteroberfläche aus, die durch die Faltung der Filterbeutel (Abb. 49) auf geringem Raum untergebracht werden kann. Es beansprucht auch aus filtrations-theoretischen Gründen Interesse. Die zusammenklappbaren Kettenrahmen (Abb. 48) erlauben das Überstreifen der sonst allseitig geschlossenen Filterbeutel durch eine sehr kleine Öffnung, wodurch die Gefahr von undichten Stellen stark eingeschränkt ist. Durch die Faltung der Filterbeutel kann eine bis $3^1/_2$mal so große Filterfläche untergebracht werden als den ebenen Begrenzungsflächen des Kettenrahmens (Abb. 48) entspricht. Die Flüssigkeit tritt, in der Regel aus einem Hochbehälter, mit etwa 3—6 m Überdruck durch einen unten seitlich am Filtergehäuse angebrachten Eintrittsstutzen in den Filterraum ein. Sie durchdringt die im Filter auf den parallel angeordneten Rahmen aufgezogenen Filterbeutel, ähnlich wie bei einer Tauchnutsche von außen nach innen (Filtration), steigt im Innern der Beutel hoch und tritt in das auf der Unterseite geschlitzte Rohr ein, das die obere Begrenzung des Kettenrahmens (Abb. 48) bildet. Von hier läuft das Filtrat in die an der Außenseite des Filterbehälters angebrachte offene oder geschlossene Sammelrinne.

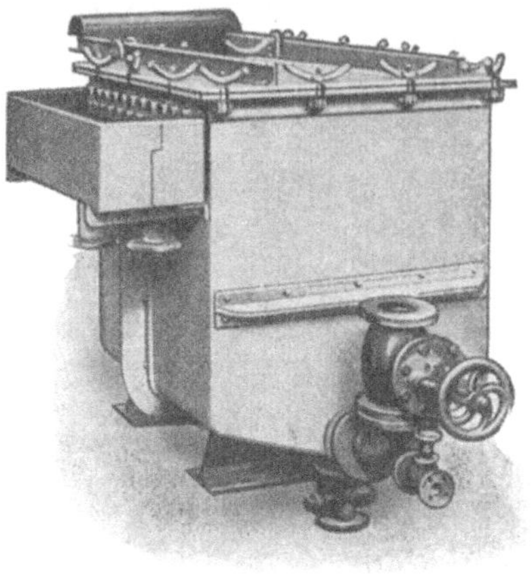

Abb. 47. Faltenbeutelfilter (Fritz Scheibler, Wuppertal-Elberfeld).

Abb. 48. Kettenrahmen zum Faltenbeutelfilter (Fritz Scheibler, Wuppertal-Elberfeld).

Wie bei jeder Klärfiltration spielt die auf dem Filtertuch bzw. zum Teil in dessen Poren sich ablagernde Schicht, die aus Trübungsstoffen besteht, eine große Rolle (vgl. Filtertuch, S. 271). Tritt die Bildung einer solchen Schicht nicht in der gewünschten Weise ein, oder ist sie zu undurchlässig, dann ist die Verwendung von Filterhilfsstoffen etwa von Celiten (s. S. 277) angezeigt. Das Filter arbeitet dann als Anschwemmfilter. Unter dem Einfluß des Filterdruckes werden die Falten der Filterbeutel an vielen Stellen so zusammengepreßt, daß sich das Filtertuch auf den Innenflächen berührt (Abb. 50).

Das Druckgefälle zwischen dem Schlammraum und dem Innenraum (Filtrationsdruckgefälle), ist bei der Klärfiltration am größten in der auf dem Filtertuch aufliegenden Schlammschicht. Zwischen A und B (Abb. 50) muß ein Druckgefälle vorhanden sein, das dem zwischen A und B eingedrungenen Filtrat den Abfluß bei B ermöglicht.

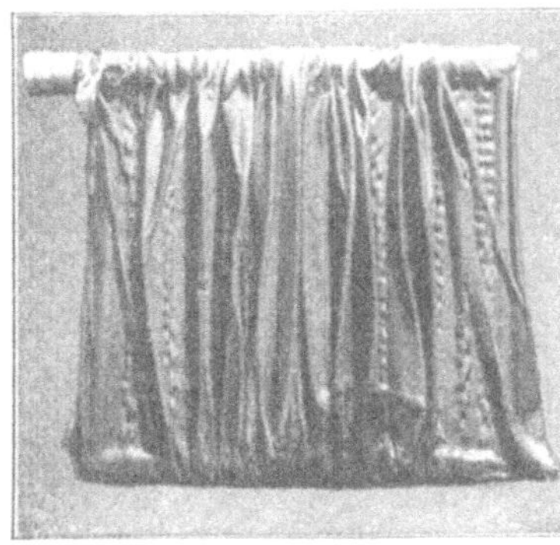

Abb. 49. Faltenbeutel zum F. Scheibler-Filter.

Bei einer abgewickelten Faltenlänge L von z. B. 0,2 m (Abb. 50) und einer für Klärfiltration hohen Filtriergeschwindigkeit von 0,1 m/h treten je 1 m Breite 20 l/h Filtrat durch das Tuch, die bei B abgeleitet werden müssen. Bei einer Tuchdicke von 1 mm und 20% Porenvolumen des Tuches muß das Filtrat bei B mit einer mittleren Geschwindigkeit von 0,139 m/s in den Poren des Tuches strömen, ähnlich wie bei den Preßtüchern der Ölpressen (vgl. S. 305). Falls es, wie es wahrscheinlich ist, Gelegenheit findet, in dem Spalt an der Berührungsfläche der Tücher zu strömen, der durch die infolge der Webart gewellten Oberfläche der Tücher stets verbleibt, wird es diesen bequemeren Weg wählen. Letzteres dürfte stets mehr oder weniger der Fall sein. Es scheint demnach wohl berechtigt, bei den geringen Filtergeschwindigkeiten, wie sie meist bei der Klärfiltration in Betracht kommen und den zur Abb. 50 genannten Voraussetzungen auch die gefaltete Filterfläche als nahezu voll wirksam anzusetzen. Unterschiede dürften sich erst bei höheren Filtriergeschwindigkeiten, bei sehr durchlässigen Filtermedien und fehlendem Belag an Trübungsstoffen, demnach zu Beginn der Filtration ergeben. E. Ebbrecht [Ztschr. Ver. Dtsch. Zuckerind. **1932**, Nr. **14**, **15**, **16**] stellte bei Filterleistungsmessungen bei der Entfärbungsarbeit von Raffinade-Kläre und Krystall-Kläre mit Carboraffin bei den erreichten Filtriergeschwindigkeiten von 0,045—0,056 m/h praktisch keinen nennenswerten Unterschied in der Durchflußmenge je 1 m² glatter und gefalteter Filterbeutel in doppelter bis $2^1/_2$facher Größe fest.

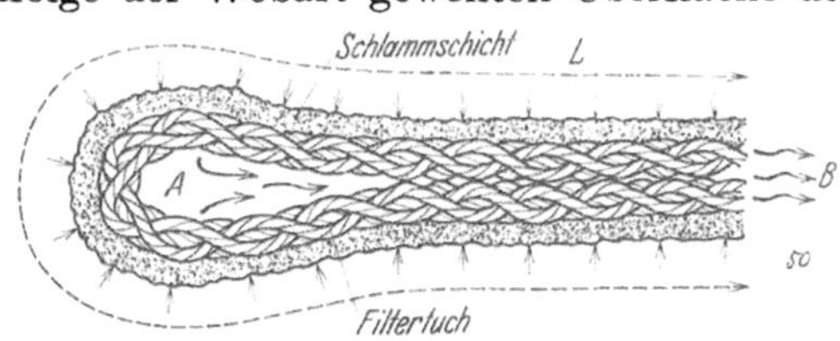

Abb. 50. Strömung im zusammengepreßten Filterbeutel (Querschnitt); schematisch. L abgewickelte Länge.

β) **Anschwemmfilter.** 1. Das Seitz-Filter. Bei dem Filter der Seitzwerke G. m. b. H., Kreuznach (Rheinland) ist apparativ zunächst gar kein Filtergewebe, sondern nur ein Unterstützungsgewebe (z. B. ein Drahtgeflecht) vorhanden, dessen Maschenweite erheblich über der Teilchengröße der abzufiltrierenden Trübungsstoffe liegt. Die eigentliche Filterschicht bilden fein gespaltene Asbestfasern, die ähnlich wie der Zellstoffbrei bei der Papierfabrikation vor der Inbetriebsetzung des Filters an das Stützgewebe durch die zu filtrierende Flüssigkeit selbst abgelagert oder angeschwemmt wird. Die Asbestfasern werden zu diesem Zweck zunächst mit einer, etwa dem Inhalt des Filtergehäuses gleichen Menge der zu filtrierenden Flüssigkeit aufgeschlämmt. Hierbei lagern sich die Trübungsstoffe zum Teil schon an die Fasern an, die zugleich einen Filterhilfsstoff bilden. Beim Anstellen der Pumpe werden die Fasern als dünner Filterkuchen an das Stützgewebe anfiltriert und bilden nun selbst sofort eine adsorptionskräftige Filterschicht für die nachfolgende Trübe. Falls erforderlich, können auch während der eigentlichen Filtration der trüben Lösung Asbestfasern als Filterhilfsstoff zugemischt werden. Die Bauart des Filters, die zur Unterbringung großer Filterflächen die parallel gestellten Rahmen mit dem Stützgewebe aufweist, geht aus Abb. 51 hervor. Wenn nach längerer Filtration die Filterschicht schwer durchlässig geworden ist, wird die im Filter verbliebene trübe Flüssigkeit in das Vorratsgefäß zurückgepumpt, das Filter geöffnet und die Filterschicht wie eine Haut abgezogen (Abb. 51).

Abb. 51. Anschwemmfilteranlage. Abziehen der erschöpften Filterschicht (Seitzwerke G. m. b. H., Kreuznach/Rheinland).

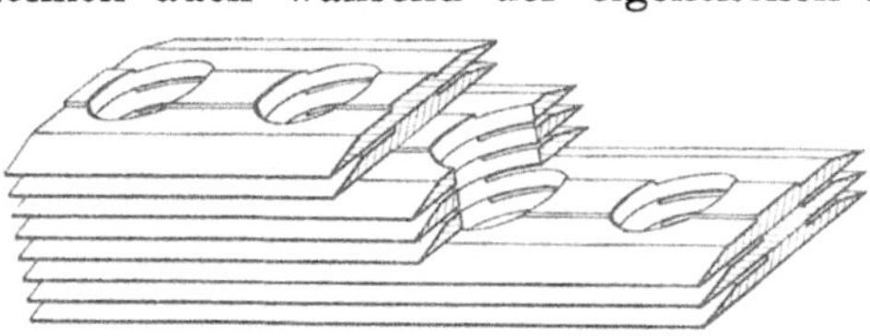

Abb. 52. Metalleisten als Filterbett für das Metafilter von J. A. Pickard.

2. Das Metafilter von J. A. Pickard (Metafilters Ltd, Belgrave Works, Hounslow, Middlessex) ist ein Anschwemmfilter mit Tiefenfiltration für niederen und mittleren Druck. Das Filtermedium (besonders gereinigte Kieselgur, Calciumcarbonat, gemahlene Holzkohle, Magnesiumcarbonat usw.) wird von der weiten Seite her in die V-förmigen Kanäle der als Stützen für das Filtermedium dienenden Metall-

platten (Abb. 52) eingeschwemmt. Letztere werden durch angewalzte feine Rippen an der engsten Stelle ähnlich wie die Siebe von Louis Hermann, Dresden (s. S. 271) auf dem gewünschten Abstand — im allgemeinen 0,025—0,075 mm gehalten. Sie werden durch Schraubenbolzen, die durch die Aussparungen auf der Filtratseite der Platten führen, zusammengehalten. Die schmalen Filterleisten werden auf diese Weise zu Platten zusammengebaut, die in einem Druckgehäuse untergebracht werden können (Abb. 53). Infolge der kräftigen Bauart dieses metallenen Filtergerüstes können hohe Filterdrucke angewandt werden. Während schleimige Trübungsteilchen bei der Oberflächenfiltration bald eine undurchlässige Schicht bilden oder die Poren verstopfen, hat sich herausgestellt

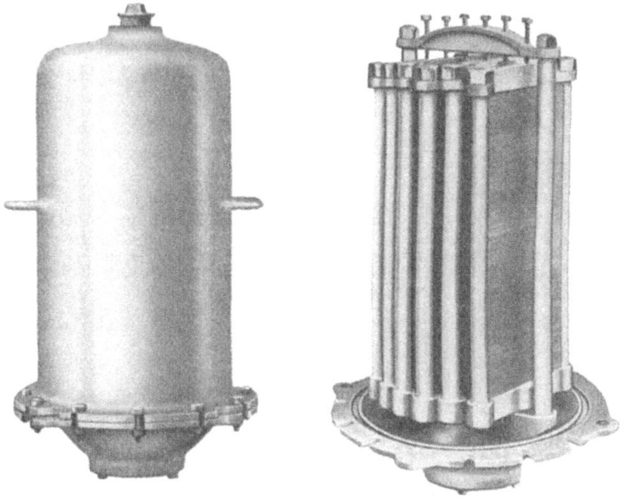

Abb. 53. Einsatz und Gehäuse eines Metafilters für Wasser nach J. A. Pickard.

[Chem. Apparatur 18, 170 (1931)], daß die in das Filterbett in den V-förmigen Vertiefungen eingedrungenen Schlammteilchen keine zu große Behinderung der Filtration darstellen. Es wurden z. B. bei 0,7 at Filterüberdruck bei Lack Filtrationsgeschwindigkeiten von 86 l/m^2, bei Bier 1930 l/m^2 erzielt. Das Filter wird empfohlen zur Filtration von Wasser (Sterilisation), Bier, Wein, Spirituosen, Zuckerlösungen, Milch, Firnissen, Schmierölen usw. Es wird auch in einer kleinen Type für die Ölreinigung in Autos gebaut.

3. Klärfilter für hohen Druck.

Klärfilter für zähflüssige Massen. Sehr hohe Drucke erfordert die Filtration zähflüssiger Substanzen wie Kollodium. Man arbeitet hier mit einem Druck von 50—70 at, der in hydraulischen Pressen erzeugt wird. Die aus einer doppelten Schicht Seidegaze mit Metallgewebe und zwischenliegender Watteeinlage bestehende Filterschicht stützt sich auf einen kräftigen Bronzefilterkörper (s. Abb. 54), der mit 4 mm Löchern versehen ist. Zur bequemen Reinigung ist das Filteroberteil *b* durch ein Scharnier *c* aufklappbar. Das Filter ist eine Konstruktion der Maschinen-

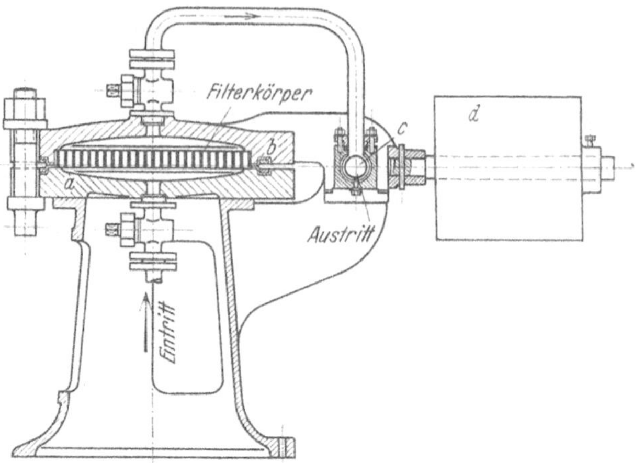

Abb. 54. Kollodiumfilter (Maschinenfabrik Rich. Hartmann A. G., Chemnitz). *a* Filterunterteil; *b* Filteroberteil, aufklappbar um hohlen Drehbolzen *c*; zwischen *a* und *b* Filterkörper als Bronzefilterplatte mit 4 mm Löchern; *d* Hebel mit Gegengewicht; Abfluß durch hohlen Drehbolzen *c* nach dem nächsten Filter.

fabrik Richard Hartmann A.G., Chemnitz [vgl. Chem. Apparatur 18, 63 (1931)].

Auspressen flüssigkeitshaltiger Massen.

Von Dr.-Ing. E. **Hegelmann** VDI, Ludwigshafen a. Rh.

I. Allgemeines.

Der Vorgang des Auspressens flüssigkeitshaltiger Massen steht in der Mitte zwischen dem Vorgang der Filtration konzentrierter Schlämme und dem Vorgang des Pressens zum Zwecke der Formgebung (s. S. 310). Das Auspressen ist noch weniger als das Filtrieren wie ein rein hydrodynamischer Vorgang zu betrachten. Insbesondere erfordert das Festhalten des flüssigen Anteils in den Poren eine andere Betrachtung. Dennoch kann wiederum der reine hydrodynamische Teil des Gesamtvorganges als ein idealer Grenzvorgang angesehen werden. Abweichungen hiervon werden dann um so deutlicher hervortreten.

Die erforderlichen Apparate nennt man Preßfilter, Hochdruckpressen oder auch Scheidepressen, bei der Wein- und Fruchtsaftgewinnung Keltern. Das Preßgut ist meist mit seiner eigenen Masse Filtermedium. Ein Preßkorb oder Seiher verhindert nur, daß gröbere Teilchen mit dem Flüssigkeitsstrom weggeschwemmt werden, oder daß der unter Druck mehr oder weniger plastische Preßkuchen entweicht.

II. Eigenschaften des Preßgutes.

Es ist zu unterscheiden, ob sich das Preßgut breiartig oder schwammartig verhält. Im ersteren Falle hat man es mit einer einfachen Filtration bei sehr hoher Konzentration der Feststoffe und hohem Druck zu tun. Im zweiten Fall, den man wenn möglich durch geeignete Vorbehandlung des Preßgutes anzustreben sucht, hat man es mit einem reinen Auspressen zu tun. Beim Pressen von Ölsaaten liegt annähernd der zweite Fall vor. Bei den im ersten Fall anzuwendenden Breipressen hat man es mit einem Übergang vom gewöhnlichen Filtrationsvorgang zum eigentlichen Preßvorgang zu tun. Hier kann das Preßgut infolge seiner breiförmigen Beschaffenheit noch von außen eingepumpt werden, während bei noch konsistenteren Massen der Druck in der Presse durch Umschließen von außen (Seiherpresse, Kelter) erzeugt wird. Eine Masse läßt sich nur dann wirksam abpressen, wenn der feste Anteil ganz oder teilweise plastisch verformbar ist und dadurch beim Pressen den Inhalt der Poren verdrängen kann. Die richtige Einstellung des Feuchtigkeitsgehaltes und der Zerkleinerung ist deshalb bei Pressen mancher Ölsaaten wichtig. Zu große Plastizität führt zu dem unerwünschten Treiben der Kuchen (z. B. bei Raps, Erdnüssen usw.).

Eine sandige, nicht verformbare Festsubstanz läßt sich von einer zähen Flüssigkeit durch Abpressen nur bis zur gegenseitigen Berührung der festen Teilchen befreien (vgl. Porenvolumen, S. 250). Ein weiteres Pressen ist wirkungslos.

III. Physikalische Grundlagen.

1. Wirksamer und unwirksamer Preßdruck.

Der charakteristische Preßvorgang vollzieht sich in der Hauptsache wie folgt. Der Preßdruck vermindert zunächst die mit Luft ausgefüllten Hohlräume und das Preßgut lagert sich dicht zusammen. Bei weiterem Pressen beginnt der Abfluß der durch die Raumverminderung und das plastische Verhalten der Festsubstanz verdrängten Flüssigkeit. Letztere entweicht in den Poren und Kanälen des Preßgutes, die sich je nach der Art des Preßgutes und dem Fortschreiten des Preßvorganges für den Flüssigkeitswiderstand wie Capillaren verhalten. Durch die Schlitze des Preßkorbes oder die Bohrungen des Seihers kann die Flüssigkeit ohne nennenswerten Überdruck entweichen. Die Flüssigkeitsbewegung in den Poren erfordert ein hydrodynamisches Druckgefälle in der Richtung nach dem Seiher bzw. der Preßmatte. Es bildet sich ein Druckpotential für den aktiven Preßdruck P_1 aus mit einem Druckmaximum in der größten Entfernung vom Seiher bzw. Abfluß. Um diese Druckunterschiede und die Abflußwege klein zu halten, ist es somit von Vorteil, die Preßmasse durch eingelegte Preßmatten oder in Preßpaketen (Etagenpresse) zu unterteilen. Zu dem aktiven Preßdruck P_1 kommt noch ein bei fortschreitender Auspressung anwachsender unwirksamer Druck P_2. Derselbe wird durch den zum Teil elastischen Widerstand des Preßkuchenskeletts hervorgerufen. Beide Drucke überlagern sich. Die Art der Überlagerung der beiden Kräfte läßt sich durch das mechanische Modell der Abb. 1 verbildlichen. Ein Teil der gesamten Preßkraft P wird vom Widerstand eines gestauchten Bleiklotzes oder von der Kraft (P_2) einer Feder aufgefangen. Nur die Differenz der beiden Drucke, der aktive hydraulische Druck P_1

$$P_1 = P - P_2,$$

ist für das Entweichen der im Zylinder eingeschlossenen Flüssigkeit durch Leistung der Beschleunigungsarbeit und Überwindung der Flüssigkeitsreibung in den Capillaren wirksam. Bei sehr langsam durchgeführtem Preßvorgang wird im Grenzfall $P = P_2$. Die Preßarbeit reduziert sich auf die Arbeit zur Überwindung des Skelettdruckes (Verformungsarbeit und elastisch gespeicherte Energie). Natürlich sind weitere Vorgänge im Spiel, insbesondere die in den organischen Zellen (bei Saatpressen) wirksamen Kräfte, ferner Oberflächenwirkungen, Capillarität usw., die sich durch das Modell nicht erfassen lassen.

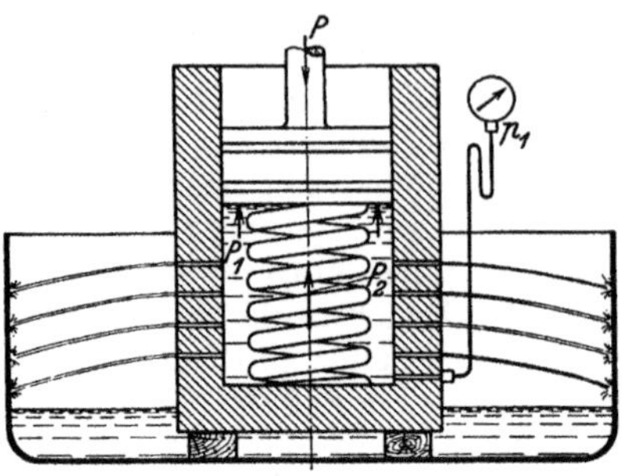

Abb. 1. Wirksame und unwirksame Preßkraft (Schema).

2. Preßenergie.

Der prinzipielle Zusammenhang der abfließenden Flüssigkeitsmenge und des hydraulischen Druckes ist durch eine Beziehung von der Form der Gleichung (3), S. 238 gegeben. Dieser Abflußvorgang erfordert Zeit, bei Seiher-Ölpressen etwa 1 h und länger. Die zum Pressen aufzuwendende Energie ist trotz der hohen Preßdrucke (etwa 400—500 at im Korb der Seiherpresse, bei Kakaopressen etwa 600 at) im ganzen relativ gering und kommt für die Wirtschaftlichkeit nicht wesentlich in Betracht. Ihre Betrachtung gibt aber über den Preßvorgang Aufschluß. In Abb. 2 ist die gesamte Preßkraft P (kg) über dem Preßweg x aufgetragen. Bei raschem Anstellen des Preßdruckes ergibt sich der Druckverlauf ABC, bei sehr langsamem Anstellen (theoretische Preßdauer ∞) folgt der Preßdruck der Linie AJC. Die Fläche $ABCD$ gibt ein Maß für die totale indizierte Preßarbeit A (mkg) am Preßkolben (Netto-Pumpenarbeit ohne Leitungswiderstand). Nach Beendigung des Preßvorganges wird bei rascher Entspannung infolge der Federung die Kurve CEF erhalten. Bei sehr langsamer Entspannung ergibt sich die Kurve CGH infolge der elastischen Nachwirkung. Die Fläche $HGCD$ stellt ein Maß für die von Preßkuchen elastisch aufgespeicherte Energie dar. Die zum

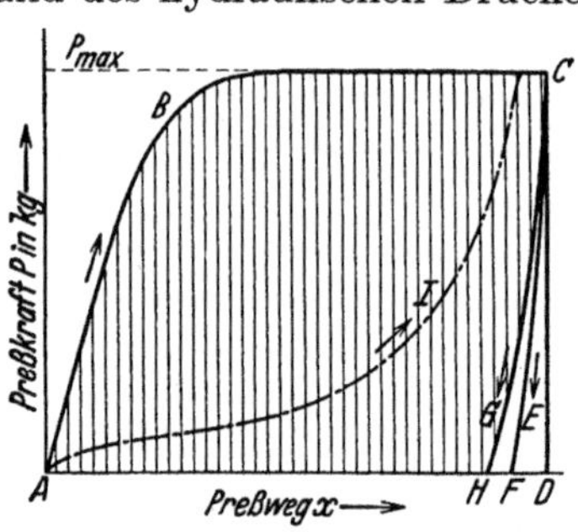

Abb. 2. Energiediagramm (schematisch).

Auspressen der Flüssigkeit nutzbare Energie, allerdings mit Einschluß der inneren Reibung des Preßkuchens, der plastischen Verformungsarbeit und der Reibung an den Seiherwänden, wird durch die schraffierte Fläche *A B C G H A* zum Ausdruck gebracht. Da die Entspannungsenergie in der Regel nicht gewonnen werden kann, ist die aufzuwendende Energie durch die Fläche *A B C D* gegeben. Die nutzbare Preßenergie (Arbeit der hydraulischen Kraft P_1) setzt sich, soweit sie berechenbar ist, im einzelnen aus Beträgen zusammen, die durch die Form der Gleichungen (5) und (6), S. 238 u. 239 charakterisiert sind. Die Fläche *A J C G H A* stellt die Arbeit zur Verformung der Skelettmasse allein dar.

3. Einfluß der Preßgeschwindigkeit.

Die zum Abpressen aufzuwendende Energie ist, wie aus den Gleichungen (5) und (6), S. 238 u. 239 hervorgeht, am geringsten, wenn der Preßvorgang sich sehr langsam vollzieht, d. h., wenn P nur wenig größer als P_2 gehalten wird. Die Energieersparnis ist zwar an sich belanglos, ein zu rasch verlaufender Preßvorgang bringt aber manche andere Nachteile. Kleine Teilchen, Schleim usw., werden bei großer Geschwindigkeit an den rauhen Porenwänden leichter mitgerissen. Sie geben zu einem unreineren Filtrat Anlaß und lagern sich leicht im Preßkuchen in die feineren Poren ein und verstopfen dieselben, so daß die Gesamtölausbeute bei zu hoher Preßgeschwindigkeit erfahrungsgemäß geringer und das Filtrat unreiner wird. Der Verlauf des Diagramms nach der Linie *A J C*, d. h. ein langsameres Anstellen des Preßdruckes (Abb. 2), ist deshalb trotz der längeren Preßdauer manchmal vorzuziehen, wenn die Ausnutzung der Maschinen dadurch nicht zu unvorteilhaft wird. Bei Schlammpressen ist eine langsame Pressung stets erforderlich. An dem Beispiel eines diskontinuierlich durchgeführten Preßvorganges einer handbetriebenen Schraubenspindelpresse kann das Wesentliche der mechanischen bzw. dynamischen Kräftewirkungen ersichtlich werden. Trägt man in einem Zeitdiagramm (vgl. schematische Abb. 3) die Gesamtpreßkraft P (Spindeldruck) über der Zeit auf, so ergibt sich etwa der Verlauf der gezackten Druckkurve *A B C D E F G H* usw. In den Zeiten von *A* bis *B*, *C* bis *D*, *E* bis *F* usw. sei die Bewegung des Preßkopfes durch Stillsetzen des Handrades jeweils unterbrochen. Der Preßdruck sinkt dadurch in dem Maße ab, wie durch den Abfluß des Saftes der hydraulische Druck P_1 im Preßkorb zurückgeht. Der entsprechende

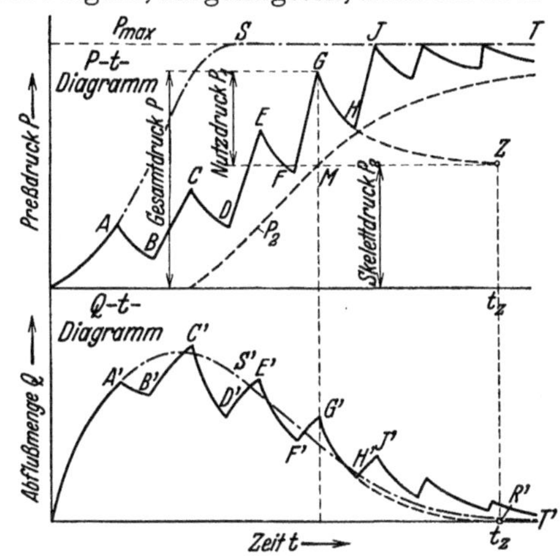

Abb. 3a u. b. Zeit-Druck und Zeit-Abflußdiagramme (schematisch).

minutliche Saftabfluß Q ist zu den zugehörigen Zeiten durch die Kurve $A'B'C'D'E'F'G'H'$ usw. verbildlicht. Wird das Stillsetzen der Presse genügend lang ausgedehnt (Linie G—Z), so hört bei einer bestimmten Zeit t_2 der Saftabfluß auf (Punkt Z bzw. R'). Der Spindeldruck sinkt dann allmählich auf den Preßkuchendruck bzw. Skelettdruck P_2 ab, der in dem mechanischen Vergleich nach Abb. 1 dem Druck des Bleiklotzes oder der Feder entspricht.

Der Verlauf des allmählich absinkenden aktiven Druckes, z. B. von Punkt G ausgehend bis zum Punkt Z, ist in Abb. 3a gestrichelt dargestellt. Wenn man von einer evtl. Veränderung der Elastizität des Preßkuchens in der Zeitspanne von G bis Z absieht, so ist der Druck im Punkt Z identisch mit dem beim Zeitpunkt bei G vorhandenen unwirksamen Druck P_2. Projiziert man somit den Punkt Z auf die Ordinate des Punktes G, so erhält man im Punkte M einen Punkt der P_2-Kurve (Skelettdruck). Die Differenz zwischen der Höhe der Gesamtdruckkurve $ABCD$ usw. und der Höhe des zugehörigen Punktes der P_2-Kurve zeigt also das jeweils wirksame mittlere Druckgefälle an.

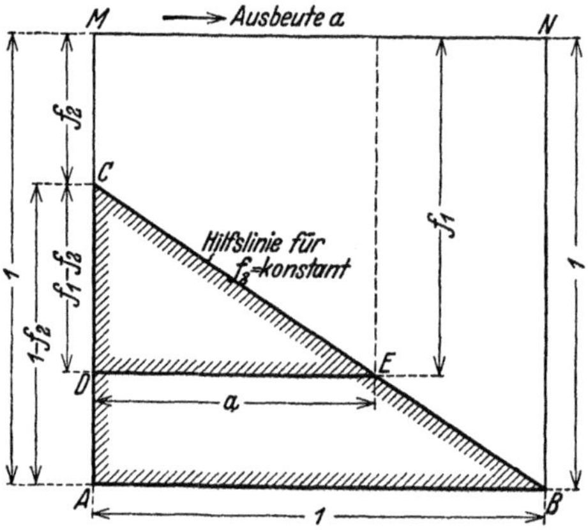

Abb. 4. Geometrische Deutung der Gleichung (2).

Wird die Presse nicht, wie zumeist die Handspindelpressen, absatzweise, sondern kontinuierlich betrieben, so folgt die Zeit-Druckkurve bzw. die Zeit-Abflußkurve etwa dem strichpunktierten Linienzug AST bzw. $A'S'T'$ in Abb. 3a und b.

Während des Preßvorganges werden durch die Volumenverminderung des Preßkuchens die Poren verengt und ihre Oberflächenbeschaffenheit verändert, was eine einfache mathematische Behandlung der Vorgänge erschwert. Die elastische Nachwirkung des Preßkuchens verändert etwas die bei Abb. 3a und b beschriebenen Vorgänge, die deshalb nur die Hauptzüge des Preßvorganges berücksichtigt. Die oft kolloidale Beschaffenheit der abgepreßten Lösung durch beigemischte Schleimteilchen usw. trägt ebenfalls dazu bei, eine generelle theoretische Behandlung der Preßvorgänge zu erschweren.

4. Ausbeute.

Die Ausbeute a kg (bzw. Gew.-%) an ausgepreßter Flüssigkeit je 1 kg eingesetzten Rohgutes (z. B. Ölsaat) ergibt sich aus der Differenz der Gewichte des Rohgutes und des Preßkuchens. Bezeichnet

f_1 = Gewichtsanteil Flüssigkeit im Rohgut,
f_2 = Gewichtsanteil Flüssigkeit im Preßkuchen,
K = Kuchenmenge kg, je 1 kg Rohgut,

so ist

$$K = \frac{1-f_1}{1-f_2} \tag{1}$$

und damit die Ausbeute:

$$a = 1 - K = \frac{f_1 - f_2}{1 - f_2}. \tag{2}$$

Trägt man wie in Abb. 4 in dem Quadrat $A\,B\,N\,M$ von der Seitenlänge $= 1$ die Strecken f_2 bzw. f_1 von M bis C bzw. bis D nach unten

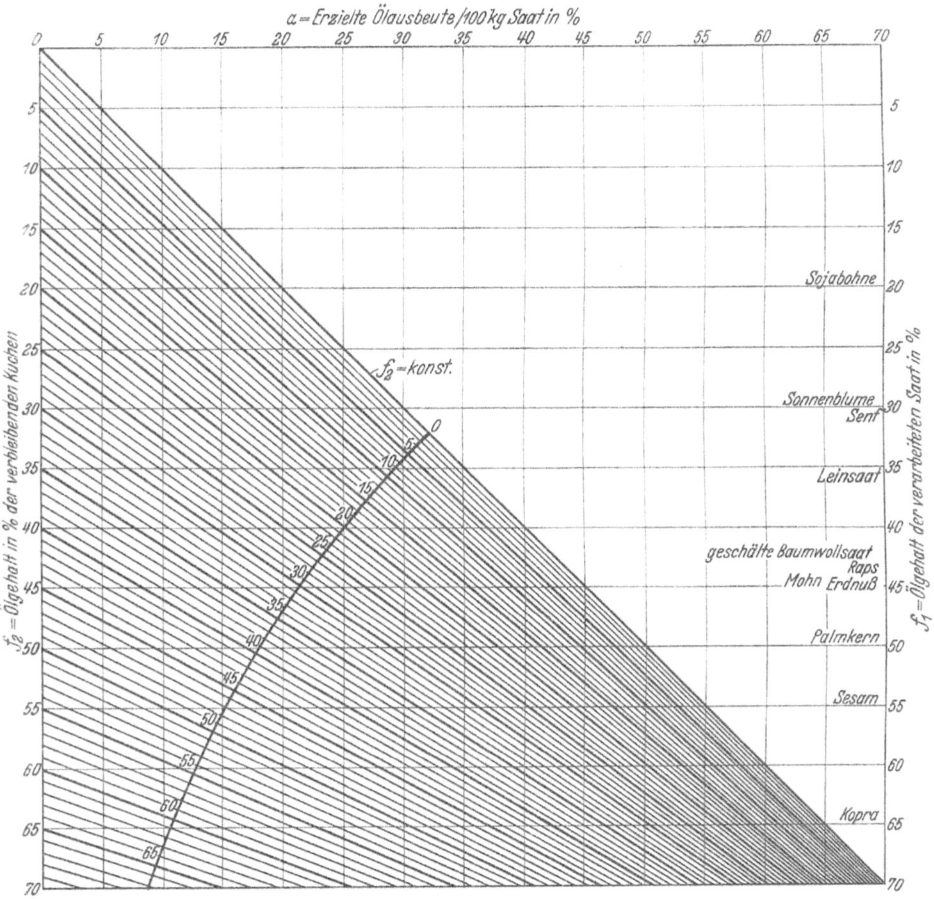

Abb. 5. Ausbeute und Ölgehalt in Saat und Kuchen. (Nach H. Lemmél.)

ab und vervollständigt aus den gegebenen Eckpunkten die beiden geometrisch ähnlichen Dreiecke $A\,B\,C$ bzw. $D\,E\,C$, so läßt sich die Gleichung (2) in Form einer Proportion aus der Abb. 4 ohne weiteres ablesen $a : 1 = (f_1 - f_2) : (1 - f_2)$. Einem bestimmten f_2 auf der Linie $M\,A$ ist die Hilfslinie $B\,C$ bzw. $E\,C$ eindeutig zugeordnet. Betrachtet man die Linie $C\,E$ als Darstellung von $f_2 =$ konst, so ist damit bereits die geometrische Unterlage zur Erklärung und zur Gebrauchsanweisung des Diagramms (Abb. 5) gegeben, das dem Buche von H. Lemmél [Gewinnung, Veredlung und Verarbeitung der Öle und Fette, S. 108. 1932] entnommen ist. Das Diagramm stellt einen Ausschnitt der linken oberen Ecke von Abb. 4 dar. Die schrägen Linien stellen geometrisch die zu f_2 = konst gehörenden Hilfslinien dar. Das Diagramm eignet sich sinngemäß zur Ablesung der aus 1 kg Lösung verdampften Flüssigkeitsmenge, wenn die Konzentration der Flüssigkeit im eingedampften Rest und in der Ausgangslösung gegeben ist.

IV. Vorbehandlung des Gutes.

1. Reinigung und Mahlen.

Bei der Ölgewinnung steigert eine sorgfältige Reinigung und Enthülsung der Saaten die Ausbeute und erhöht den Wert der Kuchen. Die Reinigung [K. Löffl: Technologie der Fette und Öle, S. 100. 1926] geschieht auf Siebvorrichtungen, durch Windsichter, Trieure, Bürstmaschinen und Magnetscheider. Auch die Enthülsung geschieht maschinell. Mitunter, z. B. bei Sonnenblumensaat, wird vor dem Pressen wieder ein geringer Teil der Hülsen zugemischt, um das Treiben in der Presse zu verringern. An die Reinigung schließt sich die Zerkleinerung. Bei der Fruchtsaft- und Weingewinnung genügt ein Zerdrücken der Früchte. Ölsaaten verlangen ein sorgfältigeres Zerquetschen. Das Zerquetschen, bei welchem nur die Zellwände zerstört werden und der Zusammenhang der Teilchen vorhanden bleibt, wird der Feinzermahlung durch Zerlegen der Teilchen vorgezogen, weil sich das Gut im ersteren Fall beim Auspressen schwammähnlich, im letzteren jedoch leicht breiähnlich verhält (vgl. S. 299). In neueren Anlagen werden fast stets Quetschwalzwerke angewendet.

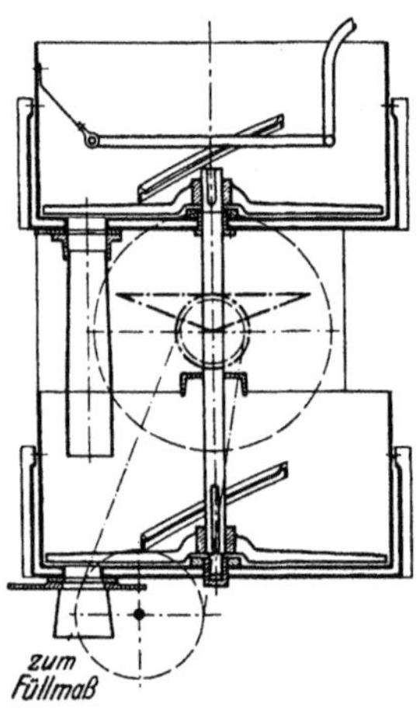

Abb. 6. Doppelwärmpfanne, Harburger Eisen-Bronzewerk. [A. Thieme: Ztschr. Ver. Dtsch. Ing. 75, 1531 (1931).]

2. Erwärmen.

Durch Erwärmen wird das auszupressende Öl leichtflüssiger, die Ölausbeute größer. Über 70° tritt jedoch leicht eine Verminderung der Ölqualität ein [H. Lemmél: Gewinnung, Veredelung und Verarbeitung der Öle und Fette, 1932]. Das zerkleinerte Gut gelangt von den Quetschwalzen in die meist der Vorpresse oder Kuchenformmaschine unmittelbar vorgeschaltete Wärmpfanne (vgl. Abb. 6). Dieselbe ist je nach der Art der Saat und der Presse einfach, doppelt oder mehrteilig und meist mit Dampf von 2—4 atü geheizt. Durch ein Rührwerk findet eine gute Mischung und Umschichtung statt. Durch verstellbare Entlüftungsklappen kann die überschüssige Feuchtigkeit entweichen. Ist die Saat zu trocken, so kann durch eine Dampfbrause nachgedämpft werden. Ein geringer Feuchtigkeitsgehalt, der jedoch nicht zu hoch sein darf, begünstigt das Auspressen.

V. Apparate zum Auspressen.

1. Diskontinuierliche Pressen.

a) Keltern.

Bei der Weinbereitung werden seit alter Zeit Pressen mit Preßkörben, die sog. Keltern, angewandt. Ursprünglich wurde der Preßdruck mit riesigen Hebeln erzeugt. In neuerer Zeit verwendet man vorteilhafter Schraubenspindeln oder hydraulische Pressen zur Erzeugung des Druckes. Abb. 7 zeigt eine Obst- und Weinkelter der Fa. H. Amos, Sontheim-Heilbronn. Die Presse ist mit einem hydraulischen Hollmann-Druckwerk ausgerüstet. Der Kolben der hydraulischen Presse ist in der Verlängerung einer Schraubenspindel angeordnet, das Gehäuse des Druckwerks überträgt den durch eine kleine Handpumpe erzeugten hydraulisch übersetzten Druck unmittelbar auf den oberen Boden des Preßkorbes. Der eigentliche Arbeitsvorgang wird von der hydraulischen Presse geleistet. Von Zeit zu Zeit wird das Druckwerk durch das Handrad an der Spindel dem nachgebenden Preßboden nachgestellt.

Abb. 7. Obst- und Weinkelter mit hydraulischem Hollmann-Druckwerk (H. Amos, Sontheim-Heilbronn).

b) Ölpressen.

α) **Etagenpresse.** Zum Auspressen von Ölsaaten haben sich zwei Haupttypen von Pressen mit hydraulischem Preßdruck bewährt: Die Etagenpresse und die Seiherpresse [G. Hefter: Technologie der Fette und Öle, 1906. — H. Fischer: Technologie des Scheidens, Mischens, Zerkleinerns, 1920]. Für erstere Type (Abb. 8) wird das nach S. 304 vorbehandelte Gut in einer Packpresse mit geringerem Druck in parallelepipedische Pakete von etwa 0,5 mal 0,5 m bis 0,7 mal 0,7 m Grundfläche und etwa 10—12 cm Höhe gepreßt, so daß die später ausgepreßten Kuchen etwa 20—25 mm Dicke haben. Die Pakete werden in eine kräftige Wollmatte (Preßmatte) von 3—5 mm Dicke und der Breite des Kuchens eingeschlagen. Oliven, die an der Seite herausquellen würden, werden über Kreuz in Tuch eingeschlagen (s. Abb. 9). Die Pakete werden in die Presse auf den Platten eingesetzt und unter Druck gestellt. Durch den Druck wird die Preßmasse etwas plastisch, sie treibt. Die Neigung zum Treiben ist bei den verschiedenen Saaten verschieden. Lein neigt z. B. weniger zum Treiben als Raps oder Erdnüsse. Flache Wellungen oder schachbrettartig auf den Preßplatten angebrachte Erhöhungen verhindern, daß die Preßmatte dem Treiben des Kuchens zu sehr nachgibt und dann reißt. Das Öl sucht sich den kürzesten Weg aus dem Kuchen, in den Poren senkrecht zur Plattenebene, gelangt dann in die Poren der wenig zusammendrückbaren Preßmatte und wandert hier, ähnlich wie bei Abb. 50 (Filtrieren), S. 295 beschrieben, nach außen ab. Von dort fließt das Öl in die Ölfangschale.

Abb. 8. Plattenpresse (anglo-amerikan. Typ) (Fritz Müller, Eßlingen a. N.).

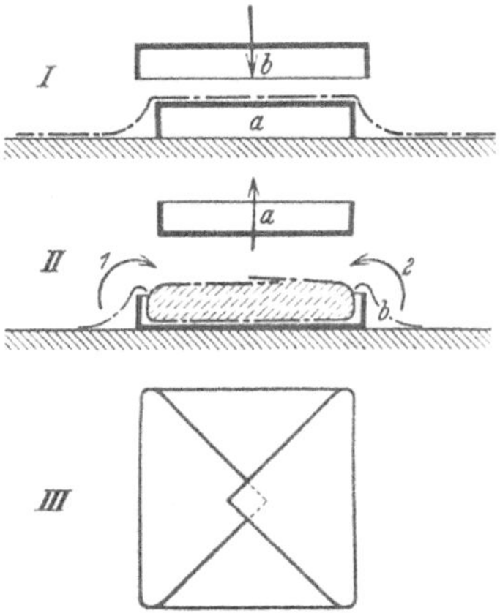

Abb. 9. Herstellung eines Preßpaketes. [M. Dolch: Betriebsmittelkunde für Chemiker, 1929.]

β) Seiherpresse. Bei den Seiherpressen wird das Preßgut allseitig umschlossen, so daß ein Treiben des Gutes aus dem Druckbereich heraus nicht eintreten kann. Um keine zu großen Hubhöhen bei geringer Leistung oder geringer Ausnutzung der Pressen zu erhalten, wird auch hier ein Vorpressen erforderlich, was in einer Packpresse oder einem Vorstopfer geschieht (vgl. Abb. 10, Pressenanlage von Fritz Müller, Eßlingen a. N.). Gewöhnlich erhält eine Pressenbatterie von vier Seiherpressen (Fertigpressen) C eine Packpresse A. Letztere ist ähnlich konstruiert wie die Fertigpresse, hat jedoch einen größeren Hub und geringeren Preßdruck (etwa $^1/_5$ des Druckes der Fertigpresse). Sie dient zugleich zum Ausdrücken der gepreßten Kuchen. Zum raschen und bequemen Transport können die auswechselbaren Seiher auf einem vor der Pressenbatterie fahrbaren Seiherwagen verschoben werden. Gewöhnlich finden zwei Seiher auf dem Wagen Platz. Der leere Seiher wird zunächst auf die Packpresse geschoben und dort von dem Füller der Wärmpfanne *B* in Abb. 10 mit einem Dosiergefäß *D* gefüllt. Zwischen je zwei Füllungen, die den späteren

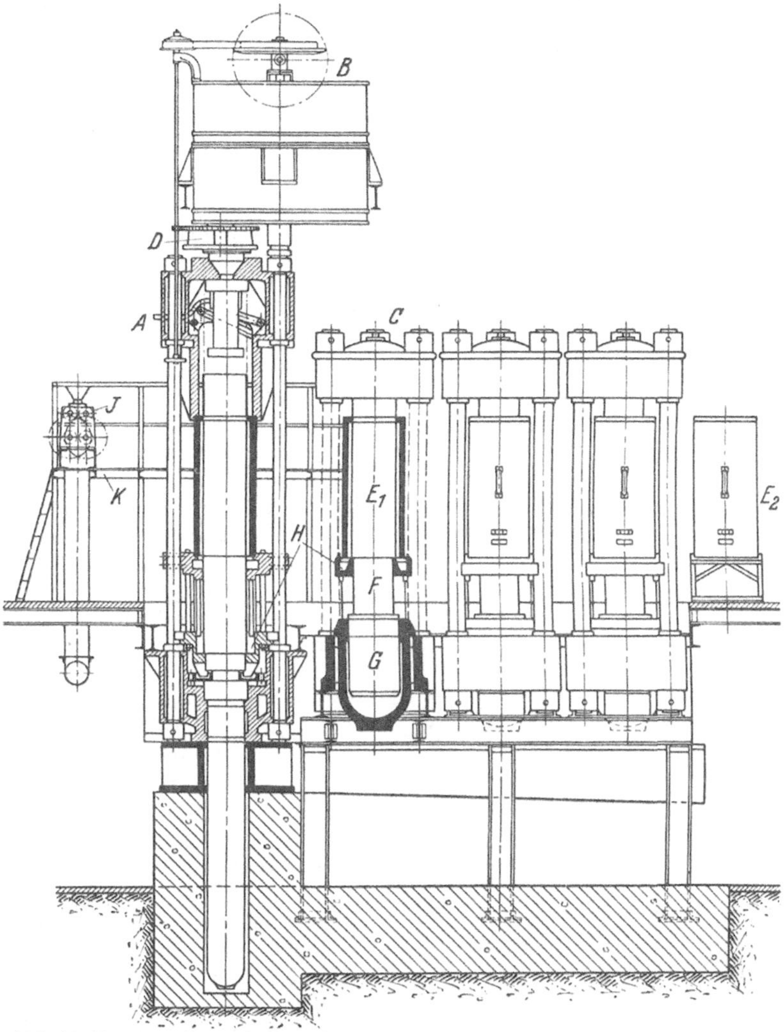

Abb. 10. Pressenanlage mit Grundseiherfüllpresse (Fritz Müller, Eßlingen a. N.).
A Packpresse, *B* Wärmer, *C* Fertigpresse, *D* Drehmaß mit Antrieb, E_1 E_2 Preßseiher im Betrieb bzw. auf Seihertisch, *F* Preßstempel, *G* Preßzylinder, *H* Ölfangschale, *J* Kuchenbrecher, *K* Arbeitsbühne.

Preßkuchen entsprechen, wird eine Zwischenlage von je einer kreisförmigen Preßmatte (Wollmatte), einem Preßdeckel (Eisenblech von nahezu dem Durchmesser des Preßstempels) und wieder einer Wollmatte eingefüllt. Die Reihenfolge ist also Wollmatte, Preßgut, Wollmatte,

Preßdeckel; Wollmatte, Preßgut, Wollmatte, Preßdeckel usw. Auf diese Weise wird ein guter Abfluß des abgepreßten Öles durch die Preßmatten erreicht und das Auseinanderlösen der Preßkuchen beim Herausdrücken des ausgepreßten Inhalts der Seiher erleichtert. Die gefüllten Seiher E_1, E_2 werden vor die Fertigpresse gefahren, dort eingeschoben und dem Druck des Preßstempels F ausgesetzt. Dieser wird gewöhnlich mit 320—350 at Öldruck von den Ölpumpen mit zwischengeschaltetem hydraulischen Akkumulator betrieben und so übersetzt, daß der Preßdruck im Seiher 450 bis 500 at, bisweilen 600 at ist. Der Preßkolben im Preßzylinder G ist also größer als der Stempel F der Seiherpresse.

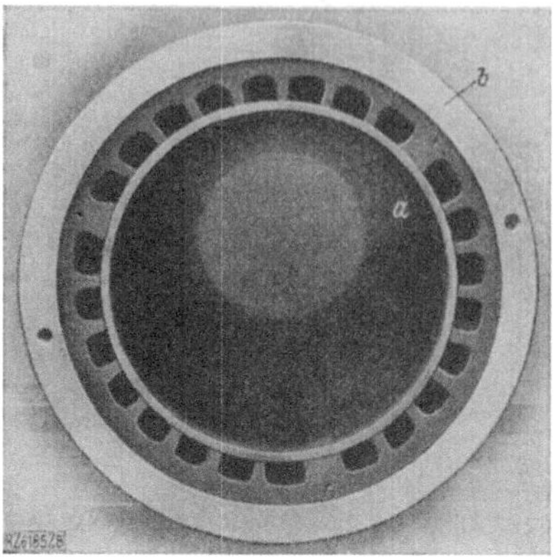

Abb. 11. Großer, dreiteiliger Seihereinsatz *a*, mit Rippenkörper *b* aus Stahlguß. [A. Thieme: Ztschr. Ver. Dtsch. Ing. 75, 1531 (1931).]

Abb. 11 läßt die Art der Übertragung des Druckes von dem dünnwandigen Seihereinsatz auf den kräftigen Stahlgußrippenkörper einer Seiherpresse erkennen. Die Abb. 12 zeigt Preßgefäße (Seiher) für runde Kuchen der Pressenfabrik Fritz Müller, Eßlingen a. N. Damit die eisernen Preßdeckel bei einseitigem Anliegen an der Seiherwand beim Verschieben derselben unter dem hohen im Seiher herrschendn Preßdruck nicht die feinen bis 1 mm kleinen Löcher für den Ölaustritt zudrücken, werden die in Abb. 12 ersichtlichen Schutzleisten im Seiherinnenraum angebracht. Die Kanten der Preßdeckel gleiten an den Schutzleisten entlang, ohne die gelochte Seiherwand zu streifen. Die Kuchen können in hydraulischen Ölpressen bis auf einen Ölgehalt von etwa 5—6% (in weiteren Grenzen 5—8%) ausgepreßt werden. H. Lemmél [Gewinnung, Veredelung und Verarbeitung der Öle und Fette, 1932] gibt die Preßkosten je 100 kg Erdnüsse bei älteren Anlagen zu RM 2,00 bis 3,50 an, für neuzeitliche mit Vorpressung zu RM 1,50—2,00 je 100 kg. Mit der Ölgewinnung durch Pressen tritt in neuerer Zeit die

Abb. 12. Preßgefäße für runde Kuchen mit Schutzleisten (Fritz Müller, Eßlingen a. N.).

Extraktion (s. S. 162) in Wettbewerb, oft in Kombination mit kontinuierlichen Vorpressen.

2. Kontinuierliche Pressen.

Bei den Pressen dieser Art wird das zu behandelnde Gut durch Schnecken, Stopfvorrichtungen mit Kolben, Walzen usw. erfaßt und kontinuierlich unter dem dadurch erzeugten Druck an den für den flüssigen Anteil durchlässigen Oberflächen mit den verschiedensten Formgestaltungen vorbeigeführt [vgl. M. Dolch †: Betriebsmittelkunde für Chemiker, S. 152. 1929]. Solche Pressen werden als Ölpressen, als Schnitzelpressen in der Zuckerindustrie, als Fruchtpressen, zum Teil als Lohepressen usw. verwendet, und sind auch häufig zum Auspressen von Torf u. dgl. vorgeschlagen worden. Hierher gehört unter anderem das Madruck-Verfahren [Ullmann: Encyklopädie, Bd. 10, S. 149. 1932]. Vgl. auch das D.R.P. 533246 der I. G. Farbenindustrie A. G., Erfinder W. Strathmeyer.

Abb. 13. Seiher der Anderson-Presse, geöffnet (F. Krupp-Grusonwerk A. G., Magdeburg-Buckau).

Schneckenpressen. Eine in Ölfabriken zum Auspressen von Ölsaaten bei mäßig hohen Drucken meist als Vorpresse verwendete Schneckenpresse, ist die Anderson-Presse (Abb. 13). Sie verwendet als Druckerzeuger eine Schnecke, deren Ganghöhe auf der Austrittsseite des Preßgutes geringer ist als beim Eintritt. Durch Messer (s. Abb. 13), die in den Ringraum zwischen Seiher und Schneckenwelle hineinragen, wird der Preßkuchen an der drehenden Bewegung gehindert. Abb. 14 zeigt eine selbsttätige Ölpresse Bauart „Sohler" vom F. Krupp-Grusonwerk A.G., Magdeburg-Buckau. Die Presse gestattet mit Hilfe eines verschiebbaren düsenförmigen Ringes die Größe des Austrittsspaltes zu verändern. Der Druck im Seiher kann damit geregelt werden. Der Zulauf des Preßgutes regelt sich durch eine bei Überlastung sich selbst ausschaltende patentierte Eintragschnecke. Die Presse erlaubt nach den Angaben von F. Krupp-Grusonwerk A.G. die Verarbeitung von Ölsaaten mit einer Ölausbeute, die den von Seiherpressen oder hydraulischen Pressen erreichbaren mindestens gleichkommt. Sie liefert in der h je nach dem Ölgehalt der Saat 120—200 kg fertige Kuchen, wobei der Kraftbedarf bei der Verarbeitung von Erdnüssen, Sesam, Leinsaat, Raps etwa 7 PS, bei Verarbeitung von Palmkernen 12—14 PS beträgt. Kopra und Sonnenblumensaat liegen mit dem Kraftbedarf in der Mitte. Bei geeigneter Aufstellung und Zuführung des Gutes ist nach Katalogangabe für 10 Pressen 1 Mann zur Bedienung erforderlich. Eine andere Kruppsche Konstruktion, die 40—60 t Saat/24 h bei einer Ölausbeute von 75% bewältigt, eignet sich als Vorpresse. Der Kraftbedarf beträgt 20—30 PS. Der größere Durchsatz wird durch stufenförmige Verengung des Seihers erreicht. Auch bei dieser Presse läßt sich der Druck im Seiher durch Verstellen der Austrittsöffnung regeln.

Schneckenpressen eignen sich besonders für Produkte, deren Beschaffenheit ein Gleiten des Gutes in der Achsrichtung der Schnecke

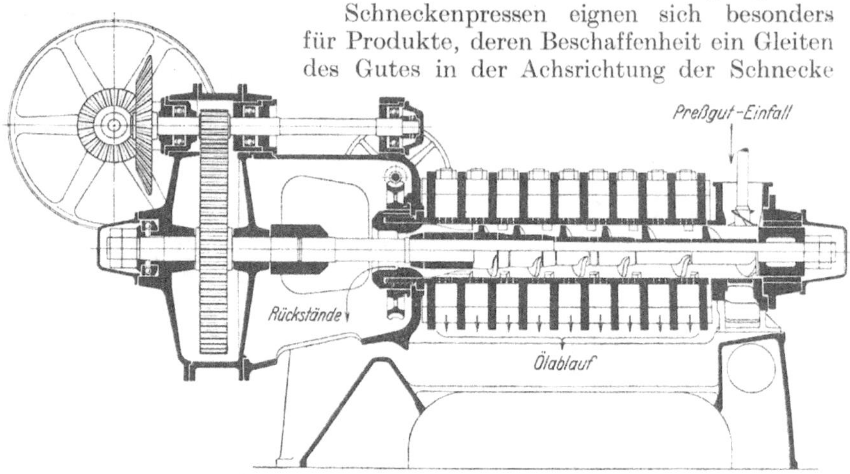

Abb. 14. Selbsttätige Ölpresse Bauart „Sohler" (F. Krupp-Grusonwerk A.G., Magdeburg-Buckau).

zulassen, also in erster Linie für Ölsaaten. Auch mit Lösungsmitteln (Benzin) vorbehandelte Saat wird neuerdings ausgepreßt (Pat. Fauth, Wiesbaden). Preßgut, das beim Auspressen trockene, rauhe, nicht schmierende Oberflächenbeschaffenheit erhält, z. B. Lohe oder dgl., ist im allgemeinen weniger gut für die Behandlung in Schneckenpressen geeignet.

Pressen.

Von Dr.-Ing. **K. Thormann** VDI, Breslau.

I. Einfluß der Stoffeigenschaften.

Feste, feinkörnige oder mehlige Stoffe kann man häufig in dieser Beschaffenheit nicht oder nur mit Schwierigkeiten weiter befördern, verwenden oder verarbeiten. Man vereinigt sie dann durch Pressen zu brauchbaren Körpern. Als Beispiele solcher Preßlinge seien genannt: Briketts oder Formlinge aus Braun- oder Steinkohlen, Koks, Feinerzen, Zement, Glasgemenge, Kunststeinmassen, Salze, Lebensmittel, ferner Tabletten, Pastillen für pharmazeutische oder kosmetische Zwecke. In anderen Fällen, wie bei der Herstellung von Porzellan- und Tonwaren

(Ziegeln, Dachsteinen, Ofenkacheln, Wandplatten, Steinzeugröhren), Seifen, Elektroden, Kunstharzmassen usw. sollen beim Pressen Gegenstände von bestimmter Form und Größe entstehen. Die verlangten Eigenschaften der Preßlinge entsprechen den jeweils vorliegenden Verwendungszwecken. Meist kommt es auf ausreichende, mechanische Festigkeit, glatte und harte Oberflächen und lange Haltbarkeit an. In anderen Fällen werden Porosität, um beispielweise Eindringen reduzierender Gase zu erleichtern (Erzbriketts), oder geringer Abrieb (Kohlenbriketts) oder schnelle Lösbarkeit (Tabletten) verlangt.

Die Entstehung eines Preßlings von bestimmter Beschaffenheit setzt gewisse Eigenschaften des Rohgutes voraus, so daß häufig eine besondere Aufbereitung des Gutes hierfür erforderlich ist. Einzelne Stoffe ergeben auch bei den höchsten Drucken keine haltbaren Körper. Andere lassen sich nur nach Vermischen mit einem Bindemittel pressen, das so beschaffen sein muß, daß es die Eigenschaften des Preßlings nicht ungünstig verändert. Hierzu dienen anorganische Bindemittel wie Wasser, Lösungen, Tone, Kalk, Zement, Gips, Quarzmehl oder organische Stoffe wie Teer, Pech, Zellstoffablaugen, Melasse, Naphthalin, Asphalt, Harze, Stärke, Dextrin, Zuckersirup, Gummilösungen usw. Die Güte der Preßlinge wird um so höher sein, je besser das Bindemittel mit dem Gut durchmischt ist.

Das Zusammenhalten der einzelnen Teilchen im fertigen Preßling kann auf verschiedenen Ursachen beruhen. Werden diese durch den Preßvorgang soweit zusammengeschoben und zertrümmert, daß die einzelnen Stücke auf großen Flächen fest aneinander liegen, so können sie sich gegenseitig so halten und stützen, daß ein ausreichender Zusammenhang entsteht. Dabei können ähnliche Haftkräfte auftreten, wie man sie beim Zusammenhalten zweier geschliffener Glasflächen beobachtet. — Ist das Gut feucht und hat es große, innere Oberflächen, wie sie beispielsweise der capillare Aufbau der Braunkohle zeigt, so halten die Oberflächenkräfte des eingeschlossenen Wassers die aneinandergeschobenen Teilchen zusammen. Dabei kommt es nur auf die Zahl der einzelnen Wasserstege an, welche die festen Teile verbinden. Ist das Gut zu feucht, so füllt das Wasser beim Pressen alle Hohlräume aus, so daß Oberflächenkräfte nicht entstehen können. Ist das Gut zu trocken, so wird die Zahl der verbindenden Stege zu gering. Bei einer bestimmten Feuchtigkeit wird also der Preßling unter diesen Umständen für einen gegebenen Preßdruck die höchsten Festigkeiten erreichen. Solche Rohstoffe verlangen dementsprechend meist eine Aufbereitung durch Trocknung oder Anfeuchtung. Als Beispiel zeigt Abb. 1 die Festigkeiten von Briketts aus drei verschiedenen Braunkohlensorten in Abhängigkeit vom Wassergehalt nach A. Fritzsche [Braunkohle **29**, 687 (1930)]. Wie dies Beispiel zeigt, hängt die Festigkeit des Preßlings neben der Feuchtigkeit auch von anderen Umständen ab. Zu diesen sind insbesondere der capillare Feinbau und die Größen der beim Pressen entstehenden Räume zu rechnen. Je enger diese sind, um so größere Oberflächenkräfte können die eingeschlossenen Wasserteilchen entwickeln. Schlecht benetzbare Stoffe in den zu verarbeitenden Massen stören die Entstehung der Haftkräfte des in den Zwischenräumen verteilten Wassers und verlangen einen höheren Wassergehalt. — Je geringer die Korngrößen sind, um so fester fallen im allgemeinen die Preßlinge aus. Als Beispiel zeigt Abb. 2 den Einfluß der Korngröße von Braunkohlenkoks auf die Biegungsfestigkeit von Briketts für drei verschiedene Teergehalte nach F. Seidenschnur [Braunkohle **30**, 590 (1931)]. Sind die Korngrößen des Gutes verschieden, so wird die Festigkeit des Preßlings unter sonst gleichen Umständen um so geringer sein, je größer der Anteil des Grobkorns ist, da dann eine stärkere Formänderungsarbeit erforderlich wäre [K. Kegel: Braunkohle **31**, 494 (1932)]. Die erforderliche Formänderungsarbeit ist am geringsten, wenn die einzelnen Kornklassen so groß und so verteilt sind, daß kein Korn beim Pressen zerkleinert werden muß (dichteste Lagerung, vgl. Abb. 7, S. 252). — Eine gleichmäßige Kornverteilung ist besonders auch dann erforderlich, wenn Körner von verschiedener Beschaffenheit, beispielsweise harte und weiche, im Gemenge vorhanden sind.

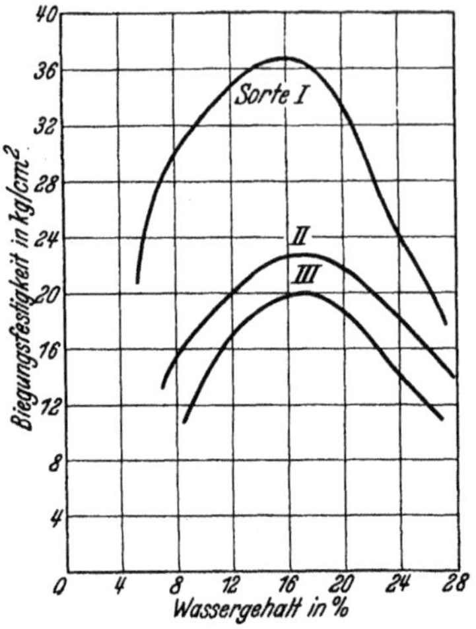

Abb. 1. Festigkeit von Braunkohlenbriketts in Abhängigkeit vom Wassergehalt nach A. Fritzsche.

Organische Bindemittel wie Pech, Zellstoffablaugen usw. kleben die einzelnen Körner fest zusammen. Auch hier ist eine gute Vermischung mit dem Gut erforderlich. Die notwendigen Preßdrucke sind verhältnismäßig gering und betragen beispielsweise beim Pressen von Steinkohlenbriketts 50—200 kg/cm². — Ist das Gut elastisch, so dehnen sich die einzelnen Teilchen nach dem Aufhören des Preßdruckes wieder aus und suchen in ihre Ausgangslage zurückzugehen. In solchen Fällen kann nur ein Bindemittel mit großer Haftkraft den notwendigen Zusammenhalt erzeugen.

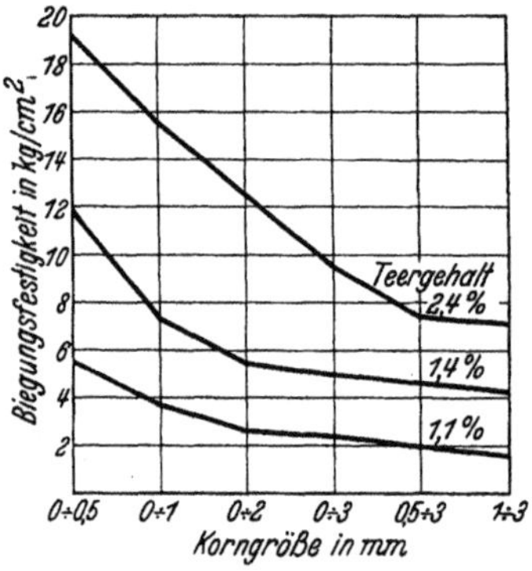

Abb. 2. Einfluß der Korngröße von Braunkohlenkoks auf die Biegungsfestigkeit der Preßlinge nach F. Seidenschnur.

Das Gut muß möglichst dosierungsfähig sein, da bei jeder Pressung eine bestimmte Gutmenge in die Preßform gelangen soll, weil der notwendige Preßdruck sonst nicht erreicht oder stark überschritten wird. Pulverige Massen, die zu Tabletten verpreßt werden sollen, granuliert man daher, indem man sie beispielsweise anfeuchtet und durch eine Granuliermaschine drückt. Beim Pressen von Kunstharzgegenständen legt man die Masse in Form vorgepreßter Tabletten ein.

II. Preßvorgang.

Der Preßvorgang muß sich den Eigenschaften des zu verarbeitenden Gutes anpassen. Zur Bildung des Preßlings ist meist eine bestimmte Mindestzeitdauer erforderlich, die nicht unterschritten werden darf. Zunächst haben die in die Form eindringenden Preßorgane das lose und unregelmäßig eingeschüttete Gut zu verschieben. Dabei muß die zwischen den festen Teilchen befindliche Luft entweichen. Um das Gut in der Preßform möglichst zu entlüften und dicht zu lagern, verwendet man bisweilen zum Füllen besondere Stopf- oder Einstreichvorrichtungen. Bei der weiteren Verdichtung steigt der Pressendruck stark an, bis der Höchstdruck den gewünschten Zusammenhalt herstellt. Der größte Preßdruck muß eine bestimmte Zeit bestehen bleiben, damit der Rest der Luft entweichen kann oder eingeschlossenes Wasser oder ein Bindemittel sich gleichmäßig verteilen oder ähnliche Ausgleichsvorgänge ablaufen können. In manchen Fällen läßt man den Druck mehrfach nacheinander wirken. Der erste Druck, der meist schwächer ist als die folgenden, hat dabei in der Hauptsache die Aufgabe, das Gut zu verteilen, der zweite, stärkere Druck gibt dem Gut die Form und verdrängt die Luft, der nächste und beispielsweise letzte Druck erzeugt die notwendige Festigkeit und prägt die Oberflächen scharf aus. Beim Pressen von Kunstharzmassen schließt sich an die Pressung der Härtevorgang bei vollem Enddruck an.

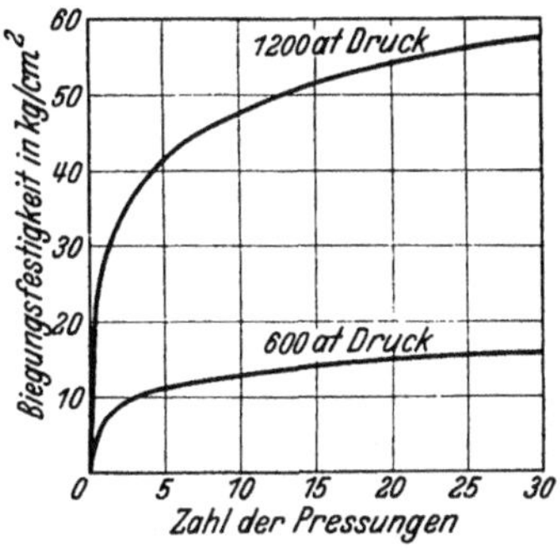

Abb. 3. Biegungsfestigkeit von Salzbriketts in Abhängigkeit von Preßzahl und Preßdruck nach K. Kegel.

Für ein bestimmtes Gut und gegebene Anforderungen an die Güte des Preßlings kann man Schaubilder für den günstigsten Preßverlauf aufstellen, die den Preßdruck in Abhängigkeit von der Bewegung der Preßwerkzeuge oder der Zeit für bestimmte Verhältnisse angeben. Im allgemeinen wird die Festigkeit der erzeugten Formlinge um so größer sein, je höher die angewendeten Drücke, die Zeitdauer ihrer Wirkung sind und je größer die Zahl der Pressungen ist. Als Beispiel ist auf Abb. 3 die Biegungsfestigkeit von Salzbriketts in Abhängigkeit von der Preßzahl für zwei verschiedene Preßdrücke nach K. Kegel [Braunkohle 31, 494 (1932)] dargestellt.

Einen wesentlichen Einfluß auf eine fehlerlose Entstehung des Preßlings haben die Reibungskräfte, die beim Zusammenschieben des Gutes an den Wänden der Preßform und auch an den Teilchen untereinander entstehen. Sie hemmen die Bewegung des Gutes und können Rißbildungen verursachen. Eine Behandlung der Formwände mit Wasser, Öl, Seife, Wachs oder pulverigen Stoffen kann die Reibung an den Wandungen erheblich vermindern. Als Beispiel zeigt Abb. 4 die Festigkeit von Briketts aus Braunkohlenkoks für verschiedene Benetzungsarten der Formwände unter sonst gleichen Preßbedingungen nach Versuchen von F. Seidenschnur [Braunkohle **30**, 590 (1931)]. Die gegenseitige Reibung der Teilchen aneinander läßt den von den Preßflächen ausgehenden Druck ungleichmäßig je nach der Lagerung des Gutes fortpflanzen. Im allgemeinen verdichtet sich das Gut unmittelbar unter den Preßflächen am stärksten. Um solche Einflüsse auszuschalten, arbeiten zahlreiche Pressen mit doppelseitigem Druck.

Wenn auch der Verwendungszweck in erster Linie die Form des Preßlings bestimmt, so müssen häufig doch Eigenheiten der Herstellung dabei berücksichtigt werden. Je weiter die Preßorgane das Gut zusammenschieben müssen, je stärker also der Preßling ist, um so ungleichmäßiger wird sein Gefüge und um so geringer wird meist seine Festigkeit ausfallen. Ebenso zeigen stark gewölbte Preßlinge leicht ungleichmäßige Verdichtungen.

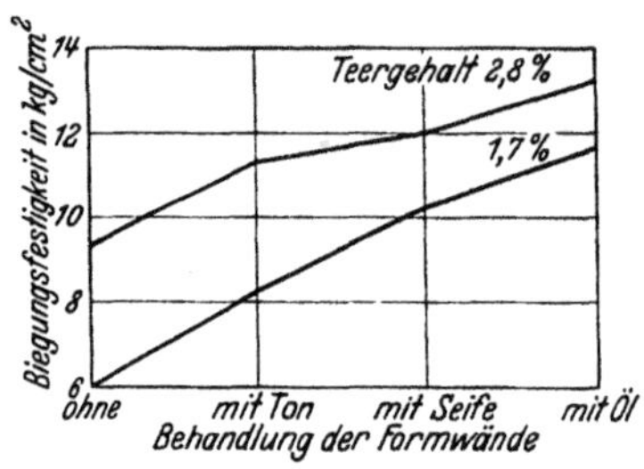

Abb. 4. Einfluß der Benetzung der Formenwände auf die Biegungsfestigkeit der Preßlinge nach F. Seidenschnur.

Die am meisten verwendeten Pressen arbeiten nach drei verschiedenen Verfahren. Hin- und hergehende Stempel schieben das Gut in einer Form zusammen (Stempelpressen); ein Treiborgan preßt es in Form eines Stranges aus einem Mundstück oder Kanal heraus (Strangpressen); aufeinanderlaufende Walzen drücken es zusammen (Walzenpressen). Nach der Betriebsweise kann man stetig arbeitende (Strang- und Walzenpressen) und stückweise arbeitende Pressen (Stempelpressen), je nachdem, ob die Preßform allseitig geschlossen ist oder teilweise freiliegt, Pressen mit geschlossener (Füllform) oder mit offener Form (Überlaufform) unterscheiden. Kunstharzmassen preßt man in Formen, deren Oberflächen mit Dampf, Gas, Heißwasser oder Elektrizität beheizt sind.

III. Die Pressen.

1. Stempelpressen.

Stempelpressen baut man für die verschiedensten Zwecke in zahlreichen Ausführungsarten, einmal oder wiederholt drückend, mit einseitiger oder doppelseitiger Pressung, mit offener oder geschlossener Form. Eine Schraubspindel, ein mit Preßwasser betriebener Kolben, ein Kurbel-, Exzenter- oder Hebeltriebwerk oder ein mit Kurvenscheiben arbeitendes Getriebe bewegt die Preßstempel. Die wichtigsten Triebwerke für Stempelpressen sind auf Abb. 5 zusammengestellt.

Schraubenspindeln (Abb. 5*a*) und hydraulische Kolben eignen sich nur, wenn die Zahl der Preßhübe in der Zeiteinheit verhältnismäßig gering und die Drücke sehr hoch sind. Kurvengetriebe (Abb. 5*b*) können leicht so gestaltet werden, daß die Abhängigkeit des Weges von der Zeit dem günstigsten Verlauf des Preßvorganges entspricht. Sie eignen sich besonders für Pressen mit mehrfach wiederholtem Druck. Kurbel- und Exzentertriebwerke (Abb. 5*c*) haben zwar einen einfachen Aufbau, ergeben jedoch eine für viele Fälle ungünstige Bewegung, da sie den Höchstdruck zu schnell erreichen, zu kurze Zeit auf dem Preßling bestehen lassen und ihn sehr schnell wieder vermindern. Hebelgetriebe, insbesondere die vielbenutzten Kniehebeltriebwerke (Abb. 5*d*) können die baulichen Vorteile der Kurbeltriebe mit günstigen Druckbewegungen vereinen. Als Beispiel zeigt Abb. 6 die Zeit-Wegkurven eines Kurbel- und eines Kniehebeltriebes. Man erkennt, daß ein Kniehebeltriebwerk das Gut langsamer unter Druck setzt, längere Zeit den Höchstdruck aufrecht erhält und den Preßling allmählich entlastet.

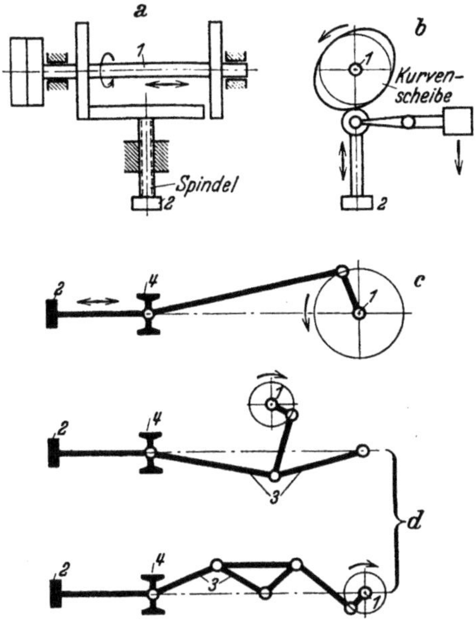

Abb. 5. Pressentriebwerke.
1 Antriebwelle, *2* Pressenstempel, *3* Kniehebel, *4* Pressenbär.

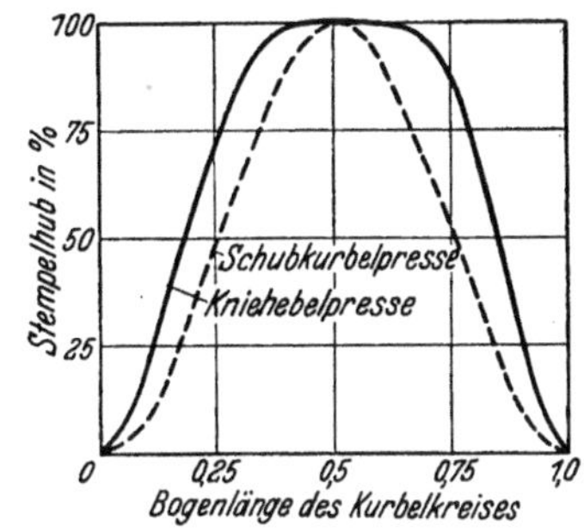

Abb. 6. Zeit-Wegkurven einer Schubkurbel- und einer Kniehebelpresse.

Die Pressen werden mit einem oder mit mehreren Stempeln ausgeführt (Einstempel- oder Mehrstempelpressen). Die Stempelbahn steht räumlich fest oder bewegt sich auf einem Zylinder. Umlaufende Stempel finden sich besonders in Tablettenpressen für hohe Leistungen. Diese arbeiten oft nach Abb. 7 mit einem Satz von Ober- und Unterstempeln, die sich in dem umlaufenden Formtisch, gesteuert durch Schienen, Kurven oder Druckrollen parallel zur Drehachse bewegen. Die Füllstelle, an der ein Füllschieber eine bestimmte Gutmenge in die freigelegte Form schiebt, bleibt räumlich unverändert stehen. Um den Druck allmählich ansteigen zu lassen und seine Höhe nach oben zu begrenzen, baut man bisweilen Federn in die Preßorgane ein.

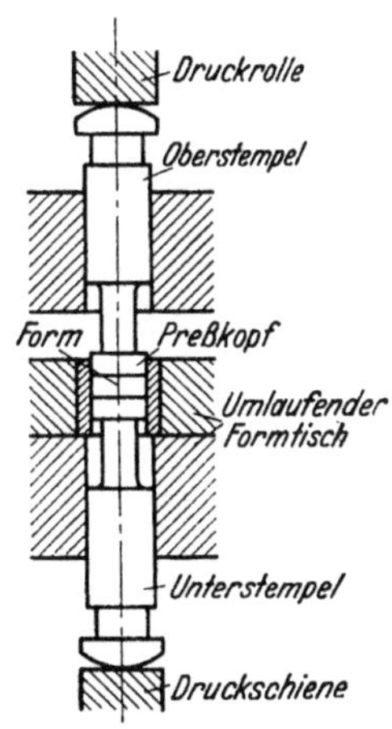

Abb. 7. Doppelseitig wirkende Presse mit umlaufenden Stempeln für Kleinpreßlinge.

Alle anderen Pressenbauarten haben eine feststehende Stempelbahn. Um den fertigen Preßling aus der Form zu heben, drückt ein Gegenstempel ihn von unten heraus. Zur Abgabe des Preßlings bewegt sich die Form bei einigen Bauarten hin und her oder auf einem Kreis (Tischpressen), oder auf einer prismatischen, drehbaren Trommel (Revolverpressen).

Zu den Stempelpressen gehören auch die Vorrichtungen, die den Druck nicht durch ein zwangläufig arbeitendes Getriebe, sondern durch das Gewicht des auffallenden Stempels erzeugen. Die Preßwirkung entspricht dann dem Gewicht und der Fallhöhe des Stempels. Solche Pressen arbeiten meist mit mehreren aufeinanderfolgenden Schlägen mit zunehmender Fallhöhe.

2. Strangpressen.

Die Strangpressen drücken das Gut mit einer Schnecke oder einem schaufelartigen, sich drehenden Werkzeug oder einem Walzenpaar aus einem Mundstück stetig heraus (Schneckenstrangpressen, Walzenstrangpressen) oder schieben es stoßweise mit einem hin- und hergehenden Stempel durch einen Formkanal (Stempelstrangpressen). Die besonders in der Tonindustrie und auch bei der Herstellung von Stückseifen gebräuchlichen Schneckenstrangpressen liefern einen endlosen Strang, dessen Querschnitt der Form des Mundstücks entspricht. Eine Abschneidevorrichtung, die meist aus einem hin- und herbewegten Stahldraht besteht, teilt ihn in einzelne Stücke von gewünschter Länge. Eine Aufgabevorrichtung führt gleichmäßig Gut zu, damit der Strang mit gleichbleibender Geschwindigkeit austritt. Um die Reibung zu vermindern, wird das Mundstück häufig bewässert oder geschmiert, da sonst der Strang leicht an den Außenflächen aufreißt. Zum Verarbeiten von Seifenmassen in der Strangpresse wird das Mundstück beheizt (s. auch Abschnitt Kneten, S. 161).

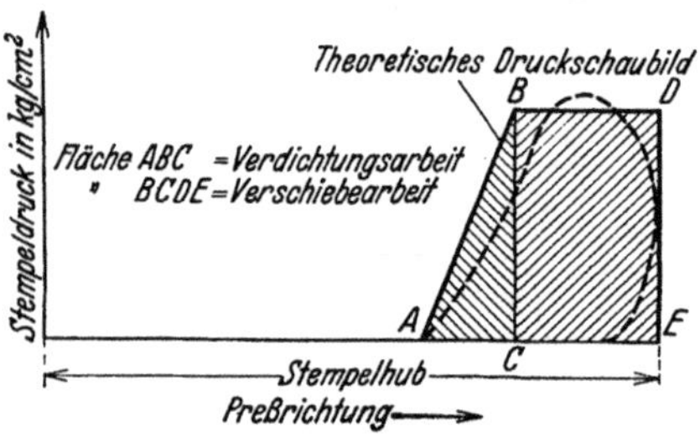

Abb. 8. Druck-Wegschaubild einer Stempelstrangpresse.

In den besonders zur Herstellung von Braunkohlenbriketts, aber auch bei der Verarbeitung von Kunstharzmassen üblichen Stempelstrangpressen (Exterpressen) bewegt ein Schubkurbel- oder Kniehebelgetriebe den in einer geschlossenen Form gebildeten Strang stoßweise durch einen hin- und hergehenden Stempel vorwärts. Dieser formt nacheinander einen Preßling gegen die Rückseite des vorhergehenden. Damit ein hinreichender Druck entstehen kann, verengt sich die Form teilweise, wozu meist eine angeschliffene Erhöhung, der sog. Buckel, in der Form dient. Eine Aufgabevorrichtung füllt während des Rückganges des Stempels den Raum vor diesem an. Beim Vorwärtsgang drückt er das Gut im Formkanal zusammen, bis der Stempeldruck den Widerstand des Brikettstranges überwindet, der insbesondere durch die Reibung an den Formwänden entsteht. Der Strang wird dabei zusammen mit den gebildeten Briketts um eine Steinbreite im Formkanal vorgeschoben. Die Reibung des Brikettstranges muß so groß sein, daß die Bewegung der Briketts erst beginnt, wenn der zur Bildung des Preßlings notwendige Druck erreicht ist. Dieser beträgt bei Braunkohlenbriketts bis zu 1400 kg/cm².

Das ideale Druck-Wegschaubild einer Stempelstrangpresse ist auf Abb. 8 dargestellt. Der wirkliche Verlauf, wie er für ein Beispiel auf Abb. 8 gestrichelt eingezeichnet ist, hängt von der Drehzahl, der Zustellung, den Eigenschaften des Rohstoffes und anderen Umständen ab. Die Druckkurven nähern sich im allgemeinen mit abnehmender Drehzahl dem Druckverlauf des Idealschaubildes.

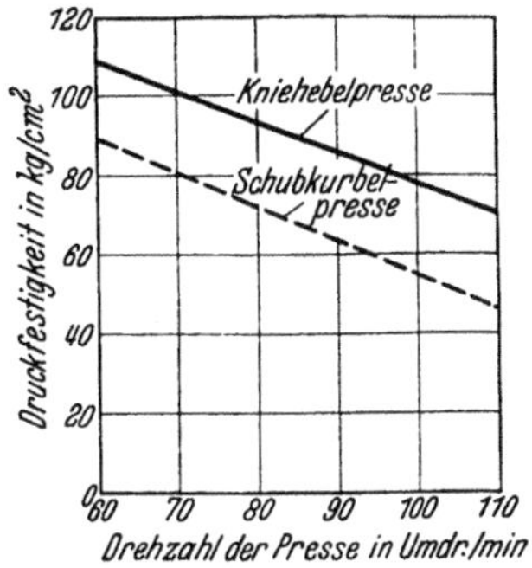

Abb. 9. Mittelwerte der Druckfestigkeit von Semmelbriketts in Abhängigkeit von der Drehzahl nach R. Pennewitz.

Kniehebelpressen ergeben eine höhere Brikettfestigkeit als Schubkurbelpressen, wie auch Abb. 9 nach R. Pennewitz [Ztschr. Ver. Dtsch. Ing. **45**, 1393 (1931)] zeigt, wo die Druckfestigkeit von Semmelbriketts aus Braunkohle in Abhängigkeit von der Umlaufzeit der Presse für gleiche Betriebsverhältnisse dargestellt ist. Die Güte der Preßlinge sinkt mit zunehmender Drehzahl.

Eine Stempelstrangpresse (Abb. 10) besteht aus dem Füllrumpf *c*, dem Preßklotz *b*, in dem die Preßform und die um den Bolzen *d* bewegliche, durch Spindel *e* und Schneckenrad *f* einstellbare Zunge *g* lagert, dem Preßstempel *a* und dem nicht dargestellten Triebwerk. Zwei mit Verengungen versehene Schwalbungen *h*, zwei Haken *k* und zwei Seitenkeile *i* bilden die eigentliche Preßform oder das Formzeug.

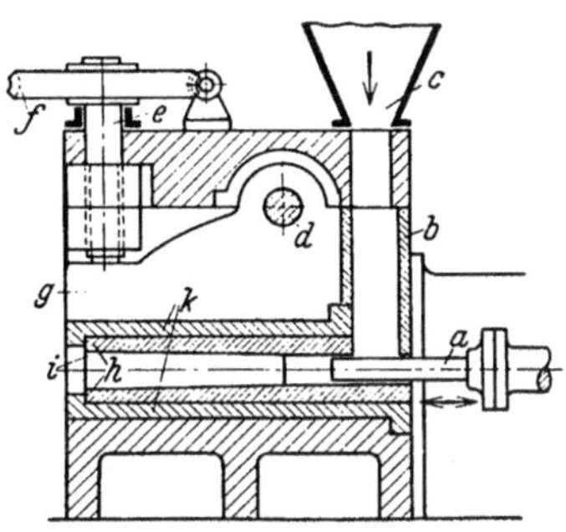

Abb. 10. Stempelstrangpresse.

3. Walzenpressen.

Die Walzenpressen gehören zu den Pressen mit offener Form, da diese infolge der Krümmung und der drehenden Bewegung sich niemals vollständig schließen kann. Meist arbeiten zwei waagerechte Walzen von gleichem Durchmesser zusammen. Mit ihnen kann man nur bestimmte Preßlinge, die meist die Form von Eiern haben, herstellen (Eierpressen). Je flacher die Formmulden sind, um so leichter schälen sich die Preßlinge heraus. Die Zylinder tragen Walzenmäntel mit Formmulden die einem halben Preßling entsprechen. Die zu verarbeitende Masse gelangt aus einem Behälter über der Presse in die Formen und schiebt sich beim allmählichen Schließen der Mulden zusammen. Solche Walzenpressen eignen sich besonders zur Verarbeitung von Stoffen mit plastischen Eigenschaften. Damit der notwendige Preßdruck entstehen kann, ist ausreichende Füllung jeder Form notwendig. Diese hängt von dem Walzendurchmesser und der Form und Größe der Mulde ab. Die Fähigkeit einer Presse, das Gut einzuziehen, wird mit zunehmendem Walzendurchmesser größer. Die fertigen Preßlinge fallen heraus, wenn sich die Walzen voneinander entfernen. Statt zwei Walzen zusammenarbeiten zu lassen, kann man auch eine Walze auf der Innenfläche eines Ringes laufen lassen (Ringwalzenpressen).

Schmelzen.

Von Dr.-Ing. **K. Thormann** VDI, Breslau.

I. Allgemeines.

1. Schmelzen eines einheitlichen Stoffes.

Feste, krystalline Stoffe gehen bei gegebenem Druck bei einer bestimmten Temperatur, dem sog. Schmelzpunkt, in den flüssigen Zustand über. Im Gegensatz zu den Verdampfungsvorgängen, bei denen der Dampfdruck mit wachsender Temperatur erheblich zunimmt, steigt der Schmelzpunkt p bei einigen Stoffen mit einer Erhöhung des Druckes, während er bei anderen fällt. Dabei entsprechen große Änderungen des Druckes kleinen Veränderungen des Schmelzpunktes. Man kann daher die Schmelztemperatur praktisch nur selten und in sehr geringen Grenzen durch Änderungen des Druckes beeinflussen.

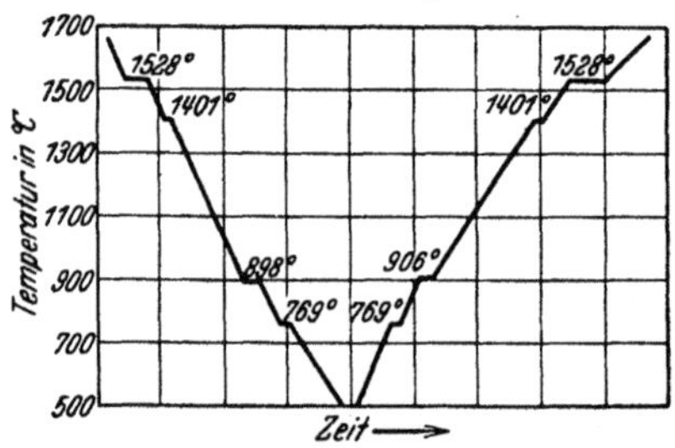

Abb. 1. Temperaturverlauf bei der Abkühlung und Erhitzung von reinem Eisen.

Bei zahlreichen festen Stoffen, insbesondere den Metallen, finden sich verschiedene Modifikationen, die nur innerhalb bestimmter Temperaturintervalle beständig und durch Änderungen der Krystallformen gekennzeichnet sind. Soll sich eine Modifikation in eine andere umwandeln, die nur bei höherer Temperatur vorkommen kann, so ist eine bestimmte Wärmemenge zuzuführen. Im umgekehrten Fall wird eine bestimmte Wärmemenge frei. Als Beispiel eines Stoffes mit verschiedenen Modifikationen zeigt Abb. 1 die Temperaturkurven des reinen Eisens. Die Temperaturen, bei denen sich die einzelnen Arten umwandeln, bezeichnet man als Umwandlungspunkte (s. Bd. I, S. 128).

Die Schmelzwärme, die notwendig ist, um die Gewichtseinheit des Stoffes von der Temperatur des Schmelzpunktes aus dem festen in den flüssigen Zustand zu überführen, ist bei einfachen einatomigen Stoffen und bei zahlreichen mehratomigen Körpern erheblich kleiner als die Verdampfungswärme. Für die einatomigen Stoffe gilt eine der Troutonschen Regel (s. S. 351 und Bd. I, S. 97) ähnliche Beziehung für die atomare Schmelzwärme $s = 2{,}2\,T$, wobei T die absolute Schmelztemperatur ist. Die bis zum Erhitzen auf den Schmelzpunkt zuzuführende Wärme hängt von den mittleren spezifischen Wärmen in diesem Temperaturbereich und von den Umwandlungswärmen ab.

Erstarrt ein chemisch homogener, geschmolzener Stoff, so wird die gleiche Wärmemenge, die zur Verflüssigung notwendig war, frei. Bei diesem Vorgang können sich je nach der Krystallisationsgeschwindigkeit Krystalle oder Gläser bilden. Erstarrt die Flüssigkeit zu Krystallen, so bleibt die Temperatur während dieses Vorgangs unverändert. Bei der Umwandlung besteht im Schmelzraum eine flüssige Phase unmittelbar neben einer festen. Beim Übergang ändern sich die physikalischen Eigenschaften des Stoffes sprunghaft. Beim Erstarren zu Glas wird die Flüssigkeit mit sinkender Temperatur gleichmäßig zäher, ohne daß Flüssigkeit und Glas nebeneinander auftreten. Die physikalischen Eigenschaften des Stoffes ändern sich allmählich, ohne daß bestimmte räumliche Richtungen bevorzugt sind, wie es bei der Krystallbildung der Fall ist.

2. Zweistoffgemische

(s. auch „Phasenlehre", Bd. I, S. 184).

Besteht das zu schmelzende Gut aus zwei Stoffen, so verläuft der Schmelzvorgang je nach dem gegenseitigen Verhalten der beiden Bestandteile zueinander, insbesondere nach dem Grad der gegenseitigen Löslichkeit oder Unlöslichkeit in sehr verschiedener Weise. Von besonderer Wichtigkeit für die Durchführung von Schmelzverfahren ist dabei die Abhängigkeit der Gleichgewichte von der Zusammensetzung und der Temperatur, die mit der Entstehung bestimmter Gemengeteile verbunden ist.

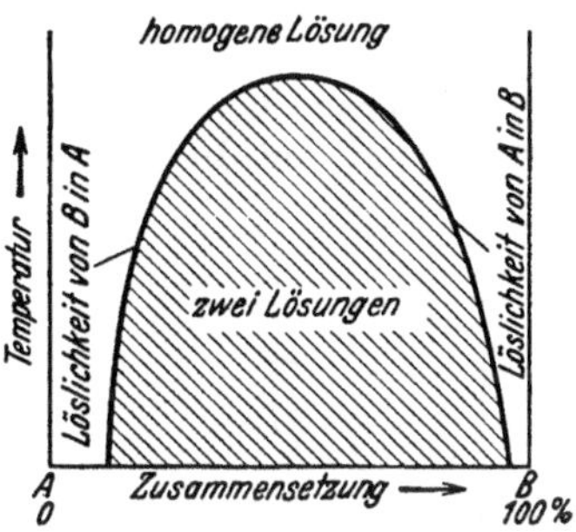

Abb. 2. Abhängigkeit der Löslichkeit von der Temperatur.

Lösen sich die Stoffe im flüssigen Zustand überhaupt nicht, so bilden die geschmolzenen Flüssigkeiten entsprechend dem Unterschied der spezifischen Gewichte der Bestandteile in nahezu reinem Zustand übereinanderliegende Schichten. Schmilzt man beispielsweise bleihaltige Eisenerze in einem Hochofen, so sammelt sich das geschmolzene Blei allmählich an der tiefsten Stelle des Ofens an, ohne daß es Eisen enthält. Beim Erstarren kann man unter Umständen ein Gemenge in emulsionsartiger Verteilung erhalten. Häufig lösen sich die Stoffe im flüssigen Zustand nicht in allen Verhältnissen (Mischungslücken), so daß sich Schichten bilden, deren Zusammensetzungen von der jeweiligen Temperatur abhängen. Meist lösen die einzelnen Stoffe von dem anderen Bestandteil um so mehr, je höher die Temperatur ist. Dabei ergeben sich für die Abhängigkeit von der Temperatur in der Regel Kurven nach Abb. 2 mit einem Höchstwert für die Temperatur, bei der noch gerade zwei Schichten auftreten. Jede Schmelze außerhalb der Kurven besteht aus einer homogenen Lösung, jede Schmelze innerhalb der Kurven entspricht dem Vorhandensein von zwei Schichten, deren Zusammensetzungen die Kurve mit den Ordinaten für die betreffende Temperatur angibt. Bei 600° beispielsweise scheidet sich ein Blei-Zinkgemisch in eine untere Schicht mit etwa 14% Zink und eine obere Schicht mit etwa 5% Blei. Bei 418° erstarrt die obere Schicht mit einem Bleigehalt von etwa 0,5%. Diese Eigenschaft benutzt man, um silberhaltiges Blei zu entsilbern, indem man der Bleischmelze Zink zusetzt. Da sich Zink und Silber in allen Verhältnissen lösen, entsteht ein im Blei unlösliches Zink-Silbergemisch, das abgeschöpft werden kann (Parkes-Verfahren).

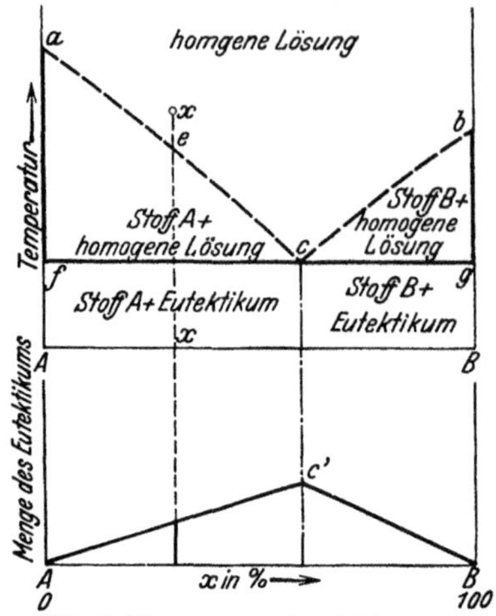

Abb. 3. Erstarrungsschaubild eines Zweistoffgemisches mit Unlöslichkeit im festen Zustand.

Lösen sich die Stoffe im flüssigen Zustand vollständig, so ist eine Trennung durch Bilden von Schichten nicht möglich. Den Aufbau der beim Erstarren der flüssigen Lösung entstehenden Bestandteile kennzeichnet man durch Erstarrungsschaubilder. Da der geringe Einfluß des Druckes keine Berücksichtigung verlangt, stellt man die Temperaturen des Beginns und der Beendigung des Erstarrens in Abhängigkeit von der Zusammensetzung des Gemisches dar. Die Kurven, die sich dabei ergeben, grenzen die Gebiete ab, in denen die verschiedenen Phasen für sich bestehen können.

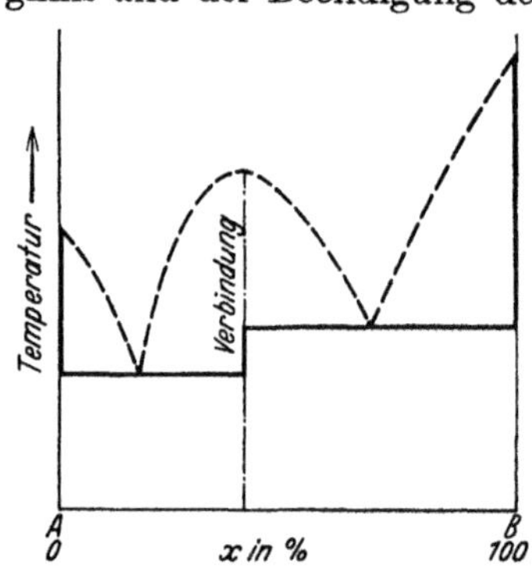

Abb. 4. Erstarrungsschaubild eines Zweistoffgemisches mit Bildung einer Verbindung.

Ein häufig vorkommender Fall ist der, daß die beiden Stoffe im festen Zustand ineinander unlöslich sind, während sie sich im flüssigen Zustand vollständig lösen. Ein Schaubild für ein aus den Stoffen A und B bestehendes Gemisch mit einem derartigen Verhalten ist auf Abb. 3, mit den Zusammensetzungen als Abszissen, dargestellt. Die Punkte a und b kennzeichnen die Schmelzpunkte der reinen Bestandteile A und B. Oberhalb der Kurven acb kann nur eine homogene Lösung bestehen. Auf der Kurve ac ist Gleichgewicht zwischen dem reinen Bestandteil A und der Lösung vorhanden. Auf der Kurve cb ist die Schmelze mit dem Stoff B gesättigt. Bei der dem Punkt c entsprechenden Zusammensetzung kann nur eine mit beiden Stoffen gesättigte, homogene Lösung bestehen (eutektischer Punkt). Das eutektische Gemisch verhält sich während des Schmelzvorgangs wie ein chemisch reiner Stoff. — Erstarrt ein Gemenge von der

Zusammensetzung x, so scheidet sich aus der homogenen Lösung im Punkte e zunächst Stoff A aus. Die zurückbleibende Lösung reichert sich daher an Stoff B an. Sobald die Temperatur des Eutektikums erreicht ist, erstarrt der Rest der Schmelze mit der Zusammensetzung, die dem Eutektikum entspricht. Der Anteil des Eutektikums nimmt, wie das untere Schaubild auf Abb. 3 zeigt, beiderseits des Punktes c' ab, je mehr sich die Zusammensetzung den reinen Bestandteilen nähert. Die Flächen acf und cbg entsprechen also keiner einheitlichen Phase.

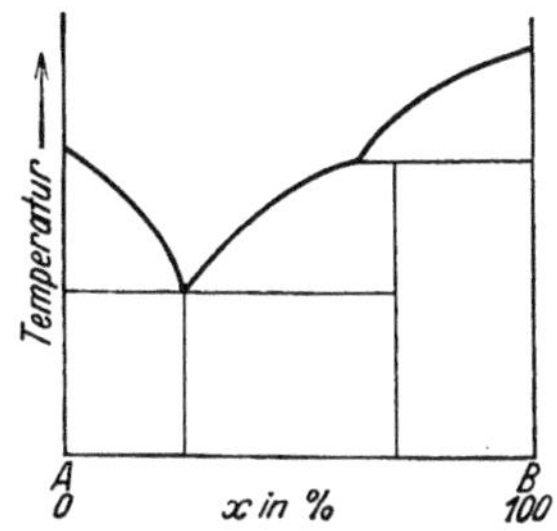

Abb. 5. Erstarrungsschaubild einer sich zersetzenden Verbindung.

Bilden die beiden Bestandteile eines Gemisches sowohl im festen als auch im flüssigen Zustand eine chemische Verbindung, so ergibt sich eine Wirkung, die derjenigen eines reinen Bestandteils gleicht. Das Zustandsschaubild spaltet sich beispielsweise nach Abb. 4 in zwei Teile, welche die der Verbindung entsprechende Zusammensetzung mit einem Temperaturhöchstwert abgrenzt. Zersetzt sich die Verbindung schon unterhalb des Schmelzpunktes, so kann das Maximum sich nicht ausbilden, und es entsteht ein Schaubild nach Abb. 5.

Sind beide Bestandteile auch im festen Zustand ineinander löslich, so gehört zu jeder Zusammensetzung der Schmelze ein bestimmter Schmelzpunkt und eine bestimmte Zusammensetzung der sich bildenden, festen Lösung. Abb. 6 zeigt die Kurven für zwei Stoffe mit einer Mischungslücke $f'f—gg'$, bei der sich die Stoffe entmischen. Die Kurven

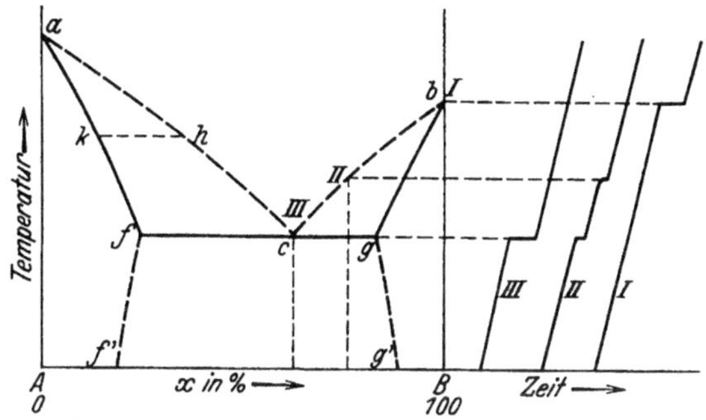

Abb. 6. Erstarrungsschaubild und Erhitzungskurven eines Zweistoffgemisches mit Löslichkeit im festen Zustand.

af und bg geben die Zusammensetzung der Mischkrystalle (homogene Krystalle ohne chemische Verbindung der Bestandteile nach bestimmten stöchiometrischen Verhältnissen) an, die sich aus einer Schmelze mit derjenigen Zusammensetzung (Beispiel Punkt k) abscheiden, welche durch die auf den Kurven ac und cb liegenden Punkte mit gleichen Ordinaten bestimmt ist (Beispiel Punkt h).

Entsprechend dem Entstehen oder Verschwinden bestimmter Gemengeteile verläuft die Temperatur während des Schmelzens oder Erstarrens zeitlich stetig oder mit Haltepunkten, wenn in der Zeiteinheit immer gleiche Wärmemengen zugeführt oder abgegeben werden. Die Kurven rechts neben dem Schaubild auf Abb. 6 zeigen den Temperaturanstieg beim Schmelzen eines reinen Stoffes (Kurve I) mit nur einem

Haltepunkt bei der Schmelztemperatur, wo die Schmelzwärme zuzuführen ist, daneben den Verlauf beim Schmelzen eines Gemisches (Kurve *II*) mit einem Haltepunkt bei der Schmelztemperatur des eutektischen Gemischs und einem Knick bis zum Verschwinden der letzten Krystalle und schließlich den Verlauf beim Schmelzen eines Gemischs mit der Zusammensetzung des eutektischen Punktes (Kurve *III*). — Sind die beiden Stoffe in festem und flüssigem Zustand vollständig mischbar, so ergeben sich für die Zusammensetzungen mehr oder weniger gleichmäßig zwischen den Schmelzpunkten der reinen Bestandteile verlaufende Kurven etwa nach Abb. 7 oder auch Kurven mit einem Bereich, der über oder unter diesen Punkten liegt. Kühlt man eine Schmelze von der Zusammensetzung des Punktes *C* ab, so beginnt bei *D* die Krystallausscheidung. Die sich bildenden Mischkrystalle sind jedoch stets reicher an der schwerer schmelzenden Komponente und haben die dem Punkt *E* entsprechende Zusammensetzung. Kühlt die Schmelze ausreichend langsam ab, so verändert sich die Zusammensetzung der Mischkrystalle allmählich von *E* bis *F* und diejenige der Schmelze von *D* bis *G*. Bei schneller Abkühlung kann sich die Zusammensetzung der Krystalle infolge Bildung von Schichtkrystallen in anderer Weise ändern. Man hat also, obwohl vollkommene Löslichkeit vorhanden ist, die Möglichkeit, Änderungen der Zusammensetzungen zu erhalten. Der Verlauf der Temperaturen beim Erstarren ist für eine Lösung von der Zusammensetzung des Punktes *H* mit dem zugehörigen Erstarrungspunkt *K* rechts neben dem Schaubild dargestellt.

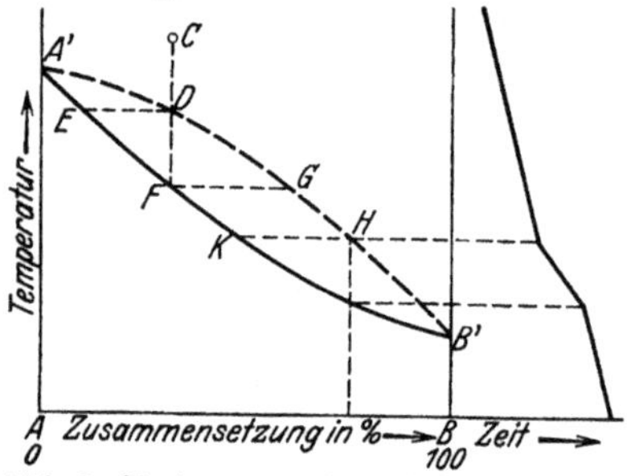

Abb. 7. Erstarrungsschaubild eines vollkommen löslichen Zweistoffgemisches.

Neben den beschriebenen Zustandsschaubildern gibt es noch zahlreiche abweichende Möglichkeiten des Schmelzverlaufes oder der Erstarrungserscheinungen. Die Bedeutung der Erstarrungsschaubilder für die Schmelztechnik kann man etwa in folgender Weise kurz zusammenfassen: Sie zeigen, ob sich die Bestandteile in allen Verhältnissen oder nur teilweise mischen, ob neue Verbindungen, also Krystallarten nach multiplen Proportionen, entstehen oder nicht und ob die Bestandteile Mischkrystalle bilden und in welchem Bereich von Zusammensetzungen dies der Fall ist. Sie geben ferner an, in welchem Zustand das Gemisch sich für eine bestimmte Zusammensetzung bei einer gegebenen Temperatur befindet, welche Anteile flüssig oder krystallisiert sind und welche Zusammensetzung diese haben. Ist also die Zusammensetzung der Ausgangsstoffe bekannt, so ergeben Temperaturmessungen ein genaues Bild vom Zustand der Schmelze. Besonders wichtig sind die Schaubilder für die Kenntnis der Eigenschaften der Schlacken. Die Erstarrungsschaubilder geben deren Schmelzpunkte an und zeigen, welche Stoffe gegebenenfalls zugeführt werden müssen, wenn man eine möglichst leicht schmelzende Schlacke erhalten will.

Bei den für die Schmelztechnik wichtigen Gleichgewichten mit Gasen muß auch der Druck berücksichtigt werden, den man in Abhängigkeit von der Temperatur darstellt. Zu dem T-x-Schaubild tritt dann noch die pT-Kurve. Lösen sich die Bestandteile eines Zweistoffgemisches im kondensierten Zustand nicht, so gehört im einfachsten Fall zu jeder Temperatur ein bestimmter Gasdruck. Erhitzt man ein solches System unter konstantem Druck, so erhält man dabei einen Haltepunkt. Bilden sich Lösungen, so hängt das Gleichgewicht auch von der Zusammensetzung der kondensierten Phase ab. Das Verhalten der Stoffe bei einer Temperatursteigerung kennzeichnen für einen gegebenen Druck sog. Abbaukurven, die angeben, wieviel Mole eines Gases in der zurückbleibenden Verbindung in Abhängigkeit von der Temperatur noch vorhanden sind. Bestehen Lösungen nicht, so dissoziiert die Verbindung bei einer bestimmten Temperatur (Abb. 8), während, wenn Lösungen vorhanden sind, der Abbau beispielsweise nach Abb. 9 in einem größeren Temperaturbereich $t_1 t_2$, in welchem sich die Mischkrystalle bilden, vor sich geht.

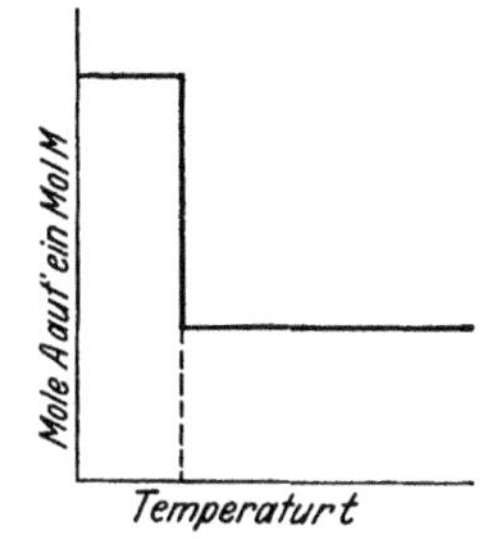

Abb. 8. Abbaukurve in einem System ohne Lösungen.

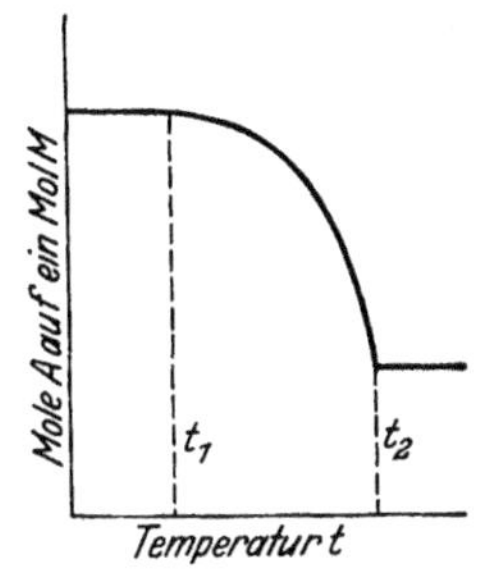

Abb. 9. Abbaukurve in einem System mit Lösungen.

3. Mehrstoffgemische.

Zur Darstellung der Vorgänge beim Schmelzen eines Dreistoffgemisches benutzt man ein gleichseitiges oder rechtwinkliges Dreieck für die Zusammensetzungen, über welchem man senkrecht im Raum die Temperatur als maßgebende Zustandsveränderliche aufträgt. Geeignete Schnitte durch dieses Raumgebilde ergeben wichtige Abhängigkeiten für einen bestimmten, unveränderlichen Parameter in zweidimensionaler Darstellung. Das Zustandsschaubild eines Dreistoffgemisches, dessen Bestandteile (A, B und C) nur im flüssigen Zustand mischbar sind, zeigt als Beispiel Abb. 10. Auf den drei Außenflächen des über dem Grunddreieck errichteten Prismas sind die Temperaturkurven der drei Zweistoffgemische aufgetragen. Diese begrenzen im Innern des Prismas verlaufende Flächen, die sich von allen Seiten zum eutektischen Punkt P des Dreistoffgemisches senken. Die Projektion auf die Grundfläche ergibt durch die Lage des eutektischen Punktes die Grenzen der verschiedenen Zustandsfelder.

Bestehen in dem Dreistoffsystem Gleichgewichte mit Gasen, so hängt die Zusammensetzung der Gasphase von den Eigenschaften der festen und flüssigen Phase ab. Ändert sich die Molekülzahl der Gase bei der Reaktion nicht, so ist diese vom Druck unabhängig. — In Systemen, die mit Wasserstoff-Sauerstoff oder mit Kohlenstoff-Sauerstoff sich im

Gleichgewicht befinden, müssen neben den besonderen Bedingungen der Reduktionsgleichgewichte die für die Wasserdampf- oder Kohlendioxyddissoziation erforderlichen Bedingungen erfüllt sein. Von besonderer Bedeutung ist die Kenntnis der Temperaturabhängigkeit der Gasgleichgewichte, da diese meist die Einhaltung ganz bestimmter Temperaturen erfordert.

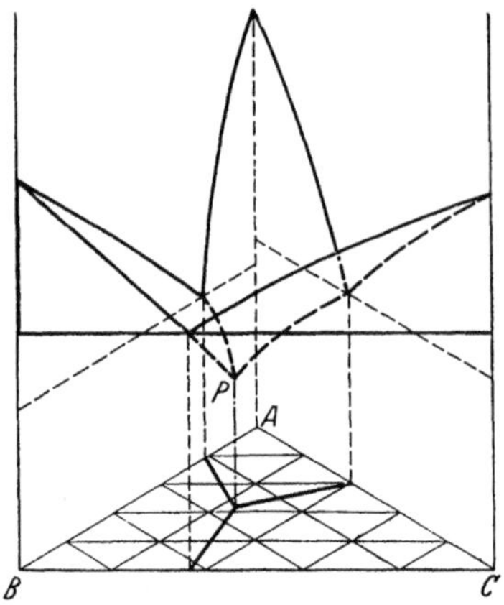

Abb. 10. Erstarrungsschaubild eines Dreistoffgemisches.

Je größer die Zahl der Bestandteile ist, um so schwieriger wird die Darstellung der Vorgänge beim Schmelzen und Erstarren durch zeichnerische Verfahren, wie Tetraeder, Fünfzelle und ähnliche Gebilde (vgl. E. Jänecke, Bd. I, S. 184). In Vielstoffgemischen laufen teils nebeneinander, teils nacheinander zahlreiche chemische Umsetzungen und physikalische Umwandlungen mit mehr oder weniger großer Abhängigkeit voneinander ab. Zu diesen Vorgängen gehören: die Bildung von Verbindungen, teilweiser oder vollständiger Zerfall derselben, Mischungslücken im flüssigen Zustand, Zerfall von Hydroxyden, Abspaltung von Wasser, Lösung von Bestandteilen in der bereits flüssigen Phase, Änderungen der Krystallformen und Verflüchtigungen von Bestandteilen. Beim Erhitzen und Abkühlen zeigen sich dann entsprechend zahlreiche Haltepunkte. Dabei beginnen die Umwandlungen schon meist bei Temperaturen, die unterhalb der im Betriebe eingehaltenen Schmelztemperatur liegen. — Sind mehrere Schichten in der Schmelze vorhanden, so treten Ausgleichsvorgänge zwischen diesen Schichten hinzu, deren Gleichgewicht sich angenähert aus dem Verteilungssatz ergibt. Als Beispiel zeigt Abb. 11 die Verteilung von Mangan in der metallurgischen Schmelze und in der Schlacke im System Fe-Mn-O für 1600° nach Oberhoffer und Schenck [Stahl u. Eisen 47, 1526 (1927)]. Ein weiteres Beispiel liefert die Entkohlung des Eisens durch oxydische Schlacken.

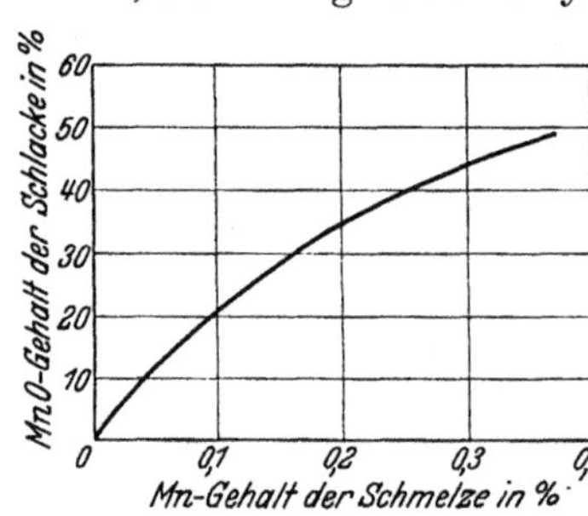

Abb. 11. Verteilung von Mn zwischen Metall und Schlacke im System Fe-Mn-O nach Oberhoffer und Schenck.

Die zum Schmelzen notwendige Wärme kann sich in derartig verwickelten Fällen aus mehreren positiven oder negativen Wärmemengen zusammensetzen, die für eine genaue Berechnung des Wärmeverbrauchs bekannt sein müssen. Hierbei sind zu berücksichtigen: die spezifischen Wärmen der Rohstoffe innerhalb des ganzen Temperaturbereiches, die Wärmetönungen bei den Umwandlungen von einer festen Form in eine andere, die Schmelz- und Lösungswärmen, die Verdampfungswärmen der Stoffe, die sich beim Schmelzen infolge erheblichen Dampfdrucks

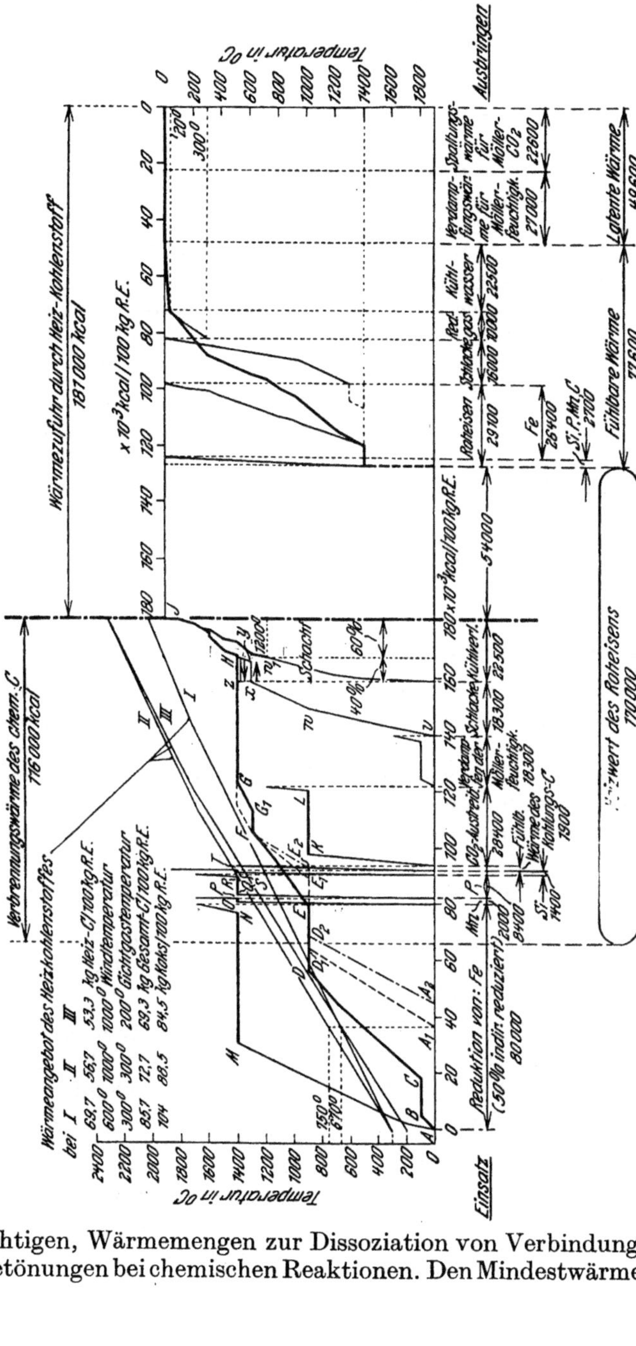

Abb. 12. Wärme-Temperaturschaubild eines Hochofens nach H. Bansen.

verflüchtigen, Wärmemengen zur Dissoziation von Verbindungen und die Wärmetönungen bei chemischen Reaktionen. Den Mindestwärmeverbrauch kennzeichnet man am besten durch ein Wärmeinhalt-Temperaturschaubild (*I-t*-Schaubild). Trägt man dabei auch die *I-t*-Kurven für die Verbrennung des Heizmittels ein, so erhält man eine Darstellung für Wärmebedarf und Wärmeangebot. Als Beispiel zeigt Abb. 12 das Wärmeinhalt-Temperaturschaubild eines Thomas-Hochofens für die Gewinnung von 100 kg Roheisen aus einem Erz mit 1,45% Mn, 1,85% P, 0,25% Si, 3,25% C und mit 70 kg Schlacke/100 kg Roheisen nach H. Bansen [Wärmewertigkeit, Düsseldorf: Stahl u. Eisen **1930**, 15]. Der Wärmeverbrauch ist durch die Kurven *A—B—C—D—E—F—G—H—I* gegeben. Die Einzelposten, aus denen er sich zusammensetzt, sind in das Schaubild eingetragen: CO_2-Austreibung aus Kalkstein (*K L*), Reduktionswärme von Eisen (*M N*), Mangan (*O P*), Phosphor (*Q R*) und Silicium (*S T*), fühlbare Schlackenwärme (*V W X*), positive Schlackenbildungswärme (*Z H*), negative Verschlackungswärme (*X Y*). Die Berücksichtigung der Verdampfungswärme der Möllerfeuchtigkeit ergibt die *I-t*-Linie $A_1—D_1—E_1—F$, der Abzug der Schachtkühlwärme die Linie $A_2—D_2—E_2—F$.

Ebenso wie chemisch homogene Flüssigkeiten können auch Schmelzen bestimmter Stoffgemische ohne Krystallbildung und, ohne daß die physikalischen Eigenschaften sich sprunghaft ändern, allmählich unter stetiger Zunahme der Zähigkeit bei sinkender Temperatur in den festen Zustand übergehen. Der amorph erstarrte Stoff wird als unterkühlte Flüssigkeit aufgefaßt. Das wichtigste Anwendungsbeispiel liefern die Gläser als Schmelzen von Silicaten.

4. Einwirkungen auf den Schmelzvorgang.

Beim Schmelzen und dem nachfolgenden Erstarren sollen Stoffe oder Gegenstände von bestimmter chemischer Beschaffenheit, meist auch mit bestimmten physikalischen Eigenschaften entstehen. Man ist daher bestrebt, die Abhängigkeit der gewünschten Eigenschaften der herzustellenden Stoffe von dem sich aus der Durchführung des Schmelzvorganges ergebenden Zustand zu bestimmen, so daß man umgekehrt auch die Eigenschaften des Erzeugnisses für ein gegebenes Verfahren voraussagen kann. Häufig erreichen einzelne Eigenschaften bei bestimmten Bedingungen Höchstwerte. Fallen diese für verschiedene Eigenschaften nicht zusammen, so zeigen derartige Eigenschaftsfunktionen einen Weg, die günstigsten Bedingungen zu finden, die für alle Eigenschaften brauchbare Ergebnisse sichern.

Außer den Stoffen, die in dem zu gewinnenden Erzeugnis enthalten sein sollen, besteht die Beschickung der Schmelzeinrichtung noch aus den Verunreinigungen und Begleitstoffen des Rohgutes und denjenigen Stoffen, die aus besonderen Gründen zugegeben werden. Die nicht in das Enderzeugnis eingehenden Stoffe müssen aus der Schmelze infolge Unlöslichkeit durch Schichtenbildung oder durch Verflüchtigung ausgeschieden werden. Sie enthalten Anteile des zu gewinnenden Stoffes als Schmelzverlust, der zum Teil durch die Gleichgewichtsbedingungen, zum Teil durch Unvollkommenheiten in der Durchführung gegeben ist.

Das wichtigste Anwendungsbeispiel ist die Metallgewinnung durch Abscheiden nichtmetallischer Bestandteile beim Niederschmelzen der Erze. Zuschläge zu den Rohstoffen mischt man unmittelbar dem festen Einsatz bei oder gibt sie der geschmolzenen Masse zu. Zugabe zur Schmelze gestatten in der Regel nur satzweise arbeitende Öfen, und zwar ist dies um so eher möglich, je mehr die einzelnen Phasen des Schmelzvorganges zeitlich nacheinander ablaufen, und je weiter die entsprechenden Reaktionstemperaturen auseinanderliegen. Der flüssige Zustand begünstigt eine schnelle Verteilung auch von Stoffen, die in sehr geringen Mengen einzuführen sind. Zuschläge werden den Rohstoffen oder der Schmelze beigemischt, um den Begleitstoffen bestimmte Eigenschaften zu geben (Beispiel: Dünnflüssigkeit von Schlacken), um in den Rohstoffen nicht enthaltene Stoffe einzuführen oder um bestimmte, chemische Reaktionen (meist Reduktionen oder Oxydationen) einzuleiten.

Mit gegenseitigen Reaktionen zwischen den einzelnen Phasen arbeitet man besonders in der Metallurgie. Im allgemeinen liegen die Bedingungen für die Durchführung von Reaktionen bei einem Schmelzverfahren um so günstiger, wenn die dabei auftretenden Affinitäten zwischen den zu gewinnenden Stoffen und den Begleitstoffen des Rohgutes gering sind, wenn die nicht in das Enderzeugnis gehörenden Stoffe möglichst andere Affinitäten haben und wenn diese, sowie die sonst noch beim Verfahren beteiligten Stoffe in dem zu gewinnenden Stoff möglichst unlöslich sind. Dabei müssen die Reaktionsgeschwindigkeiten ausreichend groß sein und die in dem zu gewinnenden Stoff verbleibenden Reste anderer Bestandteile dessen Eigenschaften nicht beeinflussen.

Beim Schmelzen kommt es auch auf die Korngröße und Kornverteilung der Beschickung an. Kleine Stücke schmelzen schneller als große. Gegenseitige Reaktionen und Reaktionen mit Gasen verlaufen im allgemeinen um so schneller, je kleiner unter sonst gleichen Umständen die Stückgrößen sind. Gleiche Korngrößen der einzelnen Bestandteile begünstigen einen gleichmäßigen Reaktionsverlauf. Gehen die Gase unmittelbar durch das Gut, so beeinflußt die Stückgröße den Strömungswiderstand (s. S. 503). Ungleiche Korngrößen können Entmischungen der Beschickung verursachen.

Die Bildung von Schichten infolge Unlöslichkeit der Bestandteile und die sich dabei abspielenden Ausgleichsvorgänge geben die Möglichkeit, Stoffe aus der Schmelze dadurch zu entfernen, daß man eine Schicht abgießt oder ablaufen läßt. Dabei können die Wirkungen, auf die man hinarbeitet, sehr verschieden sein. Während beispielsweise beim Hochofen für Roheisen die Schlacke möglichst eisenfrei sein soll, muß beim Schmelzen von Kupfer oder Bleierzen möglichst alles Eisen in die Schlacke gehen. Für eine schnelle Trennung der Schichten sind die Unterschiede der Dichten, die gegenseitige Reibung, die Viscosität und die Oberflächenspannungen maßgebend (s. Kapitel Sedimentieren, Bd. III, S. 62). Die Trennung wird besonders erschwert, wenn sich in einer Phase ein Bestandteil in feinster Verteilung als Nebel oder Pyrosol, also als feuerflüssige Kolloidlösung, ausbreitet. Durch Ausnutzen der verschiedenen Löslichkeiten kann man aus einem Gemisch durch Zugabe eines dritten, im Gemisch unlöslichen Stoffes einen Bestandteil des Gemisches herauslösen. — Eine zweite Möglichkeit zum Abscheiden eines Stoffes gibt die Bildung von Krystallen in der Schmelze (Saiger-Verfahren der Metallurgie). Je nach dem spezifischen Gewicht schwimmen die Krystalle nach oben, wie beispielsweise Kupferkrystalle in einem Bleibad, oder sinken zu Boden. Da die Schmelze an den Krystallen haftet, kann man den flüssigen Anteil mit einer Zusammensetzung, die der Theorie entspricht, aber mengenmäßig nicht vollständig gewinnen, während man die Menge des krystallinen Anteils zwar vollständig, aber meist nicht mit der theoretischen Zusammensetzung erhalten kann.

Auch die Baustoffe des Schmelzraumes beeinflussen die Schmelze, da bei hohen Temperaturen zwischen diesen Ausgleichsvorgänge stattfinden. Teile der Wandungen schmelzen allmählich ab und gelangen so in die Beschickung.

Bei allen Schmelzverfahren kommt es, wie auch die Erstarrungsschaubilder zeigen, darauf an, bestimmte Temperaturen möglichst genau einzuhalten. Das Heizmittel muß stets eine höhere Temperatur haben als die Schmelze, da ein Temperaturgefälle für den Wärmeübergang notwendig ist. Je größer dieser Temperaturunterschied ist, um so größer ist auch die in der Zeiteinheit auf das Schmelzgut übergehende Wärmemenge, um so höher ist auch die Schmelzgeschwindigkeit. Aus wärmetechnischen Gründen ist man bestrebt, diese so hoch wie möglich zu wählen, da die Erzeugung je Zeiteinheit und die Wirtschaftlichkeit entsprechend steigen. Theoretisch erscheint es möglich, durch Erhöhen des Temperaturgefälles die übergehende Wärmemenge zu vergrößern. Meist setzt dabei die Beanspruchung der feuerfesten Auskleidung des Schmelzraumes eine Grenze. Bei der Beheizung durch Feuergase ist überdies die Temperatur des Heizmittels nach oben durch Heizwert und verbrennungstechnische Beziehungen festgelegt. Darf das Schmelzgut in keinem Teil eine bestimmte Temperaturgrenze überschreiten, so ist dadurch mit der Oberflächentemperatur auch die Geschwindigkeit des Eindringens der Wärme in das Gut gegeben. Würde man also das Temperaturgefälle erhöhen, so würde sich das Gut an seiner Oberfläche überhitzen. — Sind in dem Ausgangsgemenge verschiedene Stoffe vorhanden, so können die Schmelzgeschwindigkeiten der einzelnen Bestandteile infolge der Unterschiede im Wärmeleitvermögen und in der Schmelzwärme verschieden sein. Dieses Gemenge wird um so gleichmäßiger niederschmelzen, je geringer die Schmelzgeschwindigkeit ist. Ebenso erfordern die Umsetzungen und Umwandlungen beim Schmelzen eine bestimmte Zeit, die über eine bestimmte Grenze nicht verringert werden kann.

Für den zeitlichen Ablauf chemischer Reaktionen ist die Reaktionsgeschwindigkeit (s. auch Bd. I, S. 288) maßgebend. Bei homogenen Reaktionen ist sie proportional den Konzentrationen der beteiligten Stoffe und hängt erheblich von der Temperatur ab. Die Geschwindigkeit heterogener Reaktionen wird von den Oberflächen der reagierenden Phasen und den Stoffbewegungen zu und von den Grenzflächen, die meist auf Diffusionsvorgängen beruhen, beeinflußt. Die Abhängigkeit von der Oberflächengröße ist besonders bei den Reaktionen mit Gasen groß. Dabei nimmt die Reaktionsgeschwindigkeit nicht immer gleichmäßig mit der Temperatur zu, sondern in bestimmten Temperaturbereichen können sich Abweichungen beispielsweise durch Änderungen der Oberflächenbeschaffenheit zeigen. Als Beispiel stellt Abb. 13 den Wasserstoffverbrauch bei der Reduktion von Fe_2O_3 durch H_2 nach K. Hofmann [Ztschr. angew. Chem. 38, 715 (1925)] für verschiedene Temperaturen in Abhängigkeit von der Zeit dar. — Bei manchen Schmelzvorgängen schmilzt nur ein Stoff, während sich die anderen in ihm lösen. Auch die Geschwindigkeit solcher Lösungsvorgänge kann nicht über eine bestimmte Grenze gesteigert werden.

Bei der Durchführung von Schmelzverfahren ist man meist bestrebt, die Wärmezufuhr zeitlich unverändert zu lassen. Die Regelung des Betriebes umfaßt dann nur die beiden Aufgaben, die maßgebenden Zustandsgrößen der Heizvorrichtungen bei unabsichtlichen Verschiebungen auf die Regelwerte zurückzubringen und bei absichtlichen Änderungen einer Zustandsgröße die anderen auf entsprechende Werte nachzuregeln.

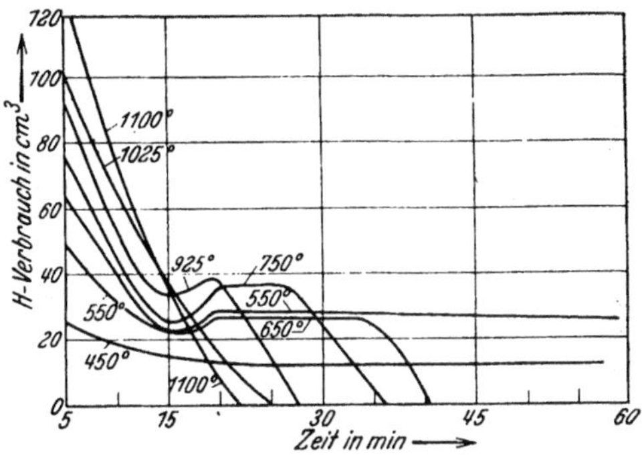

Abb. 13. Wasserstoffverbrauch bei Reduktion von Fe_2O_3 nach K. Hofmann.

Um eine Schmelze mit ausreichender Gleichmäßigkeit zu erhalten, um die Geschwindigkeit von Reaktionen zu beschleunigen oder um die Wärmeübertragung zu verbessern, ist häufig eine rührende Wirkung erforderlich. Das beste Mittel zur Bewegung der Schmelze sind aufsteigende Gasblasen, die das flüssige Bad durcheinander wirbeln. Eine gute Rührwirkung ergeben die elektrodynamischen Kräfte beim Schmelzen mit elektrischer Energie. In großen Gefäßen tragen die infolge ungleicher Temperaturverteilung entstehenden natürlichen Strömungen zum Vermischen des Inhalts bei. Wird die Schmelze dem Ofen satzweise entnommen, so kann man die einzelnen Mengen in einem besonderen Behälter (Beispiel: Hochofenmischer) sammeln, um Unregelmäßigkeiten auszugleichen und um langsam ablaufende Reaktionen weiterzuführen.

Hat die Schmelze den gewünschten Zustand erreicht, so muß sie der Temperatureinwirkung entzogen und aus der Schmelzeinrichtung entfernt werden. Hierzu schafft man von der tiefsten Stelle des Schmelzbades eine Verbindung nach außen (Abstichverfahren) oder man schwenkt die Vorrichtung um eine Achse, so daß die Schmelze über einen Überlauf abfließt (Kippverfahren), oder man entnimmt die Schmelze von oben mit Gefäßen (Schöpfverfahren) oder mit besonderen Vorrichtungen für anschließende Verarbeitungsvorgänge (Speiserverfahren). In einzelnen Fällen, beispielsweise bei elektrischen

Reduzieröfen, läßt man auch die Schmelze unmittelbar im Schmelzraum abkühlen und zerschlägt die erstarrte Masse (Blockverfahren).

II. Schmelzen bei niedrigen Temperaturen.

Liegt der Schmelzpunkt des zu verarbeitenden Gutes nicht höher als etwa bei 300—350°, so kann die notwendige Wärme durch Beheizung mit Dampf oder umlaufenden hocherhitzten Flüssigkeiten, insbesondere Heißwasser oder Ölen, zugeführt werden. Bei der Beheizung mit Wasserdampf liegt die praktische Temperaturgrenze etwa bei 250°, da eine Temperatur von 274° bereits einem Dampfdruck von 60 at entspricht. Zum Schmelzen mit gespanntem Dampf dienen meist Schalen oder Kessel mit Doppelmantel. Beim Ausschmelzen von Fetten bläst man auch den Dampf unmittelbar in das geschlossene Gefäß ein. Bei hohen Drücken verwendet man Apparate mit eingegossenen oder aufgeschweißten Heizrohren, meist in der Form von niedrigen, stehenden oder langen, waagerechten Zylindern. Der Betrieb selbst wird satzweise durchgeführt. Die Wärmeübertragung ist verhältnismäßig ungünstig, solange das Gut noch nicht geschmolzen ist, da die leeren Räume zwischen den einzelnen Stücken des noch festen Gutes die Wärme schlecht weiterleiten. Erst wenn sich im Unterteil des Schmelzgefäßes eine flüssige Schicht gebildet hat, verläuft der Schmelzvorgang rascher, da dann die Flüssigkeit Wärme auf die eintauchenden, festen Stücke überträgt. Um den Wärmeübergang zu beschleunigen, verwendet man häufig ein langsamlaufendes Rührwerk. Sollen die Stoffe unter Druck schmelzen, beispielsweise um die Gleichgewichtsbedingungen für bestimmte Reaktionen herzustellen, so verwendet man starkwandige, zylindrische Gefäße aus Gußeisen oder Stahl mit oder ohne besonderen Einsätzen, die sog. Autoklaven. Zur Entleerung der Schmelze dient hier meist ein Druckrohr, das bis auf den Boden des Gefäßes reicht. Die starken Wandungen erfordern ein großes Temperaturgefälle zur Wärmeübertragung. Hierzu eignet sich nur Heißwasser-, Öl- oder Feuergasbeheizung. Für die Mindestanforderungen an Werkstoffe, Bau, Ausrüstung und Betrieb der Autoklaven sind im Gebiete des Deutschen Reichs die Bestimmungen der Dampffaßverordnung zu beachten.

III. Schmelzen mit Feuergasbeheizung.

Besondere Gesetze sind zu beachten, wenn die Höhe der Schmelztemperatur Feuergasbeheizung erfordert. Die im günstigsten Fall (bei vollkommener Verbrennung und unter Ausschluß von Wärmeverlusten) durch Aufnahme der Verbrennungswärme erreichbare Temperatur der Verbrennungserzeugnisse ist von der Art des Brennstoffs, insbesondere seinem Heizwert, der Anfangstemperatur und dem zur Verbrennung notwendigen Luftüberschuß abhängig. Über diese Grenze kann auch eine starke Vergrößerung des Brennstoffverbrauchs die Temperatur im Schmelzofen nicht steigern. Bei sehr hohen Temperaturen wird die Verbrennung unvollkommen, da Kohlendioxyd und Wasserdampf sich zu zersetzen beginnen (Bd. I, S. 273).

Soll der Sauerstoff in den Verbrennungsgasen auf das Schmelzgut oxydierend wirken, so wird der Luftüberschuß nach Bedarf größer bemessen, wobei die Verbrennungstemperatur entsprechend sinkt. Für die Schmelztechnik ist der Luftüberschuß weiterhin noch dadurch von Bedeutung, daß er den Temperaturverlauf in der Flammenrichtung, insbesondere bei der am meisten angewendeten Gasfeuerung, beeinflußt, da die Verbrennung um so langsamer vor sich geht, je geringer er ist. Bei großem Luftüberschuß verbrennen die Gase schneller, so daß die Flammentemperatur nach Erreichung eines Maximums schnell absinkt. —

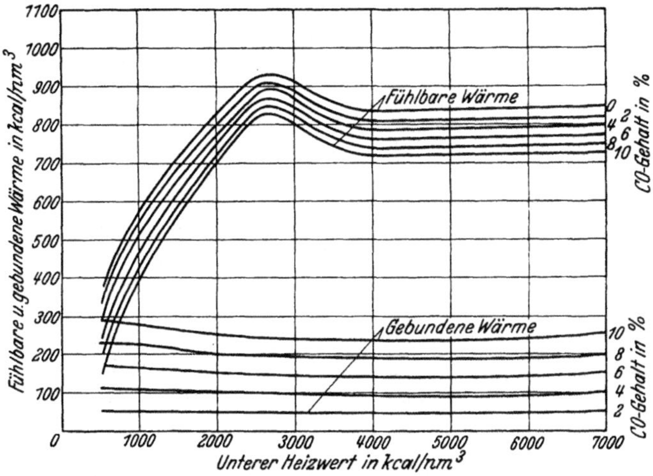

Abb. 14. Fühlbare und gebundene Wärme von Rauchgasen gasförmiger Brennstoffe nach P. Rosin und R. Fehling.

Um hohe Flammentemperaturen, wie sie beispielsweise zum Erschmelzen synthetischer Edelsteine erforderlich sind, zu erzeugen, verbrennt man reine Heizgase wie Wasserstoff oder Acetylen mit reinem Sauerstoff. Sollen die in den Verbrennungsgasen enthaltenen Kohlenoxyd- und Wasserstoffmengen reduzierend wirken oder Oxydationen verhindern, so führt man die Verbrennung absichtlich unvollständig durch. Als Maß für die Unvollständigkeit der Verbrennung dient der Gehalt des Rauchgases an Kohlenoxyd und Wasserstoff, wobei das Verhältnis $CO : H_2$ von Brennstoff, Luftmenge und Temperatur abhängt. Ein reduzierendes Feuer verursacht neben den Verlusten an fühlbarer Wärme in den aus der Schmelzvorrichtung abziehenden Gasen noch den Verlust an gebundener Wärme. Da die fühlbare und die gebundene Wärme des Rauchgases in kcal/m³ Funktionen des Heizwerts sind, lassen sich diese Größen in Abhängigkeit vom Heizwert und vom CO-Gehalt darstellen. Die Kurven auf Abb. 14 zeigen die fühlbare und die gebundene Wärme für gasförmige Brennstoffe nach P. Rosin und R. Fehling [Ztschr. Ver. Dtsch. Ing. 75, 959 (1931)]. Die Rauminhalte sind dabei auf 0° und 760 mm Hg bezogen. In Reduktionsöfen kann der Gehalt an brennbaren Bestandteilen so hoch werden, daß sie an anderer Stelle noch als Heizmittel Verwendung finden können, wie die Abgase der Hochöfen.

Für die Durchführung eines Schmelzverfahrens mit Feuergasbeheizung ist um so mehr Wärme aufzuwenden, je höher der Schmelzpunkt liegt und je höher der Wärmeinhalt des Stoffes beim Schmelzpunkt ist. Die von den Feuergasen übertragbare Wärmemenge ist für eine gegebene Betriebsweise von dem Unterschied zwischen der Feuergastemperatur und dem Schmelzpunkt abhängig. Je geringer dieser Unterschied ist, um so größere Brennstoffmengen sind aufzuwenden. Für die wärmetechnische Beurteilung eines Schmelzverfahrens ist daher vorwiegend die Höhe der Schmelztemperatur maßgebend. Als Beispiel zeigt Abb. 15 den theoretisch-thermischen Wirkungsgrad metallurgischer Schmelzverfahren in Abhängigkeit von Wärmeinhalt und Schmelzpunkt der Metalle für einen Brennstoff mit einem unteren Heizwert von 5000 kcal/kg nach Rosin [Metall u. Erz **1929**, 29]. — Um die Brennstoffwärme besser auszunutzen, wärmt man entweder die Beschickung des Schmelzofens mit den Verbrennungsgasen vor, so daß diese heiß in die Schmelzzone gelangt, oder man läßt die heißen Abgase durch Wärmeaustauscher (Regeneratoren oder Rekuperatoren) gehen, die einen Teil des Wärmeinhaltes der Abgase auf die eintretende Verbrennungsluft oder auch noch auf die als Brennstoff dienenden Gase übertragen. Dadurch wird die Verbrennungstemperatur erhöht und die Möglichkeit geschaffen, eine größere Wärmemenge/kg Brennstoff an das Schmelzgut abzugeben.

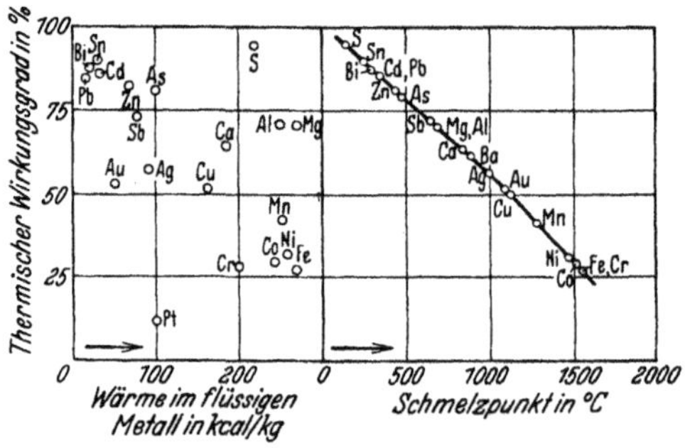

Abb. 15. Theoretisch-thermischer Wirkungsgrad metallurgischer Verfahren nach Rosin.

Haben die Rohstoffe stückige Formen und ist eine Berührung mit den Feuergasen zulässig oder zur Einleitung von Reaktionen notwendig, so führt man die Feuergase durch Schichten des Gutes. Dabei können feste Brennstoffe dem Gut beigemischt werden, indem man abwechselnd Roh- oder Brennstoff in einem schachtartigen Schmelzofen übereinander schichtet. Ist das zu schmelzende Gemenge feinkörnig oder staubförmig oder soll das Gut möglichst wenig mit den Gasen in Berührung kommen oder macht die Durchführung des Schmelzverfahrens einen längeren Aufenthalt der Schmelze im Ofen oder besondere Einwirkungen notwendig, so verwendet man gefäßartige Schmelzöfen, die das Gut unmittelbar auf einem Herd, in einer Wanne, einer Drehtrommel oder in kleineren, mittelbar beheizten Schmelzgefäßen aufnehmen. Man unterscheidet demnach Herd- und Wannenöfen, Öfen mit mittelbarer Wärmezufuhr (Gefäßöfen), Drehöfen und Schachtöfen. Die allgemeinen Grundlagen der Öfen, insbesondere die Bauelemente und ihre Aufgaben, sind im Abschnitt „Industrielle Öfen“ behandelt.

Sublimieren.

Von Dr.-Ing. **K. Thormann** VDI, Breslau.

I. Allgemeines.

Ebenso wie jeder Flüssigkeit kommt auch jedem festen Stoff bei einer gegebenen Temperatur ein bestimmter Dampfdruck zu. Bei manchen Stoffen ist dieser auch im festen Zustand so groß, daß der Stoff ohne vorherige Verflüssigung bei Wärmezufuhr hinreichend schnell verdampft. Diesen Vorgang nennt man Sublimation. Die Sublimationstemperatur liegt also unter der Schmelztemperatur. Erst bei dieser Temperatur, die bei weiterer Erwärmung des Stoffes erreicht wird, geht dieser in den flüssigen Zustand über. Die dann eintretende Verflüchtigung bezeichnet man jedoch als Verdampfung oder Destillation.

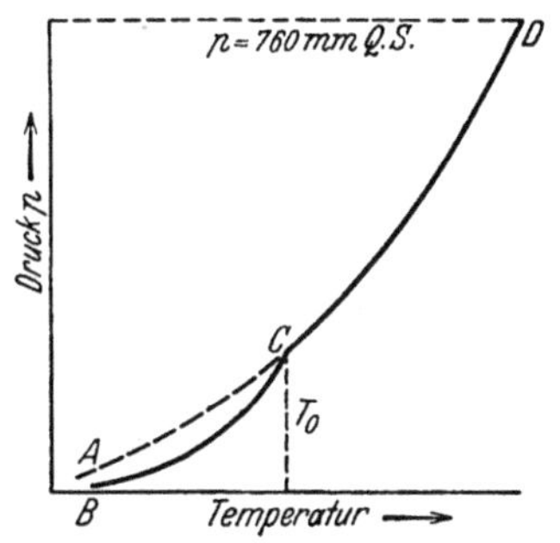

Abb. 1. Dampfdruckkurven eines sublimierenden Stoffes.

Auch im Schmelzpunkt liegt der Sublimationsdruck der meisten Stoffe erheblich unter dem Atmosphärendruck. In diesem Punkt (auf Abb. 1 Punkt C mit der Temperatur T_0) schneiden sich die Dampfdruckkurven der flüssigen Phase AD und des festen Stoffes BC. Die gestrichelte Kurve AC stellt dabei als Fortsetzung von DC den Dampfdruck der unterkühlten Flüssigkeit dar. Da sich im Punkt C Flüssigkeit, fester Stoff und Dampf im Gleichgewicht befinden, bezeichnet man ihn auch als dreifachen Punkt.

Die Wärmemenge, welche notwendig ist, um 1 kg des festen Stoffes zu sublimieren, die sog. Sublimationswärme, läßt sich aus der Änderung der Dampfspannung mit der Temperatur dp/dt und dem spezifischen Volumen des Dampfes V berechnen:

$$s = T \frac{dp}{dt} V.$$

Hierbei ist das Volumen des festen Stoffes als sehr klein vorausgesetzt. Im Schmelzpunkt ist: Sublimationswärme = Schmelzwärme + Verdampfungswärme.

Besteht das zu sublimierende Gut nicht aus einem einheitlichen Stoff, sondern aus einem Gemenge oder Gemisch mehrerer Stoffe, so ist die Zusammensetzung des Dampfes in der Regel von der des festen Stoffes verschieden. Für die Beziehungen zwischen den Zusammensetzungen der festen und dampfförmigen Phase gelten ähnliche Gesetze wie für die Destillation. Man kann also auch mit Hilfe der Sublimation Änderungen in der Zusammensetzung erhalten.

Unter den gleichen Bedingungen geht der Dampf der sublimierenden Stoffe bei Wärmeentzug unmittelbar in den festen Zustand über.

Die Sublimation wird meist zur Reinigung von Stoffen verwendet. Insbesondere wird sie zur Trennung von anderen festen Beimengungen benutzt, die bei den fraglichen Temperaturen nicht oder sehr wenig sublimieren und daher zurückbleiben. Oft kann die Sublimation eine Destillation ersetzen. Dies ist notwendig, wenn bei den zur Destillation notwendigen Temperaturen Zersetzungen eintreten. Durch geeigneten Bau und Betrieb der Apparatur kann man ferner den Niederschlag meist in einer bestimmten, aus verschiedenen Gründen erwünschten Form, z. B. als Flocken, Nadeln oder Blätter usw., erhalten.

II. Vorgänge im Betrieb.

Infolge des niedrigen Dampfdruckes wird die Sublimation häufig in Anwesenheit eines anderen Gases beispielsweise Luft, oder eines Dampfes, meist von Wasserdampf, vorgenommen. Entsprechend der Wärmezufuhr diffundiert der sublimierende Stoff in die umgebenden Luft- oder Dampfschichten. Je mehr dieses Trägergas sich bewegt oder je mehr eine Strömung desselben durch die Wärmezufuhr erzeugt wird, um so rascher kann die Sublimation vor sich gehen. Bei vollständiger Sättigung der umgebenden Luft steigt der Sublimationsdruck und entsprechend auch die Temperatur. Die bei der Sublimation mit Hilfe eines Trägergases sich abspielenden Vorgänge sind denen der Verdunstung ähnlich. Durch starke Strömungen der Luft oder des Begleitdampfes über dem Sublimationsgut kann man die Verflüchtigung bei entsprechender Wärmezufuhr beschleunigen oder auch die Sublimationstemperatur senken. Man leitet daher oft Luft, Gase oder Dämpfe über die sublimierenden Oberflächen oder sorgt in anderer Weise für einen Kreislauf des Trägergases über dem Gut. Bläst man zur Sublimation Wasserdampf ein, so ist der Wärmeverbrauch sehr erheblich. Er ist um so geringer, je höher der Dampf überhitzt ist. Die Überhitzung ist meist schon deshalb notwendig, weil sich bei der Arbeit mit gesättigtem Dampf zu hohe Drucke ergeben würden. Der Wirkungsgrad ist dabei um so günstiger, je höher der Begleitdampf mit dem Dampf des sublimierenden Stoffes gesättigt ist. Der meßbare Gesamtdampfdruck setzt sich in jedem Punkt des Apparates nach dem Daltonschen Gesetz aus den Teildampfdrücken der Bestandteile zusammen. Je geringer also an einer Stelle der Teildampfdruck des sublimierenden Stoffes ist, um so größer muß der Druck des Begleitgases oder -dampfes sein. Die Gehalte der in der Gasphase vorhandenen Stoffe können in ähnlicher Weise wie bei der Destillation berechnet werden [vgl. M. Strübin: Chem. Apparatur **1929**, 139, 164, 187, 211, 235].

Die strömende Wirkung der Luft oder der Wärmeaufwand für Begleitdampf können durch Sublimation unter Luftleere vermieden oder verringert werden. Bei vollständiger Entfernung der Luft über dem Sublimationsgut hängt die Sublimationstemperatur nur von dem

Druck ab, den man in der Apparatur mit der Luftpumpe aufrechterhalten kann. Die Sublimationsgeschwindigkeit ist dann unmittelbar der Wärmezufuhr durch Wärmeleitung und Strahlung zum Sublimationsgut proportional. Der Dampf strömt in diesem Falle unbehindert durch die Luft zu den Niederschlagseinrichtungen. Die Begrenzung der Temperatur nach oben durch die Luftleere kann bei der Sublimation von Gemengen für die Reinheit des Erzeugnisses von Bedeutung sein, wenn die beigemischten Stoffe bei höheren Temperaturen ebenfalls sublimieren, oder wenn Zersetzungen stattfinden. Je größer der Luftgehalt ist, um so mehr wird die Sublimation infolge des langsamen Verlaufes der Diffusion in die umgebenden Luftschichten gehemmt.

Zur Erwärmung wird das Gut meist auf die ebenen Heizflächen eines geschlossenen Gefäßes, der Sublimationsblase, gebracht und dort in dünner Schicht ausgebreitet. Um die notwendige Oberfläche zu erhalten, muß das Gut in gleichmäßige Stücke zerkleinert sein.

Die aus der Blase entweichenden Dämpfe werden in einem luft- oder wassergekühlten Behälter, der sog. Vorlage, niedergeschlagen. Da es oft darauf ankommt, den Niederschlag in einer bestimmten Form zu erhalten, ist auch die Art der Wärmeentziehung von Bedeutung. Durch starke Wirbelbildung kann die Wärme teils durch die Berührung mit den kühlen Wandungen der Vorlage, teils durch Mischung mit kalten Luftströmungen beschleunigt abgeführt werden. Es bilden sich dann meist feine, flockige und leichte Niederschläge. Vermeidet man durch zweckmäßige Bauweise der Apparatur jede Wirbelbildung und sorgt durch entsprechende Wärmezufuhr zur Blase für einen gleichmäßigen Dampfstrom, so kann man in der Regel einen gröberen Niederschlag mit größeren Krystallen erhalten. Die Sublimation mit einem inerten Gas (Teildrucksublimation) begünstigt meist flockige, feinkörnige Niederschlagsbildung. Die Krystalle können darin nur solange schwebend wachsen, bis ihr Gewicht groß genug ist, die beim Sinken auftretenden Strömungswiderstände zu überwinden. Die verhältnismäßig geringe Sublimationswärme wird dabei in der Hauptsache durch Strahlung und Vermischung mit kälteren Strömungen abgeführt.

Bei der Sublimation im Vakuum erfolgt die Krystallbildung zum größten Teil durch unmittelbare Wärmeabgabe an die kühlen Wandungen der Vorlage. Die Form der sich bildenden Niederschläge wird dabei, abgesehen von den dem Stoff eigenen Richtungskräften, auch von seinem Wärmeleitvermögen beeinflußt. Je besser die Wärmeleitfähigkeit ist, um so eher können sich blätter- und nadelförmige Gebilde an der Kühlfläche entwickeln. Ist die Wärmeleitfähigkeit des Stoffes gering, so bilden sich leicht an der Kühlfläche gleichmäßige Krusten.

III. Apparaturen.

Die Sublimation kann nach Abb. 2 in einem zweiteiligen Gefäß durchgeführt werden, dessen untere Schale zur Aufnahme des Rohgutes sowie zur Wärmezufuhr und dessen oberer Teil zur Wärmeentziehung dient. Das sublimierte Gut setzt sich an den oberen Teilen des Gefäßes fest und wird dort nach Beendigung der Sublimation entfernt.

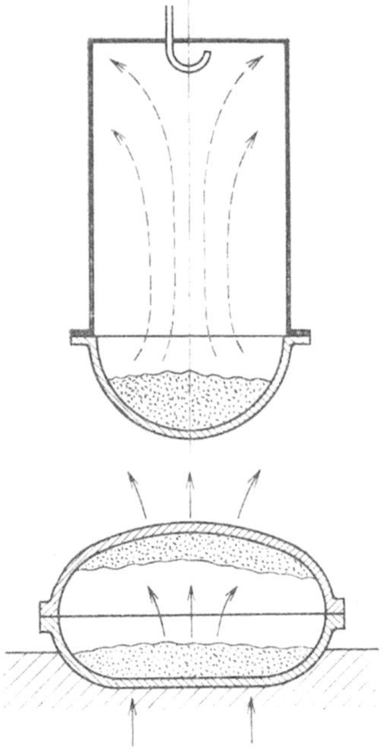

Abb. 2. Einfache Sublimierapparate.

Meist sublimiert man nach Abb. 3 in Apparaten mit besonderer Blase für die Beheizung und unmittelbar angeschlossener Vorlage. Bei der Ausführung *a* der Abb. 3 wird das Gut in dünner Schicht auf einer Anzahl dampf- oder mit Heißwasser beheizter Platten ausgebreitet. Der Niederschlag, der sich in der geräumigen Vorlage bildet, wird nach Abheben des vorderen Deckels entleert. An der kältesten Stelle der Apparatur befindet sich der Anschluß für die Luftpumpe. Ein oder mehrere hintereinander geschaltete Abscheider schützen das Innere der Pumpe gegen den Eintritt von Fremdkörpern. Hierzu eignen sich Filter mit Holzwolle und aktiver Kohle.

Bei der Ausführung *b* der Abb. 3 ist eine gewöhnliche Flachblase mit Rührwerk vorgesehen. Zur Beheizung eignet sich besonders auch die Heißwasserheizung mit eingegossenen oder aufgeschweißten Rohren. Bei Feuerbeheizung wendet man zur gleichmäßigen Erhitzung Wasser-, Öl- oder Sandbäder an. Die Verbindung der Blase mit der Vorlage soll so weit wie möglich sein. Das Rührwerk soll eine gleichmäßige Erwärmung des Gutes in allen Teilen sicherstellen.

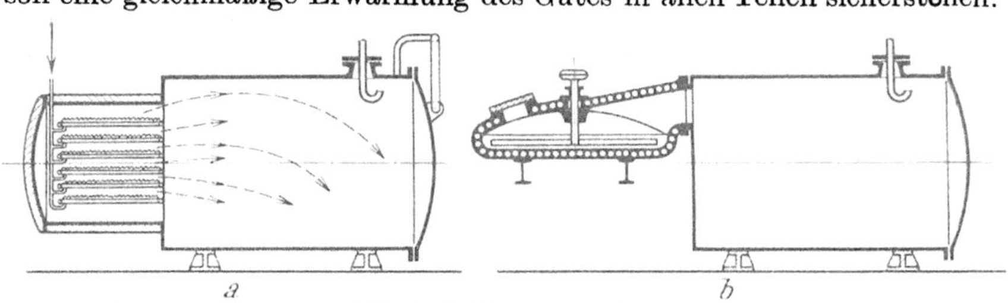

Abb. 3. Sublimierapparate.

Um die Abscheidung zu erleichtern und um hinreichende Kühlflächen zu erhalten, muß der Rauminhalt der Vorlage mehrfach so groß sein wie der der Blase. Zum Absetzen des Niederschlages werden oft Einbauten, wie parallel zueinander angeordnete Platten, in der Vorlage vorgesehen.

Verdampfen.

Von Dr.-Ing. **E. Hegelmann** VDI, Ludwigshafen a. Rh.

I. Allgemeines.

Die Verdampfung grenzt einerseits an das Gebiet der Destillation und Rektifikation an, andererseits berührt sie das Gebiet der Trocknung. Wenn auch ganz scharfe Grenzen nicht zu ziehen sind, so spricht man doch von Eindampfen, Abdampfen oder Eindicken im eigentlichen Sinne, wenn aus der Lösung eines festen oder flüssigen Körpers das Lösungsmittel durch Erwärmen auf den Siedepunkt der Lösung unter fortwährender Wärmezufuhr ganz oder teilweise in Dampfform ausgetrieben wird. Der abziehende Brüden besteht hierbei (im Gegensatz zur Destillation) nur aus dem Dampf des Lösungsmittels und kann zur mehrstufigen Verdampfung oder aber zur Laugenvorwärmung verwendet werden. Beim Eindampfen kommt es im allgemeinen im Gegensatz zum Destillieren und Rektifizieren auf die Gewinnung des Rückstandes oder der konzentrierten Lauge an. Ist das Lösungsmittel noch weiter auszudampfen, nachdem die Substanz bereits in den festen Aggregatzustand übergegangen ist, so spricht man von Trocknen. Bei zähen, dickflüssigen Sirupen geht das Verdampfen allmählich in den Prozeß des Trocknens über. Die erforderliche Wärme wird bei den am meisten gebräuchlichen Apparaten indirekt, d. h. durch Heizflächen auf die siedende Flüssigkeit übertragen. Als Wärmequelle dient zumeist Wasserdampf, oft in Form von Maschinenabdampf, oder der Brüden eines anderen Verdampfers, in besonderen Fällen auch direkte Feuerung oder auch flüssige Wärmeträger, z. B. überhitztes Wasser oder Öl. Bei der Frage, welche bestimmte Verdampfungsart sich für einen vorliegenden Fall eignet, spielen eine Reihe von Faktoren eine Rolle: Die Eigenart der einzudampfenden Lösung, die Haltbarkeit der Baustoffe des Verdampfers, Siedetemperatur, Druck, Verdampfungswärme, Viscosität und Neigung zu Schaumbildung oder zu Verkrustungen der Heizflächen durch die eingedickte Lösung usw. Ist die Verdampfertype ermittelt oder gegeben, so interessiert vor allem die Leistung des Verdampfers. Die spezifische Leistung der Heizfläche oder, bei Beregnungsverdampfern, die Leistung je m^3 Rauminhalt bestimmt in erster Linie die Abmessungen und die Anlagekosten einer neu zu erstellenden Verdampfungsanlage oder bei einer vorhandenen Anlage deren Ausnutzungsgrad.

II. Physikalische Grundlagen.

A. Siedetemperatur, Dampfdruck, Konzentration.

Der Wärmedurchgang durch die Heizflächen eines Verdampfers ist nach Wärmeübertragung, Bd. II, Gleichung (36), S. 130 dem Temperaturgefälle proportional. Bei einer gegebenen Heizmitteltemperatur ist die

Verdampfleistung von der Differenz zwischen Heizmitteltemperatur und der Temperatur im Laugenraum, von dem sog. aktiven Gefälle abhängig. Die Temperatur im Laugenraum ist in der Hauptsache durch die Siedetemperatur der Lösung bei einem gegebenen Druck bestimmt.

1. Dampfdruck reiner Lösungsmittel.

Wenn auch bei der Verdampfung in erster Linie die Dampfdruckkurven der Lösungen interessieren, so sind die Dampfdrucke bzw.

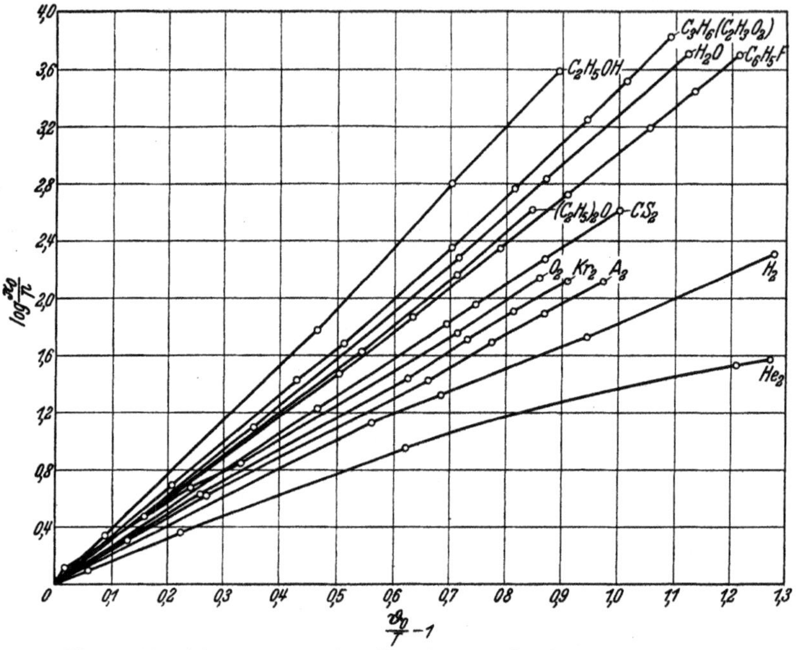

Abb. 1. Abweichungen von der Theorie der übereinstimmenden Zustände [Nernst: Theoretische Chemie].

Siedepunkte der entsprechenden reinen Lösungsmittel doch als Bezugsgrößen und als Grenzwerte bei der Verdampfung von Bedeutung.

Die Gleichung der Dampfdruckkurve einer Flüssigkeit läßt sich nicht als einfache Funktion darstellen. Nach van der Waals läßt sie sich annähernd wiedergeben durch

$$\log \frac{\pi_0}{p} = a\left(\frac{\vartheta_0}{T} - 1\right), \tag{1}$$

worin a innerhalb gewisser Grenzen konstant ist. Hierin ist

π_0 der kritische Druck,
p der jeweilige Dampfdruck,
ϑ_0 die kritische Temperatur (abs),
T die jeweilige absolute Siedetemperatur.

Diese Gleichung sagt aus, daß man die Dampfdruckkurve als gerade Linie darstellen kann, wenn man die Werte $\frac{\vartheta_0}{T}$ als Abszissen und die zugehörigen Werte von $\log p$ als Ordinaten aufträgt und die Größe a als Konstante betrachtet (vgl. Abb. 1). Letzteres ist im allgemeinen bei Drucken unter etwa 1000 mm Qu und bei Temperaturen unter 100—150° C auch bei Salzlösungen mit einer für viele Aufgaben der Verdampfungstechnik genügenden Annäherung der Fall.

Mitunter kann man beim Aufzeichnen der Dampfdruckkurven in dem genannten Koordinatennetz noch vorteilhaft eine von G. M. Schwab [Ztschr. angew. Chem. **43**, 155 (1930)] mitgeteilte Eigenschaft der Dampfdruckgeraden benutzen (Abb. 2), wonach sich dieselben bei $T = \infty$ in ihrer Verlängerung in einem Punkte (z. B. für einige Substanzen nach Schwab bei $p = 4{,}9 \cdot 10^7$ mm Qu = 66700 ata) schneiden[1]. Dieser Punkt liegt aber für verschiedene Verbindungsgruppen verschieden (vgl. Abb. 3) [vgl. auch D. S. Davis: Ind. engin. Chem. **17**, 735 (1925); ferner E. Schlenker: Chem.-Ztg. **56**, 1001 (1932)]. Da bei der Betrachtung eines größeren Temperatur- und Druckbereiches die Gleichung (1) nicht mehr ausreicht, ersetzt Nernst dieselbe durch eine genauere mit drei Konstanten [Theoretische Chemie, S. 809. 1926; vgl. auch Cederberg: Thermodynamische Berechnung chemischer Affinitäten. Diss. 1916]. Die Dampfdrucklinien werden dann in dem genannten Koordinatennetz zu Kurven.

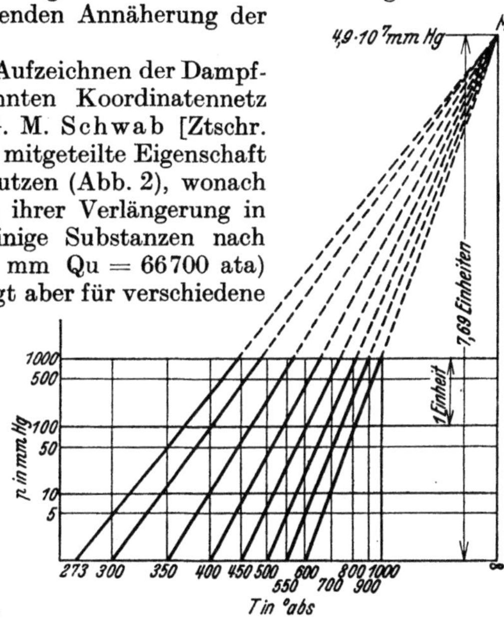

Abb. 2. Einheitlicher Schnittpunkt der Linien $p = f(T)$. Abszissen $\frac{1}{T}$; Ordinaten $\log p$ (nach G. M. Schwab); für n-Hexan, n-Pentan, Diisopropyl, Äthylenchlorid, Chlorpikrin, Campher, Naphthalin mit etwa 0 bis ± 2 % Fehler; Chinolin, n-Butan, Acetophenon, Anthrachinon, Anilin mit etwa ± 3—7 % Fehler.

Man kann bei graphischer Behandlung der Aufgabe auch umgekehrt vorgehen, indem man nicht vom gegebenen Koordinatennetz, sondern von der Dampfdruckkurve ausgeht wie z. B. bei den Abb. 6 und 9. Nimmt man diese als Gerade an und behält die logarithmischen Ordinaten für p bei, so ergibt sich eine entsprechende Temperaturskala auf der Abszissenachse. Am besten wählt man zur Bestimmung dieser Temperaturskala eine gut durchgemessene Dampfdruckkurve. Es zeigt sich nun, daß über diesen empirisch bestimmten Abszissen auch alle anderen Dampfdruckkurven bei nicht zu hohen Drucken bis etwa 1000 mm Qu

[1] Zur Darstellung des Liniennetzes für Abb. 2 eignen sich die Papiere mit logarithmisch-hyperbolischer Teilung der Firma Schleicher u. Schüll, Düren.

näherungsweise gerade Linien werden (s. Abb. 1, S. 523). Man erhält auf diese Weise einen natürlichen Temperaturmaßstab für die Dampfdruckkurven [s. Nomographische Tafeln für die chemische Industrie, Tafel 9 von Berl, Herbert u. Wahlig. Berlin: Julius Springer 1930].

2. Dühringsches Gesetz.

Ulrich Dühring erkannte (1877), daß die Siedetemperaturen eines Stoffes bei bestimmten Drucken eine Art natürlicher Bezugstemperatur

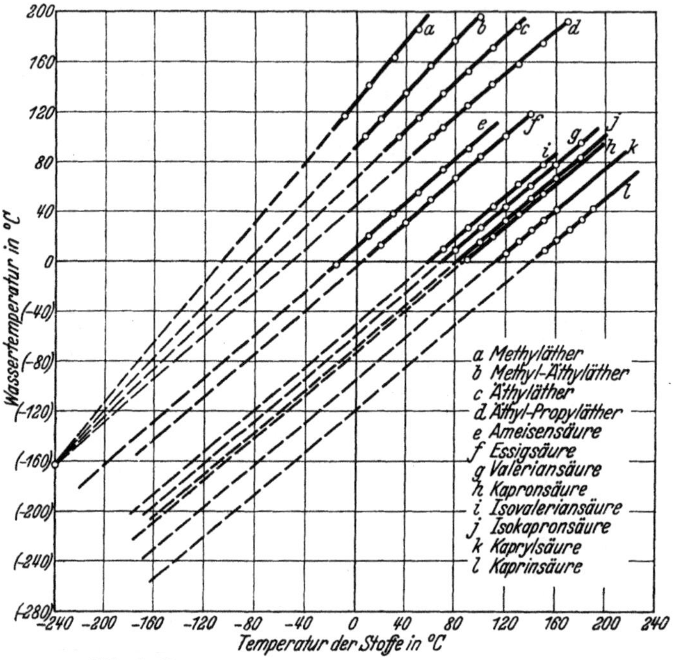

Abb. 3. Dühringsche Geraden (Carr und Murphy).

für die Siedetemperaturen anderer Stoffe bei jeweils denselben Drucken darstellt. Wählte er den Siedetemperaturen t_1, t_2 usw. eines Stoffes (z. B. Wasser) entsprechende Längen als Abszissen bei den Drucken p_1, p_2 usw. und trug darüber die Siedetemperaturen ϑ_1, ϑ_2 usw. eines anderen Stoffes (z. B. Äthyläther) als entsprechende Längen bei denselben zugehörigen Drucken p_1 und p_2 auf, so erhielt er, wie aus Abb. 3 ersichtlich, gerade Linien; d. h. es ergab sich:

$$\frac{\vartheta_2 - \vartheta_1}{t_2 - t_1} = K. \qquad (2)$$

Statt der Siedepunkte der Lösung können auch die Siedepunktserhöhungen (Differenzen der Siedepunkte) über den Siedepunkten der reinen Lösung aufgetragen werden, da die Differenzen zweier linearer Funktionen wieder eine lineare Funktion ergeben. In Gleichung (2) ist somit K für zwei aufeinander bezogene Substanzen eine Konstante.

Dieses Gesetz der korrespondierenden Siedepunkte erweist sich mehr und mehr als ein sehr zweckmäßiges Hilfsmittel bei der Lösung praktischer Aufgaben in der Eindampftechnik. Es war längere Zeit durch die später aufgestellte Regel von Ramsay-Young verdrängt, die sich aber als ungenauer und umständlicher als das Dühringsche Gesetz gezeigt hat. Mit Hilfe dieses Gesetzes (das oft auch als Dühringsche Regel bezeichnet wird) läßt sich aus je zwei Punkten einer sonst unbekannten Siedepunktkurve der ganze Verlauf der Kurve auf einfache Weise bestimmen. Ja es genügt oft schon ein einziger Punkt unter Zuhilfenahme der von Carr und Murphy [Journ. Amer. chem. Soc. **51**, 120 (1929)] mitgeteilten Gesetzmäßigkeiten, wonach die Dühringschen Geraden von ganzen Gruppen gleichartiger Verbindungen sich in einem Punkt schneiden, oder parallel laufen (vgl. Abb. 3; ferner auch Abb. 6, S. 345).

C. v. Rechenberg [Ztschr. physikal. Chem. **95**, 154 (1920), ferner „Einfache und fraktionierte Destillation", 1923] fand, daß sich die Substanzen nach dem Verlauf ihrer Dampfdruckkurven in drei Klassen einteilen lassen.

1. In mit der Hexankurve gleichartige.
2. In mit der Wasserkurve gleichartige.
3. In Dissoziationskurven.

Zur ersten Klasse gehören die aromatischen Alkohole, Phenole, die tertiären Alkohole, die ungesättigten aliphatischen Alkohole. Dem Wasser ähnliche Verdampfung haben Stickoxydul, Phosphor, Wasserstoff, Chlorwasserstoff (?), Kohlendioxyd und Cyan, von organischen Verbindungen: alle Säuren, die aliphatischen ein- und mehrwertigen Alkohole (also auch Glycerin), die dreifach ungesättigten nicht cyclischen Verbindungen (also Acetylen und seine Homologen), ferner nach neueren amerikanischen Arbeiten alle Salzlösungen in Wasser.

Die Dissoziationskurven verlaufen im allgemeinen regellos.

Bei Lösungen eines oder mehrerer Stoffe in einer Flüssigkeit erhält man statt einer einzigen Dampfdruckkurve eine ganze Schar solcher Kurven, und zwar je eine für ein bestimmtes Mischungsverhältnis. Auch hier gelten ähnliche Gesetzmäßigkeiten zwischen Dampfdruck und Temperatur, wie sie für einen einzelnen Stoff gelten.

3. Raoultsches Gesetz.

Durch Auflösung einer Substanz in einer Flüssigkeit bei gleichbleibender Temperatur geht der Dampfdruck der letzteren zurück. Die gelöste Substanz bindet sozusagen einen bestimmten Anteil des Dampfdruckes. Das Dampfdruckgesetz der Lösungen, welches nach einer Bemerkung von Lenard gerechterweise mit den vier Namen Babo, Wüllner, W. Ostwald, Raoult verknüpft sein müßte, sagt aus, daß die auf den Dampfdruck des reinen Lösungsmittels bei gleicher Temperatur bezogene Dampfspannungserniedrigung verdünnter Lösungen nur von der Zahl und nicht von der Natur der gelösten Mole abhängt und auch von der Art des Lösungsmittels unabhängig ist. Die Dampfspannungserniedrigung

Δp verhält sich bei gleicher Temperatur zum Dampfdruck p_0 des reinen Lösungsmittels B, wie die Anzahl Mole m_A der gelösten Substanz A zur Anzahl der gesamten Mole der Lösung $m_A + m_B$.

Das heißt in mathematischer Ausdrucksweise:

$$\frac{\Delta p}{p_0} = \mu_A = \frac{m_A}{m_A + m_B}\,. \tag{3}$$

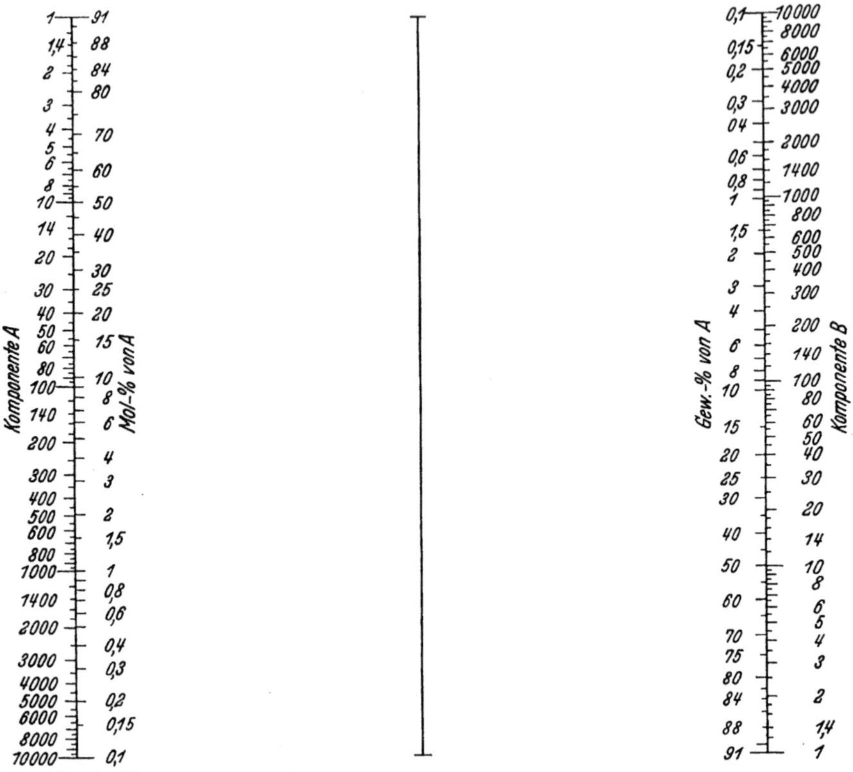

Abb. 4. Nomogramm zur Umwandlung von Gew.-% in Mol.-% und umgekehrt. [H. Watermann: Ind. engin. Chem. **23**, 803 (1931).]

Man nennt

$$\mu_A = \frac{m_A}{m_A + m_B} \tag{4}$$

den Molenbruch oder die Molkonzentration der gelösten Substanz A.

Über die Umrechnung von Gew.-% in Mol.-% siehe unter „Destillieren", S. 396. Zur Umrechnung gibt H. Watermann [Ind. engin. Chem. **23**, 803 (1931)] das in Abb. 4 wiedergegebene Nomogramm.

Es bedeuten:

A = Molekulargewicht des Stoffes A,
B = Molekulargewicht des Stoffes B,
a = Gew.-% von A,
x = Mol.-% von A, entsprechend a.

x wird dargestellt durch Gleichung

$$x = \frac{100 \cdot \frac{a}{A}}{\frac{a}{A} - \frac{100 - a}{B}} . \tag{5}$$

Zur Darstellung der Gleichung im Nomogramm (s. auch S. 396) wird dieselbe umgeformt in Gleichung (6).

$$\frac{A}{B} = \frac{\frac{100 - x}{x}}{\frac{100 - a}{a}} . \tag{6}$$

Erläuterung. Gegeben seien die Molekulargewichte A und B zweier Stoffe und ein Wert a ausgedrückt in Gew.-% von A. Die Verbindungslinie der Werte A und B, die auf den beiden Seiten abgetragen werden, liefert auf der Mittellinie einen Schnittpunkt. Verbindet man nun irgendeinen Wert „a“ mit dem Schnittpunkt auf der Mittellinie, so schneidet die Verlängerung der Geraden die gegenüberliegende Leiter. Die zu diesem Schnittpunkt gehörende Zahl gibt die Mol.-% von A an. Das Verfahren ist umgekehrt zur Bestimmung der Gew.-% bei gegebenen Mol.-% gültig.

Beispiel. Gegeben 12 g H_2O mit dem Molekulargewicht 18; 32 g SO_2 mit dem Molekulargewicht 64; somit die Gew.-% a der Komponente A:

$$a = \frac{12}{12 + 32} \cdot 100 = 27{,}3\% .$$

Auf der linken Leiter bestimmt man den Wert A bei der Zahl 18, auf der rechten Leiter bestimmt man den Wert B bei der Zahl 64. Die Verbindungslinie dieser beiden Punkte liefert den Schnittpunkt auf der Mittellinie. Auf der rechten Leiter sucht man den Wert $a = 27{,}3$ auf, verbindet den Punkt mit dem Schnittpunkt auf der Mittellinie und bestimmt den Schnittpunkt der Geraden auf der linken Leiter. Dieser ergibt den Wert in Mol.-% $x = 57$.

Große Abweichungen vom Raoultschen Gesetz treten bei den Lösungen starker Elektrolyte und bei größeren Konzentrationen auf. Nur bei organischen Lösungen gilt es für verdünnte Lösungen, die z. B. bis etwa 5 Mol.-% der betreffenden Substanz enthalten, ohne größere Abweichungen. Es empfiehlt sich deshalb bei Salzlösungen die Dampfdruckerniedrigung bzw. die Siedepunktserhöhungen stets aus experimentellen Unterlagen zu entnehmen.

4. Dampfdrucke über Lösungen.

Im Gegensatz zur Rektifikation hat beim Eindampfen in der Regel nur das Lösungsmittel einen in Betracht kommenden Dampfdruck. Bei Substanzen wie z. B. H_2SO_4 (vgl. Abb. 11), Glycerin usw. kommt deren eigener Dampfdruck erst bei höheren Temperaturen bzw. Konzentrationen in Betracht.

Das Dühringsche Gesetz wird besonders wertvoll dadurch, daß seine Gültigkeit auch für Zwei- und Dreistoffsysteme nachgewiesen werden konnte. Für eine Reihe organischer Lösungen führten diesen Nachweis Leslie und Carr [Ind. engin. Chem. **17**, 810 (1925)], für eine Anzahl anorganischer Salzlösungen, verdünnte Schwefelsäure und Natronlauge Baker und Waite [Chem. metallurg. Engin. **25**, 1137 (1921)].

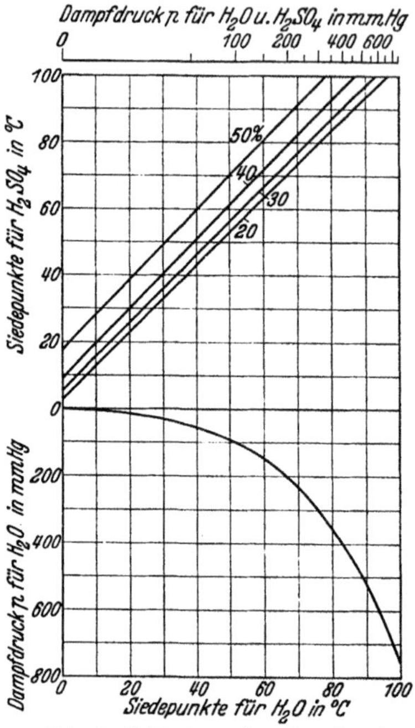

Abb. 5. Dühringsche Geraden für Schwefelsäure bei verschiedenen Konzentrationen (Gew.-%).

Aus der Darstellung der Siedepunktsdruckkurve (Abb. 2) lassen sich einige einfache Gesetzmäßigkeiten ablesen. Dieselben können als empirische Beziehungen nur soweit Gültigkeit haben, als die Unterlagen der Abb. 2 zutreffen. Sie gelten, sofern die Linien $c =$ konst. im Punkte M bei einer absoluten Temperatur T_z beim Drucke p_z zusammenlaufen und die T-Skala hyperbolisch, die p-Skala logarithmisch ist.

Es gilt dann für die gegebenen Zustände 1 und 2 und einen beliebigen Zustand, z. B. x, die Beziehung

$$\frac{T_x}{T_1} \cdot \frac{T_1 - T_2}{T_x - T_2} = \frac{\log \frac{p_1}{p_x}}{\log \frac{p_x}{p_2}}. \qquad (7)$$

Mit gegebener Siedepunktserhöhung ΔT_1 bei dem zum Druck p_1 gehörigen Siedepunkt T_1 (abs) läßt sich die Siedepunktserhöhung ΔT_2 bei einem anderen Druck p_2 und der zugehörigen Temperatur T_2 bei derselben Konzentration darstellen durch

$$\frac{\Delta T_2}{\Delta T_1} = \left(\frac{T_2}{T_1}\right)^2 \cdot \frac{\frac{T_x}{T_1} - 1}{\frac{T_x}{T_1} - 1}. \qquad (8)$$

Ebenso ergibt sich für die entsprechenden Siedepunktserniedrigungen

$$\frac{\Delta p_2}{\Delta p_1} = \frac{p_2}{p_1} \cdot \frac{\log \frac{p_2}{p_x}}{\log \frac{p_1}{p_x}}. \qquad (9)$$

Aus der Siedepunktsgeraden für das reine Lösungsmittel und der für zwei verschiedene Drucke ermittelten Siedepunktserhöhung kann man nach den Gleichungen (7) und (8) auf T_x und p_x zurückschließen.

Zur Ermittlung der Dampfdruckkurven von Lösungen kann man auch die S. 339 im Anschluß an Gleichung (1) beschriebene Methode oder deren genauere Erweiterung verwenden. Man kann letztere aus dem

Dühringschen Gesetz ableiten, indem man bei diesem den linearen Temperaturmaßstab durch eine andere Skala ersetzt. Zur Handhabung

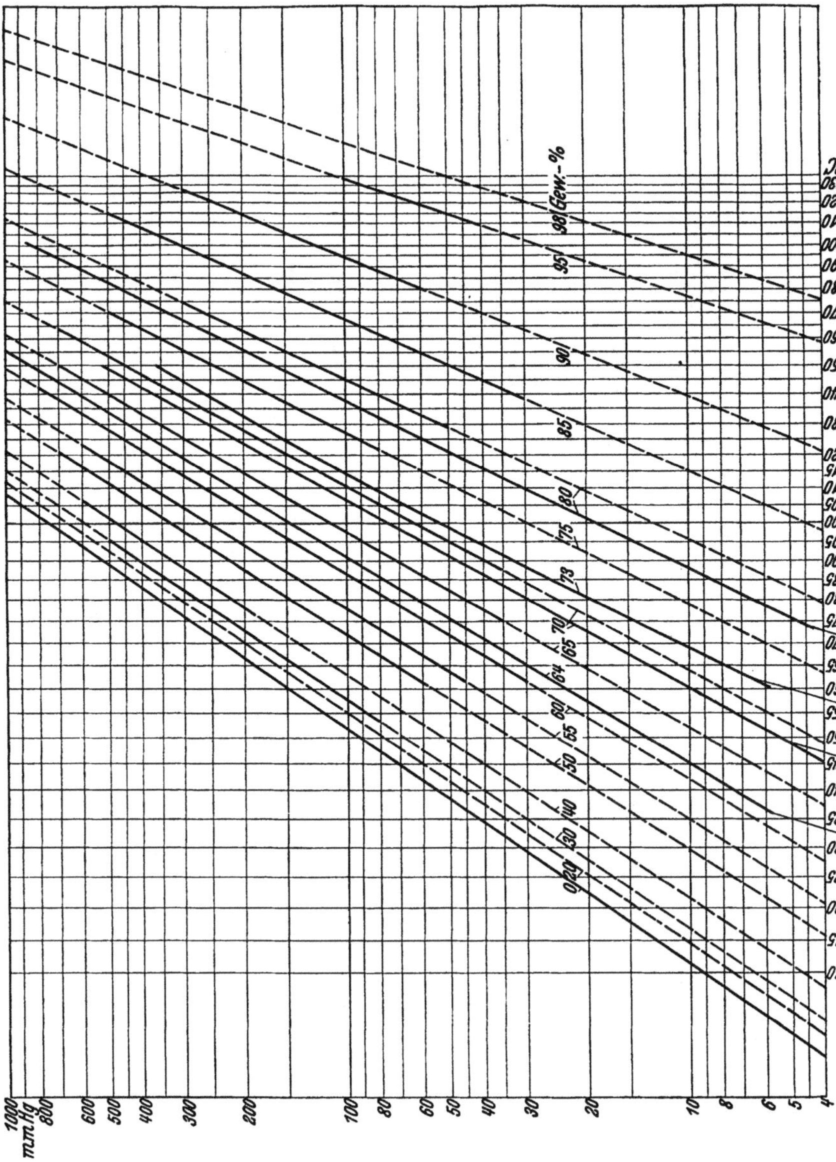

Abb. 6. Dampfdrucke wäßriger Schwefelsäure bei verschiedenen Konzentrationen (Gew.-%) nach Werten von Burt[1].

[1] Die Messungen von Burt, welche der Abb. 6 zugrunde liegen, stimmen mit jenen von Berl und Saenger (Kurven *a, b, c, d*) [Ztschr. anorgan. allg. Chem. **202**, 113 (1931)] nicht gut überein. Die letztgenannten Messungen fügen sich jedoch ebenfalls als gerade Linien in Abb. 6 ein.

des Dühringschen Gesetzes ist es vorteilhaft, entweder die Dampfdruckkurve der Vergleichssubstanz in die Darstellung der Dampfdruckgeraden aufzunehmen oder dieselbe als zweite Skala neben bzw. über den Siedepunkten aufzutragen (Abb. 5).

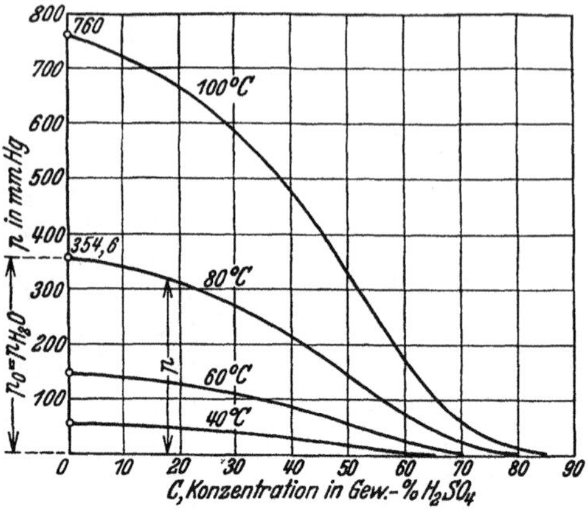

Abb. 7a. Siededrucke bzw. Druckverhältnisse der H_2SO_4, abhängig von der Konzentration.

Zur Ermittlung der Ausgangspunkte für die Dampfdruckgeraden von Lösungen ist noch die Kenntnis der Abhängigkeit des Dampfdruckes bzw. der Siedetemperatur von der Konzentration der Lösung als neue Bestimmungsgröße erforderlich, die nach experimentellen Daten, oder wenn angängig auf Grund des Raoultschen Gesetzes einzusetzen ist.

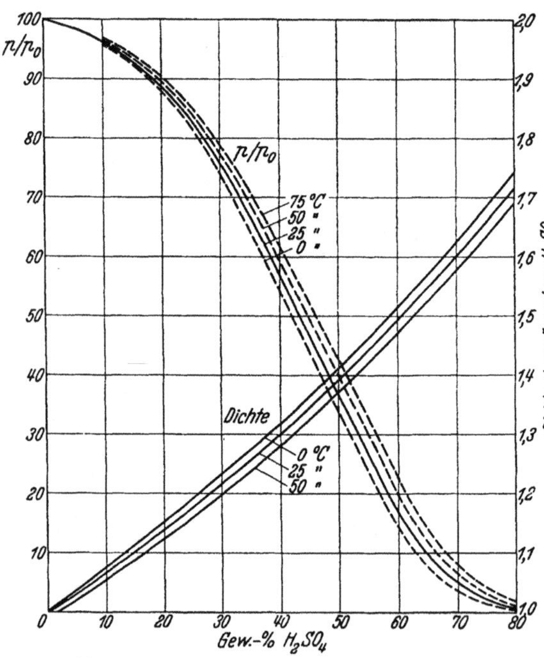

Abb. 7b. Nach R. E. Wilson, mit Ergebnissen verschiedener Forscher.

Wenn man die Dampfdruckerniedrigung bei zwei Temperaturen für einen bestimmten Sättigungsgrad einer Lösung kennt, dann kann man bereits die zugehörige Dühringsche Gerade aufzeichnen und damit die Siedepunktserhöhung für jeden Druck ablesen. Hat man für einige der in Betracht kommenden Konzentrationen die Dühringschen Geraden aufgezeichnet, zwischen denen man leicht interpolieren kann, so sind die für den ganzen Verlauf des Verdampfungsprozesses interessierenden Zusammenhänge zwischen Druck, Siedetemperatur und Konzentration soweit zu übersehen, als für die weiteren Rechnungen erforderlich ist.

Bei der Berechnung der Siedepunktserhöhung ΔT ist, wie sich aus der Clapeyronschen Gleichung (Bd. I, S. 123) ergibt, die Verdampfungswärme der Lösung zu berücksichtigen, die bei verdünnten Lösungen gleich derjenigen des reinen Lösungsmittels gesetzt werden kann. Es ergibt sich bei Voraussetzung der Gasgesetze für den Dampf

$$\frac{\Delta T}{T} = -\frac{R \cdot T_0}{r} \cdot \frac{\Delta p}{p_0} \tag{10}$$

[vgl. Sackur: Thermochemie und Thermodynamik]. Für die praktische Handhabung empfiehlt sich jedoch die Verwendung des Dühringschen Gesetzes oder der Diagramme nach Art der Abb. 7a und b bzw. Abb. 6 oder 9.

Nach dem Raoultschen Gesetz ist die relative Dampfdruckerniedrigung $\frac{\Delta p}{p_0}$ unabhängig von der Höhe des Anfangsdruckes p_0 des reinen Lösungsmittels, also auch unabhängig von der Temperatur, welche diesen

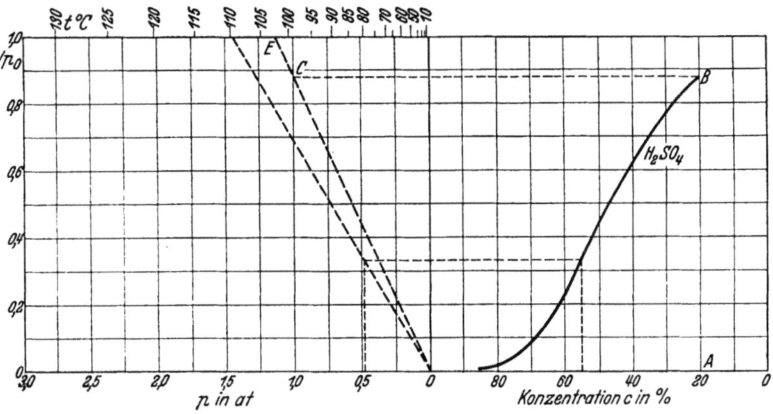

Abb. 8. Diagramm zur Ermittlung von p, t, c nach der Methode von M. Hirsch. Beispiel: Gegeben $c = 55\,\%$, Siedepunkt $t = 109^0$ C. Gesucht Siededruck p. Durch den unteren — — — Linienzug ergibt sich $p \simeq 0{,}475$.

Druck bestimmt. Würde dies auch noch für höhere Konzentrationen streng gelten, so würde man für das Verhältnis $\frac{p_0 - \Delta p}{p_0} = \frac{p}{p_0}$ in Abhängigkeit von der Konzentration bei allen Temperaturen in der graphischen Darstellung nur eine einzige Kurve erhalten. Dies bedeutet, daß die Kurven der Abb. 7a sich durch proportionale Maßstabveränderung der Ordinaten einer einzigen p-Kurve, z. B. derjenigen für den Siedepunkt 100^0 C ermitteln lassen müßten. Dies ist aber, wie Abb. 7b zeigt, nicht streng richtig. Das Verhältnis $\frac{p}{p_0}$ des Siededruckes p der Lösung zum Siededruck p_0 des Lösungsmittels stellt zugleich den Ausdruck für den relativen Sättigungsgrad eines Gasraums über der Lösung dar. Gleichgewichtskurven dieser Art dienen deshalb auch als Arbeitsunterlagen bei der Gasabsorption (s. S. 475) und in der Trocknungstechnik (s. Bd. II, S. 616). Die aus Abb. 7b zu ersehenden relativen Dampfdrucke der Schwefelsäure nach R. E. Wilson können sowohl aus den Werten der Abb. 7a als auch der Abb. 6 abgeleitet werden. Abb. 7b zeigt jedoch, daß in der Tat die Kurven für verschiedene Temperaturen nicht sehr weit auseinanderfallen, so daß man dieselben für eine Annäherungsrechnung durch eine mittlere Kurve ersetzen kann.

Hierauf beruht ein einfaches graphisches Verfahren von M. Hirsch zur Ermittlung einer der drei Größen: Siedepunkt, Dampfdruck, Konzentration, wenn je zwei derselben gegeben sind [s. Hausbrand-Hirsch: Verdampfen, Kondensieren und Kühlen, S. 18 u. 19. Berlin: Julius

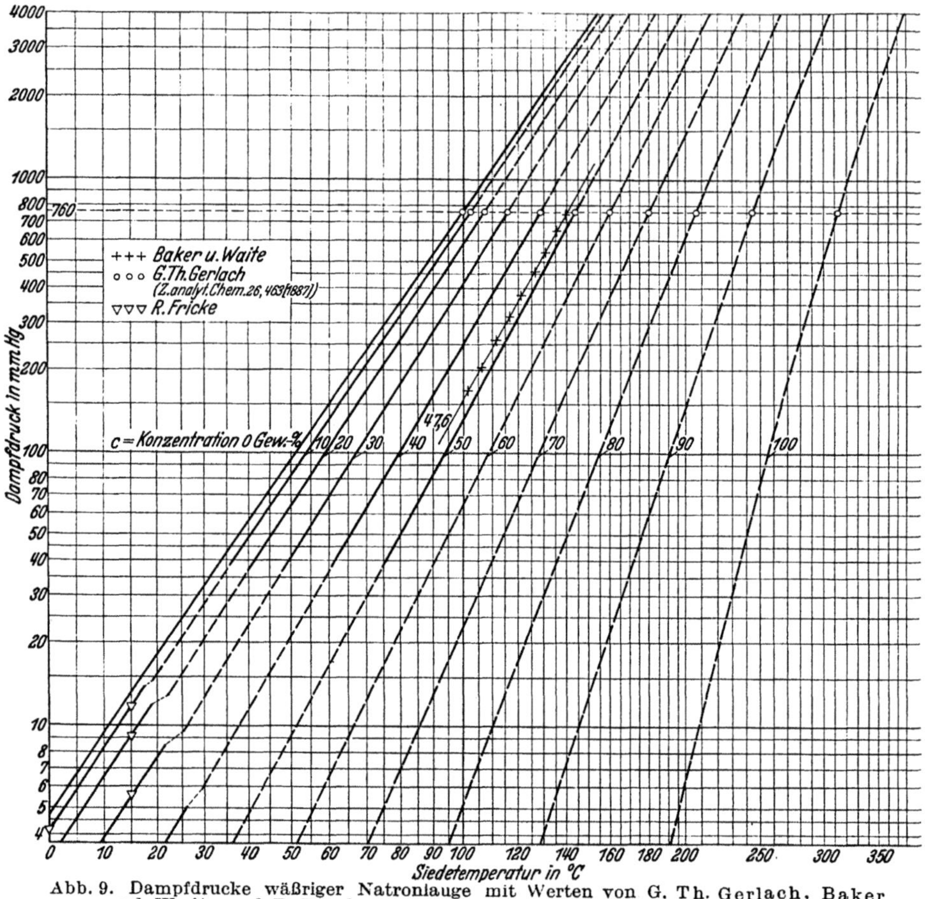

Abb. 9. Dampfdrucke wäßriger Natronlauge mit Werten von G. Th. Gerlach, Baker und Waite und R. Fricke, extrapoliert nach dem Dühringschen Gesetz.

Springer 1931]. Die Kurve in der rechten Bildhälfte der Abb. 8 stellt das Dampfdruckverhältnis $\frac{p}{p_0}$ für eine bestimmte Substanz in Abhängigkeit von der Konzentration (Gew.-%) dar. Als Kennlinie ist nicht eine Kurve $t =$ konst. wie in Abb. 7b gewählt, sondern eine Kurve für $p = 760$ mm Qu = konstant.

Die linke Bildhälfte (Abb. 8) gibt die entsprechenden Druck-Temperaturskalen für das reine Lösungsmittel wieder.

Ist z. B. die Konzentration einer Schwefelsäure in Wasser 20% (Punkt B) und der Dampfdruck derselben = 1 ata gegeben, so ergibt der Linienzug $A\,B\,C\,E$ in Punkt E den Siedepunkt der betreffenden Schwefelsäurelösung.

Aus den Dampfdruckdiagrammen mit $\log \frac{p}{p_0}$ als Ordinaten und der empirischen Temperaturskala (vgl. Abb. 6) läßt sich entnehmen, welche Abweichungen dieses Diagramm von den gemessenen Werten mit sich bringt. Für parallel verlaufende Dampfdruckgeraden in Abb. 6 würde die Konstruktion der Abb. 8 für alle Temperaturen exakte Werte liefern. Da dieselben aber wie erwähnt nach einem Punkt zusammenstreben, ergeben sich Abweichungen.

Die Darstellung der Abb. 8 ließe sich zu einer für alle Werte von t exakt geltenden erweitern, wenn man jeweils eine Kennkurve der rechten Bildhälfte in Abb. 8 durch die Kurvenschar in Abb. 7b ersetzt; doch geht dadurch der Vorteil der Einfachheit gegenüber dem Diagramm nach Art der Abb. 6, die keine Vernachlässigungen enthält, verloren.

B. Grundlagen zur Ermittlung des Wärmebedarfs.

Die Ausdampfwärme von Lösungen wird nicht nur bestimmt durch die Verdampfungswärme und eventuell Überhitzungswärme des abziehenden Dampfes, sondern es ist selbstverständlich auch die Wärme in Betracht zu ziehen, die von der zurückbleibenden Flüssigkeit oder von dem bei der Verdampfung ausfallenden Krystallkorn gebunden oder frei wird. Im letzteren Falle unterstützt sie die Verdampfung, da sie nicht von außen zugeführt werden muß. Es hat sich in der Eindampftechnik eingebürgert, die gesamte erforderliche Wärme einschließlich des Wärmeverlustes entweder auf 1 kg verdampftes Lösungsmittel oder auf 1 kg eingedampfte Substanz (Trockensubstanz bzw. eingedickte Lösung) zu beziehen. In der Destillationstechnik rechnet man den Wärmeverbrauch oft auf 100 kg Rohlösung (Maische). Die erstere Angabe, die sich leichter mit der Verdampfungswärme des Lösungsmittels und dem Dampfbedarf vergleichen läßt, interessiert hauptsächlich für die wärmetechnische Seite, die letztere für die wirtschaftliche Seite. Alle diese Werte sind jedoch ohne Angabe der Ausgangskonzentration unvollständig. Die Ausdampfwärme macht gegenüber der Vorwärmung der Lösung meist den Hauptanteil des gesamten Wärmeverbrauches aus. Sie läßt sich aus folgenden Anteilen bestimmen:

1. Aus der Verdampfungswärme des Lösungsmittels.

2. Aus eventueller Überhitzungswärme des Brüdens.

3. Aus der zur Lösung, eventuell chemischer Bindung des Lösungsmittels erforderlichen Wärme (Hydratationswärme).

4. Aus dem Wärmeanteil zur Erhöhung der Konzentration (negative Verdünnungswärme = Verstärkungswärme).

5. Aus der bei Krystallisation im Verdampfer frei werdenden Krystallisationswärme.

Hiervon ist Anteil 1 in der Regel weitaus am größten, weshalb man für überschlägige Rechnungen bei vielen Substanzen mit ihm allein rechnen kann. Anteil 4 wird z. B. bei der Konzentrierung von Schwefelsäure und Ätzalkalien sehr beträchtlich (vgl. Abb. 12).

1. Verdampfungs- und Ausdampfwärme.

Der Wärmeinhalt des aus einer Lösung entweichenden Dampfes ist genau bestimmt durch seinen Druck p und seine Temperatur t_D. Bringt man von seinem Wärmeinhalt i die Überhitzungswärme und die t_D entsprechende Flüssigkeitswärme i_{fl} in Abzug, so ergibt sich die Ausdampfwärme. Sie ist von der Verdampfungswärme (r) des reinen Lösungsmittels zu unterscheiden (vgl. S. 353).

Da beide Größen p und t_D meßbar sind, erscheint es vorteilhaft, von dem durch sie exakt bestimmten Wärmeinhalt i auszugehen und die Einführung der nicht genau bekannten Ausdampfwärme des aus der Lösung in überhitztem Zustande entweichenden Dampfes damit zu umgehen.

Bezüglich der Dampftemperatur t_D bzw. der Brüdenüberhitzung ist zu erwarten, daß der aus einer Lösung austretende Dampf des Lösungsmittels die Temperatur der siedenden Salzlösung habe. Dann ist aber der austretende Dampf überhitzt, denn die siedende Salzlösung hat bei gleichem Dampfdruck eine höhere Temperatur als das reine Lösungsmittel.

Aus Betriebserfahrungen mit Verdampfern ist bekannt, daß der abziehende Brüden eine höhere Temperatur als die Sättigungstemperatur hat.

Von K. Schreber sind sehr sorgfältig ausgeführte Versuche mitgeteilt worden [Wolfener Versuche, K. Schreber: Chem. Apparatur **13**, 13 (1926)], wonach der aus Lösungen entweichende Dampf eine niedrigere Temperatur haben soll als die siedende Salzlösung, wie es schon Faraday 1822 vertreten hat. Aus den gleichen Versuchen zog Reißmann allerdings den entgegengesetzten Schluß [Ztschr. angew. Chem. **38**, 1040 (1925)]. Auch in der amerikanischen Literatur ist diese Streitfrage behandelt worden [z. B. von Bahlke u. Wilson: Chem. metallurg. Engin. **31**, 327, 387 (1925)]. Sie erzielten in einer Kochflasche über einer bei 152° C und atmosphärischem Druck siedenden $ZnCl_2$-Lösung bei einer Temperatur der Außenluft von 52° C eine Dampftemperatur von 124—126° C, bei einer Außentemperatur von 152° C eine Dampftemperatur von 150° C. Nach Ansicht von Badger erfordert diese Frage noch eine eingehende experimentelle Klärung.

Ein experimentell einwandfreier Beweis ist infolge des Einflusses der Wasserdampfstrahlung schwierig (bei 100° strahlt eine 20 cm dicke Dampfschicht 36% des absolut schwarzen Körpers, s. Bd. II, S. 128, Abb. 25). Er liegt bis jetzt noch nicht vor. Es empfiehlt sich also für eine vorsichtige Wärmebilanz eines Verdampfers anzunehmen, daß der abziehende Brüden die Temperatur der siedenden Lösung habe, zumal die Überhitzungswärmen relativ gering sind. Bei einer im Verdampfungsgleichgewicht mit einer Luftschicht stehenden Lösung steht fest, daß der Sättigungsgrad derselben geringer als 100%, der Dampf also überhitzt ist. Man benutzt deshalb

Salzlösungen zur Einstellung einer bestimmten relativen Feuchtigkeit [s. J. Obermiller u. M. Goertz: Ztschr. physikal. Chem. **109**, 145 (1924); ferner Landolt-Börnstein-Roth-Scheel-Tabellen, Hw. 1382].

Viel deutlicher als bei siedenden wäßrigen Salzlösungen müßte sich ein Temperaturunterschied zwischen entweichendem Dampf und Lösungsmittel bei Salzlösungen in niedrig siedenden Lösungsmitteln, z. B. einer Lösung von Ammoniumchlorid in verflüssigtem Ammoniak bemerkbar machen, weil man hier mit einer Dampfdruckerniedrigung von mehreren Atmosphären rechnen kann und außerdem der Einfluß der Strahlung auf die Meßstelle wegen der niederen Temperatur (Zimmertemperatur) geringer ist.

Zur Ermittlung der Verdampfungswärme des reinen Lösungsmittels wird man, soweit auf experimentellen Daten beruhende Dampftabellen existieren, die Benutzung derselben wegen der bequemen Handhabung einer Gleichung vorziehen. Solche Tabellen bzw. Diagramme liegen vor für Wasserdampf, Ammoniak und die übrigen in der Kälteindustrie verwendeten Kältemittel [Merkel-Bosniakovic: Diagramme und Tabellen zur Berechnung der Absorptionskältemaschinen. Berlin: Julius Springer 1929. — Plank-Vahl: Forsch. Ing.-Wesen **1931**]. Für eine Reihe von Substanzen läßt sich die Verdampfungswärme mit genügender Annäherung nach der von Nernst „revidierten Troutonschen Regel" berechnen. Nach Trouton (s. auch Bd. I, S. 97) ist der Quotient aus der molaren Verdampfungswärme und der absoluten Siedetemperatur annähernd gleichbleibend, und zwar:

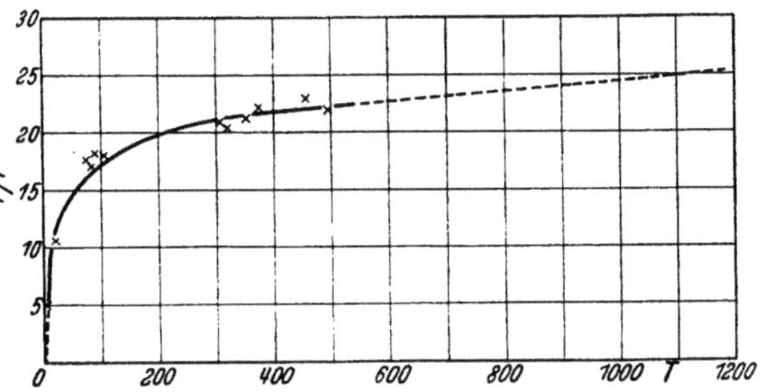

Abb. 10. Revidierte Troutonsche Regel nach Nernst. r Verdampfungswärme, kcal/kg Mol.

$$\frac{r}{T} = 20 \text{ bis } 22. \qquad (11)$$

Es stellte sich jedoch bei eingehenderer Untersuchung heraus, daß der Quotient $\frac{r}{T}$ keine konstante Größe, sondern von der Temperatur abhängig ist. Aus der Clapeyron-Clausiusschen Gleichung gelangte Nernst zu einer revidierten Form der Troutonschen Regel. Hiernach ergibt sich für $\frac{r}{T}$ die Kurve in Abb. 10. [Vgl. Ztschr. physikal. Chem. **110**, 291 (1924); ferner Bernaty u. Simon: Ztschr. Physik **16**, 183 (1923); desgleichen Cederberg. — Vgl. Literaturangabe S. 339.]

Substanzen, die sich im flüssigen Zustand merklich polymerisieren, aber im Gaszustand normale Dampfdichte besitzen, weisen höhere Werte auf als sich aus Abb. 10 ergibt, z. B. Alkohol und Wasser. Essigsäure zeigt nach der anderen Richtung anormales Verhalten.

2. Lösungs- und Verdünnungswärmen.

Da beim Lösen in ähnlicher Weise wie beim Schmelzen die Kohäsionskräfte des festen Aggregatzustandes überwunden werden müssen, besteht ein innerer Zusammenhang zwischen der Schmelzwärme und der Lösungswärme. Beide Wärmen sind von gleichen Vorzeichen und gleicher Größenordnung, sie müssen normalerweise von außen zugeführt werden; unterbleibt die Wärmezufuhr, so wird die fühlbare Eigenwärme verbraucht, die Lösung kühlt sich ab (Kältemischung). Bei einer Anzahl von Stoffen findet außer dem Lösen die Bildung einer Verbindung mit dem Lösungsmittel statt (Solvatation bzw. Hydratation). Dies kann mit einer Wärmetönung verbunden sein, welche die Lösungswärme überwiegt. (Auflösen von wasserfreier Soda, Natrium- und Kaliumhydroxyd, Schwefelsäure.)

Als Lösungswärme Q_{L_0} bezeichnet man im gewöhnlichen Wortgebrauch diejenige positive oder negative Wärmemenge in kcal, die beim Lösen von 1 g Mol eines Stoffes in so viel Lösungsmittel auftritt, daß eine weitere Verdünnung der Lösung keine merkliche Wärmetönung mehr hervorruft. Löst man 1 kg (bzw. Mol) einer Substanz in L kg (bzw. Mol) Lösungsmittel auf bis zur Bildung von $G = 1 + L$ kg (bzw. Mol) Lösung von der Konzentration s Gew.-% und wird dabei eine Lösungswärme $+ Q_L$ frei, so werden der Reihe nach alle Konzentrationen von 0 bis s durchlaufen. Man nennt deshalb die auftretende Wärme integrale Lösungswärme je 1 kg Substanz (bzw. je 1 Mol). Wird dagegen die Substanz in einer sehr großen Menge einer Lösung von der Konzentration s gelöst, so daß nach der Lösung der Substanz die Konzentration $s + ds$ vorhanden ist, also praktisch die Konzentration gleichbleibt, so nennt man die dabei je 1 kg Substanz bzw. je 1 Mol auftretende Wärme differentiale Lösungswärme.

Die Lösungswärme im gewöhnlichen Wortsinne ist also in strengerer Begriffsfassung eine integrale Lösungswärme je 1 g Mol bei unendlich großer Verdünnung. Man bezeichnet sie deshalb auch als erste oder ganze Lösungswärme.

Der Begriff Verdünnungswärme ist in dem Begriff der integralen Lösungswärme mit enthalten. Eine bestimmte Verdünnungswärme zwischen der Konzentration s_1 und s_2 ergibt sich, wenn man die Differenz der beiden entsprechenden integralen Lösungswärmen $Q_{Ls_2} - Q_{Ls_1}$ bildet.

Die Krystallisationswärmen und die Konzentrierungs- oder Verstärkungswärmen sind den entsprechenden Lösungs- bzw. Verdünnungswärmen gleich, mit geändertem Vorzeichen.

Die Lösungswärmen werden meist angegeben für eine Temperatur von 15° C. Die Lösungswärme bei höheren Temperaturen, z. B. beim Siedepunkt, hängt ab von der Änderung der spezifischen Wärme der Mischungskomponenten und der Mischung in Abhängigkeit von der Temperatur. Dies ergibt sich durch die einfache Überlegung, daß bei getrenntem Erhitzen und Mischen bei höherer Temperatur derselbe gesamte Wärmegewinn auftreten muß, wie bei der Mischung bei niederer Temperatur und anschließender Erhitzung der Lösung.

Die latente Verdampfungswärme je 1 kg verdampften Wassers in kcal aus H_2SO_4 verschiedener Konzentration ergibt sich aus Tabelle 1.

Sie muß sich nach Vorstehendem bei gleichbleibender Konzentration ergeben aus der Bilanz der im Spiel befindlichen Wärmemengen eines Kreisprozesses. Überschlägig ist sie gleich der Summe der differentialen Lösungswärme (je 1 kg H_2O) und dem um die Flüssigkeitswärme des Wassers (bei der Siedetemperatur der Mischung) verminderten Wärmeinhalt des gebildeten überhitzten Wasserdampfes bei der Temperatur der siedenden Lösung.

Tabelle 1. Latente Verdampfungswärme von Schwefelsäure.

SO_3 %	15°	100°	150°	200°
20	595	545	510	467
50	659	612	579	538
60	724	681	650	611
70	844	810	784	750
80	1088	1077	1064	1044

Die Verdünnungswärme Q_D (bei 15° C), bezogen auf 1 g SO_3 der Schwefelsäure, die frei wird, wenn eine Lösung, die 1 g SO_3 in z [g] H_2O enthält, mit 1 g H_2O verdünnt wird, ist nach Parkes

$$Q_D = \frac{101{,}5}{(z + 0{,}2013)^2} \text{ cal.} \quad (12)$$

Den %-Gehalt des Dampfes an H_2SO_4 über siedenden Säuren verschiedener Konzentration nach

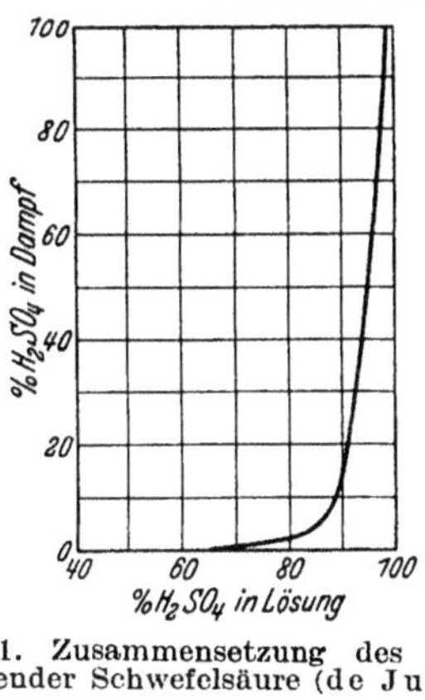

Abb. 11. Zusammensetzung des Dampfes siedender Schwefelsäure (de Jussieu).

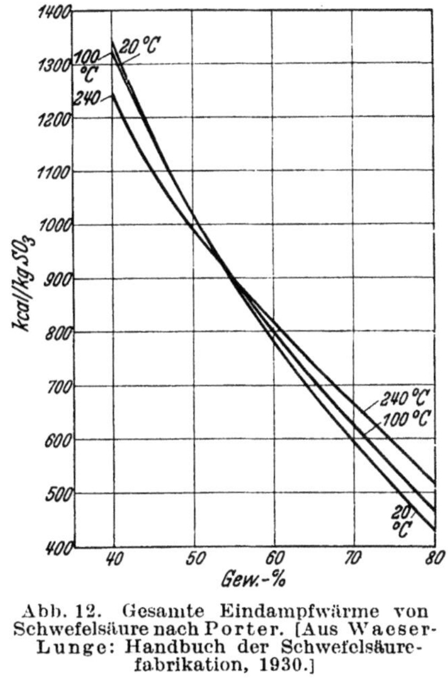

Abb. 12. Gesamte Eindampfwärme von Schwefelsäure nach Porter. [Aus Waeser-Lunge: Handbuch der Schwefelsäurefabrikation, 1930.]

de Jussieu zeigt Abb. 11, die dem Handbuch der Schwefelsäurefabrikation von Waeser-Lunge entnommen ist. Die gesamte Eindampfwärme von H_2SO_4 geht aus Abb. 12 hervor.

Ist die Verdünnungswärme negativ, d. h. findet beim Verdünnen eine Abkühlung statt, wie bei vielen Salzlösungen, so wird beim Konzentrieren diese Wärme wieder frei, unterstützt also den Verdampfungsvorgang. Dies ist bei der Aufstellung von genaueren Wärmebilanzen zu beachten.

3. Spezifische Wärmen von Lösungen.

Es ist bemerkenswert, daß die spezifische Wärme von Salzlösungen in Wasser im allgemeinen sich **nicht additiv** aus den Wärmekapazitäten der Komponenten zusammensetzt und oft kleiner ist als sich nach der **Mischungsregel** ergibt. Die Wärmekapazität ist bisweilen noch unterhalb derjenigen, die der Menge des in der Lösung enthaltenen Wassers entspricht.

Die nach der Mischungsregel errechnete **spezifische Wärme** c ergibt in Abb. 13 eine gerade Linie:

$$c' = s \cdot c_s + (1 - s)\, c_L = c_I + c_{II}. \tag{13}$$

Hierin gibt c_{II} den Anteil für das Lösungsmittel, c_I den Anteil für die Festsubstanz wieder. Werden c_I und c_{II} über s (Konzentration des Salzes

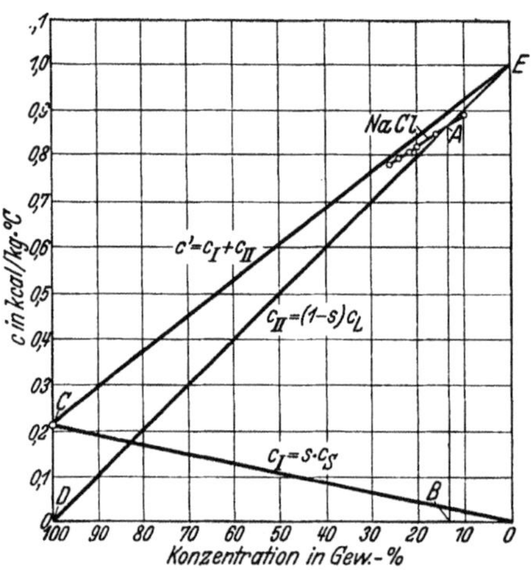

Abb. 13. Spezifische Wärmen von Lösungen abhängig von der Konzentration. $E\,C$ Mischungsregel, $E\,D$ Wärmekapazität für das Lösungswasser allein.

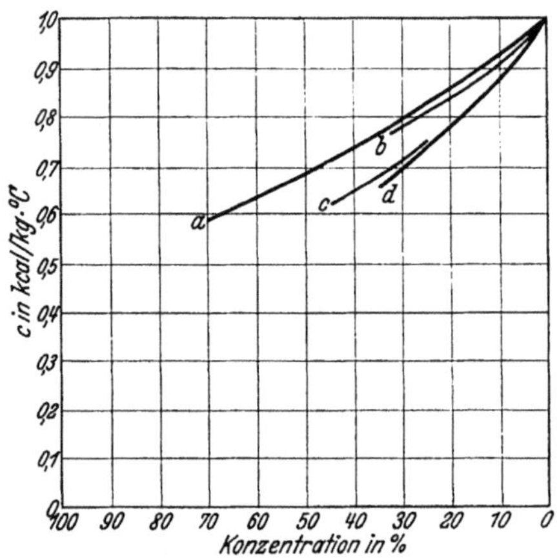

Abb. 14. Spezifische Wärme wäßriger Lösungen. *a* NH_4NO_3; *b* $NaNO_3$ bei 20°; *c* LiCl bei 26,5°; *d* $ZnSO_4$ bei 19°.

in Gew.-%) als Ordinaten in Abb. 13 übereinander abgetragen, so erhält man die Geraden c_I und c_{II}.

Trägt man die experimentell erhaltenen spezifischen Wärmen in das Diagramm über dem Gehalt s der Lösung an Gew.-% Salz ein (Abb. 13), so zeigt sich, daß die spezifischen Wärmen für viele Stoffe bis zu verhältnismäßig hohen Konzentrationen recht gut durch die Ordinaten der Geraden D—E wiedergegeben werden, welche die Größe der Wärmekapazität des in der Lösung enthaltenen Anteils Wasser darstellt. Für einige andere Salze NH_4NO_3 und $NaNO_3$ verläuft die spezifische Wärme näher der Geraden nach der Mischungsregel (Abb. 14).

Die gesamte Wärmekapazität der meisten verdünnten wäßrigen Lösungen kann somit nahezu gleich derjenigen des in ihnen enthaltenen Wassers gesetzt werden. Man betrachtet dies als eine praktische Regel in der Thermochemie [**Nernst**: Theoretische Chemie, S. 111. 1926].

Für die spezifische Wärme von Schwefelsäure gibt Bode [Ztschr. angew. Chem. 1889, 244] folgende Tabelle 2.

Tabelle 2. Spezifische Wärme von Schwefelsäure.

°B	Spezifisches Gewicht	Spezifische Wärme	°B	Spezifisches Gewicht	Spezifische Wärme
66	1,842	0,3315	35	1,320	0,67
63	1,774	0,38	30	1,263	0,73
60	1,711	0,41	25	1,210	0,78
55	1,615	0,45	20	1,162	0,82
50	1,530	0,49	15	1,116	0,87
45	1,453	0,55	10	1,075	0,90
40	1,383	0,60	5	1,037	0,95

4. Zusammenfassung.

Es ergibt sich somit aus Vorstehendem der gesamte nutzbare theoretische Wärmebedarf zum vollständigen Eindampfen einer Lösung G kg von der Konzentration s_1 bis zur Konzentration s_2, beim Ausdampfen von L kg Lösungsmittel:

zur Aufwärmung der Lösung . . . . $Q_1 = \int G \cdot c \cdot dt \simeq G \cdot c \cdot (t_s - t_1)$
zur Verdampfung[1] . . . . $Q_2 = \int r \cdot d L \simeq r \cdot L$
zur Überhitzung des Brüdens . . . . $Q_3 = \int L \cdot c_p \cdot dt = L\,(t_{ü} - t_s)\,c_p$
zur Wiederzuführung der Verdünnungs- und Lösungswärme . . . . $Q_4 = Q_{L_0} - Q_{L_1}$
zur Überwindung der chemischen Bindung . . $Q_5 = Q_{\text{chem}}$

Insgesamt: $Q = \Sigma Q$.

Hierzu kommen Verluste durch Strahlung und Konvektion, die in der Regel bei mittleren Übertemperaturen für gut isolierte Teile etwa 75—200, für unisolierte Teile etwa 600—1200 kcal je m² Außenoberfläche und h bei dampfbeheizten Apparaten betragen. Sie können nach den im Abschnitt Wärmeübertragung, Bd. II, besonders S. 114, 139 und 141 (Abb. 35) gegebenen Unterlagen bei bekannten Bedingungen genauer ermittelt werden.

In den meisten praktischen Fällen wird sich empfehlen, den gesamten Wärmebedarf an der Hand einer Wärmebilanz (s. S. 365) zu ermitteln.

C. Verdunstung.

1. Allgemeines.

Das Eindampfen durch Verdunstung hat für bestimmte Fälle eine große praktische Bedeutung. Hat die einzudampfende Lösung Grenzflächen in einer Gasatmosphäre, so findet an diesen Oberflächen Verdunstung statt. Die Verdunstung ist ein Diffusionsvorgang, ebenso wie

[1] In der Verdampfungswärme r ist der äquivalente Anteil der äußeren (mechanischen) Arbeit mit enthalten.

ihre Umkehrung, die Taubildung. Sie ist andererseits ein Verdampfungsvorgang bei verminderter Temperatur und vermindertem Druck (Partialdruck) und somit der Vakuumverdampfung verwandt. Von dieser unterscheidet sie sich aber dadurch, daß sie nicht durch Dampfblasenentwicklung vor sich geht. Bei der Verdunstung sind mehrere Fälle zu unterscheiden, je nachdem, ob die verdunstende Flüssigkeit und das darüber befindliche Gas gleiche oder verschiedene Temperatur haben. Im letzteren Falle findet außer dem durch die Verdampfungswärme des verdunsteten Mediums bewirkten Wärmeentzug eine Wärmeleitung durch die Verdunstungsfläche statt. Ebenso ist der Strömungszustand der Luft über der verdunstenden Fläche von entscheidendem Einfluß.

Grundlegende Gesetze. Die rechnerische Erfassung der Verdunstungsvorgänge stützt sich auf folgende Gesetze:

1. Auf das Daltonsche Gesetz, welches für das hier in Betracht kommende aussagt, daß sich der Raum über einer Flüssigkeitsoberfläche mit dem Dampf der Flüssigkeit erfüllt, welcher der Flüssigkeitstemperatur entspricht, und zwar in gleicher Menge, ob der Raum evakuiert oder mit Gas von beliebiger Spannung erfüllt ist (s. auch S. 466).
2. Auf den Zusammenhang des Dampfdruckes (Partialdruck) mit dem Siedepunkt der Flüssigkeit (Dampfdruckkurve).
3. Auf die Diffusionsgesetze von Fick bzw. Graham (s. Abschnitt Gasabsorption bzw. Gaswaschung, S. 482).
4. Auf die Gesetze des Wärmeüberganges, Bd. II, S. 105, Abschnitt „Wärmeübertragung".

Das Daltonsche Gesetz sagt über die Geschwindigkeit des Vorganges nichts aus. Die Verdunstungsgeschwindigkeit wird durch die Diffusions- und Wärmeübergangsgesetze bestimmt.

Da die Diffusionsvorgänge dem Vorgang der Wärmeleitung ähnlich sind (es sei an die Versuche von Lohrisch, vgl. Bd. II, S. 112, erinnert), so spielt auch hier die Prandtlsche Grenzschicht an der Flüssigkeitsoberfläche eine große Rolle. Es ist zur Erzielung einer genügenden Verdunstungsleistung wichtig, diese Grenzschicht durch genügende turbulente Gasströmung zu zerstören. Die Luftgeschwindigkeit hat auf die Verdunstungsleistung L_v dieselbe Wirkung wie auf den Wärmeübergang.

Die Aufnahmefähigkeit der Gase für das Lösungsmittel ist stets in Betracht zu ziehen. Zur Berechnung derselben gilt das Daltonsche Gesetz (vgl. S. 466), wonach die Partialdrucke in einem Gas-Dampfgemisch den in einem bestimmten Raum enthaltenen Gasvolumina der Einzelbestandteile proportional sind. Dabei wird die absolute Höhe des Partialdruckes des Dampfes nur von der Temperatur der mit ihm im Gleichgewicht stehenden Flüssigkeit bestimmt. (Vgl. „Trocknung", Bd. II, S. 616 und 634.)

Es ist meist ratsam, in Abzugsleitungen des Brüdens stets einige Grade über dem Taupunkt zu bleiben, damit kein Rückfluß von Kondensat auftritt.

Man benutzt den Verdunstungsvorgang auch beim Einleiten von Gasen oder von überhitztem oder gesättigtem Dampf in Flüssigkeiten mit höhersiedenden Komponenten um dieselben auszutreiben. Sieht man von der eventuell damit verbundenen Wärmezufuhr ab, so beruht das Wirksame dieses Verfahrens besonders darauf, daß man den zu verdampfenden Anteilen Verdunstungsoberflächen schafft und zugleich, gemäß dem Daltonschen Gesetz, ein vorher nicht vorhandenes Partialdruckgefälle herstellt. Neben der stark zerteilenden Wirkung plötzlich verdampfender Wassertröpfchen beruht hierauf das Verfahren der Wecker-Destillation (D.R.P. **397332** der I. G. Farbenindustrie A.G.).

Ist eine Lösung auf eine Temperatur unterhalb der Siedetemperatur erhitzt, so geschieht nichts anderes, als daß sich der Raum über der Lösung mit dem Dampf vom Partialdruck p_d der Lösung sättigt und dann im Gleichgewicht verbleibt.

Kommt aber ein Luft- oder Dampfstrom hinzu, so wird durch das gebildete Partialdruckgefälle das Gleichgewicht ähnlich wie unter Wirkung eines Vakuums gestört und das Dampfgemisch fortlaufend entfernt. Über Verdunstung organischer Lösungsmittel vgl. H. Jores: Farben-Ztg. **34**, 2886 (1929); ferner G. Park u. B. Hopkins: Ind. engin. Chem. **22**, 828 (1930).

2. Verdunstungsleistung.

a) Halbempirische Gleichungen.

Eine ältere schon von Dalton aufgestellte und von Recknagel durch nachstehende Beiwerte ergänzte Formel (s. Abb. 15) berücksichtigt den Windeinfluß nur schätzungsweise durch einen Beiwert n

$$G_{1\,\mathrm{kg/m^2\cdot h}} = A\,\frac{n\cdot(p-p_1)}{b}\,, \tag{14}$$

hierin ist zu setzen $A = 45{,}6$ [vgl. G. Recknagel u. A. Göring: Lüftung und Heizung, S. 65. 1927], ferner

für ruhige Luft . . . . $n = 0{,}55$
für mäßig bewegte Luft . . . $n = 0{,}71$
für stark bewegte Luft . . . . $n = 0{,}86$;

es bedeuten:

G_1 = verdunstetes Flüssigkeitsgewicht in $\mathrm{kg/m^2\cdot h}$,
p = Sättigungsspannung der verdunstenden Flüssigkeit bei der Temperatur an der Oberfläche,
p_1 = Teildruck des in der Raumluft enthaltenen Dampfes,
b = Barometerstand
(alle Drucke in mm Qu).

Thiesenhusen [Gesundheitsing. **1930**, 113] gibt auf Grund von Verdunstungsversuchen in einem wassergefüllten elektrisch geheizten Gefäß mit 127,5 mm Durchmesser und Veränderung der Luftgeschwindigkeit von 0,5—1,5 m/s folgende Gleichung (15). Die allgemeine Form derselben stützt sich auf die Stephansche Diffusionsgleichung [vgl. Gaswaschung, Gleichung (49), S. 486].

$$L_{v\,\mathrm{g/h}} = m\cdot\ln\frac{P-p_1}{P-p}\sqrt{v}\,. \tag{15}$$

Hierin ist außer den obigen Bezeichnungen:

m = 372; Konstante, bezogen auf 127,3 cm² Querschnitt und Verdunstungsleistung in g/h,
P = der Gesamtdruck über der Wasserfläche in mm Qu,
v = die Luftgeschwindigkeit in m/s.

Bezieht man Gleichung (15) auf kg Verdunstungsleistung je 1 m² Fläche, so wird $m = 29{,}2$. Es muß bemerkt werden, daß auch diese Gleichung nur als Näherungsgleichung gelten kann, da die Einflüsse der 3—13 mm überstehenden Gefäßränder in der Gleichung (15) mit enthalten sind und die Übertragung auf eine beliebige Fläche proportional der verdunstenden Oberfläche demnach nicht streng gültig sein kann.

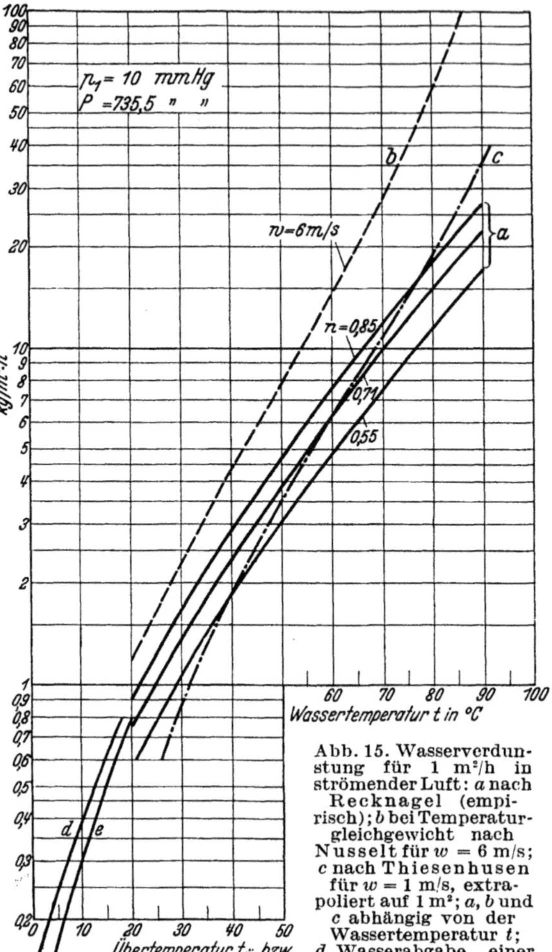

Abb. 15. Wasserverdunstung für 1 m²/h in strömender Luft: *a* nach Recknagel (empirisch); *b* bei Temperaturgleichgewicht nach Nusselt für $w = 6$ m/s; *c* nach Thiesenhusen für $w = 1$ m/s, extrapoliert auf 1 m²; *a*, *b* und *c* abhängig von der Wassertemperatur t; *d* Wasserabgabe einer feuchten vertikalen Tonplatte, 59 mm hoch, in ruhender Luft von 17° C, abhängig von der Übertemperatur $t_ü$ der Platte, Luftfeuchtigkeit 6%; *e* wie *d*, jedoch Luftfeuchtigkeit 64% [*d* und *e* nach R. Hilpert: VDI-Forsch.-Heft 355, 19 (1932)].

b) Theoretisch abgeleitete Gleichungen.

Neuere und theoretisch eingehend begründete Formeln gibt Nusselt [Ztschr. angew. Math. Mech. **10**, 105 (1930)], von welchen zwei hier wiedergegeben seien.

α) Verdunstung bei Wind- und Temperaturgleichgewicht. Hat die Windgeschwindigkeit in einiger Entfernung von der Wasseroberfläche den gleichmäßigen Wert w_0 und beträgt die Dampfkonzentration an der Wasseroberfläche c_w, in einiger Entfernung über derselben c_0, so gilt bei $w \geq 5$ m/s für eine Platte von der Größe F m² und der Kantenänge L m für die stündlich verdunstende Wassermenge G

$$G = 39\,F \left(\frac{k}{L}\right)^{0,22} \cdot w^{0,78} \cdot (c_w - c_0) \text{ kg/h}. \qquad (16)$$

Hierin ist die Diffusionszahl für Wasserdampf in Luft, nach Versuchen von Mache

$$k = \frac{0{,}078}{p} \cdot \left(\frac{T}{273}\right)^{1,89} \text{ m}^2/\text{h}, \qquad (16a)$$

für p ist der Gesamtdruck in ata einzusetzen.

β) Verdunstung mit Wärmeaustausch bei Wind.

$$G = \frac{b \cdot k \cdot F \cdot (c_w - c_0)}{1 - \frac{p_w}{p}} \cdot \frac{Re^m}{L \cdot D^n}, \tag{17}$$

hierin ist $b = \frac{c_e - c_w}{c_0 - c_w}$; c_e = Konzentration an der Grenzschicht; Re = Reynoldssche Zahl, m und n konstante Exponenten.

Abb. 15 gibt die Größe der Verdunstungsleistung für eine Wasserfläche von 1 m² (L = 1 m, B = 1 m) für verschiedene Wassertemperaturen bei gegebenem Wasserdampfgehalt der über die Wasserfläche streichenden Luft wieder. Der Geltungsbereich der Nusseltschen Gleichung wird natürlich überschritten, wenn sich Capillarwellen auf der Oberfläche ausbilden [vgl. auch Lewis: Mech. Engng. **44**, 445 (1922)].

D. Wärmedurchgang durch Verdampferheizflächen.

Die spezifische Leistung der Heizfläche, gemessen in kcal oder in kg zu verdampfendes Lösungsmittel je 1 m² Heizfläche und h ist gegeben durch die Wärmemenge, die durch 1 m² Heizfläche in 1 h hindurchgeht. Sie ist durch die Temperaturdifferenz Δt zwischen dem Heizmittel und der siedenden Lösung und durch die Wärmedurchgangszahl k bestimmt.

$$Q = F \cdot k \cdot \Delta t. \tag{18}$$

Die Temperaturdifferenz Δt kann innerhalb gewisser Grenzen durch die Temperaturen des Heizmittels und der siedenden Lösung geregelt werden. Sofern der Druck des Heizdampfes durch den Netzdruck des Abdampfes gegeben ist — je niederer, desto wirtschaftlicher für die dampfabgebende Kraftanlage — kann noch der Druck im Siederaum variiert werden. Für die Wärmedurchgangszahl gilt für ebene Wände bzw. dünnwandige Rohre die in Bd. II, S. 130 abgeleitete Beziehung:

$$\frac{1}{k} = \frac{1}{\alpha_1} + \frac{1}{\alpha_2} + \frac{\delta}{\lambda}. \tag{19}$$

Aus Tabelle 3 ist ersichtlich, daß der Einfluß der Wärmeleitzahl der Metallwand bei großen Werten von α_1 und α_2 recht bemerkbar ist. Bei kleineren α_1 und α_2 tritt der Einfluß einer metallischen Heizwand zurück, die entscheidenden Anteile des Widerstandes für die Wärmeströmung liegen dann in den sog. Grenzschichten (vgl. Abschnitt „Wärmeübertragung", Bd. II, S. 105). Um einen Überblick über die Größenordnung der Wärmedurchgangszahlen k zu erhalten, sind in Tabelle 3 einige nach Gleichung (19) errechnete Werte von k, sowie die Heizflächenbelastung $Q = k \cdot \Delta t$ und die entsprechende Verdampfung je 1 m² und h zusammengestellt unter Annahme der darin angegebenen Werte von α_1 und α_2, die natürlich beträchtlich variieren können. Δt wurde mit einer Ausnahme zu 10° C eingesetzt. Siehe Abschnitt „Wärmeübertragung", Bd. II, S. 118—122, desgleichen S. 134. Häufig kann man, besonders bei weiten Siederohren (geringer Auftrieb, s. Abb. 28 und 29, S. 374) und konzentrierten Lösungen, nur mit geringen Werten von k (z. B. etwa 300—1000) rechnen.

Tabelle 3. Beispiele von Wärmedurchgangszahlen bei Verdampfern.

Siedeseite α_1	Heizungsseite α_2	Wand δ	k kcal/m² h °C	Temperatur-Differenz Δt	Heizflächenbelastung Q kcal/m² h °C	Verdampfleistung bei 600 WE je 1 kg Dampf kg/m² h
10000	Dampf, kondensierend 30000*	Kupfer 3 mm	7000	10	70000	117
7000	18000*	Kupfer 3 mm	4820	10	48200	80,5
7000	12000	Eisen 3 mm	3320	10	33200	55,3
3000	10000	Kupfer 3 mm	2260	10	22600	37,7
3000	10000	Eisen 3 mm	1970	10	19700	32,8
1100	8000	Eisen 3 mm	903	10	9030	15
3000	10000	Eisen 3 mm homogen verbleit 6 mm	1390	10	13900	23,2
3000	10000	Eisen 3 mm 1 mm Kesselstein	663	10	6630	11**
2500	2000 Heißwasser strömend	Eisen 6 mm	953	10	9530	15,8
1100	200 Öl strömend	Kupfer 3 mm	169	10	1690	2,8
3000	60 Rauchgase mit Wandstrahlung	Eisen 3 mm	58,5	400	23400	39
3000	8000	Glas 2 mm	586	10	5860	9,78

Für die Verhältnisse der Zuckerindustrie gibt H. Classen [Die Zuckerfabrikation, S. 347 u. 354. 1918] im praktischen Betrieb ermittelte Wärmedurchgangszahlen für einen stehenden Vierkörperverdampfer an. Aus diesen errechnet sich die daneben angegebene ideelle Verdampfung je m² · h unter Zugrundelegung einer Vorwärmung auf die Siedetemperatur, Vernachlässigung der Wärmeverluste usw. für Normaldampf mit 540 kcal Verdampfungswärme (Tabelle 4).

Tabelle 4. Wärmedurchgangszahlen von Mehrkörperverdampfern in Zuckerfabriken nach Classen.

Verdampferstufe	Wärmedurchgangszahl k kcal/m² °C · h	Temperaturgefälle °C	Ideelle Verdampfung (Normaldampf 540 kcal) kg/m² · h
I	2700 bis zu 3000	8	50 —55,5
II	1800 ,, ,, 2000	9	33,3—37
III	1200 ,, ,, 1500	10	22,2—27,8
IV	720 ,, ,, 1000	17	13,3—18,5

Über die Größe der Werte von α_1 auf der Siedeseite und α_2 auf der Heizungsseite siehe insbesondere Wärmeübertragung, Bd. I, S. 119 und 122.

Da erst in neuester Zeit begonnen wurde, die Vorgänge des Wärmeüberganges an siedenden Flüssigkeiten systematisch zu untersuchen

* Teilweise Tröpfchenkondensation.

** Die Rauhigkeit des Belages bewirkt außerdem dickere Grenzschicht und kleineres α_1.

[vgl. Jakob: Ztschr. Ver. Dtsch. Ing. **76**, 1161 (1932)], wurden die Heizflächen der Verdampfer bis heute vorwiegend empirisch bestimmt. Den größten Einfluß auf die Verdampferleistung hat die Zirkulation und die Viscosität der Lösung (vgl. S. 261 und Bd. II, S. 107). Abb. 16 zeigt den Einfluß des aktiven Temperaturgefälles (das wiederum die Zirkulation beeinflußt) auf den Wärmedurchgang nach Badger und Shepard an einem Vertikalrohrverdampfer mit Rohren von 50 mm Durchmesser und 1250 mm Länge. Es wurde reines Wasser verdampft. Bei viscoseren Lösungen muß man unter gleichen Bedingungen mit erheblich geringeren Zahlen rechnen.

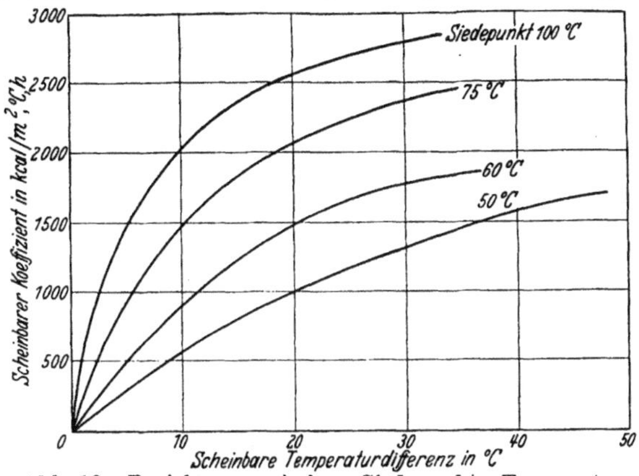

Abb. 16. Beziehung zwischen Siedepunkt, Temperaturdifferenz und Wärmedurchgangskoeffizient im Vertikalrohrverdampfer (Badger).

E. Kontinuierliches und diskontinuierliches Eindampfen.

Beim kontinuierlichen Betrieb wird in den Verdampfer stets soviel Lösungsmittel von der Konzentration C_1 nachgefüllt, daß die durch Verdampfung und Abfluß der dicken Lösung in Abzug kommende Menge ergänzt wird. Der kontinuierlich betriebene Verdampfer enthält somit stets Lösung von der hohen Konzentration C_2. Die diskontinuierliche Eindampfung beginnt mit der Konzentration C_1 und endet mit C_2. In der Regel wird der durch Eindampfen verminderte Verdampferinhalt mehrmals nachgefüllt, so daß sich der diskontinuierliche Vorgang in Stufen abspielt. Der diskontinuierliche Betrieb hat den Vorzug, daß der Vorgang durch die Volumenabnahme ohne Konzentrationsmessung leicht überschaut werden kann. Er wird deshalb sehr häufig angewandt. Während des Eindampfens erhöht sich die Siedetemperatur und die Viscosität. Die Verdampfungsgeschwindigkeit sinkt also infolge der Abnahme des Wärmedurchgangskoeffizienten k und infolge der Abnahme des aktiven Temperaturgefälles, wie in Abb. 17a und b schematisch dargestellt ist. Beim kontinuierlichen Betrieb ist die Heizflächenleistung stets auf ihrem Minimum, wenn die eingedickte Lösung am Punkte lokaler höchster Konzentration abgezogen wird. Beim diskontinuierlichen Betrieb erreicht die Heizflächenleistung einen mittleren Wert (Abb. 17a u. b), der also stets höher ist als beim kontinuierlichen Betrieb. Dem Vorteil des schnelleren Eindampfens stehen die toten Zeiten zum Füllen und Entleeren der Charge und die ungleichmäßige Füllhöhe im Verdampfer gegenüber.

Die geschilderte Vermischung der zulaufenden dünnen Lösung mit der im Verdampfer befindlichen konzentrierten Lösung (Entropievermehrung durch Diffusion!) läßt sich auch bei kontinuierlichem Betrieb durch geeignete Führung der Lösung im Verdampfer verhindern. Die Heizfläche muß dann so unterteilt werden, daß ein kontinuierlicher Strom der einzudickenden Lösung ohne, oder mit nur lokalem Lösungskreislauf erzielt wird. Mischbewegungen von Lösungsanteilen mit größerem Konzentrationsunterschied sind somit zu vermeiden. Dieses Prinzip verlangt also relativ geringe Querschnitte für den fortlaufenden Lösungsstrom. Mitunter ist schon mit mehrstufig hintereinandergeschalteten schlanken Kestner-Verdampfern zu erreichen, daß die Lösung nur je ein einziges Mal die Heizfläche jeder Verdampferstufe passiert. In einem einzigen Apparat arbeitet unter anderen der Plattenverdampfer der Cheminova, G. m. b. H. (Abb. 46, S. 391) nach diesem Prinzip. Von besonderer Bedeutung ist das Vermeiden der genannten Mischbewegung für das weitgehende Entgasen von Waschlösungen (vgl. S. 511).

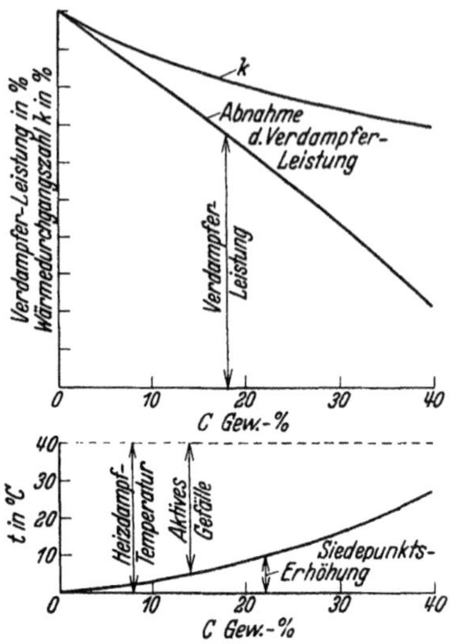

Abb. 17a und b. Leistungsabnahme mit der Konzentration (schematisch).

F. Mehrfachverdampfung.

Um das Prinzip der Mehrfachverdampfung in seiner einfachsten Gestalt ersichtlich zu machen, kann man von einem verlustfreien idealen Grenzfall ausgehen (Abb. 18), bei welchem eine auf ihren Siedepunkt vorgewärmte reine Flüssigkeit ohne gelöste Substanz in den Verdampfern *I*, *II*, *III*, *IV* verdampft wird. Das Schema der Abb. 18 ist, um den idealen Grenzfall aufzuzeigen, zu einem idealen verlustlosen Kreisprozeß erweitert, indem der Brüden des letzten Verdampfers nach geringer Aufwertung (Kompression), die im Idealfalle $= 0$ ist, dem ersten Verdampfer wieder als Heizdampf zugeführt wird.

In allen Verdampfern, die unter sich gleich sind, herrscht Siedetemperatur, die im Verdampfer $IV = t_s$, in jedem vorhergehenden Verdampfer um $\Delta\, t_s$ höher ist als im nächstfolgenden. Die Verdampfungswärme unterscheidet sich also im Grenzfall, wenn $\Delta\, t_s$ unendlich klein ist, in den vier Verdampfern praktisch nicht voneinander. Das Kondensat K_1 des ersten Verdampfers ist gleich der Heizdampfmenge D_0 und praktisch gleich der Brüdenmenge B_1; diese gleich K_2 und B_2 usw. Es ist ohne weiteres ersichtlich, daß von der Flüssigkeitsmenge L_1 die Menge $K_2 + K_3 + K_4 + B_4$ verdampft ist. B_4 ist aber gleich $D_0 = K_1$. Im Falle des Vierfachverdampfers ist somit die Verdampferleistung

$$L_1 - L_5 = K_1 + K_2 + K_3 + K_4 = 4 \cdot D_0 \,. \tag{20}$$

Im ideellen Grenzfall ist also die Leistung des n fach-Verdampfers

$$L_1 - L_{n+1} = n \cdot D_0 \,. \tag{21}$$

Es scheint zunächst überraschend, daß beim Mehrfachverdampfer mit 1 kg Heizdampf D_0 je nach der Stufenzahl n eine beliebige Menge ($= n$ kg) Brüden nacheinander abgedampft werden können. Dies wird verständlich, wenn man erkennt, daß es sich in dem erwähnten Idealfalle um einen verlustfreien Wärmeaustauschvorgang ohne Entropievermehrung handelt [schematische Abb. 18, vgl. auch Hegelmann: Ztschr. Wärme 52, 787 (1929)]. Der spezifische Dampfverbrauch je 1 kg ausgedampften Lösungsmittels ist somit im Grenzfalle beim Einfachverdampfer 1 kg, beim Zweifachverdampfer $^1/_2$ kg; beim Dreifachverdampfer $^1/_3$ kg usw. Wie die Verdampferbilanz ausweist, werden diese Zahlen bei Berücksichtigung

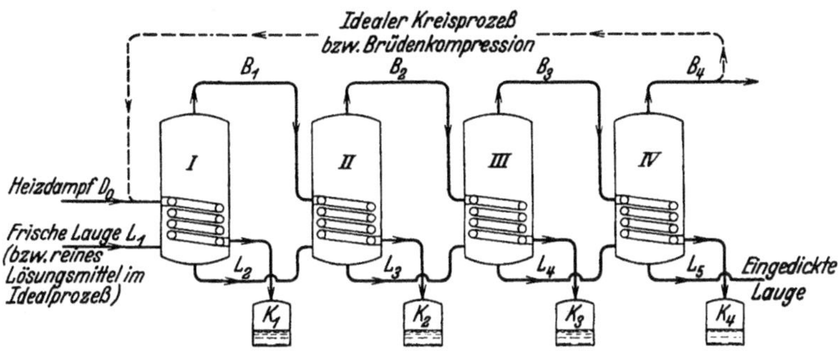

Abb. 18. Prinzip der Mehrfachverdampfung.

unvollkommener Vorheizung, der Ausdampfwärme usw. auch ohne Abstrahlungsverluste nicht erreicht. Im praktischen Betrieb ist deshalb mit einem spezifischen Dampfverbrauch zu rechnen, der in der Regel zum Eindicken wäßriger Lösungen beim Einfachverdampfer etwa 1,1 bis 1,3 kg, beim Zweifachverdampfer etwa 0,55—0,7 kg, beim Dreifachverdampfer etwa 0,40—0,55 kg beträgt. Genaueren Aufschluß gibt in jedem einzelnen Fall die Verdampferbilanz. Auch die Stufenzahl ist praktisch bald begrenzt. Bereits Vier- und Fünffachverdampfer werden verhältnismäßig selten angewandt. Die Regelung von Mehrfachverdampfern erfordert große Aufmerksamkeit, sie kann in manchen Fällen automatisch geschehen.

Das Schema der Abb. 18 und die entsprechende Bilanz lassen sich leicht so umwandeln, daß damit den praktischen Verhältnissen, Lösungsvorwärmung, Abwärme der Endlösung, den Ausdampfwärmen, Siedepunktserhöhungen Rechnung getragen wird. Es sei hier darauf verzichtet, da sich nichts prinzipiell Neues dabei ergibt.

Für Aufteilung des Temperaturgefälles bei einer Vierfachverdampfanlage in der Zuckerindustrie gibt K. Schiebl folgendes Beispiel [Wärmewirtschaft in der Zuckerindustrie, S. 24. 1926]:

I	Verdampfer	107—102°,	Unterschied (bzw. aktives Gefälle)	5°
II	,,	102— 95°,	,,	7°
III	,,	95— 85°,	,,	10°
IV	,,	85— 60°,	,,	25°

Mit zunehmender Konzentration sind somit größere aktive Gefälle erforderlich.

Für die Wahl des Heizdampfdruckes (vgl. auch S. 392) für die erste Stufe und die des Brüdendampfes in der letzten Verdampferstufe ist nicht nur die Forderung eines ausreichenden Temperaturgefälles entscheidend. Es muß das erstrebenswerte Ziel eines Betriebes sein, jede nutzlos im Kondensator niedergeschlagene Dampfmenge zu vermeiden, solange noch Bedarf an Vorwärm- und Heizdampf vorliegt. Die Brüdenkondensatoren werden also zweckmäßig als Lösungsvorwärmer oder als Heizapparate gestaltet. Solche Voraussetzungen sind in der Zuckerindustrie gegeben. Man ist deshalb dort bei modernen Anlagen in neuester Zeit zum Teil von den Unterdruckverdampfanlagen, bei welchen der Brüden des letzten Verdampfers zur Kondensation geht, abgekommen und geht zu Überdruckverdampfanlagen über. Diese stellen die letzte Entwicklungsstufe in der Zuckerindustrie dar [K. Schiebl: Wärmewirtschaft in der Zuckerindustrie, S. 24. 1926]. Der Abdampf der Kraftmaschinen wird der Verdampfstation mit 1,75—2,5 atü zugeführt, so daß der Abdampf der letzten Stufe noch mit etwas über 100° zur Saftvorwärmung dienen kann. Der Brüdenabdampf wird auf diese Weise restlos ausgenutzt [vgl. auch M. Stuntz: Ztschr. Wärme 57, 223 (1934)].

Für die Eindampfung von Lösungen mit sehr großen Siedepunktserhöhungen, z. B. Lösungen von Ätzalkalien, Schwefelsäure, Phosphorsäure, Glycerin, Calciumchlorid, Ammoniumnitrat usw. ist man gezwungen, höher gespannten Heizdampf oder nur einstufige Verdampfung bei hohem Vakuum anzuwenden, um ein ausreichendes Temperaturgefälle für den Wärmedurchgang zu erzielen.

G. Verdampferbilanzen.

Man wendet zu deren Erstellung das in der Chemie bei energetischen Betrachtungen bewährte Prinzip des van't Hoffschen Gleichgewichtskastens auf den Stoff- und Wärmeumsatz an. Es ist zweckmäßig, den dabei zu betrachtenden Bezirk auf der Skizze genau abzugrenzen und die eintretenden und austretenden Gewichts- und Wärmemengen wie Soll und Haben einer kaufmännischen Bilanz einander gegenüberzustellen. Es kann auch notwendig werden, diese Betrachtung sinngemäß auf Teilbezirke, z. B. *I* und *II* in Abb. 20, der betreffenden Apparatur (s. Abb. 19) anzuwenden.

Stoffbilanz auf der Lösungsseite:

$$L_1 = L_2 + B_1$$

$$L_2 = L_3 + B_2$$

Somit

$$L_1 = L_3 + B_2 + K_2\,. \tag{22}$$

Für die Stoffbilanz der Trockensubstanz gilt:

$$L_1 \cdot s_1 = L_2 \cdot s_2 = L_3 \cdot s_3 \tag{23}$$

oder bei Salzausfall (ohne Krystallwasser)

$$L_1 \cdot s_1 = S_3 + L_3 \cdot s_3\,. \tag{24}$$

Hieraus ergibt sich für die Brüdenmenge bzw. das Kondensat derselben:

$$B_2 + K_2 = L_1 - L_3. \tag{25}$$

Wärmebilanz. In ganz entsprechender Weise läßt sich die Bilanz auch für die Wärmemengen durchführen, indem man das erwähnte Prinzip streng durchführt, wobei man auch die Abstrahlungsverluste berücksichtigen muß. Die Durchführung empfiehlt sich für spezielle Fälle. Eine generelle Lösung bringt kaum einen Vorteil. Das Ergebnis der Bilanz kann in einem Wärmestrombild (Sankey-Diagramm) nach Abb. 20 und Abb. 34, S. 378 dargestellt werden [vgl. auch E. Kirschbaum: Chem. Fabrik 3, 216 (1930)].

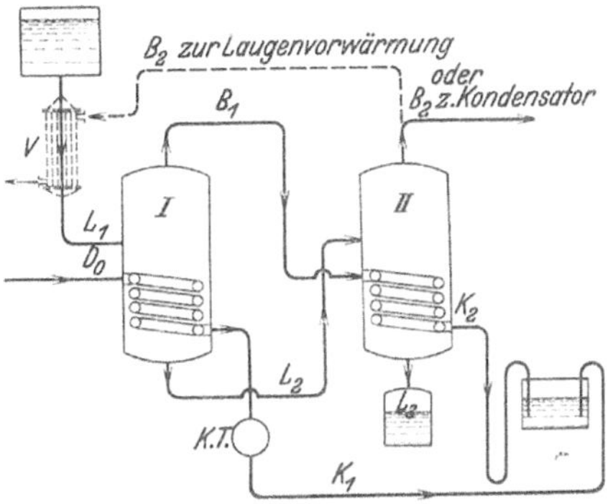

Abb. 19. Schema zur Stoff- und Wärmebilanz eines Verdampfersystems.

Für Wirtschaftlichkeitsrechnungen interessiert zumeist der Wärmeverbrauch und die Stoffmengen für 1 kg oder 100 kg Trockensubstanz. Auf diese Einheit werden auch alle übrigen Kosten bezogen. Es ist deshalb vorteilhaft, auch die Verdampferbilanzen auf die Einheit Trockensubstanz zu beziehen.

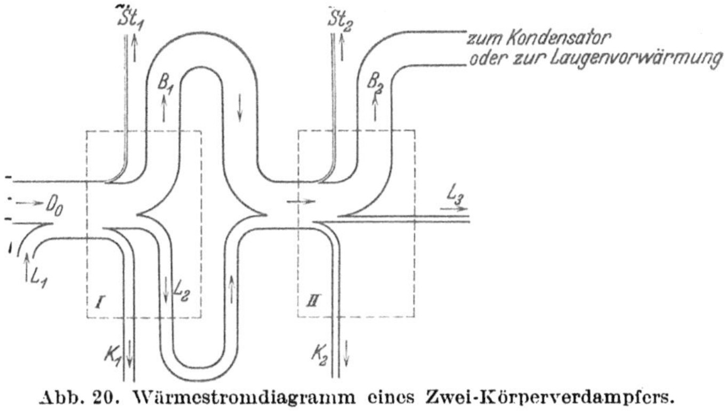

Abb. 20. Wärmestromdiagramm eines Zwei-Körperverdampfers.

Bedeutet:

G = Lösungsmenge kg,
S = Salzmenge (Trockensubstanz) kg,
L = Lösungsmittel kg,
s = Konzentration der Lösung (Gewichtsanteil Salz),

so ist

$$G \cdot s = S \tag{26}$$

bzw. die Lösungsmenge

$$G = \frac{S}{s}$$

oder für $S = 1$ kg Salz bzw. Trockensubstanz (Index 1):

$$G_1 = \frac{1}{s}$$

und

$$L_1 = G_1 - 1 = \frac{1}{s} - 1 = x \text{ (Beladung an Lösungsmittel)}^{1}.$$

Das je 1 kg Trockensubstanz zu verdampfende Lösungsmittel L eignet sich, wie schon erwähnt, als Bezugsgröße für den Wärmeverbrauch. Wählt man für die graphische Darstellung die Konzentration s als Abszisse, so ergeben sich für G und L Hyperbeln und auch der Wärmeverbrauch ergibt eine hyperbelähnliche Kurve. Wählt man L als Abszisse, so wird s als Funktion von L eine Hyperbel. Die Darstellung mit hyperbolischer Abszisse analog wie in der Abb. 21 hat für die Darstellung des Wärmeverbrauchs den Vorteil, daß dieser als annähernd gerade Linie darzustellen ist. Es ist deshalb vorteilhaft, die Konzentration in reziproker Teilung vom Nullpunkt ($G = 0$, $S = 0$) aus aufzutragen. Man erhält damit für den Wärmeverbrauch gewissermaßen natürliche Abszissen (vgl. Fußnote S. 339).

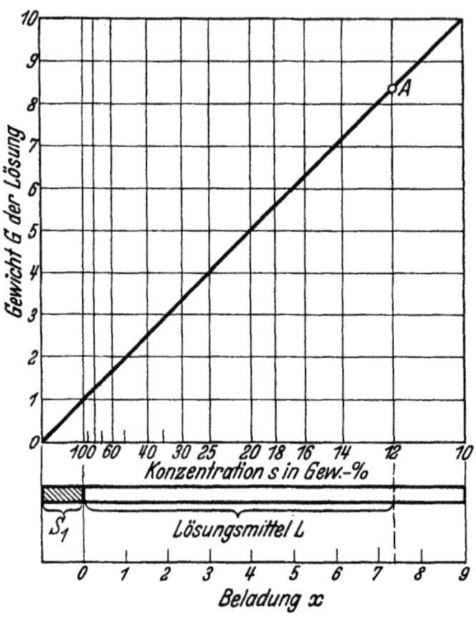

Abb. 21. Zusammenhang von Konzentration, Beladung x an Lösungsmittel und Lösungsmenge G je 1 kg Trockensubstanz.

Man kann auch grundsätzlich als Konzentration die Größe s' einführen, die dem Ausdruck Beladung im Abschnitt „Gaswaschung" (s. S. 471) entspricht, so daß

$$s' = \frac{L}{S}. \tag{27}$$

Diese Bezeichnung ist auch in der amerikanischen Literatur üblich (vgl. auch Hausbrand-Hirsch: Literaturangabe S. 348); man kommt damit zum gleichen Resultat. Da jedoch die Angabe der Konzentration in Gew.-% meist üblich und die Umrechnung einfach ist, sei die erste Darstellung beibehalten. Es sei hier auch auf die vorteilhafte Verwendung des Diagrammes Abb. 5, S. 303 (Abschnitt „Auspressen flüssigkeitshaltiger Massen") hingewiesen, wenn man sinngemäß die entsprechenden Größen einsetzt.

H. Ausnutzung des Temperaturgefälles im Verdampfer.

Der zweite Hauptsatz lehrt, daß jeder Temperaturabfall, auch bei Vermeidung direkter Wärmeverluste zu einer Verschlechterung des

[1] Vgl. Gleichung (27), desgleichen Gaswaschung S. 471.

thermodynamischen Wirkungsgrades führt. Jede Wärmeleitung ist somit, da sie ein Temperaturgefälle verzehrt, mit einer solchen nutzlosen Entropievermehrung verbunden [vgl. E. Hegelmann: Ztschr. Wärme 52, 787 (1929)]. Es kommt also vom Standpunkt guter Wärmeausnutzung darauf an, die im Heizmittel vorhandene Wärme mit möglichst geringem Temperaturgefälle an die siedende Lösung heranzubringen. Gute Ausnutzung der Apparatur verlangt hingegen eine hohe Heizflächenbelastung, somit eine nicht zu geringe Temperaturdifferenz. Es gibt aber dazwischen ein wirtschaftliches Temperaturgefälle, bei dem die Eindampfkosten am geringsten werden. Es ist stets vorteilhaft, eine hohe Heizflächenbelastung in erster Linie durch einen hohen Wert von k zu erreichen.

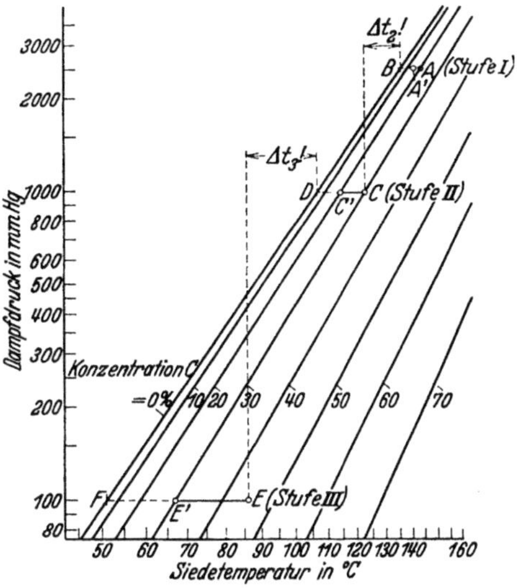

Abb. 22a.

Verjüngter Maßstab – hyperbolische Abszisse – für $\Delta t_2'$ und $\Delta t_3'$.

1. Verlust an Temperaturgefälle bei Mehrfachverdampfern durch Siedepunktserhöhung.

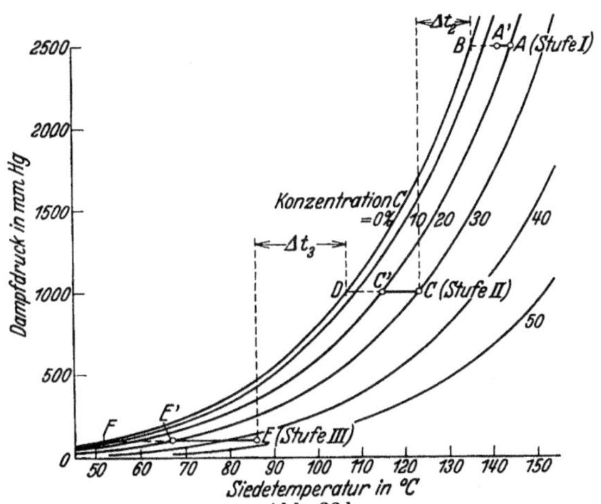

Abb. 22b.

Abb. 22a und b. Druck-Siedepunktdiagramm für Natronlauge in hyperbolisch-logarithmischen (Abb. 22a) und in natürlichen Koordinaten (Abb. 22b).

Bei dem meist üblichen Gleichstromverfahren wird der Brüden der dünneren Lösung aus der ersten Verdampferstufe als Heizdampf der nächsten Verdampferstufe mit der konzentrierteren Lösung zugeleitet. Da die Lösung des zweiten Verdampfers einen höheren Siedepunkt hat als die Kondensationstemperatur des Brüdens der Stufe I, muß der Druck der siedenden Lösung in Stufe II erniedrigt werden. Die Höhe der erforderlichen Dampfdruckerniedrigung wird bestimmt durch die Summe der totalen Siedepunktserhöhungen und des erforderlichen Temperaturgefälles in der zweiten Stufe (vgl. Abb. 22a und b). Wenn auch der aus der Lösung der vorangehenden Stufe entweichende Brüdendampf etwas überhitzt ist, so ist doch für die Verdampfungsleistung der zweiten Stufe die Überhitzungswärme belanglos, da dieselbe je 10^0 Überhitzung nur etwa 0,9% der Kondensationswärme ausmacht. Nur die letztere kommt also praktisch in Betracht.

Der Druck und nicht die Temperatur, bei welchem der Brüden entwickelt wird, bestimmt somit die Kondensationstemperatur und damit das Temperaturgefälle für den nächsten Verdampfer. Der erste Verdampfer gibt bei der Konzentration C_1 (Abb. 22a und b) Dampf vom Druck p_A und der Temperatur t_A ab (Punkt A). Die Indices bei t und p entsprechen den Buchstaben der markierten Punkte in Abb. 22a und b. Der abgegebene Dampf kondensiert (bei Vernachlässigung des Druckverlustes) im Heizraum des zweiten Verdampfers bei gleichem Druck, aber erst nach Abgabe der relativ geringen Überhitzungswärme bei der niedrigeren Temperatur t_B (Punkt B). Die Siedepunktserhöhung $t_A - t_B$ ist unwirksam für das aktive Temperaturgefälle im Verdampfer 2. Für den Wärmedurchgang kommt in Betracht $t_B - t_C = \Delta t_2$. Im zweiten Verdampfer befindet sich eine Lösung von der Konzentration C_2 (Punkt C, Abb. 22). Sie gibt Dampf ab von der Temperatur t_C und vom Drucke p_C. Derselbe kondensiert beim gleichen Druck jedoch erst bei der Sättigungstemperatur t_D. Das wirksame Temperaturgefälle für den dritten Verdampfer ist $t_D - t_E = \Delta t_3$. Die Siedepunktserhöhung kommt für die Vorgänge in einem $n$fach-Verdampfer somit $(n - 1)$ mal in Abzug, und zwar für jede folgende Stufe in größerem Betrage wie die Abb. 22 zeigt. Die Vorgänge im Verdampfer mit Berücksichtigung der Druckverluste lassen sich für kontinuierlichen und diskontinuierlichen Betrieb an Hand eines Diagrammes nach Art der Abb. 22a und b oder der Abb. 6 und 9 leicht in graphischer Darstellung verfolgen, worauf im Rahmen dieser Darstellung nicht eingegangen werden kann.

2. Temperaturgefälle in der Heizwand.

Das Temperaturgefälle vom Heizmittel bis an die Innenwand (von A bis B in Abb. 23) der Heizfläche ist für den eigentlichen Verdampfungseffekt wirkungslos und sollte so klein als möglich sein. Beträgt die Siedetemperatur der Lösung t_s, die Temperatur des Heizmittels t_1 und beträgt der natürliche Temperaturabfall bis zur Temperatur t_2 an der der siedenden Lösung zugewandten Fläche der Heizwand (vgl. Abb. 23)

$$\Delta t = t_1 - t_2,$$

so wird statt des ideal möglichen Temperaturgefälles $t_1 - t_s$ nur das Gefälle $t_2 - t_s$ wirksam; es wird also nur der Bruchteil

$$\varepsilon = \frac{t_2 - t_s}{t_1 - t_s} \tag{28}$$

ausgenutzt.

Das Temperaturgefälle soll man so groß wählen, daß ein lebhaftes Verdampfen und damit ein starkes Wallen und eine starke Flüssigkeitsbewegung erreicht wird, die möglichst oberhalb der kritischen

Geschwindigkeit liegt (vgl. Bd. II, S. 107). Die Geschwindigkeit der Flüssigkeitsbewegung bedingt den Wärmeübergang. Am geringsten kann man das Temperaturgefälle bei dampfbeheizter Heizfläche wählen, besonders bei dünnen Lösungen, hoher Lösungstemperatur und geringer Zähigkeit derselben und wie S. 376 ausgeführt wird, bei Verdampfern unter Druck. So kann man bei geeigneten Verdampfersystemen oft mit 5 bis 10° C Temperaturgefälle schon ausreichende Verdampfungsleistung erzielen. Ist jedoch der Flüssigkeitsumlauf gehemmt, z. B. durch zähe Lösungen, ausfallendes schweres Krystallkorn oder durch zu große Spiegelhöhe im Verdampfer besonders unter Vakuum (vgl. S. 376) oder durch die Bauart, so ist man zur Annahme eines größeren Temperaturgefälles bis etwa 20—30° C und mehr gezwungen, besonders bei den kälteren und unter Vakuum stehenden Lösungen der letzten Verdampferstufen bei Mehrfachverdampfern, bei welchen infolge der geringeren Dampfentwicklung auch der Umlauf schwach ist. Der Grund liegt nicht nur an der höheren Viscosität, sondern hauptsächlich an der niedereren Ausdampfzone (vgl. S. 374/375). Bei Mehrfachverdampfern ist den genannten Anforderungen entsprechend das gesamte zur Verfügung stehende Temperaturgefälle so aufzuteilen, daß die erste Stufe (dünne Lösung, hohe Siedezone, hohe Temperatur, großer Umlauf), das geringste Gefälle, die letzte Stufe (dicke Lösung, niedere Temperatur, niedere Siedezone, geringer Umlauf), das größte Gefälle erhält.

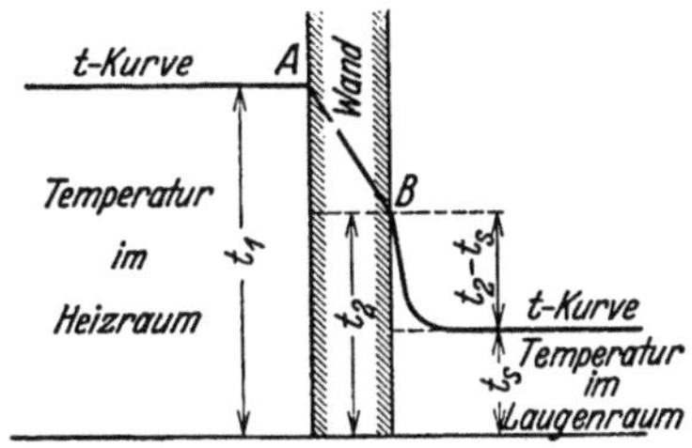

Abb. 23. Temperaturgefälle beim Wärmedurchgang durch eine Wand.

3. Gefällsverlust infolge hoher Zähigkeit der Lösung.

In Abschnitt Wärmeübertragung (Bd. II, S. 106) war schon der ungünstige Einfluß der Zähigkeit auf die Wärmeübertragung durch Steigerung der Dicke der Grenzschicht zum Ausdruck gekommen. Sie bewirkt in der relativ dicken Grenzschicht ein größeres Temperaturgefälle als bei dünnflüssigen Lösungen. Hierzu kommt der hemmende Einfluß auf die Bildung der Dampfblasen.

Die Viscosität einer Lösung hat einen so großen Einfluß auf die Verdampfleistung, daß bei einer bestimmten Größe derselben ein kritischer Punkt in der Leistung des Verdampfers erreicht wird. Die Leistung fällt plötzlich rapid ab, wie Weichherz bei Malzextrakt-Verdampfern beobachtet hat [Chem.-Ztg. **55**, 341 (1931)]. Die Grenze dürfte mit der Unterschreitung der kritischen Geschwindigkeit bei der Zirkulation zusammenhängen. Man hat deshalb bei viscosen Lösungen, wie z. B. Gerbstofflösungen u. dgl. oft bewegte Heizflächen angewandt.

Um den Dampf aus der Flüssigkeitsblase zu befreien, ist ein höherer Druck als der eigentliche Siededruck und somit eine Übertemperatur erforderlich. Die Schubspannung τ' in einer Flüssigkeit im Zusammenhang mit der Zähigkeit η und der Gleitgeschwindigkeit $\frac{dv}{dx}$ zweier im Abstand dx benachbarter Schichten ist definiert durch

$$\tau' = \eta \cdot \frac{dv}{dx}. \tag{29}$$

Der zum Sieden erforderliche Überdruck in der Dampfblase und damit die Übertemperatur über dem Siedepunkt gegenüber ganz langsamer Verdampfung wird von der Schubspannung τ' bestimmt und ist demnach von der Geschwindigkeit der Entwicklung der Dampfblase abhängig.

In dünner Schicht ausgebreitet dampft die oberste Schicht solcher Sirupe leicht aus. Zum völligen Ausdampfen solcher Massen ist oft ein Zerstäuben in einem heißen Gasstrom erforderlich, wobei die Flüssigkeitsteilchen in feinste Tröpfchen zerrissen werden müssen und die ausdampfende Oberfläche außerordentlich groß wird (vgl. Tabelle 3, Filtrieren, S. 276). Die Verdampfung nähert sich hier der Trocknung, die ja auch ein Diffusionsvorgang ist.

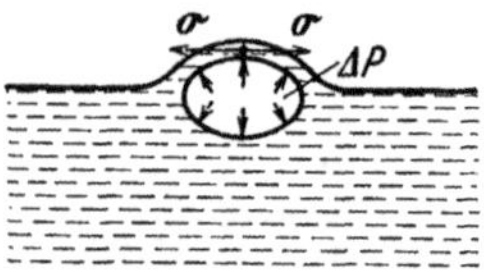

Abb. 24. Dampfblase in zäher Flüssigkeit.

Ein weiterer nicht zu umgehender Gefällsverlust ist durch den Druckverlust in der Frischdampfleitung und bei Mehrfachverdampfern in den Brüdenleitungen bedingt. Der Größenordnung nach wird man den Druckverlust in letzteren im allgemeinen zu je etwa 0,1 at in Rechnung stellen dürfen, in der Frischdampfleitung meist mehr. Diese Druckverluste und damit Gefällsverluste sind bestimmt durch die Dampfgeschwindigkeit, die Weite, Länge und Krümmung der Rohrleitungen usw. (s. Bd. II, S. 89).

4. Luft im Heizdampf.

Der gewöhnliche Kesseldampf enthält, wenn auch in geringem Maße, infolge Löslichkeit von Gasen im Speisewasser (s. S. 393) oder durch Zersetzung organischer Bestandteile, z. B. Öl im Kessel, inerte Gase, im allgemeinen O_2, N_2, CO_2. Auch der Brüden enthält, besonders bei Unterdruck, durch Undichtheiten eingesaugte Luft. Bei der Kondensation in der Verdampferheizkammer reichern sich die inerten Gase an und müssen durch Entlüftung entfernt werden. Sie bewirken zweierlei Nachteile: Eine Erniedrigung der Kondensationstemperatur und eine Verringerung des Wärmeübergangskoeffizienten α. Die Kondensation des Dampfes geht in die Taubildung über, welche ein Diffusionsvorgang ist. Die Anreicherung der Luft findet an der unangenehmsten Stelle, genau an der Kühlfläche bzw. auf dem Kondensatfilm statt. In demselben Maße wie der Volumenanteil der Luft zunimmt, nimmt deren Partialdruck p_L in dem Dampfluftgemisch zu, der Partialdruck p_D des reinen Dampfes ab, da sich beide zu dem am Manometer angezeigten Gesamtdruck p ergänzen, so daß nach Dalton

$$p_{\text{Dampf}} + p_{\text{Luft}} = p$$

ist.

Der Partialdruck des Dampfes bestimmt aber dessen Kondensationstemperatur t_D. Sind in 1 m³ Dampfluftgemisch v_L m³ Luft und $(1 - v_L)$ m³ Dampf, so ergibt sich der Partialdruck des Dampfes aus dem Verhältnis

$$\frac{p_{\text{Dampf}}}{p} = \frac{1 - v_{\text{Luft}}}{1}. \quad (31)$$

Hieraus ergibt sich mit Hilfe der Dampftabellen die Kondensationstemperatur oder der Taupunkt t_D', oder die Verminderung derselben Δt gegenüber reinem Dampf. Da für den Verdampfungseffekt das Temperaturgefälle zwischen der Innentemperatur der Heizwand und der Siedetemperatur maßgebend ist (wenn von dem Siedeverzug durch die Spiegelhöhe abgesehen wird), so vermindert dieser Gefällsverlust Δt das wirksame Gefälle (vgl. Abb. 25).

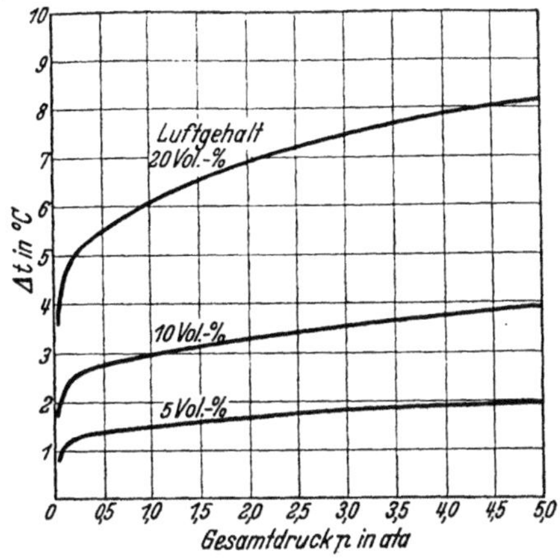

Abb. 25. Abnahme Δt der Kondensationstemperatur mit dem Luftgehalt.

Viel erheblicher als dieser Gefällsverlust ist jedoch der Leistungsrückgang des Verdampfers durch Erhöhung des Wärmeübergangswiderstandes (vgl. Abb. 19, Wärmeübertragung, Bd. II, S. 120). Noch ehe sich in der gesamten Heizkammer ein erheblicher Luftgehalt angesammelt hat, bildet sich an der Kühlfläche, wo der Dampf als Kondensat ausfällt, ein Luftfilm. Infolge eines fast unabhängig vom Dampfdrucke gegenüber reinem Dampf etwa 1,6 mal größeren spezifischen Gewichtes, das noch durch die Abkühlung an der Kühlfläche etwas vermehrt wird, muß dieser Luftfilm, wenn er durch die Dampfströmung nicht daran gehindert wird, wie das Kondensat nach unten abfließen. Durch diesen Gasfilm muß der Dampf, bevor er kondensieren kann, hindurchdiffundieren. Ähnlich wie bei der Verdunstung bewirkt dieser Luftfilm für den Dampfdurchgang eine beträchtliche Verzögerung.

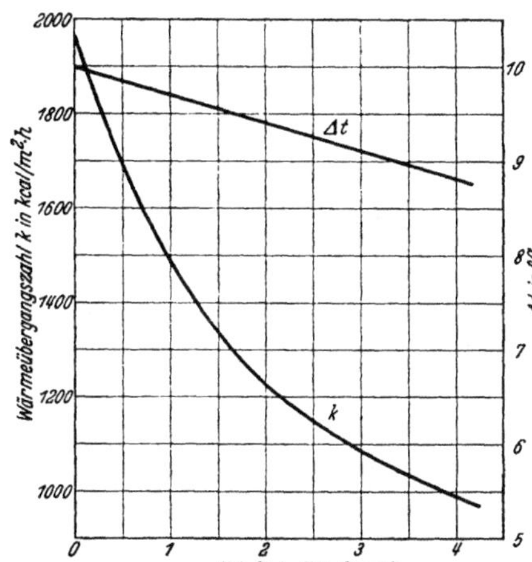

Abb. 26. Abnahme von Wärmedurchgangszahl k [kcal/m²·h·°C] und Temperaturgefälle Δt mit dem Luftgehalt (Beispiel).

Die Entlüftung hat selbstverständlich entsprechend der größeren Dichte der Luft am unteren Ende der Heizkammer zu erfolgen, jedoch ist zu bedenken, daß die an der Entlüftung abgezogene Luft bereits einen Teil ihrer kondensationsverzögernden Wirkung getan hat, da sie ja erst bei der Kondensation unmittelbar an der Heizfläche aus dem Dampf ausgeschieden wird. Da mit dem Dampf die Luft in die Heizkammer stetig wie in eine Sackgasse einläuft, so muß sich die Luft auch bei einem sehr geringen Prozentgehalt im Dampf ohne dauernde Entlüftung in einem solchen Maße anreichern, daß der Verdampfungsprozeß praktisch zum Erliegen kommt.

Es ist deshalb für die Betriebsführung von Interesse zu kennen, wie die Leistungsabnahme eines nicht entlüfteten Verdampfers mit der Betriebszeit erfolgt.

In Abb. 27 ist für einen bestimmten Fall, der mittleren Verhältnissen im Betriebe entspricht, der Leistungsabfall eines Verdampfers bei abgestellter Entlüftung fortlaufend mit der Betriebszeit dargestellt. Es ist dabei angenommen, daß der eintretende Dampf das in der Heizkammer vorhandene Dampfluftgemisch so durchwirbelt, daß es gleichmäßig gemischt ist. Für die Wärmedurchgangszahl k wurde ein eisernes Rohr von 3 mm Wandstärke ($\lambda = 40$) und für die Siedeseite willkürlich ein konstanter Wert von $\alpha_s = 3000$ und das anfängliche Temperaturgefälle mit 10^0 C zugrunde gelegt. Die Wärmedurchgangszahl k und der Temperaturgefällsverlust bzw. das verbleibende aktive Temperaturgefälle können damit abhängig vom Luftgehalt dargestellt werden (s. Abb. 26). Der Luftgehalt des Heizdampfes kann in der technisch vorkommenden Größenordnung von etwa $\frac{1}{1000}$ Vol.-%, bei Verwendung von Brüdendampf mit Unterdruck infolge von Undichtheiten erheblich höher (etwa 0,3 Vol.-%, s. S. 393) erwartet werden. Der Wärmedurchgang wird bei absinkender Leistung wegen der schwächeren Zirkulation, die in den Annahmen unberücksichtigt ist, zweifellos noch geringer und somit das Endergebnis noch ungünstiger als Abb. 27 darstellt, die somit nur ein Bild von dem ungefähren Verlauf des Leistungsrückgangs geben kann.

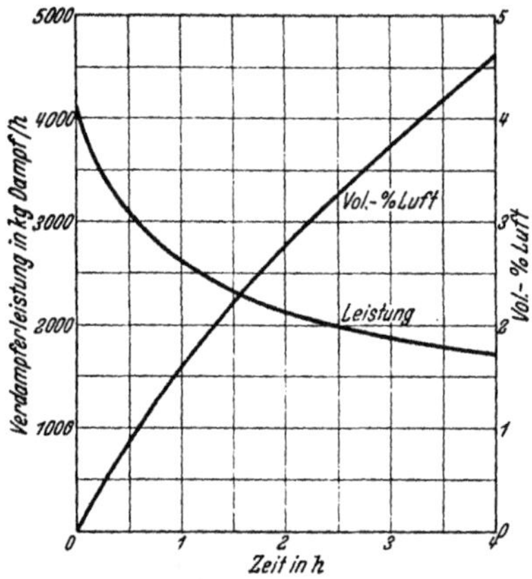

Abb. 27. Leistungsrückgang eines in der Heizkammer nicht entlüfteten Verdampfers mit der Betriebszeit (Beispiel, rechnerisch ermittelt).

Es zeigt sich, daß trotz des anscheinend sehr geringen Luftgehaltes die Verdampfung praktisch sehr bald zum Erliegen kommt und außerdem schon nach kurzer Zeit eine empfindliche Verringerung der Leistung eintritt, und zwar bereits bei Luftgehalten in der Heizkammer, die nur wenige Vol.-% betragen. Findet beim Kondensieren eine Abkühlung des Kondensates unter den Siedepunkt statt, so kann allerdings das Kondensat geringe Gasmengen absorbieren und mitführen, was hier ebenfalls nicht berücksichtigt wurde.

5. Gefälleverlust durch Inkrustierung.

Organische, besonders kolloidale Lösungen neigen oft dazu, an den Siederohren auszutrocknen und sich zu zersetzen, wenn die Rohre nicht dauernd vom Lösungsstrom berührt werden. Sulfitablauge zeigt z. B. im letzten Stadium des Verdampfens eine solche Neigung.

Von ganz besonderer Art sind die meist aus anorganischen Salzlösungsgemischen sich ausscheidenden Inkrustierungen. Diese scheiden sich häufig in feinkrystalliner Form an den Heizflächen aus, auch wenn dieselben dauernd von der Lösung bedeckt sind, wie z. B. der Pfannenstein beim Eindampfen von Steinsalzlösungen oder Kesselstein aus Wasser, ebenso Gipsbelage aus anderen Lösungen, die eine bei höherer Temperatur abnehmende Löslichkeit haben (s. Krystallisieren, Abb. 2). Gegen diese Art der Abscheidung gibt es, wenn eine chemische Vorreinigung nicht vorgenommen wird (vgl. Reinigung von Fabrikationswasser usw., Bd. II, S. 246), oft kein anderes Mittel als nach einer bestimmten Betriebszeit ein Ausbohren der Rohre mit durch Druckluft oder elektrisch betriebenen Rohrbohrern. Der Pfannenstein kann z. B. in wenigen Wochen bis zur Stärke von 1 cm und darüber anwachsen und hemmt dann sehr stark den Wärmedurchgang. Schon in hauchartiger Stärke, die sich mitunter schon nach wenigen h ansetzt, wird der Wärmeübergang merklich schlechter, da durch die damit bewirkte erhöhte Rauhigkeit der Rohre die anhaftende Flüssigkeitsgrenzschicht dicker und der Umlauf verringert wird. Im praktischen Betrieb, wo man mit Verkrustung oder Verschmutzung der Heizflächen rechnen muß, darf man deshalb selten mit den oft angegebenen maximalen Wärmedurchgangszahlen neuer Heizflächen rechnen. Bei Oberflächenkondensatoren kann z. B. infolge Verölung der Heizflächen die Wärmedurchgangszahl K in wenigen Tagen von etwa 4000 kcal/m$^2 \cdot$ h auf den dritten bis vierten Teil zurückgehen und erreicht auch nach der üblichen Reinigung fast nie den Wert wie bei neuen Heizflächen (vgl. Bd. II, S. 134).

J. Natürliche Zirkulation und ihr Einfluß auf die Verdampfung.

Der Lösungsumlauf im Verdampfer ist ein Teilproblem beim Verdampfen, dem dann eine größere Bedeutung zukommt, wenn es sich darum handelt, die Verdampfleistung der Heizflächeneinheit groß zu erhalten oder bei bestimmter Leistung eine Mindestzahl von Aggregaten in Betrieb zu halten. Der Einfluß des Lösungsumlaufes findet seinen Ausdruck in der Größe der Wärmeübergangszahl α auf der Siedeseite, die sich im allgemeinen zwischen etwa 500 und 7000 kcal/m$^2 \cdot$ h $\cdot$ ^{0}C bewegt und die in der Verdampfleistung stark zum Ausdruck kommt.

Gleichgültig, ob ein Flüssigkeitsteilchen in Ruhe oder Bewegung ist, findet die Bildung von Dampfblasen erst dann statt, wenn der Siededruck p_s' der Lösung den äußeren statischen Druck in der Flüssigkeit zu überwinden beginnt, d. h. wenn

$$p_s' \geq p_s + y \cdot \gamma_f. \tag{32}$$

Hierin ist p_s der Brüdendampfdruck über der Lösung, y die Spiegelhöhe für das betreffende Teilchen, γ_f das spezifische Gewicht der Flüssigkeit. Damit ist aber noch nicht gesagt, daß das Flüssigkeitsteilchen an der bezeichneten Stelle auch abwarten muß, bis es die Siedetemperatur t_s' erreicht hat, wie man lange irrtümlich angenommen hat. Begibt sich das Teilchen weiter nach oben, so findet es dort in einer bestimmten Höhe einen niedereren Druck vor, der zu Dampfblasenbildung ausreicht. Infolge der im unteren Teil aufgenommenen Wärme findet dann Selbstverdampfung statt. Die mittlere Temperaturerhöhung Δt im unteren nicht Dampfblasen entwickelnden Teil $L - y$ des Siederohres von der Länge L und dem Durchmesser d ist, wie Abb. 28 zeigt, recht gering.

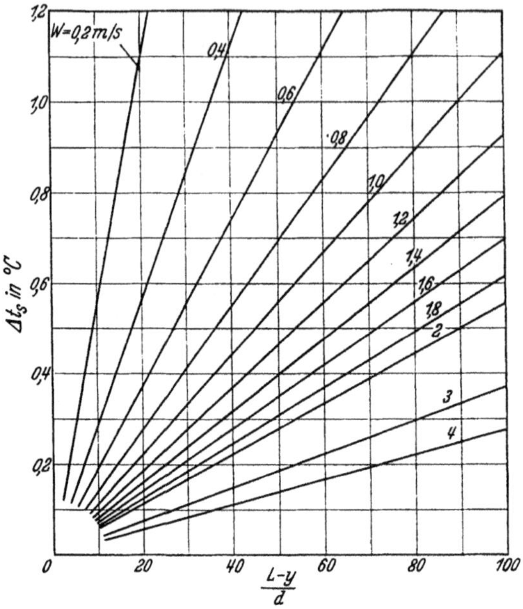

Abb. 28. Mittlere Temperaturerhöhung Δt_s der Lösung. Strömungsgeschwindigkeit = W; $k = 1000$ WE/m² · h °C, 10° Temperaturgefälle, $c = 1$.

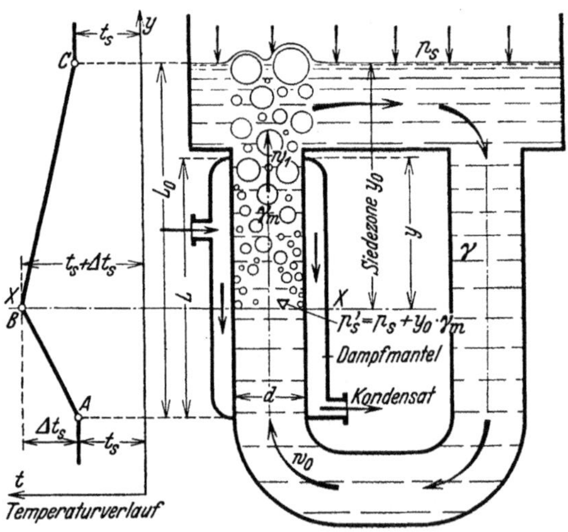

Abb. 29. Lösungsumlauf im Verdampfer (schematisch).

Die Bedingung der Gleichung (32) ist nur als möglicher Grenzfall aufzufassen. Der Flüssigkeitsumlauf entführt das Teilchen nach oben, bevor es im unteren Teil des Verdampfers die Siedetemperatur erreicht hat. Der untere Teil des Verdampfers wirkt, wie in der Verdampfungspraxis bekannt ist, als Vorwärmer [vgl. O. Pankrath: Chem. Fabrik 4, 209 (1931), desgleichen E. Kirschbaum: Chem. Fabrik 3, 214 (1930)].

Die treibende Kraft des Umlaufs ist der Auftrieb, den das leichtere Dampflösungsgemisch vom mittleren spezifischen Gewicht γ_m gegenüber der reinen Lösung vom spezifischen Gewicht γ_f erfährt (vgl. Abb. 29). Ein Flüssigkeitsteilchen erlangt auf seinem Wege durch das Siederohr eine zusätzliche Geschwindigkeit w_z, wodurch sich die beim Eintritt in die Siedezone vorhandene Geschwindigkeit w_0 auf w_1 erhöht.

Auch die einzelne Dampfblase hat das Bestreben in der Lösung aufzusteigen, sie hat also eine Relativbewegung gegenüber derselben. Bei der Zirkulation handelt es sich aber um die Mitnahme der umgebenden Lösung. Wo die Dampfblasen klein und sehr dicht verteilt sind, hat die sie umgebende Lösung keine Gelegenheit hinter den Blasen erheblich zurückzubleiben. Wo jedoch eine Entmischung stattfinden kann und die großen Dampfblasen klettern, spielt die Relativbewegung eine größere Rolle. Auch die Rohrweite ist hierbei von Einfluß[1]. Der Auftrieb bewirkt eine Zirkulation als freie Strömung.

Die Tabelle 5 gibt den Flüssigkeitsdruck p_1 mm WS bzw. die Flüssigkeitstiefe y_1 wieder, in welcher Wasser um 1^0 C höher siedet als an der Oberfläche zu Beginn des Verdampfungsvorganges. Das spezifische Gewicht in der Siedezone ist dabei zu $\gamma = 1{,}000$ eingesetzt. Die Höhe y_1 läßt sich mit Hilfe des Dühringschen Gesetzes auf andere Flüssigkeiten übertragen. Ist das Sieden einmal eingeleitet, so wird die Siedezone sprunghaft größer als während des Aufheizens, und zwar um so mehr, je leichter das Dampfflüssigkeitsgemisch infolge der Dampfentwicklung wird.

Beträgt das mittlere spezifische Gewicht desselben γ_m und beträgt die Temperaturerhöhung über die Spiegeltemperatur nicht 1^0 wie in Tabelle 5, sondern $\Delta t_s{}^0$, so gilt für die Siedezonenhöhe y_0 nach eingetretenem Sieden bei einem spezifischen Gewicht der Flüssigkeit γ_f und einem mittleren spezifischen Gewicht des Gemisches γ_m in der Siedezone

$$y_0 = y_1 \cdot \Delta t_s \cdot \frac{\gamma_f}{\gamma_m + \gamma_T}. \tag{33}$$

Hierin ist infolge des Beschleunigungsdruckes der Flüssigkeitssäule γ_m noch um ein zusätzliches Glied γ_T (scheinbare Vergrößerung des spezifischen Gewichts) vermehrt.

Tabelle 5. Siedezonenhöhe y_1 für Wasser bei 1^0 Übertemperatur über den Siedepunkt bei verschiedenem Druck.

Brüdendruck ata	0,125	0,202	0,317	0,482	0,714	1,033	1,462	2,027	2,76
Siedetemperatur	50	60	70	80	90	100	110	120	130
$p_1 = y_1$ mm WS für $\Delta t_s = 1^0$	62,7	94,5	138	197	273	371	493	646	830

Die in ihrem mittleren spezifischen Gewicht verringerte aufsteigende Säule des Dampflösungsgemisches wird durch das Übergewicht der spezifisch schwereren abfallenden Säule in Umlauf gebracht. Dieser treibenden Kraft p_0 bzw. Kurve A in Abb. 30 stehen zwei Widerstände (Kurve B) entgegen. 1. der Reibungs- bzw. Strömungswiderstand p_w der umlaufenden Flüssigkeit, 2. die Trägheitskraft p_T der vor und mit

[1] Experimentelle Untersuchungen s. E. Schmidt, P. Behringer, W. Schurig: VDI-Forsch.-Heft 365. Berlin 1934.

den Dampfblasen aufsteigenden Flüssigkeitsteilchen infolge der Beschleunigung von w_0 auf w_1 (Abb. 29). [Vgl. K. Cleve: Forsch.-Arb. Ing.-Wes. 1929, Nr. 322. — H. Seidel: Ztschr. bayer. Revis.-Ver. **35**, 211 (1931).]

Bringt man die aus diesen Ansätzen folgenden Kräfte und Geschwindigkeiten in eine mathematische Beziehung, deren Entwicklung hier zu weit führen würde, so ergibt sich schließlich, daß sich der Auftrieb als Funktion der Geschwindigkeit in der mit wachsendem w_0 abfallenden Kurve A darstellen läßt (Abb. 30). Die Summe aus Reibungs- und Beschleunigungswiderstand nimmt mit der Kurve B mit steigender Umlaufgeschwindigkeit zu. Die sich einstellende Umlaufgeschwindigkeit ergibt sich beim Schnittpunkt der Kurven A und B. In Übereinstimmung mit Abb. 29 bezeichnet w_0 die Geschwindigkeit der Flüssigkeit im Siederohr unterhalb der Siedezone.

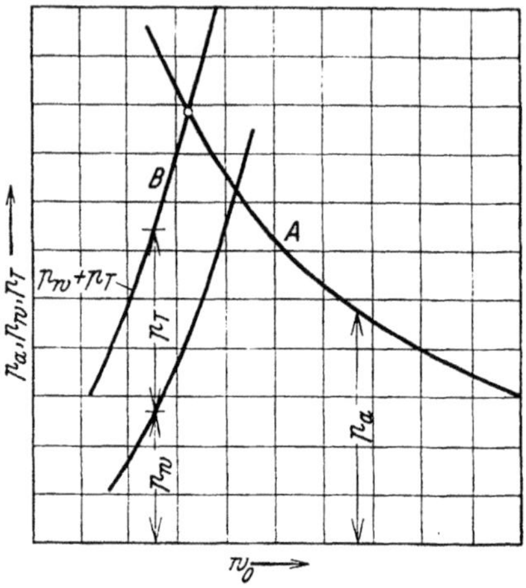

Abb. 30. Veränderung des Auftriebes A und der Bewegungswiderstände B mit der Umlaufgeschwindigkeit w_0.

Es ergibt sich als sehr bemerkenswertes Ergebnis, daß bei Vakuumverdampfern die Beschleunigungshöhe sehr leicht ein Vielfaches der ohne Beschleunigung betrachteten Siedehöhe y_0 ausmacht, d. h. die Dampfblasen können sich beim Vakuumverdampfer infolge der großen Beschleunigung der emporsteigenden Lösungsteile gegenüber einem Druckverdampfer erst in geringer Höhe unter dem Spiegel bilden. Die Dampfentwicklung erfolgt deshalb bei der Vakuumverdampfung relativ plötzlich in einer niedrigen Siedezone, daher geringer Auftrieb, geringe nutzbare Zirkulation, Empfindlichkeit gegen Verlagerung der Spiegelhöhe und große Begünstigung der Schaumbildung.

Beim Druckverdampfer setzt dagegen die Dampfblasenbildung schon in größerer Tiefe ein, die Beschleunigung der Lösung ist eine allmähliche, der Auftrieb günstiger, trotz des unter gleichen Verhältnissen entwickelten geringeren Dampfvolumens. Noch eine Regel ergibt sich aus der Betrachtung: Die Begründung für eine dem Verdampfungsfachmanne empirisch bekannte Tatsache, daß oft die Leistung steigt, wenn die Siederohre nicht voll gefüllt werden. D. h., man verlegt dabei die auftrieberzeugende Siedezone in die Rohre hinein, wo sie hauptsächlich wirksam ist. Dies ist bei der flachen Siedezone der Vakuumverdampfer von besonderer Bedeutung. Liegt diese auftrieberzeugende Zone oberhalb der Siederohre, so ist sie für die Erzeugung des Auftriebs zum großen Teil wirkungslos (vgl. Abb. 31 u. 32), da sie nur ungeordnete Strömungen und Wirbel bedingt.

Die niedere Auftriebszone bei Vakuumverdampfern ist neben der höheren Viscosität der kälteren Lösung und des kälteren Kondensats die Hauptursache für die bekanntermaßen geringere Wärmedurchgangszahl bei Vakuumverdampfern (vgl. Tabelle 4, S. 360).

Überdies spielt hier noch der Unterschied des Wärmeübergangs, einmal bei — über einem großen unteren Teil der Heizfläche — nicht siedender Lösung, das andere Mal an einer großen dampfblasenbildenden Heizfläche eine Rolle. Liegt die Siedezone oberhalb der Heizkammer, so findet in den Rohren der Wärmeübergang an langsam sich bewegende Flüssigkeit statt (w_0 in Abb. 29). Findet jedoch die Verdampfung innerhalb der Rohre statt, so darf wenigstens für den oberen Teil der Rohre mit dem höheren Wärmeübergang an siedende Flüssigkeit gerechnet werden (w_1 in Abb. 29).

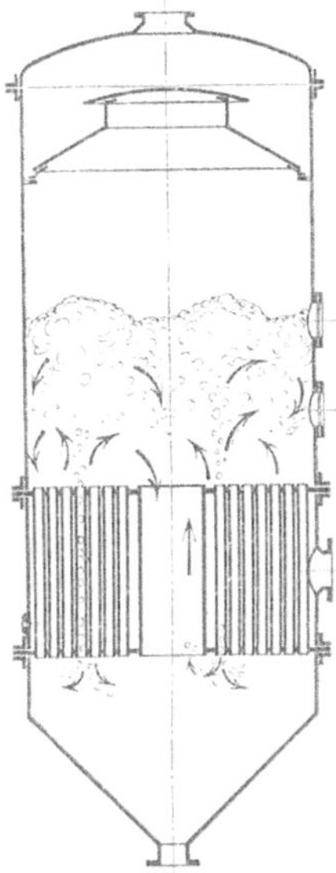

Abb. 31. Ungeordnete Zirkulation im zu hoch gefüllten Verdampfer.

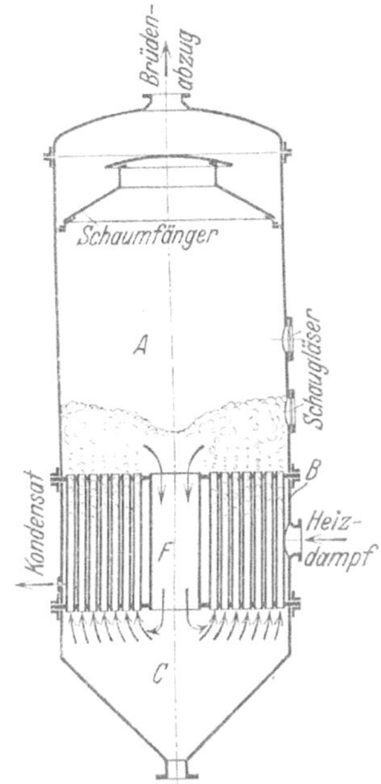

Abb. 32. Zirkulation im Verdampfer bei optimaler Spiegelhöhe.

Die Strömungsverhältnisse in beiden Fällen werden charakterisiert durch die Abb. 31 und 32. Es ergibt sich daraus, daß die Abscheidung der Dampfblasen und damit der zur Zirkulation wirksame Auftrieb durch eine einfache, beispielsweise korbartig gebaute Abscheidevorrichtung über dem Fallrohr unterstützt werden kann. Solche Dampfblasenabscheider, die zugleich die Wirkung einer Mammutpumpe hervorrufen können, lassen sich auch bei anderen Verdampferbauarten, z. B. bei solchen mit eingehängtem Rohrbündel vor der Umkehr der Strömung nach unten einbauen. Aus dem gleichen Grunde und zur Erzielung eines guten Abflusses der Lösung können auf dem oberen Verdampferboden z. B. sternförmig angeordnete Lücken oder Gassen nach dem Fallraum angebracht werden.

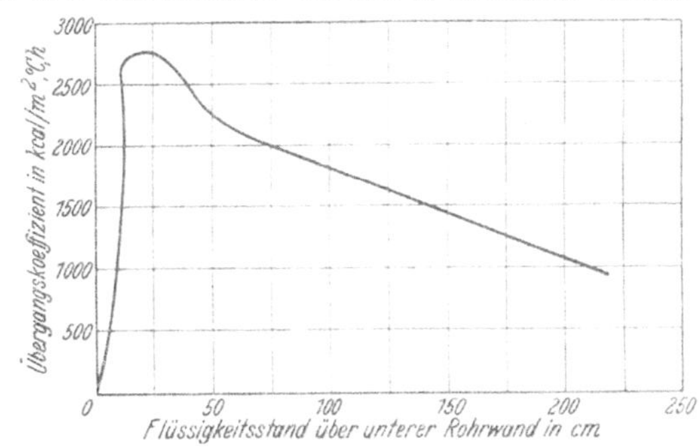

Abb. 33. Beziehung zwischen Wärmeübergangskoeffizient und Flüssigkeitsstand im Vertikalrohrverdampfer (Badger und Shepard).

Abb. 33, die dem Buche von Badger, McCabe [Elemente der Chemie, Ingenieurtechnik, übersetzt von K. Kutzner, S. 140. Verlag Julius Springer, Berlin 1932] entnommen ist, zeigt den starken Einfluß des Flüssigkeitsstandes auf den Wärmeübergang. Die Kurve wurde an einem Verdampfer mit 765 mm langen Rohren ermittelt. Natürlich muß die Zirkulation durch ein sog. Fallrohr oder durch Überlaufen der siedenden Flüssigkeit nach außen über das etwa eingehängte Rohrbündel möglich sein, da andernfalls die Verminderung der Temperaturdifferenz durch den Siedeverzug der unter Druck stehenden Flüssigkeit entscheidend wird, wie Badger bei Abb. 33 annimmt.

K. Verdampfung mit Brüdenkompression.

Der zur Kondensation entweichende Brüdendampf, der noch einen hohen Wärmeinhalt, aber eine seinem Druck entsprechende niedrige Sattdampftemperatur hat, kann durch Kompression erneut zur Verdampfung nutzbar gemacht werden. Es ist zu unterscheiden:

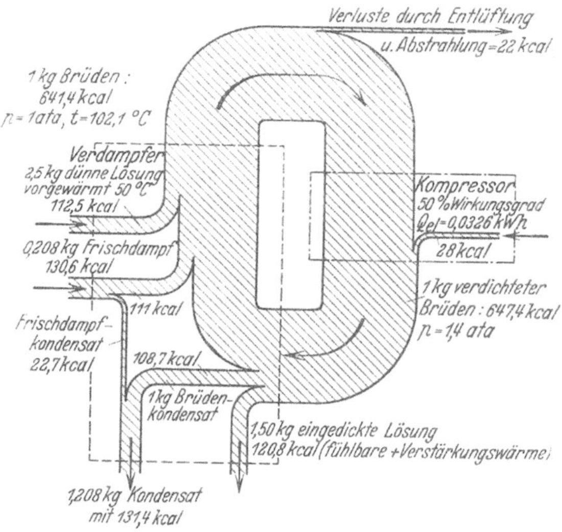

Abb. 34. Wärmestrombild bei Verdampfung mit mechanischer Brüdenverdichtung (schematisiert). Beispiel für 1 kg verdampftes Wasser; Siedepunkt der Lösung im Verdampfer 102,1° C; aktives Gefälle 6,6° C. Ergebnis: Verbrauch von 0,208 kg Frischdampf (1,3 ata) und 0,0326 kWh elektrisch, je 1 kg verdampftes Wasser.

1. Mechanische Verdichtung durch Turbokompressor (s. Bd. II, S. 443). [Der Kolbenkompressor (s. S. 411) kommt wegen des großen erforderlichen Hubvolumens und wegen des ölhaltigen Dampfes seltener in Betracht.] Die Brüdendampfmenge wird nicht verändert (s. Wärmestrombild, Abb. 34). Der Wirkungsgrad des Turboverdichters ohne Antrieb erreicht Werte von 50 bis günstigstenfalls 60%.

2. Verdichtung durch Strahlapparat (s. Bd. II, S. 406) mit zusätzlichem Treibdampf von höherem Druck. Die Dampfmenge wird um die Treibdampfmenge vermehrt. Der günstigste Wirkungsgrad des Strahlverdichters beträgt bis etwa 32% (Lurgi) [vgl. Gensecke: Ztschr. Ver. Dtsch. Ing. 67, 249 (1923); ferner K. Thormann in A. J. Kieser: Handbuch der chemisch-technischen Apparate, 1933]. Entscheidend für die Anwendung sind die Gesamtbetriebskosten. Die Kompressionskosten je 1 t wieder verwendbaren Brüdendampf mit Einrechnung etwaiger Ersparnis an Betriebskosten, bei Berücksichtigung veränderter Anlage-

werte usw., müssen geringer sein als die Kosten der äquivalenten Menge des zur Verfügung stehenden Heizdampfes.

Außer dem Wirkungsgrad ist das Verhältnis des Kompressionsanfangsdruckes (Brüdendruck) zum Kompressionsenddruck von Bedeutung (Kompressionsverhältnis). Bei der mechanischen Verdichtung ist man in der freien Wahl der Verdampfer-Stufenzahl unabhängiger als beim Strahlverdichter, der für das praktisch in Betracht kommende Gebiet nur ein geringes Kompressionsverhältnis aufweist (vgl. Verdichtung, Förderung von Gasen, Bd. II, S. 406).

Bei bekanntem Wirkungsgrad und Kompressionsverhältnis des Verdichters läßt sich durch eine Verdampferbilanz (vgl. S. 364) der zu erwartende Vorteil ermitteln. Die Verdampfung mit Brüdenkompression beschränkt sich im allgemeinen auf das Eindampfen von Lösungen mit geringer Siedepunktserhöhung oder auf die Voreindickung dünner Lösungen. Sie findet Verwendung unter anderem zum Eindampfen von Tomatensaft, Fruchtsäften, Milch usw., ferner für Lösungen von Leim, Gelatine, Sulfitablaugen usw. Für Saisonbetriebe bieten die im Vergleich zu mehrstufigen Verdampfanlagen geringeren Anlagekosten der eigentlichen Verdampfanlage mitunter Vorteile.

III. Ausführungsarten von Verdampfern.

Nach der Art der Wärmeübertragung ergibt sich folgende Einteilung:

A. Verdampfung durch unmittelbare Wärmeübertragung ohne feste Heizflächen.

1. Die Wärmeübertragung erfolgt durch heiße Gase oder überhitzten Dampf als Wärmeträger, z. B. Gaillard-Turm, Kessler-Verdampfer, Enderlein-Verdampfer usw.

2. Flüssigkeiten oder geschmolzene Metalle als Wärmeträger, z. B. Verfahren der International Sugar Comp.

B. Verdampfung mit Übertragung der Wärme durch feste Heizflächen.

1. Die Heizung erfolgt durch Konvektion und Strahlung der Feuergase bzw. der Feuerraumwände.

2. Die Heizung erfolgt durch kondensierenden Dampf oder Brüden.

3. Die Heizung erfolgt durch Flüssigkeiten, z. B. Öl, Heißwasser, Salzlösungen oder Schmelzen.

Weitere Gesichtspunkte für eine Einteilung ergeben sich durch eine Reihe von Faktoren, welche die Verdampfung wesentlich beeinflussen, die sich zum Teil mit der vorstehenden Einteilung überkreuzen, z. B. nach der Art der Verdampfung. Echte Verdampfung durch Dampfblasenbildung, unechte Verdampfung durch Diffusion in Luft oder Feuerungsgase, z. B. bei der Pfannenverdampfung der Salinenindustrie, oder bei Zerstäubungs- oder Beregnungsverdampfern, bei der Wecker-Destillation, ferner durch Ordnung nach dem Verdampferdruck (Druck- oder Vakuumverdampfung) durch die Stufenzahl in der Verwendung des Brüdens zur Verdampfung oder in der Anordnung der Stufen in bezug auf die Brüden- und Laugeführung (Parallel- bzw. Gleichstrom,

Gegenstrom oder Kombination derselben), kontinuierliche und diskontinuierliche Eindampfung. Ferner durch den Grad der Eindampfung, also bloße Eindickung oder Krystallbildung im Verdampfer bzw. Kochen auf Korn oder mit Salzausfall. Zuletzt durch die Bauart, Anordnung der Heizflächen, eventuell Trennung von Heizkörper und Brüdenraum (Entspannungsverdampfer), natürlichen oder künstlich gesteigerten Saftumlauf, Berieselungsverdampfer usw.

Bei der Wahl einer Verdampfertype für einen bestimmten Fall spielen die S. 337 genannten Faktoren eine Rolle. Die große Zahl und Mannigfaltigkeit verschieden ausgebildeter Verdampfertypen zeigen, daß es eine für alle Aufgaben gleich gut geeignete Konstruktion nicht gibt. Andererseits sind manche Konstruktionen unwesentliche Abarten einiger grundlegender Typen. Wenn auch heute die wärmewirtschaftlich vorteilhaftesten dampfbeheizten Mehrfachverdampfer in der zahlreich vorhandenen Literatur [Hausbrand-Hirsch: Verdampfen, Kondensieren, Kühlen, 1931; W. Greiner: Verdampfen und Verkochen, 1912; Chemiehütte, 1927; A. L. Webre, C. S. Robinson: Evaporation. New York 1926; daselbst weitere Literaturangaben] das Hauptinteresse beanspruchen, so erscheint es doch zweckmäßig, auch über andere Gebiete der Verdampfungstechnik einen kurzen Überblick zu geben. Es gibt immer wieder Sonderaufgaben in der chemischen Industrie, wo scheinbar überholte Verdampferarten unter Anpassung an den Fortschritt der Technik auch heute noch zu ihrem Recht kommen.

Im Rahmen dieses Werkes sollen im folgenden nur einige charakteristische Verdampfer besprochen werden, bei denen das wesentliche dieses Gebietes Ausdruck findet und die für weitere Konstruktionen typisch sind.

A. Verdampfung durch unmittelbare Beheizung.

(Gase als Wärmeträger, beschleunigte Verdunstung.)

Um die Zwischenschaltung wärmeübertragender Heizflächen zu vermeiden, können Verbrennungsgase oder Abgase von Feuerungen, Kesseln usw. direkt über oder durch die einzudampfende Lösung geschickt werden. Da eine Ausnutzung der Abwärme der mit Gasen verdünnten Brüden hierbei nur in Ausnahmefällen in Betracht kommt, so ist der Wärmeverbrauch je Einheit zu verdampfender Flüssigkeit verhältnismäßig hoch, besonders im Vergleich zu Mehrfachverdampfern. Auch sind für größere zu verdampfende Wassermengen verhältnismäßig große Gasmengen als Wärmeträger erforderlich. Es müssen also schon besondere Gründe dafür sprechen, eine solche Verdampfungsart zu wählen, z. B. Fehlen eines geeigneten Materials für die Heizfläche, Verkrustungsgefahr oder billige Abgaswärme zur Vorverdampfung. Schwefel- und Flugaschengehalt der Abgase verbieten oft die Verwendung derselben zur Verdampfung. Lösungen, die nach genügender Vorkonzentrierung zur Gewinnung der Trockensubstanz mit Heißluft zerstäubt werden müssen, z. B. zur Ausnutzung der Abwärme der Zerstäubungsluft, können in einer Vorstufe den Abgasen in einem Regenturm entgegengeschickt werden, womit zugleich eine Naßentstaubung der Abluft verbunden ist. Mitunter,

z. B. bei der Krystallisation begnügt man sich mit der Kühlwirkung infolge der Verdunstung.

Bei dieser Verdampfungsart wird meist der Siedepunkt der Lösung nicht erreicht, falls nicht sehr hohe Gastemperaturen oder einstrahlende Wärme angewendet werden. Da das Gas kein physikalisch neutraler Wärmeträger ist, sondern die gebildeten Dämpfe sich schon beim Entstehen durch Diffusion mit dem wärmeübertragenden Gas mischen, findet die Verdampfung, oder richtiger gesagt die beschleunigte Verdunstung schon bei dem an der Berührungsstelle von Gas und Flüssigkeit sich einstellenden Teildruck statt, also unterhalb des Siedepunktes, der dem Gesamtdruck entspricht. Die Wärme, die aus dem heißen Gasstrom auf die Flüssigkeit übertragen werden muß, und die sich bildenden Dämpfe müssen durch die an der Flüssigkeitsoberfläche sich bildende Grenzschicht durch Wärmeleitung bzw. Diffusion hindurchtreten. Es stellt sich auf diese Weise ein ganz bestimmter Gleichgewichtszustand ein, für den man in der sich einstellenden Flüssigkeitstemperatur eine wichtige Bestimmungsgröße hat.

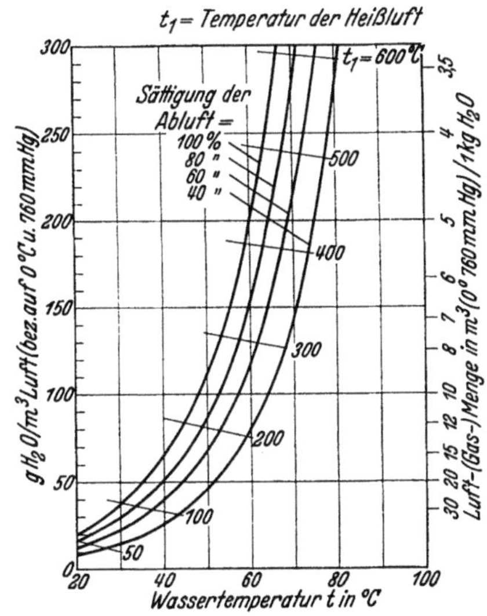

Abb. 35. Verdampfung vorgewärmten Wassers durch die fühlbare Wärme von 1 nm³ (0° 760 mm) trockener Heißluft von der Temperatur t_1. Voraussetzung: Ablufttemperatur = Wassertemperatur t.

Meist schickt man die heißen Gase im Gegenstrom der zu konzentrierenden Flüssigkeit entgegen, um einen hohen Sättigungsgrad der Gase mit dem Dampf der Flüssigkeit zu erreichen. Man muß bei dieser Verdampfungsart in Betracht ziehen, daß verhältnismäßig große Gasmengen nötig sind, um die zur Verdampfung von 1 kg H_2O erforderliche Wärme aufzubringen. Andernfalls müssen hohe Eintrittstemperaturen der Gase aufgewendet werden. Man kann vorteilhafter zunächst ein oberes Temperaturgefälle, z. B. zur Erzeugung von überhitztem Hochdruckdampf, ausnutzen und die Abwärme erst unterhalb 400—500° für genannten Zweck verwenden. Falls die zulaufende Flüssigkeit nicht stark hygroskopisch ist, wird es bei geeigneter Gasführung leicht sein etwa 80—90%ige Sättigung der Abgase und darüber zu erreichen, falls die Lösung, wie etwa H_2SO_4, keine größere Dampfdruckerniedrigung bedingt. Bei 100° Gefälle zwischen der Temperatur der eintretenden und austretenden Luft werden zur Verdampfung von 1 kg reinem auf Siedetemperatur vorgewärmten Wasser 19,8 nm³ (bezogen auf 0° und 760 mm Qu) Luft benötigt um die nötige Wärme aufzubringen, falls die Verdampfung bei 50° vor sich geht. Stets ist zu beachten, ob auch die Luft die betreffende Wassermenge mit Rücksicht auf den Sättigungsgrad aufnehmen kann (vgl. Trocknung, Bd. II, S. 634). Abb. 35 läßt erkennen, wieviel g auf die Ablufttemperatur t vorgewärmtes Wasser je 1 nm³ Luft bei verschiedener Sättigung der Abluft und verschiedener Temperatur t_1 der trockenen Heißluft verdampft werden können.

Eine gewisse Bedeutung hat diese Verdampfungsart zur Konzentrierung von Schwefelsäure erlangt, z. B. im Kessler-Apparat, im Gaillard-Turm oder bei dem Konzentrierungsverfahren von Skoglund und anderen. Der Kessler-Apparat (s. Abb. 36) (neuer Kessler D.R.P. 229676 von 1909) benutzt einen von der Feuerung kommenden heißen Gasstrom von 300—450° zur direkten Heizung. Die Gase treten in den aus Volviclavasteinen bestehenden Saturator S, der mit einem Bleimantel umkleidet ist. Über dem Saturator S steht ein Rekuperator R, durch welchen entgegen dem Gasstrom die dünne Gloversäure herunterrieselt, die im Gegenstrom zu den Heizgasen den Saturator durchfließt und diesen bei e verläßt. Der Heizgasstrom tritt im Saturator unter dem Saugzug des im Abzug hinter d angeschlossenen Dampfstrahlsaugers unter den Querwänden b durch die Säure hindurch und sättigt sich mit dünnen Säuredämpfen, die er im Rekuperator überwiegend durch Wasseraufnahme austauscht. Der Rekuperator wirkt teils als Vorwärmer, teils wie eine Destillierkolonne.

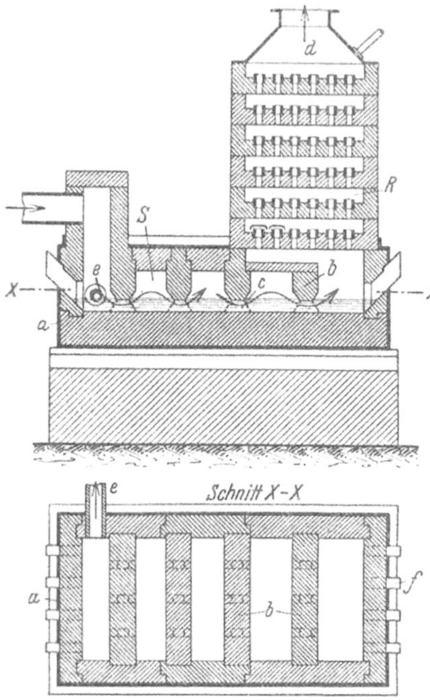

Abb. 36. Kessler-Verdampfer für Schwefelsäure. [Lunge-Waeser: Schwefelsäurefabrikation, Bd. 2. 1930.]

Lunge berichtet, daß nach Gazel in einer englischen Fabrik folgende Zahlen festgestellt wurden:

Stärke der zum Speisen benutzten Säure . . .	48° Bé
Stärke der konzentrierten Säure	65,9° Bé
Tageserzeugung.	9100 kg
Verbrauch an Koks für den Generator	650 kg
Verbrauch an Kohle zur Dampferzeugung . .	750 kg

Nach Waeser beliefen sich vor dem Kriege die Anlagekosten eines Kessler-Konzentrators für 5 t tägliche Leistung auf etwa 24000 RM. Im Gaillard-Turm a in Abb. 37 (Patent von 1905) wird die dünne Säure bei k durch eine Streudüse im Sprühregen dem Heizgasstrom entgegengeschickt, nachdem die Säure in einem Rekuperatortürmchen b von den abziehenden Gasen vorgeheizt ist. In einem mit Koks oder Füllkörpern gefüllten Abstreifer d werden die abziehenden Gase von Säurenebeln befreit. Die konzentrierte Lösung fließt am Boden des Turmes *a* durch einen Kühler ab [vgl. Lüttgen: Chem.-Ztg. **34**, 23 (1910). — Recke: Chem.-Ztg. **34**, 173 (1910)].

Eine eigenartige Konstruktion zur Schaffung großer heizgasberührter Verdunstungsflächen benutzte Enderlein bei seinem Scheibenverdampfer, der in der Natron-Zellstoffindustrie noch bis vor kurzem Anwendung fand und sich mehrere Jahrzehnte hindurch gut bewährt hat [vgl. Hägglund: Die Fabrikation des Zellstoffes aus Holz, Bd. 2, Teil 2, S. 147. 1926].

Eine große Zahl in die Lauge eintauchender langsam rotierender kreisringförmiger Scheiben von 2,4 m Durchmesser, die die zu verdampfende

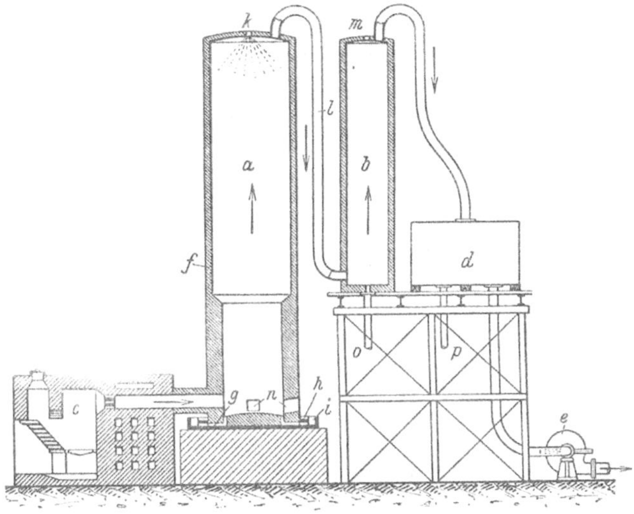

Abb. 37. Gaillard-Verdampfer für Schwefelsäure. [Lunge-Waeser: Bd. 2, S. 1331.]

Lauge durch die Feuergase führen, schaffen eine ausreichende Oberfläche. Der Apparat erinnert mit Ausnahme der viel geringeren Drehzahl an den Ströder-Wäscher, Abb. 50, S. 520.

Man begegnete besonders in der älteren Salinenindustrie, der Kaliindustrie, der Zellstoffindustrie und anderen chemischen Industriezweigen einer ganzen Reihe von Vorschlägen und Ausführungen von Berieselungsverdampfern, Abdampftürmen mit Rieselplatten usw., die im Grunde alle nach dem gleichen Prinzip der direkten Wärmeübertragung und nach dem beschleunigten Verdunstungsprinzip arbeiten. Wenn auch die meisten dieser Konstruktionen als überholt gelten dürfen, und, wo es angängig war, von wirtschaftlicheren und leistungsfähigeren moderneren Mehrfachverdampfern verdrängt wurden, so gibt es doch auch Fälle, wo diese Verdampferart nicht so leicht verdrängt werden kann.

Baustoffe. Als Materialien werden für Schwefelsäureverdampfer bei hohen Temperaturen (höhere Konzentrationen) säurefeste Steinauskleidungen verwendet. Es kommen sowohl natürliche Steine (Trachyt,

Quarzit, Volviclava) als auch künstliche Steine in Betracht, wie sie von einer Reihe namhafter deutscher Firmen (z. B. Steuler & Co., Koblenz; Didierwerke, Stettin; Deutsche Steinzeugwerke A. G., Berlin-Charlottenburg u. a.) hergestellt werden. Auch Jenaer Glas [vgl. Chem.-Ztg. 55, 808 (1931)] und Quarzglas (Vitreosyl) werden angewandt. Die besonderen Betriebsbedingungen sind dabei in jedem Falle sorgfältig in Betracht zu ziehen. Besonders wichtig ist die Mörtelfrage. Bei höheren Temperaturen finden Quarzkitte Verwendung, unter welchen der unter dem Namen Höchster Kitt (Herstellerin I. G. Farbenindustrie, Werk Höchst) bekannte eine Sonderstellung einnimmt. Er besitzt die Eigenschaft, auch unter Luftabschluß in den Fugen zu erhärten, was bei allen anderen Kitten nicht der Fall ist. Die Säurekitte „Höchst“ sind übrigens die einzigen Wasserglaskitte, welche sowohl gegen konzentrierte und verdünnte Säuren, als auch gegen Wasser und Dampf beständig sind.

B. Verdampfung durch indirekte Heizung.

1. Durch Feuergase.

In der Salinenindustrie hat sich zum Teil die schon sehr alte Verdampfung in Pfannen bis heute erhalten, wenn auf die Gewinnung eines Salzes von bestimmter Körnung Wert gelegt wird. Es handelt sich hier um eine Verdampfung, wobei der Brüden durch Luft aufgenommen wird, die in schwachem Strom über die 92—95° heiße Sole zieht. Das auf diese Weise erzielte Krystallkorn ist gröber, „blumiger“ und hat ein geringeres Schüttgewicht als das durch Vakuumverdampfung erzielte Salz. Wo die Gewinnung eines Salzes von solcher Korngröße und pyramidenförmiger Krystallausbildung verlangt wird, ist man auf die Pfannenverdampfung angewiesen. Der Verdampfungsvorgang findet nur an der Oberfläche durch Verdunstung statt. Auch die Salzbildung tritt dabei naturgemäß in Krystallkrusten an der Oberfläche auf. Diese sinken auf den Boden der Pfanne, wo sie von einem Räumer nach dem Rand der Pfanne bewegt werden. Die Heizgase ziehen bei neueren Flammrohrpfannen zunächst durch Flammrohre und streichen dann in den Feuerzügen unter der Pfanne entlang nach dem Fuchs (vgl. Abb. 38).

Die Pfannen haben in mittleren Größen für eine Tagesleistung von 10—12 t Salz eine Länge von 20 m und eine Breite von 8 m und einschließlich der Flammrohre eine Heizfläche von etwa 180 m², bei einer Verdunstungsoberfläche von etwa 160 m². In den alpinen Salinen Österreichs sind Pfannen bis zu 300 m² Bodenfläche gebaut worden. Zur Entfernung des Pfannensteins müssen die Pfannen je nach dem Gipsgehalt der Sole durchschnittlich nach etwa 4—8 Wochen außer Betrieb genommen werden. Die Verdunstungsleistung je 1 m² Pfannenfläche ist etwa 7—11,5 kg/h. Der mit Luft vermischte Brüden zieht dabei mit 50—55° C durch den Abzugsschacht über Dach. Da die Abgase ebenso weitgehend wie bei Dampfkesseln ausgenutzt werden, und oft noch zur Luftvorwärmung der Salztrockner dienen, ist der Wirkungsgrad in bezug auf die Verdampfungsleistung in der Höhe des Wirkungsgrades guter Dampfkessel.

Hierher gehört auch der Rohrverdampfer D.R.P. der Firma Zahn & Co., Berlin, dessen Einrichtung und Wirkungsweise unmittelbar aus

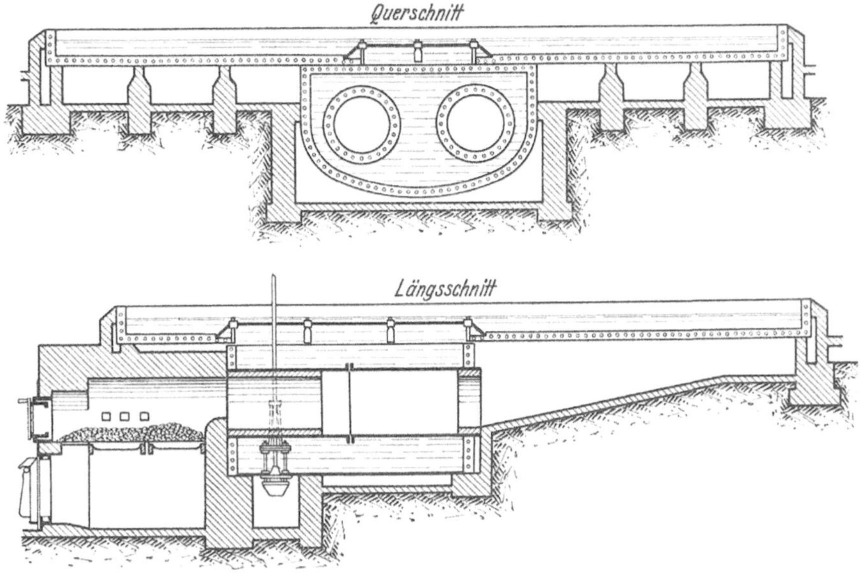

Abb. 38. Flammrohrpfanne der Salinenindustrie (F. A. Fürer).

der Darstellung der Abb. 39 hervorgehen dürfte [vgl. auch H. Barkholt: Chem. Fabrik 1, 431 (1928)]. Eine Kombination mit einem Krystalli-

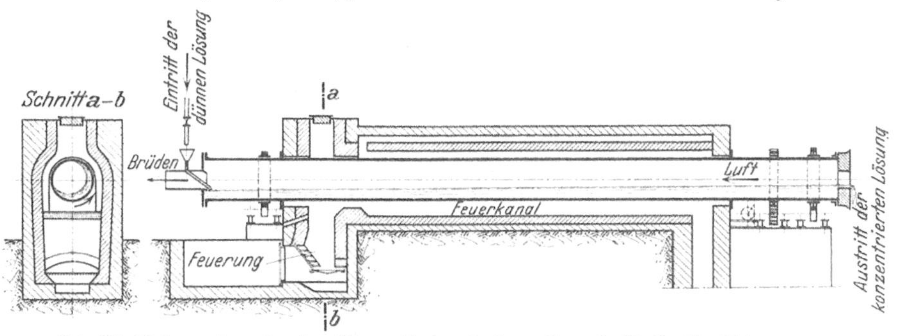

Abb. 39. Rohrverdampfer der Firma Zahn & Co., G. m. b. H., Berlin N 15.

sierapparat stellt der Rohrverdampfkrystallisator D.R.P. 333340, 351947 der gleichen Firma dar, eine Erfindung der Chemischen Produktenfabrik A.G., Pommerensdorf-Milch (bei Stettin) (vgl. auch S. 205).

2. Indirekte Heizung durch Flüssigkeiten.

Wenn man vermeiden will, die einzudampfende Lösung Heizflächen auszusetzen, die indirekt die Wärme übertragen, so können heiße Flüssigkeiten, die sich mit der Lösung nicht mischen, z. B. Öl, als Wärmeträger unmittelbar mit der zu verdampfenden Lösung im Verdampfer gemischt werden. Durch die unmittelbare Berührung zwischen Öl und Lösung ist der Wärmeübergang günstiger als durch Heizflächen. Auch läßt sich hierbei leicht eine große Berührungsfläche zwischen beiden Medien erzielen, wobei allerdings die auf der verdampfenden Flüssigkeit sich ausbreitende Ölschicht das Ausdampfen etwas behindert. Das Öl wird vor dem Eintritt in den Verdampfer in einem Ölerhitzer auf die gewünschte Temperatur gebracht, die Trennung hinter dem Verdampfer geschieht durch Abklären oder Zentrifugieren. Hierher gehört z. B. das D.R.P. Nr. 362230 von **Hägglund**, das Patent von **F. Bergius** und **Th. Goldschmidt**, D.R.P. Nr. 305193, Verfahren und Einrichtung zur Abscheidung flüchtiger Säuren aus wäßrigen Gemischen durch Verdampfung, ferner das D.R.P. Nr. 419433 der **International Sugar und Alcohol Comp. Ltd.** in London (vgl. Abb. 40).

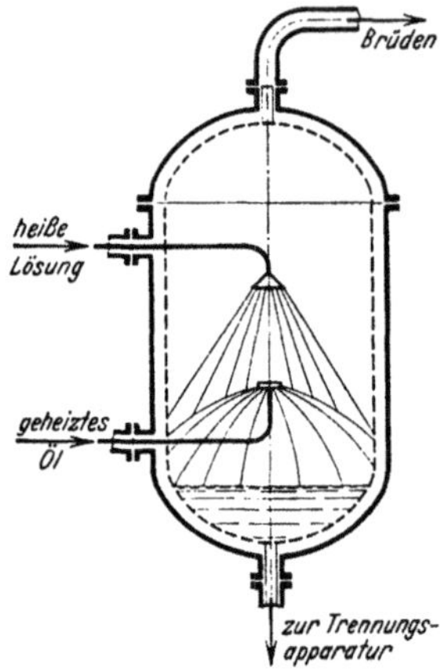

Abb. 40. Eindampfen nach dem Verfahren der International Sugar and Alcohol Comp. Ltd. (schematisch).

Die in den Patenten genannten Konstruktionen haben zum Ziel Salzsäure aus Lösungen bei der Holzzuckergewinnung auszutreiben. Sie haben den Vorteil, metallische Heizflächen, die durch die Säure angegriffen werden, zu vermeiden. Der Verdampferkörper kann z. B. aus einem ausgemauerten Eisengefäß (s. S. 384) oder aus Prodoritmaterial bestehen.

3. Indirekte Heizung mittels Dampf.

Der Robert-Verdampfer. Eine beim Eindampfen in der salzverarbeitenden und übrigen chemischen Industrie, der Zuckerindustrie usw. sehr häufig verwendete Universal-Verdampfertype ist der Robert-Verdampfer (s. Abb. 31 und 32). Er wird beim Eindampfen mit Salzausfall meist mit einer kegelförmigen Spitze ausgeführt, um das Abrutschen des Salzes in den unten angeschlossenen Salzfänger zu erleichtern. Die Heizkammer wird meist mit einer Siederohrhöhe von etwa 1—1,4 m ausgeführt, die Siederohre mit einem Durchmesser von 30—80 mm, wobei die größeren Durchmesser einen weniger heftigen Umlauf bewirken und deshalb für die Durchführung von Krystallisationen im Verdampfer häufig in Betracht kommen. In der Zuckerindustrie findet man vielfach Verdampfer mit niedrigeren Heizkammern (etwa 0,6 m), die unter der Voraussetzung entstanden, daß der Siedeverzug durch die Spiegelhöhe voll zur Wirkung kommt. Letzteres ist nach dem S. 374 Gesagten jedoch nicht der Fall. Man will mit niedriger Kochraumhöhe größere Temperaturunterschiede in der Lösung vermeiden.

Um einen eindeutigen Lösungsmittelkreislauf zu ermöglichen, wird in der Mitte der Heizkammer ein weites Fallrohr angeordnet. Bei größeren Heizkammern können auch mehrere Fallrohre erforderlich werden.

Ihre Notwendigkeit für eine gute Zirkulation ergibt sich nach Abb. 32, S. 377. In der äußeren Form und Wirkungsweise ähnlich sind die Verdampfer mit eingehängtem vertikalen Heizrohrbündel. Der Rücklauf der zirkulierenden Lösung nach unten erfolgt hierbei durch den Ringraum zwischen dem Laugeraum und der eingehängten Heizkammer.

Zu kleine Siederohrdurchmesser setzen die kritische Geschwindigkeit hinauf. Je nach der Viscosität und dem Auftrieb (s. S. 376) ist für den Siederohrdurchmesser eine untere Grenze gegeben, die praktisch kaum unter 25—20 mm liegen dürfte.

Der Kestner-Verdampfer. Wie die Ausführungen S. 374 nachweisen, ist nicht die Siederohrhöhe, sondern die Siedezonenhöhe bzw. der Auftrieb für die Verdampferleistung entscheidend. Deshalb gibt auch eine Konstruktion mit Verdampferrohren von etwa 6 m Länge wie der Kestner-Verdampfer sehr gute Verdampferleistungen. Die Ausführung nach Abb. 41 ist eine Spezialtype mit getrenntem Heizkörper. Charakteristisch für den Kestner-Verdampfer ist, daß durch die große Länge der Verdampferrohre das Verhältnis der Heizfläche O zum freien Querschnitt f der Siederohre gering ist. Es ist unabhängig von der Anzahl der Siederohre

$$\frac{O}{f} = \frac{4\,l}{d}, \tag{34}$$

wenn l, d = Länge bzw. Durchmesser derselben ist.

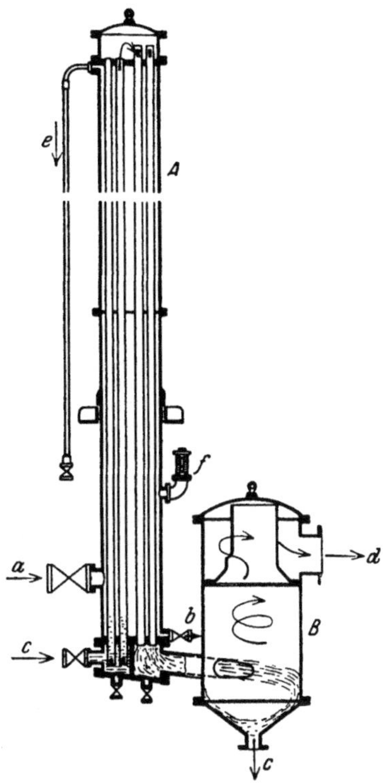

Abb. 41. Kestner-Verdampfer (Type mit getrenntem Heizkörper). *A* Heizkörper, *B* Ausdampfkörper, *a* Heizdampf, *b* Heizdampfkondensat, *c* Flüssigkeit, *d* Brüden, *e* Luft (!), *f* Sicherheitsventil. [Entnommen aus Hausbrand - Hirsch: Verdampfen, Kondensieren, Kühlen.]

Es genügt deshalb oft ein einmaliges Durchfließen der Lösung durch 3 oder 4 Verdampferstufen des Kestner-Verdampfers, um die Lösung auf die erforderliche Konzentration zu bringen, ohne daß ein in sich geschlossener Lösungskreislauf in einem Verdampferkörper erforderlich wird. Die Verweilzeit der Lösung im Verdampfer, die durch das Verhältnis des Verdampferinhaltes zum Durchsatz bestimmt wird, wird dadurch kurz. Dies ist für die schonende Eindampfung empfindlicher Substanzen von Bedeutung. Viel wirksamer ist jedoch in der Regel eine niedrige Verdampfung- bzw. Heizdampftemperatur (Vakuumverdampfung). Das obengenannte Verhältnis $\frac{O}{f}$ ist auch von Bedeutung für Verdampfer mit künstlicher Zirkulation, weil dasselbe die Umwälzung in m³/h bei einer verlangten Strömungsgeschwindigkeit in den Heizrohren bedingt.

Verdampfer mit getrenntem Heiz- und Brüdenraum. Die einfachste Verdampfertype dieser Art ist die von Sauerbrey. Man findet dieselbe häufig in der salzverarbeitenden Industrie. Man wendet sie mit Vorteil an, wo die einzudampfende Lösung an den dampfentwickelnden Stellen zu Verkrustungen neigt. Die getrennt vom Verdampferraum angeordneten Heizrohre sollen unter einem solchen Flüssigkeitsdruck stehen, daß die Dampfentwicklung erst beim Übertritt in den Brüdenraum vor sich geht. Um die Wirkung des Auftriebs zur natürlichen Zirkulation voll auszunutzen ist es vorteil-

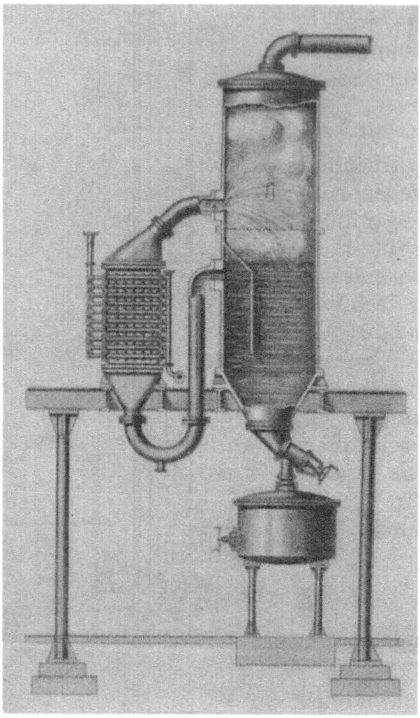

Abb. 42. Verdampfer mit getrenntem Heiz- und Brüdenraum und gußeisernen Heizrohren (Maschinenfabrik Sauerbrey, Staßfurt).

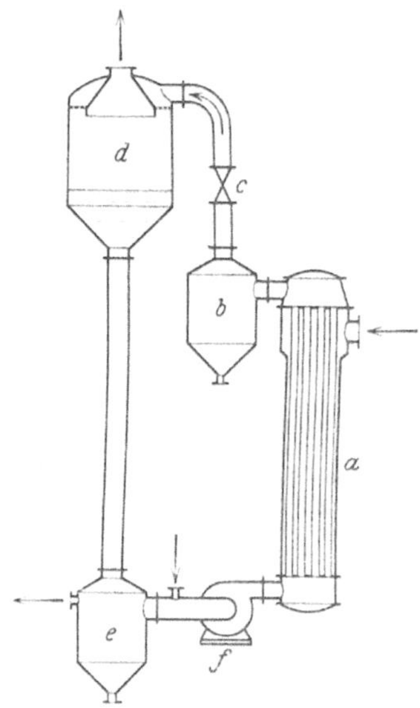

Abb. 43. Entspannungsverdampfer (Lurgi). *a* Röhrenerhitzer, *b* Abscheider, *c* Drosselvorrichtung, *d* Verdampfraum mit Brüdenabzug, *e* Abscheider bzw. Salzfänger, *f* Umlaufpumpe.

haft, das an das Heizrohrbündel anschließende Übergangsrohr so auszugestalten, daß keine Sekundärströmungen, keine vorzeitige Entmischung des Dampflösungsgemisches und kein unnötiger Gefällsverlust beim Überströmen in den Brüdenraum eintritt. Auch soll der Flüssigkeitsstand im Ausdampfkörper nicht so niedrig sein, daß dadurch eine zusätzliche Förderhöhe für die umlaufende Lösung auftritt. Den in Abb. 42 angedeuteten Konstruktionsgedanken findet man in verschiedenen Variationen und Kombinationen besonders bei einer Reihe von Entspannungsverdampfern wieder. Eine Kombination mit künstlichem Lösungsumlauf stellt der Hochleistungsverdampfer der Lurgi für krustenfreie Eindampfung (Abb. 43) dar. Eine Drosselvorrichtung vor dem Übertritt der Lösung in den Brüdenraum macht diesen Verdampfer zum charakteristischen Entspannungsverdampfer. Der Vorteil künstlichen Umlaufs ergibt sich besonders, wenn der natürliche Auftrieb zu schwach ist, also in erster Linie bei viscosen Lösungen und bei den letzten Stufen von Mehrfachverdampfern. Durch den künstlichen Umlauf kann das Temperaturgefälle besser ausgenutzt werden, so daß es bei mehrstufigen Verdampfern mit künstlichem Umlauf möglich wird, das Temperaturgefälle durch größere Stufenzahl weiter aufzuteilen als bei natürlicher Zirkulation.

Verdampfer mit horizontalem und schrägem Heizrohrbündel. Die ersten Konstruktionen entstanden ursprünglich unter der Vorstellung, daß eine große Spiegelhöhe den S. 374 geschilderten Siedeverzug bewirken. Wenn dies auch nur in geringem Maße zutrifft, so bringt doch das flach liegende Heizrohrbündel den Vorteil, daß die Heizfläche sehr weit in die Siedezone hineinreicht. Dadurch wird ein großer Teil derselben von dem leichteren Dampf-Flüssigkeitsgemisch (vgl. Abb. 29) mit der höheren Geschwindigkeit $w_1 = w_0 + w_z$ bespült.

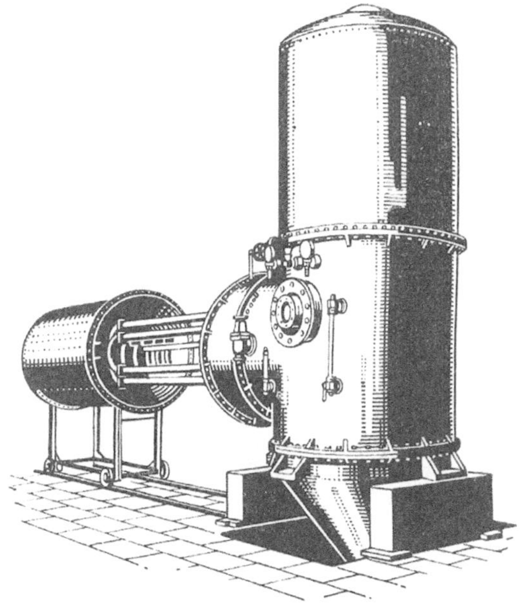

Abb. 44. Verdampfer mit horizontalem Rohrbündel nach Kaufmann (Seydaack A.G., Offenbach a. M.).

Der Verdampfer von Kaufmann (Abb. 44) hat den konstruktiven Vorteil der Verwendbarkeit gußeiserner Rohre, der bequemen Demontage und Reinigung des Heizrohrbündels (ausfahrbare Haube zum Heizrohrbündel). Die Lösung soll die Austrittsöffnung der Rohre nicht bedecken, um den Austritt des Dampflösungsgemisches nicht zu hemmen. Man verzichtet dabei auf einen Teil des Auftriebs und benutzt das auch z. B. beim Kestner-Verdampfer zu beobachtende Klettern der Dampfblasen, um die oberen Rohrschenkel zu bespülen.

Die wirksamste Spiegelhöhe dürfte sich dabei am zweckmäßigsten aus dem Betriebsversuch ergeben. Dieser Verdampfertype sind eine Reihe von Konstruktionen mit schrägliegenden Rohren verwandt.

Der Vogelbusch-Verdampfer, D.R.P. 537185, 581653 und andere (Herstellerin Kühnle, Kopp und Kausch, Frankenthal), Abb. 45, vermeidet durch die Stromführung der Lösung die Vermischung von Lösungsteilen mit größerem Konzentrationsunterschied (vgl. S. 362). Die eingedickte Lösung wird mit der höchsten Konzentration dem

Kreislauf bei *i* entnommen. Das Sammeln der ausgedampften Lösung in dem weiten unteren Teil des Ausdampfraumes und die Rückführung (nach Zugabe der dünnen Lösung) in geschlossenem Strom durch das Rohr *c* begünstigt die Ausbildung eines relativ hohen, den Umlauf beschleunigenden Überdruckes p_a (Abb. 29 u. 30). Auf der Heizdampfseite wird durch günstigen Abfluß des Kondensates und durch eindeutige Strömungsführung des Dampfes mit Entgasung bei *g* (D.R.P. 537185)

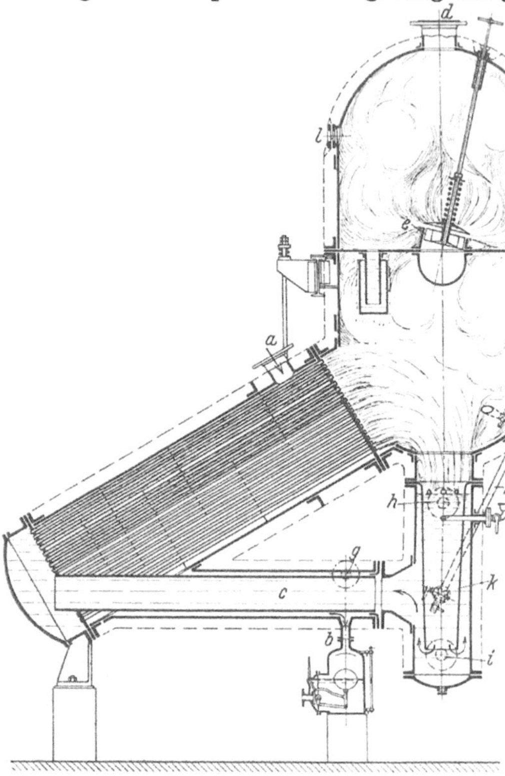

Abb. 45. Vogelbusch-Verdampfer (Kühnle, Kopp und Kausch).
a Heizdampf, *b* Kondensat, *c* Flüssigkeitsrückführung, *d* Brüden, *e* Flüssigkeitsabscheider, *f* Flüssigkeitsstandanzeiger, *g* Entlüftung, *i* eingedickte Lösung.

ein hoher Wärmeübergang angestrebt (Tröpfchenkondensation, vgl. Bd. II, S. 120). Nach Mitteilung der Herstellerfirma wurden bei blanken kupfernen Heizrohren mehrfach Wärmedurchgangszahlen von $k = 7000$ kcal/m$^2 \cdot$ h $\cdot$ 1^0 C im Betrieb festgestellt. Der Verdampfer hat sich unter anderem zum Eindampfen von Schlempe bewährt und wird auch beim Eindampfen von Miscella (vgl. „Extrahieren", S. 162) mit Erfolg verwendet. Zum Eindampfen von inkrustierenden und von viscosen Lösungen dient eine neuere patentierte Sonderausführung, bei welcher das Rücklaufrohr *k* nach unten in einen weiten, mit konischer Spitze versehenen Schlammfänger eintaucht. Die Lösung wird mittels einer vor *c* eingebauten Schraubenpumpe durch den als Vorerhitzer mit Rohrbündel von geringem Querschnitt ausgebildeten Rücklauf *c* mit großer Geschwindigkeit getrieben (D.R.P. 539267 und andere). Der natürliche Umlauf im Hauptrohrbündel wird dadurch stark unterstützt.

Wichtig ist bei diesen Verdampfern auch die dem jeweiligen Fall angemessene richtige Rohrweite. Ist dieselbe zu groß, so tritt Entmischung ein und es sammelt sich der Dampf an der oberen Mantellinie der Rohre,

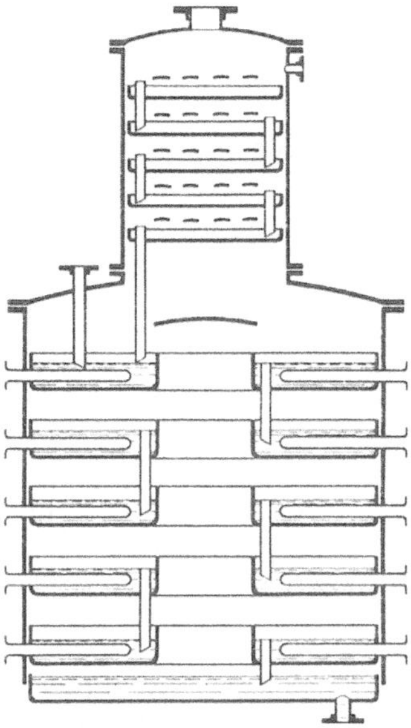

Abb. 46. Plattenverdampfer, schematisch (Cheminova G. m. b. H., Berlin).

Abb. 47. Ringheizkörper und Schabevorrichtung zu einem Sulfitablaugeverdampfer. [Escher-Wyss: Chem. Apparatur 18, 237 (1931).]

wodurch eine gründliche Bespülung der Rohre verhindert wird und Auftrieb für die Zirkulation verloren geht.

Berieselungs- bzw. Dünnschichtverdampfer. Auch diese Verdampferart, bei welcher die Siedehöhe über der Heizfläche ein Minimum ist, verdankt ihr Dasein ursprünglich der irrtümlichen Vorstellung, daß die Siedehöhe an sich schädlich sei. Für bestimmte Zwecke haben jedoch die verschiedenen Bauarten der Berieselungsverdampfer andere Vorteile, z. B. kurze Verweilzeit, keine Mischung eingedampfter und frischer Lösung. Sie eignen sich zum Eindampfen stark schäumender Lösungen und zum Entgasen von Flüssigkeiten, z. B. von Waschölen bei der Benzolgewinnung oder der Wiedergewinnung von Lösungsmitteln (s. S. 521). Für letzteren Zweck hat sich z. B. die aus Abb. 46 ersichtliche Konstruktion des Plattenverdampfers der Firma Cheminova G. m. b. H., Berlin bewährt, der in einigen baulichen Einzelheiten an eine Destillierkolonne erinnert.

Verdampfer mit beweglichen Einbauten. Beim Eindampfen viscoser Lösungen, z. B. Gerbstofflösungen ist man mitunter dazu übergegangen, die z. B. durch Dampfschlangen gebildete Heizfläche, deren Zu- und Abgang durch Stopfbüchsen geführt wurde, als Rührwerk zu bewegen. Manche Lösungen, z. B. Sulfitablauge, neigen bei höherer Konzentration zu Ablagerungen auf der Heizfläche. Die Maschinenfabrik Escher-Wyss, Zürich hat zur Eindampfung solcher Lösungen einen Verdampfer mit ringförmigen, zylindrischen Heizflächen gebaut, die durch eine rotierende Schabevorrichtung gereinigt werden (Abb. 47). Der Heizkörper ist in einen zylindrischen Verdampfkörper von ähnlicher Form wie beim Robert-Verdampfer eingebaut.

C. Wahl des Heizdampfdruckes.

Die allgemeinen Gesichtspunkte ergeben sich aus dem Abschnitt Energiewirtschaft, Bd. II, S. 15. Für die Wahl des Dampfdruckes einer Verdampfanlage ist es von Bedeutung, bis zu welcher Temperatur bzw. bis zu welchem Druck der Brüden in der letzten Stufe der Verdampfanlage ausgenutzt werden kann. Durch Anwendung der Vakuumverdampfung kann man diesen Enddruck sehr weit heruntersetzen, bei Verwendung einstufiger Vakuumpumpen auf etwa 0,1—0,05 ata. Das entspricht bei Wasser einer Temperatur von 45,4° C bzw. 32,5°. Hierzu ist jedoch bei Lösungen die Siedepunktserhöhung für die letzte Stufe zu addieren und hieran reihen sich nach oben die Temperaturgefälle und die Siedepunktserhöhungen (vgl. S. 367) für die verschiedenen Verdampferstufen, so daß man selten den Heizdampf mit weniger als 110—120° bzw. mit 1,5—2 ata in die Verdampferanlage schicken kann. Durch die Höhe des Vakuums, die Summe der maximalen Siedepunktserhöhungen und die Summe der Temperaturgefälle in den Verdampferstufen ist somit die Minimalhöhe des Heizdampfdruckes bestimmt.

Andererseits kommt das Verhältnis des Kraftbedarfes und Heizdampfbedarfes einer Anlage für die Mitbestimmung des Dampfdruckes in Betracht. Zum Eindampfen empfindlicher Substanzen sind oft niedrige Heizdampftemperaturen unter 100° C erforderlich. Der Heizdampf kann dann mitunter aus Warmwasser unter Vakuum gewonnen werden. Gegebenenfalls ist Dampfdruckumformung erforderlich.

Bei neueren Verdampferanlagen gehört es zu den Ausnahmen, wenn der Dampf allein für die Verdampferanlage erzeugt wird. In der Regel wird der Dampf als hochgespannter Frischdampf erzeugt und erst nach Arbeitsleistung in einer Gegendruck- oder Anzapfturbine der Verdampferanlage zugeleitet.

D. Die Kondensation.

Der aus dem letzten Verdampfer abziehende Brüden, mitunter bereits ein Teil der Brüden aus den vorhergehenden Stufen, kann, wenn die Kondensationstemperatur noch ausreicht, zur Vorwärmung der Lösung verwandt werden. Die Ermittlung der dazu erforderlichen Kühlfläche geschieht auf Grund der im Abschnitt „Wärmeübertragung", Bd. II, S. 135 gegebenen Gleichungen für α bzw. dem daraus zu ermittelnden Wert von k.

1. Einspritzkondensation. (Mischkondensation.)

Kommt die Lösung bereits vorgewärmt aus einer anderen Fabrikationsstufe, so wird der Brüden des letzten Verdampfers meist in einem Einspritzkondensator niedergeschlagen. Es gibt eine große Zahl von Kondensatorkonstruktionen [s. F. J. Weiß: Kondensation, 1910; K. Hoefer: Die Kondensation bei Dampfkraftanlagen. Berlin: Julius Springer 1925].

Die abzusaugenden Gase entstammen teils etwaigen aus der Eindampflauge entweichenden Gasen, zum großen Teil dem Einspritzwasser, ferner unvermeidlichen Undichtheiten der Apparatur (etwa 0,1 kg Luft je 1 t Brüden für je 10 m Rohrlänge, vgl. K. Hoefer, 1925, S. 35). Vgl. auch Abb. 48.

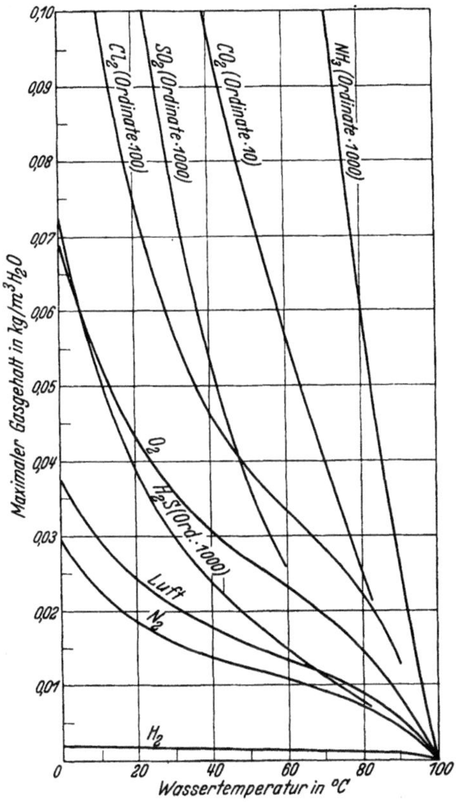

Abb. 48. Löslichkeit einiger Gase in Wasser, abhängig von der Wassertemperatur beim Gesamtdruck $p_{H_2O} + p_{Gas}$ = 760 mm Qu (NH_3 nach H. Mollier, SO_2 nach Sherwood; übrige Gase Landolt-Börnstein-Roth-Scheel-Tabellen).

Der Luftgehalt beträgt nach K. Hoefer bei Kolbendampfmaschinen bei einem Kühlwasserverhältnis $m = 35$ und kurzer Rohrleitung etwa 2,5 kg je 1 t Abdampf. Bei Verdampfanlagen ist der Gasgehalt in der Regel höher, oft das 1,5—2fache und mehr.

Die für 1 kg niederzuschlagenden Dampf vom Wärmeinhalt i kcal/kg erforderliche Kühlwassermenge m (kg) ergibt sich aus der Temperatur t_1 des Kühlwassers und der gewünschten Mischwassertemperatur t_2 mit den mittleren spezifischen Wärmen c_{m1} bzw. c_{m2} des Wassers zu

$$m = \frac{i - c_{m2} t_2}{c_{m2} t_2 - c_{m1} \cdot t_1} \sim \frac{i - t_2}{t_2 - t_1}. \quad (35)$$

Da die Partialdrucke p_d und p_g des Dampfes bzw. der Gase im Dampfraum nach dem Daltonschen Gesetz sich wie die Volumina der Bestandteile beim Gesamtdruck p verhalten, so fördert die Vakuumpumpe ein Dampf-Gasgemisch von der Zusammensetzung:

$$\frac{p_g}{p} \text{ Vol.-\% Gas und } \frac{p_d}{p} \text{ Vol.-\% Dampf.}$$

Der Gesamtdruck p im Kondensator ist nahezu gleich dem Sättigungsdampfdruck bei der Mischwassertemperatur t_2.

Abb. 49 gibt den Wasserdampfgehalt der von der Vakuumpumpe abzusaugenden Gase hinter dem Kondensator an. Derselbe ist abhängig von der Wassertemperatur. Werden die abzusaugenden Gase (Brüden) dem Einspritzwasser in sorgfältig geführten Gegenstrom dem Einspritzwasser entgegengeführt, so ist die Temperatur t_1 des Einspritzwassers maßgebend. Andernfalls kommt eine mittlere Temperatur zwischen Einspritzwasser und Mischwasser in Betracht. Die Temperatur des letzteren beträgt in der Regel zwischen 35 und 40° C.

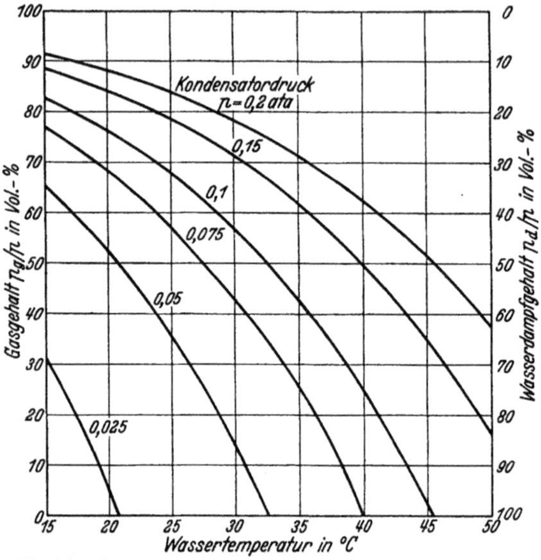

Abb. 49. Gasgehalt bzw. Wasserdampfgehalt in Vol.-% des abgesaugten Gemisches bei verschiedenem Vakuum abhängig von der Temperatur der abziehenden Gase bzw. bei wirksamen Gegenstrom von der Kühlwassertemperatur.

Hat eine Vakuumpumpe V_g m³/h (15°, 735 mm Qu) inerte Gasbestandteile bei der Temperatur T_l (abs) bzw. dem entsprechenden Sättigungsdruck p_d (ata) beim Austritt aus dem Kondensator zu entfernen und ist der Wasserdampfpartialdruck des Mischwassers p (= Kondensatordruck, ata) gegeben, so errechnet sich das stündliche Hubvolumen V_h bei einem volumetrischen Wirkungsgrad η_v (s. Bd. II, S. 413) der Vakuumpumpe zu

$$V_h = \frac{V_g \cdot T_l}{\eta_v \cdot 288} \cdot \frac{1}{p - p_d}. \quad (36)$$

Beispiel. Aus einer Verdampferanlage sind $V_g = 10$ m³/h · (bezogen auf 1 ata 15°) Gas zu entfernen, was in der Regel einer Brüdenmenge von etwa 1,5—2,5 t/h der letzten Verdampferstufe entspricht. Die Temperatur der abziehenden Gase beträgt 35,8°, d. h. $p_d = 0{,}06$ ata. Verlangt sei ein Vakuum von 90% bei 735 mm Barometerstand, d. h. $p = 0{,}1$ ata. Das effektive Hubvolumen der Vakuumpumpe ermittelt sich hieraus bei einem η_v von 0,8 zu

$$V_h = \frac{10 \cdot 308{,}8}{0{,}8 \cdot 288} \cdot \frac{1}{0{,}1 - 0{,}06} = 335 \text{ m}^3/\text{h}.$$

2. Oberflächenkondensation.

Die mittelbare Kondensation an Kühlflächen wird in der Regel nur angewandt, wenn die Brüdendämpfe wiederzugewinnende Bestandteile enthalten. Der Kühlwasserverbrauch ist hierbei ein höherer (bei Wasserdampf etwa das 50—70fache der Brüdenmenge), da man die Kühlwasserablauftemperatur im Interesse guter Kühlwirkung geringer hält als bei der

Einspritzkondensation. Für die Bemessung der Kühlflächen sind die im Abschnitt „Wärmeübertragung“ (Bd. II) genannten Gesetzmäßigkeiten maßgebend, wobei die Strömungsgeschwindigkeit der wärmeaustauschenden Medien, der Luftgehalt des Dampfes und etwaige Gefahr der Verschmutzung der Heizflächen (vgl. S. 373 und Bd. II, S. 134) zu berücksichtigen sind.

Destillieren und Rektifizieren.

Von Dr.-Ing. **K. Thormann** VDI, Breslau.

I. Eigenschaften der Flüssigkeitsgemische.

1. Allgemeines.

Verdampft man ein Gemisch von Flüssigkeiten, so hat der dabei entstehende Dampf in der Regel eine andere Zusammensetzung als die Flüssigkeit, aus der er entstand. Diesen Vorgang benutzt man in der Technik, um die Bestandteile von Flüssigkeitsgemischen den beabsichtigten Zwecken entsprechend zu trennen. Man bezeichnet ihn als Destillation. Vielfach ist eine sehr weitgehende Trennung der Flüssigkeiten voneinander erforderlich, um die einzelnen Bestandteile des Gemischs möglichst rein zu erhalten. Hierzu dienen besondere Anreicherungs- oder Verstärkungsverfahren, die in der Regel unter dem Begriff Rektifikation zusammengefaßt werden.

Um die beim Destillieren und Rektifizieren sich abspielenden Vorgänge verfolgen zu können, sollen zunächst die Zusammenhänge zwischen den physikalischen Größen, die bestimmte Gleichgewichtszustände ergeben, erörtert werden. Ein allgemeines Gesetz für diese Beziehungen stellt die Gibbssche Phasenregel (s. auch Bd. I, S. 184) dar:

$$K + 2 = P + F. \tag{1}$$

Ein aus zwei Komponenten (K) bestehendes Gemenge, wie beispielsweise Wasser-Benzol, besteht aus drei Phasen (P), nämlich aus zwei flüssigen und einer dampfförmigen, so daß nach der obigen Gleichung eine Freiheit (F) übrig bleibt. Ändert man, wie angenommen sei, den Druck, so ist damit die Temperatur und auch die Zusammensetzung des Dampfes gegeben. Die Zusammensetzung der Flüssigkeit ist daher für ein derartiges aus zwei unlöslichen Komponenten bestehendes Gemenge bei allen Drücken ohne Einfluß auf Temperatur und Dampfzusammensetzung. Sind die beiden Bestandteile löslich, so ergeben sich zwei Phasen und aus der Gibbsschen Regel zwei Freiheiten. Nimmt man beispielsweise für ein derartiges Gemisch einen bestimmten Druck und eine bestimmte Flüssigkeitszusammensetzung an, so sind damit Temperatur und Dampfzusammensetzung eindeutig festgelegt.

Für ein aus drei Komponenten bestehendes System, die gegenseitig vollkommen löslich seien, erhält man, da nur zwei Phasen vorhanden sind, drei Freiheiten. Ist beispielsweise die Zusammensetzung der Flüssigkeit für ein solches Gemisch durch die Angabe des Gehalts an zwei Stoffen bekannt, so kann man noch eine Veränderliche wählen, wobei dann die anderen Größen festgelegt sind, da drei Freiheiten vorhanden sind. Für einen gegebenen Druck ist dann beispielsweise sowohl die Temperatur als auch die Zusammensetzung des Dampfes festgelegt. Man kann auf diese Weise die Größen bestimmen, die für den Gleichgewichtszustand maßgebend sind.

Da bei den Destillations- und Rektifikationsvorgängen immer mehrere Stoffe beteiligt sind, ist es oft zweckmäßig, statt der üblichen, in g oder kg ausgedrückten Gewichtseinheiten solche zu verwenden, die sich auf das in g oder kg gemessene Molekulargewicht — das Mol — beziehen. Auch die Zusammensetzungen der Gemische werden dann nicht in Gew.-%, sondern in Mol.-% gegeben. Ferner soll im folgenden stets der Gehalt an Leichtsiedendem, also der Gehalt an dem Stoff, der bei 760 mm QS den geringeren Siedepunkt hat, eingeführt werden, und zwar der Gehalt in der Flüssigkeit mit kleinen, der Gehalt im Dampf mit großen Buchstaben. Zur Umrechnung von Gew.-% in Mol.-% kann ein scheinbares Molekulargewicht M als Rechnungsgröße dienen:

$$M = \frac{100}{\frac{a}{M_a} + \frac{b}{M_b} + \frac{c}{M_c}}. \tag{2}$$

Hierin sind a, b und c die Gew.-% der Stoffe mit den Molekulargewichten M_a, M_b und M_c. Die den Gew.-% entsprechenden Mol.-% x, y und z erhält man dann aus den Beziehungen:

$$\left.\begin{aligned} x &= \frac{\frac{a}{M_a}}{\frac{100}{M}}\,100 = \frac{a \cdot M}{M_a} \\ y &= \frac{\frac{b}{M_b}}{\frac{100}{M}}\,100 = \frac{b \cdot M}{M_b} \\ z &= \frac{\frac{c}{M_c}}{\frac{100}{M}}\,100 = \frac{c \cdot M}{M_c} \end{aligned}\right\} \tag{3}$$

Die Dampfzusammensetzungen kann man auch durch die Dampfteildrücke p_a, p_b, p_c usw. und durch den meßbaren Gesamtdruck P ausdrücken, wenn man die Annahme macht, daß die Dämpfe die Zustandsgleichung befolgen, was für die hier in Frage kommenden Fälle meist mit hinreichender Genauigkeit zulässig ist. Man erhält dann für die Dampfzusammensetzungen X, Y und Z in Mol.-%:

$$\left.\begin{aligned} X &= \frac{p_a}{P}\,100 \\ Y &= \frac{p_b}{P}\,100 \\ Z &= \frac{p_c}{P}\,100 \end{aligned}\right\} \tag{4}$$

Auch Rechnungen mit Wärmemengen werden durch Anwendung molarer Einheiten erheblich vereinfacht. Mit hinreichender Genauigkeit kann angenommen werden, daß die Verdampfungswärme eines Gemischs gleich der Summe der latenten Verdampfungswärmen der einzelnen Komponenten ist. Bezeichnet man beispielsweise die auf ein Mol bezogene Verdampfungswärme eines Zweistoffgemischs mit R und die der Bestandteile mit R_a und R_b, so ergibt sich unter dieser Voraussetzung:

$$R = \frac{x}{100} R_a + \left(1 - \frac{x}{100}\right) R_b. \tag{5}$$

Nach der Troutonschen Regel (s. S. 351, sowie Bd. I, S. 97) sind die molaren Verdampfungswärmen den absoluten Siedetemperaturen proportional. Diese liegen bei den sich lösenden Flüssigkeiten und besonders in den Fällen, die hier in Frage kommen, meist nahe beieinander. Es sind daher die molaren Verdampfungswärmen zweier sich lösender Flüssigkeiten in reinem Zustand angenähert gleich. Ebenso sind die auf ein Mol bezogenen Verdampfungswärmen der Gemische für alle Zusammensetzungen nahezu gleich. Die Anwendung molarer Einheiten ist ferner deshalb vorteilhaft, weil der Rauminhalt eines Mols Dampf, wie sich aus der Zustandsgleichung ergibt, mit für viele Fälle hinreichender Genauigkeit für einen bestimmten Druck und eine gegebene Temperatur als unveränderlich angesehen werden kann.

Für die Beurteilung der Vorgänge beim Destillieren und Rektifizieren ist die Kenntnis der Veränderungen der Zusammensetzung bei der Verdampfung in Abhängigkeit von den verschiedenen physikalischen Größen von überwiegender Bedeutung. Das besondere Verhalten der verschiedenen Flüssigkeitsgemische und besonders ihre Eigenschaften bei der Verdampfung hängen in der Hauptsache von der Art der Löslichkeit ab. Allgemein gültige Beziehungen für die gegenseitige Löslichkeit gibt es nicht. Für die Löslichkeit in Wasser hat Rothmund [Ztschr. physikal. Chem. 26, 489 (1898)] eine Reihenfolge aufgestellt, die auch ungefähr die Löslichkeit der Verbindungen angibt. Danach nimmt die Löslichkeit etwa in folgender Weise ab:

niedere Fettsäuren,	aromatische Aldehyde,
niedere Alkohole,	Äther,
niedere Ketone,	Kohlenwasserstoffhalogenide,
niedere Aldehyde,	Schwefelkohlenstoff,
Nitrile,	Kohlenwasserstoffe.
Phenole,	

Je nach der Lösungsart kann man alle Flüssigkeitsgemische nach v. Rechenberg [Einfache und fraktionierte Destillation in Theorie und Praxis. Leipzig 1923] etwa in folgender Weise einteilen, wobei bemerkt sei, daß diese Einteilung lediglich eine Reihe häufig vorkommender Flüssigkeitsgemische hervorhebt, zwischen denen verschiedene Übergangsformen vorhanden sind:

1. Keine Löslichkeit oder Spuren von Löslichkeit.
2. Teilweise Löslichkeit.
3. Vollständige Löslichkeit mit Maximumdampfdruck und Minimumsiedepunkt.

4. Vollständige Löslichkeit ohne ausgezeichneten Punkt; ideale Lösung.

5. Vollständige Löslichkeit mit Minimumdampfdruck und Maximumsiedepunkt.

Auch der Lösungsvorgang selbst kann einen Aufschluß über die Zugehörigkeit zu einer dieser Gruppen geben. Bei idealen Gemischen findet während der Lösung beispielsweise keine Temperatur- oder Volumenänderung der Flüssigkeit statt.

2. Unlösliche und teilweise lösliche Gemische.

Sind die Bestandteile eines Gemisches gegenseitig unlöslich, so verhalten sich die Flüssigkeiten und die aus ihnen entstehenden Dämpfe genau so, als ob jeder von diesen allein für sich unbeeinflußt vom anderen bei der gleichen Temperatur vorhanden wäre. Nach dem Daltonschen Gesetz ist der meßbare Gesamtdampfdruck gleich der Summe der Teildampfdrücke, die jeder Bestandteil bei gleicher Temperatur und gleichem Rauminhalt für sich allein haben würde. Die Dampfentwicklung eines Stoffes und der Bestand des Dampfes sind an bestimmte Temperaturen, die sog. Siedetemperaturen, gebunden. Jeder gegebenen Dampftemperatur entspricht daher ein ganz bestimmter Siededruck. Die Dämpfe in diesem Zustand sind gesättigt. Die Darstellung der Abhängigkeit des Drucks von der Siedetemperatur wird meist als Siedekurve bezeichnet. Sie ist durch Versuche für fast alle Flüssigkeiten von technischer Bedeutung bekannt. Da man ferner mit hinreichender Genauigkeit die Geltung der Zustandsgleichung für Gase annehmen kann, ist es möglich die Dampfzusammensetzung eines Gemenges von Flüssigkeiten zu berechnen. Bezeichnet man die im vorliegenden Fall auf gleiche Temperatur bezogenen Dampfteildrucke der Stoffe mit den Molekulargewichten M_1 und M_2 mit p_1 und p_2, den Gesamtdruck mit P, so ergibt sich der Gehalt im Dampf an dem Stoff mit dem Molekulargewicht M_1 in Gew.-% bzw. Mol.-% aus der Beziehung:

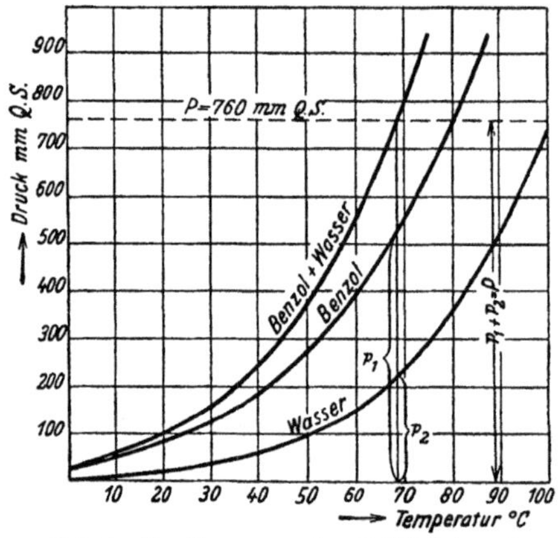

Abb. 1. Bestimmung der Teildrücke eines Gemenges.

$$a = \frac{p_1 M_1}{p_1 M_1 + p_2 M_2} \, 100 \text{ Gew.-\%}, \tag{7}$$

$$X = \frac{p_1}{P} \, 100 \text{ Mol.-\%}. \tag{8}$$

Als Beispiel soll die Dampfzusammensetzung eines unter 760 mm QS siedenden Benzol-Wassergemenges berechnet werden. Die Destillationstemperatur ist zunächst unbekannt. Die Dampfteildrücke bestimmt man zweckmäßig in der Weise, daß man sich in einem Schaubild mit den Drücken als Ordinaten und den Temperaturen als Abszissen die Siedekurven für die beiden Stoffe einträgt und hieraus die Summenkurve bildet, wie es in Abb. 1 geschehen ist. Die Abszisse des Punktes mit der Ordinate $p = 760$ mm QS ergibt die Destillationstemperatur $t = 69^0$ und die Teildampfdrücke des Benzols $p_1 = 534$ und des Wasserdampfs $p_2 = 226$ mm QS. Die Molekulargewichte betragen für Wasser 18 und für Benzol 78. Man erhält demnach für den Benzolgehalt im Dampf:

$$a = \frac{534 \cdot 78 \cdot 100}{534 \cdot 78 + 226 \cdot 18} = 91{,}2 \text{ Gew.-\%},$$

$$X = \frac{534 \cdot 100}{760} = 70{,}2 \text{ Mol.-\%}.$$

Die Dampfzusammensetzung eines Gemischs gegenseitig unlöslicher Flüssigkeiten ändert sich, wie aus dem Beispiel hervorgeht, dem Verlauf der Dampfdruckkurven entsprechend in geringem Maß mit dem Destillationsdruck, sie ist dagegen von der Flüssigkeitszusammensetzung unabhängig. Die Isothermen, die den Destillationsdruck für bestimmte Temperaturen angeben, und die Isobaren, welche die Destillationstemperaturen für bestimmte, ebenfalls unveränderlich gedachte Drücke in Abhängigkeit von der Zusammensetzung darstellen, sind daher für unlösliche Gemenge Parallelen zur Abszissenachse.

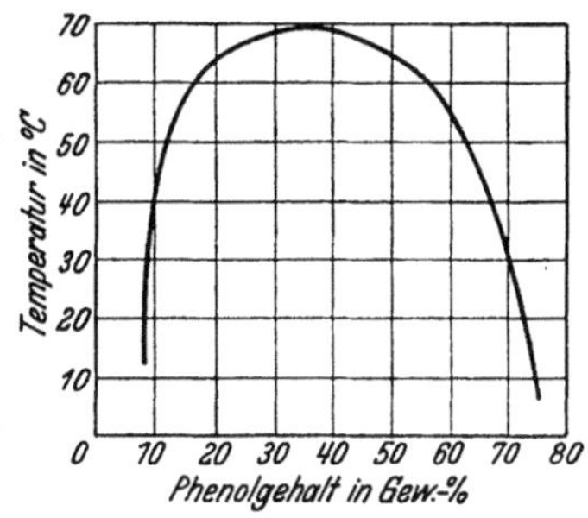

Abb. 2. Löslichkeit von Phenol in Wasser.

Sind die Flüssigkeiten teilweise gegenseitig löslich, so läßt sich die Dampfzusammensetzung für einen gegebenen Druck nur für einen begrenzten, mittleren Bereich von Flüssigkeitszusammensetzungen mit mehr oder weniger großer Genauigkeit nach dem gezeigten Beispiel bestimmen. Bei Überwiegen der einen oder anderen Komponente macht sich die Löslichkeit durch eine Erniedrigung der Dampfdrücke und eine Erhöhung der Siedepunkte bemerkbar. Der Grad der Löslichkeit hängt von der Temperatur ab, und zwar nimmt diese meist mit steigender Temperatur zu, um dann von einem bestimmten Punkt ab, der sog. kritischen Lösungstemperatur, wieder zu fallen. Bei dieser Temperatur verschwinden die beiden Flüssigkeitsschichten, so daß man bei höheren Temperaturen stets nur eine homogene Lösung erhält. Als Beispiel für ein Gemisch mit oberer kritischer Lösungstemperatur ist in Abb. 2 die Löslichkeit von Phenol in Wasser dargestellt. Bei Temperaturen unter 69^0 C gibt es immer zwei Bereiche von Zusammensetzungen, innerhalb denen Schichtenbildung möglich ist. Gibt man Phenol zu reinem Wasser und behält dabei die Temperatur unverändert, so wird das Phenol bis zu dem Punkt gelöst, der der vorhandenen Temperatur auf dem linken Ast der Kurve entspricht. Dann bildet sich eine zweite Schicht mit einer Zusammensetzung, die dem zur gleichen Temperatur gehörigen Punkt auf dem rechten Teil der Kurve entspricht. Bei weiterer Phenolzugabe nimmt die arme Schicht ab, die andere zu, bis die Flüssigkeit in ihrer Zusammensetzung dem Punkt auf dem rechten Teil der Kurve entspricht, wobei die erstgenannte Schicht verschwindet.

Erniedrigung des Dampfdrucks und Erhöhung des Siedepunkts zeigen sich bei den Gemischen mit teilweiser Löslichkeit um so mehr, je höher die Destillationstemperaturen und Drücke sind. In dem Bereich, in welchem zwei Schichten vorhanden sind, bleibt die Dampfzusammensetzung nahezu unveränderlich, also unabhängig von den Flüssigkeitszusammensetzungen wie bei den unlöslichen Gemischen. Als Beispiel sind auf Abb. 3 auf dem linken Schaubild die Kurven der Teildampfdrücke für das Gemisch Isobutylalkohol-Wasser, das durch teilweise Löslichkeit der Komponenten gekennzeichnet ist, dargestellt. Aus den

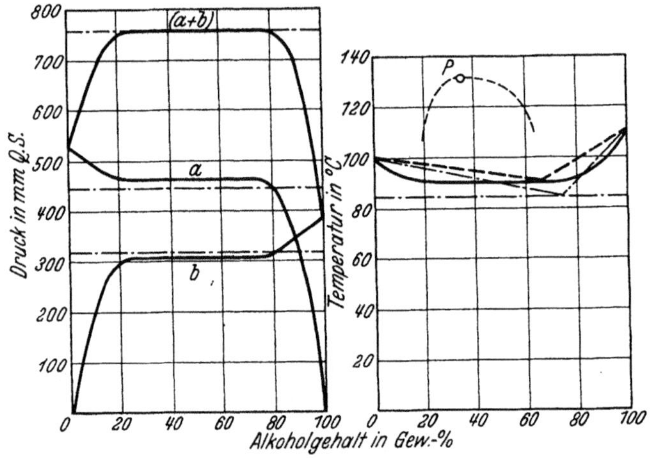

Abb. 3. Drücke und Temperaturen für Isobutylalkohol-Wasser.

Teildampfdrücken des Wassers (Kurve *a*) und denen des Alkohols (Kurve *b*) setzt sich die Dampfdruckkurve für gleiche Temperatur (Kurve $a + b$) zusammen. In dem rechten Schaubild sind die Temperaturkurven für 760 mm QS ausgezogen in Abhängigkeit von der Flüssigkeitszusammensetzung (Siedekurve) und gestrichelt in Abhängigkeit von der Dampfzusammensetzung (Kondensationskurve) eingetragen. Die Dampfdruckkurve im linken Schaubild der Abb. 3 wird auch als Isotherme bezeichnet, da die Destillationstemperatur bei dieser Darstellung als unveränderlich gedacht ist, die Temperaturkurven im rechten Schaubild nennt man entsprechend Isobaren. Mit dünnen, strichpunktierten Linien sind die Werte angegeben, die man unter Annahme vollständiger Unlöslichkeit der Komponenten errechnen würde. Wären Wasser und Isobutylalkohol ineinander nicht löslich, so würde dieses Gemenge bei 760 mm QS bei 85,7° C sieden, wobei der Dampf 74,9% Alkohol enthalten würde. In Wirklichkeit fand Young [Fractional Distillation, S. 91. London: Macmillan & Co. 1903] für das mit unveränderlicher Temperatur siedende Gemisch des mittleren Bereichs eine Destillationstemperatur von 89,8° C mit 66,8% Isobutylalkohol im Dampf. Das Gemisch gehört zu den

Lösungen mit oberer kritischer Löslichkeitstemperatur, die bei 131,5° C und 35% liegt (Punkt P auf Abb. 3).

Man erkennt aus den Schaubildern, daß das Gemisch, wie allgemein jedes Gemisch zweier teilweise löslicher Flüssigkeiten, für eine bestimmte Temperatur durch einen höchsten Dampfdruck, der stets geringer ist als die Summe der Drucke der reinen Bestandteile, aber stets größer als jeder einzelne von ihnen ist, und für einen gegebenen Druck durch einen niedrigsten Siedepunkt gekennzeichnet wird, der niedriger als die Siedetemperaturen der reinen Bestandteile bei gleichem Druck ist. In einem bestimmten Bereich ist daher das Gemisch durch einen Maximumdampfdruck und einen Minimumsiedepunkt ausgezeichnet.

Für die Darstellung der beim Destillieren sich abspielenden Vorgänge kommt es in der Hauptsache auf die Kenntnis des jeweiligen Unterschiedes zwischen Flüssigkeits- und Dampfzusammensetzung für einen gegebenen Druck an. Man benutzt daher die Isothermen wenig, sondern nur die Isobaren und noch häufiger eine Darstellung der Dampfzusammensetzung in Abhängigkeit von der Flüssigkeitszusammensetzung, die meist als Gleichgewichtskurve bezeichnet wird. Man erhält sie aus dem Temperaturschaubild (Isobaren), indem man durch Parallelen zur Abszissenachse zu jedem Punkt der Siedekurve den zugehörigen Punkt auf der Kondensationskurve bestimmt. Als Beispiel ist in Abb. 4 die Gleichgewichtskurve für das oben genannte, teilweise ineinander lösliche Gemisch dargestellt. Der Minimumsiedepunkt ist durch den Schnittpunkt der Kurve mit der Diagonalen des Schaubildes gekennzeichnet, da hier die Flüssigkeitszusammensetzung gleich der Dampfzusammensetzung ist. Wie aus Abb. 4 ersichtlich ist, sind die Unterschiede zwischen Flüssigkeits- und Dampfzusammensetzungen von den Grenzkonzentrationen abgesehen so groß, daß man bei der Verdampfung in der Regel in das unlösliche Gebiet gelangt, so daß sich das Destillat in zwei Schichten trennt. Zu erwähnen ist noch, daß bei wasserhaltigen Gemischen der Wassergehalt im Dampf meist gegenüber der Zusammensetzung, die man unter der Voraussetzung der Unlöslichkeit der Bestandteile errechnet hat, größer ist, wie auch das Beispiel auf Abb. 3 zeigt.

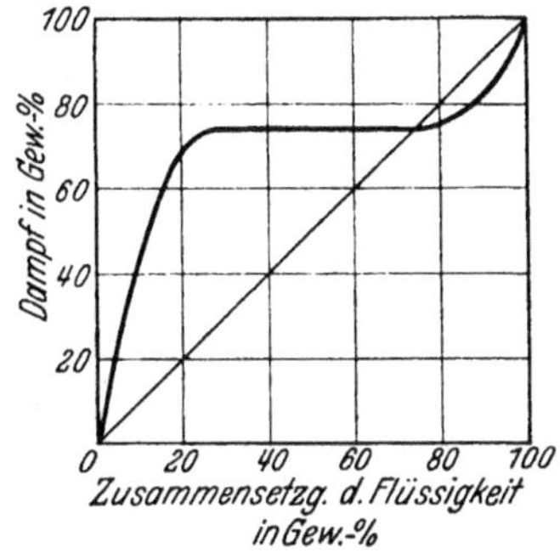

Abb. 4. Gleichgewichtskurve.

3. Zweistoffgemische gegenseitig löslicher Flüssigkeiten.

a) Isothermen und Isobaren.

Mit größer werdender Löslichkeit der Flüssigkeiten ineinander sinkt der Dampfdruck und erhöht sich der Siedepunkt. Außerdem kommen bei bestimmten Flüssigkeitsgemischen Wirkungen chemisch-physikalischer Art, wie Doppelmolekülbildungen usw. in Betracht, die die Teildrücke beim Verdampfen beeinflussen. Für alle Fälle gültige gesetzmäßige

Beziehungen zur Berechnung der Teildampfdrücke und damit der Gleichgewichtsbedingungen überhaupt sind bisher noch nicht gefunden. Praktisch ist man in der Hauptsache auf durch Versuche ermittelte Werte angewiesen. Es wird daher auch im folgenden stets vorausgesetzt, daß die genannten Größen gegeben seien.

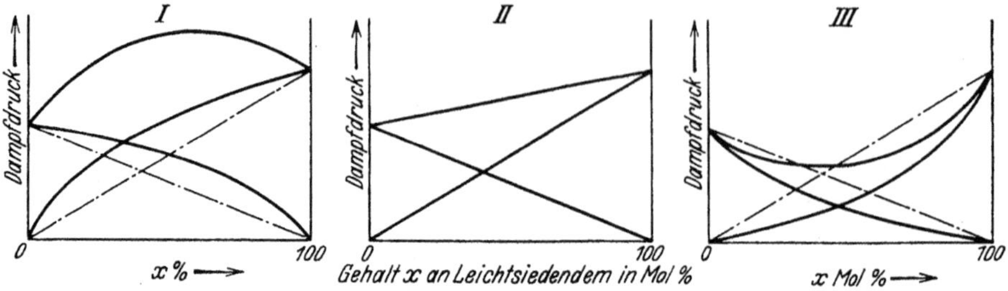

Abb. 5. Teildampfdrücke bei gegenseitiger Löslichkeit der Flüssigkeiten; Temperatur unveränderlich (Isothermen).

Die Teildampfdrücke der drei wichtigsten Gruppen von Gemischen vollkommen gegenseitig löslicher Flüssigkeiten (*I*, *II*, *III*) sind beispielsweise auf Abb. 5 in Abhängigkeit von dem Gehalt der Flüssigkeit an Leichtsiedendem in Mol.-% dargestellt, wobei in jedem Fall die Destillationstemperatur als unveränderlich gedacht ist. Durch Addition der Ordinaten der Teildampfdruckkurven sind die Kurven für den Gesamtdampfdruck (Isothermen) erhalten. Die entsprechenden, ebenfalls mit *I*, *II* und *III* bezeichneten Temperaturkurven für unveränderlichen Druck (Isobaren) sind auf Abb. 6 in Abhängigkeit von dem Gehalt an Leichtsiedendem dargestellt. Hierbei sind die Temperaturkurven für die Flüssigkeit (Siedekurven) ausgezogen und die Kurven für den Dampf (Kondensations- oder Taukurven) gestrichelt gezeichnet. Man erkennt aus den Schaubildern, daß die Kurven folgende drei Gruppen vollkommen löslicher Flüssigkeitsgemische darstellen:

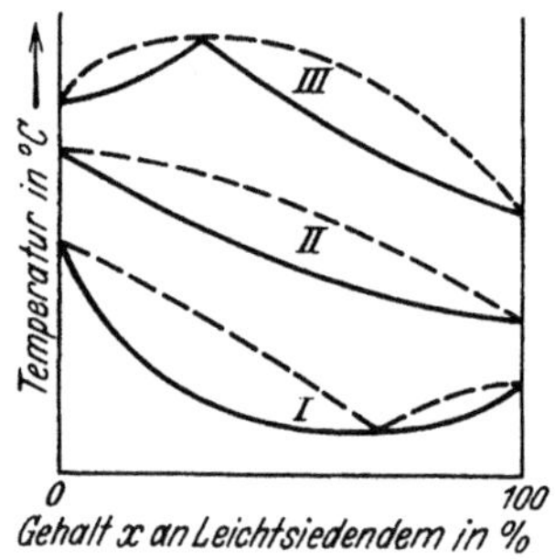

Abb. 6. Isobaren.

a) **Gemische mit Minimumsiedepunkt und Maximumdampfdruck.** Bei den Gemischen der Gruppe *I* sind die Kurven für die Teildampfdrücke, wenn man sie in Abhängigkeit von dem Gehalt der Flüssigkeit an Leichtsiedendem in Mol.-% darstellt, nach oben gekrümmt, so daß der Gesamtdampfdruck für eine bestimmte Zusammensetzung einen Höchstwert erreicht, der höher ist als der Dampfdruck eines einzelnen Bestandteils bei der gleichen Temperatur. Dem Maximumdampfdruck entspricht ein Minimumsiedepunkt für einen gegebenen Druck, der immer niedriger ist als der Siedepunkt der am leichtesten siedenden Komponente. In diesem sog. ausgezeichneten Punkt ist die Flüssigkeitszusammensetzung gleich der Dampfzusammensetzung, so daß die Flüssigkeit beim Destillieren wie ein einheitlicher Stoff verdampft. Dieser Umstand ist für die Destillationspraxis von größter Bedeutung, da eine Trennung des Gemischs durch die übliche Destillation bei unveränderlichem Druck über diesen Punkt hinaus nicht möglich ist. Das Vorhandensein eines ausgezeichneten Gemischs kann neben der bereits erwähnten Schwerlöslichkeit nach v. Rechenberg [Einfache und fraktionierte Destillation, S. 520. Leipzig 1923] darauf zurückzuführen sein, daß die Dampfdruckkurven der beiden Bestandteile sich schneiden. Es kann aber auch vorkommen, daß ein Gemisch, wie beispielsweise Äthylalkohol-Wasser, einen Minimumsiedepunkt besitzt, obwohl weder Schwerlöslichkeit, noch sich schneidende Dampfdruckkurven vorhanden sind. Minimumsiedepunkte treten besonders bei Gemischen mit Alkoholen auf. Als Beispiele seien genannt: Propylalkohol-Wasser, Benzol-Äthylalkohol, Methylalkohol-Tetrachlorkohlenstoff, Benzol-Isopropylalkohol, Äthylalkohol-Wasser.

β) Gemische ohne ausgezeichneten Punkt. Die Dampfdrücke vollständig sich lösender Flüssigkeiten ohne ausgezeichneten Punkt liegen bei gleicher Siedetemperatur zwischen den Drücken der reinen Bestandteile des Gemischs. Die Kurven der Teildampfdrücke in Abhängigkeit von der Flüssigkeitszusammensetzung in Mol.-% können schwach gekrümmte Kurven sein oder im Grenzfalle der sog. idealen Lösungen als gerade Linien erscheinen, wie es im Schaubild *II* der Abb. 5 dargestellt ist. Es seien für ein derartiges Gemisch p_1 und p_2 die Dampfteildrücke bei einer gegebenen Temperatur, P_1 und P_2 die Dampfspannungen der reinen Komponenten bei der gleichen Temperatur, x der Gehalt der Flüssigkeit an Leichtsiedendem in Mol.-%. Man erhält dann:

$$p_1 = \frac{x\,P_1}{100}, \quad p_2 = \frac{100 - x}{100}\,P_2. \tag{9}$$

Bei idealen Lösungen wird auch der Gesamtdampfdruck durch eine Gerade dargestellt. Er ergibt sich aus folgender Gleichung:

$$P = \frac{x\,P_1 + (100 - x)\,P_2}{100}. \tag{10}$$

Die Dampfzusammensetzung X erhält man dann aus folgender Beziehung:

$$X = \frac{100\,x\,P_1}{x\,P_1 + (100 - x)\,P_2}. \tag{11}$$

Die Teildampfdrücke einer idealen Lösung lassen sich zeichnerisch für einen gegebenen Druck in einfacher Weise bestimmen, wie es als Beispiel für ein Benzol-Toluolgemisch in Abb. 7 geschehen ist. Auf der rechten Seite des Schaubildes sind die Dampfdrücke von reinem Benzol und reinem Toluol in Abhängigkeit von der Temperatur und im linken Teil die Drücke der Dämpfe in Abhängigkeit vom Benzolgehalt der Flüssigkeit dargestellt. Für bestimmte Temperaturen sind die Dampfdrücke der reinen Komponenten auf die Ordinatenachsen übertragen und diese durch Gerade verbunden. Der Gesamtdruck für eine bestimmte Temperatur, z. B. 100°, ist dann für verschiedene Flüssigkeitszusammensetzungen durch die Gerade AB, der Toluolteildampfdruck durch die Gerade CA und der Benzolteildruck durch den Unterschied der Ordinaten dieser beiden Geraden gegeben. Für den vorhandenen

Gesamtdruck, beispielsweise 760 mm QS, wird eine Parallele zur Abszissenachse gezogen. Durch die Schnittpunkte mit den Geraden für die Gesamtdampfdrücke (Isothermen) erhält man dann die gesuchten Benzoldampfteildrücke.

Die Siede- und Kondensationskurven (Isobaren) liegen in der Regel um so dichter aneinander, je geringer der Unterschied zwischen den Siedepunkten der reinen Bestandteile bei gleichem Druck ist. Entsprechend geht auch die Destillation um so leichter vor sich, je weiter die Siedepunkte der Komponenten auseinanderliegen. Die Gemische vollkommen sich lösender Flüssigkeiten ohne ausgezeichneten Punkt sind daher stets in allen Zusammensetzungen trennbar. Beispiele derartiger

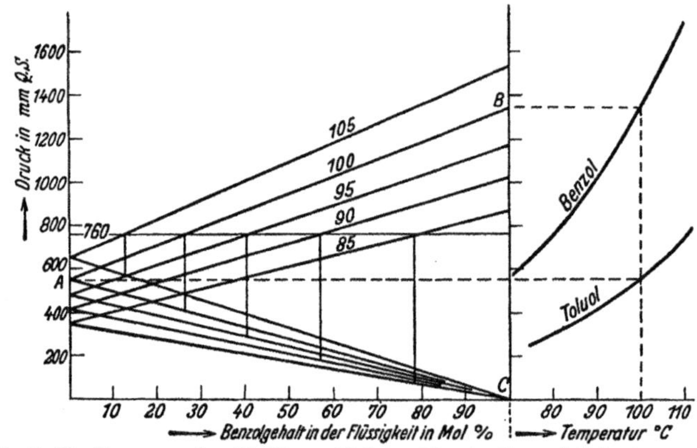

Abb. 7. Bestimmung der Teildampfdrücke für ein Benzol-Toluolgemisch.

Gemische ohne ausgezeichneten Punkt sind: Tetrachlorkohlenstoff-Benzol, Benzol-Toluol, Schwefelkohlenstoff-Tetrachlorkohlenstoff, Ammoniak-Wasser, Essigsäure-Wasser, Stickstoff-Sauerstoff.

γ) **Gemische mit Minimumdampfdruck und Maximumsiedepunkt.** Je größer die chemische Verwandtschaft der Komponenten zueinander ist, um so höher wird für einen gegebenen Druck der Siedepunkt und um so geringer wird entsprechend für eine bestimmte Temperatur der Gesamtdampfdruck sein. Bei bestimmten Lösungen liegt dann der Siedepunkt nicht mehr zwischen den Siedepunkten der reinen Bestandteile, sondern er bildet ein Maximum über denselben. Entsprechend liegt dann für eine gegebene Temperatur der Dampfdruck unter den Dampfdrücken der reinen Bestandteile, so daß die Dampfdruckkurve (Isotherme) ein Minimum bildet, wie es das Schaubild *III* auf Abb. 5 zeigt. Bei der Destillation einer solchen Lösung bleibt das ausgezeichnete Gemisch im Rückstand, so daß eine Trennung über diese Zusammensetzung hinaus nicht möglich ist. Nach v. Rechenberg [Einfache und fraktionierte Destillation, S. 559. 1923] können sich Gemische mit Maximumsiedepunkt und Minimumdampfdruck bilden durch Vereinigung

von Säuren mit Wasser, mit Ammoniak oder organischen Basen oder mit Ketonen, von Phenolen mit Ammoniak oder organischen Basen, mit Alkoholen, Aldehyden, Ketonen, Estern, Ketonestern,

von Ketonen mit Halogenkohlenwasserstoffen,

von Polyhalogenkohlenwasserstoffen mit Ketonen, Estern, Kohlenwasserstoffen,

von Aldehyden oder Ketonen mit Blausäure, schwefliger Säure, ungesättigten Kohlenwasserstoffen.

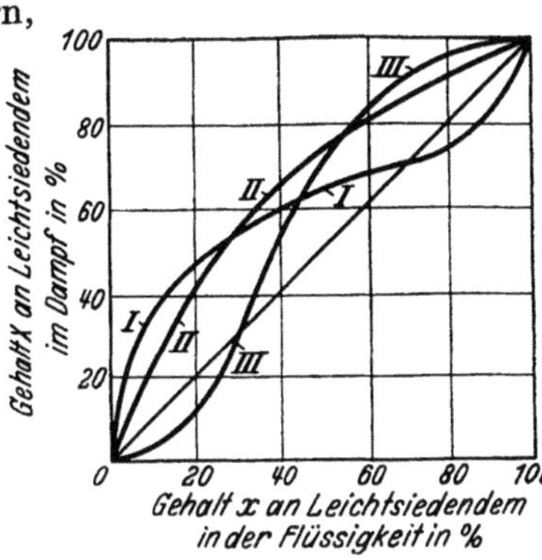

Abb. 8. Gleichgewichtskurven.

Als Beispiele seien erwähnt: Aceton-Chloroform, Salpetersäure-Wasser, Wasser-Ameisensäure, Ameisensäure-Pyridin, Phenol-Anilin.

Die drei wichtigsten Formen von Gleichgewichtskurven, die diesen drei Gruppen von Lösungen entsprechen, sind auf Abb. 8 ebenfalls mit *I*, *II* und *III* bezeichnet dargestellt. Die Kurven der Gruppen *I* und *III* schneiden im ausgezeichneten Punkt die Diagonale des Schaubildes.

b) Das I-x-Schaubild.

Neben den genannten zeichnerischen Darstellungen kann auch der Wärmeinhalt des Gemisches als Grundlage zur Untersuchung der beim Destillieren und Rektifizieren sich abspielenden Vorgänge durch Anwendung eines I-x-Schaubildes benutzt werden. Bei diesem von Savarit [Arts et Métiers **1922**, 65, 142, 178, 241, 266, 307] und F. Merkel [Arch. Wärmewirtsch. **1929**, 13] angegebenen Verfahren wird die Zusammensetzung in Gew.-% des Leichtsiedenden x als Abszisse und der Wärmeinhalt/kg I als Ordinate benutzt. Ein I-x-Schaubild für Äthylakohol-Wasser für 760 mm QS ist auf Abb. 9 dargestellt.

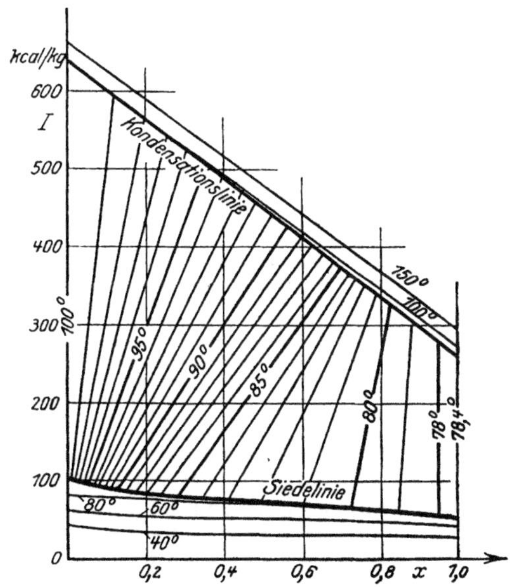

Abb. 9. I-x-Schaubild. [Arch. Wärmewirtsch. **1929**, H. 1, 13.]

Über der Kondensationslinie liegt das Überhitzungsgebiet, unter der Siedelinie das Gebiet der reinen Flüssigkeit, zwischen beiden das Naßdampfgebiet, in dem das Gemisch teils flüssig, teils dampfförmig auftritt. Miteinander im Gleichgewicht stehende Punkte beider Kurven sind durch Geraden verbunden, die zugleich Isothermen im Naßdampfgebiet darstellen. Bei $x = 0{,}95$

besteht ein ausgezeichnetes Gemisch, für welches die Isotherme senkrecht zur Abszissenachse verläuft.

c) Einfluß des Drucks.

Da es oft notwendig ist, die Destillation mit vermindertem oder erhöhtem Druck vorzunehmen, soll im folgenden auf den Einfluß des Drucks insbesondere auf die Dampfzusammensetzung eingegangen werden. Allgemeine Regeln, die für alle Fälle gelten, gibt es auch hier nicht. Über die Abhängigkeit der Dampfzusammensetzung von Druckänderungen bei Gemischen mit Minimumsiedepunkt hat Wrewsky [Ztschr. physikal. Chem.

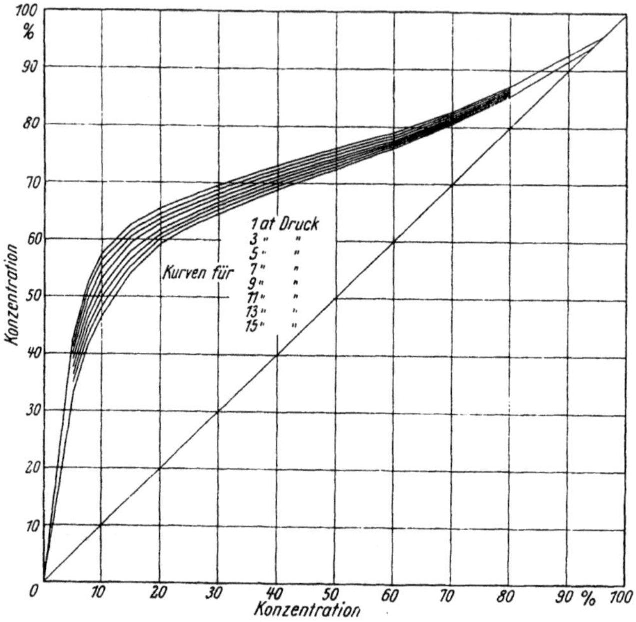

Abb. 10. Gleichgewichtskurven für Äthylalkohol-Wasser bei Drücken von 1—15 at nach J. A. Grumbt. [Techn. Mech. Thermodyn. 1, 355, Abb. 15 (1930).]

81/83, 1, 551 (1913)] folgende Regel aufgestellt, die sich auf die Zusammensetzung des ausgezeichneten Punktes bezieht, jedoch nicht für alle Fälle zutreffend ist: Bei Erhöhung der Temperatur von Lösungen, deren Dampfspannungskurve ein Maximum bildet, wächst im unveränderlich siedenden Gemisch der relative Gehalt derjenigen Komponente, deren Verdampfung mit dem größeren Energieverbrauch verbunden ist. Bei Erhöhung der Temperatur von Lösungen, deren Dampfspannungskurve ein Minimum besitzt, wächst im unveränderlich siedenden Gemisch der relative Gehalt derjenigen Komponente, deren Verdampfung mit dem kleineren Energieverbrauch verbunden ist. Die Kenntnis der Verschiebung des ausgezeichneten Punktes, die bei Druckänderungen eintritt, ist deswegen von Bedeutung, weil sich auch die übrigen Zusammensetzungen meist in entsprechender Richtung ändern und so die Möglichkeit gegeben wird, durch

Unter- und Überdruckdestillation den bei Atmosphärendruck vorhandenen ausgezeichneten Punkt zu überwinden.

Eine Regel nach v. Rechenberg, deren Gültigkeit allgemeiner ist, besagt, daß die Dampfzusammensetzungen homogener Lösungen mit Minimumsiedepunkt sich bei Druckänderungen in derselben Richtung wie die Quotienten aus den Dampfdrücken der reinen Komponenten verschieben. — Als Beispiel sei das Verhalten eines Äthylalkohol-Wassergemischs angeführt. Dieses hat für 760 mm Hg einen ausgezeichneten

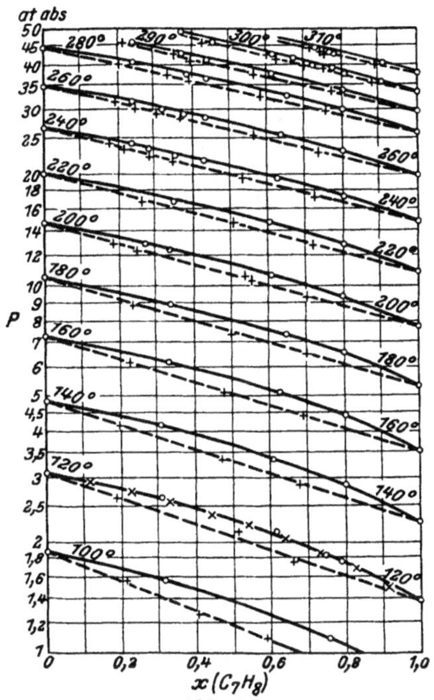

Abb. 11.
Isothermen für Benzol-Toluolgemische.

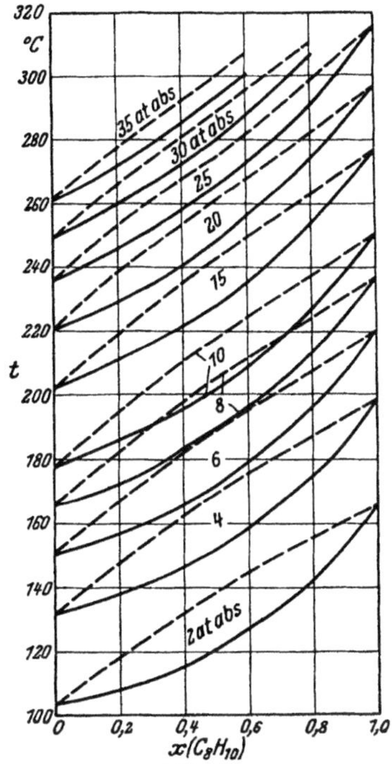

Abb. 12.
Isobaren für Benzol-m-Xylolgemische.

Punkt bei 95 Gew.-% Alkohol mit einer Minimumsiedetemperatur von 78,15° C. Mit geringer werdendem Druck nimmt der Alkoholgehalt im Dampf zu. Bei 130 mm Hg liegt die Minimumsiedetemperatur von etwa 40° bei 98,7 Gew.-% Alkohol und bei 70 mm Druck verschwindet der ausgezeichnete Punkt ganz, wobei die Siedetemperatur 28° beträgt. Bei höheren Drücken verläuft die Gleichgewichtskurve unterhalb der Kurve für 760 mm Hg, mit steigendem Druck wird also der Alkoholgehalt im Dampf geringer, wie Abb. 10 nach J. A. Grumbt [Techn. Mech. Thermodyn. 1, 355 (1930)] zeigt. Bei Gemischen mit vollkommener Löslichkeit kann man, soweit es sich um ideale Flüssigkeiten handelt, mit einiger Annäherung Schlüsse über das Verhalten bei höheren Drücken aus dem Verlauf der Dampfdruckkurven ziehen (vgl. Abb. 7). Als Beispiel sind auf Abb. 11 die Isothermen für Benzol-Toluolgemische, und zwar die Kurven für die Flüssigkeitszusammensetzungen mit ausgezogenen und die Kurven für die Dampfzusammensetzungen mit gestrichelten Linien in Gew.-% nach Versuchen von W. v. Huhn [Forschg. Ing.-Wes. 2, 135 (1931)] dargestellt. Ferner zeigt Abb. 12 die Isobaren für Benzol-m-Xylolgemische nach der gleichen Quelle für Drücke von 2—35 ata. Bei diesen beiden Darstellungen ist im Gegensatz zu den

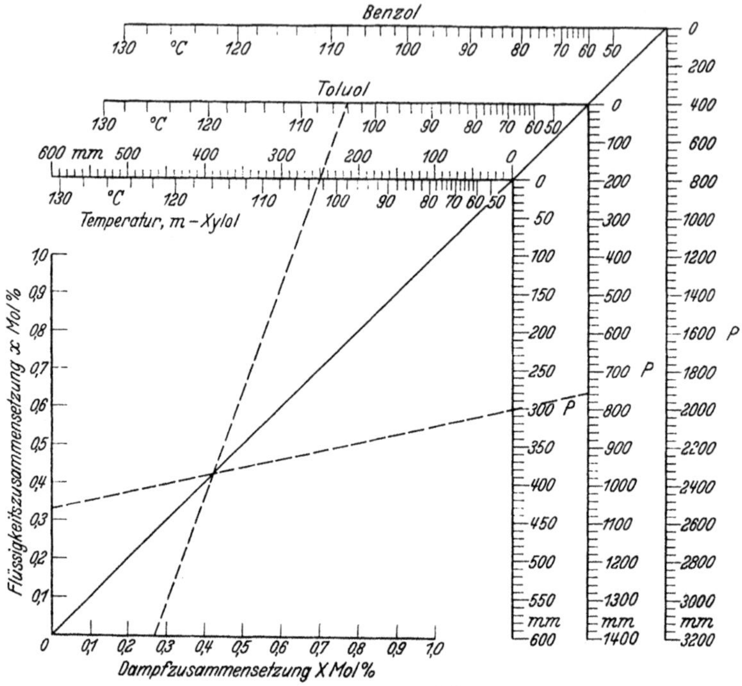

Abb. 13. Leitertafel für die Gleichung $X = \frac{x\,p}{P}$ nach A. J. V. Underwood.

übrigen Schaubildern der Gehalt an Schwersiedendem auf der Abszisse aufgetragen.

Mit Vorteil kann man zur Darstellung der Eigenschaften der Gemische nomographische Verfahren benutzen. Als Beispiel zeigt Abb. 13 ein Schaubild für die Gleichung $X = \frac{x\,p}{P}$ nach A. J. V. Underwood [Trans. Inst. Chem. Engeen. 10, Sonderdr. (1932)]. Neben einem rechtwinkligen Koordinatensystem für die Dampf- und Flüssigkeitszusammensetzungen X und x befinden sich parallele Skalen für den Gesamtdruck und die Temperatur, wobei die Leitern parallel der Abszisse statt der Temperatur auch den Dampfdruck angeben können. Das X-x-Koordinatennetz kann man für beliebig viele Stoffe verwenden; Abb. 13 zeigt als Beispiel Leitern für Benzol, Toluol und m-Xylol. Man kann jeden Punkt auf der Diagonale als Anfangspunkt nehmen. Die gestrichelte Linie im Schaubild auf Abb. 13 bezieht sich auf eine Flüssigkeit mit

32 Mol.-% Toluol und mit einer Siedetemperatur von 104° unter 760 mm QS Druck. Verbindet man die Punkte $x = 0{,}32$ und $P = 760$ und zieht man durch den Schnittpunkt mit der Diagonalen eine Gerade durch die Temperatur von 104° auf der Leiter für Toluol, so erhält man den Toluolgehalt X im Dampf mit 27 Mol.-%. Die Leitertafel kann auch dazu dienen, die Siedetemperatur eines gegebenen Gemisches für einen bestimmten Gesamtdruck zu bestimmen, indem man zunächst eine Temperatur annimmt und die entsprechenden Werte der Dampfzusammensetzung X für alle Komponenten findet, deren Summe eins ergeben muß.

Nach oben sind die Drücke, die man im Höchstfalle anwenden kann, durch Bedingungen begrenzt, die sich aus der Lage der kritischen Drucke und Temperaturen ergeben, da naturgemäß eine Destillation nur solange möglich ist, als beide Phasen nebeneinander bestehen können. Die Beziehungen zwischen Flüssigkeit und Dampf kann man aus einem Druck-Temperaturschaubild nach Abb. 14 bestimmen, das die Kurven gleicher Zusammensetzung x_1, x_2 und x_3 für ein vollkommen lösliches Gemisch aus dem niedrigsiedenden Stoff A und dem höhersiedenden Stoff B darstellt. Zwischen den Dampfdruckkurven der reinen Bestandteile A und B mit den kritischen Punkten P_a und P_b liegen die ausgezogenen Kurven der Siedepunkte und die gestrichelten Kurven der Kondensationspunkte für bestimmte Zusammensetzungen. Die kritischen Temperaturen T_1, T_2 und T_3, in denen Flüssigkeits- und Dampfphasen zusammenfallen, entsprechen den höchsten Dampfdrücken der Gemische mit den Zusammensetzungen x_1, x_2 und x_3 und liegen auf einer Hüllkurve zwischen den Punkten P_a und P_b. Die mit K_1, K_2 und K_3 bezeichneten kritischen Kondensationstemperaturen sind die Höchstwerte, bei denen die betreffende Lösung aus einem Dampfgemisch kondensiert werden kann. Schneidet man dieses Schaubild durch Linien gleichen Drucks (Parallelen zur Abszissenachse), so erhält man aus den Schnittpunkten mit den Kurven gleicher Zusammensetzung die Temperaturkurven und auch die Gleichgewichtskurven, die den Zusammenhang zwischen Flüssigkeits- und Dampfzusammensetzung für bestimmte Drücke angeben. Man erkennt aus Abb. 14, daß eine vollständige Trennung eines Gemisches jeder beliebigen Zusammensetzung in die reinen Bestandteile nur bei einem Destillationsdruck möglich ist, der kleiner als der geringste kritische Druck eines Bestandteils ist. Diese Grenze wird in Abb. 14 durch die Gerade $P_a G$ dargestellt. Bei einem Destillationsdruck, der über dem höchsten kritischen Druck der beiden Bestandteile liegt, ist eine Destillation nur in einem beschränkten Bereich

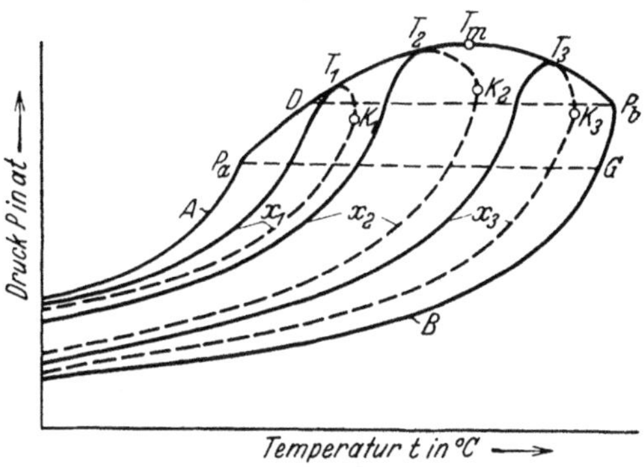

Abb. 14. Kurven gleicher Zusammensetzung.

von Zusammensetzungen möglich, so daß die Komponenten *A* oder *B* durch Destillation nicht rein erhalten werden können. Dieses Gebiet wird durch die Gerade DP_b abgegrenzt. In dem durch die Punkte *D*, P_b, *G*, P_a gegebenen Zwischenbereich kann nur der Bestandteil *B* durch Destillieren und Rektifizieren rein gewonnen werden. Oberhalb des Punktes T_m ist für das angegebene Beispiel jede Destillation unmöglich.

Die Darstellung auf Abb. 14 entspricht etwa einem Gemisch von CO_2 und SO_2, wobei die genannten Grenzen zwischen 74 und 95 at liegen [vgl. W. T. Cummings: Ind. engin. Chem. **23**, 900 (1931)].

Fällt der Maximumdruck (Punkt T_m) mit dem kritischen Druck einer der beiden Komponenten zusammen, wie es bei dem Gemisch Stickstoff-Sauerstoff der Fall ist, so kann bei allen darunter liegenden Drücken der Bestandteil, dessen kritischer Druck mit dem Maximumdruck übereinstimmt, rein gewonnen werden.

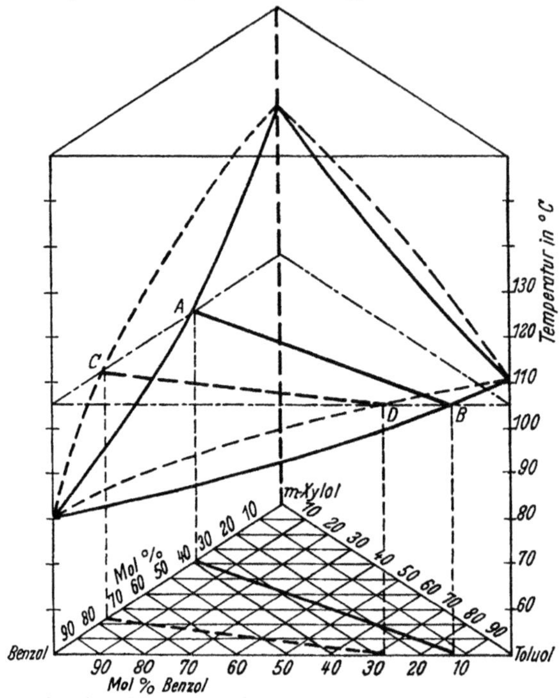

Abb. 15. Temperaturschaubild eines Dreistoffgemischs.

4. Dreistoffgemische.

Unter den aus drei Stoffen bestehenden Gemischen lassen sich ähnliche Gruppen unterscheiden wie unter den Zweistoffgemischen. Sind alle drei Bestandteile gegenseitig unlöslich, so kann man die Dampfzusammensetzung für ein gegebenes Gemisch durch Ermittlung der Destillationstemperatur in ähnlicher Weise wie bei den Zweistoffgemischen bestimmen. Das Gemenge hat also für alle Zusammensetzungen einen Minimumsiedepunkt, der von dem gegebenen Druck abhängt.

In allen anderen Fällen hängen die Dampfzusammensetzungen, abgesehen vom Druck, auch von den Flüssigkeitszusammensetzungen ab. Zur Darstellung der Eigenschaften wird zweckmäßig ein Dreieckskordinatensystem verwendet, indem man auf den Seiten eines gleichseitigen oder rechtwinkligen Dreiecks die Zusammensetzungen der drei Flüssigkeitspaare aufträgt, so daß jedem Punkte im Dreieck eine bestimmte Zusammensetzung (in Mol.-%) entspricht. Ordinaten darüber stellen dann die wiederzugebende Zustandsgröße wie Temperatur oder Druck dar. Dieses ist auf Abb. 15 für ein vollkommen lösliches Gemisch, das im vorliegenden Beispiel aus Benzol, Toluol und m-Xylol besteht, mit den Siedetemperaturen als Ordinaten geschehen. Auf den Seitenflächen des dabei entstehenden Prismas sind die Kondensationskurven gestrichelt und die Siedekurven ausgezogen eingezeichnet. Alle Kurven berühren sich auf den Außenkanten des Prismas in den Temperaturen der reinen Bestandteile. Die Kurven der drei Zweistoffgemische auf den ebenen Außenflächen des Prismas begrenzen in diesem verlaufende gekrümmte Flächen, welche die Siedetemperatur für jede Zusammensetzung des Dreistoffgemischs angeben. Als Beispiel ist auf Abb. 15 für

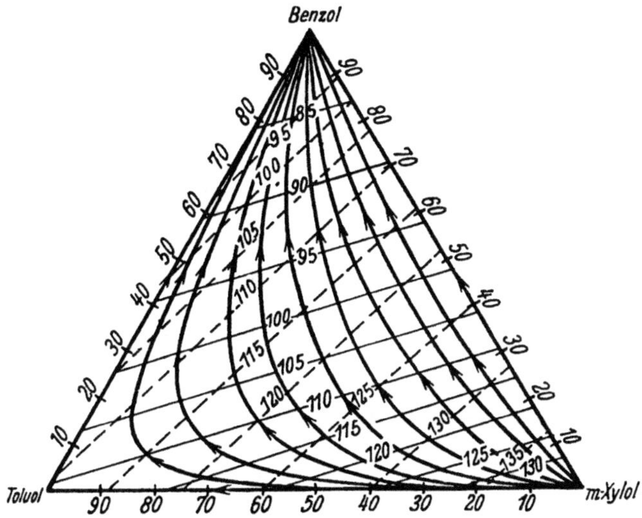

Abb. 16. Verlauf der Zusammensetzungsänderung bei der Verdampfung eines Dreistoffgemischs.

die Temperatur von 105° die Siedekurve *A B* und die zugehörige Kondensationskurve *C D* eingezeichnet. Jedem Punkt auf der Flüssigkeitsisobaren *A B* entspricht ein bestimmter Punkt auf der Dampfisobaren *C D*. Zeichnet man sich für den gegebenen Druck eine große Zahl von Siede- und Kondensationskurven in das Grunddreieck (in Mol.-%) ein und denkt sich die entsprechenden Punkte jedesmal auf den zugehörigen Kurven verbunden, so entstehen nach Abb. 16 Kurven, die den Verlauf der Zusammensetzungsänderung bei der Verdampfung angeben. Man erkennt an dem ausgeführten Beispiel, daß der Toluolgehalt sich im Dampf am wenigsten ändert. Am stärksten ist immer die Zunahme des Benzolgehaltes bei der Verdampfung. Nur bei geringem Benzolgehalt in der Flüssigkeit steigt bei der Destillation auch der Toluolgehalt erheblich an. Für ideale Gemische läßt sich die Dampfzusammensetzung in ähnlicher Weise wie bei den Zweistoffgemischen berechnen.

Sind zwei der drei Bestandteile ineinander vollkommen löslich, in dem dritten Stoff jedoch vollkommen unlöslich, so hat das Gemisch meist einen Minimumsiedepunkt, der dem niedrigsten Minimumsiedepunkt der beiden unlöslichen Stoffpaare entspricht. Als Beispiel ist auf Abb. 17 das Temperaturschaubild eines Benzol-Toluol-Wassergemenges mit den Zusammensetzungen in Mol.-% für 760 mm QS dargestellt. Alle Dampfzusammensetzungen liegen zwischen dem Minimumsiedepunkt von Toluol-Wasser von 84,5⁰ (Punkt *A*) und dem Minimumsiedepunkt von Benzol-Wasser von 69⁰ (Punkt *B*).

Wenn alle drei Stoffpaare einen Minimumsiedepunkt haben, hat auch das Dreistoffgemisch in der Regel einen Minimumsiedepunkt, der meist in der Nähe des niedrigsten Minimumsiedepunkts der drei Stoffpaare liegt. Zu den Dreistoffgemischen mit Minimumsiedepunkt gehören: Isopropylalkohol-Benzol-Wasser, Äthylalkohol-Chloroform-Wasser, Äthylalkohol-Benzol-Wasser. Bei dem zuletzt genannten, in Abb. 18 als Beispiel im Temperaturschaubild für 760 mm über den Zusammensetzungen in Mol.-% dargestellten Gemisch beträgt der Minimumsiedepunkt 64,85⁰, während die Siedetemperaturen der reinen Bestandteile bei gleichem Druck 78,3⁰, 80,5⁰ und 100⁰ betragen. Im Minimumsiedepunkt herrscht folgende Zusammensetzung in Gew.-%: 7,5% Wasser, 18,5% Alkohol und 74% Benzol. Fügt man also zu hochprozentigem Sprit Benzol zu, so kann man aus diesem Gemisch wasserfreien Alkohol herstellen, da das Gemisch mit der Zusammensetzung des Minimumsiedepunktes bei ausreichender Verstärkung übergeht (Verfahren nach Sidney Young).

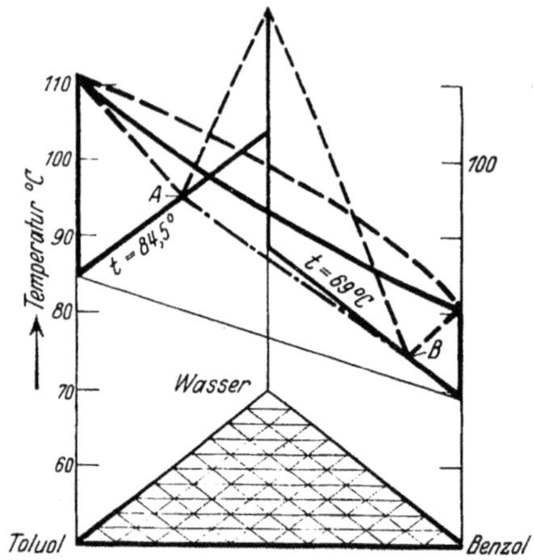

Abb. 17. Temperaturschaubild eines Dreistoffgemischs mit einem unlöslichen Bestandteil.

Besitzt nur **ein** Stoffpaar eines Dreistoffgemischs einen Maximum- oder Minimumsiedepunkt, so kann man meist **zwei** getrennte Bereiche von Zusammensetzungen unterscheiden, innerhalb derer die Destillation in bestimmter Richtung verläuft. Die Grenze der beiden Gebiete hängt in der Hauptsache von der Lage des Maximum- oder Minimumsiedepunkts ab. Als Beispiel sei das für die Hochkonzentration von Salpetersäure technisch wichtige System Schwefelsäure-Salpetersäure-Wasser genannt, das von E. Berl und O. Samtleben eingehend untersucht worden ist [Ztschr. angew. Chem. 35, 201, 205 (1922)]. Das Stoffpaar Salpetersäure-Wasser besitzt bei 760 mm und 120,5⁰ bei einem Gehalt von 68% Salpetersäure einen Minimumdampfdruck und Maximumsiedepunkt. In dem Dreistoffsystem Schwefelsäure-Salpetersäure-Wasser wird die Wasserdampfspannung durch die Schwefelsäure stark erniedrigt, so daß die Salpetersäure infolge ihres hohen Teilsdrucks leicht in konzentrierter Form abgetrieben werden kann. Bei Beginn der Destillation von Säuregemischen mit **mehr** als 32% Wasser geht zunächst ein stark wäßriges

Destillat über, dessen Gehalt an Salpetersäure geringer ist als der Gehalt an Salpetersäure in der zurückbleibenden Flüssigkeit. Bei bestimmten Zusammensetzungen in diesem Bereich bleibt der Gehalt an Salpetersäure im Dampf und in der Flüssigkeit bei der Destillation nahezu unverändert. Je mehr sich der Wassergehalt der Grenze von 32% nähert, um so größer wird der Salpetersäuregehalt im Destillat. Bei Säuregemischen mit weniger als 32% Wasser nimmt der Wassergehalt ungefähr proportional mit dem Gehalt an Schwefelsäure ab. Bei

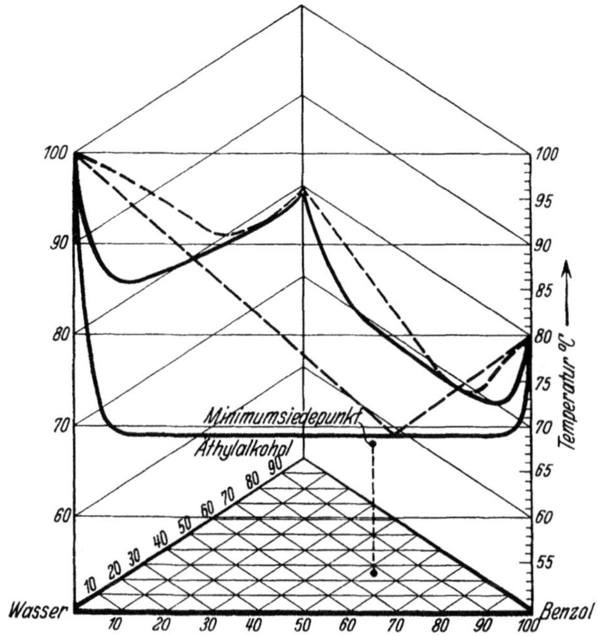

Abb. 18. Temperaturschaubild eines Dreistoffgemischs mit Minimumsiedepunkt.

sehr geringem Salpetersäuregehalt geht ein immer wasserreicheres Destillat über.

Ähnlich wie bei den Zweistoffgemischen verändern sich die bei einer bestimmten Flüssigkeitszusammensetzung vorhandenen Dampfzusammensetzungen, wenn die Destillation unter einem anderen Druck vorgenommen wird. Im allgemeinen kann man aus den Verschiebungen der Dampfzusammensetzungen der Zweistoffpaare bei Druckänderungen auch auf die Veränderungen der Dampfzusammensetzungen des Dreistoffgemischs für andere Destillationsdrücke Schlüsse ziehen. Die Lage des ausgezeichneten Punktes eines Dreistoffgemischs verändert sich bei Druckänderungen in gleicher Richtung wie die entsprechenden Punkte der Zweistoffgemische, die dem ausgezeichneten Punkt des Dreistoffgemischs den Zusammensetzungen nach benachbart sind [vgl. K. Thormann: Chem. Apparatur **1928**, 40].

5. Gemische mit mehr als drei Bestandteilen.

Sind im Gemisch mehr als drei Bestandteile vorhanden, so wird die Darstellung der Eigenschaften des Gemischs mit Hilfe der Zusammensetzungen schwierig. Man begnügt sich daher in diesen Fällen meist mit den sog. Siedekurven, indem man die Siedetemperaturen in Abhängigkeit von dem Gewicht des übergegangenen Destillats aufzeichnet. Praktisch erhält man diese Kurven dadurch, daß das Destillat in einer großen Zahl von Fraktionen aufgefangen wird, die gewogen werden. Die mittleren Fraktionstemperaturen werden dann in Abhängigkeit vom Gewicht der Teilmengen in einem Schaubild aufgetragen.

Diese Darstellung genügt insbesondere dann, wenn die Bestandteile vollkommen gegenseitig löslich sind, ohne daß Bestandteile dabei sind, die einen ausgezeichneten Punkt bilden. Sie gehen dann nacheinander je nach der Höhe der Siedepunkte über. Im Dampf sind daher die Bestandteile mit den niedrigsten Siedepunkten immer am stärksten vertreten. Als Beispiel ist auf Abb. 19 der Destillationsverlauf eines aus fünf vollkommen löslichen Stoffen A, B, C, D und E bestehenden Gemischs dargestellt, wobei der Bestandteil mit dem niedrigsten Siedepunkt mit A und der mit dem höchsten mit E bezeichnet ist. Die Dampfdruckkurven im mittleren Schaubild geben einen Anhalt für die jeweilige Dampfzusammensetzung. Man erkennt, daß neben dem vorwiegend im Destillat vorhandenen Bestandteil auch die Komponenten, welche, dem Siedepunkt nach, diesem Hauptbestandteil benachbart sind, im Dampf vertreten sind. Im untersten Schaubild ist die sich bei der Destillation ergebende Siedekurve dargestellt. Solche Kurven werden besonders zur Kennzeichnung von Erdölfraktionen verwendet.

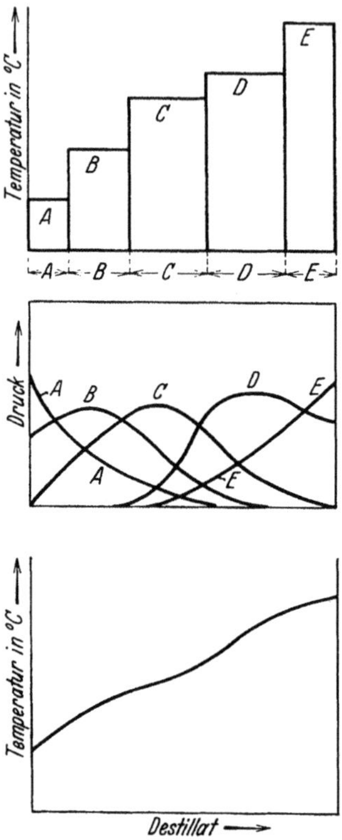

Abb. 19. Druck- und Siedekurven eines Fünfstoffgemischs.

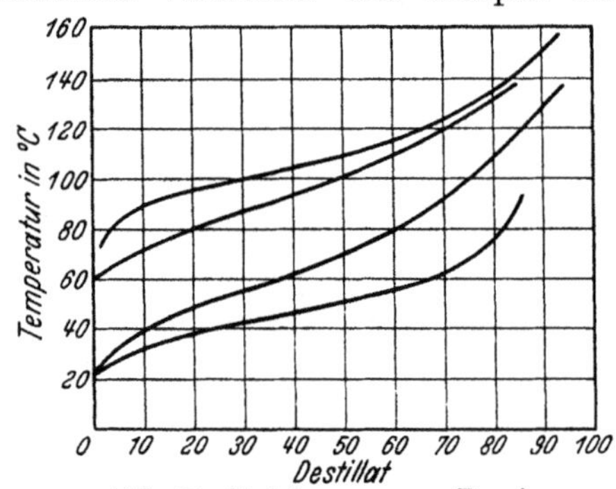

Abb. 20. Siedekurven von Benzinen.

Die Siedekurven von vier verschiedenen Benzinen sind auf Abb. 20 beispielsweise dargestellt. In diesen Gemischen sind, wie man aus den sog. Siedeschwänzen erkennt, neben den Hauptbestandteilen Reste von Stoffen mit sehr geringen und sehr hohen Siedepunkten vorhanden.

II. Destillieren und Rektifizieren von Zweistoffgemischen.

1. Allgemeines.

Die in der Technik ausgeführten Destillationsverfahren richten sich nicht nur nach den chemisch-physikalischen Eigenschaften der Flüssigkeiten, sondern ganz besonders auch nach dem Destillationszweck, den zu verarbeitenden Mengen und den sonstigen durch den Betrieb gegebenen Bedingungen. In manchen Fällen kommt es auf eine vollständige Trennung der Bestandteile an (Spritreinigung, Wiedergewinnung flüchtiger Lösungsmittel in der Pulver-, Gummi-, Kunstseidenindustrie, Herstellung von Rohstoffen und Zwischenerzeugnissen für die Farbenindustrie), häufig genügt die Gewinnung von Gemischen mit bestimmten Siedepunktsgrenzen (Teer-, Erdöldestillation) oder eine teilweise Trennung (Destillation von Maischen, Harzen, Likörherstellung). Die Mengen, die zu verarbeiten sind, können ausschlaggebend dafür sein, ob die Apparaturen für stetigen oder absatzweisen Betrieb einzurichten sind.

2. Einfache Verdampfung.

Wird nur eine teilweise Trennung der Bestandteile verlangt oder liegen die Siedepunkte der Bestandteile des Gemischs sehr weit auseinander, so genügt eine einmalige Verdampfung in einem einfachen Blasenapparat. Dieser besteht in seiner einfachsten Ausführung aus der das Destillationsgut aufnehmenden Blase, die mit Dampf, Heißwasser oder Feuergasen beheizt wird, dem Kühler oder Kondensator, der zur Verflüssigung der Dämpfe durch Wärmeabgabe an die Luft oder Kühlwasser oder gekühlte Sole dient, und den Vorlagen, in welchen das Destillat gesammelt wird. Soll mit Unterdruck gearbeitet werden, so wird an die Vorlage noch eine Luftpumpe angeschlossen.

Die am häufigsten benutzten Blasenformen sind auf Abb. 21 zusammengestellt: *a* = gegossene, stehende Blase mit kugeligem Boden und Feuergasbeheizung (Harz-, Firnis-, Öldestillation), *b* = schmiedeeiserne Blase mit hochgewölbtem Boden für Feuerbeheizung (Teerdestillation), *c* = dampfbeheizte Blase für niedrigsiedende Stoffe (Sprit, Maischen, ätherische Öle), *d* = liegende Blase für Dampfbeheizung (Lösungsmittel, niedrigsiedende Stoffe), *e* = Röhrenerhitzer, als Durchlaufverdampfer ausgebildet, mit Abscheidegefäß (Erdöldestillation).

Um die Destillationstemperatur zu vermindern, wird oft die Destillation mit Wasserdampf angewendet (vgl. Abschnitt I, 2, S. 398), wenn der betreffende Stoff in Wasser unlöslich ist. Die Wasserdampfzugabe kann so erfolgen, daß das Wasser zugleich mit dem Destillationsgut in die von außen oder mit besonderen Heizflächen beheizte Blase gefüllt wird. Der Wasserdampf kann auch unmittelbar durch gelochte Rohrschlangen oder andere Verteilvorrichtungen in die zu destillierende Flüssigkeit geblasen werden. Da der Wasserdampf dabei in der Hauptsache

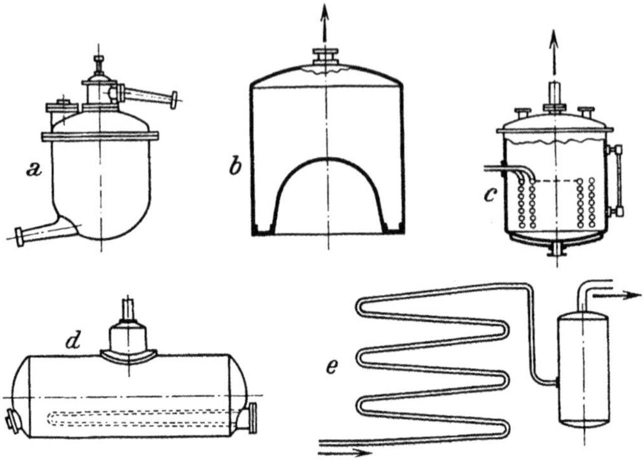

Abb. 21. Blasenformen.

als Begleiter des Destillatdampfes dient, muß die Blase noch mit mittelbarer Beheizung versehen sein. Um ein Überreißen von Flüssigkeit zu verhüten, muß der Dampf dabei auf einen Geringstdruck herabgedrosselt

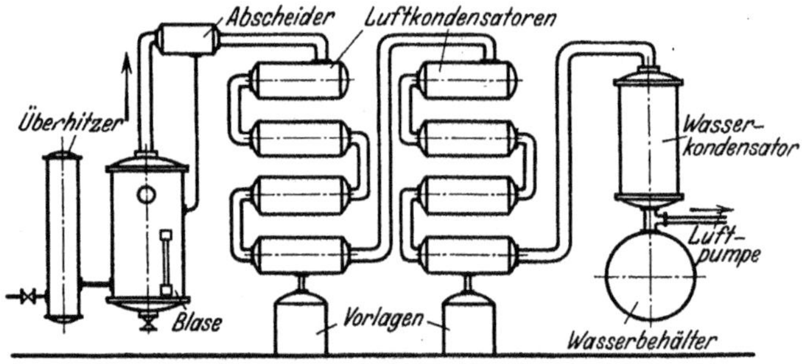

Abb. 22. Glycerindestillierapparat.

werden. Häufig bläst man auch Wasserdampf unmittelbar in wasserlösliche Stoffe ein, wenn diese leichter als Wasser sieden, wie es bei alkoholhaltigen Maischen der Fall ist.

Hochsiedende Stoffe werden, auch wenn sie ganz oder teilweise in Wasser löslich sind, oft durch Einleiten von überhitztem Dampf destilliert. Durch vorsichtige, allmähliche Abkühlung, beispielsweise in einem besonderen Luftkühler, wird zunächst der höhersiedende Stoff und darauf in einem zweiten Kühler der Wasserdampf verflüssigt.

Als Beispiel ist auf Abb. 22 ein Glycerindestillierapparat dargestellt. Ein Röhrenwärmeaustauscher erzeugt den überhitzten Dampf. Das

Destillat wird in zylindrischen Luftkühlern kondensiert. — Hintereinandergeschaltete senkrechte Rohre werden häufig als luftgekühlte Kondensatoren bei der Fettsäuredestillation benutzt.

Die Zusammensetzung der Blasenfüllung ändert sich im Verlauf des Abtriebs. Verdampft von der Blasenfüllung B die Menge dB mit dem Gehalt an Leichtsiedendem X im Dampf, der im Gleichgewicht der Flüssigkeitszusammensetzung x entspricht, so ergibt sich:

$$\frac{dB}{B} = \frac{dx}{X - x}.$$

Für die Grenzen x_1 und x_2, die den Blasenfüllungen B_1 und B_2 entsprechen mögen, erhält man dann:

$$\ln \frac{B_1}{B_2} = \int_{x_2}^{x_1} \frac{dx}{X - x}. \tag{12}$$

Um mitgerissene Flüssigkeitsteilchen abzuscheiden oder um durch teilweise Kondensation von Dämpfen eine geringe Anreicherung der Dämpfe zu erhalten, werden auf die Blasen häufig kugelförmige Hauben oder linsenartige Kühlflächen gesetzt. Um Überhitzungen des Guts zu verhüten, wendet man oft Wasserbäder an. Aus ähnlichen Gründen baut man auch oft Rührwerke in die Blasen ein. In allen Fällen ist auf leichte Reinigungsmöglichkeit der Blasen Bedacht zu nehmen.

3. Rektifikation.

a) Allgemeines.

Eine einmalige Verdampfung ermöglicht in den meisten Fällen nicht eine ausreichende Trennung der zu verarbeitenden Gemische. Man führt daher den Dampf in eine Trennsäule (Kolonne), in der jedes Gemisch getrennt werden kann, soweit dies entsprechend den besprochenen Eigenschaften der Lösungen überhaupt möglich ist. In der Trennsäule wird der Dampfstrom einem ständig von oben mit Siedetemperatur herabfließendem Flüssigkeitsstrom entgegengeführt, um die leichtersiedende Komponente im Dampf anzureichern und aus der Flüssigkeit zu entfernen. Allen Trennsäulen ist das Gegenstromverfahren zwischen dem aufsteigenden Dampf und der herabgehenden Flüssigkeit gemeinsam. Um Leicht- und Schwersiedendes zwischen Dampf und Flüssigkeit auszutauschen, ist eine innige Berührung zwischen diesen beiden Phasen notwendig, die durch zwei Kolonnenbauarten erreicht wird. Entweder staut man die Flüssigkeit auf besonderen Böden und läßt den Dampf durch die dabei entstehenden Flüssigkeitsschichten hindurchtreten oder man verteilt die herabgehende Flüssigkeit durch Füllkörper oder ähnlichwirkende Einbauten, so daß der gesamte Dampfstrom mit Flüssigkeit durchrieselt wird. Dementsprechend nennt man diese beiden Verfahren auch Durchström- und Oberflächenrektifikation.

In den Kolonnen mit Böden, die man auch als Sprudelsäulen bezeichnet, nimmt der Druck entsprechend der Zahl der Flüssigkeitsschichten nach unten zu. In den Füllkörpersäulen (Benetzungssäulen) entsteht ein Druckunterschied zwischen oberem und unterem

Ende der Kolonne nur durch den Strömungswiderstand, der durch die Füllkörper, die sonstigen Einbauten und die Verengungen des Querschnitts durch die herabrieselnde Flüssigkeit entsteht. Dieser Druckabfall ist geringer als der einer gleich hohen Säule mit Böden. Die Füllkörpersäulen sind daher für die Vakuumdestillation besonders geeignet.

Die Böden der Kolonnen werden meist als Siebböden und als Glocken- oder Kappenböden ausgeführt (Abb. 23). Bei der erstgenannten Bauart sind die Böden mit einer großen Zahl von Löchern von 2—3 mm Durchmesser versehen, durch die der Dampf von unten tritt. Der Dampfdruck verhindert, daß die aufgestaute Flüssigkeit durch die Löcher nach unten fließt. Die Höhe der Flüssigkeitsschicht ist durch den Überlaufrand des Rücklaufrohrs gegeben. Da der Dampf in guter Verteilung durch die zahlreichen Löcher tritt, ist die Wirkung eines Siebbodens verhältnismäßig gut, d. h. der von dem Boden aufsteigende Dampf und

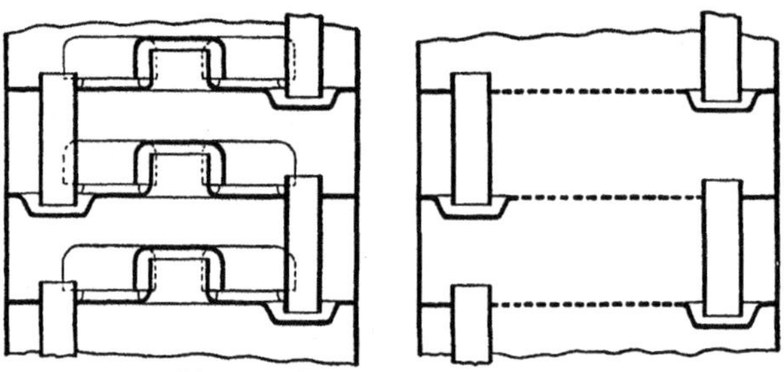

Abb. 23. Glocken- und Siebboden.

die von diesem Boden herabfließende Flüssigkeit nähern sich in ihrer Zusammensetzung weitgehend dem Phasengleichgewicht. Bei einem Sinken des Druckes besteht die Gefahr, daß die Flüssigkeit durch die Dampflöcher fällt. Bei den Glocken- oder Kappenböden wird der Dampf mit Hilfe besonderer Rohre oder langer Schlitze, die mit Kappen oder Glocken überdeckt sind, durch die Flüssigkeitsschicht geführt. Glocken- oder Kappenböden werden in zahlreichen Ausführungsformen angewendet, welche gleichmäßige Verteilung und innige Berührung zwischen Flüssigkeit und Dampf, hohe Dampfgeschwindigkeiten in der Säule und niedrige Bauhöhen erzielen sollen.

Die Wirkung eines Bodens beruht darauf, daß der Dampf bei seinem Durchtritt durch die Flüssigkeitsschicht Schwersiedendes abgibt und Leichtsiedendes von der Flüssigkeit aufnimmt. Dieser Austausch kann mehr oder weniger vollkommen sein. Die Art des Ausgleichs zwischen Flüssigkeit und Dampf hängt wesentlich von den Unterschieden der Temperaturen und Zusammensetzungen gegenüber den Gleichgewichtswerten, von den Strömungen auf dem Boden und den Mischungsvorgängen ab. Einen erheblichen Einfluß kann das Hochreißen von Flüssigkeit durch die Dampfströmung haben, da die Flüssigkeit auf dem darüberliegenden Boden sich entsprechend verdünnt. Nach A. J. V. Underwood [Trans. Inst. Chem. Engr. **10**, Sonderdruck (1932)] verliert ein Boden an Wirksamkeit entsprechend dem Verhältnis der hochgeworfenen Flüssigkeit zur Rücklaufmenge. Dieser Verstärkungsverlust eines Bodens kann 10—20% betragen. Rechnerische Beziehungen für den Austausch zwischen Dampf und Flüssigkeit bei der Trennung von Zweistoffgemischen hat F. Bošnjaković [Forschg. Ing.-Wes. **3**, 213 (1932)] aufgestellt, wobei er den Stoffaustausch als Evasion und Invasion der Einzelkomponenten auffaßt. — In der Regel entspricht also die Zusammensetzung des Dampfes, der von einem Boden aufsteigt, nicht der Zusammensetzung, die sich im Phasengleichgewicht aus der Flüssigkeit auf dem betreffenden Boden ergeben würde, sondern der Gehalt an Leichtsiedendem im Dampf ist geringer. Um trotzdem die Vorgänge in einer Trennsäule verfolgen zu können, macht man die Annahme, daß der von einem Boden aufsteigende Dampf und die von diesem Boden herabgehende Flüssigkeit sich im Gleichgewicht befinden, wie es sich aus der Gleichgewichtskurve ergibt. Das Verhältnis der wirklich vorhandenen Verstärkung zu der Anreicherung, die man mit dieser Annahme erhält, bezeichnet man als den Wirkungsgrad des einzelnen Bodens. Da die oben genannten Gefälle von Temperatur, Zusammensetzung usw. von Boden zu Boden verschieden sind, haben auch die einzelnen Böden in einer Säule verschieden große Wirkungsgrade.

b) Die Zusammensetzungen in einer Säule.

Mit dieser Annahme lassen sich die Zusammensetzungen in einer Säule und ihre Abhängigkeit von der herabgehenden Flüssigkeit, dem Rücklauf, verfolgen. Dies soll zunächst für eine Verstärkungssäule mit Böden üblicher Bauart nach Abb. 24 durchgeführt werden. Unten tritt der Dampf aus einer Destillierblase oder von dem obersten Boden einer anderen Säule, beispielsweise der Abtriebsäule eines stetig arbeitenden Apparats, in die Verstärkungssäule, oben geht er stark angereichert in den Rücklaufkondensator, aus welchem der Rücklauf in die Säule zurückfließt. Der Restdampf strömt in den Destillatkühler, wo er sich als Fertigerzeugnis niederschlägt und die Apparatur verläßt.

Zur Berechnung der Vorgänge in Trennsäulen hat man zahlreiche analytische und zeichnerische Verfahren entwickelt, die sich meist nur durch bestimmte, vereinfachende Annahmen und die Art der Darstellung voneinander unterscheiden. Derartige Verfahren haben angegeben: Sorel [Distillation et Rectification Industrielles. Paris 1899]; E. Hausbrand [Wirkungsweise der Destillier- und Rektifizierapparate. Berlin 1921]; Leslie [Motor Fuels **1923**]; Lewis [Ind. engin. Chem. **1922**, 492]; Bergström [Grunder för beräkningar vid destillation av vätskeblandningar i kolonnapparater, 1917]; Mariller [Distillation et rectification des liquides industriels, 1925]; Ariis [Distillazione frazionata, 1927]; Gay [Chim. et Ind. **1920**, 157, 178, 735; **1921**, 567; **1923**, 811, 1026]; Fouché [Mém. C. R. Trav. Soc. Ing. civ. France **1922**, 64]; Ponchon [Technique mod. **1921**, 20, 55]; van Nuys [Chem. metallurg. Engin. **1923**, 207, 225, 311, 359, 408]; Savarit [Arts et Métiers **1922**, 65, 142, 178, 241, 266, 307]; F. Merkel [Arch. Wärmewirtsch. **1929**, 13]; Rodebush [Ind. engin. Chem. **1922**, 1036]; McCabe and Thiele [Ind. engin. Chem. **1925**, 605]; Robinson [Elements of Fractional

Distillation, 2. Aufl. 1930]; S. Libinson [Chem. Apparatur 18, 253 (1931)]; A. J. V. Underwood [Trans. Instn. Chem. Engr. 10 (1932)]; Cz. Grabowski [Przem. Chemiczny 17, 48 (1933)]; Thormann [Destillieren und Rektifizieren. Leipzig 1928]. — In allen Fällen ist erforderlich, daß die Beziehungen zwischen Flüssigkeits- und Dampfzusammensetzungen, die Gleichgewichtskurven, bekannt sind.

Es seien in molekularen Einheiten:

G = zwischen zwei beliebigen Böden aufsteigende Dampfmenge in der Zeiteinheit,
g = Rücklaufmenge/Zeiteinheit,
X = Gehalt an Leichtsiedendem im Dampf,
x = Gehalt der Flüssigkeit an Leichtsiedendem,
D = Destillatmenge/Zeiteinheit,
x_D = Gehalt an Leichtsiedendem im Destillat.

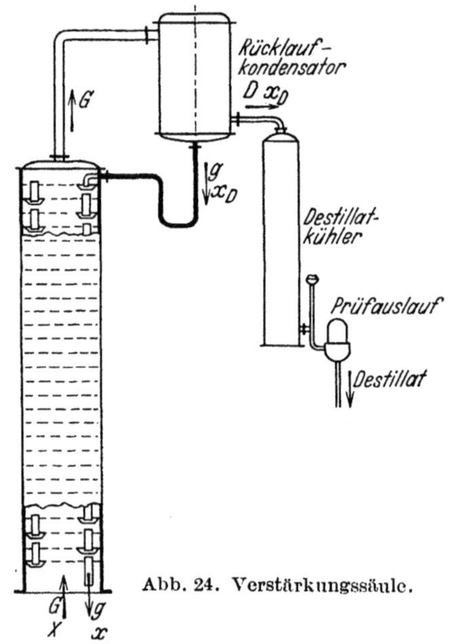

Abb. 24. Verstärkungssäule.

Für jeden beliebigen Querschnitt in der Verstärkungssäule ergeben sich dann folgende Gleichungen:

$$G = g + D \qquad (13)$$

$$GX = gx + Dx_D \qquad (14)$$

$$X = \frac{g}{g+D}\,x + \frac{Dx_D}{g+D}. \qquad (15)$$

Führt man das Rücklaufverhältnis $g/D = v$ ein, so erhält man für die Zusammensetzungen in der Säule zwischen zwei beliebigen Böden:

$$X = \frac{v}{v+1}\,x + \frac{x_D}{v+1}. \qquad (16)$$

Die Destillatzusammensetzung x_D ist in der Regel durch den Destillationszweck als Konstante gegeben. Aber auch der Wert v kann mit hinreichender Annäherung für alle Böden einer Säule als unveränderlich angesehen werden, wie sich durch Aufstellung einer Wärmebilanzgleichung zeigen läßt [vgl. Thormann: Destillieren und Rektifizieren, S. 35. Leipzig 1928]. Hierbei ist, wie bereits erwähnt, die Anwendung molekularer Einheiten vorausgesetzt. Die obige Gleichung stellt dann in einem Schaubild mit den Zusammensetzungen der Flüssigkeit x in Mol.-% als Abszissen und den Dampfzusammensetzungen X in Mol.-% als Ordinaten eine Gerade mit der Steigung $v/(v+1)$ und einem Abschnitt auf der Ordinatenachse $x_D/(v+1)$ dar. Sie gibt für jeden Querschnitt in der Verstärkungssäule für eine bestimmte Destillatzusammensetzung x_D und ein gegebenes Rücklaufverhältnis v den Gehalt an Leichtsiedendem im Dampf, der von einem beliebigen Boden aufsteigt, und den Gehalt an Leichtsiedendem in der Flüssigkeit, die von dem darüberliegenden Boden auf ihn herabströmt.

Um die Zusammensetzungen in einer Säule fortlaufend verfolgen zu können, muß man auch den Zusammenhang zwischen der Zusammensetzung des Dampfes, der von einem beliebigen Boden aufsteigt, und der Zusammensetzung der Flüssigkeit die von diesem Boden auf den nächsten unteren herabströmt, kennen. Da dieser jedoch von der Wirkungsweise des Bodens abhängt, muß man sich mit der bereits erwähnten Annahme helfen, daß diese Beziehung durch die Gleichgewichtskurve gegeben sei. In Wirklichkeit ist die mit einem Boden erzielte Anreicherung an Leichtsiedendem geringer als dem Phasengleichgewicht entsprechen würde, so daß für eine bestimmte Trennung eine höhere Bodenzahl notwendig wird, als man mit dieser Annahme erhalten würde. Das Verhältnis der auf diese Weise für eine gegebene Trennung ermittelten Bodenzahl zu der tatsächlich notwendigen Bodenzahl kann man als den *mittleren Wirkungsgrad der Böden* bezeichnen. Er liegt je nach den Eigenschaften der zu verarbeitenden Stoffe und der Bauart der Böden zwischen 30 und 80%. Dieser Erfahrungswert muß also hinreichend bekannt sein, wenn man quantitative Auswertungen mit Hilfe der im folgenden angegebenen Verfahren vornehmen will.

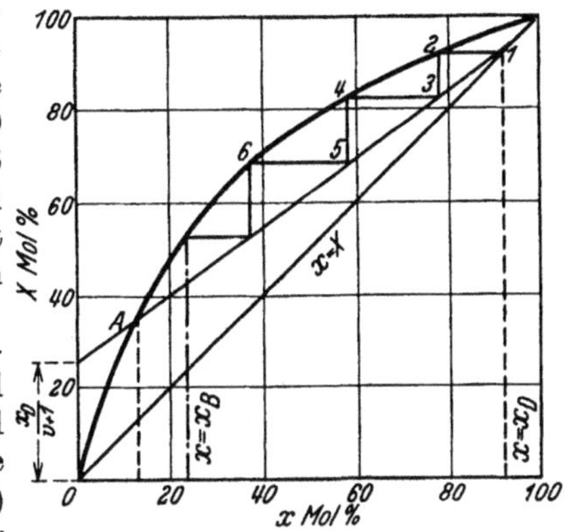

Abb. 25. Zusammensetzungen in einer Verstärkungssäule.

Da mit dieser Annahme eine Beziehung zwischen Flüssigkeits- und Dampfzusammensetzungen über und unter einem Boden und durch die oben genannte lineare Gleichung (16) eine entsprechende Beziehung für Dampf- und Flüssigkeitszusammensetzungen zwischen zwei beliebigen Böden gegeben ist, kann der *Verlauf der Anreicherung* in einer Verstärkungssäule in einfacher Weise ermittelt werden [vgl. Thiele u. McCabe: Ind. engin. Chem. **17**, 605 (1925)].

Man zeichnet in ein X-x-Schaubild für das angewendete Rücklaufverhältnis v und die gegebene Destillatzusammensetzung x_D die Gerade für die Verstärkungssäule nach obiger Gleichung ein. Sie schneidet die Diagonale des Schaubildes bei $x = x_D$. Es sei angenommen, daß der Kondensator keine verstärkende Wirkung habe, was naturgemäß nicht immer genau zutrifft. Flüssigkeits- und Dampfzusammensetzungen über dem obersten Boden der Verstärkungssäule werden dann auf Abb. 25 durch Punkt *1* dargestellt. Die Zusammensetzung des Dampfes, der sich von dem obersten Boden erhebt und die Ordinate von *1* hat, und die Zusammensetzung der Flüssigkeit, die von diesem Boden auf den zweiten herabfließt, werden durch den auf der Gleichgewichtskurve liegenden Punkt *2* dargestellt. Die Zusammensetzung der Flüssigkeit, die vom ersten auf den zweiten Boden läuft, wird durch den auf der Geraden für die Verstärkungssäule liegenden Punkt *3* gekennzeichnet. Punkt *4*, der auf der Gleichgewichtskurve liegt und die Ordinate des Punktes *3* hat, stellt den Dampf dar, der vom zweiten Boden aufsteigt. Seine Abszisse (Punkt *5*) gibt die Zusammensetzung der Flüssigkeit, die von diesem Boden auf den dritten herabgeht. Man erkennt bei diesem Verfahren, daß die Trennsäule für die gegebenen Werte von x_D und v theoretisch soviel Böden haben muß, als sich zwischen der Geraden für die Verstärkungssäule und der Gleichgewichtskurve Stufen in der dargestellten Weise bis zu der Zusammensetzung ziehen lassen, die dem unten in die Verstärkungssäule eintretenden Dampf entspricht. Kommt der Dampf aus einer Verdampfblase, so ist diese Zusammensetzung durch den Gehalt der Blasenfüllung an Leichtsiedendem ($x = x_B$ auf Abb. 25) gegeben. Sie kann aber auch durch den vom obersten Boden einer anderen Säule, beispielsweise von dem Einlaufboden der Abtriebsäule eines stetig arbeitenden Apparates aufsteigenden Dampf bestimmt sein.

c) Der Rücklauf.

Wie sich aus den bisherigen Ausführungen ergibt, ist neben dem Wirkungsgrad der Böden in erster Linie die Rücklaufmenge für die Anreicherung von Boden zu Boden und die Wirkung einer Trennsäule maßgebend. Wie auch Abb. 25 ersehen läßt, wird das in der Kolonne zur Verfügung stehende Konzentrationsgefälle um so größer, je steiler die Gerade für die Verstärkungssäule verläuft, je größer also das Rücklaufverhältnis v ist. Der Wärmebedarf für eine bestimmte Destillatmenge ist jedoch unter sonst gleichen Umständen dem Rücklaufverhältnis v nahezu proportional. Mit steigendem Konzentrationsgefälle in der Säule wird die für eine bestimmte Trennung erforderliche Bodenzahl und entsprechend die Bauhöhe der Apparatur geringer. Höheren Kosten für Wärme im Betrieb entsprechen daher geringere Kosten für die Anlage. Da die aus Anlage und Betrieb sich ergebenden Gesamtkosten so gering wie möglich werden müssen, kann der Rücklauf in der Regel aus wirtschaftlichen Gründen nicht über ein bestimmtes Maß gesteigert werden, weil die geringen Ersparnisse an Anlagekapital die dabei stark wachsenden Kosten für den Wärmebedarf nicht ausgleichen würden.

Nach unten ist die für eine bestimmte Trennung anzuwendende Rücklaufmenge durch die Bedingung begrenzt, daß nur dort eine Anreicherung in der Verstärkungssäule stattfinden kann, wo zwischen der Geraden für die Verstärkungssäule (Abb. 25) und der Gleichgewichtskurve ein Spielraum vorhanden ist. Dieser verschwindet, wenn die Gerade für die Verstärkungssäule die Gleichgewichstkurve schneidet (Punkt A auf Abb. 25). Um diese Mindestrücklaufwärmen zu bestimmen, zeichnet man für die fraglichen Destillatzusammensetzungen die Geraden für die Verstärkungssäulen in ein X-x-Schaubild für verschiedene Rücklaufwerte v ein und ermittelt die Schnittpunkte dieser Geraden mit der Gleichgewichtskurve. Der Spielraum zwischen der Geraden für die Verstärkungssäule und der Gleichgewichtskurve wird aber auch dann für eine bestimmte Zusammensetzung gleich Null, wenn die Gerade die Gleichgewichtskurve an einer Stelle berührt. Dies ist besonders dann der Fall, wenn die Kurve einen Wendepunkt besitzt, wie es bei Gemischen mit Minimumsiedepunkt häufig der Fall ist. An einem solchen Berührungspunkt, wie beispielsweise Punkt B auf Abb. 26, würden an der entsprechenden Stelle die Dampfzusammensetzungen über und unter den betreffenden Böden gleich sein, so daß hier eine Anreicherung nicht mehr stattfinden könnte. Das Kolonnenstück, das dem Berührungspunkt der Geraden für die Verstärkungssäule mit der Gleichgewichtskurve entspricht, ist unendlich groß. In ähnlicher Weise wäre eine unendlich hohe Kolonne erforderlich, wenn man die Trennung genau bis zum Punkt A (Abb. 26) durchführen wollte.

Aus einem Schaubild nach Abb. 25 läßt sich auch die Verteilung der Zusammensetzungen in einer Säule für eine bestimmte Destillatzusammensetzung x_D und für bestimmte Werte von v untersuchen. Die Anreicherungen, die ein einzelner Boden erzielt, sind um so geringer, je mehr die Gleichgewichtskurve in dem betreffenden Bereich von Zusammensetzungen sich der Geraden für die Verstärkungssäule nähert. Die mit einem Boden erzeugte Verstärkung des Dampfes wird also besonders dann klein sein, wenn im Gleichgewicht, wie es sich aus der Gleichgewichtskurve ergibt, die Dampfzusammensetzung nahezu gleich der Flüssigkeitszusammensetzung ist. So sind beispielsweise 15 Böden notwendig, um Äthylalkoholdampf mit einem Rücklauf von etwa 12000 kcal für 10 kg Destillat von 90 auf 94 Gew.-% zu bringen. Es genügen jedoch für diese Bedingungen nur etwa 7 Böden zur Anreicherung des Dampfes von 80 auf 90 Gew.-%.

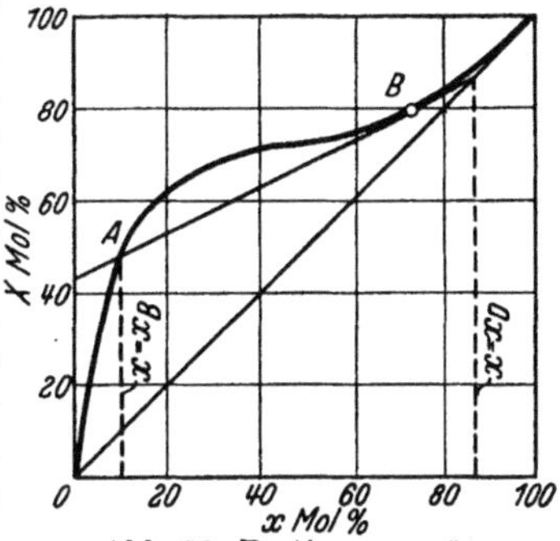

Abb. 26. Bestimmung des Mindestrücklaufs.

In Wirklichkeit liegen die Zusammensetzungen in der Säule nicht genau auf einer Geraden, sondern, da die Annahme, daß v in der Säule an allen Stellen unveränderlich ist, nicht genau stimmt, auf einer schwach gekrümmten Kurve. Eine genaue Vorausberechnung aller Vorgänge in der Säule ist wegen der Unsicherheit über den Wirkungsgrad der Böden nicht möglich. Weiterhin wird der Rücklauf durch die Wärmeverluste der Säule nach außen verändert, die bisher nicht berücksichtigt waren. Um auch diese, insbesondere bei kleinen Kolonnen, mitzubewerten, kann man sich die ganze Kolonne in mehrere Teile zerlegt denken, von denen jeder infolge der Wärmeverluste nach außen mit einem größeren Rücklauf arbeitet als der über ihm liegende. Der Wärmeverlust jedes Kolonnenstücks kann in üblicher Weise aus der Oberfläche, dem Temperaturunterschied und der Wärmedurchgangszahl oder dem Wärmewiderstand berechnet werden. Auf diese Weise kann der zusätzlich entstehende Rücklauf bestimmt werden. Denkt man sich dieses Verfahren für sehr kleine Kolonnenstücke durchgeführt, so erhält die Gerade für die Verstärkungssäule dadurch eine geringe Krümmung, und zwar wird die Steigung der dabei entstehenden Kurve für den untersten Teil der Säule am größten, da hier auch die Rücklaufmenge am größten ist. Wäre der im untersten Teil vorhandene Rücklauf in der ganzen Säule gleichbleibend, d. h., wären keine Wärmeverluste vorhanden, so könnten auf den höher liegenden Böden stärkere Anreicherungen erzielt werden.

Bei gleicher Destillatzusammensetzung würde man also bei einer Säule, die keine Wärmeverluste hätte, mit einer geringeren Bodenzahl auskommen. Bei gleicher Bodenzahl und gleicher Destillatzusammensetzung würde man mit einem geringeren Rücklauf arbeiten können. Es ergibt sich also, daß Wärmeverluste aus der Säule vermieden werden müssen und diese tunlichst dagegen zu isolieren ist.

d) Der Durchmesser der Säulen.

Der Wirkungsgrad der Böden hängt von der Dampfgeschwindigkeit ab, deren Bemessung daher von größter Bedeutung ist [vgl. E. Kirschbaum: Ztschr. Ver. Dtsch. Ing. 75, 1212 (1931)]. Ist die Dampfgeschwindigkeit beim Durchtritt durch die Flüssigkeitsschicht zu klein, so wird die höchstmögliche Anreicherung nicht erzielt, weil die Flüssigkeit nicht genügend bewegt und durchgewirbelt wird. Ist sie zu groß, so kann der Dampf mit der Flüssigkeit nicht in genügende Berührung kommen, weil diese hochgeworfen wird, wobei sich auch Stauungen in der Säule ergeben können. Da es schwierig ist, die Dampfgeschwindigkeiten, die beim Durchtritt der Blasen durch die Flüssigkeit auftreten, zu bestimmen, bezieht man die Dampfgeschwindigkeit meist auf den ganzen Säulenquerschnitt. Diese mittlere Dampfgeschwindigkeit beträgt für Säulen mit Böden etwa 0,1—0,6 m/s. Die höheren Werte sind insbesondere für Siebböden zulässig. In der Erdölindustrie hat man durch geeignete Ausbildung der Kappen auch Dampfgeschwindigkeiten von 0,7 m/s bei Bodendurchmessern von 3000 mm anwenden können [nach R. B. Chillas u. H. M. Weir: Ind. engin. Chem. 22, 206 (1930)]. Je geringer der Destillationsdruck ist, um so größere Dampfgeschwindigkeiten kann man in der Regel zulassen. In der Spiritusindustrie findet man auch noch geringere Dampfgeschwindigkeiten.

Aus der Dampfgeschwindigkeit ergibt sich der erforderliche Durchmesser der Säule. Bezeichnet man die sekundliche Destillatmenge in Molen mit D, die Siedetemperatur in ^{0} C mit t, den mittleren Druck in der Säule in mm Hg mit p, die Dampfgeschwindigkeit in m/s mit c, das Rücklaufverhältnis mit v, so erhält man den Querschnitt der Säule F im m² aus der Beziehung:

$$F = \frac{D \times 22{,}4\,(273 + t)\,760\,(v + 1)}{c \cdot 273 \cdot p}.$$

e) Füllkörpersäulen (Benetzungssäulen).

Statt durch den Anstau auf Böden kann die notwendige Berührung zwischen Flüssigkeit und Dampf auch durch Füllkörper (s. S. 503) oder ähnliche Einbauten, über welche der Rücklauf rieselt, erreicht werden. Der Form nach kann man Füllkörper unterscheiden, die nach bestimmten Regeln in die Säule eingebaut werden (Stäbe, Horden, Prismen usw.), und solche, die regellos in die Kolonne geschüttet werden (Kugeln, Ringe, Sattelkörper, Drahtspiralen usw.). Jeder Form und Größe eines Füllkörpers kommt eine bestimmte, günstigste Dampfgeschwindigkeit zu. Je größer und einfacher in der Form die Füllkörper sind, um so höhere Dampfgeschwindigkeiten können gewählt werden. Bei kleinen Füllkörpern, beispielsweise Ringen von 6mal 6 bis 8mal 8 mm liegt die Betriebsdampfgeschwindigkeit etwa bei 0,2 m/s, bei großen Körpern beträgt sie bis zu 1 m/s [vgl. E. Kirschbaum: Ztschr. Ver. Dtsch. Ing. 75, 1213 (1931)]. Hohe Dampfgeschwindigkeiten ergeben hohe Druckverluste in der Säule, die insbesondere bei der Vakuumdestillation unerwünscht sind. Besondere Beachtung ist der gleichmäßigen Verteilung der Flüssigkeit zu widmen, da diese das Bestreben hat, nach außen zu drängen. Die Neigung der Flüssigkeit an den Rand der Säule zu fließen, wird durch den aufsteigenden Dampfstrom unterstützt. Durch geeignete Verteilböden kann diesen Wirkungen entgegengearbeitet werden. Von Bedeutung sind ferner die capillaren Eigenschaften der über die Füllkörper rieselnden Flüssigkeit, da diese das Maß der Benetzung und damit die Berührungsfläche zwischen Flüssigkeit und Dampf beeinflussen.

Die für die Säulen mit Böden abgeleiteten Beziehungen, insbesondere über die Gerade für die Verstärkungssäule, über den Einfluß des Rücklaufs und die Mindestrücklaufwärmen, können sinngemäß auf die Säulen mit Füllkörpern übertragen werden. Zur Berechnung der Kolonnenhöhe kann man sich jeden Boden durch ein äquivalentes Kolonnenstück ersetzt denken und entsprechend eine Differentialgleichung aufstellen. Man geht davon aus, daß die Anreicherung des Dampfes nach oben für ein bestimmtes Kolonnenstück um so stärker ist, je größer der Unterschied zwischen der vorhandenen Dampfzusammensetzung und derjenigen Zusammensetzung ist, die dem Phasengleichgewicht mit der Flüssigkeitszusammensetzung im gleichen Säulenquerschnitt entspricht [vgl. K. Thormann: Chem. Apparatur **1927**, 61]. Eine Theorie der Rektifikation in Füllkörpersäulen, die sich auf dem Wärmeaustausch zwischen Flüssigkeit und Dampf in der Säule gründet, hat E. Kirschbaum auf Grund von Versuchen aufgestellt [Chem. Fabrik **1931**, 38, 51, 63]. Aber auch in seinen Berechnungen sind naturgemäß Erfahrungswerte, wie die Wärmeübergangszahl und ihre Abhängigkeit von der Dampfgeschwindigkeit, der Art der Füllkörper und dem Rücklauf erforderlich.

4. Absatzweiser Betrieb.

Besonders dann, wenn verhältnismäßig kleine Mengen zu verarbeiten sind, wird die Rektifikation absatzweise durchgeführt, indem man eine bestimmte Menge in eine Blase füllt und diese Flüssigkeit allmählich verdampft. Da der aus der Blase aufsteigende Dampf eine Zusammensetzung hat, die sich aus der Zusammensetzung der jeweiligen Blasenfüllung ergibt, hängt die Zusammensetzung des Destillats, abgesehen von der Bodenzahl beim absatzweisen Betrieb noch vom Rücklauf ab. Ist der in molaren Einheiten angenommene Rücklauf unveränderlich, ist also die in die Blase eingeführte und die im Rücklaufkondensator abgeführte Wärmemenge unveränderlich, so bleibt in einem X-x-Schaubild auch die Steigung der Geraden für die Verstärkungssäule die gleiche. Sinkt im Verlauf eines Abtriebs die Zusammensetzung einer Blasenfüllung beispielsweise von x_B auf x_B' (Abb. 27), so fällt die Destillatzusammensetzung von x_D auf x_D', da die Gerade *a* mit den Zusammensetzungen *1, 2, 3, 4, 5* in die parallele Lage *b* mit den Zusammensetzungen *I, II, III, IV, V* übergeht. Soll die Destillatzusammensetzung x_D unverändert bleiben, so müßte bei gleichem Sinken im Gehalt der Blasenfüllung an Leichtsiedendem der Rücklauf auf das der Geraden *c* entsprechende Maß mit den Zusammensetzungen *A*, *B*, *C*, *D*, *E* vergrößert werden. Die jeweilige Zusammensetzung der Blasenfüllung kann leicht aus den bereits übergegangenen Destillatmengen und den Zusammensetzungen derselben errechnet werden. Der Gesamtwärmeverbrauch setzt sich aus den während des gesamten Abtriebs in jedem Augenblick verbrauchten Wärmemengen zusammen, die im Rücklaufkondensator, im Destillatkühler, durch Wärmeverluste und Erwärmung der Blasenfüllung auf Siedetemperatur aufzuwenden sind.

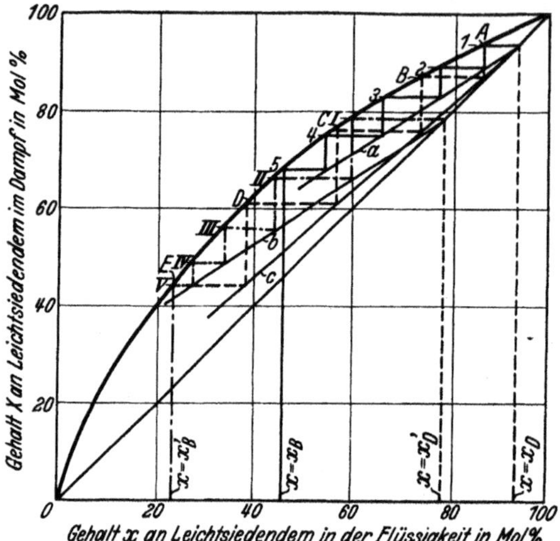

Abb. 27. Schaubild für absatzweisen Betrieb.

Da man praktisch den Apparat meist mit unveränderlicher Dampfgeschwindigkeit in der Säule und dementsprechend mit gleichbleibender Wärmezufuhr zur Blase betreibt, kann man das Verhältnis von Destillat zu Rücklauf nur durch entsprechende Verteilung der Wärmeabfuhr in Rücklaufkondensator und Destillatkühler ändern. Der Destillatkühler muß daher für den Beginn des Abtriebs, der Rücklaufkondensator für die Beendigung des Abtriebs größer als für die mittlere Leistung bemessen sein, wenn die Destillatzusammensetzung sich im Verlauf des Abtriebs möglichst wenig ändern soll. Durch Nachfüllung kann man die Dauer eines Abtriebs verlängern. Durch Verwendung mehrerer hintereinandergeschalteter Blasen kann ein halbstetiger Betrieb erzielt werden.

5. Stetiger Betrieb.

Soll stetig gearbeitet werden, so ersetzt man die Blase des absatzweise betriebenen Apparats durch eine besondere Säule, die sog. Abtriebssäule, auf deren obersten Boden die zu verarbeitende Flüssigkeit geführt wird. Beide Säulen werden meist übereinander gestellt, so daß sie eine einheitliche Kolonne bilden, der das zu trennende Gemisch ununterbrochen mit Siedetemperatur zuläuft. Die Wärme zur Erzeugung des aufsteigenden Dampfes wird dem Unterteil der Abtriebsäule zugeführt, aus dem gleichzeitig der Ablauf ständig abfließt. Einen ununterbrochen arbeitenden Apparat üblicher Bauart zeigt in schematischer Weise Abb. 28.

Die sich auf die Abtriebsäule beziehenden Größen sollen durch einen Strich (′) über dem Buchstaben gekennzeichnet werden. Es seien ferner folgende Bezeichnungen gewählt:

M = zugeführte Mischung in Molen/Zeiteinheit,
x_M = Gehalt an Leichtsiedendem in der zugeführten Flüssigkeit in Mol.-%,
R = Ablauf in Molen/Zeiteinheit,
x_R = Gehalt an Leichtsiedendem im Ablauf in Mol.-%,
n = Bodenzahl der Verstärkungssäule,
m = Bodenzahl der Abtriebsäule.

In entsprechender Weise wie für die Verstärkungssäule, ergibt sich dann für die Abtriebsäule:

$$x' = \frac{(g+D)}{(M+g)} X' + \frac{(M-D)}{(M+g)} x_R . \quad (17)$$

In einem x-X-Schaubild (in Mol.-%) stellt diese Gleichung eine Gerade mit dem Anstieg $(M+g)/(g+D)$ dar, welche die Diagonale des Schaubildes mit der Abszisse $x = x_R$ schneidet. Der Schnittpunkt der Geraden für die Verstärkungssäule mit der Geraden für die Abtriebsäule ist durch folgende Beziehung gegeben:

$$x = \frac{D x_D + (M-D) x_R}{M} = x_M . \quad (18)$$

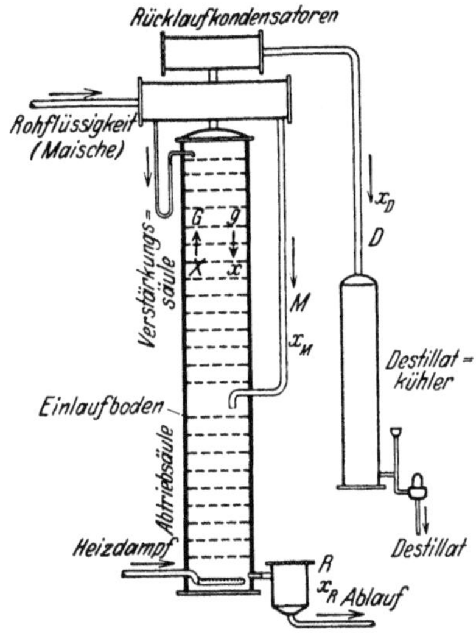

Abb. 28. Stetig arbeitender Apparat.

Die Menge der zugeführten Flüssigkeit M kann aus folgender Gleichung errechnet werden:

$$M = D \frac{(x_D - x_R)}{(x_M - x_R)} . \quad (19)$$

Setzt man wieder $g/D = v$ und $M/D = u$, so erhält man für die Zusammensetzungen in der Abtriebsäule:

$$x' = \frac{v+1}{u+v} X' + \frac{u-1}{u+v} x_R . \quad (20)$$

Für ein beliebiges Beispiel sind auf Abb. 29 die Geraden für die Verstärkungssäule (Gerade DE) und für die Abtriebsäule (Gerade ER) in ein X-x-Schaubild eingetragen. Wie sich aus der oben genannten Gleichung für M ergibt, verhält sich $M/D = AC/AB$. Die Zusammensetzungen in der Säule liegen in dem durch die beiden Geraden und die Gleichgewichtskurve gegebenem Bereich, wobei für die Aufeinanderfolge von Boden zu Boden das auf Abb. 25, S. 421 für die Verstärkungssäule angewendete Verfahren für die Abtriebsäule angewendet werden kann. Die Zusammensetzung der Flüssigkeit auf dem obersten Boden der Abtriebsäule, dem Einlaufboden, liegt bei einer richtig gebauten Säule in der Nähe des Punktes E und kann im ungünstigsten Falle bis zu der dem Punkt G entsprechenden Zusammensetzung steigen. Die Zusammensetzung des Rücklaufs aus der Verstärkungssäule kann so weit sinken, daß die Zusammensetzung der Flüssigkeit auf dem Einlaufboden den durch den Punkt K gegebenen Geringstwert erreicht. Die Böden der Säule sind am besten ausgenutzt, wenn die Zusammensetzungen beim Übergang aus der Verstärkungssäule in die Abtriebsäule in der Nähe des Schnittpunktes der Geraden DK und RG für Verstärkungs- und Abtriebsäule liegen. Ist das Verhältnis der Bodenzahlen von Abtrieb- und Verstärkungssäule m/n unrichtig gewählt, so macht sich der Einfluß auf die Zusammensetzung von Ablauf und Destillat um so mehr bemerkbar, je kleiner das Rücklaufverhältnis ist.

Der geringste Rücklauf, der möglich ist, wenn das zu trennende Gemisch mit Siedetemperatur zufließt, entspricht den Geraden FD und RF, sofern nicht eine der Geraden die Gleichgewichtskurve infolge ihres besonderen Verlaufs berührt; den größten, und zwar unendlich großen Rücklauf ($D = 0$) kennzeichnet das Diagonalenstück RD. Da der Rücklauf für viele Aufgaben ungefähr der gleiche ist und der Wirkungsgrad der Böden häufig ebenfalls in bestimmten Grenzen nahezu unveränderlich ist, kann man unter Umständen die Bodenzahl für unendlich großen Rücklauf als Grundlage einer überschläglichen Berechnung ansehen, indem man die Stufen zwischen der Gleichgewichtskurve und der Diagonalen des X-x-Schaubildes in der oben beschriebenen Weise zieht. Multipliziert man die so erhaltenen Ergebnisse mit einem Faktor, der den Einfluß des Wirkungsgrades der Böden und des wirklich vorhandenen Rücklaufs richtig stellt, so erhält man für viele Fälle brauchbare Werte für die anzuwendenden Bodenzahlen. — Zur Bestimmung dieser Werte kann man mit Vorteil nomographische Darstellungen anwenden. Abb. 30 zeigt eine Tafel zum Ablesen der beim höchstmöglichen Rücklauf notwendigen Mindestbodenzahl, für ideale Zweistoffgemische in Abhängigkeit von der relativen Flüchtigkeit der beiden Komponenten $\alpha = p_1/p_2$, die für einen bestimmten Fall als unveränderlich angesehen wird, und von dem Quotienten der Verhältnisse der beiden Bestandteile im Destillat und im Ablauf $\zeta = \frac{x_D}{y_D} \Big/ \frac{x_R}{y_R}$ nach A. J. V. Underwood [Trans. Instn. Chem. Engr. **10**, Sonderdr. (1932)]. Die gestrichelte Linie auf Abb. 30 zeigt die Anwendung für ein Gemisch aus Hexan, Heptan usw., für welches $\alpha = 2{,}22$ ist. Das Verhältnis der Komponenten im Destillat beträgt 113,2 und im Ablauf 0,00288, so daß $\zeta = 39300$ ist. Auf der Leiter für die Bodenzahlen erhält man für diesen Fall den Wert 12,3 für die theoretisch beim Höchstrücklauf notwendigen Böden.

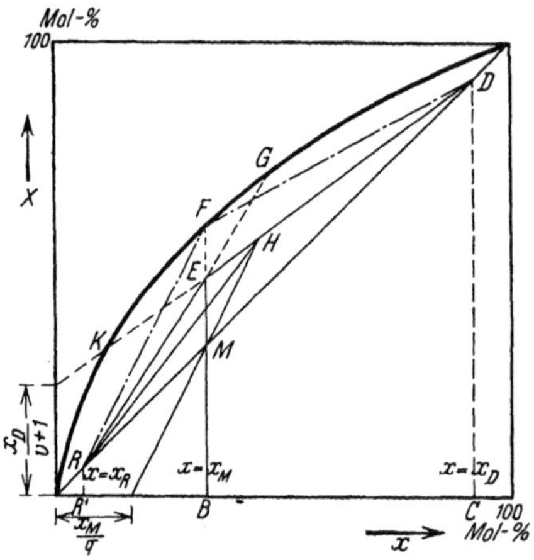

Abb. 29. Betriebsschaubild für stetig arbeitenden Apparat.

Die vorhergehenden Betrachtungen waren unter der Voraussetzung aufgestellt, daß die zu verarbeitende Flüssigkeit M mit Siedetemperatur zuläuft. Ist dies nicht der Fall, so muß der von unten auf den Einlaufboden gelangende Dampf sie bis zum Sieden erwärmen. Der Rücklauf in der Abtriebsäule muß also größer sein, als wenn die eintretende Mischung Siedetemperatur hätte. Bezeichnet man die gesamte Wärme, die notwendig ist, um ein Mol der nicht mit Siedetemperatur zugeführten

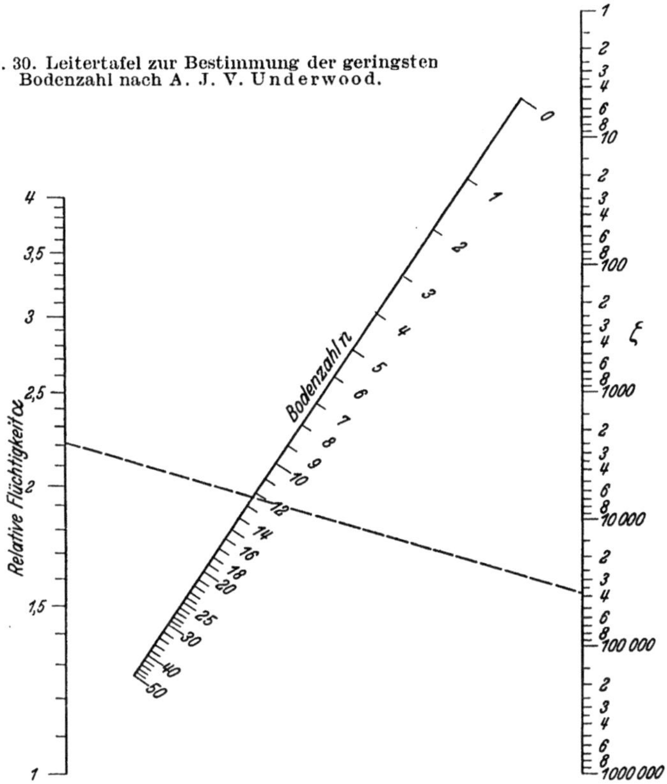

Abb. 30. Leitertafel zur Bestimmung der geringsten Bodenzahl nach A. J. V. Underwood.

Flüssigkeit M auf Siedetemperatur zu bringen, mit I und die latente Verdampfungswärme des Gemischs/Mol mit r, so kann man die Vermehrung des Rücklaufs in der Verstärkungssäule nach einem Vorschlag von Thiele und McCabe [Ind. engin. Chem. **17**, 605 (1925)] mit einem Beiwert $q = I/r$ berücksichtigen. Während der geometrische Ort für den Schnittpunkt der Geraden für Abtrieb- und Verstärkungssäule, wenn die Flüssigkeit mit Siedetemperatur zuläuft, durch die Gerade BF (Abb. 29) gegeben ist, stellt ihn, wenn dies nicht der Fall ist, die Gerade MH mit der Gleichung

$$xq - (q - 1)\,X = x_M \tag{21}$$

und einem Abschnitt auf der Abszissenachse: $x = x_M/q$ dar.

Ist das Verhältnis der Bodenzahlen von Abtrieb- und Verstärkungssäule richtig gewählt, so können die Zusammensetzungen auf dem Einlaufboden zwischen den Grenzen schwanken, die auf Abb. 31 durch die Punkte A und B gegeben sind [vgl. A. J. V. Underwood: Trans. Instn. Chem. Engr. **10**, Sonderdr. (1932)]. Wenn die Zusammensetzung der Flüssigkeit auf dem Einlaufboden den Geringstwert für günstigste Wirkungsweise erreicht, den die Abszisse von Punkt B angibt, stellt Punkt H die niedrigste Zusammensetzung der Flüssigkeit auf dem Boden darüber dar. — Um die wirklichen Verhältnisse zu berücksichtigen, kann man, wie auf Abb. 31 mit gestrichelten Linien eingetragen ist, die Gleichgewichtskurve so abändern, daß die dabei entstehende Hilfskurve sich den Geraden für Abtrieb- und Verstärkungssäule entsprechend der Größe des Wirkungsgrades der Böden nähert [Baker u. Stockhardt: Ind. engin. Chem. **22**, 376 (1930)]. Die Verhältnisse der Strecken ST/BE oder SH/BH (Abb. 31) geben den Wirkungsgrad des betreffenden Bodens an. Die Grenzen für die Zusammensetzung der Flüssigkeit auf dem Einlaufboden für günstigste Ausnutzung sind dann durch die Punkte S, H und V, W bestimmt. Auch für diese Bedingungen kann die Zusammensetzung der Flüssigkeit auf dem Einlaufboden den Wert, welcher der Abszisse des Punktes H entspricht, nicht überschreiten, während die Zusammensetzung auf dem darüberliegenden Boden größer sein muß, wenn der Apparat die günstigste Bodenzahl für die vorliegende Trennung besitzt. — Wie sich aus diesen Verhältnissen ergibt, erhält man dann, wenn die zu trennende Flüssigkeit mit einer Temperatur unterhalb des Siedepunkts zuläuft, eine Anreicherung an Leichtsiedendem auf dem Einlaufboden. Dabei ist zu berücksichtigen, daß der vermehrte Rücklauf infolge der ungenügenden Vorwärmung nur in der Abtriebsäule wirksam ist. Wird das zu trennende Gemisch in Dampfform in den Apparat geführt, wobei $q = 0$ ist, so ist der geometrische Ort für den Schnittpunkt der Geraden für Abtrieb- und Verstärkungssäule im X-x-Schaubild eine Parallele zur Abszissenachse, die die Diagonale bei $X = x = x_M$ schneidet.

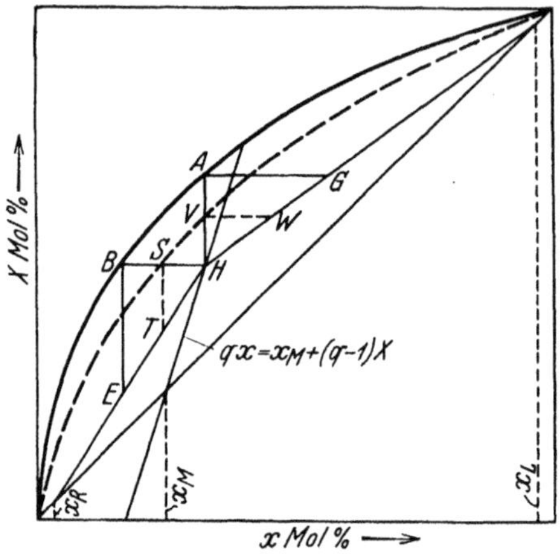

Abb. 31. Darstellung der Zusammensetzungen auf dem Einlaufboden in einem Betriebsschaubild.

Der Wärmebedarf eines ununterbrochen arbeitenden Apparates setzt sich aus folgenden Wärmemengen zusammen: Flüssigkeitswärme zur Erwärmung der zugeführten Mischung M auf Siedetemperatur, Verdampfungswärme des Destillats, Rücklaufwärme = v mal Verdampfungswärme des Destillats, Nachwärmung des die Abtriebsäule vom Einlaufboden heruntergehenden Ablaufs auf die Ablauftemperatur, Wärmeverluste nach außen. Der gesamte Wärmebedarf kann dadurch erheblich vermindert werden, daß ein Teil der Rücklaufwärme im Rücklaufkondensator oder der Wärmeinhalt des heißen Ablaufs zur Vorwärmung der Mischung M benutzt wird. Die wiederholte Ausnutzung der Wärme nach Art der Mehrfachverdampfer oder mit Hilfe einer Wärmepumpe (Brüdenverdichter) wird durch den hohen Temperaturunterschied, der dabei zu überwinden wäre, sehr erschwert.

Von der auf Abb. 28 dargestellten Normalbauart eines stetig arbeitenden Apparates wird bisweilen aus Gründen, die mit der Wirkungsweise an sich meist nichts zu tun haben, abgewichen. So wird, um die Bauhöhe zu verringern, die ganze Säule oft in zwei Teile zerlegt, indem man den oberen Teil der Verstärkungssäule neben den übrigbleibenden Säulenrest setzt und den Rücklauf durch eine besondere Fördervorrichtung auf den obersten Boden dieses Säulenteils leitet, damit die Wirkungsweise die gleiche bleibt. Als Beispiel seien die Einsäulenapparate in zweiteiliger Bauart zur Herstellung von hochprozentigem Spiritus erwähnt. Man kann die Abtriebsäule in zwei parallele Hälften teilen, so daß der aus der Verstärkungssäule kommende Rücklauf nur in den einen Teil der Abtriebsäule gelangt, während der Rücklauf in der anderen Hälfte lediglich durch die schwersiedenden Bestandteile der zugeführten Flüssigkeit (Maische) gebildet wird. Als weiteres Beispiel seien die zweiteiligen Apparate der Spiritusindustrie mit besonderer Luttersäule unter der Verstärkungssäule und gesonderter Maischesäule genannt, die als Ablauf eine für Futterzwecke besser geeignete Schlempe liefern. Statt der Abtriebsäule in dieser zweiteiligen Bauart kann das Gemisch in eine Verdampferblase fließen, beispielsweise um sehr hochsiedende Bestandteile nicht erst in die eigentliche Säule gelangen zu lassen, was bei bestimmten Apparaten der Erdölindustrie der Fall ist. Die Verstärkungssäule des normalen stetig arbeitenden Apparats kann schließlich ganz fortfallen, so daß die Trennung ausschließlich in der Abtriebsäule erfolgt. Als Beispiel seien die einfachen Maischedestillierapparate der Spiritusindustrie genannt.

6. Kondensation.

Entsprechend den im Abschnitt I angegebenen Gleichgewichtsbeziehungen kann eine Verstärkungswirkung nicht nur durch Verdampfung, sondern auch durch Kondensation der Dämpfe erhalten werden. Diese wird um so größer sein, je weiter die Siedepunkte der Bestandteile auseinander liegen. Sie ist besonders dann erheblich, wenn eine Komponente in überhitztem Zustand vorhanden ist. Die fraktionierte Kondensation wird daher besonders bei der Glycerin- und Fettsäurendestillation mit überhitztem Wasserdampf und bei der Koksgaszerlegung (s. S. 441) angewendet. Liegen die Siedepunkte nicht weit auseinander, so ist die durch Kondensation mögliche Anreicherung verhältnismäßig gering. Um eine größere Verstärkungswirkung zu erzielen, kann man den Kondensator so bauen, daß Flüssigkeit und Dampf im Gegenstrom zueinander geführt werden, so daß der Oberflächenrektifikation ähnliche Austauschvorgänge stattfinden. Bisweilen werden auch stufenartige Einbauten vorgesehen, wie übereinander angeordnete Platten usw., um die Anreicherung zu erhöhen. Derartige Kondensatoren bezeichnet man als Dephlegmatoren oder auch als gemischte Kondensatoren, weil sie sowohl die Kondensation als auch den Gegenstrom zur Verstärkung der Dämpfe benutzen. In der Regel kann man die gleiche Trennwirkung mit wenigen Böden und geringerem Wärmeaufwand erhalten. Statt hoher Dephlegmatoren führt man daher die Verstärkungssäule oft mit einigen Böden mehr aus und baut die Kondensatoren so, wie es günstigste Wärmeübertragung und geringster Baustoffaufwand erfordern. Die Gründe hierfür sind denen ähnlich, welche S. 423 für eine Verstärkungssäule mit Wärmeverlusten nach außen angegeben wurden.

Die zahlreichen Faktoren, von denen die Verstärkung in einem Kondensator abhängt, machen eine Berechnung derselben schwierig. Im allgemeinen gelten ähnliche Gesetze wie für die Rektifikation. Insbesondere ist für die Anreicherung im Dampf, wenn nur ein Teil der gesamten, in den Kondensator strömenden Dampfmenge niedergeschlagen wird, in der Hauptsache das Rücklaufverhältnis maßgebend. Ein Verfahren zur Bestimmung der Verstärkung durch teilweise Kondensation binärer Gemische hat E. Kirschbaum angegeben [Dechema-Monographie, Bd. 2, Nr. 12. Berlin: Verlag Chemie G. m. b. H. 1930].

III. Destillieren und Rektifizieren von Gemischen mit drei und mehr Bestandteilen.

1. Absatzweiser Betrieb.

Die zur Destillation und Rektifikation von Gemischen mit drei und mehr Bestandteilen notwendigen Apparate für absatzweisen Betrieb unterscheiden sich grundsätzlich in ihrer Wirkungsweise in keiner Beziehung von denen für Zweistoffgemische. Bei absatzweisem Betrieb ist eine ausreichende Trennung nur mit einer Verstärkungssäule möglich.

Im folgenden sollen die Stoffe geordnet nach ihrem Siedepunkt mit A, B, C, D usw. bezeichnet werden, so daß A den Stoff mit dem niedrigsten, B die Flüssigkeit mit dem nächsthöheren Siedepunkt darstellt. Der Verlauf der Zusammensetzungen bei der Trennung eines aus den Stoffen A, B und C bestehenden, vollkommen löslichen (idealen) Gemischs, das in seinen Eigenschaften etwa dem Gemisch Benzol-Toluol-m-Xylol entspricht, ist als Beispiel auf Abb. 32 in ein Dreieckkoordinatensystem eingetragen. Die Zusammensetzungen auf den einzelnen Böden sind durch Punkte dargestellt. Der Zusammensetzung in der Blase N_1 entspricht die Destillatzusammensetzung L_1. Sie sinkt auf L_2, wenn die Blasenfüllung in ihrem Gehalt an Leichtsiedendem infolge des Destillationsvorganges von N_1 auf N_2 zurückgeht. Die mit einem Boden erzielte Anreicherung und entsprechend der Abstand von Punkt zu Punkt ist um so größer, je höher die Rücklaufmenge ist. [Vgl. Thormann: Destillieren und Rektifizieren, S. 76. Leipzig 1928.]

Sind mehr als drei Bestandteile im Gemisch vorhanden, so kann der Verlauf der Destillation nach Abb. 33 durch die Siedelinien gekennzeichnet

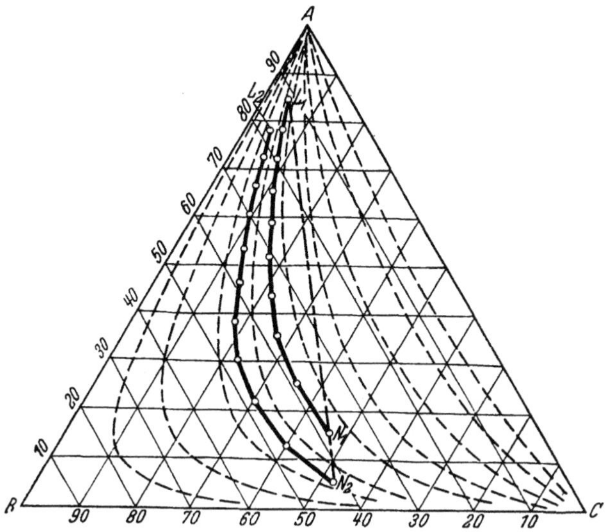

Abb. 32. Absatzweise Rektifikation eines Dreistoffgemischs.

werden. Ohne Verstärkungssäule steigt die Temperatur des Destillats beispielsweise nach den Kurven *I* (ausgezogen) oder *II* (gestrichelt). Mit Verstärkungssäule ergibt sich der stufenartige Temperaturanstieg im Verlauf eines Abtriebs dadurch, daß durch die Trennwirkung der Säule die Stoffe *A* bis *G* nach der Reihe der Siedepunkte nahezu rein nacheinander übergehen. Man erkennt aus den Kurven für die beiden Beispiele auch die Tatsache, daß die Trennung um so vollständiger ist, je weiter die Siedepunkte der betreffenden Bestandteile auseinanderliegen. Die Temperaturstufen nehmen außerdem auf dem Schaubild um so mehr einen rechtwinkligen Verlauf, je höher der Rücklauf und je größer die Bodenzahl der Verstärkungssäule ist.

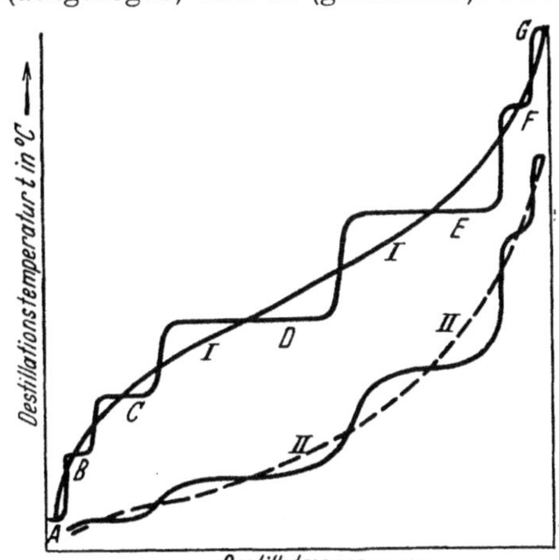

Abb. 33. Absatzweise Rektifikation zweier Gemische mehrerer Stoffe.

Verfahren zur Berechnung der Säulen zur Rektifikation von Mehrstoffgemischen haben angegeben: Lewis u. Matheson [Ind. engin. Chem. **24**, 494 (1932)], Cope u. Lewis [Ind. engin. Chem. **24**, 498 (1932)],

Lewis u. Wilde [Trans. Amer. Inst. Chem. Engin. **21**, 99 (1928)], A. J. V. Underwood [Journ. Soc. chem. Ind. **52**, 223 (1933)].

2. Stetiger Betrieb.

a) Einfache Destillation.

In manchen Fällen, wie bei der Teer- und Erdöldestillation kommt es nicht auf eine scharfe Trennung der einzelnen Bestandteile an, man will vielmehr nur Fraktionen mehrerer Stoffe mit bestimmten Siedegrenzen gewinnen. Zu diesem Zweck leitet man das zu verarbeitende Gemisch ununterbrochen in mehrere hintereinandergeschaltete Blasen. In der ersten entweichen die am leichtesten siedenden Bestandteile, die am höchsten siedenden Rückstände laufen aus der letzten Blase ab.

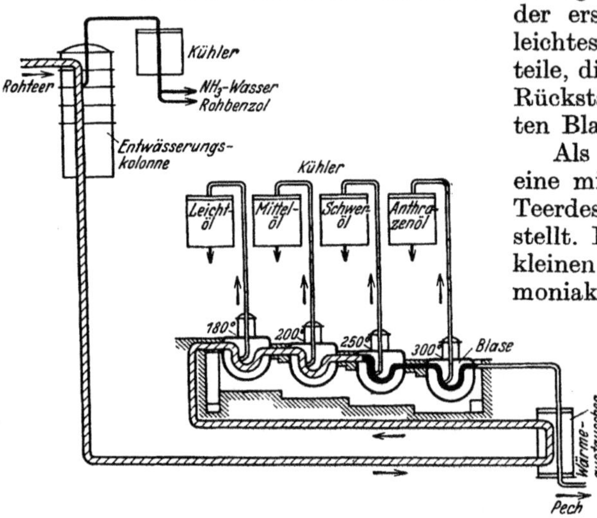

Abb. 34. Destillation mit hintereinandergeschalteten Blasen.

Als Beispiel ist auf Abb. 34 eine mit vier Blasen arbeitende Teerdestillationsanlage dargestellt. Der Rohteer wird in einer kleinen Kolonne vom Ammoniakwasser und Rohbenzol befreit, von dem ablaufenden, heißen Pech vorgewärmt und läuft dann nacheinander durch die einzelnen feuerbeheizten Blasen.

Eine bessere Trennung kann man mit diesem Verfahren erhalten, wenn man die aus den einzelnen Blasen aufsteigenden Dämpfe in Kolonnen führt, welche die am schwersten siedenden Bestandteile als Rücklauf zurückführen und nur die leichter siedenden Stoffe, die in der betreffenden Blasenfüllung noch vorhanden sind, in die Kühler gehen lassen.

Als Beispiel sei die von F. Raschig angegebene Teerdestillationsanlage nach Abb. 35 erwähnt, bei der drei hintereinandergeschaltete Blasen angewendet werden. Die Pumpe *2* fördert den Teer aus dem Behälter *1* durch Leitung *3*, Behälter *4*, Leitung *5*, Vorwärmer *6* und Leitung *7* in die erste Blase *8*. Der aus Ammoniak und Leichtöl bestehende Dampf dieser Blase geht in den Kondensator *21*. In dem Überlaufgefäß *23* wird bei *24* das Ammoniakwasser, bei *25* das Leichtöl abgeführt, das in den Behälter *26* läuft. Der Restteer gelangt durch Leitung *9*, Ausgleichgefäß *10*, Leitung *11* in die zweite Blase *12*. Der hier aufsteigende Dampf geht durch Leitung *27* in die Kolonne *28*. Das oben die Kolonne verlassende Carbolöl geht über den Kühler *29*, Leitung *30* und Überlauftopf *31* in den Behälter *33*. Das Naphthalin fließt über *48*, *52* und *53* in die

Pfannen *54*. Der in der zweiten Blase übriggebliebene Teer gelangt durch das Ausgleichgefäß *14* in die Blase *16*, wo Leitung *34* Schwer- und Anthracenöle in die Kolonne *35* führt. Das Anthracenöl wird durch *49* über *50* und *51* in die Behälter *55* abgelassen. Die in der Kolonne *35* abgetrennten Schweröldämpfe werden im Kondensator *36* niedergeschlagen und über *37*, *38* und *39* in den Behälter *40* abgelassen. Das zurückbleibende Pech gelangt aus der Blase *16* durch den Vorwärmer (Pechkühler) *6* und die Leitung *18* in die Pechpfanne *19*. Nur die Blase *8* steht unter Atmosphärendruck, in den Blasen *12* und *16* wird durch die Luftpumpe *42* Luftleere erzeugt. Die Blasen *8* und *12* werden mit gespanntem Dampf,

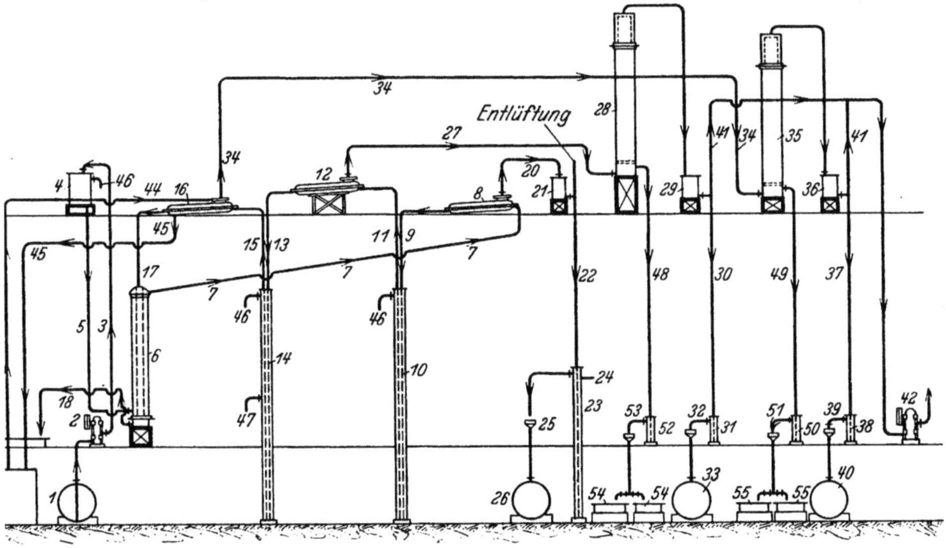

Abb. 35. Teerdestillation nach F. Raschig (Prospekt der Bamag-Meguin A.G.).

Blase *16* mit Heißwasser beheizt. Durch die dargestellte Anordnung können die Destillate frei ausfließen.

Ähnliche Anlagen mit meist sechs hintereinandergeschalteten Blasen werden auch in der Erdölindustrie verwendet.

b) Verfahren mit einer Säule.

Statt durch mehrere hintereinandergeschaltete Blasen kann man das Flüssigkeitsgemisch auch durch eine einzelne Trennsäule gehen lassen und die einzelnen Bestandteile besonderen Anzapfungen in der Säule entnehmen. Auch mit diesem Verfahren ist es naturgemäß nicht möglich, die einzelnen Komponenten in reinem Zustand zu gewinnen, da auf den betreffenden Böden auch die niedriger und höher siedenden Stoffe vorhanden sind. Eine derartige Säule für ununterbrochenen Betrieb mit drei Anzapfungen ist in Abb. 36 schematisch dargestellt. Mit diesem Apparat können also insgesamt fünf Fraktionen erhalten werden. Unter der Annahme, daß das zugeführte Gemisch *M* aus fünf vollkommen gegenseitig löslichen Flüssigkeiten (A bis E) besteht, sind rechts daneben die in den verschiedenen Säulenhöhen vorhandenen Stoffmengen in Molen nebeneinander aufgetragen, so daß der Verlauf der Rektifikation in der Säule für das dargestellte Beispiel erkennbar ist. An den einzelnen Anzapfungen ist zwar immer ein Bestandteil im Überschuß vorhanden, in den aus den unteren Anzapfungen gewonnenen Destillaten müssen jedoch auch die nach oben steigenden leichtsiedenden Stoffe A und B in erheblicher Menge vertreten sein. In der Erdölindustrie werden derartige Kolonnen bis zu einer Stundenleistung von 30000 l Rohöl verwendet.

Als Beispiel für die Trennwirkung einer Säule mit Anzapfungen sind auf Abb. 37 die Siedekurven eines Rohöls und der aus einer Kolonne mit vier

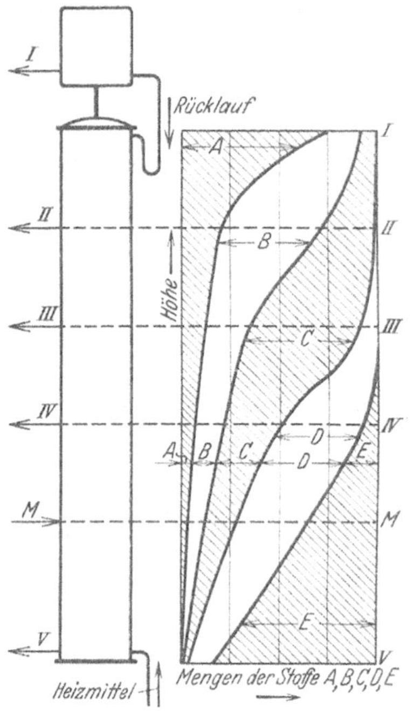

Abb. 36. Trennsäule mit Anzapfungen für Mehrstoffgemisch.

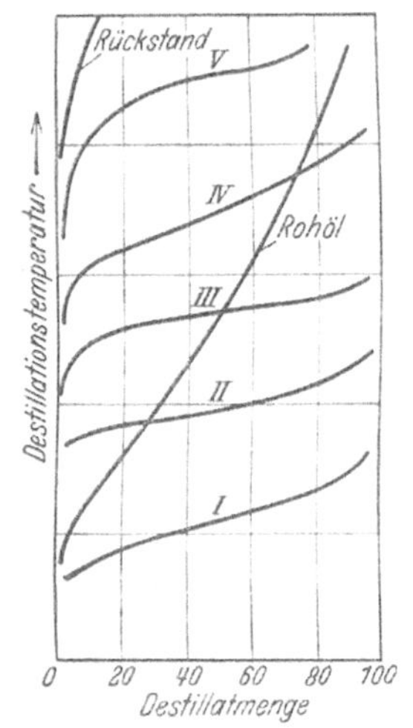

Abb. 37. Trennung eines Erdöls.

Anzapfungen gewonnenen Fraktionen nach R. B. Chillas und H. Weir [Ind. engin. Chem. 22, 206 (1930)] dargestellt. Durch Verlegung der Anzapfungen in die entsprechenden Säulenhöhen, Veränderung der abzuzapfenden Mengen, ihrer Verteilung auf die verschiedenen Säulenhöhen und durch die Einstellung der Rücklaufmenge kann man die Beschaffenheit der verschiedenen Fraktionen, insbesondere ihre Zusammensetzung ändern oder beeinflussen.

Auch in der Spiritusindustrie wendet man Anzapfungen in der Verstärkungssäule an, und zwar um aus Apparaten für hochprozentigen Sprit die hochsiedenden Nebenerzeugnisse der Gärung, die sog. Fuselöle, abzuscheiden. Wenn die Kolonne genügend hoch ist, können diese Stoffe nicht nach oben steigen und sammeln sich auf den unteren Böden der Verstärkungssäule an, wo sie infolge der Schwerlöslichkeit ihrer

Bestandteile leicht abgetrennt werden können. Wird die Fuselölabscheidung durch Anzapfungen an der Säule nicht angeordnet, so geht das Fuselöl, dessen Hauptbestandteil Amylalkohol ist, in die Schlempe, oder wenn die Bodenzahl der Verstärkungssäule zu gering ist, auch in das Destillat.

c) Verfahren mit mehreren Säulen.

Mit einem stetig arbeitenden, aus Abtrieb- und Verstärkungssäule bestehenden Apparat normaler Bauart kann aus einem Mehrstoffgemisch immer nur ein Bestandteil rein abgetrennt werden. Zur Verarbeitung eines Dreistoffgemischs beispielsweise kann die Säule so betrieben werden,

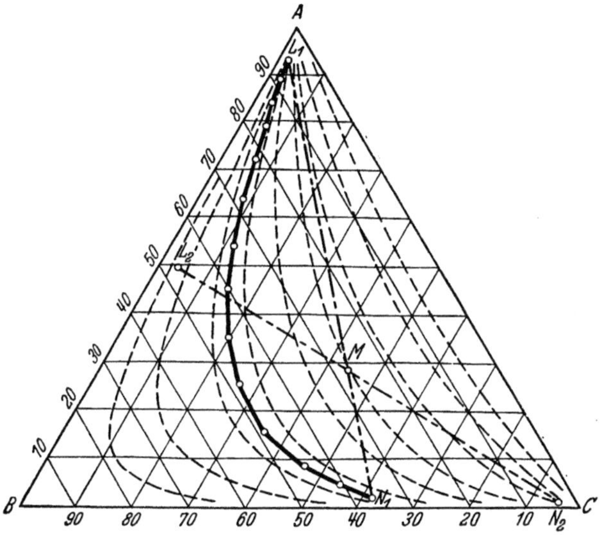

Abb. 38. Zusammensetzungen eines Dreistoffgemischs in einem stetig arbeitenden Apparat.

daß der am niedrigsten siedende Stoff als Destillat aus der Spitze der Säule und das Gemisch der beiden höhersiedenden Stoffe als Ablauf erhalten wird, oder aber auch so, daß der am höchsten siedende Stoff als Ablauf aus dem Unterteil der Abtriebsäule und das aus den beiden leichter siedenden Stoffen bestehende Gemisch als Destillat gewonnen wird. Das dabei sich ergebende Zweistoffgemisch muß dann in jedem Fall in einer zweiten Säule getrennt werden.

Als Beispiel ist auf Abb. 38 der Verlauf der Zusammensetzungen in einem stetig arbeitenden Apparat für das aus den vollkommen gegenseitig löslichen Stoffen A, B und C bestehende Gemisch, das seinen Eigenschaften nach etwa dem Gemisch Benzol-Toluol-m-Xylol entspricht, dargestellt. Das Gemisch werde mit der dem Punkte M entsprechenden Zusammensetzung auf den Einlaufboden geführt. Die Zusammensetzungen auf den einzelnen Böden seien beispielsweise durch Punkte angedeutet. Der Destillatzusammensetzung L_1 entspricht die Zusammensetzung des Ablaufs N_1. Die Säule kann aber auch so betrieben werden, daß vom obersten Boden der Verstärkungssäule ein Dampf mit der Zusammensetzung L_2 und aus dem Unterteil der Abtriebsäule der Ablauf mit der Zusammensetzung N_2 weggeht. Die Punkte L_1—N_1 oder L_2—N_2 nähern sich um so mehr dem Punkte M, d. h. die Trennung ist um so unvollkommener, je kleiner bei gleicher Bodenzahl der Rücklauf ist oder je kleiner bei gleichem Rücklauf die Bodenzahl des Apparats ist. Je reiner Destillat und Ablauf sein sollen, je mehr sich also Punkt L_1 dem Punkt A oder N_2 dem Punkt C nähern sollen, um so größer müssen die Bodenzahlen gewählt werden und um so dichter rücken die Zusammensetzungen in der Säule, den gestrichelten Kurven folgend, an die Seiten des Dreiecks AB und BC heran.

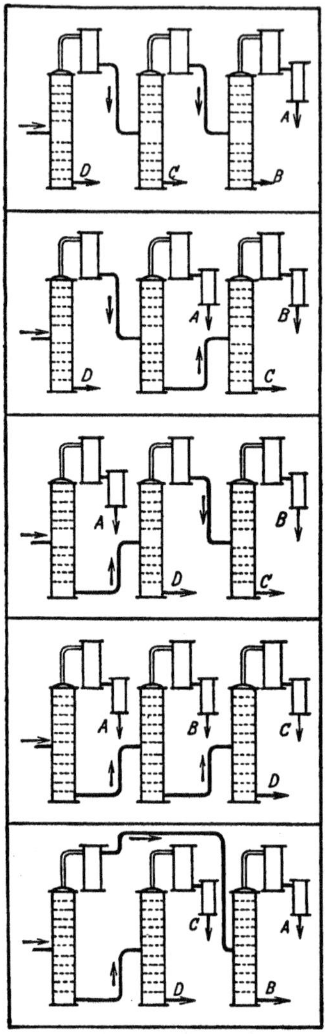

Abb. 39. Ununterbrochene Trennung eines Gemischs mit vier Komponenten. [K. Thormann: Destillieren und Rektifizieren, S. 84. Leipzig: Otto Spamer 1928.]

Sind im Gemisch n Bestandteile vorhanden und sollen diese rein erhalten werden, so braucht man $(n - 1)$ Säulen, die in entsprechender Weise hintereinandergeschaltet werden können. Ist also beispielsweise das Vierstoffgemisch A—B—C—D zu trennen, so sind die auf Abb. 39 dargestellten fünf Arbeitsweisen möglich.

Aus mehreren Säulen bestehende Apparate werden besonders auch zur Spritreinigung verwendet. Am schwierigsten ist dabei die vollständige Entfernung der Vorlaufbestandteile. Es wird meist eine besondere Vorlaufkolonne verwendet, die zunächst die Vorlaufbestandteile anreichert und so deren Abtrennung ermöglicht. Der aus dem Unterteil der Vorlaufkolonne abfließende, nahezu vorlauffreie Sprit wird der aus Abtrieb- und Verstärkungssäule bestehenden Hauptkolonne zugeführt. Die Verstärkungssäule wird dabei oft neben die Abtriebsäule gesetzt, um unterhalb der Verstärkungssäule einen Rücklaufvorratsbehälter, den sog. Akkumulator, anzuordnen. Bisweilen wird auch die Vorlaufkolonne auf die Abtriebsäule der Hauptkolonne gesetzt. In der Hauptkolonne wird der Spiritus auf einen Alkoholgehalt über 94 Gew.-% gebracht, so daß das Destillat fuselölfrei wird. Um die letzten Reste von Vorlaufbestandteilen zu entfernen, wird das Destillat, bevor es in den Alkoholkühler geht, in eine kleine Nachrektifiziersäule geschickt, aus derem Unterteil der reine Sprit in den Schlußkühler gelangt. Aus dem unteren Teil der Verstärkungssäule der Hauptkolonne und auch der Vorlaufkolonne wird das Fuselöl abgezogen und in eine besondere Nachlaufkolonne geführt, die Fuselöl und Nachlaufsprit abtrennt. Soll auch unmittelbar Maische verarbeitet werden, so muß noch eine Maischesäule zum Abtrieb derselben vorgesehen werden. Die wichtigsten Apparate und Verbindungen eines Spiritusreinigungsapparates sind auf Abb. 40 dargestellt.

Ähnliche Apparate dienen auch zur Herstellung von wasserfreiem Alkohol durch Bildung eines Dreistoffgemischs mit Minimumsiedepunkt (Verfahren nach Young). Der zur Mitführung des Wassers notwendige Minimumsiedepunkt wird meist durch Zusatz von Benzol oder ein Benzol-Benzingemisch (Siedepunkt des Benzins etwa 103° C) erzielt (s. auch S. 412). Dieses wird ununterbrochen einer Kolonne mit etwa 48 Böden zugeführt. Aus dem Unterteil der Säule läuft der entwässerte Alkohol ununterbrochen ab. Die von dem obersten Boden der Säule aufsteigenden Dämpfe, deren Zusammensetzung dem Minimumsiedepunkt entspricht, werden in einem Kondensator verflüssigt und in einem Abscheider in zwei Schichten getrennt. Die obere stark benzolhaltige Schicht wird in die Kolonne zurückgeführt. Die untere, wasserhaltige Schicht geht in eine Benzolaufarbeitungskolonne mit etwa 14 Böden, in der das Benzol als Destillat von dem Alkohol-Wassergemisch getrennt wird. Eine zweite Säule mit etwa 30 Böden verstärkt dieses wieder auf 94%. Benzol und Spiritus werden dann wieder in die Hauptkolonne zurückgeführt. Das Verfahren kann in mannigfacher Weise abgeändert werden. So kann man die Entziehungsflüssigkeit in dem oberen Teil einer Alkoholverstärkungssäule arbeiten lassen und durch eine Anzapfung Alkohol von 98—99% entnehmen, der dann durch Rektifikation in einer besonderen Säule vollständig entwässert werden kann.

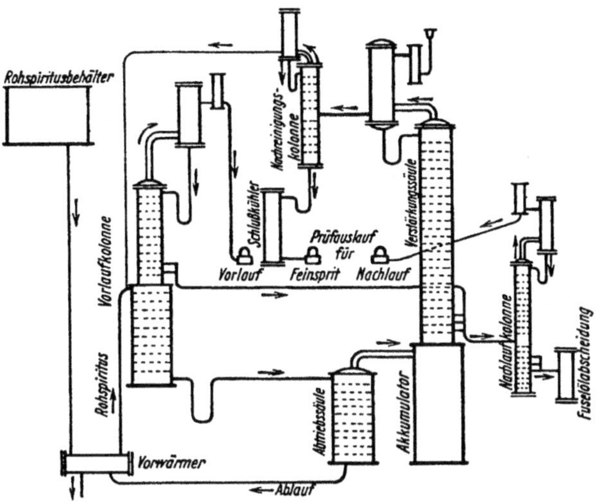

Abb. 40. Ununterbrochen arbeitender Spiritusrektifizierapparat.

Eine von H. Guinot [Chim. et Ind. **25**, H. 1 (1931); Ztschr. Spiritusind. **1931**, 162] angegebene Apparatur zur Entwässerung von Sprit zeigt Abb. 41. Die Apparatur besteht aus einer Maischesäule *A*, einer Verstärkungskolonne *B*, in derem oberen Teil das Entziehungsmittel (Benzol) arbeitet, und einer Entwässerungskolonne *C*, aus derem Unterteil der absolute Alkohol abläuft. Der unterste Teil der Säule *B* dient zum Abtrieb des Lutters, der mittlere Teil zur Verstärkung des Alkohols durch Rektifikation ohne Hilfe des Entziehungsmittels, das oberste Säulenstück überwindet den Minimumsiedepunkt des Gemisches Alkohol-Wasser durch das Hinzutreten des Entziehungsmittels, so daß das Gemisch auf dem obersten Boden dem Minimumsiedepunkt des Dreistoffgemischs entspricht. Der aus dem oberen Säulenteil abgelassene Alkohol von 98,5—99 Gew.-% wird in dem unteren Teil der Säule *C* vollständig entwässert. Das oben aufsteigende Benzol-Spiritusgemisch wird durch die Leitung *T* in die Kolonne *B* zurückgeführt. Die Entwässerungskolonne *C* wird mit Hilfe des Verdampfers *E* durch die aus der Maischesäule *A* aufsteigenden Dämpfe beheizt.

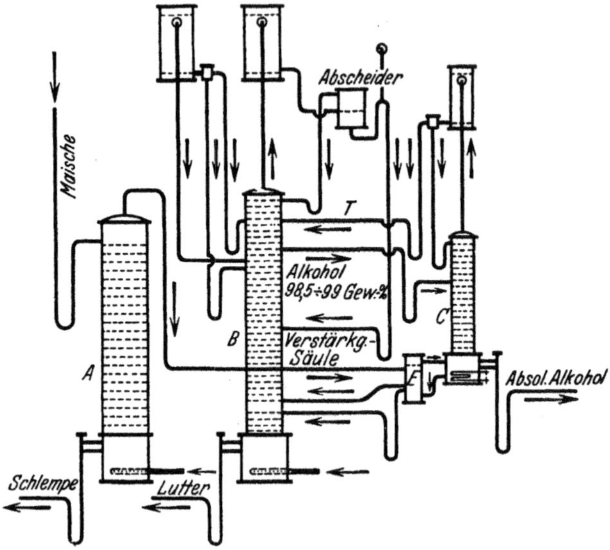

Abb. 41. Apparatur zur Herstellung von absolutem Alkohol.

Bei einer Drucksteigerung verschiebt sich der Minimumsiedepunkt des Dreistoffgemischs derart, daß man mit geringerem Benzolzusatz auskommt [vgl. K. Thormann: Chem. Apparatur **1928**, 40]. Nach v. Keußler wird die Benzol-Druckdestillation mit 10 at ausgeführt, wobei ein Benzolzusatz von 25 Vol.-% genügt [v. Keußler: Ztschr. Ver. Dtsch. Ing. **71**, 925 (1927)]. Das Verfahren arbeitet mit zwei Säulen, von denen nur eine mit Hochdruck betrieben wird. Spiritus und Benzol werden in einem Ansatzgefäß gemischt und über einen Vorwärmer der Hochdrucksäule zugeführt. Das in dem Unterteil der Hochdrucksäule sich sammelnde Gemisch von wasserfreiem Alkohol und überschüssigem Benzol geht in die Niederdrucksäule, aus deren Unterteil der reine Alkohol in den Schlußkühler abläuft. Das Destillat aus der Hochdrucksäule gelangt über ein Drosselventil in ein Scheidegefäß, in welchem sich Benzol von dem Spiritus trennt. Dieser wird durch eine besondere Verstärkungssäule wieder angereichert und mit dem Benzol, welches im Scheidegefäß erhalten wurde, in das Ansatzgefäß zurückgeleitet. Nur die Hochdrucksäule wird mit Frischdampf von 8 at geheizt. Durch die bei 10 at Überdruck mit größer werdendem Kolonnendurchmesser rasch wachsenden Wandstärken ist die Leistung der Apparatur beschränkt. Sie beträgt im Höchstfalle etwa 25000 l an reinem Alkohol täglich.

Die weiter oben genannten Spritreinigungsapparate lassen sich im allgemeinen ohne erhebliche Aufwendungen in Apparate zur Herstellung von wasserfreiem Alkohol umbauen.

Neben diesen Entwässerungsdestillationen sind Verfahren zur Wasserentziehung mit gebrannten Kalk, Gips und Tonerde-Gel (s. S. 544) in Anwendung.

Tieftemperaturtechnik.

Von Dr.-Ing. **M. Gompertz** VDI, Berlin.

In der allgemeinen Kältetechnik werden nur selten Temperaturen von — 50°, höchstens etwa —90° unterschritten. Will man zu wesentlich tieferen Temperaturbereichen gelangen, so ändern sich die hierzu erforderlichen Arbeitsverfahren derart grundlegend, daß es berechtigt ist, von einer besonderen Technik der tiefen Temperaturen zu sprechen und sie von der üblichen Kältetechnik abzugrenzen.

Abgesehen von den Fällen, wo die Erzeugung sehr tiefer Temperaturen zu Forschungszwecken benötigt wird, handelt es sich bei der Tieftemperaturtechnik besonders um zwei Aufgabengebiete, die freilich nicht selten ineinander übergehen:

1. die Verflüssigung von Gasen (vor allem Luft) mit tiefliegender Siedetemperatur,
2. die Zerlegung von Gasgemischen (Gewinnung von Stickstoff und Sauerstoff aus flüssiger Luft, Zerlegung von Koksofengas usw.).

Es ist hierbei für die Verfahren beider Arbeitsgebiete kennzeichnend, daß in den meisten Fällen das zu verflüssigende oder zu zerlegende Gas gleichzeitig den Arbeitsstoff der Kälteanlage darstellt. Die eigentliche Kältemaschine und die der Kälteanwendung dienende Apparatur verschmelzen dabei ineinander, so daß auch im äußeren Aufbau die Anlagen der Tieftemperaturtechnik sich wesentlich von denen der allgemeinen Kältetechnik unterscheiden.

Die Verflüssigung eines Gases oder die Zerlegung eines Gasgemisches in seine Bestandteile ist um so schwieriger, je niedriger seine kritische Temperatur ist.

In Tabelle 1 [aus „Lueger: Lexikon der gesamten Technik und ihrer Hilfswissenschaften", 3. Aufl., S. 472—474] sind einige der wichtigsten Gase mit tiefliegender Siedetemperatur zusammengestellt. Außer der Siedetemperatur t_s (bei einem Druck von 760 mm QS) und der Verdampfungswärme r (kcal/kg) sind noch die kritischen Daten eingetragen, und zwar die kritische Temperatur t_k, der kritische Druck p_k und die kritische Dichte d_k.

Einigen Forschern, namentlich dem kryogenischen Institut der Universität Leiden, ist es gelungen, sich dem sog. absoluten Nullpunkt, der bei — 273,2° der üblichen Temperaturskala liegt, bis auf einige Hunderstel Grad zu nähern, doch lassen sich diese, im Laboratorium erzielten Kältegrade in der Praxis bisher nicht erreichen. Hier arbeitet man gewöhnlich im Bereiche der flüssigen Luft bei einer Temperatur bis zu — 200°, obgleich es technisch nicht unmöglich wäre, die Verflüssigung von Wasserstoff und Helium ebenfalls industriell durchzuführen.

Tabelle 1.

Gas	Chemische Bezeichnung	t_s °C	r kcal/kg	t_k °C	p_k kg/cm²	d_k kg/l
Luft		— 192,2 bzw. — 194,6*	48	— 140,6	38,4	0,35
Sauerstoff	O_2	— 183,0	50,92	— 118,82	51,4	0,430
Stickstoff	N_2	— 195,78	47,65	— 147,13	34,6	0,311
Wasserstoff . . .	H_2	— 252,7	108,5	— 239,9	13,2	0,0310
Methan	CH_4	— 161,4	125	— 82,5	47,1	0,1623
Kohlenoxyd . . .	CO	— 190	50,5	— 138,7	35,8	0,311
Helium	He	— 268,9	etwa 6	— 267,9	2,35	0,069

Diese Anwendung scheitert nur an dem außerordentlich hohen Energieaufwand, der zur Erreichung und Erhaltung solch tiefer Temperaturen nötig ist, sowie an den hohen Anlagekosten. In Tabelle 2 [aus F. Pollitzer: Ztschr. ges. Kälteind. 28, 125 (1921)] ist eine Zusammenstellung

Tabelle 2. Theoretische und effektive Kälteleistungen bei Tieftemperaturen.

Temperatur		Kälteleistung Q in kcal pro 1 PS/h		Energieverbrauch PS_{eff} pro 1000 WE	Wirkungsgrad $\frac{Q_{eff}}{Q_{theor}}$
°C	absolut	theoretisch	effektiv		
— 25	248	3125	2000	0,5	0,54
— 50	223	1880	1000	1,0	0,53
— 90	183	1080	400	2,5	0,37
— 183	90	273	83	12,0	0,33
— 253	20	45	3	333	0,07
— 269	4	8,6	0,1	10000	0,01

über die theoretischen und effektiven Kälteleistungen wiedergegeben, die man pro PS und h bei den verschiedenen Tieftemperaturen und einer Verflüssigungstemperatur von + 25° C erhält.

Ferner ist darin enthalten der Energieverbrauch in effektiven PS/h für je 1000 Wärmeeinheiten bei der betreffenden tiefen Temperatur, sowie der Wirkungsgrad, d. h. das Verhältnis der effektiven zur theoretischen Leistung bei den verschiedenen Temperaturen. Man sieht, wie wichtig es ist, ähnlich wie bei den normalen Kälteanlagen, die Verflüssigung und Zerlegung der Gase bei möglichst hohen Temperaturen vorzunehmen.

* Bei Luft beginnt die Verflüssigung mit — 192,2° und endet bei — 194,6°, da Luft im wesentlichen ein Gemisch aus O_2 und N_2 ist, dessen Siedebeginn durch den Gehalt an N_2 bestimmt wird.

I. Gasverflüssigung.

Für technische Zwecke kommt im Gebiete tiefer Temperaturen in der Hauptsache die Luftverflüssigung in Frage, die auch im folgenden nur behandelt werden soll.

Die Verflüssigung von Gasen bei tiefen Temperaturen wird heute allgemein gemäß dem von Linde im Jahre 1895 gemachten Vorschlag durchgeführt, wonach man die Gase zunächst auf hohen Druck verdichtet und sie darauf entspannt, wobei ein Temperaturabfall entsteht. Bei entsprechender Druckerhöhung ist es theoretisch ohne weiteres möglich, ein Gas von Kühlwassertemperatur aus durch einfache Entspannung zu verflüssigen. Da jedoch dieses Verfahren sehr unwirtschaftlich ist, wird der durch die Entspannung bei mäßiger Druckdifferenz entstandene Temperaturabfall dadurch vergrößert, daß man das noch nicht entspannte verdichtete Gas nach vorheriger Vorkühlung durch Kühlwasser in einem Gegenstrom-Wärmeaustauscher (im folgenden kurz Gegenströmer genannt) durch die Kälte der bei der Entspannung nicht flüssig gewordenen Gasmenge weiter abkühlt und dadurch mit der Entspannung bei einer tieferen Temperatur beginnt.

Die Abkühlung der Gase erfolgt heute hauptsächlich nach zwei Verfahren: dem von Linde im Jahre 1895 angegebenen, das von der Gesellschaft für Linde's Eismaschinen A.G., Höllriegelskreuth bei München, weiter entwickelt wurde, und dem von Claude im Jahre 1902 ausgebildeten, das von der Société L'air Liquide, Paris, übernommen wurde.

1. Luftverflüssigung nach Linde.

a) Allgemeines.

Das Linde-Verfahren beruht auf der bei der Entspannung eines Gases in einer Drosselstelle entstehenden Temperaturänderung, die als Thomson-Joule-Effekt bekannt ist. Ein ideales Gas wird bekanntlich bei einer Drosselung keinerlei Arbeit leisten, demgemäß seinen Energievorrat und damit seine Temperatur vor und nach der Drosselung ungeändert behalten. Ein wirkliches Gas jedoch muß bei der Drosselung die gesamte innere Arbeit gegen die inneren Kräfte, mit denen die Moleküle sich gegenseitig anziehen, hergeben, da bei der Drosselung eine Vergrößerung seines Volumens eintritt, die nur unter Überwindung dieser Kräfte vor sich gehen kann, wobei das Gas sich abkühlt. Andererseits muß mehr Arbeit aufgewandt werden, um die Gasmenge zur Drosselstelle hinzubringen, als später nach der Drosselung zurückgewonnen wird, so daß während des Drosselns in den meisten Fällen eine, allerdings kleine Temperaturerhöhung eintritt, die gegenüber der

Tabelle 3. Gesamtabkühlung der Luft bei Entspannung auf Atmosphärendruck (Thomson-Joule-Effekt).

Anfangstemperatur		Abkühlung beim Anfangsdruck von		
°C	absolut	50	100	200 ata
+ 15	288°	11,6°	22,5°	39,0°
— 20	253°	16,0°	30,8°	55,0°
— 50	223°	21,4°	42,7°	71,5°

Abkühlung durch die innere Arbeit jedoch geringfügig ist. Bei der Drosselung der Luft beträgt die Abkühlung bei $+15^0$ und niedrigen Drucken etwa $^1/_4{}^0$ je 1 at Druckabfall. Mit sinkender Temperatur nimmt sie erheblich zu, mit steigendem Druck ab.

In Tabelle 3 (s. S. 443) [vgl. H. Hausen: Artikel „Flüssige Luft" in Bd. 7 der „Enzyklopädie der technischen Chemie", herausgeg. von Ullmann, 2. Aufl. Berlin u. Wien 1931] ist die Gesamtabkühlung der Luft von verschieden hohen Anfangsdrucken und Temperaturen bis auf Atmosphärendruck wiedergegeben. Man erkennt, wie bei fallender Anfangstemperatur der Drosseleffekt günstiger wird, wie er mit steigendem Druck abnimmt.

b) Spezialausführungen.

Eine einfache Anordnung des Lindeschen Luftverflüssigungsverfahrens zeigt schematisch Abb. 1. Der mehrstufige Luftverdichter *1* saugt die Luft bei *a* an und verdichtet sie auf etwa 200 at. Die Verdichtungswärme wird in einem Kühler *2* an das Kühlwasser abgegeben, so daß die verdichtete Luft mit nahezu Kühlwassertemperatur in den Gegenströmer *3* eintritt. Hier wird sie durch die Kälte der aus dem Sammler *5* kommenden, noch nicht verflüssigten Luft abgekühlt und im Drosselventil *4* bis auf den Anfangsdruck entspannt, wodurch sie bei dem Druckgefälle von 200 at sich nahezu um 40^0 abkühlt. Da diese Abkühlung noch nicht zur Verflüssigung genügt, gibt die kalte, durch das Rohr *6* abziehende Luft ihre Kälte im Gegenstromkühler an die ankommende so lange ab, bis am Drosselventil die zur Luftverflüssigung erforderliche Temperatur schließlich erreicht ist. Ein Teil der Luft wird dann im Beharrungszustand im Sammelbehälter *5* verflüssigt und bei *b* entnommen, während der dampfförmig bleibende Rest durch *6* wieder in den Gegenströmer zurückgeführt wird und sich dort möglichst nahe bis auf die Temperatur erwärmt, mit der die verdichtete Luft in den Gegenströmer eintritt. Die Luftmenge, die verflüssigt werden kann, hängt von der Kältemenge ab, die zur Verfügung steht, sie kann aus dem Thomson-Joule-Effekt berechnet werden. Maßgebend hierfür ist die Temperatur am warmen Ende, d. h. beim Eintritt in den Gegenströmer, die möglichst niedrig zu halten ist.

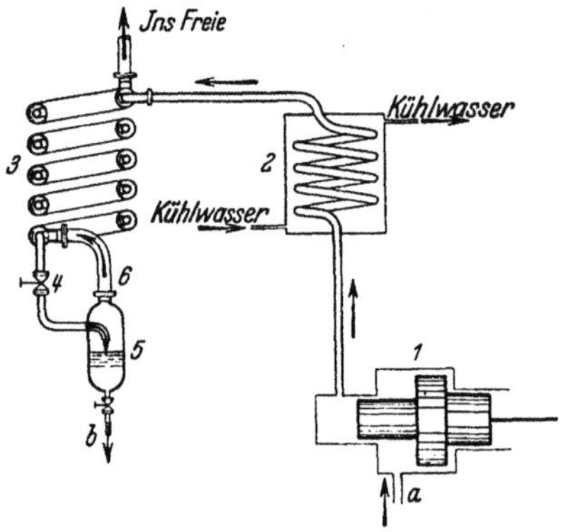

Abb. 1. Schema einer Luftverflüssigungsanlage nach Linde.

Der Verflüssigungsapparat (Gegenströmer, Drosselventil und Sammler) ist zur Vermeidung von Ausstrahlverlusten möglichst gut zu isolieren. Die Fläche des Gegenströmers muß zur Verringerung der Kälteverluste so groß bemessen werden, daß die entspannte Luft den Gegenströmer nur um wenige Grad kälter verläßt, als die verdichtete eintritt. Bei großen

Apparaten kann man mit einem Verlust von 10—15% der erzeugten Kälte rechnen, wobei theoretisch 98 Calorien zur Verflüssigung von 1 kg Luft bei einer Anfangstemperatur der Luft von $+ 15^0$ C zugrunde gelegt werden können.

Dieser einfache ursprüngliche Apparat, der heute noch für Laboratoriumszwecke ausgeführt wird, besitzt den Nachteil des sehr hohen Arbeitsaufwandes, der mit allen Mitteln verringert werden mußte. Linde gelang es, durch Einführung des Hochdruck-Kreislaufes und der Vorkühlung diese Mängel zu beseitigen.

Wie aus Tabelle 3 hervorgeht, ist die Drosselungsabkühlung bei einer gegebenen Anfangstemperatur ungefähr der Druckdifferenz proportional, während der Arbeitsaufwand für Verdichtung mit dem Logarithmus des Druckverhältnisses ansteigt (s. Bd. II, S. 408, Abschnitt „Luftkompressoren").

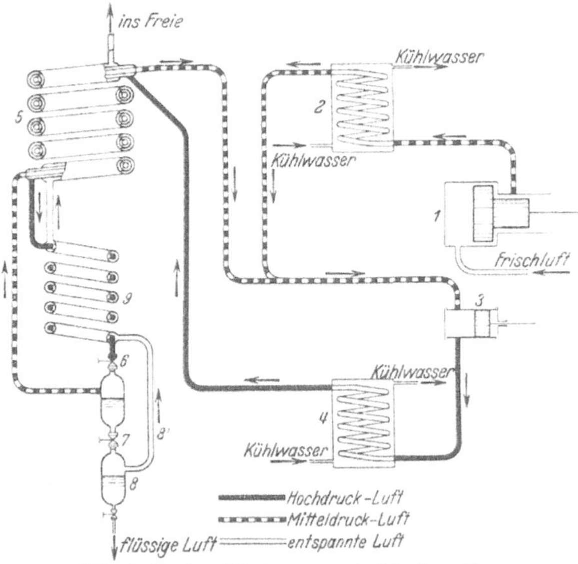

Abb. 2. Luftverflüssigung nach Linde mit Hochdruck-Kreislauf.

Bei einem bestimmten Ansaugedruck wächst daher mit Erhöhung des Enddruckes die Kälteleistung und damit die verflüssigte Luftmenge rascher als der Arbeitsaufwand. Es ist aber nicht wirtschaftlich, mit dem Enddruck über 150—200 at hinauszugehen. Durch folgende Überlegung kann man den Arbeitsaufwand weiter herabmindern: Wenn man die Luft statt von 150 auf 1 at jetzt von 200 at auf 50 at drosselt, so bleibt die Kälteleistung in beiden Fällen ungefähr gleich groß. Hingegen verringert sich das Druckverhältnis von 150 : 1 auf 200 : 50 = 4 : 1 und der Arbeitsaufwand ermäßigt sich auf 28% des ursprünglichen Wertes. Durch Erhöhung des Entspannungsdruckes kann daher erheblich an Arbeit gespart werden. An diesem sog. Hochdruck-Kreislauf kann jedoch nicht die ganze Luftmenge teilnehmen, da der Teil der Luft, der die Anlage flüssig verläßt, auf Atmosphärendruck entspannt werden muß, zuzüglich der Menge, die bei der Entspannung der flüssigen Luft auf Atmosphärendruck mitverdampft. Dieser Teil muß stets wieder von Atmosphärendruck auf den Enddruck neu verdichtet werden.

Das Schema einer solchen Luftverflüssigung mit Hochdruck-Kreislauf gibt Abb. 2 wieder. *1* bedeutet den Mitteldruck-Kompressor, der die auf 1 at entspannte Luft zu ersetzen hat und diese Luftmenge auf den Mitteldruck verdichtet. Nach Abkühlung in einem Wasserkühler *2* wird sie zugleich mit der auf einen Mitteldruck entspannten umlaufenden Hochdruckluft im Kompressor *3* auf den Druck von etwa 150—200 at komprimiert. Diese Luftmenge tritt nach Abkühlung in einem weiteren Wasserkühler *4* in die Gegenströmer *5* und *9*, in denen sie durch die zurückgeführte kalte Mitteldruckluft und durch die völlig entspannte Luft aus *8* abgekühlt wird. Hierauf wird sie durch Ventil *6* auf den Mitteldruck entspannt, wobei ein Teil sich verflüssigt, während der noch nicht verflüssigte, aber abgekühlte Teil durch den Gegenströmer *5* nach dem Mitteldruck-Kompressor zurückgeleitet wird. Der flüssige Teil der Mitteldruckluft wird durch Ventil *7* auf Atmosphärendruck entspannt und aus dem unteren Teil des Sammlers *8* flüssig entnommen. Die bei der Drosselung in *8* entstandenen Dämpfe werden durch Leitung *8'* zunächst dem Zusatz-Gegenströmer *9* zugeleitet, in dem sie einen Teil ihrer Kälte auf die zuströmende Hochdruckluft abgeben und dann dem nachgeschalteten Haupt-Gegenströmer, den sie ungefähr bis auf Kühlwassertemperatur erwärmt verlassen.

Eine weitere Verringerung des Arbeitsaufwandes wird durch die Vorkühlung der Hochdruckluft vor ihrem Eintritt in den Gegenströmer erreicht. Wie aus Tabelle 3 hervorgeht, nimmt der Thomson-Joule-Effekt mit sinkender Temperatur zu und steigt z. B. bei einer Temperatur von -50^0 fast auf den doppelten Wert des Betrages bei $+15^0$. Diese Vorkühlung kann wirtschaftlich nur durch eine besondere Kältemaschine vorgenommen werden, meist eine zweistufige Ammoniak-Kälteanlage, welche die Hochdruckluft auf etwa -35 bis -45^0 in besonderen Kühlern vorkühlt. Abgesehen von der hierbei erzielten gleichzeitigen Trocknung der Luft durch Ausfrieren des in ihr enthaltenen Wasserdampfes fällt infolge der durch die Vorkühlung bedingten erheblichen Steigerung der Kälteleistung der zusätzliche Arbeitsaufwand der Kältemaschine kaum ins Gewicht. Hierzu kommt noch, daß infolge der vorgeschalteten Kältemaschine der Kältebedarf der Verflüssigungseinrichtung geringer wird, da in ihr die Luftmenge nicht mehr von $+15^0$, sondern etwa von -40^0 bis zur Verflüssigungstemperatur abzukühlen ist, so daß an Stelle von 98 kcal nur 83 kcal je 1 kg verflüssigter Luft aufzuwenden sind. Da diese Differenz bei höherer Temperatur entzogen wird, steigt auch hierdurch die Wirtschaftlichkeit des Verfahrens.

Durch diese Verbesserungen gelang es Linde, den Arbeitsaufwand je 1 kg erzeugter flüssiger Luft erheblich herabzudrücken. Während er mit den ursprünglichen Apparaten bei einem Kompressions-Enddruck von 200 at etwa 3,4 PS/h pro kg flüssiger Luft benötigte, war es nach Einführung der Vorkühlung und des Hochdruck-Kreislaufverfahrens möglich, den Arbeitsaufwand auf 1,07 PS/h/kg zu vermindern.

2. Luftverflüssigung nach Claude.

Bei dem Claude-Verfahren erfolgt die Entspannung und Abkühlung der Luft in einer Expansionsmaschine unter Leistung äußerer Arbeit.

Hierbei kühlt sich die Luft erheblich stärker ab als bei dem Durchgang durch ein Drosselventil. Wird z. B. bei einer Anfangstemperatur von —100° Luft von 40 ata bis auf Atmosphärendruck entspannt, so beträgt ihre Abkühlung bei Abdrosselung nur 29° (demnach auf —129°), während in einer verlustfreien Expansionsmaschine sie sich theoretisch bis auf ihre Verflüssigungstemperatur von —192° bis —194° abkühlen kann, also mehr als 3mal so stark wie bei der Abdrosselung. Claude gelang es, durch Verwendung eines geeigneten Schmiermittels — des Petrol-Äthers — die Expansionsmaschine betriebsfähig zu machen und gleichzeitig durch einen Kunstgriff die Flüssigkeitsschläge, die bei einer im Expansionszylinder selbst stattfindenden Verflüssigung auftreten und den gleichzeitig entstehenden hohen Kälteverlust zu vermeiden. Claude treibt die Abkühlung der Luft im Expansionszylinder nicht ganz bis zu ihrer Verflüssigungstemperatur, sondern bleibt stets oberhalb dieser Grenze, überträgt aber die erzeugte Kälte auf eine andere vorgekühlte, noch nicht entspannte Luftmenge, die sich unter höherem Druck bei höherer Temperatur verflüssigen kann, als es bei Atmosphärendruck möglich ist. Diese Luftmenge wird nach ihrer Verflüssigung durch ein Ventil bei Atmosphärendruck entspannt. Bei dem Claude-Verfahren erfolgt also die Abkühlung und Entspannung der Luft nicht ausschließlich in der Expansionsmaschine, sondern die Drosselung wird mit herangezogen.

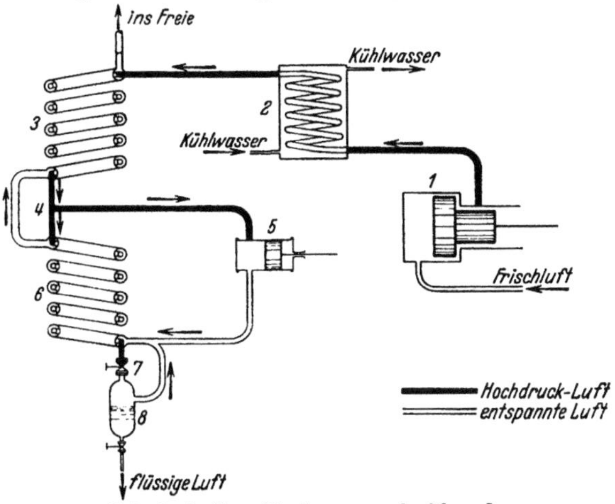

Abb. 3. Luftverflüssigung nach Claude.

In Abb. 3 ist die Betriebsweise einer Claude-Verflüssigungsanlage schematisch wiedergegeben. Der mehrstufige Kompressor *1* verdichtet die angesaugte Luft auf etwa 20—40 atü und drückt sie nach Durchströmen eines Wasserkühlers *2* in den Gegenströmer *3*, in dem sie durch die entspannte Luft vorgekühlt wird. Ein Teil der verdichteten Luft wird bei *4* abgezweigt, in der Expansionsmaschine *5* auf Atmosphärendruck entspannt und durch den Gegenströmer *6* zurückgeleitet. Hier kühlt er den übriggebliebenen Teil der verdichteten Luft ab, die sich infolge des hohen Druckes verflüssigt und durch ein Drosselventil *7* auf Atmosphärendruck entspannt wird. Der bei der Entspannung im Behälter *8* entstehende Dampf wird gemeinsam mit der aus der Expansionsmaschine kommenden Luft durch die beiden Gegenströmer hindurch ins Freie geleitet. Die Flüssigkeit wird aus dem unteren Teil des Behälters *8* als Fertigprodukt abgelassen.

Der Arbeitsaufwand für 1 kg flüssige Luft ist bei dem Claude-Verfahren ungefähr so groß, wie bei den Linde-Anlagen, obgleich man wegen der intensiven Abkühlung in der Expansionsmaschine ein günstigeres Ergebnis erwarten sollte. Die in der Expansionsmaschine tatsächlich auftretende Abkühlung bleibt jedoch wegen der unvermeidlichen Verluste hinter dem theoretischen Wert stark zurück, während bei der Drosselabkühlung keinerlei Verluste auftreten. Ferner kann die in der Expansionsmaschine erzeugte Kälte an die zu verflüssigende Luftmenge nur in beschränktem Maße übertragen werden.

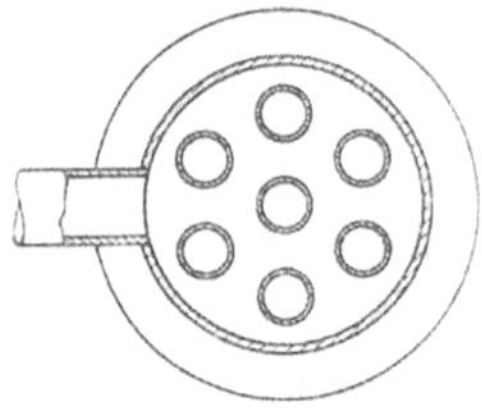

Abb. 4. Querschnitt eines Gegenströmers.

Ein von Heylandt entwickeltes Luftverflüssigungsverfahren lehnt sich dem Claudeschen eng an, nur geht Heylandt von sehr hohen Drucken zwischen 150—170 at aus, so daß es ihm möglich ist, die Abkühlung von der Anfangs- bis zu der erforderlichen tiefen Temperatur in der Expansionsmaschine vorzunehmen.

Große Sorgfalt muß auf die Ausbildung der Apparatur infolge der hohen Drucke und tiefen Temperaturen gelegt werden. Da bei tiefen Temperaturen Eisen leicht spröde wird, werden die Apparaturteile, die diesen Temperaturen ausgesetzt sind, aus Kupfer oder Bronze hergestellt. Die Gegenströmer, die bei Linde ursprünglich aus Doppelrohren bestanden, wurden später dadurch verbessert, daß für die Hochdruckluft statt eines einzigen Innenrohres eine größere Anzahl engerer Rohre vorgesehen wurde. Abb. 4 zeigt den Querschnitt eines solchen Gegenströmers. Die Ansicht eines Gegenströmers für eine große Stickstoffanlage, der in seiner Bauart mit dem einer Luftverflüssigungsanlage übereinstimmt, ist aus Abb. 5 zu entnehmen.

Abb. 5. Gegenströmer für 2500 m³/h Stickstoff.

Durch diese Verbesserungen wurde es ermöglicht, die Temperaturunterschiede zwischen ein- und austretender Luft auf 4—5° zu verringern und einen Wirkungsgrad des Wärmeaustauschers von 97 bis 98% zu erreichen.

Claude verwendet bei seinen Anlagen kurze, aus sehr vielen parallelen Doppelrohren bestehende Gegenströmer, die senkrecht aufgestellt und von einem Blechmantel umschlossen sind. Der Zwischenraum zwischen Mantel und Rohren wird durch Isoliermaterial ausgefüllt. Die Expansionsmaschine, meist stehender Anordnung, ist besonders sorgfältig ausgebildet, sie wird in größeren Anlagen zur Erhöhung der Kälteleistung zweistufig gebaut. Bei Betriebsbeginn wird sie mit Petrol-Äther geschmiert, im Beharrungszustand, der in der Nähe des Kondensationsgebietes der Luft liegt, kann die Schmierung abgestellt werden. Die Kolben der Maschine werden durch Lederstulpen abgedichtet, die Ein-

und Auslaßventile im Zylinderdeckel sind zwangsläufig gesteuert. Die Maschine muß möglichst in der Nähe der Apparate aufgestellt werden, um die Kälteverluste beim Überleiten der Luft klein zu halten. Die geringe, von der Expansionsmaschine zurückgewonnene Arbeit wird bei kleineren Anlagen häufig an eine Brems-Dynamo, bei größeren an den direkt mit der Expansionsmaschine gekuppelten Luftkompressor abgegeben. Auf eine sorgfältige Isolierung aller kalten Apparate und Leitungen ist besonders zu achten. Hierfür darf nur unbrennbares Material wie Schlackenwolle, Magnesiumcarbonat, Kieselgur u. dgl. verwandt werden. Die in der Luft vorhandenen Verunreinigungen wie Wasser, Kohlendioxyd und das aus dem Kompressor mitgerissene Öl müssen vor Eintritt in den Gegenströmer entfernt werden, da sie sonst schnell die engen Rohre verstopfen. Das Kohlendioxyd wird in Türmen, die mit Natron- oder Kalilauge unter einem Druck von 5—6 atü berieselt werden, zurückgehalten. Das Öl und ein Teil des bei der Kompression niedergeschlagenen Wasserdampfes wird in Abscheidern gesammelt und abgelassen. Die letzten Spuren von Wasserdampf werden bei kleineren Anlagen in Rohrbatterien, die mit stückigem Calciumchlorid gefüllt sind, absorbiert. Eine sehr gute Trocknung wird bei größeren Anlagen durch die schon oben erwähnte Vorkühlung der Luft mittels einer besonderen Kältemaschine erreicht.

Da die in der flüssigen Luft enthaltene Kälte sehr teuer ist (vgl. Tabelle 2, S. 442) kommt sie für Kühlzwecke nur dort in Anwendung, wo sehr tiefe Temperaturen erzeugt werden sollen. Die flüssige Luft wird hauptsächlich als Durchgangsprodukt für die Gaszerlegung, namentlich für die Herstellung von Sauerstoff, Stickstoff, Wasserstoff und Kohlenwasserstoffen verwendet.

II. Gaszerlegung.

Die Zerlegung der Gase in ihre einzelnen Bestandteile bei tiefen Temperaturen beruht auf den ebenfalls von Linde und Claude entwickelten Verfahren der Zerlegung der Luft in ihre beiden Hauptbestandteile Sauerstoff und Stickstoff, weshalb zunächst diese behandelt werden sollen. Da die Herstellung des reinen Sauerstoffes oder Stickstoffes nach den gleichen Methoden ohne erhebliche Änderungen möglich ist, sind die folgenden Angaben sowohl für die Sauerstoff- wie Stickstofferzeugung gültig.

1. Luftzerlegung nach dem Verfahren von Linde.

Die Zerlegung der Luft geht von der Beobachtung aus, daß bei der Verdampfung eines flüssigen Gemisches von Sauerstoff und Stickstoff beliebiger Zusammensetzung der sich bildende aufsteigende Dampf stets sauerstoffärmer als die Flüssigkeit ist. Verdampft z. B. ein 50%iges Gemisch unter Atmosphärendruck, so besitzt der entstandene Dampf nur einen Sauerstoffgehalt von 22% (der Prozentgehalt ist in Volumprozenten angegeben, bezogen auf den gasförmigen Zustand bei Umgebungstemperatur und Atmosphärendruck). Dies ist dadurch zu erklären, daß reiner flüssiger Stickstoff einen etwa 4mal höheren Dampfdruck als flüssiger Sauerstoff der gleichen Temperatur besitzt und daher das Verdampfungsbestreben des niedriger siedenden Stickstoffs größer ist.

In Abb. 6 sind auf der Ordinate die Siedetemperaturen, auf der Abszisse die zugehörigen Gleichgewichtszustände von Flüssigkeit und Dampf bei Atmosphärendruck aufgetragen. Die zueinander gehörenden Werte sind aus beiden Kurven zu entnehmen, da Flüssigkeit und Dampf im Gleichgewichtszustand die gleiche Temperatur besitzen und die zugehörigen Punkte auf der gleichen Horizontalen liegen müssen. Man ersieht z. B., daß ein flüssiges Luftgemisch mit 20,9% Sauerstoff einen Dampf mit 6% Sauerstoffgehalt ergibt. Bei fortschreitender Verdampfung wird die restliche Flüssigkeit immer sauerstoffreicher. Man kann nach dem Prinzip der fraktionierten Verdampfung, das ursprünglich von Linde für die Gewinnung sauerstoffreicher Gemische verwandt wurde, jede gewollte Vergrößerung des Sauerstoffgehaltes in der zurückbleibenden Flüssigkeit erzielen, jedoch ist die Ausbeute an reinem Sauerstoff äußerst gering.

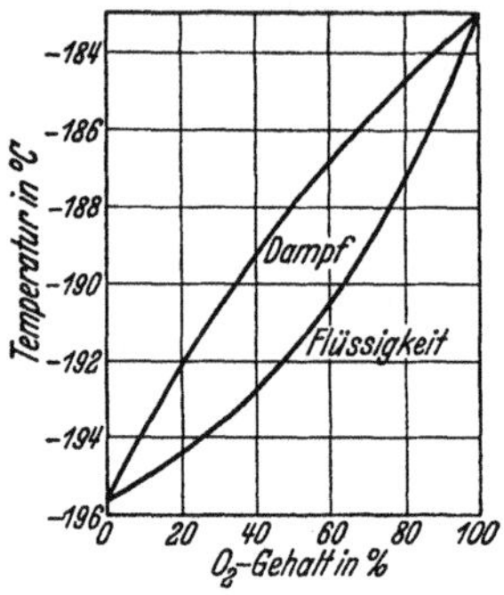

Abb. 6. Siedetemperaturen von Sauerstoff-Stickstoffgemischen.

Die praktisch vollkommene Zerlegung gelang erst durch das von Linde vorgeschlagene Rektifikationsverfahren. Es beruht auf der Kombination von Destillation mit Waschung der dabei entstandenen Dämpfe. Führt man in eine Rektifikationssäule von unten her dampfförmigen Sauerstoff ein und läßt von oben gleichzeitig eine bestimmte Menge flüssigen Stickstoffs möglichst fein verteilt dem Dampfstrom entgegenströmen, so findet bei ausreichender Berührung zwischen Dampf und Flüssigkeit eine vollständige Änderung der Zusammensetzung in der Säule statt. Die Dämpfe, die aus der Säule oben entweichen, müssen, wie auch aus Abb. 6 hervorgeht, sehr reich an Stickstoff sein, während unten fast reiner Sauerstoff gewonnen werden kann. Man kann sich den Vorgang in der Säule so erklären, daß — auf der Dampfseite — der Sauerstoffgehalt des Dampfes durch die entgegenrieselnde Flüssigkeit dauernd verringert wird, da die Flüssigkeit, um mit dem Dampf im Gleichgewicht zu stehen, immer einen höheren Sauerstoffgehalt besitzen muß und daher den Sauerstoff begierig aus dem Dampf aufnimmt. Auf der Flüssigkeitsseite wird durch Auskochen des leichter verdampfenden Stickstoffs vermittels der von unten kommenden warmen Dämpfe der Sauerstoffgehalt immer größer.

Einen Trennungsapparat moderner Bauart mit Doppelrektifikation zeigt Abb. 7 [R. Linde: Ztschr. ges. Kälteind. **34**, 205 (1927)], bei dem die Abkühlung, Verflüssigung und weiter die Zerlegung der Luft in wirtschaftlichster Weise durchgeführt werden kann. Er besteht aus vier Teilen: Dem Gegenströmer *A*, der unteren Drucksäule *B*, dem Kondensator *F* und der oberen Zerlegungssäule *G*.

Seine Wirkungsweise ist folgende: Die zuvor verdichtete, durch einen Wasserkühler und möglichst noch durch eine besondere Kältemaschine weiter abgekühlte Luft tritt am oberen Ende des Gegenströmers *A* ein, in dem sie in bekannter Weise durch die austretenden Zerlegungsprodukte O_2 und N_2 bis auf ihre Sättigungstemperatur weiter abgekühlt wird. Sie strömt dann durch die Schlange *C*, die sich in einem Bad *D* von flüssigem sauerstoffreichen Gemisch mit etwa 40% O_2 befindet und verflüssigt sich bei ihrem hohen Druck, wobei sie gleichzeitig eine calorisch entsprechende Menge der außen siedenden Flüssigkeit verdampft. Die in der Schlange *C* entstandene Flüssigkeit wird durch das Drosselventil *H* entspannt, bei *b* in die unter 4—5 atü stehende untere Rektifikationssäule geleitet. Sie fließt über die Rektifikationsböden im unteren Teil der Säule herab, wobei sie den unten erzeugten Dämpfen begegnet. Diese Dämpfe werden beim Aufsteigen aus dem Verdampfer *D* infolge der Berührung mit der Flüssigkeit immer stickstoffreicher. Bei *b* besitzen sie nur noch einen Sauerstoffgehalt von etwa 12%. Nach weiterem Aufsteigen in der Säule verflüssigen sie sich schließlich in dem Kondensator *F* vollständig, weil dessen Rohre außen von unter Atmosphärendruck stehendem, siedendem Sauerstoff umspült sind, dessen Temperatur niedriger ist als die des unter Druck stehenden fast reinen Stickstoffs. Die Hälfte des flüssigen Stickstoffs fällt wieder in die untere Säule zurück und reinigt die aufsteigenden Dämpfe soweit von Sauerstoff, daß sie als reine Stickstoffdämpfe in den Kondensator gelangen und sich dort verflüssigen. Die andere Hälfte des flüssigen Stickstoffs wird auf den oberen Kopf der unter Atmosphärendruck stehenden Zerlegungssäule *G* gegeben, nachdem er zuvor durch das Ventil *N* auf diesen Druck entspannt wurde.

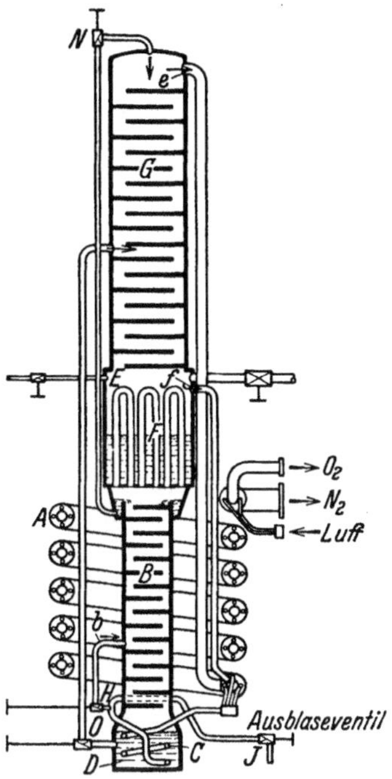

Abb. 7. Schema einer Luftzerlegungsanlage (Zweisäulenapparat).

Die Flüssigkeit, die in der Drucksäule bei *b* herunterrieselt, nimmt in den Rektifikationsböden den Sauerstoff aus den aufsteigenden Dämpfen auf und kommt mit etwa 40% Sauerstoff wieder in den Verdampfer *D* zurück. Aus diesem wird ein Teil der Flüssigkeit entnommen, durch das Ventil *O* auf 1 ata gedrosselt und an geeigneter Stelle in die obere Säule eingeführt. Hier geht der gleiche Prozeß wie in der unteren Säule vor sich. Er kann so geführt werden, daß an ihrem oberen Ende bei *e* reine Stickstoffdämpfe austreten, während die herabrieselnde Flüssigkeit immer sauerstoffreicher wird und im unteren Teil um den Kondensator *F* sich als flüssiger, reiner Sauerstoff ansammelt. Dieser wird von den in den Schlangen des Kondensators sich niederschlagenden Stickstoffdämpfen

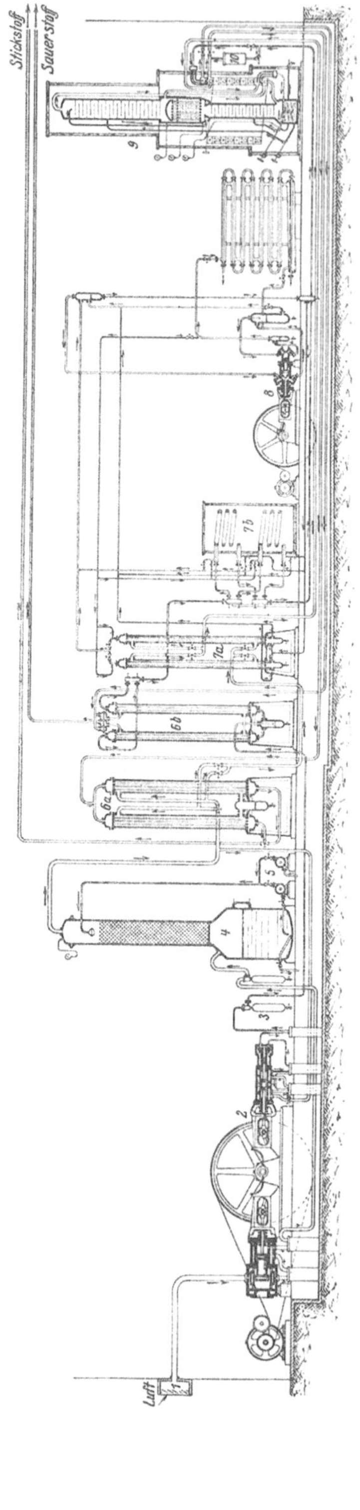

Abb. 8. Lufttrennungsanlage mit doppelter Zerlegung für Hoch- und Niederdruckluft und Vorkühlung. *1* Luftfilter, *2* Luftkompressor, *3* Ölabscheider, *4* Laugeturm, *5* Laugepumpen, *6a* Gegenstromkühler für Niederdruckluft, *6b* Gegenstromkühler für Hochdruckluft, *7a* Vorkühler für Niederdruckluft, *7b* Vorkühler für Hochdruckluft, *8* zweistufige Ammoniakkältemaschine, *9* Trennungsapparat, *10* Anwärmer.

der unteren Säule verdampft. Etwa $^1/_5$ Teil der Sauerstoffdämpfe wird durch das Rohr *f* dem Gegenströmer zugeführt, die restlichen $^4/_5$ steigen nach oben, treiben in bekannter Weise aus der herabrieselnden Flüssigkeit den Stickstoff aus und reichern die aufsteigenden Dämpfe mit Stickstoff an, in denen die letzten Spuren von Sauerstoff durch den oben am Kopf der Säule eingeführten flüssigen Stickstoff vollständig entfernt werden. Die reinen Stickstoffdämpfe werden oben bei *e* entnommen und ebenso wie der bei *f* abgeleitete Sauerstoff in das untere Ende des Gegenströmers geführt, in dem sie ihre Kälte an die eintretende Luft abgeben. Sie verlassen den Gegenströmer mit einer Temperatur, die um etwa 4—5° tiefer liegt als die der eintretenden Luft. Dieser Kälteverlust sowie der weitere, durch Strahlung und Leitung der kalten Apparate an ihre Umgebung entstehende, muß durch die Entspannung der Luft gedeckt werden. Bei großen, gut ausgebildeten Apparaten kann man den Kälteverlust auf etwa 1,8 Calorien pro m³ verarbeiteter Luft entsprechend 2% der erforderlichen Kälteleistung herabmindern.

Der Arbeitsbedarf je m³ verarbeiteter Luft oder für 1 m³ erzeugten Sauerstoff läßt sich wie auf S. 446 gezeigt, dadurch verringern, daß zunächst die Luft vor Eintritt in den Gegenströmer auf —35 bis —40° abgekühlt, ferner dadurch, daß ein Teil der Luft, etwa $^1/_6$ bis $^1/_3$ der gesamten Menge, auf sehr hohen Druck (100—200 at) verdichtet wird, der Rest hingegen nur auf den in der Drucksäule herrschenden Druck von etwa 4—5 atü. Bei diesen Anlagen mit Hoch-

und Niederdruckluft und Vorkühlung ist es möglich, den Arbeitsverbrauch für 1 m^3 Sauerstoff bis auf 0,75 PS/h herabzudrücken.

Eine Anlage dieser Bauart ist in Abb. 8 mit den erforderlichen Nebenapparaten wiedergegeben. Die Luft wird zunächst vor dem Ansaugen durch den Verdichter in dem Luftfilter *1*, das meist eine Schicht ölbenetzter kleiner Füllkörper enthält, von Staub und anderen mechanischen Verunreinigungen befreit und hierauf unter entsprechender Zwischenkühlung durch Kühlwasser auf einen Druck von 5—6 atü zweistufig verdichtet. Etwa mitgerissene Öldämpfe werden in dem Abscheider *3* gleichzeitig mit dem bei der Verdichtung ausgeschiedenen Wasser entfernt. In dem Laugeturm *4* wird die Luft unter dem Druck von 5—6 atü von dem in ihr enthaltenen CO_2 durch Auswaschung mit Natronlauge befreit. Die Laugepumpen *5* bewirken den ständigen Umlauf der Lauge im Turm und sobald diese erschöpft ist, den Ersatz durch frische. In dem Turm rieselt die Lauge durch Füllkörper von oben nach unten hindurch, während die Luft entgegengesetzt strömt und in innige Berührung mit der Lauge gebracht wird. Nach Verlassen des Turmes wird ein Teil der Luft zum Kompressor zurückgeführt und hier weiter in mehreren Stufen auf den hohen Druck von 100—200 atü verdichtet, in einem Ölabscheider wieder von mitgerissenem Öl befreit und dann in die Vorkühler *6b* geleitet. Die Apparate *6a*, *6b*, *7a* und *7b* stellen sog. zweiastige Vorkühler dar, die abwechselnd in Betrieb genommen werden können. Da bei der Abkühlung der Luft in den Kühlern Wasserdampf — bei Temperaturen unter 0^0 in Form von Schnee und Eis — ausgeschieden wird, setzen sich diese allmählich zu. Die warme Luft wird daher so geführt, daß sie zunächst in den fast zugefrorenen Ast eintritt, diesen auftaut und hierbei gleichzeitig sich abkühlt. Die weitere Abkühlung und Abscheidung des Wassers erfolgt in dem zweiten, noch offenen Ast. Sobald dieser sich zugesetzt hat, wird wieder umgeschaltet. Zwischen den Ästen sind Abscheider angeordnet, aus denen die abgeschiedene Flüssigkeit entfernt wird. In den Vorkühlern *6 a* wird die Niederdruckluft nach ihrem Verlassen aus den Laugetürmen durch den aus dem Trennungsapparat *9* austretenden Stickstoff auf etwa -20^0 abgekühlt. Die Kühlung der Hochdruckluft auf die gleiche Temperatur erfolgt durch den aus *9* kommenden Sauerstoff in *6 b*. Die verdichtete Luft fließt innerhalb der in den Vorkühlern angebrachten engen Röhren, die vom kalten N_2 bzw. O_2 außen umspült sind. Die weitere Abkühlung der Luft geschieht in der gleichen Art in den ebenfalls zweiastig ausgebildeten Kühlern *7a* bzw. *7b* durch verdampfendes Ammoniak auf eine Temperatur von -40^0 (der Kühler *7b* für die Hochdruckluft ist als Doppelrohrapparat ausgeführt). Der zweistufige NH_3-Kompressor *8* saugt bei einer Verdampfungstemperatur von -50^0 das dampfförmige NH_3 aus den Kühlern ab, verdichtet es auf Kondensatordruck, so daß die Verflüssigung nach Durchströmen eines Ölabscheiders in dem daneben befindlichen Doppelrohrkondensator erfolgen kann. Das flüssige NH_3 wird unten in die Kühler eingespritzt und oben dampfförmig abgesaugt. Nach dieser Vorkühlung werden beide Luftmengen getrennt durch den Gegenströmer in den Zerlegungsapparat *9* geleitet und hier in bekannter Art durch die ausströmenden kalten Produkte N_2 und O_2 tief gekühlt. Die Niederdruckluft wird in den Verdampfer der Drucksäule unverflüssigt und ohne Entspannung als dampfförmiges Sauerstoff-Stickstoffgemisch eingeleitet, während die Hochdruckluft in der Verdampferschlange sich noch weiter abkühlt, verflüssigt und durch ein Regelventil (vgl. *H* Abb. 7) entspannt in die Drucksäule eingeführt wird. Hier wird die Rektifikation in der beschriebenen Weise vorgenommen. Wenn nach einer längeren Betriebszeit der Gegenströmer und die Schlangen des Trennungsapparates sich verstopfen, muß der Apparat außer Betrieb genommen werden. Sein Auftauen erfolgt durch Hochdruckluft, die in dem Anwärmer *10* erwärmt und von dort rückwärts durch die Schlangen des Apparates geleitet wird.

Mit dieser Anlage ist es leicht möglich, beide Gase in hoher Reinheit zu erzeugen. Meist wird nur ein Gas von hohem Reingehalt verlangt, während das andere gewöhnlich nicht verwertet wird. So verlangen z. B. die Ammoniaksynthese und die Kalkstickstofferzeugung besonders reinen Stickstoff. Bei entsprechender Betriebsführung, ausreichender Zahl und guter Wirkung der Rektifikationsböden ist es möglich, Stickstoff mit 99,8% und gleichzeitig Sauerstoff mit 99% Reinheitsgrad zu erzeugen, wobei die Stickstoffausbeute 95% und die Sauerstoffausbeute 75% beträgt. Die in der Luft enthaltenen unverflüssigten Gasreste, die einen tieferliegenden Siedepunkt als N_2 besitzen, wie Neon, Helium und Wasserstoff, sammeln sich im Laufe des Betriebes im oberen Teil des Kondensators an und müssen, da sie sonst die Verflüssigung des Stickstoffs verhindern, durch ein am höchsten Punkt des Kondensators angebrachtes Ventil zeitweise entfernt werden. Die für die moderne Glühlampentechnik benötigten Edelgase Neon und Helium, zu denen noch das Argon hinzutritt, dessen Siedepunkt zwischen dem des Sauerstoffs und Stickstoffs liegt, können in besonderen Apparaten durch Kondensation bei tiefen Temperaturen gewonnen werden, das Argon in einer speziell ausgebildeten Rektifikationssäule, die mit Stickstoff beschickt wird.

2. Luftzerlegung nach dem Verfahren von Claude.

Claude wendet bei seinem Trennungsverfahren ebenso wie Linde in dem Zweisäulen-Rektifikationsapparat, eine Vorzerlegung der Luft an, jedoch erfolgt sie hier durch fraktionierte Kondensation. Er ordnet zu diesem Zweck unterhalb der Rektifikationssäule *A* Abb. 9, in der die endgültige Zerlegung vorgenommen wird, einen aus zwei konzentrischen Rohrbündeln bestehenden Verflüssiger *B* an, der von reinem Sauerstoff umgeben ist. In der Expansionsmaschine wird die verdichtete Luft in der bekannten Art ungefähr bis auf Sättigungstemperatur abgekühlt und in den Sammler *b* geleitet. Hier steigt sie zunächst in dem inneren Rohrbündel *a*, das über dem Sammler *b* angeordnet ist, nach oben. Etwa die Hälfte der Luft verflüssigt sich dort und rieselt der nachströmenden Luft entgegen nach unten zurück, ein Vorgang, der von Claude als „Liquéfaction partielle avec retour-en-arrière“ bezeichnet wird. An jeder Stelle im Rohrinnern muß die entstandene Flüssigkeit mit dem Dampf im Gleichgewicht stehen und daher sauerstoffreicher als jener sein. Infolgedessen sammelt sich am Boden des Gefäßes *b* eine relativ sauerstoffreiche Flüssigkeit an, die sich bis zu 38% Sauerstoff anreichern kann. Die am oberen Teil des Rohrbündels *a* übriggebliebenen Dämpfe sind stickstoffreich. Sie werden im äußeren Rohrbündel *c* während ihres Absteigens verflüssigt, in dem darunter befindlichen ringförmigen Sammler *d* aufgenommen und von dort in bekannter Weise wie bei Linde nach ihrer Entspannung auf den Kopf der Rektifikationssäule *A* aufgegeben. Aus dem unteren Teil des Sammlers *b* wird ein Teil der sauerstoffreichen Flüssigkeit entnommen und in die Mitte der unter Atmosphärendruck stehenden Rektifikationssäule eingeführt, wo die Zerlegung in bekannter Weise vor sich geht. Man kann die Zerlegung in dem Rohrbündel *a* auch als eine Art Rektifikation auffassen, da die an den Wandungen herabrieselnde Flüssigkeit mit dem aufsteigenden Dampf in innige Berührung kommt. Immerhin ist diese Rektifikationswirkung, namentlich im oberen Teil des Rohrbündels, wo sich nur wenig Flüssigkeit bildet, nicht so intensiv, wie in einer Rektifikationssäule. Wenn daher die Zerlegungsprodukte in hoher Reinheit gewonnen werden sollen, wendet auch Claude eine Druckrektifikationssäule an. In diesem Fall unterscheiden sich die Claude-Anlagen von den Lindeschen nur durch die Anordnung der Expansionsmaschine, die zur Verringerung der Kälteverluste in möglichst unmittelbarer Nähe des Zerlegungsapparates aufgestellt wird. Die Luft wird in diesen Anlagen auf 13 bis 40 at verdichtet, der niedrige Druck herrscht nach der Abkühlungsperiode während des Beharrungszustandes. Eine Unterteilung der Luftmenge in verschiedene Drucke ist hier nicht erforderlich. Der Energieverbrauch der Claude-Anlagen entspricht ungefähr dem der Lindeschen; sie sind in ihrer Anordnung einfacher, aber wegen der Expansionsmaschine nicht so betriebssicher wie jene.

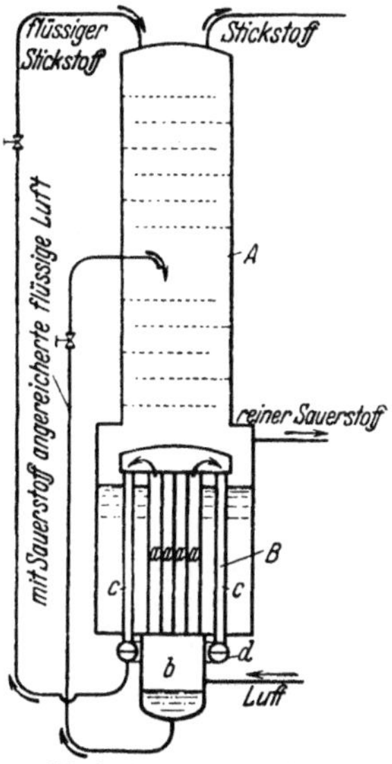

Abb. 9. Schema einer Luftzerlegungsanlage nach Claude.

Nach einem neueren Vorschlag von Fränkl kann eine weitere Energieersparnis bei der Herstellung von reinem Sauerstoff, jedoch nicht von reinem Stickstoff erzielt werden. Ein Teil des Gegenströmers wird durch einen zweiastigen umschaltbaren Regenerator ersetzt, der von kaltem Stickstoff durchströmt wird, während der abströmende Sauerstoff seine Kälte, wie bisher, in einem verkleinerten Gegenströmer abgibt. Infolge des besseren Wirkungsgrades dieses Regenerators und der Möglichkeit, auch das sich bildende Eis zur Kühlung der Luft heranzuziehen, wird die Kälte der abziehenden Produkte besser ausgenutzt. Die Luft braucht nicht so hoch verdichtet zu werden, so daß an Arbeit gespart wird.

3. Zerlegung von Koksofengas.

Ein weiteres großes Absatzgebiet erschloß sich der Gaszerlegung durch die Gewinnung des Wasserstoffes, besonders des stöchiometrischen Gemisches von 75 Teilen H_2 und 25 Teilen N_2, das zur katalytischen Vereinigung in NH_3 verwandt wird aus dem reichlich zur Verfügung stehenden Koksofengas. Allerdings waren hier große Schwierigkeiten zu überwinden, da das Koksofengas eine Reihe von Beimengungen enthält, die bei den tiefen Temperaturen fest werden und die engen Rohre der Gegenströmer verstopfen.

Abgesehen von den verunreinigenden Bestandteilen an Wasserdampf und CO_2, die in gleicher Weise wie bei der Luftzerlegung entfernt werden können (s. S. 453), besteht das Koksofengas aus einer Mischung von Stoffen, die, wenn sie allein abgekühlt werden, schon vor Erreichung der zur Wasserstofferzeugung erforderlichen tiefen Temperatur in festen Zustand übergehen. Es ergab sich jedoch, daß ihre Löslichkeit ineinander und in den übrigen Hauptbestandteilen wie Methan, Kohlenoxyd und Stickstoff groß genug ist, um das Festwerden zu verhüten. Nur das Acetylen, das in Methan schwer löslich ist, muß entfernt werden, was durch die Wasserwaschung, die für die Beseitigung der CO_2 ohnehin angewandt werden muß, leicht erreicht wird. Gleiches gilt für das Benzol, das schon bei $+4^0$ fest wird. Da Benzol ein hochwertiger Stoff ist, erscheint es wirtschaftlich, es durch eine besondere Ausscheidungsanlage, entweder durch Kälte oder durch Ölwaschung, fortzuschaffen.

Noch ein weiteres Hindernis, das durch die weit auseinanderliegenden Verflüssigungspunkte der einzelnen Stoffe hervorgerufen wurde, war ebenfalls zu beseitigen. Man darf nicht, wie bei der Luftzerlegung das ganze Gemisch zunächst abkühlen und dann verflüssigen, da die einzelnen Bestandteile bei der Abkühlung teils nacheinander, teils nebeneinander flüssig werden; dies erfolgt wegen des Partialdruckes, unter dem sie in dem Gemisch stehen, jedoch bei tieferer Temperatur als jener, die ihrem Siedepunkt bei Atmosphärendruck entspricht. Bei der Gaszerlegung ist es besonders wichtig, die in den verflüssigten Stoffen enthaltenen Kältemengen möglichst vollständig für die Trennung der nächstfolgenden, noch nicht verflüssigten Gasmengen auszunutzen. Das ist aber nicht möglich, wenn das Zerlegungsprodukt — auf 1 at entspannt — bei einer höheren Temperatur siedet, als sie später zu seiner Verflüssigung im Gasgemisch wegen seines geringen Partialdruckes erzeugt werden muß. Bei der Verdampfung eines solchen Bestandteiles hat man nur eine Kältemenge von einer höheren Temperatur zur Verfügung, bei der eine Verflüssigung des Stoffes ohne weiteres nicht erreichbar ist. Diese Schwierigkeit kann zwar dadurch behoben werden, daß durch Erhöhung des Druckes der Siedepunkt nach oben verlegt wird, doch steigt hierbei der Arbeitsverbrauch der Anlage.

Man geht daher zweckmäßig von folgender Überlegung aus: Das Koksofengas besitzt nach Entfernung der CO_2 und des Wasserdampfes im Mittel etwa 53% Wasserstoff, 26% Methan, etwa 3% schwere Kohlenwasserstoffe (Äthan, Äthylen, Propylen usw.), etwa 7% CO und 11% N_2. Verflüssigt man zunächst die schweren Kohlenwasserstoffe und das Methan, so erhält man ein gasförmiges Gemisch von der Zusammensetzung 75% H_2, 10% CO und 15% N_2. Wird das CO durch N_2 ersetzt, so bleibt das für die NH_3-Synthese erforderliche stöchiometrische Gemisch von 75 Teilen H_2 und 25 Teilen N_2 übrig.

Nach diesen Gesichtspunkten hat die Gesellschaft Linde ihr Verfahren entwickelt. Es besteht darin, daß man in einer Rektifikationssäule das CO restlos bis auf Bruchteile von 1‰ aus dem Koksofengas

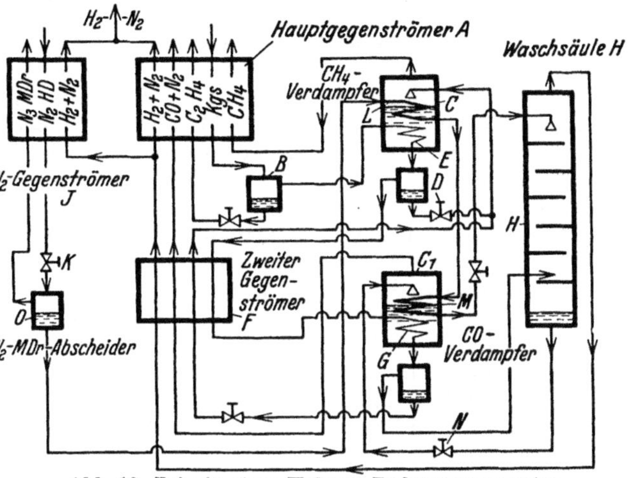

Abb. 10. Prinzip eines Koksgas-Zerlegungsapparates.

auswaschen kann, wenn man diese Säule mit flüssigem N_2 berieselt. Die völlige Entfernung des Kohlenoxyds ist besonders wichtig, da es bei der NH_3-Synthese ein starkes Katalysatorgift ist. Der hoch verdichtete Stickstoff wird durch verdampfendes Methan auf -165^0 abgekühlt und verflüssigt, wodurch die Verdampfungswärme des relativ hoch siedenden Methans wirtschaftlich ausgenutzt wird. Die weitere Abkühlung des flüssigen Stickstoffs auf -180^0 erfolgt durch Drosselung auf den in der Rektifikationssäule herrschenden Druck (10—12 atü). Durch weitere Drosselung auf 1 at wird das Koksofengas schließlich bis auf -190^0 abgekühlt. Die für den Prozeß erforderliche Kälte wird also durch die Entspannung des verdichteten Stickstoffs erzeugt.

Ein Koksofengas-Zerlegungsapparat Bauart Linde ist in Abb. 10 schematisch wiedergegeben. Er besteht aus drei Gegenströmern A, J und F, in denen die Kälte aller abziehenden Produkte durch Abkühlung der ankommenden weitmöglichst zurückgewonnen wird, dem Methan-Verdampfer C, dem Kohlenoxyd-Verdampfer C_1 sowie der Waschsäule H. Bei der Verfolgung des Prozesses sind hauptsächlich zwei Wege zu unterscheiden:

a) Derjenige, den das Koksgas durch die Apparatur nimmt, und
b) der des Stickstoffs.

a) Weg des Koksofengases.

Das Koksgas strömt, von Kohlendioxyd, Acetylen und Wasserdampf befreit und in besonderen Vorkühlern auf — 40° bis — 45° abgekühlt, in den Hauptgegenströmer *A*, den die gesamten zerlegten Bestandteile: das Stickstoff-Wasserstoffgemisch und die Kohlenoxyd-, Äthylen- und Methan-Gemische durchfließen (die Gemische sind nach ihren Hauptbestandteilen bezeichnet), wird hier weiter abgekühlt, so daß im Abscheider *B* die zuerst flüssig gewordenen Bestandteile, hauptsächlich Äthylen, ausgeschieden werden, die von hier nach ihrer Entspannung in den Gegenströmer *A* zurückgeleitet werden. Aus dem Abscheider *B* strömt das Gas in die Schlange *E* des Methan-Verdampfers *C*, in dem durch verdampfendes Methan eine weitere Abkühlung erfolgt und gleichzeitig im Gas hauptsächlich Methan abgeschieden wird, das sich im Abscheider *D* ansammelt. Durch ein Regulierventil wird das flüssige Methan ebenfalls auf 1 at entspannt und in den Methan-Verdampfer *C* zurückgeleitet, wo es die in den Schlangen *L* und *E* fließenden Produkte abkühlt. Die bei der Erwärmung entstandenen Methandämpfe werden zur weiteren Ausnutzung in den Gegenströmer *A* zurückgeführt. Der nicht verflüssigte Teil des Gases strömt aus dem Abscheidegefäß *D* über den zweiten Gegenströmer *F*, in dem er durch die abziehenden Bestandteile weiter abgekühlt wird. Von hier gelangt er in die Schlange *G* des CO-Verdampfers C_1. Durch weitere Abkühlung scheiden sich dort flüssige Bestandteile, hauptsächlich ein Teil des CO und der Rest des Methans aus, die über den Gegenströmer *F* nach dem Methan-Verdampfer zur Verdampfung und Kälteabgabe zurückgeleitet werden. Der Gasrest tritt jetzt auf etwa —180° abgekühlt, in die Waschsäule *H* ein, in der das Kohlenoxyd durch flüssigen Stickstoff ausgewaschen wird.

b) Weg des Stickstoffs.

Der für den Prozeß benötigte Stickstoff wird in einer besonderen Zerlegungsanlage in bekannter Art hergestellt und auf etwa 120—200 at verdichtet. Er tritt dann zunächst in den Stickstoff-Gegenströmer *J* ein, wird hier durch die abziehenden Produkte abgekühlt, durch das Drosselventil *K* auf etwa 40—50 at entspannt und in den Abscheider *O* geleitet. Durch die Entspannung tritt eine weitere Abkühlung und teilweise Verflüssigung ein. Der größere Teil des nicht verflüssigten Stickstoffs strömt über den Gegenströmer *J* zum Verdichter zurück, der Rest wird in der im Methan-Verdampfer liegenden Schlange *L* auf etwa —160° und dann weiter in der Schlange *M* des Kohlenoxyd-Verdampfers C_1 auf etwa —180° abgekühlt und verflüssigt. Hierauf wird er durch ein Drosselventil auf den in der Säule *H* herrschenden Druck von 12—14 at entspannt, wobei er gleichzeitig eine Temperatur von —180° annimmt. Das im Gas enthaltene CO wird durch den in der Säule entgegenrieselnden flüssigen Stickstoff ausgewaschen. Das flüssige CO-N_2-Gemisch sammelt sich im unteren Teil der Säule an, während das gasförmige H_2-N_2-Gemisch, dem, falls nötig, unterwegs noch N_2 zugesetzt werden kann, oben abzieht. Die Kälte der beiden abziehenden Produkte wird nun in bekannter Weise innerhalb der Apparatur wieder nutzbar gemacht.

Die Flüssigkeit wird durch das Ventil *N* auf Atmosphärendruck (Temperatur etwa -190^0) entspannt, kühlt im CO-Verdampfer die Schlangen *M* und *G* und verdampft hierbei. Die Dämpfe übertragen ihre Kälte in den beiden Gegenströmern *F* und *A* an das zuströmende Gas weiter. In diese Gegenströmer wird auch das H_2-N_2-Gemisch aus der Waschsäule geleitet. Von dem letzteren wird zur weiteren Abkühlung des hoch verdichteten Stickstoffs noch ein Teil nach dem Gegenströmer *J* abgezweigt. Die Gegenströmer sind so konstruiert, daß der Temperaturunterschied zwischen ein- und ausströmendem Gas nur etwa 5^0 beträgt, so daß die durch die Entspannung des Stickstoffs erzeugte Kälte möglichst gering gehalten werden kann.

Außer dem H_2-N_2-Gemisch, das für die NH_3-Synthese benötigt wird, können auch die anderen mitzerlegten Bestandteile wirtschaftlich verwandt werden. Das gewonnene Restgas besitzt einen sehr hohen Heizwert. Er liegt zwischen 7000—8000 kcal pro m^3. Es eignet sich besonders für die Ferngasversorgung. Während z. B. für die Erzeugung von 1000000 kcal etwa 250 m^3 Koksgas fortzuleiten sind, benötigt man für die gleiche Wärmemenge nur etwa die Hälfte an Restgas, so daß an Anlage- und Betriebskosten der Ferngasleitung erheblich gespart werden kann. Auch besteht die Möglichkeit, das gewonnene Äthan und Methan für chemische oder Treibzwecke zu benutzen.

Claude erreicht bei den von ihm ausgeführten Koksgas-Zerlegungsanlagen die erforderlichen tiefen Temperaturen wieder durch die Expansionsmaschine. Er scheidet die niedrig siedenden Bestandteile des Gases in bekannter Weise durch Kondensation bei tiefen Temperaturen aus. Jedoch wäscht er nicht, wie Linde, aus dem übrigbleibenden CO-H_2-Gemisch das CO durch N_2 aus, sondern treibt die Abkühlung in der Expansionsmaschine bis unter -200^0, wo das CO durch Kondensation von selbst sich ausscheidet. Hierbei erhält er verhältnismäßig reinen Wasserstoff von etwa 92%. Die bei diesen tiefen Temperaturen sehr schwierige Schmierung ermöglicht er dadurch, daß er dem Rohgas etwas Stickstoff zufügt, der sich bei der Expansion teilweise verflüssigt und als Schmiermittel dient. Der erzeugte Wasserstoff ist auf Atmosphärendruck entspannt und muß später bei der Synthese auf den erforderlichen Druck wieder verdichtet werden. Der Arbeitsverbrauch ist ungefähr gleich groß wie der einer Linde-Anlage. Die Anlage ist zwar etwas einfacher, jedoch ist der Gehalt des Wasserstoffes an CO nicht so gering wie bei Linde.

Auch beim Linde-Verfahren ist es möglich, durch geringe Umänderungen der Apparatur Wasserstoff mit einer Reinheit von 95% und mehr herzustellen.

In Abb. 11 ist das Gesamtschema einer Lindeschen Koksofengaszerlegung wiedergegeben. Zunächst sei der Weg des Koksofengases

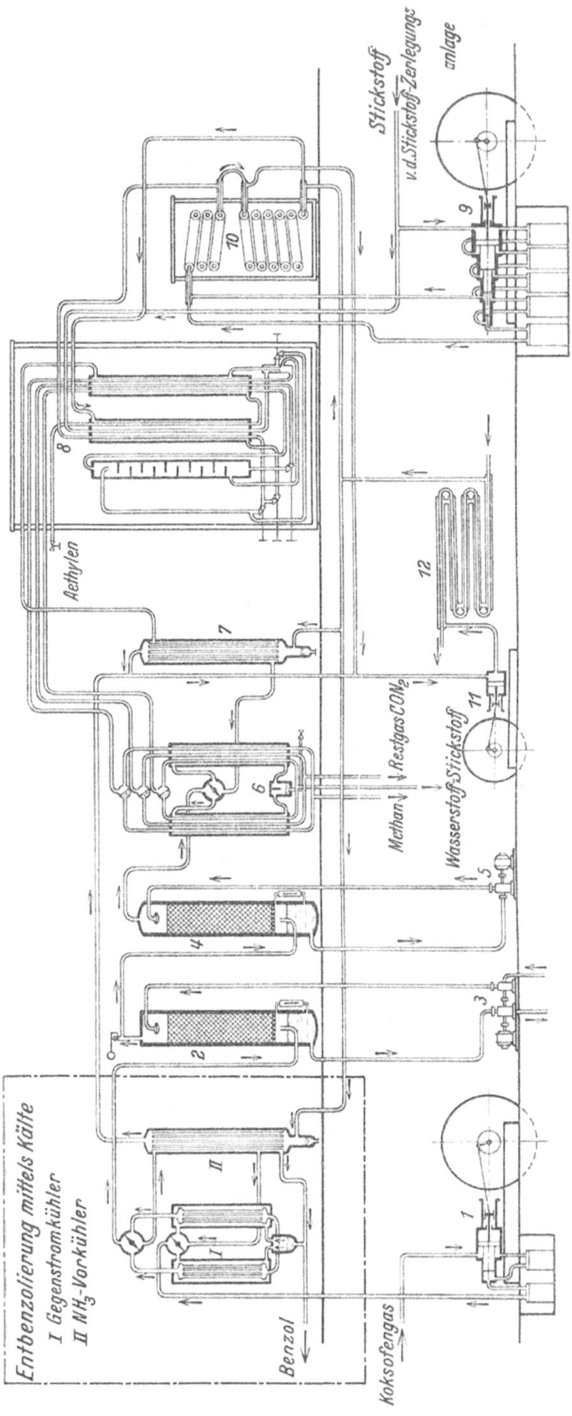

Abb. 11. Anlage System Linde zur Zerlegung von Koksofengas und Gewinnung eines H_2-N_2-Gemisches.

verfolgt. Nach seiner Entschweflung und Reinigung wird das Gas von dem zweistufigen Verdichter *1* angesaugt und auf etwa 10—12 atü verdichtet. Falls es noch einen hohen Gehalt an Benzol enthält, wird es zunächst einer besonderen Entbenzolierungsanlage zugeführt. Diese Ausscheidungsanlage besteht aus zwei Kühlersystemen, von denen das erste zweiastig ausgebildet ist. In dem einen Kühlerpaar *I* wird das Koksofengas durch das abziehende kalte Gas abgekühlt, während seine Temperatur im zweiten Kühler *II* durch verdampfendes Ammoniak erniedrigt wird. Die beiden Kühlerarten sind so hintereinander geschaltet, daß nach Abkühlung durch das gegenströmende Gas die weitere Abkühlung im Ammoniakkühler erfolgt. Sind die Apparate verstopft, so wird entsprechend umgeschaltet. In diesen Vorkühlern wird das Gas auf etwa —30° bis —40° abgekühlt, wobei sich das Benzol bis auf etwa 1 g/m³ in flüssiger oder fester Form abscheidet und in einem Behälter gesammelt wird. Das aus dem letzten Vorkühler abziehende, im Gegenstrom wieder erwärmte Gas tritt dann in den Turm *2*, in dem es durch Füllkörper von großer Oberfläche mit Wasser in Berührung gebracht wird, um hier die Hauptmenge an Kohlendioxyd, den Rest von Benzol und das Acetylen abzugeben. Das Wasser wird durch eine Zentrifugalpumpe *3* in den unter Druck befindlichen Turm befördert und tritt, nachdem es durch den Turm herabgerieselt ist, in eine Turbine, in der es den größten Teil der für die Druckerhöhung erforderlichen Energie wieder abgibt. Pumpe und Turbine sitzen mit dem Elektromotor auf einer Achse, so daß von dem letzteren nur die Zusatzenergie zu leisten ist. Die restlichen Spuren von Kohlendioxyd werden im Laugeturm *4* entfernt. Die Ausscheidung der vom Wasser aufgenommenen Kohlensäure erfolgt in einem besonderen Rieselapparat mit nachgeschaltetem Gradierwerk. (Die bei der Belüftung des Wassers freiwerdenden gasförmigen Bestandteile — etwa 2,5% des Heizwertes des behandelten Koksofengases — gehen verloren. Dieses ist der einzige Verlust, der bei dem ganzen Verfahren zu verzeichnen ist.) Nach dem Austritt aus dem Laugeturm strömt das Gas in einen zweiastigen Gegenstromkühler *6*, in dem es durch die kalten Zerlegungsprodukte abgekühlt wird und hierbei bereits einen Teil seiner Feuchtigkeit in flüssiger Form abgibt. Beim Durchströmen dieses Kühlers wärmt das Gas jeweils den einen Ast an, im andern wird es durch den Wärmeaustausch mit dem entgegenströmenden Wasserstoff-Stickstoffgemisch, dem Restgas sowie dem Methan, die mit etwa -45^0 vom Trennapparat kommen, auf ungefähr -25^0 abgekühlt. Da sich die Äste im Laufe des Betriebes durch Schnee- und Eisbildung im Koksgasteil verstopfen, müssen sie von Zeit zu Zeit durch Umschalten aufgetaut werden. Dies erfolgt durch die Umleitung des Gases, das an dieser Stelle eine Temperatur von $+3^0$ besitzt. In dem darauf folgenden Ammoniak-Vorkühler *7* wird das Koksofengas durch verdampfendes Ammoniak auf etwa -40^0 abgekühlt und getrocknet und gelangt von hier in den oben beschriebenen Koksgas-Trennungsapparat *8*, in dem die Zerlegung des Koksgases in seine einzelnen Bestandteile vorgenommen wird.

Der vom fünfstufigen Stickstoff-Kompressor *9* kommende Hochdruck-Stickstoff wird in der gleichen Art getrocknet und vorgekühlt. Der Vorkühler *10* besteht hier des hohen Druckes wegen aus Rohrspiralen, während die vorher beschriebenen Apparate als sog. Mantelkühler mit stehenden Rohrbündeln ausgeführt sind. Der Hochdruck-Stickstoff durchströmt zunächst die obere Rohrspirale des Vorkühlers *10*, wo er durch den vom Trennungsapparat mit ungefähr -45^0 ankommenden Stickstoff auf etwa $+2^0$ abgekühlt wird und hierauf zur weiteren Abkühlung auf -40^0 die untere Rohrschlange, die durch verdampfendes Ammoniak gekühlt wird. Die zur Vorkühlung im ganzen Prozeß benötigte Kälte für die Benzolausscheidung, für das Koksofengas und den Stickstoff wird durch einen mehrstufigen Ammoniak-Kompressor *11* geliefert. Die verdichteten Ammoniakdämpfe werden im Kondensator *12* verflüssigt.

Das Wasserstoff-Stickstoffgemisch verläßt den Zerlegungsapparat fast unter dem gleichen Druck, unter dem die Zerlegung vorgenommen wurde, so daß von diesem Druck aus die weitere Verdichtung des Gemisches auf den für die Ammoniak-Synthese erforderlichen Druck, der je nach dem Verfahren zwischen 100—800 at schwankt, erfolgen kann.

Auch die Gewinnung von Äthylen, Äthan und anderen Kohlenwasserstoffen ist nach diesem Verfahren möglich. So hat z. B. die Gesellschaft Linde vor einigen Jahren eine Zerlegungsanlage gebaut [vgl. F. Pollitzer: Ztschr. ges. Kälteind. 39, 90 (1932)], durch die möglichst reines Äthylen aus einem Gasgemisch gewonnen werden sollte. Das Gemisch bestand zu $^1/_3$ aus Äthylen, während der Rest höhere Olefine, Paraffin-Kohlenwasserstoffe von Methan bis zu Pentan sowie Stickstoff und Kohlenoxyd enthielt. Die Zerlegung eines solchen komplizierten Gemisches war nicht einfach. Sie erfolgte mit gewissen Abänderungen nach dem oben entwickelten Verfahren. Es mußten mehrere Rektifikationssäulen, die unter verschiedenen Zerlegungsdrucken arbeiteten, vorgesehen werden, um die bei der Abkühlung des Gemisches sich ausscheidenden Bestandteile zu trennen. Außerdem war jede Säule mit einer den Temperaturen des zu zerlegenden Gemisches angepaßten Heizung und Kühlung versehen, was weitere Hilfseinrichtungen bedingte. So mußte z. B. zur scharfen Trennung des Äthylens vom Äthan ähnlich wie bei der Luftverflüssigung ein Kreislauf von Äthylen vorgesehen werden, das, wie die Luft, unter Druck in den Apparat eingeführt wurde, nach seiner Abkühlung in dem Äthanbad unter der Säule verflüssigt und hierauf als Rieselflüssigkeit zur Auswaschung des Äthans aus den aufsteigenden Äthylendämpfen auf den Kopf der Säule gegeben wurde. Obgleich diese Anlage infolge ihrer zahlreichen Gegenströmer und Abscheider für die verschiedenen Gase und Flüssigkeiten sehr verwickelt war, erfolgte ihre Bedienung mit Hilfe geeigneter Regelventile und Meßeinrichtungen sehr einfach. Man konnte ohne Schwierigkeiten im Dauerbetrieb eine gute Trennung der Bestandteile bei hoher Ausbeute erreichen. So war es z. B. möglich, das Äthylen mit einer Reinheit von 97—99,5% zu erhalten. Das gleichzeitig gewonnene Äthan enthielt nur 2—3% Äthylen. Die Betriebskosten waren sehr niedrig. Abgesehen von den geringen Löhnen für die Bedienung betrug der Energieaufwand etwa $^1/_2$ kW pro m^3 zu zerlegendes Gas.

Der Vorteil dieser physikalischen Gaszerlegungsverfahren zeigt sich besonders bei der Trennung komplizierter Gemische. Es treten keine chemischen Veränderungen auf, keiner der Bestandteile wird zerstört. Alle wertvollen Einzelprodukte können ohne besondere Mehrkosten gewonnen werden.

Trennung von Gasen und Dämpfen durch Absorption (Gaswaschung).

Von Dr.-Ing. **E. Hegelmann** VDI, Ludwigshafen a. Rh.

Buchstabenbezeichnungen.

Abkürzung	Erläuterung der Bezeichnung	Dimension
A	absorbierbare bzw. flüchtige Substanz je 1 h	kg/h
A_1	absorbierte flüchtige Substanz je 1 m² und 1 h	kg/m² · h
B	stündliche Beaufschlagung (Volumen je 1 m Breite)	m³/m · h
b	Berieselungszahl $= \frac{W_0}{G_0}$	—
C	absolute Konzentration der absorbierten Substanz in der Waschflüssigkeit	Mol/m³ (bzw. kg/m³)
c	absolute Konzentration der flüchtigen Substanz in der Gasphase	Mol/m³ (bzw. kg/m³)
D	Diffusionskoeffizient	m²/h
d	Durchmesser der Füllkörper	m
d_t	Durchmesser des Waschturmes	m
F_0	spezifische Füllkörperoberfläche je 1 m³ Füllraum	m²/m³
f	Wascherquerschnitt	m²
G	Gasmenge	kg bzw. kg/h
G_0	durch den Wascher stündlich strömende reine Begleitgasmenge (inertes Gas)	kg/h
G_r	sekundliche Beaufschlagung (Gewicht je 1 m beaufschlagter Breite)	kg/s · m
H	Henryscher Absorptionskoeffizient	1/m
h	wirksame Waschturmhöhe (Füllhöhe)	m
K_c	Substanzdurchgangskoeffizient bezogen auf das Konzentrationsgefälle (overall coefficient)	kg/m²·h · (1 kg/m³)
K_p	Substanzdurchgangskoeffizient bezogen auf das Druckgefälle	kg/m²·h · (1 kg/m²)
k_s	Schichtungsfaktor	—
l	Luft- bzw. Gaszahl $= \frac{1}{b} = \frac{G_0}{W_0}$	—
l'	Ostwaldsche Löslichkeit	—
M	Molekulargewicht	—
m	Benetzungsfaktor	—
n	Beiwert nach besonderer Angabe	—
O	Berührungsfläche zwischen Gas und Waschflüssigkeit bzw. benetzte Füllkörperfläche	m²
O_0	Berührungsfläche zwischen Gas und Waschflüssigkeit (bezogen auf 1 m³ Turmfüllung)	m²/m³
P	absoluter Druck (bei Druckverhältnissen wird p bevorzugt)	kg/m²
p	absoluter Druck (Index 0 für Gesamtdrücke; 1, 2 usw. für Teildrücke)	kg/cm²
R'	Reibungswiderstand bzw. Strömungswiderstand	kg/m²
R	Gaskonstante	m/⁰ abs

Abkürzung	Erläuterung der Bezeichnung	Dimension
r	Regenhöhe oder Berieselungsdichte	$m^3/m^2 \cdot h$
S	Stoffmenge	kg bzw. kg/h
V	Gasmenge	m^3 bzw. m^3/h
v	Raumteile (unbenannt oder %)	—
W	Flüssigkeitsmenge	kg/h
W_0	durch den Wascher stündlich strömende reine Waschflüssigkeit (Beladung $x = 0$)	kg/h
w	Geschwindigkeit	m/s
x	Beladung von 1 kg reiner Waschflüssigkeit mit absorbierter Substanz	kg/kg
y	Beladung von 1 kg reinem Begleitgas mit flüchtiger Substanz	kg/kg
β''	Bunsenscher Absorptionskoeffizient	—
β_f, β_g	Substanzübergangszahlen für den Flüssigkeits- bzw. Gasfilm (bezogen auf $P = 1$ kg/m² bzw. auf $C = 1$ kg/m³)	$kg/m^2 \cdot h \cdot$ ($P = 1$ kg/m²)
γ_f, γ_g	spezifisches Gewicht der Flüssigkeit bzw. des Gases	kg/m^3
γ_1, γ_2	spezifisches Gewicht der flüchtigen Substanz bzw. des Begleitgases	kg/m^3
δ	mittlere Grenzschichtdicke	m
ε	Verhältnis der Hohlräume des Füllmaterials zum Bruttoraum (eventuell %)	—
ζ	dimensionsloser Widerstandsbeiwert	—
μ	Kontraktionskoeffizient	—
ν	kinematische Zähigkeit	m^2/s

Zur Unterscheidung sind folgende Bezeichnungen bzw. Indices bei den Konzentrationen C, c, Drücken P, p und Beladungen x, y notwendig geworden.

C', c', P', p', x', y'	gilt bei genügendem Abstand von der Berührungsfläche von Flüssigkeit und Gas.
C'', c'', P'', p'', x'', y''	gilt an der Berührungsfläche.
$\bar{C}$, $\bar{c}$, $\bar{P}$, $\bar{p}$, $\bar{x}$, $\bar{y}$	gilt für das Gleichgewicht zwischen Waschflüssigkeit und Gas.
C_r, c_r	gilt für relative Konzentration.
x_e, y_e, x_a, y_a usw.	gilt für den Waschereintritt (e) bzw. Austritt (a).
c_1, P_1, p_1, y_1	gilt für die flüchtige Substanz (1) im Gasgemisch.
c_2, P_2, p_2, y_2	gilt für das Begleitgas (2) (bei nur einer flüchtigen Substanz im Gas).

A. Allgemeines.

Die Trennung fester und flüssiger Stoffe ist teils auf mechanischem Wege, teils durch vorübergehende Überführung eines der gemischt vorliegenden Stoffe in die nächste Phase mit höherem oder niederem Freiheitsgrad möglich, z. B. durch Herauslösen, Krystallisation oder unter Zuhilfenahme der Wärme durch Verdampfung oder Destillation. Ein Weg über eine andere Phase ist für die zu trennende Substanz oder deren Begleiter ohne Hilfsstoffe nicht mehr möglich, wenn es sich um die Trennung von gasförmigen Stoffen handelt, und wenn man aus wirtschaftlichen oder technischen Gründen auf Verflüssigung durch Tiefkühlung oder Kompression (s. Bd. II, S. 327) verzichten muß. Alle gas- oder dampfförmigen Stoffe sind im Gegensatz zu den meisten flüssigen und festen Stoffen in jedem beliebigen Verhältnis mischbar. Eine völlig homogene Mischung von Gasen ist die stabilste, da die Entropiesumme einer solchen Mischung am größten ist. Unvollkommene Gasmischungen haben deshalb das natürliche Bestreben, sich durch Diffusion völlig gleichmäßig zu mischen.

Hier muß also unter Mitwirkung eines Hilfsstoffes, des Absorptionsmittels, der zu trennende Stoff vorübergehend in die flüssige oder feste Form übergeführt werden, womit sich die natürliche Trennung durch die Schwerkraft vollzieht. Es sind hierbei folgende Verfahren möglich:

1. Adsorption an den Oberflächen selektiv absorbierender Stoffe wie A-Kohle, Silikagel und anderer Gele, Metalle usw., z. B. Palladium (vgl. S. 533).

2. Lösung in festen oder hauptsächlich flüssigen Substanzen, z. B. Entbenzolierung von Kokereigasen mit Waschölen, Herauslösen von CO_2 mit Wasser (teilweise chemische Bindung!).

3. Chemische Bindung an feste oder flüssige Substanzen. Hierbei ist zu unterscheiden:

a) Bildung einer stabilen chemischen Verbindung, z. B. Herausholen von CO_2 mittels Alkalihydroxyden oder Reinigen von NH_3-haltigen Gasen mit Schwefelsäure.

b) Bildung einer labilen chemischen Verbindung, z. B. bei der Absorption von CO mit CuCl-Lösung, Absorption von CO_2 mit Lösungen von Alkalicarbonaten oder Triäthanolamin und bei der Herausnahme von Dämpfen von Alkoholen, Aldehyden, Ketonen, Äthern und Säuren mit Phenolen (vgl. S. 527).

4. Katalytische Wirkung des Absorptionsmittels, z. B. bei der Ausscheidung von Schwefel aus Gasen, z. B. Wassergas mit aktiver Kohle unter Zusatz des erforderlichen Sauerstoffes (D.R.P. Nr. 303862 und 338829 der I. G. Farbenindustrie A. G.) oder des entsprechenden Vorganges an Raseneisenerz oder Luxscher Masse (vgl. S. 547). (Oxydation von CO mit Hopcalit in den Degea-Gasmasken.)

Bei der Trennung durch Tiefkühlung und Kompression muß der Taupunkt der flüchtigen Substanz stets unterschritten werden. Das nicht kondensierte Restgas ist somit, wenn nicht Reinigung durch Rektifikation angewandt wird, bei der Kondensationstemperatur mit flüchtiger Substanz gesättigt. Bei der Absorption spielt der Taupunkt keine Rolle. In vielen technisch wichtigen Fällen befindet sich sogar das Gas-Dampfgemisch so weit unterhalb seiner Sättigungsgrenze, daß eine Abkühlung innerhalb weiter Grenzen für die Trennung des Gemisches wirkungslos ist bzw. mit großen Kosten verknüpft ist. Die dem Gas beigemischten flüchtigen Stoffe befinden sich als überhitzte Dämpfe in dem Gemisch, d. h. sie verhalten sich selbst wie ein Gas. Dann ist zur Trennung ein Absorptionsmittel erforderlich, welches für die flüchtigen Bestandteile eine größere Verwandtschaft besitzt als das Trägergas und in Mischungen mit der flüchtigen Substanz einen geringeren Teildruck für diese hat als die verflüssigte flüchtige Substanz bei derselben Temperatur. Ferner muß berücksichtigt werden, daß abgesehen von der mechanischen Durchmischung durch turbulente Strömung die flüchtigen

Bestandteile im Begleitgas nur durch Diffusion zu dem sie absorbierenden Flüssigkeitsteilchen gelangen können.

Wirtschaftliche Gesichtspunkte. Nach der wirtschaftlichen Seite der Absorption sind zwei Fälle zu unterscheiden:

1. Die flüchtige Substanz[1] soll gewonnen werden. Hierbei ist nicht nur der Verlauf des Waschvorganges von Bedeutung, sondern die sich daran anschließende Wiedergewinnung der flüchtigen Substanz aus der Waschflüssigkeit muß sich vorteilhaft und wirtschaftlich durchführen lassen, z. B. bei der Entbenzolierung von Kokereigasen [vgl. G. Weißenberger; Chem. Apparatur **12**, 172 (1925) u. **13**, 142 (1926)].

2. Es kommt nur auf die Reinigung eines Gases von schädlichen oder lästigen Bestandteilen an. Der Verlauf der Absorption steht dann im Vordergrund, die Gewinnung der absorbierten Substanz ist für den Waschvorgang nebensächlich, z. B. bei der Entschwefelung von Gasen zur Vermeidung von Metallangriffen oder zur Beseitigung von Kontaktgiften, zur Entfernung gesundheitsschädlicher Bestandteile aus Abgasen, Trocknung von Gasen und Luft.

B. Physikalische Grundlagen.

Für die eigentliche Absorption kommen vier verschiedene Vorgänge in Betracht, die in ihrem Zusammenwirken die Wirksamkeit und Geschwindigkeit der Absorption bedingen.

1. Die Vorgänge zwischen der flüchtigen Substanz und der Waschflüssigkeit, die durch das Dampfdruckgleichgewicht bestimmt sind. Sie bestimmen die überhaupt erreichbare Grenze der Auswaschung.

2. Die Reaktionsgeschwindigkeit bei chemischer Bindung.

3. Die Diffusionsgeschwindigkeit der flüchtigen Substanz durch das Begleitgas und die Strömungsvorgänge im Gasraum.

4. Die Diffusions- und Strömungsvorgänge in der Waschflüssigkeit. Diese und die Reaktionsgeschwindigkeit bestimmen vor allem die Geschwindigkeit des Waschvorganges und damit die Größe der Apparatur.

1. Die Dampfdruckgleichgewichte.

a) Das Daltonsche Gesetz (s. S. 356).

Es sagt aus, daß die Teildrücke von Gasen und flüchtigen Stoffen in einer gasförmigen Mischung sich verhalten wie ihre Raumteile und ihre Mole.

$$p_1 : p_2 : p_3 = v_1 : v_2 : v_3 = M_1 : M_2 : M_3 . \tag{1}$$

Dies ist der rechnerische Ausdruck für den Endzustand, d. h. nachdem die Mischung der Gase vollzogen ist. Durch Kompression oder Abkühlung wird an den Partialdruckverhältnissen nach Gleichung (1) nichts geändert solange der Sättigungszustand nicht erreicht ist und kein Austausch mit der flüssigen Phase einer der Komponenten oder mit einem Absorptionsmittel stattfindet. Betrachtet man den in Entwicklung befindlichen Zustand, so zeigt sich, daß die Diffusion wirksam

[1] Hierunter sollen im folgendem auch herauszunehmende Gase verstanden werden.

ist, solange Teildruckgefälle auftreten. Solche Teildruckgefälle sind gegeben, wenn sich ein solches Gasgemisch über einer Absorptionsflüssigkeit befindet, die ihrerseits die flüchtigen Bestandteile in wechselnden Mengen enthalten kann. In Abb. 1 sei dieser Zustand unter einem gasdicht abschließenden Kolben hergestellt. Man muß dann unterscheiden zwischen den Teildrucken p_1, p_2, p_3 der flüchtigen Substanz im Gasraum und den entsprechenden freien Drucken $\bar{p}_1$, $\bar{p}_2$, $\bar{p}_3$ unmittelbar an der Oberfläche der Waschlösung, die von den Eigenschaften der Lösung bestimmt werden. Die Drucke $\bar{p}_1$, $\bar{p}_2$, $\bar{p}_3$ entsprechen dem Gleichgewichtszustand zwischen der Waschflüssigkeit und den flüchtigen Substanzen im Gasraum (osmotische Drucke).

Sind bei festgehaltenem Kolben die Teildrucke der flüchtigen Bestandteile im Gas kleiner als die an der Grenzfläche der Flüssigkeit ($\bar{p}_1$, $\bar{p}_2$, $\bar{p}_3$), so ist keine Absorption möglich, sondern es findet so lange Verdunstung statt, bis der ganze Raum mit den flüchtigen Substanzen gesättigt ist. Steht z. B. über einem Flüssigkeitsgemisch der Substanzen 1, 2 und 3 ein inertes Gas G mit dem Druck p_g, so addieren sich die Drucke der 3 flüchtigen Substanzen und des Gases G zu einem Gesamtdruck p_0.

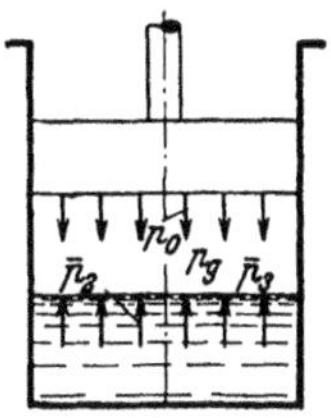

Abb. 1. Zum Daltonschen Gesetz.

Der zweite Ausdruck für das Daltonsche Gesetz lautet somit allgemein bei noch nicht vollzogener Sättigung:

$$p_0 = p_1 + p_2 + p_3 + p_g \qquad (2)$$

oder nach völliger Herstellung der Sättigung, also im Gleichgewichtszustand mit der Flüssigkeit:

$$\bar{p}_0 = \bar{p}_1 + \bar{p}_2 + \bar{p}_3 + p_g\,. \qquad (3)$$

Die bei der betreffenden Temperatur maximalen Gasdrucke $\bar{p}_1$, $\bar{p}_2$, $\bar{p}_3$ sind erst durch die Gleichgewichtskurve der Waschlösung gegeben. Die Gleichgewichtskurve bringt somit eine neue Bedingung hinzu, die zusammen mit dem Daltonschen Gesetz die Vorgänge bestimmt. Durch langsames Niederdrücken des Kolbens (isotherme Kompression) auf z. B. die Hälfte des Volumens werden die Partialdrucke (sämtlicher Komponenten) im Gasraum gegenüber dem bisherigen Gleichgewichtszustand verdoppelt. Bei genügend großer Flüssigkeitsmenge werden also 50% der im Gasraum vorhandenen flüchtigen Substanzen absorbiert, wenn zu Beginn der Kompression Absorptionsgleichgewicht bestand.

Es ist charakteristisch für jeden Absorptionsvorgang, daß die Abscheidung durch Absorption nicht erst erfolgt, wenn der Gasraum mit gesättigtem Dampf der flüchtigen Substanzen erfüllt ist, also Taubildung eintritt. Dies würde auch eintreten, wenn kein Absorptionsmittel vorhanden ist. Die Gasabsorption gewinnt erst dadurch technische Bedeutung, daß sie bereits oberhalb des Taupunktes stattfindet, d. h. wenn der Gasraum noch ungesättigt ist, also mit überhitztem Dampf der flüchtigen Substanz erfüllt ist. Das Absorptionsmittel ist um so vollkommener, je geringer der Sättigungsgrad des Gasraumes ist, bei welchem es noch absorbiert, d. h. je geringer der Teildampfdruck $\bar{p}_1$ bzw. $\bar{p}_2$ und $\bar{p}_3$ ist. Eine Aussage über die Größe dieser Teildampfdrucke kann jedoch erst aus der Kenntnis der Gleichgewichtskurve der Waschlösung mit den flüchtigen Substanzen erfolgen. Die relative Sättigung des Begleitgases in bezug auf die reine kondensierte flüchtige Substanz, falls diese beim Druck und der Temperatur des Waschvorgangs flüssig oder fest ist, gibt einen guten Maßstab für den Abstand des Gasgemisches vom Taupunkt (vgl. Abschnitt „Trocknung", Bd. II, S. 616).

Die maximal mögliche Aufnahmefähigkeit eines Gases für flüchtige Bestandteile ist beim Taupunkt vorhanden. 1 m³ Kokereigas enthält vor der Benzolwäsche durchschnittlich etwa 22—27 g Benzol, Toluol und Xylol. Die Aufnahmefähigkeit des Gases bei gewöhnlicher Temperatur (15°) beträgt aber etwa das zehnfache, d. h. die relative Sättigung ist nur etwa 10%. Trotz der Untersättigung wird das Gas mit Waschöl auf etwa 2,5—3 g/m³ ausgewaschen, d. h. auf eine relative Sättigung von etwa 1%. Der Ammoniakgehalt des Kokereigases ist noch niedriger. Er beträgt vor der Ammoniakwäsche etwa 8 g/m³ und wird bis auf etwa 0,01—0,03 g/m³ ausgewaschen.

Wird nur eine flüchtige Substanz betrachtet, so gilt der Index 1 für die flüchtige Substanz, der Index 2 für das Begleitgas. Der Gehalt des Begleitgases (2) an flüchtiger Substanz (1) im Gleichgewichtszustand mit der Waschlösung wird auf Grund der Gleichungen (1) und (3) durch den Partialdruck bestimmt. Die Raumanteile der Gase sind den Teildrucken proportional. Der Gehalt in V m³ Gasgemisch an dem Dampf des flüchtigen Bestandteils V_1 (m³) ist, wenn p_0 den Gesamtdruck bedeutet:

$$V_1 = \frac{p_1}{p_0} \cdot V \text{ (Vol.-\%) bzw. m}^3 \tag{4}$$

oder sein Gewicht

$$G_1 = \frac{p_1}{p_0} \cdot V \cdot \gamma_{p_0} \text{ kg}. \tag{5}$$

Für $V = 1$ m³ wird V_1 in Gleichung (4) zum spezifischen Volumen v_1 beim Druck p_1.

b) Konzentration und Beladung.

Im allgemeinen bezeichnet man mit Konzentration die absolute oder relative Dichte einer in einem Stoffgemisch verteilten Substanz in bezug auf das Gemisch. Von Beladung kann man sprechen, wenn sich die Angabe nicht auf das ganze Gemisch, sondern auf eine Komponente bezieht. Die Konzentration kann man entweder auf die Mole oder die Gewichte der Stoffe beziehen. Ersteres ist oft zweckmäßiger, weil verschiedene Gesetzmäßigkeiten damit einfacher werden. Das Raoultsche und Henrysche Gesetz beziehen sich deshalb auf die Molkonzentration eines Stoffes. Vom Standpunkt der Meßtechnik ist die Gewichtskonzentration je Gewichtseinheit oder je Raumeinheit oft bequemer.

Es ist zu unterscheiden zwischen der relativen und absoluten Konzentration. Die relativen Konzentrationsangaben werden in der theoretischen Chemie häufig angewandt. Die Diffusionsvorgänge (Ficksches Gesetz) erfolgen bei der üblichen Einsetzung der Konstanten nach dem absoluten Konzentrationsgefälle. Wenn nicht besonders erwähnt, wird im folgenden unter Konzentration die absolute Konzentration in

Mol.-% oder Gew.-% verstanden. Die relativen Konzentrationen bewegen sich in den Grenzen von 0—1 bzw. von 0—100%, sie sind also unbenannte Zahlen. Die absoluten haben als benannte Zahlen eine bestimmte Dimension (Dichte). Ihre numerischen Werte bewegen sich zwischen 0 und der größten Dichte der Komponenten.

Die Beladung (s. S. 471) ist eine relative Bezeichnung, deren numerischer Wert sich aber zwischen 0 und ∞ bewegen kann. Bei Gasen sind die absoluten Konzentrationen von Druck und Temperatur abhängig.

c) Relative Konzentrationen.

α) **Der Molenbruch oder die relative Molkonzentration.** Man versteht darunter das Verhältnis c_{M_1} der Anzahl Mole m_1 der Substanz 1 zur Gesamtsumme der Mole der Mischung $\Sigma\,(m_i)$ (vgl. S. 343 u. 396).

Da bei den Gasen 1 kg-Mol bei 0° und 760 mm QS 22,4 m³ Raum einnimmt, so ist hier die Angabe der Mol-Konzentration identisch mit der Angabe der Raumanteile (v). Die Bezeichnung Raumteile ist deshalb vorzuziehen. Man kann schreiben:

$$c_{M_1} = \frac{m_1}{\Sigma(m_i)}\,; \quad c_{M_2} = \frac{m_2}{\Sigma(m_i)} \quad \text{usw.} \tag{6}$$

Für Gase kann man bei Einführung der entsprechenden Teilvolumina V_1, V_2 usw. bzw. des Gesamtvolumens V unabhängig vom Druck schreiben:

$$c_{M_1} = \frac{V_1}{V} = v_1\,; \quad c_{M_2} = \frac{V_2}{V} = v_2 \quad \text{usw.} \tag{7}$$

oder

$$c_{M_1} = \frac{p_1}{p_0}\,; \quad c_{M_2} = \frac{p_2}{p_0} \quad \text{usw.}, \tag{8}$$

wobei v_1, v_2 die Raumanteile am Gesamtraum der Mischung, p_0 der Gesamtdruck, p_1, p_2 die Teildrucke der Gasmischung sind.

β) **Relative Gewichtskonzentration.** Man bezeichnet dieselbe auch einfach als Gewichtsanteil am Gemisch. Sie ist eine dimensionslose Bezeichnung. Wenn S_1, S_2, S_3 die Gewichte der einzelnen Gemischanteile bezeichnen, die in ein- und demselben Raum V enthalten sind, so kann man für die relativen Konzentrationen c_{r_1}, c_{r_2} usw. schreiben:

$$c_{r_1} = \frac{S_1}{\Sigma(S_i)}\,; \quad c_{r_2} = \frac{S_2}{\Sigma(S_i)} \quad \text{usw.} \tag{9}$$

Für Gase wird mit Einführung der Partialdrucke

$$c_{r_1} = \frac{P_1/R_1}{\Sigma(P_i/R_i)}\,; \quad c_{r_2} = \frac{P_2/R_2}{\Sigma(P_i/R_i)} \quad \text{usw.} \tag{10}$$

oder mit Einführung der Molekulargewichte M_1, M_2 usw.

$$c_{r_1} = \frac{v_1 \cdot M_1}{\Sigma(v_i \cdot M_i)}\,; \quad c_{r_2} = \frac{v_2 \cdot M_2}{\Sigma(v_i \cdot M_i)} \quad \text{usw.} \tag{11}$$

Die Summe $\Sigma\,(v_i \cdot M_i)$ vertritt für die Mischung die Stelle des Molekulargewichts, man bezeichnet sie auch als scheinbares Molekulargewicht. Da bei Druckänderungen alle Komponenten ihre Dichten im gleichen Verhältnis ändern, ist c_r vom Druck unabhängig.

Für die Umrechnung gilt bei Zweistoffgemischen:

$$\left.\begin{aligned} c_{M_1}\,(\text{Mol.-\%}) &= \frac{c_{M_1}\cdot M_1/\gamma_1\cdot 100}{c_{M_1}\cdot M_1/\gamma_1+(1-c_{M_1})\,M_2/\gamma_2}\ \text{Vol.-\%} = \\ &= \frac{c_{M_1}\cdot M_1\cdot 100}{c_{M_1}\cdot M_1+(1-c_{M_1})\,M_2}\ \text{Gew.-\%} \end{aligned}\right\} \quad (12)$$

$$c_{r_1}\,(\text{Gew.-\%}) = \frac{c_{r_1}/M_1\cdot 100}{c_{r_1}/M_1+(1-c_{r_1})/M_2}\ \text{Mol.-\%} = \frac{c_{r_1}/\gamma_1\cdot 100}{c_{r_1}/\gamma_1+(1-c_{r_1})/\gamma_2}\ \text{Vol.-\%} \quad (13)$$

$$\left.\begin{aligned} v_1\,(\text{Vol.-\%}) &= \frac{v_1\cdot\gamma_1\cdot 100}{v_1\cdot\gamma_1+(1-v_1)\cdot\gamma_2}\ \text{Gew.-\%} = \\ &= \frac{v_1\cdot\gamma_1/M_1\cdot 100}{v_1\cdot\gamma_1/M_1+(1-v_1)\cdot\gamma_2/M_2}\ \text{Mol.-\%} \end{aligned}\right\} \quad (14)$$

Es sei hier auch auf das Nomogramm im Abschnitt Verdampfen, S. 342 verwiesen (s. auch S. 398).

d) Absolute Konzentrationen.

α) **Absolute Mol-Konzentration.** Bedeutet mit den vorher gegebenen Bezeichnungen $m_1 = \frac{S_1}{M_1}$ usw. die Anzahl kg-Mole eines Stoffes 1 in einer Mischung, die den Raum V (m³) einnimmt, so bezeichnet

$$c_{M_1} = \frac{S_1}{M_1\cdot V} = \frac{m_1}{V}\ \text{usw.} \quad (15)$$

die absolute Mol-Konzentration, d. h. die Anzahl kg-Mole in 1 m^3 Raum. Man kann dieselbe auch auf das Mol-Volumen 22,4 m^3 bei 0^0 und 760 mm QS beziehen.

β) **Absolute Gewichtskonzentration.** Man bezeichnet damit das Verhältnis:

$$c_{1a} = \frac{S_1}{V}\,;\ c_{2a} = \frac{S_2}{V}\ \text{usw. kg/m}^3. \quad (16)$$

Der Index a weist auf die absolute Konzentration hin. S_1, S_2 sind die im Gemischraum gleichmäßig verteilten Substanzmengen in kg. Die absolute Gewichtskonzentration ist somit identisch mit der Angabe des spezifischen Gewichtes oder der Dichte der betreffenden Komponente, jedoch bezogen auf das Gesamtvolumen V der Mischung.

Der Zusammenhang zwischen der relativen und der absoluten Gewichtskonzentration ist gegeben durch:

$$c_1 = \gamma_m\cdot c_{r_1};\quad c_2 = \gamma_m\cdot c_{r_2};\quad c_3 = \gamma_m\cdot c_{r_3}, \quad (17)$$

worin γ_m das spezifische Gewicht der Stoffmischung ist.

Für die Anteile in einem Gasgemisch gilt die Zustandsgleichung

$$G_1\cdot R_1\cdot T = P_1\cdot V.$$

Die absolute Konzentration eines Gases wird dann

$$c_1 = \frac{G_1}{V} = \frac{P_1}{R_1\cdot T} = \frac{P_1\cdot M}{848\cdot T} = \gamma_1\ \text{kg/m}^3. \quad (18)$$

Hierin bedeutet G_1 das Gewicht der Komponente 1 im Gemisch, R_1 deren Gaskonstante, P_1 der Teildruck der Komponente 1 in dem Gemisch in kg/m². Die absolute Konzentration ist somit proportional dem Partialdruck der betreffenden Komponente. Sie ist identisch mit der Dichte γ beim Teildruck der betreffenden Komponente. Bei Druckänderungen ändern sich die Konzentrationen aller Gemischanteile im gleichen Verhältnis wie der Gesamtdruck p_0.

γ) **Die Beladung.** Die Bilanz eines Waschers läßt sich auf eine besonders einfache Form bringen, wenn man statt der Konzentration die Beladung x bzw. y oder den Gehalt an flüchtiger Substanz einführt. Man versteht darunter diejenige Menge x bzw. y an flüchtiger Substanz in kg, die von 1 kg reiner Waschflüssigkeit (W_0) bzw. von 1 kg Begleitgas (G_0) aufgenommen ist. Es gilt dann:

$$x = \frac{A_x}{W_0} \text{ bzw. } y = \frac{A_y}{G_0}, \qquad (19) \text{ bzw. } (20)$$

worin der Index x für die absorbierte, der Index y für die im Gasraum befindliche flüchtige Substanz A gilt. Sie wird wegen der Gefahr der Verwechslung mit anderen Konzentrationsangaben mit einem eigenen Begriff und Index bezeichnet. Man kann y oft zweckmäßig auch auf 1 m^3 Begleitgas von Normalzustand (meist 15^0 und 735 mm QS) beziehen (y_v) und hat dann zur Umrechnung den in Gleichung (20a) gegebenen Wert von y nur durch das spezifische Gewicht des Begleitgases zu dividieren, y_v ist dann nicht mehr dimensionslos. Die Angabe der Beladung entspricht der in der chemischen Literatur häufig benutzten Angabe der in 100 g Lösungsmittel gelösten Substanz in g. Man spricht dann von „g anhaftender" Substanz je 100 g Lösungsmittel. Die Betrachtung kann sinngemäß ebensogut auf Mol gelöster („anhaftender") Substanz je 1 Mol Lösungsmittel durchgeführt werden. Die Umrechnung ist dann sinngemäß auszuführen. Die Beladung y (kg/kg oder m^3/m^3) im Gasraum ist stets unabhängig vom Druck.

δ) **Umrechnung.** Ihr Zusammenhang mit der relativen Konzentration c_r bzw. der absoluten Gewichtskonzentration c ergibt sich für die Flüssigkeit aus der Beziehung:

Beladung, berechnet aus

der relativen Konzentration — der absoluten Konzentration

$$x = \frac{C_r}{1 - C_r}; \qquad x = \frac{C}{\gamma_{f_m} - C} \text{ kg/kg} \qquad (19a)$$

und für das Gasgemisch:

$$y = \frac{c_r}{1 - c_r} = \frac{c}{\gamma_{g_m} - c}; \qquad y = \frac{P_1}{R_m \cdot T - P_1} \text{ kg/kg}, \qquad (20a)$$

hierin gilt x und der Index $_f$ für die Flüssigkeit, y und der Index g für das Gas, der Index m für die Mischung.

In entsprechender Weise gilt bei gegebenem x bzw. y für die Flüssigkeit

$$c_{r_f} = \frac{x}{1 + x} \text{ bzw. } C_{\text{abs}} = \frac{x}{1 + x} \cdot \gamma_{f_m} \qquad (21)$$

und für das Gas

$$c_{r_g} = \frac{y}{1 + y} \text{ bzw. } c_{\text{abs}} = \frac{y}{1 + y} \cdot \gamma_{g_m}. \qquad (22)$$

Der Zusammenhang zwischen der Beladung eines Gases und den Partialdrücken ergibt sich auch aus der Definition von y. Wenn man beachtet, daß die Volumenanteile einer aus mehreren Komponenten 1, 2, 3 usw.

bestehenden Gasmischung den Partialdrücken p_1, p_2 usw. proportional sind, so folgt unabhängig vom Gesamtdruck p_0:

$$y = \frac{p_1}{p_2} \cdot \frac{\gamma_{01}}{\gamma_{02}} = \frac{p_1}{p_3} \cdot \frac{\gamma_{01}}{\gamma_{03}} \text{ usw.,} \tag{23}$$

wobei sich der Index $_0$ auf einen gemeinsamen Normalzustand (z. B. 0° und 760 mm QS) bezieht.

Bei einer Gasmischung aus zwei Komponenten gilt übereinstimmend mit Gleichung (23):

$$y = \frac{p_1}{p_0 - p_1} \cdot \frac{\gamma_1}{\gamma_2} \tag{24}$$

bzw.

$$p_1 = y\,(p_0 - p_1) \cdot \frac{\gamma_{02}}{\gamma_{01}} = y \cdot p_2 \cdot \frac{\gamma_{02}}{\gamma_{01}} \tag{25}$$

oder durch Isolieren von p_1:

$$p_1 = \frac{y \cdot \frac{\gamma_{02}}{\gamma_{01}} \cdot p_0}{1 + y \cdot \frac{\gamma_{02}}{\gamma_{01}}}\,. \tag{25a}$$

Es muß wohl beachtet werden, daß zwischen dem Partialdruck und der Beladung keine einfache Proportionalität besteht. Nur für kleine Beladungen wird $p_2 \cong p_0$ und Gleichung (25) geht über in

$$p_1 \cong y \cdot \frac{\gamma_2}{\gamma_1} \cdot p_0\,. \tag{26}$$

e) Der Dampfdruck von Zweistoffgemischen.

Es soll hier der einfachste Fall betrachtet werden, wenn nur eine flüchtige Substanz vom Waschmittel aufgenommen wird [vgl. z. B. Ph. Kohnstamm: Ztschr. physikal. Chem. **36**, 41 (1901) u. **75**, 527 (1911), ferner L. Piatti: Literaturangabe S. 475]. Bei mehreren aufgenommenen Stoffen kann bisweilen jeder flüchtige Stoff für sich mit dem Waschmittel betrachtet werden. Das Begleitgas ist in der Regel gegenüber der flüchtigen Substanz und dem Lösungsmittel chemisch indifferent. Es verringert die Konzentration der flüchtigen Substanz und hat im übrigen nur auf die Diffusion einen wesentlichen Einfluß. Es genügt somit meist für die Gleichgewichtsvorgänge das Zweistoffgemisch: Lösungsmittel/flüchtige Substanz zu betrachten. Der Natur des Waschvorgangs entsprechend, kommen nur solche Flüssigkeitsgemische in Betracht, die innerhalb des zur Anwendung kommenden Konzentrationsbereiches mischbar sind. Über 3-Stoffsysteme siehe Bd. I, S. 222.

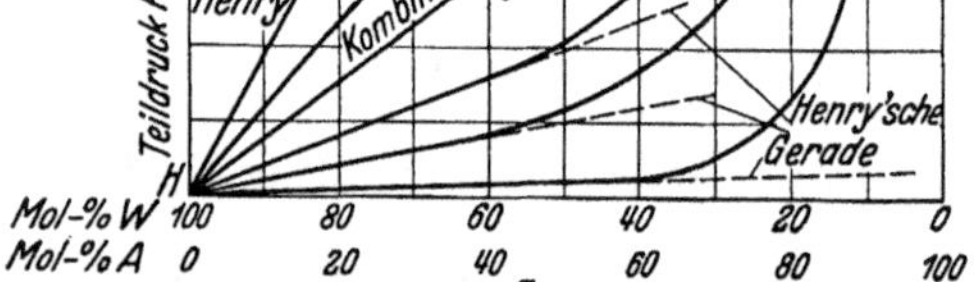

Abb. 2. Teildampfdrucke der flüchtigen Komponente bei Zweistoffgemischen (schematisch).

Als Absorptionsflüssigkeiten werden vorzugsweise nur solche angewandt, deren eigener Teildampfdruck in dem Temperaturgebiet des

Waschprozesses gegenüber dem Teildampfdruck der absorbierten flüchtigen Substanz nicht wesentlich in Betracht kommt. D. h. das Lösungsmittel muß weniger flüchtig sein als die gelöste Substanz, da anderenfalls mit erheblichen Waschmittelverlusten zu rechnen ist.

α) **Raoult-van't Hoffsches Gesetz.** Die einfachste Dampfdruckkurve eines Gemisches von zwei Stoffen ergibt sich durch die Planksche Gleichung (s. S. 527). Man spricht von einer physikalischen Lösung im strengsten Sinne bei der Geraden *a*, Abb. 2. Das Raoult-van't Hoffsche Gesetz der Dampfdruckerniedrigung (s. S. 341) gilt dann über das ganze Konzentrationsgebiet.

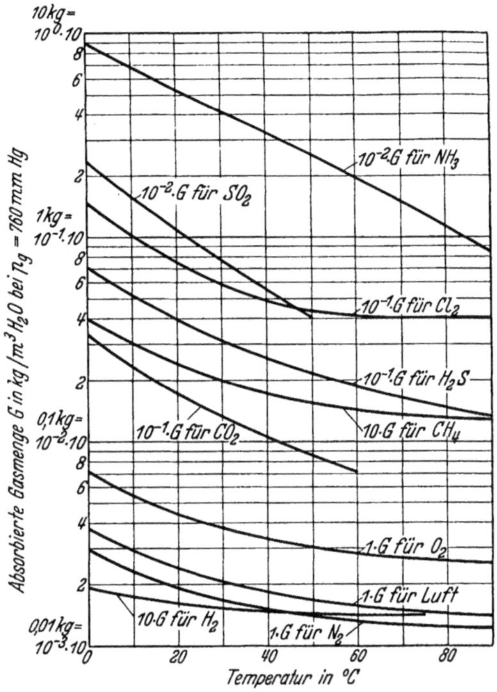

Abb. 3. Löslichkeit einiger Gase in Wasser beim Teildruck p_g = 760 mm QS, abhängig von der Temperatur. [NH_3 nach H. Mollier, SO_2 nach T. K. Sherwood: Ind. engin. Chem. **17**, 740 (1925). Übrige Gase nach Landolt-Börnstein-Roth-Scheel-Tabellen.]

Bei der Leichtölabsorption gilt annähernd das Raoultsche Gesetz und die Gasgesetze, wenn das (fingierte) Molekulargewicht des Absorptionsöles mit 280, das des Leichtöles mit 80 eingesetzt wird.

β) **Das Henrysche Gesetz.** Tritt zu den Bedingungen der Dampfdruckkurve *a* nach Abb. 2 als weitere Verallgemeinerung hinzu, daß die Zusammensetzung des Gas-Dampfgemisches nicht jeweils gleich derjenigen der Flüssigkeit ist, sondern die Konzentration bzw. der Partialdruck der flüchtigen Substanz *A* im Gasraum über ein gewisses Gebiet nur proportional ihrer Konzentration in der Flüssigkeit ist, so erhält man das Henrysche bzw. Henry-Daltonsche Absorptionsgesetz. Der Teildruck und damit die Beladung der Waschflüssigkeit kann einerseits durch Erhöhung der Konzentration der flüchtigen Substanz bei gleichbleibendem Gesamtdruck, andererseits bei gleichbleibender Zusammensetzung durch Kompression der auszuwaschenden Gase gesteigert werden. Hiervon macht man bei der Druckabsorption kohlensäurehaltiger Gase, ferner z. B. bei der Gewinnung von Gasolin aus Erdgas und bei der Benzolgewinnung aus dem für die Ferngasversorgung komprimierten Kokereigas, überdies bei der Absorption nitroser Gase (Fauser) usw. Gebrauch. Es ist nach Abb. 2 ersichtlich, daß das Henrysche Gesetz nur in einem einzigen Fall über das ganze Konzentrationsgebiet gelten kann, und zwar dann, wenn man zur Bedingung der Dampfdruckkurve a zurückkehrt. Im allgemeinen haben aber die vom Punkt H ausgehenden Henryschen Geraden nicht die Richtung nach dem Punkt R, können deshalb nur über einen kleineren Konzentrationsbereich gelten. Oberhalb der kritischen Temperatur der flüchtigen Substanz (Gaszustand) ist der Punkt R (100% A, vgl. Abb. 2) nach den Gesetzen der Phasenlehre überhaupt nicht mehr reell. Für viele praktische Rechnungen läßt sich jedoch für das in Betracht kommende Gebiet das Henrysche Gesetz mit genügender Genauigkeit anwenden. Für die Löslichkeit l' eines Gases in einer Flüssigkeit kann man bei der Gültigkeit des Henryschen Gesetzes nach Ostwald unabhängig vom Gasteildruck schreiben:

$$l' = \frac{\bar{C}}{\bar{c}} = \frac{V_g}{V_{f,g}} = \text{konst}. \qquad (27)$$

Hierin ist V_g das Volumen der im Gleichgewichtszustand gelösten, gespannten Gasmenge (bei der Temperatur und dem betreffenden Gasteildruck p_1 der Lösung), $V_{f,g}$ das Volumen der Lösung [vgl. auch K. Drucker u. E. Moles: Ztschr. physikal. Chem. 75, 413 (1911) Anm.]. Man kann das Henrysche Gesetz auch in der Form zum Ausdruck bringen:

$$\bar{C} = H \cdot P, \qquad (28)$$

wobei die Henrysche Konstante H in $1/m$ gegeben ist durch:

$$H = \frac{l'}{R \cdot T} = \frac{\beta''}{\varepsilon_v \cdot P_0 \cdot v_0} \left| \frac{1}{m} \right| . \qquad (28\text{a})$$

Hierin ist $\varepsilon_v = \frac{V_{f,g}}{V_f}$ ($\simeq 1$) das Verhältnis des Volumens $V_{f,g}$ der Lösung zu dem des reinen Lösungsmittels (V_f); v_0 ist das spezifische Volumen des zu lösenden Gases (0° C, 760 mm QS). Die Ostwaldsche Löslichkeit l' ist von der Temperatur stark abhängig (vgl. Abb. 3, 5 und 6, S. 473—476, desgleichen Abb. 48, S. 393 im Abschnitt Verdampfung), sie ist jedoch in der nach Gleichung (27) gegebenen Art vom Druck nicht mehr abhängig, denn die Konzentrationen der zu absorbierenden Substanz steigen in der flüssigen ($\bar{C}$) und in der Gasphase ($\bar{c}$) in gleichem Verhältnis mit dem Druck. Der Bunsensche Absorptionskoeffizient β'' bezeichnet das auf 0° und 760 mm QS reduzierte Gasvolumen, das von 1 Volumen einer Flüssigkeit bei einer bestimmten Temperatur t^0 C und dem Gasteildruck 760 mmQS absorbiert wird. Von V_f m³ Flüssigkeit seien bei t^0 C und 1,033 ata V_{g0} m³ Gas gelöst. Es gilt dann:

$$\beta'' = \frac{V_{g0}}{V_f(1 + at)} = \frac{V_g p_1}{V_f p_0 (1 + \alpha t)} = \frac{\varepsilon_v p_1 l'}{1{,}033(1 + \alpha t)} . \qquad (29)$$

Definitionen der verschiedenen Löslichkeiten siehe Landolt-Börnstein-Roth-Scheel-Tabellen, Hw. I, S. 762. Abb. 4 gibt als Beispiel die Löslichkeit von Wasserstoff in einer Reihe von Lösungsmittel bis zu sehr hohen Drucken wieder, wobei nur geringe Abweichungen vom Henryschen Gesetz auftreten. Größer sind die Abweichungen bereits bei Methan und noch stärkere Abweichungen sind bei den Löslichkeitskurven von CO_2 und NH_3 in Wasser zu erkennen (Abb. 5 und 6).

γ) **Allgemeine Gestalt der Dampfdruckkurve.** Die Gleichgewichtskurve folgt im allgemeinen Fall weder dem Henry- noch dem Raoultschen

Gesetze in größerem Bereich. Es sind dabei eine Reihe von Sonderfällen möglich, die hier jedoch von geringer Bedeutung sind (vgl. Phasenlehre, Bd. I, S. 185). Je tiefer unterhalb der Kurve *a* (Abb. 2) eine Gleichgewichtskurve verläuft, desto vorteilhafter ist dies in der Regel für die Zwecke der Gaswaschung. Man nennt derartig verlaufende Kurven auch negative [vgl. L. Piatti: Dampfdrucke binärer Gemische und ihre Bedeutung für die Absorption flüchtiger Stoffe, 1931]. Die oberhalb *a* verlaufenden positiven Kurven kommen zur Gaswaschung kaum in Betracht. Ein Beispiel einer stark negativen also vorteilhaften Gleichgewichtskurve zeigt Abb. 7.

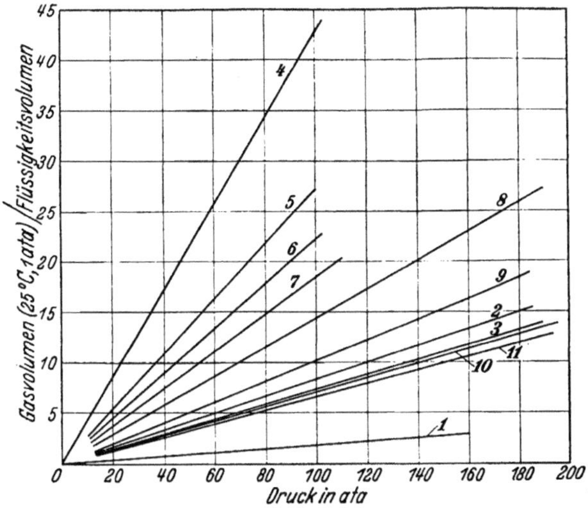

Abb. 4. Löslichkeit von Wasserstoff bei 25° C in verschiedenen Flüssigkeiten. [K. Frolich, J. Tauch, J. Hogan, A. Peer: Ind. engin. Chem. **23**, 548 (1931).] *1* Wasser, *2* Methanol, *3* Isopropanol, *4* Propan, *5* Butan, *6* Pentan, *7* Hexan, *8* Octan, *9* Cyclohexan, *10* schweres Naphtha, *11* Gasöl.

Aus Abb. 2, S. 472 ist ersichtlich, daß das Henrysche Gesetz in der Nähe des Punktes *H* als Annäherung oder als Regel viel allgemeiner ist als das Raoultsche Gesetz in der Nähe des Punktes *R*. Jede Dampfdruckkurve, in welcher Richtung sie auch vom Punkt *H* ausgeht, muß als Tangente eine Henrysche Näherungsgerade haben, während es für das Raoultsche Gesetz nur die eine Richtung von *H* nach *R* gibt. Somit sind, wie die Erfahrung lehrt, größere Abweichungen für das Raoultsche Gesetz möglich als für das Henrysche.

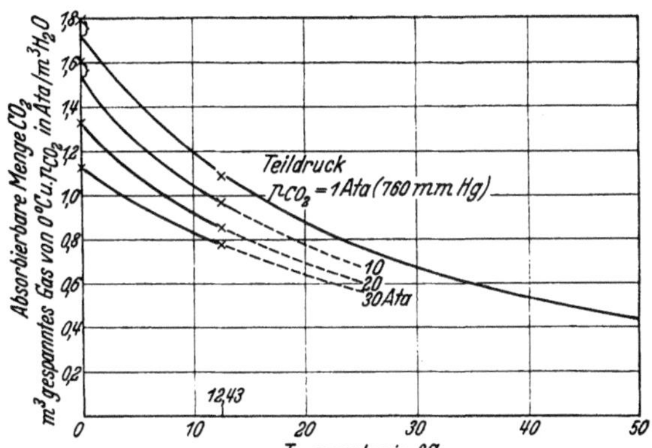

Abb. 5. Gleichgewicht des Systems CO_2—H_2O, bis 30 Ata (1 Ata = 1,033 ata = 760 mm QS), abhängig von der Temperatur, bezogen auf Teildruck der CO_2. Bei 760 mm QS nach Bohr und Bock.
× × × Punkte nach S. v. Wroblewski in Wiedemanns Ann. **18**, 290 (1883).

δ) **Chemische Bindung.** Findet eine chemische Bindung der flüchtigen Substanz mit einem Bestandteil der Waschlösung zu einer nicht flüchtigen Substanz statt, so verschwindet der Partialdruck der flüchtigen Substanz für alle Konzentrationen *C* vollständig. Für eine verlangte vollständige Entfernung der flüchtigen Substanz aus einem Gas ist dies der Idealfall. Die Partialdruckkurve fällt mit der Abszissenachse zusammen, wie z. B. bei kleinen Beladungen in Abb. 7. Die Aufnahmefähigkeit der Waschflüssigkeit ist hier vom Gehalt der flüchtigen Substanz im Gas unabhängig, solange noch chemisch nicht gebundenes Absorptionsmittel vorhanden ist. Z. B. Absorption von NH_3-haltigen Gasen mit H_2SO_4, von CO_2- oder HCl-haltigen Gasen mit Kalilauge usw. Nur in diesem Fall ist theoretisch eine Absorption bis zur Konzentration der flüchtigen Substanz, $c_1 = 0$ im Gas möglich. Eine Übergangsstufe hierzu (reversibles Gleichgewicht, vgl. S. 527) zeigt z. B. das System CO_2-Triäthanolamin Abb. 7[1].

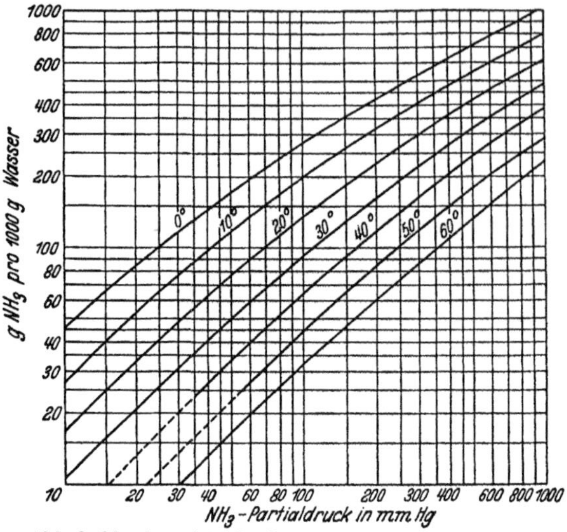

Abb. 6. Gleichgewicht des Systems NH_3–H_2O. [Entnommen von **Badger, McCabe, Kutzner**: Elemente der Chemie-Ingenieurtechnik. Verlag Julius Springer 1932.]

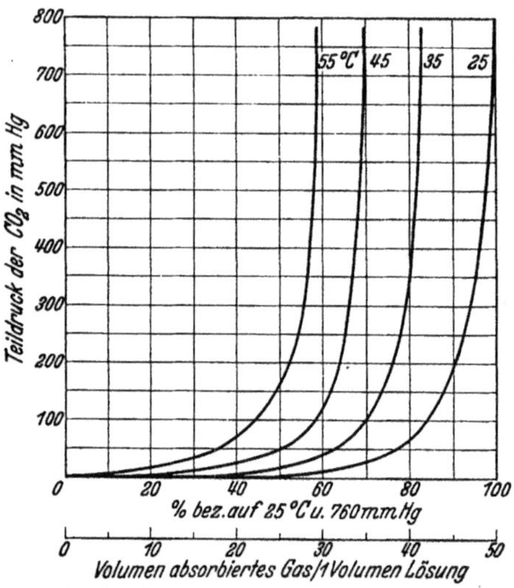

Abb. 7. Gleichgewicht zwischen 50%iger wäßriger Triäthanolaminlösung und CO_2 [**R. Bottoms**: Ind. engin. Chem. **23**, 501 (1931)]. 100% entspricht willkürlich der Absorption bei 25° C und 760 mm QS.

2. Absorption und Austreibung.

Aus dem Begriff der Gleichgewichtskurve geht hervor, daß sie die Fläche zwischen der Abszissen- und Ordinatenachse in zwei Felder trennt, von denen nur das obere für den Waschvorgang in Betracht kommt (vgl. Abb. 8). Bei Austreibe- und Destillationskolonnen liegen

[1] Ähnliches gilt für die sog. „Alkacidlösungen", die von der **I. G. Farbenindustrie A. G.** zur Absorption und Trennung schwacher flüchtiger Säuren, z. B. CO_2 und H_2S aus Gasgemischen empfohlen werden.

die Betriebszustände des Gases bzw. des Leichtsiedenden unterhalb der Gleichgewichtskurve. Ammoniak-, Leichtöl- usw. Abtreibekolonnen können bei Beachtung dieser Eigentümlichkeit sinngemäß mit den für die Absorption geltenden Methoden berechnet werden. Bei reversibler Bindung (z. B. bei H_2CO_3 und NH_4OH) verläuft die Absorption infolge des größeren freien Konzentrationsgefälles vorteilhafter als die Entgasung (vgl. S. 483 und 511, Kap. 7).

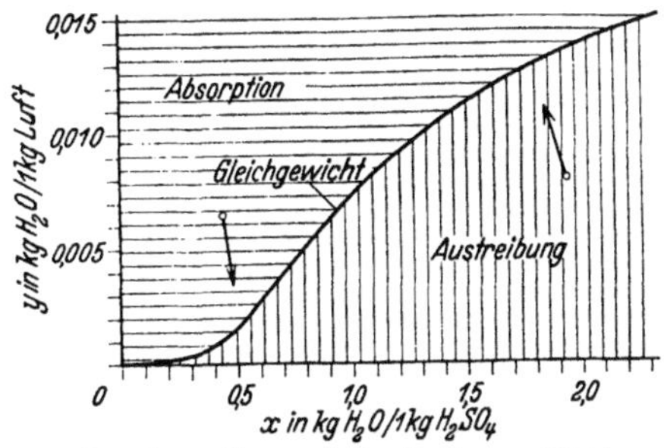

Abb. 8. Absorption und Austreibung, Richtung des Konzentrationsgefälles (Pfeile) (System H_2SO_4—H_2O bei 25° C). [Zahlenwerte nach R. E. Wilson: Ind. engin. Chem. **13**, 326 (1921).]

a) Stoffbilanz und Auswaschvorgang.

Mit den S. 463 und 464 gegebenen Bezeichnungen läßt sich in einfacher Weise die Stoffbilanz für den Wascher in bezug auf den Querschnitt EF aufstellen (Abb. 9), wobei die Indices e für den Eintritt, a für den Austritt gelten.

$$A = G_0 \cdot (y_e - y) = W_0 \cdot (x_a - x) . \tag{30}$$

Hierin bedeutet A die von der Waschflüssigkeit bis zum Querschnitt EF absorbierte Menge flüchtiger Substanz. Wird $x = x_e$ und $y = y_a$, so

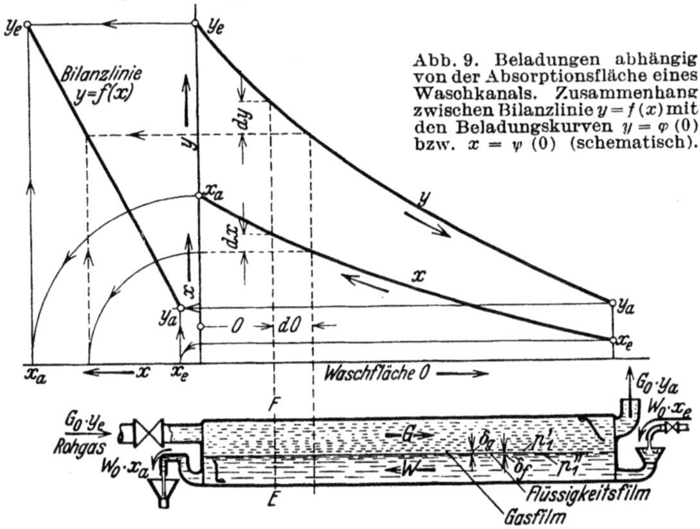

Abb. 9. Beladungen abhängig von der Absorptionsfläche eines Waschkanals. Zusammenhang zwischen Bilanzlinie $y = f(x)$ mit den Beladungskurven $y = \varphi(0)$ bzw. $x = \psi(0)$ (schematisch).

stellt A die gesamte abgegebene absorbierte Substanz in kg/h dar. Dieselbe Bilanzgleichung muß auch in entsprechender Weise für jedes Wascherelement gelten, wenn $-\Delta y$ und $+\Delta x$ die Abnahme bzw. Zunahme der Beladungen darstellt.

Es ist dann:

$$\Delta A = -G_0 \cdot \Delta y = W_0 \cdot \Delta x = -G \cdot \Delta p = W \cdot \Delta C . \tag{31}$$

D. h. die in jedem Element der Absorptionsfläche vom Gase abgegebene (Δy negativ) Menge flüchtiger Substanz muß der von der Waschflüssigkeit aufgenommenen Menge gleich sein.

b) Bilanzlinie oder Betriebsgerade.

Die Gleichungen (30) bzw. (31), die charakteristisch für Austauschvorgänge sind und in analoger Weise z. B. auch für den Wärmeaustausch gelten, nehmen noch keinerlei Rücksicht auf das Gleichgewicht zwischen Gas und Waschflüssigkeit und auf die Absorptionsgeschwindigkeit. Sie sind nur durch die Bilanz bestimmt und deshalb von allgemeiner Gültigkeit. Da die Gleichung (30) in geometrischer Deutung eine gerade Linie (durch den Punkt x_e, y_a) darstellt (Abb. 9 und 10), nennt man diese auch Betriebsgerade (operating line) oder wegen ihrer Ableitung Bilanzlinie. Sie gilt für den Betriebszustand eines Waschers ebensogut wie für den idealen Waschvorgang, nur ihre Lage ist in beiden Fällen verschieden. Die Bilanzlinie kann an sich auch die Gleichgewichtskurve schneiden, jedoch kehrt dann das Partialdruckgefälle zwischen Bilanzlinie und Gleichgewichtskurve seine Richtung um und aus dem Waschvorgang wird ein Austreibevorgang (vgl. Abb. 8). Aus Gleichung (30) folgt die Neigung der Bilanzlinie, wie auch aus Abb. 10 ersichtlich, zu

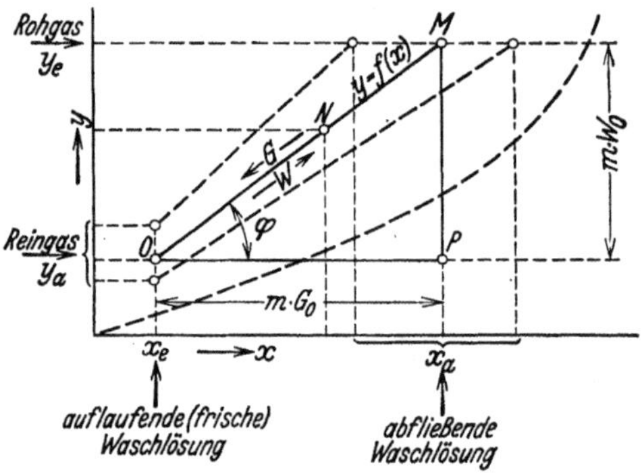

Abb. 10. Bilanzlinie oder Betriebsgerade *MNO*.

$$\operatorname{tg}\varphi = \frac{y_e - y}{x_a - x} = \frac{y_e - y_a}{x_a - x_e} = \frac{W_0}{G_0} = b\,. \tag{32}$$

Bei Kühltürmen nennt man das Verhältnis $\frac{G_0}{W_0}$ die Luftzahl. In Anlehnung an diesen Gebrauch sei hier der reziproke Wert b Berieselungszahl genannt. Die Berieselungsdichte oder Regenhöhe r ist hiervon zu unterscheiden (s. S. 508).

Für praktische Berechnungen sind meist die Beladungen x_e und y_e beim Flüssigkeits- und Gaseintritt gegeben. Außerdem ist eine bestimmte Auswaschung des Gases verlangt, so daß man innerhalb engerer Grenzen y_a als gegeben betrachten darf. Damit ist in Abb. 10 der Punkt 0 der Bilanzlinie entweder fest gegeben oder auf einen engen Bezirk beschränkt. Der andere Endpunkt M ist dann auf der Linie $y_e =$ konst vorerst unbestimmt.

In dem Dreieck O—M—P, dessen Hypotenuse die Bilanzlinie O—M bedeutet, ist dann $\operatorname{tg}\varphi = b$, d. h., bestimmt man den Maßstab m von O—P so, daß diese Strecke $m \cdot G_0$ darstellt, so bedeutet im gleichen Maßstab m die Strecke M—P die Berieselungsmenge $m \cdot W_0$.

Für einen Auswaschvorgang kann die Bilanzlinie die Gleichgewichtskurve bei der flachsten Neigung höchstens tangieren. Wählt man nicht die Beladungen x und y als Koordinaten, sondern die Konzentrationen C und c bzw. p, so wird die Bilanzlinie eine Hyperbel. Geht man von der Darstellung der Abb. 10 aus, so läßt sich dieselbe auch für gegebene C bzw. c oder p leicht punktweise aufzeichnen.

Es sei noch besonders darauf aufmerksam gemacht, daß der lineare Zusammenhang nur zwischen y und x gilt, jedoch nicht zwischen der Beladung und der Turmhöhe bzw. Waschfläche O (vgl. Abb. 9).

c) Idealer Verlauf des Auswaschvorganges.

α) **Kombination von Bilanzlinie und Gleichgewichtskurve.** Der ideale Auswaschvorgang, bei welchem die zeitlichen Vorgänge bei der Diffusion noch keine Rolle spielen, wird erreicht, wenn sich an jeder Stelle des Gas- bzw. Flüssigkeitsweges im Wascher das Gleichgewicht nach der Gleichgewichtskurve einstellen kann. Andererseits müssen für die an der Waschfläche ausgetauschten Mengen der flüchtigen Substanz die elementaren Bedingungen der Bilanz [Gleichung (30) bis (32)] erfüllt sein. Das Partialdruckgefälle zwischen Bilanzlinie und Gleichgewichtskurve sollte somit entsprechend dem idealen Verlauf der Waschung an jeder Stelle = 0 sein. Dies erfordert lineare Gleichgewichtskurve und ∞ große Austauschfläche. Im allgemeinen Fall schneidet die Bilanzlinie bei negativem (vgl. S. 475) Verlauf der Gleichgewichtskurve diese in zwei Punkten A und B (Abb. 11). Bei nach oben gekrümmtem (positivem) oder teilweise positivem Verlauf der Gleichgewichtskurve wird sie dieselbe in ihrer tiefsten Lage in einem Punkte T tangieren, dessen Lage sich aus der Berieselungszahl b ergibt.

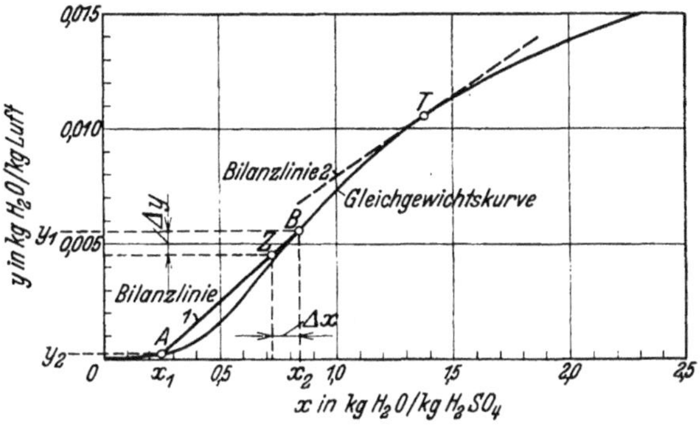

Abb. 11. Idealer Verlauf des Absorptionsvorganges.

In einem Zwischenpunkte Z kann das Gleichgewicht nicht erreicht werden, weil die Flüssigkeitsmenge W_0 nicht so viel flüchtige Substanz aufnehmen kann, als die Gasmenge G_0 abzugeben in der Lage ist; nur durch Vergrößerung der Berieselungszahl b könnte hieran etwas geändert werden, da nach den Gleichungen (30) bis (32) sein muß:

$$\frac{\Delta y}{\Delta x} = b\,. \tag{33}$$

β) **Vorgang im Glockenbodenwascher.** Der ideale Waschprozeß ist auch im Glockenbodenwascher gut zu verfolgen. Man kann durch Herabsetzung der Strömungsgeschwindigkeit dem theoretischen Vorgang nahekommen. Glockenbodenkolonnen werden in Amerika häufig als Wascher verwendet. Der Bau derselben unterscheidet sich wenig von den bei der Destillation verwandten Apparaten (vgl. „Destillieren und Rektifizieren“, S. 418).

Auch für diesen Fall gilt die auf der Stoffbilanz beruhende Gleichung der Betriebslinie. Sie bezieht sich punktweise sowohl auf die Beladungen in jedem Wascherboden als auch auf den Eintritt und Austritt des Waschers. In Abb. 12 bedeuten x_e und y_e die Beladungen der in den Wascher eintretenden Waschflüssigkeit und des Gases. Die entsprechenden Beladungen beim Flüssigkeits- und Gasaustritt sind x_a und y_a. Durch diese Bestimmung ihres Anfangs- und Endpunktes A—A_4 ist die Betriebslinie festgelegt

$$\frac{y_e - y_a}{x_a - x_e} = \frac{W_0}{G_0}. \qquad (30)$$

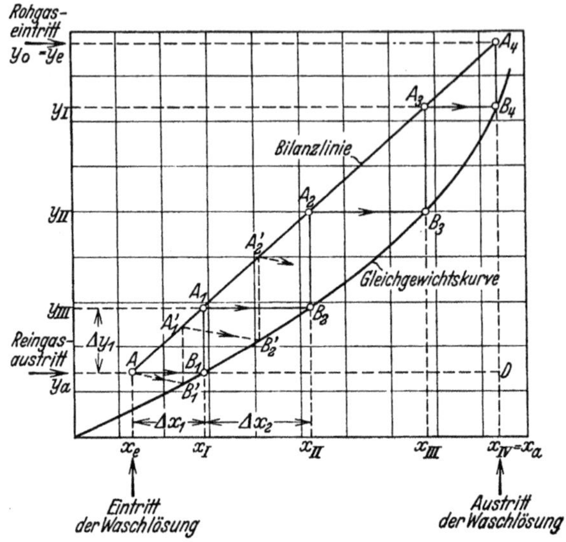

Abb. 12. Theoretische Bodenzahl, Linienzug $A B_1 A_1 B_2 A_2 B_3$ usw.; effektive Bodenzahl, Linienzug $A B_1' A_1' B_2' A_2'$ usw.

γ) **Theoretische Bodenzahl.** Die gewählten Bezeichnungen sind aus der schematischen Darstellung des Siebbodenwaschers Abb. 13 und aus Abb. 12 ersichtlich. Die Flüssigkeit über dem Waschboden I fließt nach Absorption eines Anteils flüchtiger Substanz mit der Beladung x_I (Punkt B_1, vgl. Abb. 12) nach Boden II. Mit ihr steht das vom obersten Boden mit der Beladung $y_a = y_{IV}$ (Punkt A in Abb. 12) abziehende Gas im Gleichgewicht. Die Stoffbilanz für den Boden I ergibt:

$$-G_0 \cdot \Delta\, y_1 = W_0 \cdot \Delta\, x_1. \qquad (31)$$

Da $\frac{W_0}{G_0}$ bereits durch Gleichung (30), d. h. durch die bereits mit G_0, W_0 und Punkt A festgelegte Bilanzlinie bestimmt ist, ergibt sich

$$-\frac{\Delta\, y_1}{\Delta\, x_1} = \frac{W_0}{G_0},$$

d. h. damit im Beharrungszustande weder eine Anreicherung noch eine Verarmung der Flüssigkeit an flüchtiger Substanz auf Boden I stattfindet, muß sie mit einer um $\Delta\, x_1$ größeren Beladung abfließen, als sie auf Boden I zufließt. Die Größe von $\Delta\, x_1$ ergibt sich aus Abb. 12 entsprechend Gleichung (31). Ebenso muß das vom Boden II kommende Gas (Punkt A_1 in Abb. 12), das mit Punkt B_2 der Gleichgewichtskurve im Gleichgewicht steht, nachdem es den Boden I durchperlt hat, eine um $\Delta\, y_1$ geringere Beladung aufweisen. In geometrischer Deutung muß also Dreieck A—A_1—B_1 in Abb. 12 dem durch die Betriebslinie bestimmten Dreieck A—A_4—D ähnlich sein. Seine Spitze B_1 muß auf der Gleichgewichtskurve liegen. Ebensolche Vorgänge finden auf den anderen Böden statt. Die Punkte B_1, B_2, B_3, B_4 entsprechen immer den Gleichgewichtszuständen an der Flüssigkeitsoberfläche der einzelnen Böden. Auf diese Weise entsteht zwischen der Betriebslinie und der Gleichgewichtskurve ein Treppenzug, dessen Stufen den Beladungen des Gases beim Verlassen der einzelnen Böden entsprechen. Die an jeden Punkt B_1, B_2 usw. angrenzenden Stücke Δx_1, Δy_1; Δx_2, Δy_2 entsprechen den Veränderungen der Beladungen, die zu jedem Boden gehören, so daß

$$x_a = x_e + \Sigma (\Delta x_i)$$
$$y_a = y_e - \Sigma (\Delta y_i),$$

worin der Index i der Reihe nach die Nummern der einzelnen Böden bezeichnet.

Damit ist die theoretisch erforderliche Bodenzahl gleich der Anzahl der Treppenstufen (vier Böden im Beispiel der Abb. 12) gefunden. Das Verfahren gleicht also völlig dem, das bei der Ermittlung der Bodenzahl einer Destillierkolonne üblich ist (vgl. Destillieren, Rektifizieren, S. 419).

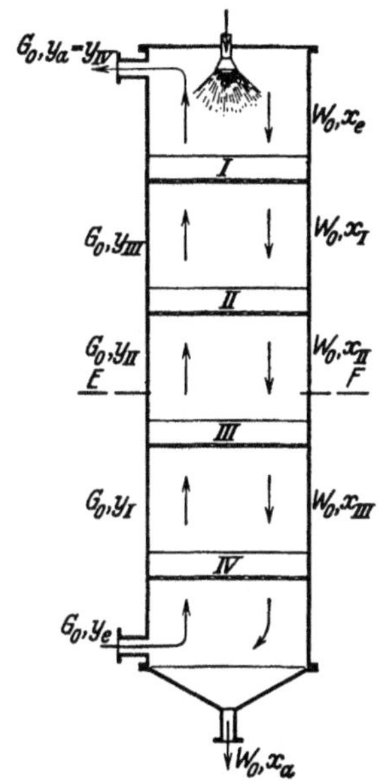

Abb. 13. Bezeichnungen zur Flüssigkeits- bzw. Gasbewegung (schematisch).

In Wirklichkeit ist zu der auf diese Weise bestimmten theoretischen Bodenzahl je nach der Tauchtiefe der Glocken und der Gasgeschwindigkeit ein Zuschlag zu machen (in der Regel etwa 50—100%) oder es ist zu berücksichtigen, daß nicht die ganzen zwischen Betriebslinie und Gleichgewichtskurve liegenden Konzentrationsgefälle $A B_1$, $A_1 B_2$, $A_2 B_3$ usw. ausgenutzt werden können, sondern je nach dem besonderen Fall etwa 50—75% der theoretischen. Dies kommt daher, daß die Punkte A, A_1, A_2, A_3 usw. nicht mit den Punkten B_1, B_2, B_3 usw., sondern wegen der Diffusionswiderstände (vgl. S. 494) mit tiefer liegenden Punkten B_1', B_2' usw. im Gleichgewicht stehen. Statt des Linienzuges $A B_1 A_1 B_2 A_2 B_3$ usw. ergibt sich dann etwa der Linienzug $A B_1' A_1' B_2' A_2'$ usw. in Abb. 12. Derselbe weist mehr Stufen auf als der erstgenannte theoretische Linienzug. Man vergleiche auch die Verwandtschaft mit Abb. 22, S. 494.

Oft ist die Feststellung von Wert, welcher Teil der Höhe eines Füllkörperturmes einem Boden eines Glockenbodenwaschers in der Wirkung gleichwertig ist, da die Anlagekosten eines Füllkörperturmes in der Regel geringer als die eines Glockenbodenwaschers sind.

Die Wirkungsgrade der Böden sind von den Absorptionswiderständen (vgl. S. 489—495) und somit indirekt von den Strömungsvorgängen abhängig. Sie kommen bereits durch den Verlauf des Linienzuges $A B_1' A_1' B_1'$ usw. in Abb. 12 zum Ausdruck, weshalb eine gesonderte Betrachtung entbehrlich wird. Ihre Zahlenwerte bewegen sich zwischen weiten Grenzen (etwa 20—90%). Über Wirkungsgrade bei der Rektifikation siehe E. Kirschbaum: Chem. Fabrik 42, 431 (1933).

3. Die Diffusion.

a) Das 1. Ficksche Gesetz.

Das 1. Ficksche Gesetz sagt aus, daß die Geschwindigkeit, mit welcher ein gelöster Stoff in seinem Lösungsmittel wandert, dem absoluten Konzentrationsgefälle proportional ist. Dies gilt sowohl für die feste und flüssige als auch für die Gasphase. Die Diffusionsgeschwindigkeit dA/dt ist jedoch in der Gasphase erheblich größer als in der flüssigen und festen Phase. Man kann somit für eine Schicht von der Dicke dl senkrecht zur Diffusionsrichtung schreiben, wenn D die Diffusionskonstante, c die absolute Konzentration in kg Mol/m³ oder kg/m³ bezeichnet:

$$\frac{dA}{d\tau} = -D \cdot O \frac{dc}{dl}, \tag{34}$$

da $dc = \frac{dP}{RT}$ ist, so läßt sich auch für die Diffusionsgeschwindigkeit schreiben

$$\frac{dA}{d\tau} = -D \cdot \frac{O}{RT} \cdot \frac{dP}{dl} = -\frac{D \cdot M}{848\,T} O \frac{dP}{dl} \tag{35}$$

[Adolf Fick: Ann. Physik **1855**, 59]. Die Dimension von D ergibt sich durch Einsetzen der Längen in m, Zeit in h, Konzentration in kg/m³ (bzw. Mol/m³) und der diffundierenden Substanz A in kg (bzw. kg-Mol) zu

$$D = \frac{dA}{d\tau} \cdot \frac{1}{O} \cdot \frac{dl}{dc} \text{ m}^2/\text{h}. \tag{36}$$

Je nachdem die Konzentration c in kg/m³ oder in kg Mol/m³ eingesetzt wird, ergibt sich somit die diffundierende Substanzmenge A in Gleichung (34) bzw. (35) in kg bzw. kg-Mol. Die Diffusionskonstante ist von der Temperatur abhängig. In der Regel sind in der physikalischen Literatur [Landolt-Börnstein-Roth-Scheel-Tabellen, Hw. I, S. 249] die Diffusionskoeffizienten der Gase in cm²/s gegeben. Sie sind somit mit 0,36 zu multiplizieren, um sie in die behandelten Gleichungen als technische Einheiten einzufügen. Der entsprechende Multiplikator zur Umrechnung von in cm²/Tag gegebenen Diffusionsbeiwerten für Flüssigkeiten in m²/h ist $^1/_{240000} = 4{,}167 \cdot 10^{-6}$.

Graham fand, ebenfalls bereits um die Mitte des vorigen Jahrhunderts, daß die lineare Geschwindigkeit eines durch eine Membrane diffundierenden Gases direkt proportional der Partialdruckdifferenz zwischen beiden Membranseiten und der Quadratwurzel der absoluten Temperatur des Gases und umgekehrt proportional der Dicke der Membrane und der Quadratwurzel des Molekulargewichts des diffundierenden Gases ist. Man kann also nach Graham schreiben:

$$\frac{dA}{d\tau} = D' \cdot O \cdot \frac{dP}{dl} \cdot \sqrt{\frac{T}{M}}. \tag{37}$$

Hieraus ergibt sich für D in Gleichung (34)

$$D = D' \cdot R \cdot \sqrt{\frac{T^3}{M}}, \tag{38}$$

d. h. die Ficksche Diffusionskonstante D ist demnach der 1,5ten Potenz der absoluten Temperatur proportional. Die Temperaturabhängigkeit folgt jedoch nicht streng dieser Beziehung. Nach Eucken wächst D etwa proportional der 1,75ten Potenz der absoluten Temperatur. Auch dies gilt nicht streng, da z. B. der Diffusionsbeiwert von Alkohol oberhalb etwa 65° C wieder abnimmt.

Für den Diffusionskoeffizienten D_1 gelöster Substanz in einem flüssigen Lösungsmittel mit dem Diffusionskoeffizienten D_2 ergibt sich bei relativ großem Molekül gegenüber dem des Lösungsmittels nach Eukken folgende Beziehung mit der Zähigkeit η:

$$\frac{D_1}{D_2} = \frac{\eta_2}{\eta_1}.$$

Für in Wasser gelöste Substanzen bewegt sich D etwa in den Grenzen von $10{,}125 \cdot 10^{-6}$ (KOH) und $0{,}3833 \cdot 10^{-6}$ (Dextrin) m^2/h. Für einige Gase in wäßriger Lösung ist:

Tabelle 1. Diffusionsbeiwerte D m^2/h für einige Gase und Dämpfe (umgerechnet nach Werten aus Landolt-Börnstein-Roth-Scheel-Tabellen, Hw. I, S. 249).

Diffundierende Substanz	t °C	in Luft	in CO_2	in H_2
Äther	0	0,0279	0,0199	0,1066
	10,4	0,0307	0,0215	0,1152
		0,0322	0,0229	0,1228
Alkohol	0	0,0366	0,0243	0,1361
	40,4	0,0494	0,0323	0,1811
	49,4	0,0509	0,0355	0,1948
	63,6	0,0536	0,0372	0,2043
Benzol	0	0,0270	0,0190	0,1059
	19,9	0,0316	0,0219	0,1226
	45	0,0364	0,0257	0,1438
Wasserdampf* .	0	0,0712	0,0475	0,2473
	49,5	0,1018	0,0652	0,36
	92,4	0,1243	0,0858	0,4245
Kohlendioxyd	0	0,0512		
	15	0,0562 **		
	30	0,0605 **		

für NH_3 (C = 0,686 Gew.-%) $t = 4^0$ $D = 4{,}41_8 \cdot 10^{-6}\ m^2/h$
CO_2 . . . . $t = 16^0$ $D = 5{,}74_1 \cdot 10^{-6}\ m^2/h$
O_2 . . . . $D = 6{,}69_5 \cdot 10^{-6}\ m^2/h$

Stets ist nur das freie Konzentrationsgefälle (s. S. 477) einzusetzen, wie aus Entgasungsversuchen von Guyer und Tobler (s. S. 511) hervorgehen dürfte. Dies erklärt den rascheren Verlauf mancher Absorptionen (z. B. HCl, NH_3 in H_2O) gegenüber Entgasungsvorgängen.

b) Ähnlichkeit zwischen Wärmeleitung und Diffusion.

In ihrer allgemeinen Form können die Diffusionsgleichungen wie die Gleichungen für die Wärmeleitung am einfachsten in Vektorform geschrieben werden. Ersetzt man in den Gleichungen für die Wärmeleitung die Wärmemenge durch die diffundierende Substanz, die Temperaturleitfähigkeit (vgl. Bd. II, S. 103) durch die Diffusionskonstante D und die Temperatur durch die relative Konzentration, so erhält man die Diffusionsgleichungen [vgl. E. Schmidt: Gesundheitsing. **52**, 525 (1929)]. Auch aus der Form der Gleichung (34) wird die Ähnlichkeit der für die Diffusion geltenden Beziehungen und der Wärmeleitungsgleichung, z. B. einer Platte, ersichtlich.

* Siehe auch „Verdampfen", Gleichung (16a) S. 358.

** Errechnet nach: $D_T = D_0 \cdot \left(\frac{T}{T_0}\right)^{1,75}$.

Trotz dieser Ähnlichkeit ist aber zu beachten, daß zwischen dem ponderablen Diffusionsstrom und dem imponderablen Wärmestrom in manchen Fällen Unterschiede beachtet werden müssen, besonders bei hohen Konzentrationsgefällen. Die Unterschiede zeigen sich einmal in der Gegendiffusion des Lösungsmittels bzw. des Begleitgases, andererseits darin, daß der Wärmestrom an sich keine Geschwindigkeitsänderung des „wärmetragenden" Gases an einer Wandoberfläche bewirkt, wohl aber der Strom des raumverdrängenden ponderablen Reaktionsgases, das an einer Flüssigkeitsoberfläche absorbiert wird [vgl. W. Nusselt: Wärmeübergang, Diffusion, Verdunstung. Ztschr. angew. Math. Mech. **10**, 105 (1930)].

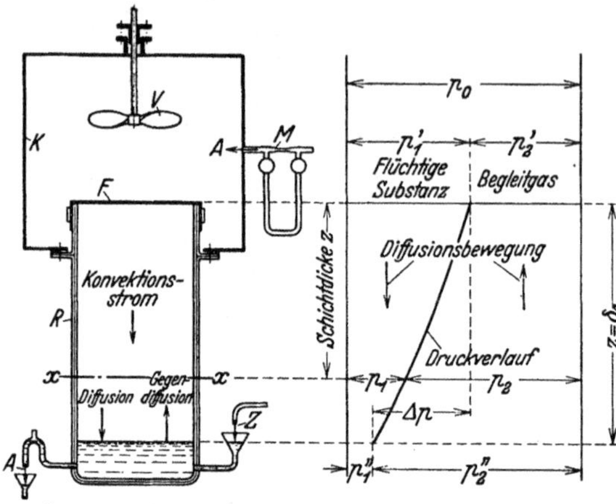

Abb. 14a und b. Diffusion in der Gasschicht (schematische Darstellung der Apparatur und des Partial-Druckverlaufs).

c) Diffusion in der Gasgrenzschicht.

Es besteht ein Unterschied zwischen dem Vorgang bei der Rektifikation und der Absorption, weil bei der letzteren das indifferente Begleitgas nicht an den Austauschvorgängen an der Grenzfläche teilnimmt. Um die hier in Betracht kommenden Vorgänge deutlich zu machen, kann man sich den Diffusionsvorgang auf der Gasseite in der Apparatur nach Abb. 14a vorgehend denken. In dieser wird die Grenzschicht durch eine Gasschicht von der Dicke $z = \delta_g$ vergrößert dargestellt. Dieselbe ist in Wirklichkeit nur etwa einige Zehntel bis wenige mm dick.

In einem Kasten K, der mit einem Gasgemisch, z. B. Luft-Ammoniakgas gefüllt ist, werde durch die Meßvorrichtung M fortlaufend der absorbierte flüchtige Bestandteil, also z. B. NH_3-Gas nachgefüllt und durch einen Ventilator gut durchmischt. Die Konzentration c_1' im oberen Gasraum sei dadurch konstant gehalten. Der Kasten sitzt gasdicht auf einem Rohr R, in welchem durch die Zu- und Abflußrohre Z und A die Absorptionsflüssigkeit stets auf konstanter Konzentration gehalten wird, so daß die Gleichgewichtskonzentration c_1'' am unteren Ende des Gasraumes im Rohr R sichergestellt ist. Das obere Rohrende ist durch ein Flanellfiltertuch F gasdurchlässig abgeschlossen, so daß die Diffusion nicht gehindert ist, jedoch die durch den Ventilator verursachte Gasströmung von dem Innern des Rohres ferngehalten wird. Druck und Temperatur seien konstant gehalten. Man kann nun die für die Rechnung interessierenden Vorgänge durch folgende Sätze charakterisieren:

1. Konzentrationen und Partialdrücke bleiben an jeder Stelle des Rohres ungeändert, da stationärer Zustand betrachtet wird.

2. In jedem Querschnitt $x - x$ des Rohres R muß die Luft entsprechend ihrem Partialdruckgefälle nach oben diffundieren.

3. Damit ein stationärer Vorgang zustande kommt, muß ebensoviel Luft, als nach oben diffundiert, wieder nach unten gelangen. Dies kann nur durch einen nach unten gerichteten Konvektionsstrom erfolgen. Die Geschwindigkeit desselben sei w.

4. Der Konvektionsstrom kann nicht wie die Diffusion selektiv sein, er führt also das Gemisch, das aus der flüchtigen Substanz und dem Begleitgas besteht, entsprechend ihrer in jedem Querschnitt herrschenden Konzentration mit der Geschwindigkeit w fort.

5. Die durch jeden Querschnitt $x - x$ sich nach unten bewegende Ammoniakmenge bestimmt sich nach einer zusammengesetzten Bewegung aus dieser Diffusionsbewegung und dem durch Satz 3 und 6 bestimmten Konvektionsstrom.

6. Der Konvektionsstrom wird dadurch eingeleitet und ist dadurch bestimmt, daß an der Absorptionsfläche das NH_3-Volumen dA vom Gesamtdruck P_0 aus dem Gasraum verschwindet. Mit dem Teildruck ist bei der Bestimmung des verschwindenden Volumens deshalb nicht zu rechnen, weil man damit ein zu großes Volumen erhielte, welches die Luft mitenthält. Diese wird aber nicht mit absorbiert.

7. Der an der Absorptionsfläche eingeleitete Konvektionsstrom bleibt über die ganze Rohrhöhe l in seiner Geschwindigkeit derselbe, da der Gesamtdruck und die Temperatur konstant sind und durch die Diffusion nur lokale Konzentrations- und Dichteänderungen eintreten könnten. Doch sind nach Satz 1 auch diese ausgeschlossen.

Aus Satz 6 folgt für die Geschwindigkeit der Konvektion ohne weiteres

$$w = \frac{V_1}{F} = \frac{1}{F} \cdot A \cdot \frac{R_1 \cdot T}{P_0}. \tag{39}$$

Damit sind die Grundlagen für die folgenden Gleichungen gegeben, mit deren Ableitung wir im wesentlichen W. Nusselt folgen [Ztschr. angew. Math. Mech. 10, 105 (1930)]. Die Gleichungen gelten für einen Absorptions- und Konvektionsquerschnitt von $F = 1\ \text{m}^2$.

Unter Beachtung von Satz 2 und 3 gilt für das Begleitgas nach dem 1. Fickschen Gesetz, wenn z die Schichtdicke bezeichnet:

$$w \cdot c_2 + D_g \frac{dc_2}{dz} = G = 0. \tag{40}$$

Da nach früherem [S. 470, Gleichung (18)] $c_2 = \frac{P_2}{R_2 \cdot T}$ und entsprechend $dc_2 = \frac{dP_2}{R_2 \cdot T}$ ist, so kann Gleichung (40) geschrieben werden

$$w \cdot P_2 = -D_g \frac{dP_2}{dz} = D_g \frac{dP_1}{dz}. \tag{41}$$

Für die flüchtige Substanz ist analog nach Satz 5

$$A = A_{\text{konv}} + A_{\text{diff}}$$

$$A = \frac{1}{R_1 \cdot T}\left(w \cdot P_1 - D \frac{dP_1}{dz}\right). \tag{42}$$

Da ferner nach dem Daltonschen Gesetz gilt:

$$P_1 + P_2 = P_0, \tag{43}$$

so folgt aus Gleichung (41) und (43)

$$w = \frac{D_g}{P_0 - P_1} \cdot \frac{d P_1}{d z}. \tag{44}$$

Durch Einsetzen von Gleichung (44) in Gleichung (42) ergibt sich:

$$A_1 = -\frac{D_g}{R \cdot T} \cdot \frac{d P_1}{d z} \cdot \frac{p_0}{p_0 - p_1} \text{ kg/m}^2 \cdot \text{h}. \tag{45}$$

Durch bestimmte Integration zwischen $z = 0$ und z, bei Berücksichtigung der für $z = 0$ geltenden Grenzbedingung $p_1 = p_1'$ ergibt sich

$$\ln \frac{p_0 - p_1}{p_0 - p_1'} = \frac{R_1 \cdot T}{D_g \cdot P_0} \cdot A \cdot z = \ln \frac{p_2}{p_2'} \tag{46}$$

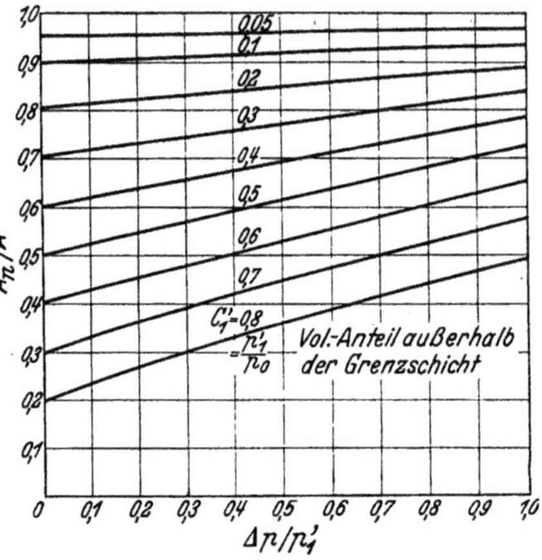

Abb. 15. Berichtigungstafel zur Näherungsgleichung (50).

oder

$$\frac{p_0 - p_1}{p_0 - p_1'} = \frac{p_2}{p_2'} = e^{\frac{R_1 \cdot T}{D_g \cdot P_0} \cdot A \cdot z}. \tag{47}$$

Mit der weiteren Bedingung $p_1 = p_1''$ für $z = \delta$ wird

$$A = \frac{D_g \cdot P_0}{R_1 \cdot T \cdot \delta_g} \cdot \ln \frac{p_0 - p_1''}{p_0 - p_1'} \tag{48}$$

oder

$$A = \frac{D_g \cdot P_0}{R_1 \cdot T \cdot \delta_g} \cdot \ln \frac{p_2''}{p_2'}. \tag{49}$$

Diese Gleichung wurde bereits von Stephan aufgestellt; sie zeigt, daß die durch die Gasschicht δ_g hindurchdiffundierende Menge an flüchtiger Substanz nicht proportional dem Partialdruckgefälle ist, wie man unrichtig schließen könnte, sondern proportional dem Logarithmus des Partialdruckverhältnisses des gegendiffundierenden Begleitgases.

Der Verlauf der Partialdrucke ist in Abb. 14b für den Absorptionsvorgang schematisch eingezeichnet. Für den Vorgang der Austreibung und Verdunstung wechseln die Diffusions- und Konvektionsbewegungen ihre Richtung.

Wenn P_1 gegen P_0 sehr klein wird, geht die Gleichung (49) in die oft verwendete Näherungsgleichung über:

$$A_n = \frac{D_g}{R_1 \cdot T} \cdot \frac{P_1' - P_1''}{\delta_g} = D_g \frac{c_1' - c_1''}{\delta_g}. \tag{50}$$

Für $p_1' - p_1'' = \Delta p = 1$ at und $\delta = 1$ mm wird $A_n = A_{n1}$; d. h. es ist:

$$A_{n1} = D_g \cdot \frac{1178}{T} \cdot M. \tag{50a}$$

Die Gleichung (50a) ist für numerische Rechnungen bequem, man erhält daraus A_n durch Multiplizieren mit dem Faktor $\frac{\Delta p}{\delta}$, worin das Partialdruckgefälle Δp in at und δ in mm einzusetzen ist.

Die Verwendung der Gleichung (50) statt Gleichung (49) kann mitunter recht beträchtliche Fehler bedingen.

In Abb. 15 sind die Werte $$\frac{A_n}{A} = \frac{p_1' - p_1''}{p_0 \ln \frac{p_0 - p_1''}{p_0 - p_1'}} \tag{51}$$

über dem Verhältnis $\frac{\Delta p}{p_1'}$ bei konstanten Volumgehalten $v = \frac{p_1'}{p_0}$ des Gasgemisches vor der Diffusion an flüchtiger Substanz aufgetragen, so daß man mit Berücksichtigung der Werte der Abb. 15 die Fehler der Gleichung (50) berichtigen kann. Es zeigt sich, daß die nach Gleichung (50) errechneten Werte von A_n kleiner sind als die genaueren für A nach Gleichung (49).

d) Diffusion in der Flüssigkeitsschicht.

Die Flüssigkeitsschicht befindet sich im Betriebszustand des Waschers vielfach noch im Gebiet der laminaren Strömung (vgl. S. 509). Man kann dann nicht wie auf der Gasseite von einer Prandtlschen Grenzschicht sprechen, welche für den Diffusionswiderstand eine wichtige Bestimmungsgröße ist. Den Diffusionsvorgang muß man hier wie einen nicht stationären Wärmeleitungsvorgang an der Oberfläche einer schlecht leitenden Platte ansehen, als welche man die in Schichten strömende Flüssigkeit auffassen darf [vgl. Gröber-Erk: Die Grundgesetze der Wärmeübertragung, 1933; desgleichen A. Schack: Der industrielle Wärmeübergang]. Der Vorgang ist also verwandt einem Wärmespeicherungsvorgang während der Aufheizperiode eines Cowpers. Die Diffusion ist somit am unteren Ende des Flüssigkeitsfilms (Abb. 38, S. 509) tiefer eingedrungen als am oberen Ende. Beim Abtropfen auf den nächsten Füllkörper ist wieder bis zu einem gewissen Grade Durchmischung möglich.

Diffundiert die absorbierte Substanz träge, bei guter Absorption der Oberfläche, so darf man erwarten, daß die oberste Schicht der Flüssigkeit dem Gleichgewicht entsprechend gesättigt ist.

Die weitere Absorption hängt davon ab, wie rasch es der unverbrauchten Absorptionsflüssigkeit gelingt, z. B. durch Konvektion, zum Teil durch Diffusion an die Oberfläche zu gelangen bzw. wie rasch die absorbierte Substanz in die Tiefe der Flüssigkeitsschicht eindringt. Man kann zur Vereinfachung der Rechnung wie bei der Zweifilmhypothese (S. 489) auch die diffusionshemmende Flüssigkeitsschicht durch einen fingierten Film von gleichbleibender Dicke (statistischer Mittelwert) ersetzt denken. Die Dicke des Flüssigkeitsfilmes ergibt sich in der Größenordnung von wenigen tausendstel bis einigen hundertstel mm.

4. Die Absorptionsgeschwindigkeit.

a) Ausschaltung bzw. Verminderung des Diffusionseinflusses.

Die rechnerische Bestimmung des Widerstandes auf der Gasseite, der in vielen Fällen kleiner als auf der Flüssigkeitsseite ist, läßt sich durch die Ähnlichkeit mit dem Wärmeübergang verhältnismäßig sicher durchführen. Schwieriger ist dies mit dem Absorptionswiderstand auf der Flüssigkeitsseite. Natürlich spielt auch hier die Strömung eine große

Rolle (vgl. S. 503). Man kann den Widerstand im Gasfilm im Laboratoriumsversuch ausschalten, indem man einen Absorptionsversuch ohne Begleitgas bei entsprechendem Druck durchführt. Dies ist natürlich nur dann von Wert, wenn die Temperatur durch Weglassen des Begleitgases nicht verändert werden muß, da diese auf die Gleichgewichte und die Diffusionsgeschwindigkeit einen erheblichen Einfluß hat. Eine Messung der Absorptionsgeschwindigkeit kann z. B. in einem langen Waschkanal ähnlich Abb. 9 durchgeführt werden. Man hat dabei nur wenige Punkte der y- oder x-Kurve zu bestimmen, so daß man mit Berücksichtigung der Gleichung (30) leicht beide Kurven vervollständigen kann. Es ist dabei darauf zu achten, daß die Absorptionsoberfläche möglichst genau bekannt ist. Verschiedene experimentelle Anordnungen sind hier möglich. Haslam und Mitarbeiter verwendeten innen berieselte Rohre (wetted-wall towers) von 1 Zoll bis 8 Zoll Durchmesser und der 3,75 bis 32fachen Höhe [Haslam, Hershey and Kean: Ind. engin. Chem. 16, 1224 (1924)]. Ebenso ist von Wert, aus Versuchen den Unterschied zwischen ruhender und bewegter Oberfläche kennenzulernen, weil hieraus hervorgeht, ob eine Steigerung der Berieselungsdichte bis zu turbulenter Strömung eine geringe oder sehr erhebliche Steigerung der Absorptionsgeschwindigkeit bewirkt. Man erhält dabei einen Hinweis, ob der Übergang zu einem Schleuderwascher in dem betreffenden Fall am Platze ist. Abb. 16 gibt eine Absorptionskurve für ruhende und für stark bewegte Oberfläche wieder, die einer unveröffentlichten Mitteilung aus dem Laboratorium des Herausgebers entstammt. Die Steigerung der Werte der Kurve a auf die von b sind auf die durch das Schütteln erheblich vergrößerte Absorptionsfläche und den verminderten Diffusionswiderstand zurückzuführen. Beobachtungen an bewegter Flüssigkeitsoberfläche in einer geeigneten Apparatur können sehr aufschlußreich sein für die Frage, ob die Absorptionshemmung auf der Flüssigkeitsseite erheblich ist bzw. welchen Ursprungs sie ist (vgl. Geschwindigkeit der chemischen Reaktion, S. 489). Es sei hier auch verwiesen auf Abb. 23, S. 495.

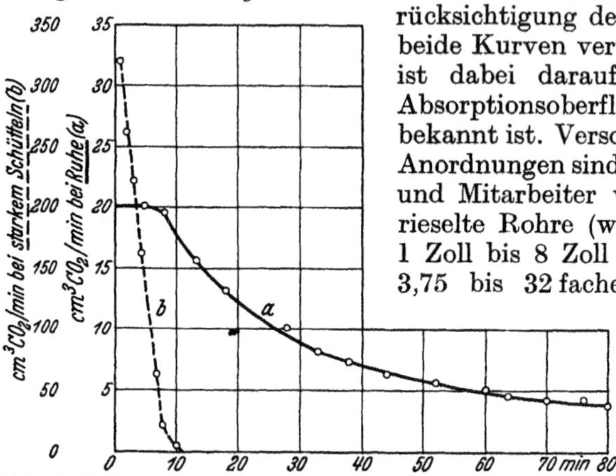

Abb. 16. Zeitlicher Absorptionsverlauf. CO_2 mit 2 %iger Natronlauge. a bei ruhender Oberfläche (38,5 cm²); b bei starkem Schütteln (n = 250 je min). (K. Winnacker.)

b) Ermittlung der Grenzschichtdicke.

Für die praktische Anwendung kann man bei fehlenden experimentellen Unterlagen mitunter eine Annäherungsrechnung anwenden. In vielen Fällen ist die Wärmeübergangszahl bekannt (vgl. Abschnitt „Wärmeübertragung", Bd. II, S. 108). Errechnet oder schätzt man den Wert dieser Wärmeübergangszahl α bei entsprechender Gasströmung und Temperatur, so läßt sich daraus auf die Dicke δ_g einer fiktiven Grenzschicht schließen [vgl. „Wärmeübertragung", Bd. II, Gleichung (4), S. 105]. Es gilt die Beziehung:

$$\delta_g = \frac{\lambda m}{\alpha}. \tag{52}$$

Geht man mit dem auf diese Werte errechneten Wert von δ_g in Gleichung (49) oder (50) ein, so läßt sich hieraus ohne näheres Eingehen auf die Ähnlichkeitstheorie ein praktisch brauchbarer vorläufiger Wert von A ermitteln.

Für Luft von 20° C ($\lambda_m = 0{,}0218$) ist z. B. bei einer Wärmeübergangszahl von $\alpha = 21{,}8$ die fingierte Grenzschichtdicke [nach Gleichung (52)] $\delta_g = 1$ mm. Für 15 mm Raschigringe gibt F. Merkel [Forsch.-Arb. Ing.-Wes. **275**, 16 (1925)] die scheinbare Wärmeübergangszahl $\alpha' = \alpha \cdot \frac{O}{F}$ wieder (vgl. Abb. 37, S. 508). Bei bekanntem O/F kann hieraus ein praktisch brauchbarer Wert von α zur Ermittlung von δ_g nach Gleichung (52) gefunden werden. Das Verhältnis O/F wurde als Benetzungsfaktor m in Gleichung (67) eingeführt.

c) Geschwindigkeit der chemischen Reaktion.

Dieselbe spielt bei der Gasabsorption nur dann eine Rolle, wenn ihr Einfluß dem der Diffusion nahekommt oder ihn überwiegt. Ein solcher Vorgang ist z. B. der Hydratationsvorgang bei der CO_2-Absorption mit Wasser [A. Eucken u. H. G. Grützner: Ztschr. physikal. Chem. **125**, 363 (1927)]. Wenn der Zeitverlauf der chemischen Reaktion erheblich ist, kann neben der im folgenden entwickelten Berechnungsmethode die Verweilzeit der Absorptionsflüssigkeit im Wascher Berücksichtigung erfordern. Man kann diesem Einfluß durch empirische Ermittlung der Substanzdurchgangszahl (overall-coefficient, vgl. S. 492), wenn möglich unter Betriebsbedingungen, vorläufig Rechnung tragen. Die Substanzdurchgangszahl ist dann als fingierter Wert anzusehen. Auch die Reaktionszeit im Gasraum kommt mitunter in Betracht [vgl. H. W. Webb: Absorption of nitrous gases. London 1923].

d) Die Zweifilmhypothese der Absorption.

Es ist bereits ausgeführt worden, daß man den Diffusionswiderstand mit dem gleichen Recht wie bei der Betrachtung des Wärmeübergangs durch die Prandtlsche Grenzschicht verursacht denken darf. Auf der Flüssigkeitsseite liegt zwar ein so gut durch die Strömungslehre nachgewiesener Film nicht vor. Man kann aber den in den obersten Flüssigkeitsschichten auftretenden Diffusionswiderstand ebenfalls durch einen Film ersetzt denken, der den gleichen Durchgangswiderstand liefert wie diese obersten Schichten. Auf dieser Grundlage wurde in Amerika eine Theorie ausgebildet, die als geeignete Grundlage für die Berechnung von Absorptionsanlagen gelten darf. [Vgl. W. Whitman: Chem. metallurg. Engin. **29**, 147 (1923). — Walker, Lewis and McAdams: Princ. Chem. Eng. **2**, 675—698 (1927). — W. Lewis and W. Whitman: Ind. engin. Chem. **16**, 1215 (1924).]

Die Zweifilmhypothese setzt, wie man oft mit gutem Recht annehmen darf, voraus, daß sich an der Berührungs- oder Grenzfläche zwischen Gas und Flüssigkeit (vgl. Abb. 17) augenblicklich der Gleichgewichtszustand einstellt. Derselbe ist nach dem unmittelbar an der Grenzfläche herrschenden Partialdruck und der Temperatur durch die Gleichgewichtskurve gegeben. Die Geschwindigkeit des Absorptionsvorganges denkt man allein von der Diffusionsgeschwindigkeit und den Dicken der Grenzschichten (Filme) auf der Gas- und Flüssigkeitsseite bestimmt. Soll z. B. aus einem Ammoniak-Luftgemisch mit 3 Vol.-% NH_3 das letztere durch schwach ammoniakhaltiges Wasser absorbiert werden, so stellen sich an den beiden Filmen unter den im Beispiel der Abb. 18 angenommenen Bedingungen die dort graphisch aufgetragenen Konzentrationsgefälle ein.

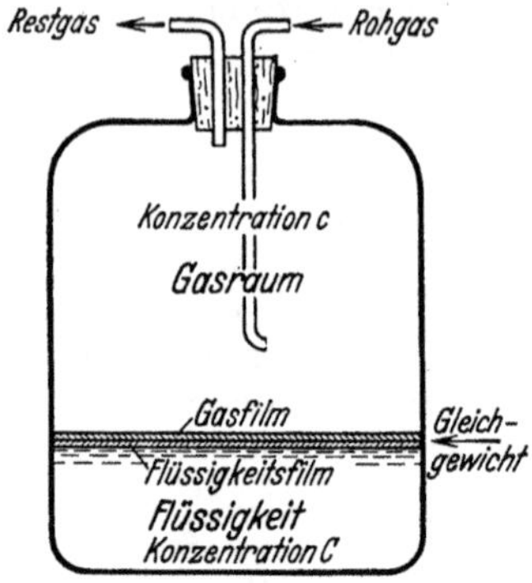

Abb. 17. Gas- und Flüssigkeitsfilm (zur Zweifilmhypothese).

Ähnlich wie man in der Wärmelehre von Wärmeübergangs- und Durchgangszahlen spricht, kann man entsprechende Zahlen für die übertragene Substanz bei der Betrachtung von Diffusionsvorgängen einführen.

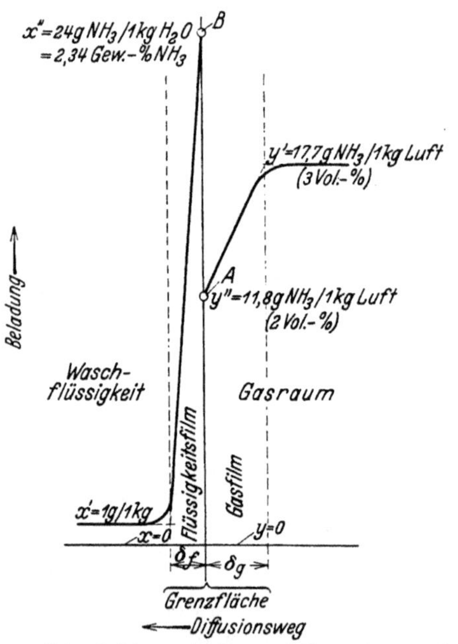

Abb. 18. Konzentrationsgefälle im Gas- und Flüssigkeitsfilm (NH_3-Absorption in Wasser).

Die Gleichung (39) für den Wärmedurchgang (vgl. Bd. II, Abschnitt „Wärmeübertragung", S. 130) vereinfacht sich bei unendlich dünner Wand ($\delta_3 = 0$) wie folgt:

$$\frac{1}{k} = \frac{1}{\alpha_1} + \frac{1}{\alpha_2}. \tag{53}$$

Eine übertragene Wärmemenge läßt sich dann darstellen durch

$$Q = O \cdot \tau \cdot \frac{1}{\frac{1}{\alpha_1} + \frac{1}{\alpha_2}} \cdot (t_2 - t_1), \tag{54}$$

worin $t_2 - t_1 = \Delta t$ das totale Temperaturgefälle zwischen den beiden Filmen ist (vgl. Abb. 19). Versucht man in analoger Weise die bei der Diffusion übertragene Substanzmenge zum Ausdruck zu bringen, so tritt ein grundsätzlicher Unterschied zutage. Beim Wärmeübergang hat man es trotz der Verschiedenheit der beiden Medien Gas und Flüssigkeit zu beiden Seiten der Berührungsfläche mit einer Temperaturdifferenz zu tun, die in der Flüssigkeit und im Gas als treibende Kraft des Wärmeausgleichs wirkt. Bei der Diffusion tritt an der Berührungsfläche ein chemischer oder physikalischer Gleichgewichtsvorgang auf, der beim Wärmeübergang fehlt. Die amerikanischen Autoren nehmen an, daß in der Berührungsebene vollkommenes Gleichgewicht zwischen Gas und Waschflüssigkeit herrscht, d. h. daß letztere bei dem betreffenden Gasdruck in der obersten Filmschicht gesättigt ist. In dieser Annahme ist die unausgesprochene Voraussetzung enthalten, daß die eigentliche chemische Absorption (chemische Bindung bzw. Lösungsvorgang) ohne Widerstand, d. h. mit praktisch unendlich großer Geschwindigkeit vor sich geht und die Geschwindigkeit der Absorption allein von der Diffusionsgeschwindigkeit beherrscht wird. An der Berührungsstelle ist also eine Unstetigkeit vorhanden (Punkte A und B, vgl. Abb. 18). In der Rechnung läßt sich dies berücksichtigen, wenn man die Gleichgewichtsbeziehung zwischen Gas und Flüssigkeit einführt, d. h. geometrisch den unterbrochenen Linienzug der Konzentration in Abb. 18 durch eine fortlaufende Gerade ersetzt.

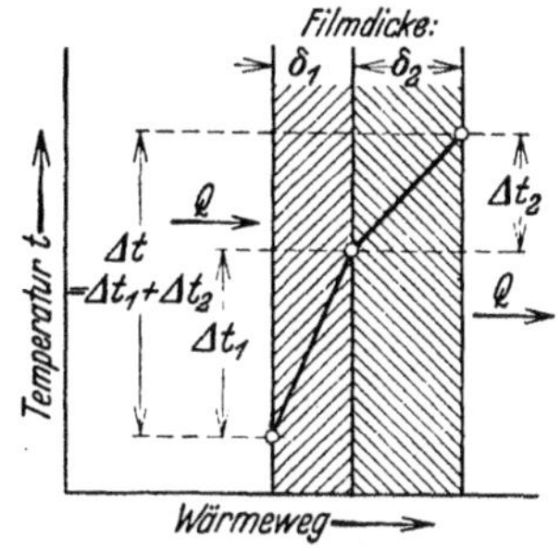

Abb. 19. Temperaturgefälle in einer zweischichtigen Platte. Zum Vergleich mit Abb. 18. (Pfeile für Q sind umzukehren.)

Dann wird die durch den Gasfilm je 1 h durch 1 m² diffundierende Menge A_1 flüchtiger Substanz unter Anwendung der Gleichung (50), S. 486 bestimmt, wobei die Bedingungen für deren Gültigkeit zu beachten sind (vgl. Abb. 15, S. 486).

Zur Vereinfachung der Gleichungen und zum Anschluß an die Gleichungen für den Wärmedurchgang führt man zweckmäßig für die Gas- bzw. Flüssigkeitsseite die den Wärmeübergangszahlen α_1 und α_2 entsprechenden (Substanzübergangszahlen (individual coefficient) β_g und β_f ein, die bestimmt sind durch

$$\beta_g = \frac{D_g}{\delta_g \cdot R\,T} \text{ (bezogen auf Partialdruckgefälle } \Delta\,P = 1 \text{ kg/m}^2) \qquad (55)$$

bzw.

$$\beta_f = \frac{D_f}{\delta_f} \text{ (bezogen auf Konzentrationsgefälle } \Delta\,C = 1 \text{ kg/m}^3), \qquad (56)$$

damit wird die abgegebene Substanzmenge $-d\,A$:

$$-d A_1 = \beta_g\,(P_1' - \bar{P}_1'') \cdot d\,O \cdot d\,\tau\,. \qquad (57)$$

Dieselbe Menge muß auch durch den Flüssigkeitsfilm hindurchwandern, d. h. die Flüssigkeit nimmt auf:

$$d\,A_1 = \beta_f\,(\bar{C}'' - C') \cdot d\,O \cdot d\,\tau\,. \qquad (58)$$

Zur Zurückführung der Konzentrationen $\bar{C}''$ und C' auf ein Partialdruckgefälle dient die Gleichgewichtsbeziehung (Unterschied gegenüber der Wärmeübertragung!), die in der einfachsten Form eine geradlinige ist (Henrysches Gesetz). Damit ist

$$\bar{C}'' = \bar{P}_1'' \cdot H\,, \qquad (59)$$

worin nach der früheren Gleichung (28a), S. 474 gilt

$$H = \frac{l'}{R \cdot T}.$$

Das Flüssigkeitsteilchen mit der Konzentration C' an der Unterseite des Films steht zwar nicht mit dem Gas in Berührung. In formaler Weise kann man aber auch C' ebenso wie $\bar{C}''$ durch die Gleichgewichtskurve auf einen entsprechenden Gasdruck beziehen.

$$C' = P_f \cdot H. \tag{60}$$

Damit kann man in analoger Weise zu der Wärmedurchgangsgleichung (54) die diffundierende Substanzmenge auf das totale Gefälle $P_1' - P_f$ beziehen, d. h.

$$d\,A_1 = K_p \cdot (P_1' - P_f) \cdot d\,O \cdot d\tau\,. \tag{61}$$

Eliminiert man aus den Gleichungen (57) und (58) unter Zuhilfenahme der Gleichungen (59) und (60) die Größen $\bar{P}_1''$, $\bar{C}''$ und C', so ergibt sich in Gleichung (61) der Wert für die **Substanzdurchgangszahl** K_p (overall-coefficient) zu

$$K_p = \frac{1}{\frac{1}{\beta_g} + \frac{1}{\beta_f \cdot H}}\,. \tag{62}$$

Anstatt der Partialdruckdifferenz $P_1' - P_f$ läßt sich in Gleichung (61) auch das entsprechende Konzentrationsgefälle einführen.

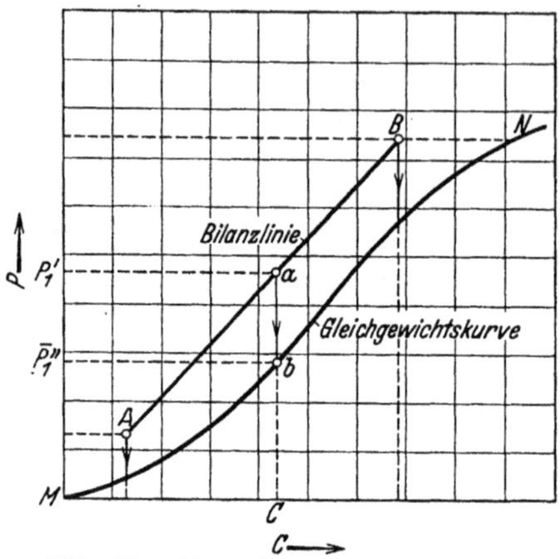

Abb. 20. Absorptionsgeschwindigkeit bedingt durch den Gasfilm (schematisch). (Pfeile = treibende Kraft der Absorption.)

In analoger Weise entsteht dann statt der Gleichungen (61) und (62)

$$d\,A_1 = K_c \cdot (C_1' - C_f) \cdot d\,O \cdot d\tau\,, \tag{63}$$

wobei

$$K_c = \frac{1}{\frac{H}{\beta_g} + \frac{1}{\beta_f}}\,. \tag{64}$$

Ebenso wie beim Wärmeübergang kann man verschiedene Fälle unterscheiden, je nachdem der Durchgangswiderstand auf einer Seite verschwindend gering ist. Wie beim Wärmeübergang ist der Vorgang immer vom größten Widerstand entscheidend beherrscht. Während bei der Wärmeübertragung der größere Widerstand fast stets auf der Gasseite liegt, ist er bei der Gaswaschung sehr häufig auf der Flüssigkeitsseite.

α) **Der Gasfilm bedingt die Absorptionsgeschwindigkeit.** (Geringer Widerstand im Flüssigkeitsfilm.) Dieser Fall liegt vor, wenn die flüchtige Substanz von der Waschflüssigkeit begierig absorbiert wird. Solche Absorptionen bereiten in der Regel keine technischen Schwierigkeiten. Ein Beispiel ist die Absorption von Ammoniak aus Gasen mit Wasser oder Säuren oder von CO_2 mit Kali- oder Natronlauge oder HCl-Gas in Wasser. Der Widerstand der Diffusion im Flüssigkeitsfilm ist dann meist zu vernachlässigen, zumal wenn der Widerstand im Gasfilm bei geringer Gasgeschwindigkeit hoch ist. Vergleicht man den Absorptionsvorgang an der Hand des Diagramms Abb. 20, in welchem AB die

Bilanzlinie, MN die Gleichgewichtskurve darstellt, so zeigt die Strecke ab die Partialdruckdifferenz $P_1' - \bar{P}_1''$ im Gasfilm an. Da der Widerstand im Flüssigkeitsfilm gleich Null gesetzt werden kann, so ist die durch ab (Pfeile) verbildlichte Partialdruckdifferenz als die treibende Kraft der Diffusion und somit der Absorption anzusehen. In Gleichung (61) und (62) wird dann $P_f \cong \bar{P}_1''$ und $\frac{1}{\beta_f}$ = Null, so daß der Wert für die je m²/h absorbierte Substanz bzw. die Absorptionsgeschwindigkeit sich vereinfacht zu

$$d A_1 \cong \beta_g \cdot (P_1 - \bar{P}_1'') \cdot d O \cdot d\tau. \quad (61a)$$

Diese Formel ist also identisch mit der Annäherungsformel (50), S. 486. Nach Messungen amerikanischer Forscher ist die Substanzübergangszahl im Gasfilm wie die Wärmeübergangszahl in Rohren ungefähr der 0,8ten Potenz des Gasdurchsatzes $g = w_g \cdot \gamma_g$ proportional. Mit den in Abb. 23, S. 495 mitgeteilten Unterlagen und Werten von n wird die Übergangszahl β_g im Gasfilm (individual coefficient) bezogen auf 1 mm QS in den daselbst angegebenen englischen Maßeinheiten:

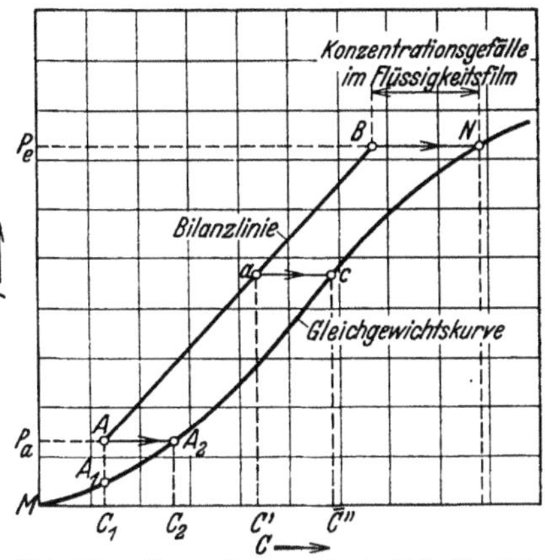

Abb. 21. Absorptionsgeschwindigkeit, bedingt durch den Flüssigkeitsfilm (schematisch). (Pfeile = treibende Kraft der Absorption.)

$$\beta_g = n \sqrt{M} \cdot \sqrt[3]{r \cdot \gamma_f} \cdot (w_g \cdot \gamma_g)^{0,8} \quad (65)$$

[s. Walker, Lewis and McAdams: Princ. Chem. Eng. **1927**, 713].

Wo eine Zerteilung der Flüssigkeit durch den Gasstrom eintritt, bringt die Vergrößerung der benetzten Oberfläche O_1 [Faktor m in Gleichung (67)] ein scheinbar rascheres Wachsen von α bzw. β_g mit sich, wie es auch aus Abb. 37, S. 508 hervorgeht.

β) **Der Flüssigkeitsfilm bedingt die Absorptionsgeschwindigkeit.** (Hoher Absorptionswiderstand bei geringem Diffusionswiderstand im Gas.) Wenn bei hohem Absorptionswiderstand in der Flüssigkeit, also bei schwer löslichen Gasen der Widerstand im Gasfilm durch hohe Konzentration und geringe Grenzschichtdicke vernachlässigbar klein ist, dann bestimmt der Flüssigkeitsfilm die Absorptionsgeschwindigkeit allein. Sehr oft ist dies der Fall, wenn rein physikalische Löslichkeit stattfindet, z. B. bei der Absorption von inerten Gasen wie Sauerstoff, CO_2 in Wasser. Aber auch bei Absorption flüchtiger Lösungsmittel in Waschölen liegt oft dieser Fall vor. In solchen Fällen ist häufig mit erheblichen Absorptionsflächen zu rechnen.

Das bei Absorption wirksame Konzentrationsgefälle $\bar{C}'' - C'$ ist in Abb. 21 verbildlicht in der horizontalen Strecke ac.

Berieselt man unter den genannten Bedingungen einen Wascher, aus welchem das behandelte Gas mit dem Partialdruck P_a der flüchtigen

Substanz entweicht, mit einer Waschlösung von einer geringen Konzentration C_1, so sättigt sich sofort die Oberfläche derselben in hauchdünner Schicht bis zur Konzentration C_2, die dem Druck P_a entspricht (Punkt A_2 auf der Gleichgewichtskurve, Abb. 21). Die darunter liegende Flüssigkeit von der Konzentration C_1 wird dadurch vor weiterer unmittelbarer Absorption gewissermaßen geschützt. Es steht somit nur eine relativ sehr geringe Flüssigkeitsmenge in Wechselwirkung mit dem Gas. Das untere Stück von A_1 bis A_2 auf der Gleichgewichtskurve, d. h. die Flüssigkeitskonzentration von C_1 bis C_2 bleibt also an der Absorptionsoberfläche unwirksam, sie wird jedoch als Gefälle benötigt zur Überwindung des Diffusionswiderstandes im Flüssigkeitsfilm.

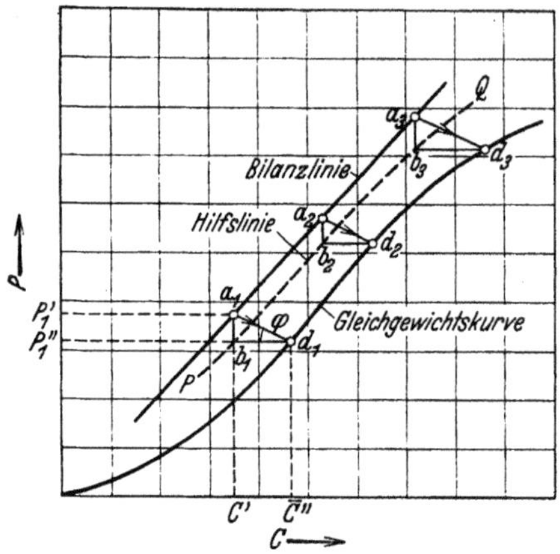

Abb. 22. Absorptionswiderstand, bedingt durch Gas- und Flüssigkeitsfilm (schematisch).

γ) Gas- und Flüssigkeitsfilm bedingen die Absorptionsgeschwindigkeit. Ist sowohl der Widerstand im Gasfilm als auch im Flüssigkeitsfilm entscheidend für die Absorptionsgeschwindigkeit, wie z. B. bei der Absorption von SO_2 mit H_2O, so kann folgende Betrachtung angewendet werden.

Durch Division von Gleichung (57) durch Gleichung (58) erhält man

$$\frac{P_1 - P_1''}{\bar{C}'' - C'} = \frac{\beta_f}{\beta_g} = \operatorname{tg} \varphi \,. \quad (66)$$

Versucht man an der Hand der Abb. 22 eine geometrische Deutung, so stellt in dem $\Delta\, a_1 b_1 d_1$ die Strecke $a_1 b_1$ die Differenz $P_1 - P_1''$, die Strecke $b_1 d_1$ die Differenz $\bar{C}'' - C''$ dar. Die trigonometrische Tangente des Neigungswinkels φ bedeutet also das Verhältnis der Übergangskoeffizienten β_f und β_g.

Es sei hervorgehoben, daß bei der Wiedergabe der Gleichgewichtskurve $\bar{P} = f\,(\bar{C})$ wie in Abb. 21 die Bilanzlinie streng genommen keine gerade Linie mehr darstellt (vgl. S. 478—479). Führt man die der Gleichung (66) entsprechende geometrische Konstruktion auf der ganzen Länge der Bilanzlinie durch, so ergibt sich zwischen dieser und der Gleichgewichtskurve eine Hilfslinie PQ.

Die übergehende Menge an flüchtiger Substanz kann nun an der Hand der Abb. 22 auf zwei Arten berechnet werden. Einmal mit Hilfe der Druckgefälle $P_1' - P_1''$ auf der Gasseite zwischen der Betriebslinie $a_1 a_2$ und Hilfslinie PQ nach Gleichung (57). Das andere Mal durch Einsetzen der Konzentrationsgefälle $\bar{C}'' - C'$ zwischen der Hilfslinie PQ und der Gleichgewichtskurve $d_1 d_2 d_3$ in Gleichung (58).

Abb. 23 zeigt den Zusammenhang der in 1 m³ (bzw. 1 *cb. ft*) Turmfüllung bei 1 mm QS Gesamtgefälle absorbierten Substanzmengen (bzw.

overall coefficient K_p) mit der Regenhöhe und der Gasgeschwindigkeit w_g (bzw. den Durchsatz g) nach Messungen amerikanischer Forscher. Dabei

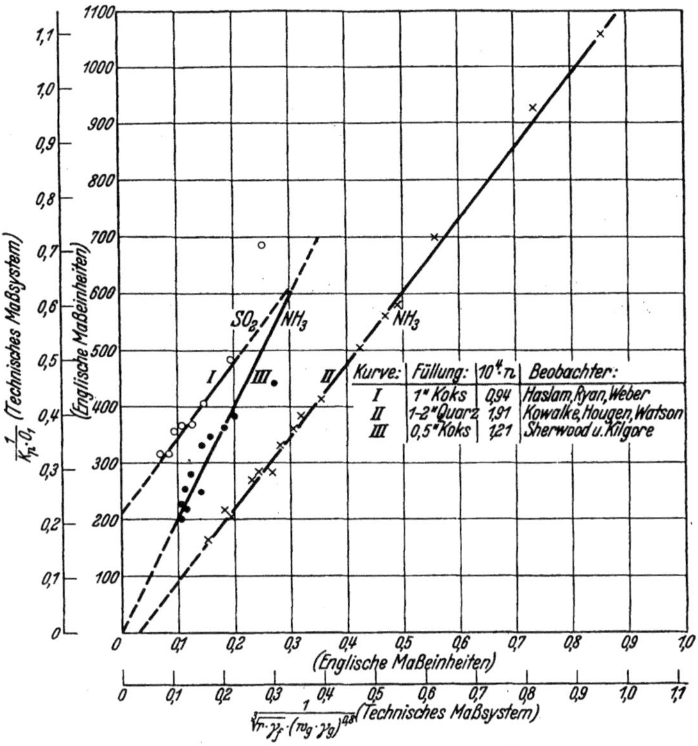

Abb. 23. Zusammenhang der Substanzdurchgangszahl K_p (bezogen auf 1 mm QS) eines mit Wasser berieselten gefüllten Turmes mit dem Gasdurchsatz g und der Regenhöhe r. [Nach Walker, Lewis and McAdams: Princ. Chem. Eng. New York **1927**, 713.] Es ist einzusetzen:

1. Gasdurchsatz $g = w_g \cdot \gamma_g$ in Gewichtseinheiten je Zeiteinheit und Einheit des Turmquerschnitts,
$$\left|\frac{\text{lbs}}{\text{min} \cdot sq.\,ft}\right| \text{(englisch)} = 0{,}08135 \left|\frac{\text{kg}}{\text{s} \cdot \text{m}^3}\right| \text{(technisch)},$$

2. Berieselungsstärke $r \cdot \gamma_f = \frac{W}{f}$ in Gewichtseinheiten je Zeiteinheit und Einheit des Turmquerschnitts, in
$$\left|\frac{\text{lbs}}{\text{min} \cdot sq.\,ft}\right| = 293 \left|\frac{\text{kg}}{\text{h} \cdot \text{m}^3}\right|,$$

3. Substanzdurchgangzahl $K_p \cdot O_1$ je 1 mm QS; Zeiteinheit und Raumeinheit der Turmfüllung, in
$$\left|\frac{\text{lbs}}{\text{min} \cdot \text{mm QS} \cdot cb.\,ft}\right| = 961 \left|\frac{\text{kg}}{\text{h} \cdot \text{mm QS} \cdot \text{m}^3}\right|$$

β_g für den Gasfilm siehe Gleichung (65) S. 493 [vgl. auch C. W. Simmons und H. B. Osborn: Ind. engin. Chem. **26**, 529 (1934)].

ist zu bemerken, daß bei der Absorption von NH_3 in Wasser fast nur der Widerstand im Gasfilm, bei der Absorption von SO_2 in Wasser jedoch der Widerstand in beiden Grenzschichten in Betracht kommt.

5. Ermittlung der erforderlichen Absorptionsoberfläche und Turmhöhe.

a) Ableitung der Grundgleichungen.

Es ist nicht gleichgültig, ob man eine bestimmte Absorptionsoberfläche über einem kleinen Turmquerschnitt bei großer Turmhöhe anordnet oder ob man umgekehrt verfährt. Innerhalb bestimmter Grenzen ist das erstere für die Absorption vorteilhafter, weil man damit größere Gasgeschwindigkeiten und geringere Filmdicken erreicht. Andererseits bedingt dies höheren Energieaufwand. Die Wahl der Gasgeschwindigkeit und des Turmquerschnittes folgt aus den Betrachtungen S. 499—511.

Eine auf der Betrachtung der Diffusionsvorgänge beruhende Gleichung für die Turmhöhe hat bereits 1916 C. Still mitgeteilt [Ztschr. Glückauf 52, 805, 829, 837, 906, 937 (1916)]. Auf Grund der vorstehenden Betrachtungen läßt sich folgende Rechnung durchführen.

Beträgt die spezifische Füllkörperoberfläche F_0 m², die wirksame Absorptionsoberfläche je 1 m³ Turminhalt bzw. je 1 m³ Füllkörpervolumen $O_0 = m \cdot F_0$ (m²), der lichte Querschnitt des Waschturmes (vom Durchmesser d) f (m²), die Turmhöhe h (m), so ist die Absorptionsoberfläche dO eines Volumenelementes des Turmes von der Höhe dh

$$dO = m \cdot f \cdot F_0 \cdot dh. \tag{67}$$

Hierin gibt die Benetzungszahl m an, welcher Anteil der Füllkörperoberfläche als Absorptionsfläche zu rechnen ist. Bei schwacher Berieselung und geringer Gasgeschwindigkeit ist m kleiner als 1. Bei stärkerer Berieselung und hoher Gasgeschwindigkeit kann infolge von Tropfen-, Wellenbildung usw. m auch größer als 1 werden. Der Austausch der Stoffmenge der flüchtigen Substanz geht nach den Gleichungen (57) und (58) in ähnlicher Weise vor sich wie der Wärmeaustausch in einem Gegenstromvorwärmer. Trägt man über einem Waschkanal die den Konzentrationen näherungsweise proportionalen Beladungen x und y auf, so entsprechen diese Kurven und ihre Differenzen den Temperaturen bzw. den Temperaturgefällen eines Wärmeaustauschers (Abb. 9, S. 477, desgleichen Abb. 27, Wärmeübertragung, Bd. II, S. 136).

Setzt man zur Vereinfachung der Ableitung kleine Konzentrationen voraus, so kann auf Grund der Gleichungen (19a) und (26), S. 471—472, in Gleichung (57), (58) näherungsweise gesetzt werden:

$$P_1 \cong y_1 \cdot \frac{\gamma_2}{\gamma_1} \cdot P_0 \tag{68}$$

und

$$C \cong \gamma_f \cdot x. \tag{68a}$$

Damit wird aus den Gleichungen (57), (58) und (67) mit sinngemäßer Beachtung der Indices und Vorzeichen nach S. 464 bzw. Abb. 9, S. 477

$$-dA = m \cdot f \cdot F_0 \cdot \beta_g \frac{\gamma_2}{\gamma_1} \cdot P_0 (y_1 - \bar{y}_1'') \cdot dh \cdot d\tau \tag{69}$$

bzw.

$$dA = m \cdot f \cdot F_0 \cdot \beta_f \cdot \gamma_f (\bar{x}'' - x') \cdot dh \cdot d\tau. \tag{70}$$

Da andererseits für die Bilanzlinie die Gleichung (31), S. 477 gilt:

$$-dA = G_0 \cdot dy$$

und

$$dA = W_0 \cdot dx,$$

so folgt aus den Gleichungen (69), (70) und (31):

$$\frac{dy}{y_1 - y''} = \frac{dy}{\Delta y} = m \cdot f \frac{F_0}{G_0} P_0 \beta_g \frac{\gamma_2}{\gamma_1} \cdot dh \cdot d\tau \qquad (71)$$

und ferner

$$\frac{dx}{x'' - x'} = \frac{dx}{\Delta x} = m \cdot f \frac{F_0}{W_0} \beta_f \cdot \gamma_f \cdot dh \cdot d\tau \,. \qquad (72)$$

Dies sind die Grundgleichungen zur Ermittlung der Turmhöhe[1]. Zur Ermittlung der Turmhöhe sind die Gleichungen (71) und (72) unter sich gleichwertig, es genügt also die Anwendung einer der beiden Gleichungen.

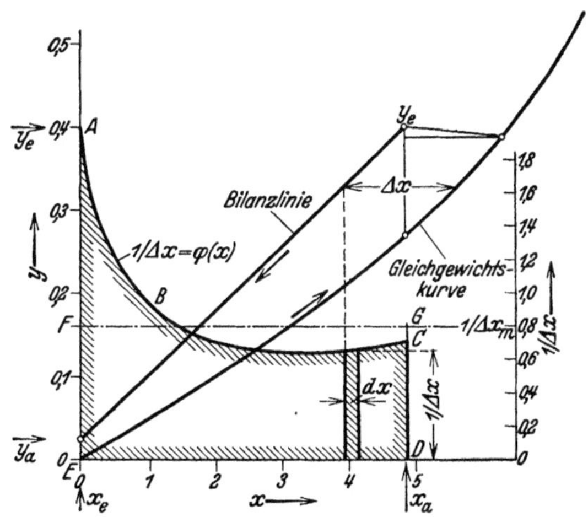

Abb. 24. Graphische Integration (Beispiel).

b) Graphische Integration.

Die Partialdruck- oder Konzentrationsgefälle zwischen Bilanzlinie und Gleichgewichtskurve sind als die treibenden Kräfte des Diffusions- bzw. Absorptionsvorganges anzusehen. Ihnen sind näherungsweise die Größen $y_1 - y'' = \Delta y$ bzw. $x'' - x' = \Delta x$ proportional [vgl. Gleichung (68) und (68a)]. Ein exakter analytischer Ausdruck für die Gefälle Δx und Δy als Funktion von x bzw. y läßt sich im allgemeinen nicht angeben. Es empfiehlt sich deshalb eine graphische Integration der Gleichungen (70) bzw. (71). Beide Gleichungen müssen den Voraussetzungen nach zum gleichen Ergebnis führen.

Setzt man $d\tau = 1\,h$, so bestimmt sich nach Gleichung (72) die Turmhöhe h zu

$$h = \frac{W_0}{m \cdot f \cdot F_0 \cdot \beta_f \gamma_f} \cdot \int_{x_a}^{x_e} \frac{dx}{\Delta x} \,. \qquad (73)$$

Trägt man zu jedem Wert x bzw. y der Bilanzlinie den reziproken Wert des zugehörigen Δx bzw. Δy auf, so erhält man die Kurve $1/\Delta x = \varphi(x)$ bzw. $1/\Delta y = \psi(y)$, wie es in Abb. 24 (Kurve ABC) durchgeführt ist. Die Ermittlung des Inhaltes der schraffierten Fläche $ABCDE$ ergibt den Wert des Integrals. Diese Fläche kann als flächengleiches Rechteck

[1] γ_f ist hier das spezifische Gewicht der Flüssigkeitsmischung.

EDGF mit der Höhe $\frac{1}{\Delta x_m}$ dargestellt werden. Die Turmhöhe ist demnach durch Einsetzen des Wertes der planimetrierten Fläche in Gleichung (73) unter Beachtung des Maßstabes bestimmt. Statt der Werte von x bzw. Gleichung (72) können ebenso y bzw. Gleichung (71) sinngemäß angewandt werden.

c) Sonderfälle.

Der Widerstand im Flüssigkeitsfilm sei gleich Null und die Gleichgewichtskurve $y = f(x)$ als gerade Linie vorausgesetzt. Die Gleichung der Bilanzlinie ist nach Gleichung (31), S. 477 und Abb. 25 gegeben durch

$$y = y_a + (x - x_e) \cdot b\,. \qquad (74)$$

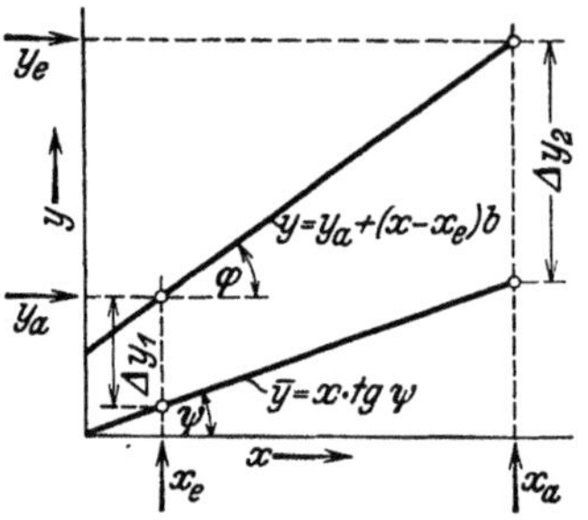

Abb. 25. Gleichgewichtskurve linear. $b = \mathrm{tg}\,\varphi$.

Mit der Gleichung (28) und den Näherungsgleichungen (68) und (68a) stellt sich (dann) die Gleichgewichtskurve dar durch

$$\bar{y} = \frac{\gamma_f \cdot \gamma_1}{\gamma_2 \cdot H \cdot P_0} \cdot x = (\mathrm{tg}\,\psi) \cdot x$$

(vgl. Abb. 25).

Das Integral der Gleichung (71) wird damit:

$$\int \frac{d\,y}{\Delta y} = \frac{b}{b - \mathrm{tg}\,\psi} \cdot \ln \frac{\Delta y_2}{\Delta y_1}\,. \qquad (75)$$

Für die Absorptionsoberfläche gilt dann:

$$O = \frac{G_0 \cdot \gamma_1}{P_0 \cdot \beta_g \cdot \gamma_2} \cdot \frac{b}{b - \mathrm{tg}\,\psi} \cdot \ln \frac{\Delta y_2}{\Delta y_1}\,. \qquad (75\mathrm{a})$$

Zur Ermittlung von $\ln \frac{\Delta y_2}{\Delta y_1}$ läßt sich Abb. 29, Bd. II, S. 137 (Abschnitt „Wärmeübertragung") benutzen. Die enge Verwandtschaft der Berechnung der Absorptionsfläche mit der Ermittlung der Heizfläche eines Wärmeaustauschers wird aus Vorstehendem ersichtlich. Analoge Beziehungen gelten, wenn der Absorptionswiderstand im Flüssigkeitsfilm oder in beiden Filmen liegt. Die Gleichung (75a) entspricht in ihrer Form der von C. Still bereits 1916 abgeleiteten Gleichung (vgl. Literaturangabe S. 496). Die Turmhöhe wird dann

$$h = \frac{1}{\beta_g} \cdot \frac{G_0 \cdot \gamma_1}{m \cdot P_0 \cdot f \cdot F_0 \cdot \gamma_2} \cdot \frac{b}{b - \mathrm{tg}\,\psi} \cdot \ln \frac{\Delta y_2}{\Delta y_1}\,, \qquad (76)$$

worin

$$\mathrm{tg}\,\psi = \frac{\gamma_f \cdot \gamma_1}{\gamma_2 \cdot H \cdot P_0}$$

ist. In dem besonderen Falle, in welchem $\Delta y_2 = \Delta y_1$ wird, vereinfacht sich die Gleichung für die Turmhöhe zu der besonders leicht zu überschauenden Form:

$$h = \frac{1}{\beta_g} \cdot \frac{G_0 \cdot \gamma_1}{m \cdot P_0 \cdot f \cdot F_0 \cdot \gamma_2} \cdot \frac{y_2 - y_1}{\Delta y}\,. \qquad (77)$$

Da aber die Größe $y_2 - y_1$, nach Gleichung (30), S. 477 mit der gesamten in der Zeiteinheit ausgewaschenen Substanzmenge A zusammenhängt durch die Gleichung:

$$y_2 - y_1 = \frac{A}{G_0}\,,$$

so wird nach Gleichung (77) die erforderliche wirksame Wascheroberfläche F (Füllkörperoberfläche), wenn $m = 1$ wird, d. h. $O_0 = F_0$ bzw. die Füllkörper voll benetzt sind:

$$F = f \cdot O_0 \cdot h = \frac{1}{\beta_g} \cdot \frac{1}{\Delta y} \cdot \frac{A}{P_0} \cdot \frac{\gamma_1}{\gamma_2}. \tag{78}$$

Aus der Gleichungsform für diesen besonders einfachen Sonderfall, der allerdings nur einige Hauptzüge des Waschervorgangs erfaßt, lassen sich einige fast selbstverständliche Grundregeln für die Auswaschung ohne weiteres ablesen. Der erforderliche Absorptionsraum ist direkt proportional der auszuwaschenden Substanzmenge A, umgekehrt proportional dem Konzentrationsgefälle $\Delta P \cong \Delta y \cdot P_0 \cdot \gamma_2/\gamma_1$, also auch dem Druck, ferner umgekehrt proportional der Substanzübergangszahl β_g und der Füllkörperoberfläche je Raumeinheit. Jedoch bleibt die Proportionalität zwischen Absorptionsraum bzw. Turmhöhe nach Gleichung (78) und ausgewaschener Substanzmenge auf diesen Sonderfall beschränkt. In der Regel bringt, wie die allgemeinere Gleichung (76) aussagt, eine Vergrößerung der Turmhöhe über eine gewisse Größe hinaus nur einen wesentlich geringeren Ertrag an ausgewaschener Substanz, als der Proportionalität entspricht, beeinflußt jedoch die Reinheit des ausgewaschenen Gases. Auch die einfache umgekehrte Proportionalität der Turmhöhe mit der spezifischen Oberfläche und dem Waschergrundriß darf nicht verallgemeinert werden, da letztere beiden Größen bei gleicher Substanzmenge A die Strömungsvorgänge, also die Grenzschichtdicke und damit β_g und β_f beeinflussen. Die Strömungsvorgänge im Wascher beeinflussen die Absorptionsleistung und mithin die erforderlichen Wascherdimensionen erheblich, wie z. B. aus den Abb. 23, S. 495 und Abb. 37, S. 508 hervorgeht.

6. Strömungsvorgänge im Wascher.

a) Der unberieselte Wascher.

α) Strömungswiderstand geschichteter Stoffe. Der Widerstand von Füllmaterialien hat seine Ursache in zwei Erscheinungen. Die erste ist bedingt durch den Reibungswiderstand strömender Medien, die sich an den Oberflächen der Füllkörper vorbeibewegen. Sie kann ähnlich betrachtet werden wie der Widerstand in einem Rohr. Die zweite Erscheinung zeigt sich in den Wirbelbildungen, die in den Zwischenräumen der unregelmäßig gelagerten Füllkörper auftreten. Es wechseln Querschnittsverengungen mit Querschnittserweiterungen ab, so daß der dadurch verursachte Widerstand infolge der Kontraktionen, Expansionen, Richtungsänderungen und Wirbelverluste wie in einem Labyrinth betrachtet werden kann. Er ist bei Füllmaterialien bei großen Reynoldsschen Zahlen ein Vielfaches des reinen Reibungswiderstandes. Grundlegende Unterschiede sind ferner ebenso wie bei Rohrleitungen (vgl. Bd. I, S. 729) zwischen dem laminaren Gebiet und dem turbulenten Strömungsgebiet. Im ersteren überwiegt der Einfluß der Zähigkeit nach dem Poiseuilleschen Gesetz (vgl. „Filtrieren", S. 237). (Verwandt sind auch die Gesetzmäßigkeiten bei den Abklärvorgängen, vgl. S. 63.) Im turbulenten Gebiet überwiegt der Einfluß des dynamischen Staudruckes $q = \frac{w^2}{2g} \cdot \gamma$. Zwischen beiden liegt ein labiles Übergangsgebiet, in welchem Strömungsstörungen den Widerstand stark beeinflussen. Bei Füllkörpern wird man in einem weiten Übergangsgebiet gleichzeitig mit beiden Strömungsarten nebeneinander rechnen müssen.

Als allgemeinste Gleichung zur Ermittlung des Widerstandes geschichteter Stoffe kann die im Abschnitt „Filtrieren", S. 247 mitgeteilte Gleichung (24) von W. Barth und W. Esser gelten. Sie ist mit geeigneten Beiwerten (vgl. Abb. 5, S. 248) auch für Füllkörper, Absorptivkohle, Silika-, Tonerdegele usw. anwendbar. Faßt man in dieser Gleichung einige Größen für einen engeren Gültigkeitsbereich zusammen, so läßt sich der Widerstand $R_1' = \frac{R'}{h}$ je 1 m Füllhöhe in der vereinfachten empirischen Näherungsformel darstellen:

$$R_1' = k \cdot \frac{w^n}{d^z} \cdot \gamma. \tag{79}$$

Die Gesetzmäßigkeit dieser Gleichung liegt somit in der Mitte zwischen den beiden Grenzfällen:

R_1' proportional $\frac{w}{d^2}$ [s. „Filtrieren", Gleichung (1), S. 237]

und R_1' proportional $\frac{w^2}{d}$ (Widerstand in Rohrleitungen, s. „Förderung von Flüssigkeiten usw.", Bd. II, S. 496).

Für unberieselte Füllkörper ergeben sich in Gleichung (79) die in Tabelle 2, Reihe 1—4 zusammengestellten empirischen Beiwerte. Bei kleinen Porzellanringen (8 mm) und an Berl-Sattelkörpern, 10 mm, erhielt E. Mach [Vortrag auf der Dechema-Hauptversammlung 1933] nach Versuchen aus dem Institut für Apparatebau der Technischen Hochschule Karlsruhe für CO_2, Luft und Leuchtgas auch eine potentielle Abhängigkeit für γ (vgl. auch E. Mach: Dissertation, Karlsruhe 1934). Es ergab sich folgende Gleichung:

$$R_1' = k \cdot \frac{w^n}{d^z} \cdot \gamma^{0,83}, \tag{80}$$

deren Beiwerte für Raschig-Ringe aus Porzellan von 8—25 mm in Tabelle 2, Reihe 5 angegeben sind. In den Gleichungen (79) und (80), die natürlich nicht mehr dimensionsgerecht sind, ist d in m, w in m/s bezogen auf den freien Turmquerschnitt und γ in kg/m³ einzusetzen. Für Rechnungen außerhalb des Versuchsbereiches ist grundsätzlich auf Gleichung (24), „Filtrieren", S. 247 zurückzugreifen.

Der Widerstand der Ringfüllkörper ist nach den neueren Versuchen von E. Mach, Tabelle 2, Reihe 5 höher als nach Reihe 1 (vgl. auch Abb. 34). Er ist unter sonst gleichen Bedingungen mehr als doppelt so groß als jener der nach strömungstechnischen Grundsätzen geformten Sattelfüllkörper nach Berl. Bei nassem Füllmaterial ergeben sich für den Exponenten n höhere Werte als bei trockenen Füllkörpern. Nach Mitteilung der Firma Raschig wurden die Versuchsergebnisse dieser Firma an einem Versuchswascher von 600 mm Durchmesser und 1 m Füllhöhe

Tabelle 2. Beiwerte zu Gleichung (79) und (80).

	Art der Füllkörper	k	n	z	Bemerkungen
1	Porzellanringe (Raschig) 15—50 mm	0,206	1,91—2,13	1,18	Gleichung (79), Versuche der Firma Raschig
2	Raschig-Ringe (Blech?) 15—25 mm	0,046	etwa 2	1,66	Gleichung (79), nach Daten von R. Meldau (Der Industriestaub), 75 mm Füllhöhe
3	Porzellanringe 15—50 mm	etwa 0,105	1,885—2,24	1,53	Gleichung (79), Versuche von H. Staudinger
4	Sattelfüllkörper nach E. Berl	0,072	2	1,5	Gleichung (79), Versuche von H. Staudinger
5	Porzellanringe (Raschig) 8—25 mm	0,27	1,85	1,27	Gleichung (80), Versuche von E. Mach

erhalten. Die Luftmessung erfolgte in der Mitte des 300 mm weiten Zuleitungsrohres zwischen Ventilator und Waschturm mittels eines Fuessschen Anemometers. Es muß noch offen gelassen werden, ob die Werte des Wandeinflusses nach Abb. 26, der bei der Übertragung auf andere Turmdurchmesser zu beachten ist, von der Form und den Hohlräumen der Füllkörper abhängig sind.

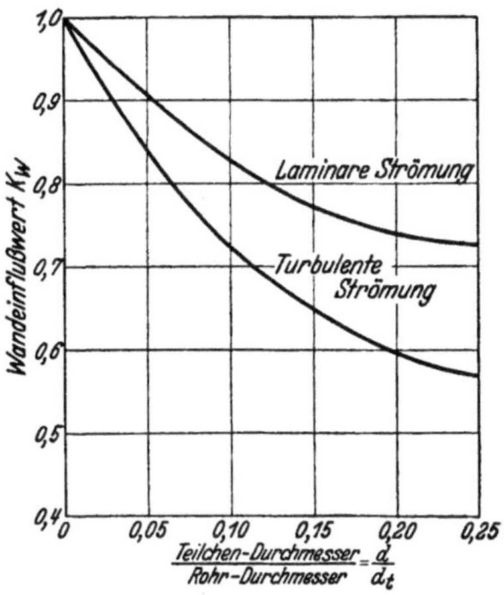

Abb. 26. Wandeinflußwert K_w für den Strömungswiderstand bei einem Hohlraumvolumen $\varepsilon = 0,5$. [Nach Furnas: Bull. Bur. Mines 307 (1929).]

Th. H. Chilton und A. P. Colburn schließen aus den Ergebnissen ihrer Versuche [Ind. engin. Chem. 23, 914 (1931)], daß im turbulenten Gebiet vom totalen Druckabfall etwa 10% von der Wandreibung und 90% von der Kontraktion und Expansion in den freien Zwischenräumen der Füllung herrühren. Im laminaren Gebiet vermindert sich der Einfluß der Kontraktionen und Wirbel nach den genannten Autoren auf die Hälfte. Es ergibt sich jedoch sowohl aus Abb. 5, S. 248 („Filtrieren“) als auch aus den Vergleichsversuchen der Abb. 33—35, daß bei kantigen Füllkörpern das Verhältnis der Kontraktionsverluste zu den Wandreibungsverlusten größer ist als bei Formen, bei welchen sich die Strömung leichter der Füllkörperform anschmiegen kann.

β) **Wandeinfluß.** Da die Turmwandungen einen richtenden Einfluß auf die Füllkörper ausüben und die Zwischenräume größer und regelmäßiger werden, ist der Druckverlust in Türmen mit relativ kleinem Durchmesser geringer als bei Türmen mit großem Durchmesser. Abb. 26 gibt die Größe dieses Einflußwertes K_w, mit dem R' zu multiplizieren ist, wieder. Es ergibt sich daraus, daß ein Turm, dessen relativer Durchmesser z. B. 4 mal dem Partikeldurchmesser ist, bei turbulenter Strömung einen nur 0,84 mal so großen Widerstand besitzt als in einem Turm vom doppelten relativen Durchmesser (8 mal Partikeldurchmesser). In einem zylindrischen Ringraum ist deshalb bei gleicher Gasgeschwindigkeit der Widerstand bei gleicher freier Durchgangsfläche geringer als in einem Turm von kreisförmigem Querschnitt.

γ) **Einfluß der Gasdichten bzw. -drucke.** Aus Gleichung (24), S. 247 (Filtrieren) geht hervor, daß bei ein- und demselben Füllkörperturm (gleiche d, gleiche h und ε) zwei Widerstände R_1' und R_2' bei zwei durch die Indices 1 und 2 charakterisierten Betriebszuständen im unberieselten Zustande sich verhalten wie

$$\frac{R_1'}{R_2'} = \frac{\zeta_2}{\zeta_1} \cdot \left(\frac{w_2}{w_1}\right)^2 \cdot \frac{\gamma_2}{\gamma_1} . \tag{81}$$

Hierin bedeutet ζ_1 bzw. ζ_2 den Widerstandsbeiwert in Übereinstimmung mit Gleichung (25), S. 247 („Filtrieren"). Führt man die durch den Turm gehenden stündlichen Gasgewichte G_1 und G_2 ein, so geht Gleichung (81) über in

$$\frac{R_2'}{R_1'} = \frac{\zeta_2}{\zeta_1} \cdot \left(\frac{G_2}{G_1}\right)^2 \cdot \frac{\gamma_1}{\gamma_2} . \tag{82}$$

Um bei einem Betriebszustand 2 denselben Druckverlust zu erhalten wie bei einem Betriebszustand 1 (d. h. $R_2 = R_1$) muß somit nach Gleichung (82) für die durch die Türme je Zeiteinheit gehenden Gasgewichte gelten:

$$\frac{G_2}{G_1} = \sqrt{\frac{\zeta_1}{\zeta_2} \cdot \frac{\gamma_2}{\gamma_1}} = \sqrt{\frac{\zeta_1 \cdot \gamma_{02} \cdot p_2}{\zeta_2 \cdot \gamma_{01} \cdot p_1}} . \tag{83}$$

Hierin ist γ_{01} bzw. γ_{02} das spezifische Gewicht der Gase beim Normalzustand. Variiert man also in einem Wascher nur den Druck, bei gleichbleibender Gasart, so ergibt sich aus Gleichung (83) als Faustregel, wenn man von der Änderung des Widerstandsbeiwertes ζ absieht, daß die Gasbelastungen (kg/h) des Waschers sich bei gleichen Druckgefällen verhalten wie die Wurzeln aus den absoluten Drucken. Die hindurchgehenden Gasvolumina und die Gasgeschwindigkeiten verhalten sich somit umgekehrt wie die Wurzeln aus den absoluten Drucken.

Auch für den schwach berieselten Wascher gelten, solange die Gasströmung und der Auftrieb die freie Flüssigkeitsströmung nicht beeinträchtigen und der Strömungsquerschnitt für das Gas nicht stark verengt wird, noch ähnliche Beziehungen für die Belastung. Hieraus geht hervor, daß im Vakuum wesentlich größere Geschwindigkeiten zulässig sind als bei gewöhnlichem Druck. Nach Mitteilung der Firma Raschig arbeiten z. B. Destillierkolonnen mit Raschigringen bei einem Unterdruck von 700 mm QS mit einer Dampfgeschwindigkeit von etwa 15 m/s. Es ist naheliegend, daß bei größeren Dichten der gegenströmenden Medien, ebenso wie bei aufsteigenden Gasblasen (vgl. „Abklärvorgänge usw.", S. 64) die Laplacesche Konstante und ferner der Auftrieb von Einfluß sind.

b) Berieselter Füllkörper.

α) **Strömungswiderstand.** Der Gasdurchgangswiderstand ist nicht einfach aus dem Widerstand des unberieselten Waschers als höhere Parabel abzuleiten, indem man in Gleichung (79) oder (83) den Wert des Exponenten von w erhöht. Der durch die Berieselung hervorgerufene Widerstand für die Gasströmung geht im R — w_g-Diagramm Abb. 27 nicht durch den Koordinatenanfangspunkt hindurch, sondern durch einen Punkt A oberhalb derselben, was besonders bei größerer Berieselungsdichte deutlich in Erscheinung tritt. Auch ist der Exponent mit w stark zunehmend. Die Berieselung übt besonders bei regellos gelagerten Füllkörpern eine mitnehmende Wirkung aus, die sich bis zur Pumpwirkung steigern kann. Die Widerstandskurven zeigen im Punkte B (Abb. 27), bei der unteren Staugrenze einen Knick. Eine geringe Überschreitung der Luftgeschwindigkeit w genügt, um im Verlaufe von einigen min den mit Füllkörpern gefüllten Turm zum Aufstauen zu bringen. Beim Erreichen der oberen Staugrenze (Punkt C) reißt der Wascher Flüssigkeit mit dem Gas in den Abstreifer. Beim Erreichen der unteren Staugrenze ändert sich die Verteilung der Flüssigkeit plötzlich. Dies ist bei den üblichen Füllmaterialien im allgemeinen der Fall, wenn der Wascherwiderstand die Höhe einer Flüssigkeitssäule überschreitet, die etwa $^1/_5$ bis $^1/_8$ der Schichthöhe (Füllhöhe) der Füllkörper im Turm beträgt.

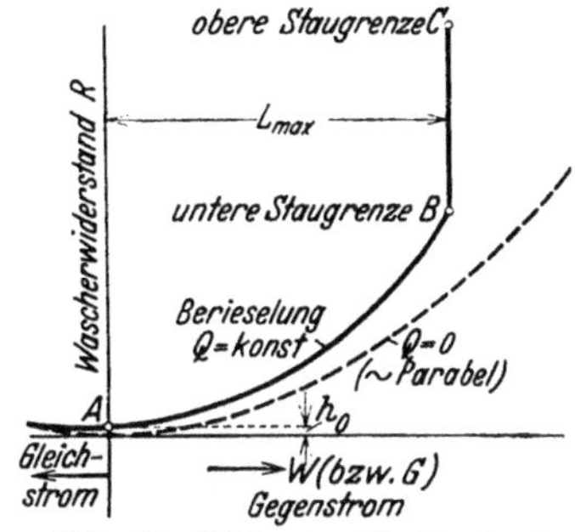

Abb. 27. Widerstand bei berieseltem Turm, untere und obere Staugrenze.

Die Staugrenze tritt bei Füllmaterialien viel früher ein, als man aus dem Mitreißen der größten Wassertropfen, das bei etwa 8 m/s Luftgeschwindigkeit eintritt (vgl. Abb. 47, S. 518), schließen könnte.

Im normalen Berieselungszustand beträgt der Flüssigkeitsinhalt eines Waschers mit Füllkörpern nur einen geringen Bruchteil der Hohlräume des Füllmaterials, der sich aus der Dicke y der anhaftenden Schicht ergibt [vgl. Gleichung (86) bzw. Tabelle 4, S. 510]. Nur bei stärkeren Berieselungen werden bei mittleren Füllkörpergrößen 10% des Turminhalts an anhaftender Flüssigkeit überschritten. Beim Stauzustand können jedoch je nach der Regenhöhe etwa ein Viertel bis über die Hälfte der Hohlräume mit Flüssigkeit angestaut werden, die sich wie in kochender Bewegung befindet (Abb. 29). Die Ursache für den Beginn des Stauzustandes ist in der Labilität einer freien Flüssigkeitsoberfläche zu suchen. In den hohlen Teilen der schwach gewellten Berührungsfläche zweier mit verschiedener Geschwindigkeit strömenden Flüssigkeitsschichten

Abb. 28. Benetzung und Prallflächen eines Ringfüllkörpers. [Nach Prockat: Arch. Wärmewirtsch. 10, 409 (1929).]

stellt sich ein erhöhter Druck, an den erhabenen Stellen Unterdruck ein [vgl. Prandtl: „Abriß der Lehre von der Flüssigkeit und Gasbewegung", S. 23. 1913]. Der Strömungsdruck sucht demnach die Durchbiegung der Flüssigkeitsoberfläche zu vergrößern. Das Flattern der Fahnen hat hierin seinen Grund. Für den Betrieb wird der Stauzustand vermieden, doch soll zur Erzielung guter Absorptionsleistung (dünne Gasgrenzschicht) die Gasgeschwindigkeit nicht zu niedrig sein. Hohe Gasgeschwindigkeit trägt durch Anschleudern von Tropfen viel zur Benetzung der Unterseite der Füllkörper bei (vgl. Abb. 28). Für das Turminnere tritt der Stauzustand entsprechend der S. 501 erwähnten geringeren Durchlässigkeit gegenüber der Randzone früher ein, wodurch ein Abdrängen der Flüssigkeit nach dem Rande bei zu hoher Gasgeschwindigkeit begünstigt wird [vgl. E. Kirschbaum: Literaturangabe S. 513 bzw. D.R.P. 592906].

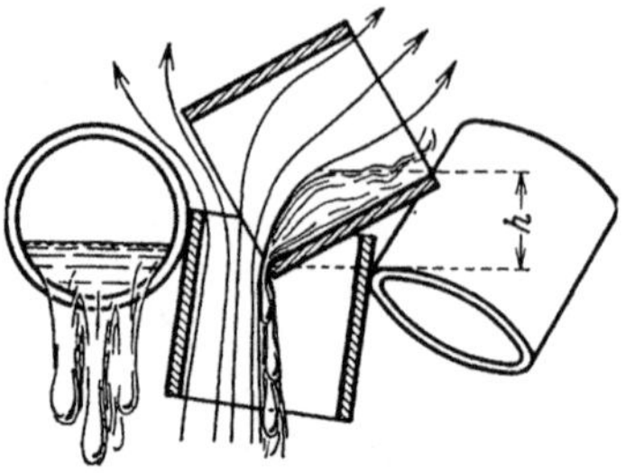

Abb. 29. Flüssigkeitsverteilung beim Stauzustand (schematisch).

Abb. 30 zeigt die Abhängigkeit des Füllkörperwiderstandes von der Ringgröße der bekannten Raschigschen Füllkörper (Abb. 31) nach Versuchen der Firma Raschig Ludwigshafen a. Rh. Bei der Verwendung kleiner Füllkörper steigt der Widerstand bei gleicher Geschwindigkeit und annähernd gleichem Hohlraumvolumen rasch an. Es ist hierbei auch in Betracht zu ziehen, daß man bei kleinen Füllkörpern mit Gas und Flüssigkeit leicht im Gebiet der laminaren Strömung verbleibt. Der bei Gleichung (79) erwähnte Einfluß kantiger Formen auf den Strömungswiderstand legt den Gedanken nahe, die Gasströmung allmählich umzulenken, um den Widerstand durch Kontraktion und Wirbelbildung zu verringern.

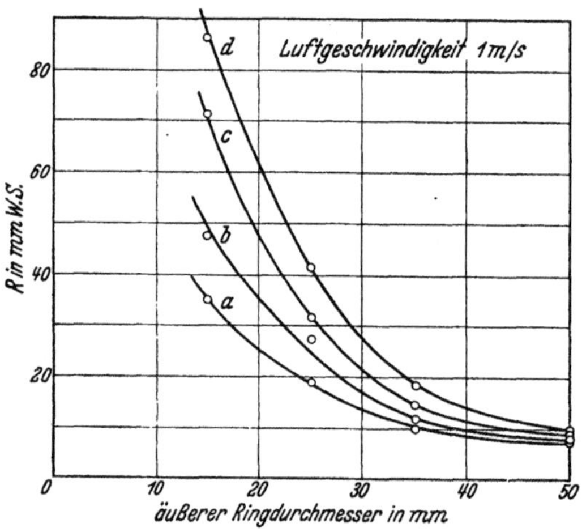

Abb. 30. Widerstand von Ringfüllkörpern abhängig vom äußeren Ringdurchmesser und der Regenhöhe r bei w_g = 1 m/s (Firma Raschig); *a)* r = 0 m/h; *b)* r = 3 m/h; *c)* r = 6 m/h; *d)* r = 10 m/h.

Mit dem Sattelfüllkörper nach E. Berl (Abb. 32), der im wesentlichen die Form eines hyperbolischen Paraboloids aufweist, ist dieser Weg mit Erfolg beschritten worden, wie die mit den Abb. 33—35 wiedergegebenen Vergleichsversuche zeigen. Es liegt nahe, daß auch die mit Abb. 28 [Prockat: Arch. Wärmewirtsch. **10**, 409 (1929)] charakterisierten Strömungsvorgänge und die Benetzung der Unterseite der Füllkörper durch die geschwungene Form vorteilhafter werden. Ein Füllkörper, dessen Herstellung durch Stanzen sehr einfach ist, wurde der I. G. Farbenindustrie A.G. patentiert. Derselbe hat sich gut bewährt [vgl. Ullmann: Encyklopädie, Bd. 5, S. 439. 1930].

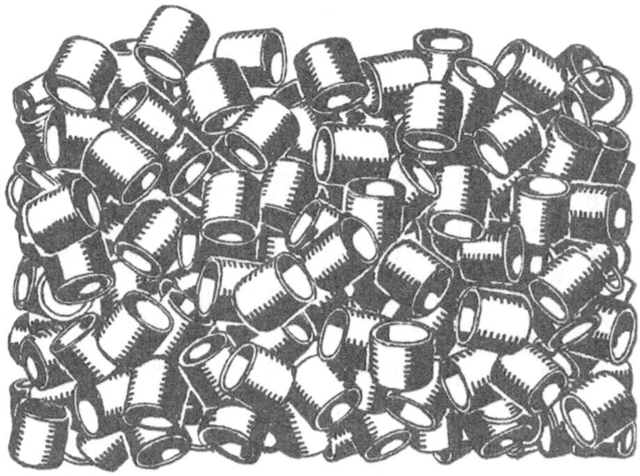

Abb. 31. Raschig-Ringe (Firma Raschig, Ludwigshafen a. Rh.).

Die Abb. 33—35 geben voneinander unabhängig durchgeführte Vergleichsversuche von E. Mach (Maschinenlaboratorium der Technischen Hochschule Karlsruhe) bzw. H. Staudinger (Darmstadt) über den Widerstand von Ring- und Berlschen Sattelfüllkörpern wieder.

Abb. 32. Sattelfüllkörper nach E. Berl (Herstellerin Firma Ditt & Frees, Wiesbaden).

Füllkörpertürme werden auch zum Extrahieren von Bestandteilen aus Flüssigkeiten verwendet [F. Raschig: Ztschr. angew. Chem. **31**, 183 (1918); ferner E. Jantzen: Dechema-Monographie 1932, Nr. 48]. Man läßt hierbei eine nicht mischbare Flüssigkeit durch Ausnützung der Unterschiede der spezifischen Gewichte (Auftrieb) der auszuwaschenden Flüssigkeit entgegenströmen. Z. B. werden phenolhaltige Öle usw. auf diese Art behandelt. Die Beeinflussung beider Strömungen ist hierbei viel größer als in der Regel bei der Gaswaschung. Es sind deshalb nur verhältnismäßig geringe Geschwindigkeiten möglich. Bei der Verteilung spielt die Oberflächenspannung (Laplacesche Konstante, vgl. S. 64) eine Rolle.

β) Belastungsgrenzkurven und Kenngrößen. Trägt man nicht wie in den Abb. 34 und 35 den Widerstand des Waschers auf, sondern über der Abszisse w_g bzw. G (Abb. 36) die maximalen Berieselungsdichten (Regenhöhen), so erhält man Kurven, die man als Grenzkurven für die verschiedenen Füllmaterialien bezeichnen kann. Je kleiner der Korndurch-

Tabelle 3. Kenngrößen für Füllkörper.

Füllmaterial	Spezifische Oberfläche F_0 m² je m³	Hohlräume ε %	Schüttgewicht kg je m³	Stückzahl je m³	Schichtungsfaktor k
Koks 75 mm	41,5	58	465	—	—
Kies 60 „	62,3	36,7	1680	5520	1,19
„ 30 „	127	37,6	1700	44700	1,21
Raschig-Ringe:					
Porzellan 10 mm	555	65,5	928	910000	0,910
„ 25 „	210	82,6	468	56000	0,880
„ 35 „	151	83,5	etwa 444	20300	0,875
„ 50 „	97	85,3	396	6500	0,815
Sattelkörper (E. Berl):					
Porzellan 10 mm	720	69,4	825	1200000	1,20
„ 25 „	260	75	673	80000	1,23
„ 35 „	178	78,5	578	29000	1,24
„ 50 „	120	78	513	9760	1,23
Guttmannsche Hohlkugeln 35/25 mm	159,5	73	613	27500	1,18

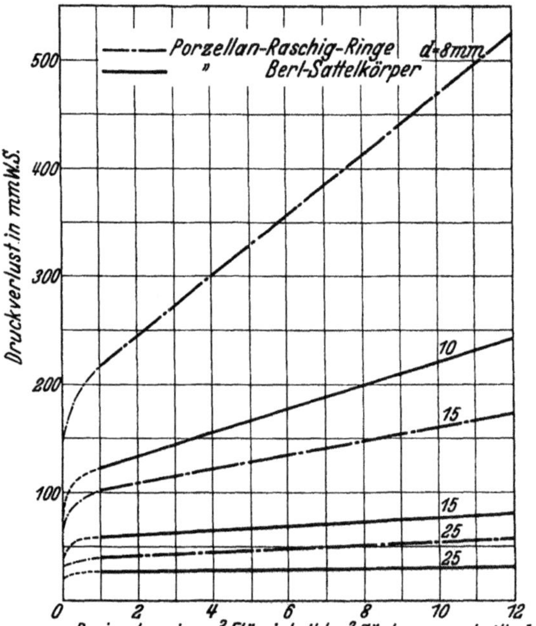

Abb. 33. Widerstand von Ring- und Berl-Sattelfüllkörpern (E. Mach).

messer eines Füllmaterials ist, desto tiefer liegt seine Grenzkurve, je größer die Regenhöhe, desto geringer ist die zulässige Gasgeschwindigkeit. Nur das Gebiet unterhalb jeder Grenzkurve ist für den Waschvorgang brauchbar.

Die Versuchswerte der Firma Raschig sind in Abb. 36 eingetragen, nach oben ist der ungefähre Verlauf der Kurven extrapoliert.

Mit Schichtungsfaktor wird das Verhältnis der Stückzahl der Füllkörper je m³ Füllraum zu der Anzahl regelmäßig ohne Hohlräume gesetzter Würfel von gleicher nomineller Kantenlänge bezeichnet. Je größer der Schichtungsfaktor, desto dichter lagern sich die Füllkörper.

Energiebedarf. Der stündliche Energiebedarf L in PSh bzw. kWh für die Gasbewegung an den Klemmen des Antriebsmotors zum Ventilator ist gegeben durch die Gleichung:

$$L = \frac{V_h}{1000} \cdot \frac{\Delta P}{270} \cdot \frac{1}{\eta} \quad \text{(PSh)} \tag{84}$$

bzw.

$$L = \frac{V_h}{1000} \cdot \frac{\Delta P}{367} \cdot \frac{1}{\eta} \quad \text{(kWh)}\,. \tag{85}$$

Hierin ist

V_h = stündliche Rohgasmenge in m³,

ΔP = Widerstand der Füllkörpersäule in kg/m² bzw. mm WS, einschließlich Zuleitung und dynamischer Druckhöhe $\left(h = \frac{w^2}{2g} \cdot \gamma\right)$ *, (w = Gasgeschwindigkeit beim Verlassen des Ventilators m/s),

η = Gesamtwirkungsgrad des Ventilators mit Antrieb (Größenordnung 0,4—0,7; s. „Verdichten und Fördern von Luft usw.", Bd. II, S. 478).

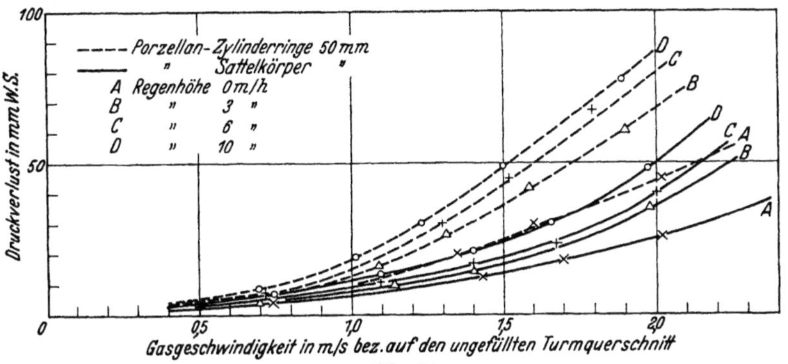

Abb. 34.

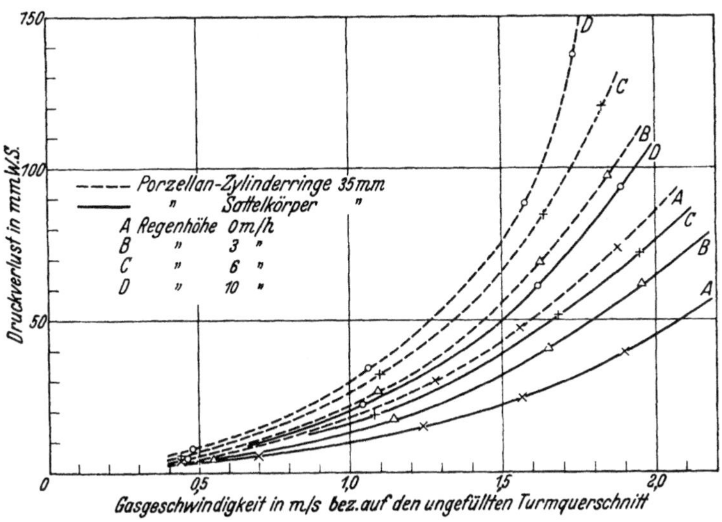

Abb. 35.

Abb. 34 und 35. Widerstand von Ring- und Berl-Sattelfüllkörpern. Vergleichende Versuche (H. Staudinger).

γ) **Substanz- und Wärmeübergang an Füllkörpern.** Der Einfluß der Turmhöhe auf die Substanz- und Wärmeübergangszahlen ist, wie aus den bereits genannten Verdunstungsversuchen von Merkel (s. S. 489) hervorgeht, bei Füllhöhen bis 33 Füllkörperdurchmessern (0,51 m) noch

* Die dynamische Druckhöhe ist meist relativ gering.

beträchtlich. Abb. 37 zeigt den Verlauf der scheinbaren Wärmeübergangszahl $\alpha' = \alpha \cdot O/F = \alpha \cdot m$ mit der Luftzahl bzw. Luftgeschwindigkeit. Hierbei ist O die benetzte Oberfläche, F die Füllkörperoberfläche, die hier 10 m² betrug. Gegenüber dem Verlauf von α bei Rohrleitungen bzw. an starren Oberflächen fällt die starke Krümmung der α'-Kurve nach oben auf. Dies ist auf die zerteilende und benetzende Wirkung des Gasstromes zurückzuführen. Aus neueren Kühlturmversuchen (J. Wengler u. K. Winnacker[1]) geht hervor, daß schon bei Füllhöhen unter 0,83 m (35 mm Sattelfüllkörper oder Ringfüllkörper) eine Befeuchtung durchströmender Luft auf 95—100% Sättigung erreicht wird. Da bei der Wasserverdunstung nur der Diffusionswiderstand auf der Gasseite auftritt, ist hieraus zu schließen, daß derselbe sehr gering ist.

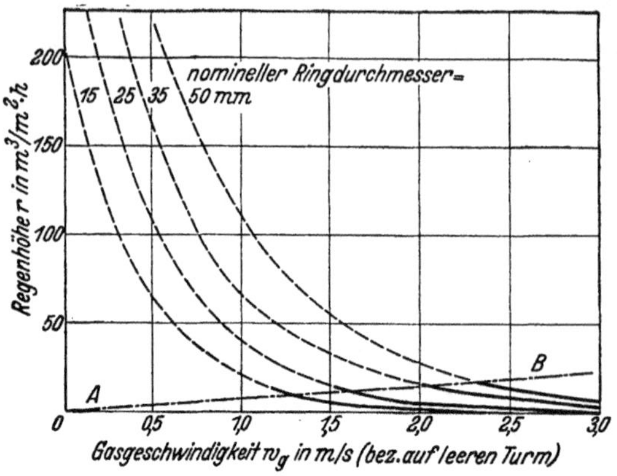

Abb. 36. Ungefährer Verlauf der Belastungsgrenzkurven (Staugrenze) von Ringfüllkörpern (nach Versuchen von Raschig). Luft von atmosphärischem Druck und Raumtemperatur. Berieselung: Wasser.

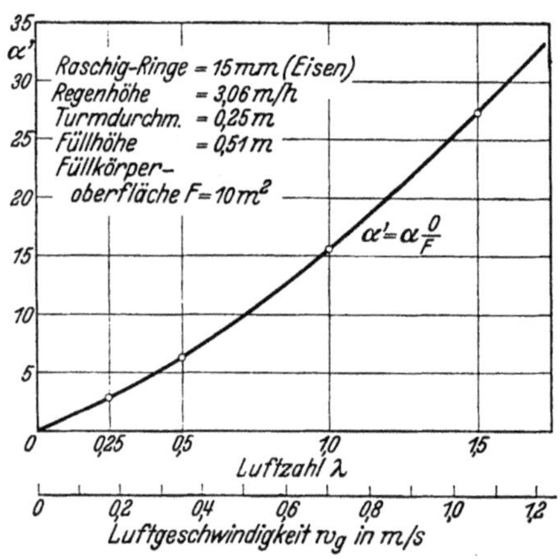

Abb. 37. Einfluß der Luftgeschwindigkeit auf den Wärmeübergang im berieselten Waschturm. [Merkel: VDI-Forsch.-Heft 275, 16 (1925).] $\alpha' = \alpha \cdot O/F$ = scheinbare Wärmeübergangszahl.

δ) Regenhöhe und anhaftende Schicht. Im Gegensatz zur Gasströmung im Wascher, die als erzwungene Strömung anzusehen ist, muß die Flüssigkeitsströmung als freie Strömung aufgefaßt werden. Die Berieselung soll so stark sein, daß möglichst alle Oberflächenteile der Einbauten oder der Turmfüllung benetzt werden. Genügend große Gasgeschwindigkeit begünstigt die Benetzung. Die Berieselungsdichte m³/m² h oder auch entsprechend der in der Meteorologie gebräuchlichen Bezeichnung der stündlichen „Regenhöhe" in m/h ist von dem Berieselungsverhältnis $b = W_0/G_0$ oder der Berieselungszahl kg/kg (die also dimensionslos ist), zu unterscheiden. Es ist oft zweckmäßig, bei gleichbleibender Berieselungszahl

[1] Versuche an der Techn. Hochschule Darmstadt (unveröffentlicht).

sowohl die Regenhöhe als auch den Gasdurchsatz und damit die Leistung des Waschturmes durch Erhöhung der Substanzdurchgangszahl zu steigern.

Es sei erwähnt, daß beim Begießen mit der Brause einer gewöhnlichen Gartengießkanne Berieselungsdichten von etwa 3—5 m^3, je m^2 und h berechnet, auftreten. Dies kann für Waschtürme als sehr mäßige Berieselungsdichte gelten. Durch feine Bedüsung können zwar wesentlich geringere Verteilungen erreicht werden. Für Türme mit Füllkörpern sind aber zu geringe Berieselungen wegen der mangelhaften Benetzung der Unterseite der Füllkörper im allgemeinen nicht anzuraten.

Bei Wasserrückkühlwerken rechnet man in der Regel mit einer Berieselungsdichte von etwa 5 bis 7 $m^3/h \cdot m^2$; 8—10 $m^3/h \cdot m^2$ gilt schon als sehr hoch; Geibel fand bei Kühlwerken wirtschaftliche Regenhöhen bis herunter zu etwa 2 $m^3/h \cdot m^2$. Bei großen Füllkörpern werden in Absorptionsbetrieben in besonderen Fällen bisweilen Berieselungsdichten von 250 $m^3/h \cdot m^2$ angewandt. Im allgemeinen bleibt man jedoch näher an der unteren Grenze.

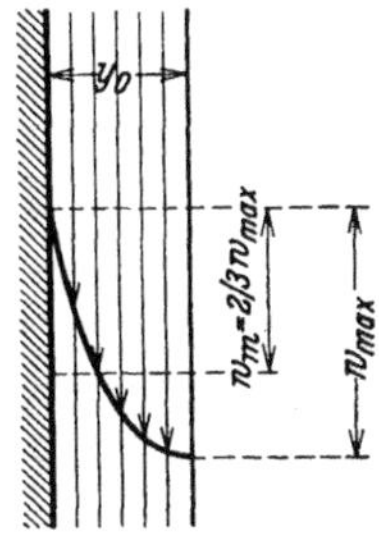

Abb. 38. Geschwindigkeitsverteilung in laminar strömender Flüssigkeitshaut an vertikaler Wand (W. Nusselt).

Bei Einbauten, z. B. Lattenrosten usw., deren Rieselflächen vertikal sind (z. B. Zschocke-Wascher), läßt sich der Einfluß der Regenhöhe r auf die Dicke der anhaftenden Flüssigkeitshaut berechnen. Über die Stärke einer Wasserhaut liegen Versuche von Classen vor, die sich für Wasser von 20° bis zu $y_0 \cong 0{,}22$ mm in guter Übereinstimmung mit einer Berechnung von W. Nusselt befinden [Ztschr. Ver. Dtsch. Ing. **67**, 206 (1923)]. Die Stärke y_0 (m) einer dünnen Wasserschicht, die an einer vertikalen Wand in laminarer Strömung herunterrieselt, ist danach

$$y_0 = \sqrt[3]{\frac{3\,\eta \cdot G_r}{\gamma^2}}\,. \tag{86}$$

Die Geschwindigkeit verteilt sich über dem Querschnitt parabelförmig (vgl. Abb. 38). Ihr Mittelwert beträgt:

$$w_m = \sqrt{\frac{G_r^2}{3\,\gamma \cdot \eta}}\,. \tag{87}$$

Hierin bedeutet G_r die Beaufschlagung der Wand mit Flüssigkeit in kg/s pro 1 m Breite. Die Geschwindigkeit hat ihr Maximum an der äußeren Oberfläche der Wasserhaut. Das Verhältnis der maximalen zur mittleren Geschwindigkeit ist:

$$\frac{w_{\max}}{w_m} = \frac{3}{2}\,.$$

Natürlich ist zur Ausbildung der Geschwindigkeitsverteilung eine Anlaufstrecke erforderlich, so daß am Einlauf y_0 etwas größer ist.

Setzt man eine von L. Hopf [Ann. Physik **32**, 777 (1910)] an einem offenen Kanal gefundene Beziehung für die kritische Geschwindigkeit auch hier als gültig voraus, wonach

$$Re_{\text{krit}} = \frac{w_m \cdot y_0}{\nu} = 250 \text{ bis } 330\,, \tag{88}$$

so ergeben sich mit $Re = 300$ für die maximale Stärke der Flüssigkeitshaut bei laminarer Strömung die Werte der Tabelle 4. Es muß jedoch betont werden, daß die Annahme der Reynoldsschen Zahl mit 300, ebenso wie die daraus hervorgehenden Folgerungen nur als Annäherung gelten sollen. Es wird dann

$$G_{r\,\text{krit}} = Re_{\text{krit}} \cdot g \cdot \eta \ \text{kg/s} \cdot \text{m} \tag{89}$$

oder die stündliche Beaufschlagung B_{krit} in $m^3/m \cdot h$ beträgt

$$B_{\text{krit}} = w_m \cdot y_0 \cdot 3600 = 1{,}08 \cdot 10^6 \cdot \nu \tag{89a}$$

und mit $Re_{\text{krit}} = 300$ ergibt sich

$$y_{0\,\text{krit}} = \sqrt[3]{\frac{3}{g} \cdot Re_{\text{krit}} \cdot \nu^2} = 4{,}52 \sqrt[3]{\nu^2} \tag{90}$$

$$w_{m\,\text{krit}} = \sqrt[3]{\frac{Re^2_{\text{krit}} \cdot g}{3} \cdot \nu} = 66{,}4 \sqrt[3]{\nu}\,. \tag{91}$$

Tabelle 4. Kritische Werte für die Strömung an vertikaler Wand errechnet mit $Re = 300$.

Substanz	Temperatur °C	Zähigkeit ° Engler*	Flüssigkeitshaut $y_0 = I_{\text{krit}}$ mm	w_m m/s	Beaufschlagung B_{krit} $m^3/m \cdot h$
Wasser	20	1	0,45	0,673	1,076
Zuckerlösung 60% . .	60	1,6	1,73	1,31	8,2
Eismaschinenöl . . .	20	4,8	4,9	2,2	39
Maschinenöl	20	30	16,7	4,1	250

Der anhaftende Flüssigkeitsinhalt I in l/m^2 ist identisch mit den Zahlenwerten von y_0 mm. Nimmt man einen Wascher mit vertikalen Wänden und einer Teilung der Wände und Zwischenräume von 25 mm, also rund 50% freie Hohlräume an, so errechnet sich beim Eintreten des kritischen Zustandes je 1 m^3 Wascherinhalt bei einer Oberfläche von 40 m^2 je 1 m^3 Wascherraum ein anhaftender Mindestflüssigkeitsinhalt von 18 l für Wasser von 20° und 196 l für Eismaschinenöl von 20° je 1 m^3 Turmraum ohne Berücksichtigung der Anlauflänge und der Tropfen zwischen den Rosten. In diesen Beispielen sind somit 3,6 bzw. 39,2% der Hohlräume mit anhaftender Flüssigkeit erfüllt. Die erforderlichen Berieselungsdichten (Regenhöhen) je 1 m^2 Waschergrundriß ergeben sich unter diesen Umständen zu 43 $m^3/m^2 \cdot h$ für Wasser von 20° und zu 1520 $m^3/h \cdot m^2$ für ein Öl mit einer Zähigkeit von 4,8° E.

Die Berieselung mit zähen Flüssigkeiten vermindert somit den freien Durchgangsquerschnitt durch die stärkere anhaftende Schicht unter Umständen erheblich. Der Durchgangswiderstand für das Gas wird dadurch erhöht. Der Vergleich mit den obengenannten Berieselungsdichten, die sich auf Grund der Gleichung (89a) errechnen, zeigt, daß man bei Waschtürmen mit den meist üblichen Berieselungsdichten wenigstens bei überall gleichmäßiger Flüssigkeitsverteilung noch im Gebiet der laminaren Strömung bleibt, selbst wenn die kritische Reynoldssche

* Zusammenhang mit η bzw. ν siehe Bd. I, „Mengenmessung", S. 716.

Zahl mit 300 etwas zu hoch eingesetzt sein sollte. Dies ist besonders bei kleinen Füllkörpern, d. h. bei großen spezifischen Füllkörperoberflächen der Fall.

Sobald der Absorptionswiderstand im Flüssigkeitsfilm erheblich wird (vgl. S. 493), ist es vorteilhaft, die laminare Strömung zu überschreiten, damit der bei laminarer Strömung stabile Flüssigkeitsfilm durch Turbulenz (rollende Bewegung der Flüssigkeit) stets wieder zerteilt wird. Auch bei laminarer Strömung wird eine Durchmischung der Berieselungsflüssigkeit beim jedesmaligen Abtropfen von den Horden oder den Füllkörpern bis zu einem gewissen Grad erreicht.

7. Regeneration der Absorptionsflüssigkeit.

Die Art der Bindung der flüchtigen Substanz bedingt die Art des Austreibens. Bei physikalischer bzw. reversibler chemischer Bindung genügt meist Entspannung evtl. unter Vakuum bzw. Erwärmung. So geschieht z. B. das Austreiben absorbierter Leichtöle aus den Waschölen bei Benzolgewinnungsanlagen meist mittels direktem, überhitztem Dampf in Glockenboden- oder Füllkörper-Austreibekolonnen. Es sei auch auf die zum Entgasen verwendeten Verdampfer (besonders Dünnschicht-Verdampfer s. S. 391) hingewiesen. Intensive Rührbewegung, sowie Vorbeiströmen an scharfen Kanten begünstigen die Entgasung [vgl. A. Guyer u. B. Tobler: „Die Grundlagen der Gasexsorption" in Chem. Fabrik 7, 145 (1934)].

C. Technische Durchführung des Waschprozesses.

Allgemeines. Um das auszuwaschende Gas mit der Flüssigkeit in Berührung zu bringen, sind folgende Wege möglich:

1. Das zu absorbierende Gas bzw. das Gas mit dem Dampf der flüchtigen Substanz zieht über den Flüssigkeitsspiegel der absorbierenden Flüssigkeit hinweg. Z. B. Cellarius-Gefäße für die HCl-Absorption.
2. Die Waschflüssigkeit rieselt über die Oberfläche von Horden, Füllkörpern der verschiedensten Art, Steinen, Kies, Koks, Glasperlen usw. in mehr oder weniger dünner Schicht herunter, während das zu behandelnde Gas durch die verbleibenden Hohlräume der Einbauten usw. meist von unten nach oben im Gegenstrom vorbeiströmt. Die Hordenwäscher, Füllkörpertürme, Gay-Lussac-Türme gehören hierher.
3. Man läßt das Gas unter Benutzung seines Auftriebs in gröberen oder feineren Blasen oder Perlen durch die Absorptionsflüssigkeit aufsteigen. Hierbei können unter Umständen die Blasen noch durch Rührwerke u. dgl. zerteilt werden. (Gewöhnliche Waschglocken, Glockenbodenwaschtürme, Gas-Filterplattenwascher.)
4. Man führt das Gas durch die zertropfte oder zerstäubte Flüssigkeit im Gegen-, Gleich- oder Kreuzstrom hindurch oder schleudert die Flüssigkeit in tropfen-, strahl- oder scheibenförmiger Verteilung durch das Gas. Hierher gehören die Beregnungstürme, ferner die verschiedenen Schleuderwäscher.

Bei der Staubabscheidung werden oft ähnliche Einrichtungen wie bei der Gasabsorption benutzt. Es kommt hier auf die Prall- und

Zentrifugalwirkung, ferner auf die Benetzung des Staubes an, während die Diffusion keine Rolle spielt.

1. Waschtürme mit Einbauten.

Die einfachsten Einbauten bestehen aus horizontal angeordneten Blechen oder Tellern, die mitunter gelocht sind. Sie gleichen manchen Konstruktionen von Einspritzkondensatoren. Auch gekrümmte Flächen, z. B. Schraubenflächen, werden mitunter verwendet (vgl. Abb. 40).

a) Hordenwascher.

Eine gute Verteilung der Berieselungsflüssigkeit wird bei den Hordenwaschern durch rostartige Einbauten erzielt, die meist aus Holz bestehen und die in Lagen oder Paketen in die Türme eingebaut werden. Abb. 39 stellt eine Spezialausführungsart von Horden der Zschockewerke, Kaiserslautern dar, die gehobelt

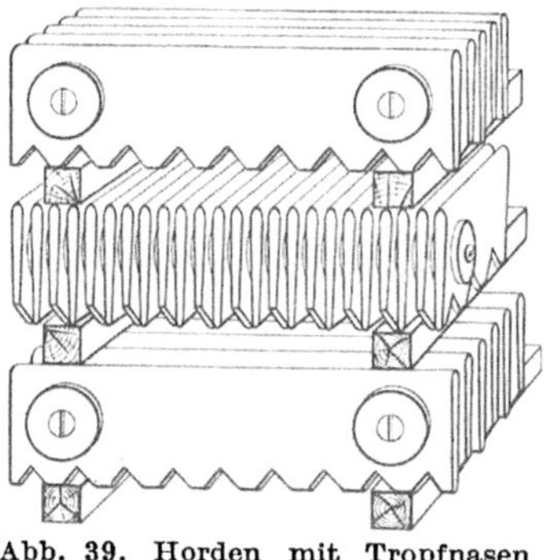

Abb. 39. Horden mit Tropfnasen (Zschocke).

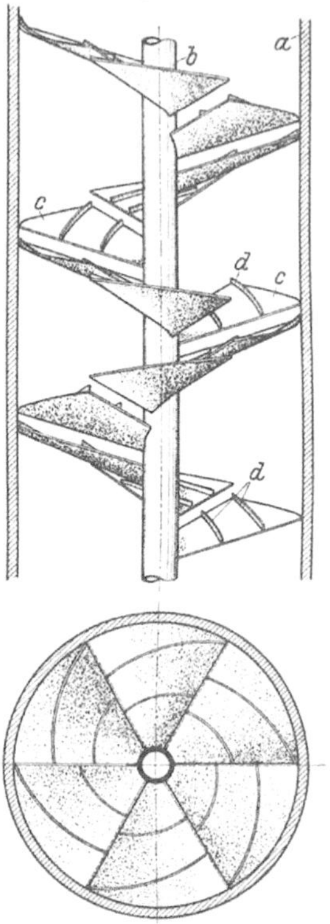

Abb. 40. Schraubenflächenwascher (D.R.P. der I. G. Farbenindustrie A. G.). (Schraubenweg mit Bewegungsumkehr.)

und ungehobelt für Leuchtgas-, Koksofengas-, Generatorgasreinigungsanlagen usw. auch in anderer Form für Kühltürme verwendet wird.

Die einzelnen Hordenlagen werden gegen die folgenden unter einem Winkel versetzt, so daß eine gute Durchschneidung des Gasstromes erzielt wird und kein Flüssigkeitsteilchen durch die Lücken hindurchfallen kann. Man kann auf diese Art normalerweise etwa 20—40, ja bis 60 m² Waschfläche in 1 m³ Wascherraum unterbringen. Da die Horden keine nennenswerte unberieselte Unterseite haben, ist die Benetzung der gesamten Waschfläche im allgemeinen gut. Die Strömungsvorgänge sowohl des Gases als auch der Flüssigkeit [vertikale Wand, Gleichungen (86 bis 91), S. 509] sind hier im wesentlichen so einfach, daß sie weitgehend einer exakten Berechnung zugänglich sind. Nach Mitteilung der Firma Zschocke beträgt der Druckverlust eines berieselten Hordenwaschers bei einer effektiven Geschwindigkeit von 1 m/s zwischen den Stäben etwa 25 mm WS für 48 Lagen der Einsätze, das ist für etwa 7 m Turmhöhe.

b) Schraubenflächenwascher.

Für große Berieselungsdichten eignet sich der Schraubenflächenwaschturm D.R.P. 498134 (1927) der I. G. Farbenindustrie A.G., besonders wo mit Ablagerungen auf den Berieselungsflächen zu rechnen ist. Die nach der Achse zu abschüssige Spiralfläche und Leitbleche sorgen für gleichmäßige Verteilung der Waschflüssigkeit, so daß Ablagerungen nach unten gespült werden.

Abb. 40 zeigt eine Ausführungsform mit propellerartig unterbrochenen Schraubenflächen, die infolge des Überlaufs über die Kaskaden auch zu den Beregnungswaschern gezählt werden kann.

c) Wascher mit Füllkörper-Einbau.

Beim Einfüllen von Füllkörpern in Türmen sollte darauf geachtet werden, daß sich keine Füllkörper regelmäßig in die Rostspalten legen und so einen größeren Druckverlust bewirken.

Abb. 41 gibt einen von Raschig verwendeten Füllkörperwaschturm mit drei Rosten wieder. Die Unterteilung der Ringfüllung in mehrere Schichten begünstigt eine gleichmäßige Gas- und Flüssigkeitsverteilung und ermöglicht einwandfreie Probeentnahmen in den freien Zwischenräumen.

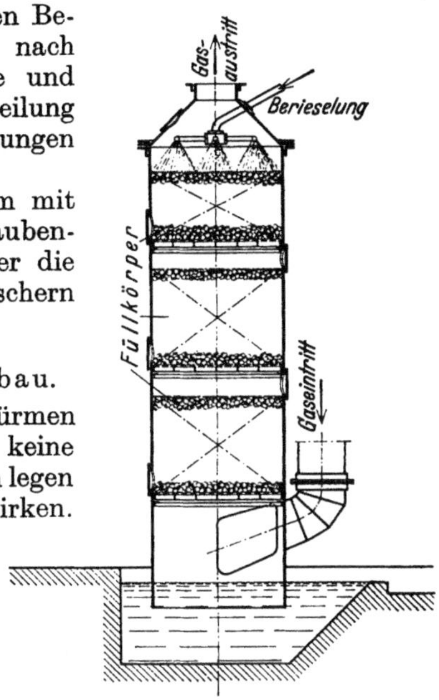

Abb. 41. Füllkörperwaschturm (Raschig).

Die Ringfüllung kann durch Handlöcher bzw. bei größeren Türmen durch Mannlöcher wenn nötig zur Reinigung entfernt werden. Bei schwacher Berieselungsdichte, etwa 3—5 m³ stündlich je m² Turmquerschnitt ist eine gleichmäßige Berieselung besonders wichtig, damit sich nicht unberieselte Zonen bilden. Auch ist besonders bei schwachen Berieselungen eine hohe Gasgeschwindigkeit nahe an der Belastungsgrenzkurve anzuraten, weil dieselbe zur guten Verteilung der Berieselung beiträgt [vgl. auch E. Kirschbaum: Ztschr. Ver. Dtsch. Ing. **75**, 1212 (1931)].

Zur Auswaschung von Gasen, die Ablagerungen von Schlamm usw. auf den Rieselflächen absetzen, eignen sich auch für manche Zwecke langsam rotierende Wascher mit Rosteinbauten oder Füllkörpern. Abb. 42 zeigt einen rotierenden Standard-Wascher, der z. B. in der Kokereiindustrie Anwendung findet. Die rotierende Trommel ist mit Füllkörpern gefüllt [s. G. Weißenberger: Ztschr. Glückauf **74**, 154 (1931); vgl. auch den Spiralflächenwascher Abb. 40, S. 512].

Berechnungsvorgang. Der Vorgang bei der Berechnung eines Waschturmes ist etwa folgender: Nach früherem (S. 478) wurde das

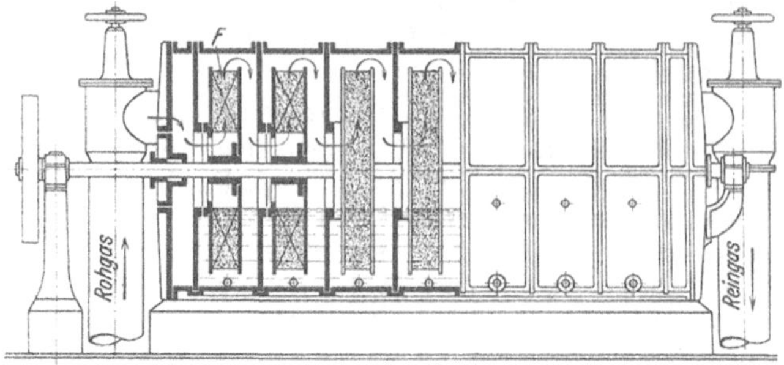

Abb. 42. Standard-Gaswascher mit rotierender Trommel (Raschig).

Berieselungsverhältnis (Berieselungszahl) oder die Neigung der Bilanzlinie ermittelt zu

$$\frac{W_0}{G_0} = b\,. \tag{32}$$

Ersetzt man G_0 durch die Gasgeschwindigkeit w_g und W_0 durch die auf 1 m² Wascherquerschnitt bezogene Berieselungsdichte W_{01}, so wird

$$\frac{W_{01}}{w_g} = b \cdot 3600 \cdot \gamma_g\,. \tag{92}$$

Mit dem Verhältnis $\frac{W_{01}}{w_g}$ in Gleichung (92) ergibt sich die Neigung der Linie AB in Abb. 36, S. 508 mit der Darstellung der Grenzkurven.

Durch einen Punkt der Geraden AB muß sich somit der Betriebszustand des Waschers darstellen lassen. Der Schnittpunkt der Geraden AB mit den Waschergrenzkurven der betreffenden Füllmaterialien zeigt den äußerst möglichen Betriebspunkt für den Wascher an. Man hat es nun in der Hand, durch ein bestimmtes Füllmaterial eine mehr oder weniger große Gasgeschwindigkeit w_g zu erreichen. Die hierzu erforderliche Berieselungsdichte r (Regenhöhe) wird durch die Ordinate des auf AB gewählten Betriebspunktes angezeigt. Es ist nun vorteilhaft abzuschätzen, ob man sich mit dem gewählten Punkt im turbulenten Strömungsgebiet für die Gasströmung befindet. Dafür spricht der annähernd parabolische Verlauf der Kurven in den Abb. 34—36. Aus Abb. 43 ist zum Vergleich die Größe der kritischen Geschwindigkeit für Luft von 20° bei Strömung in einer Rohrleitung zu entnehmen. Für andere Querschnitte kann man näherungsweise den mittleren hydraulischen Radius (vgl. „Filtrieren", S. 250 und „Mengenmessung", Bd. I, S. 728) statt $\frac{d}{2}$ einsetzen oder nach Gleichung (5), Bd. II, S. 107 („Wärmeüber-

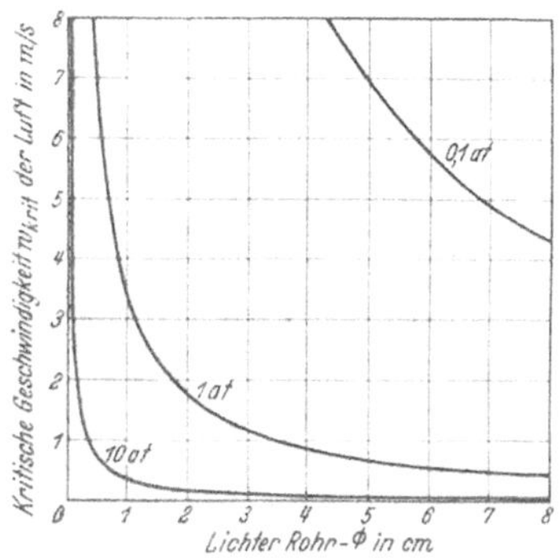

Abb. 43. Kritische Geschwindigkeit von Luft ($t = 20\,°$ C) in Rohren.

tragung“) die kritische Geschwindigkeit in einem glatten Kanal ermitteln. Der Einfluß der unregelmäßigen Querschnittform begünstigt natürlich ein früheres Auftreten der Turbulenz (vgl. Chilton u. Colburn: Literaturangabe S. 501). Berücksichtigt man die nach Gleichung (71) oder (72), S. 497 zu ermittelnde Waschfläche O', so lassen sich an Hand der Daten der Tabelle 3, S. 506 bei angenommenem Benetzungsfaktor m die Dimensionen des Waschturmes ermitteln. Gegebenenfalls ist die Rechnung mit einem anderen Füllmaterial zu wiederholen.

d) Glockenbodenwascher.

Die Absorptionsbedingungen von Gasperlen, die in einer Waschflüssigkeit aufsteigen, sind wesentlich verschieden von denen, die bei Flüssigkeitstropfen in einem Gasraum auftreten. Gasperlen finden beim Aufsteigen stets neue Flüssigkeitsteilchen vor. Der Gasraum in der Perle darf bei kleinen Perlen als Kugel aufgefaßt werden, die mit stagnierender Gasmasse erfüllt ist, aus welcher die zu absorbierende Substanz herausdiffundiert, ohne eine Prandtlsche Grenzschicht im Gasraum vorzufinden. Bei Absorptionsprozessen mit träge absorbierendem Flüssigkeitsfilm hat also prinzipiell diese Absorptionsart einen Vorzug. Allerdings sind die Verweilzeiten der aufsteigenden Blasen entsprechend den meist geringen Steighöhen kurz, wenn man keine hohen Druckgefälle aufwenden will. Besonders bei kleiner Berieselungszahl und schwankender Belastung hat der Glockenbodenwascher Vorzüge gegenüber Füllkörpertürmen, weil auf den einzelnen Böden stets eine nahezu konstante Menge Waschflüssigkeit verbleibt, während dieselbe bei Füllkörpertürmen entsprechend Gleichung (86), S. 509 stark wechselt.

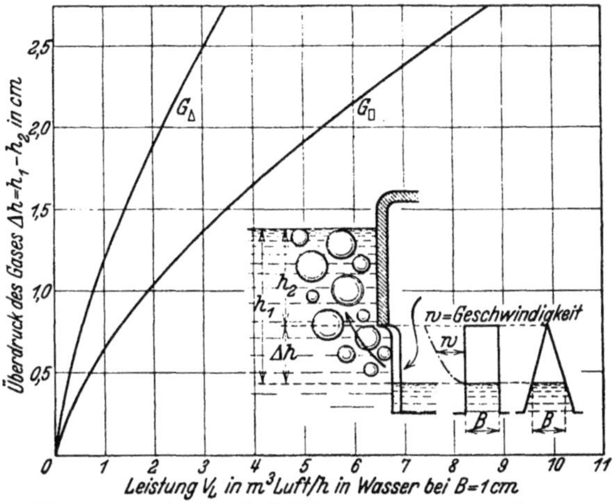

Abb. 44a und b. Durch Schlitze von der Breite $B = 1$ cm einer Tauchglocke nach Gleichung (93) durchtretende Luftmenge, errechnet mit $\mu = 0{,}61$.

Man rechnet bei Glockenbodenwaschern wie bei Destillationskolonnen durchschnittlich mit einem Druckverlust h_1 von etwa 1,5—3 mm QS für einen Wascherboden, je nach Belastung (vgl. Abb. 44b).

Die zu Waschzwecken verwendeten Glockenbodenwascher unterscheiden sich wenig von den bei der Destillation verwandten Typen [vgl. S. 418; desgleichen Ullmann: Encyklopädie der technischen Chemie, Bd. 8, S. 21 u. 24. 1931].

Der Zusammenhang zwischen der Differenz des Gasüberdruckes $h_1 - h_2 = \Delta h$ (*m* Flüssigkeitssäule) und der durch die Schlitze einer Glocke hindurchtretenden Gasmenge V_x (m^3 beim Betriebszustand) ist auf Grund der Wehrformel der Hydraulik bei einem rechteckigen Schlitz von der Breite B (m) durch folgende Gleichung bestimmt:

$$V_x = \frac{2}{3} B \cdot \mu \sqrt{2\,g\,\frac{\gamma_f}{\gamma_g}} \cdot \sqrt{(\Delta h)^3}\,. \quad (93)$$

Hierin ist μ ein Kontraktionskoeffizient, der bei scharfkantiger Durchlaßöffnung nach der Strömungslehre zu $\sim 0{,}61$ eingesetzt werden kann, sofern keine experimentellen Unterlagen zur Hand sind [Experimentelle Untersuchungen s. M. C. Rogers and E. W. Thiele: Ind. engin. Chem. **26**, 524 (1934)]. Bei dreieckigen Austrittsöffnungen (Dachform) ist bei gleicher Basis (s. Abb. 44b) der Dreieckform (gemessen in der Höhe des Meniscus der austretenden Gassäule) und bei gleicher Überdruckhöhe Δh die austretende Gasmenge $V_\Delta = {}^2/_5$ der nach Gleichung (93) angegebenen Gasmenge. Für unter Wasser austretende Luft (15°, 735 mm QS) ist das auf Grund der Gleichung (93) errechnete Volumen V_L aus Abb. 44a abzulesen. Es ist leicht möglich, die aus Abb. 44a abgelesenen Werte von V_L für andere Gase und Flüssigkeiten bzw. auf anderen Druck und Temperatur nach Gleichung (94) umzurechnen:

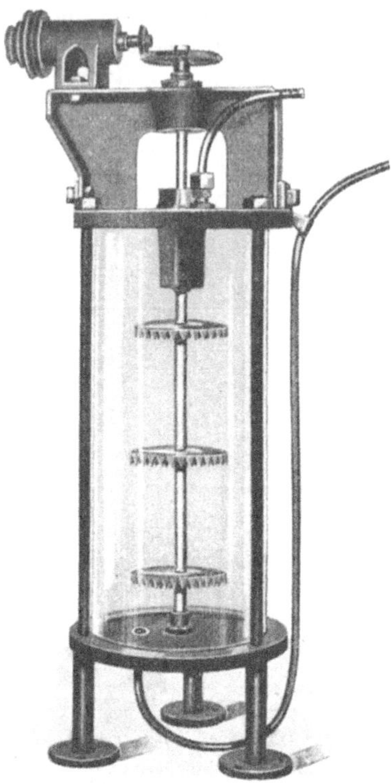

Abb. 45. Glockenfräsrührer D.R.P.a. (H. Stoltzenberg).

$$V_x = V_L \cdot \sqrt{\frac{\gamma_f}{\gamma_w} \cdot \frac{\gamma_l}{\gamma_g}} = V_L \cdot \sqrt{\frac{\gamma_f}{1000} \cdot \frac{1{,}186}{\gamma_g}}\,. \quad (94)$$

γ_f und γ_g sind hierbei die spezifischen Gewichte der Waschflüssigkeit bzw. des Gases in kg/m^3 unter Betriebsdruck und -temperatur; γ_w das spezifische Gewicht des Wassers, γ_l das der Luft. Der erforderliche Gegendruck für jeden Boden ist gegeben durch die Spiegeldifferenz h_1 vermehrt um den Strömungswiderstand des Gases bis zur Glocke des nächsthöheren Bodens.

Die chemische Fabrik Dr. H. Stoltzenberg, Hamburg baut einen Wascher mit rotierenden gezahnten Waschglocken (D.R.P.a.), wovon Abb. 45 eine Laboratoriumsausführung zeigt. Die aufsteigenden Blasen werden durch die gezahnten Räder der rotierenden Waschglocken zerschnitten. Die bei der Rotation sich ausbildenden Sekundärströmungen in der rotierenden Flüssigkeit bewirken über den Glocken eine nach innen gerichtete Strömung, so daß die von jedem Fräser aufsteigenden Blasen von der nächsthöheren Glocke wieder aufgefangen werden.

e) Filterplattenwascher.

Ein Laboratoriumsfilterplattenwascher, der vom Glaswerk Schott u. Gen., Jena in verschiedenen Formen gebaut wird, ist in Abb. 46 dargestellt. Das Gas dringt durch die Glasfilterplatte in feinen Perlen mit großer Oberfläche durch die Absorptionsflüssigkeit. Der Blasendurchmesser beträgt je nach den Bedingungen etwa 0,06 bis 3 mm. Die Filterplatten können aus Glas und keramischer Masse auch in größeren Abmessungen für technische Zwecke hergestellt werden. Diese Art der Waschung dürfte trotz der vorzüglichen Wirkung durch den damit verbundenen Druckverlust des Gases in der Regel auf Laboratoriumswascher und auf Sonderfälle, z. B. zur Herstellung von völlig sauerstofffreiem Stickstoff, beschränkt bleiben. [Über die Größe der aufsteigenden Gasbläschen vgl. S. Halberstadt u. P. H. Prausnitz: Ztschr. angew. Chem. **43**, 970 (1930)]. Bei der Erzeugung sehr kleiner Gasbläschen spielt die elektrische Gleichladung eine sehr große Rolle. Bei gewöhnlichen Filtermaterialien werden deshalb in alkalischen Flüssigkeiten meist kleinere Bläschen erzielt [s. H. Kautsky u. H. Thiele: Ztschr. anorgan. allg. Chem. **152**, 344 (1926)]. Über Porenweite der Filter siehe S. 259.

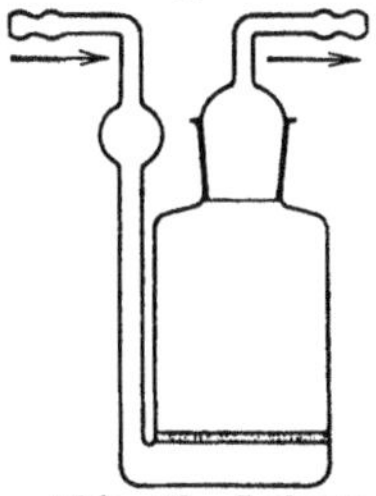

Abb. 46. Laboratoriumsfilter-Plattenwascher (Schott u. Gen.).

2. Beregnungstürme.

Für Flüssigkeitstropfen, die durch einen Gasraum fallen oder geschleudert werden, gelten die entgegengesetzten Bedingungen, wie sie bei aufsteigenden Gasperlen geschildert wurden. Die flüchtige Substanz muß in eine Flüssigkeitskugel hineindiffundieren, deren äußere Schichten sich immer mehr sättigen, während die Tröpfchen immer neue Gasräume durcheilen. Grundsätzliche Vorteile ergeben sich also bei genügend hoher Relativgeschwindigkeit der Tröpfchen im Gas, wenn der Diffusionswiderstand auf der Gasseite im Vergleich zu dem auf der Flüssigkeitsseite hoch ist. Durch die sehr große Oberfläche, die durch feines Zerstäuben erreicht werden kann, ebenso durch mehrmaliges Zertropfen bzw. Zerstäuben kann jedoch der Nachteil der in sich unbewegten Oberfläche absorbierender Flüssigkeitströpfchen gegebenenfalls mehr als aufgehoben werden.

Das Gas strömt in leeren Türmen der von oben herabregnenden Flüssigkeit entgegen. Beregnungstürme kommen in Betracht, wenn eine ausgezeichnete Absorptionsfähigkeit vorhanden ist, so daß die meist relativ geringe Verweilzeit der Tropfen im Gasraum zur Absorption genügt. Sie werden bevorzugt, wenn die Berieselungsflüssigkeit zur Abscheidung fester Niederschläge neigt, welche Einbauten oder Füllkörper in kurzer Zeit verkrusten würden. Auch Materialschwierigkeiten, Korrosionen von Einbauten können die Verwendung von Regentürmen nahelegen. Es gibt zu jeder Tröpfchengröße eine maximale Gasgeschwindigkeit, die nicht erreicht werden darf, wenn ein Mitreißen durch den Gasstrom vermieden werden soll. Zum Vermeiden des

Mitreißens muß also das um den Auftrieb verminderte Gewicht eines Flüssigkeitskügelchens größer sein als der Strömungswiderstand. Bei

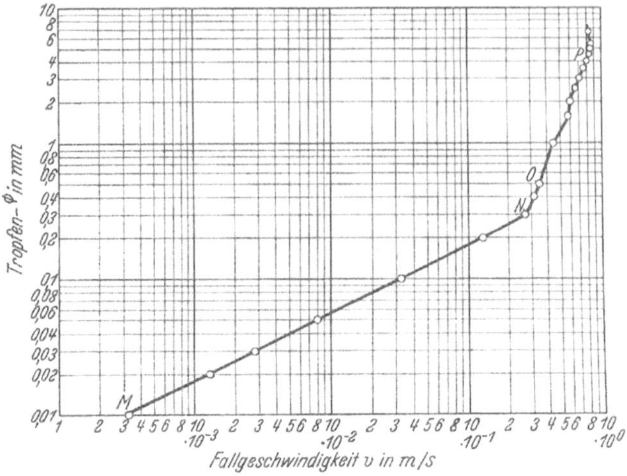

Abb. 47. Fallgeschwindigkeit von Wassertropfen in Luft (nach Lenard).

Wassertröpfchen in Luft von gewöhnlichem Druck gilt nach Versuchen von Lenard [Meteorolog. Ztschr. 1904, 249] bis zu einer Geschwindigkeit von etwa 2,8 m/s bei einem Tröpfchendurchmesser von 0,3 mm (Punkt N in Abb. 47) das Stockessche Gesetz (s. S. 65). Wassertröpfchen mit einem Durchmesser größer als 0,5 mm ergeben leicht Oberflächenschwingungen, so daß sie in kleinere zerspringen (Punkt O). Oberhalb einer Luftgeschwindigkeit von 8 m/s werden Tropfen jeder Größe mitgeführt bzw. zerspalten (Punkt P) und mitgeführt (vgl. Abb. 47).

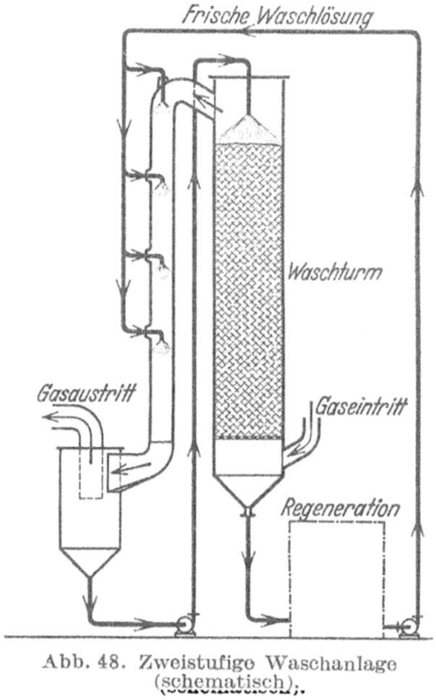

Abb. 48. Zweistufige Waschanlage (schematisch).

Aus diesem Diagramm, das sich auch zur Ermittlung der Tropfengröße aus der Fallgeschwindigkeit eignet, ist ersichtlich, daß bei sehr feinen Tröpfchen die Absinkgeschwindigkeit so gering ist, daß dieselben bereits von einem sehr schwachen Gasstrom mitgeführt werden. Deshalb führt man das Gas bei sehr feiner Zerstäubung, z. B. mit Schlickschen Düsen besser im Gleichstrom mit der zerstäubten Flüssigkeit.

Man kann dann unter gegebenen Umständen auf einen besonderen Waschturm verzichten, wenn eine genügend lange Rohrleitung zur Verfügung steht, in welche an geeigneten

Stellen die Waschflüssigkeit durch die Düsen fein zerstäubt wird. Durch Prallblech- oder Wirbelstromabscheider ist dann die zerstäubte Waschflüssigkeit wieder abzuscheiden. Ein solches Verfahren hat den Nachteil, daß man keine kontinuierliche Gegenstromwirkung, sondern nur eine stufenweise dadurch erzielen kann, daß die mit der 1. Düse zerstäubte und mit geringer Beladung abgeschiedene Waschlösung durch eine 2. Düse wiederum in den Strom des Rohgases, also vor der ersten Bedüsungsstelle zerstäubt und wieder abscheidet usw. Dieses Verfahren eignet sich zur Kombination mit einem Gegenstromwaschturm um die frische sehr aktionsfähige Waschlösung in dem im Waschturm bereits vorgewaschenem Gase mit großer Oberfläche zu zerstäuben, um damit eine weitgehende Auswaschung des abziehenden Gases zu erzielen (vgl. Abb. 48). Die Oberflächen zertropfter bzw. zerstäubter Flüssigkeiten ergeben sich aus Tabelle 3 (s. „Filtrieren", S. 276). Die Oberflächen gelten für 1 m³ Flüssigkeit, wenn man die dort angegebenen Zahlen mit 1,54 multipliziert. Mit einer guten Blumenspritze mit Zerstäuberdüse wurden Wassertröpfchen von durchschnittlich 0,17 mm Durchmesser erhalten.

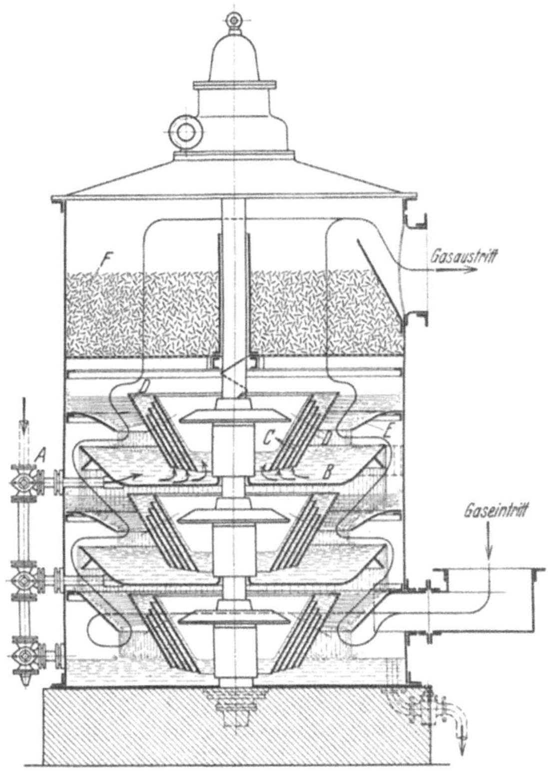

Abb. 49. Feldscher Gaswascher.

3. Schleuderwascher.

Sie eignen sich besonders für solche Fälle, in denen der Absorptionswiderstand im Flüssigkeitsfilm sehr hoch ist, in denen also ein fortwährendes Zerreißen der absorbierenden Flüssigkeitsoberfläche sehr wirksam ist (vgl. S. 493). Dieser Fall ist z. B. oft bei viscosen Absorptionsflüssigkeiten, z. B. Waschölen, gegeben. Abb. 49 zeigt den Feldschen Gaswascher. Der Zulauf der frischen Waschflüssigkeit erfolgt in die oberste, feststehende Wanne *B*. Von hier wird dieselbe von dem in Rotation befindlichen Trichtersystem *C* erfaßt und auf den gelochten Trichter *D* geschleudert, so daß die Waschflüssigkeit durch die Öffnungen desselben in axialer Richtung nach der Wascherwand geschleudert wird, wo sie über das Leitblech *E* in die Wanne *B* zurückfließt bzw. deren Überschuß über den Rand derselben in die nächsttiefere Wanne der folgenden Waschkammer herunterrieselt. Der Gasstrom durchkreuzt die Sprühregenschichten des Waschers von unten nach oben, wodurch eine Gegenstromwirkung in Stufen erzielt wird.

Das Schleudern der Waschflüssigkeit verzehrt natürlich je nach der Umfangsgeschwindigkeit der Schleuderräder, der Tauchtiefe, der Viscosität und Menge des aufgegebenen Waschöls unter Umständen

Abb. 50. Ströder-Wascher (Lurgi).

eine nicht unbeträchtliche Energie. Für einen großen Wascher mit 9 Waschgruppen und einem Gasdurchsatz von 13—17000 m^3/h wurden beispielsweise 85 kW installiert [J. Geller: Brennstoff-Chem. **14**, 268 (1933); vgl. auch H. Weittenhiller: Ztschr. Glückauf **68**, 313 u. 343 (1932)].

Eine andere Form des Schleuderwaschers ist der mit horizontaler Achse angeordnete Ströder-Wascher (Patent der I. G. Farbenindustrie A.G., Herstellerin Lurgi, Apparatebau-Gesellschaft m. b. H., Frankfurt a. M.). Eine große Anzahl, auf zwei gegenläufigen Wellen angeordneter, gerillter Scheiben wirft die in offenen Kanälen seitlich an die Scheiben anlaufende Flüssigkeit mit großer Geschwindigkeit im Sprühregen nach der Wascherwand. Der Gasstrom tritt in axialer Richtung durch den Wascher. Auch dieser Wascher arbeitet nach dem Gegenstromprinzip (vgl. Abb. 50). Je nach Zähigkeit der Flüssigkeit werden je Scheibe 8—10 m^3/h Waschflüssigkeit vernebelt. Der Kraftbedarf für einen Apparat von 3 m Gehäusedurchmesser und derselben Länge ist etwa 8—10 PS [vgl. Ztschr. angew. Chem. **39**, 19 (1926)].

Gewinnung und Wiedergewinnung flüchtiger Lösungsmittel.

Von Prof. Ing. Dr. E. **Berl**, Pittsburgh und Dr.-Ing. R. **Bemmann**, Darmstadt.

Einleitung.

Vielfach ist das Problem gestellt, Lösungsmitteldämpfe zu gewinnen bzw. wiederzugewinnen. Die Gewinnung kommt hauptsächlich in Betracht bei der Herstellung von leichtflüchtigem Benzin aus Erdgas. Die Kohlenwasserstoffe, von Butan angefangen, bis zu Siedepunkten von 100 und mehr Graden, sind entsprechend ihrer Dampftension bei den in Betracht kommenden Temperaturen in dem hauptsächlich aus Methan bestehenden Erdgas enthalten. Vielfach handelt es sich um Gehalte von 100—200 und mehr g/m^3 an Benzinkohlenwasserstoffen im Erdgas. Ein erheblicher Teil des im Erdgas dampfförmig vorhandenen Benzins wird heute nach einer der weiter unten beschriebenen Methoden in den Erdöl führenden Ländern gewonnen. Aus dem Leucht- und Koksofengas werden große Mengen von darin enthaltenen Benzolen (Benzol und Homologe) gewonnen.

Überaus häufig tritt in der Industrie die Notwendigkeit auf, Lösungsmitteldämpfe, die meistenteils in Luft verteilt sind und die bei irgendeiner technischen Manipulation entstehen, möglichst weit und mit möglichst geringen Kosten wiederzugewinnen. Von der zweckmäßigen Wiedergewinnung der vielfach in sehr geringen Konzentrationen (1—15 g/m^3) enthaltenen Lösungsmitteldämpfe hängt oft die Rentabilität des gesamten Betriebes ab. Im größten Maßstabe werden Lösungsmitteldämpfe wiedergewonnen bei den Trockenspinnprozessen in der Kunstseidenindustrie (Nitrat- und Acetat-Kunstseideerzeugung), in der Industrie der rauchschwachen Pulver und der Herstellung der Automobilreifen, Wachstuchfabriken und in vielen anderen Industrien.

Für die Gewinnung und Wiedergewinnung von Lösungsmitteldämpfen aus Verdünnungsgasen kommen hauptsächlich folgende Verfahren in Betracht:

I. Kondensationsverfahren durch Abkühlung, häufig kombiniert mit Erhöhung des Druckes.

II. Waschverfahren.

a) Mit Flüssigkeiten, welche durch einfache Lösung eine Erniedrigung der Tension der Dämpfe bedingen,

b) mit Flüssigkeiten, welche durch die Ausbildung von Molekülverbindungen, denen eine geringere Dampfspannung zukommt, die Wiedergewinnung zu erzielen erlauben.

III. Adsorptionsverfahren, in der Hauptsache durch die Anwendung von Aktivkohle, Silica-Gel und Tonerde-Gel.

I. Kondensationsverfahren.

A. Allgemeines.

Durch Abkühlung tritt eine Tensionsverminderung der Lösungsmitteldämpfe ein, so daß unter Umständen die Sättigungskonzentration des Dampf-Luft- bzw. Dampf-Gasgemisches überschritten wird und sich entsprechende Mengen verflüssigten Dampfes abscheiden. Abb. 1 gibt die Sättigungskonzentration für verschiedene Lösungsmittel in g je m³ Gas an. Durch Kompression wird eine entsprechend dem Kompressionsgrad erhöhte Konzentration an Lösungsmitteldampf je Volumeinheit erzielt.

Beispiel. Wird benzoldampfgesättigte Luft von 30° C auf 10° C abgekühlt, so kondensiert dabei soviel Benzol, als der Differenz der Sättigungswerte bei diesen beiden Temperaturen entspricht. Aus Abb. 1 ergeben sich diese Werte zu 500 g/m³ bei 30° C und 200 g/m³ bei 10° C, so daß eine solche Abkühlung die Kondensation von 300 g Benzol je m³ zur Folge hat, während die Restbeladung des Gases noch 200 g/m³ beträgt. Wird dieses Restgemisch auf 10 atü komprimiert, so erhöht sich der Benzolgehalt der Volumeinheit auf das 10fache, also auf 2000 g/m³. Kühlt man dieses Gemisch unter dem gleichbleibenden Druck von 10 atü auf 10° C ab, so scheiden sich 1800 g/m³ ab, während 200 g/m³ dampfförmig zurückbleiben. Entspannt man hierauf wieder auf Atmosphärendruck, so verläßt die Luft die Anlage mit einem Benzolgehalt von 20 g/m³.

Gewöhnlich wird die Abkühlung durch flüssige Kühlmittel, z. B. Wasser oder Kühlsole, bewirkt. Die Restbeladung des die Kondensationsapparatur verlassenden Trägergases ist noch sehr hoch, selbst wenn man mit Kühlsole von —10° C arbeitet (vgl. Abb. 1). Eine rationelle Lösemittelwirtschaft ist in diesen Fällen nur dann möglich, wenn man das Trägergas zirkulieren lassen kann, so daß es einmal die verdampfenden Lösungsmittel aufnimmt und sie dann nach erfolgter Kühlung bzw. Kompression wieder abgibt. Die Restbeladung in dem Gas, welches neuerdings Lösungsmittel aufnimmt, ist also konstant und geht nicht verloren.

Tabelle 1.

Lösungsmittel	Untere Explosionsgrenze des Dampf-Luftgemisches in Vol.-%	Untere Explosionsgrenze des Dampf-Luftgemisches in g/m³	Taupunkt an der unteren Explosionsgrenze °C
Benzol	1,0	33	—18
Äthylalkohol . .	2,7	54	+ 8
Aceton	2,2	52	—23
Äthyläther	1,5	47	—48
Schwefelkohlenstoff	1,0	32	—49

Hohe Lösemitteldampfkonzentration in der Trägerluft haben weiter den Nachteil, daß die Feuergefährlichkeit der Anlage außerordentlich erhöht wird, da die meisten Lösungsmittel mit Luft explosionsfähige Gemische liefern. Beim gewöhnlichen Kondensationsverfahren arbeitet man zwangsläufig fast stets im Explosionsbereich, wie Tabelle 1 zeigt.

Ein die Kondensationsanlage verlassendes Ätherdampf-Luftgemisch befindet sich also erst dann außerhalb des Explosionsbereiches, wenn

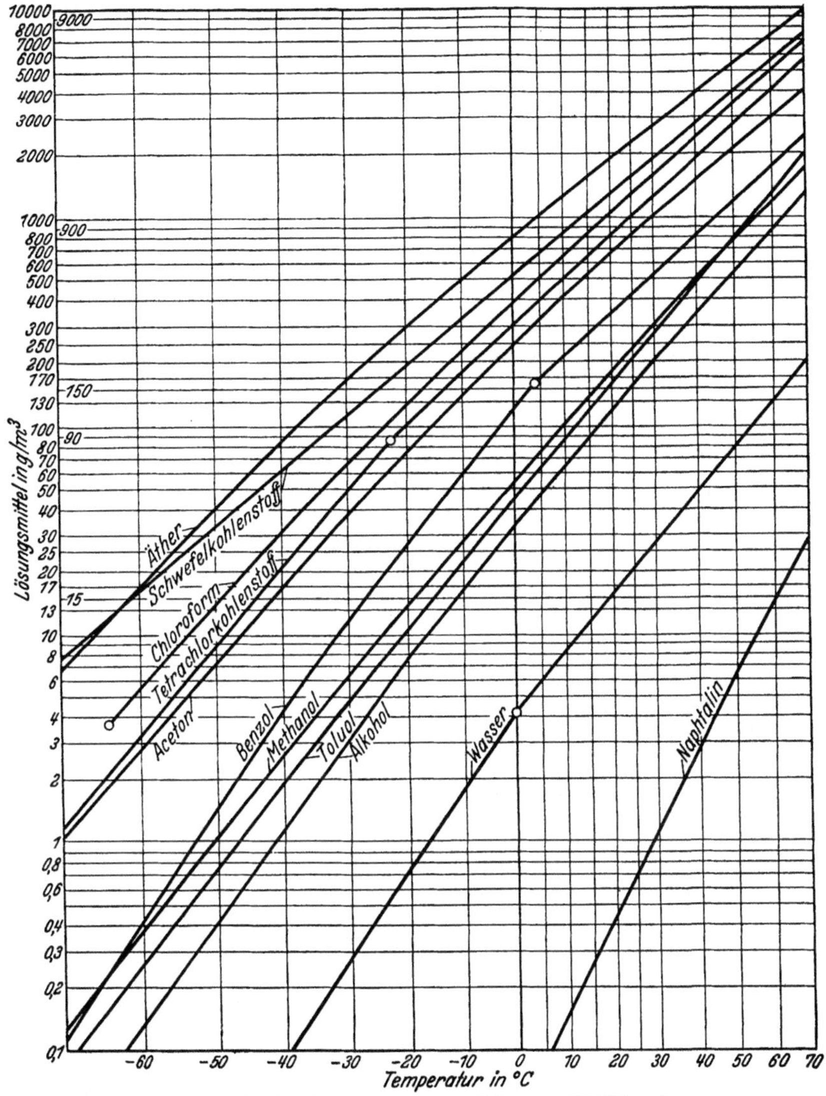

Abb. 1. Dampfdruckkurven von Lösungsmitteldämpfen.

die Kühlung bis auf unter — 48° C getrieben wird. Es sei auf die durch Drucksteigerung hervorgerufenen Vergrößerung der Explosionsgefahr hingewiesen (vgl. auch Bd. I, S. 305). Man hat deshalb statt Luft ein inertes Gas (z. B. Kohlendioxyd, Stickstoff, Verbrennungsgase) als Träger für die brennbaren Dämpfe herangezogen. Dies ist jedoch aus technischen Gründen nur in beschränktem Maße möglich.

Ist ein Umwälzluftbetrieb nicht durchführbar, so ist die Wiedergewinnung nach dem Kondensationsverfahren wirtschaftlich nur dann möglich, wenn die Abkühlung auf wesentlich tiefere Temperaturen, vorzugsweise unter gleichzeitiger Kompression, getrieben wird. Bei dem

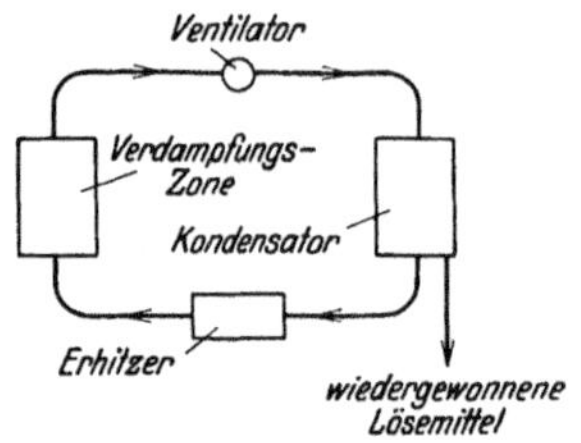

Abb. 2. Schema einer Außenkondensationsanlage. (Nach Piatti.)

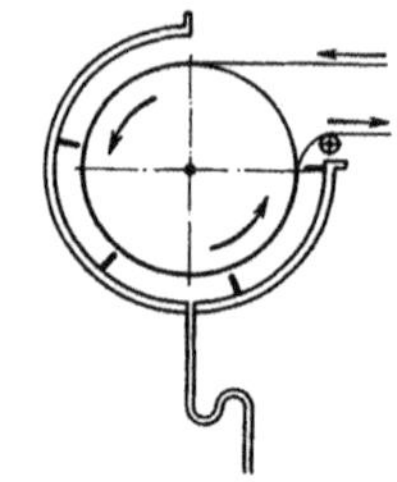

Abb. 3. Schema einer Innenkondensationsanlage. (Nach Piatti.)

Tiefkühlverfahren der Gesellschaft für Lindes Eismaschinen, Höllriegelskreuth (s. auch S. 525), erfolgt die Abkühlung des Gasgemisches unter Kompression auf einige atü auf unter — 50° C. Die Restbeladung des Verdünnungsgases ist dementsprechend kleiner als 1 g/m³ (vgl. Abb. 1). Neben dem guten Wirkungsgrad der Wiedergewinnungsanlage hat diese geringe Restbeladung den Vorteil, daß die die Anlage verlassenden Gase sich außerhalb des Explosionsbereiches befinden.

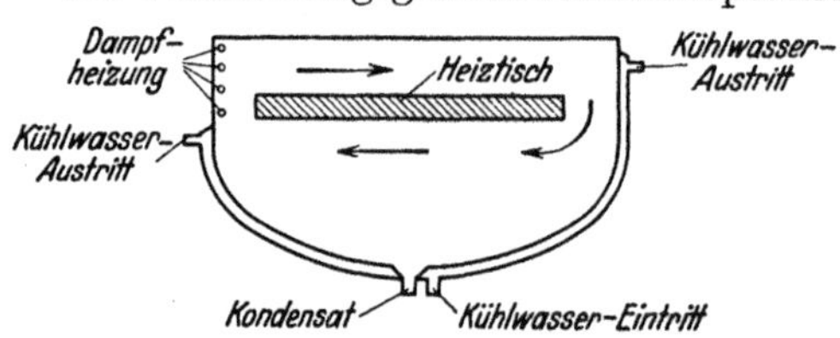

Abb. 4. Schema einer Innenkondensationsanlage. (Nach Piatti.)

Bei der Kompression von Gasen treten erhebliche Temperatursteigerung und Energieverbrauch auf. Für den Kraftbedarf PS·h für die Verdichtung von je 100 m³ Gas gilt die Beziehung:

$$\mathrm{PS}\cdot\mathrm{h} \backsimeq \frac{3{,}7}{\eta_{is}}\cdot p_1\cdot\ln\frac{p_2}{p_1},$$

wobei η_{is} mit 0,65 angenommen werden kann; p_1 = Ansaugedruck, p_2 = Verdichtungsdruck.

B. Die technische Durchführung des Kondensationsverfahrens.

Da die gewöhnlichen Kondensationsverfahren nur solche Verdünnungsgase aufarbeiten können, die viel Lösungsmitteldampf enthalten, müssen die Maschinen und Apparate, an denen die Lösungsmitteldämpfe entstehen, möglichst dicht gekapselt werden. Eine Absaugung der Dämpfe ist wegen der damit verbundenen Verdünnung der Dämpfe nur in sehr beschränktem Maße möglich. Sowohl bei den Außenkondensationsanlagen (vgl. Abb. 2), bei denen infolge der schwachen Absaugung die

Lösemitteldämpfe nur teilweise erfaßt werden, wie bei den Innenkondensationsanlagen (Abb. 3 u. 4), bei deren Anwendung man auf Absaugung ganz verzichtet, sind die Verluste an Lösungsmitteln verhältnismäßig groß. Meist kommt man bei diesen einfachen Anlagen über eine Wiedergewinnung von 50% der eingebrachten Lösemittelmenge nicht hinaus.

Der Kühlwasserverbrauch ist im allgemeinen sehr hoch und beträgt je nach dem zu kondensierenden Lösemittel und den Arbeitsbedingungen etwa 100—300 l je kg wiedergewonnenes Produkt. Dagegen ist der Energie- und Dampfverbrauch verhältnismäßig gering und beschränkt sich auf den Antrieb der Ventilatoren und, beim Umwälzverfahren, auf die Wiedererwärmung des gekühlten Gases. Beim Arbeiten mit gekühlter Sole sind die Unkosten durch den Betrieb einer Kältemaschine natürlich höher. Vorzüge des Kondensationsverfahrens sind einfache und billige Anlagen, Wegfall besonderer Betriebsmittel, einfache Überwachung.

C. Tiefkühlverfahren

(s. auch S. 441).

Diese Verfahren nehmen neuerdings einen breiteren Raum in der Wiedergewinnungstechnik ein. Ein nicht unerheblicher Teil des Benzins

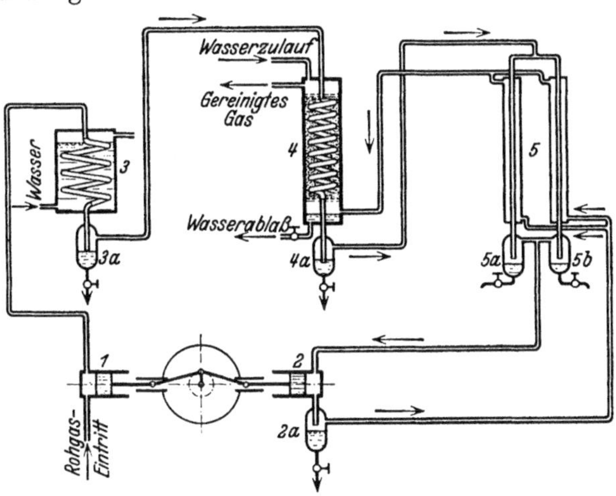

Abb. 5. Schema einer Benzolgewinnungsanlage nach dem Tiefkühlverfahren (Gesellschaft für Lindes Eismaschinen, Höllriegelskreuth).

wird in den Vereinigten Staaten nach diesem Verfahren aus Erdgas gewonnen. Die Arbeitsweise bei der Benzolgewinnung aus Koksofengas, die bereits in mehreren großen Anlagen durchgeführt wird, geht aus der schematischen Abb. 5 hervor. Das zu verarbeitende Gas, das lediglich von mechanischen Verunreinigungen (Teerwäsche), dagegen nicht von seinem Schwefelgehalt befreit sein muß (Vorteil vor dem Aktivkohleverfahren, s. S. 537), wird von dem Kompressionszylinder (*1*) angesaugt und auf 3—4 atü komprimiert. Unter diesem Druck wird es im Wasserkühler (*3*) und in den Kühlern (*4*) und (*5*) in mehreren Stufen bis auf — 20° C gekühlt. Das gekühlte Gas tritt sodann in den Expansionszylinder (*2*) ein, in dem ein Teil (25—28%) der Kompressionsarbeit dadurch wiedergewonnen wird, daß man das komprimierte Gas unter Arbeitsleistung sich auf atmosphärischen Druck entspannen läßt. Hierbei findet eine weitere Abkühlung von — 20° auf — 50° bis — 60° C statt. Die Schmierung des Expansionszylinders erfolgt mit einem Gemisch von Toluol und Alkohol. Dieses löst festes Benzol, das sich etwa im Zylinder ausscheiden und Betriebsstörungen verursachen würde, auf und macht es so unschädlich. Das tief gekühlte und entspannte Gas wird dann in den Gegenstromaustauscher (*5*) zurückgeleitet, wo es seine Kälte an neu eintretendes, komprimiertes Gas abgibt. In dem Verdunstungskühler (*4*) wird das infolge der vorangegangenen Kühlung weitgehend getrocknete Gas beim Durchstreichen durch Wasser mit Wasserdampf beladen. Die zur Verdampfung dieser Wassermenge erforderliche Wärme wird dem komprimierten Gas entzogen, welches durch Rohrspiralen durch das verdunstende Wasser hindurch geführt wird. Bei einer Eintrittstemperatur des komprimierten Gases von + 45° C kann im Verdunstungskühler eine Kühlung bis auf etwa + 5° C erreicht werden. Wenn das zu verarbeitende Gas mit einer Temperatur von + 20° C oder weniger zur Verfügung steht, kann der Verdunstungskühler (*4*) fortgelassen und die Anlage dadurch noch vereinfacht werden.

In dem ersten Abscheider (*3a*) scheidet sich neben Wasser der größte Teil des im Gas enthaltenen Naphthalins aus. Im Abscheider (*4a*) sammelt sich eine Lösung, welche den Rest des Naphthalins sowie ein Gemisch von Kohlenwasserstoffen enthält, das etwa der Zusammensetzung der Solventnaphtha entspricht. Im Gegenstromkühler (*5*) scheidet sich der größte Teil des Benzols und Wasserdampfes in vorwiegend fester Form aus. Dieser Kühler wird doppelt ausgeführt, und das Gas wird so geleitet, daß stets der eine Kühlerast sich in Betrieb befindet, während der zweite zwecks Aufschmelzens des Kondensats angewärmt wird. Zur Anwärmung kann das noch nicht gekühlte komprimierte Gas verwendet werden. Nach einer gewissen Zeit wird der angewärmte Teil des Kühlers (*5*) in Betrieb genommen und der eingefrorene Teil angewärmt. Dieser Vorgang wird in regelmäßigen Abständen wiederholt. Das aufgetaute Kondensat sammelt sich in den Abscheidern (*5 a*) und (*5 b*), aus welchen es ohne weitere Behandlung als 90%iges Handelsbenzol abgezogen werden kann. Die gleiche Zusammensetzung hat der Inhalt des Abscheiders (*2 a*).

Das Benzol wird bei diesem Verfahren bis auf einen Gehalt von etwa 0,5 g/m³ Gas ausgeschieden. Die Betriebskosten beschränken sich im wesentlichen auf den Energieverbrauch für den Kompressor (hierzu s. S. 524), der bei einem Benzolgehalt des Gases von 22 g/m³ etwa 1,7—1,8 kW/h je kg gewonnenes Benzol benötigt. Das Tiefkühlverfahren ist mit dem Waschölverfahren konkurrenzfähig, wenn 1 kW/h höchstens 1,9 Pfg. kostet. Der Energieverbrauch läßt sich auf $^3/_4$ verringern, wenn die Kompression nur auf 0,5 atü getrieben und die Kälte mit einer Ammoniak-Kältemaschine erzeugt wird.

Wesentlich günstiger gestaltet sich das Tiefkühlverfahren dort, wo das Gas unter höherem Druck zur Verfügung steht oder für andere

Zwecke komprimiert werden muß, wie z. B. für die Wasserstoffgewinnung aus Koksofengas für die Ammoniaksynthese; hier kann das Benzol fast kostenlos gewonnen werden [Pollitzer: Ztschr. ges. Kälteind. **39**, Heft 6 (1932)]. Vgl. Bd. II, S. 327.

Grundsätzlich nach demselben Schema wie die Benzolgewinnung aus Koksofengas erfolgt auch die Gewinnung von Benzin aus Erdgas. Hierbei kann die Kühlung auch durch direkte Berieselung des Gases mit kaltem Benzin erfolgen. Dieses wird seinerseits durch verdampfendes Ammoniak gekühlt. Neben den günstigen Verhältnissen beim Wärmeübergang liegt ein Vorzug dieses „direkten" Kühlverfahrens darin, daß das gekühlte Benzin einen größeren Teil der leichteren Kohlenwasserstoffe aus dem Gas aufnimmt als bei trockener Kondensation unter gleichen Bedingungen von Druck und Temperatur sich ausscheiden würden. Man erhält eine höhere Ausbeute an Benzin. Wenn das Gas, wie dies häufig der Fall ist, mit mehr als 1 atü zur Verfügung steht, kann man schon bei einer Kühlung bis auf -20^{0} C die verwertbaren Kondensate praktisch vollständig gewinnen mit einem Energieaufwand von etwa 0,3 kW/h je kg gewonnenen Benzins.

Natürlich läßt sich das Tiefkühlverfahren auch für die Wiedergewinnung flüchtiger Lösemittel anwenden. Bedingung ist, daß der Energiepreis ein sehr niedriger ist (vgl. S. 526).

Die wesentlichsten Vorzüge des Lindeschen Tiefkühlverfahrens sind:

1. Quantitative Gewinnung der Produkte.
2. Gleichbleibende Ausbeute, auch bei hoher Gas- und Kühlwassertemperatur.
3. Bei der Benzolgewinnung aus Koksofengas werden Benzol und Naphthalin direkt als hochwertige Einzelfraktionen gewonnen. Das benzolfreie Gas ist für die Ferngasversorgung gut geeignet, da es völlig naphthalinfrei ist. Bei der Entschwefelung ist eine Erhöhung der Wirksamkeit und Lebensdauer der Reinigungsmasse zu erwarten, da ein absolut teerfreies und sehr cyanarmes Gas vorliegt.

II. Waschverfahren.

A. Allgemeines.

Die Gewinnung und Wiedergewinnung von Lösungsmitteldämpfen nach dem Waschverfahren ist nur dann von Erfolg begleitet, wenn die Auswaschflüssigkeit praktisch unbegrenzt mischbar ist mit dem kondensierten Lösungsmitteldampf. Wird die Waschflüssigkeit mit dem Lösungsmittel zusammen gegeben, so können drei Fälle eintreten:

1. Es entsteht eine reine Lösung. Die Dampfdrucke gehorchen dem von Planck aufgestellten Gesetz über die Partialdrucke von binären Flüssigkeitsgemischen, welches lautet:

$$\frac{p}{P} = \frac{\frac{x}{M_1}}{\frac{y}{M_2} + \frac{x}{M_1}}.$$

Hierbei bedeuten:

p den Partialdruck der Komponenten A,
P ihren Dampfdruck in reinem Zustand bei der gleichen Temperatur,
M_1 ihr Molekulargewicht,
x die von der Komponente A angewandte Menge in g,
M_2 das Molekulargewicht der Komponente B,
y die von dieser angewandte Menge in g.

Die Bildung der reinen Lösung ist stets mit einer Temperaturerniedrigung verbunden, da bei der Verteilung des einen Stoffes im anderen, analog der Expansion eines Gases, Energie verbraucht wird.

2. Der beobachtete Dampfdruck ist größer als der aus der oben erwähnten Formel errechnete. Diese läßt auf eine Vermehrung der Moleküle, auf eine Spaltung assoziierter Moleküle, schließen. Auch in diesem Falle ist eine negative Mischungswärme, d. h. eine Temperaturerniedrigung, festzustellen, da die Depolymerisierung Energie verbraucht. Die beobachtete Temperaturerniedrigung ist hier auf zwei sich gegenseitig verstärkende Ursachen zurückzuführen, auf die Depolymerisierung und auf die Verteilung des gelösten Stoffes.

3. Der gefundene Dampfdruck ist kleiner als der theoretische. Es hat also eine Verminderung der Molekülzahl stattgefunden; der gelöste Stoff ist mit dem Lösungsmittel eine Molekülverbindung eingegangen. Dies ist ein exothermer Prozeß, und zwar ist die dabei freiwerdende Wärmemenge wesentlich größer als die durch den Lösungsvorgang aufgenommene Wärme, so daß als Endeffekt eine Temperaturerhöhung bleibt.

Die Verhältnisse, wie sie Fall 3 behandelt, sind für eine Absorption die günstigsten, denn je größer die Dampfdruckerniedrigung ist, um so höher kann das Lösungsmittel, das Absorbens, beladen werden. Auch hier treten zwei Erscheinungen in Wechselwirkung, die sich in entgegengesetztem Sinne beeinflussen: Auf der einen Seite die auftretende Dampfdruckerniedrigung, welche eine erhöhte Absorption begünstigt, auf der anderen Seite die Temperaturerhöhung, welche ihrerseits den Dampfdruck erhöht und somit einer stärkeren Absorption entgegenwirkt. Der überwiegende Einfluß ist jedoch in der Regel die Dampfdruckerniedrigung, so daß in der Tat im Fall 3 die Verhältnisse für die Absorption denkbar günstig liegen.

Zwischen Molekülverbindungen und eigentlichen chemischen Verbindungen läßt sich keine scharfe Grenze ziehen. Die Absorption ist um so vollständiger, je beständiger die gebildete Molekülverbindung ist. Je stärker aber die Kräfte sind, welche die Moleküle zusammenhalten, um so schwieriger ist naturgemäß die Trennung bei der Rückgewinnung des absorbierten Lösungsmittels.

Neben der Absorptionsfähigkeit für das betreffende Lösungsmittel muß eine Waschflüssigkeit eine Reihe von Anforderungen erfüllen, damit sie technischer Anwendung fähig ist.

Nach dem Planckschen Gesetz ist es zweckmäßig, ein möglichst hochsiedendes Waschmittel (Absorbens) zu wählen. In der Praxis verwendet man vielfach Flüssigkeiten, die zwischen 250° C und 300° C sieden.

Der Dampfdruck des Waschöls soll niedrig sein, damit die Verluste durch Verdampfung des Absorbens während des Waschvorganges möglichst gering sind. Aus dem gleichen Grunde soll die Verdampfungswärme groß sein. Die Sättigungskonzentration der Waschflüssigkeit soll bei 20° C nicht über 2 g/m³ Gas liegen. Das Molekulargewicht, das in die Plancksche Formel eingeht, soll etwa zwischen 100 und 150 liegen. Die Viscosität soll einen geringen Wert und eine möglichst geringe Temperaturabhängigkeit haben. Hochviscose Flüssigkeiten verbrauchen viel Energie beim Umpumpen, lassen sich nur schwer fein verteilen und setzen sich nur relativ langsam ins Gleichgewicht mit den lösungsmitteldampfhaltigen Gasen. Die Oberflächenspannung soll möglichst niedrig sein, damit die Flüssigkeit sich leicht fein verteilen läßt. Niedrige spezifische Wärme ist bei den großen umlaufenden Flüssigkeitsmengen für die Wärmeökonomie der Anlage sehr günstig. Die Flüssigkeit muß billig und leicht zu beschaffen, der Preis soll keinen großen Schwankungen unterworfen sein. Schließlich soll die Flüssigkeit auch unter der wechselnden Einwirkung von Erhitzung und Abkühlung, sowie von Luftsauerstoff und Wasserdampf beständig sein. Nicht genügend gereinigte chlorierte Kohlenwasserstoffe können z.B. Salzsäure abspalten; Ester können verseift werden. Phenole und phenolhaltiges Waschöl werden durch die sauerstoffhaltigen Lösungsmitteldampf-Luftgemische infolge von Kondensations- und Polymerisationsvorgänge erheblich verdickt (Verharzen), was zu den vorerwähnten Nachteilen Anlaß gibt.

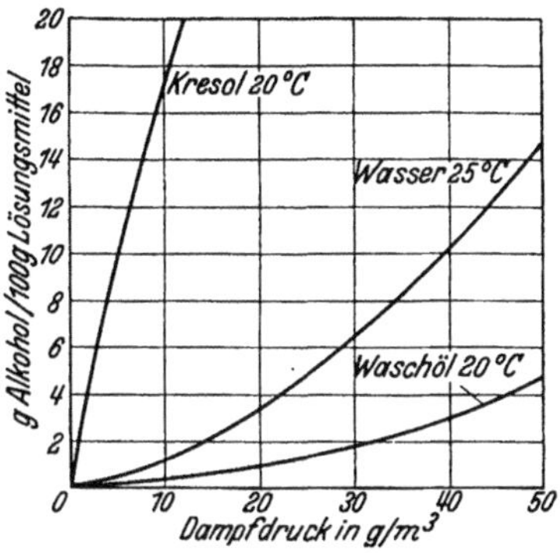

Abb. 6. Dampfdruckkurven von Alkohol über Wasser, Kresol und Waschöl.

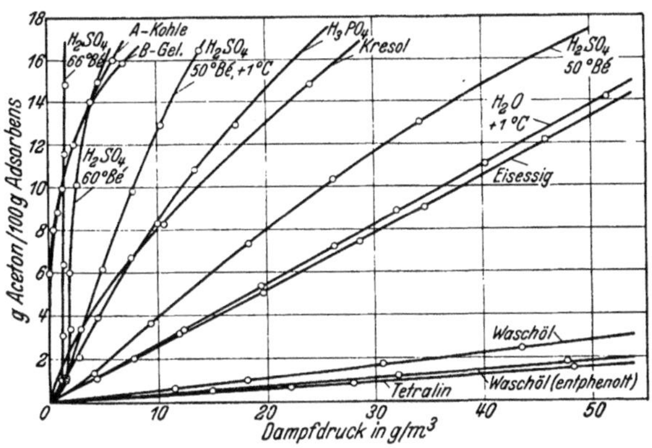

Abb. 7. Dampfdruckkurven von Aceton über verschiedenen Waschflüssigkeiten und Aktivkohle bei 20 ° C.

B. Wasser-Waschverfahren.

Für die Absorption wasserlöslicher Lösungsmittel hat man kaltes Wasser als Waschflüssigkeit verwandt. Wasser bildet mit den Lösungsmitteln meist keine Molekülverbindungen. Abb. 6 gibt die Dampfdruckkurven des von Wasser, Kresol und Waschöl bei 20° bzw. 25° C absorbierten Alkohols wieder [Berl u. Will: Ztschr. angew. Chem. **45**, 557 (1932)]. Abb. 7 zeigt die Absorptionsisothermen des Acetons für Wasser von 1° C; zum Vergleich sind die Isothermen für eine Reihe von anderen Waschflüssigkeiten bei 20° C eingezeichnet. Eiskaltes Wasser ist demnach namentlich für Alkohol und für Aceton ein brauchbares Absorptionsmittel, das den Vorzug sehr großer Billigkeit hat. Die Lösungsmittel sind in einfachen Rektifizierkolonnen aus der verdünnten wäßrigen Lösung wiederzugewinnen.

C. Waschöl- und Kresol- (Phenol-) Verfahren.

Die Gewinnung von Benzol wird im größten Maßstabe seit ungefähr 50 Jahren mit Waschöl durchgeführt. Man benützt dazu sowohl Fraktionen des Steinkohlenteers als auch Erdöldestillate und Braunkohlenteeröle. Waschöl für Benzolgewinnung soll folgende Siedegrenzen zeigen [Verordnung über Regelung der Teerwirtschaft s. Deutsch. Reichsanzeiger 1920, Nr. 125 vom 10. Jan., Art. 3; vgl. auch Bunte u. Frei: G. W. F. **65**, 273 (1922)]: bis 200° C höchstens 10%. bis 300° C mindestens 9%.

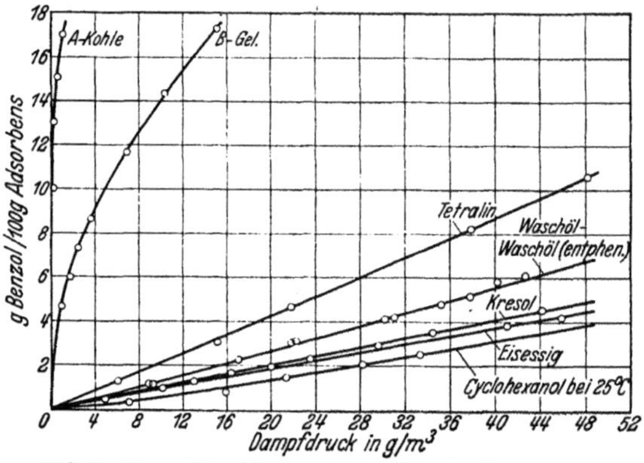

Abb. 8. Dampfdruckkurven von Benzol über verschiedenen Adsorbentien (Waschflüssigkeiten, Aktivkohle und Silica-Gel) bei 20° C.

Die Beladungsfähigkeit von Waschöl für Benzol geht aus Abb. 8 hervor [Berl u. Schwebel: Ztschr. angew. Chem. **35**, 190 (1922); Berl u. Ranis: Ztschr. angew. Chem. **42**, 600 (1930); Berl u. Will: Ztschr. angew. Chem. **45**, 557 (1932)]. Mit diesen Ölen kann man auch Benzin (s. Abb. 9) und chlorierte Kohlenwasserstoffe, z. B. Tetrachlorkohlenstoff (s. Abb. 10) wiedergewinnen. Ein Phenolgehalt des Waschöls ist aus den S. 529 angeführten Gründen (Verharzung) ungünstig. Die im Schrifttum angeführte Angabe, daß Phenole Benzol besonders gut aufzunehmen vermögen, besteht nicht zu Recht. Aus den Abb. 8, 9 u. 10 geht hervor,

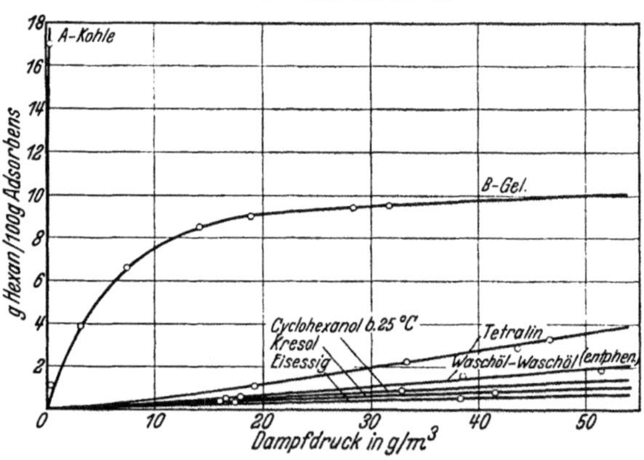

Abb. 9. Dampfdruckkurven von Hexan über verschiedenen Adsorbentien bei 20° C.

daß Benzol, Benzin und chlorierte Kohlenwasserstoffe von entphenoltem Waschöl ebenso stark absorbiert werden wie von phenolhaltigem. Rein-Kresol ist sogar eine weniger gute Waschflüssigkeit für diese Stoffe als das Waschöl. Aus den erwähnten Abbildungen geht weiter hervor, daß Tetralin dem Waschöl etwas überlegen ist. Eine Bildung von Molekülverbindungen zwischen Absorbens und Absorptiv tritt bei Verwendung von Tetralin meist nicht ein. Wegen seiner günstig liegenden physikalischen Konstanten und wegen seines gemischt aromatisch - aliphatischen Charakters findet Tetralin Verwendung zur Gewinnung von Benzin und Benzol sowie zur Befreiung von Leuchtgas von Naphthalin. Nach Berl und Schwebel (loc. cit.), Berl und Ranis (loc. cit.), Berl und Will (loc. cit.) bilden sauerstoffhaltige Lösungsmittel mit Phenolen lockere Molekülverbindungen. Auf Abb. 6 und 7 auf S. 529 sind die Beladungskurven von Alkohol und Aceton an Kresol eingezeichnet. Die Abb. 11 und 12 geben die ebenfalls von Berl und Mitarbeitern aufgenommenen Dampfdruck-

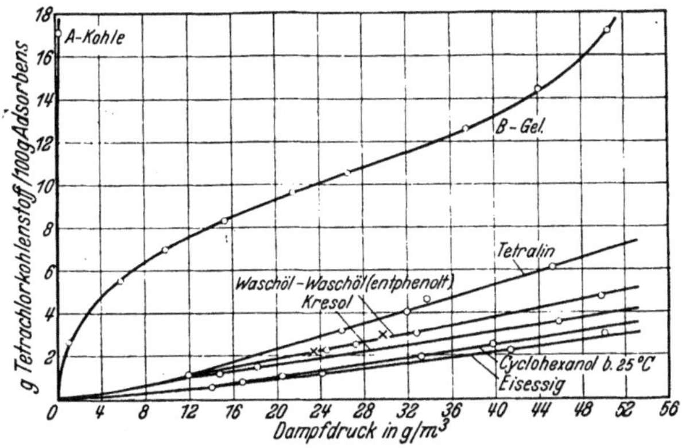

Abb. 10. Dampfdruckkurven von Tetrachlorkohlenstoff über verschiedenen Adsorbentien bei 20 ° C.

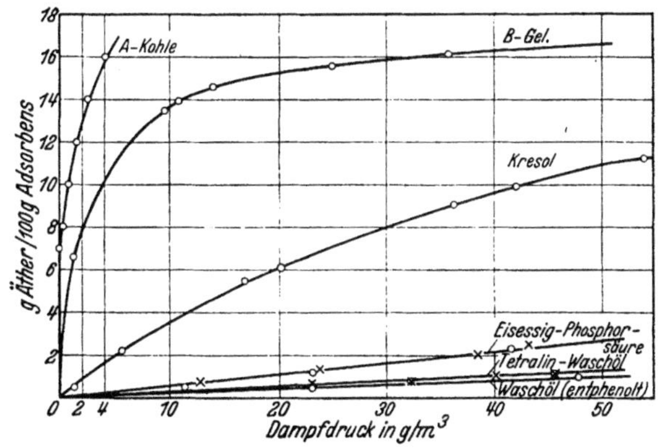

Abb. 11. Dampfdruckkurven von Äther über verschiedenen Adsorbentien bei 20 ° C.

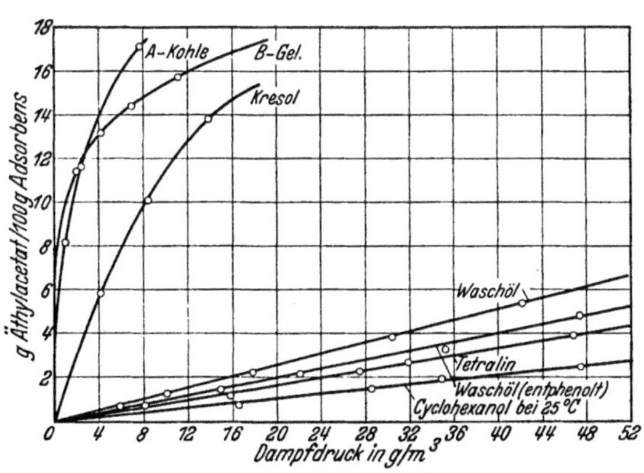

Abb. 12. Dampfdruckkurven von Äthylacetat über verschiedenen Adsorbentien bei 20 ° C.

kurven von Äther und Äthylacetat wieder, die von Kresol und anderen Waschflüssigkeiten absorbiert worden sind. Kresol ist also ein brauchbares Absorptionsmittel für sauerstoffhaltige Lösungsmittel. Diese sind durch Temperaturerhöhung mit oder ohne Anwendung von direktem Wasserdampf relativ leicht aus dem sauren Öl wieder abspaltbar. Die Anwendung von Phenolen nach dem Brégeat-Verfahren und von Tetralin für die Wiedergewinnung von Lösemitteldämpfen ist der Cheminova-G. m. b. H., Berlin, geschützt.

D. Bisulfitverfahren.

Zur Wiedergewinnung von Acetondämpfen hat man Bisulfitlösungen heranzuziehen versucht, da Natriumbisulfit mit Aceton eine ziemlich feste Verbindung bildet. Beim Erhitzen zum Zwecke der Austreibung des Acetons muß man jedoch Soda zusetzen, da das Destillat sonst durch Schwefeldioxyd verunreinigt wird. Das zurückbleibende neutrale Sulfit muß vor der Wiederverwendung durch Ansäuern in Bisulfit zurückverwandelt werden. Das Verfahren hat sich wegen des hohen Chemikalienverbrauchs und der Kompliziertheit der Anwendung trotz hoher Absorptionsfähigkeit der Bisulfitlösung nur beschränkt (bei der Cordit-Fabrikation) einführen können.

E. Schwefelsäureverfahren.

Eine überragende Bedeutung bei der Wiedergewinnung von Äther und Alkohol hatte früher das Schwefelsäureverfahren. Die Beladungsfähigkeit der Schwefelsäure ist außerordentlich hoch, da sie chemische Verbindungen mit Alkohol (Äthylschwefelsäure) und Äther (Oxoniumverbindung) bildet. Auch mit Aceton mischt sich Schwefelsäure in heftiger Reaktion, wobei die Dampftension sehr stark herabgesetzt wird (vgl. Abb. 7 u. 11 auf S. 529 u. 531). Konzentrierte Phosphorsäure zeigt eine ähnlich gute Absorptionswirkung für sauerstoffhaltige Lösemittel wie Schwefelsäure [Berl u. Will: loc. cit.]. Die Aufnahmefähigkeit der Schwefelsäure hängt von ihrer Konzentration ab. Im Betriebe wendet man Schwefelsäure von etwa 63° Bé an, da die Rekonzentrationskosten der anfallenden verdünnten Säure auf diese Stärke verhältnismäßig gering sind. Die Schwefelsäure nimmt bei Verarbeitung größerer Luftmengen viel Wasser auf und läßt dabei in der Absorptionskraft nach. Die Wärmetönung ist besonders bei der Absorption feuchter Gase sehr hoch und erfordert Kühlung der beladenen Gase vor der Berührung mit der Säure und damit vorherige Abscheidung eines erheblichen Teiles des Wasserdampfes, der entsprechende Mengen Alkohol aus dem Gas aufnimmt. Zur Wiedergewinnung des absorbierten Äther-Alkohols muß man die Schwefelsäure vor dem Erhitzen auf 40—50% verdünnen. Nach dem Austreiben der Lösungsmittel muß die anfallende verdünnte Säure wieder hochkonzentriert werden, wozu Wärme und eine besondere Apparatur benötigt werden. Außerdem entstehen bei der Konzentrierung durch die Zersetzung der stets vorhandenen Restbeladung an Äther und Alkohol Abscheidung von festem Kohlenstoff und lästige

Entwicklung von schwefeldioxydhaltigen Gasen. Aus diesen Gründen ist das Schwefelsäureverfahren heute durch andere Verfahren fast ganz verdrängt worden.

F. Technische Durchführung der Waschverfahren.

Die lösungsmittelhaltigen Gase müssen mit der Waschflüssigkeit in innige Berührung gebracht werden. Dies geschieht vorteilhaft im Gegenstrom in den auf S. 511 beschriebenen Wascheranlagen.

Die bei der Gewinnung von Benzol aus Koksofengas mit 1,5—2,5% Benzolen beladenen Waschöle werden in Abtreibeanlagen auf etwa 270° C erhitzt, wobei das abfließende, hocherhitzte Waschöl zur Vorwärmung des ankommenden, zu destillierenden Waschöls dient. Man erhält einerseits die flüchtigen Benzole, welche als Leichtöl für die Herstellung der gereinigten Benzolprodukte Verwendung finden. Das abgetriebene Waschöl wird genügend gekühlt und tritt in den Waschprozeß zurück. Beladenes Kresol wird nur auf 130—160° C erhitzt. Bei zu hoher Erhitzung wird das Destillat durch Waschflüssigkeit verunreinigt und muß nochmals destilliert werden. Da viele Waschflüssigkeiten im Laufe der Zeit verdicken und verharzen (vgl. S. 529), muß zur Vermeidung von Ausbeuterückgang und unnötigem Energieverbrauch die Waschflüssigkeit von Zeit zu Zeit erneuert oder durch Destillation im Vakuum regeneriert werden. Unter ungünstigen Umständen beträgt der Waschölverbrauch bis zu 10 kg für 100 kg wiedergewonnenes Lösungsmittel.

Die Waschverfahren arbeiten am besten bei hohen Lösungsmittelkonzentrationen und bei gleichmäßiger Belastung. Wie aus den Abbildungen auf S. 529—531 ersichtlich ist, wird der Absorptionseffekt bei sehr kleiner Konzentration des Lösemitteldampfes ziemlich gering. Zur Erfassung der letzten Anteile wären unwirtschaftliche, große Apparaturen erforderlich, so daß man sich praktisch mit einem Verlust von 1—2 g Lösungsmitteldampf je m^3 Austrittsgas zufrieden gibt, wenn man nicht ein festes Adsorbens (aktive Kohle, Silica-Gel, s. unten) hinterher schaltet.

Vor dem Kondensationsverfahren haben die Waschverfahren den Vorteil des besseren Wirkungsgrades. Die Lieferfirmen gewährleisten in der Regel eine Mindestausbeute von 90% an den in die Anlage eintretenden Dämpfen. Man kann die Absaugung der Dämpfe am Entstehungsort stets so reichlich bemessen, daß man unterhalb des Explosionsbereiches bleibt.

Anlage und Betriebskosten sind relativ hoch, besonders bei kleineren Anlagen.

III. Adsorptionsverfahren.

A. Allgemeines.

Die modernen Adsorptionsverfahren gewinnen steigende Bedeutung für die Gewinnung von Lösungsmitteldämpfen, seitdem man gelernt hat, die technischen Adsorptionsmittel mit hoher Adsorptionskraft und großer mechanischer Festigkeit herzustellen. Die Hauptursache für die hohe Aktivität dieser Stoffe ist ihre enorme Oberflächenentwicklung. Technische Aktivkohlen haben Oberflächen bis 600 m²/g, und im Laboratorium sind bereits solche mit Oberflächen bis zu 1250 m²/g hergestellt worden [Berl u. Herbert: Ztschr. angew. Chem. **43**, 904 (1930)]. Silica-Gel[1] besitzt eine innere Oberfläche von etwa 450 m²/g. Bei der Gewinnung von Lösungsmitteldämpfen aus Verdünnungsgasen spielt neben der eigentlichen Adsorption die Capillarkondensation eine ausschlaggebende Rolle, durch welche der reine Adsorptionseffekt auf ein Mehrfaches gesteigert wird. Die Beladungsfähigkeit von aktiver Kohle und von Silaca-Gel ist im Vergleich mit Waschflüssigkeiten außerordentlich groß, wie z. B. Abb. 8 auf S. 530 zeigt. Die aufgenommene Menge steigt bei Waschflüssigkeiten proportional der Konzentration des Lösemitteldampfes (Gesetz von Henry); dagegen folgt die Beladung bei festen Adsorptionsmitteln der Freundlichschen Adsorptionsisotherme:

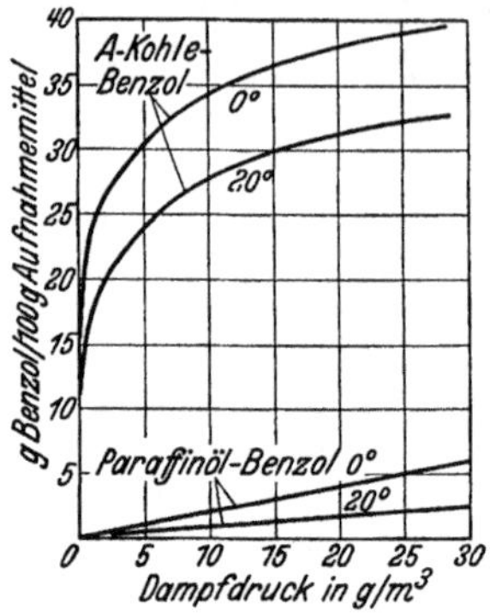

Abb. 13. Dampfdruckkurven von Benzol über Aktivkohle und über Paraffinöl bei 0° und bei 20° C. (Nach Berl und Schwebel.)

$$m = c \cdot p^n,$$

worin die adsorbierte Menge m in exponentieller Abhängigkeit zum Dampfdruck p des Lösemittels steht; c und n bedeuten Konstanten. Nimmt beispielsweise die Konzentration von Benzoldampf von 10 g/m³ auf 1 g/m³ ab, so sinkt die Beladungsfähigkeit des Waschöls von 1,3% auf 0,13%, d. h. auf ein Zehntel ab, diejenige der Aktivkohle aber von 25,3% auf 14,5%, also nicht ganz auf die Hälfte. Bei Silica-Gel liegen die entsprechenden Werte bei 14,5% und 5,0% Beladung. Bei noch geringeren Konzentrationen ist die Überlegenheit der festen Adsorbentien noch deutlicher. Diese erlauben es demnach, Lösungsmitteldämpfe fast restlos aus Gasen zu entfernen und somit eine nahezu 100%ige Rückgewinnung zu erreichen. Ferner nimmt die von einem festen Adsorbens aufgenommene Lösemittelmenge mit steigender Temperatur viel weniger ab als es bei Waschflüssigkeiten der Fall ist (s. Abb. 13 u. 14). Eine künstliche Kühlung, wie sie bei den Auswaschverfahren vielfach Grundbedingung ist, erübrigt sich deshalb.

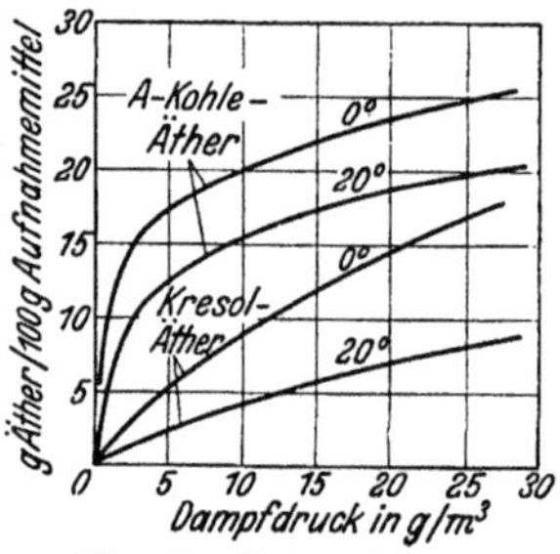

Abb. 14. Dampfdruckkurven von Äther über Aktivkohle und über Kresol bei 0° und bei 20°. (Nach Berl und Schwebel.)

Die Prüfung der Adsorptionsfähigkeit eines Adsorbens gegenüber Gasen und Dämpfen geschieht am besten durch Aufnahme der Adsorptionsisotherme für den betreffenden Stoff [Berl u. Andress: Ztschr. angew. Chem. **34**, 369 u. 377 (1921); Bachmann u. Maier: Ztschr. anorg. allg. Chem. **168**, 61 (1928); Berl u. Burkhardt; Ztschr.

[1] In den Abb. 7—12 auch als B-Gel bezeichnet.

anorg. allg. Chem. **171**, 102 (1928)]. Bei der Beurteilung des Adsorptionsvermögens bei einer bestimmten Konzentration, etwa bei der Benzolgewinnung aus Leuchtgas, genügt es vielfach, nur einen Punkt der Isotherme zu bestimmen. Zu diesem Zweck wird durch eine abgemessene Menge des getrockneten Adsorbens das mit Benzol beladene, ebenfalls getrocknete Gas geleitet, bis Gewichtskonstanz der Kohle die Sättigung mit Benzol anzeigt. Die Bestimmung des adsorbierten Benzols durch Abtreiben mit Wasserdampf und Messen der kondensierten Benzolmenge geschieht nach der Methode von Berl und Andress [Ztschr. angew. Chem. **34**, 278 (1921)]. Häufig fällt der Vergleich zwischen zwei Adsorptionsmitteln bei hohen Dampfkonzentrationen anders aus als bei niedrigen Gehalten. Um vor Fehlschlüssen sicher zu sein, führt man mindestens zwei Versuche bei verschiedenen Konzentrationen des zu adsorbierenden Dampfes aus. Da sich die Adsorptionsisothermen im doppelt logarithmischen Koordinatensystem als annähernd gerade Linien

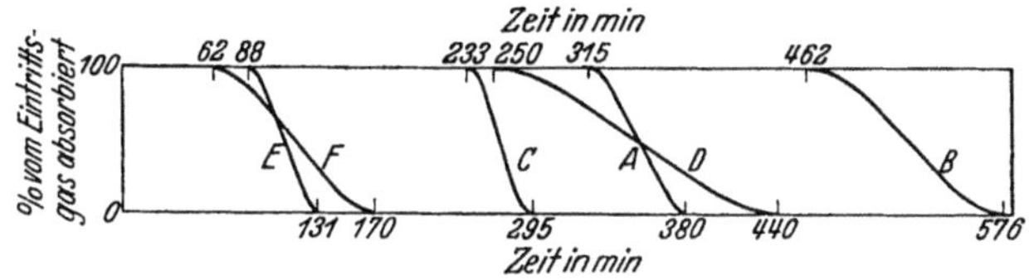

Abb. 15. Konzentration des Austrittsgases in Abhängigkeit von der Zeit bei Anwendung verschiedener Aktivkohlen *A*—*F*. (Nach Berl und Wachendorff.)

darstellen, erhält man durch zwei Versuchswerte einen genügenden Anhalt über den Verlauf der Isotherme [Berl u. Andress: a. a. O.]. Eine einfache Methode zur Qualitätsbestimmung von Adsorptionsmitteln durch Messung der integralen Benetzungswärme wurde von Berl und Andress [Ztschr. angew. Chem. **35**, 724 (1922); Ztschr. physik. Chem. **122**, 81 (1926)] ausgearbeitet. Da die Gasadsorption von Aktivkohlen häufig mit der Methylenblauadsorption aus wäßrigen Lösungen parallel geht, gibt die von Berl und Herbert [Ztschr. angew. Chem. **43**, 904 (1930)] angegebene Methylenblaumethode ein gutes Bild über die allgemeine Qualität einer Aktivkohle. Andere Prüfungsmethoden sind bei Krczil [Untersuchung und Bewertung technischer Adsorptionsstoffe. Leipzig: Akademische Verlagsgesellschaft 1931] angegeben; über die Prüfung von Gasmaskenkohle siehe S. 549, über die Prüfung von Adsorbentien, die zu Entfärbungszwecken dienen sollen, siehe S. 551 dieses Werkes.

Die Anwesenheit von Wasserdampf im Trägergas ist nicht ohne Einfluß auf den Adsorptionsvorgang (Adsorptionsverdrängung). Aktivkohle wird als hydrophober Körper durch Luftfeuchtigkeit in ihrer Wirkung viel weniger beeinflußt als das hydrophile Silica-Gel, welches ein vorzügliches Trockenmittel für Gase ist (vgl. Abb. 1 auf S. 545 sowie die Silica-Gel-Trockenanlagen S. 546).

Ein unbeladenes Adsorbens nimmt anfänglich aus einem Lösungsmitteldampf-Gasgemisch den Dampf fast momentan und praktisch vollständig auf. Im Laufe der fortschreitenden Beladung kommt der Zeitpunkt, bei dem das Adsorptionsmittel die ersten Anteile Dampf eben hindurchläßt. Dies geschieht beim Durchbruchspunkt (break point).

Ist die Beladung so weit fortgeschritten, daß das Austrittsgas ebensoviel Dampf enthält wie das Eintrittsgas, so ist der Sättigungspunkt erreicht. Die Beladungskurve Abb. 15 gibt die Abhängigkeit der Konzentration des Lösungsmitteldampfes des Austrittsgases von der Zeit an. Man ersieht aus dem Schaubild, bis zu welchem Betrage man ein Adsorbens beladen kann, bis im Austrittsgas Lösungsmitteldampf nachzuweisen ist, oder auch, wieviele Adsorptionseinheiten hintereinander geschaltet werden müssen, um die erste Einheit bis zur Sättigung beladen zu können, ohne daß Lösungsmitteldampf aus den nachgeschalteten Adsorptionsbehältern austritt. Aus Abb. 15 ist ersichtlich, daß z. B. für das Adsorptionsmittel *A* (mit geringerem Schüttgewicht) unter den gewählten Versuchsbedingungen nach 315 min der Durchbruchspunkt und nach 380 min der Sättigungspunkt erreicht ist. Die Beladungskurve verläuft um so flacher, je höher das Schüttgewicht des Adsorbens ist (vgl. hierzu Kurven *B* und *D*). Wann im einzelnen Durchbruchs- und Sättigungspunkt erreicht werden, hängt von der Adsorptionskapazität des Adsorbens, vom Partialdruck des Adsorptivs sowie von der Temperatur, der Strömungsgeschwindigkeit und der Schichthöhe ab.

Die Adsorptionsgeschwindigkeit von Lösungsmitteldämpfen an festen Adsorbentien ist sehr groß, viel größer als die Absorptionsgeschwindigkeit beim Waschverfahren. Bei der Aufnahme eines Lösemitteldampfes tritt Erwärmung ein, da Kondensations- und Benetzungswärme frei werden. Die Wärmetönung ist von der Natur des Lösemittels und von der Aktivität des Adsorbens abhängig [Berl u. Andress: Ztschr. angew. Chem. **35**, 722 (1922)]. In der Praxis treten in den Adsorbern Temperatursteigerungen bis zu 20° C und mehr auf.

Zur Trennung von Adsorbens und Adsorptiv sind grundsätzlich drei Wege möglich:

1. Außenerhitzung der aktiven Masse.
2. Einleitung von Wasserdampf oder anderen Dämpfen, z. B. von Methanol oder Benzol.
3. Evakuierung des Adsorbers.

Im praktischen Betriebe trennt man die aufgenommenen Lösungsmittel meist durch Wasserdampfbehandlung vom Adsorbens ab, wobei durch die vereinte Wirkung von Temperaturerhöhung, Adsorptionsverdrängung und Spülwirkung die Austreibung nahezu vollständig ist. Nach Berl und Schwebel [Ztschr. angew. Chem. **36**, 541 (1923)] läßt sich eine Dampfersparnis erzielen, wenn man den Behälter vor dem Ausblasen mit indirektem Dampf von etwa 0,5 atü beheizt, und wenn man zum Ausdämpfen überhitzten Dampf verwendet. Bei hochsiedenden Lösungsmitteln kann die Ausdämpfung unter 2—3 atü vorgenommen werden, wodurch man 15—20% Dampf spart.

Nach erfolgter Abtreibung bleibt eine Restbeladung im festen Adsorbens zurück, die aber bei gleichartiger Arbeitsweise konstant bleibt und gewissermaßen nur einmal in Rechnung zu setzen ist.

Vor der Wiederbeladung muß das noch heiße und feuchte Adsorbens getrocknet und gekühlt werden, was oft mit dem warmen Abgas eines anderen Adsorbers geschieht.

B. Aktivkohleverfahren.

Eine technisch brauchbare Aktivkohle soll folgende Eigenschaften besitzen:

1. Hohe Aktivität.
2. Beim Arbeiten mit ruhender Kohle hohes Schüttgewicht, denn maßgebend ist die je Volumeinheit adsorbierbare Menge.
3. Hohe mechanische Festigkeit, da durch Staubbildung der Kohleverbrauch und die Brandgefahr erhöht werden.
4. Grobkörnige, runde Form, damit der Strömungswiderstand gering ist.

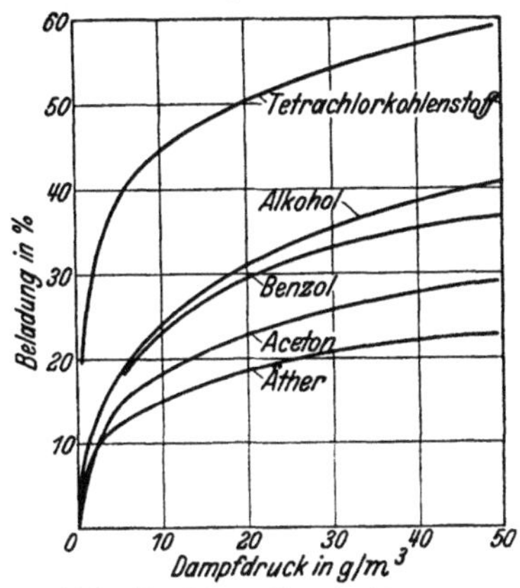

Abb. 16. Adsorptionsisothermen einiger Lösungsmittel an mittelmäßiger Aktivkohle bei 20° C. (Nach Berl und Andress.)

Die Gefahr der Selbstentzündung, die in älteren Anlagen nicht zu vernachlässigen war, ist bei Verwendung geeigneter Kohle und bei richtiger Betriebsführung gering. Im besonderen soll die nach dem Trocknungsvorgang noch heiße Aktivkohle niemals allzu kleinen Gasgeschwindigkeiten ausgesetzt werden (Außerbetriebsetzen der Anlage). Andernfalls kann durch die an und für sich schon vermehrte Autoxydation eine gefährliche Temperatursteigerung der Kohle eintreten, da die geringe Luftgeschwindigkeit und die schlechte Wärmeleitfähigkeit der Kohle eine Abkühlung verhindern. Wird ein solcher durch Selbstoxydation heiß gewordener Adsorber wieder in Betrieb genommen, so kann eine Entzündung der Kohlefüllung eintreten.

Die Adsorptionswirkung von aktiven Kohlen läßt stark nach, wenn im Gas solche Stoffe enthalten sind, die sich mit Wasserdampf aus der Kohle nicht austreiben lassen. Adsorbierte ungesättigte Kohlenwasserstoffe polymerisieren sich und füllen die Kohle mit asphaltartigem Material an (Verharzung). Bei Anwendung kurzer Betriebsintervalle ist es möglich, die Kohleverharzung z. B. bei der Benzolgewinnung aus Leuchtgas beträchtlich zu vermindern. Dadurch beginnt das Aktivkohleverfahren sich auch auf diesem Gebiete Bedeutung zu verschaffen. Größere Mengen an Schwefelverbindungen dürfen in dem zu behandelnden Gas nicht vorhanden sein, da infolge des in Gase stets vorhandenen Sauerstoffs eine Schwefelbildung in der Kohle statthat, welche die aktive Oberfläche nach und nach ganz für sich in Anspruch nimmt (vgl. auch S. 548). Gegebenenfalls kann man der wertvollen Aktivkohle ein Filter mit geringwertiger Kohle vorschalten, durch welches die schädlichen Verunreinigungen zurückgehalten werden.

Der Verbrauch an aktiver Kohle durch mechanische Abnützung beschränkt sich bei Verwendung widerstandsfähiger Kohle auf weniger als 1 kg je t gewonnenen Lösungsmittels.

Aktivkohle eignet sich zur Gewinnung und Rückgewinnung fast aller Lösungsmitteldämpfe. Abb. 16 gibt die erreichbare Beladungshöhe für einige häufig verwendete Lösungsmittel bei Anwendung einer mittelmäßigen Kohle an. Es gibt jetzt höherwertige Kohlen, welche mehr als das Doppelte der in Abb. 16 wiedergegebenen Aufnahmefähigkeit erzielen lassen.

In großem Umfang wird das Aktivkohleverfahren zur Gewinnung von Benzin aus Erdgas benützt. Gerade bei der Benzingewinnung ist es interessant, den Adsorptionsvorgang im einzelnen zu betrachten. Benzin besteht aus einer Mischung von Kohlenwasserstoffen von verschiedenem Siedepunkt. Das benzinhältige Erdgas tritt am Boden des Adsorbers ein (s. Abb. 17). Die unteren Kohleschichten werden also zuerst mit Benzingemisch beladen. Diejenige Schicht, in der jeweilig die Adsorption stattfindet, bezeichnet man als **Adsorptionszone**. Sie rückt, während der Adsorptionsvorgang fortschreitet, langsam von unten nach oben weiter. Man sollte erwarten, daß sich die aktive Kohle in der jeweiligen Adsorptionszone bis zu ihrem, dem Partialdruck des Lösemitteldampfes entsprechenden Sättigungswert beladen würde. Die Beladungshöhe ist aber wegen der Feuchtigkeit des Gases und wegen der bei der Adsorption eintretenden Erwärmung stets geringer. Die Wärme wird durch das Gas teilweise mitgeführt und durch die ganze Kohleschicht hindurchgetrieben. Dadurch eilt die Erwärmung der Adsorptionszone voraus. Dazu kommt beim Benzin und allgemein bei Lösemittelgemischen folgende Erscheinung. Da die aktiven Kohlen in hohem Maße die Eigenschaft der selektiven Adsorption [Berl u. Schmidt: Ztschr. angew. Chem. 35, 247 (1923)] zeigen, müssen die schwerer siedenden Komponenten die leichter siedenden aus der Kohle verdrängen und sie gewissermaßen im Adsorber vor sich hertreiben. Der Durchbruchspunkt des am leichtesten flüchtigen Stoffes wird also zu einem Zeitpunkt erreicht, in dem die aktive Kohle noch große Mengen der höher siedenden Komponente aufnehmen könnte. Wenn man Wert auf Gewinnung der niedrig siedenden Komponente legt, muß man den Adsorber bei Erreichung ihres Durchbruchpunktes abschalten.

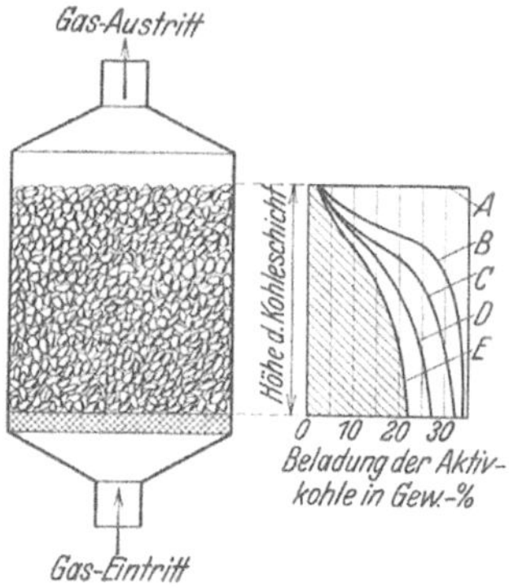

Abb. 17. Schema einer Benzingewinnungsanlage mittels Aktivkohle.

Aus den erwähnten Gründen darf man in der Praxis nur mit einer Beladung von etwa 12—16% des Kohlegewichtes rechnen. Dies entspricht etwa der Hälfte der theoretisch möglichen Ausnützung.

Durch Hintereinanderschaltung mehrerer Adsorber kann man beim Vorliegen verschieden hoch siedender Lösungsmittel, die ein verschiedenes Molekulargewicht besitzen, eine Art Fraktionierung bewirken.

Beim Ausdämpfen des beladenen Adsorbers entfernt der Spüldampf die adsorbierten Benzindämpfe von oben nach unten fortschreitend, so daß die am meisten entladene Kohleschicht stets in direkte Berührung mit dem Frischdampf kommt. Hierdurch wird eine weitgehende Entfernung des Adsorptivs erreicht (Restbeladung s. S. 536). In den unteren Schichten findet eine Anreicherung an Benzindämpfen statt, so daß zu Anfang der Spülperiode reiner Benzindampf im Kühler kondensiert wird. Infolge der auch beim Austreiben auftretenden selektiven Adsorption wird das Erstkondensat vorzugsweise aus den flüchtigeren Kohlenwasserstoffanteilen des Benzins bestehen. Die höher siedenden Komponenten mischen sich erst später bei, zuletzt auch Wasserdampf, welcher gemeinsam mit dem Benzin kondensiert wird. Natürlich kann man an Stelle der gemeinsamen Kondensation das Ausdämpfen von mit Lösemittelgemischen beladenen Adsorbern mit einer gleichzeitigen Trennung in einzelne Fraktionen und Wasser verbinden. In modernen Anlagen wird jedoch ein derartiges fraktioniertes Abtreiben nicht durchgeführt. Man

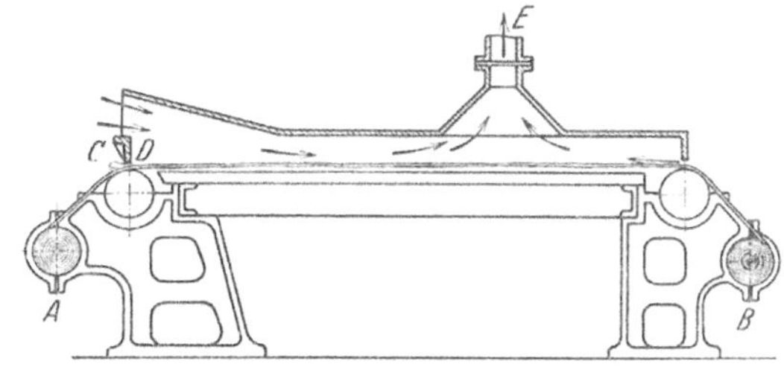

Abb. 18. Wiedergewinnung von Lösungsmitteldämpfen an einer Gummistreichmaschine.

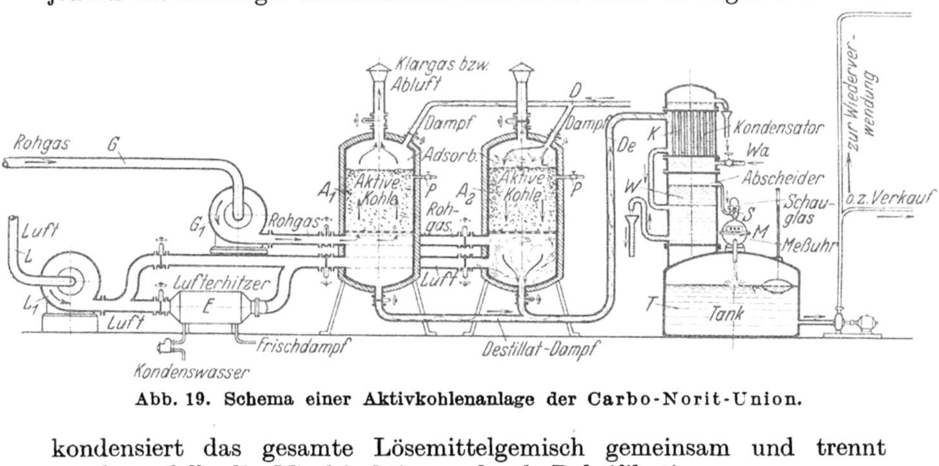

Abb. 19. Schema einer Aktivkohlenanlage der Carbo-Norit-Union.

kondensiert das gesamte Lösemittelgemisch gemeinsam und trennt gegebenenfalls die Mischfraktionen durch Rektifikation.

Wegen der außerordentlich hohen Adsorptionskraft der aktiven Kohlen können Lösungsmittel auch bei solchen Fabrikationsprozessen rückgewonnen werden, bei denen so geringe Dampfkonzentrationen auftreten, daß sie nach anderen Wiedergewinnungsverfahren schwer oder gar nicht erfaßbar sind. Hierher gehören z. B. Celluloidtrocknung, Spritzlackierung, Gewinnung von Alkohol und Aceton aus Gärungsgasen u. dgl. Ferner können nach Berl Aktivkohleanlagen andersartigen Wiedergewinnungsanlagen nachgeschaltet werden, um die in den Abgasen noch vorhandenen Lösungsmitteldämpfe wiederzugewinnen.

Bei Anwendung des Aktivkohleverfahrens kann die Luftabsaugung an der Entstehungsstelle der Lösemitteldämpfe soweit erhöht werden, daß die Dampfkonzentration etwa 15 g/m³ beträgt. Dadurch werden die Verluste an Lösungsmitteln auf ein Mindestmaß reduziert; ferner liegen Gemische derartiger Zusammensetzung weit unterhalb der Explosionsgrenze. Abb. 18 zeigt die Art der Erfassung der Dämpfe an einer Gummistreichmaschine. Das ganze Streichband ist gekapselt und die entstehenden Benzindämpfe werden bei (*E*) abgesaugt. Durch die scharfe Absaugung führen auch verhältnismäßig große Arbeitsöffnungen an der Umkapselung nicht zu Lösemittelverlusten, so daß Beaufsichtigung und Manipulation an den Maschinen ungehindert durchgeführt werden können.

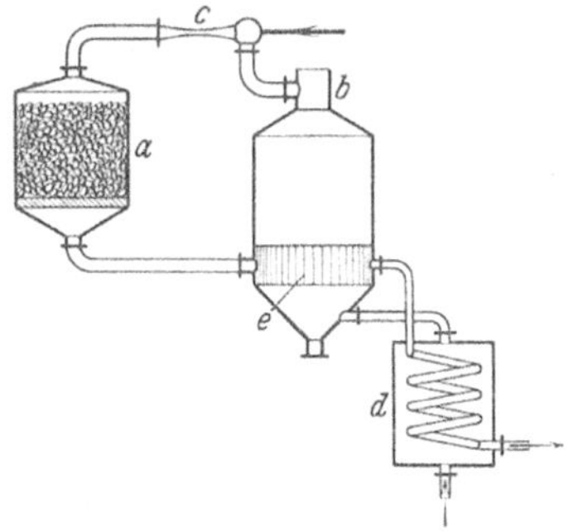

Abb. 20. Schema einer Lurgi-Adsorptionsanlage mit Dampfsparer.

Während man früher bemüht war, das Aktivkohleverfahren kontinuierlich durchzuführen, ist man heute ausschließlich zur diskontinuierlichen Arbeitsweise übergegangen. Eine moderne Anlage der Carbo-Norit-Union, Frankfurt a. M., zeigt die Abb. 19. Das von den Verdunstungsstellen durch das Gebläse (*G*) abgesaugte Lösungsmittel-Luftgemisch geht durch den mit körniger Aktivkohle gefüllten Adsorber (A_1), in dem die Dämpfe praktisch restlos zurückgehalten werden, wobei oben reine Luft entweicht. Sobald der Adsorber (A_1) beladen ist, was man an der in der obersten Kohleschicht auftretenden Erwärmung (s. S. 536) oder durch eine dem Probehahn (*P*) entnommene Geruchsprobe feststellen kann, schaltet man die Gase auf den Adsorber (A_2) um. Dann wird das in der Kohle des ersten Adsorbers enthaltene Lösungsmittel durch Ausdämpfen mit gewöhnlichem Sattdampf in der Richtung von oben nach unten wieder ausgetrieben. Das austretende Gemisch von Wasser- und Lösungsmitteldampf wird in dem Kondensator (*K*) verflüssigt. Bei in Wasser unlöslichen Stoffen (Benzol, Benzin) fließt das Kondensat dann in den Abscheider (*W*), wo es nach dem spezifischen Gewicht getrennt wird. Wasserlösliche Lösungsmittel müssen auf übliche Weise rektifiziert werden. Die nach dem Spülen warme und feuchte Kohle wird durch im Lufterhitzer (*E*) erwärmte Luft oder Gas, vom Gebläse (L_1) kommend, getrocknet, dann mit kalter Luft gekühlt und ist nun für eine neue Beladung bereit. Das Gebläse (L_1) kann gespart werden, wenn man die Trocknung mit erwärmtem Austrittsgas des gerade in Betrieb befindlichen Adsorbers vornimmt.

Der nicht unerhebliche Dampfverbrauch kann durch Anwendung eines Dampfsparers um rund ein Drittel vermindert werden. Abb. 20 zeigt die Konstruktion eines solchen nach dem Prinzip der Wärmepumpe arbeitenden, von der Lurgi G. m. b. H., Frankfurt a. M. gebauten Apparates. Das beim Spülen des Adsorbers (*a*) entstehende Dampfgemisch wird durch die Heizkammer (*e*) geleitet, worin die Kondensationswärme dieser Dämpfe zum Aufheizen von Wasser verwendet wird. Da das heiße Wasser durch die Dampfstrahlpumpe (c) unter Vakuum gesetzt wird, entsteht Brüdendampf, der sich im Dampfstrahlgebläse mit dem Frischdampf mischt und für den Spülvorgang mitverwendet wird. Der Dampfsparer kommt nur für stärker belastete Anlagen, die keine allzu leicht siedenden Lösemittel verarbeiten, in Betracht, da sonst die Ausdämpfung schon zu Ende sein könnte, ehe der Dampfsparer richtig zu arbeiten beginnt.

In der Praxis hat die diskontinuierliche Arbeitsweise den Vorteil, daß Belastungsschwankungen ohne Einfluß auf den Wirkungsgrad und die Betriebskosten je kg wiedergewonnenes Lösungsmittel sind. Die Adsorber sind gewissermaßen Sammelbehälter für die Lösemitteldämpfe, und die Ausdämpfung erfolgt immer erst dann, wenn der Adsorber wirklich beladen ist.

Mit dem Aktivkohleverfahren ist im allgemeinen eine Wiedergewinnung dann lohnend, wenn der untere Gesamtwert des verdunstenden Lösemittels in 24 h etwa 20 RM beträgt, also auch noch in sehr kleinen Betrieben. Von den Lieferanten wird meist ein Wiedergewinnungsergebnis von 95% der in die Anlage eintretenden Dämpfe gewährleistet. Für die Betriebskosten kommen im wesentlichen Dampfverbrauch und Energiekosten für den Gastransport in Betracht. Nachteile gegenüber dem Kondensationsverfahren liegen hauptsächlich in der Notwendigkeit der Überwachung und Bedienung, in erhöhten Kraft- und Dampfkosten und in der Beschränkung bei der Materialbeschaffung auf bestimmte Lieferfirmen.

C. Silica-Gel- und aktivierte Tonerde-Verfahren.

Silica-Gel (Lieferanten: Silica-Gel-Gesellschaft, Berlin; I. G. Farbenindustrie A.G.; Erzröstgesellschaft, Köln a. Rh.) ist chemisch bis auf den in ihm vorhandenen Gehalt an chemisch und adsorptiv gebundenem Wasser, identisch mit Quarz. Es besitzt eine ultramikroskopisch poröse Struktur und wirkt adsorptiv. Es wird in körniger oder staubfeiner Form technisch verwendet. Die Silica-Gel-Körner besitzen große mechanische Festigkeit. Das Schüttgewicht beträgt 0,63, ist also höher als das von Aktivkohle (pulverförmig zwischen 0,07 und 0,2; gekörnt oder geformt wie Cocosnußkohle 0,2—0,45). Da ein Adsorptionsbehälter von bestimmter Größe dann die höchste Aufnahmefähigkeit für Lösungsmitteldämpfe hat, wenn das Adsorbens bei gutem Adsorptionsvermögen ein hohes Schüttgewicht besitzt, ist Silica-Gel trotz etwas geringerer Aktivität der Aktivkohle annähernd gleichwertig. Die Adsorptionsmenge in bezug auf die Volumeinheit ist maßgebend, wenn man das auf S. 542 geschilderte Verfahren benützt (vgl. Abb. 22). Die Ausbeute an regenerierten Lösungsmitteldämpfen und die Anwendungsmöglichkeiten sind beim Silica-Gel-Verfahren ähnlich wie beim Aktivkohleverfahren. Es eignet sich zur Wiedergewinnung fast aller Lösungsmittel (vgl. auch Abb. 7—12 auf S. 529—531). Silica-Gel hat vor Aktivkohle den Vorzug, chemisch sehr widerstandsfähig und nicht brennbar zu sein. Infolge des hydrophilen Charakters adsorbiert es sehr lebhaft Feuchtigkeit, und das Abgas hinter den Adsorbern ist praktisch völlig trocken (s. S. 545).

Die Abtreibung der Lösungsmittel aus dem beladenen Gel kann durch Erhitzen im Vakuum, durch Einleiten von heißen Gasen und mit Wasserdampf geschehen. Durch Wasserdampfbehandlung oder Einwirkung von feuchter Luft stark wasserhaltig und inaktiv gewordenes Gel muß reaktiviert werden, was durch Behandeln mit Luft oder anderen Gasen bei höheren Temperaturen geschieht. Eine Erhitzung auf etwa 200° C verringert den Wassergehalt auf etwa 7%, und das so behandelte Gel ist

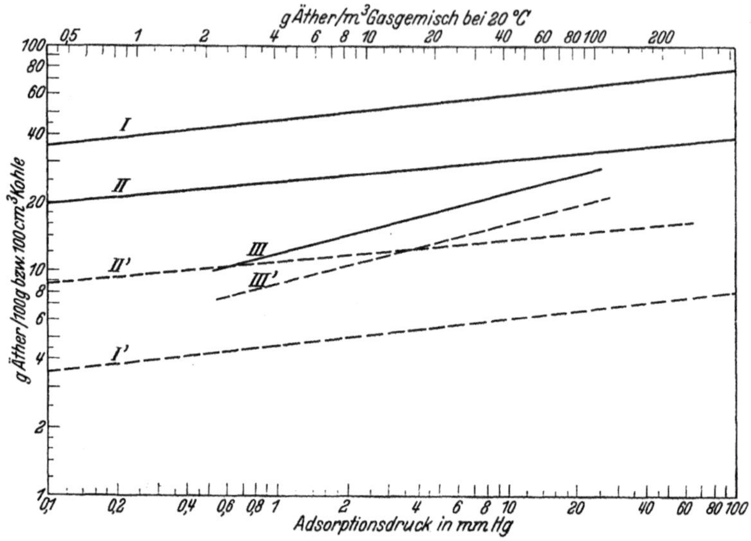

Abb. 21. Adsorptionsisothermen im logarithmischen System von Äther an verschiedenen Adsorbentien. *I* und *I'* hochaktive Kohle mit kleinem Schüttgewicht; *I* g Äther je 100 g A-Kohle; *I'* g Äther je 100 cm³ A-Kohle; *II* und *II'* weniger aktive Kohle mit hohem Schüttgewicht; *II* g Äther je 100 g A-Kohle; *II'* g Äther je 100 cm³ A-Kohle; *III* und *III'* Silica-Gel; *III* g Äther je 100 g Silica-Gel; *III'* g Äther je 100 cm³ Silica-Gel.

für viele Zwecke verwendungsfähig; besser aktiviert wird es, wenn man seinen Wassergehalt bei 500—600° C bis auf 2—3% herabdrückt. Doch wirkt stärkere Erhitzung und noch weitergehende Entwässerung schädlich und führt zur Zerstörung der Aktivität. Die Aktivierung bei hohen Temperaturen hat den Vorteil, daß Spuren von hochsiedenden organischen Stoffen (z. B. verharzte Lösungsmittel, vgl. S. 537), welche die Aktivität herabsetzen und mit Wasserdampf nicht abgetrieben werden können, ausgebrannt und unschädlich gemacht werden. Ohne Not sollte man aber über 250—300° C nicht gehen, weil andernfalls eine sehr rasche Alterung und damit Inaktivierung des Gels eintritt.

Anfangs verwendete man kontinuierlich arbeitende Anlagen zur Rückgewinnung von Lösungsmitteldämpfen nach dem Silica-Gel-Verfahren. Später ist man fast ausschließlich zur diskontinuierlichen Arbeitsweise übergegangen, die im Prinzip der beim Aktivkohleverfahren angewendeten ähnlich ist. Die gekühlte Trägerluft durchströmt den einen der mindestens zwei Adsorber (s. Abb. 22) und gibt ihren Gehalt an Lösungsmitteldämpfen an das körnige Gel ab. Während der Betriebsperiode des einen Adsorbers wird der andere ausgedämpft und anschließend mit heißen Gasen reaktiviert. Hierfür können beispielsweise Kesselabgase benützt werden.

Häufig wendet man das Adsorptionsmittel in nur 40 cm hoher Schicht an, weshalb die Umschaltung des Luftstroms auf unbeladenes Gel bereits nach verhältnismäßig kurzer Zeit, z. B. automatisch alle 30 min, erfolgen muß. Da die erforderlichen Gelmengen nur sehr gering sind, genügen raumsparende und billige Apparate. Die einzelnen kleinen, meist zahlreichen Adsorber werden übereinander angeordnet und zu einer Vorrichtung vereinigt.

In vielen Fällen hat sich das Silica-Gel-Verfahren gut bewährt. In anderen Fällen ist es mit Nachteilen behaftet. Neben der Empfindlich-

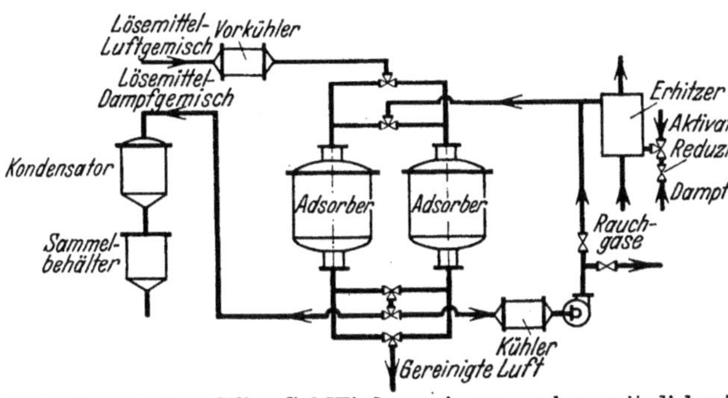

Abb. 22. Schema einer Silica-Gel-Wiedergewinnungsanlage mit diskontinuierlicher Arbeitsweise.

keit gegen feuchte Luft und den nicht leicht realisierbaren hohen Regenerationstemperaturen hat Silica-Gel die unerwünschte Eigenschaft, auf Ester verseifend und auf Alkohol und Aceton oxydierend zu wirken.

Aktivierte Tonerde [s. z. B. Barnitt, R. B. Derr u. E. W. Scripture: Ind. engin. Chem. Anal. Ed. 2, 355 (1930)] ist ein von der Aluminium Company of America, Pittsburgh in den Handel gebrachte großoberflächige Tonerde. Sie hat ähnliche Eigenschaften wie das Silica-Gel. Ihr Aufnahmevermögen für Wasserdampf ist noch stärker als jenes des Silica-Gels und nicht sehr verschieden von jenem des Phosphorpentoxyds. Es kann 15—20% seines Gewichtes an Wasser aufnehmen, bis die Adsorptionskraft nachläßt. Durch Erhitzen auf 175° kann es reaktiviert werden. Seine Verwendung erfolgt gleich der von Silica-Gel. Es wird in verschiedenen Korngrößen in den Handel gebracht. Es besitzt hohes Schüttgewicht und kleinen Abrieb.

D. Anwendbarkeit der einzelnen Wiedergewinnungsverfahren.

Die Adsorptionstechnik erzielt besonders auf dem Gebiet kleiner Lösemitteldampf-Konzentrationen beträchtliche Erfolge. In manchen

Fällen hat sie das kontinuierliche Auswaschverfahren verdrängt (z. B. bei der Wiedergewinnung von Alkohol und Äther in der Nitro-Seidenfabrikation). Dagegen wird auch heute noch sehr viel Benzol mit Waschöl gewonnen, wenn man auf restlose Auswaschung verzichten kann. Bei höheren Lösemitteldampf-Konzentrationen sind die Waschverfahren im allgemeinen vorzuziehen, da der Verbrauch an Heizdampf hierbei geringer ist. Berl und Schwebel [Ztschr. angew. Chem. **36**, 541 (1923)] haben gezeigt, daß für die Rentabilität der Absorptions- und Adsorptionsverfahren der Dampfverbrauch zum Austreiben der wiederzugewinnenden Stoffe aus dem Absorbens bzw. Adsorbens der maßgebende Faktor ist. Deshalb läßt sich z. B. eine Gasmischung von 20 g Acetondampf je m^3 Luft recht billig durch Auswaschen mit Eiswasser aufarbeiten. Bei den Adsorptionsverfahren würde zwar eine konzentriertere Aceton-Wasserlösung anfallen, es kämen aber außerdem die beträchtlichen Dampfkosten zum Ausdämpfen des Adsorbens hinzu. Mischt sich der zu gewinnende Stoff jedoch nicht mit Wasser und besitzt er eine geringe Verdampfungswärme (z. B. Benzin), so ist vielfach das Aktivkohle- oder Silica-Gel-Verfahren vorzuziehen. Besonders günstig kann es unter Umständen sein, Waschverfahren und Adsorptionsverfahren miteinander zu kombinieren; so kann man z. B. den Hauptanteil des Acetons auswaschen und die geringe Restbelastung der die Waschanlage verlassenden Luft mit einem festen Adsorbens wiedergewinnen. Hierdurch läßt es sich erreichen, daß beide Anlagen zusammen kleiner gehalten werden können als eine allein, da bei der Absorptionsanlage auf weitgehende Auswaschung kein Wert gelegt zu werden braucht, während die Adsorptionsanlage als Nebenanlage nur einen Bruchteil der gesamten Ausbeute zu bewältigen hat. Wenn allerdings hochsiedende Dämpfe (Teer, Kresol) aus der Waschanlage zur Aktivkohleanlage gelangen können (vgl. S. 537), so ist eine solche Kombination wegen zu raschen Verbrauchs des festen Adsorbens unvorteilhaft.

Trocknung von Gasen.

Von Prof. Ing. Dr. **E. Berl**, Pittsburgh und Dr.-Ing. **R. Bemmann**, Darmstadt.

Über die Entfernung von tropfbar flüssigem Wasser siehe Bd. I, S. 437; über Trocknung durch Tiefkühlung siehe dieser Band, S. 441.

Die Wirkung der als Trockenmittel bekannten Stoffe beruht darauf, daß in ihnen enthaltenes Wasser einen sehr niedrigen Dampfdruck besitzt, weshalb sie begierig Feuchtigkeit aus ihrer Umgebung anziehen. Häufig verwendete Trockenmittel sind z. B. konzentrierte Schwefelsäure, Phosphorpentoxyd in konzentrierter Phosphorsäure[1], Calciumchlorid, Ätzkali, gebrannter Kalk, Silica-Gel, aktivierte Tonerde u. a. m. Die Auswahl des Trockenmittels hängt ab

[1] D.R.P. 464 387 der I. G. Farbenindustrie.

1. von dem gewünschten Trockengrad,
2. von der Natur des Gases,
3. von der Regenerierbarkeit des Trockenmittels.

Die folgende Tabelle gibt den mit verschiedenen Trockenmitteln bestenfalls erreichbaren Trockengrad an.

Tabelle 1.

Trockenmittel	Wassergehalt des bei 25° C getrockneten Gases[1] in g/m³
P_2O_5	$2 \cdot 10^{-5}$
Al_2O_3	$3 \cdot 10^{-4}$
$Mg(ClO_4)_2$	$5 \cdot 10^{-4}$
KOH (geschmolzen)	0,002
H_2SO_4 (100%ig)	0,003
NaOH (geschmolzen)	0,16
CaO	0,2
$CaCl_2$ (granuliert)	0,14—0,25
H_2SO_4 (95%ig)	0,3
$CaCl_2$ (geschmolzen)	0,36
H_2SO_4 (84,5%ig)	1,8
H_2SO_4 (82%ig)	3,9
Kühlung auf 0° C	4,7
H_2SO_4 (80%ig)	5,8
H_2SO_4 (78%ig)	7,8

Bemerkungen zu den einzelnen Trockenmitteln: P_2O_5 läßt sich nur bei ganz geringen Gasgeschwindigkeiten verwenden; die bei der Wasseraufnahme stattfindenden chemischen Reaktionen sind nicht umkehrbar, so daß das Trockenmittel nicht regenerierbar ist und nach Verbrauch vollständig neu ersetzt werden muß.

Calciumchlorid wird durch die Wasseraufnahme weich, backt zusammen und erhöht den Durchgangswiderstand.

Schwefelsäure wird durch Wasseraufnahme verdünnt und wirkt dann stärker korrosiv.

Ganz allgemein sind solche Trockenmittel auszuschließen, die mit dem zu reinigenden Gas chemisch reagieren. Z. B. können saure Gase nicht mit alkalischen, alkalische Gase nicht mit sauren Trockenmitteln behandelt werden. Ammoniak darf außerdem nicht mit Calciumchlorid (Bildung von Calciumchlorid-Ammoniak) oder mit Silica-Gel (sehr starke Wärmetönung) getrocknet werden. Schwefelsäure scheidet aus als Mittel zur Trocknung von Schwefelwasserstoff (Schwefelabscheidung) und von organischen Dämpfen und Gasen.

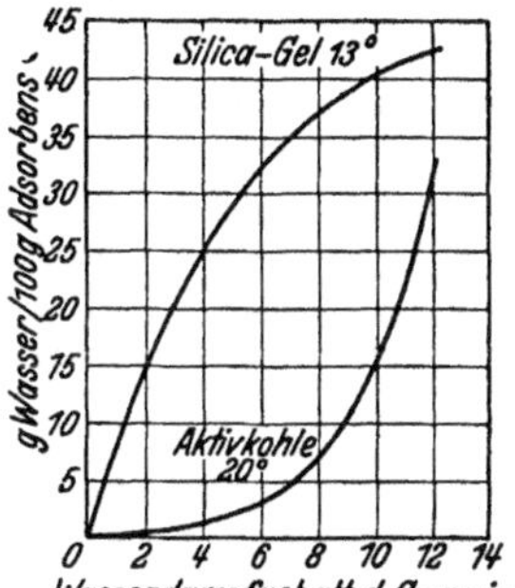

Abb. 1. Wasseraufnahme an Silica-Gel und Aktivkohle.

Neuerdings werden die aktiven Massen häufig als Trockenmittel verwendet. Auch hierbei ist zu berücksichtigen, ob nicht etwa das zu reinigende Gas selbst stark adsorbiert wird oder mit dem Adsorbens chemisch reagiert (s. oben, vgl. auch S. 549). Der mit Adsorptionsmitteln erzielbare Trocknungsgrad hängt sehr stark von der Beladung und von der Temperatur ab. Silica-Gel und aktivierte Tonerde (s. S. 543) sind wegen ihres hydrophilen Charakters und wegen ihrer großen chemischen Beständigkeit als Trockenmittel sehr geeignet. Abb. 1 gibt die Wasseraufnahmekurven für Silica-Gel und für eine mittlere Aktivkohle wieder.

[1] Nach International Critical Tables, Bd. 3, S. 385.

Bei der Hochofenwindtrocknung ist im allgemeinen eine Trocknung bis auf etwa 4 g/m³ Luft genügend. Für diesen Zweck kann man Silica-Gel nach Abb. 1 mit 25% seines Eigengewichts an Wasser beladen, während Aktivkohle unter diesen Verhältnissen eine Beladung von nur 1,5% verträgt. Auch für die scharfe Trocknung, die bei der Verflüssigung von Gasen erforderlich ist, werden Silica-Gel und aktivierte Tonerde empfohlen. Die Silica-Gel-Gesellschaft, Berlin, garantiert eine Trocknung auf 0,5 g/m³. Die Vorzüge der Trocknung mit Silica-Gel und aktivierte Tonerde sind die folgenden:

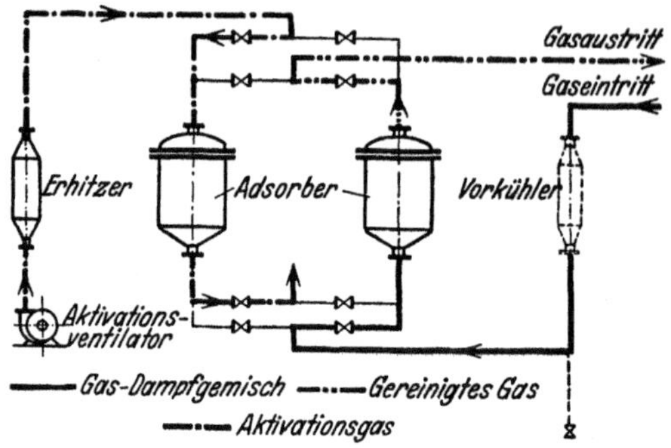

Abb. 2. Schema einer Silica-Gel-Trocknungsanlage.

1. Silica-Gel und aktivierte Tonerde wirken nicht korrosiv auf die Apparaturen.
2. Geringer Durchgangswiderstand für den Gasstrom.
3. Einfache Regenerierung: Erhitzung auf 200 bis 300° C (vgl. S. 542).
4. Hohe Beladungsfähigkeit.
5. Chemisch indifferenter Charakter.

Die technischen Trocknungsanlagen mit aktiven Massen (Silica-Gel, aktivierte Tonerde u. a.) sind grundsätzlich ähnlich aufgebaut wie die Adsorptionsanlagen für Lösungsmitteldämpfe. Abb. 2 zeigt den einfachen Aufbau einer Silica-Gel-Trocknungsapparatur. Das feuchte Gas wird gegebenenfalls vorgekühlt, dann beim Durchgang durch den Adsorber getrocknet. Der beladene Adsorber wird wieder aktiviert durch Gase, die im Erhitzer auf 200—300° C erhitzt worden sind, oder durch entstaubtes Rauchgas. Der Wärmebedarf wird in der Hauptsache durch die Verdampfungswärme des adsorbierten Wassers bedingt, da die spezifische Wärme des Gels selbst nur gering ist.

Andere feste Trockenmittel werden in grobkörniger Form in Trockentürmen u. dgl. angewandt, wobei Sorge zu tragen ist, daß dem durchströmenden Gas ein möglichst geringer Widerstand geboten wird (vgl. auch S. 503).

Die Trocknung mit Flüssigkeiten erfolgt in den auf S. 511f. beschriebenen Anlagen.

Reinigung von Gasen.

Von Prof. Ing. Dr. E. **Berl**, Pittsburgh
und Dr.-Ing. R. **Bemmann**, Darmstadt.

Über die Entfernung von festen und tropfbar flüssigen Verunreinigungen siehe Bd. I, S. 437; Entfernung von Wasserdampf siehe S. 544; Entfernung von Lösungsmitteldämpfen siehe S. 521.

Saure gas- und dampfförmige Verunreinigungen können mit alkalischen Waschflüssigkeiten, alkalische Verunreinigungen (z. B. NH_3) mit sauren Waschflüssigkeiten ausgewaschen werden; vielfach genügt auch eine Waschung mit Wasser, wenn der zu entfernende Stoff sehr stark wasserlöslich ist (z. B. HCl).

Häufig kann die Reinigung mit aktiven Massen vorgenommen werden, sofern der zu adsorbierende Stoff ein höheres Molekulargewicht und einen wesentlich höheren Siedepunkt als das zu reinigende Gas besitzt (Regel von Berl und Wachendorf). Es ist zu berücksichtigen, ob das zu reinigende Gas bzw. der zu adsorbierende Stoff das Adsorbens in unerwünschter Weise angreift. Beispielsweise dürfen stickoxydhaltige Gase nicht mit Aktivkohle, wohl aber mit Silica-Gel oder aktivierter Tonerde behandelt werden. Eine Anreicherung von schwefliger Säure aus Röstgasen an Aktivkohle ist möglich, da die Schwefelsäurebildung (Kontaktkatalyse an der Kohleoberfläche) durch Behandlung der Kohle mit Zinnsalzen verhindert werden kann (Berl: D.R.P. 411953/1923).

Kohlendioxyd kann mit aktiven Massen, besser mit Wasser (vorzugsweise unter Druck) oder mit alkalischen Waschflüssigkeiten (Alkalicarbonatlösungen, Di- und Triäthanolamin [vgl. Mantell: Chem. metallurg. Engin. **38**, 232 (1931); ferner Bottoms: Ind. engin. Chem. **23**, 501 (1931) u. a.] entfernt werden.

Kohlenmonoxyd läßt sich aus einem Gas durch Adsorptionsmittel nicht entfernen. Es wird mit hochaktiven Katalysatoren (aktivierte Kupferkontakte, z. B. Hopcalit) bei gewöhnlicher Temperatur katalytisch zu Kohlendioxyd verbrannt:

$$CO + \frac{1}{2}\,O_2 = CO_2,$$

oder mit Wasserdampf über Eisenoxydkontakten bei 500° C umgesetzt:

$$CO + H_2O = CO_2 + H_2$$

(Verfahren der I. G. Farbenindustrie, s. Bd. I, S. 285). Geringe Mengen von Kohlenoxyd, z. B. die bei der katalytischen Oxydation mit Wasserdampf nicht umgesetzten Anteile (1—3%) werden mit ammoniakalischer Kupfersalzlösung, vorteilhaft unter Druck, ausgewaschen (Verfahren der I. G. Farbenindustrie).

Sehr wichtig ist die Entfernung von Schwefelverbindungen aus Gasen (Leuchtgasreinigung; Entfernung von Kontaktgiften, vgl. Bd. I, S. 177).

Schon seit Jahrzehnten erfolgt die Entschwefelung von Leuchtgas mit Eisenoxydhydrat (Gasreinigungsmasse: mulmige, hydratische Eisenerze, z. B. Raseneisenstein, Quellenocker; auch künstlich erhalten als Lux-Masse, Lauta-Masse bei der Bauxitverarbeitung, ferner die Deicke-Masse, durch Verrosten von Eisenabfällen). Die Absorption von Schwefelwasserstoff findet mit diesen Massen statt nach:

$$2\,Fe(OH)_3 + 3\,H_2S = Fe_2S_3 + 6\,H_2O\,, \quad (1)$$

oder bei Gegenwart von Ammoniak nach:

$$2\,Fe(OH)_3 + 3\,H_2S = 2\,FeS + S + 6\,H_2O\,, \quad (2)$$

wobei das Eisenhydroxyd unter Schwefelabscheidung reduziert wird. Praktisch verlaufen beide Reaktionen nebeneinander. Zur Wiederbelebung wird die verbrauchte Masse an der Luft ausgebreitet, angefeuchtet und umgeschaufelt, wobei eine Oxydation unter Schwefelabscheidung statthat:

$$2\,FeS + 3\,H_2O + 1^1/_2\,O_2 = 2\,Fe(OH)_3 + 2\,S\,, \quad (3)$$

$$Fe_2S_3 + 3\,H_2O + 1^1/_2\,O_2 = 2\,Fe(OH)_3 + 3\,S\,. \quad (4)$$

Da (3) und (4) exotherme Reaktionen sind, kann so starke Erwärmung eintreten, daß Selbstentzündung erfolgt. Nach Valon [Journ. Gasbel. **31**, 820 (1888); **32**, 403, 1154 (1889)] und Hundt [Journ. Gasbel. **35**, 59 (1892)] kann man die Wiederbelebung mit der Absorption vereinigen, indem man dem zu reinigenden Gas 1,5—3% Luft und zur Minderung der Erwärmung durch die exothermen Reaktionen (s. oben) nach Dexter [Journ. Gasbel. **38**, 135 (1895)] etwas Wasserdampf oder zerstäubtes Wasser zusetzt.

Sobald die Reduktion der Gasreinigungsmasse begonnen hat, erfolgt auch starke Absorption von Cyanwasserstoff [falls man nicht den HCN-Gehalt des Gases nach Bueb (D.R.P. 112459) durch Auswaschen mit Eisenvitriollösung beseitigt hat] nach:

$$Fe(OH)_2 + 2\,HCN = Fe(CN)_2 + 2\,H_2O\,,$$

$$FeS + 2\,HCN = Fe(CN)_2 + H_2S\,.$$

Bei der Wiederbelebung der gebrauchten Masse geht $Fe(CN)_2$ in Berlinerblau über:

$$9\,Fe(CN)_2 + 3\,H_2O + 1^1/_2\,O_2 = Fe_4[Fe(CN)_6]_3 + Fe_2(OH)_6\,.$$

Mehrmals wiederbelebte, gänzlich ausgebrauchte Gasreinigungsmasse enthält bis zu 50% Schwefel und bis zu 15% Berlinerblau.

Gasreinigungsmasse entfernt den H_2S-Gehalt des Gases praktisch vollständig, den HCN-Gehalt zu etwa 90%.

Die gebrauchte Gasreinigungsmasse wird bei reichlichem Gehalt an Berlinerblau zur Gewinnung von Cyanverbindungen verwandt. Die Extraktion des Schwefelgehaltes kann mit Schwefelkohlenstoff, oder besser mit Trichloräthylen oder o-Dichlorbenzol [Lange: Chem.-Ztg. **52**, 440 (1928)] erfolgen. Neuerdings hat man versucht, die extrahierte Masse durch Zusätze von Soda, Calciumcarbonat u. a. zu regenerieren [Broche, Nedelmann u. Thomas: Brennstoff-Chem. **13**, 201 (1932)].

In neuerer Zeit hat die Entschwefelung von Gasen mit aktiver Kohle an Bedeutung gewonnen. Das Gas, welches Sauerstoff und Spuren von Ammoniak enthalten muß, wird durch die Kohle geleitet, wobei sein Schwefelwasserstoffgehalt von dem anwesenden Sauerstoff an der Kohleoberfläche zu Wasser und elementarem Schwefel oxydiert wird:

$$H_2S + {}^1/_2\,O_2 = H_2O + S.$$

Die übrigen Verunreinigungen des Gases werden adsorbiert oder ebenfalls oxydiert. 1 m^3 Kohle kann 400—600 kg Schwefel aufnehmen, dessen Gewinnung durch Extraktion mit Lösungsmitteln geschehen kann. Bewährt hat sich dabei Ammonsulfidlösung, die den Schwefel als Polysulfidschwefel aufnimmt. Durch Einbringen der Polysulfidlösung in heißes Wasser gewinnt man den Schwefel unter Abdestillieren von flüchtigem Ammonsulfid; welches zur Extraktion zurückkehrt.

Die Entschwefelung mit Aktivkohle hat vor der Anwendung von Gasreinigungsmasse den Vorzug, daß in kleineren Apparaturen gearbeitet werden kann.

Sauerstoff kann durch Waschen mit Lösungen von technischen Reduktionsmitteln (Natriumhydrosulfit; vgl. die sog. Oxydationsfilter nach Holle, Bd. II, S. 301) entfernt werden. In großem Maßstabe wird er nach dem Verfahren von Casale und von Fauser durch katalytische Verbrennung mit Wasserstoff aus dem zu reinigenden Gase (z. B. Stickstoff für die Ammoniaksynthese und für die Kalkstickstoff-Fabrikation) entfernt:

$${}^1/_2\,O_2 + H_2 = H_2O.$$

Wenn der Stickstoff für die Ammoniaksynthese nach Haber und Bosch dienen soll, kann man den Wasserstoffüberschuß so groß wählen, daß nach der Verbrennung des Sauerstoffs ein Stickstoff-Wassergemisch im Verhältnis 3:1 resultiert [Amerikan. Pat. 1 386 760 der B.A.S.F. (1912)].

Oxydierbare Verunreinigungen können durch Behandlung mit Oxydationsmitteln beseitigt werden. So leitet man z. B. Acetylen, um es von beigemischten geringen Mengen Phosphorwasserstoff, Schwefelwasserstoff usw. zu befreien, durch eine Heratol genannte Masse, die aus in Kieselgur aufgesaugter bichromathältiger Schwefelsäure besteht. Über die Entfernung von Kontaktgiften siehe auch Bd. I, S. 177.

Gasmasken.

Die auswechselbaren Einsätze von Gasmasken, welche die einzuatmende Luft von schädlichen Stoffen befreien sollen, enthalten als wichtigsten Bestandteil hochaktive Kohle, welche gewissermaßen ein Universalfilter für alle möglichen Stoffe ist. In manchen Fällen wirkt die Kohle nicht allein durch ihre Adsorptionskraft, sondern macht den Giftstoff (z. B. Phosgen) durch katalytische Zersetzung unschädlich. Bei der Prüfung von Gasmaskenkohle wird zur Bestimmung des reinen Adsorptionsvermögens häufig Chlorpikrin, zur Bestimmung des katalytischen Vermögens vielfach Phosgen herangezogen. Für industrielle Gasschutzzwecke ermittelt man gewöhnlich die Aufnahmefähigkeit der Kohle gegenüber demjenigen Gas, welches aus der Atemluft entfernt werden soll (z. B. Schwefelwasserstoff, Blausäure u. a.). Die Prüfung hat sich vor allem auf die Bestimmung des Durchbruchs- und Sättigungspunktes zu erstrecken [vgl. S. 536; ferner Krczil: Untersuchung und Bewertung technischer Adsorptionsstoffe, S. 417f. Leipzig: Akademische Verlagsgesellschaft 1931]. Eine gute Gasmaskenkohle soll große mechanische Festigkeit, große Adsorptionsgeschwindigkeit und geringen Strömungswiderstand zeigen. Die Kohle in den Gasmaskeneinsätzen muß vor übermäßiger Feuchtigkeitsaufnahme geschützt werden, da die Adsorptionsleistung gegenüber Giftgasen mit ansteigendem Wassergehalt stark abnimmt. Die katalytischen Wirkungen (s. oben) steigen zuerst mit der Wasseraufnahme an, fallen aber dann auch rasch ab [Herbst: Biochem. Ztschr. **118**, 103 (1921)]. Neben Aktivkohle enthalten Gasmaskeneinsätze noch andere Füllmittel, z. B. Silica-Gel, Hexamethylentetramin, ferner bei alkalischen Giftstoffen Bisulfat, Weinsäure u. a. m. Die Gasmasken können in verschiedener Weise konstruiert sein. In manchen Konstruktionen wird die ausgeatmete Luft durch den Einsatz durchgeführt. Der in der Atemluft vorhandene Wasserdampf nimmt gegebenenfalls einen Teil des aufgenommenen Giftstoffes mit sich. Dadurch wird die Lebensdauer der Einsätze erhöht. In anderen Konstruktionen wird die Ausatemluft durch ein Seitenventil ausgelassen, ohne die Gasmaskenfüllung zu passieren.

Bei Verwendung in kohlenoxydhaltiger Atmosphäre genügen Gasmaskeneinsätze mit Aktivkohlefüllung nicht, sondern es ist ein hochaktiver Katalysator (z. B. Hopcalit) anzuwenden (vgl. S. 547). Andere chemisch wirkende Stoffe kann man auf gekörnte und gebrannte Kieselgur als großoberflächigen Träger aufbringen.

Entfärbung von Flüssigkeiten.

Von Prof. Ing. Dr. E. **Berl**, Pittsburgh und Dr.-Ing. **R. Bommann**, Darmstadt.

Gefärbte Lösungen können durch großoberflächige Stoffe aufgehellt, gebleicht oder entfärbt werden. Dieser Prozeß stellt sich als ein Adsorptionsvorgang dar, bei dem die Natur des Lösungsmittels eine große Rolle spielt (Konkurrenz zwischen Lösungsmittel und gelöstem Stoff [Berl u. Wachendorf: Ztschr. angew. Chem. **37**, 747 (1924); ferner Kolloid-Ztschr., Zsigmondy-Festschr. **36**, 37 (1925)]. Von Bedeutung ist ferner, ob der Farbstoff molekulardispers oder kolloidal gelöst ist. Hydrophobe, d. h. von Wasser schwer oder nicht benetzbare Adsorptionsmittel (z. B. Aktivkohle) eignen sich für die Entfärbung wäßriger Lösungen, z. B. Zuckersäfte. Hydrophile, d. h. von Wasser benetzbare Adsorbentien (Silica-Gel, Bleicherden, aktivierte Tonerde) wendet man vorteilhaft zur Entfärbung nichtwäßriger Flüssigkeiten an, z. B. Öle. Silica-Gel nimmt wegen seiner schwach sauren Eigenschaften basische Substanzen auch aus wäßrigen Lösungen auf. Wegen seiner selektiven Wirkung gegenüber Schwefelverbindungen eignet es sich besonders zur Reinigung schwefelhaltiger Rohöle. Aktivierte Tonerde ist amphoter, kann demnach sowohl als Säure wie als Base wirken.

In der Entfärbungstechnik ist man vielfach noch auf reine Empirie angewiesen. Für viele Erscheinungen gibt es noch keine eindeutigen und befriedigenden Erklärungen. Eine Aktivkohle, die sehr gut zur Gasadsorption verwendbar ist, versagt häufig bei der Entfärbung von Flüssigkeiten. Das Entfärbungsvermögen einzelner Kohlen kann ein ganz spezifisches sein. Beispielsweise entfärbt eine Kohle (I) Methylenblaulösung besser als eine andere Kohle (II); dagegen ist die Kohle I bei der Entfärbung von Zuckersaft weniger wirksam als Kohle II.

Vielfach hat der p_H-Wert der Lösung einen großen Einfluß auf den Entfärbungsvorgang [Krczil: loc. cit., S. 267].

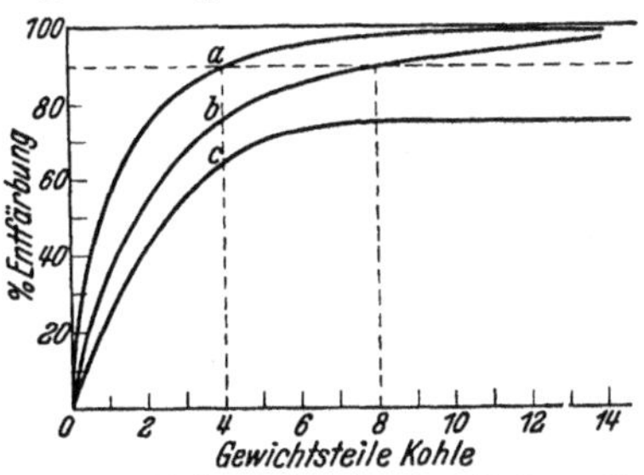

Abb. 1. Verlauf der Farbstoffadsorption an Aktivkohle.

Die Adsorptionsmittel, die in flüssigen Medien angewendet werden, können nicht nach wenigen wohlausgebildeten Normalmethoden (vgl. die Bestimmung des Adsorptionsvermögens von aktiven Stoffen gegen Gase und Dämpfe auf S. 534) untersucht werden, sondern sind je nach dem speziellen Verwendungszweck individuell zu prüfen. Vor allem hat die Untersuchung des Entfärbungsvermögens stets mit derjenigen Flüssigkeit zu geschehen, um deren Entfärbung es sich handelt. Die bei aktiven Kohlen häufig angewandte Methylenblaumethode [Berl u. Herbert: Ztschr. angew. Chem. **43**, 904 (1930)] genügt keinesfalls. Beim sog. Gleiche-Mengen-Verfahren läßt man je 1 g des Adsorbens auf verschiedene Mengen der zu entfärbenden Flüssigkeit einwirken und bestimmt das Maß der Entfärbung colorimetrisch [Spörry: Chem. Ztg. **37**, 20 (1913); Bergner: Seifensieder-Ztg. **1923**, 522]. Vorzuziehen ist häufig das sog. Gleiche-Leistungs-Verfahren [Mecklenburg: Kolloidchem. Technologie. Herausgeber R. E. Liesegang, S. 976], bei welchem gleiche Mengen der zu entfärbenden Flüssigkeit bei geeigneter Temperatur, Konzentration und Wasserstoffionenkonzentration (gegebenenfalls durch Vorversuche festzustellen) mit steigenden Mengen des Adsorptionsmittels behandelt werden. Hierdurch läßt sich die zur Erreichung des verlangten Entfärbungsgrades erforderliche Menge des Adsorbens ermitteln. Man kann das Ergebnis der Entfärbung, in % der Farbstärke der Ausgangslösung gemessen, als Funktion der angewandten Menge des Adsorbens in ein Koordinatensystem eintragen, wobei man sog. Entfärbungskurven erhält (s. Abb. 1). Wird beispielsweise eine 90%ige Entfärbung verlangt, so sind von der Kohle *a* für diesen Zweck vier Gewichtsteile, von der Kohle *b* acht Gewichtsteile erforderlich, während mit der Kohle *c* die verlangte Leistung überhaupt nicht zu erreichen ist. In der Praxis wird man von den beiden an sich brauchbaren Kohlen *a* und *b* diejenige auswählen, bei welcher das Produkt aus der anzuwendenden Gewichtsmenge und dem Preis je kg den niedrigsten Wert hat.

Wichtig ist, die Entfärbungsmittel auf einen etwaigen Gehalt an löslichen Verunreinigungen zu prüfen. Entfärbungskohlen für Zuckersaft dürfen wegen der Gefahr der Zuckerinversion keine Säuren abgeben. Bei der Bleichung von fetten Ölen (Speiseöle, Medizinöle) wirkt ein Säuregehalt der Bleicherde schädlich (Erhöhung der Säurezahl des Öles).

A. Technische Anwendung von Entfärbungskohle.

Entfärbungskohlen dienen in der Hauptsache zum Entfärben von Zuckersäften, Glycerin und vielen anderen Stoffen. Gelegentlich werden sie auch zum Schönen von Wein und zu ähnlichen Zwecken herangezogen. Früher wurde die Entfärbung des Zuckersaftes in Filtrationstürmen vorgenommen, die mit grobstückiger Knochenkohle beschickt waren. Die teure Knochenkohle, von der man wegen ihrer verhältnismäßig geringen Entfärbungswirkung große Mengen anwenden mußte, wurde nach dem Gebrauch auf umständliche Weise gereinigt. Bei Verwendung hochaktiver Entfärbungskohlen kommt man mit bedeutend geringeren Mengen aus, die nach der Erschöpfung unter Umständen nicht aufgearbeitet zu werden brauchen. Beim Einrührverfahren wird die zur Reinigung nötige Menge Kohle in gemahlener Form in die Flüssigkeit eingerührt und nach Verlauf einer angemessenen Einwirkungszeit bei gewöhnlicher oder erhöhter Temperatur wieder abfiltriert. Beim Filtrationsverfahren wird die mit einer kleinen Flüssigkeitsmenge angeteigte Kohle durch die Filtervorrichtung gesaugt, so daß sie sich in gleichmäßiger Schicht auf der Filterfläche verteilt. Durch diese Schicht wird nun die zu entfärbende Flüssigkeit hindurchgesaugt. Dieses Verfahren, bei welchem die Kohle besser ausgenützt wird als beim Einrührverfahren, hat schnellwirkende Kohle zur Voraussetzung. Neben der Adsorption tritt vielfach eine Art Ultrafiltrationswirkung auf. Als Filtervorrichtungen dienen Filterpressen und Rahmenfilter.

B. Bleicherden.

Bleicherden sind im allgemeinen hydratisierte Aluminiumsilicate, die sowohl in rohem Zustande (Fullererde, Floridaerde u. a.) als auch chemisch aufbereitet (Tonsil, Terrana, Frankonit u. a.) hauptsächlich zur Reinigung von Ölen dienen. Bei den Bleicherden mit Toncharakter (Typ: $Al_2O_3 \cdot 2\,SiO_3 \cdot 2\,H_2O$; Wasserabgabe beim Erhitzen hauptsächlich zwischen 450^0 und 550^0 C) bewirkt Erhitzung auf dunkle Rotglut eine beträchtliche Erhöhung der Entfärbungskraft sowohl Pflanzenölen wie Farbstofflösungen in Paraffinöl gegenüber. Keppeler [Ztschr. angew. Chem. **40**, 409 (1927); Ber. Dtsch. keram. Ges. **3**, 257 (1922)] gibt als Grund für die Aktivierung der Tone unterhalb 400^0 C die Zerstörung von stets in Tonen vorhandenen Huminstoffen an, wodurch die von fremden Stoffen befreite Oberfläche zur Aufnahme von Farbstoffen befähigt wird. Fullererde, Floridaerde, Terrana u. a. besitzen einen mehr gelartigen Charakter, da sie beim Erhitzen ihren Wassergehalt vollständig gleichmäßig abgeben. Diese gelartigen Bleicherden erfahren bei schwachem Glühen zwar eine Zunahme der Bleichkraft für an kolloiden Stoffen (Eiweiß- und Schleimstoffe) reichen Pflanzenöle, jedoch eine Abnahme der Adsorptionsfähigkeit für molekulardispers gelöste Farbstoffe. Der Grund für dieses eigenartige Verhalten ist unbekannt. Überhaupt ist das ganze Gebiet der Bleicherden noch wenig erforscht, was in Anbetracht der großen wirtschaftlichen Bedeutung, welche die Bleicherden besitzen, als empfindlicher Mangel empfunden wird.

Neben den eigentlichen Bleicherden stellen auch natürlich vorkommende Magnesiumsilicate nach dem Säureaufschluß [Kausch: Das Kieselsäuregel und die Bleicherden, S. 165 Berlin: Julius Springer 1927] ein gutes Reinigungsmittel für Öle dar. Ferner wird Bauxit, sowie Aktivkohle im Gemisch mit Bleicherden zur Ölreinigung herangezogen; Aktivkohle soll speziell Kolloide niederschlagen. Auf die Bedeutung von Silica-Gel und aktivierte Tonerde für die Reinigung namentlich schwefelhaltiger Mineralöle wurde S. 551 hingewiesen.

In der Technik erfolgt die Anwendung der Bleicherden in der Weise, daß die zu bleichenden Öle mit einer durch Versuche ermittelten Menge von Bleicherde (1,5—10% des Ölgewichtes) bei etwa 100° C 1—2 h behandelt werden. Darauf wird die Erde in Filterpressen abfiltriert. Das an der Bleicherde haftende Öl wird durch hindurchgeblasene Luft oder Dampf möglichst weitgehend entfernt. Immerhin bleiben noch 10—20% des Gewichtes der Erde an Öl in der gebrauchten Erde zurück. Diese Rückstände lassen sich teilweise durch Extraktion mit Lösungsmitteln (Naphtha, Benzol, Tetrachlorkohlenstoff u. a.) wiedergewinnen. Die in den Erden zurückbleibenden Lösungsmittel werden mit Dampf entfernt. Die Wiederbelebung der Bleicherden geschieht durch oxydierendes Glühen in Drehtrommeln bei 600° C, wobei jedoch die ursprüngliche Entfärbungskraft nicht ganz wiederhergestellt werden kann.

C. Silica-Gel und aktivierte Tonerde.

Die entfärbende Wirkung von Bleicherden beruht in der Hauptsache auf ihren Gehalt an kolloidaler Kieselsäure. Silica-Gel stellt die reinste und hochwertigste Form solcher kolloidaler Kieselsäure vor. Ihre entfärbende und kondensierende Wirkung (z. B. gegenüber Schwefelverbindungen) ist demnach gegenüber jener der Bleicherden gesteigert. Die Silica-Gele kommen in verschiedenen Qualitäten (grob-, mittel-, feinporig) in den Handel. Es empfiehlt sich, wie S. 551 beschrieben, die für den gewollten Zweck erforderliche Bestqualität an Silica-Gel durch Versuche mit dem zu behandelnden Material zu ermitteln.

Aktivierte Tonerde läßt sich ebenfalls für Entfärbungszwecke und für selektive Adsorption ausgezeichnet verwenden. Man vergleiche hierzu die Arbeiten von Willstätter und Kraut [Ber. Dtsch. chem. Ges., zahlreiche Abhandlungen seit 1923].

Zerkleinerungs-Chemie.

(Kolloidchemie der Trübungen mit Berücksichtigung der Zerkleinerung.)

Von Privatdozent Dipl.-Ing. Dr. **A. Chwala**, Technische Hochschule, Wien.

I. Allgemeines.

Der stetige rapide Fortschritt auf allen Gebieten der Technik geht mit einer entsprechenden Steigerung der Ansprüche an die Qualität der zu verwendenden Rohstoffe und Zwischenprodukte einher. So macht sich in verschiedenen Zweigen der angewandten Chemie die Forderung nach weitergehender Zerkleinerung der Materialien geltend. Die bis dahin erzielten Teilchenfeinheiten befriedigten in vielen Fällen nicht mehr. Man versuchte, sie zu erhöhen, und zwar bis in die kolloide Größenordnung (0,1—0,001 μ). Besonders feine Dispersionen besitzen Eigenschaften, welche die Grundsubstanz nicht oder nur in bedeutend geringerem Maße aufweist, wie z. B. Adsorptionsfähigkeit, Netzbarkeit, Filmbildung, Haftfähigkeit, Schwebefähigkeit, Viscosität, erhöhte Reaktionsfähigkeit. Alle diese Eigenschaften sind Funktionen der Teilchengröße. Doch legte man sich vorerst über die Natur der Vorgänge, die sich bei einer weiterreichenden Zerteilung abspielen müssen, bzw. über die hierzu notwendigen Voraussetzungen keine klare Rechenschaft ab. Daher erhielt man bei Versuchen mit einer großen Anzahl technisch wichtiger Körper nur unzulängliche Ergebnisse, und auch diese erreichte man nur auf Kosten der Wirtschaftlichkeit.

1. Nichtgele.

Man findet, daß die Zerteilung bis zum gewünschten Zerteilungsgrad bei denjenigen Stoffen Schwierigkeiten begegnet, welche vorwiegend feste Nichtgele sind, d. h. schwer peptisierbare (dispergierbare), nicht hydratisierte, nicht solvatisierte Körper.

In diese Klasse gehören beispielsweise:

a) Körperfarben, die mit der Verminderung der Teilchengröße bis 1 μ und etwas darunter an Deckkraft und Helligkeit zunehmen,

b) Küpenfarbstoffe (gewisse Typen), die sich um so leichter reduzieren lassen, je feiner sie zerteilt sind,

c) Pflanzenschutzmittel, deren Partikel so klein sein müssen, daß sie sich möglichst lang im Wasser schwebend erhalten,

d) Graphit, der, als Schmier- oder Gleitmittel in Wasser oder Öl suspendiert, eine Teilchenfeinheit besitzen muß, die sowohl genügende Viscosität des Gesamtsystems als auch Schonung der gleitenden Maschinenteile gewährleistet,

e) Erze, deren Flotation außerordentlich feine Zerteilung erfordert.

2. Zerteilungsgrad.

Es gibt für jeden Stoff einen optimalen Verteilungsgrad, oberhalb oder unterhalb dessen seine Eigenschaften im Hinblick auf spezielle Verwendungszwecke ungünstiger werden. Für Pigmente wie Zinkweiß und Ruß, für das Pflanzenschutzmittel Calciumarseniat und viele andere, deren Partikel im ursprünglichen Zustande Durchmesser von durchschnittlich 20—50 μ haben, ist eine (möglichst vollständige) Dispergierung in Teilchen von etwa 1—0,5 oder 0,2 μ am vorteilhaftesten. Eine zu weitgehende Dispergierung, etwa bis in das echt kolloide Gebiet, verschlechtert den Effekt. Die Pigmente zeigen, sobald ihre Teilchendurchmesser sich der halben Wellenlänge des von ihnen reflektierten Lichtes nähern, in steigendem Maße mangelnde Deckkraft, übertriebene Helligkeit des Farbtones und ungenügende Verfestigung des Farbfilms. Man findet durch Begrenzung nach oben und unten, daß eine Reihe für die Praxis besonders wichtiger technischer Eigenschaften durch eine Teilchengröße von etwa 1—0,1 μ bedingt ist. Dieses Gebiet der wäßrigen und öligen Trübungen [G. Quincke: Ann. Physik (4) 7/57—69 (1902); R. Zsigmondy: Kolloidchemie, 3. Aufl. 1920; F. V. v. Hahn: Dispersoidanalyse, S. 4 u. 5. Dresden 1928] bildet den Übergang von den echten Suspensionen zu den echten Kolloiden. Es kommen hier schon Oberflächenenergien zur Auswirkung, die eine eigene kolloidchemische Betrachtung erfordern. Die Trübungen bilden heterodisperse, thermodynamisch instabile, kolloide bzw. pseudokolloide Zustände, die keine klare Durchsicht besitzen, sondern im durchscheinenden Licht getrübt erscheinen. Sie weisen andererseits viele Eigenschaften echter Kolloide auf, wie Brownsche Bewegung, Tyndall-Phänomen, Elektrolytflockung, Kataphorese usw.

3. Der Begriff der Zerkleinerungs-Chemie.

Mit dem Studium der Herstellung derartiger Trübungen bzw. der Zerteilung fester Nichtgele zu Teilchen vom Durchmesser von 1—0,1 μ befaßt sich die von Chwala benannte Zerkleinerungs-Chemie [A. Chwala: Zerkleinerungs-Chemie. Kolloidchem. Beih. XXXI, 6—8 (1930)]. Darunter versteht man die Peptisation oder Dispersion (mit mechanischer Unterstützung oder ohne eine solche) von schwer peptisierbaren (dispergierbaren), nicht hydratisierten, nicht solvatisierten, nichtgeligen Körpern bis zur Herbeiführung neuer physikalischer Eigenschaften, die der Grundsubstanz nicht eigen sind. Diese Vorgänge verlaufen ohne wesentliche Änderung der chemischen Eigenschaften der Grundsubstanz [A. Chwala: Kolloidchem. Beih. XXXI, 6—8, S. 224 u. 254]. Chwala steht auf dem Standpunkte, daß rein mechanische Arbeit feste Nichtgele nur in vereinzelten Fällen, und auch da nur unvollkommen und unter Außerachtlassung der Wirtschaftlichkeit, bis in die Nähe der kolloiden Größenordnung zerteilen kann. Dies ist besonders dann möglich, wenn schon Teilchen dieser Größenordnung in der Struktur des zu zerkleinernden Stoffes vorgebildet sind. Niemals aber ist es möglich, aus festen Nichtgelen echte kolloide Systeme hervorzubringen. Was hier bezüglich der festen Nichtgele gesagt ist, gilt im Prinzip auch für flüssige, aber in weit schwächerem Maße. Die Erklärung liegt darin, daß die Oberflächenspannung fester Körper — die einen der wesentlichen Gründe des Widerstandes gegen die Zerkleinerung bildet, weil die freie Oberflächenenergie eines Systems immer einem Minimum zustrebt — um ein Vielfaches größer als die der Flüssigkeiten ist. Auf dieselbe Ursache ist die Tatsache zurückzuführen, daß eine Erhöhung der Oberflächenspannung des Dispersionsmittels die Dispergierung erleichtert [s. F. V. v. Hahn: Dispersoidanalyse, S. 13. 1928].

Es handelt sich bei den technisch wichtigen Trübungen um zweiphasige Systeme nach dem Schema Fest in Flüssig. Die Trockenfeinstzerkleinerung soll nur gestreift werden, um so mehr, als sie bei den hier zu behandelnden Teilchenfeinheiten (etwa 1—0,1 μ) meist unwirtschaftlich arbeitet.

II. Der Peptisator.

1. Allgemeines.

Die seinerzeit von v. Weimarn [s. F. V. v. Hahn: Die Herstellung und Stabilität kolloider Lösungen, S. 6. 1922] formulierten Sätze hat Chwala im Sinne der Auffassungen Paulis und Marchs zu folgender Theorie der Bildung kolloider Lösungen mittels Peptisation ergänzt [A. Chwala: Kolloidchem. Beih. XXXI, 6—8, S. 256]:

1. Die disperse Phase muß aus Teilchen so kleiner Dimension bestehen, daß die physikalischen Eigenschaften schon Funktionen der Teilchengröße sind.

2. Die peptisierende Substanz (Peptisator) muß die Fähigkeit besitzen, bei genügend großer (von Fall zu Fall verschiedener) Konzentration in der Lösung eine lösliche, beständige, komplexe oder komplex orientierte chemische Verbindung zu ergeben. Bei kleinen Konzentrationen darf keine derartige Verbindung entstehen.

3. Das Medium, in dem der Peptisationsvorgang stattfindet, soll bei Abwesenheit des Peptisators die zu peptisierende Substanz nicht molekulardispers lösen.

4. Die Teilchen müssen die Fähigkeit besitzen, Adsorptionshüllen (Solvatationshüllen) zu bilden.

5. Die Wärmebewegung ist in allen Fällen eine Bedingung für die Stabilität kolloider Lösungen, wenn sie auch nicht immer eine so bedeutende Rolle spielt wie andere Faktoren, die für Bildung oder Stabilität von Kolloiden in Betracht kommen.

6. Die elektrische Aufladung der Kolloidteilchen ist bei den meisten anorganischen wäßrigen Kolloiden eine Hauptbedingung (elektrokratische Sole).

2. Das Verhalten der Nichtgele.

Als Peptisatoren finden vielfach krystalloide und kolloide organische Stoffe Verwendung, die folgende Gruppen enthalten (—COOM),

(— SO_3M), (— SO_2H), (— OSO_3M), Phenole, Phenolate, aliphatische und aromatische Amidoverbindungen, sowie Mischungen der genannten Stoffklassen. Als kolloide Emulgatoren werden verwendet: Seifen, Harn, Eiweißstoffe, Kohlehydrate (Stärke, Dextrin), Lanolin, Cholesterol, Saponin, sulfonierte Alkohole, Zellstoffablauge und Öle u. a. m.

Eine derartige Bildung von kolloiden Lösungen mittels Peptisation kann bei Nichtgelen nicht eintreten. Der Peptisator kann nur Agglomerate von vorher bestehenden Einzelteilchen zerlegen, wobei die Primärteilchen meist untereinander verschieden groß sind. Hieraus resultiert die Heterodispersität der Systeme. Diese räumlich massiv erfüllten Teilchen, die sich teilweise der kolloiden Größenordnung nähern, kann der Peptisator nicht weiter zerkleinern. Er kann sie nur aus ihren Zusammenballungen freimachen.

Wie Podszus [Kolloid-Ztschr. LXIV, 2, 133 (1933)], der die Bedingungen für die mechanische Trockenfeinstzerkleinerung bis zu kolloiden Dimensionen untersuchte, ausführt, sind selbst, um Masseteilchen zu zerkleinern, theoretisch nur geringe Kräfte notwendig. In Wirklichkeit erfordert die gewünschte Zerteilung einen unendlich viel größeren Arbeitsaufwand. Podszus gibt den idealen Wirkungsgrad, d. i. den Quotienten aus der kleinsten, nur zur Erzeugung der Oberfläche aufzuwendenden Arbeit und der insgesamt in Wirklichkeit aufgewandten Arbeit, für zwei naß arbeitende sog. Kolloidmühlen mit 1% und 0,04% (bzw. 0,03%) an. Das Mißverhältnis zwischen der ideellen und der realen Arbeitsleistung ist zum größten Teile darauf zurückzuführen, daß im Gebiete der kolloidalen Größenordnung die zu Aggregaten zusammengeschlossenen Teilchen durch außerordentliche Kräfte zueinandergezogen werden. Werden nun durch den Zusammenstoß zweier Aggregate Teilchen abgetrennt, so vereinigen sich diese sogleich mit den ihnen zunächst befindlichen, wenn nicht im Augenblick des Zusammenpralls und der Abtrennung chemisch wirksame Körper — Peptisatoren — anwesend sind, welche die anziehenden Kräfte in ihrer Wirksamkeit behindern.

Es muß daher bei der Zerkleinerungs-Chemie stets dafür gesorgt werden, daß

1. die Zusammenstöße der Aggregate außerordentlich häufig stattfinden und 2. Substanzen — Peptisatoren — vorhanden sind, die vermöge ihrer polaren Konstitution (s. S. 116f.) — im besonderen gilt dies von polymerisierten Substanzen — sich leicht gegen die disperse Phase orientieren. Diese wird benetzt und durch einen monomolekularen Film (Schutzhülle ersten Grades) an dem Zusammenwachsen gehindert, so daß ein sekundäres Zusammenwachsen nicht mehr erfolgen kann.

Um die erste Forderung zu erfüllen, kann man die Zahl der Zusammenstöße der Aggregate erhöhen, indem man die mechanische Zerkleinerungsarbeit nicht mit einer Suspension von wenig disperser Phase in viel flüssigem Dispersionsmittel vornimmt, sondern mit einer hoch konzentrierten Paste. Dies ist besonders dann nützlich, wenn keine stark bindenden Stoffe (wie Harze) in den Pasten enthalten sind. In diesen Pasten sind infolge der hohen Konzentration der dispersen

Phase die Bedingungen für die gewünschte praktisch mögliche Höchstzahl der — zentrischen bzw. vorwiegend exzentrischen (abschleifenden) — Aggregatzusammenstöße gegeben.

Der zweiten Forderung wird man durch Auswahl eines geeigneten Peptisators gerecht, wobei zu beachten ist, daß zur Peptisierung desselben Stoffes gegen verschiedene Dispersionsmittel im allgemeinen verschiedene Peptisatoren in Frage kommen.

3. Dispergierung von Nichtgelen in Wasser und Öl.

Für die Dispergierung von Nichtgelen gegen Wasser, die mit den früher in der Literatur bekanntgewordenen Peptisatoren nicht in befriedigendem Maße durchzuführen war, wurde ein etwas allgemeiner wirkender Peptisator im Natriumpyrophosphat gefunden (D.R.P. 478190).

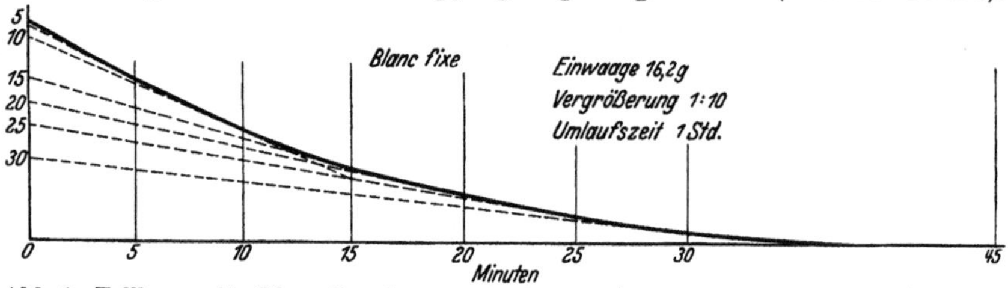

Abb. 1. Fallkurve für Blanc fixe im ursprünglichen Zustand (idealisiert). Die kleinsten Teilchen des unpeptisierten Blanc fixe sind etwa 8 μ groß.

Für bestimmte Substanzen sind gelegentlich spezifische Peptisatoren bekanntgeworden, so z. B. für Graphit das Tannin. Man hat es beim Pyrophosphat vermutlich mit einem unsymmetrischen, deformier- und

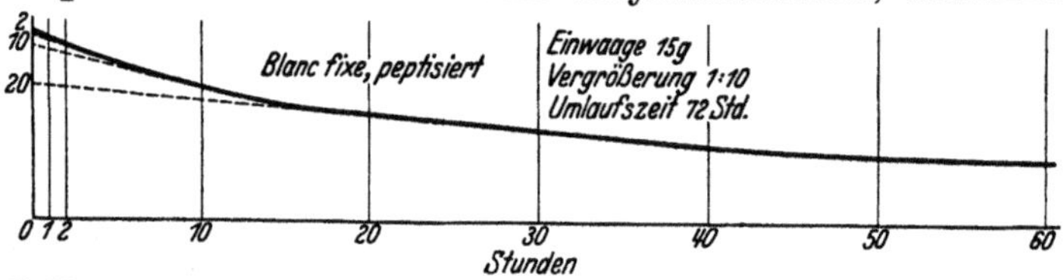

Abb. 2. Fallkurve für Blanc fixe peptisiert (idealisiert) (60 Stunden). 72,3 % der Trübung sind Teilchen unter 1,29 μ. Man ersieht hieraus, daß die Anwendung eines passenden Peptisators die Feinstzerkleinerung ohne Schwierigkeiten bewirkt.

orientierbaren (dipolartigen) Molekül zu tun. Es hat die Fähigkeit, sowohl Komplexsalze als auch Filme zu bilden, besitzt mithin Emulgatoreigenschaften (A. Chwala, l. c.), s. a. Abb. 1 und 2. Man vgl. die Beobachtung von E. Berl und B. Schmitt: Kolloid-Ztschr. LXVI, 1, 87f. (1934) (s. S. 132f.), die sich anläßlich des Zermahlens von Mineralien für die Flotation eingehend mit der Zerkleinerungs-Chemie beschäftigen. Zinkblende wird mit Cyankalium durch Bildung komplexer Zinkcyanide so stark hydratisiert, daß sie nicht mehr an der Grenzfläche Benzol-Wasser zu haften vermag.

Zur Herbeiführung öliger Dispersionen von Pigmenten bedient man sich seit undenklichen Zeiten des Leinöls in verschiedenen Zubereitungen.

Es ist eine empirisch festgestellte, längst allgemein bekannte Tatsache, daß man von vielen Nichtgelen mit Standöl, einem polaren, orientierungsfähigen und gut netzenden Dispersionsmittel, weitaus bessere und homogenere Zerteilungen erhält als mit gewöhnlichem Leinöl, während z. B. Ruß in dem unpolaren Mineralöl als Dispersionsmittel selbst durch langes Reiben nur unvollkommen in die Größenordnung der Trübungsteilchen zerteilt werden kann. Ein Zusatz von Ölsulfonat, z. B. einem im Sinne obiger Definition dipolartigen, orientierenden Körper, zum Mineralöl wirkt dispersionsfördernd.

Den Grund für dieses Verhalten haben Droste und Lins aufgeklärt.

Beim Studium des Verhaltens von Weißfarben (Zinkweiß, Lithopone, Titanweiß usw.) gegen Leinöl hat W. Droste [Beitrag zur Ölhüllenbildung. Farben-Ztg. XXXIX, **18**, **19**, **20** (1934)] folgendes festgestellt: Will man den mittleren Korndurchmesser von Weißfarben ermitteln, so findet man beim Zusammenbringen des Farbkörpers mit dem Dispergierungsmittel eine um so höhere Teilchenzahl, also um so höhere Zerteilung, je nachdem man neutrale Leinöle, saure Leinöle oder gar Standöle verwendet. Gemäß der Theorie von Langmuir-Harkins setzen sich die Leinölsäuren mit den COOH-Gruppen an der Oberfläche der dispersen Pigmentphase fest, während die Molekülketten mit den CH_3-Enden von dieser weg in das ölige Dispersionsmittel gerichtet sind. Nun gehen die Kurven für die (bei Flüssigkeiten der Viscosität entsprechende) Steifigkeit von mit 21% bzw. 31% Leinölen verschiedener Säurezahlen (zwischen 2 und 4) verriebenen Lithoponefarben, ohne Rücksicht auf die Vorbehandlung der Farbe, durch ein Minimum. Diese Beobachtung erklärt Droste damit, daß bei steigender Zahl der Leinölsäuremoleküle diese die gesamte vorhandene Oberfläche des Farbkörpers besetzen. Hierbei verschiebt sich das für neutrales Leinöl geltende Dispersitätsgleichgewicht. Es stellt sich ein neues für Leinölsäure geltendes Gleichgewicht ein, das erst dann voll erreicht wird, wenn die neue freie Farbkörperoberfläche gerade dicht mit Leinölsäuremolekülen besetzt ist. Bis zu diesem Zustand zerfällt ein Teil der Agglomerate, und durch vorher in den Capillaren der Agglomerate eingeschlossenes, durch deren Zerfall freiwerdendes Öl wird scheinbar der Farbkörpergehalt der Anreibung erniedrigt, so daß die Steifigkeitswerte bis zu dem Punkte sinken, an dem die Farbkörperteilchen von einer monomolekularen Leinölsäurehülle umgeben sind. Die im Vergleich zu neutralem Leinöl weitergehende Aufspaltung der Farbkörperagglomerate wird durch die mit der Orientierbarkeit zusammenhängende höhere Netzfähigkeit der Leinölsäure bedingt. Sobald die Säurezahl die zur Herstellung der monomolekularen Schicht erforderliche Größe überschreitet, orientieren sich die überschüssigen Leinölsäuremoleküle ebenfalls, vielleicht unter Bildung weiterer Hüllen, die eine Volumvergrößerung des umhüllten Farbkörperteilchens hervorruft, vielleicht unter Brückenbildung von Farbkorn zu Farbkorn. In beiden Fällen tritt eine Erhöhung der Steifigkeit ein.

Die Drostesche Hypothese ist geeignet, verschiedene wichtige Konsistenzeigenschaften von Anstreichfarben, im besonderen die Anreibbarkeit von Pigmenten mit Bindemitteln, in einfacher Weise zu deuten.

K. Lins [Zur Kolloidchemie des Leinöls, des Leinölstandöls und anderer öliger Bindemittel der Praxis. Ztschr. angew. Chem. **31** (1934)] hat durch Ultrafiltration nachgewiesen, daß das Standöl kolloider, besser gesagt, eukolloider Natur ist und im Gegensatz zu Leinöl größere Mengen kolloider (polymerisierter) Säuren enthält. Er sieht es als wahrscheinlich an, daß die gesamte disperse Phase in Form sauer-peptisierter kolloider Standölaggregate bzw. Aggregate mit adsorbierten Fettsäuren vorliegt. Beim Leinöl kolloide Natur anzunehmen, liege kein Grund vor, wenn es auch sicher sei, daß es nicht weit unterhalb der Grenze der experimentell erfaßbaren Kolloide liege. Lins führt an, daß eine auf Walzenstühlen hergestellte Anreibung von Zinksulfid mit etwa 30% Öl, nach entsprechender Verdünnung bei 800facher Vergrößerung im Mikroskop betrachtet, fast nur größere Sekundäraggregate erkennen ließ, wenn Leinöl verwendet worden war; Übergänge zu unsichtbaren Teilchen waren nicht vorhanden. Die gleiche, aber mit Standöl hergestellte Anreibung ließ fast nur feinste in Brownscher Bewegung befindliche Einzelteilchen sehen. Es konnten Übergänge zu unsichtbaren Teilchen beobachtet werden. Die gute Dispergierfähigkeit des Standöls rührt nicht von der höheren Säurezahl her, da Leinöle mit der Säurezahl 20 nur unwesentlich mehr dispergieren als solche mit der Säurezahl 1. Nicht die Quantität, sondern die Qualität der Säuren gibt den Ausschlag.

Aus den Arbeiten der beiden genannten Autoren geht hervor, daß die Leinölfettsäuren bzw. die polymeren Standölfettsäuren als Peptisatoren wirken. Es ist dies ein Beleg dafür, daß das Dispergierungsmittel bereits den Peptisator in sich enthalten oder selbst als solcher auftreten kann. Der Vergleich der eukolloiden Standölfettsäuren mit den Leinölfettsäuren ist besonders interessant. Für das Eindringen in die Hohlraumstruktur der Pigmentaggregate und die dadurch bedingte chemische Zerkleinerungsarbeit kommen in Betracht:

1. Die Molekulgröße.
2. Die hierdurch bedingte Netz- und Absorptionsfähigkeit.
3. Die Orientierbarkeit nach Langmuir und Harkins.

Die Stabilität der „Schutzhülle ersten Grades“ wird durch die hohe Viscosität des Standöles bedingt. Die Vereinigung aller drei Momente — hohe Adsorptionskraft, hohe Orientierungsfähigkeit und hohe Viscosität — im Standöl erklärt das Phänomen, daß Standöl mit Ruß ohne Schwierigkeit und mit geringem Aufwand an mechanischer Arbeit sofort eine ideale Feinstzerteilung gibt, während das unpolare Mineralöl, ganz gleich welcher Beschaffenheit, selbst wenn es hochviscos ist, auch bei starker mechanischer Bearbeitung dazu nie imstande ist. Es sind für die Zerkleinerungs-Chemie wegen der für sie charakteristischen Größenordnung der Teilchen die rein chemischen wie die kolloidchemischen Gesetzmäßigkeiten maßgebend. Festzuhalten ist, daß Nichtgele nicht auf dem kolloidchemischen Wege der Peptisation und noch viel weniger durch rein mechanische Arbeit weiter als bis zu den vorher bestehenden Masseteilchen zerkleinert werden können. Die durch die

Grenzflächenstruktur (Zerklüftungen) bedingte Größe dieser Masseteilchen variiert sehr beträchtlich und reicht in einzelnen Fällen bereits in das Gebiet der kolloiden Größenordnung.

III. Mahlvorrichtungen.

1. Naß- und Trocken-Kolloidmühlen.

Solange die Wichtigkeit der Peptisation bzw. deren unbedingte Notwendigkeit für die Feinstzerkleinerung noch nicht klar erkannt war, glaubte man das Problem mit mechanischen Mitteln bewältigen zu können. H. Plauson [Chem.- Ztg. **1920**, 553f. u. 565f. — Ztschr. angew. Chem. **34**, 469f. — Vgl. auch Reitstötter: Die Kolloidmühlen und ihre technische Anwendung, in Liesegang: Kolloidchemische Technologie, S. 57f. 1927], der auch die dispersionsbeschleunigende Wirkung gewisser Dispergatoren beobachtete, ohne ihnen aber die ihnen gebührende, überragende Stellung einzuräumen, suchte den Mahleffekt durch Zerkleinern in viel flüssigem Dispersionsmittel und durch Anwendung bis dahin noch nicht üblicher hoher Geschwindigkeiten zu steigern. Die Ergebnisse entsprachen keineswegs den Erwartungen, auch nicht bei den anderen sog. Kolloidmühlen, die nach den ersten Veröffentlichungen Plausons auf Grund der von ihm verkündeten Prinzipien in verschiedenen Konstruktionen auf den Markt kamen.

Bei den zur mechanischen Durchführung der Feinstzerkleinerung ersonnenen, irrtümlich Kolloidmühlen genannten, maschinellen Vorrichtungen, die bestenfalls bis in die Nähe der kolloiden Größenordnung führen, sind Trocken- und Naßmühlen zu unterscheiden [A. Chwala: Kolloidmühlen. Kolloid-Ztschr. LII, **3**; LIII, **1**, **2** (1930); LIV, **1**, **2**, **3**; LV, **1**, **2**, **3**; LVI, **1** (1931)].

Von den Trockenmahlvorrichtungen seien zwei erwähnt. Die von Podszus [Kolloid-Ztschr. LXIV, **2**, 133 (1933)] entworfene Wirbelmühle (D.R.P. 400307, 395075, 405381, 411238, 412197, 412378, 435147, 424344 für Hartstoff-Metall A. G.) ist imstande, Metallgut bis zu ungefähr 1 μ Durchmesser zu zerteilen. Die Mahlgutteilchen werden durch Luft- oder Gaswirbel, die durch rasch rotierende Propeller in der Mühle entstehen, zum gegenseitigen Aufeinanderprallen gebracht, so daß sie sich wechselseitig zerschlagen und zerreiben. Der Prozentsatz an Teilchen von etwa 1 μ im Mahlprodukt ist aus seinen Mitteilungen nicht ersichtlich. Der günstige Effekt liegt allem Anschein nach darin, daß durch starke Füllung der Mühle eine hohe Gutkonzentration und durch geeignete Führung der Luftwirbel eine sehr große Zahl von Teilchenzusammenstößen ermöglicht wird (s. oben S. 557). Die Hildebrandt-Hochleistungskugelmühle [Emo Descovich: Eine Mikromühle. Techn. f. alle **5** (1929). Stuttgart: Dieck & Co.; D.R.P. 435120, 442106, 440089, 469535, 489223] führt das Gut mit einer großen Anzahl sehr kleiner Kugeln vermöge der Fliehkraft in raschem Lauf gegen feststehende Mahlbahnen und Mahlbalken, wobei das Mahlgut zertrümmert wird. Das genügend fein Gemahlene wird fortlaufend ausgeschieden. Laut Angabe zerkleinert eine solche Mühle von 400 mm Schalendurchmesser mit 5 PS 50 kg Kohle zu Teilchen von 6—1 μ.

Unter den Naßmühlen, die nun besprochen werden sollen, gibt es solche, die ebenfalls Kugeln als Arbeitskörper verwenden, aber in einer von der üblichen abweichenden Art. K. Bergl und J. Reitstötter [Notiz zur Technik der mechanischen Herstellung hochdisperser Lösungen fester Stoffe in Kugelmühlen. Kolloid-Ztschr. **46**, 53f. (1928)] arbeiten mit einer gewöhnlichen, zum Naßmahlen vorgerichteten Kugelmühle (s. auch S. 40), die sie so langsam laufen lassen, daß die Kugeln nicht durch die Energie ihres Falles sondern als Reibkörper auf das Mahlgut einwirken. Sie erhalten Graphitsole in Äther-Alkoholmischungen mit Teilchen von 0,4 μ Durchmesser, Sole von Chromoxyd in Leichtbenzin mit Teilchen von 0,2 μ Durchmesser (Konzentrationen nicht bekannt). Siemens & Halske A. G. (D.R.P. 499557) baut eine Kolloidmühle mit zwei als raschlaufende Kugellager ausgebildeten kühlbaren Mahlstufen. Auch hier werden zur Erzielung eines Reibeffektes Kugeln benutzt. Eine in 2 Tagen etwa zur Hälfte sedimentierende 10%ige, dünnflüssige Aufschwemmung von Graphit in Paraffinöl lieferte laut Angabe nach 19stündiger Mahlung in dieser Mühle eine homogene, dickflüssige, nach 28 Tagen nur schwach absetzende Suspension.

Die Plauson-Mühle [Hermann Plauson: Chem.-Ztg. **1920**, 553f., 565f.; Ztschr. angew. Chem. **34**, 469f.; vgl. auch Reitstötter: Die Kolloidmühlen und ihre technische Anwendung, in Liesegang: Kolloidchemische Technologie, S. 57f. 1927] besteht aus einem zylindrischen Gehäuse, in dem auf exzentrisch gelagerter Welle ein Schlagkreuz mit hoher Geschwindigkeit gegen Gegenhalter arbeitet. Sie ist auf Annahmen aufgebaut, die sich nicht in die Wirklichkeit umsetzen ließen. Anstatt, wie der Hammer auf den Amboß, auf die Flüssigkeit zu schlagen, in der sie rotieren, und derart die suspendierten Teilchen zu zertrümmern, nehmen die Schläger die Flüssigkeit in ihrem Umlauf mit, so daß das Geschwindigkeitsgefälle sehr gering bleibt und die Erhöhung der Umlaufszahl nicht zur Auswirkung kommt. O. Auspitzer [6 Jahre Erfahrungen mit Kolloidmühlen. Ztschr. angew. Chem. **40** (1927)] fand an Weizenstärkekörnern, daß die Zerkleinerung in der Plauson-Mühle nicht auf Schlag-, sondern auf Schleifwirkung beruhte. Das Vorhandensein einiger weniger Teilchen von annähernd kolloider Größenordnung, während der weitaus erheblichere Teil größer als 1 μ ist, wird durch die absplitternde Schleifwirkung erklärt. Eine tiefgreifende Schleifwirkung läßt sich in einer verhältnismäßig dünnen Suspension nicht durchführen, wohl aber in einer hochkonzentrierten Paste, für die sich die Plauson-Mühle nicht eignet. Einen im Vergleich zur Plauson-Mühle geringeren Kraftaufwand ermöglicht die durch entsprechende Abänderungen aus dieser hervorgegangene Oderberger Mühle (D.R.P. 432025, 446626). Die Kolloidschlägermühle von Rohland (D.R.P. 488354, 502484) unterscheidet sich von der Plauson-Mühle im wesentlichen dadurch, daß die Zuführung der Flüssigkeit nicht radial, sondern axial erfolgt.

2. Reibmühlen.

Eine echte Reibmühle ist die von F. J. E. China konstruierte Premier Mill [William A. McLean: A New Colloid Mill., Ind. engin. Chem. **16**, 494f. (1924)]. Ein glatter Kegelstumpf rotiert rasch in der glatten kegelstumpfförmigen Ausnehmung der das Mühlengehäuse in zwei Kammern teilenden Scheidewand, so daß das aufgeschwemmte Gut durch einen verstellbaren engen Spalt hindurchtreten muß. Weiterhin ist die Hurrel Colloid Mill [Pierce M. Travis: Mechanochemistry and the Colloid Mill, S. 156f. New York 1928] zu nennen. In ihr dreht sich zentrisch ein fast zylindrischer, schwach konischer Läufer in einem Gehäuse. Er kann dessen Arbeitsfläche, die der seinen geometrisch ähnlich ist, bis auf 0,002 Zoll genähert werden. Beide Mühlen kamen in Amerika in Gebrauch, jedoch hauptsächlich als Homogenisatoren für Emulsionen, wofür sie sich besser eignen als zur Zerteilung fester Stoffe. Weitere Konusmühlen sind die Summamühle (D.R.P. 421318, 436368 für Sudenburger Maschinenfabrik und Dr. Ostermann), die Feinstmühle der Joseph Vögele A. G. (D.R.P. 432523) und die Kolloidmühle der Chemicolloid Laboratories Inc. in New York (D.R.P. 496542), die sich untereinander nur durch die Form der Läufer und der Nuten unterscheiden.

3. Mühlen mit Steinmahlscheiben und Walzenstühle.

Eine Untersuchung der Leistungen der angeführten Vorrichtungen, die — mit Ausnahme wohl nur der amerikanischen — eigens für die Kolloidisierung fester Nichtgele gebaut wurden, führt zu dem Schluß, daß sie den erhofften Fortschritt in der Zerkleinerungstechnik nicht zu verwirklichen vermochten. Sie waren nicht imstande, die modernen Ausführungen zweier seit langem bekannten Mahlsysteme zu verdrängen oder zu ersetzen, die, jedes auf seinem Gebiete, den heute durch die Praxis gestellten Forderungen in wirtschaftlicher Weise entsprechen, wenn sie im Verein mit geeigneten Peptisatoren gebraucht werden. Es sind dies die Naßmühlen mit horizontalen flachen gerillten Steinmahlscheiben, die sich namentlich für die Verarbeitung wäßriger oder dünner öliger Ansätze eignen, und die Walzenstühle, die vor allem für Zerteilung in öligem Dispersionsmittel (z. B. Lack-, Druckfarben u. dgl.) in Frage kommen. Beide ermöglichen bei richtiger Wahl von Dispersionsmittel und Peptisator die Herstellung von praktisch homogenen Trübungen mit Teilchendurchmessern von 1—0,2 bis zu 0,1μ. Bei den Mehrwalzenstühlen drehen sich die Walzen — sie bestehen aus hochpoliertem Stein oder Hartguß und können im zweiten Falle geheizt oder gekühlt werden — reibend mit verschiedener Umlaufgeschwindigkeit gegeneinander; die letzte (d. h. die zweite beim Zweiwalzen-, dritte beim Dreiwalzenstuhl) besitzt außerdem hin und her gehende Bewegung. Die Dreiwalzenstühle eignen sich besonders für dicke, pastöse Anreibungen, während ihnen für halbflüssige oder flüssige die Zwei- und Einwalzenstühle mit einem oder zwei Reibbarren (z. B. D.R.P. 562885, 537055 für

Joseph Vögele A.G.) infolge ihrer zwei- bis dreimal größeren Leistungsfähigkeit überlegen sind. Diese Leistungsfähigkeit beruht auf der durch den Reibbarren bewirkten flächigen Reibung, die — ebenso wie bei der oben erwähnten Scheibenmühle — eine bessere Netzung ermöglicht, als die durch Walzen — ohne Reibbarren — hervorgerufene lineare Reibung. Die Vorgänge bei der Pastenzerkleinerung auf Walzenstühlen hat W. Büche [Der Zerkleinerungsvorgang auf Reibwalzenstühlen. Beih. Ver. Dtsch. Chem. 7 (1934)] erstmalig mathematisch untersucht. Von seinen Erkenntnissen sei hervorgehoben, daß auch er zu dem Schluß gelangt, daß die Zerkleinerungswirkung um so besser sein wird, je größer die Konsistenz der Paste ist (s. oben S. 557).

IV. Zusammenfassung.

Wie oben erwähnt, ist die zerkleinerungstechnisch wie wirtschaftlich befriedigende Leistung auch bei diesen Maschinen an die Verwendung eines geeigneten Peptisators geknüpft. Eine disperse Phase bleibt mit einem chemisch nicht zu ihr passenden Dispersionsmittel in bestimmtem Verhältnis gemischt, hochkonsistent, auch wenn man noch so viel mechanische Arbeit aufwendet. Nach Zugabe des richtig gewählten Peptisators wird das System unter Aufspaltung der Aggregate in ihre präexistenten Einzelteilchen auch bei geringem Kraftaufwand dünnflüssiger (s. oben S. 559). Der ausschlaggebende Faktor bei einer Zerkleinerung bis in die Größenordnung der Trübungen ist nicht die Arbeit der Maschine sondern die physikalisch-chemische Wechselwirkung zwischen disperser Phase, Dispersionsmittel und Peptisator.

Namenverzeichnis.

Sachverzeichnis.

Druck der Universitätsdruckerei H. Stürtz A.G., Würzburg.

GPSR Compliance

The European Union's (EU) General Product Safety Regulation (GPSR) is a set of rules that requires consumer products to be safe and our obligations to ensure this.

If you have any concerns about our products, you can contact us on ProductSafety@springernature.com

In case Publisher is established outside the EU, the EU authorized representative is:

Springer Nature Customer Service Center GmbH
Europaplatz 3
69115 Heidelberg, Germany

Batch number: 10682323

Printed by Printforce, the Netherlands